FERDINAND VON RAESFELD
ALFRED HUBERTUS NEUHAUS · KARL SCHAICH

DAS REHWILD

9. Auflage

FERDINAND VON RAESFELD
ALFRED HUBERTUS NEUHAUS · KARL SCHAICH

DAS REHWILD

Naturgeschichte, Hege und Jagd

Neunte Auflage
völlig neubearbeitet und erweitert von

ALFRED HUBERTUS NEUHAUS
und
Dr. KARL SCHAICH

Mit 267 Abbildungen, davon 44 farbig

VERLAG PAUL PAREY · HAMBURG UND BERLIN

Die Jagdklassiker

Ferdinand von Raesfeld

DAS REHWILD

1. Auflage · 1905
2. Auflage · 1919
3. Auflage · 1923
4. Auflage · 1956
5. Auflage · 1960
6. Auflage · 1965
7. Auflage · 1970
8. Auflage · 1978
9. Auflage · 1985

Ferdinand von Raesfeld

DAS DEUTSCHE WAIDWERK

14. Auflage 1980 · Neubearbeitet von Dr. R. Schwarz

Ferdinand von Raesfeld

DAS ROTWILD

In Vorbereitung: 9. Auflage · 1986 · Neubearbeitet von Forstdirektor Kurt Reulecke

Ferdinand von Raesfeld

DIE HEGE

4. Auflage · 1978 · Neubearbeitet von Hans Behnke

DIEZELS NIEDERJAGD

23. Auflage · 1983 · Neubearbeitet von Friedrich Karl von Eggeling

CIP-Kurztitelaufnahme der Deutschen Bibliothek

Raesfeld, Ferdinand von:

Das Rehwild : Naturgeschichte, Hege u. Jagd / Ferdinand von Raesfeld. Alfred Hubertus Neuhaus ; Karl Schaich. – 9. Aufl. / völlig neubearb. u. erw. von Alfred Hubertus Neuhaus u. Karl Schaich. – Hamburg ; Berlin : Parey, 1985.
ISBN 3-490-40612-5

NE: Neuhaus, Alfred Hubertus [Bearb.]

 Anschriften: Spitalerstraße 12, D-2000 Hamburg 1; Lindenstraße 44–47, D-1000 Berlin 61. Printed in Germany by Westholsteinische Verlagsdruckerei Boyens & Co., Heide/Holstein. Umschlag- und Einbandgestaltung: Jan Buchholz und Reni Hinsch, Hamburg, unter Verwendung eines Photos von B. Winsmann, Hoyershausen.

ISBN 3-490-40612-5

VORWORT ZUR 9. AUFLAGE

Sechs Jahre sind seit dem Erscheinen der von uns völlig neu bearbeiteten 8. Auflage dieser zu den Jagdklassikern zählenden Rehwildmonographie vergangen. Gerne haben wir der Bitte des Verlages entsprochen, auch die neunte Auflage wieder zu betreuen. Obwohl nur eine relativ kurze Zeitspanne zu überbrücken war, ergab sich wegen der verschärften Diskussion um Wald und Wild, insbesondere im Zusammenhang mit der dramatischen Erkrankung der Wälder, zu unserer eigenen Überraschung die Notwendigkeit einer weitgehenden Überarbeitung und gründlichen Ergänzung zahlreicher Kapitel. Das gilt im naturgeschichtlichen Teil vor allem für den hormonalen Einfluß auf Gehörnwachstum und Verhalten, für Stoffwechsel und Ernährung wie für Weiterentwicklungen zum Ökotyp der Feldrehe, betrifft im Bereich der Hege den Wildschaden und seine Verhütung sowie wildgerechte Waldwirtschaft, Äsungsverbesserung und sachgerechte Fütterung. Im praktischen Jagdteil sind auch Schußwirkungen und Geschoßwahl neugestaltet worden.

Wir wurden aber auch – selbst bei sehr kritischer Betrachtung – in unserer Auffassung bestärkt, daß die Forderung, „um unseren schönen Wald zu retten, 9 von 10 Rehen abzuschießen", bösartiger Unsinn ist und schlecht zu den bewegten Klagen über die Ausrottung von Wildarten in der Vergangenheit paßt!

Das sogenannte Rehwildproblem ist keines, wenn die heute vorliegenden Erkenntnisse vorurteilslos von allen Beteiligten berücksichtigt werden und endlich Fairneß und wissenschaftliche Objektivität die Debatten prägen, wenn die Waidgerechtigkeit als jagdbestimmendes Kulturgut wieder respektiert wird und Charakterfestigkeit in Wort und Tat, auch beim vielleicht nötigen Reduktionsabschuß, Töten um jeden Preis verhindert.

Wir danken erneut allen, die uns bereitwilligst bei dieser Arbeit unterstützt haben. Besonderer Dank gilt FRITZ W. KÖHLER für die neu gezeichneten Abbildungen, FRIEDRICH-WILHELM VON NOTZ für die Ergänzung der Gehörnzeichnungen und nicht zuletzt der Verlagsbuchhandlung Paul Parey für die wieder ersprießliche Zusammenarbeit.

Im Frühjahr 1985

Rothenberg im Odenwald — ALFRED HUBERTUS NEUHAUS
Ottobrunn bei München — KARL SCHAICH

VORWORT ZUR 8. AUFLAGE

„Es gibt ein Land, an dessen Grenzen zerflattern die grauen Schleier der Alltagssorgen; an seinen Ufern zerschellt die anbrandende Woge drohender Gefahr. In seinem Innern umfängt dich tiefer Waldesfriede; über lachende Fluren wölbt sich der blaue Himmel.

Das Land ist des deutschen Waidmanns Jagdrevier. Hier findet er die Ruhe und das Glück, die ihm das widrige Geschick einer unseligen Zeit versagt. Hier walten die guten Geister der Kraft und der Heiterkeit; sie sind es, die ihn für kurze Zeit ermutigen, ‚auf alle Welt zu pfeifen'."

Mit diesen Zeilen begann FERDINAND VON RAESFELD sein Vorwort zur 3. Auflage am Ostermorgen des Jahres 1923 auf Schloß Hartmannsberg in Oberbayern, 54 Jahre bevor die Verfasser dieser 8. Auflage ihre Arbeit abschlossen. Sind nicht auch wir draußen im Revier versucht, „auf alle Welt zu pfeifen", uns abzusondern, taub für, wie wir meinen, unberechtigte, ja oft bösartige Kritik. Gerade weil wir aber „dieses deutschen Waidmanns Jagdrevier" erhalten wollen, müssen wir uns dem „Zeitgeist" stellen, dürfen ihm nicht immer nachgeben und müssen für neue Erkenntnisse der Wissenschaft immer aufgeschlossen sein. Dabei gilt es, Bewährtes zu bewahren und die Jagd als eine große Aufgabe des Naturschutzes, aber auch der Kultur eines Volkes zu sehen.

Dies rechtfertigt, wie wir meinen, die große Monographie FERDINAND VON RAESFELDS fortzuschreiben, so wie es in verdienstvoller Weise Professor Dr. WALTER RIECK und GERD VON LETTOW-VORBECK für die 4. bis 7. Auflage taten.

Wir gestehen, daß es uns nicht leicht fiel, nun mit dieser Bearbeitung in die Reihe dieser Männer zu treten, wir danken dem Verlag Paul Parey für sein Vertrauen.

Wir sahen allerdings unsere Aufgabe nicht darin, als neue Propheten der Rehwildhege aufzutreten, vielmehr bemühten wir uns, Meinung und Gegenmeinung zu Wort kommen zu lassen. Viele Fragen müssen unbeantwortet bleiben, wir glauben aber, auch deutlich gemacht zu haben, wo wir die größere Wahrscheinlichkeit sehen. Eindeutige Urteile schienen uns nur dann angebracht, wenn entsprechende Beweise vorlagen. Ein herzlicher Dank sei aber all denen gesagt, die aus Wissenschaft oder grüner Praxis uns selbstlos bei dieser Arbeit geholfen haben und Material zur Verfügung stellten. Sie alle zu nennen, ist schon aus Platzgründen nicht möglich, bei speziellen Beiträgen ist dies an der jeweiligen Stelle geschehen. Es war aber eines der beglückenden Erlebnisse dieser Arbeit, innerhalb und außerhalb der Grenzen unseres Landes, in Ost und West stets uneingeschränkte Hilfsbereitschaft und großes Verständnis für unsere unzähligen Fragen und Wünsche gefunden zu haben.

Ein besonderer Dank gilt E. DOENGES, Tonbridge, für die liebevoll gezeichneten neuen Abbildungen und FRIEDRICH-WILHELM VON NOTZ für die meisterhaften Gehörnzeichnungen.

Zur Blattzeit 1977

Rothenberg im Odenwald — ALFRED HUBERTUS NEUHAUS
Ottobrunn bei München — KARL SCHAICH

INHALT

ERSTER TEIL

NATURGESCHICHTE

ZWEITER TEIL

JAGD UND HEGE

DRITTER TEIL

PRAKTISCHE JAGDAUSÜBUNG

ERSTER TEIL

NATURGESCHICHTE

Stammesgeschichte

Noch unsere Vorfahren jagten nach Gefühl und Instinkt, viele Wandlungen zeigt uns die Kulturgeschichte der Jagd seit den Anfängen der Menschheit: Von der Selbsterhaltung der ersten Menschen, die deshalb „Jäger" waren, den höfischen Vergnügen des späten Mittelalters bis zu dem großen Gedanken FERDINAND VON RAESFELDS, der „Hege mit der Büchse". Er hat damit seit dem Ende des letzten Jahrhunderts unser Tun als Jäger geprägt, ja, der Jagd des 20. Jahrhunderts ihre Aufgabe gezeigt und ihr die moralische Rechtfertigung vorgegeben. Nachdem ohne Zweifel mit der Entwicklung der Technik der Instinkt des Menschen fortschreitend verkümmerte und die Ratio an seine Stelle trat (oder treten sollte!), scheint es uns unerläßlich, sich zuerst mit dem Werden und der stammesgeschichtlichen Entwicklung einer Wildart zu beschäftigen, die in erstaunlicher Weise sich den Verhältnissen über Jahrtausende angepaßt hat, in denen Natur und Mensch sich veränderten, sich auch weiter anpaßt und dementsprechend von allen eurasischen Schalenwildarten am zahlreichsten vorhanden ist. Es dürfte kaum einen Jäger in Europa geben, der nicht mit diesem Wild in Berührung kam. Für uns jedenfalls war es faszinierend, der Frage nach dem Ursprung nachzugehen.

F. v. RAESFELD schrieb (1905): „Das Reh *(Cervus capreolus)* gehört zur Familie der Hirsche."

W. RIECK (RAESFELD, 1970) ordnet das Reh den Trughirschen altweltlichen Ursprungs zu.

E. SCHÄFER (1973) kommt aufgrund eigener Beobachtungen zu der Vermutung, daß das Reh wie andere Trughirsche (Elch, Ren) neuweltlichen (amerikanischen) Ursprungs sei.

Einen wesentlichen Beitrag hierzu hat K. MEUNIER 1963 mit seiner Arbeit über „Die Knickungsverhältnisse des Cervidenschädels mit Bemerkungen zur Systematik" geleistet. Dieser sowie den Veröffentlichungen von C. C. FLEROV und E. THENIUS und einer persönlichen Mitteilung des letzteren vom März 1974 folgend, möchten wir der Auffassung zuneigen, das Reh *(Capreolus)* den Echthirschen altweltlichen Ursprungs zuzuordnen.

Ohne dies allzusehr zu vertiefen, mögen folgende Feststellungen diese Ansicht erhärten:

1. Die Unterfamilie der Echten Hirsche (Cervinae) oder auch Plesiometacarpalia, genannt nach den erhaltenen oberen Enden der seitlichen Mittelhandknochen, stellt offensichtlich (auch serologisch) eine sehr einheitliche Stammesgruppe dar. Dies läßt sich für die bisher zusammengefaßte Unterfamilie der Trughirsche, Odocoileinae oder auch Telemetacarpalia genannt, nach den erhaltenen unteren Enden der seitlichen Mittelhandknochen keineswegs sagen. Elch *(Alces)*, Reh *(Capreolus)* und Chinesisches Wasserreh *(Hydropotes)* fallen dadurch heraus, daß sie zwar telemetacarpalen Fußbau, aber, und das zeigte MEUNIER, einen Schädelbau wie die Echten Hirsche haben. Dies zeigt sich am deutlichsten in der Tatsache der ungeteilten Choane (Öffnung des Nasengangs im Rachenraum) bei diesen Arten, während bei den anderen Telemetacarpalia wie Ren, Virginiahirsch, Spießhirsch

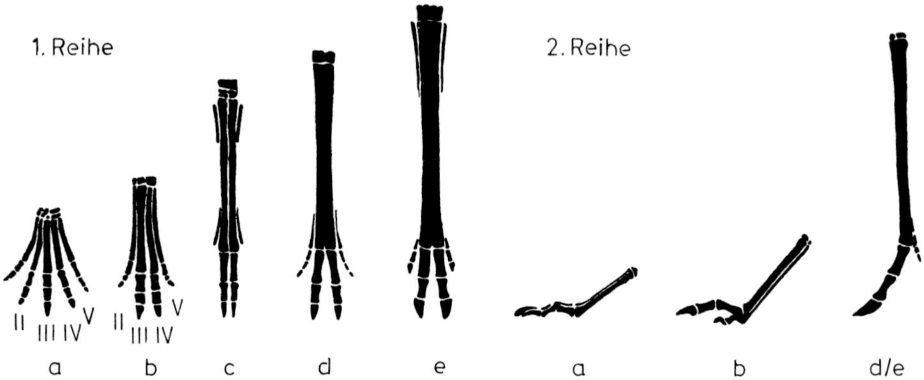

Die Entwicklung des Fußskeletts der Hirsche (nach BENINDE 1937)

1. Reihe: a. Typ des Creodontier/Ur-Huftier-Fußes,
b. Typ des Ur-Paarhufer-Fußes,
c. Hinterfuß vom Gelocus, Oligozän Europas,
d. Typ des Telemetacarpaliers (z. B. Blastomeryx, Unterpliozän sowie die rezenten Neuwelthirsche),
e. Typ des Plesiometacarpaliers (z. B. Dicroceros, Miozän Europas sowie die rezenten Altwelthirsche).
Beachte die Reduktion der Zahl der Zehenstrahlen und die Verwachsung der beiden mittleren.

2. Reihe: a. Sohlengängertyp (plantigrad) des Urhuftiers,
b. Aufrichtung des Fußes beim Urpaarhufer,
d./e. Zehengängertyp (digitigrad) der Hirsche. Beachte die Aufrichtung der Fußstellung.

Heutiger Muntjak, erlegt von S. K. H. ABDORREZA VON IRAN (Photo: Erleger)

(Mazama), Puduhirsch, Anden- oder Gabelhirsch und Sumpfhirsch diese Choane durch das Pflugscharbein in zwei Hälften geteilt wird.

2. Der Ursprung der Echten Hirsche liegt unbestritten in Eurasien, also altweltlich, ein Teil der unter Trughirschen zusammengefaßten Arten ist dagegen unbestritten neuweltlichen Ursprungs.

   Diese bilden wiederum eine natürliche Einheit, so daß sie schon bisher als Trughirsche sensu stricto bezeichnet und von HALTENORTH zu zwei Genera (Odocoilens und Mazama) zusammengefaßt wurden.

Bis hierher könnte man geneigt sein, der ganzen Gattung *Capreolus* bzw. Elch, Reh und Chines. Wasserreh eine völlige Sonderstellung als eigene Unterfamilie ungewissen geographischen Ursprungs einzuräumen.

3. Es liegen jedoch keinerlei paläontologische (fossile) Funde vom Reh aus der neuen Welt vor.

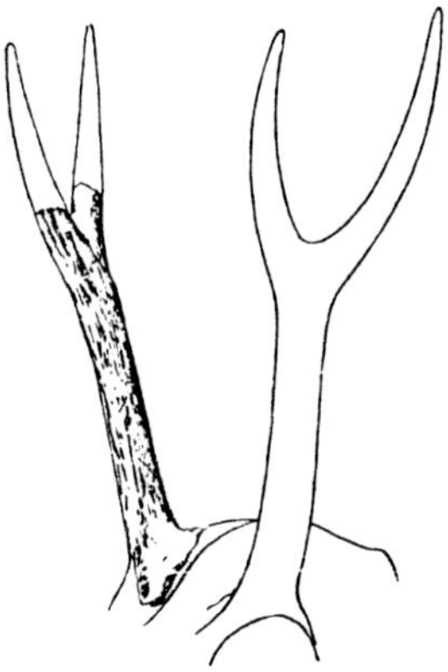

Links: *Procervulus dichotomus* (Cervidae). Mittel-Miozän, Europa. Frontalfragment mit Geweih, ergänzt (nach Stehlin 1939)

Unten links: Geweihbildung vom Dicrocerus (a) und Muntjak (b)

Unten rechts: Frühe Capreolus-Form aus dem oberen Miozän. Capreolus Pentelici, Dames, in etwa 3/22 der natürlichen Größe, aus den Funden von Pikermi in Attika. Links: rechtes Geweih, rechts: linkes Geweih (nach Oloff 1954)

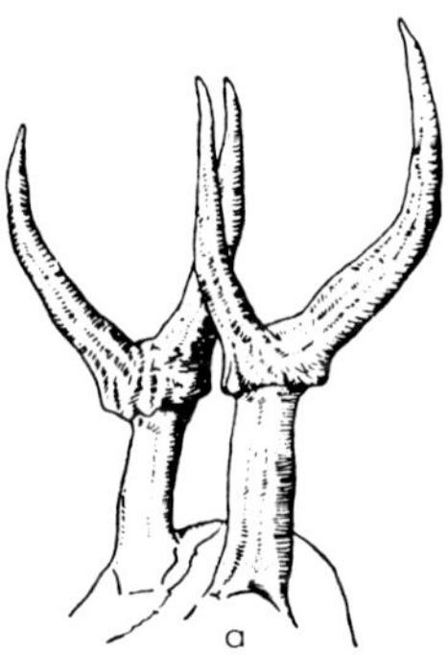

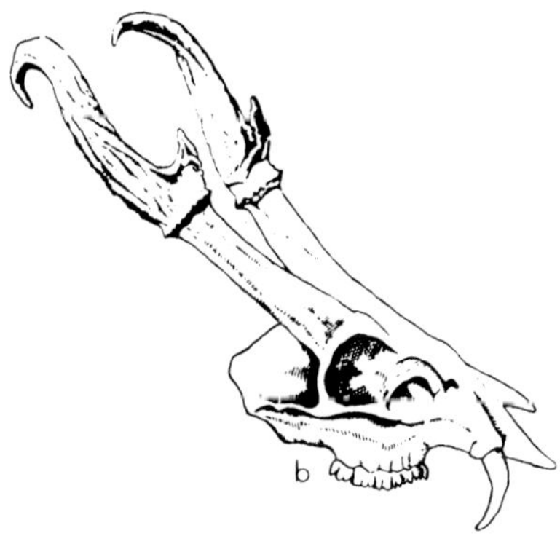

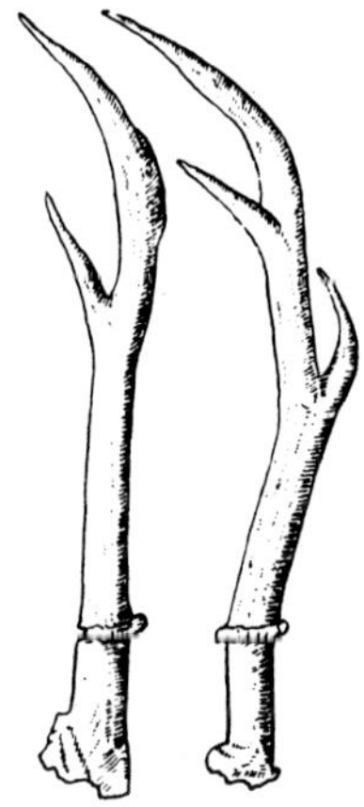

Die Richtigkeit dieser so kurz begründeten Ansicht vorausgesetzt, können wir den Ursprung unseres Rehes (*Capreolus c. capreolus*, Linné 1758) sowie seiner nächsten Verwandten, des Sibirischen Rehes (*C. c. pygargus*, Pallas 1771) und des China-Rehes (*C. c. bedfordi*, Thomas 1908) unter den sog. jungtertiären Muntjakhirschen *(Procapreolus)* suchen.[1]

Folgen wir im übrigen neben Thenius den Forschungen von Beninde und Oloff, so läßt sich grob folgende Entwicklungsgeschichte skizzieren, wobei uns seit etwa 30 Jahren die Kenntnis radioaktiver Strahlung von Mineralien bzw. Isotopen und ihrer zeitlich erfaßbaren Zerfallserscheinungen für die Daten der Erdgeschichte sehr zu Hilfe gekommen ist, wenn auch für die Altersbestimmung in der Paläontologie noch immer auf eine relative Datierung mit Hilfe von Leitfossilien nicht verzichtet werden kann.

Zum Ende des Erdmittelalters (Mesozoikum) im Übergang von der Kreide zum Paläozän, der ältesten Abteilung der Tertiärformation der Erdneuzeit, also vor 60 Millionen Jahren, sterben die Riesenreptilien, die Saurier, aus, und es beginnen sich höhere Säugetiere zu entfalten. Im Eozän, beginnend vor 50 Millionen Jahren und 18 Millionen Jahre dauernd, spalten sich diese Urformen höherer Säugetiere in die verschiedenen zu unseren heutigen

[1] Im zoologischen System, wie von Linné begründet, bedeutet der erste lateinische Name die Gattung, der zweite die Art, der dritte die Unterart, soweit erforderlich.

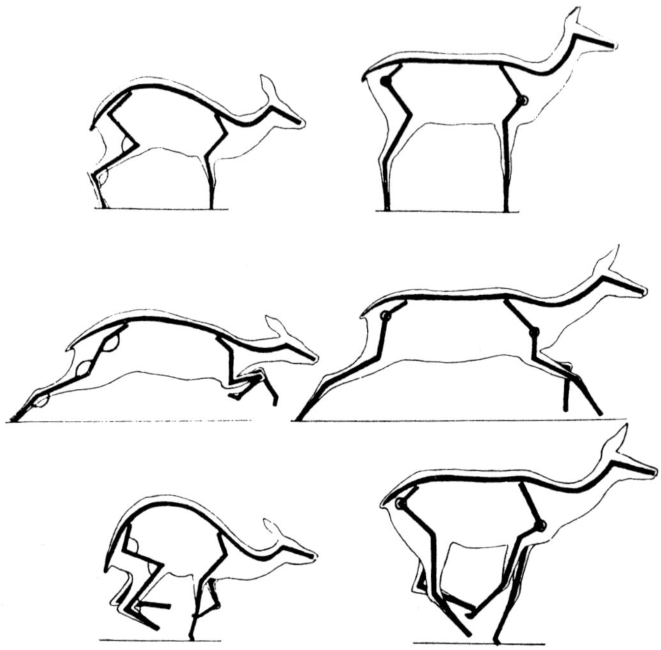

Extremitätenbau und Galopptechnik a. des Buschrandbewohners (Schlüpfers), b. des Freilandbewohners (Läufers) (nach BENINDE 1937)

a. *Oben:* Rückenlinie gekrümmt, nach vorn abfallend, Kopf niedrig.
Mitte: Hinterextremität erheblich länger (Summe der Hinterlaufknochen) und stärker als Vorderextremität.
Unten: Galoppsprung erfolgt aus der als niedergedrückte, dreifache Winkelfeder wirkenden Hinterhand durch deren Streckung. Der Rücken wirkt durch Biegung und Streckung ebenfalls als Feder (Bogenfeder).

b. *Oben:* Rücken gerade gestreckt, waagerecht, Kopf aufrecht.
Mitte: Hinterextremität und Vorderextremität sind von genau ausgewogener Länge und Stärke.
Unten: Galoppsprung erfolgt bei unverändert geradem Rücken durch Hebelwirkung aus der Hinterhand. Dabei funktioniert der ganze Lauf einheitlich ohne nennenswerte Federwirkung als Hebelschenkel, dessen Drehpunkt im Hüftgelenk liegt.

Beachte die jeweilige Hinterlaufwinkelung.

Arten führenden Stammlinien. Die in der Kreidezeit aufgefalteten Kernzonen der jungen Gebirge Europas und Asiens wachsen weiter bis zum Ende des Miozän. Das Klima, im Paläozän gemäßigt warm, wird im Eozän tropisch warm mit entsprechender Flora (Dschungel, Sumpfwälder, Braunkohlebildung), um im Oligozän, vor 32 bis 20 Millionen Jahren, wieder gemäßigt warm (mit Winterfrost) zu werden. Ausbreitung der Grassteppe.

Im Miozän (vor 20 bis 10 Millionen Jahren) beginnt, bei sich differenzierenden Klimaverhältnissen, die Entwicklung von Laubbäumen.

So liegt auch der Ursprung der Paarhufer (Artiodactyla) im Eozän mit drei Großgruppen:
1. Den schweineartigen Paarhufern (Nichtwiederkäuer).
2. Den Cameliden (Schwielensohler, Wiederkäuer und Nichtwiederkäuer).
3. Den Wiederkäuern im engeren Sinne (Ruminantia).

Nur nebenbei sei vermerkt, daß die Nichtwiederkäuer keine genetische Einheit bilden, andererseits Wiederkäuer sowohl innerhalb der 2. und 3. Großgruppe entstanden sind.

Vermutlicher Stammbaum des Rehes

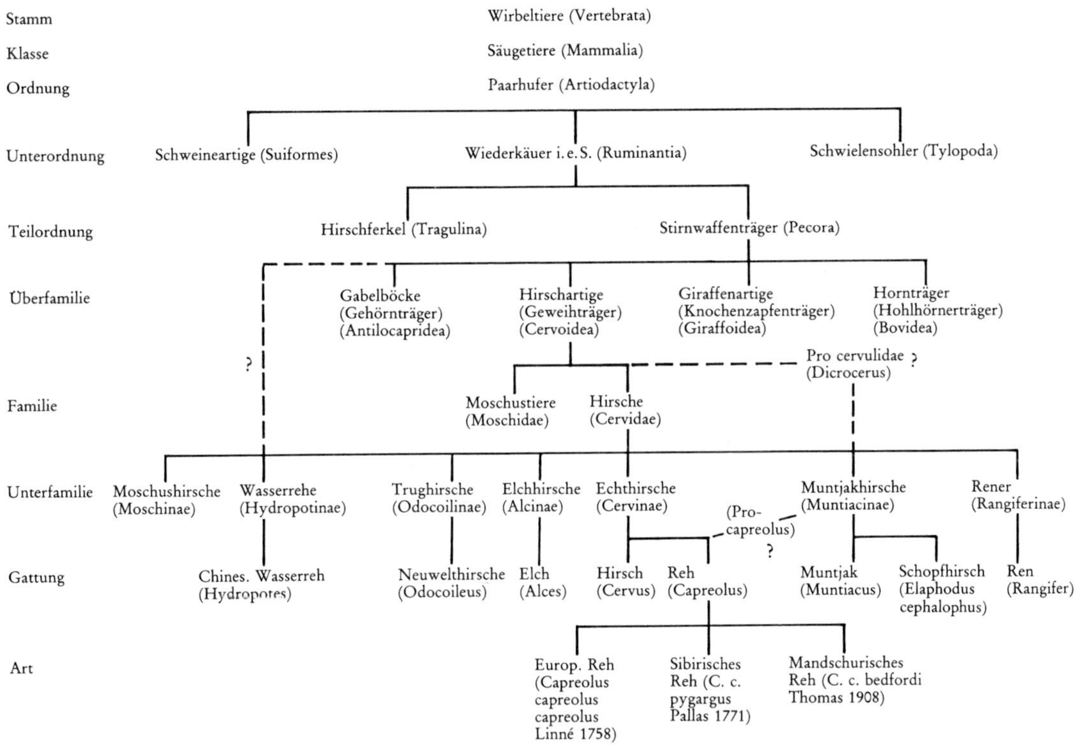

Die dritte Großgruppe hat sich bis heute zur arten- und formenreichsten Paarhufergruppe entwickelt. Ihre Wurzeln liegen mit den Tragulina (Hirschferkel) noch im Eozän ohne Geweihbildung, aber mit verlängertem Oberkiefereckzahn, rezente Gattungen stellen die Zwerghirsche (*Tragulus* – Ind. Kantschil – Ostasien) und die Hirschferkel (*Hyemoschus* – Afrika) dar.

Als Weiterentwicklung der Ruminantia fassen wir die Stirnwaffenträger (Pecora) zusammen, Entstehung und Teilung in Hirschartige, Giraffenartige, Gabelböcke und Hornträger im Übergang vom Oligozän zum Miozän.

Diese Entwicklungen wurden geprägt durch die langfristigen Veränderungen des Klimas und damit der Biotope, also der Umwelt. Subtropischer Urwald, dessen Buschrandzonen oder aber Waldlandschaften gemäßigter Zonen bis hin zur Grassteppe formten „ihre" Arten.

So gelten als primitivste hirschartige (cervide) Paarhufer „Amphitragulus" und „Dremotherium" aus dem Oligo-Miozän Eurasiens. Auch sie sind noch geweihlos, aber mit cervidem Schädelbau und säbelförmig verlängertem Oberkiefereckzahn (C. sup = *Caninus superior*). Ihr Entstehungszentrum lag zweifellos in Asien, aber noch im Oligozän erfolgte ihre Ausbreitung nach Europa, im Miozän über Alaska nach Nordamerika.

Im mittleren Miozän endlich, also vor etwa 15 Millionen Jahren, erscheinen die ersten geweihtragenden Hirschvorfahren, die ihrer Ähnlichkeit mit dem heute noch lebenden Muntjak wegen als Muntjacinen benannten Gattungen „*Procervulus*" und „*Dicrocerus*". Neben dem Muntjak, dem primitivsten rezenten geweihtragenden Hirsch, handelt es sich beim Chinesischen Wasserreh *(Hydropotes inermis)* um den primitivsten lebenden geweihlo-

Zeittafel

	Erdformation	Klima und Landschaft (nördl. Halbkugel)	Entstehung der Arten
Paläozoikum (Erdaltertum)	Kambrium vor 520 Mill. Jahren bis vor 440 Mill. Jahren	größtenteils flache Meere, sonst Wüste, gemäßigt bis warm	wirbellose Wassertiere wie Würmer, Quallen, Schwämme, Dreilappkrebse
	Ordovicium vor 440–360 Mill. Jahren	starke Bewegungen der Erdkruste (Vulkantätigkeit), Vorstöße und Rückzüge des Meeres, gemäßigt bis warm	nur Wassertiere, aber erste Wirbeltiere, Panzer- und Tintenfische
	Silur vor 360–320 Mill. Jahren	neue Gebirgszüge, warm, aber trocken	nur Wassertiere, erste Landpflanzen
	Devon vor 320–265 Mill. Jahren	verstärkte Landbildung, kühl bis gemäßigt	erste vierfüßige Wirbeltiere „Amphibien“
	Karbon vor 265–210 Mill. Jahren	neue Hochgebirge, dazwischen riesige Waldsümpfe, Steinkohlebildung, warm-feucht	erste Reptilien, Insektenarten entwickeln Flügel
Mesozoikum (Erdmittelalter)	Perm und Trias vor 210–155 Mill. Jahren	Europa zuerst Festland, später wieder Meereseinbruch, Entstehung großer Salzlager, Klima kontrastreich, überwiegend heiß und trocken	neben Reptilien erste warmblütige Säugetiere
	Jura und Kreide vor 155–60 Mill. Jahren	Ausbreitung der Meere, dann riesige Sümpfe, mild bis subtropisch	gewaltige Reptilien, Dinosaurier, erster Vogel „Archaeopteryx“, Säugetiere nicht größer als Ratten, aber erste „Plazentalier“ (bis zur Geburt Ernährung durch Mutterblut)
	Paläozän (älteste Tertiärformation)	Faltengebirge wachsen, warm, dann tropisch	Riesenreptilien ausgestorben, Urraubtiere und Urhuftiere
Tertiär	„Känozoikum“ Beginn der Erdneuzeit		
	Eozän vor 50–32 Mill. Jahren	langsames Zurückweichen des Meeres, tropisch-heiß, teils Savanne, teils Dschungel, gegen Ende Beginn der Braunkohlebildung	Ursprung der Paarhufer (Artiodactyla), 3 Großgruppen: Schweineartige, Schwielensohler, Wiederkäuer
	Oligozän – Miozän vor 32–10 Mill. Jahren	Hauptfaltung der Alpen, zuerst trocken, Grassteppe, dann feuchtwarm, Sumpfwälder, Braunkohlebildung, Entwicklung heutiger Laubbäume	„Proconsul“, der primitive Menschenaffe, Vorläufer der Elefanten und Nashörner; erste Kleinhirsche, darunter „Procapreolus“; Vorläufer von Bären, Hunden und Katzen
	Pliozän vor 10–1 Mill. Jahren	Kontinente und Ozeane gewinnen ihre heutige Gestalt	starke Fortentwicklung der Menschenaffen (Australopithecus), Großhirsche, echte Elefanten, Capreolus cusanus, Capreolus priscus C = suessenbornensis

sen Cerviden überhaupt, dessen Bestand nach neuesten Berichten in China heute gesichert ist und sich von den Flußtälern bis unterhalb der Kältewüsten des Himalaja erstreckt.

Wie bereits ausgeführt, dürfte nach dem neuesten Stand der wissenschaftlichen Erkenntnis bereits hier, also in jenem Erdzeitalter, auch der Ursprung unseres Rehes zu suchen sein, und zwar in der Form des „Procapreolus“, der lange Zeit als fortschrittlicher Muntjakhirsch angesehen wurde.

Wir haben es also bei unserem Reh mit der ältesten Hirschart Europas zu tun; als typische

Fortsetzung der Zeittafel

	Erdformation	Klima und Landschaft (nördl. Halbkugel)	Entstehung der Arten
Quartär	Pleistozän oder Diluvium vor 1 Mill. bis 10 000 Jahren	Günzeiszeit, schwächerer Eisvorstoß	Homo heidelbergensis
		1. warme Zwischeneiszeit	weitgehend heutige Tierwelt, Verbreitung jedoch stark schwankend, erster Edelhirsch (Mosbach) (kronenlos)
		Mindeleiszeit, starker Eisvorstoß, Kältesteppen	
		2. warme Zwischeneiszeit offene Waldlandschaft	
		Rißeiszeit, starker Kältevorstoß, Kältesteppe	
		3. warme Zwischeneiszeit wieder offene Waldlandschaft	Rezenter Rothirsch Neandertaler
		Würmeiszeit, starker Kältevorstoß	
	Holozän oder Alluvium seit 10 000 Jahren	langsame, dauerhafte Erwärmung über Tundra zur Waldlandschaft	der Mensch lernt Haustierhaltung und Pflanzenanbau, heutige Tierwelt

Form ist es im Villafranchium Europas *(Capreolus cusanus)* und mit *Capreolus priscus C. = suessenbornensis* aus dem Alt-Quartär nachgewiesen.

Diese Beständigkeit der Art, was Körperbau und Geweihentwicklung anbelangt, paart sich mit einer außerordentlichen Anpassungsfähigkeit an die sich in Hunderttausenden von Jahren verändernde Umwelt.

Was die taxonomische Aufteilung der Gattung *„Rehe"* in eine Art und 3 Unterarten anbelangt, so wird dies teilweise überhaupt abgelehnt mit der Begründung, daß es sich nur um eine Art mit mehreren geographischen Formen handele, andererseits werden zahlreiche Unterarten angenommen. Stubbe und Buchholz vertreten aufgrund ihrer Bastardierungsversuche zwischen Europäischen und Sibirischen Rehen die These zweier Arten mit ihren Unterarten.

MEUNIER berichtet von einem bisher unbekannten, seines Erachtens 3. Grundstamm (Art): Dem *„Garganta-Reh"* (Südspanien). Dieses Reh unterscheide sich sowohl phänotypisch als auch morphologisch so erheblich von allen anderen Arten, daß MEUNIER an ein durch die Eiszeiten isoliertes Ur-Vorkommen glaubt.

Manche Autoren wollen auch im *Nordkaukasischen Reh* (*Capreolus c. caucasicus, Dinnik* 1910) eine Unterart erkennen, wir neigen mehr dazu, hierin eine Zwischenform von Europäischem und Sibirischem Reh zu sehen. Das gleiche gilt u. E. für *Capreolus c. melandis* Miller 1911 und *Capreolus c. tienschanicus* Satunin 1906.

Es gab keine so stürmischen Entwicklungen wie bei anderen Hirscharten, die aber auch bei Wegfall der gemäßen Umweltbedingungen zum Aussterben einer Unterart wie der des Riesenhirsches (Megaceros) führte.

Das Reh ist ein Tier der Buschrandzone (Waldränder, Buschgruppen). Es hat nie die offene Waldlandschaft oder gar die Grassteppe bewohnt, allen Widrigkeiten des Pleistozän mit seinen Eis- und Zwischeneiszeiten zum Trotz hat es flexibel durch Rückzug und Wiederbesiedlung seinen „Charakter", seine Lebensgewohnheiten bewahrt bis auf den heutigen Tag!

Dabei wird es durch die heutige, vom Menschen verursachte Landschaftsstruktur gegenüber den Verhältnissen der ursprünglichen mitteleuropäischen Naturlandschaft in seinen Lebensmöglichkeiten entscheidend gefördert. Dies dürfte seine Verbreitung und zahlenmäßige Entwicklung verständlich machen.

Heutige Verbreitung

Der gesamte Formenkreis des Rehes (Gattung *Capreolus* Gray 1821) ist, abgesehen von Einbürgerungen durch Menschen, auf Europa und Asien beschränkt.

Das Europäische Reh finden wir in ganz Europa, außer Irland und Island, wo es wohl nie vorkam, und außer den Mittelmeerinseln, wo es zumindest auf Sardinien, Sizilien und dem Peloponnes ausgerottet wurde. Darüber hinaus finden wir es, wenn auch teilweise nur noch inselhaft, in der Türkei, in Syrien, Libanon, Israel, Irak und Iran bis südlich des Kaukasus. In Portugal und Griechenland sind die Populationen wohl an einer Grenze zur Bestandsgefährdung angelangt, in Spanien und Italien ist eine Zunahme der gesicherten Bestände zu verzeichnen, wobei in Italien die stärksten Vorkommen in Norditalien einschließlich dem Alpen- und Voralpenraum liegen, aber in abnehmender Zahl Rehwild im ganzen Festlandbereich bis Kalabrien existiert.

In West- und Mitteleuropa und auf dem Balkan (mit Ausnahme Griechenlands) haben die Rehwildbestände seit dem 2. Weltkrieg teilweise stark zugenommen, das gleiche gilt für Polen, Westrußland und die skandinavischen Länder. Seit etwa der Mitte des vorigen Jahrhunderts breitet sich das Reh dort ständig weiter nach Norden aus. Während des 16. und zu Beginn des 17. Jahrhunderts war es bereits in Skandinavien relativ weit verbreitet, aufgrund klimatischer Einflüsse, vor allem aber durch die Abschaffung der Jagdprivilegien ab 1789 setzte ein starker Rückgang ein, so daß zu Beginn des 19. Jahrhunderts lediglich noch geringe Reste in Südschweden (Schonen) vorhanden waren. Inzwischen hat das Reh weite Teile Schwedens und Norwegens bis zum Polarkreis besiedelt. Finnland wurde von Norden um den Bottnischen Meerbusen herum und vom Süden über die Karelische Landenge erreicht. Denn auch in den baltischen Ländern schob sich die Verbreitungsgrenze nach Norden vor bis in den Raum um Leningrad. Die Ostgrenze zieht sich heute vom Ladogasee bis zum Schwarzen Meer einschließlich der Halbinsel Krim, wo nach starken Bestandesschwankungen heute ein gesichertes Vorkommen sein soll.

Nach einer ganz groben Schätzung, teilweise aufgrund von Daten des CIC Rehwild-Symposiums im Mai 1982 in Altenfelden/Österreich, dürfte das Europäische Reh in einer Gesamtgrößenordnung von 6 Millionen vorkommen[1].

Innerhalb seines Verbreitungsgebietes finden wir das Reh von der Meeresküste bis zur Baumgrenze im Hochgebirge, das Körpergewicht der erwachsenen Böcke schwankt zwischen 15 und 38 kg, von Südwesten nach Nordosten, von tiefen in höhere Lagen und von wärmerem zu kälterem Klima ansteigend.

Östlich des Kaspischen Meeres und des Urals schließt sich die Form des *Sibirischen Rehes* (*Capreolus c. pygargus* [Pallas 1771]) an und erstreckt sich über weite Teile Sibiriens bis zum Amur und in der Nordmongolei bis zum Altai. Es ist durch besondere Körpergröße und Gehörnmerkmale gekennzeichnet. Die Rosenstöcke stehen weit auseinander, die Rosen sind klein und berühren sich nicht, der Rücksproß ist nach innen gerichtet. Die Stangenlänge beträgt in der Regel 30–40 cm, also bei weitem die größte Geweihausbildung aller Unterarten.

[1] Für einige ausgewählte mitteleuropäische Länder siehe Streckenliste S. 155 bis 158.

(Anm.: Wesentliche Hinweise zu diesem Kapitel verdanken wir Herrn W. Trense, Generalsekretär CIC, vom Mai 1982).

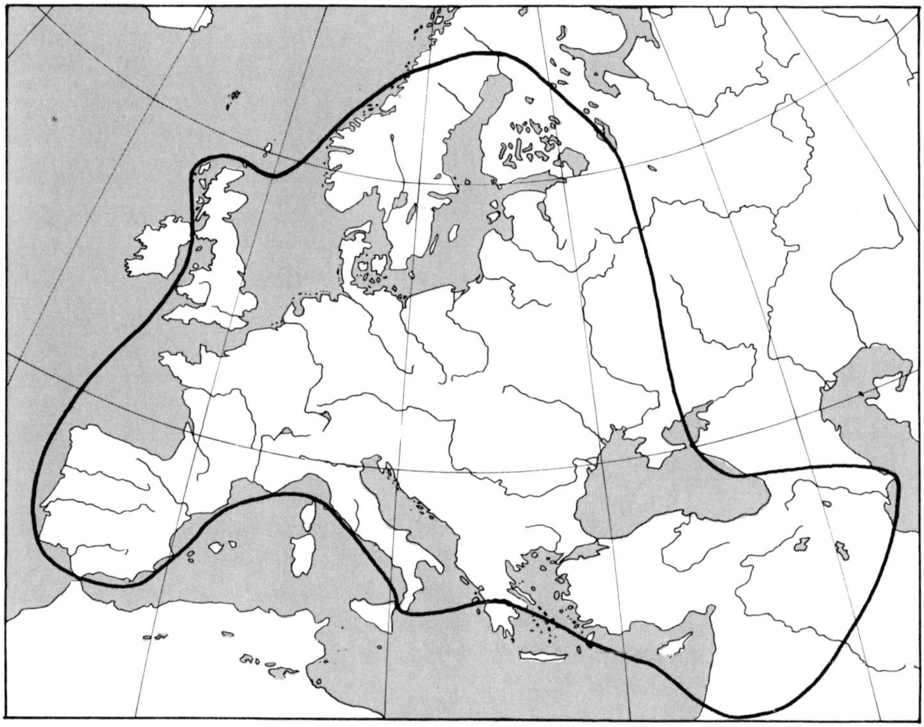

Verbreitung des europäischen Rehes

Adulte Böcke erreichen bis zu 60 kg Körpergewicht, Geißen bis zu 52 kg.

1950 sind im Großraum Moskau, an der Wolga und noch weiter südlich Sibirische Rehe ausgesetzt worden, die anscheinend zu Mischpopulationen geführt haben.

Das *Mandschurische oder Chinesische Reh* (*Capreolus c. bedfordi* [Thomas 1908]) besiedelt das Ussuri-Amurgebiet, Nordostchina, Korea, Nordosttibet, Kansu und Szetschuan, auch sein Bestand gilt als gesichert.

Es steht sowohl nach Körper- wie Geweihgröße zwischen dem Europäischen und Sibirischen Reh, das Höchstgewicht adulter Böcke beträgt 40 kg. Am Ussuri und Amur dürften ebenfalls Mischpopulationen mit Sibirischen Rehen entstanden sein.

Was das *Nordkaukasische Reh* anbelangt, so haben wir schon auf die offene Frage hingewiesen, ob es sich um eine Unterart, eine Zwischenform oder ein isoliertes Restvorkommen Sibirischer Rehe handelt.

Das Rätsel des angeblichen ehemaligen Vorkommens sibirischer Rehe in Mitteleuropa noch in historischer Zeit wurde von Baillie-Gohmann geklärt. Die sogenannten „deutschen Urböcke" der großen Sammlungen prominenter Jäger aus dem 19. Jahrhundert sind von Händlern importiert worden, die mit der Beschaffung kapitaler Trophäen beauftragt waren. Durch Verwechslungen oder falsche Herkunftsangaben wurden sie dann als Gehörne, die in Deutschland im 17. und im 18. Jahrhundert erbeutet waren, in die Sammlungen eingereiht. Die vielen kapitalen Rehgehörne, die im Leutasch- und Zillertal in Tirol an den Bauernhäusern anzutreffen sind, stammen nicht aus der Gegend. Sie wurden in früheren Zeiten als Andenken aus Rußland mitgebracht. Viehtreiber, die Milchvieh aus diesen Tälern in Herden weit nach Rußland hinein exportierten, brachten die sibirischen Rehgehörne in ihre heimischen Täler, wenn sie zurückkehrten.

In bestimmten Gebieten Bayerns lassen sich an Hand der sibirischen Trophäen geradezu die Handelswege nachvollziehen, die diese Händler nahmen.

Äußere Erscheinung und Körperbau

Erster Eindruck

Flimmerndes Licht, die Strahlen der Sonne eines sich neigenden Junitages brechen sich zwischen Baum und Strauch, im frischen Grün der kleinen Lichtung Farbe und Bewegung: Eine Ricke mit ihren zwei Kitzen.

Ein Anblick voller Anmut und Lieblichkeit. Ja, selbst der weiter abseits verhoffende Bock, bereit, seinen Einstand jederzeit zu verteidigen, stolz und trotzig dastehend, vermittelt den Eindruck kraftvoller Anmut.

Wohl kein Tier unserer Landschaft übertrifft das Rehwild an Liebreiz und Eleganz der Erscheinung.

Nicht von ungefähr hat sich der wenn auch fragliche „Bambi-Kult" Amerikas auf unser Reh übertragen. Und doch, bei genauer Betrachtung stört dieses ästhetische Bild etwas die Form des Hinterlaufes. Das rührt von der starken Einbiegung im Sprunggelenk her. Beim vertrauten Ziehen könnte man meinen, die Hinterläufe würden nachgezogen. Und noch etwas fällt uns auf: die ziemlich stark gewölbte Rückenlinie. Die Kruppe liegt höher als Schulter und Widerrist, ganz im Gegensatz zum Rothirsch, dessen Rücken gerade oder leicht abfallend verläuft.

Für beides wissen wir bereits die Erklärung aus der stammesgeschichtlichen Entwicklung: Das Reh hat die Anatomie eines Schlüpfers der Busch- und Waldrandzonen. Der Bau der Hinterläufe ermöglicht kurzfristig außerordentliche Schnelligkeit und beachtliche Sprünge in Weite und Höhe; die keilförmige Körperform ist dem Sich-Drücken, dem lautlosen Durchwinden, bestens angepaßt.

Diesem Lebensraum entspricht auch der verhältnismäßig kleine Kopf und die Größe des Geweihs des männlichen Tieres.

In diese Betrachtung versunken, haben wir uns etwas unachtsam verhalten, irgend etwas hat die Ricke stutzig gemacht, ein, zwei Fluchten und jetzt Laute, die gar nicht zu dieser bezaubernden Kreatur passen wollen, fast so wie das Bellen eines Hundes: das Schrecken aus Unmut über eine Störung, die nicht immer, wie wir später noch erfahren werden, durch uns Menschen verursacht sein muß.

Unser Harmoniegefühl verwirrend, Rätsel der Natur oder sinnvolle Schöpfung?

Gestalt

Der Körper des ausgewachsenen Rehes erreicht eine Länge, vom Windfang bis zum Wedel über den Rücken gemessen, von 110 bis 130 cm, die Standhöhe am Widerrist 70 bis 75 cm. Wesentliche Abweichungen zwischen Bock und Ricke sind in dieser Beziehung nicht gegeben. So zeigen die Untersuchungen von STUBBE bei zweijährigen und älteren Böcken Körperlängen von 93 bis 129 cm, Körperhöhen von 56 bis 77 cm, bei zweijährigen und älteren Ricken Körperlängen von 96 bis 125 cm und Körperhöhen von 55 bis 77 cm.

Interessant ist allerdings der ebenfalls von STUBBE und SMIRNOV erarbeitete Vergleich zum größeren Sibirischen Reh *(capreolus c. pygargus),* bei dem die entsprechenden Werte sich wie folgt darstellen:

Photo: B. WINSMANN, Hoyershausen

♂	Körperlänge	130–139 cm	Körperhöhe	81–92 cm
♀	Körperlänge	124–138 cm	Körperhöhe	78–85 cm

Der erwachsene Bock fällt auch von weitem zumeist durch seine massig wirkende Gestalt auf.

Das Haupt ist kurz, der Gesichtsteil verjüngt sich stark, und die Stirn steigt an, im Profil erscheint das Haupt dadurch fast dreieckig, beim Bock mehr als bei der Ricke. Die großen Lichter haben eine schwarzbraune Iris und eine quergestellte, längliche Pupille. Im vorderen Augenwinkel befindet sich eine stark entwickelte Nickhaut. Das obere Lid hat lange Wimpern. Die Stellung der Lichter ist seitlich gerichtet, die Sehachsen kreuzen sich nicht, so daß ein binokulares Sehen nicht möglich ist. Vor den Lichtern liegt eine flache, behaarte Vertiefung, die der Tränengrube anderer Hirscharten entspricht. Die Lauscher sind lang-oval, zugespitzt, etwa zwei Drittel so lang wie das Haupt. Der Hals ist schlank und länger als das Haupt, der Rumpf ist gedrungen gebaut, vorn etwas stärker als hinten. Ein Wedel ist äußerlich nicht sichtbar, man bemerkt ihn als ganz kurzen Stummel, wenn das Reh ihn hebt, um die Losung abzusetzen. Auffallend lang und schlank sind die Läufe, besonders die Hinterläufe, die im Sprunggelenk stark eingebogen sind.

Unabhängig von der Figur ist der Bock an Gehörn oder Rosenstöcken sowie an der Brunftrute mit dem aus einem 5 bis 7 cm langen Haarbüschel bestehenden Pinsel, den Brunftkugeln und dem nierenförmigen Spiegel zu erkennen.

Die Ricke erkennt man an der Schürze, einem 5 bis 7 cm langen Haarbüschel, das unterhalb der Geschlechtsöffnung, dem Feuchtblatt, nach unten hängt.

Körpergewichte

Wir wollen gleich zu Beginn klarstellen, daß zwischen Körpergewicht, d. h. dem Gewicht des ganzen Tierkörpers (Lebendgewicht) und dem Wildpretgewicht zu unterscheiden ist. Das Wildpretgewicht wird in der Literatur bei der Ricke mit Haupt, aber ohne Eingeweide (Drossel, Brust- und Bauchorgane) angegeben. Beim Bock unterscheidet man noch zwischen „aufgebrochen mit“ und „ohne Haupt“ oder „gekapptem Gehörn“. Dies kann natürlich zu Mißinterpretationen führen, wenn man Zahlen vergleicht. Von äußerster Wichtigkeit ist auch die Feststellung, daß das Gewicht im Jahresablauf monatlichen Schwankungen unterworfen ist. Der Begriff „Durchschnittsgewicht“ ist also nicht sehr aussagekräftig, da sind schon detailliertere Angaben nötig. Allein das Gewicht des Hauptes kann ja bei Böcken 5–8 % des Wildpretgewichtes ausmachen.

Im Gewicht unterscheiden sich Bock und Ricke, nach den Zusammenstellungen von Bieger betrug das Durchschnitts-Wildpretgewicht (aufgebrochen) von über 8000 Böcken aus ganz Deutschland 14,9 kg, von fast 7000 Ricken 14,2 kg, nach Stubbe für 2603 Rehe aus dem mitteldeutschen Raum 16,8 bzw. 14,9 kg.

Der Aufbruch beträgt etwa ein Viertel bis ein Drittel (altersabhängig) des Lebendgewichtes und wäre hinzuzurechnen, wenn man das Gewicht mit Eingeweiden angeben will.

Über das Verhältnis von Eingeweiden zu Körpergewichten berichtet Prior bei englischen Rehen. Böcke und Ricken wogen sauber aufgebrochen, einschließlich Lunge, Drossel und Zwerchfell 82 % des totalen Lebendgewichtes, ohne die Brustorgane und Gescheide 76 %, und aufgebrochen, ohne Kopf, Decke und Läufe 55 % (Böcke) bzw. 58 % (Ricken) des Lebendgewichtes. Valenticic stellte ∅ 7,2 % Schweiß fest. Zu ähnlichen Ergebnissen kommen auch Weiner und Feustel. Das Gewicht des Hauptes beträgt nach Tilgner 1,2 bis 1,27 kg für polnische Rehe. Durch Abkühlen im Kühlhaus verliert der Tierkörper ca. 1 kg, durch Abhäuten ca. 1,5–1,7 kg, dies ist das Gewicht der Decke. Aufgebrochen, ohne Haupt,

Decke und Läufe verbleiben uns also 55–59 % des Körpergewichtes, davon sind dann noch bis ca. 39 % Knochenanteil möglich. In den einzelnen Landesteilen wurden folgende Wildpretgewichte ermittelt:

Freie Wildbahn	Böcke (kg)	Ricken (kg)
Ostpreußen	17,78	16,58
Pommern	15,33	14,96
Schlesien	15,50	15,10
Mecklenburg	15,18	13,75
Baden	15,15	14,16
Sachsen (Freist.)	14,93	14,22
Hessen-Nassau	14,93	14,66
Schleswig-Holstein	14,86	13,82
Hessen	14,81	13,87
Westfalen	14,60	13,96
Rheinland	14,59	13,59
Bayern	14,37	13,27
Brandenburg	14,10	13,70
Hannover	13,85	13,65
Sachsen (Prov.)	13,72	13,78

Ein gesund entwickeltes, normales, erwachsenes Reh sollte ein Wildpretgewicht von 17 bis 22 kg haben, sehr gute Stücke erreichen 25 kg und mehr.

Äsungsmangel, zu hohe Verparasitierung bzw. zu hohe Wilddichten führen zu den bekannten Kümmerformen. Den positiven Einfluß der Fütterung auf das Gewicht zeigen die Weichselbodener Versuche von A. und J. von Bayern, welche die Gewichte in monatlichen Abständen ermittelten. Der Beginn des Fütterungsversuches in Weichselboden war 1961. Die Reaktion der kümmernden Gebirgsrehe auf die Fütterung war derart stürmisch, daß man nach einigen Jahren fast von einer neuen Art sprechen konnte, was wiederum den Vermutungen über spezielle Erscheinungsformen, wie großwüchsiges und kleines Europaisches Reh, ein Ende machte. Wenn es nötig erschien, wurde anfangs Parasitenbekämpfung durchgeführt. Den dramatisch-negativen Einfluß hoher Verparasitierung schildern eine Reihe von Autoren, desgleichen den günstigen Einfluß einer richtigen Parasitenbekämpfung. Der Sinn dieser Bekämpfung wird von einer Reihe von Wildbiologen angezweifelt, der Erfolg der Bekämpfung hängt von der richtigen Durchführung ab. Obwohl dieses Thema nicht in dieses Kapitel gehört, wird schon an dieser Stelle auf den im Gatter (Barth und Schaich, Ellenberg) gemessenen Futterverzehr (Tabelle Seite 25) und dessen Auswirkung auf das Körpergewicht hingewiesen.

Die Gewichte scheinen (Bergmannsche Regel) im Norden und Osten des Verbreitungsgebietes höher zu sein, in Nordschweden wurden Höchstwerte von 38 kg bei Böcken und 28 kg bei Ricken ermittelt; in Litauen 20–22,4 kg.

Rehe machen dreimal im Jahr eine Gewichtsdepression durch, im Januar, im April und im August. Diese Schwankungen sind vom Nahrungsangebot unabhängig. Im Gegenteil, der Futterverzehr ist im Frühjahr und Herbst am höchsten (800 g) und nicht im Sommer und Winter (450 g). Gewichts- und Futterverzehrkurve verlaufen also nicht analog; die arterhaltenden biologischen Aktivitäten sind zu gewissen Zeiten bestimmender als die lebenswichtige Äsungsaufnahme des Einzelindividuums.

Aktivitäten, wie Einstandskämpfe, Brunft, Setzen, Säugen, Tragen usw. wirken sich also nicht nur im Gewicht, sondern auch im Verzehr aus. Sie sind so wichtig, daß alles individuelle unwichtig ist und der Stoffwechsel hilft dabei mit oder er diktiert gar und paßt sich den

Eine äußerst penible Statistik liefern A. u. J. v. BAYERN:

Wildpretgewichte von 81 Böcken nach Alter und Erlegungsmonat (A. u. J. v. BAYERN)

	Juni	Juli	August	Juni	Juli	August	Juni	Juli	August	Juni	Juli	August	Juni	Juli	August
Jährling															
Zweijährig	3	1	1	1									1	1	
Dreijährig	2	1				1	1	1				1	5	2	
Vierjährig	3				1		1	1	1			1			
Fünfjährig	1	2	1				1		1		1		1	1	1
Sechsjährig	2						1						1		2
Siebenjährig	1						1					1			
Achtjährig		1													
Neunjährig	2			1											1
Zehnjährig	2														
Gewicht aufgebr. mit Haupt Kilogramm		20			20,5			21			21,5			22	

	Juni	Juli	August	Juni	Juli	August	Juni	Juli	August	Juni	Juli	August	Juni	Juli	August
Jährling															
Zweijährig					1			1							
Dreijährig	1			1											
Vierjährig				3	1					1			1		
Fünfjährig										1			1		
Sechsjährig	1			2											
Siebenjährig						1		1						1	
Achtjährig											1				
Neunjährig															
Zehnjährig															
Gewicht aufgebr. mit Haupt Kilogramm		22,5			23			23,5			24			24,5	

	Juni	Juli	August	Juni	Juli	August	Juni	Juli	August	Juni	Juli	August	Juni	Juli	August
Jährling															
Zweijährig															
Dreijährig	1														
Vierjährig	1														
Fünfjährig	1													1	
Sechsjährig	1													1	
Siebenjährig	1														
Achtjährig															
Neunjährig															
Zehnjährig															
Gewicht aufgebr. mit Haupt Kilogramm		25			25,5			26			26,5			27	

Auszug aus den Jahren 1969, 1973 und 1974 Durchschnitt der Gewichte (A. u. J. v. BAYERN)

Monat	Bockkitze					Geißkitze					Jährlinge				
	unaufgebrochen	aufgebrochen	Differenz	in %	Stückzahl	unaufgebrochen	aufgebrochen	Differenz	in %	Stückzahl	unaufgebrochen	aufgebrochen	Differenz	in %	Stückzahl
Juni											20,15	14,45	5,70	28,29	13
Juli															
August															
Septemb.															
Oktober	10,92	7,50	3,42	31,32	6	13,75	9,69	4,06	29,53	6					
Novemb.															
Dezember															
Maximal-Unterschied:				36,84 %					37,50 %					33,75 %	
Minimal-Unterschied:				27,27 %					23,08 %					20,47 %	

Monat	Schmalgeißen					erwachsene Böcke					erwachsene Geißen				
	unaufgebrochen	aufgebrochen	Differenz	in %	Stückzahl	unaufgebrochen	aufgebrochen	Differenz	in %	Stückzahl	unaufgebrochen	aufgebrochen	Differenz	in %	Stückzahl
Juni	20,38	14,71	5,67	27,82	2	28,82	21,36	7,46	25,88	31					
Juli						28,98	21,50	7,48	25,81	19					
August						26,37	19,75	6,62	25,10	8					
Septemb.											21,67	15,67	6,00	27,69	3
Oktober											23,33	15,33	8,00	34,29	6
Novemb.															
Dezember	24,75	18,00	6,75	27,27	4						25,63	18,88	6,75	26,34	4
Maximal-Unterschied:				33,33 %					33,33 %					40,91 %	
Minimal-Unterschied:				21,05 %					17,31 %					22,22 %	

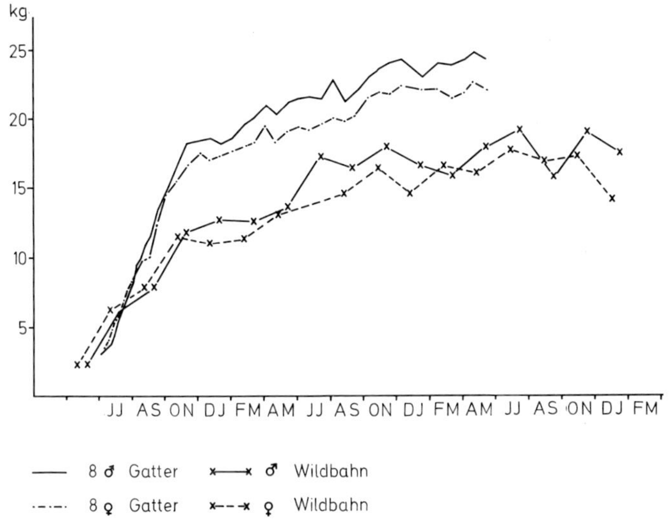

Gewichtsentwicklung von 8 männlichen und 8 weiblichen Rehen im Versuchsgatter des Therapogen-Werkes 1972–1974 im Vergleich zu Untersuchungen in der Wildbahn in der Schweiz (zit. nach WANDELER, HUBER 1969)

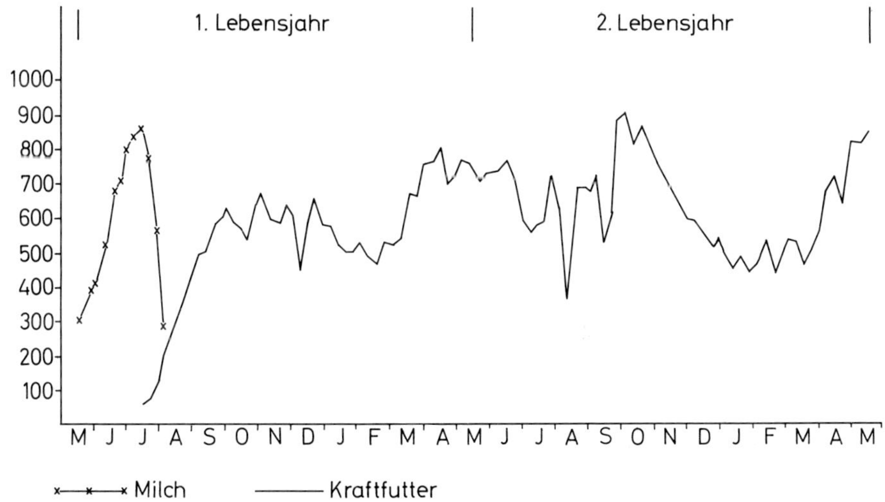

Täglicher durchschnittlicher Futterverzehr von 8 männlichen und 8 weiblichen Gatterrehen bei ad libidum Fütterung (BARTH, SCHAICH)

Gegebenheiten, dem Geschlecht und der Jahreszeit an. Ganz drastisch ist dies an der geringen benötigten Nahrungsmenge im Winter oder während der Brunft zu sehen, zu welcher Zeit nichts wichtiger ist als die Erhaltung der Art. Das Einzeltier hat ja auch nicht Krankenhäuser und Ärzte und auch keinen Anstieg der Lebenserwartung zu erwarten wie der Mensch in seiner sozialen Geborgenheit.

Der Einfluß der Höhenlage wurde für Bayern in verschiedenen Forstämtern und für Sachsen und Hessen nach dem Durchschnitt einzelner Reviere festgestellt (Wildpretgewicht):

Bayern			Sachsen (Freist.)			Hessen		
Höhe m	Böcke kg	Ricken kg	Höhe m	Böcke kg	Ricken kg	Höhe m	Böcke kg	Ricken kg
bis 500	13,6	12,2	200	14,6	13,7	300	14,6	13,3
500–1000	15,1	13,7	500	15,5	15,3	500	15,3	15,0
üb. 1000	15,7	14,7	–	–	–	–	–	–

In ihren Fütterungsversuchen von 1962 bis 1974 ermittelten A. u. J. von Bayern folgende Wildpretgewichte (siehe auch S. 24):

Durchschnittsgewichte der erwachsenen Böcke aufgebrochen mit Haupt
Das langjährige Durchschnittsgewicht vor 1962 war 14,5 Kilogramm

im Jahr	1962	1963	1964	1965	1966	1967	1968	1969	1970	1971	1972	1973	1974	
im	–	2	5	4	2	2	6	12	7	3	8	13	15	Stückzahl
Juni	–	15,5	14,7	17,7	20,2	20,5	19,5	19,8	20,4	20,8	19,7	21,2	20,9	Durchschnittsgew.
im	–	–	–	5	–	–	–	2	6	2	1	4	13	Stückzahl
Juli	–	–	–	17,3	–	–	–	20,5	19,6	20,5	22	20	22	Durchschnittsgew.
im	13	10	12	8	9	6	4	3	9	6	1	11	13	Stückzahl
August	14,7	14,7	15,9	15,4	16,6	15,5	16,1	20	17,6	17,3	18	19,6	18,7	Durchschnittsgew.

Im allgemeinen nehmen die Gewichte mit dem Steigen der Durchschnittstemperatur ab, also vom Nordosten nach Südwesten und vom Gebirge in die Tieflagen. Im Kanton Bern ist das Gewicht bis 1000 m konstant, steigt dann bis 1400 m steil an, um mit zunehmender Höhe wieder abzusinken. Außerdem wirkt sich auch die Güte des Standortes sehr stark auf das Gewicht aus. Aber auch Äsungsverbesserung und sachgerechte Winterfütterung können es erheblich beeinflussen.

Gewichtsunterschiede im gleichen Revier sind im wesentlichen auf die verschieden günstige Jugendentwicklung, auf die Tatsache, daß es verschieden starke Jahrgänge gibt, und auf den Gesundheitszustand zurückzuführen, wenn sie nicht durch das Alter bedingt sind.

Es gibt, wie später näher ausgeführt, starke und schwache Geburtsjahrgänge. Daß die Wilddichte *bei guter Nahrungsversorgung* keinen negativen Einfluß auf das Körpergewicht und die Gesundheit, auch keinen „Streß“ und keine Störungen des Sozialverhaltens verursacht (später werden wir auch auf den Wildschaden eingehen), betonen und beweisen A. und J. von Bayern.

Parasiten können lt. Pav und Mottl Gewichtsverluste bis 35,7 % verursachen und Mottl hält sie, zusammen mit anderen Autoren (Rieger, Schaich, Barth, Gall u. a.) für den wichtigsten Faktor der negativen Gewichtsbeeinflussung.

Der Revierinhaber, der sich zur Durchführung umfassender Hegemaßnahmen entschließt, darf nicht erwarten, nun gleich eine wesentliche Besserung der Kondition und der Gehörnbildung feststellen zu können. Sehr häufig wird sich der qualitative Aufbau erst ganz von unten her, also von der Kitzklasse aus, sichtbar entwickeln, während alle älteren Stücke durch die bisherigen ungünstigen Umweltverhältnisse in ihrem Erscheinungsbild bereits so geprägt sind, daß eine ins Auge fallende Änderung nicht mehr eintritt. Merkwürdigerweise wird in Jägerkreisen noch immer viel zu wenig beachtet, was jeder Landwirt längst als oberstes Gebot erkannt hat, nämlich, daß eine unzureichende Ernährung während des ersten Lebensjahres bei einem Stück Jungvieh durch noch so gute Fütterung in den späteren Jahren nicht wieder gutgemacht werden kann. So wird sich auch in der Wildhege zumeist der volle Erfolg der verbesserten Umweltverhältnisse oder Fütterung erst bei den Stücken einstellen, denen sie zu einer vollen Ausnutzung der Wachstumsenergie während des ersten Entwicklungsstadiums verhalfen.

Die stürmischsten Wachstumsprozesse werden bei beiden Geschlechtern in den ersten zwölf Monaten verzeichnet, wobei das Skelett in dieser Zeitspanne etwa 80 Prozent seines Endgewichtes erreichen kann. Das Wachstum darf während des ersten Jahres unter keinen Umständen durch unsachgemäße und unphysiologische Hege unterbrochen werden.

Im Heiderevier

Der schnell in Erscheinung tretende und auch nicht solchen Schwankungen unterlegene Gradmesser für den Erfolg unserer Hegemaßnahmen ist daher das Wildpretgewicht, d. h. die Art seines Anstieges. Der um sein Rehwild besorgte Revierinhaber wird durch eine statistische Erfassung der Gewichte aller gestreckten und durch die Beurteilung der nicht erlegten Stücke (!) diese Entwicklung überwachen und an ihr erkennen, ob er auf dem richtigen Wege ist.

Die Tatsache, daß kalte Wintertemperaturen hinsichtlich der Körpergewichte eine ausschlaggebende Rolle spielen, ist durch die Standortuntersuchungen von Ueckermann nachgewiesen worden. Die Ergebnisse seiner Forschung, die erstmalig unter dem Titel „Rehwild und Standort" veröffentlicht wurden, sind so aufschlußreich, daß sie hier auszugsweise im Wortlaut zitiert werden:

„Räume im derzeitigen westdeutschen Bundesgebiet, die ähnliche kalte Wintertemperaturen aufweisen wie Ostpreußen, Mittelpolen oder Mittelschweden, finden sich in größerer Flächenausdehnung nur im Oberpfälzer Wald (Höhenlage ab 500 m, mJT. −3,0 Grad C), im Bayrischen Wald (Höhenlagen ab 600 m, mJT. −3,0 Grad C und Höhenlagen ab 750 m, mJT. −3,5 Grad C), teilweise in den Alpenländern (etwa ab 800 bis 1000 m, mJT. −3 Grad C) und in dem Kaltluftsee am Ostabhang des Schwarzwaldes, in der sogenannten Baar (ab 700 m, mJT. −3,0 Grad C). Diese Räume wurden bereist und mit einem Erhebungsbogen die notwendigen Angaben über Standort, Wildbestände und Temperaturwerte beschafft. Das Ergebnis dieser Erhebung, der etwa 70 Reviere zugrunde liegen, soll beschrieben werden:

Grob fällt zunächst das wesentlich höhere Durchschnittsgewicht der Wildbestände in kalten Lagen ins Auge. Weiterhin stellen wir fest, daß mit größerer Winterkälte auch die

Abweichung der Wildpretgewichte vom Normalgewichtswert wärmerer Lagen größer wird. Als letztes müssen wir noch die Tatsache erwähnen – und sie ist für weitere Schlüsse sehr wichtig –, daß bei niedrigen Standortzifferwerten, also auf armen Standorten, Übergewichte am deutlichsten hervortreten, während bei besten Standortverhältnissen sich die Gewichte des Rehwildes aus wärmeren Lagen (Normallagen) mit denen des Rehwildes aus kälteren Lagen fast wieder decken. Eine Erklärung dieses Zustandes kann damit gegeben werden, daß der Winterkälte eine Ausmerze zugeschrieben wird, die die körperlich schwächsten Stücke erfaßt und damit in jahrzehntelanger oder sogar jahrhundertelanger Wirkungsdauer die kleinwüchsigen Erblinien eines Rehwildbestandes praktisch verschwinden läßt, so daß der Restbestand ein höheres genetisches Durchschnittsgewicht aufweist. Diese Hypothese ergibt sich einmal aus dem Untersuchungsergebnis selbst. Beste Standorte, auf denen das Durchschnittsgewicht des Rehwildes durch günstige Äsungsverhältnisse und andere günstige Gedeihensverhältnisse im Durchschnitt schon sehr hoch liegt, zeigen eine kaum merkliche oder überhaupt nicht vorhandene Klimaausmerze. Ein solcher Rehwildbestand unterliegt aufgrund des kräftigen Körperbaues seiner Stücke viel weniger oder kaum der Klimaausmerze, als ein Wildbestand, der auf ärmsten Standorten zunächst nur schwache Körperstärken ausbildet, bei denen dann naturgemäß die Auslesewirkung des Klimas eine sehr starke sein wird.

Bestätigt wird diese Überlegung durch physiologische Voraussetzungen der Körpertemperaturhaltung unserer Warmblüter, zu denen ja auch das Reh gehört. Ein kleineres Tier hat eine im Verhältnis zur Körpergröße größere Oberfläche und damit auch eine relativ höhere Wärmeabgabe als ein großes Tier. Umsatzbestimmungen ergeben, daß der Kalorienverbrauch pro kg Körpergewicht bei einem kleinen Tier höher liegt als bei einem größeren Tier; ein Vorteil, der in kritischen Lebenszeiten (kalte Winter, hohe Schneedecke, Äsungsmangel) dem größeren Reh auch die größere Aussicht des Überlebens bietet. Nur soviel sei andeutungsweise gesagt, womit keineswegs dieses Problem als geklärt abgetan werden soll. Es sei noch erwähnt, daß die hier mit Hilfe eines verhältnismäßig großen Zahlenmaterials in einem engen Raum gewonnenen Erkenntnisse das Zutreffen der BERGMANNschen Regel und anderer Klimaregeln für das Rehwild bestätigen könnten. Gewiß fehlgehen würden wir, die beobachtete Erscheinung als direkte Umweltbeeinflussung auszulegen, wir müssen auf eine Veränderung des Erbgutes der Rehwildbestände schließen. In rauhen Lagen ist auf armen und mittleren Standorten der erbliche Durchschnittswert der Rehwildbestände bezüglich der Körpergröße ein höherer als in den vorgenannten Normalrevieren (wärmere Lagen).

Die vermutete Gesetzmäßigkeit der Klimaausmerze, die letzthin zur Bildung von Merkmalsrassen führt (nur das Merkmal Körpergewicht ist betrachtet), läßt sich ebenfalls mit Hilfe eines Korrelationskoeffizienten statistisch belegen. Die Fragestellung lautet: Fällt die Mehrzahl der Reviere mit dem größten nachgewiesenen Wert der Höherzüchtung in die geringste Standortzifferklasse mit kältester Januartemperatur, weiterhin die Mehrzahl der Reviere mit einer mittleren Höherzüchtung in die mittleren Standortzifferklassen und die Mehrzahl der Reviere mit einer kaum merklichen Höherzüchtung in die höchsten Standortzifferklassen? Der errechnete Korrelationskoeffizient für die unterstellte Gesetzmäßigkeit hat einen Wert von $\gamma = 0{,}75 \pm 0{,}05$ und bestätigt damit sicher die ausgesprochene Vermutung."

Eine weitere Bestätigung der BERGMANNschen Regel finden wir in Schweden, wo sich ein andauerndes Vordringen des Rehwildes in nördlicher Richtung, in Richtung des artspezifischleeren Raumes vollzieht.

Färbung

Die Färbung des Haarkleides ist im Sommer rostrot, im Winter graubraun. Bei genauerer Beobachtung fallen in der Sommerfärbung feinere Unterschiede auf, die zwischen fahlgelb und goldgelb, hellrot und dunkelrot bis zu graurot und braunrot liegen. Jeder Jäger kennt einzelne Stücke, die sich durch einen etwas abweichenden Farbton von den anderen unterscheiden. Kräftige und gesunde Stücke haben im Sommer eine leuchtende, rostrote Färbung, kranke und alte Stücke manchmal eine fahlgelbe oder graue Decke. Beim Bock findet man oft ein satteres Rot als bei der Ricke. Die Innenseiten der Läufe sind zu allen Jahreszeiten heller gefärbt, im Sommer gelblich rot und im Winter fast weiß, die Rückenseiten dunkler. Die Schalen sind schwarz. Um das Waidloch herum befindet sich der Spiegel, im Winterkleid ist er bei gesunden Rehen hellweiß und erreicht einen Durchmesser von etwa 25 cm. In dieser Jahreszeit ist das Geschlecht der Rehe auf weite Entfernung leicht zu erkennen. Beim Bock ist der Spiegel nierenförmig, beim weiblichen Stück oval, dazu am unteren Spiegelrand ein senkrecht abfallendes Haarbüschel, die Schürze. Eine schmutzig-dunkle Färbung des Spiegels deutet auf Darmerkrankungen oder Parasitenbefall hin (Durchfall).

Zum Sommer hin – bei älteren Stücken früher als bei jüngeren – verfärbt sich der Spiegel rötlich-gelb und wird kleiner. Nur im Winter finden wir auch die Kehl- oder Drosselflecken, weißliche Haarpartien an der Halsunterseite, die gelegentlich zu einer Halsbinde werden.

Im Laufe des Sommers bleichen die Haare unter der Einwirkung der Sonne aus; dadurch ist es verständlich, daß Feldrehe hellere Decken haben als ausgesprochene Waldrehe, die erst nach Schwinden des Tageslichtes die schützende Deckung verlassen und daher der Sonnenbestrahlung weniger ausgesetzt sind.

Darüber hinaus sind sicherlich auch erhebliche Unterschiede in der Färbung vorhanden, die innerhalb des gleichen Bestandes weniger merklich sind als beim Vergleich von Rehen verschiedener Gegenden.

Bei Untersuchungen des Zusammenhanges zwischen Färbung und Gesundheitszustand fiel Rieck eine deutliche Verschiedenheit der rotgelben Decken aus dem Kiefernwald der Warthegegend von den braunroten Decken aus dem Fichtenwald des Schwarzwaldes auf.

Weniger deutliche Farbunterschiede finden wir beim Winterkleid, das sich von lichtem Grau über Graubraun bis zu einem tiefen Dunkelgrau abändern kann. Die Winterdecke ist auf dem Rücken dunkel-braungrau, nach den Seiten meist lichter grau und an der Unterseite hellgrau bis weißgrau und weißgelb zwischen den Keulen. Unmittelbar nach dem Haarwechsel ist die Färbung intensiver, weil beim alternden Haar der Luftgehalt in den Haarzellen zunimmt und dadurch die Farbe trüber wird. Gegen Ende des Winters nehmen durch das Abbrechen der Haarspitzen die grauen Töne zu. Die Färbung wird durch Pigmente hervorgerufen, die in der Spitze jeden einzelnen Haares eingelagert sind. Die Haarpigmente schützen die Körperoberfläche vor einer Schädigung durch die Sonnenstrahlen, besonders durch die ultravioletten Strahlen.

Die Kitzdecke trägt reihenweise angeordnete helle Flecke, welche mehr und mehr verschwinden und Ende Sommer kaum mehr auszumachen sind. Ganz verschwinden sie erst mit dem ersten Winterhaarkleid. Die andeutungsweise noch im Spätsommer und Herbst sichtbaren Kitzflecke helfen auch beim Unterscheiden zwischen Knopfböcken und gut entwickelten Bockkitzen zu dieser Jahreszeit.

Die Färbung gewährt dem Reh einen recht guten Schutz. Wir haben oft erfahren, wie schwierig es ist, einem ungeübten Auge ein Reh in seiner natürlichen Umgebung zu zeigen, wenn es sich nicht bewegt. Selbst das rote Sommerreh ist im Pflanzenwuchs und Lichterspiel bei weitem nicht so auffällig, wie es bei der Betrachtung der Decke allein anzunehmen wäre.

Zeichnung des Hauptes

Nach diesem allgemeinen Eindruck folgt nun eine genaue Beschreibung der Zeichnung des Gesichtes. Das Kinn und ein längsovaler Fleck an jeder Seite der Oberlippe sind weiß. Die Mitte der Oberlippe und der Bezirk zwischen den beiden Windfang-Öffnungen, der Nasenspiegel oder die Muffel, bestehen aus nackter schwarzer Haut. Diese Haut ist in zahlreiche 0,5 bis 1,0 mm messende, polygonale (vieleckige) Felder geteilt. Auf der Oberfläche dieser Felder liegen Poren, aus denen ein Drüsensekret abgesondert wird, das den Nasenspiegel stets feucht hält. Mit Hilfe der Verdunstungskälte wird vom feuchten Nasenspiegel die Windrichtung wahrgenommen. Der feuchte Nasenspiegel erhöht das Wittrungsvermögen. Die Anordnung der polygonalen Felder ist individuell verschieden, so daß der Nasenspiegel eines jeden Stückes sein eigenes Muster hat. Die Farbe des Hauptes ist oberseits graumeliert, seitlich entspricht sie der Farbe der Decke. Der Nasenrücken ist schwarzgrau, im vorderen Teil der Muffel weißgrau. So entsteht bei zweijährigen, aber auch häufig bei älteren (6jährigen) Böcken

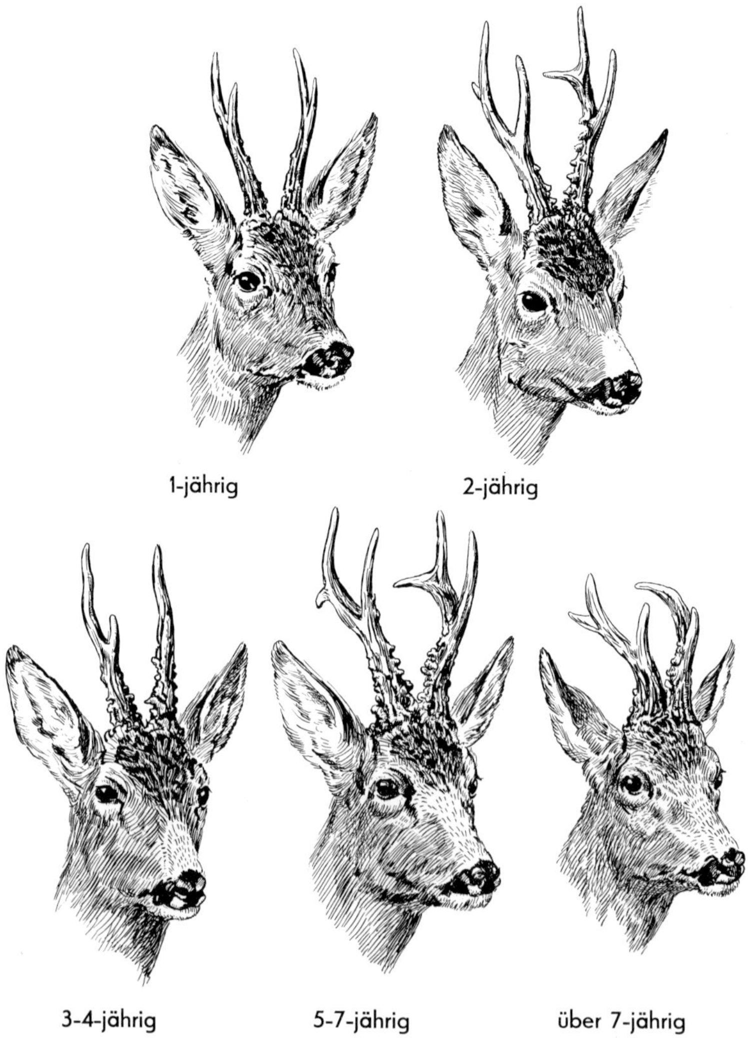

Altersschätzen nach der Sommerkopffärbung (nach Scholz)

der Eindruck einer „Brille". Die Zeichnung und Färbung der Sommerdecke des Bockhauptes ändert sich nach Vorberg mit dem Alter, so daß er glaubte, eine Methode zum *Altersschätzen nach der Sommerkopffärbung* gefunden zu haben. Die Altersveränderungen betreffen den weißen Fleck oberhalb der Muffel, ferner die Stirnlocke aus längeren braunen, schwarzen und weißlichen Haaren vor und zwischen den Rosenstöcken und schließlich die Decke der Backen sowie des übrigen Kopfes.

Der *Jährling* hat einen eintönig dunklen Kopf, die Stirnlocke ist klein, der weiße Muffelfleck sticht von der rehroten Farbe der Backen und Umgebung der Lichter ab.

Der *zweijährige* Bock hat im allgemeinen das bunteste Gesicht. Das strahlende Weiß des dreieckigen Muffelfleckes sticht von der rehroten Farbe der Backen und Umgebung der Lichter ab. Die große Stirnlocke erscheint scharf abgesetzt und füllt den Raum zwischen Rosenstöcken und Lichtern aus. Nicht immer ist jedoch der Muffelfleck deutlich ausgebildet, dann ist das Gesicht des zweijährigen Bockes grau wie das Gesicht des mindestens sechsjährigen.

Der *drei- und vierjährige* Bock zeigt immer noch deutlich den nun schon nach oben verlängerten nicht mehr rein weißen Muffelfleck, der auch nicht mehr scharf gegen die Körperfarbe der Backen abgesetzt ist.

Beim *fünf- bis siebenjährigen* Bock ist der Muffelfleck grau und reicht bis zwischen die Lichter, wo er oft schon in die undeutlicher gewordene Stirnlocke übergeht. Die Backen und die Umgebung der Lichter sind mit grauen Haaren durchsetzt.

Der noch ältere Bock hat eine eintönig graue Kopffärbung, die erheblich heller ist als die Körperfarbe. Man sucht vergeblich nach einem Muffelfleck, der nur noch durch einen helleren Schein angedeutet ist, auch eine Abgrenzung der Stirnlocke ist nicht mehr zu finden.

Das Altern soll danach mit einem Vermischen aller Farben der Gesichtszeichnung und mit einem späteren Ergrauen einhergehen. Es muß aber vor einer Verallgemeinerung oder gar dem Vertrauen auf diese Vorbergsche Regel gewarnt werden, auch hier zeigt sich die ausgeprägte Individualität des Rehes, denn Abweichungen von diesem Ansprechschema sind sehr häufig.

A. u. J. von Bayern stellen fest, daß die Demarkationslinie zwischen den schwarzen Partien des Windfanges und den helleren des Gesichtes individuell sehr verschieden ist und der Identifizierung dienen kann.

Die Lauscher sind auf der Außenseite dunkelgrau mit dunklem bis schwarzem Rand, innen hellgrau bis weiß.

Haarkleid

Die Färbung und Zeichnung des Stückes wird durch die Farbe hervorgerufen, die die freiliegenden Teile des Haarkleides haben. Das Haarkleid ist aus Leithaaren, Grannenhaaren und Wollhaaren aufgebaut; beim Reh sind in der Hauptsache Leithaare vorhanden, die wie bei allen Cerviden von den Grannenhaaren kaum zu unterscheiden sind. Beide zusammen bilden die Deckhaare, zwischen denen die Wollhaare in der Tiefe des Haarkleides liegen.

Das einzelne *Deckhaar* ist aus der Oberhaut, der Rinde und dem Mark aufgebaut. Die Oberhaut wird von ganz flachen Zellen gebildet, die dachziegelartig liegen und mit ihren Rändern leicht gewellte, horizontal verlaufende Linien bilden. Die Rinde ist besonders beim Winterhaar im Vergleich mit anderen Tierhaaren sehr dünn, in ihr sind in der Hauptsache die Farbstoffe eingelagert. Das Mark ist auffallend breit, es nimmt beim Reh mehr als $^{13}/_{14}$ der Gesamthaarbreite ein und ist bienenwabenartig aus vier- bis sechseckigen Markräumen zusammengesetzt, die Luft enthalten (s. Abbildung). Der aus netzartigem Maschenwerk bestehende Bau des Markes ist für das Cervidenhaar charakteristisch.

Das Rehhaar hat eine verhältnismäßig kleine Haarzwiebel, eine walzenförmige lange und schmale Wurzel und einen langen Schaft, der über der Wurzel mit einem kurzen, halsartig schmalen Stück beginnt und sich mit dem markhaltigen Teil schnell zunehmend verbreitert, die größte Dicke hat es im basalen Teil. Der Schaft ist in der Mitte abgeplattet, im Querschnitt daher oval. Die Sommerhaare sind stärker abgeflacht als die Winterhaare.

Das Sommerdeckhaar ist im unteren Teil schwarz-grau, in einem breiten mittleren Bezirk rotbraun und an der Spitze schwarz. An Kopf, Hals und Läufen ist es bis 1,5 cm lang, am Rumpf etwa 3 cm, am Spiegel bis zu 6 cm lang, der größte Durchmesser beträgt 0,1 mm. Es ist leicht gewellt. Das Ergrauen der Haare im Alter ist eine Folge vermehrten Luftgehaltes und verminderten Pigments.

Das Winterdeckhaar ist silbergrau mit sehr schwacher gelber Binde und kurzer schwarzer Spitze. Es ist an Kopf und Läufen bis zu 2 cm, am Rumpf 4 bis 5 cm, am Spiegel 6 bis 7 cm

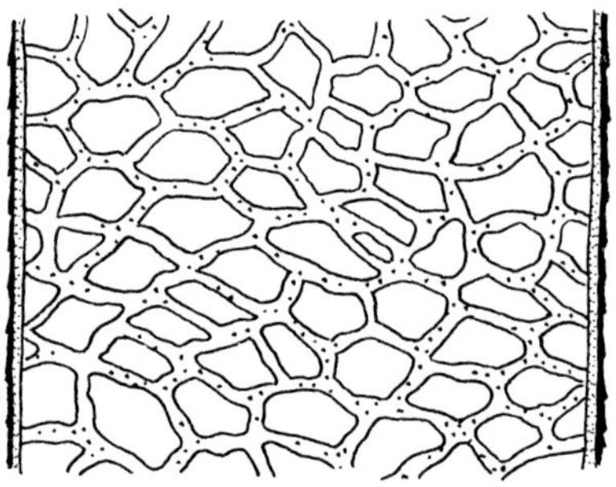

Struktur des Haarschaftes vom Reh (nach Toldt)

lang, der größte Durchmesser beträgt 0,3 mm. Durch seine auffällige Wellung bietet es einen erhöhten Kälteschutz. Das Winterhaar ist spröde und bricht leicht ab; Winterdecken sind deshalb als Fußmatten nicht lange haltbar.

Die *Wollhaare* treten in der Decke des Rehes gegenüber den Deckhaaren zurück. Sie sind stark gekräuselt, sehr dünn und dienen der Erhöhung des Schutzes gegen Kälte.

Die sehr kräftigen Deckhaare sind in ihrem oberen Teil nach hinten gebogen, dadurch weist die Haarrichtung von vorn nach hinten und von oben nach unten. Beim Schlüpfen durch Buschwerk und Hochgras gleitet der Pflanzenwuchs ohne Widerstand an der Decke entlang; Regenwasser läuft ab, ohne die Decke stark zu durchnässen.

Ein kleiner Muskel in der Haartasche ermöglicht, das Haar mehr oder weniger aufzurichten. Dies kann vor allem am „Spreizen“ des Spiegels beobachtet werden. Diese Reaktion ist vergleichbar mit dem „Gänsehaut-Effekt“ beim Menschen.

Eine abweichende Form der Haare hatte ein Rehbock, der am 2. August 1936 im Lande Salzburg erlegt wurde. Die Haare waren dünn und stark gekräuselt. Die sonderbare, dunkel wirkende Wollhaarbildung zeigte sich am ganzen Körper mit Ausnahme des unteren Teiles der Läufe. Auf dem Rücken war längs der Wirbelsäule eine scheitelartige Teilung der gekräuselten Haardecke wahrnehmbar. Die Gesamtfärbung zeigte ein mattes Braungelb mit dunklem Einschlag. Der Bock ist als Dermoplastik im „Haus der Natur“ in Salzburg zu sehen.

An einigen Körperstellen, so insbesondere am Äser, den Lichtern und am Windfang, finden wir längere, steife Tasthaare, die bei jeder Berührung den Reiz über Nervenstränge dem Gehirn übermitteln; sie unterliegen nicht dem normalen Haarwechsel.

Haarwechsel

Das Haarkleid wird im Frühjahr und im Herbst gewechselt, der Haarwechsel heißt Verfärben. Von April bis Anfang Juni fällt auch dem oberflächlichen Beobachter das struppige Aussehen der Rehe auf. In allen Haararten bildet sich das rote Sommerhaar fast gleichzeitig und schiebt sich neben dem alten Winterhaar nach außen. Wenn die neuen Haare die Oberfläche der Haut überwachsen haben, fällt das alte Winterhaar in größerer Menge büschelweise ab. Kopf und Hals werden zuerst rot. Die Bauchdecke und das Körperende färben am spätesten um.

Während im Frühjahr das Haar in großen Büscheln ausfällt, geht der Herbsthaarwechsel unauffälliger vor sich. Er erfolgt schneller als im Frühjahr, und die plötzliche Veränderung, die mit den Rehen im September vor sich geht, ist erstaunlich. Prall liegt ihnen die Winterdecke an, blank ist das Haar, und leuchtend heben sich Spiegel und Kehlfleck ab.

Der Zeitpunkt des Haarwechsels hängt mit der Witterung zusammen. Die Temperatur verzögert oder beschleunigt das Verfärben, so daß im gleichen Revier von Jahr zu Jahr Verschiebungen auftreten können. Nach einem kalten Winter und Frühjahr zieht sich der Haarwechsel lange hin. Im milden Klima werden die Rehe im Frühjahr eher rot als in kühlen Lagen. Die Unterschiede bei den einzelnen Stücken eines Gebietes können alters- und sehr häufig aber auch gesundheitsbedingt sein. Eine ganz erhebliche Rolle spielt auch das Kleinklima, so daß man oft im Frühjahr gleichaltrige rote Rehe neben grauen stehen sieht. Dies sind kaum, wie verschiedentlich angenommen, verschiedene „Schläge" oder „Unterarten". Ganz allgemein glaubt man, daß sich Jungrehe früher als alte, gesunde Stücke früher als kümmernde verfärben.

Ausgedehnte Beobachtungen in Gatterrevieren und freier Wildbahn beweisen aber die relative Unzuverlässigkeit der Bedeutung des Verfärbens für die Altersschätzung. Interessant ist, daß in Gatterrevieren zu allen Jahreszeiten krankhafter (möglicherweise ernährungsbedingter) großflächiger Haarausfall beobachtet wurde. Dennoch wurde starke Kälte (−16 Grad Celsius) wochenlang von der nackten Haut ohne Reaktion vertragen. Dies deutet auf die gute Durchblutung der Haut hin. Wir beobachteten, daß sich Gatterrehe Haare gegenseitig auszupfen, wenn sie kein Rauhfutter erhielten.

An Farbabweichungen sind schwarze, schwarzweiß- und schwarzbraungescheckte, weiße sowie braunweißgescheckte und weißgetigerte Rehe bekanntgeworden.

Schwarzes Rehwild

Das schwarze Rehwild kann bereits um 990 in der Umgegend von Haste (westlich von Hannover) Standwild gewesen sein. Um diese Zeit soll in einer Urkunde des Bischofs Milo von Minden die Anordnung getroffen sein, daß jedes Jahr eine gewisse Anzahl schwarzer Rehe für die bischöfliche Küche aus der Gegend von Haste zu liefern sei. Die Angabe des Domherrn Meyer aus dem Jahre 1816, nach der das schwarze Reh von Graf Wilhelm von Schaumburg-Lippe aus Portugal im Jahre 1764 eingeführt wurde, trifft nicht zu. Die Entstehung der schwarzen Haarfarbe ist auf eine plötzlich aufgetretene Änderung von Erbfaktoren (Mutation) zurückzuführen, die zur Vermehrung und Ausbreitung des schwarzen Pigments und damit zum Fortfall der rotgelben Binde bei den Sommer- und Winterhaaren sowie zur Schwarzfärbung der weißen Haare geführt hat. Der älteste sichere Beweis für das Vorkommen von schwarzem Rehwild, und zwar im Waldgebiet der Lucie, Kreis Lüchow-Dannenberg, entstammt einem Brief aus dem Jahre 1591, in welchem der Landgraf Wilhelm IV. von Hessen-Kassel den Herzog Heinrich Julius von Braunschweig um Übersendung von zugesagten schwarzen Rehen bittet. Weitere urkundliche Nachweise bestätigen diesen

Hinweis, weil die Herzöge von hier 1664 bis 1673 schwarze Rehe an den Kurfürsten von Brandenburg verschenkten, wie aus Dankbriefen zu ersehen ist. Für das Jahr 1680 liegt ein Beweis für das Vorkommen im Herzogtum Celle vor, als Erlegungsort wird die Umgebung von Winsen an der Luhe angegeben. Aus dem Kreise Dannenberg liegen weitere Meldungen über schwarzes Rehwild von 1734 bis 1797 vor.

Meyer-Brenken (1970), auf dessen umfassende Monographie über das schwarze Rehwild wir uns beziehen, bringt aus dem Jahre 1797 zwei Zitate, die wir auch hier wiedergeben möchten:

So berichtet der Reichsgraf von Mellin:

„. . . höchst merckwürdig ist aber doch eine gewisse Varietät, deren Ursprung mir unerklärbar ist, weil sie in der ganzen bekannten Welt meines Wissens nicht weiter angetroffen wird . . . In der Grafschaft Dannenberg nemlich findet man in einem Walde, die Lucie genannt, neben den gewöhnlich gefärbten Rehen auch ohngefähr in gleicher Zahl ganz schwarze Rehe. Bisweilen sind diese so schwarz wie Tusche, und die mit gelben Gehörnen prangenden Böcke sehen ganz vorzüglich prächtig aus. Beyde Arten brunften untereinander und man trifft rothe Geißen mit schwarzen Kälbern und umgekehrt, ja sogar Geißen mit einem rothen und einem schwarzen Kalbe an. Die Aesung kann also diese Verschiedenheit in der Farbe nicht bewürken, auch hat sie sich nur in den dieser Lucie benachbarten Forsten (aber nicht weiter) ausgebreitet und erhalten. Doch scheinet sie zärtlicher als die gewöhnliche Art zu seyn, indem die schwarzen ihren Müttern geraubten Kälber sich wenigstens weit schwerer als die gewöhnlichen aufziehen lassen . . ."

Der Herausgeber des „Neujahrsgeschenk für Forst- und Jagdliebhaber", Oberforstmeister von Wildungen, ergänzt dies durch einen ihm zugegangenen Bericht des Pastor Paulus zu Möllenbeck:

„Schwarze Rehe halten sich in der Grafschaft Schaumburg hauptsächlich nur im Ottenser Forst auf. Einige haben sich in die angränzenden hessischen und bückeburgischen Waldungen wahrscheinlich nur verirrt. Im Jahre 1771 war nur noch ein einziger schwarzer Bock bey drey rothen Geißen im Ottenser Forste. Wäre diesem, und wie leicht hätte das nicht geschehen können! ein Unfall begegnet, so war's um die ganze Mohrenrace geschehen! doch es ging glücklich. Er beschlug rüstig seine rothen Gattinnen, der neue Förster kam mit Heegen zu Hülfe und nun bestehe der dortige sehr ansehnliche Rehstand vielleicht zum dritten Theile aus schwarzen Rehen. Sie sind glänzend rabenschwarz und haben nicht gelbe . . . sondern auch schwarze Spiegel . . . An Größe sind die erwähnten ganz schwarzen Rehe von den gewöhnlichen garnicht verschieden, und außer allem Zweifel ist's, daß sie auch mit den letzteren sich begatten.

Denn wie hätten sonst so viele jetzt vorhandene Rehe von dem einzigen noch übrig gebliebenen Bocke entstehen können? Auch hat der dortige Förster sehr oft rothe Geißen mit zwey schwarzen und schwarze Geißen mit zwey rothen Kälbern gesehen – auch rothe sowohl, als schwarze mit einem rothen und einem schwarzen Kitzchen gesehen. Selbst Schecken, halb roth und halb schwarz, sind nichts seltenes . . ."

Danach dürften in zwei Gebieten um 1800 schwarze Rehe nachgewiesen sein: Der Ottenser Forst im Kreise Grafschaft Schaumburg (Staatsforstamt Haste) und das Waldgebiet der Lucie im Kreis Lüchow-Dannenberg (Staatsforstamt Lüchow). Die hauptsächlichste Ausbreitung fand etwa von 1900 ab statt. Das Kerngebiet und die Verbreitung im Jahre 1963 sind aus Abb. S. 36 zu ersehen. Das eigentliche Entstehungsgebiet scheint tiefgelegenes, feuchtes Gelände zu sein, die Schwärzlinge haben daher örtlich auch den Namen Sumpfrehe oder Moorrehe erhalten. Heute ist jedoch die Bevorzugung eines bestimmten Geländes nicht festzustellen. Das schwarze Reh wird neben dem roten sowohl in tiefliegendem Gelände wie auch auf trockenem Sand und in hügeligen Gebieten angetroffen, in den Bergen des Deisters geht es bis etwa 300 m hinauf.

Ausschließlich schwarze Rehbestände gibt es nicht. Den höchsten Anteil hatte 1935 nach SCHRAUBE das Forstamt Haste im Kreis Grafschaft Schaumburg mit 80 Prozent Schwärzlingen. In der Nachbarschaft betrug deren Anteil zwischen 30 bis 50 Prozent, um sich dann allmählich abzuschwächen. In großen Teilen des Verbreitungsgebietes liegt die Zahl der Schwärzlinge unter 5 Prozent des Bestandes.

Für die Jahre 1961 bis 1965 gibt MEYER-BRENKEN für das Forstamt Haste folgende Übersicht:

Entwicklung des Anteils an schwarzem Rehwild in Haste

Jahr	Stückzahl beobachteter Rehe			Anteil von Schwarz in %
	rote	schwarze	insgesamt	
1961	1040	373	1413	26
1962	799	374	1173	32
1963	1234	723	1966	37
1964	961	664	1605	41
1965	465	412	877	47

Für 1967 wird der Anteil an schwarzem Rehwild auf 50 Prozent geschätzt.

Der Kreis Lüchow-Dannenberg beherbergte 1963 ca. 425 Stück schwarzes Rehwild, etwa 7 Prozent des gesamten Rehwildbestandes. Noch in der 2. Hälfte des 18. Jahrhunderts soll dieser Anteil hier 53 Prozent, in der Mitte des 19. Jahrhunderts bei den Böcken sogar 67 Prozent betragen haben!

Neben diesen beiden Urstandorten kann man die ganze nordwestdeutsche Tiefebene und die angrenzenden östlichen Teile der Niederlande als Verbreitungsgebiet bezeichnen. Dies bedeutet jedoch keinesfalls gesicherte Vorkommen oder gar größere Bestände, der Gesamtanteil schwarzer Rehe dürfte insgesamt 2 bis 3 Prozent nicht überschreiten, wobei auch in weiten Landstrichen überhaupt kein schwarzes Rehwild derzeit feststellbar ist.

Neben diesem Hauptverbreitungsgebiet sind zur Zeit zwei kleine Vorkommen im Taunus und bei Bad Kissingen bekannt, historische Quellen zeigen jedoch, daß in den letzten 200 Jahren überall in Deutschland, z. B. im Nonnenwald bei Seeshaupt am Starnberger See, einzelne schwarze Rehe vorgekommen sind.

Außerhalb Deutschlands, ausgenommen die erwähnten Gebiete der Niederlande, konnte MEYER-BRENKEN kein Vorkommen ermitteln, obwohl auch für einige andere Länder wie Frankreich und Österreich historische Angaben über sporadisches Auftreten schwarzer Rehe vorliegen. Auch soll noch in diesem Jahrhundert schwarzes Rehwild in der *Hanna*, der Kornkammer Mährens, und im moorigen Marchfeld östlich von Wien beobachtet und erlegt worden sein.

Bei oberflächlicher Betrachtung scheinen die einzelnen Stücke in den Mischvorkommen trotz der ständigen Kreuzung entweder rein rot oder rein schwarz zu sein. Man sieht schwarze Ricken mit roten Kitzen und umgekehrt, ferner Ricken mit verschiedenfarbigen Geschwisterkitzen. Bei der einzigen schwarzen Geiß eines Revieres wurden mehrere Jahre lang nur rote Kitze festgestellt, bis durch Paarung dieser roten Mischlinge, die schwarzes Erbgut enthielten, weitere schwarze Stücke auftraten. Damit ist wahrscheinlich gemacht, daß die schwarze Mutation unterdrückt (rezessiv) vererbt wird. Die Schwarzfärbung kommt nur dann zur sichtbaren Ausbildung, wenn ihr Träger reinerbig für diese Eigenschaft ist, d. h. wenn er sie von beiden Eltern geerbt hat. Hat ein Stück nur von einer Elternseite das Erbmerkmal für schwarze Farbe erhalten, so zeigt es vorwiegend die herrschende (dominante) rote bzw. graubraune Rehfarbe, kann aber die unsichtbar in ihm schlummernde unterdrückte schwarze Erbanlage auf seine Nachkommen übertragen. Im Verbreitungsgebiet der schwarzen Rehe gibt es demnach reinerbige schwarze Stücke, die miteinander stets schwarze Nachkommen bringen. Dann sind reinerbige rote Rehe vorhanden, die natürlich bei Paarung mit ihresgleichen rote Nachkommen haben. Schließlich sind noch gemischterbige rote Rehe im Bestand, die aus Kreuzungen von schwarzen und roten Rehen hervorgegangen sind, und die je nach dem Zusammenkommen der Erbfaktoren schwarze oder rote Nachzucht bringen. Daher kommt es, daß eine rote ebenso wie eine schwarze Ricke andersfarbige Kitze oder sogar ein schwarzes und ein rotes Kitz gleichzeitig führt.

Auch die Schwärzlingskitze sind schon schwarz, die Kitzfleckung ist nur ganz schwach angedeutet.

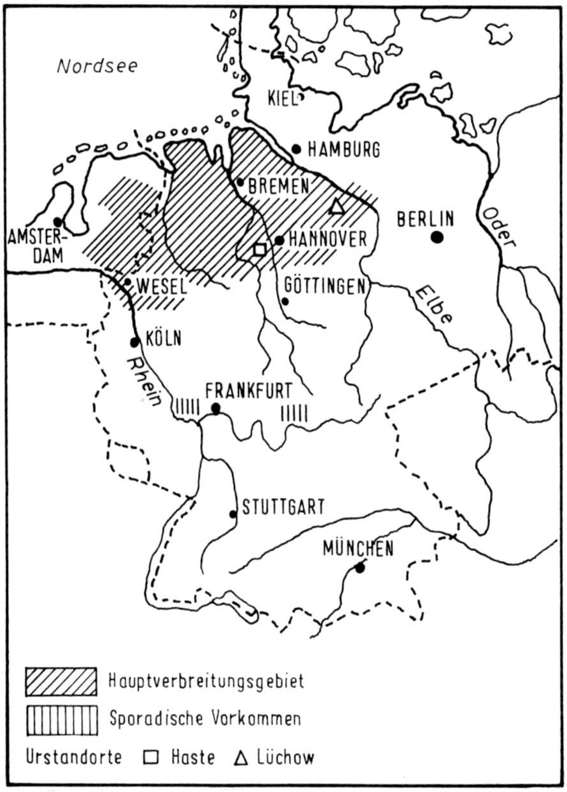

Verbreitung des schwarzen Rehwildes 1963 (nach Meyer-Brenken 1970)

Die Entstehung dieser schwarzen Form ist zweifellos eine sprunghafte Veränderung der Erbfaktoren, die für die Pigmentverteilung und damit für die Färbung bestimmend sind. Eine derartige Mutation kann teilweise auch umweltbedingt sein. So mag die schwarze Farbe z. B. einen besseren Kälteschutz im naßkalten atlantischen Klima Nordwestdeutschlands gewähren, in Mooren und Heiden ist schwarz als Schutzfarbe denkbar. Alle Melanismen scheinen in bestimmten Gebieten verstärkt aufzutreten, insoweit ist sicher das Hauptverbreitungsgebiet des schwarzen Rehwildes kein Zufall, zumal für Zoologen Nordwestdeutschland allgemein als „Verdunkelungsgebiet“ für Tiere gilt.

Dies schließt aber natürlich nicht aus, daß der hohe Anteil schwarzer Rehe in den

Urstandorten wesentlich durch den Jäger beeinflußt wurde, dies hatte schon der bereits zitierte Pastor PAULUS 1797 erkannt, der der Schonung der schwarzen Rehe das Wort redete! ARNOLD berichtet im Niedersächsischen Jäger 11/83 von dem erfolgreichen Bemühen, den Anteil schwarzer Rehe im Urstandort Haste durch bevorzugten Abschuß roter Rehe zu heben; so ergab eine Wildzählung im Haster Wald 1982 ein Verhältnis von 26 % roten zu 74 % schwarzen Rehen.

Die Sommerdecke des schwarzen Rehwildes ist glänzend tiefschwarz, etwa ab Mitte der Flanken bauchwärts grauschwarz, nach der Brustmitte zu in lichtes Grau übergehend. Die Läufe sind mitteldunkel mit rehbraunem Streifen am hinteren Rand der Vorderläufe. Der Spiegel ist klein und rehbraun, die Schürze rostbraun, die Pinselhaare sind gelblich. Die Winterdecke ist mattschwarz, nach dem Leibe zu bleigrau, der Spiegel ist silbergrau. Vor dem Frühjahrshaarwechsel wirkt die Decke durch Ausbleichen bleifarben bis silbergrau. Stets sind die Lichter und das Bastgehörn schwarz, die weiße Unterlippe und die weißen Flecken an der Oberlippe fehlen.

Bei Kreuzungsrehen überwiegt die rote Farbe, jedoch nicht vollständig. Im Winter verläuft ein breiter dunkler Streifen über den Nacken und Rücken, im Sommer ist der Mischlingscharakter an der dunkelrotbraunen Farbe zu erkennen. Zu allen Jahreszeiten sind die normalen schwarzen Farbzonen erweitert und die weißen Abzeichen am Geäse eingeengt.

Schwarzrotschecken, also Rehe mit scharfer Abgrenzung roter und schwarzer Körperflächen, sind nicht nachweisbar. Nach wenig fundierten Berichten um die Jahrhundertwende sollen bei einem Sechserbock Kopf, Hals, Blätter und Vorderläufe schwarz, der übrige Rumpf dunkelrot, der Spiegel dunkelgelb gewesen sein; auch eine schwarz- und rot-getigerte Ricke wurde beschrieben.

Schwarzweißschecken sind selten. An neueren Fällen seien erwähnt aus Aurich 1949 ein schwarzes Schmalreh, linksseitig geschimmelt, rechtsseitig schwarz gescheckt. 1958 ein Bock vom Steinhuder Meer mit großflächiger Farbverteilung, vorwiegend mit schwarzer vorderer Körperhälfte, und 1962 aus dem gleichen Gebiet eine Ricke, die in diesem Jahr von einer normalfarbigen Mutter zusammen mit einem normalfarbigen Zwillingskitz gesetzt wurde. Die außergewöhnliche Pigmentierung konzentriert sich außer Gesicht und Läufen auf die vordere Körperhälfte in scharf ausgeprägter Halbfärbung und ziemlich strenger Symmetrie beider Körperseiten, asymmetrisch dagegen linker Hals und Widerrist weiß geschimmelt, rechts auf der Keule ein schwarzer Fleck. 1964 setzte diese Ricke ihr erstes Kitz in gleichem Farbmuster, jedoch rot pigmentiert und ohne die asymmetrischen Merkmale der Mutter. Da als Vater ein rot-weißer Bock angenommen werden kann, zeigt diese Paarung die rezessive Scheckigkeit mit der Dominanz von Rot. 1967 setzte die gleiche Ricke nach zwei Jahren ohne aufgezogene Nachkommen zwei normalfarbige Kitze.

Letztlich 1961 aus Nordhorn ein guter Sechserbock mit weißem linken Vorderlauf und Spritzfleckung am ganzen Körper, 1965 eine Ricke im Kreis Neustadt a. R. mit schwarzem Vorderkörper.

Die Vermutung, nach der die Schwärzlinge schwächer sind als die normal gefärbten Rehe, trifft nicht zu, denn es bestehen keine Gewichtsunterschiede. Es muß aber zugegeben werden, daß das Stück mit schwarzer glatt anliegender Decke schlanker wirkt als das rote bzw. graue Reh. Das schwarze Reh Niedersachsens ist daher als Besonderheit durchaus erhaltenswert; die Abwechslung erfreut, und wenn auf einer Sommerwiese neben dem roten ein kohlrabenschwarzer Bock oder eine schwarze Ricke steht, so ist das für das Auge des Naturfreundes ein reizvoller Anblick. In gemischten Vorkommen ist beim Ansprechen Vorsicht geboten, da die schwarze Färbung in der Regel das Individuum älter erscheinen läßt!

Weißlinge

Um eine Verlustmutation handelt es sich bei den verschiedenen Formen der Weißlinge (Albinos), bei denen der Erbfaktor für die Haarfarbe ganz oder teilweise fortgefallen ist. Die weiße Farbe wird ebenso wie die schwarze unterdrückt (rezessiv) vererbt, sie tritt also nur im Verhältnis 1:3 auf. So kann es kommen, daß nach Vorkommen eines weißen Bockes oder einer weißen Ricke mehrere Generationen hindurch nur normales Rehwild vorhanden ist, bis auf einmal wieder ein weißes Stück beobachtet wird. – Der Mangel an Pigment kann vollkommen sein oder bei unvollständig herrschendem Erbfaktor für die normale Färbung auf wenige Bezirke des Körpers beschränkt sein bis zur regellosen Form kleiner Flecken und Spritzer.

Betrachten wir zunächst die ganz weißen Rehe, so sehen wir, daß sämtliche Körperteile eines Pigments entbehren. Die Haare sind reinweiß, das Nasenfeld ist rosarot, und die Schalen sind ebenso gefärbt oder weißbläulich. Die Lichter sind rot, weil die Regenbogenhaut aus Farbstoffmangel völlig durchsichtig ist und die Blutgefäße des Augenhintergrundes durchscheinen. Die Regenbogenhaut kann ihrer Aufgabe, durch Vergrößerung oder Verkleinerung der Pupille den Lichteinfall zu regeln, nicht nachkommen, weil sie selbst durchsichtig ist. Daher vermögen die Vollalbinos bei Tage nur sehr schlecht zu äugen, sie sind tagblind und erscheinen daher bei günstigem Wind auffallend vertraut. Häufiger wurde beobachtet, daß Weißlinge von ihren Artgenossen gemieden oder abgeschlagen werden; in anderen Fällen wurde festgestellt, daß sich das normale Rehwild gut mit einem Weißling vertrug.

Häufiger als reine Weißlinge kommen Teilalbinos (Rotweißschecken) mit unterschiedlichster Ausdehnung der roten und weißen Deckenbezirke vor. Die Lichter sind bei Schecken niemals rot. Diese Schecken sind Kreuzungsprodukte, bei denen der Erbfaktor für Rotfärbung mehr oder minder stark herrscht. In einem Revier wurde beobachtet, daß im Laufe der Zeit etwa 20 gescheckte Rehe von einer weißen Ricke abstammten, die dort 17 Jahre ihren Stand hatte. In einem anderen Revier tauchte eine fast weiße Ricke auf, die geschont wurde. Die beiden Kitze, die sie im folgenden Jahr setzte, waren überwiegend weiß und gediehen prächtig. Die Ricke blieb im Revier und setzte auch in der Folge jedes Jahr zwei gescheckte Kitze, meist Böcke, die sich wiederum als Schecken vererbten. Um nicht den ganzen Rehwildbestand zu verschandeln, blieb nichts weiter übrig, als den Abschuß der Teilalbinos vorzunehmen. – Das plötzliche Auftauchen einer roten Ricke mit einem weißen und einem roten Kitz fiel in einem Revier auf, in dem kein weißes Kitz gesetzt worden war, denn bei den täglichen Reviergängen wäre es nicht übersehen worden. Zweifellos waren die schon etwas herangewachsenen Kitze mit ihrer Mutter zugewandert. Durch Umfrage konnte geklärt werden, daß der alte Standort etwa 5 bis 6 km entfernt lag. Die Ricke blieb dem neuen Einstand sehr treu, das war daran zu erkennen, daß in dem Revierteil immer wieder weiße Kitze oder Schecken gesetzt wurden. – Die Nachkommen einer anderen weißen Ricke, die auf der linken Keule einen kleinen roten Fleck hatte, hatten mehr oder weniger weiße Flecke, häufig eine weiße Blesse und vier weiße Stiefel. – Bei den Schecken kommen rote Rehe mit weißen Abzeichen wohl etwas häufiger vor als weiße mit roten Abzeichen, die Anordnung und Verteilung der Scheckung ist recht mannigfaltig. Als niedrigste Stufe des Albinismus ist das Erscheinen einzelner weißer Flecke oder ein einzelnes Abzeichen zu werten, das am Hinterlauf, Vorderlauf, dem Haupt oder einer Hals- und Körperseite gefunden wird. Die Vermehrung der weißen Bezirke geht dann verschiedene Wege. Entweder wird eine gewisse Symmetrie beobachtet oder eine vollständige oder teilweise Bevorzugung einer Körperseite oder des vorderen bzw. hinteren Körperteils. Von der Weißfärbung bevorzugte Körperstellen sind der Kopf (Blesse) und die Läufe, an denen Stiefel (weiße Laufenden) in Revieren mit Albinoerbgut nicht selten sind. Symmetrie findet sich bei den Stiefeln an den vorderen, hinteren oder allen vier Läufen, bei Platten auf der linken und rechten Körperseite, bei

Auftreten eines Sattels und bei Fleckung ähnlich der Kitzzeichnung. Bei dem Zusammentreffen mehrerer solcher Zeichnungsmuster ergeben sich viele Möglichkeiten. Die Stücke mit viel Weiß in der Deckenfärbung leiten zu solchen über, die überwiegend weiß sind und nur noch rote Abzeichen tragen. Nur noch auf den Kopf beschränkt war die normale Farbe bei vier weißen Böcken, die in den Gmundener Jagden im Lande Salzburg erlegt wurden. Diese Böcke trugen schwache Gehörne. Schließlich beschränkt sich die rote Farbe nur noch auf kleine Flecke, die auf jedem Körperbezirk auftreten können.

Ein besonders interessanter Fall ist das regelmäßige Verfärben von weißer Winterdecke zu normal roter Sommerdecke, das in einem Revier beobachtet wurde. Zwei Jahre stand dort ein Rehbock, der im Winter eine weiße Decke trug, sich jedoch im vorhergehenden wie im Berichtsjahr bis Mitte Juni wie andere Böcke rot färbte. Bei dem Bock wurden die verschiedenen Stadien des Verfärbens verfolgt, das Weiß am Kopf, Rücken und Hinterläufen verschwand zuletzt. Hier muß eine besondere Form von Verlustmutation vorgelegen haben, müssen die Erbfaktoren für das Pigment und seine Verteilung sich so ausgewirkt haben, daß der rote Farbstoff des Sommerhaares erhalten blieb, während der schwarze Farbstoff im Winterhaar verlorenging. Vielleicht handelte es sich um eine Kombination von Erbfaktoren, die bei den winterweißen Tierarten ständig vorhanden ist und als Mutation auf die gleiche Weise entstanden ist wie bei diesem Rehbock.

Gelbweiße Rehe entstehen durch Teilverlust des roten Pigments bei Fehlen des schwarzen Farbstoffes im Haar. Bei einem semmelblonden Kitz waren nur der Rücken und ein Teil der Keulen normal gefärbt, der übrige Körper war hellgelb. – Ein erlegter Rehbock war am ganzen Rumpf gelblich-weiß, nur der Kopf und die Hälfte des Halses waren sehr schön dunkelbraun gefärbt. Hellgelbes Haar hatte ein Bock anstelle des sonst schwarzen Haares um den Äser, die Decke war auffallend hellgrau.

Bei den in der Literatur erwähnten *silbergrauen* Rehen handelt es sich in der Regel nicht um albinotische Formen, sondern um normale schwarze Rehe, deren anfangs schwarzes Winterhaarkleid durch Ausbleichungsvorgänge zunachst grau und im späten Frühjahr schmutzigweiß wird. Ein Kreuzungsstück zwischen schwarzem und rotem Rehwild wird eine Ricke gewesen sein, die drei Jahre in einem Revier beobachtet wurde, wo sie durch ihre pfeffer- und salzfarbige Decke auffiel. Auf dem Rücken lief ein dunkler Aalstrich entlang, angeblich verfärbte sie nicht. Hier liegt der Extremfall eines Mischlings vor, bei dem sich Sommer- und Winterdecke in der Farbe wenig unterscheiden, aber der Haarwechsel auf jeden Fall durchgeführt wird.

Nun kommen wir zu der oft behandelten Frage, ob Weißlinge eine geringere Widerstandskraft besitzen als normale Stücke, und ob sie im besonderen geringere Gehörne aufsetzen. Der Verlust der Haarfarbe ist eine Ausfallerscheinung, die schon an sich eine Minderwertigkeit bedingt. Bei der Behauptung im Daseinskampf sind weiße Stücke ihren Artgenossen unterlegen, denn besonders Feinden gegenüber ist die weiße Farbe bestimmt nachteilig. Darüber hinaus mögen mit dem Wegfall der Farbe noch andere Verluste im Erbgut gekoppelt sein, die eine geschwächte Konstitution herbeiführen. Im ursprünglichen Lebensraum wurden jedenfalls die Weißlinge durch den Umweltswiderstand sehr schnell ausgemerzt, nur in Kulturrevieren können sie sich halten und – vom Revierinhaber gefördert – sogar vermehren. Von einer Beeinflussung der Geweihbildung durch den Albinofaktor ist nichts bekannt.

Einzelne albinotisch gefärbte Stücke können für die Beantwortung wildkundlicher Fragen von großem Wert sein und sollten deshalb *nicht abgeschossen*, sondern über längere Zeit *beobachtet* werden. Man gewinnt durch sie Einblicke in Verhaltensweise und Standorttreue, wenn auch die Tatsache einer Degenerationserscheinung hierbei nicht übersehen werden darf. Eine bewußte Hege oder gar Zucht weißer Rehe ist abzulehnen.

Haut

Die Haut setzt sich aus drei Schichten zusammen, der Oberhaut, der Lederhaut und der Unterhaut (Epidermis, Corium, Subcutis). Der untere Teil der Oberhaut besteht aus lebenden Zellen, die nach außen hin allmählich flacher werden und verhornen. Die oberste äußerste Schicht ist trockenes, totes Gewebe, das in Schuppen abschilfert und ständig von unten her ersetzt wird. Die Lederhaut dient dem umspannenden Zusammenhalt des Körpers, in ihr liegen faseriges Bindegewebe, kleine Blutgefäße, Fettzellen und Muskelzellen, die der Bewegung des einzelnen Haares dienen. Haarwurzeln und Hautdrüsen sind in diese Lederhaut eingebettet. *Das Haar steckt in einem Haarbalg,* der in die Haut hineingestülpt ist.

Die Hautdicke ist an den einzelnen Körperabschnitten verschieden. Dort, wo die Haut einem Knochen dicht aufliegt, wie am Kopf und den unteren Teilen der Läufe, ist sie stark. Im übrigen ist sie auf dem Rücken am stärksten, um nach den Seiten dünner zu werden; an der Unterseite des Rumpfes und besonders an den geschützt liegenden Innenflächen der Läufe ist sie am dünnsten. Behaarung und Hautdicke stehen zueinander in einem Verhältnis, in der Regel entspricht ein dichteres Haarkleid einer dünneren Haut. Die Sommerdecke des Rehes hat eine dickere Haut als die Winterdecke, sie ist deshalb widerstandsfähiger und für die Verarbeitung zu Wildleder wertvoller. Der Verbindung von Lederhaut und Körper dient die aus lockerem Zellgewebe bestehende Unterhaut, sie ermöglicht ausreichende Beweglichkeit und Verschiebbarkeit der Haut, gleichzeitig stellt sie einen Vorratsspeicher für Fett dar. Diese lockere Unterhaut (Bindegewebe) erleichtert es auch, ein Reh aus der Decke zu schlagen. Sie ist reich an größeren Blutgefäßen.

Schalen

Außer den Haaren sind die Schalen Hornbildungen der Haut. Beim Ziehen werden nur die Spitzen der Schalen, die das Endglied der dritten und vierten Zehe bekleiden, auf den Boden aufgesetzt. In flüchtiger Fortbewegung berühren auch die Oberrücken, die Schalen der zweiten und fünften Zehe, den Erdboden. Das Schalenhorn umfaßt das Endzehenglied weit nach hinten und berührt mit seinem Rande den Boden, während die Unterseite des Zehenrandes von dem Ballen gebildet wird. Das Reh hat einen besonders langen Ballen. Zu lange, gekrümmte Schalen dürften entgegen der früheren Ansicht nicht nur durch mangelnden Abrieb auf zu weichem, morastigen Boden verursacht werden, sondern auch auf Störungen im Stoffwechsel zurückzuführen sein. Laufverletzungen und Fehlstellungen der Läufe verursachen abnormale Schalenverformungen.

Hautdrüsen

Hautdrüsen treten in zwei Grundformen auf, den traubenförmigen Talgdrüsen und den geknäuelten Schlauchdrüsen. Beide sind Einstülpungen der Oberhaut in den Bereich der Lederhaut und über die gesamte Haut verteilt.

In jeden Haarbalg mündet mindestens eine Talgdrüse. Die Ausscheidungen der *Talgdrüsen* entstehen aus völlig zerfallenden Zellen und bestehen hauptsächlich aus Fetten. Diese dienen dazu, Haut und Haare einzufetten, damit sie nicht spröde und brüchig werden, und um das Fell wasserabstoßend zu machen.

Die *Schlauchdrüsen* scheiden ihr Sekret aus, ohne daß die Drüsenzellen selbst dabei zugrunde gehen. Meist mehrere dieser stark geknäuelten Schläuche münden jeweils um ein Haar auf der Oberfläche. Während beim Menschen diese Drüsenform nassen Schweiß zur Wärmeregulation hervorbringt, produzieren die Schlauchdrüsen des Rehes ein flüchtiges Sekret mit arteigenem Duft. Daher bildet diese Drüsenform auch einen wesentlichen Bestandteil der *Hautduftorgane*, die an einigen Körperstellen (s. Abb.) als charakteristische Drüsen-

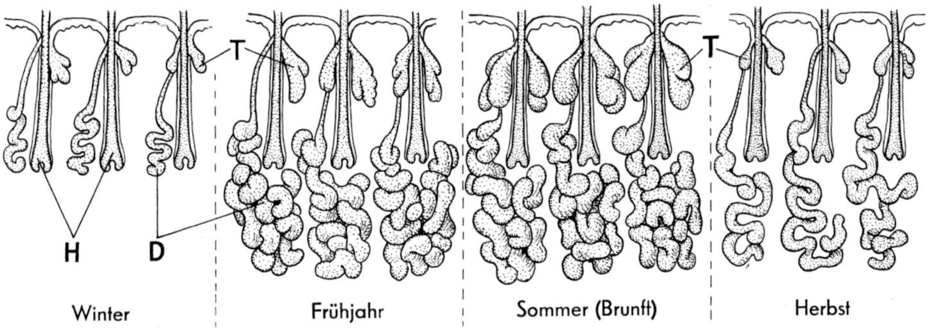

Schema des Verhaltens der Drüsen in der Kopfhaut des Rehbockes (nach SCHUMACHER) H Haarwurzel, D Duftdrüse, T Talgdrüse

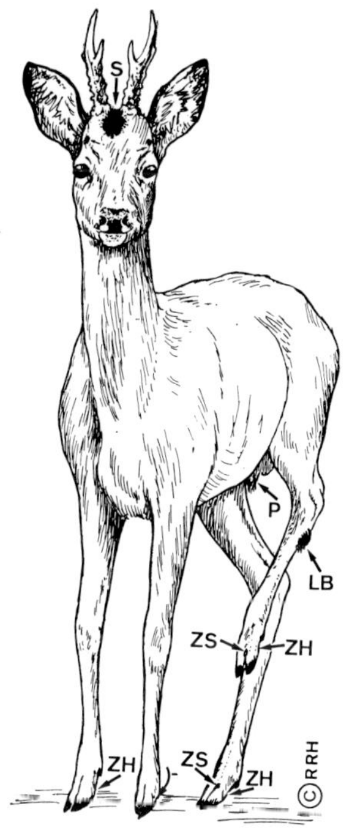

Hautduftorgane des Rehbocks. LB Laufbürste, P Pinseldrüsen (Vorhaut), S Stirnorgan, ZH Zehenhautdrüsen, ZS Zwischenklauensäckchen (R. R. HOFMANN)

gebilde vorkommen. In ihnen liegen Gruppen von Schlauchdrüsen teils allein, teils mit Talgdrüsen gemischt und dienen besonderen Aufgaben der Geruchsverständigung.

Etwas unterhalb des Sprunggelenkes an der Außenseite jedes Hinterlaufs sitzt eine nach Haar-Farbe und -Länge auffällige *Haarbürste.* Unter den besonders dichtstehenden Haaren liegt ein stark mit Blutgefäßen versorgtes, daher braunrötliches, deutlich abgegrenztes Hautfeld, ca. 3 × 2 cm, in dessen Zentrum sich eine haarlose flache Warze von Linsengröße befindet. Hier sind alle Schichten der Haut verdickt. In der Lederhaut liegen dichtgepackt zahlreiche Knäueldrüsen. Ihre Duftstoffe werden an das zäh-ölige Sekret der darüberliegenden Talgdrüsen gebunden. Das gemeinsame Produkt beider Drüsenformen ist weißlich-grau, kann aber in Farbe und Dichte wechseln. Bei der raschen Entleerung des flüchtigen Duftsekretes der Schlauchdrüsen spielen offenbar die besonders geformten Blutgefäße der Laufbürste eine Rolle (R. R. HOFMANN).

Beobachtungen im Zusammenhang mit Messungen des Blutspiegels des Schilddrüsenhormons und des Spiegels von Sexualhormonen (BARTH u. a., SCHAICH) haben in neuerer Zeit

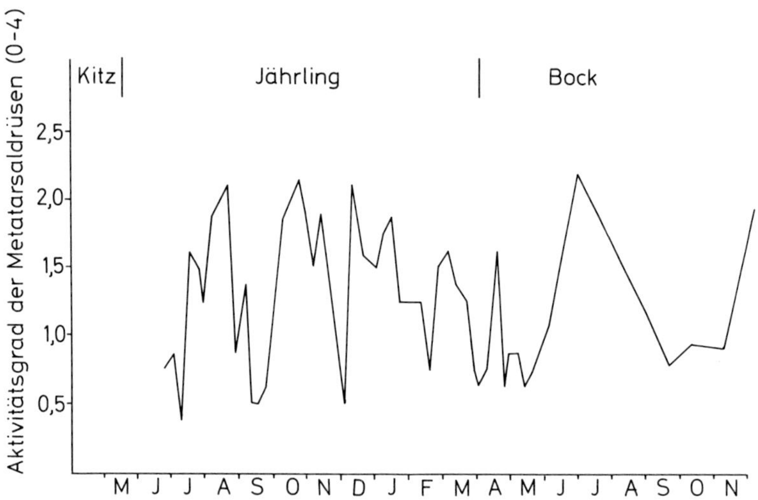

Saisonale Schwankungen der Sprunggelenkdrüsenaktivität bei 8 männlichen Rehen (BARTH, SCHAICH 1973/1974)

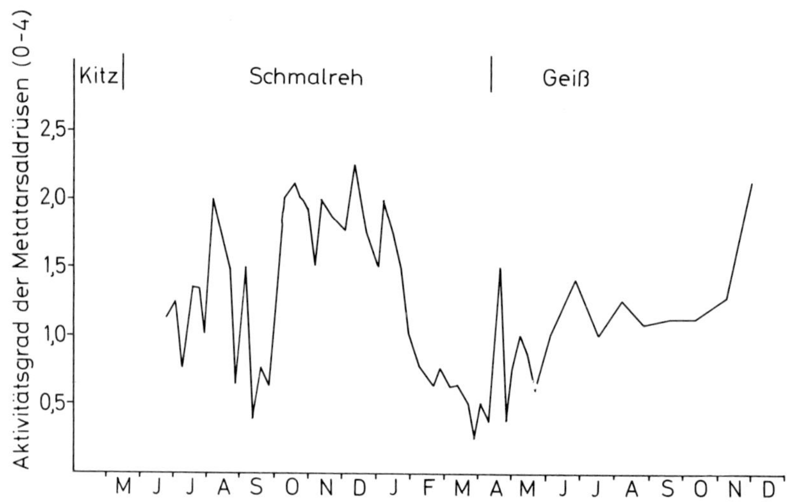

Saisonale Schwankungen der Sprunggelenkdrüsenaktivität bei 8 weiblichen Rehen (BARTH, SCHAICH 1973/1974)

ergeben, daß eindeutige Zusammenhänge zwischen der Größe der Bürste oder deren Sekretausscheidung nicht zu existieren scheinen. Eine Beobachtung der Periodik deutet lediglich darauf hin, daß im Frühjahr und Sommer häufiger die Vergrößerung der Bürste beobachtet wurde als im Herbst und Winter; siehe hierzu die obigen Abbildungen. Es gibt innerhalb von einigen Tagen rasche und extreme Schwankungen in der Größe und damit vermehrter Ausscheidung, die von Aufregung oder Angst wahrscheinlich nicht unmittelbar beeinflußt sind. Jedenfalls macht das Bürstensekret den Lauf geradezu glitschig, wenn eine starke Absonderung des Sekrets vorliegt.

Hautdrüsen haben spezifische Funktionen und können sich auch zu Duftorganen zusammenschließen. Zunächst jedoch unterscheiden wir, wie schon eingangs erwähnt, nach der

Form Knäuel- und Talgdrüsen. Talgdrüsen haben eine sackartige Form. Knäueldrüsen sind schlauchförmig ausgebildet und haben am Ende eine aufgeknäuelte Form. Sie dienen der Duftproduktion. Diese Drüsen scheiden ein spezifisch riechendes Sekret ab. *Duftorgane* dienen der Markierung der Territorien, der Kenntlichmachung der Fährten der Einzelindividuen und der Verständigung z. B. in der Brunft. Ein wichtiges Duftorgan ist z. B. das Interdigitalorgan an den Hinterläufen mit seiner ca. 5 mm großen Öffnung, auf das wir anschließend näher eingehen. Der zähflüssige Talg transportiert den Duft und hält ihn länger.

Ein weiteres wichtiges Duftorgan ist das Stirnorgan des Bockes zum Markieren der Territorien. Es unterliegt jahreszeitlichen Schwankungen in der Größe. Auch bei der Laufbürste gibt es Größenschwankungen zwischen den Geschlechtern, wobei die Drüsen der Böcke größer geartet sind.

Knäuel- und Talgdrüsen sind über die gesamte Kopfhaut der männlichen und weiblichen Rehe verteilt. Sie verändern sich jahreszeitlich. Am größten sind sie im Juli, am meisten konzentriert an Stirn, Hinterhaupt und Backen.

Die behaarte Haut zwischen Oberrücken und Hauptschalen ist an allen vier Läufen mit einem dichten Lager duftstofferzeugender Schlauchdrüsen ausgestattet, deren flüchtiges Sekret vielleicht der Fährtenmarkierung dient (Zehenhautorgan) und nach HILDEMANN einen Jahresrhythmus mit Höhepunkt im Winter zeigt. Ob die Absonderungen der vier Zehenhautorgane auch Duftmarken beim Plätzen und Laufschlagen hinterlassen, ist noch fraglich. Nur zwischen den Zehen des Hinterlaufes dagegen liegt das *Zwischenklauensäckchen* (siehe Abb.). Bei den gespreizten Schalen sieht man von vorn ca. 2 cm über dem Schalensaum ein dunkles verklebtes Haarfeld und in der Tiefe eine enge, schlitzförmige Öffnung. Sie führt in ein seitlich zusammengedrücktes, bis 25 mm langes Säckchen, dessen blindes Ende höher liegt als die

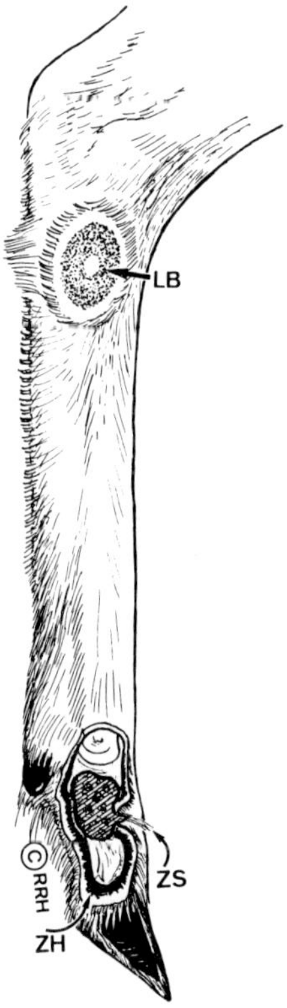

Rechter Hinterlauf einer Ricke. LB Laufbürste; Drüsenfeld nach Abscheren der Haare, im Zentrum haarfreie „Warze". ZS Ausgangsöffnung des Zwischenklauensäckchens (schraffiert), das durch Wegnahme der rechten Zehe sichtbar wird, ZH Schicht der Duftdrüsen (schwarz) auf der Zehenhaut-Schnittfläche sichtbar (R. R. HOFMANN)

Ausgangsöffnung. Sein Hohlraum ist meist mit einer grauen, fettigen „Salbe“ gefüllt, die einen süßlichen Geschmack und Geruch hat. Das Drüsengewebe der Wand besteht überwiegend aus dichtgelagerten Talgdrüsenläppchen, die von besonders dicken Haarbalgmuskeln bedient werden. Ganz außen liegen ungleichmäßig verteilte Knäueldrüsen, deren Duftstoffe (Pheromone) dem ganzjährig gleichbleibend reichhaltig erzeugten Talg offenbar in wechselnder Menge beigefügt werden. Ob durch die ständigen Absonderungen des Zwischenklauensäckchens beim Reh im Gegensatz zum Rotwild ein besonders starker und für Hunde intensiverer Fährtengeruch entsteht, kann bisher nur vermutet werden (das Zwischenklauensäckchen kommt u. a. beim Muffelwild an allen vier Läufen und bei zahlreichen Antilopenarten vor). Naheliegender ist die Annahme, daß der Fährtengeruch vom Zehenhautorgan kommt und daß das in den Spreiz- und Abfederungsapparat des Paarzehers Reh eingebaute Zwischenklauensäckchen Sonderaufgaben erfüllt. Die besondere Anordnung der vielen unwillkürlichen Muskelbündel ebenso wie die zahlreichen Spezialblutgefäße sprechen für eine schlagartige Entleerung des Säckchens (R. R. Hofmann). Es scheint dabei ein haftendes Alarmsignal-Pheromon verspritzt zu werden, das an der Absprungstelle später nachfolgende Artgenossen warnt; denn unvermittelt werden sie flüchtig, wenn sie an die so markierte Stelle kommen. Kurt gelang es, durch die Duftstoffe des Zwischenklauensäckchens erlegter Rehe wildlebende Rehe in Flucht zu versetzen. Das Zwischenklauensäckchen sondert wahrscheinlich in den ersten zwei Lebensmonaten kein Sekret ab (Schutzfunktion), ist aber gut ausgebildet vorhanden. Die Behauptung, daß dieses Organ bei der Ricke das ganze Jahr über, beim Bock nur während des Winters gefüllt ist, ist nach unserer Ansicht anzuzweifeln.

Die Fähigkeit des Hundes, eine gesunde Fährte zu halten, ist sehr wahrscheinlich auf die normale Duftstoff-Absonderung aller am Zehenende vorhandenen Drüsen zurückzuführen. Auch müssen geringe individuelle Unterschiede in der Zusammensetzung des Drüsensekretes vorhanden sein, die ein Hund mit guter Nase wahrzunehmen und zu trennen vermag. Es ist erwiesen, daß Angst besonders in den Schlauchdrüsen eine stärkere Absonderung hervorruft (Schweißausbruch bei Angst), und dadurch kann es auch zu einer geruchsmäßig veränderten Zusammensetzung des Mischsekretes dieser Hautduftorgane kommen. Hier mag der Grund dafür liegen, daß der Hund in der Lage ist, den Fährtengeruch eines gesunden Stückes von dem eines krankgeschossenen auch dann zu unterscheiden, wenn es keinen Schweiß verloren hat (Angstwittrung). Nach Hildemann enthält die Pinsel-Haut (Vorhaut) zahlreiche Duftdrüsen, die um die Zeit der Brunft besonders aktiv sind.

Auf der Stirn des Rehbockes befindet sich vor und zwischen den Rosenstöcken ein Bezirk längerer Haare, die Stirnlocke oder der Schild (letztere Bezeichnung wurde von Vorberg für das Ansprechen des Alters nach Färbung und Zeichnung des Hauptes eingeführt, s. S. 30). Wenn man die im Frühjahr und Sommer verdickte Decke dieses Bereichs vom Schädel abschärft, fällt ein besonderer Geruch und eine klebrige Beschaffenheit der Stirnlocke auf. Schumacher von Marienfried untersuchte die Haut unter der Stirnlocke näher und erkannte angesichts der hier besonders reichhaltig vorhandenen Talg- und Schlauchdrüsen als erster die Bedeutung des sogenannten *Stirnorgans* für die Territorialmarkierung des Rehbokkes; der Stirnhaut weiblicher Stücke und männlicher Kitze fehlen diese Drüsenansammlungen. Durch Fegen und Reiben an dünnen Stämmen und Ästen streift der Rehbock mit dem Sekret des Stirnorganes *Duftmarken* ab, die sein Einstandsgebiet bezeichnen. Die Markierungsstellen sind „Briefkästen“, da sie Geruchsnachrichten für andere Rehe hinterlassen. Die von Rinde befreiten Markierungsstellen sprechen nicht nur den Gesichtssinn, sondern durch den Duft der Stirnhautdrüsen (eventuell vermengt mit Pflanzensäften) vor allem die hochentwickelte Geruchssphäre des Rehes an. Das Stirnorgan, ergänzt durch die Drüsen der Kopfhaut, insbesondere ein kleines Schlauchdrüsenpaket am Jochbogen, unterliegt einem Jahresrhythmus, der in deutlicher Abhängigkeit von der Konzentration der Geschlechtshormone im Blut steht. Lückenlose Schnittserien dieses Hautgebietes von Rehböcken aus allen Monaten des Jahres zeigen neuerdings, daß bei erwachsenen Böcken der erste Höhepunkt der Entwicklung *beider* Drüsenarten, der Talg- und Schlauchdrüsen, bereits Anfang März liegt. Das ist die Zeit der Einstandskämpfe, vor und nach denen ausgiebig markiert wird, ebenso beim Fegen. Die Höchstentwicklung zeigt das dann 4 bis 5 mm dicke Drüsenlager zu Beginn der Blattzeit; es ist aber bereits Anfang September auf etwa die Hälfte zurückgegangen; eine getrennte Entwicklung der Aktivitäten von Talg- und Duftdrüsen, wie sie früher an zu wenigen Böcken beobachtet wurde, konnte von R. R. Hofmann an reichhaltigem Vergleichsmaterial nicht bestätigt werden. Besonders die duftstofferzeugenden Schlauchdrüsen zeigen im Winter die geringste Dichte und keinerlei Aktivität. Um diese Zeit haben die Böcke das Schlagen völlig eingestellt, ihre Standorte werden nicht mehr gegeneinander abgegrenzt, weil das Rehwild im Winter in einem anderen Verband, dem Wintersprung, lebt. Normalentwickelte Jährlinge zeigen wenig, Knopfböcke aber überhaupt nichts von den jahreszeitlichen Veränderungen der Haut im Stirnorgan, obwohl auch Knopfböcke mit dem Haupt Markierungsbewegungen machen. In überbesetzten Revieren mit falschem Altersklassenaufbau wird infolge zu häufiger Begegnungen jüngerer Böcke besonders viel geschlagen, wobei manchmal erheblicher Wildschaden entsteht.

Unser Wissen über die Wirkungsmechanismen der Hautdrüsen bzw. der Hautduftorgane ist noch recht begrenzt. Wir dürfen aber aufgrund von Beobachtungen und angesichts des hochentwickelten Geruchssinnes des Rehwildes den Duftstoffen der Hautdrüsen eine große Bedeutung als Erkennungs-, Markierungs- und Verständigungszeichen beimessen. Die Größe der Geruchssphäre des Gehirns und die große Riechfläche im Windfang des Rehes wären Bestätigungen für diese Annahme.

Muskeln und Sehnen

Nach der Besprechung der äußeren Teile und der Oberfläche des Körpers wenden wir uns nun den Teilen zu, mit denen der Jäger nach der Erlegung eines Stückes beim Aufbrechen, Abschlagen des Gehörns, Aus-der-Decke-Schlagen und Zerwirken in Berührung kommt.

An den Körperstellen, an denen Arbeit zu leisten ist, finden wir Muskeln, die alle willkürlichen und unwillkürlichen Bewegungen auszuführen haben. Die stärksten Muskeln stehen mit dem Skelett in Verbindung und liegen dort, wo die schwersten Leistungen erforderlich sind, an den Keulen, dem Rücken und den Blättern. Hier befindet sich daher das wertvollste Wildpret. Die Verbindung vom Muskel zum Knochen wird durch Sehnen hergestellt. Beim ausgewachsenen Bock sind die meisten Skelettmuskeln kräftiger entwickelt als bei der Ricke; das gilt insbesondere für die Halsmuskulatur. Die Skelett- und Herzmuskulatur besteht aus quergestreiften „willkürlichen“ Muskeln, die sich sehr schnell zusammenziehen können, während die Eingeweide außer dem Herz glatte Muskeln besitzen, die unabhängig von der Steuerung des Großhirns, also „unwillkürlich“ arbeiten. Willkürliche Muskeln unterliegen dagegen der Kontrolle des Großhhirns. Wildpret vom Reh hat einen höheren Gehalt an Eiweiß (20–23 %) und an Vitaminen und lebenswichtigen Spurenelementen als Haustiere – z. B. das Rind. Es ist auch energieärmer, macht also weniger dick. Auch der Fettgehalt ist deutlich geringer. Der Muskel ist stark durchblutet und auf rasche Energieabgabe eingestellt, daher die dunklere Färbung.

Knochengerüst

Das Knochengerüst hat Stütz- und Schutzfunktionen, es ist auf der nachstehenden Abbildung dargestellt, so daß sich eine weitere Beschreibung erübrigt. Lediglich auf einige Tatsachen soll besonders hingewiesen werden. Man unterscheidet am Knochen den äußeren festen Rindenteil und den inneren schwammigen oder spongiösen Teil, in dem zahlreiche Balken und Platten miteinander verbunden sind und dadurch mehr oder weniger kleine Hohlräume umkleiden, die mit Mark gefüllt sind. Bei den langen Röhrenknochen der Gliedmaßen besteht das Mittelstück aus einer dickwandigen Röhre von kompakter Knochenmasse, die einen mit Knochenmark gefüllten großen Hohlraum, den Markraum, umfaßt. Jeder Knochen wird – mit Ausnahme der Gelenkflächen, die von Knorpeln überzogen sind – von der Knochenhaut überkleidet. Von ihr aus treten Blutgefäße durch enge Kanäle (HAVERSsche Kanäle), die die Knochenrinde durchsetzen, in das Innere des Knochens ein. Der Knochen besteht aus organischer Substanz, aus phosphorsaurem und kohlensaurem Kalk sowie anderen Mineralsalzen und aus Wasser. Die feste Verbindung flacher Knochen, wie wir sie zum Beispiel am Schädel finden, wird durch Knochennähte erreicht, bei denen die aneinanderstoßenden Knochenränder mit Zacken und Einschnitten nahtförmig ineinandergreifen und fest verwachsen. Als Verbindungssubstanz der Knochen spielt der Knorpel eine wichtige Rolle. An den Gelenkflächen ist der Knochen von Knorpel überzogen, das Gelenk ist von einer Kapsel umgeben, die mit Gelenkflüssigkeit gefüllt ist.

Das *Achsenskelett* setzt sich aus 7 Halswirbeln, 13 Brustwirbeln, 6 Lendenwirbeln, 5 fest miteinander verwachsenen Kreuzbeinwirbeln und meist 8 Schwanzwirbeln zusammen. An

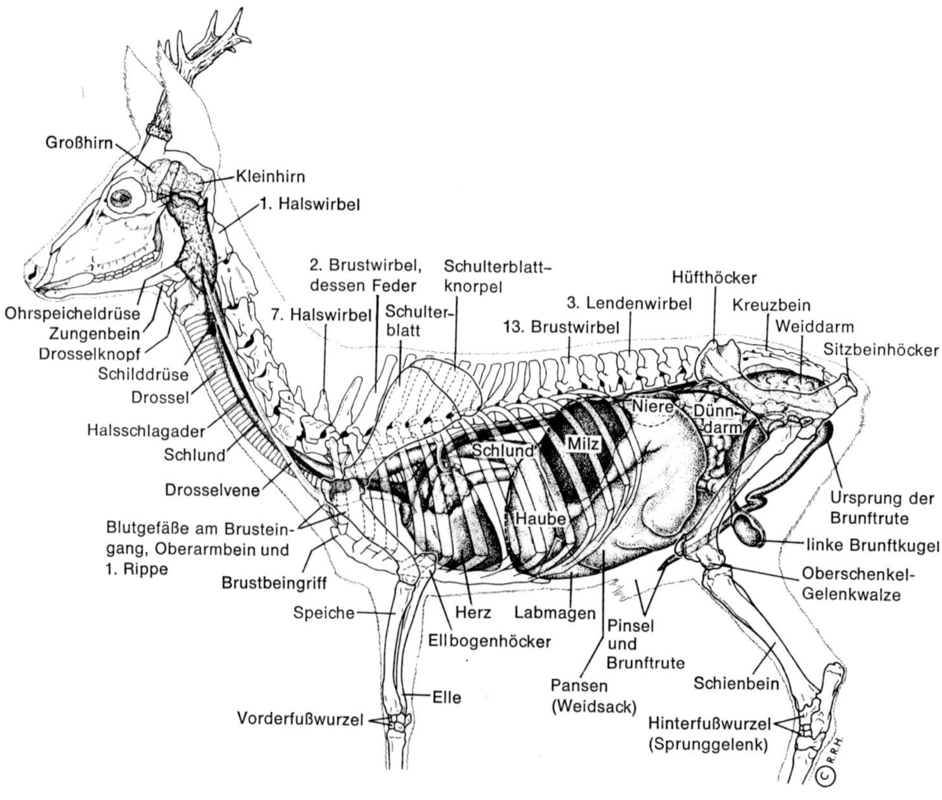

Topographische Anatomie des Rehes von links (R. R. HOFMANN)

die Brustwirbel setzen beiderseits 13 Rippen an, die den Brustkorb umschließen. Unmittelbar mit dem Brustbein verbunden sind 8 echte Rippen, 5 falsche Rippen erreichen das Brustbein durch knorpelige Verbindungen, den sogenannten Rippenbogen. Das Brustbein besteht aus 7 verwachsenen Knochenplatten. Die Brustwirbel besitzen lange Dornfortsätze, die Lendenwirbel besonders lange Querfortsätze.

Die Zahl und Größe der Schwanzwirbel schwankt in gewissen Grenzen; im Normalfall sind 8 stark verkürzte Wirbel vorhanden. Der Wedel ist kaum sichtbar, weil er in den langen Haaren des Spiegels versteckt liegt. Gelegentlich tritt indes ein deutlich sichtbarer Wedel auf, der durch Verlängerung einiger Wirbel zustande kommt, manchmal auch durch Vermehrung der Wirbelzahl. Ein Wedel, der als auffällig weißes Haarbüschel 4 cm aus dem Spiegel hervorragt, ist schon aus der Ferne zu erkennen. An Maßen für abnorm lange Wedel wurden 5 cm, 6 cm, 7,5 cm, 8 cm und 13 cm festgestellt.

Das *Gliedmaßenskelett* des Vorderlaufes setzt an den Schultergürtel an, der beim Reh durch das Schulterblatt allein dargestellt wird, ein Schlüsselbein fehlt. Der Hinterlauf ist durch das Becken mit dem Rumpf gelenkig verbunden.

Das Becken des Bockes unterscheidet sich von dem der Ricke in einigen Merkmalen, nach denen man beim Fehlen sonstiger Anhaltspunkte das Geschlecht feststellen kann (z. B.

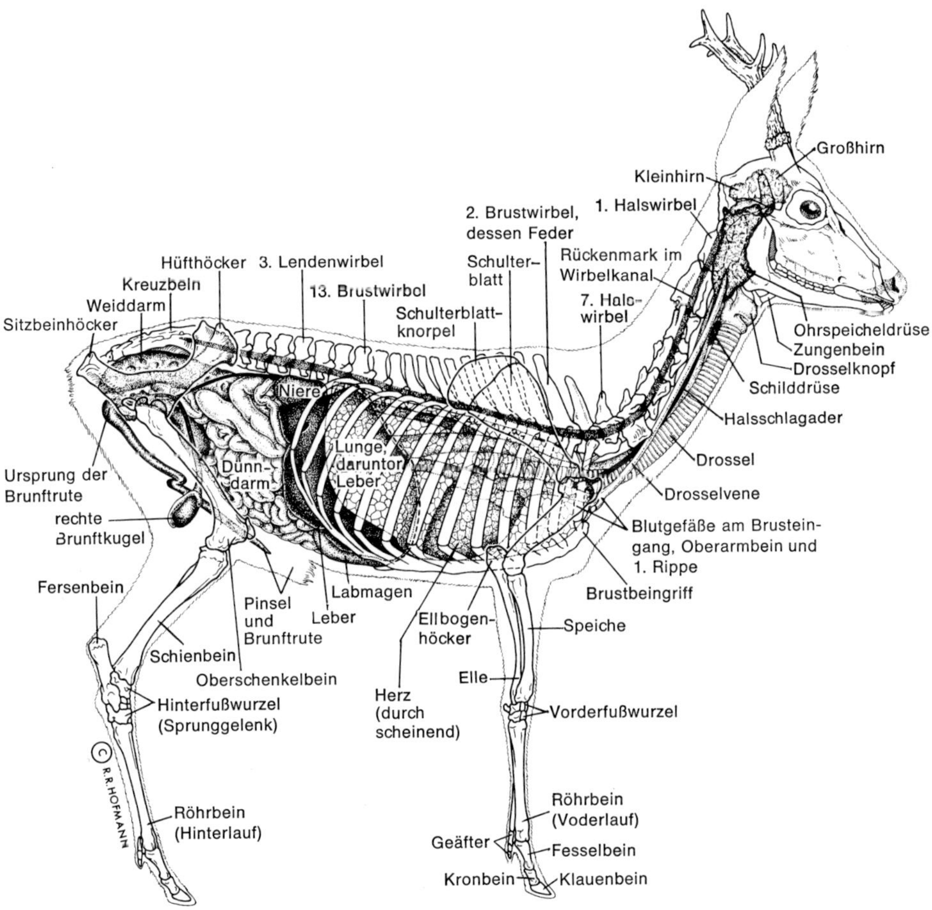

Topographische Anatomie des Rehes von rechts (R. R. Hofmann)

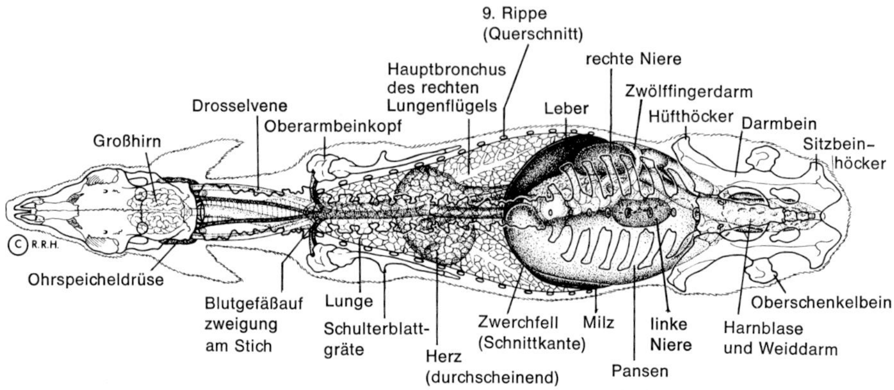

Topographische Anatomie des Rehes von oben (R. R. HOFMANN)

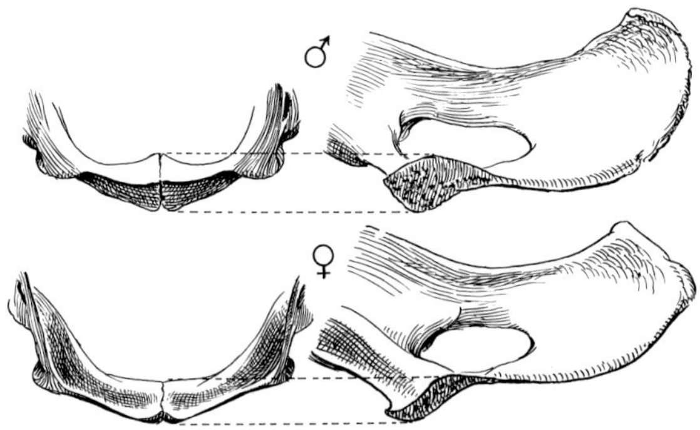

Geschlechtsunterschiede am Becken

Fallwild). Im ganzen ist das Becken der Ricke breiter als das männliche, ebenso ist die Beckenöffnung größer, weil das Kitz beim Setzen hindurchgleiten muß. Deutliche Unterschiede findet man an den Schambeinen, die das Schloß bilden. Besonders auffallend ist, daß bei der Ricke der Vorderrand des Schambeines und besonders eine unter diesem liegende flache Knochenzacke stark vorgezogen ist (s. Abb. oben). Die Schambeinpartie des Bockes ist stark verdickt mit erhöhter mittlerer Kante. Die Umformung des weiblichen Schambeines ist im wesentlichen auf die Einwirkung der Trächtigkeit zurückzuführen, sie wird durch die stark angespannten Bauchmuskeln hervorgerufen. Trennt man, wie es beim Aufbrechen des Schlosses geschieht, die beiden Schambeine in ihrer Verwachsungsnaht, so hat die Schnittfläche beim Bock eine kurze hohe Form, bei der Ricke eine langgestreckte niedrige Form.

Um immer wiederkehrenden Mißverständnissen vorzubeugen, sollte sich jeder Jäger an eine richtige Bezeichnung der Knochen und Gelenke an den Läufen, wie in der Abbildung auf S. 47 angegeben, gewöhnen.

Ein Kniegelenk gibt es nur an den Hintergliedmaßen; das oft als Vorderknie bezeichnete Gelenk ist das der Vorderfußwurzel. Die Laufknochen bilden nur die verschmolzenen 3. und 4. Mittelfußknochen.

Die Lage des zurückgebildeten Mittelfußknochens vom zweiten und fünften Finger wird, wie wir gesehen haben, zur systematischen Einteilung der Hirschartigen verwendet.

Am *Schädel* kann man zwei Abschnitte unterscheiden. Der Hirnschädel umschließt als

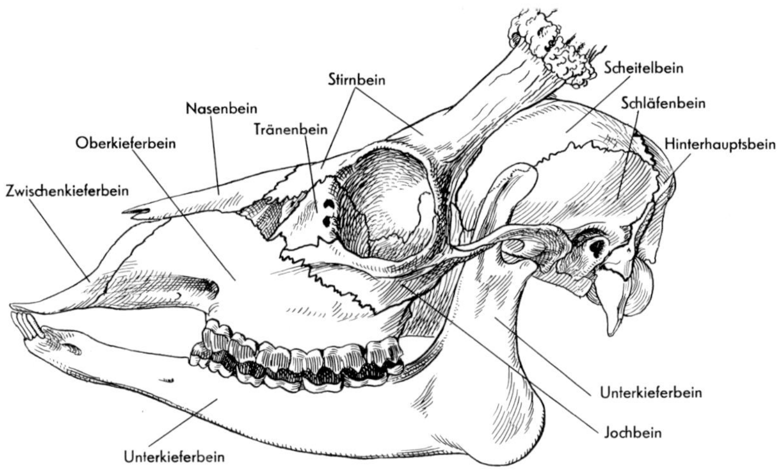

Schädelknochen

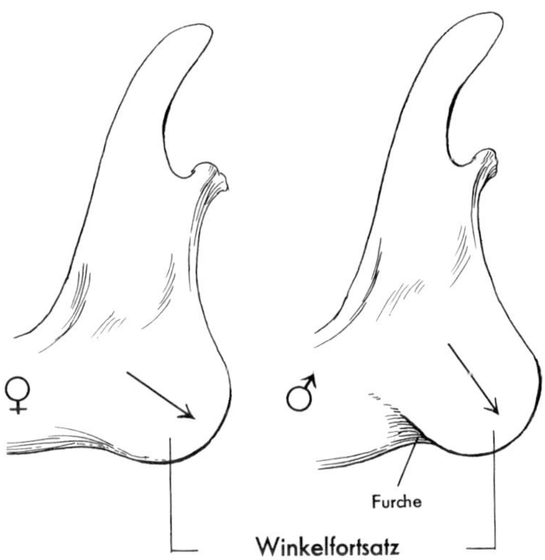

Geschlechtsunterschiede am Unterkiefer

Schutzkapsel des Gehirn, das sich durch das Hinterhauptsloch in das Rückenmark fortsetzt. Gehirn und Rückenmark sind die Zentralen des Nervensystems und besonders geschützt gelagert. Der Gesichtsschädel umfaßt die Nasen- und Augenhöhle und die Mundhöhle, die vom Ober- und Unterkiefer begrenzt wird. Im Gesichtsschädel sind also die wichtigsten Sinnesorgane und der Apparat zur Nahrungsaufnahme untergebracht. Auf der Abbildung oben sind die einzelnen Schädelknochen bezeichnet. Der Unterkiefer besteht aus zwei Hälften, die zwischen den ersten Schneidezähnen in einer Fuge miteinander verwachsen sind. Am Winkelfortsatz der Unterkiefer von erwachsenen Rehen kann man in vielen Fällen erkennen, von welchem Geschlecht der Kieferast stammt. Der Winkelfortsatz des Bockes ist deutlich ausgeprägt und mehr nach unten gerichtet als der der Ricke, außerdem ist er durch eine mehr oder weniger tiefe Furche gegen den waagerechten Unterkieferteil abgesetzt (s. Abbildung). Der Winkelfortsatz der Ricke weist überwiegend nach hinten, ist breiter als beim Bock, eine Furche ist nur schwach angedeutet oder gar nicht vorhanden. Es gibt viele Zwischenformen, die es nur in etwa 80 Prozent der Fälle gestatten, das Geschlecht nach dem Unterkiefer zu bestimmen. Auf den Stirnbeinen befinden sich beim Bock die Rosenstöcke, die das Gehörn tragen. Stirnnaht und Rosenstöcke sind für die Altersfeststellung wenig brauchbar.

Eingeweide und Organe

Von den Eingeweiden liegen Herz und Lunge in der Brusthöhle vor dem Zwerchfell, das die Brusthöhle von der Bauchhöhle scheidet (s. Abb. S. 47). In der Bauchhöhle liegen Leber, Magen und Darm, Milz und Nieren sowie bei der Ricke die Eierstöcke und die Uterushörner. Die Beckenhöhle wird vom Enddarm, der Harnblase und bei der Ricke vom Tragsack und der Scheide ausgefüllt. Waidmännisch werden Herz, Lunge und Leber als *Geräusch*, der vierteilige Magen als *großes Gescheide* und der Darm als *kleines Gescheide* bezeichnet.

Die Bauchhöhleneingeweide entsprechen im wesentlichen denen der Wiederkäuer mit den Besonderheiten der Konzentrat-Selektierer.

Der relativ kleine Pansen liegt vorwiegend links und hat einen Blindsack weniger als andere Wildwiederkäuer, die Haube etwa vor seinem vorderen Ende, der auffällig kleine Blättermagen rechts von Haube und Pansen. Der Labmagen liegt an der unteren Bauchwand an. Der relativ große Netzmagen liegt zum größten Teil links am Zwerchfell.

Der Darm liegt auf einer Gekröseplatte vorwiegend rechts. Der Grimmdarm bildet eine Spirale, die vom Krautdarm (Leerdarm) umgeben wird. Der Blinddarm ist für Wiederkäuer relativ groß gestaltet, ebenso die Leber (3 bis 5 Prozent des Gesamtgewichtes), die Bauchspeicheldrüse wirkt kompakt. Während der vorgeburtlichen Entwicklung treten die für adulte Wiederkäuer charakteristischen Proportionen auf. Kurz vor der Geburt erfährt der Labmagen entsprechend seiner Funktion (Milchverdauung) einen Wachstumsschub, der noch eine Woche nach dem Setzen anhält. Dann setzt ein stürmisches Pansenwachstum ein, wobei sich bei den verschiedenen Wildwiederkäuern graduelle Unterschiede ergeben. So ist beim Reh die Umstellungsphase zum funktionellen Wiederkäuer schneller. Z. B. änderten sich bei Rehkitzen mit dem Körpergewicht 1,6 kg auf 3,4 kg das Gewichtsverhältnis des gefüllten Magens zum Darmtrakt von 0,3 auf 1,6 : 1 bzw. die Wandgewichte von 0,3 auf 1,1 : 1.

Die Nieren liegen mehr hinter- als nebeneinander in der rechten Körperhälfte.

Dem Pansen des Rehes fehlen Futterverzögerungs-Mechanismen. Seine dichtstehenden Zotten nehmen bei rascher Vergärung die Spaltprodukte vorwiegend stärkezersetzender Bakterien sehr rasch auf, zellulosespaltende Bakterien sind kaum vorhanden. Dadurch muß das Reh in zahlreichen Äsungsperioden nährstoffreiches, leicht verdauliches Futter aufnehmen. Letzteres fehlt im Winter. Das in der Herbst-Feistzeit angeäste Fett wird allmählich verbraucht, der Pansen wird auf nährstoffarmes Erhaltungsfutter durch Umbau der Zotten angepaßt (König, Hofmann u. Geiger, 1976).

Nach Nasenhöhle, Kehlkopf und Luftröhre ist das Hauptatmungsorgan die Lunge. Durch Heben der Rippen und Zurückziehen des Zwerchfelles wird die Brusthöhle erweitert, durch den hierbei entstehenden Unterdruck strömt Luft in die Lunge ein. Die Luft nimmt ihren Weg durch den Windfang in die Nasenhöhle und streicht hier am hochentwickelten Geruchsorgan (s. S. 176) entlang. Dann gelangt sie durch die innere Nasenöffnung in den Rachen und Kehlkopf (Drosselknopf). Der Kehlkopf besitzt einen Deckel, der das Eindringen von Äsungsteilen in die Luftröhre (Drossel) verhindert. Im Innern des Kehlkopfes liegen die Stimmbänder, die bei einem Teil der Lautäußerungen (s. d.) des Rehes mitwirken.

Vor Flüssigkeit und Äsung durch die Kehlkopffunktion geschützt gelangt die Atemluft in die Drossel und weiter in die Lunge. In den feinsten Verzweigungen der Bronchien und der Blutgefäße findet ein Gasaustausch statt, bei dem der Körper mit dem Sauerstoff der Luft versorgt wird und ein Abfallstoff, der bei den Lebensvorgängen entstanden ist, die Kohlensäure, ausgeschieden wird. Die Zahl der Atemzüge pro Minute beträgt beim Reh 16, sie steigert sich bei Anstrengung oder Erregung, auch beim Wiederkäuen, sie vermindert sich beim Schlaf.

Die Lunge besteht aus zwei Flügeln, von denen der rechte ca. ein Viertel größer ist. Zwischen den beiden vom Brustfell umschlossenen Lungenflügeln liegt das Herz im Herzbeutel. Das Herz pumpt das Blut im kleinen Kreislauf aus der rechten Herzkammer durch die Lunge in die linke Herzkammer, und von dort im großen Kreislauf durch den Körper. Die größeren Gefäße, die vom Herzen wegführen, heißen Schlagadern (Arterien), die zum Herzen hinführen, heißen Saugadern (Venen). Die Hauptaufgabe des Blutes besteht darin, alle Körperbezirke mit Nahrungsstoffen und Sauerstoff zu versorgen und die Abfälle des Stoffwechsels fortzuschaffen, ferner die Körpertemperatur von etwa 39 Grad Celsius aufrechtzuerhalten.

Die flüssigen Abfallstoffe, die vor allem in der Leber entstehen, werden aus dem Blut in den Nieren abgesondert. Der Harn sammelt sich in einem Hohlraum, dem Nierenbecken, wird dann durch den Harnleiter in die Blase geleitet und von hier durch die Harnröhre nach außen. Beim Bock führt die Harnröhre durch die Brunftrute, bei ihm mündet sie im Pinsel, bei der Ricke im Feuchtblatt.

Wiederkäuen

Die grob zerkleinerte und eingespeichelte Äsung wird mit dem Lecker in den Schlundkopf befördert und dann durch den Schlund in den Pansen (Wanst) abgeschluckt, einem unterteilten großen Sack, der, anders als bei Schaf und Rind, die linke Bauchhöhle nicht vollständig ausfüllt. Es wird infolge selektierender Äsungsweise und häufigen Zwischenwiederkauens

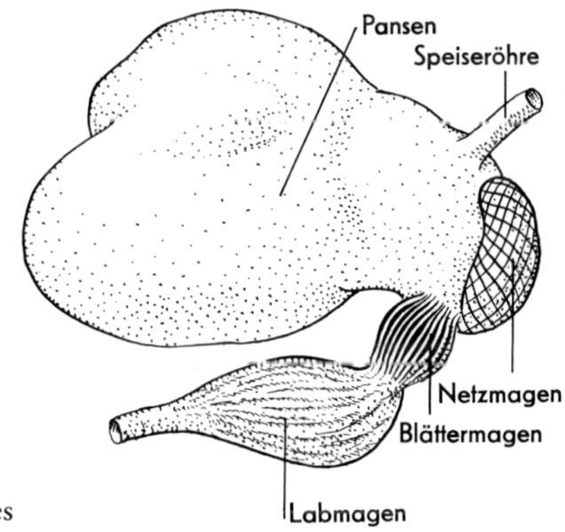

Wiederkäuermagen des Rehes

(Hofmann, Geiger, König, 1976) nie vollständig gefüllt. Das Reh gehört zu den ursprünglichen Wiederkäuern; der hoch spezialisierte Magen dieser Tiergruppe ist z. B. beim Rotwild oder Muffelwild stärker auf nährstoffarme, cellulosereichere Äsung angepaßt und weiterentwickelt. Das Wiederkäuen ist eine erfolgreiche Anpassung an die Lebensverhältnisse eines größeren Pflanzenfressers, die besondere Einrichtungen des Magens zur Voraussetzung hat. Deshalb finden wir bei allen Wiederkäuern drei Vormägen: den Pansen und den mit ihm in Verbindung stehenden Netzmagen (Haube) sowie den Blättermagen (Psalter); ihnen schließt sich der eigentliche, mit Verdauungsdrüsen ausgestattete Magen, der Labmagen, an (s. Abb.).

Im Pansen wird der Äsungsbrei gestapelt und durch Bakterien vergoren. Außerdem leben im Panseninhalt noch andere Kleinlebewesen, besonders Infusorien, die die Nahrungsstoffe

(Zellulose) z.T. aufschließen. Im Gegensatz zu den Wiederkäuern der höher entwickelten Äsungstypen ist die Infusorienfauna im Rehpansen außerordentlich schwach entwickelt, es wurde bisher nur eine Art festgestellt, nämlich Ectodinium dubardi.

Wenn das Reh ungestört austreten und äsen kann, wird der Äsungsbrei nach kurzen Äsungsperioden in einzelnen Klößen aus dem Pansen in das Geäse zurückbefördert und nochmals gründlich gekaut und eingespeichelt.

Die wiedergekaute Äsung gelangt größtenteils zurück in Haube und Pansen und wird dort endgültig vergoren und damit aufgeschlossen. Der Netzmagen sortiert grobe von feingekauter Äsung. Nur der feine Brei gelangt durch eine wehrartige enge Öffnung in den Blättermagen, wo ihm Wasser und Mineralsalze entzogen werden. Eine weitere Zerkleinerung erfolgt hier nicht. Im Labmagen schließlich werden die zahlreichen Pansenbakterien durch Salzsäure abgetötet und deren hochwertiges Eiweiß wird dann im Darm verdaut. Die Hauptmasse der Nährstoffe aus pflanzlicher Nahrung wurde bereits von den Pansenzotten aufgenommen.

Im Dünndarm geht dann die Verdauung durch Ausscheidungen der Darmwand, der Bauchspeicheldrüse und der Leber weiter, bis die Nahrungsstoffe soweit abgebaut sind, daß

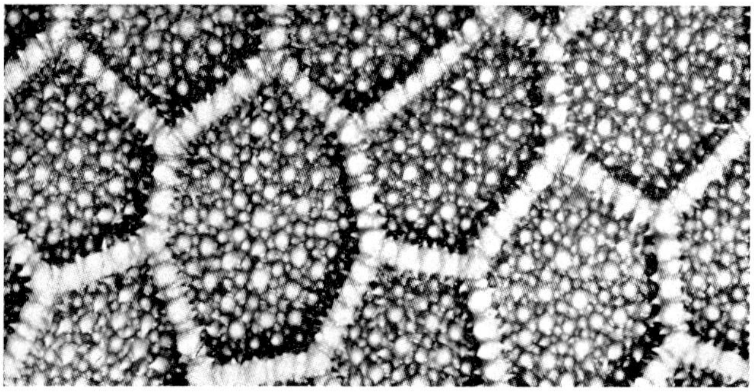

Netzmagen-Schleimhaut eines Rehbocks. Hier wird die feingekaute von der groben Äsung getrennt; letztere wird zurückgehalten (R. R. Hofmann)

sie von den Darmzotten aufgenommen und vom Blut abtransportiert werden können. Der Verdauungssaft aus der Leber, die Galle, wird beim Reh, wie bei allen Hirscharten und manchen anderen Tierarten, nicht in einer Gallenblase gesammelt, sondern nach Bedarf unmittelbar in den Zwölffingerdarm, den vorderen Abschnitt des Dünndarmes, entleert.

Wenn die verbliebenen Nahrungsstoffe vom Dünndarm aufgenommen sind, gelangt der umfangreiche Rest in den geräumigen Blinddarm. Dieser vordere Abschnitt des Dickdarmes hat aber für das Reh, anders als für andere Pflanzenfresser, eine größere Bedeutung. Mit Hilfe von Bakterien wird hier in relativ unbedeutenden Mengen die bisher noch nicht verdaute Zellulose abgebaut, so daß auch sie vom Körper verwertet werden kann. Einige dieser Bakterien bauen für ihren Stoffwechsel bestimmte Vitamine auf, die nach Absterben und Zerfall der Erzeuger vom Wirtskörper genutzt werden.

Vom Blinddarm tritt der unverdauliche Teil der Äsung in den Grimmdarm, dessen Schleifen spiralig angeordnet sind. Im Grimmdarm wird den Nahrungsresten noch Wasser entzogen. Durch das Weiterschieben des nun schon ziemlich eingedickten Darminhaltes durch die Darmmuskulatur erhält die Losung ihre Form. Das Gleiten der Losung wird durch reiche Schleimabsonderung der Darmwand erleichtert. Das Endstück des Dickdarmes, der Weiddarm, dient der Stapelung der Losung. Er hat ein größeres Fassungsvermögen, so daß sich das Stück nur in bestimmten Zeitabständen zu lösen braucht.

Der gesamte vielgewundene Darmschlauch ist selbst an den Gekrösen aufgehängt und wird vom Magengekröse, einem Netz aus feinen durchsichtigen Häuten, umkleidet.

Losung

Die Losung ist je nach Äsung und Jahreszeit grünlich bis braunschwarz, die einzelne Beere hat Eichelform, sie ist 14 mm lang und 8 mm breit. Bei trockener Äsung fallen die Beeren auf dem Erdboden auseinander, bei saftiger Äsung sind sie weich, gegeneinander abgeplattet und mehr im Zusammenhang bleibend. Oft unterscheidet sich die Losung von Bock und Ricke nicht, manchmal ist die vom Bock kürzer und dicker als die von der Ricke, zeigt wohl auch ein angedeutetes Zäpfchen und Näpfchen, während die Losungsbeere der Ricke bisweilen lang und an beiden Enden gleichmäßig abgerundet ist. Es gibt hier jedoch keine Signifikanz.

Geschlechtsorgane

Die männlichen Geschlechtsorgane bestehen in der Hauptsache aus den beiden Brunftkugeln und der Brunftrute. Die Brunftkugeln liegen außerhalb der Bauchhöhle in einem Hautsack, beides gemeinsam heißt Kurzwildpret. Schon öfter ist beobachtet worden, daß das Kurzwildpret äußerlich fehlt und die Brunftkugeln im Leistenkanal oder in der Bauchhöhle liegen. Dieser Zustand heißt Kryptorchie, er kann einseitig oder doppelseitig auftreten, je nachdem eine oder beide Brunftkugeln davon betroffen sind. Wenn nur eine Brunftkugel in den Hodensack abgestiegen ist, die dann meist größer als normal ist, kommt es zu keinen nachhaltigen Ausfallserscheinungen. Wenn beide Brunftkugeln in der Bauchhöhle verbleiben, können keine Samenzellen gebildet werden und auch die Produktion der Geschlechtshormone ist in diesen verkümmerten Hoden zu gering. Die Folge ist ein Plattkopf oder ein unverfegtes Kümmergehörn. Beim Totalverlust beider Brunftkugeln entsteht eine Perücke. Jede Brunftkugel ist aus vielfach gewundenen Schläuchen aufgebaut, in denen die Samenzellen gebildet werden. Die Schläuche sind in das Zwischengewebe eingebettet, das die Geschlechtshormone erzeugt. Als besonderer Teil sind die Nebenhoden dem Hauptkörper der Brunftkugel angelagert, in ihnen erfolgt die Reifung und Speicherung der Samenzellen.

Im Jahresablauf ändert sich die Größe der Brunftkugeln erheblich. Stieve hat die durchschnittlichen Gewichte für die einzelnen Monate errechnet, zu diesem Zweck hat er die Brunftkugeln zahlreicher Böcke gewogen, die mindestens zwei Jahre alt waren. Das Ergebnis zeigt die Zusammenfassung auf S. 54 (s. auch „Geschlechterverhältnis", S. 248).

Vom März ab vergrößern sich die Brunftkugeln, im April und Mai findet man die stärksten Unterschiede im Gewicht, die wohl durch den körperlichen Zustand des einzelnen Bockes bedingt sind. Offenbar spielt auch die Witterung eine Rolle, denn nach warmen Wintern ist die Gewichtserhöhung sehr viel weiter fortgeschritten als nach kalten. Von Juni bis zur ersten Hälfte des August sind die Brunftkugeln am größten. Von der zweiten Hälfte des August ab bilden sie sich schnell zurück, um im Dezember bei dem geringsten Gewicht anzulangen.

In den Hodenschläuchen wird von Mai bis Anfang August sehr reichlich Samen gebildet. In den Nebenhoden finden sich von Mai bis Dezember mehr oder weniger befruchtungsfähige Samenfäden. Während dieser Zeit kann der Bock theoretisch erfolgreich beschlagen, von Januar bis April ist er nicht befruchtungsfähig. Die Brunftrute liegt im Vorhautschlauch verborgen, an dessen Ende der Pinsel sitzt. Die Brunftrute ist in Ruhestellung S-förmig eingefaltet und wird nur beim Beschlag ausgefahren.

Die wichtigsten Teile der weiblichen Geschlechtsorgane sind die beiden Eierstöcke und der Tragsack. Die kleinen Eierstöcke liegen erheblich hinter den Nieren vor dem Beckeneingang. In ihnen entwickeln sich die Eier, die während der Brunftzeit nach dem Platzen der Eibläschen frei werden und durch den Eileiter (hier erfolgt die Befruchtung) in die Gebärmutter (Tracht) gelangen. Hier erfolgt die Embryonalentwicklung. Im Eibläschen werden Östrogene (Hormone) gebildet, welche vom Stammhirn gesteuert die Brunft auslösen. Das Platzen des

Monat	Zahl der Böcke	Durchschnittsgewicht beider Brunftkugeln
Januar	4	12,8
Februar	2	11,2
März	3	29,9
April	3	32,8
Mai	31	44,5
Juni	47	56,6
Juli	37	67,4
August 1.–15.	35	64,3
August 16.–31.	23	28,9
September	43	20,6
Oktober	29	16,6
November	3	14,2
Dezember	6	11,7

Bläschens kennzeichnet den Höhepunkt der Brunft. Im Eierstock bildet sich sodann der sogenannte Gelbkörper, unter dessen hormonellen Einfluß die Einlagerung des Embryos vorbereitet wird. Findet keine Befruchtung statt, bildet er sich zurück zu Narbengewerbe, welches sich in nichts (R. R. HOFMANN) von den Narbenresten eines Gelbkörpers unterscheidet, der über die ganze Trächtigkeit aktiv war. Da diese Narben auch den Resten vorzeitig zurückgebildeter Follikel sehr ähneln, ist es unsinnig, allein aufgrund von Eierstockuntersuchungen erlegter Tiere auf die Vermehrungsrate zu schließen, wie das in letzter Zeit versucht wurde. Man setzt erstaunlicherweise diese Untersuchungen auch heute noch fort und benutzt sie zur Erstellung fraglicher Theorien. Der Embryo ist in zwei Fruchthüllen eingeschlossen, die mit Fruchtwasser gefüllt sind. Die äußere Fruchthülle bildet gegenüber den 3 bis 8 Gebärmutterknöpfen (Karunkeln) verzweigte Zottenbüschel (Kotyledonen), durch den eine innige Verbindung für den Stoffaustausch zwischen Ricke und Kitzembryo gewährleistet wird. Von hier führen Blutgefäße zur Nabelschnur und in den Fötus hinein. Als Nachgeburt werden nur die Hüllen des Fötus ausgestoßen. Einen „Mutterkuchen" besitzt das Reh nicht.

Der Geburtsweg führt vom Tragsack durch dessen engen Hals in die Scheide, schließlich zum Feuchtblatt, über dem das Weidloch liegt.

Geschlechtsabnormitäten

Nicht immer sind die Geschlechtsorgane normal ausgebildet, besonders zwischen den äußeren Geschlechtsteilen und den Geschlechtsdrüsen besteht manchmal keine Übereinstimmung, es liegt dann *Scheinzwitterbildung* vor. Bei der Untersuchung eines männlichen Scheinzwitters durch OLT wurden folgende anatomische Verhältnisse aufgefunden: Die Brunftkugeln liegen in der Leistengegend unmittelbar unter der Decke als 3 cm lange und 2 cm breite, nahezu kugelige Gebilde, die in Gestalt und Aussehen Hoden gleichen. Der schmale Nebenhodenkörper und der Kopf des Nebenhodens sind deutlich zu unterscheiden. Der Hodenkörper ist normal gebaut, wie die mikroskopische Untersuchung des Gewebes ergab. Die Harnblase geht, wie beim weiblichen Reh, in eine kurze Harnröhre über. Die Brunftrute ist als hanfkorngroßes Gebilde im Schamspalt nur andeutungsweise zur Entwicklung gekommen. Dieser Spalt selbst mit seiner schürzenähnlichen Behaarung entspricht dem Pinsel, doch hat dieser seinen Sitz unmittelbar unter dem Weidloch. Eierstöcke fehlen. Es ist anzunehmen, daß dieser Scheinzwitter Samen erzeugte und wohl auch Geschlechtstrieb bekundete, einen erfolgreichen Beschlag konnte er aber keinesfalls ausüben. Der Bock trug ein gefegtes gutes Sechsergehörn von 20 cm Höhe. Der Fall ist als Hemmungsbildung zu deuten, die aber nicht soweit ging, daß die Gehörnbildung beeinträchtigt wurde.

Auf weibliche Scheinzwitter kommen wir im Kapitel „Gehörn-Regelwidrigkeiten" bei gehörnten Ricken zu sprechen.

Vereinzelt wird von Böcken mit Gesäuge berichtet. Mitte Juni wurde ein dreijähriger Bock erlegt, dessen Gehörn aus Spießen mit sehr starken Rosen bestand. Beim Aufbrechen stellte sich heraus, daß der Bock ein vollständig ausgebildetes Gesäuge hatte. Aus den Drüsen spritzte die Milch beim Aufschärfen kräftig heraus wie aus einem vollen weiblichen Gesäuge. Die vorderen Zitzen waren gut ausgebildet, sie sahen aus, als wenn daran gesaugt worden wäre, die hinteren Zitzen waren schwach und wenig entwickelt. Die männlichen Geschlechtsteile waren normal entwickelt, weibliche Geschlechtsteile nicht wahrzunehmen. Die Gestalt entsprach durchaus der eines Bockes.

In einem anderen Fall hatte ein zweijähriger Bock schwach ausgebildete Milchdrüsen, aus denen beim Zusammendrücken die Milch nur bei großem Druck herausspritzte. Die männlichen Geschlechtsteile waren auch hier vollkommen normal ausgebildet, von weiblichen Geschlechtsteilen keine Spur zu bemerken.

Ein Bock, der am 4. August erlegt wurde, hatte von den vier Zitzen zwischen Kurzwildpret und Pinsel die beiden, die nahe der Brunftkugel lagen, entwickelt. Sie waren zur Größe einer starken Haselnuß angeschwollen, auf Druck spritzte aus ihnen die Milch mehr als einen Meter weit. Bei dem Bock standen im Augenblick der Erlegung zwei Kitze, eine Geiß war nicht zu sehen.

Schließlich ist auch beobachtet worden, daß Kitze bei einem Bock saugten. Soweit es in der freien Wildbahn festzustellen war, handelte es sich dabei wirklich um einen Bock und nicht etwa um eine gehörnte Ricke. Die Milchabsonderung der Rehböcke ist wohl auf eine Störung der Hormonerzeugung in der Hirnanhangdrüse zurückzuführen.

Organgewichte

Solange keine systematischen Unterlagen vorliegen, können Organgewichte, die nach Alter, Ernährungszustand und Jahreszeit teilweise erheblich schwanken, nur für Einzeltiere gelten. So schwankte nach HARTWIG und HARTWIG (1975) das Milzgewicht von 9 Rehen zwischen 21 und 80 g. Auf die Schwankungen im Gewicht der Brunftkugeln wurde bereits hingewiesen.

A. und M. SZEDERJEI haben Gewichte gemäß Tabelle auf S. 56 ermittelt.

STUBBE (1966) gibt für das Wildforschungsgebiet Hakel folgende, jahreszeitlich differenzierte Organgewichte an. Sie enthalten die absoluten und relativen Werte (Promille von dem Körpergewicht aufgebrochen mit Haupt) (S. 56 u. 57).

Bei den im Wachstum befindlichen Tieren vollzieht sich das Körperwachstum rascher als die Zunahme der Organgewichte. Die Organe, die als Speicherorgane dienen, unterliegen entsprechend den Ernährungsverhältnissen jahreszeitlichen Schwankungen.

Aus der Praxis: Ein etwa dreijähriger Rehbock wog im April unaufgebrochen 18,2 kg, aufgebrochen mit Haupt 14,5 kg, das Haupt wog 1,1 kg. Die wichtigsten Organe wogen: Herz 370 g, Lunge 580 g, Leber 630 g, Milz 100 g, Nieren 110 g, Gescheide mit wenig gefülltem Pansen 2100 g, Brunftkugeln 25 g. Von dem Gewicht des ganzen aufgebrochenen Stückes fielen ungefähr $1/3$ auf die beiden Keulen, $1/6$ auf den Rücken und $1/6$ auf die beiden Blätter. Kochwildpret und Decke machten je ein weiteres Sechstel des Gewichtes aus.

Durchschnittliche Gewichtsangaben der Organe und Körperteile des Rehes in kg
Vom 20. Jan. bis 10. Febr. (163 St.) (A. u. M. SZEDERJEI)

Gewichtsgruppe		I 30,18 kg	I 25,60 kg	II 18,70 kg	II 17,60 kg
Aufgebrochen		24,07	19,70	13,64	12,70
Aufbruch (ohne Herz, Leber, Lunge, Nieren und Blut)		6,11	5,90	5,14	4,90
Innere Organe:	Herz	0,26	0,25	0,22	0,20
	Leber	0,72	0,65	0,45	0,35
	Lunge	0,58	0,50	0,46	0.35
	Nieren	0,13	0,12	0,11	0,08
Körperteile:	Haupt	1,62	1,18	0,90	0,81
	Träger	1,17	0,90	0,75	0,71
	Rückgrat	3,75	2,67	2,15	2,00
	Rippen	2,22	2,20	1,56	1,60
	rechte Vorderkeule	1,98	1,99	0,84	0,76
	linke Vorderkeule	1,88	1,91	0,76	0,74
	rechte Hinterkeule	2,99	2,32	1,46	1,38
	linke Hinterkeule	2,87	2,28	1,54	1,42
	Schalen	0,74	0,70	0,70	0,60
	Lecker	0,09	0,08	0,06	0,06
	Kehle	0,21	0,20	0,18	0,14
	Decke	2,26	1,49	1,50	1,30
Nierenfett		0,19	0,08	–	–
Fett, insgesamt		0,41	0,22	–	–
Gewichtsgruppe I: 25,1–35 kg					
Gewichtsgruppe II: 15 –25 kg					

Organgewicht der Kitze (nach STUBBE 1966)

Monat	Herz			Lunge			Leber			Nieren			Milz		
	n	g	‰	n	g	‰	n	g	‰	n	g	‰	n	g	‰
September	4	122	15,2	4	276	34,6	4	349	41,1	4	67	8,8	4	109	13,7
Oktober	15	123	15,6	19	228	29,9	19	340	44,3	19	60	7,8	18	86	11,2
November	9	120	14,1	9	217	25,5	8	337	40,7	9	56	6,7	8	71	8,5
Dezember	12	142	14,6	12	225	23,8	12	347	37,0	13	59	6,4	16	79	8,4
Januar	8	155	14,7	9	208	19,7	8	327	31,3	9	55	5,2	5	81	7,8
Februar	3	135	14,4	6	178	21,3	6	309	36,2	6	53	6,2	5	60	6,8
März	2	127	16,9	2	140	18,6	2	237	31,6	2	46	6,2	2	40	5,4

Organgewicht 1jähriger Rehe (nach STUBBE 1966)

Monat	Herz			Lunge (ohne Drossel)			Leber			Nieren			Milz		
	n	g	‰	n	g	‰	n	g	‰	n	g	‰	n	g	‰
April	1	136	14,5	1	231	24,6	1	366	38,9	1	70	7,4	–	–	–
Mai	12	169	13,8	9	311	24,2	12	496	41,4	15	85	7,1	11	98	8,3
Juni	4	209	15,4	5	330	23,9	4	527	38,1	5	89	6,4	4	91	6,6
Juli	9	177	12,8	7	341	24,6	9	521	37,8	10	90	6,6	8	120	8,9
August	8	175	13,0	9	300	22,0	9	462	35,1	9	81	5,9	8	98	7,2
September	8	185	13,2	8	315	22,6	8	477	34,3	8	78	5,6	6	92	6,7
Oktober	7	183	13,2	8	285	20,0	9	446	31,2	9	71	5,0	8	89	6,2
November	1	216	13,3	2	303	17,7	2	535	31,3	2	76	4,4	2	115	6,8
Dezember	4	209	14,0	4	320	21,4	4	437	29,4	4	67	4,5	3	74	4,9
Januar	4	220	14,8	4	293	19,6	3	493	33,7	4	68	4,6	2	78	5,4

Organgewicht 2jähriger und älterer Rehe (nach STUBBE 1966)

Organ	Böcke n	Böcke g	Böcke ‰	Ricken n	Ricken g	Ricken ‰
Herz	52	221	12,5	27	198	12,6
Lunge	53	337	19,3	32	305	19,5
Leber	55	521	29,4	33	469	30,2
Nieren	58	97	5,5	33	76	4,9
Milz	47	96	5,4	29	87	5,6

Gebiß und Haken

Zahnformel

Bevor wir uns nun dem für den Jäger immer wieder faszinierenden Teil der äußeren Erscheinung, nämlich dem Kopfschmuck des männliches Stückes, zuwenden, lassen Sie uns zuerst noch das Gebiß betrachten. Sicherlich könnte man es auch bei der Beschreibung des inneren Baus tun, aber wir sahen bei der stammesgeschichtlichen Entwicklung, daß zumindest ein Teil des Gebisses als äußerliches Merkmal vor der Entwicklung des Geweihes eine Rolle spielte.

Der vordere Teil der Ernährungsorgane, das Geäse, dient der Aufnahme und Zerkleinerung der Äsung. Neben Lippen und Lecker haben hierbei die Zähne die wichtigste Leistung zu vollbringen. Das vollständige Gebiß des Rehes, das zwischen dem 11. und 14. Lebensmonat fertig wird, besteht aus 32 Zähnen, nämlich aus je 6 Backenzähnen auf jeder Seite des Ober- und Unterkiefers. Im Unterkiefer befinden sich 6 Schneidezähne und 2 zu Schneidezähnen umgebildete Eckzähne.

Die Anzahl und Art der Zähne werden in der Zoologie mit einer Zahnformel zum Ausdruck gebracht.

In unserem Falle lautet entsprechend den *Nomina Anatomica Veterinaria* (NAV) (1973) die Zahnformel des Milchgebisses:

$$\frac{0\,\mathrm{I\,d} \qquad 0\,\mathrm{C\,d} \qquad 3\,\mathrm{P\,d}}{3\,\mathrm{I\,d} \qquad 1\,\mathrm{C\,d} \qquad 3\,\mathrm{P\,d}} = 20 \text{ Zähne}$$

und die Zahnformel des Dauergebisses:

$$\frac{0\,\mathrm{I} \qquad 0\,\mathrm{C} \qquad 3\,\mathrm{P} \qquad 3\,\mathrm{M}}{3\,\mathrm{I} \qquad 1\,\mathrm{C} \qquad 3\,\mathrm{P} \qquad 3\,\mathrm{M}} = 32 \text{ Zähne}$$

Jede Zahnformel gibt die Zahl der verschiedenen Zähne auf einer Seite des Gebisses, über dem Bruchstrich des Oberkiefers, unter dem Bruchstrich des Unterkiefers, an.

Die Buchstaben bedeuten die Zahnarten:

I = Incisivi = Schneidezähne
C = Canini = Haken- oder Eckzähne
P = Praemolares = vordere Backenzähne
M = Molares = hintere Backenzähne
d = deciduus = hinfällig = Milchzahn

In der vergleichenden Anatomie zählt man die Prämolaren von 1–4. P 1 fehlt in der Regel beim Rehwild wie auch bei anderen Wiederkäuern. MEYER-BRENKEN berichtet von einem Ricken-Oberkiefer mit beiderseits 4 Praemolaren, erlegt 1979, und in WILD UND HUND 17/78 wird gleiches über einen 3jährigen Bock mitgeteilt. Wir verwenden hiervon abweichend die in der jagdlichen Praxis üblichen Bezeichnungen P 1–P 3.

Im Oberkiefer fehlen die Schneidezähne, an ihrer Stelle befindet sich eine harte elastische Schleimhautschwiele. Die Äsung wird zwischen dieser Schwiele und den Schneidezähnen des Unterkiefers eingeklemmt und abgerissen, es entsteht dabei keine glatte Schnittfläche, wie etwa beim Hasenverbiß, sondern eine faserige Rupfstelle. Eckzähne (Haken) kommen im Oberkiefer in Ausnahmefällen vor, sind jedoch nicht so selten, wie allgemein angenommen wird. NITSCHE hat eine Zusammenstellung veröffentlicht, nach der Haken bei 0,8 Prozent der daraufhin untersuchten Rehschädel gefunden wurden. Andere Untersucher haben ebenfalls gefunden, daß auf etwa 100 Böcke einer mit Haken kommt, JUST hat dagegen bei 5 Prozent der Stücke Haken gesehen, und in einem anderen Bericht wird angegeben, daß in einem Revier jeder dritte Bock Haken hat, offenbar kommen sie örtlich verschieden häufig vor. Selbst innerhalb eines relativ kleinen Gebietes sind in einem Revierteil bei fast allen Böcken Haken aufgetreten, während bei reinen Feldrehen in einem anderen Revierteil keine festgestellt wurden. Diese Beobachtungen deuten darauf hin, daß das Vorkommen von Haken erbbedingt ist.

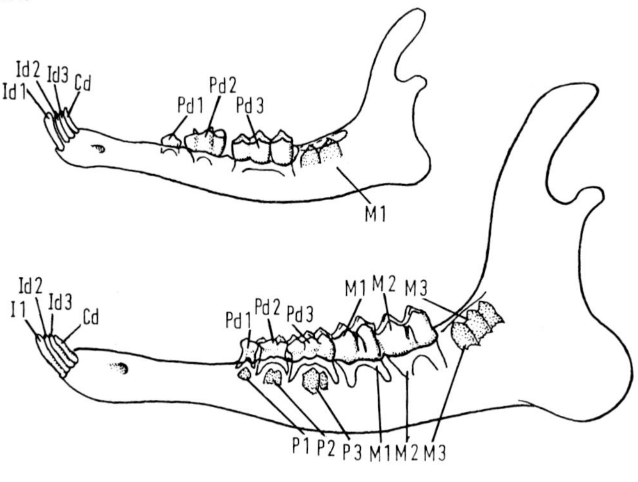

Oben: Unterkiefer eines frisch gesetzten Kitzes, unten: eines 6 Monate alten Kitzes

Eckzähne können im Oberkiefer bei beiden Geschlechtern und in jeder Altersstufe vorhanden sein, doch scheinen sie bei weiblichen Rehen seltener aufzutreten als bei männlichen, bei jungen Stücken sind es Milchzähne, bei alten Dauerzähne. Rehe mit Doppelhaken tragen beide Zahngenerationen gleichzeitig, meist ist der Hintenstehende der Milchzahn, er ist daher kleiner als der vordere. Haken und Doppelhaken treten in den möglichen Zusammenstellungen einseitig und beidseitig auf.

V. BRAUNSCHWEIG berichtet in WILD UND HUND 19/79 von einem Bock mit 10 Schneidezähnen. Ähnlich den oben beschriebenen Doppelhaken erfolgte beim Hochwachsen der bleibenden Zangen (I 1) kein Abbau der Zahnwurzeln der Milchzangen, so daß beide Zangenpaare in voller Größe nebeneinander vorhanden waren, die Dauerzangen vor den Milchschneidezähnen (I 1 vor Id 1).

Die Größe und Form sind recht verschieden, die meisten sind stiftförmig und haben das Aussehen und die Größe von geringen Fuchshaken. Die Länge schwankt zwischen 5 und

20 mm, die Breite zwischen 1,5 und 3 mm, bei den kleineren handelt es sich um Milchzähne, die auch bei älteren Stücken stehengeblieben sein können. Außer den stiftförmigen Haken mit kegelförmig zugespitzter Krone kommen auch solche mit seitlich zusammengedrückter Krone vor, die eine stärker gewölbte Außenfläche mit dicker Schmelzschicht und eine weniger gewölbte Innenseite mit dünner Schmelzschicht haben. Diese letztere Kronenform variiert stark, sie ist häufig hakig gekrümmt. Die Befestigung der Haken ist unterschiedlich, manche stecken fest in einem Zahnfach, andere sitzen nur im Zahnfleisch.

Die Haken sind Rudimente starker Oberkiefer-Eckzähne, die, wie wir wissen, bei den Ahnen des Rehwildes aufgetreten sind; sie waren zweifellos als sekundäres Geschlechtsmerkmal bei den Böcken größer als bei den Ricken. Soweit aus relativ wenigen Berichten gefolgert werden darf, ist dies auch heute die Regel. Gegenwärtig sind sie bei unserem Reh im Verschwinden, bei den anderen geweihtragenden Cerviden in Rückbildung begriffen, während sie bei den geweihlosen Arten, so auch beim Chinesischen Wasserreh, stark ausgebildet sind. Auch dies mag ein Indiz für das erdgeschichtliche Alter des Rehwildes und die jüngere Entwicklungsgeschichte der anderen geweihtragenden Cerviden sein.

Zahnwechsel

Das frisch gesetzte Kitz hat bereits die Schneide- und Eckzähne und in jedem Unter- und Oberkiefer je 3 Backzähne (s. Abb. S. 58). Alle diese Zähne sind Milchzähne, unter diesen wachsen später Dauer- oder Ersatzzähne hervor. Die drei vorderen Backenzähne, die einem Wechsel unterliegen, heißen Prämolaren. Das vollständige Milchgebiß besteht im ganzen aus 20 Milchzähnen. Zu diesen treten in der Zeit vom 3. bis 14. Lebensmonat beiderseits oben und unten je drei hintere Backenzähne oder Molaren, die der ersten Zahnung angehören, aber nicht gewechselt werden und daher nicht zum Milchgebiß gehören.

Der Milchzahn ist kleiner und zarter als der Dauerzahn, bei den Prämolaren hat er auch eine andere Form. Unter den Milchbackenzähnen ist einer, der sich besonders auffallend von seinem Dauerzahn unterscheidet, es ist der dritte Backenzahn im Unterkiefer, der als Milchzahn aus drei hintereinandergelegenen Teilen (Säulen) besteht, als Dauerzahn dagegen nur zweiteilig ist. Ähnlich sind die Verhältnisse beim dritten Backenzahn im Oberkiefer, doch ist hier der Milchzahn zweiteilig, der Dauerzahn einteilig. Da nun die dritten Backenzähne im Ober- wie im Unterkiefer vom 10. bis 13. Lebensmonat gewechselt werden, kann man sicher sein, daß ein Reh mit dreiteiligem dritten Backenzahn im Unterkiefer und zweiteiligem im Oberkiefer den 13. Lebensmonat noch nicht überschritten hat.

Genauere Untersuchungen, so von Stubbe, zeigen auch in dieser jüngsten Altersstufe eine relativ große Variationsbreite, sie ist in der Zahnwechsel-Tabelle (s. S. 60) durch in Klammern gesetzte Zahnsymbole angedeutet.

Das genauere Alter ergibt sich dann während des ersten Lebensjahres ohne Schwierigkeiten aus der Zusammensetzung des Gebisses nach der vorstehenden Übersicht.

Jeder Zahn besteht aus folgenden Teilen: der über das Zahnfleisch hinausragenden Krone, dem vom Zahnfleisch bedeckten Hals und der Wurzel, die in das Zahnfleisch des Kiefers eingebettet ist. Die Krone ist von einer Schicht von Schmelz überzogen (s. Abbildung S. 61). Durch Falten und eingestülpte Taschen (Kunden) der Schmelzschicht wird die Backenzahnoberfläche zerteilt. Die Kunden verlaufen in der Längsrichtung des Kiefers. Der Schmelz ist der härteste Teil der Zähne, er sieht weiß aus. Unter dem Schmelz liegt das Zahnbein oder Dentin, aus dem auch der Hals und die Zahnwurzel bestehen. Das Zahnbein ist ein knochenähnliches Gewebe. Wenn es durch das Abkauen der Schmelzschicht freigelegt wird, färbt es sich durch die Einwirkung der Pflanzensäfte aus der Äsung gelb bis schwarzbraun. Hals und

Zahnwechseltabelle für eine Kieferseite

Kalenderjahr	Kalendermonat	Lebensjahr	Lebensmonat	Zahnformel und Durchbruchszeiten
	Januar			
	Februar			
	März			
	April			
	Mai			
I	Juni		1	– – – – Pd1 Pd2 Pd3 Id1 Id2 Id3 Cd Pd1 Pd2 Pd3
	Juli		2	
	August		3	– – – – Pd1 Pd2 Pd3 M1 (M2) Id1 Id2 Id3 Cd Pd1 Pd2 Pd3 M1 (M2)
	September		4	
	Oktober		5	– – – – Pd1 Pd2 Pd3 M1 M2 I1 Id2 Id3 Cd Pd1 Pd2 Pd3 M1 M2
	November	1.	6	
	Dezember		7	– – – – Pd1 Pd2 Pd3 M1 M2 I1 I2 Id3 Cd Pd1 Pd2 Pd3 M1 M2
	Januar		8	
	Februar		9	– – – – Pd1 Pd2 Pd3 M1 M2 I1 I2 I3 Cd(C) Pd1 Pd2 Pd3 M1 M2
	März		10	– – – – Pd1 Pd2 Pd3 M1 M2 (M3) I1 I2 I3 C Pd1 Pd2 Pd3 M1 M2 (M3)
II	April		11	
	Mai		12	– – – – P1 P2 P3 M1 M2 M3 I1 I2 I3 C P1 P2 (P3) M1 M2 M3
	Juni	2.	13	
	Juli		14	– – – – P1 P2 P3 M1 M2 M3 I1 I2 I3 C P1 P2 P3 M1 M2 M3

Wurzel sind bei älteren Zähnen mit einer Zementschicht bedeckt. Im Inneren jedes Zahnes befindet sich die Zahnhöhle, die mit einem weichen, die Nerven und Blutgefäße enthaltenden Gewebe (Pulpa) ausgefüllt ist. Die Zahnhöhle ist beim jungen Zahn groß, im Laufe des Lebens wird sie mit Ersatzdentin ausgefüllt, damit die Pulpa nicht freigelegt wird, wenn der obere Teil des Zahnes allmählich immer weiter abgeschliffen wird.

Altersschätzen nach dem Gebiß

Zum Schätzen des Alters, das ein erlegtes Reh erreicht hat, wird die Abnutzung des Gebisses, die im Laufe des Lebens erfolgt, herangezogen. Hierzu sind die Veränderungen, die sich an den Backenzähnen zeigen, am besten geeignet.

Als erster hat NITSCHE die Aufmerksamkeit der Jäger auf die Möglichkeit gelenkt, mit Hilfe der Abnutzung der Schneidezähne zu einer Altersbestimmung zu gelangen, wie das beim Bestimmen des Pferdealters üblich ist. Seine Bemühungen sind aber ohne Erfolg geblieben, weil die unterschiedliche Härte der Äsung sich auf die Abnutzung der Schneidezähne recht verschieden auswirkt. Später hat NEHRING die Abnutzung der Oberkieferzähne für diesen Zweck herangezogen. Für die Wahl des Oberkiefers ist wohl die Größe der Zähne und die enge Verbindung mit dem Gehörn maßgebend gewesen. Wenn seit der 1915 erschienenen Arbeit von BALLAUF immer mehr das Gebiß des Unterkiefers zum Altersschätzen benutzt wird, so ist das hauptsächlich darauf zurückzuführen, daß der Unterkiefer mühelos an Sachverständige versandt werden kann.

Die Abnutzung der Backenzähne wird durch das gegenseitige Abschleifen der einander gegenüberstehenden Zähne bewirkt. Das geschieht weniger durch das oberflächliche Über-

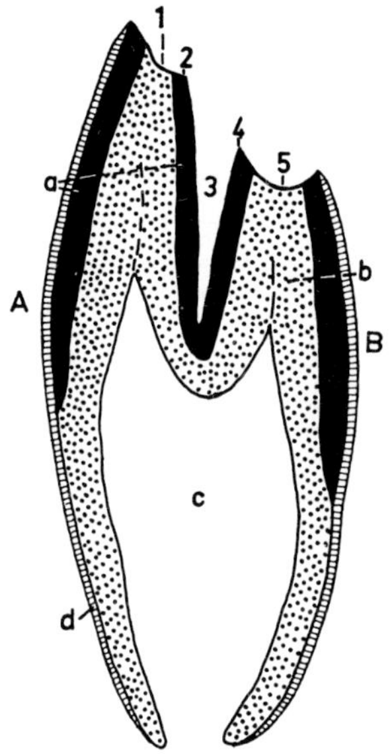

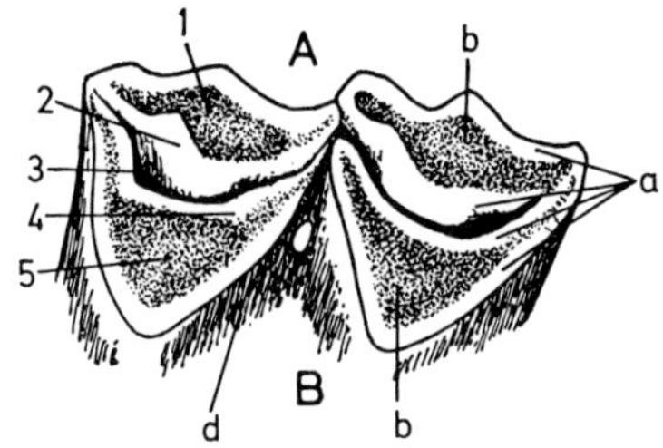

Links: Schnitt durch die Mitte der Säule eines Backenzahnes vom Reh

Rechts: Aufsicht auf die Reibefläche eines Backenzahnes vom Reh. A Zungenfläche, B Backenfläche, a Zahnschmelz, b Zahnbein, c Zahnhöhle (Pulpahöhle), d Zahnzement, 1 Kauranddentin, 2 Kundeninnenrand, 3 Kunde, 4 Kundenaußenrand, 5 Kauflächendentin

(Aus Habermehl 1985)

kauen während der Äsungsaufnahme, sondern im wesentlichen erst beim lange dauernden Wiederkäuen, nachdem die Äsung im Pansen weich geworden ist und hochgerülpst wurde. Die Äsung verweilt täglich 2 bis 3 Stunden zum Zwecke des Wiederkäuens im Bereich der Mahlzähne. Mit zunehmendem Alter wird hierdurch der Verlust an Zahnsubstanz immer stärker. In gewissem Umfang wird die Abnahme der Zahnhöhe dadurch ausgeglichen, daß sich die Wurzeln aus den Zahnfächern herausschieben und den Zahn heben, damit seine Reibefläche stets die des gegenüberstehenden Zahnes erreicht. Durch das Abkauen vermindert sich damit die Höhe der Zahnkrone, und es ändert sich auch das Bild der Reibeflächen mit zunehmendem Alter.

Bei dem frisch hochgewachsenen Backenzahn nutzen sich zunächst die Schmelzspitzen ab, bei den Molaren sind die Kunden weit offen, und das braun gefärbte Dentin nimmt auf der Reibefläche nur einen geringen Raum ein. Mit der Zeit verengen sich die Kunden, und der Anteil des gefärbten Dentins wird immer größer, bis schließlich die Kunden verschwinden und die Reibefläche des Zahnes nur noch aus einer breiten glatten Dentinfläche besteht. Dieses sich ändernde Bild wird zum Schätzen des Alters benutzt.

Die Abnutzung der Gebisse von Rehen gleichen Alters ist innerhalb gewisser Grenzen verschieden. Der Umfang dieser Schwankung konnte für jedes Lebensalter mit Hilfe der Unterkiefer von Wildmarkenrehen ergründet werden, deren Alter ja genau bekannt ist.

Um diese Wildmarkenforschung hat sich W. Rieck ganz besonders verdient gemacht.

Bereits bei der Bearbeitung des Rehwildalter-Merkblattes der Deutschen Jägerschaft im Jahre 1939 standen ihm die Unterkiefer von rund 500 markierten Rehen zur Verfügung. Die Richtigkeit der von Rieck erarbeiteten Mittelwerte bestätigte Hübner noch 1939: „Ich habe die vorhandenen Wildmarkenkiefer des Rehwildes nach der Bestimmungstabelle des Instituts für Jagdkunde eingeordnet. Dabei stellte sich heraus, daß der Schlüssel richtig abgestimmt ist, d. h., es werden etwa ebenso viele Kiefer zu hoch wie zu niedrig eingeschätzt. Es ergab sich einwandfrei, daß 92 Prozent aller Schätzungen, die nach dem Merkblatt ausgeführt wurden, richtig waren, also angegebenes und bestimmtes Alter gleich waren."

Der weitere Ausbau der Wildmarkensammlung, es waren gut 1000 Unterkiefer zusammengetragen worden, endete jäh durch die Nachkriegswirren. Alle Kiefer gingen verloren, nur die Kartei blieb erhalten.

Seit 1951, als Rieck mit der Wildmarkenforschung wieder begann, wurden erneut rund 250 Unterkiefer erfaßt, in allen Altersstufen von 1 bis 13 Jahren.

Zusammenfassend das Ergebnis der Auswertung: Eine Altersschätzung nur nach einem Zahn, insbesondere anhand des am stärksten abgenutzten 1. Molar, ergibt keine sicheren Werte, es ergaben sich vor allem im höheren Alter Abweichungen bis zu 6 Jahren!

Die geringsten Abweichungen ergaben sich beim 3. Molar, der ja erst im Alter von etwa 12 Monaten hochwächst und entsprechend spät in Abnutzung tritt.

Allein brauchbar für die Praxis hat sich die Kombination aller Faktoren sämtlicher Backenzähne einschließlich der Farbe gezeigt, so wie sie Rieck 1957 für das Rehwildalter-Merkblatt des Schalenwildausschusses im Deutschen Jagdschutz-Verband erarbeitet hat.

Bei einer Zusammenfassung nach Altersstufen, die im höheren Alter mehrere Jahre umfassen, ergab sich eine Quote von 79 Prozent in Übereinstimmung von tatsächlichem Alter und Einschätzung nach dem Unterkiefer.

Hierbei ist aber noch bemerkenswert, daß nur in 2 Prozent der Fälle das Alter unterschätzt, aber in 19 Prozent der Fälle überschätzt wurde. Die Abnutzung des linken und rechten Unterkiefers kann verschieden sein.

Auch A. u. J. von Bayern fanden bei markierten Rehen aus der freien Wildbahn eines steierischen Bergreviers sehr unterschiedliche Abnutzungsgrade bei gleichaltrigen Stücken.

Die Gründe für diese Abweichungen liegen vielleicht in der unterschiedlichen Härte der Zähne. Mangelnde Härte zeigt sich äußerlich in einer helleren Dentinfarbe.

Rieck ermittelte in einem Versuch die Kalkmenge gleicher Zahnvolumen mit übereinstimmender Abnutzung von einerseits hellgelben, andererseits dunkelbraunen Zähnen. Es zeigt sich ein erheblicher Mengenunterschied zugunsten der Zähne mit dunklem Dentin.

Natürlich stellt sich die Frage, ob diese Form der Altersbestimmung vertretbar ist. Solange es jedoch keine andere, für jeden Jäger praktikable Methode gibt, ist diese Frage entschieden zu bejahen. Die von Brian Mitchell wohl erstmals an schottischem Rotwild angewandte und von Almasan zuerst für Rotwild (Almasan und Rieck 1970), 1972 auch für Rehwild verfeinerte Methode der Feststellung von Jahresringen in den Zementablagerungen der Backenzähne bedarf entsprechender technischer Einrichtungen, die in der Regel nur einem Institut zur Verfügung stehen. Grundsätzlich zeigen alle Backenzähne an ihren Wurzeln diese in Schichten erfolgenden Zementablagerungen, die den Grad der Abnutzung der Zahnkrone, also das ständige, langsame Wachstum ausgleichen. Gegenüber dem Rotwild sind diese Zementablagerungen beim Rehwild kleiner und zerbrechlicher. Deshalb kann beim Rehwild die Teilung des Zahnes nicht mittels Metallsäge, sondern nur durch allmähliches Abschleifen mit einem elektrischen Schleifgerät oder Diamantsäge bis hin zur stärksten Ablagerungsschicht erfolgen. Mit Hilfe eines Mikroskops, manchmal auch erst nach chemischer Entkalkung des Präparates, lassen sich die Jahresringe zählen. Vereinfachte Methoden z. B. mittels Bohrmaschine und Schleifstein haben zumindest beim Rehwild keine brauchbaren Ergebnisse gebracht.

Die Jahresringe entstehen durch unterschiedliche Ablagerungen während der Vegetations- bzw. Winterperiode. Die am besten auswertbaren Ergebnisse brachten Sektionen des 1. und 2. Molar, die hier sichtbar werdenden Jahresringe entsprechen dem Alter (A = n), bei P 1 bis P 3 und M 3 muß diesen sichtbaren Ringen ein Jahr hinzugezählt werden (A = n + 1). Eine andere Untersuchungstechnik für das Auszählen der Zementzonen an den Wurzeln des inneren Schneidezahns (J 1) entwickelte G. Geiger, sein diesbezügliches Referat aus der Arbeitstagung „Rehwild“ vom 11. 3. 1978 sei hier auszugsweise wiedergegeben:

„Der innere Schneidezahn, der J_1 oder die Zange, wie man ihn auch nennt, wird, nachdem der auf das Alter zu untersuchende Unterkiefer ca. 5 Minuten im heißen Wasser gelegen hat, unter vorsichtigen, drehenden Bewegungen mit der Hand extrahiert. Anschließend wird der Zahn mit einem Fixierungsmittel (z. B. Formalin) fixiert und mit einer schwachen organischen oder anorganischen Säure entkalkt. Nach dem Entkalkungsprozess, der mehrere Stunden in Anspruch nimmt, ist der Zahn butterweich und kann mit einem Spezialgerät, dem sogenannten Mikrotom, in Scheibchen *geschnitten* werden, die für unsere Untersuchungen nur Bruchteile von Millimetern dick sein dürfen. Diese hauchdünnen Scheibchen werden auf einen Objektträger aufgelegt und zur Darstellung der Jahreszonen mit einer geeigneten Färbelösung (z. B. Methylenblau) angefärbt. Anschließend erfolgt die Auszählung der Zementschichten mit Hilfe eines Mikroskopes bei 40- bis 80facher Vergrößerung.

Das Anfertigen derartig präparierter, gefärbter *Zahnschnitte,* nicht zu verwechseln mit den bisher zur Zählung der Zementzonen üblichen Zahnschliffen, ermöglicht eine gute Darstellung der Sommer- und Winterzonen.

Die Auszählung der Zonen wird nach unseren Erfahrungen dadurch erleichtert, daß wir eine andere Schnittführung durch den Zahn vornehmen. Während die Zähne bisher meist senkrecht, d. h. parallel zu ihrer Längsachse durchtrennt wurden, fertigen wir *Querschnitte* durch die Zahnwurzel an. Man umgeht damit einen potentiellen Zählfehler, der dann entstehen kann, wenn die Schnittebene in einem Bereich der Zementschichten verläuft, wo diese so dicht nebeneinander liegen, daß mehrere Sommer- und Winterzonen zusammenfließen und schließlich unter dem Mikroskop als einheitliche Linie erscheinen. Die Folge wäre eine fehlerhafte Auszählung, die in diesem Falle zu einer Altersunterschätzung führen würde. Auf dem Querschnitt durch die Zahnwurzel tritt das Zusammenfließen von Sommer- und Winterzonen ebenfalls, beinahe regelmäßig, auf. Man findet jedoch mit Sicherheit bei der neuen Schnittführung ein Segment innerhalb des Querschnittes, wo die Jahresringe ausreichend großen Abstand voneinander haben, um zweifelsfrei ausgezählt werden zu können. Nach unseren bisherigen Erfahrungen liegt die optimale Schnittebene in Höhe des unteren Drittels der Zahnwurzel.

Für eine 1. Überprüfung der Brauchbarkeit der Zementzonen als Methode zur Bestimmung des tatsächlichen Alters beim Rehwild standen uns dankenswerterweise aus dem Revier Weichselboden die Unterkiefer von 28 markierten Rehen zur Verfügung. Es handelte sich dabei um Rehwild beiderlei Geschlechts im Alter zwischen 1–8 Jahren. Bei 26 Tieren erbrachte das Auszählen der Zementzonen eine Übereinstimmung der Jahresringe mit dem Markierungsalter. Bei einem der zwei verbleibenden Stücke machte das Auszählen der Zementringe Schwierigkeiten, da die Schichtung sehr undeutlich ausgebildet war. Das Alter wurde um 2 Jahre unterschätzt. Bei dem 2. Stück war keine Schichtenbildung zu erkennen oder besser gesagt, die Zementringe konnten mit unserer Farblösung nicht sichtbar gemacht werden. Die Dentinschichtung war nur bei wenigen Rehen deutlich ausgeprägt und ließ keine verläßliche Altersabhängigkeit erkennen.

Zusammenfassend kann folgendes gesagt werden: Mit Hilfe von angefärbten Querschnitten durch das untere Drittel der Zahnwurzel des fixierten und entkalkten J_1 beim Rehwild gelingt eine gute Darstellung der altersbedingten Zementringe, die aus breiten, hellen Sommerzonen und schmalen, dunklen Winterzonen bestehen.

Die Methode verursacht sicherlich einen gewissen Zeit-, Arbeits- und Kostenaufwand und kann nur in einem dafür eingerichteten Labor durchgeführt werden. – Von den bisher bekannten Verfahren zur Bestimmung des tatsächlichen Alters beim Rehwild kann diese Methode nach unserer Meinung als die zuverlässigste aufgefaßt werden.“

Die bis heute bei Rot- und Rehwild vorliegenden Untersuchungen lassen diese Methode weitgehend gesichert erscheinen, wenn auch das bearbeitete Material zahlenmäßig noch recht klein ist. Es würde sich deshalb sehr empfehlen, die Wildmarkenforschung intensiv weiter zu betreiben, neben anderen Erkenntnissen, wie Standorttreue und Verhaltensweisen, ein besonderes Augenmerk auf die Altersbestimmung nach dieser Methode zu richten und jeden Unterkiefer eines markierten Stückes Rehwild einem unserer Jagdkundeinstitute dieserhalb einzusenden. Es ist erfreulich, daß auch die Landesjagdverbände diese Arbeiten fördern, so insbesondere der Landesjagdverband Baden-Württemberg, wo die Herren Dr. KALCHREUTER und O. STRITT die Betreuung, Koordinierung und Auswertung übernommen haben.

Die, wie geschildert, noch nicht voll befriedigenden Ergebnisse der Altersschätzung nach dem äußerlich sichtbaren Zahnabschliff ließen sich vielleicht wesentlich verbessern, wenn für jeden Biotop, also in der Regel auf Kreisvereins- oder Hegeringbasis, eine größere Zahl altersbestimmter Unterkiefer aller Altersklassen vorläge.

Die in den Tafeln abgebildeten Zahnreihen zeigen den Mittelwert der Abnutzungsbilder jeder Altersgruppe nach WAGENKNECHT. Wir wissen zwar, insbesondere durch die Ergebnisse der Arbeiten von A. VON BAYERN, daß Abweichungen nicht selten sind, trotzdem gibt der Abnutzungsgrad sämtlicher Zähne eines Unterkiefers einen vertretbaren Anhaltspunkt für die Altersgruppe.

Die Fehlschätzungen entfallen z.T. auf abnorme Veränderungen des Gebisses. Besonders wirkt sich Vitamin- und Kalkmangel auf die Härte der Zähne aus. Man wird in solchen Fällen eine Zahnabnutzung vorfinden, die verhältnismäßig stark und äußerlich an der besonders hellen Färbung des Dentin erkennbar ist. Um Fehler einzuschränken, muß man daher bei hellem gelben Dentins das Alter niedriger, bei dunklem, schwarz-braunem Dentin höher schätzen, als dem durchschnittlichen Abnutzungsbild der Backenzähne entspricht. Die Dentinfarbe ist in der Tabelle auf Seite 67 berücksichtigt worden. Diese Regel gilt natürlich nur für Unterkiefer, die nicht mit Bleichmitteln behandelt sind. UECKERMANN und SCHOLZ berichten über besonders anomale Backenzahnabnutzung beim Rehwild in Nordrhein-Westfalen. Danach weisen M 1 und M 2 in der Regel noch normale Farbe und Härte auf, P 1 und P 3 und M 3 dagegen stumpfes, weiches Zahnbein und bei älteren Stücken gratige Einkerbungen in den Schmelzrändern. Es liegt anscheinend eine umweltbedingte mangelhafte Mineralisierung während der Zahnbildung vor. Die Massierung dieser Anomalie in der Nähe industrieller Großanlagen mit hohen Immissionswerten und der damit verbundenen „Dunstglocke", die die normale Sonneneinstrahlung verhindert, dürfte ein Hinweis auf die Ursache sein, ohne daß bisher aber eine systematische Ursachenforschung vorliegt.

Die Backenzähne des Oberkiefers sind quadratisch, die des Unterkiefers besitzen eine schmale, längliche Form, daher werden sie nach beiden Seiten von den Oberkieferzähnen überragt. Der Unterkiefer ist so im Kiefergelenk befestigt, daß er auch nach vorne bewegt werden kann, die eigentliche Mahlbewegung beim Zerkleinern der Äsung ist jedoch eine seitlich kreisende. Die Kaufläche ist eine schiefe Ebene, die zungenwärts ansteigt, die Äsung wird mit den Lecker zum Zerreiben zwischen die Zähne gedrückt. Da das Dentin weicher als der Schmelz ist, wird es muldenartig ausgeschliffen, während der Schmelz scharfe, zu einem spritzen Grat auslaufende Ränder bildet. Diese Schmelzränder erhöhen die Reibefunktion des Gebisses erheblich und ermöglichen eine gute mechanische Aufbereitung der Nahrungsstoffe. Alterserscheinungen treten bei einem Stück auf, wenn die Kauflächen der Zähne so glatt geschliffen sind, daß sie nicht mehr wie Reibeisen wirken und daher eine geringere Ausnutzung der Äsung bedingen. Das altersbedingte Zurücksetzen der Böcke verläuft zeitlich etwa parallel zu dem Nachlassen der Funktion des Gebisses.

In der Tabelle auf Seite 67 zum Schätzen des Alters sind nur einige der Merkmale, die sich mit dem zunehmenden Alter ändern, aufgeführt. Die Erfahrung hat gelehrt, daß man sich

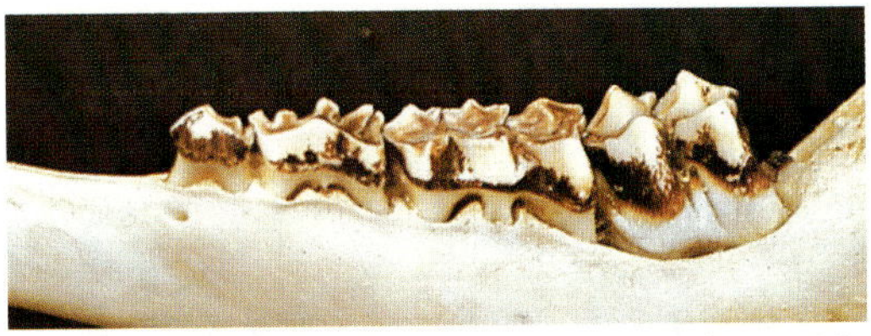

Abb. 1. Kitz vom September. Im 3. Monat (August) erscheint der erste Molar (M_1) als Dauerzahn; im 4. Monat (September) ist er voll hochgewachsen

Abb. 2. Kitz vom Oktober. Im 5./6. Monat (Oktober/November) erscheint der zweite Molar (M_2) als Dauerzahn

Abb. 3. Kitz vom März. Im 10./12. Monat (März/Mai) erscheint der dritte Molar (M_3) als Dauerzahn

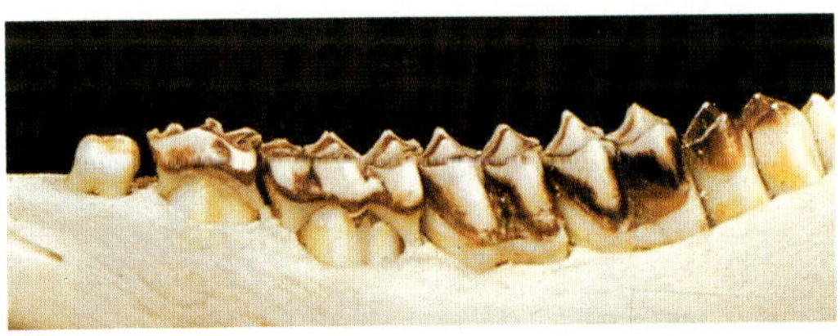

Abb. 4. Jährling vom Mai. Im 12./13. Monat (Mai/Juni) wachsen unter den drei Milch-Prämolaren (p_1 bis p_3) die Dauer-Prämolaren (P_1 bis P_3) fast gleichzeitig hoch. Während der dritte Prämolar als Milchzahn (p_3) dreiteilig ist, ist er als Dauerzahn (P_3) nur noch zweiteilig (vgl. Abb. 1–4 mit Abb. 5)

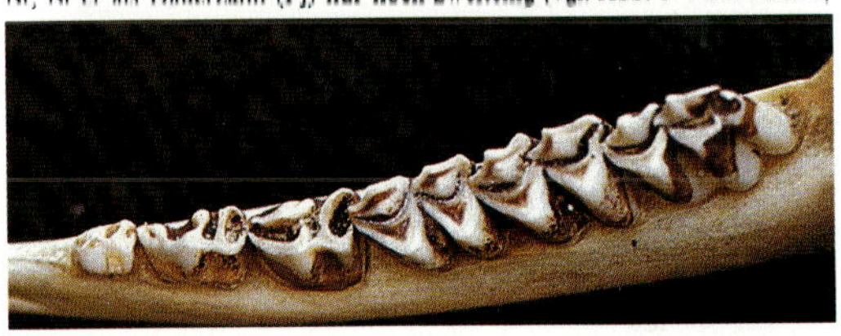

Abb. 5.
Kunden weit offen

Dentinfarbe schwarzbraun = 1jährig

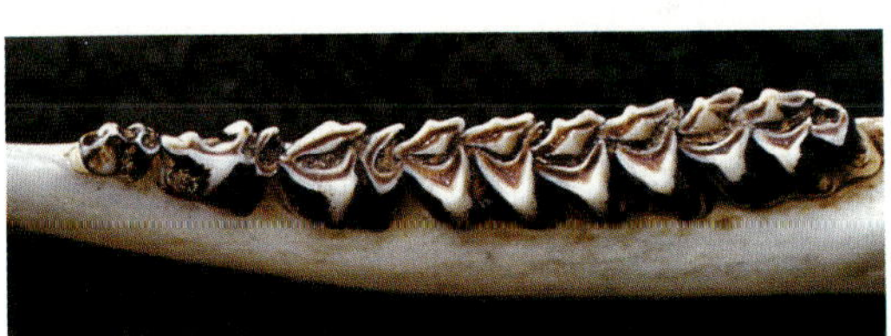

Abb. 6.
M_1: Kunden offen

Dentinfarbe braun = 1jährig
schwarzbraun = 2jährig

Abb. 7.
M_1: Kunden verengt

Dentinfarbe hellbraun = 1- bis 2jährig
braun = 2- bis 3jährig
schwarzbraun = 3- bis 4jährig

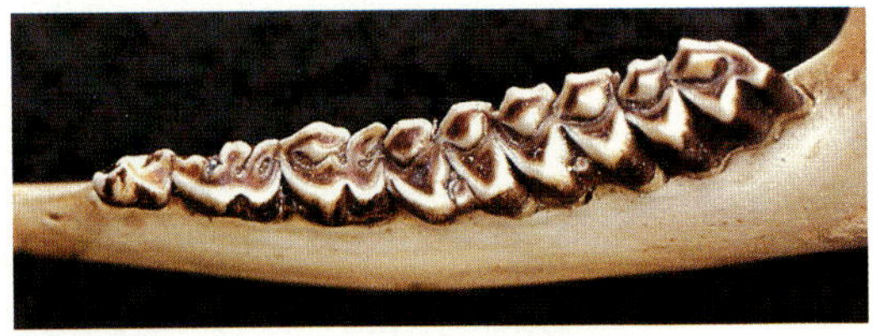

Abb. 8.
M_1: Kunden stark verengt

Dentinfarbe hellbraun = 3jährig
braun = 3- bis 4jährig
schwarzbraun = 4- bis 5jährig

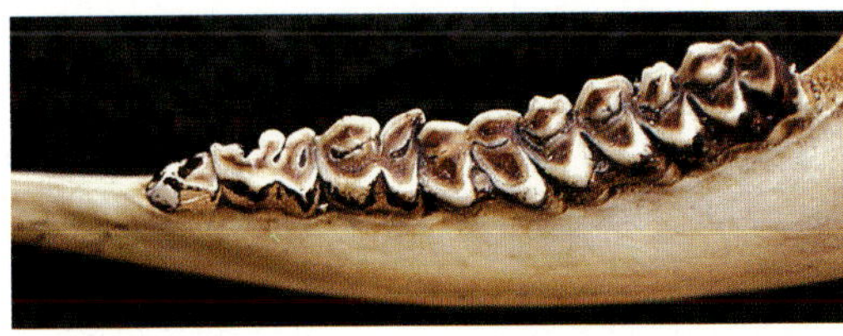

Abb. 9.
M_1: Kunden strichförmig

Dentinfarbe hellbraun = 3- bis 4jährig
braun = 4- bis 5jährig
schwarzbraun = 5- bis 7jährig

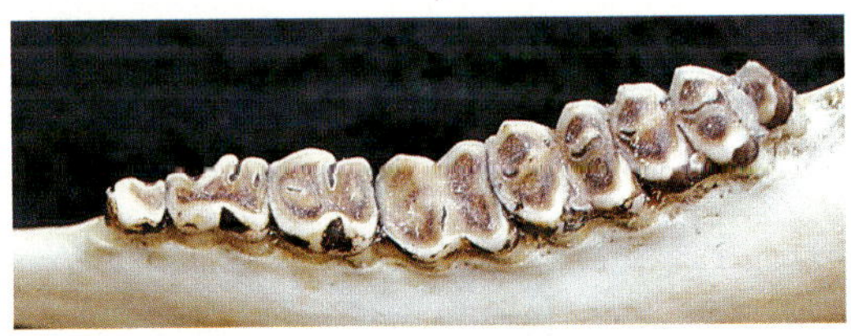

Abb. 10.
M_1: Kunden noch in Spuren vorhanden

Dentinfarbe hellbraun = 4- bis 5jährig
braun = 5- bis 7jährig
schwarzbraun = 7- bis 9jährig

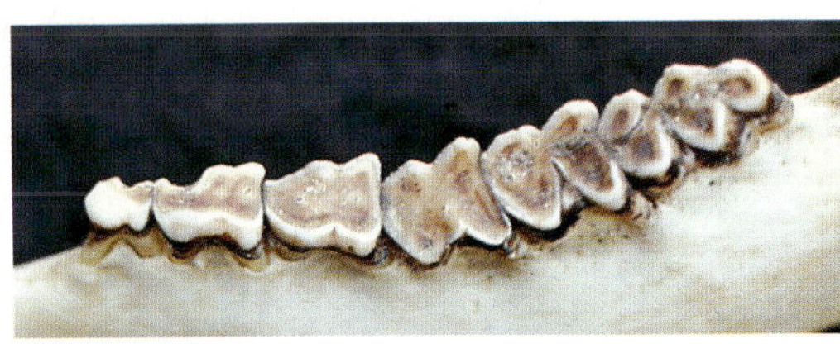

Abb. 11.
M_1: Kunden verschwunden

Dentinfarbe hellbraun = 5- bis 7jährig
braun = 7- bis 9jährig
schwarzbraun = 9- bis 12jährig

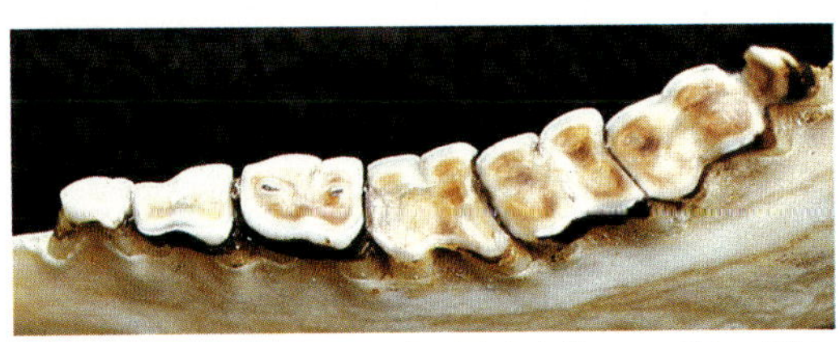

Abb. 12.
M_1: Fast bis auf Wurzeln abgeschliffen

Dentinfarbe hellbraun = 7- bis 9jährig
braun = 9- bis 12jährig
schwarzbraun = 12- bis 15jährig

Abnutzung der Prämolaren[1]

Zungenseite ↑ P2

Zungenseite ↑ P3

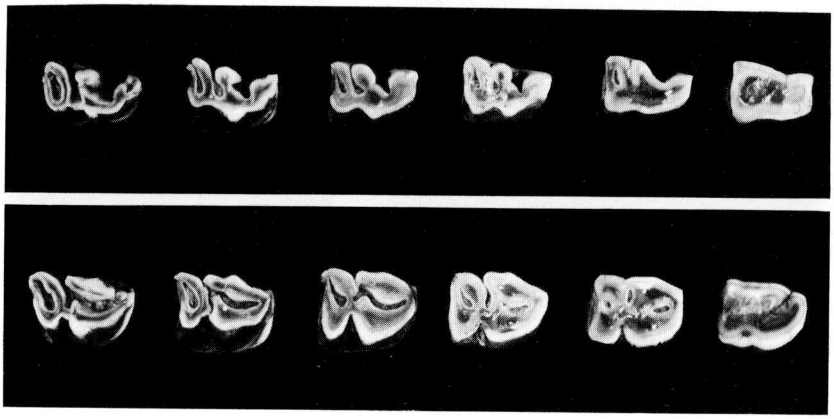

	Schmelzschlingen:					
	weit offen	offen	verengt	stark verengt	Spuren	fort
	Dentinband:					
	sehr dünn	dünn	schmal	breit	sehr breit	breit-flächig
Alter in Jahren ca.	2	3–4	3–4	4–6	7–9	9 u. älter

Bei den Prämolaren ist das Dentinband ein braunes Band, das auf der Oberfläche der Krone den Schmelzschlingen folgt. Die Schmelzschlingen sind zungenwärts gelegene seitliche Einbuchtungen des Schmelzes in den Zahn.

Abnutzung der Molaren[1]

Zungenseite ↑ M1

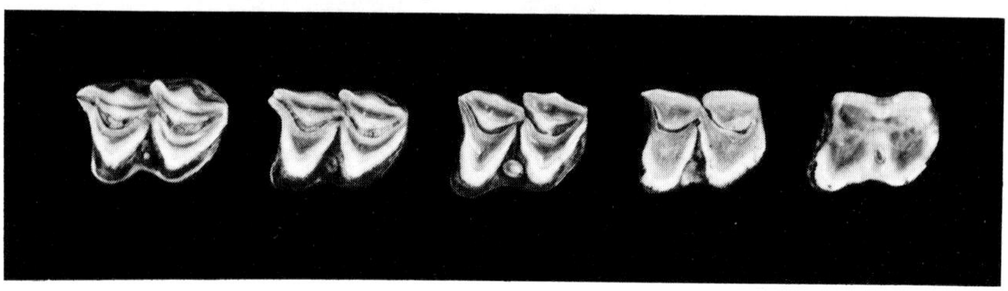

	Kunden:				
	weit offen	offen	eng	sehr eng	fort
	Kauranddentin:				
	strichförmig	schmal-rhombisch	rhombisch	oval	breit-flächig
Alter in Jahren ca.	1	2	3–4	4–5	7–9

Bei den Molaren sind die Kunden tiefe Taschen, die durch Einstülpung des Schmelzes in den Zahn entstanden sind. Das Kauranddentin ist das braune, auf dem zungenwärts gelegenen Teil der Reibefläche freigelegte Zahnbein, entstanden durch das Abschleifen beim quer zur Längsrichtung der Kiefer erfolgenden Mahlvorgang.

[1] Alle Zähne stammen von einem rechten Unterkieferast.

Altersschätzen nach der Backenzahnabnutzung

P 2 und P 3		M 1		M 2		M 3		Vollendete Jahre, wenn Dentinfarbe		
Schmelz-schlingen	Dentin-band	Kunden	Kaurand-dentin	Kunden	Kaurand-dentin	Kunden	Kaurand-dentin	gelb	braun	schwarz
Zähne frisch hochgewachsen oder nur Spuren der Abnutzung sichtbar		weit offen	strich-förmig	weit offen	strich-förmig	Zähne frisch hochgewachsen oder nur Spuren der Abnutzung sichtbar		–	–	1
		offen	schmal-rhombisch					–	1	–
		eng	rhombisch					1	–	–
weit offen	sehr dünn	offen	schmal-rhombisch	offen	schmal-rhombisch	weit offen	strich-förmig	–	–	2
		eng	rhombisch					–	2	3
offen	dünn			eng	rhombisch	offen	schmal-rhombisch	2	3	3–4
verengt	schmal	sehr eng	oval					3	3–4	4–5
stark verengt	breit	im Ver-schwinden	oval	sehr eng	oval	eng	rhombisch	3–4	4–5	5–7
im Ver-schwinden	sehr breit	in Spuren	breit-flächig	im Ver-schwinden	oval	sehr eng	oval	4–5	5–7	7–9
in Spuren	breit-flächig	ver-schwunden	breit-flächig	in Spuren	breit-flächig	im Ver-schwinden	oval	5–7	7–9	9–12
ver-schwunden	breit-flächig	Zähne bis auf die Wurzeln abgeschliffen		ver-schwunden	breit-flächig	in Spuren	breit-flächig	7–9	9–12	12–15
Zähne bis auf die Wurzeln abgeschliffen, Zahnreihe oft durch Verlust einzelner Zahnteile wellig						ver-schwunden	breit-flächig	9–12	12–15	15–18

nicht an ein einzelnes dieser Merkmale halten soll, sondern alle Veränderungen beachtet und die Gesamtheit des Gebisses ins Auge faßt.

Das Schätzen hat nach folgender Methode zu geschehen:

Zuerst prüfe man, ob der dritte Backenzahn dreiteilig oder zweiteilig ist. Wenn dieser Zahn dreiteilig ist, ist das genauere Alter nach der Tabelle über das Erscheinen der Zähne (auf S. 60) zu bestimmen. Ist der dritte Backenzahn zweiteilig, so vergleicht man zunächst das gesamte Abnutzungsbild der Zähne mit den Lichtbildern auf der Abbildung Seite 65 und stellt danach fest, welcher Altersstufe es am meisten entspricht. Mit den gefundenen Altersangaben vergleiche man dann die Beschreibung der Merkmale. Passen sie nicht, so vergleiche man mit der darüber- oder darunterstehenden Altersgruppe. Für die Altersangabe wird diejenige Beschreibung zugrunde gelegt, die die beste Übereinstimmung mit dem untersuchten Gebiß aufweist (S. 67), hilfsweise ziehe man die Abbildungen der Seite 66 zu Rate.

Neben den hier beschriebenen Methoden der Altersschätzung an Hand des Gebisses haben zahlreiche andere Versuche zur Altersbestimmung am erlegten Stück einschließlich röntgenologischer Untersuchungen bis heute keine in der jagdlichen Praxis brauchbaren Erkenntnisse gebracht.

Dies gilt unseres Erachtens auch für die Altersschätzung nach der Kehlkopfverknöcherung, der Verknöcherung der Nasenscheidewand im Verhältnis zum Nasenbein und mit Hilfe der Trockengewichtsbestimmung der Augenlinse.

Dennoch seien diese Verfahren kurz skizziert:

Altersschätzen nach der Kehlkopfverknöcherung

Das Gerüst des Kehlkopfes besteht aus Knorpelstücken, die beiden größten sind der Schildknorpel und der Ringknorpel. Mit fortschreitendem Alter gehen Veränderungen in diesen Knorpelstücken vor sich. Bestimmte Bezirke der Knorpelgrundsubstanz verkalken, später wird der verkalkte Knorpel zerstört und eingeschmolzen, an seine Stelle tritt Knochengewebe.

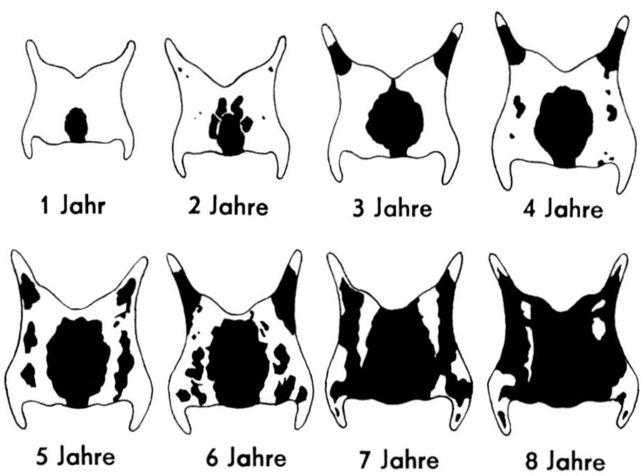

Mit dem Alter zunehmende Verknöcherung des Schildknorpels. Knochen schwarz, Knorpel hell (nach SCHUMACHER)

Da die Verknöcherung der Kehlkopfknorpel erst nach der Geburt beginnt und vielfach in höherem Alter noch nicht zum Abschluß gekommen ist, lag der Gedanke nahe, ein Altersschätzen nach der Kehlkopfverknöcherung vorzunehmen. Den Untersuchungen wurde der Schildknorpel zugrunde gelegt, weil er die stärksten Unterschiede in der Verkalkung und Verknöcherung aufweist (s. Abb.).

Beim Rehwild stellte WOLF den Beginn der Kalkeinlagerung zu beiden Seiten des Stimmbandansatzes im Alter von vier Monaten fest. Mit fünf Monaten hat sich ein einheitlich verkalktes kleines Feld gebildet, in dessen Mitte die Umwandlung zum Knochen beginnt. Der Vorgang schreitet mit zunehmendem Alter immer mehr fort; mit einem Jahr ist die ganze Stimmbandansatzstelle bis zum hinteren Rand des Schildknorpels verknöchert, mit zweieinhalb bis drei Jahren ist ein Knochenschälchen von der Form eines längs halbierten Taubeneies entstanden. Schon vorher treten auch in den vorderen Hörnern kleine Verkalkungsherde auf, ebenso in den Seitenplatten, die verknöchern und zusammenfließen. Mit vier bis fünf Jahren zieht sich dann nur noch ein reiner Knorpelstreifen zwischen der mittleren Knochenschale und den verknöcherten Seitenplatten hin. Später wird auch dieser verbliebene Knorpelstreifen immer schmaler, mit acht bis zehn Jahren ist schließlich der ganze Schildknorpel, bis auf geringe Reste, in den hinteren Hörnern in Knochen umgewandelt. WOLF bemerkt dazu: „Der Grad des Prozesses in den einzelnen Knorpeln, besonders im Schildknorpel, steht in enger Beziehung zum Alter des Tieres, so daß die Verkalkung und Verknöcherung als brauchbares Merkmal zur ungefähren Altersschätzung gelten kann." Auf der obigen Abbildung ist eine Altersreihe nach SCHUMACHER VON MARIENFELD wiedergegeben. Letzterer stellte fest, daß die Verkalkung der Knorpel zu unregelmäßig abläuft, um sie zur Altersbestimmung heranzuziehen, die Verknöcherung namentlich des Schildknorpels aber gesetzmäßig mit dem Alter fortschreitet. Um die Knochenherde zu sehen, ist es notwendig, den Schildknorpel von den anhaftenden Weichteilen zu reinigen. Das geschieht am besten nach eingetretener Fäulnis bei einigen Tagen Aufbewahrung im Wasser. Der Methode haftet ein Mangel an, nämlich die Aufstellung aufgrund von Material unbekannten Alters. Eine zufriedenstellende Übereinstimmung mit der Altersschätzung nach der Zahnabnutzung konnten wir nicht feststellen, eine Nachprüfung an den Kehlköpfen von markierten Stücken wäre nötig.

Altersschätzen nach dem Verhältnis von Nasenscheidewand zu Nasenbein

Diese von RAJNIK erarbeitete Methode, die jedoch vielfach unseres Erachtens zu Recht in Frage gestellt wird, ermittelt die mit fortschreitendem Alter zunehmende Verknöcherung der Nasenscheidewand im Verhältnis zu dem „Knochen" Nasenbein. Die gefundenen Werte sind der Tabelle auf Seite 70 zu entnehmen. Hierzu schreibt RAJNIK:

„In der Ausbildung des Gesichtsteiles des Hauptes ist die Länge des Nasenbeins maßgebend. Diese Länge des Nasenbeins bedingt (vollständige und positive Korrelation) die mögliche Länge der Nasenscheidewand. Folglich kann also nicht die (in Millimetern oder Zentimetern gemessene) Länge der Nasenscheidewand zur Altersbestimmung benutzt werden, sondern nur ihre Proportion zum Nasenbein.

Diese Proportion kann an Rehtrophäen mit kleinem Schädel leicht festgestellt werden. Unter ‚kleinem Schädel' versteht man eine Schnittfläche, die durch die Augenhöhlen geht und unter den Spitzen der Nasenbeine endet. Bei ganzem Schädel ist die Knochenplatte der Nasenscheidewand durch die Nasenöffnungen sichtbar. Bei beiden Methoden des Präparierens ist erforderlich, daß die Nasenscheidewand vollständig erhalten bleibt.

Zwecks Altersbestimmung wird die präparierte Trophäe so zur Hand genommen, daß der Schädel bzw. die Nasenscheidewand bei der Schnittfläche untersucht werden kann. Die Bestimmung wird gemäß Tabelle vorgenommen, die für die Praxis zusammengestellt wurde, wobei die Möglichkeit einer Abweichung von einem Jahr besteht."

Altersbestimmung nach Nasenbein und Nasenscheidewand bei Rehwild

Alter/Jahre	Welchen Anteil hat Knochenplatte	Anmerkung
1	–	Die verknöcherte Nasenscheidewand erreicht die Naht des Stirn-Nasenbeines noch nicht
2	2/10	Die Nasenscheidewand reicht bis zum ersten Viertel des Nasenbeines
3	3/10	Die Nasenscheidewand ist noch im zweiten Viertel des Nasenbeines
4	4/10	
5	5/10	Die Nasenscheidewand reicht bis zur Hälfte des Nasenbeines
6	6/10	Die Nasenscheidewand reicht bis zum dritten Viertel des Nasenbeines
7	7/10	
8	8/10	Die Nasenscheidewand reicht bis zum vierten Viertel des Nasenbeines
9	9/10	
10 und älter	9,5/10	

Altersschätzen mit Hilfe der Augenlinse

MARINGGELE hat aufgrund der Arbeiten von LORD (1959), RIECK (1962), FRIEND (1967) erstmals bei Reh- und Rotwild entsprechende Untersuchungen angestellt und als Ergebnis mitgeteilt, „daß beim Reh die Augenlinse sehr gut als Altersindikator verwendet werden kann. Das Gewicht der Augenlinse steigt besonders bis zum 2. bis 3. Lebensjahr stark an. Der Unterschied zwischen einem 1 Monat alten Tier und einem 2- bis 3jährigen Tier beträgt ca. 0,2 Gramm, zwischen einem 2 bis 3 Jahre alten Tier und einem 10- bis 11jährigen Tier 0,05 Gramm.“

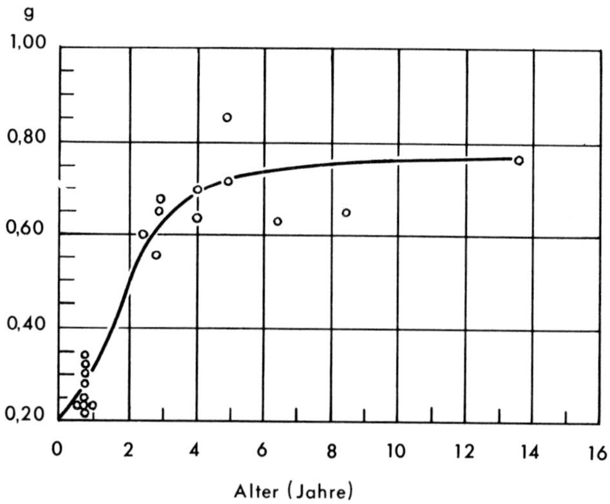

Altersbestimmung nach dem Trockengewicht der Augenlinse beim Reh (*Capreolus capreolus* [L.]) (MARINGGELE 1978/79)

Eine Altersbestimmung nach der Verknöcherung der *Stirnnaht* ergibt keine signifikanten Werte, sie kann höchstens als zusätzlicher Hinweis gewertet werden.

Auch die vielfach verbreitete Meinung, Höhe und Durchmesser bzw. Umfang der Rosenstöcke könnten zur Altersbestimmung herangezogen werden, teilen wir nicht. Es tritt zwar beim einzelnen Bock im Laufe der Jahre eine kontinuierliche Verkürzung der Rosenstöcke ein, generell verwertbare Daten lassen sich aber bislang nicht nachweisen, Untersuchungen laufen.

Gehörn

Benennung

Überwiegend dürfte sich unter der deutschen Jägerei die Bezeichnung „Rehgehörn" durchgesetzt haben, wenn es sich auch zoologisch, wie wir wissen, eindeutig um ein Geweih, wie bei allen Cerviden, handelt. Raesfeld selbst hat sich immer für das Wort Gehörn eingesetzt und auch den Gebrauch dieser Bezeichnung zumindest seit dem Jahre 1749 bei den damaligen Jagdklassikern nachgewiesen.

Namentlich in Süddeutschland und in den Alpenländern finden wir die seit jeher übliche Bezeichnung Gewichtel, die sehr treffend ist, denn der Kopfschmuck ist ja nichts anderes als ein kleines Geweih. In Mähren und Österreich spricht man beim Rehbock vom Geweih. Man hört und liest auch öfter die Bezeichnung Rehkrone.

Überlassen wir es jedem, das Rehgehörn so zu nennen, wie er es für richtig hält oder mundartlich gewöhnt ist, und gestatte man es uns, die Bezeichnung zu gebrauchen, die für das Verständnis der Ausführungen jeweils am geeignetsten ist.

Natur der Stirnwaffen

Die Stammesgeschichte hat uns gezeigt, daß alle heute „Stirnwaffen" oder besser „Stirnfortsätze" tragenden Wiederkäuer von stirnfortsatzlosen Ahnen sich sehr vielfältig entwickelt haben. Nach Bubenik und den von ihm berücksichtigten Arbeiten ist es eher unwahrscheinlich, daß die Bildung erster Stirnfortsätze als Waffen erfolgte. Andererseits dürfte feststehen, daß sich nur die Arten der Teilordung *Pecora*, mit Ausnahme der Giraffe, als dauerhaft lebensfähig erwiesen, die diese Gebilde auch als Waffen gebrauchen konnten!

Unzweifelhaft besteht ein Zusammenhang zwischen der Entwicklung derartiger Stirnfortsätze und ihrer Ausprägung als sekundäre Geschlechtsmerkmale, vielleicht auch sozialer Ordnungen, repräsentiert in der Ausformung dieses Kopfschmuckes, wenn auch stets dem Lebensraum angepaßt.

Es handelt sich um umweltunabhängige Mutationen, wobei eine gewisse Zielstrebigkeit in Artenbildung und Höherentwicklung unverkennbar ist (Copesche Regel 1896), auch die Rückbildung bzw. das völlige Verschwinden des oberen Eckzahnes und der Aufbau von Stirnbeinfortsätzen ist hier einzuordnen. So mögen die als Waffe ungeeigneten Urkolben der Urkolbenträger (der ersten Formen Kopfschmuck tragender miozäner Cervoidea) neben dem optischen Eindruck bereits Duftstoffe als Markierungszeichen gesetzt haben, ähnlich wie heute Bastgeweihe über Duftdrüsen stark riechendes Sekret absondern und selbst nach dem Verfegen Duftstoffe von Hautdrüsen vom Geweih durch Reiben übernommen und als Markierungszeichen gesetzt werden können.

Außerdem bleiben in der Regel die Duftdrüsen in der Rosenstockhaut aktiv, beim Gamswild, einem Hornträger, kennen wir die ausgeprägte Brunftfeige, eine Duftdrüse dicht hinter der Krucke, beim Rehbock haben wir bereits die Funktion der Stirnlocke kennengelernt.

Die unterschiedlichsten Konstruktionsformen, auch der inzwischen längst ausgestorbenen Arten, lassen sich dagegen wohl nur auf Faktoren zurückführen, die sich aus dem umweltabhängigen Selektionsdruck ergaben.

Diese Vielfalt der Stirnfortsätze prägte weitgehend die zoologische Systematik, ohne wirkliche Kenntnis, welche „verwandschaftlichen" Beziehungen zwischen den Teilordnungen und Überfamilien bestanden; ebenso gibt es nach wie vor Meinungsverschiedenheiten, ob es entwicklungsbedingte morphologische Unterschiede zwischen den Stirnwaffen der Geweih- bzw. Hornträger gibt.

Bubenik teilt, was die Charakteristik der Geweihe anbelangt, die bereits von Raesfeld wiedergegebene Auffassung von Nitsche in „Studien über Hirsche", daß nicht nur die Rosenstöcke, sondern auch die Geweihe selbst als echte Stirnbeinfortsätze gebildet werden.

Andere Arbeiten gingen bis in jüngster Zeit davon aus, daß lediglich der basale Teil aller Stirnwaffen aus einer Stirnbeinapophyse, der distale Teil dagegen als Epiphyse, also einer Art „Hautverknöcherung" entstehe und mit dem basalen Teil verschmelze.

Wir können wohl davon ausgehen, daß für die Hornträger diese grobe Vorstellung zutrifft, sich aber die Hirschartigen mit ihren Stirnwaffen als echte Knochenbildungen wesentlich unterscheiden, dies gilt auch für die Steuerung der trophischen Vorgänge.

In diesem Zusammenhang sei auf die experimentellen Untersuchungen von Hartwig und Schrudde hingewiesen.

Durch Defekt- und Transplantationsversuche ist es gelungen nachzuweisen, daß für die erstmalige Bildung des Stirnauswuchses ein Periostmaterial (Knochenhautmaterial) Voraussetzung ist, dem bestimmte Entwicklungstendenzen innewohnen. Für die Aktivierung dieser Tendenzen sorgt die Keimdrüse; eine frühzeitig vorgenommene Kastration führt stets zur Plattköpfigkeit.

Aber auch die Entfernung des Periosts an der Stelle des zukünftigen Stirnbeinauswuchses verhindert dauerhaft eine Geweihbildung. Dies bietet die Möglichkeit, fortpflanzungsfähige Rehböcke geweihlos in Gefangenschaft zu halten. Andererseits hat sich nach Transplantation des Stirnbeinperiosts an den Vorderlaufknochen, seitlich am Kanonenbein, eines Bockkitzes im Alter von etwa 3 Monaten an dieser Stelle zuerst eine lokale Anschwellung ergeben. Ab November des Folgejahres haben sich zwei Bastzapfen entwickelt, die Ende April/Anfang Mai ohne gezieltes Fegen den Bast verloren und typische „Gehörnstangen" mit Rose und angedeuteter Gabel darstellten. Damit sind ältere Auffassungen überholt, die den Hautbezirk um den oberen Teil des Rosenstockes, einen sog. Bildungssaum, als Entwicklungsträger für das Geweihwachstum ansehen. Selbst nach Entfernung des Rosenstockes mit der ihn umgebenden Decke kommt es zu einer Neubildung des Rosenstockes mit einer Geweihstange, wenn auch in mehr oder minder verkümmerter Form.

Zusammenfassend kann aber wohl zu diesem Themenkreis eine grundsätzlich morphologische und trophisch unterschiedliche Natur der Stirnwaffen der Hirschartigen einerseits und der echten Hornträger andererseits festgestellt werden.

Ob allerdings das Geweihwachstum der Hirschartigen tatsächlich, wie von Bubenik als Theorie erwogen, von einem „Zentrum der Geweihtrophik" gesteuert wird, muß wohl noch offen bleiben. Stärke und Größe der jeweiligen Geweihbildung wird wesentlich von den Ernährungsverhältnissen in der Zeit vor dem Abwerfen und in der Kolbenzeit bestimmt, möglicherweise im Rahmen des vorgegebenen Erbgutes, welches insbesondere Struktur und Ausformung prägen dürfte.

Darüber hinaus neigt die Zoologie zu der Annahme, daß bei vielen Tierarten Populationszyklen große Bedeutung zukommt, und zwar nicht nur hinsichtlich Ausbreitung und Vermehrungspotenz, sondern auch bezüglich der sekundären Geschlechtsmerkmale. Bei kleineren Tierarten verlaufen diese Zyklen in sehr kurzen Intervallen, beim Rotwild, also einer sehr großen Tierart, langfristig, aber offensichtlich, bei unserem Rehwild mit seiner beschriebenen großen Anpassungsfähigkeit sind die Wellenbewegungen anscheinend weniger ausgeprägt, aber doch nicht auszuschließen.

Mancher Jäger mag geneigt sein, hier zu fragen, was diese zugegebenermaßen trockentheoretischen Betrachtungen ihm denn nützen. Wir meinen aber doch, daß gewisse Grundkenntnisse dieser Art für die Beurteilung einer uns anvertrauten Wildart, ihrer Hege unter Berücksichtigung entwicklungsgeschichtlich bedingter Gegebenheiten, nicht zuletzt aber auch bei der Erklärung später zu behandelnder Anomalien unerläßlich sind.

Bedeutung

Wenn man sich die Frage vorlegt, welche Bedeutung das Gehörn für den Bock hat, so wird man es zunächst als Waffe ansehen, die im Kampf um den Einstand, im Brunftkampf und zur Verteidigung gegen schwächere Feinde gebraucht wird. Wie gefährlich und wirksam diese Waffe ist, weiß jeder, der schon einmal von einem zahmen Rehbock angegriffen worden ist, das beweisen auch die geforkelten Stücke, die gelegentlich im Revier gefunden werden. Eine Angriffswaffe ist das Gehörn meist gegenüber männlichen Artgenossen, der Kampf darf aber in der Regel nicht zum Tode, sondern nur zur Vertreibung des unterlegenen Gegners führen, andernfalls würde die Erhaltung der eigenen Art beeinträchtigt; die Wirksamkeit der Waffe muß also beschränkt sein, dafür sorgen die Vorder- und Hintersprossen, die gleichsam wie die Parierstangen eines Degens wirken. Das beweist die unheilvolle Bedeutung der Schadböcke oder Mörder, die allzu wirkungsvolle lange Spieße mit fehlender oder nur angedeuteter Vereckung tragen, und die damit den Sechserböcken im Kampf überlegen sind. Es sind aber bei weitem nicht alle Böcke mit langen Spießen auch Mordböcke, sondern nur solche, bei denen noch eine besondere Rauflust hinzutritt.

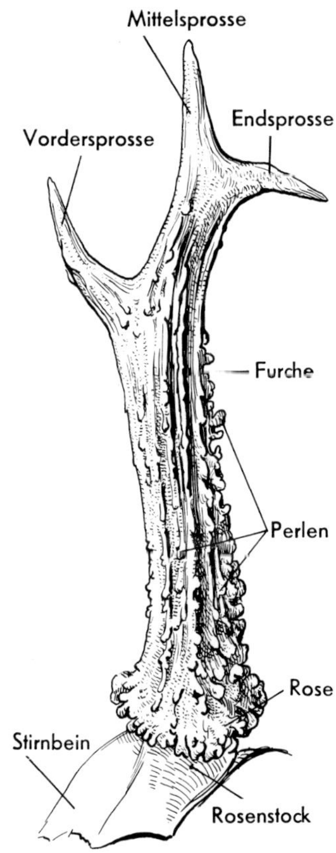

Bezeichnung der Teile einer Gehörnstange

Die Vereckung des Gehörns begrenzt folglich die Wirksamkeit der Waffe im Kampf mit Artgenossen. Insofern kommt der „Normalentwicklung“ des Geweihes mit gut ausgebildeten Sprossen trotz der Verwendung als Waffe „arterhaltende“ Bedeutung zu. Unser „Hegeziel“, nämlich der gute Sechserbock, entspricht also sehr wohl auch biologischen und soziologischen Erfordernissen. Eine anziehende Wirkung auf weibliche Stücke dürfte der „Hauptschmuck“ nicht ausüben, jedenfalls liegen keine Beweise dafür vor, daß der Bock mit stärkerem Gehörn in der Brunft von der Ricke einem geringeren Bock gegenüber bevorzugt wird. Da indessen das starke Gehörn in der Regel mit einer allgemein guten Konstitution parallel geht, es beträgt im Mittel 1,5 bis 3 Prozent des Wildpretgewichtes, wird sich der gute Bock im Brunftkampf durchsetzen. Inwieweit hierbei massige Stangen mit langen Enden als Schreckwaffe zu wirken vermögen, sei dahingestellt. Bei dem beschränkten Vermögen des Rehwildes, Formen zu erkennen, ist die

Theorie über eine abschreckende Wirkung starker Gehörne auf schwächere Artgenossen wenig glaubwürdig, es muß vielmehr angenommen werden, daß das Alter und die unmittelbare Erfahrung beim Messen der Kräfte zu der Entscheidung führt, ob ein Bock sich behaupten kann oder weichen muß. Wir haben beobachtet, daß alte Böcke mit kleinen Spießen junge, hohe Sechser vertrieben.

Beschreibung

Wir wenden uns nun von theoretischen Erörterungen ab und kommen zur Beschreibung des fertigen Gehörns eines auf der Höhe der körperlichen Entwicklung stehenden Bockes, das im Normalfall ein Sechsergehörn ist.

Das Gehörn besteht aus zwei im Querschnitt runden bis ovalen Stangen, die auf Auswüchsen der Stirnbeine, den Rosenstöcken, stehen. Unmittelbar über dem Rosenstock, der von der Decke umkleidet ist, befindet sich an der Basis der Stange ein Kranz besonders großer Perlen, der Rose heißt. Auf der Oberfläche der Stangen verlaufen vertiefte Furchen oder Riefen, zwischen diesen stehen einzelne Erhabenheiten, die Perlen, die auf dem unteren Teil der Stangen auf der Innen- und Hinterseite am stärksten ausgebildet sind. Durch Teilung der Stange entstehen die Enden oder Sprossen. Das nach vorn gerichtete Ende heißt Vordersproß oder Augsproß, das nach hinten weisende Ende heißt Hintersproß, Rücksproß oder Endsproß, das nach oben gerichtete Stangenende wird auch Mittelsproß genannt. Die Verschiedenheiten in der Bezeichnung der beiden oberen Enden entspringen der unterschiedlichen Wuchsform der Gehörne. Bei der Mehrzahl der Sechsergehörne hat man den Eindruck, als zweige von der Stange nach vorn und hinten ein Ende ab, bei ihnen sind die Bezeichnungen Vordersproß–Stangenende–Hintersproß zutreffend. Eine Anzahl von Gehörnen zeigt jedoch einen abweichenden Bau, weil sich bei ihnen das Hauptwachstum nach hinten verlagert hat, für diese gelten besser die Bezeichnungen Vordersproß–Mittelsproß–Endsproß; in diesen Fällen ist nämlich der Endsproß als das Stangenende anzusehen. Um zu einer einheitlichen Benennung zu kommen und einer manchmal schwierigen Entscheidung aus dem Wege zu gehen, empfehlen wir die Wahl der Bezeichnungen Vorder-, Mittel- und Hintersproß (s. Abb. S. 73). Weitere Ausführungen über das Überwiegen der Wachstumsenergie des Mittelsprosses sind auf Seite 77 gemacht.

Bau

Das Geweih ist eine abgestorbene, „überschüssige“ Knochenbildung und zeigt in Bau und Zusammensetzung Charakteristika von Knochen. Die äußere Rindenschicht ist sehr breit, sie bildet den größten Teil der Gehörnmasse, ihr gegenüber tritt die schwammige Substanz im Innern des Gehörnknochens sehr zurück. Von dem Anteil der Rindensubstanz am Aufbau der Stange und von ihrer Dichte ist das spezifische Gewicht abhängig. Leichte Gehörne haben einen hohen Anteil an schwammiger Knochenmasse und eine kalkarme poröse Rindenschicht. Von 265 reifen, guten Gehörnen, die auf der Jagdausstellung in Hannover 1951 vermessen worden sind, errechnete RIECK aus dem Gewicht und Volumen das spezifische Gewicht, das zwischen 1,5 und 2,4 lag. Die Verteilung ist folgende:

Spez. Gewicht:	1,5	1,6	1,7	1,8	1,9	2,0	2,1	2,2	2,3	2,4
Anzahl in Prozent:	2	3	7	13	26	18	15	11	3	2

Die Masse der Gehörne hatte ein spez. Gewicht, das um 1,9 lag.

Das Gehörn ist aus folgenden Stoffen aufgebaut:

- Gehörngewicht 100 %
  - Organische Substanz 44 %
  - Anorganische Substanz 56 %
    - dreibasischer phosphorsaurer Kalk 48 %
      - Phosphorsäure 22 %
      - Kalzium 26 %
    - kohlensaurer Kalk 5 %
    - kohlensaures Magnesium 2 %
    - Rest 1 %

Die organische Substanz, in die die Mineralsalze eingelagert sind, besteht in der Hauptsache aus Eiweißverbindungen, nach KERSCHAGL enthält sie ferner einen Zellulosestoff, das Tunicin, das Geweihknochen, die im Erdboden lagern, vor Fäulnis bewahrt, so daß sie länger als andere Knochen erhalten bleiben.

Formen

In jeder größeren Sammlung findet man unter den regelrecht gebauten Gehörnen verschiedene Formen. Sie kommen dadurch zustande, daß die Stangen gerade oder verschieden geschwungen sind, und daß sie eine geringe bis weite Auslage haben. Unter Auslage versteht man die weiteste Entfernung der Stangen voneinander. Bei der Betrachtung von vorn ergeben sich verschiedene Formtypen, die naturgemäß durch Übergänge in der verschiedensten Art miteinander verbunden sein können. FRHR. V. GAGERN hat versucht, diese Typen in sechs Gruppen einzuordnen (s. Abb. S. 76), denen er folgende Bezeichnungen gegeben hat: 1 gerade parallele Form, 2 gerade ausgelegte Form, 3 Eiform, 4 Korbform, 5 Lyraform, 6 geschnürte Form. Von der Seite betrachtet, finden sich alle Übergänge von steil gestellten bis nach hinten gebogenen Stangen. Wenn sich in der Seitenansicht die Stangen nicht decken, sondern zueinander in einem Winkel stehen, spricht man von einem marschierenden Gehörn (s. Nr. 7 der Abb. S. 76).

Die Abzweigung der Enden von der Stange ergibt weitere Verschiedenheiten der Form. Tief angesetzte Vordersprossen pflegen länger zu werden und stärker zu sein als hoch angesetzte, sie sind oft ein Zeichen der Jugend. Die Ausnahmefälle, in denen Vorder- und Hintersproß in gleicher Höhe von der Stange abzweigen, führen zur Bildung des Kreuzbockgehörnes. Das *Vorwiegen* des Hintersprosses deutet oft auf einen älteren Bock hin.

Die Ursachen der Formverschiedenheiten sind im wesentlichen durch die Stellung der Rosenstöcke und die Blutversorgung der wachsenden Stangen bedingt, auch Stoffwechselvorgänge spielen eine Rolle.

Die Rosenstöcke sind entweder nach innen gerichtet, parallel gestellt oder nach außen geneigt, sie können weit bis eng gestellt sein. Meist stimmt die Richtung des unteren Stangenteils mit der des Rosenstocks überein. Bei parallelen Rosenstöcken wird das Gehörn daher gerade parallel oder lyraförmig sein, bei nach außen gerichteten Rosenstöcken wird das Gehörn gerade ausgelegt oder ei- bis korbförmig ausfallen, während es bei nach innen

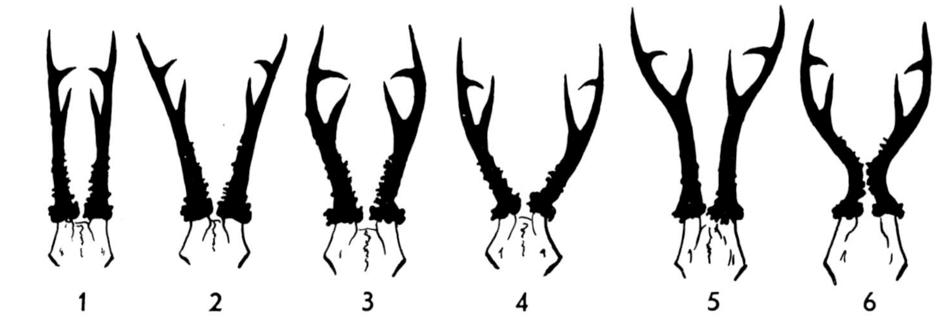

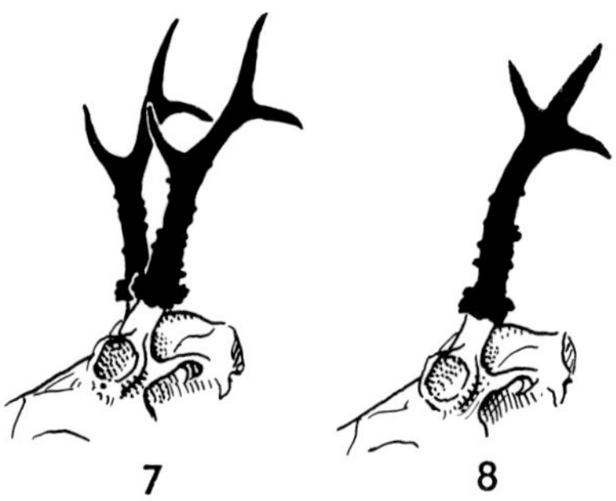

Gehörnformen: 1 gerade parallele Form, 2 gerade ausgelegte Form, 3 Eiform, 4 Korbform, 5 Lyraform, 6 geschnürte Form, 7 marschierende Form, 8 Kreuzbockgehörn

gerichteten Rosenstöcken geschnürt wird, manchmal kommt es dann sogar zu Verwachsungen der Stangen.

Ist die Richtung der Stangen hauptsächlich von den Rosenstöcken abhängig, so wird ihre Form durch die Blutversorgung bedingt. Wird der wachsenden Stange allseitig gleichmäßig Blut zugeführt, so wächst sie gerade, ohne Krümmung. Überwiegt die Blutzufuhr an der Außenseite der Stange, so kann diese schneller wachsen als die weniger versorgte Innenseite, die Stange krümmt sich also zur Korbform. Wird die Vorderseite des Gehörns besser ernährt als die Hinterseite, so krümmt sich die Stange nach hinten. Für die Sprosse gilt das gleiche. Die Lyraform wird dadurch entstehen, daß die zunächst gleichmäßige Ernährung der Stange zu einem gewissen Zeitpunkt auf der Innenseite verringert wird, dieser Zeitpunkt kann dann eintreten, wenn die wachsenden Rosen sich berühren und dadurch die Blutzufuhr an dieser Stelle drosseln. Auf diese Erklärung weist die oft enge Stellung der Rosen bei lyraförmigen und geschnürten Gehörnen hin, doch gilt diese Erklärung nicht für alle Fälle, es werden auch andere Ursachen für eine Änderung der Blutzufuhr vorhanden sein. Der Typus des Gehörns bleibt beim gleichen Bock Jahr für Jahr der gleiche, wie zahlreiche Abwurfserien von Gehegeböcken beweisen.

Petschaft

Diese unterhalb der Rosen liegende Fläche des Gehörns, welche direkt auf dem Stirnzapfen aufsitzt, wird von A. u. J. von Bayern zur Unterscheidung von Abwürfen aus der freien Wildbahn mit herangezogen. Sie ist weiß bis bräunlich und mehr oder weniger gewölbt und spongiös. Nach A. u. J. von Bayern bleibt der Grundriß von Jahr zu Jahr gleich, kleine eckige Unregelmäßigkeiten, die fallweise auftreten, schließen die Zusammengehörigkeit nicht aus. Die Autoren stellen fest, daß ab dem 3. Lebensjahr die Petschaftgröße ziemlich gleichbleibt.

Rosen

Die Größe und Form der Rosen schwankt in weiten Grenzen. Von einer Rose sprechen wir, wenn der Perlenkranz an der Basis der Stange einen geschlossenen Ring darstellt, der über den Rosenstock und über die Stangenbasis hervorragt. Einzelne Perlen, wie wir sie an der Basis von Erstlingsgehörnen finden, stellen noch keine Rosenbildung dar. In der Höhe unterscheiden wir zwischen der Kranzrose und Schnurrose, in der Form zwischen der Tellerrose und der Dachrose. Die gewöhnliche Form ist die Kranztellerrose, die in sehr unterschiedlicher Breite auftritt. Von ihr finden sich alle Übergänge zur schnurförmigen Dachrose. VON GAGERRN unterscheidet die eigentliche Dachrose, die er nur an Gehörnen alter, meist schon im Gehörn nachlassender Böcke gefunden hat. Bei diesen ist der Übergang von der Stange in die Rose fast unmerklich. Die Kante der Rose ragt nur um ein weniges über das Profil der Stange hervor. Die herabhängende Rose verbirgt den Rosenstock fast vollständig. Bei der unechten Dachrose läuft die Stange im Schwung nach der Rose aus, statt sich scharf von ihr abzusetzen, wie es bei der gewöhnlich vorkommenden Kranz- oder Tellerrose der Fall ist, doch bildet die Rose noch immer einen deutlich abgegrenzten Sockel. Manche Jäger halten diese Form, die auch Muschelrose genannt wird, für die edelste unter allen Rosenbildungen.

Gehörnstufen

Im älteren Schrifttum werden die Gehörnstufen, die Spießer-, Gabler- und Sechserstufe, mit dem Lebensalter in Beziehung gebracht. Heute wissen wir, daß jede dieser Gehörnstufen in jedem Lebensalter vorkommen kann. Die Benennung der Gehörnstufe drückt also lediglich den Grad der Vereckung des Gehörns aus. Bei gleichmäßig vereckten Gehörnen wird für die Bezeichnung der Stufe die Endenzahl beider Stangen gezählt. Ist die Zahl der Enden an den beiden Stangen verschieden, so wird zur Bezeichnung der Stufe die doppelte Endenzahl der Stange zugrunde gelegt, die die meisten Sprossen aufweist, und sie wird mit „ungerade" benannt. Ein ungerader Sechser hat z. B. an der einen Stange drei Sprossen, während die andere eine Gabel oder einen Spieß hat.

Die Spießerstufe ist durch das Fehlen jeder Vereckung gekennzeichnet. Daher werden Spieße in der Regel von ganz jugendlichen oder sehr alten Böcken gebildet, deren Körper überschüssige Bildungen entweder noch nicht oder nicht mehr hervorbringen können. Im mittleren Lebensalter sind Spieße häufig ein Zeichen des Kümmerns infolge Nahrungsmangels, Krankheit oder Verletzung des Körpers. Der Einfluß von sozialem Streß auf Gehörnwachstum und -form wird von einigen Autoren behauptet, ließ sich in Eigenversuchen jedoch nicht nachvollziehen. Die schwächste und stets unerwünschte Gehörnbildung sind die Knopfspieße.

Die Gablerstufe tritt in zwei Formen auf, dem Vordersprossengabler und dem Hintersprossengabler.

Die Sechserstufe ist die Reifestufe des Rehgehörns, sie wird vom Bock in der Regel auf der Höhe seines Lebens getragen.

Eine weitere regelmäßige Endenbildung zur Achterstufe ist bereits eine seltene Erscheinung, sie tritt entweder durch Gabelung des Mittelsprosses oder des Hintersprosses ein. Sind beide Sprossen gegabelt, so ist die Zehnerstufe erreicht.

Eine Achter- oder Zehnerstufe kann aber auch durch die Neubildung von Sprossen aus der Stange zustande kommen (ausgewachsene Perlen?). F. W. VON NOTZ hat vor einiger Zeit ihm bekannte, vielendige Rehgehörne bis hin zu einem ungeraden 22-Ender vorgestellt, bei diesem aber selbst bemerkt, daß hier wohl die Grenze des noch Sinnvollen überschritten sei, so daß es unseres Erachtens schon bei den Regelwidrigkeiten (Luxusgehörne S. 141) einzuordnen wäre.

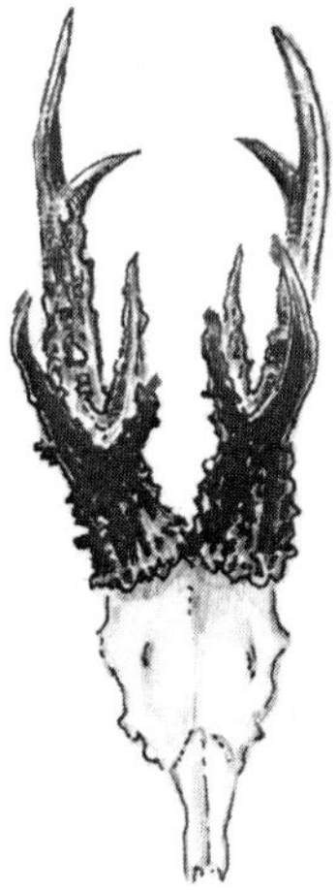

Mehrfache Vordersprossenbildung (Polen 1901)

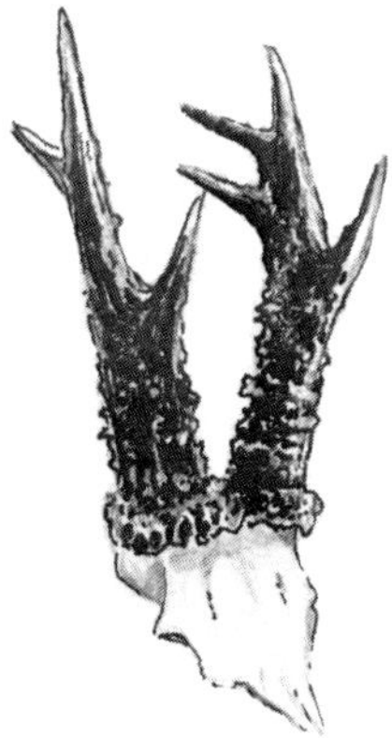

Bildung doppelter Rücksprosse (Rheinland-Pfalz 1916)

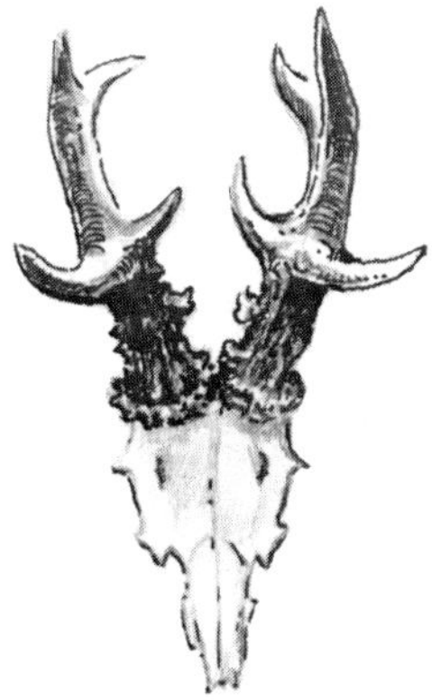

Mehrendigkeit durch Kreuzbildung im Bereich der Vordersprossen (Schlesien 1894)

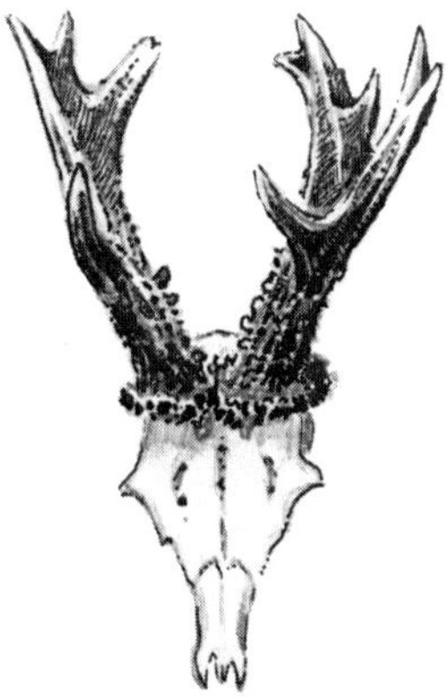

Zwölferbock aus Ostpreußen 1912

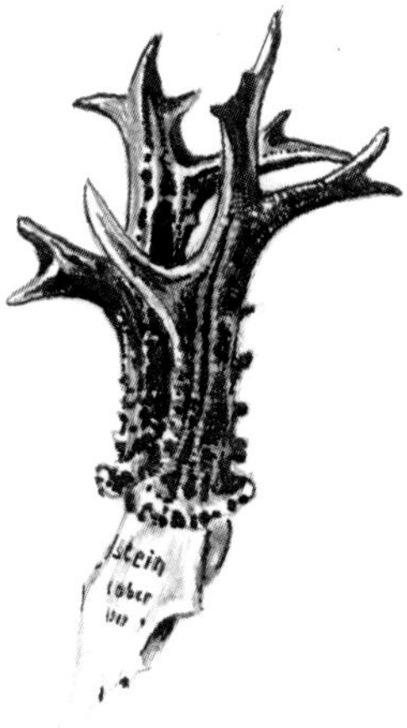

Gehörn von ungeraden 14 Enden aus Württemberg 1911

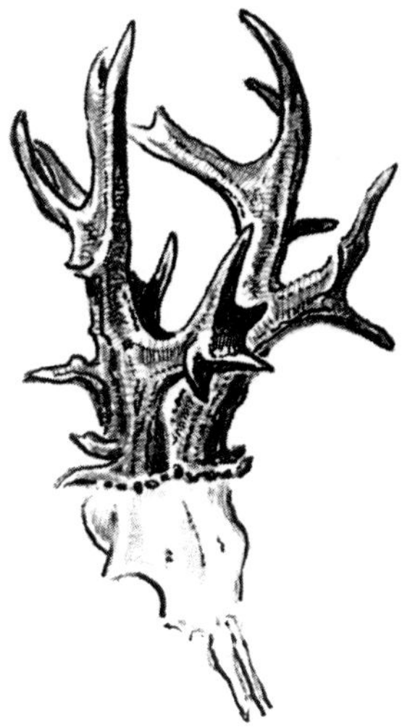

Gehörn von ungeraden 22 Enden aus Niedersachsen 1908

Wie häufig die Sechserstufe von starken Gehörnen überschritten wird, ließ HOFFMANN auf der Internationalen Jagdausstellung in Leipzig 1931 ermitteln. Die Ausstellung war reichlich mit Gehörnen beschickt; von den rund 1400 Stück waren es 90, die mehr als sechs Enden hatten. Unter diesen befanden sich 51 ungerade und 23 gerade Achter, 10 ungerade und 3 gerade Zehner sowie 3 Gehörne von mehr als 10 Enden. Eine Anzahl davon hatte perlenartige oder nach außen bzw. innen stehende zusätzliche Enden, so daß nur 59 Gehörne übrigblieben, bei denen Sprossen regelrecht gegabelt waren. Ungerade Achter entstanden durch Gabelung des Vordersprosses in 4 Fällen, des Mittelsprosses in 21 Fällen und des Hintersprosses in 9 Fällen. Gerade Achter hatten in 10 Fällen den Mittelsproß und in 5 Fällen den Hintersproß gegabelt. 3 ungerade und 5 gerade Zehner hatten gegabelte Mittel- und Hintersprossen, und 2 ungerade Zehner hatten den Hintersproß zweifach gegabelt.

Die Teilung des mittleren Endes kommt deutlich häufiger vor als die des hinteren Endes. Daraus ist zu entnehmen, daß beim Mittelsproß in der Mehrzahl der Fälle die größere Wachstumsenergie liegt.

Man ersieht aber auch aus dieser Untersuchung, daß die Frage, welches von den beiden oberen Enden das Stangenende ist, nicht einheitlich beantwortet werden kann, sondern von Fall zu Fall entschieden werden muß.

Bubenik betrachtet Mittel- und Hintersproß als Stangenenden, er erkennt nur den Vordersproß als „echten" Sproß an.

Entwicklung

Im Laufe des Lebens durchlaufen der Gesundheitszustand und das Gehörn eines Bockes eine Entwicklung, die von geringeren Jugendbildungen über Reifebildungen zu Altersbildungen führt. Die Kenntnis dieser Entwicklung ist wichtig für die Beurteilung der Abschußnotwendigkeit eines Bockes. Diese Entwicklung ist jedoch nur in den seltensten Fällen gleichmäßig auf- und nach einem Höhepunkt wieder absteigend, vielmehr spielen beim Rehbock sehr viel stärker noch als beim Rothirsch neben Erbanlagen kurzfristige Umwelt- und Ernährungseinflüsse eine bedeutende Rolle. Die zu große Bedeutung, die dem „Abschußbock" bei der Hege des Rehwildes in den letzten Jahrzehnten zugemessen wurde, war zweifelsohne von der Vorstellung einer weitgehend regelmäßigen Geweihentwicklung geprägt worden. Unsere Ansichten über den Verlauf der Gehörnentwicklung haben durch die Arbeiten von A. u. J. von Bayern einen wichtigen Impuls erhalten. Der Hauptsprung in der Entwicklung geschieht vom 1. auf das 2. Jahr. Vom 2. bis 5. Jahr kommt die Periode hoher Leistung – gute Ernährung vorausgesetzt – mit einer wahrscheinlichen Kulmination im 4. Jahr. Sie halten „die manchmal auch von Fachleuten vertretene These, daß der Bock sein bestes Geweih mit 8 bis 10 oder gar mit 12 bis 14 Jahren trüge, für ausgeschlossen" (gute Ernährung vorausgesetzt, Anm. d. Verf.).

Dennoch werden wir in der Folge auch ältere Publikationen zitieren, da A. u. J. von Bayern nur über Beobachtungen in einem bestimmten, steirischen Gebirgsrevier berichten und ihre Erfahrungen ausschließlich auf dieses Gebiet bezogen haben wollen. Sie stellen auch statistisch gesichert fest, daß es gute und schlechte Geweihjahre gibt, ebenso gute und schlechte Geburtenjahrgänge. Wir werden darauf noch zurückkommen.

Erstlingsgehörn

Das Erstlingsgehörn wird von einem größeren Teil der Bockkitze, dann Kitzböcke genannt, bereits im Dezember und Januar des ersten Lebensjahres getragen, also wenn das Kitz 7 bis 8 Monate alt ist. Schlachter fand unter 43 in den Monaten November bis Januar untersuchten Kitzböcken bei 27 Stück ein geringes knopf- oder spießförmiges Gebilde, das die Decke durchbrochen hatte, zwei weitere waren im Durchbruch begriffen. Von den übrigen 14 Bockkitzen fanden 6 im November, 7 im Dezember und 1 im Januar den Tod; von ihnen hätte sicher auch noch eine Anzahl ein kleines Gehörn zum Durchbruch bringen können, falls sie nicht ein vorzeitiges Ende gefunden hätten. Nach dem vielen Beweismaterial, das noch von anderen Untersuchungen beigebracht wurde, und nach eigenen Beobachtungen ist zu erkennen, daß die Bildung eines Kitzbockgehörnes die Regel, nicht die Ausnahme ist. Das Kitzgehörn hat die Form kleiner Knöpfe oder Zapfen, die im Regelfall mehrere Zentimeter lang werden.

Der kleine Teil der Bockkitze, der bis zum Januar noch kein Kitzgehörn aufgebaut und gefegt hat, verharrt während der Notzeit des Winters auf dem erreichten Zustand der

Rosenstockbildung. Es handelt sich hierbei in der überwiegenden Mehrzahl um Kitze, die aus verschiedenen Gründen kümmern, vielleicht um solche, die spät gesetzt sind oder im Wachstum zurückblieben, weil sie die Mutter frühzeitig verloren haben oder von einer kümmernden oder überalterten Ricke gesetzt und geführt wurden. In anderen Fällen handelt es sich aber auch um starke Kitze, die vielleicht im Zusammenhang mit innersekretorischen Vorgängen spät reif wurden. Jedenfalls sehen wir, daß bei diesen Bockkitzen die Gehörnentwicklung vom Dezember bis zum März unterbrochen wird. Erst im Jährlingsalter wird dann mit der Bildung des Erstlingsgehörnes begonnen. Stets fehlt ihm im Jährlings- wie im Kitzalter die normale Rose, daran ist das Erstlingsgehörn von den Folgegehörnen zu unterscheiden. Im Jährlingsalter geschobene Erstlingsgehörne können Knöpfe, korallenähnliche Gebilde, Knubben von verschiedener Form, Spieße bis zu 12 cm Länge, Gabler- und sogar kleine Sechsergehörne sein. An der Basis der Stangen können einzelne Perlen stehen, die aber keinen geschlossenen Kranz bilden, den man mit Rose bezeichnen kann. Das verspätete Erstlingsgehörn wird in der Zeit geschoben, in der das Gehörnwachstum aller Jährlinge stattfindet, es tritt an die Stelle des ersten Folgegehörns.

Knopfböcke

Wie schon beschrieben, handelt es sich hierbei um die kleinen Gehörne von Jährlingen, welche nur die geringen Ausmaße eines Knöpfchens haben. Werden sie etwas länger, spricht man von Knopfspießern. Mannigfaltige Ursachen wurden für das häufige Auftreten von Knopfböcken in einem Revier verantwortlich gemacht. Man sprach von Verparasitierung, Hormonstörungen, überalterten Ricken und in den letzten Jahren wurde – groß in Mode gekommen – der soziale Streß durch Überpopulation dafür verantwortlich gemacht. Tatsache ist, daß in stark überbesetzten Gatterrevieren mit Wilddichten bis zu 70 Rehen pro 100 ha, gute Ernährung vorausgesetzt, Knopfböcke nicht beobachtet werden konnten. Von diesen Erkenntnissen ausgehend, dürfte wohl eine überhöhte Wildkonzentration und damit „sozialer Streß“ als hauptsächlicher oder gar allein auslösender Faktor auszuschließen sein. Es scheint heute ferner festzustehen, daß eine gute Ernährungsbasis das Auftauchen von Knopfböcken weitgehend verhindert. Daher registriert man auch gehäuftes Auftreten nach strengen Wintern (Nahrungsmangel, Verenden der Ricke und damit Fehlen der mütterlichen Führung). Es sind auch eindeutige Erfolge durch Parasitenbekämpfung gemeldet worden. Heute neigt man sehr zur Annahme, daß überalterte Ricken, nicht ausreichende Ernährung, Verparasitierung oder hormonelle Störungen die Ursache für das Knopfbockproblem sind. Den Einfluß überalterter Ricken sollte man tatsächlich nicht unterschätzen. In Gatterrevieren sind Knopfböcke selten anzutreffen. Knopfböcke haben häufig zu kleine Hoden und Schilddrüsen; das Fehlen der Duft- und Markierungsorgane am Haupt wurde bereits beschrieben; warum sie fehlen, wissen wir noch nicht.

Ein Problem können Knopfböcke nämlich tatsächlich in einem nicht gut geführten Revier werden. In einem Westerwaldrevier machte Bettmann genaue Aufzeichnungen über jeden im Revier beobachteten Bock. Im Durchschnitt von 14 Beobachtungsjahren waren jährlich 5,7 Prozent Knopfböcke aufgetaucht. Die Spitze lag bei 23 Prozent. Dieser hohe Anteil an Knopfböcken sollte aber nach dem heutigen Kenntnisstand der Vergangenheit angehören.

Knopfböcke erlegt man sofort nach Aufgang der Jagdzeit. Man beobachtet sie im Frühjahr am häufigsten. Später, wenn die Einstandskämpfe voll eingesetzt haben, werden die biologisch stärkeren Böcke die Knopfböcke immer mehr in Reviernischen zurückdrängen. Diese werden scheu, treten nur kurz und immer seltener aus, sie sind meist schwach im Wildpret – jämmerliche Geschöpfe. Verschiedentlich wurde die Meinung vertreten, daß auch aus Knopfböcken hervorragende Geweihträger werden könnten. Dies ist auch in Einzelfällen nachgewiesen. Die überwiegende Masse der Knopfböcke wird aber dauernd weiterkümmern oder ewig mittelmäßig oder schlecht bleiben. Nachdem der Abschuß (siehe 257) vorwiegend in der Jugendklasse getätigt werden soll, muß ein Knopfbock in jedem Falle erlegt werden, auch wenn er stark im Wildpret sein sollte.

Folgegehörne

Das erste Folgegehörn wird gewöhnlich vom Jährling getragen. Da es von einem jugendlichen Körper gebildet wird, ist es im Regelfall von geringer Masse und besteht oft nur aus Spießen. Bei guter Ernährung werden aber schon erstaunlich starke Gabler- oder Sechsergehörne gebildet. Von einem 15 Monate alten Bock, der ohne Haupt 18,5 kg wog, wurden eine Stangenlänge von 19 cm, eine Vordersprossenlänge von 5,6 cm, eine Hintersprossenlänge von 4,5 cm und ein Gehörngewicht von 325 g erreicht.

Gewichte (in g) der Abwürfe von Gatterböcken (BIEGER)

Alter Jahre	Braunschweig	Schleswig-Holstein	Pommern	Pommern	Brandenburg	Sachsen	Sa.	Durchschnitt
1	205	–	–	190	173	85	653	163
2	255	108	125	335	253	215	1291	215
3	268	177	*310*	335	252	215	1557	260
4	320	222	255	*340*	387	*255*	1779	*297*
5	340	*230*	220	276	*389*	240	1695	283
6	*360*	203	235		351	215	1364	273
7	327	148	205		384	245	1309	262
8	255	136	175		346	210	1122	224
9			185		299	175	659	220
10			70		299	160	529	176
11					301	170		
12					243			
13					240			
14					123			

Die weitere Entwicklung führt dann verhältnismäßig schnell zum Reifestadium des Gehörns, das dann eine Reihe von Jahren beibehalten werden kann. Der Verlauf der Gehörnentwicklung einzelner Böcke soll zunächst an einer Reihe von Gatterböcken gezeigt werden. Eine Zusammenstellung von BIEGER, die ergänzt wurde, zeigt vorstehende Tabelle der Gewichte von Abwurfstangen.

Das höchste Gehörngewicht erreichten diese Gatterböcke in einem Alter zwischen 3 und 6 Jahren. Im Durchschnitt wurde das stärkste Gehörn im Alter von 4 Jahren getragen. Die Periode bester Gehörnbildung lag im Alter von 3 bis 7 Jahren.

Aus den Erfahrungen mit gefangenen Rehen kann nun aber *nicht* ohne weiteres auf die Verhältnisse in der freien Wildbahn geschlossen werden. Denn Gatterböcke leben bei richtiger Ernährung unter Bedingungen, bei denen die meisten ungünstigen Einwirkungen der Umwelt, die im Revier wirksam sind, ausgeschaltet werden. Insbesondere wirkt sich die Notzeit, in der das Gehörnwachstum erfolgt, nicht aus. Gesunde Gatterböcke schieben deshalb auffallend starke Gehörne. Immerhin kann aus den Tatsachen entnommen werden, welche Möglichkeiten der Gehörnbildung bei guter Ernährung in den verschiedenen Lebensjahren verwirklicht werden können.

A. u. J. VON BAYERN führten in ihrem steirischen Gebirgsrevier von 1958 bis 1984 genaue Aufzeichnungen über Geweihgewicht, Körpergewicht und Alter durch.

Der Fütterungsversuch begann im Winter 1961/62. Die Zahlen der folgenden Tabelle

Jahr	Geweih-gewicht	Körper-gewicht	Alter	Geweih-gewicht	Körper-gewicht	Alter	Geweih-gewicht	Körper-gewicht	Alter	Geweih-gewicht	Körper-gewicht	Alter	Geweih-gewicht	Körper-gewicht	Alter	Summe
1958	168	14	3	180	13	7	207	16	3	251	17	4				
1959	115	14	6	193	?	8	206	13	3	235	16	10				
1960	147	11	6	158	12	2	213	13	3	225	14	2				
1961	141	14	3	179	13	5	196	13	10	232	13	5				
1962	197	14	4	200	13	6	275	14	5	280	17	4	282	14	4	1234
1963	260	17	4	270	14	4	285	13	9	311	?	10	360	18	5	1486
1964	254	17	4	265	14	3	283	16	6	285	18	6	290	17	5	1377
1965	284	15	6	285	14	3	290	15	4	310	17	4	340	20	6	1509
1966	275	18	5	278	17	4	308	?	3	335	22	6	432	22	4	1628
1967	199	14	9	237	15	6	250	16	5	275	18	2	490	22	3	1451
1968	286	15	4	295	21	9	330	?	7	330	17	4	411	15	6	1652
1969	372	?	5	392	25	7	408	23	6	445	22	6	460	20	6	2077
1970	342	16	4	349	17	4	405	20	6	435	22	5	557	23	6	2088
1971	320	17	8	324	?	4	324	19	6	351	?	4	402	23	4	1721
1972	322	21	4	331	20	8	336	19	4	415	?	3	490	23	6	1894
1973	353	25	7	358	21	4	366	25	5	381	23	3	435	23	4	1893
1974	375	24	5	375	24	7	430	25	3	560	26	6	610	27	6	2350

sprechen für sich. Zu Ende dieses Fütterungsversuches erreichten die Jährlinge ein Wildpretgewicht von 20 kg (aufgebrochen mit Haupt) und Geweihgewichte von 220 g und mehr mit kleiner Schale. 1971 bis 1973 waren schlechte Geweihjahre.

Eine von RIECK vorgenommene statistische Auswertung der *Wildmarkengehörne* läßt ebenso erkennen, wie stark das Leben in der freien Wildbahn und besonders die Bejagung auf die Gehörnstärke in den verschiedenen Altersklassen einwirken. Von 569 Wildmarkenböcken wurde das Volumen der Gehörne gemessen, weil es die sichtbare Masse der Gehörnstangen am besten zahlenmäßig zum Ausdruck bringt. Nachfolgende Tabelle zeigt das Ergebnis:

Alter in Jahren	Zahl der Fälle	Volumen cm³ durchschnittliches	geringstes	höchstes
1	72	88	0	220
2	222	115	0	280
3	137	148	40	270
4	78	146	40	280
5	33	126	40	250
6	15	137	50	260
7	7	(102)	(70)	(220)
8	3	(170)	(100)	(220)
9	1	(250)		
10	1	(118)		

Die Gehörnmasse nimmt im Durchschnitt bis zum dreijährigen Bock zu, ihre Schwankungen sind innerhalb jeder Jahresklasse bedeutend. Spitzenleistungen in der Gehörnbildung können schon vom zweijährigen Bock hervorgebracht werden. Für Böcke vom 7. Lebensjahr an reichen die Fälle zur statistischen Auswertung nicht aus, die Werte sind daher in Klammern gesetzt.

A. u. J. VON BAYERN registrierten, basierend auf ihrer großen Abwurfreihensammlung und anhand erbeuteter Trophäen, das Durchschnittsgewicht der Altersklassen (Tabelle), das Durchschnittsvolumen der Altersklassen (Tabelle) und den Vergleich des Durchschnittsvolumens von Abwürfen und Anschlußgeweihen (Tabelle).

Durchschnittsgewicht der Altersklassen (nur Abwürfe)
(A. u. J. v. BAYERN)

Anzahl Alter	28 1	92 2	87 3	71 4	49 5	23 6	19 7	13 8	7 über 8
Mittelgewicht Gramm	102,4	184,8	193,4	*199,3*	189,2	175,7	168,6	152,8	169,1
Mittelgewicht in % der 4jährigen	51,4	92,7	97,0	100	94,9	88,2	84,6	76,7	84,8

Erläuterungen zu nebenstehender Tabelle (aus: A. u. J. VON BAYERN)

Geweihgewichte, Körpergewichte und Alter der 5 jeweils stärksten erlegten Böcke eines jeden Jahres von 1958 bis 1974. *Geweihgewicht* = Gewicht mit kleiner Schale und Nasenbein in Gramm. Gewogen nach der internationalen Gewichtbewertung: Gewicht des ganzen Oberschädels minus 90 Gramm. *Körpergewicht:* Gewicht, völlig aufgebrochen mit Haupt, in Kilogramm. *Altersangabe* in vollendeten Jahren. Das Alter der Böcke war teils mit Sicherheit bekannt, teils wurde es nach der Zahnabnutzung geschätzt. Daher sind die Altersangaben nicht genau.

Durchschnittsvolumen der Altersklassen (Abwürfe einschließlich zugehöriger Geweihe)
(A. u. J. v. BAYERN)

Anzahl Alter	28 1	92 2	98 3	94 4	64 5	44 6	26 6	24 8	17 über 8
Mittl. Volumen ccm	58,8	107,9	114,6	115,6	112,6	*121,3*	101,0	95,8	101,1
Mittl. Volumen in % der 4jährigen	51,0	93,5	99,3	100	97,6	105,1	87,5	83,0	87,6

Vergleich des Durchschnittsvolumens von Abwürfen und Anschlußgeweihen (A. u. J. v. BAYERN)

Alter	1	2	3	4	5	6	7	8	über 8
Mittl. Volumen der Abwürfe ccm	58,8	107,9	114,9	*117,8*	112,7	107,2	101,2	90,9	103,6
Mittl. Volumen der Geweihe ccm	–	–	111,6	108,0	*136,8*	112,3	100,4	101,5	99,4
Anzahl der Geweihe	–	–	11	23	15	21	7	11	10

Bei den später kulminierenden Böcken dieser Kategorie fand MEUNIER stets besonders dickstangige Geweihe, auch schon in den früheren Jahren (Abwürfe).

Außerdem ergab sich dort folgende Geweihkulmination bei Abwurfserien:

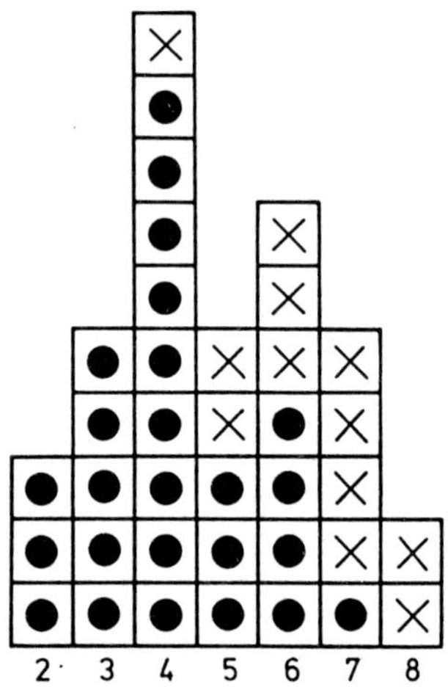

Häufigkeit der Geweihkulmination in den einzelnen Altersklassen. Angegeben nach dem Volumen unter Einbeziehung zugehöriger Anschlußgeweihe.

Mit Punkt: Geburtsjahrgänge 1965–1968 (25 Böcke), durchschnittliche Kulmination bei 4,12 Jahren.

Mit Kreuz: Geburtsjahrgänge vor 1965 (12 Böcke), durchschnittliche Kulmination bei 6,35 Jahren.

Insgesamt: Durchschnittliche Kulmination bei 4,84 Jahren.

(A. u. J. v. BAYERN)

Es ist interessant, festzustellen, daß einerseits schlechter ernährte Böcke später kulminieren als gut ernährte Böcke, wirkliche Spitzenböcke aber nur zwischen 4 und 6 Jahren vorkamen, wobei diese auch in den früheren Lebensjahren sowohl nach Wildpretgewicht und Stangengewicht über ihren Artgenossen lagen.

PASSARGE veröffentlichte recht aufschlußreiche Untersuchungsergebnisse hinsichtlich der Beziehung Alter und Wildpretgewichte von Böcken zu den jeweiligen durchschnittlichen Rickengewichten:

Es ergaben sich drei unterschiedliche Entwicklungsabläufe der Beziehung Alter – Wildpretgewicht der Böcke entsprechend den durchschnittlichen Rickengewichten um 13,5 kg, 14,5 kg bzw. 15,5 kg. In den Gebieten mit schwachen Ricken um 13,5 kg zeigte sich eine frühzeitige Kulmination der Bockgewichte. Die Böcke erreichen hier ihr Höchstgewicht bereits mit 4–5 Jahren, halten es annähernd bis zum 6. Jahr und nehmen danach deutlich ab. In Gebieten mit Rickengewichten um 14,5 kg haben die Böcke den Höhepunkt ihrer Körpergewichtsentwicklung im Alter von 5–7 Jahren und danach einen leichten Rückgang der Durchschnittswerte. In den Gebieten mit starken Ricken um 15,5 kg zeigte sich eine späte Kulmination des Durchschnittsgewichtes der Böcke, das auch im Alter von 8–10 Jahren noch keine Abnahme erkennen ließ.

Diesen Alter-Körpergewicht-Beziehungen entsprechend ergaben sich auch drei unterschiedliche Entwicklungsabläufe des durchschnittlichen Gehörngewichtes. In den Gebieten mit schwachen Ricken um 13,5 kg zeigte sich auch in der Gehörnentwicklung eine frühzeitige Kulmination im Alter von 4–5 Jahren; mit einem Zurücksetzen ist aber erst im Alter von 6–7 Jahren zu rechnen. In den Gebieten mit Rickendurchschnittsgewichten um 14,5 kg lag der Höhepunkt der Trophäenentwicklung im Alter von 6 Jahren; danach folgte ein allmähliches Abnehmen der Gehörndurchschnittswerte. In den starken Populationen mit durchschnittlichen Rickengewichten um 15,5 kg hat die Gehörnstärke bis zum Alter von 8–9 Jahren steigende Tendenz und erst vom Alter 10 ab eine deutliche Abnahme (zitiert nach WAGENKNECHT).

Am wertvollsten für die Kenntnis der Gehörnentwicklung ist die langjährige Beobachtung individuell gezeichneter Böcke im Revier. Diesen mühevollen Weg beschritt VOORMANN, indem er seit 1930 jedes Bockkitz, dessen er habhaft werden konnte, am Lauscher zinkte, und zwar so, daß das Stück ein Merkmal hatte, an dem es in jedem Jahr unzweifelhaft wiedererkannt werden konnte.

Technisch wurde so verfahren, daß dem Kitz mit einer Zange ein Zeichen am Lauscher ausgeschnitten wurde. Dieses Zeichen, das sich mit zunehmendem Wachstum vergrößert, ist später, auch auf weite Entfernung, mit einem guten Glase deutlich zu erkennen. Jeder Irrtum ist ausgeschlossen, wenn in den Nachbarrevieren keine Zinkung erfolgt.

In den Jahren 1930 bis 1937 wurden 11 Bockkitze gezeichnet, von denen 2 nicht wiedergesehen wurden. Jeder Bock erhielt seine Nummer und wurde zur weiteren Beobachtung und Einzeichnung der Gehörnformen in ein Merkbuch eingetragen. Das Ergebnis ist aus den Reihenzeichnungen der Abb. S. 86 zu ersehen.

Die Böcke Nr. 1 und 7 zeigen eine gleichmäßige, aber schlechte Entwicklung, sie setzten stets dünne Stangen auf und haben keine oder wenig Neigung zur Vereckung und Perlenbildung.

Bock Nr. 9 hat die ungleichen Jährlingsstangen später ausgeglichen.

Ganz besonders bemerkenswert ist, daß bei vielen Entwicklungsreihen ein vorübergehendes Zurücksetzen auf ein kümmerliches Gehörn erfolgt, das im folgenden Jahre wieder normal geschoben wird, und zwar bei Bock Nr. 2, 5 und 6 im Alter von 5 Jahren, bei Bock Nr. 4 im Alter von 2 und 5 Jahren, bei Bock Nr. 8 im Alter von 3 Jahren. Der Bock Nr. 8 wurde, völlig abgekommen, vom Hunde gegriffen. Eine kugelförmige, mit 28 Rachenbremsenlarven prall gefüllte Schleimhautgeschwulst versperrte den Drosselknopf. Beim Aufschärfen des Stückes zeigten sich deutlich Erstickungssymptome in der Lunge. Während bei allen Böcken die Abnutzung der Unterkieferbackenzähne dem Alter entsprach, bot dieser Bock, dreijährig, mit seinem Gebiß das Bild eines mindestens sechs- bis achtjährigen. Gehörn und Knochen waren auffallend porös und leicht. Das spezifische Gewicht des Unterkiefers war um 20 Prozent geringer als das eines Gesunden. Bock Nr. 6 kam infolge Übersehens der Markierung zur

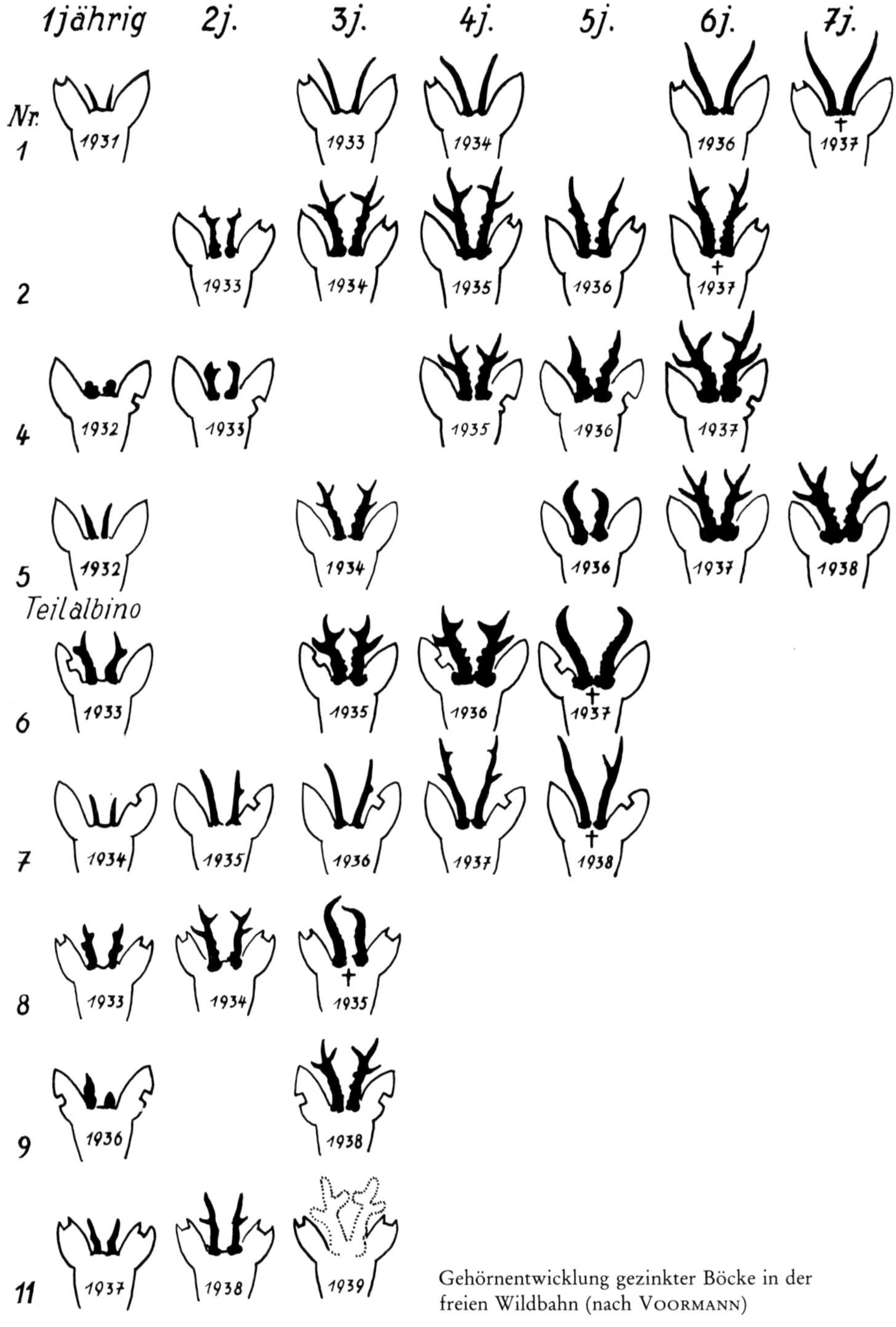

Gehörnentwicklung gezinkter Böcke in der freien Wildbahn (nach VOORMANN)

Strecke, seine Weiterentwicklung nach der plötzlichen abnormen Gehörnbildung des Jahres 1937 wäre interessant gewesen.

Schon vorher hatte RHEINFELS nach der gleichen Methode im Jahre 1925 3 Böcke an den Lauschern so gezeichnet, daß man sie leicht jederzeit wiedererkennen konnte. Die Gehörnentwicklung dieser Böcke wurde in Kurven dargestellt (s. Abb.), die die Werte des Gehörnwachstums in den einzelnen Jahren unter Berücksichtigung des Alters zeigen. Bock Nr. 1 wurde als recht kräftigem Kitz der rechte Lauscher kupiert. Mit einem Jahr fegte der Bock im Juni seine etwa 12 cm langen Spieße, die unten sehr geringe Perlung zeigten. Der Bock konnte unter Berücksichtigung des Alters als guter Durchschnitt angesprochen werden, er fegte seine Spieße im Laufe des Sommers bis auf die Rosen herunter blitzweiß. Bereits Ende April hatte er als Zweijähriger ein Sechsergehörn verfegt, dessen Stangen 18 cm hoch waren und 2 cm lange Sprosse trugen. Er war als geringer Sechser anzusprechen, der als Zukunftsbock leicht zu erkennen war. Die unteren Stangenteile waren geperlt und kräftig. Mit 3 Jahren zeigte der Bock Figur und Benehmen eines Alten. Er hatte seinen Einstand hoch in einen Gebirgsstock verlegt, dorthin, wo sich durchweg nur stärkere Böcke einstellten. Das Sechsergehörn mit seinen fingerlangen Vorder- und Hintersprossen und guter Perlung war für die Revierverhältnisse als stark anzusprechen, unter Berücksichtigung des Alters von drei Jahren sogar als sehr stark. Der katastrophale Winter 1928/29 führte dazu, daß der dreijährige Bock nur daumenlange Stümpfe schob. Würde man den Notwinter nicht berücksichtigt haben, so hätte man den Bock als stark zurückgesetzten oder kümmernden Bock angesprochen, zumal einige andere Böcke in jenem Jahr sehr gut geschoben hatten. Es waren gewiß solche, die in tieferen geschützten Lagen ihren Einstand hatten. Mit 5 Jahren setzte dann dieser Bock eine Krone auf, wie sie in dem Revier alle zehn Jahre nur einmal vorkommt, sie war kapital. Mit 6 Jahren fiel der Bock auf den geringen Durchschnitt zurück. Die Stangen markierten nur den Sechser, die ganze Form des Gehörns sah der vom zweiten Kopf sehr ähnlich, nur die Auslage war etwas größer, die Rosen waren stärker. Wenn der Bock mit 5 Jahren sein stärkstes Gehörn schob, so zeigt die Kurve, daß er mit 7 Jahren noch einmal, wie mit 3 Jahren, ein etwas stärkeres Gehörn aufsetzte, um sich dann mit 8 und 9 Jahren mit einer Durchschnittskrone zu zeigen. Die Stangenform zeigte in diesen beiden letzten Jahren alle Merkmale eines zurückgesetzten starken Bockes.

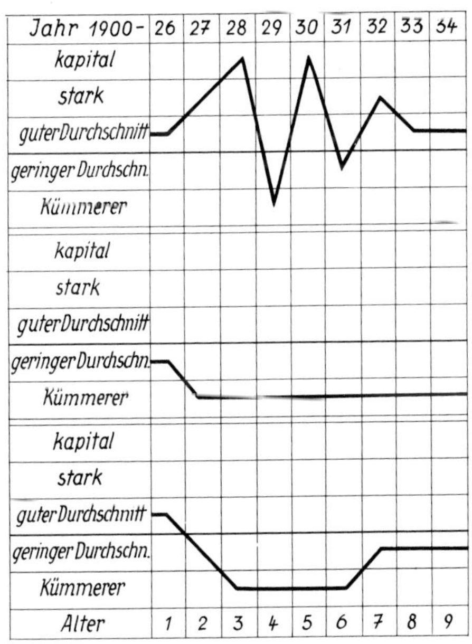

Gehörnentwicklung gezeichneter Böcke (nach RHEINFELS)

Das Gegenstück zu diesem Kapitalbock ist Bock Nr. 2, ein Kümmerer. Der Bock trug ungleich hohe, dünne Spieße, litt aber unter dem Notwinter 1929 nicht, und hatte als vier- und fünfjähriger Bock sein relativ bestes Gehörn geschoben, das allerdings immer noch unter dem Durchschnitt lag. Mit 6 bis 9 Jahren kam er über kümmerliche Spieße nicht hinaus.

Ein dauernd geringer Durchschnittsbock ist der Bock Nr. 3.

Die Beispiele beweisen, daß einerseits die Entwicklung des guten Rehgehörns nicht mit der vielfach angenommenen schematischen Regelmäßigkeit vor sich geht, und erklären andererseits das rätselhafte Verschwinden guter Böcke damit, daß sie vielleicht zum Zeitpunkt eines vorübergehenden Zurücksetzens als Abschußböcke erlegt wurden. Weiter ist ersichtlich, daß der Bock sein bestes Gehörn sehr frühzeitig, oft bereits mit 3 Jahren erreicht, und die weitere Entwicklung starken Schwankungen nach oben und unten unterliegt, die durch die unterschiedlichen Umweltverhältnisse und die Ernährung bedingt werden. MEUNIER und andere weisen wohl zu Recht auf gute und schlechte Geweihjahre hin, mit der von ihm gefundenen Wertziffernmethode entdeckte MEUNIER auch, daß die Geburtenjahrgänge der Böcke sich während ihres ganzen Lebens in der Geweihqualität unterscheiden.

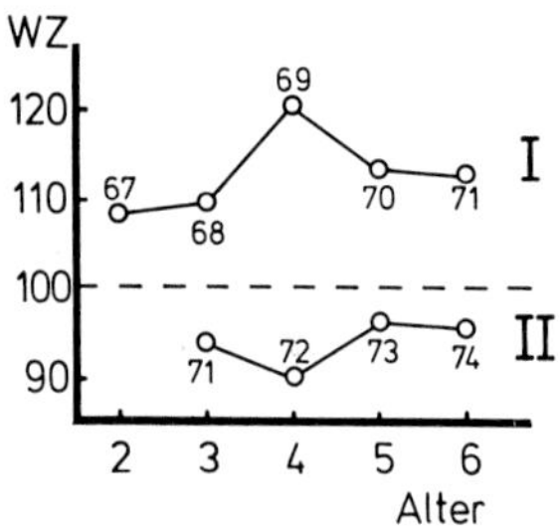

Ein permanent überdurchschnittlicher und ein permanent unterdurchschnittlicher Bock

I Mit Verbesserung in dem besten Geweihjahr 1969

II Mit Verschlechterung in dem gegenüber den Vorjahren schlechteren Jahr 1972, aber mit der Wiederholung, obwohl die folgenden Jahre nicht günstiger waren (A. u. J. v. BAYERN)

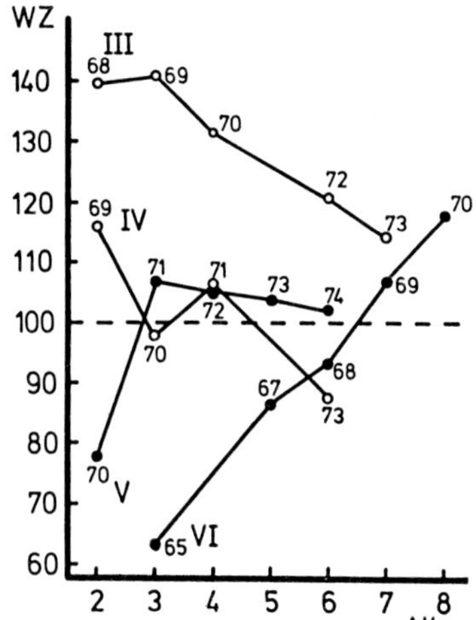

Zwei absteigende und zwei aufsteigende Böcke. III und IV haben ihren Höhepunkt im besten Jahr 1969, den sie nie wieder erreichen. Bemerkenswert, daß IV in diesem Jahr schon als Zweijähriger auch absolut sein bestes Geweih trägt und schließlich unter den Durchschnitt sinkt. V, als Zweijähriger trotz guten Jahres schlecht, steigt dann über den Durchschnitt und hält sich dort. VI, dreijährig weit unter dem Durchschnitt, erhebt sich in den guten Jahren 1969 und 1970 darüber und bringt nun erst, im Alter von 7 und 8 Jahren, seine beste Leistung. Gegenpol zu III und IV, die vom besten Jahr her absteigen, während VI in dieses hineinwächst (A. u. J. v. BAYERN)

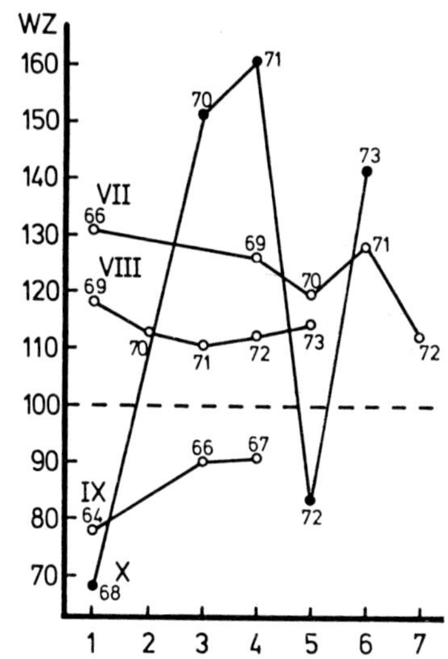

Das Schicksal von zwei guten und zwei schlechten Jährlingen. VII und VIII bleiben in guten und schlechten Jahren über dem Durchschnitt, wobei bemerkenswert ist, daß beide ihr relativ bestes Geweih als Jährlinge tragen! VII hat 9jährig 1974 bis 166 g eine Wertziffer von nur noch 98.2 (im Diagramm nicht eingezeichnet). IX bleibt stets unter dem Durchschnitt (könnte sich in den nicht vorhandenen Jahren 1969/70 geändert haben!). Der schlechteste Jährling X macht dagegen eine dramatische Entwicklung durch. Die Kapitalgeweihe mit 3 und 4 Jahren wohl mit unter dem Einfluß der guten Jahre, der Sturz als 5jähriger sicherlich individuell bedingt (A. u. J. v. BAYERN)

Das Zurücksetzen scheint hinsichtlich des Volumens schneller vor sich zu gehen als beim Gewicht, die Stangenlänge steigt bis zum 4. Jahr nach Ansicht einiger Forscher an, um dann abzusinken.

Jedenfalls erscheint die Breite der Schädel ein besserer Indikator für die zu erwartende Bildung einer guten Krone zu sein als die Länge.

EIBERLE und GAUTSCHI untersuchten den Einfluß der Witterung auf das Gewicht von 120 Rehgeweihen. Es handelt sich hierbei um eine Retrospektive und langfristige Untersuchung von 1928 bis 1978 mit Computereinsatz. Es wurden nur Böcke erfaßt, die ihr Skelettwachstum abgeschlossen hatten, mehrheitlich aber jüngere 2- bis 3jährige Tiere. Die Auswirkungen des Witterungsverlaufes wurden mit Hilfe von partiellen Korrelationskoeffizienten geprüft, alters- und entwicklungsbedingte Unterschiede konnten damit ausgeschaltet werden. Berücksichtigt wurden 6 verschiedene meteorologische Elemente, von denen einzig die Bewölkung sowie die Zahl der heiteren und trüben Tage einen signifikanten Einfluß auf das Geweihgewicht ausübten. Indirekt wird dadurch belegt, daß der Lichtfaktor für die Geweihentwicklung eine bedeutsame Rolle spielt. Die Periode unmittelbar nach der Wintersonnenwende, in der die Lichtverhältnisse noch allgemein ungünstig sind, ist dafür von entscheidender Bedeutung. Viel Licht in dieser Zeit wirkt sich sehr günstig aus.

In höherem Alter treten dann am Gehörn Verfallserscheinungen auf, weil die Leistungsfähigkeit des Körpers nachläßt. Diesen Rückschritt in der Gehörnentwicklung bezeichnen wir mit *Zurücksetzen.* Im Alter ist das Zurücksetzen eine regelmäßige Erscheinung, in der Jugend und auf der Höhe des Lebens u. a. eine Folge von Nahrungsmangel, von Krankheiten oder Verletzungen. Im Alter zeigen die Stangen manchmal die Neigung, sich nach innen und/oder hinten zu biegen, sie nehmen dann eine eigenartig geschnürte Form an. Die Rosenstöcke sind kurz und breit geworden und haben in ihrem oberen Teil eine mehr oder minder deutliche Einschnürung. Bevor dieser greisenhafte Zustand eintritt, kommt es zu Rückbildungserscheinungen, die mit der Verkürzung und dem Fortfall der Vereckung beginnen. Das Gehörn hat dann an der Stelle, an der ein Sproß abzweigen müßte, nur eine Kante, eine Erhabenheit, die sich in der Längsrichtung der Stange erstreckt und häufig hell poliert ist. Enden, die durch das Nachlassen der Wachstumsenergie nicht mehr zur Ausbildung gelangen, markieren sich durch eine Kante.

Man darf annehmen, daß starke Rosenstöcke starke Stangen produzieren. Wo auf starken Rosenstöcken dünne Stangen aufgesetzt sind, da dürfen wir mit einiger Sicherheit das Gehörn als zurückgesetzt ansprechen. Das Nachlassen der Stangenstärke kann schon im Rosenstock selbst beginnen, der dann oben wie abgeschnürt erscheint. Das ist leicht erklärbar, wenn man bedenkt, daß ein kleiner oberer Teil des Rosenstockes mit abgeworfen und bei dem folgenden Gehörnwachstum wieder neu aufgebaut wird. Greisenhafte Böcke setzen schließlich nur noch kurze Knubbengehörne auf, die dem Stirnbein ziemlich dicht aufliegen.

Viele Jäger bezeichnen die Erlegung eines zurückgesetzten Bockes als besonderes Geschenk Dianas. Hoffentlich bestehen hier nicht sprachliche Verständigungsschwierigkeiten. Ein knuffiger Bock ist kein zurückgesetzter. Zurücksetzen ist von der Trophäe her gesehen eine sehr unschöne Angelegenheit, die Stangen werden dünn, kurz, weniger vereckt und leichter.

Gehörnwachstum und dessen Steuerung durch Hormone

Nach der Besprechung des fertigen Gehörnes bleiben noch die Vorgänge zu erörtern, die sich bei der *wachsenden Kolbenstange* abspielen.

Wenn das Bockkitz gesetzt wird, findet sich auf seinen Stirnbeinen noch keine Andeutung einer Gehörnbildung. Im Alter von ungefähr drei Monaten, im Juli/August des Geburtsjahres, beginnt auf den Stirnbeinen das Wachstum der Rosenstöcke (d. Abb. unten). An zwei symmetrisch gelegenen Gewebebezirken der Stirnbeine verdickt sich die Knochenhaut und bildet neue Knochensubstanz, die an dem Gipfel der Vorwölbung angelagert wird. Die Stirnzapfen entstehen also nicht als Hautknochen, die erst später mit dem Schädel verwachsen, wie bei den Hornträgern, sondern haben unmittelbar im Stirnbein ihren Ursprung. Bei fünf bis sechs Monate alten Bockkitzen sind die Knochenzapfen 6 bis 10 mm dick, 20 bis 30 mm lang und meist stark nach innen und hinten geneigt. Die weiterwachsende Substanz, die sich im Oktober bis Dezember bildet, hat eine Beschaffenheit, die sich von dem Knochenzapfen unterscheidet. Die Oberfläche wird feinkörnig, nicht selten treten winzige Rillen und Perlen auf. Dieses Gebilde stellt das *Erstlingsgehörn* dar, von dem im Dezember/Januar die Decke durch Fegen abgerieben wird. Erst nach Freilegung der Zapfenspitze von der umhüllenden Decke kann man mit Sicherheit die Grenze erkennen, die den als Rosenstock bleibenden Teil von dem Erstlingsgehörn trennt. In der Decke, die die Stirnzapfen bekleidet, läßt sich selbst in den späteren Abschnitten der Entwicklung des Erstlingsgehörns kein Unterschied im Bau der Haut erkennen. Es ist also kein Bast vorhanden.

Das stärkste Erstlingsgehörn, das sich in der Sammlung von Heinzerling befindet, wurde am 22. November 1933 in Hessen-Nassau erbeutet, es besteht aus Spießen von 5,7 und 5,5 cm Länge.

Gleich nach dem Fegen wird der Abwurf eingeleitet, der nach sechs bis acht Wochen, etwa im Februar, erfolgt. Die Knochenwunde am Gipfel des Rosenstockes, die durch das Abwerfen des Erstlingsgehörns entstanden ist, wird von den Seiten her überwallt, und anschließend folgt die Bildung des ersten Folgegehörns, das nun jährlich erneuert wird. Bei einem Teil der Bockkitze verspätet sich das erste Gehörnwachstum, wie schon erwähnt, bis ins Jährlingsalter.

Eine ganze Reihe solcher spätreifer Jährlinge hat Heinzerling untersucht und bei ihnen mangelhafte Körper- und Knochenentwicklung festgestellt. Die reinen Schädelgewichte der

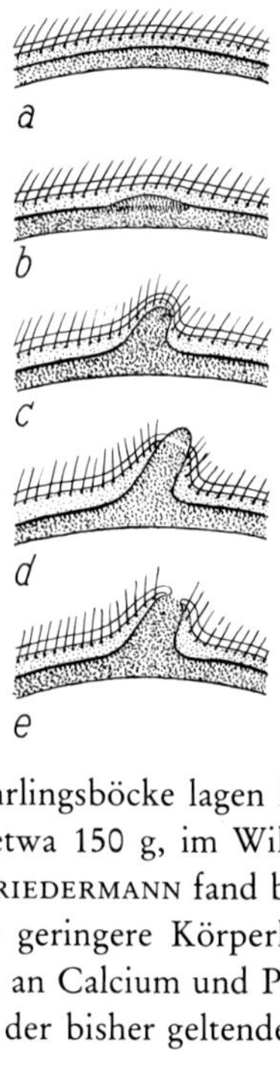

Wachstum des Erstlingsgehörns beim Bockkitz (nach Kröning). a Stirnbein in den ersten Lebenswochen, b Beginn des Gehörnwachstums im Sommer, c Fortgeschrittenes Wachstum im Herbst, d Gefegtes Erstlingsgehörn im Frühwinter, e Rosenstock nach Abwurf des Erstlingsgehörns im Spätwinter

Knopfjährlingsböcke lagen im Mittel bei 82 g, demgegenüber wiegt ein normaler Jährlingsschädel etwa 150 g, im Wildpretgewicht sind die entsprechenden Zahlen 9,5 kg gegenüber 13 kg. Briedermann fand bei Knopfböcken durchschnittlich ein Mindergewicht von 2,3 kg und eine geringere Körperlänge von 7,7 cm gegenüber Zukunftsböcken. Der Gehalt der Knochen an Calcium und Phosphor war bei beiden Gruppen jedoch nicht unterschiedlich.

Nach der bisher geltenden, von Olt aufgestellten Theorie schlummern die Aufbaukräfte für das Gehörn im „Bildungssaum", wie er den Hautbezirk nennt, der um den oberen Teil des Rosenstocks liegt. Neuere Untersuchungen von Bubenik und Mitarbeitern haben jedoch, wie bereits dargestellt, gezeigt, daß durch Entfernung des Bildungssaumes das Geweihwachstum nicht aufgehoben wird. Nach Entfernung des Rosenstockes einschließlich der ihn umgebenden Decke kommt es zur Neubildung des Rosenstockes und zum Aufsetzen einer allerdings abnormen Stange. Der Anstoß zur Regeneration geht demnach von einem Gewebe aus, das tiefer liegt. Hartwig wies bei Bockkitzen durch Verpflanzung von Gewebe aus dem künftigen Rosenstockbereich nach, daß der Knochenhaut dieses Bezirks die Rolle des eigentlichen Bildungsgewebes zukommt. Jede Stange hat ihren eigenen Wachstumsbezirk, der unabhängig von dem der anderen Stange geschädigt werden kann. Jedoch üben starke Verletzungen eines Wachstumsbezirks bisweilen auch einen entsprechenden Reiz auf die andere Stange aus. Die Steuerung der Wachstumsbezirke beider Stangen durch höhere Zentren im Nervensystem wird vermutet, ist aber noch nicht bewiesen.

Was die Steuerung durch Hormone anbelangt, vorab eine kurze Begriffsbestimmung dieses aus dem Griechischen kommenden Wortes Hormon (es bedeutet dort „antreiben"):

Es sind körpereigene Wirkstoffe, welche in Drüsen, Zellen oder Geweben gebildet, in spezifischer Weise bestimmte Regulationsvorgänge in bestimmten Organen steuern. Sie werden in der Regel vom Blut zum Erfolgsorgan transportiert. Nicht zu diesem Kapitel gehörend – ein Beispiel für Hormonwirkung. Es ist die vielzitierte Streßreaktion, welche von den Hormonen der Nebennierenrinde ausgelöst wird, den Kortikoiden. Wildbiologen bedienen sich etwas zu häufig dieses Streßgeschehens in der Argumentation, deswegen wird es hier erwähnt.

Auslösend sind mechanische, chemische, physiologische, aber auch psychische Reize. Ob sozialer Streß für das Reh bei Überpopulation von überragender Bedeutung ist, müßte trotz aller Vermutungen noch bewiesen werden.

In der Notzeit ist er sicher bedeutungslos, in Gatterversuchen konnte er nicht bestätigt werden, alle anderen Vermutungen, die in die freie Wildbahn transferiert werden, sind und bleiben Vermutungen, solange nicht exakte Beweise angetreten werden können. Behauptungen werden dadurch nicht wahr, daß sie schön oder wünschenswert klingen.

Gesteuert durch das Hypophysen-Zwischenhirnsystem (CRF) kommt es durch vermehrte Ausschüttung des „adaptive hormone" (ACTH und STH) aus Hypophyse und Nebennierenrinde (Corticoide) zu einem typischen Reaktionsablauf in 3 Phasen:

1. *Alarmreaktion* mit einem niedrigen Blutdruck, Bluteindickung, Niedrigtemperatur und Durchlässigwerden der Gefäße = Schock sowie Gegenschock mit Rückbildung dieser Symptome.
2. *Resistenzstadium,* in welchem die Körperabwehr durch Blutkörperchen und Gewebe voll in Aktion ist.
3. *Erschöpfungsstadium.* Wenn der Streß zu lange andauert, bricht die Abwehr zusammen (Tod oder länger dauernder Schaden).

Man vermutet, daß dieser aus der menschlichen Medizin genommene Ablauf auch beim Reh zutrifft.

Bei Haustieren wissen wir recht gut über deren Hormone, vor allem über die Geschlechtshormone Bescheid. Beim Reh fehlen jedoch viele Nachprüfungen, und man muß daher vielen verkündeten Lehren über das hormonelle Geschehen bei dieser Tierart mit einem gewissen Vorbehalt gegenüberstehen. Wir wollen daher in der Folge nur das anführen, was beim Reh spezifisch erforscht und uns bekannt wurde. Haustierdaten können in einschlägigen Lehrbüchern nachgelesen werden, sollte sich ein Jäger dafür interessieren.

Aber nun zurück zum Gehörn.

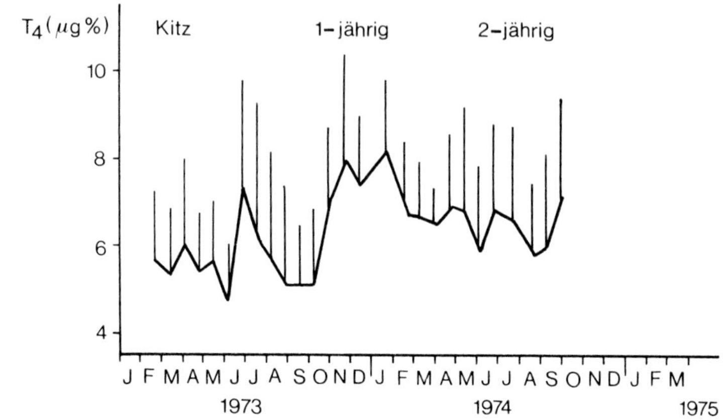

Blutspiegel bei 8 männlichen und 8 weiblichen Rehen im Jahresablauf (BARTH u. HORN 1980)

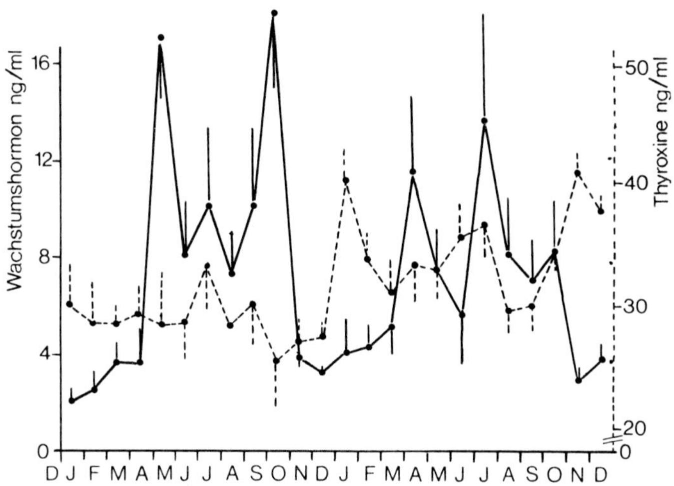

Jahreszeitliche Schwankungen der Blutspiegel von Thyroxin und Wachstumshormon durch 2 Jahre beim erwachsenen Rehwild (SEMPERE u. BOISSIN 1983)

Das Geweihwachstum ist ein zeitlich begrenzter Vorgang, der hormonell gesteuert wird. Beeinflußt von saisonalen Änderungen der Tageslänge bewirken im Gehörn gelegene Zentren (Hypothalamus, Hypophyse) die Freisetzung einer Reihe von Hormonen, die im komplizierten Zusammenwirken das jährlich wiederkehrende Phänomen der Trophäenbildung und des Abwurfes regeln.

Die treibende Kraft für das Gehörnwachstum wird in dem Hormon des Vorderlappens der Hirnanhangdrüse, dem Wachstumshormon (Somatropin) vermutet. Neueste Untersuchungen zeigten, daß höchste Blutspiegel dieses Hormons beim Reh im Frühjahr und Sommer vorliegen (SEMPERE u. BOISSIN 1983). Es kann jedoch für sich allein nicht wirksam werden, sondern nur im Zusammenspiel mit dem männlichen Geschlechtshormon, dem Testosteron, das in den Brunftkugeln gebildet wird.

Aus diesem Grunde setzen frühkastrierte Bockkitze niemals ein Gehörn auf, genau wie die gehörnlosen Plattköpfe, bei denen die Brunftkugeln von Geburt an verkümmert sind. Man stellt sich gegenwärtig die Steuerung des Gehörnzyklus beim Kitz so vor, daß zur Bildung des

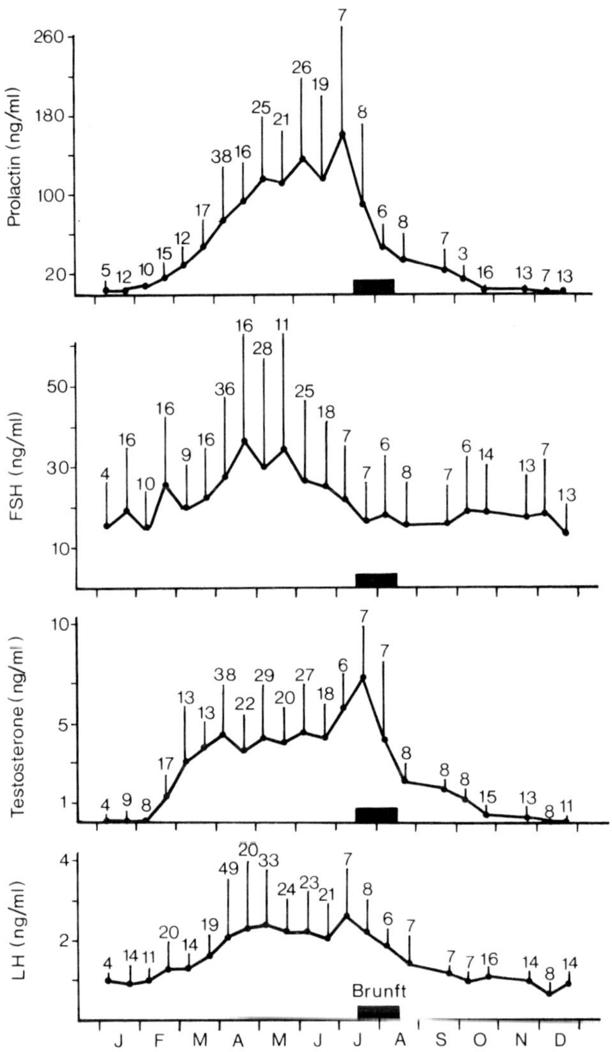

Konzentration verschiedener Hormone im Blutplasma von 13 Rehböcken im Jahresablauf (SCHAMS u. BARTH 1982)

Erstlingsgehörns die vermehrte Ausschüttung des männlichen Geschlechtshormons (Testosteron) ins Blut unbedingt notwendig ist.

Beim erwachsenen Bock kommt die unmittelbare Anregung zur Gehörnbildung jedoch nicht vom männlichen Geschlechtshormon, denn ein Bock wirft wenige Wochen nach der Kastration ab und schiebt sogleich ein neues Gehörn.

Es scheint also ein Unterschied in der Regulation des Erstlingsgehörns und der Trophäen des erwachsenen Bockes zu bestehen. Nachdem der Bock zu schieben begonnen hat, kommt es mit weiterem Anstieg des Testosteronblutspiegels zu einer Beendigung des Kolbenwachstums, verstärkter Mineralisierung und schließlich zum Fegen des Gehörns. Die Stangen werden abgeworfen, wenn die Brunftkugeln am kleinsten sind und am wenigsten Testosteron produzieren, nämlich im November/Dezember.

Neueste Untersuchungen (SCHAMS u. BARTH, unveröff.) zeigten jedoch, daß beim erwachsenen Rehbock das Testosteron den Ablauf der Geweihbildung nicht allein bestimmt, sondern

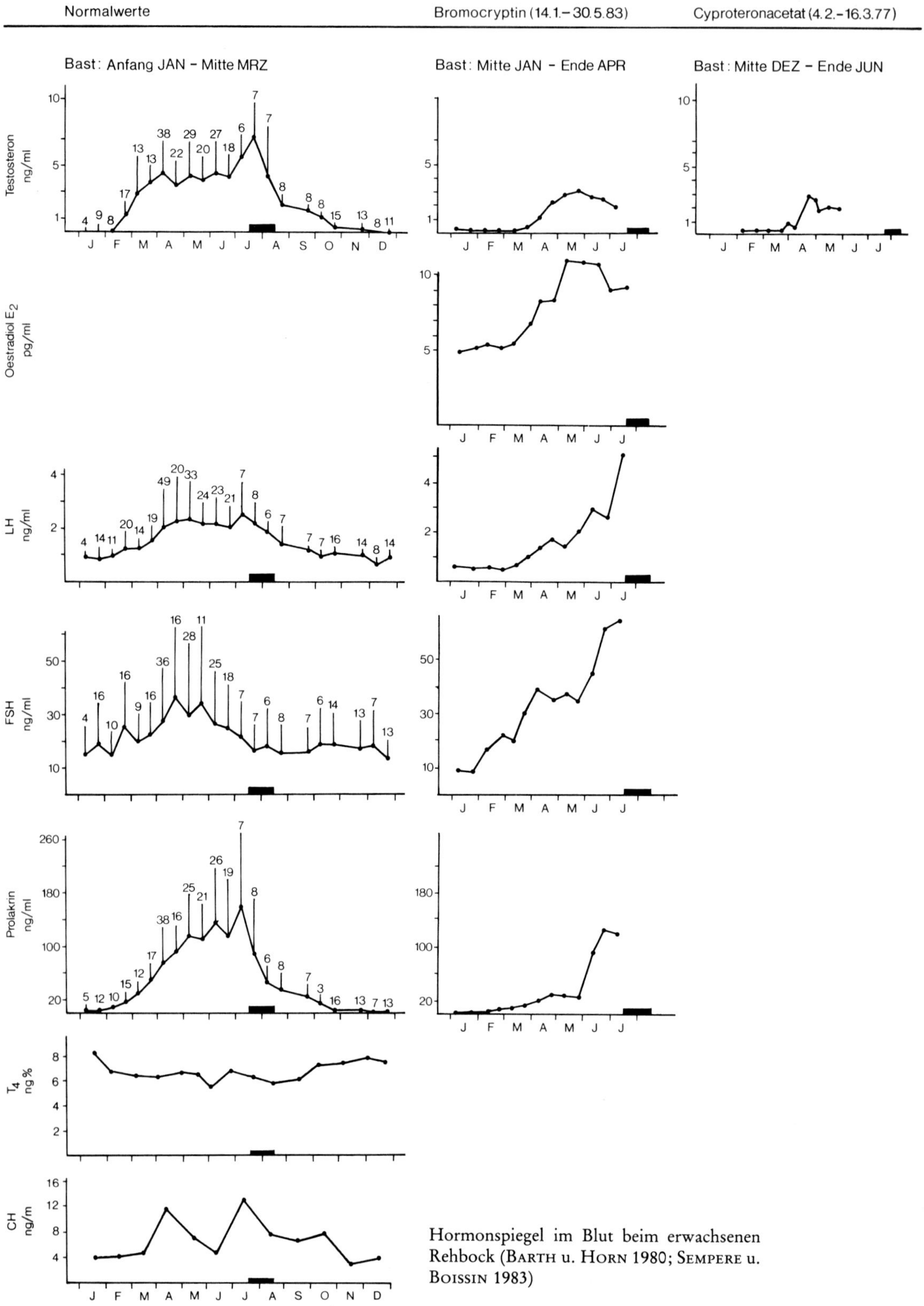

Hormonspiegel im Blut beim erwachsenen Rehbock (Barth u. Horn 1980; Sempere u. Boissin 1983)

vermutlich auch die (ebenfalls in den Brunftkugeln gebildeten) weiblichen Geschlechtshormone eine wesentliche Rolle dabei spielen. Inwieweit auch das Schilddrüsenhormon in den Ablauf des Gehörnwachstums eingreift, bleibt noch zu überprüfen. Höchste Blutspiegel dieses Hormons wurden beim Reh im Winter zur Kolbenzeit beobachtet (Barth u. Horn 1980; Sempere u. Boissin 1983).

Es ist möglich, daß die Intensität und Wirkungsdauer der Hormone einen erheblichen Einfluß auf die Stärke und Vereckung des Gehörns haben, in der Art, daß eine spät einsetzende Gegenwirkung des Sexualhormons gegen das Wachstumshormon zu besonders gut vereckten und geperlten Stangen führt.

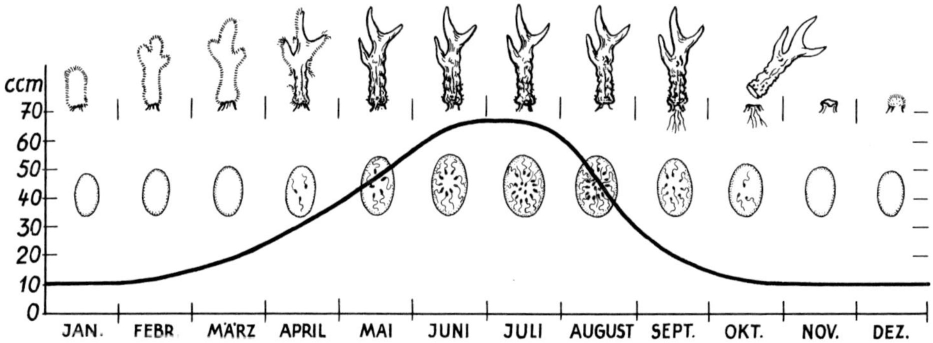

Die Beziehungen des Gehörnwachstums zu den Größenveränderungen beider Brunftkugeln und zu der Samenbildung (nach Stieve u. Tachezy verändert). Die Kurve zeigt das Volumen der Brunftkugeln im Verlauf eines Jahres

Zur Theorie der Steuerung des Gehörnwachstums durch Hormone sind uns folgende Tatsachen bekannt:

1. Vollständige Kastration des Bockkitzes hat dauernde Gehörnlosigkeit zur Folge.
2. Wird dem kastrierten Bockkitz Geschlechtshormon verabfolgt, so tritt das Gehörnwachstum ein.
3. Beim erwachsenen Bock folgt der Kastration die Bildung einer Perücke, und zwar werden
   a. bei gefegtem Gehörn die Stangen innerhalb der nächsten Wochen abgeworfen, dann neu geschoben und zur Perücke weitergebildet,
   b. beim wachsenden Kolbengehörn die Stangen unmittelbar zur Perücke weitergebildet.
4. Wird dem Perückenbock Geschlechtshormon verabfolgt, so kommt es zum Stillstand im Wachstum, zum Fegen und zum Abwurf der Perücke mit folgendem neuen Perückenwachstum. Männliches und weibliches Geschlechtshormon wirken in der gleichen Weise. Beispiele hierfür werden bei der Besprechung der Perückenbildung als Regelwidrigkeit des Gehörns gebracht werden (s. S. 115 ff.).
5. Wird bei einem erwachsenen nicht kastrierten Bock männliches Geschlechtshormon während des Stangenwachstums injiziert, so wird das Gehörn in seinem Wachstum gebremst und der Bock fegt bald danach.
6. Wird bei einem geschlechtsreifen Bock der Anstieg der Testosteronbildung durch Verabreichung eines sogenannten Antiandrogens während der Bastzeit unterbunden, dann ändert sich das Wachstum der Trophäen nicht, aber das Fegen wird verhindert.
7. Injektionen von Testosteron im Winter verzögern den Abwurf.
8. Die Injektion von Bromocryptin, einem Hemmer von Prolactin, gegeben vom 14. Januar bis 30. Mai, beeinflußte weder Geweihwachstum noch Fegetermin (Schams u. Barth, unveröff.).

Die untenstehende Abbildung zeigt die Abwürfe eines Gehegebockes, der wiederholt in einem Jahr zwei Gehörne geschoben hat. Bei dem verdoppelten Gehörnzyklus erfolgte das erste Fegen im Februar, der erste Abwurf Ende April bis Mai; das Zweitgehörn wurde im August gefegt und im Dezember abgeworfen. In vier Jahren seines Lebens hat der Bock um die gleiche Zeit, von Mai bis August, diesen zusätzlichen vollständigen Gehörnzyklus eingeschaltet. Nach unseren Vorstellungen über die Steuerung des Gehörnwachstums müssen für die Bildung des Zweitgehörns regelwidrige hormonelle Umstellungen erfolgt sein in der Art, daß das Gehörnwachstumshormon von April bis August die Vorherrschaft über das Geschlechtshormon gewonnen hat.

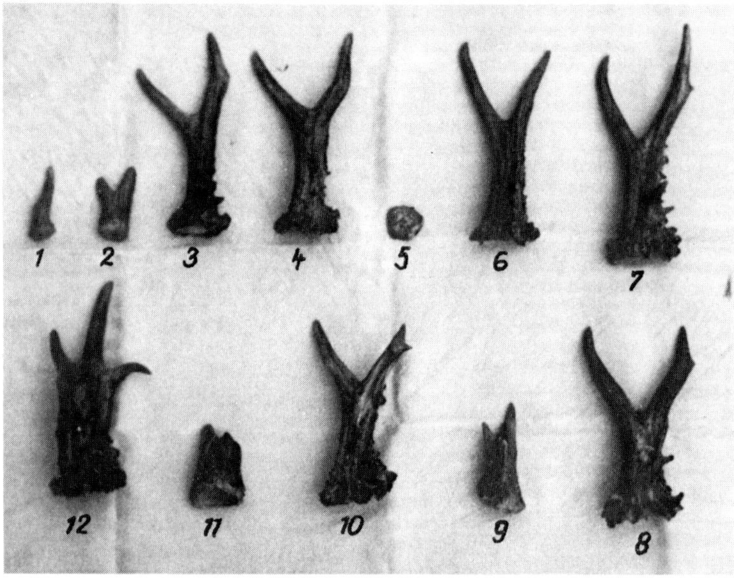

Mehrfache Zweitgehörnbildung (Nr. 2, 5, 9 u. 11) bei einem Gehege-Rehbock

Barth und Schaich überprüften in einem Experiment den Einfluß von Testosteron auf das Geweihwachstum. Zur Verfügung standen ein Jährling (Hannes), und ein etwas sieben Jahre alter Bock (Jupp). Am 19. Februar 1974 bekamen beide Böcke je 100 mg, am 26. Februar 1974 je 200 mg und am 5. März 1974 je 150 mg Testosteron (als Testoviron Depot) intramuskulär appliziert. Die erste Injektion erfolgte bei Hannes am 30. und bei Jupp am 38. Kolbentag, also während der Phase intensiver Geweihneubildung und physiologisch niedrigen Testosteronblutspiegels.

Der Testosteronblutspiegel des Jährlings war nach 7 Tagen von 1,38 auf 6,69 ng/ml angestiegen. Der Bast trocknete bald ein und wurde 20 (Hannes) bzw. 18 Tage (Jupp) nach der ersten Injektion gefegt. Dies war 32 Tage früher als beim Durchschnitt der anderen Böcke im Gehege der Fall. Den Gehörnen war der vorzeitige Wachstumsstillstand anzusehen.

Der Wechsel im Zusammenspiel der Hormone ist von den Jahreszeiten abhängig. So brunften z. B. bei unseren Antipoden in Neuseeland die Hirsche im April, also zu der Jahreszeit, in welcher dort Herbst ist. Auch die anormale Lichteinwirkung kann den Geweihzyklus beeinflussen, so daß irreguläres Abwerfen eintritt. Dies haben Versuche gezeigt, bei denen Böcke lange Zeit im Dunkeln gehalten wurden. Hofmann (1983) geht nach Goss (1969) u. a. davon aus, daß die Erbträger (Gene) für die Geweihbildung auf dem Stirnbein eines Cerviden nur durch das in den Brunftkugeln gebildete Geschlechtshormon Testosteron

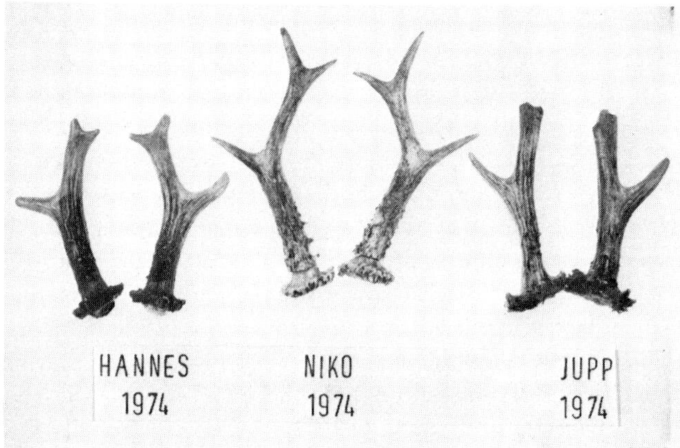

Trophäen von 2 Rehböcken (Hannes, Jupp), deren Geweihwachstum durch Injektion von Testoviron-Depot vorzeitig abgeschlossen wurde. Im Vergleich dazu das Geweih eines unbehandelten Rehbockes (Niko). Das Gehörnwachstum wurde deutlich beeinflußt

aktiviert werden, Auslöser jedoch die Lichtintensität mit ihrer als Jahreszeiten wahrnehmbaren Periodik ist. Wir zitieren unter dem Vorbehalt, daß es sich um keine Ergebnisse beim Reh handelt:

Goss unterzog 10 Sikahirsche *(Cervus nippon)* an der Brown-Universität in Providence/USA einer systematischen Licht-Dosierung, deren Bezugspunkt die Tag- und Nacht-Gleiche (bei uns der 21. Juni) war. Dadurch konnte er im Extrem das Jahr auf 25 % = 3 Monate „verkürzen" bzw. auf 200 % = 24 Monate „verlängern". Bei der Verkürzung schoben die Hirsche mehrfach Schrumpfgebilde, bei der Verlängerung nur einmal normale Geweihe. Die Geweih-Wachstumsperiode von ca. 4 Monaten kann nicht wesentlich verkürzt werden, die Gebrauchsperiode wohl.

Es ergab sich, daß das Wachstum des Geweihs nicht unbedingt mit Zunahme des Tageslichtes zusammenfallen muß. Das ließ vermuten, daß der Beginn der Geweih-Neubildung durch einen Faktor oder einen Zeitgeber bereits im zurückliegenden Lichtzyklus ausgelöst werden muß. Offenbar ist der Anfangs-Reiz die Abnahme des Lichtes (im Herbst und Winter), aber der Zeitpunkt der Reaktion, d. h. Beginn der Neubildung, ist von der Zunahme des Lichtes abhängig – bei den Tieren, die im vorangegangenen Herbst (bei Böcken im Spätsommer) durch den Abfall des männlichen Geschlechtshormons Testosteron sensibilisiert worden sind.

Doch Goss wollte es noch genauer wissen und unterwarf seine Sikahirsche äquatorialen Lichtbedingungen (gleiche Tages- und Nachtlänge).

In den tropischen Gebieten um den Äquator sind Brunft-, Setztermin- und Geweih-Synchronisation weniger wichtig, allenfalls noch dort, wo es nur eine Regenzeit gibt. Die Boviden und Cerviden dieses Gürtels haben mehrere Brunftzeiten ohne deutliche Begrenzung, lediglich gewisse Konzentrationen der Setzzeiten. Dort sind, soweit sie vorkommen (nicht in Afrika), immer einige der Hirsche im Bast und jedenfalls hat die Tageslänge nur einen geringen Einfluß, zumal sie nur wenig schwankt im Jahresverlauf. Dennoch: jedes Hirsch-Individuum ersetzt sein Geweih alle 12 Monate! Wie aber messen die Tiere das, jeder für sich allein? Sie behalten nämlich ihren unsynchronisierten Jahresrhythmus streng bei – ihr endogener Geweih-Zyklus muß also unabhängig vom Licht sein. Goss beschrieb das als beinahe „unglaubliches Zusammentreffen von Fakten": der Geweihzyklus tropischer Hirsche ist jahresabhängig, unsynchronisiert und völlig unabhängig vom Breitengrad. Der ganze Versuch erbrachte nicht nur den Nachweis, daß die in der Erbsubstanz verankerte Geweihbildung ein endogener, zyklischer Prozeß ist, sondern daß die Tiere sowohl einen 24-Stunden-Tagesrhythmus wie auch einen 365-Tage-Jahresrhythmus ziemlich genau einhalten.

Schließlich sollen nun noch die feineren Wachstumsvorgänge im Kolbengehörn beschrieben werden, die durch Untersuchungen von RHUMBLER sowie von GRUBER geklärt wurden.

„An der Abwurfstelle trägt der Rosenstock zunächst eine blutig verschorfende Knochenwunde, die alsbald verheilt. Diese Wundheilung hat gegenüber sonstiger Wundverschorfung und -überhäutung nichts Ungewöhnliches aufzuweisen. Rasch überhäutet sich von der Haut des Rosenstocks her das schorfige Gebiet des Rosenstockrandes unter Aufsaugung der Schorfanteile und unter knochenauflösender Glättung der Abbruchteile der Knochenblättchen mit einer saftigen, schwärzlichen Haut. Recht rasch geht nun eine Wandlung dieser Narbenhaut, die zunächst an ein stumpf getöntes Leder erinnert, zu einer mehr und mehr dicht behaarten Art des Bastes vor sich, an die sich unmittelbar jene gewaltige Neubildung in kolbenartigem Vorwachsen sowohl der Hautdecke als des Knochens mit dem späteren Ergebnis eines Ersatzgehörns anschließt“ (GRUBER). Die Haut, die das wachsende Folgegehörn bedeckt, heißt *Bast,* sie unterscheidet sich von der Decke des Rosenstocks dadurch, daß sie kein markhaltiges Haar trägt, sondern mit plüschähnlichen markfreien Härchen

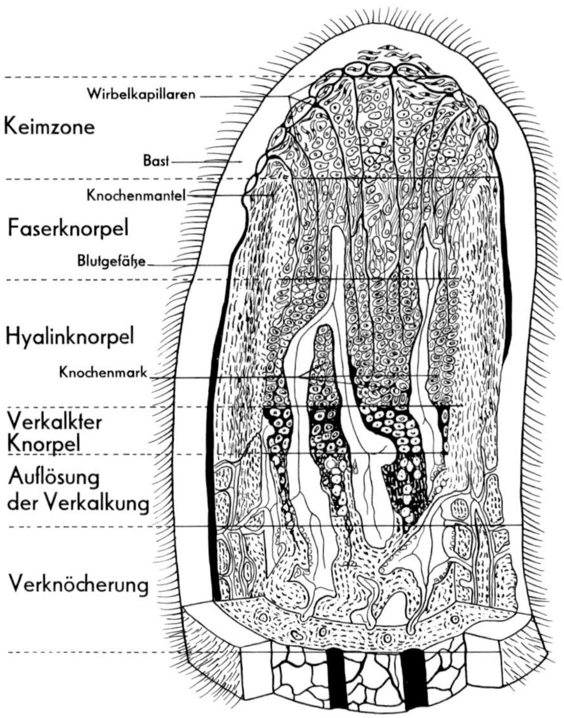

Schema des Aufbaues einer Kolbenstange (nach RHUMBLER)

ausgestattet ist. Die Basthaut ist sehr gefäßreich und reich mit Nerven versorgt, sie schützt das wachsende Gehörn, ihre Gefäße führen ihm die Nahrungsstoffe zum Aufbau zu.

Anfänglich bestehen noch Verbindungen durch Blutgefäße, die innerhalb des Rosenstockes in den sprossenden Stangenabschnitt hineinführen.

Der Ansatz zur Bildung der Rose erfolgt sofort zu Beginn des Stangenwachstums infolge besonderer Schwierigkeiten des Gefäßverlaufs in der Narbenzone der Abwurffläche. Die Rose wächst aus dem Knochengewebe des Rosenstocks nach oben heraus. Man sieht schon am Durchschnitt des frühesten Kolbenstadiums, daß in der Auftreibung des Weichteilbettes unmittelbar über der Abwurffläche die Richtung des Gewebes, das später verknöchert, seitlich ausladend ist. Die Rose wird also durch Auswachsen von knochenbildendem Gewebe von der

Abwurfzone des Rosenstockes her gebildet, während im Gegensatz hierzu die Stange von der Knochenhaut des Bastes in entgegengesetzter Richtung, also von der Wachstumsspitze her ernährt und aufgebaut wird. In der Stange verläuft die Wachstumsrichtung des Gewebes der Stangenachse parallel. Auf das knöcherne Balkenwerk der Rosenanlage wird von oben her knorpelähnliches Gewebe aufgelagert, die oberen Bezirke des Kolbengehörnes sind daher biegsam. Später wird in die Knorpelzellen Kalk eingelagert, der zu einer Verfestigung des Gewebes führt. Schließlich wird der verkalkte Knorpel aufgelöst und durch Knochenzellen ersetzt. Es verkalken also zunächst immer die unteren Abschnitte der Stange, während die in der Höhe wachsende Spitze in einer Länge von etwa 2,5 cm aus unverkalktem Bindegewebe besteht, das zahlreiche, stark mit Blut gefüllte Gefäße enthält und weich ist. Der weiche Wachstumsscheitel der Stange liegt in einem festen Trichter, der dadurch zustande kommt, daß die Verknöcherung der Stange außen schneller vor sich geht als innen. An einem abgekochten Kolbengehörn ist daher an der Grenze zwischen dem verkalkten und unverkalkten Abschnitt der Stange ein Krater sichtbar. Diese Vorgänge der Veränderung des wachsenden Gehörngewebes sind in obenstehendem Schema dargestellt; sie bewirken, daß die Basis der Gehörnstange bereits fest und tragfähig ist zu einem Zeitpunkt, in dem die wachsende Spitze noch weich ist.

Die Stange wird beim Beginn des Wachstums sofort in ihrer endgültigen Stärke gebildet, ein stärkeres Dickenwachstum findet nicht statt, lediglich die Kanten und Perlen, auch die der Rosen, werden am Schluß des Gehörnwachstums der Stangenoberfläche aufgelagert. Diese bilden sich um so stärker aus, je mehr Baustoff und Zeit von der Fertigstellung der Vereckung bis zum hormonalen Abschluß des Gehörnwachstums verfügbar ist.

Sehr frühzeitig reicht der Weg der Blutversorgung durch den Rosenstock infolge zunehmender Verknöcherung der Stangenbasis nicht mehr aus, sondern die Versorgung des wachsenden Gehörns geht in zunehmendem Maße auf 10 bis 20 Gefäße über, die unter dem Bast verlaufen. Sie erhalten ihr Blut aus der Halsschlagader über die Schläfenarterie, von der ein oberflächlicher Ast einen Zweig in den Lauscher und zwei Stämme an den Rosenstock abgibt. Außerdem leitet auch die Stirnarterie dem Bastgehörn Blut zu. Das wachsende Gehörn wird also von zwei Ästen der Schläfenarterie und einem kleinen Zweig der Stirnarterie gespeist. Der hintere stärkere Ast der Schläfenarterie teilt sich an der Stelle, wo sich die Rosenstöcke erheben; beide Zweige gelangen bis nahe unter die Rose und schicken von hier aus Äste durch und über die Rosenperlen zum Bast. Der vordere Ast der Schläfenarterie läuft über den oberen Augenhöhlenrand und gibt einen Zweig ab, der nach oben zur Rose gelangt und sich dort ebenfalls in den Bast hinein verzweigt. Nach der Lage und der Größe der Blutgefäße ist die Ernährung an der Vorder- und Seitenfläche der Stange am stärksten (s. Tafel gegenüber S. 394).

Die großen im Bast verlaufenden Arterien führen das Blut zu den Spitzen des wachsenden Gehörns, hier verzweigen sie sich und verlaufen in das Innere der Stangen, wo das Blut gesammelt und zu den ebenfalls im Bast verlaufenden ableitenden Gefäßen geführt wird. Am gefegten Gehörn ist der Verlauf der großen Gefäße oft an den verbleibenden Rinnen zwischen den Kämmen und Perlen zu erkennen.

Fegen

Wenn mit zunehmender Verknöcherung der Stangen die Abflußmöglichkeiten für das venöse Blut immer mehr erschwert werden, treten Stauungen ein, die den Zustrom des Blutes verlangsamen. Die Folge ist ein allmähliches Nachlassen und schließlich ein Stillstand des Wachstums. Die Wachstumsspitzen verknöchern, das Gehörn ist fertig vereckt. Unter hormonalem Einfluß wirken die Nerven des Bastes auf die Blutgefäße in der Art ein, daß es zu einer venösen Blutstauung und zur Füllung der Lymphspalten kommt. Die Basthaut ist zu diesem Zeitpunkt nicht etwa eingetrocknet, sondern durch Verflüssigung der Lederhaut welk und leicht verschiebbar geworden. Zieht man den Bast in diesem Zustande vom Gehörn ab, so fällt auf, daß er innen feucht und fast so dünn wie Mäusehaut geworden ist. Es ist nicht nur bei zahmen, sondern auch bei den Böcken der freien Wildbahn zu sehen, wie das Bastgehörn vor dem Fegen seine klobige Form verliert, merklich schlanker wird und durch die wirre Stellung der Haare einen matten Farbton annimmt. Die Entfernung des Bastes, das Fegen, nimmt meist nur kurze Zeit in Anspruch.

Der Fegebetrieb wird hormonell ausgelöst, seine ersten Anzeichen besehen darin, daß der Bock das Bastgehörn mit vorgeneigtem und schräg gehaltenem Haupt am Gestrüpp vorsichtig reibt. Offenbar ist die Schmerzempfindlichkeit des Bastes aber noch nicht erloschen, deshalb gibt der Bock das Fegen rasch auf und beginnt bisweilen die Wangen an der Rinde zu reiben, um durch Duftmarken sein Revier zu zeichnen. Dieses Verhalten beginnt längere Zeit bevor das Gehörn zum Fegen reif ist. Hieraus dürfte zu ersehen sein, daß das Fegen nicht durch einen Juckreiz im Bast ausgelöst wird. Schließlich werden die Stangen behutsam und vorsichtig an Stämmchen oder Zweigen auf und nieder gestrichen, bis der Bast in Streifen und Fetzen abgelöst ist. In der Regel dauert der eigentliche Fegevorgang einige bis mehrere Stunden mit eingeschobenen Pausen; bisweilen wird die Fegestelle gewechselt. Eine sichtbare Verwundung der Pflanzenteile tritt durch das Abreiben des Bastes nicht ein, im Gegensatz zum späteren „Schlagen" (s. S. 104). Bastreste findet man an der Fegestelle auffallend selten, sie werden häufig vom Bock geäst.

Am 13. April bekam Raesfeld einen guten Bock in Anblick, der ein noch ungefegtes, gänzlich von Bast bedecktes, starkes Gehörn trug. Der Bock wechselte auf dem Auswurf eines breiten Entwässerungsgrabens entlang. Nach einer Viertelstunde sah Raesfeld in Jagenweite entfernt auf dem Rand desselben Grabens wiederum einen Bock mit völlig gefegtem, ganz weißem Gehörn. Der Bock trug ein tadellos verecktes Gehörn, an dessen linker Stange oben sich ein etwa fingerlanger, dunkler Fetzen befand, der nur Bast sein konnte. Die Vermutung, daß es sich bei beiden Beobachtungen um den gleichen Bock gehandelt hat, bestätigte sich durch Abfährten. Der Bock war am Graben entlanggezogen und hatte dort an einem auf dem Grabenrand zum Teil im Wasser stehenden Erlenbusch gefegt. Ein Fetzen Basthaut, so lang und breit wie ein Finger, war noch an den Zweigen hängend zu finden. Da der Saft in der Erle noch nicht stieg, waren die beiden Stockausschläge, an denen die Spuren des Fegens erkennbar waren, nicht von der Rinde entblößt. Das Stück Basthaut, das zwischen den Stockausschlägen des Erlenbusches gefunden wurde, hatte nicht im Wasser gelegen, und doch war es ein nasser, zum Teil mit dünnflüssigem Schweiß beschmutzter Hautfetzen.

Die Stangen sind, wenn sie gefegt werden, bis zum Rosenstock hinunter abgestorben und frei von Blutzirkulation, sie sind von diesem Zeitpunkt ab empfindungslos, während der Rosenstock, dessen häutiger Überzug erhalten bleibt, fortdauernd seinen geregelten Blutzufluß behält. Das frisch vom Bast befreite Gehörn hat eine weiße Farbe, bisweilen ist es von anhaftendem Schweiß mehr oder weniger stark gerötet. Bei vollständig ausgereiftem Bastgehörn dürfte Schweiß auf den Stangen eigentlich nicht auftreten, wenn der Bast abgefegt wird. Es ist aber durchaus möglich, daß manche Böcke etwas zu früh mit dem Fegen beginnen, wenn Bast und Stange noch Blut enthalten, so daß bei diesen eine Rötung der Stangen eintritt. Eine andere Deutung der Erscheinung besagt, daß bei besonders porösen Stangen Blutfarbstoff aus dem Innern auf die Oberfläche gelangt, während bei dichter Verknöcherung der Stangenoberfläche ein solcher Austritt nicht erfolgt.

Der Zeitpunkt des Fegens fällt bei den meisten Böcken in den Monat April. Allgemein gilt die Regel, daß die alten Böcke zuerst fegen und die jungen zuletzt. Den Schluß machen die

Jährlingsböcke, weil sie ihr Kitzgehörn erst im Februar abgeworfen haben und mit dem Schieben des ersten Ersatzgehörnes nachhinken. Der früheste Fegetermin alter Böcke liegt Mitte Februar, der späteste von Jährlingsböcken Mitte Juni, wenn es sich um gesunde normale Böcke handelt. Im Gegensatz zu der Meinung vieler Jäger ist es somit ein krasser Fehler, im Juni aufhabende Bastböcke zu schießen; diese sind nicht krank, sondern bei guter Stärke die Zukunft des Reviers. Erkrankungen können einen Bock völlig aus der regelmäßigen Gehörnentwicklung herausdrängen. (Siehe hierzu Tabelle S. 102).

Gehörnfärbung

Nachdem wir gesehen haben, daß frisch gefegte Gehörne ein weißes oder schweißiges Aussehen haben, drängt sich die Frage auf, woher die mehr oder weniger braune Färbung kommt, die wir einige Zeit nach dem Fegen sehen. Die allgemeine Färbung der Gehörne in der freien Wildbahn ist braungelb, sie ist auch dann noch als normal anzusehen, wenn sie etwas heller nach gelb und grau hin oder etwas dunkler nach braun hin ausfällt. An allen Stellen eines Gehörnes ist die Färbung ziemlich gleich, unterbrochen wird sie nur von dem oft leuchtenden Weiß der Sprossenspitzen, der Perlenkuppen und der Grate der Längsleisten. Bisweilen treten auch ganz ausgefallene Färbungen auf, die einerseits bei Grauweiß bis Lohgelb, andererseits bei Schwarz liegen können.

Über die Frage, wodurch die Farbe des Gehörns zustande kommt, sind zahlreiche Theorien aufgestellt worden, ohne daß bis heute eine endgültige Klärung herbeigeführt worden wäre. Die Hypothesen lassen sich in folgende Gruppen einteilen:

a. der Farbstoff ist körperfremd;
b. der Farbstoff stammt aus dem eigenen Körper, und zwar
   1. aus Blut und Serum,
   2. aus Zellen der Stangenoberfläche,
   3. aus dem Stirnorgan;
c. der Farbstoff ist ein Gemisch oder eine Verbindung verschiedener der vorgenannten Stoffe.

Die erstgenannte, heute wohl am meisten verbreitete Theorie geht von der Beobachtung des Schlagens aus. Sie nimmt an, daß die Farbe durch eine Beizung mit Pflanzensäften und Humusstoffen zustande kommt, die von außen in die Knochenmasse eindringen. In der ersten Zeit ist die Oberfläche der Stangen rauh, so daß färbende Stoffe gut an ihr haften bleiben. Die Beizung erstreckt sich gleichmäßig auf alle Teile des Gehörns einschließlich den Endenspitzen und Perlen. Zur lichtbeständigen Beize werden die Pflanzensäfte durch einen Oxydationsprozeß, etwa in der Art, wie das weiße Holz frisch verwundeter Zweige sich allmählich braun färbt.

Je nach der Pflanzenart, die in einer Gegend häufig ist oder mit Vorliebe zum Fegen und Schlagen benutzt wird, ist die Färbung heller oder dunkler, am dunkelsten beim Fegen an Erlen und Nadelhölzern, heller an Eichen, am hellsten an Buchen, Birken und Weiden.

Im übrigen ist noch die Beschaffenheit des Bodens von unmittelbarem Einfluß, wenn Böcke mit dem Gehörn im Boden schlagen, so daß es vom Humus stark und dauerhaft angefärbt wird. Am 11. April wurde in einem Sprung Rehe ein Sechser bemerkt, der an beiden Stangen noch Bastfetzen trug. Plötzlich wurde er hoch, steckte das Gehörn in die Roggensaat und scheuerte damit hin und her. Das wiederholte sich einige Male, dann wechselte der Bock auf eine Wiese und wiederholte dort seine scheuernden Kopfbewegungen, so daß die Grasnarbe umherflog. Da der feuchte Boden von dem Gehörn nicht abfiel, kratzte der Bock mit seinem Hinterlauf die Erde ab. Anschließend wischte er mit dem Gehörn über die Grasnarbe der Wiese. Der Vorgang dauerte etwa zehn Minuten. Der Bock fegte auf freiem

Daten über Gehörnbildung, Verfärbung und Abwerfen bei 9 Gehegeböcken (Barth und Schaich)

	Kitzgehörn 1972				Verfärben 1973		2. Gehörn 1973				Verfärben 1974		3. Gehörn 1974			
	Schieben Beginn	Fegen	abge worfen	Gewicht in g	Frühjahr	Herbst	Schieben Beginn	Fegen	abge-worfen	Gewicht in g	Frühjahr	Herbst	Schieben Beginn	Fegen	abge-worfen	Gewicht in g
16 Bambi	5. 7.	15. 11.	20. 1. bis 1. 2.	–	7. 4. bis 11. 6.	11. 9. bis 25. 9.	1. 2.	10. 4. bis 17. 4.	20. 12. und 24. 12	110	2. 4. bis 4. 6.	10. 9. bis 1. 10.	2. 1.	27. 3. und 28. 3.	3. 12. und 4. 12.	230
23 Tilly	15. 7.	4. 12. bis 21. 12.	20. 1. bis 1. 2.	2	1. 4. bis 4. 6.	11. 9. bis 30. 9.	1. 2.	10. 4.	19. 12. und 20. 12.	78	–	–	30. 12.	12. 3.	gestorben am 23. 3.	
26 Seppi	1. 8.	4. 12. bis 21. 12.	20. 1. bis 1. 2.	–	7. 4. bis 4. 6.	25. 8. bis 11. 9.	1. 2.	10. 4. bis 17. 4.	2. 12. und 3. 12.	64	2. 4. bis 25. 6.	10. 9. bis 8. 10.	15. 12.	8. 3.	23. 11. und 25. 11.	116
50 Kasperl	20. 8.	15. 11.	20. 1. bis 1. 2.	–	7. 4. bis 4. 6.	30. 8. bis 25. 9.	1. 2.	10. 4. bis 17. 4.	6. 12. und 7. 12.	79	9. 4. bis 11. 6.	27. 8. bis 17. 9.	15. 12.	19. 3.	5. 12. und 6. 12.	119
83 Felix	15. 8.	4. 12. bis 21. 12.	20. 1. bis 1. 2.	–	20. 3. bis 16. 5.	18. 9. bis 15. 10.	27. 2.	29. 4. bis 15. 5.	4. 1. und 6. 1.	35(r)	2. 4. bis 11. 6.	27. 8. bis 1. 10.	20. 1.	30. 3. und 31. 3.	24. 12. und 18. 12.	112
90 Niko	ca. 1. 8.	15. 11.	20. 1. bis 1. 2.	–	1. 4. bis 11. 6.	18. 9. bis 12. 10.	5. 2.	17. 4. bis 24. 4.	2. 12.	80	9. 4. bis 30. 7.	17. 9. bis 8. 10.	15. 12.	6. 3.	23. 11. und 24. 11.	142
91 Obelix	ca. 1. 8.	4. 12. bis 21. 12.	20. 1. bis 1. 2.	–	1. 4. bis 24. 5.	25. 9. bis 9. 10.	1. 2.	6. 4.	13. 11.	87	2. 4. bis 28. 5.	27. 8. bis 1. 10.	1. 12.	19. 2.	21. 11. und 24. 11.	177
92 Asterix	ca. 1. 8.	4. 12. bis 21. 12.	20. 1. bis 1. 2.	–	1. 4. bis 24. 5.	28. 8. bis 12. 9.	1. 2.	10. 4. bis 17. 4.	2. 12. und 13. 12.	49[1]	9. 4. bis 11. 6.	10. 9. bis 24. 9.	15. 12.	17. 3.	22. 11. und 23. 11.	160[1]
52 Hannes									30. 12. und 31. 12.	39[2]	9. 4.	10. 9. bis 1. 10.	20. 1.	11. 3. und 12. 3.	17. 12. und 19. 12.	121

[1] Bastverletzung – [2] ohne Rosen

Felde, obwohl nahegelegene Mischwaldparzellen aller Altersklassen genügend Gelegenheit zum Fegen an Strauchwerk boten.

Außerdem dürfte zweifellos die mehr oder minder dichte Knochenmasse der äußeren Gehörnschicht auf die stärkere oder geringere Färbbarkeit von Einfluß sein. Die mikroskopische Untersuchung von Schliffen zeigt, daß der Oberfläche der gefegten Stange eine besondere Schicht von bräunlicher Farbe aufgelagert ist. Diese Substanz läßt sich in einer schmalen Außenzone in die Knochensubstanz hinein verfolgen, wo sie in die feinen Poren (die HAVERSschen Kanäle), die auf der Oberfläche der Stangen ausmünden, eingedrungen ist. Je poröser die Oberfläche der Stange ist, und je weiter die HAVERSschen Kanäle sind, desto mehr Farbstoff kann in den Gehörnknochen eindringen, und desto dunkler sind die Stangen gefärbt.

Die zweite der aufgeführten Theorien streitet eine äußere Anfärbung ab und meint, das Fegen an Pflanzen habe keine Bedeutung, vielmehr handele es sich um eine von innen erfolgende Färbung des Geweihes. Der hellere und dunklere Farbton des Gehörns sei abhängig von dem mehr oder weniger hohen Blutgehalt im Knochen, der wiederum in umgekehrtem Verhältnis zur Verkalkung des Gehörns steht. Mit anderen Worten sind kalkarme, leichte Gehörne blutreich und deshalb dunkel und kalkreiche, schwere Gehörne blutarm und deshalb hell gefärbt. Demnach ist dem in der abgestorbenen Stange verbliebenen Blut, das durch die Haargefäße an die Oberfläche gelangt, die Hauptrolle bei der Gehörnfärbung zuzumessen. Dabei muß man einen spezifischen Farbstoff annehmen, der sich im Knochen und an seiner Oberfläche bildet, der aber nicht mit dem unveränderten Hämoglobin der roten Blutkörperchen identisch ist, wohl aber aus dem Blut als Ausgangssubstanz hervorgeht. Hinzu käme allerdings der Einfluß des Lichtes und der Luft auf die Ausbildung des Farbstoffes. Erst nach der Befreiung vom Bast, wenn Licht und Luft einwirken können, erfolgt die Bräunung der Stange.

Die dritte der angeführten Theorien nimmt in der oberflächlichen Knochenschicht Zellen an, die Farbstoffe enthalten. Diese Farbstoffe kommen erst zur Ausbildung, wenn der schützende Bast entfernt ist und Licht und Luft einwirken können. Die Farbunterschiede bei den Gehörnen sind Familieneigentümlichkeiten.

Die vierte und letzte Theorie schließlich glaubt, daß die Ausscheidungen des Stirnorgans (s. Hautdrüsen) den Farbstoff für das Gehörn liefern. Neben seiner Hauptaufgabe, Duftstoffe für die Anbringung von Geruchsmarken zu erzeugen, deren Bedeutung später besprochen wird, ist als Nebenerzeugnis eine Anfärbung der Stangen zu vermuten. Die Haare der Stirnlocke zwischen den Rosenstöcken sind schmierig und verfilzt. Legt man ein Stück Decke aus der Stirnlocke in eine lösende Flüssigkeit, so färbt sich diese intensiv schmutzig braun. Die Annahme, daß das Sekret der Drüse, mit Pflanzensäften vermischt, eine Art Beize herstelle, die beim Schlagen, je nach der Art der Pflanzensäfte, eine verschiedene Färbung der Stangen verursache, ist nicht von der Hand zu weisen. Schon vor Kenntnis des Stirnorgans wurde darauf hingewiesen, daß die Einölung der Stangen mit Haarfett von Bedeutung sein könnte. Durch Kratzen mit den Gehörnspitzen und Reiben des ganzen Gehörns an den Haaren der Decke findet vielleicht ein Einfetten statt, das in der Lage ist, die Farbstoffe zu schützen und den Glanz der Stangen, besonders in den Endenspitzen und Perlenköpfen, hervorzurufen.

Zur Kritik dieser Theorien möge zunächst das folgende Tatsachenmaterial beachtet werden:

1. Eine noch mit dem Bast bekleidete Stange eines frisch erlegten Rehbockes wurde vom Bast befreit und der Wirkung von Sonne und Luft ausgesetzt. Sie zeigte nach Verlauf von zwei Wochen ebenso wie nach mehreren Jahren nicht die geringste Färbung. Ein Beweis gegen die Färbung von innen.
2. Einem eingegatterten Rehbock wurde nur an trockenen, geschälten Kiefernstangen Gele-

genheit zum Fegen gegeben. Der Bock fegte ganz normal, aber das Gehörn blieb weiß. Der an den Stangen haftende Schweiß hinterließ keine Färbung, auch Luft und Sonne übten keinen bräunenden Einfluß aus. Ein Beweis gegen die Färbung von innen und gegen die Färbung durch Sekrete des Stirnorganes.

3. Ein besonderes Pigment für die Gehörnfarbe ist bisher nicht aufgefunden worden. Sein Dasein ist nicht denkbar, weil albinotische Rehböcke, denen körpereigene Farbstoffe vollständig fehlen, trotzdem normal gefärbte Stangen tragen. Auch schwarze Rehe haben keine dunkleren Gehörne als rote Böcke. Ein Beweis gegen spezielle Farbzellen in der Gehörnoberfläche.
4. Eine frische, künstlich gefegte Baststange wurde zwei Minuten lang an einem lebenden Erlenstämmchen gerieben. Danach zeigte sich, daß die Furchen und Zwischenräume der Perlen mit Rindenteilchen angefüllt waren. Die von Rindenresten freien Teile zeigten eine bräunliche Färbung mit einem starken Stich ins Grüne. Bei Reiben mit einem weißen angefeuchteten Leinentuch färbten sich diese Stellen rötlich-braun, eine Entfernung der Farbe war auf diese Weise nicht möglich. Das Leinentuch nahm einen rotbraunen Farbton an mit einem Stich ins Grüne. Ein Beweis für die Färbung durch Pflanzensäfte.
5. Ein am 1. Mai gefegtes Gehörn zeigt eine ganz ungleichmäßige Färbung, die durchaus als fleckig zu bezeichnen ist. Am dunkelsten sind die Stangen an der Vorderseite, am hellsten an der Hinterseite und an den Rosen. Die Spitzen der Enden sind gelblich, sie fühlen sich nicht wie poliert an, sondern lassen ein feines Korn erkennen. An manchen Stellen ist eine dunkle Kruste zu sehen, die von Baumsäften und Schmutz gebildet wird. Eine solche Stelle nimmt eine hellbraune Farbe an, wenn sie mit einem feuchten weißen Leinenlappen gerieben wird, das Leinen wird schmutzig braun mit einem Stich ins Grüne. Ein Beweis für die Färbung durch Pflanzensäfte.
6. Dem unter 2. erwähnten Rehbock wurden zur Blattzeit grüne Stämmchen in das Gehege gestellt, die er sofort kahl schlug, so daß ihm alle zwei Tage neue Erlen, Birken, Kiefern und Eichen vorgesetzt werden mußten. Aber vergebens – die Baumsäfte konnten das Gehörn nicht mehr bräunen, es wurde schmutzig, aber der Regen wusch es wieder weiß. Ein Beweis gegen die Färbung durch Pflanzensäfte allein – jedenfalls zu einem späteren Zeitpunkt.

Unter Berücksichtigung aller aufgeführten Tatsachen nehmen wir an, daß die Farbe der Gehörne durch eine Anfärbung von außen erfolgt, die desto besser haftet, je poröser das Gehörn ist, je mehr also die organische Substanz vorwiegt, die besonders gut färbbar ist. Der Farbstoff wird in erster Linie von Pflanzenrinden und Humusstoffen geliefert, die Haltbarkeit der Färbung wird vielleicht durch das Sekret des Stirnorganes erhöht. Mit dem Altern des blanken Gehörns läßt die Färbbarkeit nach, auch deswegen, weil die Oberfläche durch das ständige Schlagen an Pflanzen und durch das Bohren im Erdboden glattpoliert wird, so daß Farbstoffe, besonders an den Spitzen der Enden, nicht mehr haften bleiben. Die veränderte Sekretion des Stirnorganes mag hierbei zusätzlich eine Rolle spielen.

Nach dem Fegen pflegt der Bock bis zum Ende der Blattzeit eifrig zu schlagen, dadurch wird, freilich nicht zweckgerichtet, eine fortwährende Auffrischung der Gehörnfarbe bewirkt. Der Bock bevorzugt dabei offensichtlich aromatisch riechende Bäumchen, wie Fichten, Kiefern, Lärchen, Douglasien, auch schlägt er gern an Besenginster und Holunder. Revierfremde Sträucher oder Bäume ziehen ihn magisch an, so erleiden eingebürgerte Pflanzen den größten Schaden.

Häufig werden dabei die zarten Stämmchen zwischen die Gehörnstangen genommen, so daß die Rinde abgeraspelt wird. Hierdurch entstehen umfangreiche Schäden an Forstpflanzen. Wütend stürzt sich der Bock auf ein Bäumchen und bearbeitet es in wahrer Raserei, bis es zerfetzt, geknickt und der Triebe beraubt in jämmerlichem Zustand zurückbleibt. Bei harter Gehörnsubstanz werden durch dieses ständige Reiben die Spitzen der Enden, die Perlen und Leisten hell poliert, poröse Gehörne bleiben dagegen stumpf. Dieses Verhalten wird durch die Wirkung der Geschlechtshormone ausgelöst, die bis zum Ende der Brunft wirksam sind. Nach der Blattzeit aber wird das Schlagen selten, so selten, daß es nur noch ausnahmsweise zu beobachten ist. Dann wirken Licht, Luft und Regen stärker ein und bewirken ein meist freilich nur geringes Verblassen der Farbe, das wohl auch mit der fehlenden Einfettung in Zusammenhang steht, denn nach der Brunft bilden sich ja die Talg- und Schweißdrüsen im Stirnorgan rasch zurück, um im Herbst und Winter ihre Tätigkeit vollständig einzustellen.

Abwerfen

Das gefegte und gefärbte Gehörn wird nun als toter Knochen eine längere Zeit getragen, weil der Abwurf durch den hemmenden Einfluß der Sexualhormone verhindert wird. Da sich das Gehörn in enger Beziehung zum Geschlechtsleben entwickelt hat, wird es vor der Brunftzeit funktionstüchtig und bleibt bis nach der Brunftzeit in diesem Zustande erhalten. Nach dem Fegen trocknet das fettfreie Mark im Innern der Stange ein, so daß bimssteinähnliche Maschen entstehen, die vielfach irrig für Blutgefäße gehalten werden. Rinde und Mark der Stange sind nach dem Fegen in allen Teilen bis zum Rosenstock abgestorben, man kann daher einem Rehbock das gefegte Gehörn bedenkenlos absägen.

Auffallend ist, daß das gefegte Gehörn mehrere Monate innig mit dem Rosenstock verbunden bleibt, ohne daß der Körper versucht, es, wie jeden anderen toten Skeletteil, abzustoßen. Dieser Zustand ändert sich, sobald die wachstumshemmende Wirkung des Sexualhormons einige Zeit nach der Brunft wegfällt und das Abwerfen eingeleitet wird. Im oberen Teil des Rosenstocks bildet sich eine Zone regen Gewebelebens. In einem Bezirk, in dem das lebende Gewebe des Rosenstocks an das abgestorbene der Stange angrenzt, wird der Knochen abgebaut. In demselben Maße, wie zwischen Rosenstock und Gehörn Knochen abgebaut wird, findet kurz vor Abwurf des Gehörns ein Rosenstockzuwachs statt. Bis das Gehörn abfällt, wird an den verbleibenden Teil des Rosenstocks mantelartig Knochen angelagert. Dieses Dickenwachstum bewirkt, daß am Rosenstock jahresringähnliche Bildungen vorhanden sind, die man auf Querschnitten oder kurz nach Abwurf des Gehörns erkennen kann. Die vorher elfenbeinartig feste Masse im oberen Teil des Rosenstocks wird schwammig. Äußerlich ist diese Zone an einer ringförmigen Linie zu erkennen, die dicht unterhalb der Rose liegt, sie wird *Demarkationslinie* genannt und ist der Außenrand der Scheibe, die das lebende vom toten Gewebe abgrenzt. Wenn die Auflösung des Knochens weit genug fortgeschritten ist, bricht die Stange entweder durch ihr eigenes Gewicht oder durch Anstreichen an ein Hindernis ab. Der Vorgang des Fegens und Abwerfens, der ursprünglich vielleicht pathologisch entstanden ist, hat sich im Laufe der Stammesentwicklung der Hirscharten zu einem normalen, regelmäßig wiederkehrenden Geschehen gewandelt, das in den Zyklus des Geschlechtslebens eingepaßt ist.

Die Abwurffläche der Stangen (Petschaft) ist meist rundlich erhaben, es kommt jedoch nicht selten vor, daß auch gröbere Knochensplitter aus dem Rosenstock herausgebrochen werden.

Als seltenes Vorkommnis sah Raesfeld, daß bei einem Bock die vom Rosenstock losgelöste Stange von Hautteilen festgehalten wurde. Der Bock, der die linke Stange noch aufhatte, fiel ihm dadurch auf, weil hinter dem rechten Lauscher etwas hing, das wie eine Pendelstange aussah. Zudem fuhr sich das Stück wiederholt mit dem rechten Vorderlauf über die rechte Kopfseite. Nach der Erlegung war ersichtlich, daß es sich nicht um eine Pendel-

Bock in der Zeit des Abwerfens

stange handelte, sondern um eine Abwurfstange, die mit harzig verfilzten Haaren an der Kopfhaut festhing. Die Trennung beanspruchte eine Kraftanstrengung gleich der beim Zerreißen eines dünnen Zwirnfadens. Nach der Beschaffenheit der Abwurffläche konnte die Stange noch nicht lange vom Rosenstock gelöst sein. Die linke Stange brach beim Anfassen ab.

Gelegentlich wurde bemerkt, daß Abwurfstangen schweißen. Das ist möglich, wenn die Stangen feucht gelegen haben und sich voll Wasser saugen konnten. Das im schwammigen Innern der Stange eingetrocknete Blut wird dadurch gelöst und fließt als braune Flüssigkeit aus, sobald Luft in die Stange gelangen kann. Frisch erbeutete, noch nicht lange gefegte Gehörne schweißen unter den gleichen Verhältnissen, solange das im Knochengewebe der Stange vorhandene Blut noch nicht eingetrocknet ist.

Über den Verbleib der Stangen war in der alten Jägerei der Glaube verbreitet, daß der Bock die Abwürfe verstecke, unter Laub verscharre oder im Boden sonstwie verberge. Auffallend ist ja der seltene Fund von Abwurfstangen, der wohl zu dieser Legende geführt hat. Die Ursache ist jedoch nicht ein absichtliches Verstecken der Abwurfstangen, sondern ein Verschwinden in der Bodenvegetation und Streuschicht wegen ihrer geringen Masse und geraden Form. Jedenfalls sind einwandfreie Beobachtungen aus der freien Wildbahn, die das Verstecken abgeworfener Stangen beweisen, nicht bekanntgeworden.

Mäuse und Eichhörnchen benagen die Stangen des Kalkgehaltes wegen. Im Boden eingebettete Stangen halten sich ganz besonders gut und spielen deshalb bei prähistorischen Funden eine erhebliche Rolle.

Die Abwurfzeit liegt vorwiegend im Oktober und November. Wie aber überhaupt das Leben des Rehwildes reich an Unregelmäßigkeiten ist, trifft dies auch für die Zeit des Abwerfens zu. Einzelne Böcke werfen schon Mitte bis Ende September ab, andere erst im Januar. Wie für das Fegen, so gilt auch hier die Regel, daß die alten Böcke zuerst und die jungen zuletzt abwerfen. Doch keine Regel ist ohne Ausnahme, weil außer dem Alter auch noch andere Faktoren mitsprechen, in erster Linie wohl der Gesundheits- und Ernährungszustand. Die durchschnittlichen Termine für den Gehörnwechsel dürften vom Klima der Gegend und von dem Witterungsverlauf des Jahres, im Zusammenhang damit auch vom jeweiligen Zeitpunkt der Brunft, beeinflußt werden, so daß es Gebiete und Jahre gibt, in denen die Böcke auffallend früh oder spät abwerfen. Genaueres kann über diese Frage nicht gesagt werden, weil breit angelegte Untersuchungen hierzu fehlen.

32 frische Stangen, die vor dem 1. XI. gefunden wurden, also Frühableger, verteilen sich altersmäßig (geschätzt!) (A. u. J. v. Bayern):

Spätestes Abwurfdatum = Funddatum		
Stange Nr.	Datum	Alter
72 A 1	2. X.	7
74 A 1	12. X.	3
69 A 1	4. X.	2
72 D 1	7. X.	6
74 A 2	10. X.	3
70 A 1	10. X.	3
74 A 4	13. X.	6
69 R 1	14. X.	3
69 R 2	16. X.	
74 D 1	20. X.	2
73 G 1	20. X.	1
73 D 1	20. X.	alt
74 A 5	22. X.	7
74 A 6	22. X.	7
70 R 1	22. X.	4
73 A 1	23. X.	6
74 A 7	24. X.	2
72 R 1	25. X.	5
70 G 1	25. X.	2
70 A 8	25. X.	5
70 A 5	25. X.	1
70 A 7	25. X.	?
73 G 2	26. X.	2
70 R 2	26. X.	4
69 G 1	27. X.	1
70 A 3	28. X.	3
70 D 1	28. X.	2
70 D 2	29. X.	1
69 G 2	29. X.	3
72 A 2	30. X.	2
72 A 3	31. X.	2
69 R 3	31. X.	1

31 frische Stangen, deren Abwurfdatum nach dem 15. XII. festgestellt wurde, also Spätableger, verteilen sich altersmäßig (geschätzt!) (A. u. J. v. Bayern):

Frühestes Abwurfdatum:		
Stange Nr.	Datum	Alter
71 R 34	20. XII.	?
73 R 22	20. XII.	4
73 A 21	20. XII.	7
73 A 23	20. XII.	3
73 G 14	20. XII.	5
74 A 24	20. XII.	8
73 A 26	21. XII.	?
73 G 15	21. XII.	3
74 A 31	21. XII.	2
74 G 22	21. XII.	2
74 G 18	21. XII.	6
74 G 26	22. XII.	6
74 G 15	22. XII.	1
73 G 20	22. XII.	2
72 A 12	22. XII.	6
71 A 29	22. XII.	5
74 D 37	23. XII.	6
74 R 26	23. XII.	8
74 A 25	23. XII.	alt
72 R 22	25. XII.	3
72 R 23	25. XII.	1
74 G 24	28. XII.	1
74 G 25	28. XII.	1
74 G 23	28. XII.	1
72 G 15	29. XII.	2
73 R 26	30. XII.	1
71 R 40	30. XII.	?
73 G 21	1. I.	1
73 R 28	8. I.	2
73 A 27	13. I.	alt
74 G 27	16. I.	5

Beide Stangen werden innerhalb eines Zeitraumes von meist wenigen Stunden, selten von mehreren Tagen, abgeworfen.

Zu den Abwurfzeiten A. u. J. von Bayern:

„1. Wie lange zieht sich die Abwurfzeit hin?

2. Werfen die Böcke mit zunehmendem Alter früher ab, ähnlich wie die Hirsche?

3. Haben voll erwachsene Böcke individuelle Abwurftermine, die ziemlich genau eingehalten werden, so wie bei den Hirschen?

Um diese Fragen beantwortet zu bekommen, bleibt eigentlich kaum etwas anderes übrig, als eine entsprechende Zahl von Böcken kontrollierbar in Gehegen zu halten, weil die Schwierigkeiten der Feststellung des Abwurftermins in freier Wildbahn zu groß sind. Wie beschrieben, ist es schon schwer genug, viele Abwürfe zu finden und schon gar die entsprechenden Stangen für Serien zusammenzubringen. Wenn dann noch zusätzlich das Abwurfdatum bekannt sein soll, wird die Sache anspruchsvoll!

Unsere Abwurfsammlung wurde aber doch auf diese Fragen hin durchgesehen.

Zu 1. Der früheste frische Abwurf wurde am 2. Oktober gefunden, der späteste am

Auswertung von 32 Serien, von denen einige Abwurfzeiten bekannt sind (A. u. J. v. Bayern)

Serie Nr.	Alter									
	1	2	3	4	5	6	7	8	9	10
6		23. XI.				− 13				
21					26. XI.	− 2	− 14		+ 1	
28									13. XII.	− 3
37				26. XI.		− 14				
39			14. XII.	− 34	− 16	+ 37				
42						5. XI.			+ 1	
46				22. XI.		− 2				
47		2. XII.	− 11							
50		4. X.	+ 6							
55				27. XI.	− 8					
56		2. XII.	± 0	− 2						
65				30. XI.	± 0	− 11				
67		8. XII.			+ 5					
71	18. XII.	− 2								
73			8. XII.	− 9	+ 5	− 9				
74			20. XII.	− 33	+ 23					
83				25. X.	+ 30					
86			30. XII.		− 1					
87		21. XI.		+ 12						
88			22. XII.	± 0	± 0	− 2				
91		15. XII.		− 19	− 19					
92			7. XII.	− 4						
93				3. XII.	± 0					
95		2. XII.	− 12							
98				4. XII.		+ 19				
100				28. XI.	± 0					
110		21. XI.	− 5	− 14						
195		20. XI.	± 0							
210				18. XII.	− 41					
211	29. XI.	+ 3								
213			20. XII.	± 0						
219				21. XI.	− 15					

Es ist jeweils das erste Abwurfdatum eingetragen und dann, um wie viele Tage früher (= minus) oder später (= plus) der nächste Abwurf erfolgt ist. Die Jahre, in denen kein Abwurfdatum bekannt ist, sind freigelassen.

16. Januar festgestellt. Die Hauptabwurfzeit liegt zwischen dem 15. November und 15. Dezember.

Vorsichtshalber wurde für die Stangen, die im Oktober gefunden wurden, bei einer möglichen Spanne von mehreren Tagen immer das spätestmögliche Datum angenommen und für die Stangen, die ab 15. Dezember gefunden wurden, jeweils das frühestmögliche. Die Abwurfzeit kann also in unserem Revier noch früher als am 2. Oktober beginnen und sich noch über den 16. Januar hinausziehen.

Diese Daten konnten nur unter der großen Zahl der gefundenen Abwürfe zufälligerweise dadurch festgestellt werden, daß diese Stangen im oder unmittelbar vor dem Futtertrog lagen, und zwar so, daß sie nicht übersehen werden konnten. Also mußten sie zwischen den beiden Daten abgelegt worden sein, an denen die Fütterung kontrolliert worden ist. War das zufällig an 2 Tagen hintereinander der Fall, dann konnte das Abwurfdatum auf den Tag genau festgestellt werden und sonst nur innerhalb der entsprechenden Spanne. Diese mögliche Zeitspanne ist manchmal recht groß. Deshalb ergibt sich insofern ein falsches Bild, als die Differenzen in den Abwurfzeiten sicherlich oft viel größer, keinesfalls aber kleiner sind, und weil jeweils – um Übertreibungen auszuschließen – der kleinstmögliche Zeitunterschied ermittelt worden ist.

Aus den vorliegenden Abwurfdaten und Altersangaben läßt sich keine Tendenz erkennen, daß, etwa wie bei den Hirschen, die vollerwachsenen Böcke zu Beginn der Abwurfzeit ablegen und die jungen, noch nicht erwachsenen, durchwegs erst ganz an deren Ende. Ganz im Gegenteil. Die Rehböcke scheinen wenigstens in unserem Revier ohne irgendeine ersichtliche Regelmäßigkeit abzuwerfen. Von Anfang Oktober bis Mitte Januar werfen sowohl Jährlinge als auch alte Böcke ab. Besonders hervorzuheben ist, daß sich sowohl unter den Frühablegern wie vor allem auch unter den Spätablegern einige unserer besten Böcke befinden. Wir konnten nicht feststellen, daß das späte Abwerfen mit schlechter Kondition zusammenhängt und sich auf das Schieben des nachfolgenden Geweihes nachteilig auswirkt. Das bisher stärkste Geweih ist z. B. nach einem Abwurf am 20. Dezember geschoben worden.

Freilich sind diese Daten vielleicht etwas spärlich und die Zahlen als Beleg nicht ausreichend. Immerhin dürften sie doch die Richtung zeigen, in der weitergesucht werden müßte." (Siehe dazu auch Tabellen S. 107 u. 108)

Vererbung von Gehörnmerkmalen

Viele Fragen über Vererbung, Stärke und Form des Gehörnes sind ungelöst, obwohl sie den Jäger für die Handhabung des Abschusses brennend interessieren. Der allgemeine Bauplan des Rehgehörnes ist zweifellos im Erbgut festgelegt. Ob darüber hinaus auch die Stellung der Stangen, die Neigung zur Vereckung und Perlenbildung, die Fähigkeit, eine mehr oder weniger große Gehörnmasse zu bilden, die Veranlagung, dichte oder poröse Stangen aufzusetzen, von den Eltern auf die Nachkommen weitergegeben werden, darüber wissen wir zu wenig. Immerhin kann nach Kleinschmit analog zur nachgewiesenen Vererbbarkeit anderer Merkmale in der Tier- und Pflanzenwelt die Erblichkeit von Gehörntypen kaum angezweifelt werden. Wie der Erbgang verläuft, bleibt eine offene Frage. Da das Gehörn ein geschlechtsgebundenes oder geschlechtsbegrenztes, geschlechtsbeeinflußtes bzw. geschlechtskontrolliertes Merkmal ist, wäre in erster Linie an seine Vererbung über die Geschlechtschromosomen zu denken. In diesem einfachsten Falle wären die Erbfaktoren, die die Gehörnbildung bestimmen, im X-Chromosom, dem Realisator für das männliche Geschlecht, lokalisiert. Es findet dann eine „Überkreuzvererbung" statt, bei der die am Vater erkennbare Erbanlage für die Gehörnbildung nicht an den Sohn, sondern an die Tochter weitergegeben würde. Durch den bevorzugten Abschuß von Schmalrehen würde bei einem solchen Erbgang der erstrebte Effekt des Hegeabschusses sofort wieder zunichte gemacht werden.

Es ist aber grundsätzlich auch eine Vererbung des Gehörns über andere als die Geschlechtschromosomen denkbar. So meint KRÖNING, daß es völlig abwegig sei anzunehmen, die Erbfaktoren, die das Gehörn beeinflussen, wären in den Geschlechtskernfäden gelegen.

Die Frage der Gehörnvererbung wäre exakt nur durch das Experiment, also durch planmäßige und kontrollierte Erbgänge im züchterischen Versuch zu klären. Nach den Beobachtungen in der freien Wildbahn können nur Vermutungen geäußert werden, weil die sehr unterschiedlich wirkenden Einflüsse der Umwelt nicht von etwaigen Erbeinflüssen abgegrenzt werden können.

Im allgemeinen wird über die Vererblichkeit bestimmter Gehörnformen recht oberflächlich geurteilt. Es genügt, daß zwei Böcke mit ähnlicher Gehörnform in derselben Gegend erlegt sind, um die Vererbung als Tatsache anzunehmen. Das geschieht besonders gern bei regelwidriger Ausbildung von Gehörnen, deren Entstehungsursache aus anderen Gründen längst geklärt ist. Immerhin werden wir Vererbung vermuten dürfen, wenn wir es mit der Wiederkehr von Bildungen zu tun haben, bei denen kein Grund ersichtlich ist, Umwelteinflüsse als Ursache anzunehmen.

Das scheint bei den Nienburger Tulpengehörnen der Fall zu sein, die bei den regelwidrigen Gehörnen beschrieben werden.

Bei den normalen Gehörnen dürfte es im Erbgut vorbestimmte Merkmalkombinationen für einen Geweihtyp geben, denn man findet bei der Rehwildbevölkerung eines Gebietes gewisse Ähnlichkeiten der Gehörne. Auf der anderen Seite kommen im gleichen Raum recht verschiedene Gehörntypen vor. Ein gutes Beispiel gibt O. DOHMEN (1974) mit seiner Mitteilung „Übereinstimmung in der Gehörnform beim Rehbock".

RAU stellte in seinem Zuchtgatter fest, daß ein Bock, der sieben Jahre lang immer wieder schlecht vereckte und gering geperlte Stangen aufsetzte, einen Sohn hatte, der bereits als zweites Gehörn ein recht gutes, wohlverecktes Sechsergehörn mit sehr starker Perlung trug. In einem anderen Fall setzte eine ungarische Geiß in dem gleichen Zuchtgatter ein Bockkitz, das nach zwei Jahren ein recht gutes Sechsergehörn schob. Mit dem Gehörn des Vaters hatte es gar keine Ähnlichkeit, es war von ganz anderem Typ, namentlich die Dachrosen und die an der Basis sehr kräftigen Stangen standen ganz im Gegensatz zum Gehörn des Vaters. Eine unmittelbare Vererbung der Gehörnform vom Vater auf den Sohn hat in diesen Fällen nicht stattgefunden. RAU vermutet, daß die Gehörneigenschaften, die im Erbgut der Mutter verborgen lagen, bei den Söhnen in Erscheinung getreten sind.

Noch weniger als über den Erbgang der Gehörnform herrscht Klarheit über den Erbgang der Gehörnstärke und Stangenlänge. Wir wissen, daß die Masse des Gehörns in hohem Maße von der Ernährung vor und während der Kolbenzeit abhängig ist. Der gute Einfluß von Mastjahren auf das Gehörnwachstum ist allgemein bekannt. In einem Elbaurevier hatten die Böcke bei fehlender Eichelmast Stangen von 20 cm Durchschnittshöhe. Die Mast wurde ständig durch den Fraß des Eichenwicklers verhindert, bis eines Jahres ein starker Spätfrost die ausgeschlüpften Raupen vernichtete. Die Folge war eine vorzügliche Eichelmast, die in der Folgeerscheinung bei den Böcken zu Gehörnen bis 26 cm Höhe mit sehr starken Rosen und Stangen führte, deren Enden 8 bis 10 cm lang waren.

Die Ernährungsversuche von VOGT im Gatter Schneeberg (s. auch S. 329–333), aber auch von A. u. J. VON BAYERN in der Steiermark zeigen, daß das heimische Rehwild durch optimale Fütterung bei einem Körpergewicht von 23 kg ein Gehörngewicht von 700 g bei 26 bis 30 cm langen Stangen erreichen kann. Diese Ergebnisse waren allerdings erst dann zu erzielen, nachdem die Körperstärke der Ricken durch Fütterung auf den höchsten Stand gebracht wurde, so daß selbst die Embryonalentwicklung und die Jugendentwicklung während der Säugezeit unter den günstigsten Voraussetzungen erfolgen konnte. Unter solchen Bedingungen werden erbmäßig festgelegte Höchstgrenzen des Gehörngewichts mitteleuropäischer Rehe, die etwa bei 700 g liegen, und die Höchstlänge der Stangen mit etwa 30 cm erreicht. Die Erbmasse für eine gute Gehörnbildung ist also auch nicht bei Rehkümmerformen verlorengegangen, sie kommt bei guten Lebensbedingungen wieder voll zur Geltung. Diese wichtige Erkenntnis ist unsere Hoffnung für die Zukunft.

Wir kommen hierauf im Kapitel „Hege mit der Büchse" zurück.

Regelwidrigkeiten

Einige Einblicke in das Wesen des Gehörns gewährt uns auch das Studium abnormer Gehörnbildungen.

Eine solche Besprechung kann nach verschiedenen Gesichtspunkten erfolgen, entweder von der äußeren Form der Regelwidrigkeit ausgehend oder von ihrer Ursache. Wir wollen nach Rieck unverändert die Ursache zugrunde legen, wobei die zuerst behandelte Erscheinung der Tulpengehörne ungeklärt ist und eine Änderung des Erbgutes nur vermutet werden kann. In diesem Falle wäre es strenggenommen keine „Regelwidrigkeit", sondern eine – wenn auch nicht normale – Erbanlage. Es sind also zu erläutern:

1. Änderungen des Erbgutes,
2. Bildungs- und Wachstumsfehler,
3. Störungen der hormonalen Steuerung,
4. Störungen des Stoffwechsels,
5. Verletzungen des Stirnbeines und/oder des Rosenstockes,
6. Verletzungen der Kolbenstange,
7. Erfrierungen des Bastes oder ernährungsbedingte Wachstumsfehler,
8. Verletzungen des Wildkörpers,
9. Unbekannte Ursachen.

1. Änderungen des Erbgutes

Auf eine plötzliche Änderung der Erbfaktoren (Mutation) für die Vereckung des Gehörns führt Rieck mit ziemlicher Wahrscheinlichkeit die eigenartigen *Tulpengehörne* (s. Abbildung) aus der Gegend von Nienburg a. d. Weser zurück. Die kurzen, dicken Stangen haben zahlreiche schaufelförmige Enden und ähneln einer Morchel. Zum ersten Male soll ein Tulpengehörn um 1860 vom Revierverwalter des Forstamtes Nienburg erbeutet worden sein, in dessen Gehörnsammlung sich 1881 eine kleine Zahl solcher „Bruchbockgehörne" befand. Sie stammen sämtlich aus dem Nienburger Bruch, in dem wohl die Mutation entstanden ist. Weitere Erlegungen von Böcken mit Tulpengehörnen sind für die Jahre 1898, um 1900, 1908, 1914, 1918, 1920, 1928, 1929, 1953, 1959, 1961, 1966, 1975 und 1977 bekanntgeworden, gewiß sind noch einige weitere zur Strecke gekommen, auch Abwurfstangen wurden Ende des vorigen Jahrhunderts gefunden. Ein Kenner der Reviere um Nienburg berichtet, daß er selbst den Bock von 1898 hätte schießen können, er habe aber immer angenommen, daß das Gehörn noch nicht gefegt sei. Sein Interesse für diese Art von Gehörnen war rege geworden, und er hielt in den folgenden Jahren scharf Umschau, aber immer ohne Erfolg. Ende April des Jahres 1909 sah er dann den Träger eines Tulpengehörnes zehn Schritt vom Wege im hohen Bestand des Ochsenbruches, Forstort Nienburger Bruch, sitzen. Das Gehörn war noch nicht gefegt. Nach Erkundigungen, die bei Jägern und Förstern eingezogen wurden, ist der Bock nicht zur Strecke gekommen. Wieder verging Jahr um Jahr, ohne daß überhaupt ein Bock mit

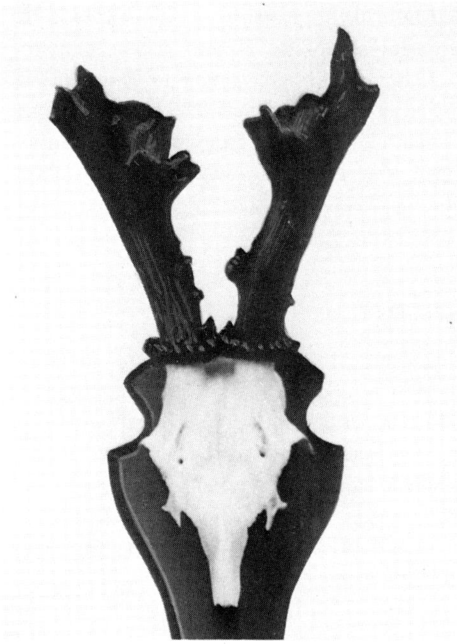

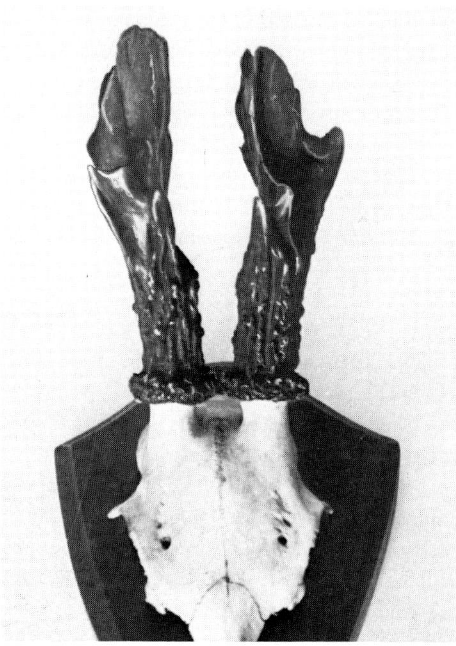

Tulpengehörne

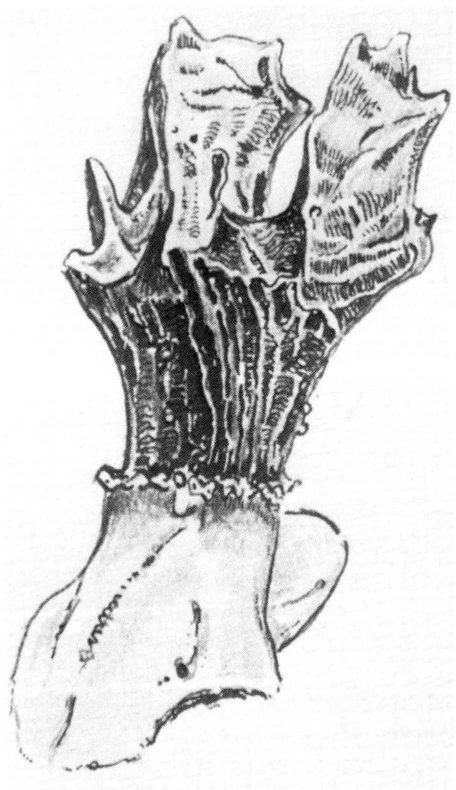

Gehörn des im Sommer 1979 erlegten Tulpenbocks (Zeichnung: F.-W. v. Notz)

Tulpengehörn zu sehen gewesen wäre, bis am 29. Mai 1914 einer auftauchte, der gelegentlich eines Feldbummels morgens um 10 Uhr auf einem Haferschlag gestreckt wurde. Der Erlegungsort ist ungefähr 7 km Luftlinie von dem des Jahres 1898 entfernt. Vorher war der zweijährige Bock niemals gesehen worden.

Im Jahre 1974 wurde der auf S. 112 oben links abgebildete Rehbock auf der Straße Hitzacker–Dannenberg (Kreis Lüchow-Dannenberg) von einem Fahrzeug angefahren und anschließend erlegt. Er war seit dem Frühjahr bekannt. Der Bock wog 22 kg, war dreijährig, und das Gehörngewicht wird mit 500 g angegeben.

Seine Gehörnform entspricht den Beschreibungen eines Tulpengehörns.

Rieck vertritt die Auffassung, daß sich diese Mutation, ähnlich wie schwarze und weiße Deckenfarbe des Rehwildes, rezessiv vererbt.

Bubenik (1971) vertritt dagegen den Standpunkt, daß über die Vererbbarkeit bestimmter Geweihanlagen so gut wie nichts bekannt sei.

Einzelne ähnliche Gehörne sind im Laufe langer Zeiträume auch in anderen Gegenden erbeutet worden, so z. B. im Oktober 1959 im Revier Güttingen, Kanton Thurgau, am Bodensee oder, wie F. W. v. Notz zu berichten weiß, im Sommer 1979 im Revier Gscheid in der Salzleiten – Österreich (s. Abb. S. 112 unten).

2. Bildungs- und Wachstumsfehler

Bei den Bildungs- und Wachstumsfehlern, die nunmehr beschrieben werden sollen, wird in manchen Fällen Vererbung vermutet, doch sind die Beobachtungen, die hierfür sprechen, nicht genügend zuverlässig. Es ist nämlich ein voreiliger Schluß, aus der Ähnlichkeit von abnormen Gehörnen, die im gleichen Revierteil erbeutet wurden, die dominante Vererbbarkeit einer Mißbildung anzunehmen. Aus einer solchen Ähnlichkeit ist lediglich zu schließen, daß die Ursache für das abnorme Gehörnwachstum wahrscheinlich etwa die gleiche ist, und daß das Gewebe der wachsenden Gehörnstange ungefähr in gleicher Weise reagiert hat.

Eine *Verwachsung der Stangen* kommt in verschiedenen Formen vor. Es gibt Gehörne, bei denen schon die Rosenstöcke vollständig verschmolzen sind. Dies war bei einem etwa 7jährigen, seit Jahren bekannten Bock der Fall, der am 10. 9. 1980 bei Tainach zur Strecke kam. Der Bock trug stets nur eine gute Stange auf einem einzigen, genau in Schädelmitte befindlichen Rosenstock. Die Ursache ist in einem Entwicklungsfehler der Gehörnanlage in den Stirnbeinen während des embryonalen Wachstums zu sehen, die zu einer Verschmelzung oder zu einer übermäßig engen Stellung der Rosenstöcke geführt hat, deren Dickenwachstum dann während des späteren Lebens zu einem einheitlichen Gebilde führt. Mitunter mag auch wohl ein krankhaftes Dickenwachstum infolge von Knochenhautentzündung der Rosenstöcke mitverantwortlich sein. Tatsache ist, daß die meisten Stangenverwachsungen auffallend verkürzte, fast bis zum Verschwinden niedrige Rosenstöcke, oder besser gesagt, einen derartig zusammengewachsenen Rosenstock zeigen. In anderen ganz seltenen Fällen beginnt die Verwachsung der Stangen erst bei den Rosen oder oberhalb von ihnen bei getrennten Rosenstöcken. Hier wird der Grund in einer fehlerhaften Wachstumsrichtung, wohl hervorgerufen durch zu starke Blutversorgung der außenliegenden Stangenseite, zu suchen sein. Zu einem richtigen Verwachsen der Stangen wird es nur dann kommen können, wenn das Gewebe in einem sehr frühen Stadium des Kolbenwachstums aneinandergepreßt wird. Später, wenn der Wachstumsprozeß schon zu weit fortgeschritten ist, platten sich die berührenden Rosen oder Stangen gegeneinander ab, ohne noch verschmelzen zu können. Bei allen Stangenverwachsungen wird das Bestreben deutlich, sich nach oben hin wieder zu trennen und die natürlichen Enden zu schieben. Das gelingt in verschiedenem Grade, so daß bei einigen nur die Rosen verschmolzen sind, bei anderen auch die Stangen mehr oder weniger

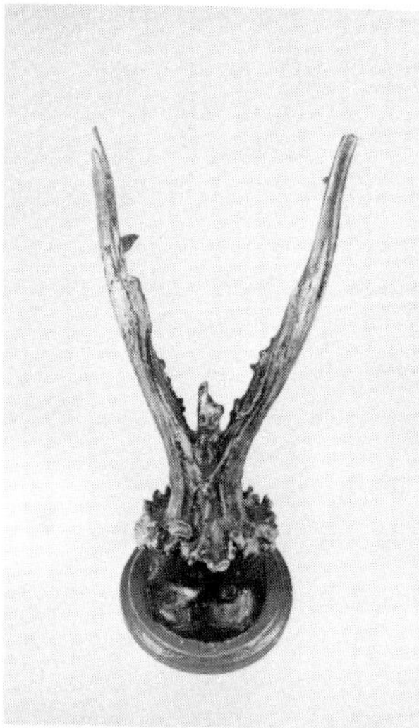
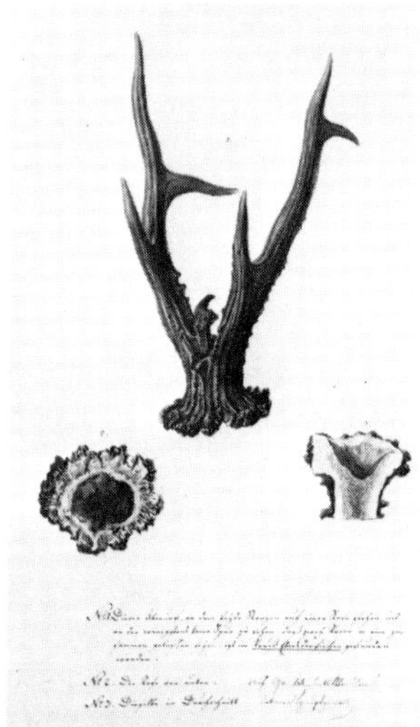
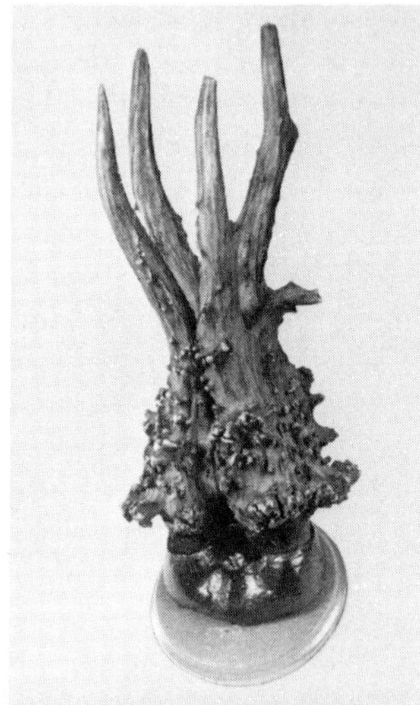

Oben links: Zusammengewachsener Rosenstock, Mitte: derselbe Bock mit Schnittzeichnung, Rechts: Verwachsung der Stangen oberhalb der Rosen (alle Sammlung Erbach)

Links: Bock aus Tainach (Erleger: H. KÜGLER, Photo: TRENKWALDER)

weit; in ganz seltenen Fällen sind sie sogar fast bis zur Spitze verwachsen. Nach dem Abwurf kehrt die Stangenverwachsung bei folgenden Gehörnen vermutlich immer wieder; zu einem solchen Gehörn, das in der Nähe von Miltenberg a. M. erbeutet wurde, sind vorher drei Jahre hindurch die Abwürfe gefunden worden.

Das einseitige *Verkümmern einer Stange* oder sogar eines Rosenstockes führt zu Einstangengehörnen. Das Zurückbleiben des Wachstums einer Gehörnseite umfaßt alle Abstufungen von geringen Größenunterschieden zwischen beiden Stangen bis zum völligen Fehlen des Rosenstocks auf einer Seite. Besonders häufig finden sich Stärkeunterschiede der Stangen und Rosenstöcke beim Erstlingsgehörn. Es kommt sogar vor, daß im Jährlingsalter auf der einen Seite eine rosenlose Erstlingsstange, auf der anderen eine Stange mit Rose des ersten Folgegehörns getragen wird.

Alle diese Erscheinungen unterschiedlicher Stärken und Stufen des Gehörns scheinen verständlich, wenn wir davon ausgehen, daß jede Stange ihr eigenes Wachstumszentrum hat, das unabhängig von dem anderen gereizt werden kann. Fällt die Reizung eines Wachstumszentrums, die wohl auf nervösem Wege erfolgt, bereits im jugendlichen Alter aus, so unterbleibt an dieser Stelle die Bildung des Rosenstocks; ist sie geringer als die der anderen Seite, so bleibt das Wachstum zurück.

3. Störungen der hormonalen Steuerung

Die erstaunlichsten Einblicke in die Steuerung des Gehörnzyklus gewähren uns die hormonalen Störungen. Das völlige Fehlen jeder Gehörnbildung, der *Plattkopf*, ist auf den Ausfall des Sexualhormons von Anfang an zurückzuführen. Bei Plattköpfen sind während der Embryonalentwicklung die Brunftkugeln nicht normal entwickelt worden, oder sie sind in den ersten Lebenswochen verlorengegangen. Es ist bis heute nicht erwiesen, ob Plattköpfigkeit immer Fortpflanzungsunfähigkeit bedeuten muß, zumal Fälle bekannt sind, in denen ein zumindest äußerlich erkennbares Kurzwildpret vorhanden war.

Brandt teilt einige Beispiele hierfür mit: Am 8. Dezember wurde auf einer Treibjagd ein Rehbock geschossen, dessen Stirnbeine auch nicht den geringsten Gehörnansatz aufwiesen. Es wurde nur eine Brunftkugel in der Bauchhöhle versteckt gefunden, die die Größe einer Bohne hatte. Der Bock wog 10 kg, es handelte sich nicht um ein Kitz, denn die Schneidezähne waren sämtlich gewechselt. Die angeborene Unterentwicklung der Geschlechtsdrüse steht hier also mit der des Körpers und Gehörnes in Zusammenhang.

Eine vermeintliche Ricke mit abgeschärften Lauschern, die einem Forstaufseher schon seit zehn Jahren bekannt war, stellte sich bei näherer Untersuchung nach der Erlegung als Bock ohne Kurzwildpret heraus. Auf den Stirnbeinen hatten sich nur ganz geringe Knöpfe entwickelt. Es wurde ermittelt, daß ein Schäfer den Bock als Kitz gefangen, kastriert und durch Abschärfen der Lauscher gezeichnet hatte. Da das Kitz noch gegriffen werden konnte, muß es bis zum Alter von drei Wochen die Geschlechtsdrüsen verloren haben.

Perücke

Wie schon gesagt, wirkt sich beim erwachsenen Bock der Verlust, die Verkümmerung oder die krankhafte Zerstörung der Brunftkugeln in der Bildung einer *Perücke* aus (s. Abb.). Die Ursache ist der Ausfall des Sexualhormones, das in den Brunftkugeln gebildet wird, und das im Normalfall das Aufhören des Gehörnwachstums bewirkt und das Abwerfen des Gehörns verhindert. Das Perückengehörn ist demnach nichts anderes als ein Gehörn, das unbegrenzt weiterwächst und schließlich zum Verenden seines Trägers führt. Dieses schrankenlose Wachstum betrifft allerdings nicht die Stangen, sondern nur die Perlen, die ja auch beim normalen Gehörn als letzte Bildung auf die Oberfläche der Stangen und Rosen aufgelagert werden. Im allgemeinen wächst die Perücke schubweise zu derselben Zeit, in der das Gehörn überhaupt geschoben wird. Als Beispiel soll ein Fall angeführt werden, den BRANDT schildert. Der Bock wurde Ende Juni 1891 als etwa drei Wochen altes Kitz einem Fuchs abgejagt und aufgezogen. Als Erstlingsgehörn setzte er im Frühjahr 1892 etwa 5 cm lange Spieße auf. Ende Oktober verlor er seine Spieße und schob im Laufe des Winters ein mittelstarkes Sechsergehörn, das er Ende März 1893 fegte. Jetzt wurde er derart böse, daß er Anfang April kastriert werden mußte. Etwa 14 Tage später, also Mitte April, brach plötzlich eine Stange ab, sie hatte sich in derselben Weise vom Rosenstock gelöst wie in der Abwurfzeit. Die andere Stange wurde in der nächsten Nacht abgeworfen. Etwa vier Wochen später schob der Bock ein neues Gehörn, das Anfang August vereckt und hart geworden war; es war ungewöhnlich stark und geperlt und wurde nicht gefegt. Im Winter 1893/94, in der Zeit, in der ein normaler Bock ein neues Gehörn schiebt, erhielt das Bastgehörn einen ganz bedeutenden Zuwachs an Stärke, so daß schon im Frühjahr 1894 die Rosen und der untere Teil der Stangen völlig miteinander verwachsen waren. Den Sommer und Herbst über hörte das Wachsen auf, indessen schritt es im Frühjahr 1895 wieder soweit fort, daß fast das gesamte Gehörn eine wulstige, unförmige Masse bildete, aus der oben die Gabeln herausragten. Der ältere Teil des Gehörns war hart, fest und ungewöhnlich stark geperlt, der neue Jahreszuwachs präsentierte sich knorpelartig und wies in der Zeit des Wachsens eine hohe Temperatur auf.

Um ein hartes, reich geperltes Perückengehörn ohne Bast durch Abkochen zu erhalten, muß der Bock in der Zeit erlegt werden, in der das Wachstum der Perücke unterbrochen ist, also, wie oben erwähnt, gewöhnlich in den Sommer- und Herbstmonaten. In der anderen Zeit würden die Perlen beim Kochen abfallen, die Perücke muß dann im Bast belassen werden, wenn sie aufgehoben werden soll.

Oft ist das Perückenwachstum an den Rosen und unteren Stangenteilen besonders stark, weil hier ja auch sonst die Hauptperlung vorhanden ist. Nicht selten hängt der Bast in häutigen Anhängseln herunter, die mit einer knorpeligen Masse gefüllt sind und Locken genannt werden; von diesen Bildungen hat die Perücke ihren Namen erhalten.

Die Form der Perücke ist mannigfaltig, sie hängt von der Ausbildung und Stärke der Stangen ab, die der Bock geschoben hätte, wenn sein Hormonhaushalt in Ordnung gewesen wäre. Bei Jugend- und Altersstufen des Gehörns bilden sich daher kleinere Perücken als bei Gehörnen, die der Bock auf der Höhe seiner Entwicklung schiebt. Jährlingsböcke setzen meist kleine Perücken von knolliger Pilzform auf. Böcke mit eng gestellten Stangen bilden eine „Bischofsmütze".

Das Tempo des Wachstums einer Perücke ist sehr unterschiedlich. Ein sehr langsames Wachstum, das sich auf die Basis der Stangen und die Rosen beschränkte, zeigte ein Bock, der im Juni 1923 im Bast gesehen wurde und nicht fegte, sondern das vorjährige Bastgehörn auch im Winter 1923/24 trug. Am 12. September 1924 erhielt der Bock den Fangschuß, weil er nicht mehr hoch wurde. Das Gehörn hatte glatte Stangen ohne Rillen und Perlen, war schlecht vereckt und noch über die Hälfte mit Bast bedeckt. Die Farbe des gefegten Teils war schmutzig-weißgrau, wie toter Knochen. Beim Versuch, den Bast zu lösen, zeigte sich, daß er trotz seines Alters von zwei Jahren nicht abgestorben, sondern noch voll Saft und Blut war. Der untere Teil des Gehörns war in einen wimmelnden Haufen von Fliegenlarven eingehüllt, die auch rings um die Rosenstöcke die Decke bis auf den Schädel weggefressen hatten. Das

Kurzwildpret des etwa vier- bis fünfjährigen Bockes glich dem eines Kitzbockes. Allerdings fehlte hier die linke Brunftkugel völlig, die rechte dagegen war vorhanden, wenn auch sehr verkümmert. In diesem Falle war das Wachstum wegen der verkümmerten Brunftkugel nur soweit abgestoppt worden, daß das Bastgehörn zwar erhalten blieb, ein eigentliches Perückenwachstum aber nicht einsetzte. Auf der anderen Seite reichte aber wohl die Hormonausschüttung nicht aus, um das vollständige Fegen des Gehörns herbeizuführen.

Bei alten Böcken geht wahrscheinlich das Perückenwachstum sehr langsam vonstatten, wie ein von BRANDT geschilderter Fall zeigt, der in den wesentlichen Grundzügen wiedergegeben werden soll: Im Jahre 1883 brach ein kapitaler Bock im Feuer zusammen. Da er noch mit den Läufen schnellte und hoch zu werden versuchte, wurde er abgenickt, wobei die Spitze des Waidmessers abbrach und im Genick steckenblieb. Nach Verwendung eines zweiten Messers schien der Bock verendet zu sein. Die Kugel saß hochblatt und hatte den Körper dicht unter dem Rückgrat durchschlagen. Als das Kurzwildpret entfernt war, wurde der Bock plötzlich wieder hoch und verschwand im Dickicht, die Nachsuche blieb erfolglos. Im Frühjahr 1898, also fünf Jahre nach dem eben geschilderten Ereignis, wurde ein Perückenbock erlegt, in dessen Hinterkopf die Spitze eines Messers, allerdings ganz verrostet und mürbe, aber doch deutlich erkennbar, steckte. Auch die Narbe des Kugelschusses fand sich, an dieser Stelle war die Decke mit dem Wildpret durch eine sehnige Wucherung fest verwachsen. Und schließlich ließ eine große, längst verheilte Narbe erkennen, daß der Bock kastriert worden war. Innerhalb von fünf Jahren war die Perücke zu Spießen von 6 und 12 cm Länge herangewachsen, die in den unteren Teilen starke perlenartige Wucherungen zeigten. Im Bast hingen 30 Knoten in der Größe von Haselnüssen, die mit Flüssigkeit gefüllt waren.

Diesen Fällen langsamer Perückenbildung stehen die Beobachtungen an gefangenen Böken gegenüber, die man meist im Alter von zwei Jahren, wenn sie bösartig wurden, beschnitt. BRANDT teilt einen solchen Fall mit: Die Kastration wurde vorgenommen, als die Spitzen des Bastgehörns schon anfingen, hart zu werden. Die Wirkung zeigte sich sofort. Das Gehörn begann nach acht bis zehn Tagen ganz langsam dicker zu werden, die reiche Perlung trat immer mehr hervor, die Rosen wurden stärker. Es bildeten sich auch vorn am Gehörn und seitwärts bis an das rückstehende Ende kleine und größere Auswüchse, die wie Perlen aussahen, sich hart anfühlten und dem Gehörn ein eigenartiges Aussehen gaben. Bis Mitte Dezember war das Gehörn von der Rose aus schon um 10 cm zusammengewachsen, es bildeten sich zwischen den Stangen harte Kugeln, die an Zahl immer mehr zunahmen und den Zwischenraum zwischen den Stangen immer mehr ausfüllten. Anfang Februar trat ein rapides Wachstum ein, täglich bildeten sich neue Wucherungen. Das Wachstum steigerte sich Ende Februar derartig, daß das Gehörn förmlich anschwoll. Außerdem wuchsen unten lange Locken heraus, die über die Stirn hingen und bald die Lichter erreichten. Anfang April verlangsamte sich das Wachstum dann merklich.

Solche schnellwachsenden Perücken führen wohl im allgemeinen im dritten Jahr ihrer Bildung zum Verenden des Trägers. Aus freier Wildbahn wird ein Fall berichtet, in dem ein Bock im Sommer 1922 ein Sechsergehörn im Bast trug. Im Sommer 1923 hatte sich die Perücke soweit gebildet, daß bis zu halber Stangenhöhe eine verwachsene Masse entstanden war. Am 29. Mai 1924 wurde der Bock gegriffen und abgefangen; in der Perücke befanden sich bereits Maden.

Das Verenden wird durch geschwürigen Zerfall und das Absterben einzelner Teile der Perücke herbeigeführt, Madenfraß beschleunigt den tödlichen Ausgang. Bei den zahlreichen Berichten über die Untersuchung von Perückenböcken wird entweder das völlige Fehlen der Brunftkugeln oder ihre Verkümmerung auf Linsen-, Erbsen- oder Bohnengröße erwähnt, die den Ausfall des Sexualhormones erklärlich machen.

Weitere bemerkenswerte Einblicke in das Geschehen des Perückenwachstums bietet die Behandlung kastrierter Böcke mit Hormonen, die in neuerer Zeit durchgeführt wurde. Ein Bock, der im Frühjahr 1951 sein erstes Gehörn aufsetzte und im Herbst abwarf, wurde wegen Bösartigkeit im Frühjahr 1952 kastriert, als er ein Sechsergehörn im Bast trug. In der Folge entwickelte sich das Bastgehörn zu einer Perücke, die ständig weiterwucherte und im Frühjahr 1953 bis zu den Lichtern vorgedrungen war. Da sie an einigen Stellen zu eitern begann, wurde ein Abschuß des Bockes erwogen. Zuvor sollte aber noch eine Hormonbehandlung versucht werden, die am 5. April mit einer Dosis Testoviron, 10 ccm Vitamin E und einer Menge Cyren B, die für die Herbeiführung einer Brunft bei drei bis vier Kühen ausreichen würde, erfolgte. Es wurden also ein männliches Hormon, ein fruchtbarkeitsförderndes Vitamin und ein weibliches Hormon verabreicht. Der Erfolg war verblüffend, denn am 20. April hatte der Bock die Locken der Perücke abgestoßen und die Perücke anschließend gefegt. Als die Hormonwirkung abgeklungen war, warf der Bock die gefegte Perücke ab und schob im Herbst 1953 ein neues Gehörn, das an einer Stange drei, an der anderen fünf Sprossen bildete. Im Jahre 1954 entwickelte es sich wiederum zur Perücke, die nochmals durch Hormonbehandlung zum Fegen gebracht und später abgeworfen wurde. Auf der Internationalen Ausstellung Jagd und Sportfischerei in Düsseldorf 1954 waren die beiden Perückenabwürfe ausgestellt. Wenn die Hormonbehandlung frühzeitiger erfolgt wäre, hätte sich die Perückenbildung überhaupt vermeiden lassen. Auch müßte es sogar gelingen, durch regelmäßige Injektion von männlichem Geschlechtshormon den Abwurf eines gefegten Gehörns über eine beliebig lange Zeitspanne zu verhindern.

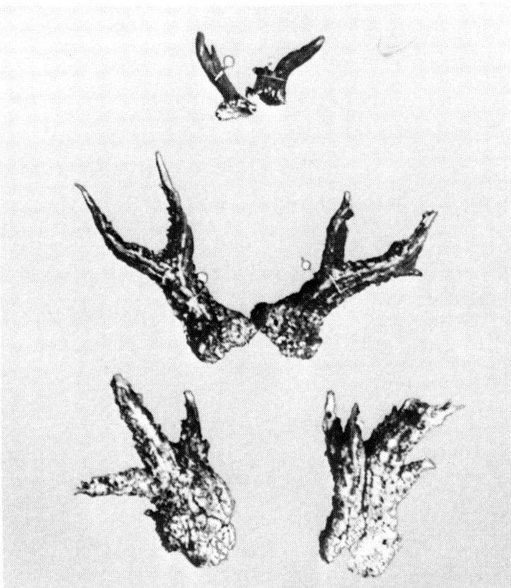

Perückenabwürfe nach Hormonbehandlung

Aber auch weibliches Geschlechtshormon allein wirkt in der gleichen Weise. PFLUGFELDER behandelte einen zehn Monate alten Bock von der Zeit der Kastration ab jeden vierten Tag mit 1 ccm Progynon (Follikelhormon des Eierstockes). Zur Zeit der Kastration, am 7. März, trug der Bock ein unverecktes Kolbengehörn von 9 cm Länge mit weichem, biegsamem Wachstumsscheitel. Das Gehörn entwickelte sich weiter, im Verlauf des März bildeten sich Vorder-, Mittel- und Hintersproß. Die Kolbenstange war jetzt 11,5 cm lang und hatte eine gut entwickelte Rose. Am 18. April begann der Bock zu fegen, der Bast schweißte dabei geringfügig. Während die Innenseite des Gehörns völlig blank gefegt wurde, blieben auf der Außenseite der unteren Hälfte der Stangen und zwischen Mittel- und Hintersproß beträchtliche Teile des vertrockneten Bastes erhalten. Merkwürdigerweise wurden die Rosen nicht gefegt, sondern blieben von einer prallen, gefäßreichen Haut umschlossen. Zu diesen Leistungen war der Kastrat nach allen bisherigen Erfahrungen ausschließlich durch die Hormonbehandlung befähigt, ohne sie wäre das Gehörn nie gefegt worden und hätte sich in eine Perücke verwandelt. Als weitere Merkwürdigkeit wurden sehr bald, nämlich am 23. und 27. Mai, die Stangen abgeworfen, und zwar oberhalb der Rosen (s. Abbildung). Knochenschliffe durch den Basalteil der Abwurfstange zeigen, daß die Vorbereitung für den Abwurf in

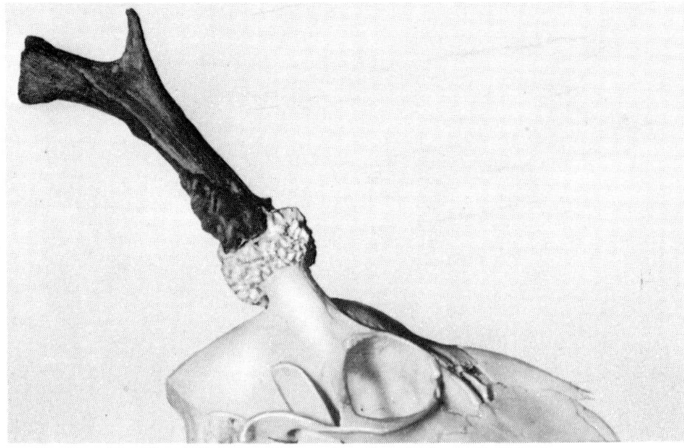

Gehörn von hormonbehandeltem Bock mit Abwurf über der Rose

genau derselben Weise eintrat, wie beim normalen Geschehen, die Demarkationszone entstand jedoch an anderer Stelle. Die Hormongaben haben offensichtlich nicht ausgereicht, den Abwurf zu verhindern. Sie waren jedoch andererseits in der Lage, ein neues Gehörnwachstum zu unterbinden, denn die Abwurfstelle über den Rosen blieb völlig nackt, und bis zum 9. Juli waren keine Anzeichen eines neuen Aufsetzens festzustellen. Durch eine Verkettung tragischer Umstände verendete der Bock am 9. Juli, so daß leider die weitere Gehörnentwicklung nicht verfolgt werden konnte.

Möglicherweise führen bei weiblichen Rehen Veränderungen in der Menge oder der Wirksamkeit der Geschlechtshormone zur Bildung der *Rickengehörne.* Auffallend ist, daß bei dem weiblichen Rehwild häufiger Geweihbildungen auftreten als bei anderen Hirscharten, bei denen normalerweise die Tiere kein Geweih tragen. Spuren von Rosenstockbildungen fehlen bei älteren Ricken selten, bisweilen erreichen sie eine recht ansehnliche Stärke. In seltenen Ausnahmefällen kommt es vor, daß Ricken kleine perückenähnliche Gebilde oder Stangen im Bast tragen und ganz außerordentlich selten normale, gefegte Gehörne (s. Abb. S. 120 u. 121).

Aus dem Leben einer zahmen gehörnten Ricke wurde eine Anzahl Daten mitgeteilt, die hier im Auszug wiedergegeben werden sollen. Das Rehkitz gelangte im Juni 1926 zur Aufzucht in ein acht Morgen großes Gehege. Im Herbst zeigten sich auf den Stirnbeinen kleine erhabene Stellen, die bis zum Frühjahr 1927 zu Rosenstöcken wie beim Bockkitz heranwuchsen. Das Schmalreh wurde brunftig, konnte aber nicht beschlagen werden, weil es nicht freigelassen wurde. In diesem Jahre erlangten die Rosenstöcke eine Höhe von etwa 3 cm. In der Brunft 1928 wurde die Ricke beschlagen, im Juni 1929 setzte sie ein starkes Bockkitz, und 1930 folgte wieder ein Bockkitz, 1931 ein Rickenkitz und 1932 wurden ein Bock- und ein Rickenkitz gesetzt. Die Rosenstöcke der Mutter waren in den Jahren immer höher und stärker geworden, ihre Spitzen wurden nach der Setzzeit 1932 gefegt und abgeworfen. Nach einigen Wochen schob die Ricke das erste Ersatzgehörn, an dem sich sogar Rosen bildeten, die Stangen wurden 4 und 6 cm hoch. Nachdem das Gehörn fertig geschoben war, versuchte sie es zu fegen, das gelang aber erst richtig im Frühjahr 1933. Im Mai 1933 setzte die Ricke zwei Bockkitze, warf einige Wochen nach dem Setzen das Gehörn ab und schob ein neues wie ein normaler Bock, nur zu einer anderen Zeit. Die Stangen wurden 11 cm hoch und die Rosen stärker. Dieses Gehörn versuchte die Ricke zu fegen, es gelang aber nicht, so daß sie es im Bast abwarf, nachdem sie 1934 ein Kitz gesetzt hatte. Das Gehörn, das anschließend zur selben Zeit wie im Vorjahre geschoben wurde, war bedeutend stärker und zeigte Ansätze zu Gabeln, auch die Rosen waren wiederum stärker geworden. Die Ricke wurde in der Brunft 1934 nicht beschlagen. Das Gehörn wurde 1935, also in dem Jahre, in dem die Ricke nicht gesetzt hatte,

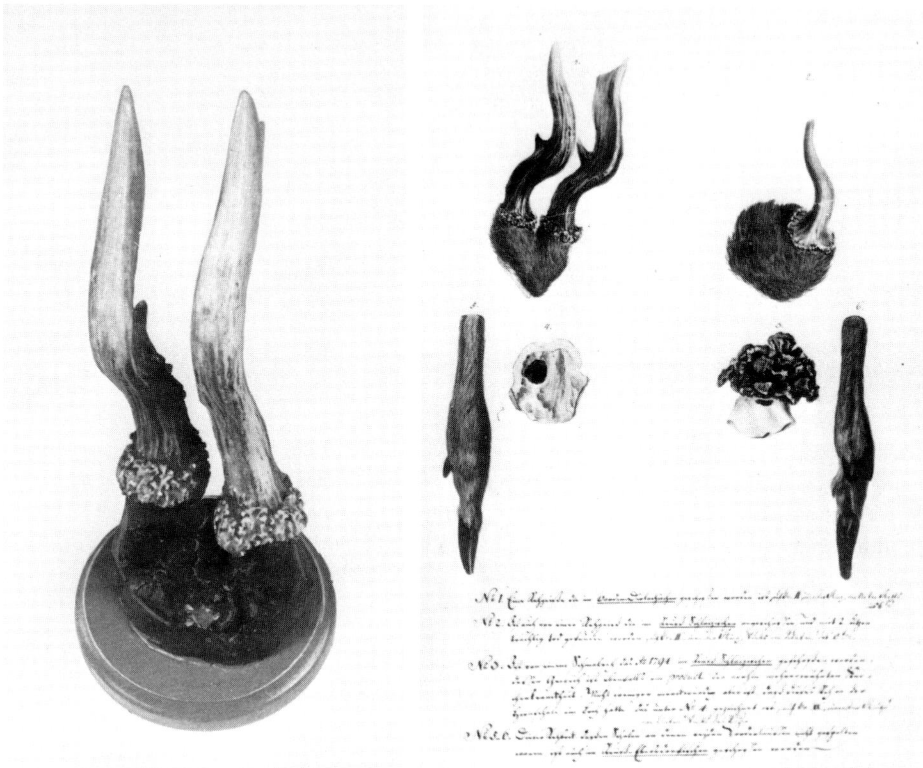

Links: Rickengehörn aus dem Raum Durlach, Stangenlänge 12,5 cm. Rechts: Dasselbe und weitere Rickengehörne nebst den Laufteilen mit Schalen (Sammlung Schloß Erbach)

nicht mehr abgeworfen, sondern bildete sich zur Perücke weiter. Die Perücke erreichte eine solche Größe, daß für die Lichter die Gefahr der Überwallung bestand.

Wenn in der vorstehenden Schilderung die Gehörnbildung in der ersten Jugend begann, so berichtet der nachstehende Fall von einem Rickengehörn als Altersbildung. Mit fünf Jahren wurden bei der Ricke zwischen den Lauschern unter der Decke zwei Wülste sichtbar, die von weitem an Erstlingsbastknöpfe erinnerten. Die Wülste trug die Ricke bis zum 12. Lebensjahr, ohne sie durch die Decke zu schieben. Mit 13 Jahren schob sie im Juli ihr erstes Gehörn, das im Dezember im Bast fertig war und rechts aus einem 10 cm langen Spieß und links aus einer etwas kürzeren Gabelstange bestand. Das Bastgehörn trug die Ricke bis Ende Mai und fegte es dann wie ein Bock an Sträuchern und Stangen blank. Zu gleicher Zeit setzte sie im Mai zwei Kitze. Drei Wochen nach dem Fegen, im Juni, wurde das Gehörn abgeworfen. Auf dem Haupt waren die bekannten Abwurfwunden zu sehen, sie befanden sich aber nicht auf Rosenstöcken, sondern unmittelbar auf der knorpeligen Schädeldecke. Die Stangen sahen wie normale Spießerstangen aus, nur fehlten ihnen die Rosen, Perlen waren angedeutet. Innen waren die Stangen in einer Länge von 1,5 cm hohl, als wenn sie auf einem Zapfen gesessen hätten. Nach dem Abwerfen begann die Ricke im Juli ihr zweites Gehörn zu schieben, dessen weitere Entwicklung wegen der Kriegsereignisse nicht mehr beobachtet werden konnte. Bemerkenswert war nach dem Schieben des Gehörns das Verhalten gegen Feinde. Hatte die Ricke vorher unliebsame Besucher durch Hiebe mit den Vorderläufen verjagt, so setzte sie später auch ihr Gehörn als wirksame Waffe ein. Aus neuerer Zeit liegen eindeutige Ricken-

(keine Zwitter-)Gehörne vor aus Hessen (1955) und Westfalen (1959). Beide Stücke wurden als Abschußböcke erlegt, in beiden Fällen fand man jedoch ein voll entwickeltes, milchführendes Gesäuge.

Am 1.7.1964 wurde im Raum Pforzheim-Calw eine Ricke etwa 4- bis 5jährig mit einem 24 cm hohen Bastgehörn (s. Abb.) und 22,5 kg Wildpretgewicht erlegt.

Bei einem Teil der gehörnten Ricken handelt es sich anscheinend um *Zwitter,* auch bei solchen, die Kitze führen. Boas untersuchte eine Ricke, die trotz der äußeren weiblichen Geschlechtsmerkmale ein Gehörn trug. Das Stück war im Mai 1886 gesetzt worden und trug im April 1887 ein Spießgehörn, das bis zum September nicht gefegt war. Bis in die letzten Tage des März 1888 wurde es noch mit Gehörn beobachtet, doch in den ersten Tagen des Mai waren die Stangen abgeworfen, und kleine Knöpfe wiesen auf das Schieben eines neuen Gehörnes hin. Das Abwerfen zur Setzzeit scheint bei gehörnten Ricken öfter vorzukommen. Am 11. Mai waren die Kolben schon deutlich zu erkennen. Sie wuchsen wiederum zu einem Spießgehörn heran, das etwas geringer war als im Vorjahre. Im Sommer 1889 folgte dem Stück, das ein stark entwickeltes Gesäuge hatte, ein Kitz. Am 14. Oktober wurde das Reh erlegt und untersucht. Die Stangen waren einschließlich der Rosenstöcke 5 und 8 cm lang und hatten stark entwickelte Rosen, die fest aneinanderstießen. Auf der rechten Seite waren normale weibliche Geschlechtsorgane vorhanden, auf der linken Seite fehlten Eierstock, Eileiter und Trichter. An ihrer Stelle befand sich ein Gebilde von dem Aussehen einer zurückgebildeten Brunftkugel, deren Gewebe den Eindruck machte, als ob es während des späteren Lebens verkümmert sei.

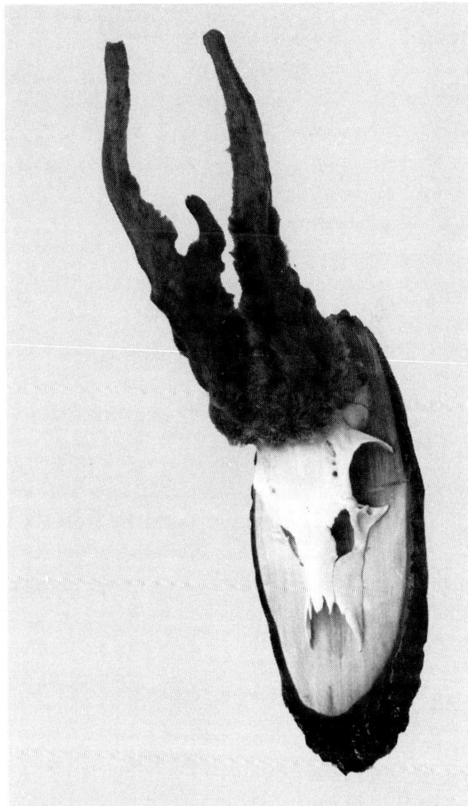

Gehörnte Geiß aus dem Raum Pforzheim-Calw vom 1. 7. 1964

Bemerkenswert ist, daß in dem gleichen Revier schon vorher gehörnte Ricken gestreckt worden sind, und zwar 1873 eine mit gefegtem Sechsergehörn und 1883 eine mit ungefegten Gabeln. In einem unweit gelegenen Revier sind im Verlauf von etwa 31 Jahren sechs gehörnte Ricken zur Strecke gebracht worden.

Andere sogenannte gehörnte Ricken sind tatsächlich Böcke, die nur äußerlich weibliche Geschlechtsmerkmale aufweisen und bei denen die Brunftkugeln im Inneren des Körpers liegen. Solche Stücke führen selbstverständlich nie Kitze und haben einen Gehörnzyklus wie normale Böcke, falls die Brunftkugeln nicht verkümmert sind und dann Perückenbildung zur Folge haben. In beiden Fällen handelt es sich um Scheinzwitter, sie sind zwar von Augenschein einem Geschlecht zuzuordnen, besitzen aber dennoch die Keimdrüsen des anderen Geschlechts.

Die mit Rosenstöcken oder kleinen Perückenbildungen ausgestatteten Ricken haben in der

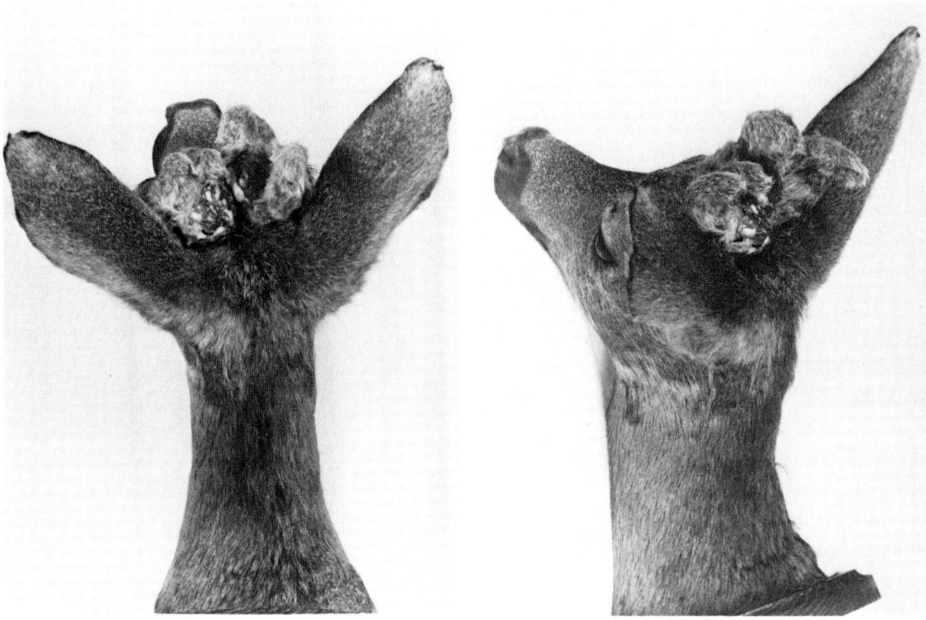

Doppelkopfbildung eines Rehbocks

Regel vollständige weibliche Geschlechtsorgane, deren Eierstöcke wegen Alters in Rückbildung begriffen oder in seltenen Fällen krankhaft verändert sind.

Zu Rickengehörnen führt also die Störung des Hormonhaushaltes einerseits durch Vorhandensein einer männlichen Keimdrüse und andererseits durch Ausfall der weiblichen Keimdrüse bei rückgebildeten oder entarteten Eierstöcken. Die Veränderungen können sich auf eine der beiden Keimdrüsen beschränken, so daß die Ricken trächtig sein oder Kitze führen können. Inwieweit bei ganz normalen Eierstöcken ein Gehörn gebildet werden kann, wie behauptet wird, ist ungeklärt. Versuche mit kastrierten Ricken, die bisher wohl noch nicht gemacht worden sind, würden unsere Kenntnisse bereichern.

Echte Zwitter, d. h. Rehe, die jeweils voll ausgebildete und funktionsfähige Geschlechtsorgane aufwiesen, konnten bis heute wissenschaftlich nicht bestätigt werden.

K. WURSTER, W. HOFMANN und W. DONDORF (1983) berichten von einem am 17. 12. 1976 im Odenwald erlegten gehörnten weiblichen Reh mit einseitiger Doppelstangenbildung von 7,2 bzw. 5,6 cm Höhe aus einem oval verbreiterten Rosenstock. Das Gehörn befand sich noch im Bast. Die mikroskopische Diagnose ergab einen Leydigzelltumor des rechten Eierstocks. Die Hormonaktivät dieser Geschwulst hat zu der beschriebenen „Vermännlichkeitserscheinung" geführt.

Wenn an dieser Stelle auch der *Doppelkopf* behandelt wird, so muß es mit Vorbehalt geschehen, denn über die Ursache dieser Bildung können nur Vermutungen geäußert werden. Ein Doppelkopf ist vorhanden, wenn eine Stange vor Ausbildung der neuen nicht abgeworfen wird, so daß zwei Stangenbildungen verschiedenen Alters auf- und nebeneinander stehen. Die Bildung kommt dadurch zustande, daß die alte Stange von der Neubildung umfaßt wird, wenn Abwerfen und folgendes Gehörnwachstum nicht in der normalen Folge vor sich gehen. Die alte Stange kann stehenbleiben, sie kann sich nachträglich lockern und abgeworfen werden, oder sie kann auch lose und beweglich festgehalten werden. Der Grund für diese Erscheinung ist eine unvollkommene Auflösung der Knochensubstanz in der Trennungszone. Das hat zur

Folge, daß die Stange überhaupt nicht abgeworfen wird oder erst abwurfreif wird, wenn die Bildung des Folgegehörns bereits begonnen hat. Es ist denkbar, daß der Einfluß des Sexualhormones nicht ausreichend abgeschwächt ist, um den Abwurf zu ermöglichen. Hierauf weist die Beobachtung hin, nach der das Folgegehörn beim Doppelkopf stets gering ausgebildet ist, also wohl ebenso gehemmt ist wie die Abstoßung der alten Stange. Darauf läßt auch die Tatsache schließen, daß Doppelköpfe überwiegend im Jährlingsalter im Anschluß an das rosenlose Erstlingsgehörn gebildet werden, bei dem die hormonale Steuerung sich noch nicht immer vollständig eingespielt haben dürfte.

Die Doppelkopfbildung kommt an beiden Stangen oder auch nur einseitig vor; sie ist beim Rehbock außerordentlich selten.

Bohn beschreibt ein Doppelkopfgehörn, das im Jahre 1938 in Trebnig (Schlesien) erbeutet wurde und einen ganz von der Regel abweichenden Bau zeigt. Die geringen, mit Rosen versehenen Spieße des Vorjahres müssen sich sofort bei Beginn des neuen Gehörnwachstums gelöst haben, sie sind aber aus unerklärlichen Gründen nicht abgefallen, sondern wurden von dem wachsenden Gehörn umfaßt, gehoben und nach vorn gekippt. Dabei verwuchsen die alten mit den neuen Stangen so stark, daß eine Lockerung nicht möglich war. Auffällig ist weiterhin, daß dem zweiten jüngeren Gehörn, das bis zu den Spitzen üppig geperlt ist, die Rosen völlig fehlen, wohl als Folge des Nichtabwerfens des ersten geringen Spießgehörnes. Ob es sich hierbei wirklich um einen Doppelkopf handelt, scheint uns zweifelhaft zu sein. Brandt bildet ein fast ebenso gebautes Gehörn ab, bei dem allerdings beide Stangenpaare Rosen haben, und deutet die nach vorn gekippten Spieße als Nebenstangen.

Die Abbildungen auf Seite 122 zeigen eine Doppelkopfbildung eines Rehbockes, der am

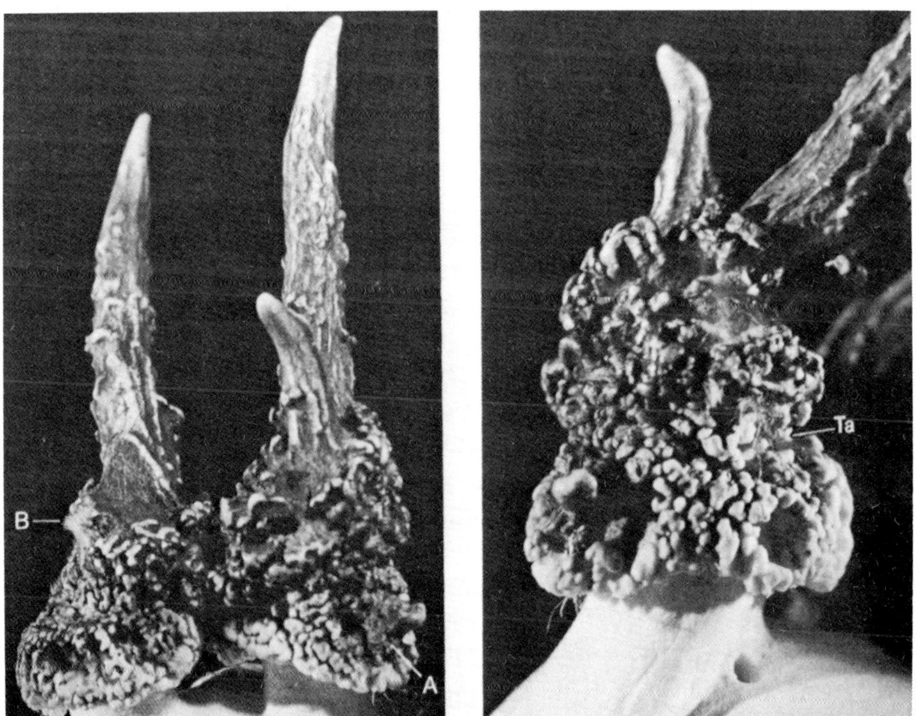

Rosenmißbildungen. A = Knopfspießartiger Auswuchs, B = Bastreste, Ta = Einschnürung taillenartig (Hartwig 1981)

22. September 1973 in der Gemeindejagd Zell (Odenwald) von WALTER SCHARMANN erlegt wurde. Der Bock wurde bereits 1971 und 1972 jeweils im September/Oktober noch im Bast gesehen. Erst nach der Erlegung erkannte man jedoch, daß das mehrstangige Bastgehörn je einen blankgefegten Gehörnknopf von 2,5 bis 3 cm Durchmesser umschloß. Die Brunftkugeln waren beidseitig unverletzt, hatten jedoch bei normaler Länge nur etwa ein Drittel des normalen Durchmessers. Nachdem ebenfalls 1971 und 1972 im gleichen Revier jeweils im Frühsommer ein älterer Bock mit blankgefegten Köpfen beobachtet wurde, der nach der Erlegung dieses Bockes nicht mehr auftauchte, wird angenommen, daß es sich hier um dasselbe Stück handelt, das alljährlich zuerst die Knopfspieße schob und verfegte, anschließend nochmals schob, so daß alljährlich eine Doppelkopfbildung ausgelöst wurde.

Als hormonelle Störung muß wohl auch eine scheinbare Doppelrosenbildung gedeutet werden, die H. HARTWIG (1981) beschreibt. Tatsächlich handelt es sich hier um ein anfänglich unorganisiertes Geweihwachstum mit außergewöhnlicher Massigkeit der Rosen, dem sich nach Abklingen der Störung ein normales, restliches Stangenwachstum anschloß (Abbildung S. 123).

Schließlich müssen an dieser Stelle noch die *Pergament-* und *Ledergehörne* erwähnt werden, bei denen der Bast auf den Stangen geblieben ist; nicht zu verwechseln mit Gummigehörnen (s. S. 126). Obwohl der Bock fleißig fegt, wovon das Abscheuern der Haare bis auf geringfügige Reste Kunde gibt, wird er den Bast nicht los. Mancher Bock wird geschossen, der noch größere oder kleinere Stücke Bast als zähe, feste Haut auf dem Gehörn trägt, die nur gewaltsam entfernt werden können. Hieraus darf der Schluß gezogen werden, daß der Bast sich nur während einer begrenzten Zeit leicht von der Stange löst, danach auf dem Gehörn auftrocknet und vom Bock nicht mehr entfernt werden kann. Hierin hätten wir die ersten Anfänge und Übergänge zum Ledergehörn zu erblicken. Es bleibt allerdings immer noch die Frage offen, wie beim Rehgehörn der Bast so entarten kann.

Ledergehörn

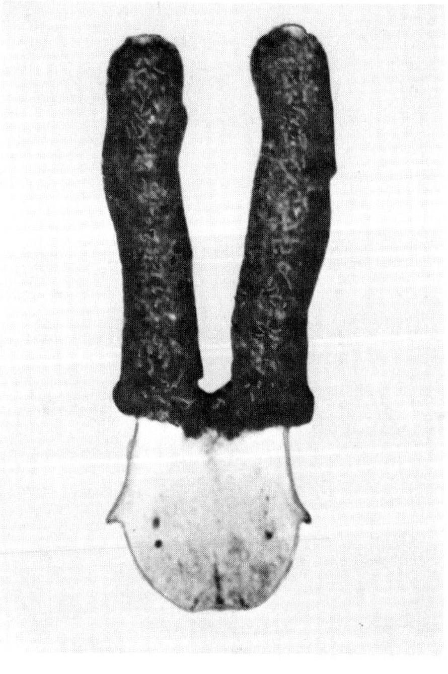

Pechgehörn

Am 2. 7. 1983 wurde im Revier Rothenberg/Odenwald ein etwa 4jähriger Bock mit einem kurzen, aber massigen Ledergehörn gestreckt. Der Bock war abgekommen, Wildpretgewicht 13 kg, und hustete stark. In der Nasenhöhle wurden 20 bis 3 cm lange Larven der Rachenbremse gefunden (s. Abb.).

Ledergehörn und Larven der Rachenbremse

Ob hier ein Zusammenhang besteht, ist jedoch zweifelhaft, da zum Zeitpunkt des Fegens die Larven sicher noch nicht entwickelt waren. Man kann nur eine Erkrankung des Bastes, der Knochenhaut oder der Kolbenrinde und/oder eine hormonale Störung annehmen.

Ähnlich liegen die Dinge, wenn der Bast bereits vor der Reife des Gehörns durch Entzündung so stark entartet ist, daß er zu keinem Zeitpunkt hätte abgefegt werden können. Ein solches *Pechgehörn* wurde am 18. Juni 1953 erbeutet (s. Abb. S. 124). Die 15,5 cm hohen Stangen waren von bläulich-schwarzem Bast bedeckt, der vollkommen eingetrocknet, wie versteinert war und auf der Oberfläche unregelmäßige Risse aufwies. Die Basthülle war auffallend verdickt, die Spitzen beider Stangen fehlten.

4. Störungen des Stoffwechsels

Das Gehörn ist ein Körperteil, der alljährlich gänzlich erneuert wird. Es ist daher natürlich, daß es ein getreues Spiegelbild aller Störungen ist, die während seiner Entstehung das körperliche Wohlergehen des Bockes beeinflussen. Wenn wir uns vergegenwärtigen, daß der Bock sein Gehörn in der Notzeit aufbauen muß, in der an seinen Körper erhebliche Anforderungen für die Erhaltung des Lebens überhaupt gestellt werden, so ist es verständlich, warum sich die Folgen von Störungen des Stoffwechsels am Gehörn besonders stark auswirken.

Ein Mangel an Aufbaustoffen durch knappe Äsung wird sich in einer Verkleinerung der Stangen oder der Vereckung zu erkennen geben, eine krankhafte Änderung des Stoffwechsels dagegen hat *Widder- und Korkzieherbildung* zur Folge, deren Entstehung auf einen gestörten Kalkstoffwechsel zurückgeführt werden muß. Der Formenreichtum dieser Bildungen ist sehr groß, er erstreckt sich von kaum merklich „geflammten" Stangen über stärkere Verbiegungen bis zu spiralig gewundenen Gehörnen, er ist als Ausdruck einer mehr oder weniger starken und andauernden Erkrankung zu werten.

Die Entstehung der Verbiegungen ist so zu erklären, daß die Verkalkung und Verknöcherung der Stange mangelhaft zustande kommt. In fast allen Fällen verknöchern die krummen Stangen später vollkommen, bei der Erlegung ihrer Träger in der Jagdzeit ist von der abgeklungenen Erkrankung meist nichts mehr zu bemerken. Deshalb sind nach dem Urteil der meisten Jäger die Böcke mit Korkziehergehörnen weder krank noch gering im Wildpret; ob sie es aber auch zur Zeit des Schiebens waren, das entzieht sich der Beurteilung. Die Verknöcherung solcher Gehörne ist das Ergebnis eines Gesundungsvorganges, denn letzten Endes hat die nötige Einlagerung von Kalksalzen stattgefunden, die schließlich die Bildung in

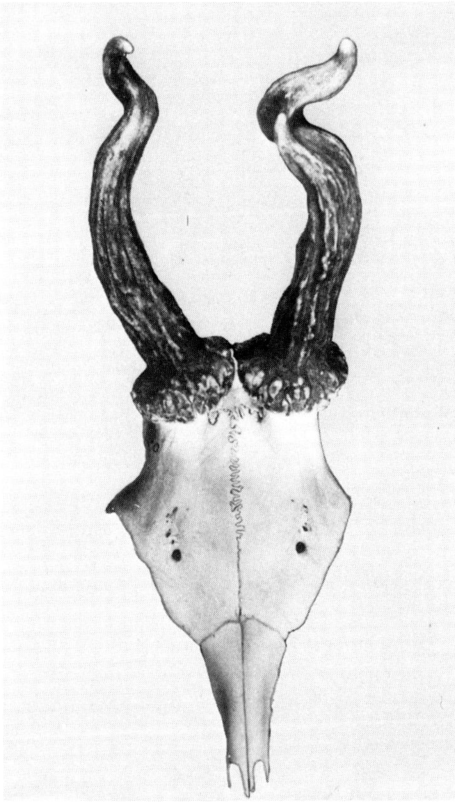

Korkenziehergehörn

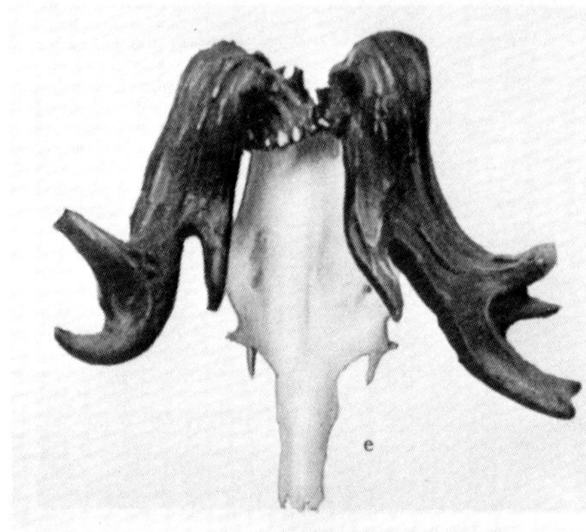

Widdergehörn

der regelwidrigen Form erhärten läßt. Nur ganz selten kommt es vor, daß diese Gehörnform bei der Erlegung des Bockes noch weich und biegsam ist und als *Gummigehörn* bezeichnet werden kann. Am 26. Mai wurde ein Bock geschossen, dessen Gehörn in der oberen Hälfte noch weich war. Die Elastizität entsprach der von Hartgummi, man konnte die Stangen beliebig biegen, doch gingen sie stets wieder in ihre alte Stellung zurück. Es wäre aber möglich gewesen, dem Gehörn eine vollständig andere Form zu geben, wenn es vor dem Abkochen geschehen wäre. Bei einem anderen Gehörn bogen sich die Stangen nach der Erlegung des Bockes wie Gummi und ließen sich eindrücken. Dabei waren sie vollständig gefegt und blitzblank, sogar die dünnen spitzen Enden. Am folgenden Nachmittag, nachdem der Schädel abgekocht und getrocknet war, waren die Stangen hart, auf die Hälfte zusammengeschrumpft und federleicht.

Der Bock, der das abgebildete Gummigehörn trug, wurde am 15. Mai in schwerkrankem Zustand abgenickt. Er war nach der Zahnabnutzung sechs bis acht Jahre alt geworden. Das Gehörn war noch zum großen Teil mit Bast bedeckt und so elastisch, daß es sich nach allen Seiten verbiegen ließ. Die Stangen waren nicht verknöchert, sondern auf der Stufe der Knorpelbildung stehengeblieben. Bei der Sektion fand Rieck in den Luftwegen der Lunge zahlreiche Rinderlungenwürmer und in der Nasen- und Rachenhöhle Larven der Rehrachenbremse. In den Verdauungsorganen waren keine Parasiten vorhanden. Ein Zeichen dafür, daß der Bock schon lange gekümmert hatte, war außer dem Gewicht von 11 kg der übermäßig starke Befall mit Rehhaarlingen, die in großer Menge auftreten, wenn der Körper des befallenen Stückes seit längerer Zeit nicht mehr über genügend Abwehrkräfte verfügt. Hervorzuheben ist sowohl bei den hier beschriebenen, wie bei allen anderen weichen

Gehörnen, daß sie später hart werden wie jeder Knorpel, dessen Wassergehalt verdunstet. Damit geht stets ein erheblicher Verlust an Volumen und Gewicht einher.

Wie bereits bei der Entwicklung des Gehörns dargestellt, tritt Korkzieherbildung in der Regel nur bei einem Folgegehörn plötzlich auf, um im nächsten Jahr wieder einem normalen Gehörn Platz zu machen. Ein in Gefangenschaft gehaltener Bock hatte als Jährling, wohl infolge der guten Ernährung, ein massiges hellgefärbtes Spießgehörn aufgesetzt. Als Zweijähriger trug der Bock ein Korkziehergehörn mit nach außen gebogenen Stangen. Nach Abwerfen dieses Gehörns setzte er ein ganz normales, ebenmäßiges und starkes Sechsergehörn auf, das nicht an das vorher getragene verbogene Gehörn erinnerte.

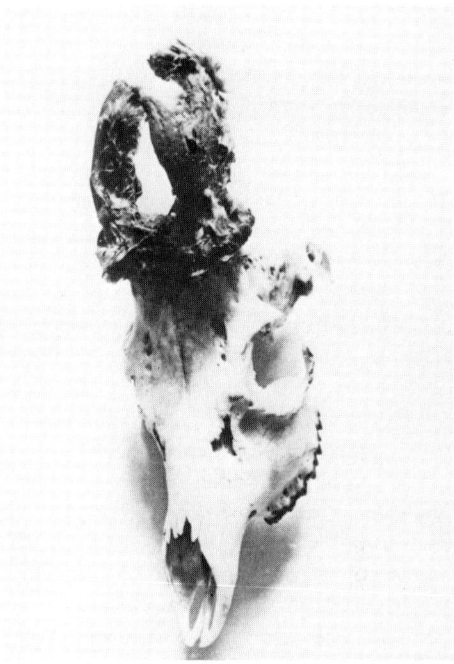

Gummigehörn

In freier Wildbahn sind die Vorgänge ähnlich dem geschilderten. In einem gut mit Rehwild besetzten Revier in der Nähe Berlins trug die Mehrzahl aller Böcke in einem Jahr plötzlich Korkziehergehörne. Die vorgeschriebene Zahl an Abschußböcken war bald erlegt, und es wurden weitere Korkzieher zum Abschuß freigegeben, die auch zur Strecke kamen. Dadurch wurden in diesem Jahr viele, vor allem ältere Böcke mit verbogenen Gehörnen abgeschossen. Im folgenden Jahr war auch bei Anwendung größter Mühe kein einziger Korkzieherbock zu sehen, sondern die Gehörne waren, wie in allen Jahren vorher, normal. Aber, und darauf kommt es an, ältere, gut jagdbare Böcke fehlten vollständig, sie waren im Jahre vorher als starke Korkzieher gefallen. Das Revier hat mehrere Jahre gebraucht, um sich von dem kräftigen Aderlaß zu erholen. Die Erklärung für diese Beobachtung ist leicht zu finden. Es waren hauptsächlich ältere und alte Böcke mit verbogenen Gehörnen zur Strecke gekommen, weil diese ihren Kopfschmuck früher bilden als junge Böcke und in dem Jahre durch einen Kälteeinbruch gerade während des Schiebens in ungünstige Lebensbedingungen gerieten, die zu Erkrankungen und Stoffwechselstörungen führten. Die jüngeren Böcke hatten um diese Zeit noch nicht oder nicht wesentlich geschoben, so daß ihr Gehörnwachstum weit weniger durch die ungünstige Witterung beeinflußt wurde. Wenn die älteren Böcke nicht in dem Korkzieherjahr als sog. Abschußböcke gestreckt worden wären, hätten sie im nächsten Jahr aller Wahrscheinlichkeit nach völlig normale Gehörne geschoben.

Seltener kommt es mehrere Jahre hintereinander zum Aufsetzen eines Korkziehergehörnes, wie es bei einem Bock festgestellt wurde, der mit einer Wildmarke gezeichnet war und deshalb sicher angesprochen werden konnte. Dieser Bock setzte schon als Jährling korkzieherähnlich auf, ebenso in dem folgenden Jahr. Beim dritten Gehörn waren die Stangen am stärksten, mit vier Jahren setzte der Bock zurück und wurde deshalb geschossen. Hier lag eine wiederkehrende oder chronische Störung des Kalkstoffwechsels vor.

Bei der Häufigkeit dieser Mißbildungen ist es von besonderem Interesse, die Ursachen für den gestörten Kalkstoffwechsel kennenzulernen. Für krumme Stangen ist im allgemeinen kennzeichnend, daß sich die Regelwidrigkeit auf beide Seiten erstreckt. Dieser Umstand deutet schon auf eine im Wildkörper liegende Grundursache hin. Schon seit langem wird vermutet, daß die Ursachen für die Knochenweiche oder Rachitis und für die Verbiegung der Gehörnstangen ähnlich sein können. WIEDEMANN hat dann aufgrund von Versuchen mit Gehege-Rehen sowie aufgrund theoretischer Erwägungen die Ansicht vertreten, daß das Korkziehergehörn die Erscheinungsform einer ungenügenden Zufuhr von Vitamin D ist, also eine Rachitis. In der Zeitschrift für Jagdwissenschaft hat J. PORTMANN (1970 u. 1971) dieser Annahme in „Überlegungen zur Entstehung von Korkziehergehörnen und sogenannten Frostgehörnen" widersprochen, dies aufgrund von röntgenologischen Untersuchungen, die keinerlei Anzeichen einer abgelaufenen Rachitis ergaben.

Er kommt vielmehr, auch nach der Stellungnahme von H. MEIER (ebenda) zu der Auffassung, daß für derartige Regelwidrigkeiten im Gehörnaufbau Darmerkrankungen plus durch Hunger ausgelöste Knochenkrankheit – „enterale Hungerosteopathie" – ursächlich sind. Hierzu PORTMANN:

„Die enterale Hungerosteopathie entsteht durch lang andauernde Darmerkrankungen, wobei außer den üblichen Hungerfolgen (Untergewicht, Eiweiß- und Vitamin-C-Mangel usw.) Störungen im Kalkhaushalt und damit an den Knochen auftreten. Dabei handelt es sich um eine „gemischte Knochenkrankheit", gemischt aus den Komponenten Osteoporose (Kalkarmut) und Osteomalazie (Knochenerweichung). Beide Erkrankungen, Osteoporose und Osteomalazie, kommen als eigenständige Erkrankungen vor. Treten sie aber zusammen auf, basierend auf einer Darmerkrankung, so ist die dann entstandene Krankheit als „enterale Hungerosteopathie" zu bezeichnen. Diese Erkenntnis wurde 1919 und 1920 gewonnen (EDELMANN, LOOSER, SCHLESINGER, SIMON und viele andere) und ist seitdem unbestritten. Somit ist die Hungerosteopathie auch nicht „eine der Möglichkeiten zur Entstehung der Osteomalazie", sondern umgekehrt: Die Osteomalazie ist eine definitionsgemäß notwendige Komponente der Hungerosteopathie und braucht darum nicht mehr erst damit „vereinbart" zu werden. Zur Osteomalazie-Komponente gehören die LOOSERschen Umbauzonen (Querstreifen unverkalkter, erweichter Knochengrundsubstanz) mit den nachfolgenden pathologischen Frakturen. Durch die Hungerosteopathie entstehen Verknöcherungsstörungen und damit u. a. Verbiegungen der bestehenden und entstehenden Knochen. – Dies mußte nochmals wiederholt werden, um den Zusammenhang klarzustellen.

Auf diesen Gegebenheiten basieren meine Überlegungen, daß die Verbiegungen, die durch die krankheitsbedingt verzögerte, erst später nachvollzogene Verknöcherung entstehen, beim wachsenden Gehörn zum Korkzieher- oder Widdergehörn führen.

In der Humanmedizin ist das Krankheitsbild der enteralen Hungerosteopathie gehäuft nur nach den beiden Weltkriegen beobachtet worden, also in ausgesprochenen Notzeiten. Beim Rehwild ist aber in jedem Winter mehr oder minder Notzeit. Das Äsungsangebot ist oft unausgeglichen, es kommt zur Mißernährung, Wurminfektionen häufen sich, Parasiten aller Art werden zumindest an den nicht mehrfach umgestellten Fütterungen laufend übertragen. Damit kommt es zu Darminfektionen z. T. mit Durchfällen, und so sind für das Rehwild alle Bedingungen, eine enterale Hungerosteopathie zu bekommen, in jedem Winter gegeben. So ergaben auch die seit Jahrzehten von RIECK durchgeführten Fallwilduntersuchungen besonders bei Rehen in schlechtem Ernährungszustand und vorwiegend im Nachwinter (also zur Schiebezeit des Rehgehörns) als auffallend gehäufte Todesursache eine unspezifische Magen-Darm-Entzündung. Das paßt also alles ins Bild. Die Lebensbedingungen des Rehwildes können somit gehäuft zu einer enteralen Hungerosteopathie führen, und der beschriebene Krankheitsverlauf muß dann bei Böcken in leichten Krankheitsfällen zu Verbiegungen der neugebildeten Knochen, also zum Korkzieher- oder Widdergehörn führen, und bei schweren Fällen muß es zum Tode unter dem Bild einer Magen-Darm-Entzündung bei Untergewicht kommen. Bei Ricken, die ja fast alle tragend sind, muß sich eine solche Erkrankung aber noch empfindlicher auswirken, da ja vorrangig alle Nährstoffe und auch der Kalk zur Embryonalentwicklung der Kitze eingesetzt werden. Hierdurch wäre wohl auch der unverhältnismäßig hohe Anteil der Ricken beim Fallwild erklärbar.

In dieses sicherlich sehr komplexe Krankheitsbild der enteralen Hungerosteopathie passen aber auch die aufgeführten Theorien (Rachitis, Leberegel, reine Brombeerblätteräsung, sofern es diese gibt und die dann zu einer Mißernährung führen würde) als Teilsymptome oder Teilursachen. Besonders aber die Theorie von Rieck von der verzögerten Gehörnverkalkung bei krankhafter (Kalk-)Stoffwechselstörung entspricht dem vollständig.

Unter der Annahme dieses Krankheitsbildes ist es aber auch verständlich, warum Korkzieher- und Widderbildungen beim Rotwild zu den größten Seltenheiten gehören, da ja Darmerkrankungen als Grundlage einer solchen Knochenerkrankung in der Schiebezeit ihres Geweihes ebenso selten sind. Es wird gleichfalls klar, warum Korkzieherböcke im Folgejahr bei ja überstandener Erkrankung ein normales, wenn auch vielleicht schwaches Gehörn schieben. Gerade das normale Folgegehörn hat bisher als Argument gegen die Abschußnotwendigkeit von Korkziehern eine große Rolle gespielt. Wenn man dabei aber berücksichtigt, daß die Stangenverkrümmung auf eine insgesamt doch schwere Erkrankung zurückgeführt werden muß, ist ein Zurückbleiben in der Gesamtentwicklung solcher Böcke doch unbedingt anzunehmen.“

Wieweit außerdem die innersekretorischen Drüsen, insbesondere die den Kalkgehalt des Blutes regulierenden Nebenschilddrüsen, eine Rolle spielen, wissen wir nicht. Es ist zu vermuten, daß eine vorübergehende oder dauernde Erkrankung, die durch eine einfache Verdauungsstörung oder durch die Giftwirkung der Ausscheidungen von Parasiten vorliegt, schon zu einer Störung des Kalkhaushaltes im Körper führen kann. Gerade in der Zeit, in der das Gehörn aufgebaut wird, tritt meistens ein Mangel an Vitamin D ein, und gerade in dieser Zeit häufen sich die Magen-Darm-Entzündungen, an denen zahlreiche Rehe eingehen. Es ist anzunehmen, daß sich diese Erkrankung bei den Böcken, die am Leben bleiben und wieder gesunden, in der Gehörnbildung bemerkbar macht.

5. Verletzungen des Stirnbeines und/oder des Rosenstockes

Wie Versuche von Bubenik sowie von Hartwig und Schrudde gezeigt haben, hat das Knochengewebe des Stirnbeines die Fähigkeit, auch an solchen Stellen die Basis für Geweihbildungen zu schaffen, die ursprünglich dafür nicht bestimmt sind. In der Regel wird ein äußerer Reiz, meist eine Verletzung des Stirnbeines oder des Rosenstockes, zur Bildung zusätzlicher Gehörnteile führen, die dann als *Nebenrose und Nebenstange* entweder frei stehen oder mit der Hauptstange mehr oder weniger in Verbindung treten. Die Verletzungen entstehen wohl in der Hauptsache beim Fegen und Schlagen an Ästen, in schweren Fällen beim Kämpfen oder beim Anfliehen von Hindernissen.

Bei einem Gehörn wurde 2 cm unter dem Rosenstock der linken Stange ein Geschoß gefunden, das in den Schädelknochen eingedrungen war. Über dem Geschoß hatte sich ein pilzförmiger Auswuchs aus Knochenmasse gebildet, der auf seiner oberen Fläche die gleiche Färbung und Perlung wie das Gehörn zeigte. Zwei ähnliche, nur kleinere Auswüchse befanden sich in der Verlängerung des Schußkanals.

Eine besonders starke Knochenwucherung zeigt das rechte Stirnbein eines Bockkitzes, das im November 1928 im Revier Reichenwald (Ostpreußen) erlegt wurde. Das etwa sechs Monate alte Bockkitz hatte das stattliche Gewicht von 12 kg erreicht. Vor dem rechten verkümmerten Rosenstock befindet sich ein flacher geballter Knochenauswuchs von 10,5 cm Höhe, ein Teil des rechten Rosenstocks scheint mit in die Bildung einbezogen zu sein. Der linke Rosenstock ist normal, er trägt noch kein Kitzgehörn. Der Auswuchs, der von der Decke überzogen war, muß seine Entstehung einer ganz erstaunlichen Bildungskraft verdanken, als Reiz muß wohl eine äußere Verletzung vermutet werden.

Nach stärkerer Zertrümmerung des gehörnbildenden Gewebes im Stirnbein oder Rosenstock und durch dessen mit Narbenbildungen einhergehenden Ausheilung entstehen *mehrstangige Gehörne*, die nach dem Grade der Verletzung die regelwidrigsten Formen annehmen

Rosenstockbruch mit gefundener ausgebrochener Stange nach Wachstum der Ersatzstange

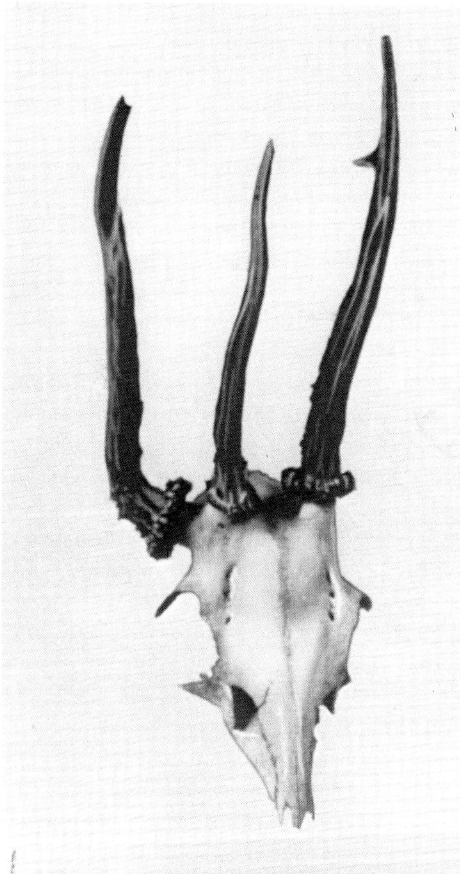

Mehrstangengehörn

können. Kennzeichnend ist in allen diesen Fällen, daß die Stangen aus dem Bezirk der verheilten Knochenwunde des Schädels oder des Rosenstocks entstehen, wobei die Basis der Stangen getrennt (s. Abbildung) oder miteinander verwachsen sein kann. Im Laufe der Jahre gleichen sich die Unregelmäßigkeiten, die durch die Verletzung des Gehörnbildungszentrums entstanden sind, durch Umbauvorgänge in den Geweben immer mehr aus, so daß schließlich ein abnormes, aber in seinem Aufbau doch wieder verhältnismäßig regelmäßiges Gehörn entsteht. In extremen Fällen steht auf dem Stirnbein ein kleiner „Wald von Stangen", wie bei einem Vierzehner aus Olts Sammlung, der um zwei Gabelstangen noch neun schwächere Nebenstangen trägt, die verhältnismäßig symmetrisch angeordnet sind.

Die meisten Regelwidrigkeiten dieser Gruppen entstehen durch *Bruch des Rosenstockes,* der in der Regel nur dann vorkommen kann, wenn das fertige Gehörn getragen wird oder das

Bastgehörn schon soweit entwickelt ist, daß es einen ausreichenden Hebelarm zum Abbrechen des Rosenstockes vom Stirnbein bildet. Wenn ein Bock auf das Gehörn stürzt, oder wenn es in voller Flucht mit dem Gehörn ein Hindernis anflieht, so kann es zum Bruch eines, manchmal auch beider Rosenstöcke kommen. Doch in der Mehrzahl der Fälle wird diese Verletzung wohl bei den Kämpfen der Böcke entstehen.

Wenn der Rosenstock aus dem Stirnbein herausgebrochen wird und mitsamt der Decke verlorengeht, so unterbleibt das Stangenwachstum bis zum folgenden Jahr. Dadurch entstehen diejenigen Einstangenböcke (s. Abbildung) und, wenn beide Rosenstöcke betroffen sind, diejenigen Plattköpfe, bei denen eine äußere Einwirkung die Ursache der Regelwidrigkeit ist.

Bleibt der Rosenstock erhalten, so sind die Folgen – entsprechend der Entwicklung, in der sich das Gehörn zur Zeit des Bruches befand – verschiedener Art. Dabei ist für die zukünftige Stangenbildung der Grad, bis zu dem das Gehörnbildungsgewebe in Mitleidenschaft gezogen worden ist, von größter Bedeutung. Regelmäßig wird die Stange durch ihr Eigengewicht aus ihrer ursprünglichen Wachstumsrichtung verlagert und mehr oder weniger nach unten hängen. In der Kolbenzeit gibt der Bruch Anlaß zu Veränderungen am Rosenstock selbst und zu Abweichungen an der im Wachstum begriffenen Stange.

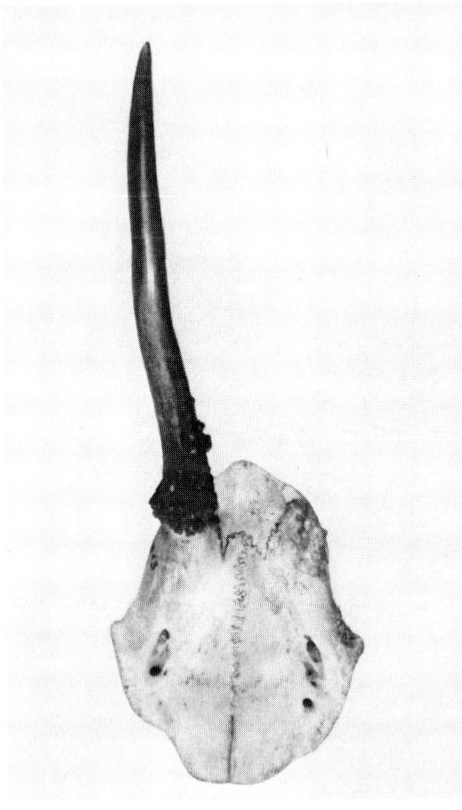

Rosenstockbruch mit Verlust der Stange vor Wachstum der Ersatzstange

Infolge der gewöhnlich sehr umfangreichen Kallusbildung an der Knochenwunde des Rosenstockes werden die zuführenden Blutgefäße verengt und so Ernährungsstörungen der aufzubauenden Stange hervorgerufen. Diese sind um so größer, je früher der Bruch in die Wachstumsphase der Stange fiel. Wenn am Kolben noch keine Enden gesproßt waren, so unterbleibt deren Wachstum, und es bildet sich eine beulenartige Verdickung. Sofern die Baststange zur Zeit des Bruches noch nicht voll ausgewachsen war, aber schon zur Vereckung angesetzt hatte, streben die noch wachsenden Teile in die Richtung nach oben, so daß die Sprossen manchmal an der herunterhängenden Stange Haken bilden. Wenn der Bruch unmittelbar vor dem Fegen zustande gekommen ist, so gleicht die normal ausgebildete hängende Stange der stehengebliebenen anderen. Sie ist jedoch stellenweise von der eingetrockneten Basthaut überzogen, die nicht vollständig abgestreift werden konnte, weil das Fegen schmerzhaft war, oder weil die lose Stange nicht genügend Widerstand beim Reiben am Gesträuch fand.

Gewöhnlich werden die Bruchstücke durch Bildung von Kallusgewebe in ihrer veränderten Richtung festgelegt, später verknöchert dieses knorpelige Gewebe und führt zu einer festen Verheilung der Bruchflächen. In der Kolbenzeit entsteht durch die starke Ernährung des Bastgehörns sehr rasch eine umfangreiche Kallusmasse. Bald nach dem Bruch verschwindet allmählich der aufgetretene Bluterguß, es bildet sich bindegewebiger Kallus, der nach ca. drei Wochen in Knorpel umgebildet ist. Bis zu diesem Zeitpunkt ist die Stange noch beweglich, weil der Knorpel elastisch ist, später erfolgt dann meist eine feste Verwachsung. In manchen Fällen, wenn das Narbengewebe die Bruchflächen nicht straff genug festhält, oder wenn der Bruch beim fertigen Gehörn eintritt und die Heilung nur langsam vor sich geht, bildet sich durch das stete Hin- und Herpendeln ein falsches Gelenk, es entsteht eine *Pendelstange.* Im Falle der Bildung eines solchen Scheingelenks bleibt der abgebrochenen Stange zwar beschränkte, doch dauernde Beweglichkeit. Wie langsam die Heilungsvorgänge am gebrochenen Rosenstock erfolgen, wenn das Gehörn gefegt ist, zeigt das Beispiel eines Bockes, der im Mai gesehen wurde, als ihm die bereits gefegte normale Sechserstange bis auf das Geäse herabhing und auf und nieder klappte. Als der Bock am 4. Oktober erlegt wurde, hatte sich dieser Zustand noch nicht geändert, weil das Knochenwachstum im Bezirk der Stirnbeine hormonell gehemmt war.

Bisweilen besteht aber nicht einmal mehr eine gelenkige Verbindung der Bruchflächen, sondern die Bruchstücke haben sich voneinander entfernt und werden nur noch von der Decke gehalten. Einen extremen Fall dieser Art sehen wir an einem Bock, bei dem am linken

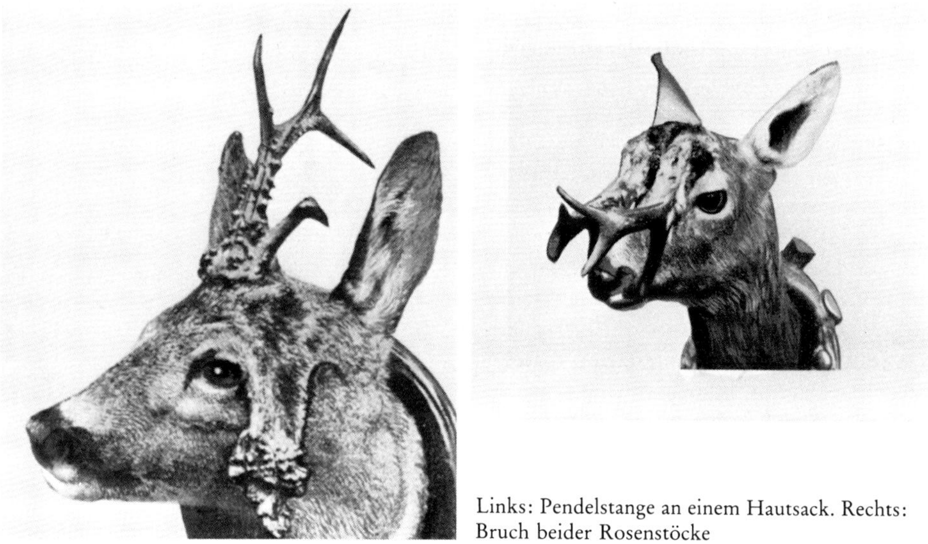

Links: Pendelstange an einem Hautsack. Rechts: Bruch beider Rosenstöcke

Rosenstock ein Hautsack herabhängt, der in einem Gehörnfragment von 5,5 cm Länge und 17 cm Rosenumfang endet. Im Inneren des Hautsackes, an die Rose anstoßend, fühlt man beim Abtasten deutlich ein 1,5 cm langes Knochenstück, das Bruchstück des linken Rosenstockes. Offenbar hat sich nach einem Rosenstockbruch im Laufe der Zeit durch die Schwere des abgesprengten, von der Decke gehaltenen Gehörnes eine Hautausdehnung, der Hautsack, gebildet, der schließlich ziemlich tief herabhing (s. Abbildung). Wie bei diesem Bock sowohl das abgesprengte Stück des Rosenstockes als auch der stehengebliebene Rest die Fähigkeit gehabt haben, eine verkümmerte Stange zu bilden – die linke Stange hatte eine Höhe von 7 cm –, so kann in anderen Fällen das Gehörnwachstum auf der Bruchstelle des Stirnbeins völlig erlöschen und sich nur die pendelnde Stange weiterentwickeln. Über eine äußerst komplizierte Mißbildung berichtet H. Hartwig (Z. Jagdwiss. 25 (1979) 4–8) (s. Abb.). Es handelt sich um einen in Gyula (Ungarn) erlegten Bock mit einer rechtsseitig gut vereckten, fast 30 cm langen Sechserstange.

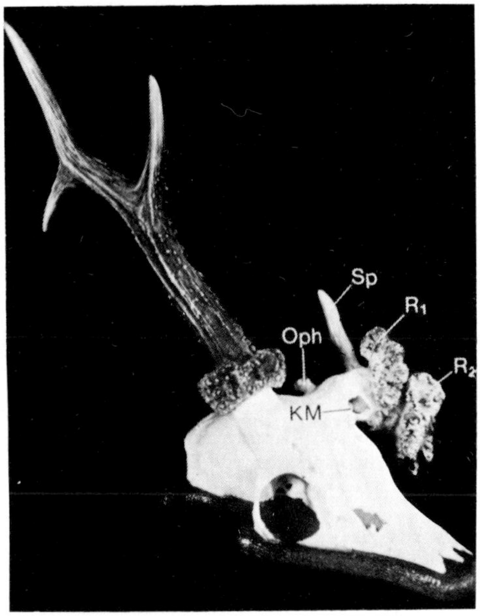

Einseitig mißgebildetes Rehgehörn. Rechts: normale Sechserstange, links: deformierter Rosenstock mit den beiden Rosen R_1 und R_2 und der Knochenmanschette KM, Sp Spieß, Oph Osteophyt (Hartwig 1979)

Die linksseitige Mißbildung wird wie folgt beschrieben:

„Auf der linken Stirnseite ist der Rosenstock unregelmäßig verdickt und nach vorn-außen gekrümmt. Er wird von zwei separaten, hintereinander angeordneten Rosen (R_1 u. R_2) distalwärts abgeschlossen. Eine nach außen-abwärts weisende Stange, wie sie nach einfachen Rosenstockbrüchen oft zu beobachten ist, trägt die Rose R_2 nicht. Ihre distale Abschlußfläche zeigt die für eine Rose typischen Oberflächenstrukturen, läßt aber keine Spuren erkennen, die auf einen Stangenabbruch hinweisen könnten.

Aus der nach oben gekrümmten, morphologischen Rückseite des mißgebildeten Rosenstockes tritt ein schräg nach hinten gerichteter kleiner Spieß hervor, an dessen Basis kleine Perlen und sonstige Unregelmäßigkeiten die Tendenz zur Rosenbildung in ähnlicher Weise erkennen lassen, wie das an der Basis von Primärspießen gelegentlich der Fall ist.

Zwischen diesem Spieß und dem Schädeldach sind dem deformierten Rosenstock einige leistenförmig angeordnete Osteophyten aufgesetzt, die, soweit sie von Kopfhaut bedeckt waren, eine glatte, knochenartige Oberflächenstruktur zeigen, während ihre nur wenig über die Decke hinausragenden Außenkanten ‚Gehörncharakter' zeigen, d. h. unregelmäßig strukturiert und bräunlich verfärbt sind.

An der medianwärts gerichteten Seitenfläche des deformierten Rosenstockes mündet, umgeben von einer dünnwandigen Knochenmanschette, ein weitlumiger Gang aus, der sich in das Rosenstockinnere fortsetzt.

Das Besondere an diesem mißgebildeten linken Stirnauswuchs ist, daß er aus zwei beim abgekochten Schädel frei gegeneinander beweglichen Teilen besteht: einem äußeren, fest mit dem Schädeldach verbundenen, gekrümmten Hohlzylinder mit der Rose R_1, den Osteophyten und der Knochenmanschette und darin locker (aber nicht lösbar) eingefügt ein Knochenelement, das nach oben in den Spieß und nach unten in die Rose R_1 ausläuft."

Hartwig verweist wohl zu Recht auf ein 1897 auf der Budapester Jagdausstellung gezeigtes und von C. Bosnjak seinerzeit in Band IV von „Wild und Hund" eingehend beschriebenes Gehörn eines gewilderten Bockes, welches eine vergleichbare Mißbildung aufweist und von Raesfeld in der 3. Auflage dieses Werkes 1923 abgebildet und den inneren losen Knochenzapfen als Rest des durch äußere Gewalteinwirkung (ältere Schußverletzung?) zertrümmerten, ursprünglichen Rosenstocks, der von einem, vom Stirnbein aus neu gebildeten, sekundären Rosenstock umschlossen wird, gedeutet hat. HARTWIG schließt sich dem an und kommt zu folgendem Ergebnis:

„Der betreffende Bock erlitt, während er sein Gehörn trug, einen Rosenstockbruch bzw. -abbruch, bei dem die Rosenstockdecke weitgehend intakt blieb. Durch das Gewicht des abgebrochenen Rosenstockes und der mit ihm verbundenen Gehörnteile (Rose u. Stange) wurde die Rosenstockdecke gedehnt und schräg nach vorn-unten gezogen, d. h. es entstand eine ‚Pendelstange'. Die schlauchförmig ausgezogene Rosenstockdecke wird dabei von Exsudat gefüllt und aufgetrieben worden sein. Vom Schädeldach aus begann dann der Aufbau eines neuen Rosenstockes, der in den schräg herabhängenden Hautschlauch wie in eine ‚Gußform' hineinwuchs. In der Zeit, die dieser regenerierende Rosenstock brauchte, um bis zu dem im Distalende des Schlauches hängenden Rosenstockfragments vorzudringen, hatte sich dieses wahrscheinlich auf seinen freien Flächen allerseits mit einem Periostregenerat umgeben; außerdem wurde dieses Knochenelement durch die Aktionen der mit ihm verbundenen Pendelstange in dauernder Bewegung gehalten und konnte aus diesen Gründen nicht mit dem regenerierenden Rosenstock, von dem es umwachsen wurde, in feste Verbindung treten. Nach Abwurf der pendelnden Stange bildete sich auf der betreffenden Abbruchfläche, d. h. auf dem beweglichen Knochenkern die Rose R_2, und unabhängig von ihr auf dem distalen Rande des regenerierten Rosenstockes die Rose R_1.

Die bei beiden Objekten unabhängig von diesen Rosen gebildeten kleinen Spieße sind als ‚Nebenstangen' zu deuten, die sich im Zusammenhang mit Hautverletzungen entwickelt haben. Die beiden Spieße (Objekt BOSNJAK) sitzen an einer Stelle stärkster Hautbeanspruchung (Überdehnung, evtl. Riß) der Basis des regenerierten Rosenstockes fest auf. Bei dem Objekt aus Gyula ist die schlauchförmig herabhängende Rosenstockdecke wahrscheinlich von innen her von den scharfen Kanten des abgebrochenen und durch die Pendelstange in Bewegung gehaltenen Knochenelementes durchstoßen. Auf dem im Bereich der Wunde freiliegenden Knochenrand bildete sich der Spieß und wurde so zu einem Teil der beweglichen Systemkomponente.

Die dem regenerierten Rosenstock fest aufsitzenden Osteophyten sprechen dafür, daß sich die Hautverletzung bis in diese Gegend erstreckt hat."

Man könnte in beiden Fällen von einer Doppelkopfbildung einschließlich der Rosenstöcke nach vorhergegangener Pendelstange sprechen.

Bei allen Formen der Mehrstangigkeit und der Rosenstockbrüche, ob fest verheilt oder pendelnd, wird die Stange wie jede andere regelrecht gebildete abgeworfen, wieder geschoben und, soweit wie möglich, auch gefegt. Die Ersatzstange ist in jedem Falle abnorm gebaut und mehr oder weniger verkümmert.

Trotz Verlustes des Rosenstockes kann es zur Neubildung einer Stange auf der Knochenwunde kommen. Im Berliner Zoologischen Garten brach die rechte Stange eines fertigen Sechsergehörns mit Rosenstock im Herbst tief am Schädel ab, der ganze Rosenstock löste sich aus der Decke und fiel mit der Stange ab. Trotzdem entwickelte sich an dieser Stelle eine neue Sechserstange von fast normaler Form und nur wenig schwächer als auf der anderen Seite. Die Rose sitzt unmittelbar auf dem Schädel, sie hat die gleiche Stärke, wie die der anderen Stange. Einen sehr ähnlichen Fall zeigt die Abbildung auf S. 130, hier wurde auf der verletzten Seite eine abnorme Stange geschoben.

Die Verletzungen des gehörnbildenden Gewebes in Stirnbein und Rosenstock und des gehörnernährenden Gewebes in der Decke des Rosenstockes bedingen entsprechend ihrem Umfang die verschiedenen Beeinträchtigungen des Gehörnwachstums.

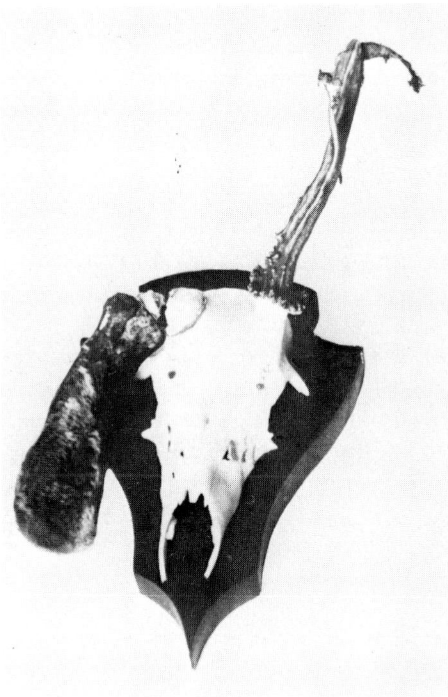

Links: Rosenstockbruch mit keulenförmiger Pendelstange. Rechts: ungerader Achtundzwanzigender aus Bayern 1814. Verletzung des Wachstumsscheitels evtl. durch Beschuß! Sammlung Schloß Erbach

6. Verletzungen der Kolbenstange

Das wachsende Kolbengehörn ist ein empfindlicher Körperteil, der Beschädigungen wegen seines Sitzes auf dem Haupte leicht ausgesetzt ist. Die Böcke sind deshalb in der Bastzeit beim Einwechseln in das Unterholz vorsichtig und legen das Haupt nach hinten, um das Gehörn keinen Beschädigungen durch Äste auszusetzen. Trotz dieser Vorsicht kommen aber doch Verletzungen des Kolbengehörnes vor, die sich je nach Stärke und Lage auf die weitere Gehörnausbildung auswirken. Die stärksten Folgen hat die Zerreißung des Wachstumscheitels zu Beginn der Kolbenzeit. Bei der Ausheilung der Wunde und der Vernarbung des Bastes bilden sich mehrere neue Keimbezirke, die zum Auswachsen abnormer Enden führen, es entsteht *regelwidrige Vielendigkeit* (s. obenstehende Abbildung rechts).

Da der wachsende Scheitel des Bastgehörns weich ist, gehört keine große Gewalteinwirkung dazu, ihn zu zerteilen. Es kommt öfter vor, daß ein Reh im Schreck einen Baum oder Zaun anflieht und sich das Genick bricht. So kann ein Bock bei solcher Gelegenheit mit den Kolben gegen ein Hindernis stoßen und dabei die weiche Gehörnmasse erheblich verletzen. Brandt erwähnt das Gehörn eines zahmen Bockes, dessen eine Stange in drei abnormen Enden auslief. Die Bildung entstand nach dem Schuß aus einer mit Wasser geladenen Vogelflinte, die den Kolbenscheitel etwas verletzte und den Anlaß zu der Endenbildung gab.

In der Zeitschrift für Jagdwissenschaft hat H. Hartwig (1969) einen interessanten Beitrag zu diesen wachstumsbedingten Regelwidrigkeiten veröffentlicht. Dieser „Versuch zur Analyse der Entwicklungsbedingungen, die zu einer Doppelstangen-Bildung beim Reh führten" schildert ein Rehgehörn, bei dem auf dem rechten Rosenstock nacheinander mit gewissem zeitlichen Abstand zwei Stangen entstanden. Die an der zuerst angelegten Stange gebildeten Merkmale (Perlung, Vordersproß) werden bei Anlage der zweiten, sich später entwickelten Stange nicht wiederholt. So entspricht die zu Beginn des Kolbenwachstums entstandene erste tums entstandene erste Stange dem unteren, die später angelegte zweite Stange dem oberen Teil der Normalstange, die sich auf dem linken Rosenstock desselben Gehörns gebildet hat (wobei die Grenze zwischen „unterem" und „oberem" Stangenteil in diesem Fall als etwas oberhalb der Ansatzstelle des Vordersprosses verlaufend angenommen wird). Ein bestimmtes Zeitprogramm scheint die Merkmalausbildung bei der Gehörnstange zu steuern, wobei die Frage offen bleibt, ob der Steuerungsmechanismus außer- oder innerhalb der Zellen des Stangenbildungsgewebes zu suchen ist.

Entstanden ist dieses Dreistangen-Gehörn wahrscheinlich in der Weise, daß kurz nach Anlage der Vordersprosse (a) der rechte der zunächst auf beiden Seiten normal gebildeten Kolben abbrach (b), im Zusammenhang damit sein Wachstum einstellte, trotzdem aber ausreifte und später normal verfegt wurde.

Die Bruchfläche muß dabei ungefähr in derselben Ebene gelegen haben, in der sich bei normalem Abwerfen die reife Stange vom Rosenstock löst (b). Unterschiede in Materialbeschaffenheit und Härte zwischen dem persistierenden, fest verknöcherten Rosenstock und dem in Neubildung begriffenen Stangenteil mögen den Bruch gerade an dieser Stelle begünstigt haben.

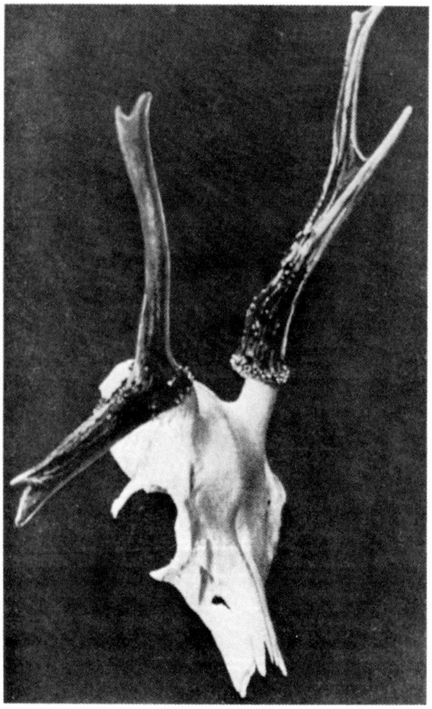

Doppelstange auf dem rechten Rosenstock eines Rehgehörns

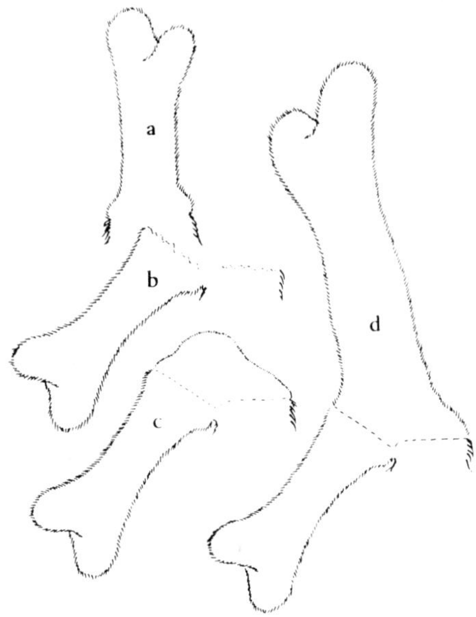

Rekonstruktion der Vorgänge, die zur Bildung der Doppelstange führten (Schema)

Wahrscheinlich war es kein offener Bruch. Der abgebrochene Kolben wird, gehalten von überdehnter Rosenstockhaut, zunächst seitlich und pendelnd herabgehangen haben, bis im Bereich der Bruchstelle genügend osteogenes Regenerationsgewebe gebildet und mit zunehmender Verknöcherung dieses Gewebes eine feste Verbindung zwischen dem abgebrochenen Teil und dem Rosenstock wiederhergestellt und so die bewegliche Stange fixiert worden war (c).

An diesem zwischen den Bruchflächen wuchernden und sie verbindenden Regenerationsgewebe hat sich dann ein neuer, nach oben gerichteter Stangenscheitel gebildet, aus dem weiterhin die aufrecht stehende Stange des rechten Rosenstockes hervorwuchs (d).

Bei bereits verknöcherten Baststangen führt ein Bruch entweder zum Verlust des abgebrochenen oberen Teiles und zur Bildung von *Stummelgehörnen,* oder es entsteht ein *Knickbruch.* Der abgebrochene Stangenteil fällt nicht ab, sondern wird von dem elastischen Bast festgehalten, so daß eine schiefe Verheilung eintreten kann. Dabei kommt keine umfangreiche Kallusbildung, wie sie bei anderen Knochen nach Brüchen entsteht, vor. Je nach der Entwicklungsstufe der verletzten Stange und der Art der Bruchverletzung muß das weitere Wachstum zu verschiedenen Formen führen. Ist das Wachstum der Stange an der geknickten

Blasengehörn

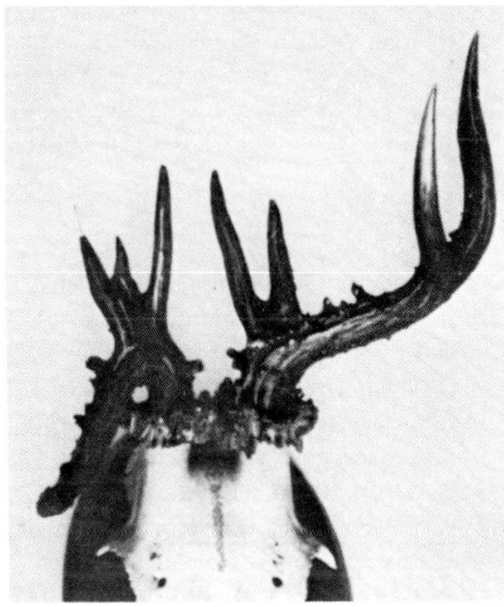

Knickbruch aus der Bastzeit
mit Notendenbildung

Stelle annähernd beendet, so findet eine Verheilung der aus der Lage gebrachten Baststange statt, während gleichzeitig das weitere Längenwachstum der Spitzenteile die Richtung nach oben einschlägt. Wenn dagegen in dem geknickten Bezirk das Wachstum noch nicht abgeschlossen ist, bilden sich an der Stelle häufig abnorme Enden, sogenannte Notenden, die in der Richtung nach oben wachsen (s. Abb.). Der Reiz zu ihrer Bildung wird von einer teilweisen Zerstörung des Bastes und der Knochenhaut ausgehen, sonst würden solche Bildungen wohl nicht entstehen.

In Verbindung mit Stangenknickungen, aber auch an regelmäßig gebauten Stangen, findet man gelegentlich Auftreibungen der Knochensubstanz, die zu verschiedenen Deutungen Anlaß gegeben haben. Diese *Blasengehörne* haben eine beulenartig vorgewölbte Knochenkapsel, die innen hohl ist. Im Inneren der Kapsel findet sich eingetrocknetes Blut. Hin und wieder weisen die Blasen Öffnungen nach unten auf. Die Ursachen der Blasenbildung sind Blutergüsse unter dem Bast, die als Folge von Prellungen oder Quetschungen eingetreten sind. Bei anderen Blasenbildungen, die tiefer im Knochen liegen, mag eine Verletzung mit folgender Vereiterung die Ursache gewesen sein, der Fund von Fremdkörpern, z. B. eines Dornes, in der Blasenbildung deutet darauf hin, daß auch lediglich ein ständiger äußerer Reiz eine vermehrte

Knochenbildung hervorrufen kann, die jedoch in der Regel zu einer Beule ohne Hohlraum führen wird, wenn keine Infektion hinzutritt.

Wenn sich zwischen der Gehörnstange und der Knochenhaut des Bastes durch Verletzung von Blutgefäßen eine Blutblase gebildet hat, so dehnt sich der Bast und umwallt nach einiger Zeit den Bluterguß mit einer Knochenschicht. Da beim Gehörnaufbau eine sehr starke Blutzufuhr stattfindet, kann es zu umfangreichen Blutungen unter dem Bast kommen und infolgedessen, wenn das Blut nicht durch eine Wunde des Bastes abfließen kann, zu bedeutenden Blasenbildungen bis zur Größe eines Apfels. Die so gebildeten Blasen befinden sich stets außen an der Stange (s. Abb. S. 137).

Wenn die Blasenbildung in der Stange selbst erfolgt ist, wäre als Ursache an ein Knochengeschwür zu denken, bei dem durch Auflösung des Knochengewebes und Auftreibung der Stange durch Neubildung von Knochenmasse ein Hohlraum entstanden ist. Nach eingetretener Heilung findet sich dann eine hohle Auftreibung mit einem Loch oder mehreren Öffnungen, die meist nach unten gerichtet sind und wohl als Fistelgänge zu deuten sind, durch die der Eiter nach außen durchgebrochen ist.

Eine ältere Theorie, nach der gallenbildende Insekten die Blasen hervorgerufen haben, ist abwegig.

7. Erfrierungen des Bastes oder ernährungsbedingte Wachstumsfehler

Es gibt Gehörne, die nur aus den Stümpfen der Stangen bestehen, die sogenannten *Frostgehörne.* Die Stangenbasis ist vollständig fertig ausgebildet und geperlt, sie zeigt keine Abweichung vom normalen Bau. Mehr oder weniger oberhalb der Rose hört die Stange plötzlich mit breiter, etwas eingedellter Oberfläche auf, deren Rand glatt poliert ist. Meistens sind die beiden Stangenstümpfe gleich hoch (s. Abbildung). Man hat den Eindruck, daß das Gehörnwachstum ganz plötzlich, wie mit einem Messer abgeschnitten, aufgehört haben muß. Den Beweis für das Absterben des oberen Gehörnabschnitts von einem Tag zum anderen liefern die sehr seltenen Fälle, in denen auf dem ausgereiften Stumpf eine dunkle poröse Stange steht, die den abgestorbenen Kolbenteil darstellt. Im Normalfall wird dieser wenig feste Teil spätestens beim Fegen abgebrochen, nachdem sich der untere Stangenstummel fertig ausgebildet hat; die Bruchstelle wird dann später beim Schlagen glatt poliert. Man nahm bisher an, daß das Absterben der oberen Stangenabschnitte durch *Erfrierung* verursacht wird, und es war kaum eine andere natürliche Einwirkung denkbar, die zu einem derartig scharf abgesetzten Gewebetod führen könnte.

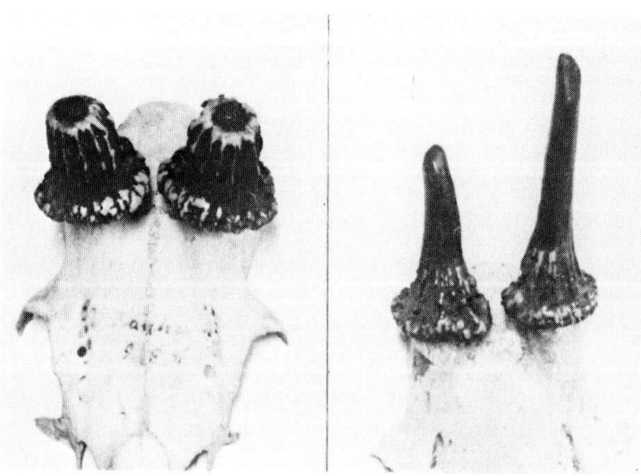

Frost- bzw. Hungergehörne

So wurde im März 1929 in der Gegend von Troppau bei einigen Böcken beobachtet, daß sie die Baststangen abbrachen oder auch abwarfen. Am 3. März trug ein Bock, der Ende Februar mit hochgeschobenem Gehörn wiederholt gesehen wurde, nur noch eine Stange, am 6. März hatte er auch die zweite Stange abgeworfen. In einem anderen Revier wurde am 8. März in einem Haufen Buchenreisig eine abgeworfene Baststange gefunden, am 11. März in der Nähe die andere. Am 11. März warf ein Bock, der im Vorjahre ein starkes Spießgehörn getragen hatte, das Bastgehörn ab, ebenso warf ein anderer Bock, der ein gutes Sechsergehörn versprach, am 11. März die eine Stange und am 18. März die andere ab. In einem weiteren Revier kam ein Bock, der ein gutes Bastgehörn geschoben hatte, im März ohne Hauptschmuck zur Fütterung.

Es wurde als sicher angenommen, daß diese mitgeteilten Vorfälle mit der ganz ungewöhnlichen Kälte des Winters 1928/29 zusammenhängen, in dem die Temperatur in der genannten Gegend bis gegen − 40 Grad Celsius gesunken ist. Das Abwerfen der Stangen ereignete sich ungefähr fünf bis sechs Wochen nach der Zeit mit den tiefsten Temperaturen. Zumindest bei einem Teil dieser Fälle scheinen die Stangen bis herunter zum Rosenstock abgestorben zu sein. Das Bastgehörn wurde dann durch einen ähnlichen physiologischen Vorgang gelockert, wie er sonst nur im Herbst beim gefegten Gehörn eintritt, und anschließend abgeworfen. Überdies bildete sich bei zwei dieser Böcke auf der Abwurfstelle eine Wucherung, ein Zeichen dafür, daß das Gehörnwachstum noch nicht zum Stillstand gekommen, sondern gewaltsam unterbrochen war.

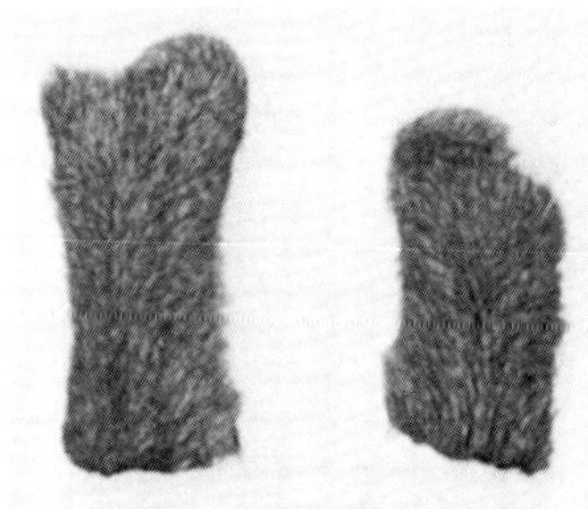

Abgeworfene Baststangenenden

1963 wurden frisch abgeworfene Baststangen in Westfalen Mitte Februar an einer Fütterung gefunden (s. Abbildung). Das Absterben und vorzeitige Abwerfen wurde ebenfalls auf vorhergehende strenge Kälte zurückgeführt, die am 18. Januar einen Tiefstand von − 22 Grad Celsius erreicht hatte.

Gegen diese Erfrierungstheorie werden verschiedene Einwände erhoben. Das wachsende Gehörn sei ganz besonders stark durchblutet, so daß ein Erfrieren wohl schwerlich eintreten könne; eher müßten andere Körperenden, z. B. die Lauscher, dem Erfrierungstod ausgesetzt sein. Gegen Frosteinwirkung sprechen auch Gehörne, die neben einem Stumpf eine gut vereckte Stange haben oder gar ein Gehörn, das außer den beiden Stümpfen eine gut vereckte Nebenstange hat.

Auch hierzu hat Portmann in seinen bereits erwähnten Überlegungen eine einleuchtende These aufgestellt:

„Ein Teilsymptom der enteralen Hungerosteopathie, das nicht immer auftritt, nämlich die Loosersche Umbauzone, erscheint aber auch interessant bei der Frage nach der Entstehung der sogenannten Frostgehörne.

Es ist schon mehrfach von medizinischer Seite darauf hingewiesen worden, daß ein Erfrieren des Bastgehörns nicht denkbar ist. Der Bast ist ja besonders stark durchblutet und muß es aus physiologischen Gründen wie jede Neubildung auch sein, da die gesamten Grundsubstanzen herangeführt werden müssen. Nur in Körperabschnitten mit „ruhender" Aktivität wird die Durchblutung eingeschränkt und kann es zu Erfrierungen kommen, nie aber in Wachstumszonen mit entsprechend besonders starker Aktivität. So war die Frost-Theorie aus medizinischen Gründen äußerst umstritten, aber eine andere Theorie bot sich nicht an.

Wie bereits beschrieben führen Loosersche Umbauzonen mit den streifenförmigen Querbändern aus erweichter und völlig entkalkter Knochengrundsubstanz zu ganz glatten Querbrüchen. Im Skelett werden diese Brüche von der umgebenden Muskulatur nach Art einer wenn auch völlig unzureichenden Schienung gehalten. Wenn aber eine solche Umbauzone im Gehörn entsteht und es dann hier zu einem Querbruch kommt, ist der Bast sicher nicht in der Lage, diesen Bruch zu schienen, so daß eben der darüber hinaus gebildete Gehörnabschnitt abgeworfen wird, manchmal vielleicht erst später beim Fegen. Eine Loosersche Umbauzone mit dem scharf und glatt begrenzten Querband könnte also auch das scharf abgesetzte Stangenende eines Frostgehörns völlig erklären. Die meist bestehende leichte Eindellung bei einem sogenannten Frostgehörn ist dabei ebenfalls verständlich, da die Gehörnverkalkung in den äußeren Stangenabschnitten ja weiter fortgeschritten ist und im Zentrum nachhinkt. Auch die meist völlige Gleichseitigkeit der Veränderung an beiden Stangen läßt sich im Sinne eines solchen osteomalazischen Schubes bei einer enteralen Hungerosteopathie erklären, da eine solche Schubzeit am wachsenden Gehörn ja beiderseits in gleicher Höhe ansetzen muß.

Die ausgeführten Überlegungen führen also zum Krankheitsbild der enteralen Hungerosteopathie, das die Veränderungen beim Korkzieher- und Widdergehörn wie auch beim sogenannten Frostgehörn voll und ganz erklärt, das den Lebensbedingungen des Rehwildes entspricht und in das die bisherigen Theorien als Teilsymptome oder Teilursachen einmünden.

Für die Hege ergibt sich daraus wieder einmal, daß alles für eine gute Fütterung getan werden muß, um Darmkrankheiten als häufigste Winterkrankheit zu vermeiden und es ergibt sich auch immer wieder, wie wichtig Gesundheit und Ernährung für ein gutes Gehörnwachstum sind."

Portmann weist abschließend darauf hin, daß seine Analogieschlüsse an und für sich durch histologische, röntgenologische und laborchemische Untersuchungen nachweisbar sein müßten, dies ist jedoch u. W. bis heute an dem hierfür erforderlichen erheblichen Aufwand gescheitert.

Für den Fall eines Nachweises schlägt er jedoch vor, statt von „Frostgehörnen" besser von „Hungergehörnen" zu sprechen.

8. Verletzungen des Wildkörpers

Noch weitgehend ungeklärt sind die Einwirkungen von schweren Verletzungen des Wildkörpers, besonders der Läufe, auf die Gehörnform. Dombrowski hat die These aufgestellt, daß Körperverletzungen schweren Grades und insbesondere Knochenzersplitterungen die Mißbildung und Verkümmerung der diagonal gelegenen Gehörnseite zur Folge haben. Demnach kümmert bei rechtsseitiger Verletzung des Vorder- oder Hinterlaufes die linke Stange, bei linksseitiger Verletzung die rechte Stange. Die Verkümmerung zeigt sich besonders in einer Verringerung der Masse, in der Regel auch in einer Deformation der Stange. Die Diagonalwirkung schreibt Rumbler dem Nervensystem zu, das in seinen Zentralteilen Gelegenheit bietet, Reize, die von der einen Körperseite herkommen, auf die andere hinüberzuleiten. Dies muß jedoch nicht immer der Fall sein.

Eine andere Auswirkung von Laufverletzungen scheint recht häufig zu bestehen, und zwar eine Neigung beider Gehörnstangen zu der Seite, die dem kranken Lauf gegenüber liegt. Lahmheit am rechten Vorderlauf veranlaßt ruckartige Belastung des linken Vorderlaufes und ein Neigen der Stangen nach links. Wird der linke Hinterlauf geschont, dann ergibt sich daraus eine ruckartige Belastung des rechten Vorderlaufes, und die Stangen neigen sich nach rechts.

9. Unbekannte Ursachen

An dieser Stelle sollen Gehörnbildungen aufgeführt werden, deren Entstehungsursache rätselhaft ist. Zu diesen rechnen die *Luxusgehörne,* die eine übermäßige Stärke der Stange zeigen, die krankhaft aufgetrieben wirken. Die Kräfte des Wachstums haben sich nicht in der Bildung langer Stangen und Enden ausgewirkt, sondern in dem Aufbau eines kurzen klobigen Gehörns von großer Masse, manchmal mit guter Perlung.

Wir stellen zur Diskussion, ob nicht die beiden abgebildeten englischen Weltrekordböcke eigentlich hier einzuordnen wären.

Links: Am 25. 4. 1974 erlegter Bock aus Südengland, 1031 g Gehörngewicht, 403 cm³ Volumen, Stangenlänge beiderseits 22 cm, inoffiziell 249 CIC-Punkte

Rechts: In weniger als 7 km Entfernung gefundenes Gehörn ohne Abzüge 1120 g Gehörngewicht, 285 cm³ Volumen, Stangenlänge 21,6 cm und 19,6 cm, vorläufig 205,3 CIC-Punkte

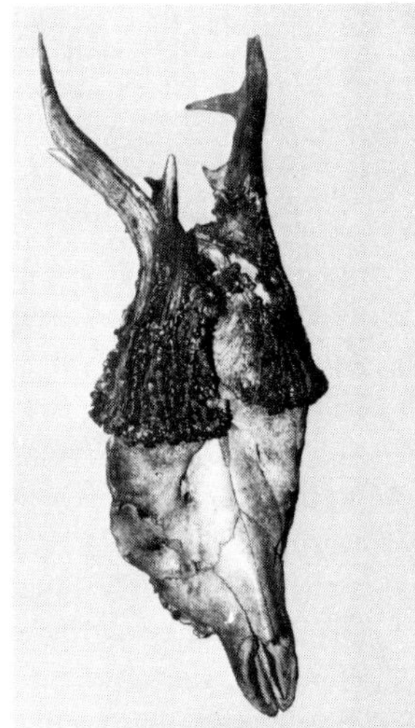

Letztlich sei noch auf eine Mitteilung von H. Koch (Die Pirsch Nr. 5/81) hingewiesen, nach der an einem starken Sechsergehörn unbekannter Herkunft (heute Sammlung Schloß Erbach) keinerlei Rosenbildung festzustellen ist, obwohl es so gut wie ausgeschlossen sei, daß es sich um ein Erstlingsgehörn handelt.

Wie die bekannte Duplizität der Fälle wird in Wild und Hund vom 8. 1. 1984 von einem ebenfalls rosenlose Rehgehörn berichtet, wozu von Braunschweig folgenden Kommentar schrieb:

„Das nebenstehende Foto zeigt ein 21 Zentimeter hohes Vordersprossengablergehörn ohne Rosen. Der Schädel hat eine ausgesprochen jugendliche Form. Die Rosenstöcke sind nach innen geneigt und die Schädelnähte nur wenig verknöchert. Die Vordersprossen sind ziemlich tief angesetzt.

Der Abschliff des Gebisses und der Kieferzustand sprechen für ein Alter von zwei bis drei Jahren. Betrachtet man den Schädel mit Gehörn separat, könnte man den Bock für einjährig halten. Schädelform und Gehörn passen schlecht zum Abschliff und Zustand des Unterkiefers. Diese Divergenz kommt häufiger vor.

Bei genauer Prüfung läßt sich die Abweichung von der Norm erklären. Im vorliegenden Fall ist eine Klärung allerdings nicht möglich. Leider läßt sich das Fehlen der Rosen auch nicht begründen. Mir bekannte Literatur gibt ebenfalls keinen Aufschluß."

(Die Abbildungen dieses Kapitels aus der Sammlung Schloß Erbach verdanken wir der liebenswürdigen Unterstützung des Grafen Franz zu Erbach Erbach.)

Erbgut, Umwelt, Stoffwechsel, Ernährung

Nach dem heutigen Stand unseres Wissens dürften folgende Gründe die Ursache für die nicht überall befriedigende Entwicklung unseres Rehwildes sein:

1. Qualitativ, teilweise sogar quantitativ unzureichende Ernährungsgrundlage.
2. Zeitlich begrenzte Äsungsengpässe (Sommer – Winter).
3. Zahlenmäßig überhöhte Bestände.
4. Falsches, zugunsten des weiblichen Wildes verschobenes Geschlechterverhältnis.
5. Mißverstandener Wahlabschuß.
6. Immer mehr Kleinreviere.
7. Störung des Sozialgefüges durch überhastete, wahllose Bestandesreduzierung.
8. Mangelnder Ausbildungsstand und wissenschaftliche Verunsicherung der Jäger.
9. Übertragung erfolgreicher Hegemaßnahmen beim Rotwild auf das Rehwild ohne Berücksichtigung der artspezifischen Eigenheiten.
10. Zunehmende Beunruhigung der Reviere.

Selbstverständlich ist keiner dieser Gründe isoliert zu sehen. So bilden Ernährungsgrundlage, Wilddichte, zusätzliche Lebensraumkonkurrenz durch andere Schalenwildarten sowie Geschlechterverhältnis mit entsprechender Zuwachsrate einen Komplex gegenseitiger Abhängigkeiten. Wir haben zwar gesehen, welch außerordentliche Anpassungsfähigkeit über Jahrmillionen das Rehwild bis zum heutigen Tag auszeichnet, dem entspricht aber eine Umweltlabilität wie bei keiner unserer anderen Schalenwildarten.

Insofern war und ist der an „Zuchtgedanken" ausgerichtete Wahlabschuß, den Raesfeld *nicht* meinte, das große Mißverständnis der letzten 50 Jahre.

Die plötzlich auftauchenden Schlagworte wie *Aufartung, Artverderber*, gut oder schlecht *veranlagt*, zeigen deutlich, daß man das äußere Erscheinungsbild, den *Phaenotyp*, mit dem Erbbild, dem *Genotyp*, des Rehwildes verwechselte. Man glaubte an erblich bedingte, ungenügende Gehörnbildung und erkannte nicht, daß es sich überwiegend um ernährungs-, umwelt- und krankheitsbedingte Kümmerformen, oft sogar nur zeitlich befristet, handelte. Wir sind sicher, daß in den letzten Jahrzehnten unzählige Böcke gerade der Mittelklasse im Glauben an einen vorbildlichen Hegeabschuß auf einem zeitweiligen Tiefpunkt ihrer Entwicklung erlegt wurden. Hier liegen auch die fatalen Irrtümer in der Gleichsetzung von Rot- und Rehwild. Abgesehen von all dem, was wir hierzu in der Naturgeschichte gesagt haben, ist einfach von der Konstitution, der Lebenserwartung, aber auch von der Jahreszeit der Geweihbildung die äußerst unterschiedliche, umweltbedingte Entwicklung jedes Individuums nicht vergleichbar.

Beim Hirsch kommt dem „Altwerden lassen" innerhalb eines gut gegliederten Bestandes überragende Bedeutung zu, der Rehbock kann unter günstigen Bedingungen mit drei Jahren den Höhepunkt seiner Gehörnentwicklung erreicht haben, seine Rolle im Sozialgefüge ist aber noch nicht zu Ende geführt.

Dies alles heißt natürlich nicht, den Faktor Erbgut als solchen bestreiten zu wollen. Es ist sogar einigermaßen sicher, daß eine ganze Anzahl das Gehörn betreffender Merkmale sich von einer Generation zur anderen vererben, hieraus resultieren oft verblüffende Übereinstimmungen in der Gehörnform von Rehböcken, wie wir schon weiter vorn gesehen haben. Nur, wir wissen bis heute viel zu wenig über Gang, Lokalisierung und Wirksamkeit der Erbfaktoren, also auch wenig über die Rolle des Muttertieres, aus dessen Erscheinungsbild sich jedenfalls kein „Erbwert" ablesen läßt.

Nur unter optimalen Ernährungs- und Umweltbedingungen, die selten vorhanden sind, kann also das für uns verborgene Erbgut sich voll entfalten und erlaubt den echten Vergleich innerhalb einer Population und eine Beurteilung des Individuums. Daher mußten alle Versuche in dieser Richtung fehlschlagen. Das uns anvertraute Wild der freien Wildbahn kann im eigentlichen Sinne züchterisch nicht gelenkt werden.

Es ist auch sicher, daß echte Degenerationserscheinungen selbst bei unserem Sorgenkind, dem Rehwild, recht selten sind. Vielfach sind es nur Modifikationen, die in der Regel lediglich erworbene Eigenschaften verkörpern. Hier haben sich also einzelne Populationen kümmernd den mangelhaften Umweltverhältnissen angepaßt, wofür diese Wildart eine besondere Fähigkeit besitzt. Zweifellos ist die Erbanlage für hervorragende Gehörnbildung bei unserem Rehwild auch heute noch weit verbreitet, wenn sie auch durch ungünstige Umweltverhältnisse im derzeitigen Kümmerzustand nicht allzuoft oder nur noch mühsam zum Durchbruch kommen kann. Das ist experimentell nachweisbar und auch mehrfach nachgewiesen worden. So hat LETTOW-VORBECK wiederholt in seinem früheren Zuchtgehege in Pommern Bockkitze großgezogen, die aus kümmernden Populationen stammten und durch günstige Umweltverhältnisse – in diesem Falle durch volle Ausnutzung der Wachstumsenergie während des ersten, entscheidenden Lebensjahres infolge optimaler Ernährung – ausnahmslos Gehörne schoben, wie sie im Ursprungsrevier seit Jahrzehnten nicht mehr beobachtet worden waren. Als weiteres Beispiel mögen hier die Ergebnisse der Rehwildeinbürgerung auf der Nordseeinsel Föhr (s. S. 351) dienen, ferner die Arbeiten von A. und J. VON BAYERN.

Wir sehen also, daß ein Bock mit schlechtem Gehörn durchaus die Erbanlage für vorzügliche Gehörnbildung besitzen kann, und daß wir von dem Erscheinungsbild her keine Schlüsse auf seine Erbmasse ziehen können. Hier sind uns die Hände gebunden, um so mehr aber sollten wir sie regen, dort den Hebel der Rehwildhege anzusetzen, wo unserem Wollen und Handeln keine derartigen Grenzen gesetzt sind. Dies ist hinsichtlich einer Verbesserung von Umwelt und Nahrungsangebot durchaus der Fall. Bevor wir uns dieser Aufgabe im Kapitel *Jagd und Hege* zuwenden, wollen wir die naturgegebenen Abhängigkeiten versuchen zu klären.

Abhängigkeit vom Standort

Einen Nachweis für die Abhängigkeit des Rehwildes von den Umweltverhältnissen verdanken wir u. a. auch den wegweisenden Untersuchungen UECKERMANNS, die er während seiner Tätigkeit im Institut für Jagdkunde der Universität Göttingen in Hann. Münden angestellt hat, und deren Ergebnisse u. a. in seiner Broschüre „Der Rehwildabschuß", Verlag P. Parey, Hamburg und Berlin, veröffentlicht wurden. Aus dem großen und mit Fleiß zusammengetragenen Material kann hier nur das Wichtigste im Auszug gebracht werden.

UECKERMANN hat 171 Reviere für seine Forschungen herangezogen, die sich auf alle Länder der Bundesrepublik verteilen. Als räumlichen Ausgangspunkt wählte er das reine Waldrevier, um dann die Wirkung von vier erfaßbaren Faktoren, denen ein wesentlicher Einfluß auf die Qualität des Wildes zugesprochen werden muß, zu untersuchen. Es sind dies 1. der Feldgrenzenanteil, 2. die Wiesenfläche, 3. die Baumartenverteilung und 4. das Grundgestein innerhalb eines Revieres. Mit Hilfe der Korrelationsrechnung ermittelte er die Beziehungen zwischen diesen Merkmalen statistisch. Die Fragestellung lautete hierbei beispielsweise: Tritt bei der Änderung des Merkmals „zunehmender Feldgrenzenanteil" auch eine gesetzmäßige Änderung des Merkmals „Wildpretgewicht" ein? Die Korrelationsrechnung lieferte Maßzahlen für die Straffheit der Beziehungen von Merkmalen, und diese Straffheit der Bindung ließ sie dann mit Hilfe eines Korrelationskoeffizienten ausdrücken. Für das Merkmal „Wildpretgewicht" wählte UECKERMANN das der dreijährigen und älteren Böcke, denn die Herausnahme einer bestimmten Altersstufe für ein Geschlecht ist wegen der Schwankung innerhalb der beiden Geschlechter und innerhalb der natürlich vorhandenen Altersstufen des Wildes unumgänglich.

Zur Untersuchung der Einwirkung des Feldgrenzenanteils zog er nur solche Reviere heran, deren Grundgestein, Waldbestockung und Wiesenanteil jeweils den gleichen Wert hatten. Diese isolierte Betrachtung des Einzelfaktors erlaubte den Wirkungsgrad des Feldgrenzenanteils – wie auch später der anderen Faktoren – in Gewichtsdaten festzuhalten. Von 0 Prozent Feldgrenzenanteil zu 100 Prozent ergab sich ein Gewichtsanstieg um 2,1 kg, bestätigt durch den Korrelationskoeffizienten von $\gamma = 0{,}65 \pm 0{,}11$ (mittlerer Fehler des Korrelationskoeffizienten).

Der gleiche Gewichtsanstieg wurde für den Wiesenanteil der Reviere von 0 bis 30 Prozent ermittelt. Reviere über 30 Prozent Wiesenanteil wurden nicht zur Untersuchung herangezogen, da sie dem Charakter eines Waldreviers nicht mehr entsprechen. Durch den recht hohen Korrelationskoeffizienten von $0{,}85 \pm 0{,}06$ ist auch diese Gewichtszunahme statistisch gesichert.

Untersuchungen der Verbißhäufigkeit der einzelnen Baumarten, des Wertes der Fruchtäsung und der Deckungs- und Lichtverhältnisse bei den einzelnen Baumarten erlaubten eine Gruppenbildung nach der Bestockung. Ausgeschieden wurden:

Gruppe 1: Fichtenanteil über 50 Prozent

Gruppe 2: Kiefernanteil über 50 Prozent

Gruppe 3: Eine gleichmäßige Baumartenverteilung, d. h. mindestens drei Baumarten mit jeweils 10 Prozent Anteil an der Fläche sind vertreten, keine Baumart nimmt über 50 Prozent (bei Eiche über 30 Prozent) der Fläche in Anspruch

Gruppe 4: Buchenanteil über 50 Prozent

Gruppe 5: Eichenanteil über 30 Prozent.

Von Gruppe 1 zu Gruppe 5 ergab sich eine Gewichtszunahme von 2,3 kg (Korrelationskoeffizent $\gamma = 0{,}64 \pm 0{,}5$). Als Extreme der Baumartenverteilung werden herausgestellt: Hoher Fichtenanteil des Reviers mit relativ ungünstiger, und hoher Eichenanteil mit relativ günstiger Einwirkung auf das Körpergewicht des Rehwildes.

Als Weiser für die Bodengüte konnte nur das Grundgestein herangezogen werden, da eine einheitliche Waldbodenbewertung zum Zeitpunkt der Untersuchung noch ausstand. Höchste Durchschnittsgewichte der Rehwildbestände wurden auf Muschelkalk verzeichnet, niedrigste auf Sanderflächen des älteren Diluviums. Mit einer Schwankungsbreite von 3,4 kg wird dem Grundgestein der stärkste Einfluß auf das Körpergewicht zugesprochen. Auch dieser Gewichtsanstieg wird statistisch durch einen Korrelationskoeffizienten von $0{,}74 \pm 0{,}05$ gesichert.

Aus den einzelnen Faktoren entwickelte Ueckermann seine Standortwertziffer, deren Herleitung hier im Wortlaut wiedergegeben werden soll:

„Die Untersuchungsergebnisse der einzelnen Faktoren des Standortes lassen seine Gesamtbewertung zu. Erst eine Nachprüfung der Abhängigkeit der Durchschnittsgewichte der Reviere von der Gesamtwirkung des Standortes anhand eines größeren Zahlenmaterials wird den vollen Wert der vorherigen Teiluntersuchungen bestätigen können. Darüber hinaus wird aber bei Bestehen einer festen Bindung des Materials eine Aussage über die rassischen Eigenschaften der untersuchten Rehwildbestände bezüglich des herausgegriffenen Merkmals (Gewicht der dreijährigen und älteren Böcke) möglich sein.

Folgt das Durchschnittsgewicht der untersuchten Rehwildbestände in seinen Werten gesetzmäßig den Gesamtstandortwerten, so ist neben der Richtigkeit der gewonnenen Einzelfaktorenergebnisse zweifellos auch die gleiche Reaktionsnorm bezüglich des Merkmals Körpergewicht für den Untersuchungsraum bewiesen.

Idealer Einstand im Windbruch

Die rechnerische Herleitung der Standortziffer sei hier nicht näher erläutert, es sei nur erwähnt, daß alle Punktwerte sich aus den vorher errechneten Gewichtsdifferenzen mathematisch ableiten. Eine gefühlsmäßige Festlegung der Bewertung ist in keinem Falle vorgenommen worden, sondern jeder Zahlenwert hat sich aufgrund einer Gleichung ergeben. Der Rahmen der Gesamtbewertung ist so gewählt, daß für ungünstige Verhältnisse 40 Punkte gegeben werden, für günstigste 100 Punkte.

Das Bewertungsschema wird nachfolgend aufgeführt:

1. Feldgrenzenanteil des Reviers in Prozent	Punkte
0	7
1–20	8
21–40	11
41–60	13
61–80	16
81 und mehr	18

2. Wiesenfläche des Reviers in Prozent der Gesamtrevierfläche	Punkte
0	9
1– 4	10
5–10	13
11–20	17
21 und mehr	22

3. Baumartenverteilung in Prozent	Punkte
1. Fichte über 50 Prozent	10
2. Kiefer über 50 Prozent	13
3. Buche über 50 Prozent	15
4. Mittlere Verteilung der Baumarten, mindestens 3 Baumarten mit jeweils 10 Prozent Anteil an der Fläche sind vertreten, keine Baumart nimmt über 50 Prozent (bei Eiche 30 Prozent) der Fläche in Anspruch	15
5. Eiche bis 30 Prozent	15
Eiche 31–40 Prozent	18
Eiche 41–50 Prozent	21
Eiche 51–60 Prozent	24
Eiche über 60 Prozent	25

4. Grundgestein	Punkte
1. Sanderfläche und Talsande (älteres Diluvium und Alluvium)	14
2. Flachgründ. Tonschiefer, Malmböden, Endmoräne (älteres Diluvium)	18
3. Buntsandstein, Rotliegendes, Grauwacke, Granit	20
4. Basalt, Diabas, Gneis, Grund- und Endmoräne (jüngeres Diluvium), Alluvium (Auestandorte), tiefgr. Schiefer	23
5. Oberer Jura, Kreide	30
6. Muschelkalk	35

Nach dieser Standortziffer wurden alle 171 Reviere bewertet und ihre Rehwilddurchschnittsgewichte, bezogen auf die jeweils errechneten Standortwerte, untersucht. Das Ergebnis ist für den Statistiker am besten durch Errechnung des Korrelationskoeffizienten herauszustellen. Dieser liegt bei $\gamma = 0{,}86 \pm 0{,}02$ und dürfte nahezu die höchstmögliche Bindung darstellen, die bei Untersuchung eines solchen Materials zu erwarten ist.

Die Wiedergabe der Durchschnittsgewichte für die ausgeschiedenen Standortzifferklassen zeigen auch dem Nichtstatistiker den Anstieg des Wildpretgewichtes der Rehbestände mit zunehmender Standortziffer. Die klimatischen Verhältnisse sind mit Ausnahme der Winterkälte in dem Untersuchungsraum nicht berücksichtigt. Nach dem Untersuchungsergebnis darf ihnen kein wesentlicher Einfluß zugesprochen werden. Die Winterkälte, die nach allgemeinen Erfahrungen einen nicht unwesentlichen Einfluß als Auslesefaktor zu spielen scheint, wurde durch Ausscheiden aller Reviere erfaßt, die eine mittlere Januartemperatur (sie wurde als Ausdruck der Wintertemperatur gewählt) von −2 Grad C und kälter hatten. Alle kälteren Räume sind Gegenstand einer besonderen Untersuchung.

Standortzifferklasse	Mittleres Gewicht der 3jährigen und älteren Böcke (Normalwert)
40–45	13,2 kg
46–50	13,5 kg
51–55	14,1 kg
56–60	14,8 kg
61–65	15,3 kg
66–70	16,3 kg
71–75	17,4 kg
76–80	18,2 kg
81–85	20,0 kg

Zusammengefaßt dürfte zu diesem Untersuchungsergebnis zu bemerken sein: Das Durchschnittsgewicht des Rehwildbestandes folgt der jeweiligen Güte der Reviergrundlagen, die in einer Standortbewertungsziffer zu erfassen sind. Der Einfluß in den untersuchten Fällen kann nur modifikatorisch gedeutet werden, aufgrund der gleichen Reaktionsnorm, die durch Errechnung des relativ hohen Korrelationskoeffizienten bestätigt wird. Die betrachteten Rehwildpopulationen weisen somit bezüglich des Merkmals Körpergewicht im wesentlichen gleiche erbliche Grundlagen auf. Man darf daher weder von einer Degeneration (darunter ist nur eine Abwertung des Erbgutes zu verstehen), noch von einem Kümmern beim Rehwild sprechen, wenn solches mit geringem Durchschnittsgewicht auf armem Standort auftritt, sondern nur von einer sehr weitgehenden Anpassungsfähigkeit im äußeren Erscheinungsbild (Phaenotyp) an gegebene Verhältnisse."

Die sehr dankenswerte Forschungsarbeit von Ueckermann hat also mit mathematischer Genauigkeit nachgewiesen, wie sehr das Erscheinungsbild unseres Rehwildes von den Umweltverhältnissen abhängt.

Als weiteres Beispiel möge die südschwedische Provinz Schonen dienen, die seit Jahrzehnten besonders starke Rehkronen hervorgebracht hat, so auch den 1982 erlegten, neuen Welt-Spitzenbock mit 246,9 J. P. (s. Abb. S. 428). Gemessen an der Größe des Landstriches ist das Vorkommen dieses hervorragenden Schlages nur auf verhältnismäßig wenige, aber große und vorzüglich gepflegte Eigenjagdbezirke beschränkt, weil nach den derzeitigen Jagdgesetzen, die jedem Besitzer von Grund und Boden, gleich welcher Größe, das Jagdausübungsrecht zugestehen, eine umfassende Hege eben nur dort praktisch durchgeführt werden kann. Diese Bestände sind nach der fast völligen Ausrottung um die Mitte des vorigen Jahrhunderts während der letzten Jahrzehnte aus einigen, ganz wenigen Einzelstücken herangehegt worden. Obwohl sie also einem sehr engen Ahnenkreis entstammen und somit eine überaus gleichförmige Erbmasse aufweisen müssen, haben sich diese Bestände gütemäßig sofort aufgespalten. Nur dort, wo nähr- und wirkstoffreiche Feldäsung infolge junger landwirtschaftlicher Kultur zur Verfügung stand, entwickelten sich Rehwild-Populationen von hervorragender Güte, während andere Populationen, die die tieferen Waldzonen oder Revierteile auf ärmerem Boden besiedelten, nur eine recht mäßige Gehörnbildung aufweisen. Dies ist der Fall, auch wenn ihr Standort unmittelbar an den der erstgenannten Populationen angrenzt, sich in der Hand des gleichen Revierinhabers befindet und also mit den gleichen Jagdmethoden behandelt wird.

Wie wir anhand erbeuteter kapitaler Rehkronen des deutschsprachigen Raumes aus den letzten Jahren noch nachweisen werden, gibt es sowohl von Natur optimale Standorte als auch Reviere, in denen durch gezielte Hegemaßnahmen, wie Äsungsverbesserung und richtige Winterfütterung, überdurchschnittlich gute Böcke keine Einzelerscheinung sind.

Im alpenländischen Grenzwald, in großen Höhen, gerade an der Baumgrenze finden wir mit die kapitalsten Böcke. Ein Teil von diesen Böcken (dies ist besonders zu berücksichtigen) wandert mit der schlechter werdenden Witterung und der äsungsarmen Zeit talwärts. Ein

Im Heiderevier

anderer Teil bleibt aber oben. Fälschlicherweise wird gefordert, daß in solchen Höhen das Rehwild nichts verloren hat. Man will es dort restlos abschießen. Ebenso fordert man, daß in vielen Rotwildrevieren die Rehe total abgeschossen werden, da einerseits der Verbiß des Rehwildes, andererseits aber der Schälschaden des Rotwildes eine unerträgliche Waldbelastung darstellen. Diese Vorstellungen sind unbegründet, wie die Versuche von A. und J. VON BAYERN beweisen. Auch dort kann man mit gezielten Hegemaßnahmen Schäden verringern und, sollten entsprechende waldbauliche Planungen durchgeführt werden, wirklichen Schaden sogar vermeiden. Auf gezielte forstliche Maßnahmen kann natürlich dabei nicht verzichtet werden, ebenso auf verantwortlichen Maschineneinsatz zur Schonung der spärlichen und empfindlichen Erdkrume.

Standort, Siedlungsdichte und Populationsdynamik

Generell kann man das Rehwild als sehr standorttreu bezeichnen. Bei näherer Betrachtung ist aber der Begriff Standort recht differenziert zu sehen. Nach dem heutigen Stand der Erkenntnis hat das Reh je nach Jahreszeit, Zeitspanne des Aufenthaltes, Biotop und Äsungsangebot, Geschlecht und Altersklassen sowie Siedlungsdichte unterschiedliche Standorte. In der vorliegenden Literatur werden hierfür oft abweichende Begriffe verwendet, wir wollen versuchen, nach Raum und Zeit vom Maximum zum Minimum vorzugehen.

Beginnen wir mit dem *Lebensraum* als der Fläche, die dem einzelnen Stück während seines Lebens, von extremen äußeren Einwirkungen abgesehen, zur Verfügung steht. Diese Lebensräume teilt sich der jeweilige Gesamtbestand, bei der weiten, großräumigen Verbreitung sich vielfach überschneidend, soweit nicht unüberwindliche Grenzen gegeben sind. Bevorzugte Lebensräume sind, wie sollte es nach der Entwicklungsgeschichte anders sein, Gemengelagen von Wald, möglichst mit dichtem Unterholz und offenem Gelände mit Buschwerk, wie sie in den meisten Gebieten Mitteleuropas vorherrschen.

Wo forstliche und landwirtschaftlich genutzte Flächen abwechseln, wo im Walde Wiesen, Althölzer, Kulturen und Dickungen, vor allem aber Laubholzniederwaldungen und mit Sträuchern und Kräutern bestockte Schneisen und Wegränder vorhanden sind, fühlt sich das Reh wohl, hier findet es Deckung und Äsung in engem Beieinander. Eine Ausnahme hiervon machen die *Feldrehe*. Der Höhenlage und dem Klima paßt es sich erstaunlich gut an, wir finden es von den Nordseepoldern unter Meereshöhe bis ins Hochgebirge auf 2000 Metern.

Der individuelle, sich überschneidende Lebensraum dürfte etwa 200 ha betragen. Er ist naturgemäß je nach Biotop differierend, beim Feldreh bis zu 1200 ha, in dichten Waldgebieten kleiner als die genannten 200 ha. So berichtet Rieck von einer Ricke, die durch einen tiefschwarzen, tellergroßen Fleck in der Sommer- und Winterdecke eindeutig zu beobachten war und deshalb 5 Jahre bewußt geschont wurde. Sie hat in diesem Beobachtungszeitraum ein Gebiet von 60 ha nicht verlassen, der Durchmesser ihres Lebensraumes betrug also rund 800 Meter.

Als nächsten Begriff wollen wir, Kurt (1970) folgend, den *Wohnraum* definieren, und zwar als Fläche, in der sich Sprünge oder Einzeltiere während einer bestimmten Zeitspanne aufhalten. Die Größe dieser Fläche schwankt je nach Jahreszeit, Biotop, Äsungsangebot, Alter und Geschlecht der Tiere zwischen 5 und 30 ha, wobei in der Regel die Sommerwohnräume kleiner sind als die der übrigen Jahreszeiten. Auch für diese Wohnräume lassen sich vor allem innerhalb der Geschlechter, beim weiblichen Wild innerhalb der *Sippe* und beim männlichen Wild zwischen den Altersklassen, mehr oder minder große Überschneidungen feststellen, ohne daß diese aber zu einer Vermischung führen.

Als *Revier* oder *Territorium* wollen wir letztlich den Raum bezeichnen, der von Individuen durch Sicht- und Duftmarkierungen abgegrenzt und zumindest gegen bestimmte Artgenossen zu bestimmten Zeiten unduldsam verteidigt wird. Dies ist der Einstand des stärkeren Bockes vom Frühjahr bis zur Blattzeit, wobei die stärksten Böcke die unter Nahrungs- und Sicherheitsgesichtspunkten besten „Reviere“ besetzen. Gleiches gilt für die Geißen zur Setzzeit.

Die Größe eines derartigen Territoriums schwankt in der Regel zwischen 5 und 12 ha.

Wohnräume und Territorien wechseln gegebenenfalls je nach Jahreszeit, Höhenlage und Vegetation, dies insbesondere dann, wenn ausgedehnte Wiesen und Kornfelder an den Wald angrenzen. Ein Teil des Rehwildes verlegt dann sein Territorium ganz in diesen Halmenwald, das Ausmähen der Kitze im hohen Wiesengras ist eine nur allzu bekannte und traurige Folge.

Untersuchungen hinsichtlich derartiger räumlicher Verschiebungen in einem voralpinen Gebiet der Ostschweiz veröffentlichte K. Robin 1975.

Die Erringung und Behauptung der Territorien durch die Böcke erfolgt durch echte Kämpfe, wie zur Brunft, aber auch durch Imponiergehabe und Scheinkämpfe, bei denen Büsche und Baumstämmchen mit dem Gehörn zerschlagen werden. Territoriale Böcke markieren bereits im Winter, besonders, wenn Futterstellen in ihren Territorien liegen. Daneben erfolgt die Markierung sowohl mit der Stirnlocke, ein an Talg- und Schlauchdrüsen reiches Hautstück zwischen und vor den Rosenstöcken, als auch durch den Vorderlaufschlag, bei dem vermutlich Drüsensekret auf den Boden gebracht wird.

Hierzu zwei Beobachtungen von Rieck/Raesfeld, 1970, bzw. Kurt, 1968:

„Ein Sechserbock zog zu einem Graben, der mit einigen Stauden Waldengelwurz bestanden war, und begann, hier angekommen, die längste Staude in ungefähr 50 cm Höhe zu fegen. Das Gehörn kam dabei mit dem Staudenstiel nicht in Berührung, sondern lediglich die Stirnlocke, deren lange Haare beim Reiben gegen den Strich hervortraten. Dabei wurde die Stirnlocke nicht nur bei normaler Haltung des Kopfes von oben nach unten gerieben, sondern auch bei schief gehaltenem Kopf vor den Rosen von links nach rechts. Der Sechser war bald mit dem Reiben fertig und zog hastig auf eine große Eichendickung zu, in der er offenbar seinen Einstand hatte. Nach einiger Zeit zog ein anderer Bock, ein mittelmäßiger Gabler, auf die Fläche, wo der Sechser vorher geäst hatte. Plötzlich warf er auf und prüfte mit erhobenem Haupt den Wind. Dann zog er zu den etwa 6 m entfernten Waldengelwurzstauden und bewindete zaghaft-neugierig die von dem Sechser beriebene Stelle. Es schien etwas Unheimliches von ihr auszugehen, denn das Bewinden dauerte nur ungefähr 30 Sekunden, dann strebte der Gabler in mäßigem Troll in die Richtung zurück, aus der er angewechselt war."

„Im Mai 1965 gelang es, einen als Kitz markierten jungen Bock in der Nähe von Kleindietwil zu fangen und in das 15 km entfernte Beobachtungsgebiet im Fribachmoos zu transportieren. Dort wurde er vorher nie beobachtet. Als wir ihn mitten im Versuchsgebiet losließen, flüchtete er zuerst gegen den Rand des Heidwaldes, stoppte abrupt 50 m vor dem Waldrand, sicherte, drehte und jagte gegen den gegenüberliegenden Schmidwald. Dort wiederholte sich das gleiche Verhalten. Nun flüchtete der Bock nach Süden. Aber auch dort gelang es ihm nicht, in den Wald einzudringen. Leider konnte der gut sichtbar markierte Sechserbock später nie mehr beobachtet werden. Er wurde nach 13 Monaten in der Nähe von Melchnau im Obstgarten eines Bauern erlegt, wo er sich seit mehr als einem halben Jahr aufgehalten haben soll. Der Bock trug ein fingerlanges Spießergeweih."

Schon bei der Wohnraumgröße, noch mehr aber bei der des Territoriums spielt die Siedlungsdichte eine nicht unerhebliche Rolle. Steigt diese an, wandern einzelne Rehe ab und suchen einen neuen Standort. Von den Böcken weichen in erster Linie die mittleren Jahrgänge, die von den alten Böcken vertrieben werden, während die schwächeren Jungböcke eher geduldet sind. – Eine Ricke, die ein normal gefärbtes und ein weißes Kitz gesetzt hatte, verlegte eines Tages ihren Standort in das Nachbarrevier. Sie wanderte über eine Strecke von reichlich 10 km ab und blieb dann ihrem neuen Standort treu. Ein sehr wertvolles Hilfsmittel zur Feststellung von Wanderungsdistanzen, Territorialverhalten und Beurteilung der Wilddichte ist die Markierung, welche sowohl durch Stutzen der Luser als auch durch Einsetzen von Ohrmarken durchgeführt werden kann. Neben vielen anderen haben sich auch A. und J. von Bayern mit diesem Kapitel beschäftigt und verwenden nach umfangreichen Versuchen heute die Supercrotal-Marke.

Die Halsbandmarkierung, die als die zuverlässigste gilt, ist in der freien Wildbahn nur sehr eingeschränkt anwendungsfähig.

Man markiert so, daß man von Jahr zu Jahr die Seite der Luser und die Farbe der Marken, die numeriert sind, wechselt. So erhält man eine reiche Auswahlmöglichkeit, die für die Praxis voll genügt.

Kitze bis zum Alter von 2–4 Wochen drücken sich regelmäßig und sind daher leicht zu markieren. Bei älteren Kitzen versucht man, diese zum „Sichdrücken" zu veranlassen, indem man entweder Lärm erzeugt (Händeklatschen, Rufen) oder indem man sich mit Mantel oder Kotze rasch dem Kitz nähert.

Auch Nachteiliges wird über die Rehwildmarkierung berichtet: Es liegen zum Beispiel bestätigte Mitteilungen vor, daß, wenn das Kitz beim Markieren fiept oder Angstschreie von sich gibt, meist in kurzer Zeit der Fuchs auftaucht und es holt. Ferner muß man sehr darauf achten, daß beim Einziehen der Marke kein Schweiß austritt. Dies würde unweigerlich eine erhöhte Gefährdung des Kitzes bedeuten, da sein wichtigster Schutz, nämlich die Geruchslosigkeit für Raubtiere im jugendlichen Alter, dann wegbleiben würde.

Einen Einblick in die Standorttreue gibt Rieck mit den Daten der Wildmarkenforschung.

Über die Entfernungen, die Rehe vom Zeichnungsort bis zum Ort der Auffindung zurückgelegt haben, liegen Angaben für 1361 Stück vor, darunter befinden sich 380 Kitze. Den Umfang der Abwanderung vom Zeichnungsort läßt die folgende Übersicht erkennen. Es erfolgten Rückmeldungen vom Zeichnungsort entfernt.

Die weitesten zurückgelegten Entfernungen betrugen: 120 km bei einem einjährigen Bock, 60 km bei einem Bockkitz, zwei zweijährigen Böcken und einem dreijährigen Bock. 50 km bei zwei dreijährigen Böcken, 40 km bei zwei einjährigen, zwei zweijährigen Böcken und einem Schmalreh, 30 km bei zwei einjährigen Böcken, einem dreijährigen, einem vierjährigen Bock

Innerhalb	Kitze (380 Stück)	Erwachsene Stücke (981 Stück)
1 km	74 %	41 %
3 km	95 %	76 %
5 km	96 %	86 %
in Entfernung über		
10 km	2 %	7 %
50 km	0,3 %	0,6 %

und zwei Schmalrehen. Nach dieser Übersicht neigen die Böcke mehr zum Abwandern als die Ricken. Ein ähnliches Ergebnis ist aus der Gesamtübersicht herzuleiten, denn von 834 Wildmarkenböcken wanderten 6,6 Prozent über 10 km ab, dagegen von 527 Wildmarkenricken nur 4,7 Prozent. Die ältesten Stücke wurden in folgender Entfernung vom Zeichnungsort wiedergefunden:

9jährig: 1 km 4 Ricken, 3 km 1 Bock,
10jährig: unter 1 km 1 Bock und 2 Ricken, 6 km 1 Ricke,
11jährig: 1 km 1 Bock,
13jährig: 4 km 1 Ricke, 7 km 1 Ricke,
16jährig: 2 km 1 Ricke,
17jährig: 7 km 1 Bock.

Blankenhorn kommt in einem Bericht über die Kitzmarkierungsaktion 1971–1977 der Abteilung für Ethologie und Wildforschung des Zoologischen Instituts der Universität Zürich aus 13 eidgenössischen Kantonen zu folgendem Ergebnis:

Alter und Wanderdistanz (in Metern)

Alter	0–500	500–1000	1000–2000	2000–5000	über 5000	Total
0– 3 Monate	55	6	–	–	–	61
3– 6 Monate	48	15	5	1	1	70
6–18 Monate	30	8	11	12	11	72
18–30 Monate	6	6	7	4	2	25
30–42 Monate	3	1	–	2	1	7
über 42 Monate	3	3	1	1	1	9
Total	145	39	24	20	16	244

Es liegen Angaben von 244 Rehen vor. ¾ aller Tiere wurden innerhalb eines Kilometers vom Markierungsort entfernt erlegt oder aufgefunden. Die maximale Abwanderungsdistanz lag bei 12,5 km. Im Alter von 6–18 Monaten, d.h. als Jährlinge, setzt eine recht massive Abwanderung ein, ungefähr die Hälfte aller markierten Jährlinge überschreitet die Grenze von 1000 m. Diese Proportion bleibt in den weiteren Altersklassen erhalten, so daß man wohl davon ausgehen kann, daß ab dem 2. Lebensjahr keine weitere namhafte Abwanderung mehr erfolgt. In diesen Zahlen kommt sehr deutlich zum Ausdruck, wie ausgesprochen standorttreu unsere Rehe sind und wie klein ihr individueller Lebensraum ist. Im Alter zwischen 6 und 18 Monaten wirken sich die sozialen Mechanismen der Territorialität von Böcken und der Intoleranz führender Geißen gegenüber Schmalrehen so aus, daß ein ganz erheblicher Teil dieser Tiere abwandern muß.

In alpinen und voralpinen Gebieten wandern Rehe weiter als im Mittelland. Dafür kommen 2 Gründe in Frage. Erstens die klimatisch bedingten jahreszeitlichen Wanderungen in vorwiegend vertikaler Richtung vom Sommereinstand in den Wintereinstand und zurück, und zweitens die viel stärkere topographische Kammerung des Gebietes. Ein Reh, das einmal in ein Nachbartal gewechselt hat, wird auch dort bleiben, denn die Rückkehr durch ökologische und topographische Barrieren wäre wohl zu aufwendig. Auf der anderen Seite dürften der Ausbreitung der Rehe im Mittelland durch die Zersiedlung der Landschaft und den zunehmenden Verkehr enge Grenzen gesetzt sein.

Krott berichtete über extreme Wanderungen als Ausnahme von der Regel in Skandinavien in west-östlicher und umgekehrter Richtung von 90 bis zu 315 km.

Selbst über viele Jahre hinweg spielt sich das Leben des Rehwildes dennoch in einem verhältnismäßig kleinen Bezirk ab, Abwanderungen über größere Entfernungen kommen ganz selten vor.

Untersuchungen im dänischen Revier Kalö zeigen über einen Zeitraum von 14 Jahren und ohne Bejagung, daß die Abwanderung der jüngeren Böcke im Zusammenhang mit deren Stärke steht. So wurden von älteren Böcken die „besseren" Einjährigen, also Sechser oder gute Gabler, verjagt, die geringen Jährlinge jedoch erst als Zweijährige zum Abwandern gezwungen. Bei den Geißen wurde nur das Abwandern von Schmalrehen beobachtet, stets von der frisch setzenden Muttergeiß veranlaßt.

Der Rehwildbestand hat sich in diesem offenen Untersuchungsgebiet während der Versuchsperiode im Gleichgewicht gehalten, neben natürlichen Abgängen hat sich die Abwanderung der ein- und zweijährigen Böcke und der einjährigen Geißen als *der* bestandsregulierende Faktor erwiesen, allerdings bei intensiver Bejagung in der Umgebung. Als Ursache dieser Selbstregulierung in diesem Gebiet wird das Äsungsangebot, als aktueller Anlaß das aggressive Verhalten der Geschlechter untereinander angesehen.

Eine Bestätigung hierfür liefert Ellenberg (1974) aus dem bereits erwähnten Versuchsgatter. Danach ist der Futterverzehr im Winter relativ gering, im Sommer durchweg höher. Besondere Maxima wurden bei den Geißen zur Säugezeit, bei den Böcken zur Zeit der Territorialkämpfe und bei beiden Geschlechtern im Herbst zur Bildung der Fettreserven für den Winter festgestellt. Ohne Gatter hätte dies zumindest in der Phase erhöhter Aggressivität, also im Frühjahr, zu Abwanderungen geführt.

Wir können mit hoher Wahrscheinlichkeit davon ausgehen, daß das Reh primär bestrebt ist, seinen angeborenen Lebensraum nicht zu verlassen, dies jedoch ab einer gewissen, von vielfältigen Umweltfaktoren (Biotopkapazität) abhängigen Siedlungsdichte in Verbindung mit dem arteigenen Territorialverhalten nicht allen Individuen möglich ist. So kommt es zur Abwanderung, der Suche nach einem neuen Lebensraum. Dies erklärt auch die großen Schwankungen in der Verbreitung des Rehwildes, extrem in Skandinavien und Osteuropa: Während des 19. Jahrhunderts weitgehend verschwunden, heute stark verbreitet. Wo neuer Lebensraum jedoch nicht mehr zur Verfügung steht und die Biotopkapazität nicht mehr ausreicht, findet, wenn auch auf hohem Niveau, eine Selbstregulierung statt. Hierbei spielt offensichtlich die Nahrungskapazität in den Frühlings- und Sommermonaten, also im Maximum des Angebots, die entscheidende Rolle. Abgesehen von Kümmerformen und Krankheit (höhere Fallwildraten) glaubt insbesondere Ellenberg, 3 Faktoren für eine derartige Anpassung gefunden zu haben:

Höhere Kitzsterblichkeit,
geringere Befruchtungsrate,
zugunsten der Männchen verschobenes Kitz-Geschlechterverhältnis.

Andererseits glauben wir heute, daß optimale Umwelt- und Ernährungsverhältnisse für Individuen als auch für Populationen und eine gute Konstitution der geschlechtsreifen Weibchen zu höheren Nachwuchsraten und zu geringerer Kitzsterblichkeit führen.

Ob die von Ellenberg genannten extremen Verschiebungen im Geschlechterverhältnis der Kitze tatsächlich als die Regel anzusehen sind, ist wohl noch nicht bewiesen. Inwieweit tatsächlich ein Mechanismus der Selbstregulierung von Populationen gegeben ist, der die Reproduktionsrate an die Lebensvoraussetzungen, also an die Tragekapazität der Umwelt anpaßt, ist nicht eindeutig geklärt. Prof. Hubert Markl schreibt dazu: „Nicht wenige Biologen meinten dies postulieren zu dürfen oder nachweisen zu können. Eingehende Untersuchungen haben allerdings immer wieder ergeben, daß dies höchst unwahrscheinlich, wenn nicht gar unmöglich ist."

Er sieht die Begrenzungsfaktoren vor allem in Nahrungsmangel und natürlicher Mortalität. Was dagegen die Fortpflanzung anbelangt, sei jede Art auf eine Maximierung unter den gegebenen Umweltbedingungen und der Konkurrenzsituation mit anderen Arten angelegt.

Hier muß aber noch für die Gebiete mit Rot- und Rehwildvorkommen der Hinweis gegeben werden, daß im Gegensatz zu diesen Erkenntnissen unter Umständen die älteren, solitär lebenden Böcke abwandern und „Reviere" suchen, in die das Rotwild nur selten gelangt. Hierbei stört den alten Rehbock nach eigenen Beobachtungen der ebenfalls einzelgängerische alte Feisthirsch nicht, auch nicht ein Rudel von zwei bis drei „alten Herren", jedoch die größeren Rudel mittlerer Hirsche; deren Einstand und Wechsel weicht er aus. Auch sonst war festzustellen, daß ältere Rotwildstücke Rehwild wenig beachten, jüngere Stücke, vor allem Schmalspießer und zwei- bis dreijährige Hirsche geradezu boshaft Rehwild beunruhigten und zum Wegziehen oder gar Abspringen veranlaßten.

Anläßlich der Internationalen Jagdkonferenz in Aarhus am 15. Mai 1976 referierte H. Strandgaard über seine Untersuchung „Das dänische Rehwild in seiner Beziehung zur Umwelt", wobei im besonderen die Frage des Einflusses des Äsungsangebots interessiert. Es wurde deshalb neben Kalö ein zweites Untersuchungsgebiet auf Borris hinzugenommen. Beide unterscheiden sich wesentlich im Biotop, Kalö liegt mitten in der üppigen ostdänischen Landschaft mit kleinen Laub- und Nadelwäldern, umgeben von fruchtbaren Feldern und Wiesen.

Borris ist ein karges Heideland in Westjütland. Trotzdem wiegen jeweils gleichaltrige ein- und zweijährige Böcke im Durchschnitt auf Borris zwischen 2 und 3,5 kg mehr als in Kalö. Dies erscheint auf Anhieb paradox. Dies erklärt Strandgaard, wie wir meinen zu Recht, wie folgt:

Das soziale Verhalten des Rehwildes bedingt, daß die Bestandesregulierung in den Frühsommermonaten stattfindet. In dieser Jahreszeit hat das Einzelindividuum in den fruchtbaren Gebieten auch auf kleinerem Areal genügend Äsung, es wird und kann also ein größerer Bestand aufgebaut werden. In den Wintermonaten sinkt aber gerade in den fruchtbaren Gebieten das Nahrungsangebot häufig so sehr, daß nahezu eine „Hungergrenze" erreicht wird, die wiederum dazu führt, daß speziell die noch nicht erwachsenen Stücke eine Zeitlang in ihrem Wachstum stagnieren. Umgekehrt bauen Bestände in weniger fruchtbaren Gebieten, in denen die Pflanzenproduktion auch in den Frühsommermonaten eher begrenzt ist, kleinere Bestände auf, die dann in den Wintermonaten genügend Äsung haben und in der Entwicklung nicht gehemmt werden.

Der Grund, weshalb es in fruchtbaren Landesteilen dichte Bestände mit geringeren Einzelstücken, in kargeren Landschaften kleinere Bestände mit stärkeren Rehen gibt, liegt also im Zusammenspiel der bestandesregulierenden Faktoren: Verhaltensmuster des Rehwildes einerseits, Äsungsangebot beziehungsweise Unterschied des Angebots in den Jahreszeiten andererseits.

Die absolute Siedlungsdichte ist sehr unterschiedlich, sie wird im Walde häufig unterschätzt. Überprüfbare Zahlen liegen aus freier Wildbahn nicht vor. Aus den in den letzten

40–50 Jahren teilweise erheblich gestiegenen Abschußzahlen wird in der aktuellen Auseinandersetzung um Wald und Wild immer wieder ein entsprechender Anstieg der Wildbestände, aber auch der Wilddichte abgeleitet, dies bei reduziertem Lebensraum! Es wurde sogar die Behauptung aufgestellt, daß die zivilisatorisch bedingte Nitrat-Deposition in unserer Umwelt einer Volldüngung der Wälder in einem 10-Jahreszeitraum entspreche und damit zu einer Verbesserung der Lebensbedingungen des Rehwildes und zu größeren Beständen beitrage. Daß dies doch wohl im krassen Widerspruch zu den beängstigenden Waldschäden durch Schadstoffbelastungen steht, dürfte offensichtlich sein, denn wie sollten Flora und Boden schädigende Umwelteinflüsse für das Wild positiv wirken?

Abgesehen davon sieht die Bilanz des Nitrat-Eintrags und anderer Nährstoffe wie folgt aus:

Nährstoffexport bei einem Fichtenbestand
I. Bonität (Totalnutzung und Durchforstung)

	kg/ha/Jahr				
Nährstoff	N	P	K	Ca	Mg
Entzug (Mittel von 100 Jahren)	22	3,4	17	14	3,8
Versickerung	17	0,1	11	10	4,3
Gesamtentzug	−39	−3,5	−28	−24	−8,1
Deposition	+19	+0,2	+3,3	+10	+1,9
Bilanz	−20	−3	−25	−14	−6,2

Abgesehen davon, daß es sich beim Stickstoff-Eintrag in Waldbestände in der Bundesrepublik Deutschland (1979) um einen Durchschnittswert handelt, ist nach Aussage der Forstlichen Versuchs- und Forschungsanstalt Baden-Württemberg zu bedenken, daß auf Grund der Bodenversauerung der als Salpetersäure eingetragene Stickstoff nicht aufgenommen werden kann, sondern nahezu gänzlich an das Grundwasser weitergegeben wird.

Auch der Ammonium-Eintrag wirkt durch die Abgabe von Protonen im Boden physiologisch versauernd. Die Landesanstalt für Ökologie, Landschaftsentwicklung und Forstplanung Nordrhein-Westfalen kommt deshalb zu dem Schluß, daß unter der gegebenen Belastungssituation der Waldökosysteme der negative Effekt durch die Bodenversauerung einen u.U. positiven Effekt durch Düngungswirkung übersteigt.

Wir sind der Auffassung, daß seit etwa 30 Jahren, durch jagdwissenschaftliche Erkenntnisse und praktische Erfahrungen vieler Jäger veranlaßt, eine wesentlich stärkere Nutzung des Rehwildes erfolgt, was zusammen mit äsungsverbessernden Maßnahmen und Fütterung zu höheren Reproduktionsraten führte, ohne daß die Siedlungsdichte als solche auch nur annähernd im gleichen Ausmaß wie die Strecken angestiegen ist.

Die Entwicklung der Strecken in Deutschland und Österreich in den letzten Jahren zeigt, daß das Optimum erreicht, wenn nicht sogar teilweise überschritten wurde.

Rehwild-Strecken

I. Bundesrepublik Deutschland

Baden-Württemberg, Jagdfläche ca. 3 425 000 ha, Waldfläche 1 301 000 ha

		absolut	*je 100 ha Jagdfläche*	*je 100 ha Waldfläche*
Jahresstrecken:	1936/39 ∅	67 025	1,91	
	1960/61	112 794	3,22	

		absolut	*je 100 ha Jagdfläche*	*je 100 ha Waldfläche*
	1965/66	111 753	3,19	
	1970/71	113 895	3,25	
	1975/76	121 716	3,48	
	1980/81	146 362	4,27	
	1981/82	146 821*	4,29	
	1982/83	144 952	4,23	11,14
	1983/84	144 399	4,22	11,09

Bayern, Jagdfläche ca. 6 500 000 ha, Waldfläche 2 374 000 ha

Jahresstrecken:	1936/39 ∅	130 538	1,99	
	1960/61	174 476	2,61	
	1965/66	184 060	2,74	
	1970/71	178 846	2,67	
	1975/76	220 644	3,29	
	1977/78	242 258*	3,72	
	1980/81	224 217	3,45	
	1981/82	219 405	3,37	
	1982/83	218 226	3,35	9,19
	1983/84	ca. 218 000	3,35	9,19

Hessen, Jagdfläche ca. 2 050 000 ha, Waldfläche 832 000 ha

Jahresstrecken:	1936/39 ∅	31 721	1,58	
	1960/61	49 384	2,47	
	1965/66	51 618	2,58	
	1970/71	45 531	2,27	
	1975/76	53 165	2,66	
	1977/78	70 253*	3,42	
	1980/81	66 576	3,24	
	1981/82	67 941	3,31	
	1982/83	63 698	3,11	7,65
	1983/84	63 894	3,11	7,65

Niedersachsen, Jagdfläche ca. 4 250 000 ha, Waldfläche 978 000 ha (einschl. Bremen)

Jahresstrecken:	1936/39	43 638	0,96	
	1960/61	61 876	1,37	
	1965/66	68 843	1,52	
	1970/71	74 460	1,65	
	1975/76	87 228	2,05	
	1978/79	104 385*	2,46	
	1980/81	78 697	1,85	
	1981/82	78 065	1,84	
	1982/83	86 394	2,03	8,84
	1983/84	84 297	1,98	8,61

Nordrhein-Westfalen, Jagdfläche ca. 3 300 000 ha, Waldfläche 834 000 ha

Jahresstrecken:	1936/39 ∅	40 430	1,22	
	1960/61	56 886	1,72	
	1965/66	61 818	1,87	
	1970/71	54 658	1,65	
	1975/76	65 333	1,98	
	1980/81	70 409	2,13	
	1981/82	71 972	2,18	
	1982/83	70 367	2,13	8,43
	1983/84	75 470*	2,28	9,05

Rheinland-Pfalz, Jagdfläche ca. 2 050 000 ha, Waldfläche 873 000 ha
und Saarland

		absolut	*je 100 ha Jagdfläche*	*je 100 ha Waldfläche*
Jahresstrecken:	1936/39 ∅	50 441	2,24	
	1960/61	60 219	2,67	
	1965/66	64 978	2,88	
	1970/71	53 267	2,36	
	1975/76	59 663	2,91	
	1980/81	62 515	3,04	
	1981/82	64 575	3,15	
	1982/83	65 847	3,21	7,54
	1983/84	66 693*	3,25	7,64

Schleswig-Holstein, Jagdfläche ca. 1 450 000 ha, Waldfläche 140 000 ha
(einschl. Hamburg)

Jahresstrecken:	1936/39 ∅	12 727	0,84	
	1960/61	24 084	1,60	
	1965/66	23 523	1,56	
	1970/71	17 304	1,15	
	1975/76	28 917	1,93	
	1978/79	35 224*	2,43	
	1980/81	26 366	1,82	
	1981/82	20 534	1,42	
	1982/83	22 226	1,53	15,88
	1983/84	33 961	2,34	24,25

Gesamte Bundesrepublik Deutschland, Jagdfläche ca. 23 300 000 ha, Waldfläche 7 340 000 ha

Jahresstrecken:	1936/39 ∅	376 520	1,58	
	1960/61	540 213	2,27	
	1965/66	567 120	2,39	
	1970/71	538 557	2,27	
	1975/76	637 412	2,69	
	1978/79	717 320*	3,08	
	1980/81	675 237	2,89	
	1981/82	669 423	2,87	
	1982/83	671 895	2,88	9,18
	1983/84	686 714	2,95	9,36

* Höchstzahl
Quelle: DJV-Handbücher
Anm.: Die Jagdflächen haben sich teilweise gegenüber 1978 verändert, lt. Erhebung DJV bei Obersten Jagdbehörden 1983. Aufgrund der Einführung eines Dreijahres-Abschußplanes für Rehwild im Land Bayern werden erst im Jagdjahr 1986 die genauen Streckenergebnisse der Jagdjahre 1983/84, 1984/85 und 1985/86 erhoben.

II. Österreich

Jagdfläche ca. 8 288 000 ha		*absolut*	*je 100 ha*
Jahresstrecken:	1960/61	130 253	1,57
	1965/66	129 076	1,55
	1970/71	143 883	1,73
	1975/76	208 886	2,52
	1977/78	236 615*	2,85
	1980/81	211 105	2,55

	absolut	*je 100 ha*
1981/82	211 932	2,56
1982/83	210 132	2,54
1983/84	203 171	2,45

* Höchstzahl
Quelle: DJV-Handbücher

III. Schweiz

Revierkantone, Jagdfläche 569 000 ha		*absolut*	*je 100 ha*
Jahresstrecken:	1936/39 ∅	14 010	2,46
Jagdfläche 920 000 ha			
Jahresstrecken:	1960	12 212	1,32
	1965	15 730	1,70
	1970	16 869	1,83
	1972	19 138	2,08
	1973	19 911	2,16
	1982	24 844	2,70
	1983	24 778	2,69
Patentkantone, Jagdfläche 3 560 000 ha			
Jahresstrecken:	1936/39 ∅	7 090	0,19
Jagdfläche 3 210 000 ha			
Jahresstrecken:	1960	15 496	0,48
	1965	11 111	0,34
	1970	9 242	0,28
	1972	10 384	0,32
	1973	10 175	0,31
	1982	19 786	0,62
	1983	20 002	0,62

Quelle: Eidgenössisches Oberforstinspektorat Bern, Schreiben vom 16. 4. 1975, Jagd und Hege Nr. 5/1983 u. Nr. 5/1984

IV. Abschließend noch die Abschußzahlen verschiedener europäischer Länder:

DDR	1981	104 705	Frankreich	1973	53 000
	1982	133 307		1980	70 000
Dänemark	1970	30 300	Italien	1970	4 753
	1980	38 900		1980	6 461
Norwegen	1970	3 841	Jugoslawien	1970	22 800
	1980	11 025		1980	41 329
Schweden	1970	46 670	Ungarn	1981	46 200
	1981	94 500		1982	42 700
Finnland	1980	1 275	Bulgarien	1975	2 592
				1980	6 695
Niederlande	1970	5 383	Rumänien	1975	14 000
	1980	6 559		1981	27 000
Belgien	1970	9 027	CSSR	1961–1970 ∅	67 000
	1980	8 705		1971–1980 ∅	97 000
Luxemburg	1975	6 240	Polen	1971	25 533
	1981	5 090		1981	53 786

Quelle: DJV-Handbücher und Rehwild-Symposium der CIC, Altenfelden 1982

Stoffwechsel und Ernährung

Stoffwechselvorgänge und Ernährung im Jahresrhythmus sind wichtige Faktoren, welche Gesundheit, Wohlbefinden und Verhalten des Rehwildes beeinflussen.

Was ist nun Stoffwechsel, lateinisch auch Metabolismus genannt? Man versteht darunter die gesamten Vorgänge des Auf- und Abbaues und der Umwandlung von Substraten oder Substanzen (Nahrungsmittel, Sauerstoff) sowie des Zerfalls und des Ersatzes der Körperbestandteile. Ähnlich wie in der Pflanzenwelt kennen wir einen assimilatorischen Teil des Stoffwechsels, einen dissimilatorischen, einen intermediären Stoffwechsel sowie den Betriebs- und Baustoffwechsel. Der Betriebsstoffwechsel trägt für den laufenden Energiebedarf Sorge, der Baustoffwechsel versorgt den heranwachsenden Organismus und ersetzt verbrauchte Körpersubstanz.

Die Assimilation (Anabolismus) ist der erste Hauptteil des Stoffwechsels. Dabei werden Nahrungsstoffe aufgenommen, im Magen-Darm-Trakt abgebaut und die Spaltprodukte schließlich zu körpereigenen Stoffen aufgebaut und in die Gewebssubstanz eingebaut. Bei der Dissimilation werden die durch die Assimilation zu körpereigenen Stoffen in das Gewebe eingebauten Stoffwechselsubstanzen unter Freisetzung der im Innern enthaltenen Energie verwertet. Die Endprodukte dieser Stoffwechselvorgänge, durch die aus komplizierten organischen Verbindungen einfachere geschaffen werden, sind zum Beispiel Harnstoff, Kohlensäure, Wasser, Ammoniak und andere. Der intermediäre Stoffwechsel ist derjenige Teil des Stoffwechsels, der zwischen den Ausgangs- und Endstufen der Assimilation und Dissimilation liegt. Die bei diesen Umbauprozessen freiwerdende Energie wird teils zum Aufbau und Ersatz von Körpersubstanzen, teils aber auch zur Aufrechterhaltung der Lebensvorgänge verwendet. Wie die Nahrung aufgenommen und zerkleinert wird, schildern wir auf Seite 51, die Problematik ungeeigneter Nahrung im Kapitel „Winterfütterung". Stoffwechselvorgänge werden auch durch Hormone gesteuert (siehe Geschlechtshormone), generell aber regt das in der Gehirnanhangdrüse, der Hypophyse, erzeugte Stoffwechselhormon zahlreiche andere (endokrine) Drüsen zur Ausscheidung von Hormonen an, welche wieder den Stoffwechsel beeinflussen. Wichtige Hormone dieser Art sind die Hormone der Nebennieren, der Schilddrüse und der Bauchspeicheldrüse. Auf das Schilddrüsenhormon Tyroxin, welches Energie und Wachstumsprozesse steuert, wird auf Seite 92 eingegangen, während das Insulin, welches aus der Bauchspeicheldrüse stammt, den Zuckerstoffwechsel beeinflußt. Die Nebennieren erzeugen das Adrenalin, die Nebennierenrinden das Cortison.

Das Reh ist ein Konzentratselektierer, d. h. seine Pansenflora und sein Verdauungsapparat sind vorwiegend auf die Spaltung von rohfaserarmer, *leicht verdaulicher*, energiereicher Nahrung eingestellt. Dies im Gegensatz zu anderen wildlebenden Wiederkäuerarten, welche sich durch ihre Einordnung in Richtung hin zum Zellulosevergärer vom Rehwild deutlich unterscheiden. Der Magen-Darm-Trakt des Rehes trägt dieser Stellung im System, wie schon erwähnt, entsprechende Kennzeichen. Der Pansen ist im Vergleich zum übrigen Verdauungstrakt relativ klein, und das Reh besitzt sogar einen Pansenblindsack weniger als andere Wildwiederkäuerarten.

Die Ernährung des Rehwildes, sein Nahrungsrhythmus, die richtige Fütterung und damit die Erreichung einer guten Kondition sind häufig Themen, bei denen die verschiedensten Ansichten geäußert werden. Wir gehen in der Folge darauf ein, schon allein deshalb, weil der Begriff „Konzentratselektierer Reh" zwar ständig benutzt wird, die wenigsten Jäger aber wissen, wie sich ein Konzentratselektierer vom Wiederkäuertyp, von anderen Pflanzenfressern unterscheidet. Dieses Nahrungsaufnahme- und -verwertungsverhalten diktiert nämlich die Lebensweise des Rehes, die Art der anzulegenden Wildäcker und -wiesen, die Art der Winterfütterung und das Verhalten des Rehes.

Nicht nur nach DRESCHER-KADEN ist es nicht zufällig, daß es bei der weiten Verbreitung der Wildwiederkäuer verschiedenes Äsungsverhalten und anatomische Unterschiede gibt. Gerade die weite Verbreitung gewährleistet, daß die verschiedensten ökologischen Nischen sinnvoll genützt werden.

Der Vergleich dieser Wildwiederkäuer ergab Unterschiede im Äsungsverhalten, in der Kapazität des Verdauungstraktes und in den fermentativen Leistungen des Vormagensystems. Man unterscheidet zwei Extreme, nämlich Konzentratselektierer und Rauhfutterfresser. DRESCHER-KADEN stellte uns folgende Tabelle zur Verfügung:

Parameter für die Zuordnung von Wildwiederkäuern zu Ernährungstypen (nach DRESCHER-KADEN)

Parameter	Konzentratselektierer	Rauhfutterfresser
I. Äsungsverhalten	selektierend	weniger selektierend
Äsungs- und Wiederkauperioden	häufig, jeweils kurz	wenige, jeweils lang
II. Äsung	vor allem Blatt- und Krautäsung	v. a. Grasäsung
Struktur	relativ fein, im Pansen schnell zerfallend	relativ grob, fasrig
Gehalt an Rohprotein	höher	niedriger
Gehalt an Rohfaser	niedriger	höher
Gehalt an leichtvergärbaren Kohlehydraten	höher	niedriger
III. Ausbildung des Verdauungstraktes		
Kapazität der Vormägen	geringer	größer
IV. Mikrobielle Besiedlung		
Bakteriendichte	nur wenig erhöht	etwas niedriger
Anteil an Weiserbakterien	höher	niedriger
Protozoendichte	0 bis extrem	mittel
Artenreichtum der Protozoen	gering	hoch
V. Mikrobielle Leistungen		
Abbau der Naturäsung	relativ rasch	langsamer
Acetat-Propionatverhältnisse	eng	weit
Abbau synthetischer Ration	etwa gleich	etwa gleich
Proteine	geringer	stärker
Zellulose	stärker	geringer
Stärke	stärker	geringer
Fructose		
VI. Verweildauer des Darminhaltes im Pansen		
	relativ kurz	relativ lang
Der Punkt III läßt sich noch näher aufschlüsseln:		
Gewichtsverhältnis Magen-Darmtrakt	enger	weiter
Ausbildung des Magens	relativ klein, wenig unterteilt; gleichmäßige Zotten, schwächere, zottenbesetzte Pfeiler; geringer Füllungsgrad	relativ groß; komplex ungleichmäßige Zotten, stärkere, kahle Pfeiler; höherer Füllungsgrad
Ausbildung des Netzmagens	relativ groß; niedrige Leisten	relativ klein, höhere Leisten
Ausbildung des Blättermagens	relativ klein, weniger Blätter verschiedener Ordnung	relativ groß; mehr Blätter verschiedener Ordnung
Ausbildung des Labmagens	relativ groß	relativ klein
Ausbildung des Blinddarms	relativ groß	relativ klein
Ausbildung des Grimmdarms	etwa gleich	etwa gleich
Speicheldrüsen	groß, komplex	kleiner, einfacher

Drescher-Kaden stellt fest, daß das jahreszeitliche und biotopbedingt wechselnde Nahrungsangebot zusammen mit dem Tagesrhythmus zu Variationen der Menge des Verdauungstraktinhalts beiträgt. Dieser Inhalt ist beim Reh im Vergleich zum Körpergewicht im Winter schwerer als im Sommer. Im Winter ist der relative Magenanteil größer und mit der nur grob strukturiert vorhandenen Äsung gefüllt, die zwangsweise und logischerweise im Pansen länger verweilt; ein nicht ungefährlicher Zustand. Zur Zelluloseverdauung ist der Dickdarm bestimmt.

Im Gegensatz dazu zerfällt die Sommeräsung rasch. Sie ist leichter verdaulich und hat eine kürzere Verweildauer, weil sie von dem Mikroorganismus im Pansen rasch abgebaut wird. Dabei hat sich die Mikroorganismuspopulation des Pansens an die leicht vergärbare Sommeräsung mit höherem Rohproteingehalt und größerem Anteil von Kohlehydraten adaptiert.

Im Vergleich zum Körpergewicht haben Rehe einen relativ kleinen Eingeweideanteil. Der Magen ist doppelt so schwer wie der Darmtrakt (beim Rotwild ist der Magentrakt lediglich ein Drittel des Darmtraktes schwer).

Der relativ kleine Pansen-Haubenraum des Rehes läßt keine lange Verweildauer der Nahrung zu und fordert eine höhere Verdaulichkeit, was sich wiederum bei der Futteraufnahme in der sorgfältigen Selektion leichtvergärbaren Pflanzenmaterials widerspiegelt. Die mit hoher Geschwindigkeit gebildeten Verdauungsprodukte werden schon weitgehend durch die Pansenwand resorbiert, die eine beim Reh besonders gut ausgebildete resorptive Oberfläche mit gleichmäßigen Zotten aufweist (nach R. R. Hofmann können sich diese Zotten im Winter zu Hungerformen zurückbilden). Dafür haben Rehe nur 2 Pansenblindsäcke und die Pfeiler, die für eine Umwälzung des Panseninhalts sorgen, sind schwächer.

Da die Futterpassage aus dem Pansen beim Reh relativ rasch erfolgt, findet sich eine vergleichsweise größere Nahrungsbreimenge im Labmagen und im Darmtrakt und zwar weniger im Dünndarm als weiter hinten. Für eine stärkere Ausnutzung des Blinddarms spricht das beim Reh enge Verhältnis der max. Kapazität von Pansen zu Blinddarm mit 10 : 1 im Gegensatz zu den Verhältnissen beim Mufflon mit 27 : 1. Da im Enddarm des Rehs wiederum eine größere Menge Darminhalt verweilt, können hier umfangreichere Resorptionsvorgänge an Wasser und Salzen ablaufen. Wenn es der Lebensraum und die Wilddichte zulassen, findet man im Pansen des Rehs einen höheren Anteil blattreicher Strukturen und Kräuter als Gräser. Dieses Material zerfällt im Pansen rasch und bietet für die Vergärung eine große Oberfläche. So ist der Anteil kleinerer Partikel (unter 1,5 mm^2) beim Reh meist höher als beim Rotwild. Wenn die Äsung im Pansen aber schnell zerfällt und rasch weitertransportiert wird, muß in relativ kurzen Intervallen für Nachschub gesorgt werden. Dies erfordert dann wieder die größere Zahl kürzerer Äsungsperioden beim Reh, die typisch wieder für Konzentratselektierer ist. Zarte blattreiche Pflanzenteile enthalten mehr Rohprotein und weniger Gerüstkohlenhydrate.

Man findet im Panseninhalt des Rehs stets mehr Rohprotein und weniger Rohfaser als beim Rotwild desselben Gebiets. Selbst in der äsungsarmen Winterzeit ändert sich das nicht.

Die unterschiedliche Äsungswahl von Rauhfutterfressern und Konzentratselektierern erfordert auch eine entsprechend adaptierte Mikroflora und -fauna im Pansen, um eine optimale Ausnutzung zu gewährleisten. Dies prägt sich weniger in der Gesamtzahl der Bakterien aus als in der Artenverschiebung. So weist Rehwild einen höheren Anteil an sogenannten Weiserbakterien auf, die typisch für Selektierer sind.

Auffällig ist, daß sich beim Reh von dem hohen Artenreichtum der Protozoen nur eine Art – die Entodinia – halten kann. Der Nährstoffbedarf dieser kleineren Tierart ist vergleichsweise relativ hoch, da man ihn nicht auf das Körpergewicht, sondern nur auf die Stoffwechselgröße beziehen darf.

Ein 20 kg schweres Reh benötigt nicht den 10. Teil, sondern 18 % der Futtermenge eines 200 kg schweren Hirsches. Diese Nährstoffbereitstellung fordert Höchstleistungen vom relativ kleinen Pansen und eine rasche Vergärungsleistung durch die Mikroorganismen unter Freisetzung resorbierbarer, energieliefernder (flüchtige Fettsäuren) und stickstoffliefernder (Ammoniak, Aminosäuren) Bausteine.

Diese flüchtigen Fettsäuren senken den pH-Wert im Panseninhalt und würden die Verdauungsleistung der Mikroorganismen beeinträchtigen. Aus diesem Grund ist die entsprechende Lieferung an alkalischem Speichel besonders beim Wiederkäuen erforderlich. Das Reh – als Konzentratselektierer – besitzt eine größere Kapazität an Speicheldrüsen als Rauhfutterfresser, wodurch eine gute Pufferung des Pansenmilieus gewährleistet ist. Auffällig ist die hohe Fähigkeit der Pansenmikroorganismen des Rehs, Harnstoff zu spalten. Sie liegt höher als bei den Rauhfutterfressern.

Wäre damit eine bessere Eiweißausnutzung denkbar?

Das komplizierte Zusammenspiel von Verhalten, Kapazität des Verdauungssystems des Wirtstieres, den fermentativen Leistungen seiner Pansenmikroorganismen durch den Wiederkäuer ist gerade bei den Konzentratselektierern sehr labil. Während sich Intermediärtypen je nach Äsungsqualität und Konkurrenzdruck mehr dem Äsungsangebot anpassen können, erfordert die relativ größere Stoffwechselgröße des Rehs trotz kleiner Pansenkapazität laufend Energienachschub. Bei unzureichender Äsung können Rehe mit vollem Pansen verhungern, da die Lieferung von Nährstoffen in die Darmabschnitte, in denen resorbiert wird, zu langsam erfolgt (siehe auch „Winterfütterung").

Wenn vorhin erwähnt wurde, daß die Verdaulichkeit der Nahrung der entscheidende Faktor in der Rehwildernährung ist, bedeutet dies, daß bei den normalerweise natürlich zur Verfügung stehenden Äsungspflanzen auch der Proteingehalt eine gewisse Rolle spielen muß. Ein Rauhfaseranteil ist erwünscht und wichtig, er darf aber ein gewisses Maß nicht überschreiten (siehe Kapitel „Winterfütterung").

Der tägliche *Bedarf* des Rehes an frischer Grünäsung ist etwa 4 kg. Hiervon entfällt der überwiegende Teil, etwa über 3 kg, auf das in der Äsung enthaltene Wasser, während etwa 0,8 kg Trockenmasse benötigt wird.

Mit der Trockenmasse müssen im Durchschnitt täglich 40 g Eiweißstoffe und 350 g Kohlehydrate (Stärke, Zucker usw.) und Fette aufgenommen werden, außerdem 3 g Kalk und Phosphorsäure für den Aufbau des Gehörns oder der Embryonen.

Diese Nahrungsgrundstoffe allein genügen jedoch nicht. Wie schon oben erwähnt, ist die Struktur mit entscheidend. Das beweist die Gefangenhaltung von Rehwild in Gehegen, welche zu den schwierigsten Aufgaben der Haltung einheimischer Tiere überhaupt gehört. Wenn man nun die zur Verfügung stehende Literatur vergleicht, entzünden sich gerade am Rauhfasergehalt sehr die gegensätzlichen Meinungen. Die Lösung scheint jedoch einfacher zu sein, als man annimmt.

Im Frühjahr, wo die hoch energiereiche, proteinreiche, leicht verdauliche Nahrung zur Verfügung steht, paßt sich nicht nur das Eingeweidevolumen, sondern auch die Pansenflora und die Ausgestaltung des Magens mit den Zotten an. Das Reh entwickelt sogar, wie später geschildert wird, einen besonderen Äsungsrhythmus um diese Jahreszeit. Die Nahrung passiert im Vergleich zu anderen Wildwiederkäuern rasch den Magen-Darm-Trakt und liefert rasch hohe Energie. Im extremen Gegensatz dazu steht im Winter wenig hoch energetische und wenig leicht verdauliche Nahrung zur Verfügung. Auch hier paßt sich das Reh durch die Veränderung der anatomischen Gegebenheiten ins Gegenteil dieser Situation an. Nur so kann es gerechtfertigt erscheinen, daß z. B. die Bubeniksche Forderung nach einem hohen Bedarf an grobfaseriger Äsung im Winter (Waldsilage) ohne weiteres zu Recht bestehen kann, einen

Bedarf, den es durch Verbiß von holzigen Pflanzenteilen decken muß. Er fand, daß der Anteil von grobfaserigen Äsungsbestandteilen im Jahresdurchschnitt bei 60 Prozent liegt und die strukturelle Zusammensetzung der Äsung für das Wohlbefinden des Rehes sehr wichtig zu sein scheint; ihre plötzliche Änderung führt zu schweren Verdauungsstörungen mit starkem Gewichtsrückgang und nicht selten tödlichem Ausgang.

Nach WIEDEMANN ist der Vitaminbedarf des Rehwildes auffallend groß, es stellt in dieser Hinsicht weit höhere Ansprüche als Rotwild und Damwild. In urwüchsigen Naturrevieren mit geringer Wilddichte wird ein Vitaminmangel kaum vorkommen, in den Kulturrevieren Mitteleuropas kann er aber sehr wohl eintreten. In der Zeit der Gehörnbildung hat der Organismus des Rehbockes einen erheblich gesteigerten Bedarf an Vitamin D, sein Mangel führt zu Korkzieherbildungen.

Mangel an Vitamin C erzeugt Skorbut, Mangel an Vitamin B_2 Haarausfall. Beide Vitamine sind nach warmen, regnerischen Wintern nur spärlich in den Pflanzen vorhanden. Im März betrug der Gehalt an Vitamin C nur 5 Prozent von dem Ende Mai in den Äsungspflanzen festgestellten Gehalt. Als besonders arm erwiesen sich Brombeerblätter. Hoch ist der Vitamingehalt in den Knospen der Laubhölzer und in den Blättern der Wintersaat. Im übrigen produzieren die Pansenbakterien das Vitamin B_2 und das Vitamin C.

Offenbar sind auch bestimmte mineralische *Spurenelemente* für das Wohlbefinden erforderlich. Man vermutet, daß die Kulturpflanzen mancher Gebiete Mangel an Eisen, Mangan, Kupfer, Kobalt und vielen anderen Stoffen haben. Nach den Erfahrungen, die mit Haustieren gemacht wurden, führen diese Mängel zum Kümmern, ja sogar zu Erkrankungen, zumeist aber zum Absinken der Leistung.

Rehwild weidet nicht, wie die großen Wiederkäuer, Grünflächen ab, sondern pflückt einzelne Blätter, so daß seine Art des Äsens den Eindruck von Naschhaftigkeit hervorruft. Der Auswahl der Äsungspflanzen dient vorwiegend der Geruchssinn, ihrer Prüfung der Geschmackssinn, der seinen Sitz in den Schmeckbechern auf dem Lecker hat.

Auf nähere Ernährungsbedürfnisse wird noch im Kapitel Äsungsverbesserung und im Kapitel Winterfütterung eingegangen. Die aufgenommene Äsung hängt von dem zur Verfügung stehenden jahreszeitlichen Angebot ab, aber auch vom jeweiligen jahreszeitlichen Bedarf. Hier sollte nicht übersehen werden, daß das wachsende Kitz, die innehabende Geiß, der schiebende Bock durchaus verschiedene jahreszeitliche Bedürfnisse haben. Berücksichtigt man zusätzlich die Aktivitäten des Rehwildes, welche ebenfalls jahreszeitlich unterschiedlich sind, scheint es sich herauszukristallisieren, daß Ende Juli für die gesamte Population das höchste Nahrungsangebot zur Verfügung stehen muß. In dieser Zeit erreichen der Energiebedarf für die Milchproduktion, das Kitzwachstum und das Brunftgeschehen summarisch den Gipfel der Energie-(Äsungs-)anforderungskurve. Ist nicht genügend Äsung vorhanden (Ernte), spricht man vom sogenannten Sommernahrungsengpaß.

Faßt man hinsichtlich des Eiweißbedarfes des Rehwildes die Aussagen verschiedener Autoren grob zusammen, kommt man zur Schlußfolgerung, daß der Eiweißbedarf des Rehwildes um 18 % höher ist als der des Rotwildes. Eine gegenteilige Aussage macht EISFELD (siehe Seite 340).

Die tatsächliche Ermittlung wird nicht ganz einfach sein, wenn man feststellen muß, daß das Eiweiß der Luzerne aufgrund struktureller Beschaffenheit nicht so gut ausgewertet wird wie z. B. Einweiß aus Blättern, gleich ob frisch oder getrocknet.

Über den Wasserbedarf des Rehwildes gehen die Meinungen weit auseinander. Manche Jäger sind der Ansicht, es könne auf Schöpfen, also auf eine unmittelbare Wasseraufnahme, verzichten, da es Reviere gäbe, in denen während trockener Sommer weit und breit kein Wasser vorzufinden sei. In einem 250 ha großen Revier mit gutem Rehbestand gab es auch jenseits der Grenzen weder stehendes noch fließendes Gewässer, auch keine Wiese. An Kunstsuhlen, denen öfter Wasser zugeführt werden mußte, wurden niemals Rehfährten gefunden, vom Damwild wurden sie zum Schöpfen angenommen. Demnach kann Rehwild offenbar ohne Wasseraufnahme leben. In dem Dürrejahr 1911 wanderte allerdings ein Teil der Rehe in Wiesen aus, die mehrere Kilometer entfernt lagen, um jedoch am Ende der Trockenzeit wieder in das Revier zurückzukehren. Auch in den Trockenjahren 1934 und 1959, in denen vom Mai bis zum Herbst kaum Regen fiel, wanderte viel Rehwild aus wasserarmen Revieren ab. Am frühen Morgen konnte man beobachten, wie besonders die führenden Ricken den Tau gierig mit dem Lecker aufnahmen.

Wenn sich Gelegenheit dazu bietet, schöpft das Reh durch Saugen von Wasser in die Mundhöhle bisweilen recht ausgiebig, wie viele einwandfreie Beobachtungen bewiesen haben, vorwiegend dann, wenn es heiß und trocken ist. – Am späten Nachmittag hatte ein köstlicher Gewitterregen die Natur nach wochenlanger Trockenheit erfrischt. Da traten drei Rehe auf einen Weg, um aus einer Regenpfütze zu schöpfen. Ein Schmalreh war am eifrigsten, es spreizte die Vorderläufe, um möglichst nahe an das erfrischende Naß zu gelangen und fiepte ständig vor Wohlbehagen. Als es seinen Durst gelöscht hatte, richtete das Schmalreh sich auf und leckte den Windfang, dabei fielen ihm noch einige Wassertropfen aus dem Äser. – In einem anderen Falle trollte ein Bock eilig zu einem Graben, stellte die Vorderläufe auf die Grabensohle und die Hinterläufe auf den Rand, so daß er fast senkrecht stand. Dann steckte er das Geäse in das Wasser, und es war deutlich zu erkennen, wie der Bock langsam Schluckbewegungen machte, auch war zu hören, wie er schlürfte. Erst nach fast zehn Minuten hatte er seinen Durst gestillt und trat rückwärts wieder auf den Grabenrand. – Das regelmäßige Wechseln zur Tränke wurde im Juni bei einer Ricke mit Kitz beobachtet. Sie hatte ihren Einstand in einem großen Roggenschlage, der an einen Kleeacker grenzte. Inmitten dieses Kleeschlages befand sich ein Tümpel. Pünktlich um 7 Uhr trat die Ricke mit ihrem Kitz aus dem Roggen und wechselte, ohne zu äsen, durch den Klee an den Tümpel. Am Rande des Tümpels tat sich das Kitz nieder, und die Ricke trat zehn Schritte in das sehr flache Wasser, um zu schöpfen. Das Schöpfen dauerte bis zu fünf Minuten, dann wechselte die Ricke mit dem Kitz zum Rand des Roggenfeldes zurück und fing an zu äsen. In den neun Tagen der Beobachtungszeit hatte es mindestens an fünf Tagen geregnet, so daß trockene Äsung nicht der Anlaß zum Schöpfen gewesen sein konnte.

Im allgemeinen enthält wohl die Sommeräsung soviel Wasser, daß der Bedarf des Körpers mit den Pflanzensäften und dem Tau gedeckt werden kann und nur gelegentlich zusätzlich Wasser geschöpft wird.

Im Winter dagegen mangelt es bei Frost und Schnee nicht nur an Äsung, sondern vor allem auch an Wasser. Es ist beobachtet worden, daß Rehe Schnee aufnehmen, wenn auch nur in äußerster Not. Den Wasserbedarf können sie jedoch damit nicht decken, ohne schwere Gesundheitsschädigungen davonzutragen. Ohne Gefahr kann dagegen als Ausgleich zur wasserarmen Äsung Rauhreif abgeleckt werden.

Das was heute vielfach als Rehwildproblem bezeichnet wird, ist im Prinzip nichts anderes als ein Problem der Äsungsbeschaffung, bzw. Energieversorgung in einer forst- und landwirtschaftlich intensiv genutzten Landschaft, das noch zusätzlich durch den Menschen und dessen Aktivitäten (Freizeit) verstärkt wird. Wir stehen heute vor einer Veränderung und einer Verarmung der Flora, aber auch der Fauna, dies sollte nicht übersehen werden. Wer auch immer dafür verantwortlich zeichnet, es existiert nach HOFMANN und KIRSTEN

a. eine Reduktion des Laubholzanteiles gegenüber dem Nadelholzanteil in den Wäldern,
b. eine Endnutzung der Bestände in einem Alter, in dem Bäume erst beginnen, voll Früchte zu tragen,

c. eine Beseitigung fruchttragender Strauchflora im Rahmen der Nadelholzpflege,
d. eine schlagartige Beseitigung des üppigen Feldangebotes durch die Ernte im Spätsommer,
e. eine Beseitigung von alten Obstbeständen, Büschen, Rainen, Feldgehölzen und Hecken zur Rationalisierung der maschinellen Feldbestellung und
f. eine Begradigung von Bach- und Flußläufen und damit Vernichtung von Feuchtbiotopen und Auwäldern.

Am heute viel diskutierten Waldsterben ist das Reh als Verursacher nicht schuld. Darüber sind sich die Fachleute einig.

Sozialverhalten und Lebensweise

Entwicklung

Nicht zuletzt aus der Kenntnis der Stammesgeschichte, der Morphologie und Ökologie werden Lebensweise und Verhalten der Tiere in etwa erklärbar und für uns Menschen verständlich. Für den Jäger kommt dieser Kenntnis die größte Bedeutung zu, ist sie doch Voraussetzung für das, was wir eine art- und umweltgerechte Hege nennen wollen.

Wie bei allen Lebewesen ist beim Rehwild die Erhaltung der Art mit der bestimmende Faktor seiner Verhaltensweise. Hierfür sind, wie wir in der Stammesgeschichte gesehen haben, offensichtlich optimale Voraussetzungen gegeben. Daraus folgt, daß die angeborenen Verhaltensweisen, also das, was wir landläufig Instinkt nennen, sehr viel entscheidender sind als „erlernte", also kurzfristig auf individueller Erfahrung basierende Reaktionen. Naturgemäß können wir hier nicht eindeutig differenzieren. Ohne Zweifel, und welcher Jäger wüßte dies nicht aus eigener, oft leidvoller Erfahrung, hat der alte, reife Bock im Laufe der Jahre „hinzugelernt", sich vielen Gefahren, vor allem den Nachstellungen des Jägers, zu entziehen. In gleicher Weise vermag die ältere Ricke ihre schon etwas geringere Milch- und damit Nahrungsleistung für ihre Kitze durch die Kenntnis günstiger Einstände und guter Äsungsmöglichkeiten auszugleichen. Dieser Instinkt versagt – und dies spricht eben wieder für die Priorität der angeborenen Verhaltensweisen –, bei Gefahren, die erst seit kurzer Zeit aus Zivilisation und Technik resultieren. Wir werden dies bei der Behandlung von Fallwildverlusten durch den Straßenverkehr und die Mähmaschine noch sehen.

Wenn wir uns nun der Stammesgeschichte erinnern – hierbei sei vor allem auf den wesentlichen Unterschied zum Rotwild, diesem von der offenen Waldlandschaft, ja, der baumlosen Steppe geprägten Herdentier, hingewiesen – dagegen unser Reh als Schlüpfer der Waldrand- und Buschzonen und überwiegend als Einzelgänger bzw. im kleinen Familienverband lebend sehen – so werden wir bei der Betrachtung seines arteigenen Verhaltens, seiner Sozialbindungen und seiner Sinne entscheidende Unterschiede zu dem „großen Bruder" feststellen. Obwohl in mancherlei Hinsicht, wie in Fluchtfähigkeit und Sinnesschärfe dem Rotwild objektiv unterlegen, ist es für den „Kampf ums Dasein" bestens ausgestattet. Es ist sehr anpassungsfähig hinsichtlich Nahrungsangebot (manche Jäger bezeichnen es geradezu als Kulturfolger) und reagiert, um als Art zu überleben, notfalls auch als Kümmerform. Es versteht, im härtesten Klima, in unserer landwirtschaftlichen Kultursteppe und in unseren Forstmonokulturen zu überleben. Deshalb wollen wir uns jetzt den sozialen Bindungen von Rehwildpopulationen zuwenden.

Sozialverhalten

Der Begriff Sozialverhalten bezieht sich ausschließlich auf die Beziehungen innerhalb einer Tierart, hier also des Rehwildes. Außer starken familiären Beziehungen (Sippenbildung), in welchen wohl der Begriff der Mutterfamilie passen könnte, zeigen die Rehe kein ausgeprägtes Gruppeninteresse, wie etwa das Rotwild, dessen Wohlbefinden durch geselliges Beisammensein (z. B. Hirschrudel außerhalb der Brunftzeit) offensichtlich gefördert wird. Niemals werden wir ein „Rudel" Rehböcke beobachten können. Der Begriff *Sprung* darf deshalb hinsichtlich der sozialen Struktur seiner Mitglieder untereinander nicht mit dem Begriff *Rudel* beim Rotwild gleichgesetzt werden, er ist, *abgesehen vom reinen* Familienverband, unbestimmt, ja, man wäre bei oberflächlicher Betrachtung geneigt zu sagen, zufällig zusammengesetzt. So stellt KURT (1968) zutreffend fest, daß anderen Beziehungen zwischen Rehen, auch aggressiver Art, wie die Territorialität von Böcken oder setzenden Geißen, sozial sehr viel größere Bedeutung zukommt, selbst wenn sich die Partner weitab voneinander befinden, verschiedene Plätze im Raum- und Zeitsystem einnehmen und sich nur durch Duftmarken oder akustische Signale verständigen.

Unter Sprung ist eine Anzahl Rehe zu verstehen, die sich zur gleichen Zeit am gleichen Ort aufhalten, sich gleichzeitig in gleicher Richtung bewegen und Individualdistanzen von maximal 50 Meter einhalten. Darunter fallen, wie oben ausgeführt, mit gleichzeitiger Sozialbindung die Familie oder die Brunftpartner. Um es ganz deutlich zu machen, sei hier nochmals KURT (1968) zitiert:

„Zwei Böcke sind im Sommer, wenn sie benachbarte Reviere besetzen, sich dabei niemals gemeinsam verschieben und einander ausweichen, durch mehr gemeinsame soziale Bänder verbunden als im Winter, wenn sie sich im gleichen Sprung aufhalten."

Und einige Zeilen weiter: „Ein sich allein bewegender Rehbock lebt nach meiner Meinung nicht asozial, sondern solitär." Welch wichtige Feststellung!

Der erwachsene Bock lebt in der Regel solitär. Für das weibliche Wild und seine Nachkommen, für die Brunftpartner und die jahreszeitlich sich bildenden größeren Sprünge fand KURT folgende Gruppentypen:

1. Für den Mutter-Kind-Bereich den *determinierten Verband*[1];
2. für die Kampf-, Spiel- und Brunftgruppen den *integrierten Verband*[2];
3. für die größeren Sprünge die *Konzentration*[3].

Derartige Konzentrationen sind offensichtlich umweltbedingt. Von sibirischen Rehen bilden sich, wie SOKOLOV (1959) berichtet, in schneereichen Wintern große, mehrere hundert Tiere umfassende Wanderherden, die sich gemeinsam nach Süden verschieben.

Ansonsten finden wir Sprünge von mehr als fünf Tieren als Äsungsgemeinschaften in Notzeiten. Sie bilden sich in der Regel aus determinierten Verbänden, also Mutterfamilien, die miteinander verwandt sind und als *Sippe* bezeichnet werden können.

Hier liegt, zumindest kurzfristig, eine „organisierte" Form des Zusammenlebens mit Leit- und Warnfunktionen einer führenden Geiß vor. Sich dazu gesellende erwachsene Böcke passen sich während der Zeit dieser Äsungsgemeinschaft diesem Verband an, sie tragen jedoch wesentlich zur Auflösung zu Beginn des Frühjahres bei, indem sie die Trennung von Müttern und Söhnen beschleunigen und das zum Schmalreh werdende Geißkitz „entführen".

Für den „Wahlabschuß" kommt diesem, wenn auch losen Familienverband, eine besondere Bedeutung zu, auf die wir zurückkommen werden.

Sprünge im engeren Sinn mit längerfristigen echten Bindungen sind jedoch nur die

[1] Determiniert = begrenzt, festgelegt, bestimmt.
[2] Integriert = eingegliedert.
[3] Konzentration = Zusammenziehung.

integrierten und determinierten Verbände, also einerseits Partner, die durch kein Mutter-Kind-Verhältnis verbunden sind, wie Geschwister beider Geschlechter (unter Umständen schon Kitze!), Böcke und Mutterfamilien, einzelne Männchen und Weibchen, andererseits die echten Mutter-Kind-Verbände, oftmals erweitert auf Geiß, Schmalreh und Kitz.

Aus den zahlenmäßig größten Äsungsgemeinschaften im Winter, bestehend aus mehreren Mutterfamilien und eventuell einigen „Mitläufern" ohne Mutter-Kind-Beziehung bilden sich im Frühjahr neben den sich absondernden und solitär lebenden älteren Böcken und den sich zum Setzen zurückziehenden Geißen kleine Sprünge: Bock und Schmalreh oder kitzlose Geiß, Jährling und Jährling, Schmalreh und Schmalreh. Drei bis vier Wochen nach dem Setzen kommt der Sprung der Geiß mit ihren neugeborenen Kitzen hinzu, ihm gesellt sich, relativ selten vor der Brunft, danach jedoch häufig, ein erwachsener Bock hinzu, oftmals kehrt jedoch das vorjährige Kitz als Schmalreh bis zur Brunft in diesen Sprung zurück. Gegenüber der relativ langen Verbindung von Böcken und Schmalrehen beschränkt sich der Zweiersprung von Böcken und führenden Ricken auf die Zeit des Beschlags. Die Bildung dieser Sprünge ist mit erheblichen aggressiven Auseinandersetzungen verbunden.

Bei den Böcken können wir wiederum drei Phasen unterscheiden: 1. Eine indifferente vom Ende der Blattzeit bis zur Auflösung der Äsungsgemeinschaften, 2. eine hierarchische vom Auflösungszeitpunkt bis zum Ende der Setzzeit, in der durch Kämpfe die Kräfte gemessen werden und 3. eine territoriale von der Setzzeit bis zur Brunft, in der die stärksten Böcke ihre Reviere beziehen und verteidigen.

Bei den Geißen zeigt sich die Aggression vor allem gegenüber ihren vorjährigen Kitzen vor der neuen Setzzeit, aber auch gegen andere Artgenossen. In der Regel beschränkt sich diese Abwehr aber auf Drohen, Imponiergehabe und Davonjagen.

Hormonelle Einflüsse auf das Verhalten

Neben den bereits beschriebenen hormonellen Einwirkungen auf die Gehörnbildung dürften Hormone auch auf das Verhalten von Rehen einen wichtigen Einfluß haben. So fanden BARTH u. a. nicht nur während der Brunft, sondern auch während der Zeit der Einstandskämpfe im April Testosteron-Höchstwerte im Blut.

Dies ist mit Sicherheit kein Zufall. Erstaunlich mag es scheinen, daß einmal das Testosteron im Blutplasma das typische Verhalten von Böcken zur Zeit der Einstandskämpfe verursacht, andererseits aber im Juli/August zur Brunftzeit das Verhalten, welches zum Fortpflanzungs-

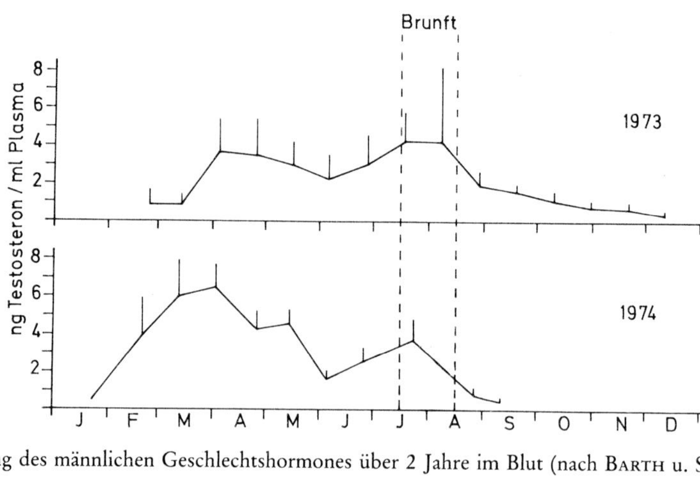

Bestimmung des männlichen Geschlechtshormones über 2 Jahre im Blut (nach BARTH u. SCHAICH)

geschehen führt. Beim Absinken des Testosteronspiegels, das im September beginnt und sich bis zum Januar fortsetzt, rudelt sich dagegen das Rehwild zusammen, bildet wieder Sippen, zeigt friedliches Verhalten gegen die verschiedenen Einzelindividuen der Sippe und nutzt die Sprungbildung aus, um mehr Sicherheit zu finden nach dem Motto „viele Augen sehen mehr, viele Ohren hören mehr".

Der Zusammenhang zwischen Aggressivität und Testosteronspiegel im Blut ist noch nicht eindeutig geklärt. Wir meinen jedoch, daß die Zusammenhänge durchsichtiger würden, wenn man statt des Wortes Aggressivität den Begriff „männliches Verhalten" im Zusammenhang mit dem Testosteronspiegel im Blut beim Lesen nachfolgender Ausführungen berücksichtigen würde.

Aggressivität ist nämlich nur ein Teil des männlichen Verhaltens. Sie dient zum Teil der Erreichung eines sozialen Status, zum Teil der Erfüllung wichtiger Funktionen wie z. B. Eroberung eines bestimmten Einstandes. Sie ist ferner oft lebenserhaltend, wenn es um Kampfgeschehen geht. Männliches Verhalten dagegen mag es sein, wenn schon im Dezember territoriale Böcke beginnen, ihre Einstände zu markieren und abzugrenzen, um den allzu stürmischen Nachwuchs von den erwählten Gebieten abzuhalten, oder die Rolle des Bockes beim Fortpflanzungsgeschehen. Wenn man also folgerichtig Aggression nur als einen Teil des männlichen Verhaltens betrachtet, werden die Testosteron-Versuche, wie wir sie anschließend zitieren, und vieles andere verständlicher werden. Hinsichtlich der Aggressivität zitieren wir nun BARTH, GIMENEZ, HOFFMANN und KARG:

„Erste Anzeichen von aggressivem Verhalten zeigte einer der acht Kitzböcke bereits im März 1973, im Juli/August waren es fünf Tiere. Im folgenden Herbst und Winter nahm der Aggressionsgrad ab, um zum Abschluß der Kolbenzeit wieder deutlich anzusteigen. Nach vorübergehendem Ruhigerwerden der Böcke zeigten sie sich um die Zeit der Brunft nochmals besonders aggressiv. Bereits im August ließ das aggressive Verhalten wieder nach, um einen Tiefpunkt zur Zeit des Geweihschiebens im Dezember 1974 zu erreichen. Imponierverhalten und Aggressivität waren gleichermaßen gegenüber den weiblichen Partnertieren als auch gegen Menschen gerichtet. Die gegen den Menschen zu beobachtende Aggressivität war nicht personenbezogen und nicht mit Nervosität und Scheu verbunden, vielmehr wirkten die aggressiven Tiere besonders phlegmatisch" (s. Abbildung).

„Die folgenden Tabellen verdeutlichen einen Zusammenhang zwischen „Aggressivität" und Testosteronblutspiegel bei Rehböcken. Auch eine Auswertung der Beobachtungen an den

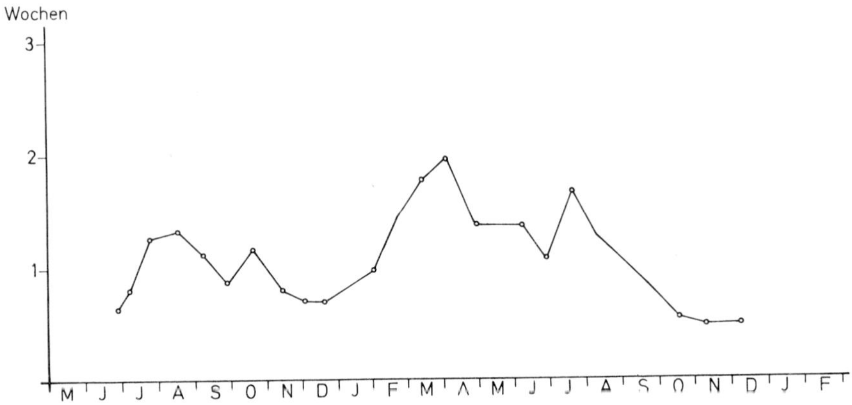

Imponierverhalten von 8 männlichen Rehen im Versuchsgatter (3-Wochen-Werte) (BARTH, GIMENEZ, HOFFMANN u. KARG)

Gegenüberstellung der Testosterongehalte im Blut mit dem Aggressionsverhalten am Tag der Blutentnahme von 7 Einzeltieren im Zeitraum vom 26. 6. 1973 bis 14. 5. 1974

Tier Nr.	Testosterongehalt Ø	Testosterongehalt Grenzwerte	Aggressionsverhalten Ø	Aggressionsverhalten Grenzwerte	n
16	2,45	0,35– 6,15	1,20	1–2	15
92	2,57	0,20– 6,30	1,07	1–2	15
50	2,81	0,18– 6,71	1,00	1	15
83	2,92	0,25– 9,10	2,40	1–4	15
91	2,96	0,40– 7,47	2,67	1–4	15
90	3,18	0,25–13,50	2,71	1–4	14
26	3,29	0,28– 7,05	2,00	1–4	15

Zusammenhang zwischen Testosteronblutspiegel und Aggressionsgrad zum Zeitpunkt der Blutentnahme bei 8 Böcken in der Zeit vom 26. 6. 1973 bis 14. 5. 1974

Aggressions-grad	Testosterongehalt Ø	Testosterongehalt Grenzwerte	Anzahl der gleichzeitigen Beobachtungen
1	2,20	0,18– 6,71	58
2	2,93	0,33– 7,47	15
3	3,61	0,25–13,50	22
4	3,65	0,21– 9,10	21

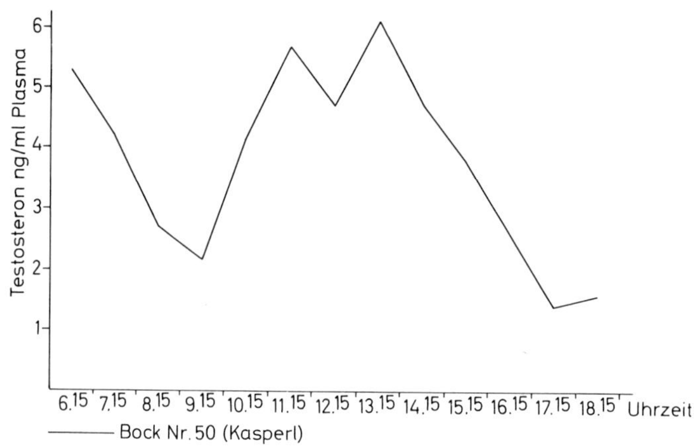

Tageszeitliche Schwankungen des Testosteronspiegels bei einem Bock am 2. 4. 1974. Der Geschlechtshormonspiegel schwankt im Verlauf eines Tages um das Vierfache. Der Verlauf der Kurve mit hohen Blutspiegeln frühmorgens und mittags fordert einen Vergleich mit Beobachtungen über Verhaltensmuster bei Rehböcken in der freien Wildbahn heraus. Es sei jedoch betont, daß sich die Werte nur auf einen Bock beziehen (Barth, Gimenez, Hoffmann u. Karg)

Tagen der Blutentnahme zeigt, daß die Tiere, die jeweils als die am wenigsten „aggressiven" beurteilt wurden (Grad 1), den niedrigsten Testosteronblutspiegel hatten, während die „aggressivsten" Tiere (Grad 4) den höchsten Hormonspiegel aufwiesen.

Die Tabellen zeigen auch, daß die drei Böcke (Nr. 16, 92, 50), die während eines ganzen Jahres keine aggressiven Verhaltensweisen offenbarten, im Durchschnitt auch die niedrigsten Testosteronspiegel hatten. Es sei jedoch betont, daß im Einzelfall häufig ein hoher Testosteronspiegel mit geringer „Aggressivität" (und umgekehrt) vorkam. Bei den Böcken war die Hodensichtbarkeit (die Brunftkugeln sind zeitweise größer oder kleiner, d. h. besser oder schlechter sichtbar) keineswegs mit der Aggressivität korreliert (im Gegensatz zu Ellenberg, der hier Zusammenhänge vermutet. Anmerkung der Verfasser). Die Hodensichtbarkeit, die eine jagdliche Konsequenz haben könnte, wenn sie ein Symptom für die Territorialität eines Bockes im Frühjahr ist, scheint eher mit der Erregbarkeit, dem Temperament, in Wechselwirkung zu stehen. Mit dem Testosterongehalt im Blut war sie umgekehrt proportional (s. Tabelle)."

Der Testosterongehalt im Blut von sieben Böcken vom 26. 6. 1973 bis 14. 5. 1974 bei unterschiedlichen Graden der Hodensichtbarkeit

Hodensichtbarkeit	Testosterongehalt Ø	im Blut ng/ml Grenzwerte	Anzahl der Beobachtungen
1	4,18	0,20– 9,10	36
2	2,23	0,28–13,50	27
3	1,64	0,20– 5,70	17
4	1,43	0,25– 3,30	22

Soweit aus der oben zitierten Arbeit.

Bramley (1970) stellte fest, daß ein Bock nach der Kastration sein Revier verlor.

Blankenburg und Stocksmeier (1958) dagegen konstatierten deutliche Verhaltensänderungen bei einem Perückenbock nach Hormoninjektionen, die allerdings aus einer Mischung männlicher und weiblicher Hormone bestanden. Bei Vögeln, Mäusen, Ratten, Schimpansen und Rotwild konnte die Aggressivität bzw. der soziale Status durch Testosterongaben beeinflußt werden. Da es aber auch Untersuchungen gibt, in denen Verhaltensänderungen nach Testosteroninjektionen bei verschiedenen Tierarten beobachtet wurden (Lit. b. Bramley 1970), zeigt dies, daß der Zusammenhang zwischen Geschlechtshormonblutspiegel und Verhalten ein sehr komplexer ist, nicht zuletzt deshalb, weil jede Hormoninjektion den gesamten Hormonhaushalt nachhaltig beeinflußt.

Der Wechsel im Zusammenspiel der Hormone ist von den Jahreszeiten abhängig. So brunften z. B. bei unseren Antipoden in Neuseeland die Hirsche im April, also zu der Jahreszeit, in welcher dort Herbst ist. Auch anormale Lichteinwirkung kann den Geweih-

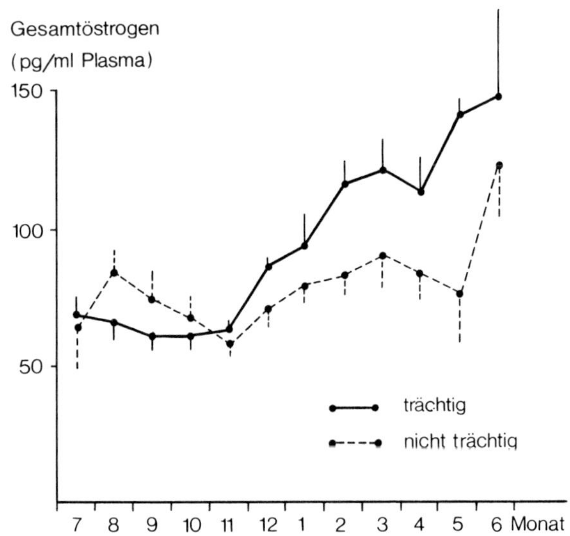

Gesamtöstrogenkonzentrationen ($X \pm S$) im Blutplasma von Ricken während eines Reproduktionszyklus (B. Hoffmann et al. 1978)

zyklus beeinflussen, so daß irreguläres Abwerfen eintritt. Dies haben Versuche gezeigt, bei denen Böcke lange Zeit im Dunkeln gehalten wurden.

Ähnlich wie beim männlichen Geschlechtshormon beobachten wir bei weiblichen Geschlechtshormonbestimmungen, daß auch hier das Verhalten ganz deutlich mit Blutspiegelkurven in einen Zusammenhang zu bringen ist. Die Brunft zeichnet sich ab, die Setzzeit, und bei trächtigen Tieren das Wachstum der Föten, das Wachstum nämlich von dem Zeitpunkt an, an dem die Eiruhe zu Ende geht.

Progesteronwerte (weibliches Geschlechtshormon, das in Gelbkörper und Plazenta gebildet wird) im Rehblut bestimmten 1978 HOFFMANN und Mitarbeiter. Sie untersuchten Progesteron und Totalöstrogenwerte in 3- bis 4wöchigen Intervallen im Peripherplasma von 8 trächtigen und 7 nicht trächtigen Tieren über 2 Jahre (1973 bis 1975). Bei nicht trächtigen Tieren stieg das Progesteron im Juli und August deutlich an, blieb dann einigermaßen konstant und fiel im April ab, erreichte seine Mindestwerte im Mai. Bei trächtigen Tieren stieg der Progesteronwert gleichfalls im Juli und August an, war aber im Dezember und Januar in einem zweiten Gipfel ganz besonders hoch. Im März und Mai fielen die Werte wieder ab.

Die Autoren schließen daraus, daß das Corpus luteum (Gelbkörper) bei trächtigen und bei nichtträchtigen Tieren für 9 Monate nach dem Ende der Brunft aktiv ist und daß bei Beginn des Fötalwachstums im Dezember die Progesteronproduktion mit Beginn der Ei-Implantation auch in der Plazenta stattfindet. Diese Arbeit bestätigt Befunde von R. V. SHORT und

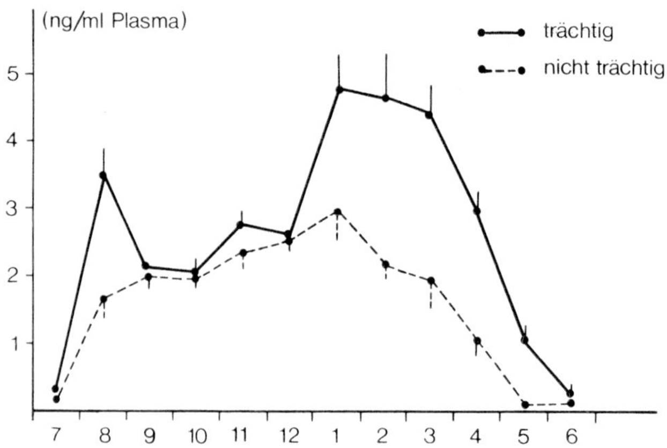

Progesteronkonzentration ($X \pm S$) im Blutplasma von Rehen während eines Reproduktionszyklus (B. HOFFMANN et al. 1978)

M. F. HAY (1966) (Delayed Implantation in the Roe Deer, Capreolus capreolus), wonach eine Trächtigkeitsdiagnose aufgrund der Gelbkörpermorphologie fragwürdig ist. Dies bezweifelt energisch ebenfalls R. R. HOFMANN (1977) hinsichtlich der Bestimmung von Vermehrungsquoten. Diese Arbeit gibt ferner keinen Hinweis auf das Existieren einer Nachbrunft (Ovulation). Weitere Untersuchungen sind hier jedoch abzuwarten. In der Literatur wird sie jedoch häufig zitiert. Existiert sie tatsächlich, würde dies bedeuten, daß Rehe auch ohne Eiruhe Junge austragen können. Dies wäre ein Phänomen.

Feldrehe

Noch bis in jüngster Zeit herrschte erhebliches Rätselraten im Hinblick auf Rehe, die sich atypisch dauernd in der offenen Landschaft aufhalten und den Wald geradezu meiden. Diese Erscheinung war zwar vom Osten und Nordosten Europas bekannt, oftmals aber als eine winterliche „Notgemeinschaft“ angesehen worden.

Nach Pielowski kam das Feldreh zwar in den westlichen Gebieten Polens schon in den zwanziger Jahren dieses Jahrhunderts als eigener Typ vor, nach Chrzanowski begannen im südöstlichen Polen erst zwischen 1943 und 1950 Rehe die Feldregionen zu besiedeln.

Aus Niederbayern berichtet u. a. Reichholf (1981) von der Entwicklung zu Feldrehen. Ursache dieses „Mikroevolutionsprozesses" ist vermutlich die Einführung der Großflächenlandwirtschaft einschließlich der Flurbereinigung in Verbindung mit verschlechterten Ernährungsbedingungen in vielen Wäldern bei gleichzeitig hoher Siedlungsdichte sowie der Ausrottung des Wolfes.

Voraussetzung scheint hierbei jedoch ein auch im Winterhalbjahr ausreichendes Nahrungsangebot auf der Feldflur durch Zwischenfruchtanbau zu sein sowie relative Ruhe durch große landwirtschaftliche Monokulturen und ihre durch die heutige Technik nur kurzfristigen Bearbeitungszeiträume.

Es handelt sich demnach zweifelsohne um eine erneute, erstaunliche Anpassung an veränderte Umweltbedingungen. Sie erstreckt sich nicht nur auf die äußeren Lebensumstände wie die Rudelbildung im Winter mit einem Areal von 150–250 ha, das Vorhandensein eines „Leittieres", wenn auch nicht von so großer Bedeutung wie beim Rotwild, sondern auch auf anatomische und morphologische Veränderungen wie z. B. größere Pansenvolumen und Körperproportionen. Aber auch die Populationsdynamik scheint nach Angaben von Kaluzinski, was realisierten Zuwachs und Verluste anbelangt, negativ abweichend zu sein. Dagegen wird von durchschnittlich stärkeren Böcken berichtet.

Die sommerliche Raum- und Sozialstruktur ist bisher weitgehend noch die gleiche wie beim Waldreh, allerdings nach den polnischen Untersuchungen mit einer Tendenz zur Festigung der „Herdenstruktur". So wurden noch bis Ende Mai Rehwildrudel mit 10 und mehr erwachsenen Böcken ohne gegenseitige Aggressivität und die Bildung von Rudeln schon wenige Tage nach dem Setzen durch verschiedene Ricken beobachtet. Insofern kann sicherlich von einem „Ökotyp Feldreh" gesprochen werden.

Tagesrhythmus

A. Bubenik (1966) und seine Mitarbeiter unternahmen zu diesem Thema Untersuchungen an gefangenen Rehen, die zu der Feststellung führten, daß das Rehwild ursprünglich tagaktiv ist und während 24 Stunden acht bis elf Äsungsperioden benötigt. Klötzli (1965) hat diese Ergebnisse für die freie Wildbahn grundsätzlich bestätigt. Er bezeichnet die Zeitspanne zwischen zwei Zeiträumen der Äsungsaufnahme als Äsungszyklus, wobei der 1. und 2. Zyklus in den Abendstunden sehr oft ohne erkennbare Pause ineinander übergehen. Seine Daten lauten wie folgt:

Äsung	1. 2.	3.	4.	5.	6.	7. 8.	9.	10.	11.
Juli	5.30–9.00	10.30	12.00	13.45	15.00	18.00–21.00	23.30	1.00	3.00
Dezember	7.45–8.30	10.15	11.45	13.15	14.15	16.15–18.30	?	?	?
Ruhe									
Juli		9.30	11.30	12.45	14.15	16.45	21.45		
Dezember		9.15	11.00	12.15	13.45	15.30	19.30		

Lochmann beobachtete bei einem Sonneneinfallswinkel von 20° den Aktivitätsgipfel; Bubenik fand im Juni die Hauptaktivitäten bei Nacht. Ellenberg ermittelte gegenteilige Werte, wie noch anschließend ausgeführt wird.

Die Praxis scheint nicht die Beobachtungen von Bubenik und Lochmann zu bestätigen.

Lochmann und Bubenik erstellten dazu folgende Tabellen:

Veränderung der Tagesperiodik des Rehwildes während des Jahres (nach Lochmann 1965)

Monate	VI–VIII	IX–X	XI–III	IV–V
Äsungsaufnahme	270 min	335 min	190 min	314 min
Wiederkäuen	357 min	429 min	273 min	296 min
Äsungszyklen	11–12	11	10–11	8–11
Schlafzeit	78 min	69 min	179 min	122 min
Rumination im Verhältnis zur Äsungsaufnahme	132,1 %	127,8 %	143,6 %	94,2 %

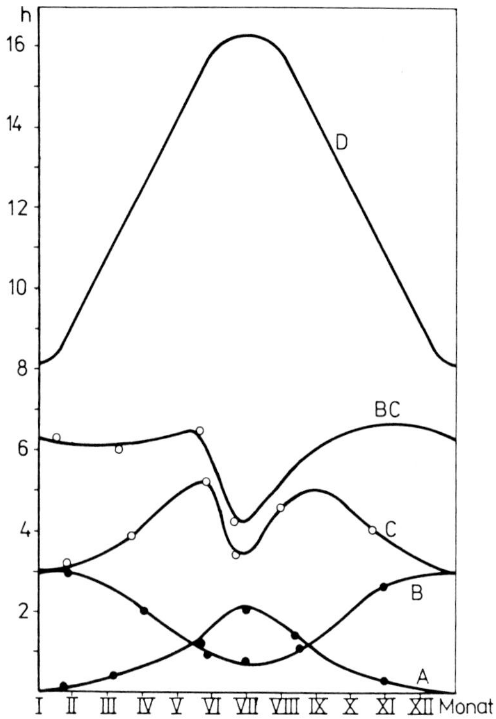

Anteile der Lichtzeitaktivität beim Rehwild (nach Bubenik 1960)
A – Schlaf
B – reine Lokomotion
C – Nahrungssuche und -aufnahme
D – Tageslänge
BC – Summe B und C

Ebenso weiß der Praktiker, daß bei hellen Nächten tagsüber schwerer zu jagen ist als nach dunklen.

R. Prior (1968) berichtet von der Verlagerung der Aktivität englischen Rehwildes in die Nachtstunden durch andauernde menschliche Störungen, er und F. Kurt (1970) wiesen nach, daß nach dunklen Nächten Rehe häufiger vormittags zur Äsung austraten als zur Zeit der Vollmondphasen, es gibt also anscheinend eine Aktivitätsverlagerung in die hellen Nächte.

H. Ellenberg (1974) bringt in seiner Dissertation interessante Daten zu dieser Frage. Sie basieren auf einem vollständig individuell sichtmarkierten Rehwildbestand von bis zu 58 Tieren in einem 133 ha großen Gehege sowie 25 weitgehend kontrolliert gehaltenen Stücken in einer „Rehwildfarm" bzw. in Kleingehegen. Er faßt wie folgt zusammen:

„Die Verteilung der *Aktivität* über die 24 Stunden des Tages und ihre Veränderungen im Laufe des Jahres wurde ermittelt durch direkte Beobachtung im Gelände, durch 48-Stunden-Dauerbeobachtung von in Kleingehegen gehaltenen Rehen und durch automatische Registrierung der Fütterungsbesuche durch Rehe mit Hilfe von „Futterschreibern". Die Schreiber wurden im Gatter, in der Farm und bei Einzeltieren eingesetzt.

Die untersuchten Rehe haben einen polyphasischen Aktivitätsrhythmus mit Aktivitätsmaxima in den Dämmerungen und Nebenaktivitäten bei Tag und bei Nacht. Im Großgehege beobachtet man vorwiegend nächtliche Nebenaktivitäten. Je enger die Haltungsweise und je mehr Tiere in einer Gruppe leben, desto mehr wird die Aktivität auf die Lichtstunden verlagert. – Von September bis April sind die Rehe im Gatter und in der Farm vorwiegend dämmerungs- und nachtaktiv, während der Zeit mit sozialen Spannungen von Mai bis August erkennt man auch bemerkenswerte Aktivität bei Tageslicht.

Wesentlicher Zeitgeber ist für alle beobachteten Rehgruppen die Morgendämmerung. Maximale Aktivität zeigt sich bei Sonnenaufgang. Die Abenddämmerung wirkt in geringerem Maße synchronisierend. Je nach Jahreszeit, Wetter und Geschlecht ist alle zwei bis vier Stunden mit einem Aktivitätsmaximum zu rechnen.

Bei „schönem" Wetter zählt man pro Tag ein bis zwei Aktivitätsperioden mehr als bei „schlechtem", im Sommer mehr (10 bis 11) als im Winter (6 bis 7). Bei Schneelage wird die Aktivität zusätzlich reduziert.

Die Verteilung und „Menge" der Aktivität können individuell und bei den Geschlechtern (und wahrscheinlich auch abhängig vom sozialen Rang) verschieden sein. Böcke sind im Mai, Juni und August aktiver als Geißen."

Als bemerkenswert stellt ELLENBERG noch fest, daß sich die Aktivitätszyklen, unter Berücksichtigung der Witterung und mit Ausnahme der Blattzeit, in großen Gruppen, also insbesondere bei dem von ihm beobachteten Bestand im Gatter nicht verwischen und der Sonnenaufgang als synchronisierender äußerer Zeitgeber angesehen werden kann.

Diese Beobachtungen bestätigen weitgehend, wenn auch wesentlich verfeinert, die eingangs wiedergegebenen Erkenntnisse. Selbstverständlich kommen in der freien Wildbahn zusätzliche Faktoren wie Störungen, sei es durch den Menschen oder andere Wildarten, Äsungsmangel und Biotop zum Tragen. Vom Menschen verursachte Störungen im Tagesrhythmus erhöhen die Gefahr von Wildschäden im Wald.

Sicherheitsbedürfnis

Das Reh hat ein ausgeprägtes Sicherheitsbedürfnis, was eine in der Regel ständige große Aufmerksamkeit aller Sinne zur Folge hat. Es ist unter Umständen leichter, vor einem vertraut äsenden Rudel Rotwild bei gutem Wind am Rande einer Wiese oder Lichtung eine Leiter zu ersteigen, als unter gleichen Umständen vor einem einzelnen Stück Rehwild. Ohne Zweifel beruht dies auf der grundsätzlich unterschiedlichen Lebensweise dieser beiden Cerviden. Im Rudel fühlt sich das Individuum offensichtlich „sicherer", ja, es verläßt sich oft weitgehend auf das „Leittier", gleichgültig, ob dies ein bestimmter Hirsch im Feisthirschrudel oder ein älteres, erfahrenes Alttier ist. Das Reh ist seiner ursprünglichen Lebensweise nach gewohnt, auf sich allein gestellt zu sein, selbst die vornehmlich im Winterhalbjahr sich bildenden Sprünge stellen keinen dem Rotwild vergleichbaren Zusammenschluß mit ausgeprägt soziologischen Rangordnungen dar.

KURT beschreibt, wie wir meinen, sehr eindrucksvoll und präzise die Reaktionen des Rehes auf feindliche Störungen:

„Wildtiere fliehen erst dann vor ihren Feinden, wenn diese eine ganz bestimmte Distanz, die Fluchtdistanz, überschritten haben. Die Fluchtdistanz ist eine meßbare Größe, die allerdings – wie sämtliche andere Lebensäußerungen des Wildes – von der Umwelt und dem momentanen Zustand des Wildes mitbestimmt werden. In der Nähe von Pontresina, wo die

Rehe nicht bejagt werden und durch Touristen, Bergsteiger und Skiläufer weitgehend an die Nähe des Menschen gewöhnt sind, mißt die Fluchtdistanz höchstens 30 m. Im verkehrsreichen Schweizer Mittelland, wo die Rehe stark bejagt werden, fliehen sie spätestens, nachdem ein sich ihnen nähernder Mensch die Distanz von 60 m unterschritten hat.

Allgemein kann man sagen, daß äsende Rehe früher fliehen als solche, die sich zum Wiederkäuen oder zur Ruhe niedergetan haben. Ich glaube, dies hängt davon ab, wie vertraut ihnen der Ort ist, an dem ein vermeintlicher Feind ihnen entgegentritt. Die Äsungsstellen wechseln häufig und erreichen dadurch nie den Vertrautheitsgrad wie die Ruhestellen, die viel seltener gewechselt werden[1]. Sichern, rechtzeitiges Erkennen des Feindes und Flucht sind nur die einleitenden Bestandteile der Feindvermeidung. Der geordnete Rückzug vor dem Feind ist ebenso lebenswichtig. Das verfolgte Reh hat dann eine erhöhte Überlebenschance, wenn es das Gebiet, in welches es sich zurückzieht, besser kennt als seine Verfolger. Hinzu kommt, daß Rehe zwar sehr schnelle, als Schlüpfer aber nicht besonders ausdauernde Läufer sind. Im Oberengadin beobachtete ich viele Male, wie Touristen, bewaffnet mit unzweckmäßigen Kameras ohne Teleobjektive, Rehe anschlichen, die im offenen Bergwald ästen, und früher oder später zwangsläufig die Fluchtreaktion auslösten. Die aufgescheuchten Rehe – und dies ist nun ganz bezeichnend – flüchteten nicht kopflos möglichst rasch und möglichst weit von den enttäuschten Fotografen weg, sondern verlangsamten ihre Fluchtsprünge, sobald sie eine gewisse Entfernung zu den vermeintlichen Feinden erreicht hatten, und bezogen dann auf einem Umweg Rückzugsquartiere, in denen sie sich ganz besonders sicher fühlten. Ein solches Quartier lag in einem dichten Unterholz unterhalb des Fußgängerpfades eines steilen Berghangs. Rehe, die sich auf dem Rückzug befanden, schlüpften jeweils unter die Tannen und taten sich nieder. Menschen, die nichts von diesem Zufluchtsort ahnten, gingen daran vorbei, ohne die Rehe zu bemerken, die sich bei ihrer Annäherung duckten und bewegungslos verharrten. Man konnte die Rehe im Dickicht zwar nicht gerade berühren, aber immerhin gestatteten sie einem, sich ihnen bis auf fünf oder sechs Schritte zu nähern, erst dann schreckten sie aus der geduckten Haltung auf und flohen. Rehe entziehen sich einer Gefahr nicht immer durch Flucht. Von den Rehkitzen wissen wir, daß sie starr mit angewinkelten Läufen und auf den Boden gepreßtem Haupt und Träger ausharren, obwohl sie schon ganz beachtliche Geschwindigkeiten entwickeln können. Bis ins Alter von 3 bis 6 Wochen ducken sich die Kitze beim Nahen einer Gefahr. Dabei werden sie von ihrer hellgetupften Kitzdecke außerordentlich gut getarnt. Zudem fehlen ihnen in diesem Alter auch noch funktionstüchtige Hautdrüsen, die sie der feinen Nase eines Feindes verraten könnten. Das Flüchten konnte ich erstmals bei einem 2½ Wochen alten Kitz beobachten. Das Sichducken bricht hier und da bei älteren Kitzen wieder durch, nämlich dann, wenn der ‚Feindreiz' außergewöhnlich hoch ist. So können von den riesigen, lärmenden Traktormähern selbst 5 bis 6 Wochen alte Kitze noch vermäht werden, während gleichaltrige vor den bescheideneren Handmähern schon fliehen. Ein 7 Monate altes Geißkitz und ein 1½jähriger Bock, die ich in einem Zwangswechsel gefangen hatte, warfen sich plötzlich zu Boden, nachdem sie vergeblich versucht hatten, vor den sich nähernden Menschen zu flüchten. Einmal beobachtete ich, wie ein schwaches Schmalreh, das von einem Bock heftig getrieben wurde, sich plötzlich in die für Kitze typische Duckstellung niederwarf. Bei jungen Kitzen kommt das Sichducken übrigens nicht nur gegenüber vermeintlichen Feinden vor, sondern auch in Begegnungen mit unbekannten Böcken und Schmalrehen."

Die Feldrehe weichen wegen mangelnder Deckung einer Störung aus, indem sie eine Distanz zwischen sich und die Störungsquelle legen, die nach ihren Erfahrungswerten zur

[1] Anm. der Verf.: Auch ein „Nicht-gesehen-werden" eines sich drückenden Rehes dürfte ein Gefühl der Sicherheit im Einstand geben.

Abwehr der Gefahr reicht. Sie wirken dabei durchaus nicht ängstlich, sondern oft geradezu dickfellig, so, als ob sie nur darauf bedacht seien, sich den Störenfried vom Leibe zu halten, ohne einen Schritt weiter zu machen als unbedingt nötig.

Annehmen

Im Gegensatz zu Fliehen und Verbergen kommt ein Annehmen oder Vertreiben des Feindes, außer bei der Verteidigung der Kitze, nur ganz selten vor, am ehesten noch bei krankgeschossenen Stücken. Der gestellte kranke Bock läßt in seltenen Fällen sogar vom Hund ab, um blitzschnell den herankommenden Jäger anzunehmen. Von gesunden Rehen werden Tiere von der Größe eines Dackels oder Fuchses gelegentlich angegriffen. RAESFELD berichtet: „In einem älteren Eichenbestand machte ein Dackel einen Rehbock hoch, der auf 100 m Entfernung verhoffte und nach seinem Verfolger äugte. Dann ging der Bock, ein guter Sechser in Bast, plötzlich mit gesenktem Haupt auf den ihm laut folgenden Dackel los, der nun die Flucht ergriff und vom Bock über eine Strecke von 50 m verfolgt wurde. Als der Bock den Jäger eräugte, ließ er von dem Hund ab und trollte fort.

Ein stark abgekommener Bock, der aufgebrochen knapp 10 kg wog, nahm sogar einen Deutsch-Kurzhaar an. Der Bock wurde in einem verwachsenen Graben hoch, fiel den Hund an und versuchte, ihn zu forkeln. Nach etwa 20 Schritten Verfolgung stellte und verbellte der Hund den Bock, der ihm mit gesenktem Korkenziehergehörn gegenüberstand. Dieses abnorme Verhalten war wohl eine Folge des Kummerns, durch das der überraschte Bock zu einer erfolgreichen Flucht nicht mehr fähig war. – Ein seltenes Vorkommnis wurde bei der Erlegung eines Bockes in der Brunftzeit beobachtet. Als der Hund dem zusammenbrechenden Bock an die Drossel fuhr und dieser darauf laut klagte, fegte aus der Dickung ein anderer Bock heraus, nahm sofort den Hund an und forkelte ihn derartig, daß das Gescheide bloßgelegt wurde. Erst das Dazwischentreten von Menschen rettete den Hund. – Ein gemeinschaftliches Handeln wurde bei einem Sprung Rehe festgestellt, der sich beim Auftauchen eines Fuchses in Linie formierte und den Fuchs auf Schwung brachte."

Sinne

Wenden wir uns jetzt den einzelnen Sinnen zu. Schon RAESFELD erwähnt die unterschiedlichsten Auffassungen hinsichtlich der Rangfolge von Geruchssinn, Gesichtssinn und Gehörsinn. Zweifellos zutreffend stellt er dazu bereits 1923 fest:

„Über die Sinne des Rehwildes begegnet man recht verschiedenen Anschauungen. Der eine hält den Gesichtssinn, der andere den Gehörsinn, noch ein anderer den Geruchssinn für den am besten entwickelten. Hierbei kommt es natürlich wesentlich darauf an, ob man das Wild in Revieren beobachtet, die ihm Ruhe und Frieden bieten, oder dort, wo es rücksichtslos verfolgt wird. Im ersten Fall wird man Gelegenheit haben, festzustellen, daß alle drei Sinne gut ausgebildet sind; im zweiten wird man vielfachen Täuschungen unterliegen.

Es ist ferner nicht gleichgültig, ob es sich um Feldrehe oder um Waldrehe handelt. Bei Wild, das in weiter, freier Umgebung lebt, wird sich der Gesichtssinn schärfer entwickeln als bei Waldrehen, wo Geruchs- und Gehörsinn mehr gebraucht werden und sich dementsprechend besser ausbilden. Und schließlich wird ein alter, von steter Nachstellung bedrohter Bock seine Sinne mehr geschärft haben als ein noch vertraut in die Welt äugendes Kitz.

Diese Umstände bedingen eine verschiedenartige Beurteilung der Sinne und führen oft genug zu widerspruchsvollen Anschauungen.

Mögen die Verhältnisse der nächsten Umgebung sein wie sie wollen, mögen sie die

Ausbildung des *einen* Sinnes mehr fördern als die des anderen, und diese Eigentümlichkeit im Wege der Vererbung noch weiter verschärfen, so unterliegt es doch keinem Zweifel, daß jeder Sinn von dem Bau des ihn tragenden Organs abhängig ist, daß er in ihm seine Ausbildungsfähigkeit und seine Begrenzung findet. Das ist die objektive Grundlage für die Sinnesschärfe, die etwas ganz anderes darstellt als die durch Erfahrung gewonnene Verwertung der Sinneseindrücke."

Geruchssinn

In Übereinstimmung mit neueren Arbeiten über das Rehwild wollen wir dem Geruchssinn die erste Stelle einräumen. Es ist für den Menschen schwer möglich, sich eine richtige Vorstellung von den Sinneseindrücken zu machen, die die Umwelt dem Reh vermittelt, denn der Mensch orientiert sich ganz vorwiegend mit dem Auge, das Reh dagegen mit dem Windfang. Die Unterschiede werden klar, wenn man die Größe und Konstruktion der Riechschleimhaut und auch der Gehirnteile, in denen Geruchseindrücke verwertet werden, bei Mensch und Reh vergleicht (s. Abb.).

Die Duftstoffe werden dem Windfang durch die Luftströmungen zugetragen. Deshalb ist es für das Wild von ausschlaggebender Bedeutung zu wissen, aus welcher Richtung der Wind und die Gefahr, die er anzeigt, kommen. Diese Kenntnis vermittelt der feuchte Nasenspiegel

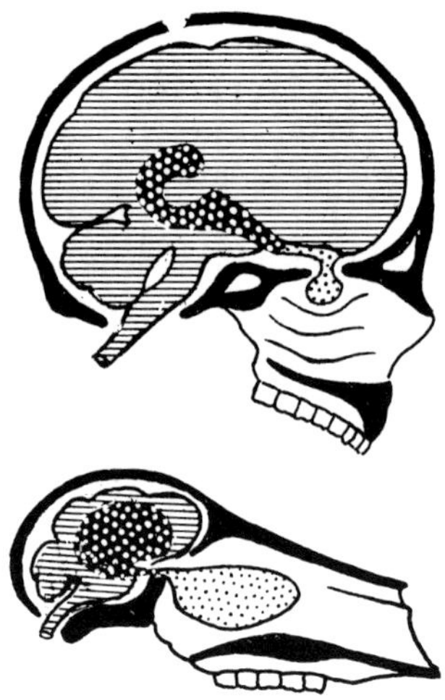

a

b

Riechschleimhaut (schwarz punktiert) und Geruchssphäre (weiß punktiert) von Mensch (a) und Reh (b) (nach KAHMANN)

in derselben Weise wie der angefeuchtete Zeigefinger dem Jäger die Windrichtung anzeigt. Für die volle Leistungsfähigkeit des Wittrungsvermögens ist das Feuchthalten der Geruchsschleimhaut und des Nasenspiegels besonders wichtig. Die Tatsache, daß bei heißem, trockenem Sommerwetter so wenig Rehe auf den Läufen sind, steht möglicherweise auch mit der Austrocknung des Windfanges in einem gewissen Zusammenhang. Dem Sicherheitsbedürfnis des Rehes genügt bei solchem Wetter die geminderte Leistungsfähigkeit des Geruchssinnes vielleicht nicht, so daß es vorzieht, die schützende Deckung nicht zu verlassen. Wenn dann ein erfrischender Gewitterregen niedergegangen ist, treten die Rehe überall aus, weil sie sich durch die volle Gebrauchsfähigkeit ihres Windfanges in der feuchten Luft sehr sicher fühlen. Gewiß werden auch noch andere Gründe zu diesem Verhalten beitragen, wie das Trocknen der Decke, das Tropfen im Einstand und das Wasserbedürfnis des Körpers, das mit der regennassen Äsung befriedigt wird. Aber auffällig ist doch, daß das Rehwild am meisten unterwegs ist, wenn der Feuchtigkeitsgehalt der Luft hoch ist. Ein Reh, welches mit dem Lecker, das Haupt in Windrichtung, den Nasenspiegel befeuchtet, ist mißtrauisch und wittert Gefahr.

Die Entfernung, auf die das Reh eine Gefahr wittert, hängt von vielen Umständen ab, besonders von der Art der Duftquelle, von der Stärke des Windes, der Luftfeuchtigkeit und der Temperatur, so daß ein bestimmtes Maß nicht angegeben werden kann. Raesfeld hatte oftmals Gelegenheit, das Wittrungsvermögen an einem Sprung Rehe zu prüfen, der sich regelmäßig an schönen Tagen auf einer großen Wiesenfläche niedertat. Wenn er sich mit seinem Hund auf 300 m im Überwind der Rehe hinsetzte und eine Weile still saß, dann warf bald das eine oder andere Stück des Sprunges auf. Von der Annäherung hatten die Rehe selbstverständlich nichts bemerkt, sonst hätten sie ja sofort aufgeworfen. Vergrößerte er die Entfernung auf 470 m, so konnte er ruhig eine Stunde sitzen, es war keinem Stück anzumerken, daß es ihn gewindet hatte.

Andere Berichte besagen, daß Rehe auf 300 bzw. 200 m absprangen, wenn sie Wind vom Beobachter bekamen. Unter günstigen Bedingungen wird wohl die äußerste Grenze der Wahrnehmung von Duftstoffen, die von einem gefahrbringenden Lebewesen stammen, bei 300 m liegen.

Verschiedene Mitglieder eines Sprunges Rehwild stehen unter Berücksichtigung der Windrichtung zueinander. Der Sprung bildet eine Ellipse, deren Längsdurchmesser der Windrichtung entspricht. In der Regel steht dabei die führende Geiß vorn „am Wind“, die Kitze dahinter. Nur bei neugeborenen Kitzen verhält es sich umgekehrt, so daß die Mutter ihren Nachwuchs vor Feinden stets durch den Geruchssinn überwachen kann.

In größeren Wintersprüngen steht ebenfalls die führende Geiß vorn am Wind, Schmalrehe, Böcke und ihre Kitze in ihrer Geruchsspur. Dabei halten die einzelnen Stücke, besonders beim Äsen, bestimmte Individualdistanzen ein, die zwischen zwei Ricken, zwei Böcken oder Ricke und Bock größer sind als zwischen Ricke und Kitz.

Starker Wind, den das Rehwild nicht schätzt, dürfte das Wittrungsvermögen beeinträchtigen, weil die Wolke von Duftstoffen schnell zerrissen wird und daher auf größere Entfernung nicht mehr wahrnehmbar ist: Die Art und Weise, wie das Reh auf verschiedene Duftstoffe reagiert, hängt ganz von der Erfahrung und Gewöhnung des Stückes oder des ganzen Bestandes ab. Das erfahren wir ständig mit den Verwittrungsmitteln, die nur so lange abschreckend wirken, wie sie dem Wilde neu sind. Sobald das Rehwild die Gefahrlosigkeit erkannt hat, werden sie nicht mehr beachtet. Ebenso verhält es sich auch mit der menschlichen Wittrung. Wo das Rehwild wenig an den Menschen gewöhnt ist, wird es ihn stets als eine Gefahr meiden und auch auf die Duftstoffe seiner frischen Spur mit Flucht reagieren. Wo dagegen ständig Menschenwittrung vorhanden ist, hat das Rehwild die Gefahrlosigkeit kennengelernt und wechselt, ohne zu zögern, über jede Spur hinweg.

Der Geruchssinn zeigt natürlich nur Gefahren an, die von der Seite drohen könnten, aus der der Wind kommt. Es ist ja bekannt, daß das Reh bei günstigem Wind den gut gedeckten Jäger bis beinahe auf Berührungsnähe anläuft, ohne ihn zu bemerken.

Bei der Sicherung nach der windabgewandten Seite müssen also mehrere Fernsinne eingesetzt werden, die in ihrer Leistung allerdings dem Wittrungsvermögen nachstehen, nämlich Gesichts- und Gehörsinn.

Geschmackssinn

Geruch und Geschmack können wir als „chemische Sinne“ bezeichnen. Wir sind außerstande, im gesamten Bereich der Tierwelt über deren psychisches Erleben unmittelbare Erfahrungen zu sammeln, so daß eine Einteilung der Sinne nach ihrer Energieform naheliegt.

Wir können davon ausgehen, daß über die Schmeckbecher auf dem Lecker dieser Sinn gereizt wird und schon RAESFELD (1923) meint zutreffend, daß die Leckerhaftigkeit auf eine gute Entwicklung hindeutet. Er fährt aber, sehr beachtlich für seine Zeit, fort:

„Daß im übrigen die Leckerhaftigkeit nicht lediglich, ich will einmal sagen, ein Vergnügen unseres Wildes darstellt, sondern von großer Bedeutung für sein Gedeihen ist, das leuchtet ein, wenn man sich die unerwünschten Erscheinungen eines überhegten Wildstandes klar macht. Wenn es an Äsung an sich auch durchaus nicht fehlt, so pflegt doch die Gehörnbildung nachzulassen. Und das kommt, neben dem oft mangelhaft geregelten Geschlechtsverhältnis, wesentlich von dem Mangel an Leckerbissen, wie sie sich in den Knospen, den jüngsten, saftigsten Trieben, Früchten usw. darstellen. Diese reichen nur für einen mäßigen Wildstand aus. Die künstlich herangezüchtete Masse muß sich mit der Durchschnittsäsung begnügen.“

Gesichtssinn

Der Gesichtssinn des Rehes ist mäßig, das ersieht man am besten aus dem Verhalten gegenüber Menschen, die sich völlig ruhig und bewegungslos verhalten. Selbst bei dürftigster Deckung wird sich das Reh über die eräugte Erscheinung nicht klar. Ein mißtrauisch gewordenes Stück unterbricht die Äsungsaufnahme immer wieder, um zu sichern, es befindet sich im Widerstreit von Sicherheitsbedürfnis und Äsungstrieb. Das Äsen erfolgt hastig, die Bewegungen sind nervös. Klingt das Mißtrauen nicht ab, so geht das Stück zum sogenannten *Scheinäsen* über, wobei es den Kopf senkt, wie zum Äsen, ohne aber die Äsung aufzunehmen, und ihn dann schnell, ruckartig wieder hochnimmt, um zu sichern. Das wiederholt sich mehrfach, wobei die Zeit des anscheinenden Äsens wesentlich kürzer ist als die des Sicherns. Bei Schnee wurde beobachtet, wie der Windfang mehrmals für kurze Zeit bis auf Handbreite über die Schneeoberfläche gesenkt wurde, der Schnee blieb dabei fleckenlos weiß, und Kaubewegungen erfolgten nicht. In einem anderen Falle wurden die gleichen Bewegungen bei einer Ricke gesehen, die im Wasser eines Baches stand und Brunnenkresse äste. Sie eräugte eine Bewegung des Beobachters, der schlecht gedeckt hinter einem noch laublosen Erlenbusch stand. Darauf senkte die Ricke den Kopf, noch etwas Brunnenkresse im Äser haltend, auf das Wasser und äugte von unten her nach der verdächtigen Gestalt. Dann hob sie den Kopf wieder, immer noch die Brunnenkresse haltend, und senkte ihn wieder wie zum Äsen aufs Wasser. A. KOLB (1979) hat in einem Beitrag in der Zeitschrift für Jagdwissenschaft eine mögliche Deutung dieses Verhaltens gegeben, und zwar auf Grund der relativ neuen Erkenntnis, daß Gehirnzellen allgemein auf gleichbleibende Impulse der Riechzellen nur kurze Zeit reagieren. Nun kann davon ausgegangen werden, daß knapp über dem Boden eine andere Duftzusammensetzung als in normaler Haupthöhe vorherrscht, also das Reh beim *Scheinäsen* seinen Geruchssinn „reaktiviert“. Insofern wäre dies wohl eher ein Widerstreit, ein Zwiespalt von Gesichts- und Geruchssinn, den aufzulösen dieses Verhalten dient.

Wenn die Bewegung des Scheinäsens nicht mehr bis in Bodennähe durchgeführt wird, geht sie in das bekannte Kopfnicken über, das also einen etwas höheren Grad der Erregung kennzeichnet. Schließlich zieht das Stück dann langsam der verdächtigen Erscheinung entgegen, von Zeit zu Zeit mit dem Vorderlauf stampfend, mit langem Hals und im Stechschritt, um sich Klarheit zu verschaffen. Erkennt es eine Gefahr, springt es ab. Auf den menschlichen Beobachter macht dieses Verhalten den Eindruck höchster Neugierde, in Wirklichkeit ist es aber Mißtrauen und Sorge um die eigene Sicherheit. Die einzelnen Stücke verhalten sich dabei je nach Lebenserfahrung verschieden.

Über die Leistungsfähigkeit der Lichter hat HAMBURGER folgende Überlegungen angestellt: „Im Rehauge vereinigen sich die Lichtstrahlen nicht an einer Stelle, sondern an verschiedenen Orten, es entsteht nicht ein Brennpunkt, sondern eine Brennlinie. Man nennt ein solches Auge „astigmatisch". In solchen Augen entstehen nur unscharfe, verwaschene, in der Länge und Breite verzerrte Bilder. Kleine Gegenstände können nicht wahrgenommen werden, sondern nur große Gebilde. Bäume, Wiesen, Felder; diese Objekte werden auch mit schwachsichtigen Augen gesehen. Vor allem aber brauchen die Rehe die Augen zum Erkennen von Bewegungen. Diese müssen gesehen werden, denn nur durch Bewegung kann der Feind sich nähern. Hierzu sind nun astigmatische Augen in der Tat vorzüglich geeignet. Denn da das Bild im Rehauge nicht ein punktförmiges, sondern ein weit auseinandergezogenes flächenhaftes ist, so wird eine viel größere Anzahl von Sehzellen durch den Lichtring getroffen, als wenn das Bild ein scharfes, aber kleines wäre. Was dem unscharfen Netzhautbild an Stärke und an Helligkeit abgeht – es ist natürlich viel lichtschwächer als das punktförmige –, das wird durch die Einwirkung auf einen großen Bereich der Netzhaut ausgeglichen, über den das Bild, immer neue Abschnitte berührend, hinweggleitet. Das astigmatische Auge ist also hierin vor dem scharfsehenden im Vorteil, das weiß der Jäger aus Erfahrung, nach der schon eine geringe Bewegung genügt, um einen Sprung Rehe zu vergrämen, auch wenn er in einer Entfernung geäst hat, in der ein Mensch eine kleine Bewegung kaum bemerkt haben würde. Aber noch etwas Weiteres kommt hinzu, um die mangelnde Sehschärfe des Rehauges zu verbessern, nämlich das große Gesichtsfeld, das durch die seitliche Stellung der Augen am Kopfe ermöglicht wird. Rehe sehen daher auch, was hinter ihnen vorgeht. Auch die Gestalt der Pupille, das liegende Oval, dient der Vergrößerung des Gesichtsfeldes. Der Besitz zweier Augen ermöglicht das Sehen von Körpern, d. h. die Wahrnehmung von dreidimensionalen Gegenständen. Auf der Möglichkeit, Körper zu sehen, beruht die wichtige Fähigkeit, Entfernungen zu schätzen. Je weiter die Augen auseinander stehen, um so besser wird das Entfernungsschätzen. Der Augenabstand des Menschen beträgt im Durchschnitt 6 cm, der des Rehes 9 cm, im Schätzen von Entfernungen muß das Reh dem Menschen also überlegen sein."

Ob das Reh Farben wahrnehmen kann, ist noch nicht bekannt; es ist zu bezweifeln.

Gehör

Die Leistung des Gehörsinnes ist bisher noch nicht geprüft worden, selbst kleinere orientierende Versuche stehen aus. Wir können daher nur aus der praktischen Erfahrung schließen, daß ungewohnte Geräusche, selbst wenn sie so gering sind wie etwa das Stechen des Gewehrschlosses, auf kurze Entfernungen vernommen werden. Auch der Herkunftsort des Schalles wird gut eingeschätzt. Stürmisches Wetter erzeugt in Blättern, Zweigen und Ästen so viel Geräusche, daß ein Vernehmen gefährlicher Schallquellen nicht möglich ist. Das Reh bleibt dann in der Deckung, weil sein Sicherheitsbedürfnis im Freien nicht befriedigt wird. Umgekehrt verläßt das Reh den Wald nach Regen, weil es durch das stetige Tropfen beunruhigt wird. Im Herbst wird der Laubwald gemieden, wenn die fallenden Blätter ständig Geräusche erzeugen, die das Wahrnehmen einer Gefahr beeinträchtigen.

Laute Geräusche, wie der Pfiff einer Lokomotive, der Knall von Sprengungen im Steinbruch oder Geschützdonner auf Truppenübungsplätzen, stören das Rehwild, das daran gewöhnt ist, in keiner Weise. Es kommt sogar vor, daß ein Stück nicht abspringt, wenn es beschossen wird. Kurz nach einem heftigen Gewitter wurde ein Bock erst mit dem vierten Schuß erlegt, weil das Zielfernrohr nicht in Ordnung war. Die ersten drei Schüsse beachtete der Bock gar nicht, er äste ruhig weiter. Dabei war das Stück nicht etwa taub, denn es war einige Tage vorher durch Anpfeifen zum Aufwerfen veranlaßt worden, weil es beim Äsen nicht anzusprechen war. Vermutlich hat der Bock die Schüsse für harmlosen Donner gehalten.

Natürlich kann auch ein Taubwerden durch Erkrankung des Gehörganges eintreten.

Bekanntlich steht das Mittelohr durch eine Röhre mit dem Rachen in Verbindung. Auf diesem Wege können leicht entzündliche Prozesse, die besonders durch die Larven der Rachenbremse hervorgerufen werden, bis in das Mittelohr gelangen und zu Schwerhörigkeit oder vollständiger Taubheit führen.

Geistige Eigenschaften

Sicherlich kann man schon über diesen Begriff streiten und einem Tier lediglich „Instinkt" zubilligen. Da unser Wissen hier unverändert begrenzt ist, wollen wir, auch wenn uns Menschen der zweiten Hälfte des 20. Jahrhunderts der Originaltext des Altmeisters Ferdinand von Raesfeld teilweise zu romantisch, ja, zuweilen etwas übertrieben vorkommen mag, ihn doch gerade zu diesem wissenschaftlich nicht faßbaren Thema zitieren:

„Wie sich aus dem Verhalten von Rehen ergibt, die jung eingefangen und gezähmt wurden, ist bei der Ricke *Sanftmut* und *Zutraulichkeit* zu nennen, die sich auch beim jungen, noch ungehörnten Bock zeigt. Mit dem Wachsen des Gehörns aber ändert sich seine ganze Sinnesart; er wird ein *trotziger, boshafter* Gesell, der seiner Umgebung leicht gefährlich werden kann. Dasselbe Verhalten zeigt er oftmals im freien Leben, mit einer bemerkenswerten *List* und *Verschlagenheit* gepaart. Wie oft glaubt der unerfahrene Anfänger im Waidwerk, wenn ein zu beschleichender Bock, nachdem er aufgeworfen und den Jäger gewahrt hat, scheinbar ruhig weiter äst, dieser sei wieder vertraut geworden, während er, nur scheinbar äsend, ihn nicht einen Augenblick unbeobachtet gelassen hat. Und wie manchmal pürscht der Anfänger auf einen und denselben Bock, der seinen Stand nicht verändert, und bekommt ihn nach den ersten erfolglosen Begegnungen nur flüchtig wieder zu sehen. Sie kennen sich beide – aber der Bock den Jägerlehrling weit besser als dieser ihn.

Die *Klugheit* und *Vorsicht* eines alten Bockes gibt aber nicht nur dem Anfänger etwas zu raten auf – sie gibt auch dem erfahrenen Waidmann manchmal eine harte Nuß zu knacken. Zu dieser Schwierigkeit, einen solchen gerissenen Gesellen zu überlisten, liegt in Verbindung mit der Hoffnung auf ein besonders trutziges Gehörn der große Reiz, mit dem die Pürsche auf einen solchen heimlichen Einsiedler noch den alten Graubart ins Revier lockt. Die Freude über die Überlistung eines solchen alten Bockes schlage ich zehnmal so hoch an als die Erlegung eines geringen Hirsches. Ja, ich möchte sagen: Ein starker Hirsch, ein alter Latschenbock und ein starker Rehbock stehen mir gleich hoch; denn ich schätze den Wert der Trophäe nicht nach deren Masse, sondern nach der Aufwendung waidmännischer Kunst und Geschicklichkeit; je schwieriger die Aufgabe, desto schöner der Erfolg!

Legt die Ricke eine geradezu rührende *Liebe* und *Sorgfalt* für ihre Kitzchen an den Tag, die sie gegen Raubzeug jeder Art, ja, selbst gegen den Menschen zu verteidigen sucht und dabei des eigenen Lebens wenig gedenkt, so kümmert der Bock sich um die Nachkommenschaft wenig. Im Gegenteil, er läßt gar nicht selten seine *Bosheit* an den wehrlosen Geschöpfen aus; und öfters wird von Fällen berichtet, in denen er Ricke und Kitzchen mit Gehörn und Läufen derartig zugerichtet hat, daß sie verenden mußten. In den meisten Fällen geschieht das allerdings in der Brunftzeit, wenn die Ricke beginnt brunftig zu werden, aber dem Bock noch nicht willfährig ist. Dann fällt er oft in geradezu sinnloser Wut über sie und ihre begleitenden Kitzchen her. Ich habe beobachtet, daß eine Ricke sich in solchem Fall hoch aufrichtete und dem Bock, der sie mit dem Gehörn angriff, derartig mit den Vorderläufen zusetzte, daß er abließ; aber häufig genug wird sie das Opfer solcher Angriffe.

Andererseits sind aber auch in den jagdlichen Zeitschriften Erlebnisse mitgeteilt, nach denen der Bock wie auch die Ricke dem sich den Kitzen nahenden Fuchs mit solcher Wucht zu Leibe gegangen sind, daß dieser schleunigst das Weite suchte.

Wenn die Kitze noch so hilflos sind, daß sie der Mutter nicht zu folgen vermögen, so versucht diese, wie auch Vögel es tun, den Feind durch ein ganz eigentümliches Gebaren auf sich und von ihren Kitzen abzuziehen. Wer sich darauf versteht, hat es in solchem Fall meist leicht, die letzteren aufzufinden, da die Ricke von diesen Täuschungsversuchen dem Menschen gegenüber keine Ausnahme macht.

Merkwürdigerweise versagt aber manchmal das Vermögen, eine Gefahr richtig abzuschätzen, ganz und gar. Ich weiß mich eines solchen Falles zu entsinnen, bei dem ohne mein Eingreifen ein Schmalreh mit Sicherheit das Opfer eines Fuchses geworden wäre. In der Frühe eines Augustmorgens auf den Feisthirsch pürschend, beobachtete ich auf einer Waldwiese, die nach dem zweiten Schnitt so übersichtlich wie ein Tisch war, das scheinbare Spiel eines Schmalrehes und – eines Fuchses. Beide spielten miteinander wie zwei Hunde; mal machte der Fuchs vor dem Reh ‚nieder'; bald stellte dieses sich in gespannter Haltung vor ihn hin; dann jagten sie abwechselnd eins das andere im Kreise umher. Ich kam so nahe heran, daß ich genau beobachten konnte; als ich aber gewahrte, daß der Fuchs schon zum zweiten Mal mit geöffnetem Fang im scheinbaren Spiel einen Fehlsprung nach dem Hals des Rehes machte, war ich mir klar, daß hier eine der vielerlei Listen im Schwange war, die Goethe uns im ‚Reineke Fuchs' so meisterhaft schildert, und ich legte mit einer gutsitzenden Kugel dem Schmalreh seinen Henker vor die Läufe. Dieses wußte gar nicht, was es aus der Sache machen sollte, stand eine ganze Weile vor dem erschlagenen Räuber und wurde erst flüchtig, als ich mich näherte, um ihn genauer in Augenschein zu nehmen.

Das ist ein Beispiel für völlige Verkennung der Gefahr. Andererseits habe ich oft Gelegenheit gehabt zu beobachten, wie Rehe und Fuchs in nächster Nähe sich gar nicht umeinander kümmerten. Die Rehe *ästen,* als sei kein Fuchs vorhanden; der Fuchs mauste ernstlich und eifrig, als seien die Rehe gar nicht da.

Ich habe vorhin die Eigenschaften der *Ricke* als *Mutter* hervorgehoben. Dabei sollen nun gegenteilige Anschauungen nicht unterdrückt werden. Es wird gelegentlich von einer vollkommenen Gleichgültigkeit der Ricke gegen ihre Kitze berichtet. Sie soll sich tagelang gar nicht um sie gekümmert haben, so daß die armen Dinger gänzlich verhungert und hilflos aufgefunden wurden.

Daß so etwas in der Brunft vorkommen kann, wenn der Bock die Ricke weithin versprengt, mag zugegeben werden. In dieser Zeit pflegen die Kitze etwa acht bis zehn Wochen alt zu sein. Dann ist eben einmal die Erregung oder die Zwangslage der Ricke vorübergehend stärker als die Mutterliebe. Aber in anderen Fällen ist doch zu fragen: Kann die Ricke nicht selbst erkrankt oder gar umgekommen sein? Kann nicht die Anwesenheit des Beobachters oder seine Wittrung den Grund für das Fernbleiben der Ricke hergeben?"

Kopflosigkeit

Ungewohnten Situationen gegenüber ist das Reh recht hilflos, es wirkt dabei auf den Menschen völlig kopflos, weil die angeborenen Verhaltensweisen zum Meistern der Lage nicht ausreichen. Das Hochwasser fordert in den großen Flußniederungen immer wieder erhebliche Opfer, obwohl die Rehe durchaus in der Lage wären, rinnend hochgelegene Revierteile zu erreichen, wenn sie sich zweckmäßig verhalten würden. Manchmal gelingt es dem Bestand, schon vor der völligen Überflutung trockenes Land zu gewinnen, wenn aber die Flutwelle zu schnell kommt, verlieren die Rehe offenbar die Orientierungsmöglichkeit, finden die Richtung, in der sie sich retten können, nicht und rinnen umher, bis sie ermattet sind und ertrinken. Bei Waldbränden flüchten die Rehe planlos kreuz und quer, ohne sich bietende Gelegenheiten, aus der Gefahrenzone zu entkommen, zu nutzen.

Allgemein bekannt ist das aufgeregte Verhalten der Rehe bei Treibjagden. Es geht soweit, daß ein Stück gegen einen Baum oder ein anderes Hindernis flieht und sich dabei das Genick bricht. Bei einer Treibjagd erschienen fünf Schritte vor dem Schützen zwei Rehe. Das vordere warf sich in mächtiger Flucht zur Seite, während der unmittelbar dahinter folgende Bock in der Fährte zusammensackte, sich drückte und den Jäger unverwandt anäugte. In dieser völlig starren Haltung blieb der Bock mehrere Minuten, bis die Treiber herankamen. Da wurde der Bock blitzschnell hoch und flüchtete zurück in das Treiben. Eine solche Schrecklähmung kommt auch vor, wenn ein Stück am Rande eines hohen Getreidefeldes im Bett überrascht wird.

Besondere Schwierigkeiten verursacht diese Kopflosigkeit, wenn Rehwild in Forstschutzgatter eingedrungen ist und hinausgetrieben werden soll. Selbst bei an mehreren Stellen geöffnetem Zaun flieht es diesen immer wieder an derselben oder einer naheliegenden Stelle an, der Einsatz von hochläufigen Hunden ist deshalb schon unter Tierschutzaspekten abzulehnen. Während der Jagdzeit ist deshalb unseres Erachtens die Erlegung eines solchen Stückes vorzuziehen.

Lautäußerungen

Die mannigfaltigen Laute, die das Rehwild hören läßt, haben eine Unzahl von Erörterungen über ihre Ursachen veranlaßt. Um zu einer Übersicht über die Fülle der mitgeteilten Beobachtungen zu kommen, wollen wir von dem Entstehungsort der Laute ausgehen. Alle Laute werden durch Ausstoßen von Luft aus der Lunge hervorgebracht.

Eine Gruppe, die Fieplaute, wird durch den Windfang ausgestoßen. Bei dem einsilbigen leisen Fiepen bleibt das Geäse fest geschlossen, und selbst dem Windfang sieht man kaum eine Bewegung an. Die Steigerung der Lautstärke zum zweisilbigen Sprengfiepen erfolgt bei geöffnetem Geäse.

Bei den übrigen Lautgruppen, den Keuchlauten, den Schrecklauten und den Klagelauten ist das Geäse offen.

In ausgeglichener und behaglicher Stimmung ist das Reh stumm. Äußere oder innere Ursachen können Stimmungen herbeiführen, denen durch Laute Ausdruck gegeben wird. Andere Rehe werden diese Laute wohl zu deuten wissen und ihr Verhalten danach einrichten. Dadurch wirken manche Fieplaute auch als Lockrufe, manche Schrecklaute auch als Warnrufe.

Sämtliche Lautäußerungen kommen bei Böcken und Ricken vor, Kitze schrecken erst von der Zeit des herbstlichen Haarwechsels ab.

Im folgenden soll nun eine Anzahl von Beobachtungen mitgeteilt werden, die klarstellen, in welcher Stimmung die einzelnen Laute vom Reh hervorgebracht werden.

Das *Fiepen* als einsilbiger leiser Ton, der etwa wie „Fiep“ klingt, ist der Ausdruck innerer Unruhe und dient meist dem Zusammenfinden. Die Ricke fiept, wenn sie über das Fernsein der Kitze beunruhigt ist, und die Kitze fiepen, wenn sie Sehnsucht nach der Mutter haben; Hunger und Durst erzeugen Unlustgefühle bei ihnen, veranlassen das Fiepen und rufen dadurch die Ricke herbei. Einzelne, meist junge Stücke, die vom Sprung abgekommen sind, fiepen im Gefühl der Unsicherheit und des Verlassenseins, das ihnen Unbehagen bereitet. Je älter die Stücke werden und je mehr sie zum Einzelleben übergehen, desto weniger fiepen sie, weil bei ihnen das Anschlußbedürfnis verlorengegangen ist. Nichtführende Rehe, die außerhalb der Brunftzeit fiepen, sind daher in der Regel Jungböcke oder Schmalrehe, die noch mit der Altricke im Familienverband zusammenleben und den Anschluß verloren haben.

In der Brunftzeit ist es die geschlechtliche Unruhe, die Bock und Ricke zum Fiepen veranlassen. Der suchende Bock fiept auf der Fährte der brunftigen Ricke. – Ein Bock zog zu einem Bett, in dem soeben noch die Ricke gesessen hatte, bewindete es ausgiebig und plätzte darauf. Dann bewindete er die Fährte der Ricke und fiepte dabei unter gleichzeitigem Vorstrecken des Kopfes ganz leise. – Die Ricke fiept in der Nähe des Bockes nur beim langsamen Treiben, das häufig im Kreise vor sich geht. Wenn sie den Beschlag noch nicht duldet, geht oft die wilde Jagd los. Dabei steigert sich die Lautstärke zum *Sprengfiepen,* das vorwiegend von der Ricke, gelegentlich aber auch vom Bock ausgestoßen wird. Es ist ein zweisilbiger Laut, der mit „Pijäh" wiederzugeben ist. Es ist ein gellender, fast wiehernder Laut.

Ähnlich dem Sprengfiepen in der Blattzeit klingt das Angstfiepen, es ist der Ausdruck großer Angst, man bezeichnet es deshalb auch besser als Angstgeschrei. Das Angstfiepen der Kitze ist schriller und heller als das der erwachsenen Rehe. Ein Beobachter geriet mit seinem Hund auf einen Rain zwischen zwei Getreidefeldern ganz nah an ein liegendes Kitz. Dieses stieß das grelle Angstfiepen aus und flüchtete, im gleichen Augenblick stand die Ricke mit starren Lichtern und stampfend in der Nähe, um dem Kitz zur Hilfe zu eilen.

Schwierigkeiten ergeben sich bei der Klärung der Stimmungen, die den *Schrecklauten* zugrunde liegen. Die Schrecklaute ähneln dem Bellen eines Hundes. Sie klingen rauh und kurz wie „bö" oder gedehnter wie „bäh" und werden in der Regel öfter wiederholt.

Das *Schrecken* ist der Ausdruck des Unwillens über eine Störung, die in der Regel von Mensch, Hund, Sau, Fuchs oder Dachs auszugehen pflegt. Wenn ein Reh plötzlich durch eine Gefahr erschreckt wird und sie tatsächlich erkennt, pflegt es zunächst stumm in rasenden Fluchten abzuspringen, um erst später in der schützenden Deckung seinem Unmut durch Schrecken, das geradezu wie ein Schimpfen wirkt, Ausdruck zu geben. Das Schrecken wirkt auf andere Rehe oft warnend und veranlaßt sie zu erhöhter Aufmerksamkeit, in manchen Fällen sogar zum sofortigen Abspringen.

Eine andere Beobachtung wurde im Januar gemacht. Beim Abendanstand wurde beobachtet, wie fünf Rehe auf die Saat austraten. Etwas später erschien ein Bock mit zwei Ricken. Als der Bock auf etwa 20 Schritte an den Beobachter herangekommen war, äugte er aufmerksam zu ihm hin, blieb stehen und schreckte sechsmal, ohne daß sich die anderen Rehe darum kümmerten oder auch nur aufwarfen. Dann machte der Bock zwei kurze Fluchten, schreckte wieder anhaltend und zog langsam mit den beiden Ricken in den Wald zurück, wo er noch ungefähr eine halbe Stunde zu hören war. An den beiden folgenden Abenden wiederholte sich der Vorgang ganz ähnlich. In diesem Falle dürfte der Bock die Gefahrenquelle nicht eindeutig erkannt haben.

Meistens schrecken die Rehe aus Unwillen über eine Erscheinung, von der sie keinen Wind haben, und bei der sie zunächst nicht erkennen können, ob es sich um eine harmlose Störung oder um eine Gefahr handelt. Am häufigsten wird beobachtet, daß ein Reh schreckt, wenn es den stillsitzenden Jäger zwar eräugt, aber noch nicht erkannt hat. Es zieht dann oft so lange schreckend herum, bis es in den Wind kommt und abspringt.

Besonders kennzeichnend dafür, daß Unwillen über eine Störung der Anlaß zum Schrekken war, ist folgendes Erlebnis: Ein Bock wechselte über eine Weide, um zu einer Stelle zu gelangen, an der der Klee besonders üppig wuchs. Dabei mußte er eine sumpfige, mit Binsen bewachsene Stelle durchqueren, in der Kiebitze brüteten. Je näher der Bock den Binsen kam, desto unruhiger wurden die Kiebitze. Laute Schreie ausstoßend, haßten sie fortgesetzt auf den Bock, der sich zunächst dadurch nicht stören ließ. Doch schließlich erhielt er von einem Kiebitz einen klatschenden Schlag auf den Kopf, der ihn derartig bestürzte, daß er in hohen Fluchten die Weide verließ und im Walde anhaltend schreckte. Es gibt noch mannigfaltige Ursachen, die den Unwillen des Rehes erregen und es zum Schrecken veranlassen. So schreckte ein Bock, der in die Nähe eines erlegten Stückes kam, ein anderer Bock, der um zwei spielerisch kämpfende Böcke herumzog.

Die Kitze beginnen mit dem Schrecken erst nach der Zeit des Verfärbens. Ausnahmsweise früh wurde der Schrecklaut einmal bei einem Kitz im Alter von etwa zwei Monaten gehört. Auf das Fiepen kamen geschlossen drei Kitze auf den Ansitz des Jägers losgebraust und verhofften etwa zehn Schritte von ihm. Da standen sie nun dicht nebeneinander, verdrehten die Hälse, dienerten lebhaft nach rechts und nach links und wußten gar nicht, was sie aus dem regungslosen grauen Klumpen vor sich machen sollten. Schließlich fingen sie an zu äsen und kamen dem Beobachter immer näher, der schließlich mit der Hand winkte, um der gespannten Lage ein Ende zu machen. Entsetzt stoben die drei Kitze ab, nach wenigen Fluchten war ein Schrecken zu hören, nur zweimal ein einziger Laut. Dieser war bellend wie beim erwachsenen Reh, aber in der Tonlage höher und heller.

Häufig entsteht das abendliche Schreck- und Schmälkonzert, bei dem man fern und nah, aus verschiedenen Richtungen, das Melden der Rehe hören kann. Allmählich flaut es ab und hinterläßt unverkennbar den Eindruck, daß Erschrecken oder Mißtrauen nicht die Ursache sein kann. Es gibt Gegenden, in denen den Rehen die Stimme so locker sitzt, daß man im Sommer jeden Abend und Morgen halbe Stunden lang ein Massenschmälen hören kann. Irgendein Stück fängt an sich zu melden, das wirkt sogleich ansteckend und pflanzt sich am ganzen Waldrand von Stück zu Stück fort, bis es zu einem wahren Plärren ausartet.

Bei starken Platzböcken steigert sich bisweilen das Schmälen zu einem herausfordernden Trutzlaut, der wie ein bellend ausgestoßenes „Bäu" klingt. Dieser Laut ist besonders im Mai und Juni zu hören, wenn der Sommereinstand eingenommen wird. Bei manchem Bock ist das Bedürfnis zu diesem Melden so stark ausgeprägt, daß er damit seinen ganzen Wechsel verrät, und in machen Gegenden „schreien" die Böcke sich, gegenseitig antwortend, an. Die Wirkung des Trutzschreies zeigt folgende Beobachtung: Hinter einer Umwallung ertönte der Trutzschrei eines Rehes, der Laut wiederholte sich in rascher Folge und klanglicher Steigerung dreimal, dann stand ein kapitaler Bock auf der Krone des Walles. Unwillig mit den Läufen stampfend, hochaufgerichtet schrie er in die Wiese hinunter. Die dort äsenden Rehe flüchteten in höchster Eile und mit ihnen ein mittelstarker Bock, der von dem erscheinenden Platzbock noch ein Stück in den Wald hineingetrieben wurde. – Der Trutzschrei veranlaßt stärkere Böcke, aufeinander zuzuwechseln und den Kampf um den Platz aufzunehmen. Es ist daher möglich, Böcke mit diesem Schrei anzulocken. Die Tatsache, daß Schrecken und Schmälen im Winter weit seltener zu hören sind als im Sommer, ist ganz erklärlich. Einmal schrecken die Rehe im Winter weniger, weil sie in Sprüngen beisammenstehen und wegen der fehlenden Belaubung nicht oft unvermutet gestört werden. Weiterhin schmälen sie nicht, weil sie gesellig leben und keine Standorte gegeneinander abgrenzen. Deshalb erregt es in vielen Gegenden Erstaunen, wenn einmal während der Monate November bis März ein Schrecklaut hörbar wird.

Eine sichere Unterscheidung der Geschlechter ist nach den Schrecklauten meist nicht möglich. Sie liegen in der Regel um so tiefer, je älter das Stück ist, von dem die Laute stammen, doch gibt es Ausnahmen von dieser Regel. Bei neun im Gehege gehaltenen Böcken, deren Alter an bestimmten Markierungen erkennbar war, konnten die Schrecklaute bis zu einem Alter von drei Jahren einwandfrei unterschieden werden. Die Jährlinge schreckten ungewöhnlich hell, auch die zweijährigen waren in der Tonlage deutlich zu unterscheiden von den dreijährigen und älteren Böcken, deren Stimmen allerdings nicht mehr auseinandergehalten werden konnten.

Das *Keuchen* ist ein Ausdruck starker Aufregung. Am häufigsten wird es in der Brunftzeit von dem treibenden Bock ausgestoßen. Doch auch außerhalb der Brunft keucht der erregte Bock, wenn er in Wut gerät und zu Scheinkämpfen oder zu Auseinandersetzungen mit einem anderen Bock bereit ist. – Ein Bock, der auf einem Kleeschlag äste, fing laut an zu keuchen.

Gleich darauf war auch im Walde ein Keuchen zu hören. Der Bock stampfte mit den Vorderläufen, zog auf eine hohe Distel zu und schlug diese mit dem Gehörn in Fetzen. Dann zog er hin und her und keuchte aufgeregt. Inzwischen stand ein anderer Bock am Waldrande, keuchte ebenfalls und ging zum Kampf über. – Ricken keuchen sehr viel seltener, weil sie weniger Anlaß zur Erregung haben als Böcke. – Bei ihnen hört man das Keuchen wohl, wenn sie die Kitze gegen Feinde verteidigen oder aus ähnlich gelagerten Anlässen.

Ein Laut, der nur in der höchsten Not ausgestoßen wird, ist das *Klagen,* ein durchdringendes lautes Schreien, das wie „Aaiin“ klingt. Es wird nach schweren Knochenschüssen und in der Todesnot ausgestoßen, etwa, wenn der Hund ein Reh niederzieht oder wenn ein Reh in der Schlinge hängt.

Ruhen

Bevor sich ein Reh zum Ruhen niedertut, scharrt es mit den Vorderläufen ein Lager. Dann läßt es sich auf die Vorderfußwurzel nieder, setzt sich auf die rechte oder linke Keule und schlägt die Vorderläufe um. Dabei kommen stets nur Vorder- und Hinterlauf einer Seite unter den Körper zu liegen. Das Hochwerden geht in umgekehrter Reihenfolge vor sich. In dieser Stellung käut das Reh wieder, döst oder schläft.

Das *Dösen* ist eine Form des Ruhens, die uns Menschen nur gelegentlich unbewußt gelingt, es bedeutet weder schlafen noch wachen. Für das Wildtier ist jedoch diese Art des Ausruhens typisch. Selbst Wiederkäuen geschieht im Dösen, zumal in diesem Zustand des Halbschlafes das Haupt erhoben bleibt. Deshalb bleiben auch die Sinne geschärft, die Fluchtbereitschaft ist so jederzeit vorhanden.

Der Schlaf ist dagegen auf kurze Perioden im Tagesrhythmus beschränkt, er dauert täglich höchstens 20 bis 30 Minuten, tritt unregelmäßig ein und geht mit einer völligen Ausschaltung der Sinne einher. Die Lichter sind geschlossen, das Haupt ruht auf dem Boden oder auf der Flanke zwischen Rumpf und Hinterläufen, weder Geräusche noch Gerüche werden wahrgenommen.

So wird schon von RAESFELD berichtet, daß beim Angehen eines Sprunges Rehwild von zwölf Stück elf flüchtig absprangen, ein guter Bock jedoch im Bett sitzenblieb. Er hatte das Haupt fest zwischen Dünnung und Keule geschoben und rührte sich nicht, obwohl der Beobachter mit Nackenwind dicht an ihn herangetreten war. Erst als nach längerem Überlegen der Entschluß gefaßt wurde, den anscheinend kranken Bock abzunicken, wurde er, plötzlich erwacht, flüchtig.

KURT schildert Fälle, in denen er tiefschlafende Rehe gelegentlich fand, die mit weit von sich gestreckten Gliedern auf dem Boden lagen.

Bevorzugte Ruheplätze sind geschützte, aber Ausblick gewährende Stellen, diese werden immer wieder aufgesucht. Sie spielen für den „Wohnraum“ als „Fixpunkte“ eine sehr wichtige Rolle.

Nach dem Hochwerden reckt und streckt sich das Stück wohlig, flähmt auch gelegentlich und kratzt sich mit den Schalen des Hinterlaufs. Das Haarkleid wird mit dem Lecker geglättet, dabei wird es vom Hals bis zu den Keulen abgeleckt. Wenn die *Körperpflege* beendet ist, wechselt das Stück zu einem bevorzugten Äsungsplatz. Das Reh suhlt nicht.

Fortbewegung

Das Reh bewegt sich in drei verschiedenen Gangarten. Bei ruhiger Fortbewegung, im Ziehen (Schritt), werden nacheinander die Läufe wie folgt aufgesetzt: links hinten, links vorn, rechts hinten, rechts vorn usw. Der Hinterlauf wird dabei ganz oder annähernd in das Trittsiegel des Vorderlaufs der gleichen Körperseite gesetzt. Die Schrittlänge liegt zwischen 35 und 45 cm.

Eine etwas schnellere Fortbewegung ist der Troll (Trab), bei dem zwei diagonale Läufe gleichzeitig und abwechselnd gesetzt werden. Im Wechselgang werden ein Vorderlauf und der Hinterlauf der Gegenseite nach vorn bewegt, also links hinten mit rechts vorn, dann rechts hinten mit links vorn usw. Der Troll wird vom Reh nur ungern und nicht auf längere Strecken angewandt.

Die schnellste Gangart ist das Flüchten (Galopp), sie besteht aus einzelnen Sprüngen, bei denen beide Vorderläufe und beide Hinterläufe abwechselnd fast gleichzeitig auf den Boden gesetzt werden. Also rechts hinten mit links hinten, dann links vorn mit rechts vorn usw. Hierbei wird der Körper unter beträchtlicher Mitwirkung der Rückenmuskulatur durch Strecken der Hinterläufe vom Boden abgestoßen, mit geradem Rücken völlig frei durch die Luft bewegt und dann von den Vorderläufen lediglich aufgefangen. Anschließend werden die Hinterläufe bei stark gekrümmtem Rücken weit nach vorn geschleudert, vor die Tritte der Vorderläufe aufgesetzt und stark gebeugt. Hierdurch kommt das Auf- und Niederwippen des

Fortbewegung und Fährte, oben: ziehend, unten: flüchtig

weißen Spiegels zustande, das im Winter besonders auffällt. Der nächste Sprung beginnt dann wieder mit dem Strecken der Hinterläufe und des Rückens. Die Sprungweite liegt um 4 m. Die weiteste Flucht, die in der Ebene gemessen worden ist, war 7 m lang. Das Reh kann zwar schnell, aber nicht ausdauernd flüchten. Schon nach kurzer Zeit wird der Äser geöffnet, und bald tritt Atemlosigkeit ein, weil die Leistungsfähigkeit der Lunge und des Herzens für eine langdauernde Flucht nicht ausreicht. Hunde hetzen daher auch erwachsene Rehe verhältnismäßig leicht zu Stande. Seinem Körperbau nach muß das Reh versuchen, mit schnell fördernden Fluchten möglichst bald eine Deckung zu erreichen, um in diese hineinzuschlüpfen.

Die Abdrücke der Schalen hinterlassen im Erdboden die *Fährte*. Der einzelne Abdruck heißt Tritt, eine Folge von Tritten bildet die Fährte. Der Abstand der einzelnen hintereinander stehenden Tritte heißt Schritt, Schrittweite oder Schrittlänge, ihr seitlicher Abstand voneinander heißt Schrank.

Im einzelnen *Tritt* erkennen wir von jeder der beiden Schalen den scharfen Abdruck des Schalenrandes, im vorderen Teil als Erhabenheit den Burgstall und im hinteren Teil als

Vertiefung den Ballenabdruck, der etwa $^{1}/_{3}$ der gesamten Trittlänge einnimmt. Der Tritt des ausgewachsenen Rehes ist etwa 45 mm lang und 35 mm breit, der des Kitzes im Winter 35 mm lang und 22 mm breit (siehe hierzu „Schalen“ S. 40). Beim vertrauten Ziehen sind die beiden Schalen aneinandergezwängt, das zwischen ihnen befindliche Erdreich bleibt als Fädchen zwischen den Schalenabdrücken stehen, die Spitzen der Tritte weisen ein wenig schräg nach außen. In der Fluchtfährte ist der Tritt durch stark gespreizte Schalen gekennzeichnet,

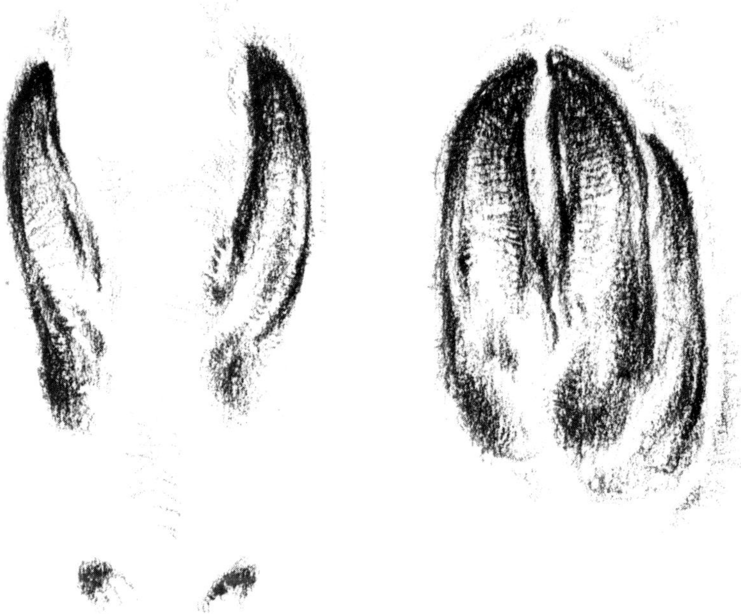

Trittsiegel eines flüchtigen und eines ziehenden Bockes

außerdem sind die Oberrücken (Geäfter) deutlich abgedrückt (s. Abb.). Die gespreizten Schalen und Oberrücken verhindern ein Rutschen nach vorn, trotzdem ist bisweilen der Bodenüberzug aufgerissen und Erdreich umhergespritzt.

W. Dondorf untersuchte an 20 männlichen und 20 weiblichen Rehen, nach Altersklassen etwa gleichmäßig verteilt, die Unterschiede in den Abmessungen. Die Läufe wurden für die exakte Vermessung teilweise mazeriert und präpariert, sie stammen aus einem Hegering des südlichen Odenwalds.

Bild 1 zeigt die Unterseite von 20 Läufen, die von fünf Rehen stammen. Die unterschiedliche Größe und Stellung der Hauptschalen als auch Afterschalen kann man sehr deutlich erkennen.

Bild 2 zeigt Vorder- (V) und Hinterlauf (H) eines Stück Rehwildes. Auf der linken Seite im Bilde sieht man die Läufe in der Decke, auf der rechten Seite das Knochenskelett der Läufe.

Die Seite der Läufe ist an der helleren Innenfläche, die Außenfläche des Hinterlaufs an der Tarsalbürste, einem Hautduftorgan zu erkennen. Vorder- und Hinterlauf unterscheiden sich am Röhrenbein, der untere Abschnitt des Vorderlaufes über den Schalen, zeigt mehr ein rundliches Aussehen, wogegen das Röhrenbein des Hinterlaufes wie abgeplattet erscheint.

Äußerlich unterscheiden sich die Schalen von Vorder- und Hinterläufen sehr gut.

Deutlicher als an den Läufen in Abbildung 2 wird dies an den präparierten Schalen in Bild 3 sichtbar.

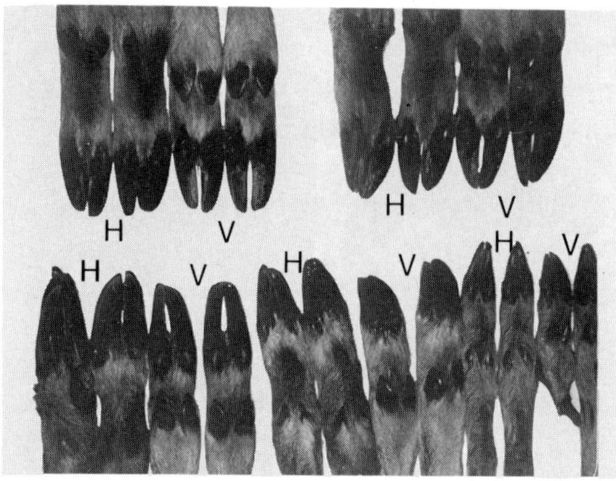

Bild 1

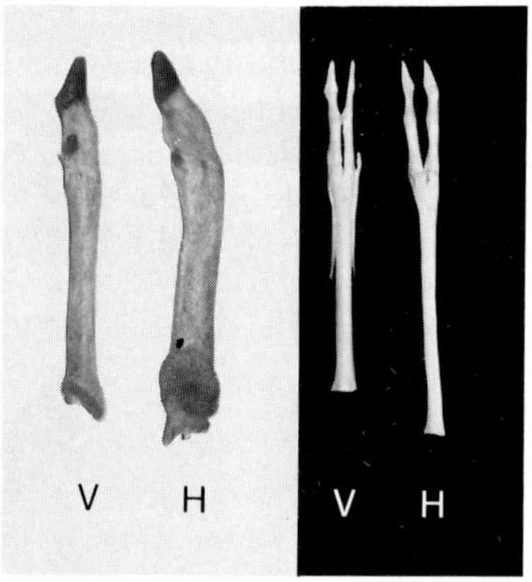

Bild 2

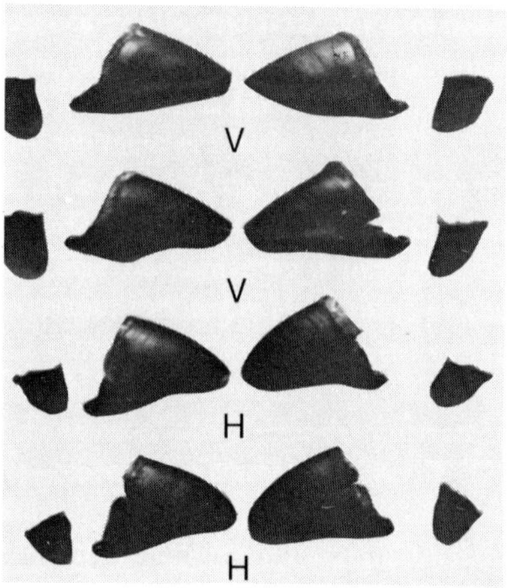

Bild 3

Die Oberkante der Hauptschalen der Vorderläufe stellt von der Seite aus gesehen nahezu eine schiefe Ebene dar. Die Spitzen der Schalen des Hinterlaufes sind abgerundet.

Die Schalen selbst sind Hornbildungen der Haut, man kann sie auch als umgewandelte Krallen betrachten. Den Schalenkörper, zumindest den der Hauptschalen, teilen wir in Platte und Sohle ein. Nach innen zieht sich die Platte fast senkrecht nach unten, nach außen ist dieselbe mehr oder wenig gewölbt. Zum Boden hin wird beidseitig der Platte der Schalenrand gebildet. Zwischen dem Schalenrand ist die Sohle. Beim Rehwild greift der Ballen, der sich rückwärts unten an die Platte anschließt, weit in die Schalensohle hinein; man müßte außer vom Ballen noch von einer Ballensohle sprechen.

Die kleinen Schalen des Geäfters, die rückwärts an den Läufen sitzen, haben eine etwas andere Form. Auf der einen Seite sind sie glatt und mehr oder weniger gewölbt, auf der anderen Seite rauh und wellig.

Die Breite der Schalen, dieselbe wurde in Höhe des Ballens gemessen, unterscheidet sich beim Vergleich zwischen männlichem und weiblichem Wild, als auch Vorder- und Hinterläufe

Werte von 160 untersuchten Läufen in cm

		Hauptschalenbreite		Hauptschalenlänge		Geäfter Breite		Geäfter Länge	
		V	H	V	H	V	H	V	H
Durchschnittswerte	männlich	2,60	2,53	4,93	4,57	1,30	1,14	2,04	1,68
Durchschnittswerte	weiblich	2,56	2,60	4,90	4,61	1,20	1,10	2,00	1,62
Minimalwerte	männlich	2,30	2,25	4,15	3,65	1,05	0,90	1,70	1,40
Minimalwerte	weiblich	2,20	2,20	3,90	3,75	1,10	0,90	1,50	1,30
Maximalwerte	männlich	3,00	2,90	5,60	4,90	1,45	1,30	2,50	2,00
Maximalwerte	weiblich	2,90	2,90	5,60	5,15	1,40	1,25	2,50	2,10

nur durch zehntel mm. Die Breite der Hauptschalen der Hinterläufe beim weiblichen Wild ist im Durchschnitt sogar um zehntel mm stärker als die des männlichen Wildes.

Interessant ist ein Einblick in die Zusammenstellung der Einzelmessungen.

Beim männlichen Wild (20 Stück) sind bei 11 Tieren die Hauptschalen der Vorderläufe stärker als die der Hinterläufe, bei 5 Rehböcken sind die Schalen gleich lang und bei 4 Tieren sind die Hauptschalen der Hinterläufe stärker als die der Vorderläufe.

Bei den 20 Stück weiblichem Wild ist dieses Verhältnis 3 : 6 : 11. Bei einem Vergleich der Hauptschalenlängen zwischen männlichem und weiblichem Rehwild tritt ein ähnliches Verhältnis nicht auf. Bei den insgesamt 40 Stück Rehwild sind die Schalen der Vorderläufe um wenige mm länger als die Schalen der Hinterläufe. Eigenartigerweise sind wie bei der Breitenmessung auch bei der Längenmessung die Schalen der Hinterläufe des weiblichen Wildes um wenige zehntel mm länger als die des männlichen Wildes.

Ein wesentlicher Unterschied zwischen Vorder- und Hinterläufen besteht noch in dem Zwischenraum zwischen der Spitze der Afterschalen und dem Ende des Ballens.

Werte in cm

		V	H
Durchschnittswerte	männlich	1,03	3,18
Durchschnittswerte	weiblich	0,97	2,97
Minimalwerte	männlich	0,70	2,50
Minimalwerte	weiblich	0,20	2,70
Maximalwerte	männlich	2,00	4,05
Maximalwerte	weiblich	1,70	3,35

Das Geäfter beim Rehwild am Hinterlauf sitzt also gut 2 cm höher als am Vorderlauf. Diese Differenz schwankt bei den 40 untersuchten Stücken zwischen 1,70 und 4,05 cm.

Wie aus Abbildung 1 zu ersehen ist, sind Stellung und Abstand zwischen den Spitzen der Geäfterschalen sehr verschieden. Die Afterschalen können platt, schräg und nahezu parallel zu den Hauptschalen anliegen.

Der Querabstand zwischen den Spitzen der Afterschalen beträgt beim männlichen Rehwild am Vorderlauf im Mittel 2,43 cm (Minimalwert = 1,70 cm, Maximalwert = 3,20 cm), am Hinterlauf im Mittel 2,67 cm (Minimalwert = 2,35 cm, Maximalwert = 3,00).

Beim weiblichen Rehwild wurden folgende Werte ermittelt. Am Vorderlauf im Mittel 2,36 cm (Minimalwert = 1,85 cm, Maximalwert = 3,20 cm), am Hinterlauf im Mittel – 2,60 cm (Minimalwert = 2,30, Maximalwert = 2,80 cm).

Oft stehen die Afterschalen nicht in einer Ebene nebeneinander. Meist ist es die äußere Afterschale, die wenige mm vor der inneren steht. Manchmal stehen beide in gleicher Höhe, in wenigen Fällen steht auch die innere vor der äußeren Afterschale. Diese Verschiebung muß nicht immer mit den Hauptschalen übereinstimmen.

Bild 4 zeigt das skelettierte Untersuchungsmaterial (Draufsicht). Zum besseren Verständnis vergleichen wir einmal die Vorderlaufknochen mit der menschlichen Hand.

Der 3. und 4. Finger (Mittel- und Ringfinger) mit den drei Gliedern bilden Schalen-, Kron- und Fesselbein. 2. und 5. Finger (Zeigefinger und kleiner Finger) sind stark rudimentiert, bilden aber drei Glieder. Der Daumen ist überhaupt nicht mehr vorhanden.

Der 3. und 4. Mittelhandknochen sind zusammen verschmolzen und bilden das Röhrenbein, auch Kanonenbein genannt. Vom 2. und 5. Mittelhandknochen sind nur die körperfernen Enden erhalten geblieben. Sie sitzen als Fortsetzung und Verbindung an den Zehengliedern.

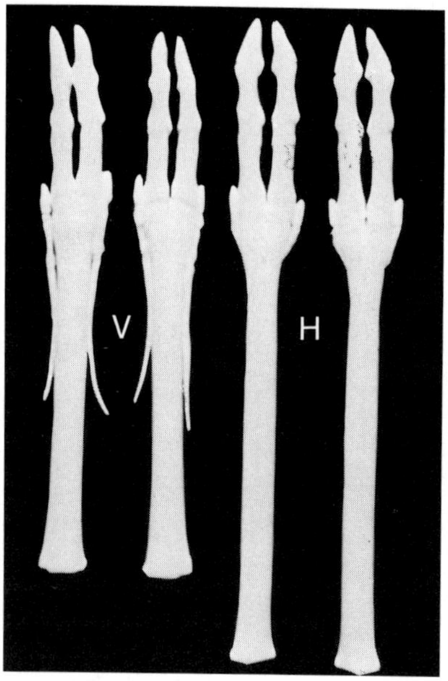

Bild 4

Die Messung von 20 Stück (10 Stück männlichem und 10 Stück weiblichem) Nebenmittelfußknochen ergibt eine Länge von 6,14 cm. Die Durchschnittslänge des Kanonenbeines am Vorderlauf beträgt 15,0 cm.

Die gemessenen Werte der Nebenmittelfußknochen und Kanonenbeine ergeben eine Länge von 41 % der Kanonenbeinlänge; also noch nicht einmal die Hälfte und nicht wie in der Literatur angegeben „fast ebenso lang wie die entsprechenden Hauptmittelfußknochen"!

Das Skelett der Hinterläufe zeigt deutlich gewisse Größenunterschiede. Die gemessene Durchschnittslänge der Kanonenbeine der Hinterläufe beträgt bei beiden Geschlechtern 18,2 cm.

Bild 5 zeigt den Unterschied in der Knochenbildung der Zehenglieder. Auf der linken Seite die schon beschriebenen Knochen der Vorderläufe, rechts die Knochen der Hinterläufe.

Bild 6 zeigt die Schalenbeinknochen sowie das letzte Zehenglied des Geäfters.

Bei genauem Hinsehen kann man einen Unterschied zwischen Vorder- und Hinterlauf in der Ausformung der Schalenbeine erkennen.

Die Schalenbeinknochen der Vorderläufe sind etwas länger als die der Hinterläufe. Umgekehrt ist die Höhe dieser Knochen der Hinterläufe größer als die der Vorderläufe.

Bild 7 zeigt letztlich sehr gut die anatomischen Unterschiede je eines Vorder- und Hinterlaufes der 3 Wildarten Rot-, Dam- und Rehwild.

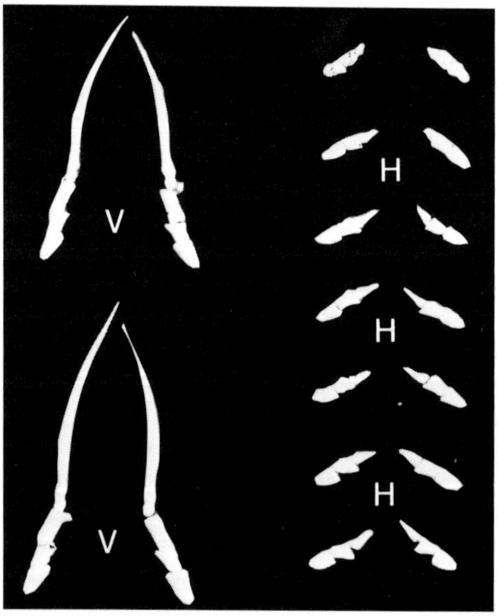

Bild 5

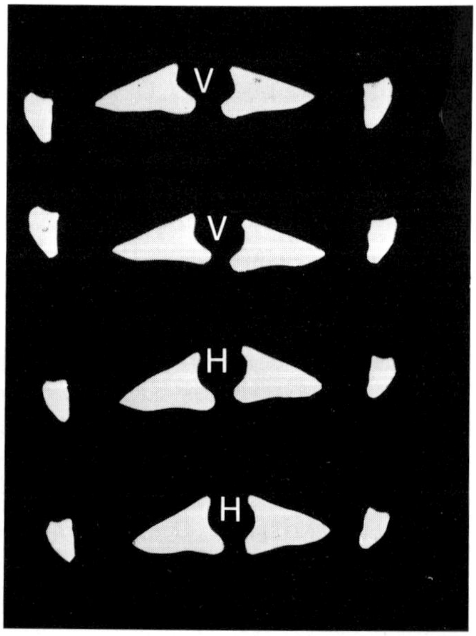

Bild 6

Werte in cm

Geschlecht	Schalenbeinlänge V	Schalenbeinhöhe V	Schalenbeinlänge H	Schalenbeinhöhe H
männlich	2,73	1,40	2,58	1,57
weiblich	2,48	1,32	2,42	1,47

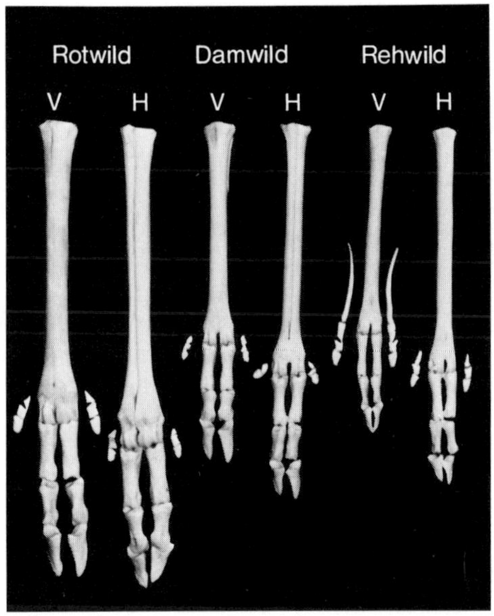

Bild 7

Eine Verwechslung mit dem Tritt einer anderen Schalenwildart ist wegen der geringen Größe kaum möglich. Lediglich zwischen dem Tritt des Damwildkalbes im Sommer und dem des ausgewachsenen Rehes besteht Ähnlichkeit, doch ist beim Damwild ein im Verhältnis zum Reh längerer Ballenabdruck vorhanden. Der Tritt des Frischlings ist durch das stets abgedrückte Geäfter gekennzeichnet.

In der Fährte des ziehenden Stückes stehen die Tritte beinahe voreinander, also fast geschnürt, doch ist eine geringe Abweichung der linken und rechten Tritte voneinander, ein schwaches Schränken, zu bemerken. Mit zunehmender Schrittweite, also bei schneller werdender Fortbewegung, wird bei dem gleichen Stück der Schrank geringer. Raesfeld hat in verschiedenen Gegenden Deutschlands genaue Messungen von Fährten vorgenommen, deren Zugehörigkeit zu einem bestimmten Stück durch unmittelbare Beobachtung des Wildes sicher festgestellt war. Die Messungen erfolgten grundsätzlich von Schalenspitze zu Schalenspitze. Er fand bei demselben Bock an einer Stelle 45 cm und eine kurze Strecke entfernt 36 cm Schrittlänge. Entsprechendes gilt für die Ricke. Trotzdem waren die Fährten zu unterscheiden. Denn während der Bock bei 45 cm Schrittweite einen Schrank von 12 cm zeigte, brachte die Ricke es unter gleichen Verhältnissen nur auf 9 cm; und während der Bock bei 36 cm Schrittlänge 16 cm Schrank zeigte, kam die Ricke nicht über 12 cm. Einige Ergebnisse von Messungen zeigt die Übersicht auf Seite 192.

Das Schränken ist demnach ein gerechtes Zeichen für das Ansprechen der Fährte. Man muß allerdings die Fährte ein Stück weit verfolgen, um beim Nachlassen der Schrittweite den stärkeren oder geringeren Schrank festzustellen. In vielen Fällen wird sich eine Entscheidung nicht treffen lassen; deshalb wird häufig der Standpunkt vertreten, daß von sicheren Fährtenzeichen beim Rehwild nicht gesprochen werden kann.

Die Fluchtfährte bietet ein ganz anderes Bild, sie besteht aus Vierergruppen von Tritten, die recht verschieden zueinander angeordnet sein können. In der Fluchtrichtung stehen vorn die Tritte der Hinterläufe, mehr oder weniger schräg zueinander angeordnet, dahinter die Tritte der Vorderläufe fast hintereinander gestellt. Nach kurzen Fluchten stehen alle Tritte mehr schräg nebeneinander, nach weiten Fluchten hintereinander. Der Abstand der Vierergruppen von Tritten ist entsprechend verschieden weit.

Die Leistungen im *Hochsprung* sind überraschend. In einem eingezäunten Gelände sprang ein erschreckter Rehbock mit etwa 15 m Anlauf glatt in eleganter Flucht über einen Stacheldrahtzaun, der eine gemessene Höhe von 1,90 m hatte. Gewöhnlich führte der Wechsel der Rehe an bestimmten Stellen unter dem Zaun hindurch, der erschreckte Bock hatte aber nicht die Zeit gehabt, den Wechsel anzunehmen, und wagte den Sprung. Gelegentlich kann es bei weiten Fluchten auch zu einem Sturz kommen.

Stück	Schrittlänge in cm	Schrank in cm	Stück	Schrittlänge in cm	Schrank in cm
Bock	42	16	Schmalreh	35	7
geringer Bock	35	15	geringer Bock	45	12
beschlagene Ricke	37	10	derselbe	39	15
gelte Ricke	42	9	Altreh	44	8
Altreh	37	11	dasselbe	42	9
Altreh	42	10	dasselbe	35	11
Schmalreh	37	6	Schmalreh	36	6
Schmalreh	37	9	dasselbe	26	11

Auch zu beachtlichen *Kletterleistungen* ist das Rehwild befähigt. Der regelmäßige Wechsel einiger Rehe führte über eine gestürzte Fichte von 25 cm mittlerem Durchmesser, die in einer Neigung von 30 Grad einen Wildbach überbrückte. Der Bach war etwa 5 m breit und ebenso tief mit glatten steinigen Ufern. Eines Abends wechselte eine Rehgeiß über den Stamm. Am anderen Ufer des Baches angelangt, stieß sie auf eine frische Menschenspur, schreckte einige Male und wollte wieder zurück. Auf dem Stamm kam ihr aber ein Schmalreh entgegen, so daß die Lage auf dem Notstieg über der Tiefe von 5 m gefährlich wurde. Einen Augenblick standen sich beide Rehe unentschlossen gegenüber, dann machte das Schmalreh mit einem Luftsprung kehrt, der einem Gams Ehre gemacht hätte.

Was das Reh im freiwilligen *Rinnen* durch Wasserläufe zu leisten vermag, ist beachtlich. Es wurde beobachtet, daß ein Stück eine 2 km breite Wasserfläche durchrann. In einem anderen Fall durchquerte ein Bock einen Meeresarm von 480 m Breite in genau 13 Minuten, das macht rund 37 m in der Minute. Auch stärker strömende Flüsse werden freiwillig durchronnen, wie z. B. die Donau und der Rhein. Am Rhein ist aufgefallen, daß vorwiegend im Frühjahr und Vorsommer Böcke im Wasser angetroffen wurden. Vielleicht handelt es sich hierbei um Böcke, die bei den Standortkämpfen vertrieben wurden, also nicht ganz freiwillig das Wasser angenommen haben dürften. Der Körper wird im Wasser durch die Beibehaltung der gewohnten Laufbewegung vorwärtsgetrieben. Das Rinnen des Rehes ist ein Laufen im Wasser, wobei das Paddeln mit den Läufen im Rhythmus des Trolls erfolgt.

Fortpflanzung

Noch Dietrich aus dem Winckell (1898) war, wie Döbel (1754), davon überzeugt, daß die Brunft des Rehwildes im November und Dezember stattfand, und daß es sich bei dem auffälligen Verhalten der Rehe im Juli und August nur um eine Scheinbrunft handelte. Diese Ansicht beruhte auf dem Fehlen von Embryonen im Tragsack aller Ricken, die in den Monaten September bis November erlegt wurden.

Gegen diese alte Auffassung, die mit einer Winterbrunft rechnete, wandten sich in erster Linie Ziegler (1843), Bischoff (1852) und Keibel (1899), die aufgrund anatomischer Untersuchungen zur Feststellung der Sommerbrunft des Rehes gelangten. Damals gehörte schon eine sehr feste wissenschaftliche Überzeugung von der Richtigkeit der eigenen Untersuchungsbefunde dazu, um die Ansicht von dem zweifellos sehr merkwürdigen Sonderverhalten des Rehes bei der Fortpflanzung zu verfechten. Heute gehört die Kenntnis von der verlängerten Tragzeit bei einigen Wildarten, vor allem beim Reh, zu einer der festbegründeten Lehren der Wildkunde. Die Beweise, die gewissenhafte Forscher zusammengetragen haben, sind so überzeugend, daß man nicht von einer Theorie, sondern von einer wissenschaftlich abgesicherten Tatsache sprechen kann.

Erhärtet wurden die auf anatomischem Wege erhobenen Befunde durch Ergebnisse, die auf züchterischem Wege gewonnen wurden. Schon von GEMMINGEN (1785) und VON MELLIN (1787 und 1792) gaben Beobachtungen bekannt, nach denen im Hochsommer beschlagene Ricken, die später nicht mehr mit einem Bock in Berührung kamen, im Mai oder Juni des folgenden Jahres setzten. Später wurden solche Beobachtungen noch öfter gemacht.

Heute weiß man, daß die Brunft im Juli und Anfang August abläuft. Dabei vergrößern sich beim Rehbock die Hoden, und sie bilden reichlich Samen. Die Vergrößerung beginnt im übrigen kontinuierlich schon ab Februar. Die eigentliche Samenbildung hört im August/September auf. Die Hoden bilden sich zurück und befinden sich von September bis Februar des folgenden Jahres in einem Ruhezustand.

Die Testosteronkurve (s. S. 93) zeigt einen steilen Anstieg. Die Samenzellen bleiben bis in den Winter hinein (Dezember) befruchtungsfähig. Analog mit der Testosteronkurve steigt im Blut der Ricke der Gehalt des weiblichen Geschlechtshormones an. Dieses löst die Brunftsymptome aus. Das Treiben kann beginnen.

Viel diskutiert ist das Problem der sogenannten Herbstbrunft. Wir wissen heute, daß Kitze im Herbst beschlagen werden können, und zwar in den Monaten Oktober/November. Tatsächlich beobachtet der Jäger um diese Jahreszeit ein sonderbares Treiben. Es ähnelt eigentlich dem Verhalten im Frühjahr, vielleicht aber auch dem während der Blattzeit. Einen erfolgreichen Beschlag von erwachsenen Ricken konnte bislang noch niemand beobachten.

Durch den Anstieg des weiblichen Geschlechtshormones im Blut der Ricke werden durch innersekretorische Vorgänge die Eier in den Eierstöcken zur Reife gebracht, der Tragsack besser durchblutet und das Feuchtblatt schwillt an. Gleichzeitig erhöht sich die Tätigkeit der

Plätzender Bock

Hautdrüsen, und es werden Duftstoffe erzeugt, die den Bock anlocken und bei beiden Tieren das Brunftverhalten auslösen.

Das Herannahen der Fortpflanzungszeit kündigt sich bei den Böcken schon einige Zeit vorher durch steigende Unruhe an. Im Juni neigen sich die Tage des stillen heimlichen Lebens ihrem Ende zu, die Erregung macht sich in Scheinkämpfen Luft. Der Bock tritt vor einen Strauch, plätzt, mustert ihn mit gesenktem Haupt und springt dann plötzlich mit einem Satz auf ihn ein, um ihn kräftig mit dem Gehörn zu bearbeiten. Sein Verhalten wird gespannt-aggressiv, ein Zeichen, daß die Brunft nahe bevorsteht.

Die nach und nach brunftig werdenden weiblichen Stücke suchen im Juli die Böcke. Zuerst werden die Schmalrehe brunftig, deshalb bilden oft schon im Spätfrühjahr Bock und Schmalreh eine Gemeinschaft, später dann die führenden Ricken. Es wird heute von mehreren Autoren angenommen, daß besser konditionierte weibliche Stücke früher brunften als schwache. Dies würde auch den Setztermin beeinflussen.

Eintritt, Verlauf und Ende der Brunft sind von mancherlei äußeren Faktoren abhängig. War der Winter günstig, so kann eine frühzeitige Brunft erwartet werden. Bei den Ricken

Schlagender Bock

spielt auch der Umstand eine Rolle, ob sie früh oder spät gesetzt haben, denn nach frühem Setzen tritt auch die Brunftigkeit früher ein. Ein wichtiger Zeitgeber für das Einsetzen der Brunft ist die Tageslänge (15¾ Stunden). In tieferen Lagen beginnt sie früher als in hohen, ebenso beginnt sie im Westen früher als im Osten. Die Erfahrung, daß die Brunft bei heißer, schwüler Witterung schnell und hitzig abläuft, ist wohl im allgemeinen richtig, ebenso, daß sie sich bei kühlem Wetter verzettelt und still abläuft.

Wenn die meisten Stücke abgebrunftet sind, sucht der Bock intensiv brunftige Ricken. Er findet diese brunftigen Stücke mit dem Geruchssinn, wenn er ihre Fährte kreuzt oder in ihren Wind kommt. Der Brunftwittrung der Rickenfährte folgt der Bock meist langsam mit tiefem Windfang, doch kommt es in der Erregung auch durchaus vor, daß er sie recht flüchtig ausarbeitet.

Treiben und Beschlag

Sind Ricke und Bock zusammen, so beginnt das Treiben. Es ist jene wilde Jagd des Paares, bei der der Bock keuchend der Ricke folgt. Man hört dabei hin und wieder auch einmal das Fiepen, das wohl von der Ricke ausgestoßen wird. Sie hat bei diesem hitzigen Jagen durchaus keine Angst vor dem Bock, sie wird auch nicht gehetzt, sondern lediglich von dem Bock verfolgt. Es ist ein Liebesvorspiel, das immer wieder durch Äsen unterbrochen wird. Diese erste Phase der Brunft dauert einige Stunden bis Tage, in ihr befindet sich die Ricke in der Vorbrunft und duldet noch keinen Beschlag. In der zweiten Phase, in der die Ricke hochbrunftig ist, zieht oder trollt der Bock mit dem Windfang dicht an der Schürze der Ricke unruhig kreuz und quer oder ständig im Kreise hinter ihr her. Durch das Verfolgen im Kreise entstehen die Brunft- oder Hexenringe, die in manchen Revieren häufig, in anderen nur vereinzelt zu finden sind oder überhaupt fehlen. Hexenringe werden in Waldrevieren ebenso gebildet wie in Feldrevieren, meist führen sie um einen Strauch oder Stamm, sie finden sich aber auch auf freiem Gelände oder im Getreide. Auf einem solchen Brunftplatz reihen sich oft drei bis fünf Hexenringe auf kleinem Raum aneinander, die alle von dem gleichen Paar herstammen. In dieser Phase der Brunft, die einige Tage dauert, findet der Beschlag statt. Die Ricke bleibt stehen, um dem Bock das Aufspringen zu erleichtern. Der Beschlag dauert nur kurze Zeit, in fünf bis fünfzehn schnellen Stößen ist er vollendet. Der Bock läßt sich anschließend abfallen und tut sich meist sofort erschöpft nieder, während die Ricke fast immer näßt. Innerhalb kurzer Abstände wird der Beschlag mehrfach wiederholt. Nicht jedes Aufspringen des Bockes führt jedoch zu einem echten Beschlag. Die Zeitspanne, in der die Ricke brunftig ist, beträgt etwa vier Tage; während dieser Zeit steht der Bock bei ihr und kümmert sich um keine andere Ricke. Nur ausnahmsweise, und zwar wohl nur in Revieren, in denen Mangel an Böcken herrscht, werden mehrere Ricken von einem Bock abwechselnd getrieben und beschlagen. So wurden auf einer Feldenklave von etwa 3 ha Größe sechs Ricken von einem Bock durcheinander getrieben, und drei oder vier von ihnen wurden innerhalb kurzer Zeit beschlagen. In einem anderen Falle trieb an einem Nachmittag ein Bock drei Rehe, zuerst eine strohgelbe Ricke, dann ein schwaches, rotbraunes Schmalreh und gegen Abend ein starkes altes Mutterreh.

Es ist in diesem Zusammenhang einleuchtend, welche überragende Bedeutung einem zahlenmäßig gleichwertigen Geschlechterverhältnis zukommt, da durch einen Überhang an weiblichem Wild gerade starke Böcke übermäßig strapaziert werden und sich oft total verausgaben. Außerdem steigt die Möglichkeit, daß schwache Böcke unerwünscht häufig zum Beschlag kommen.

Im allgemeinen verläßt die Ricke in den Tagen, in denen sie brunftig ist, ihre Kitze. Entweder werden sie abgelegt oder sogar mit den Läufen abgeschlagen, oft können sie ihr einfach nicht folgen und bleiben sich selbst überlassen. Es wurde beobachtet, daß eine Ricke mit zwei Kitzen aus der Schonung trat und einen Bock eräugte. Die Ricke zog auf den Bock zu, die Kitze folgten ihr nach. Dies war der Ricke augenscheinlich nicht genehm, denn sie wandte sich um und gab jedem Kitz einen Stoß, der auch richtig ausgelegt wurde. Gehorsam blieben sie stehen und äugten der Mutter nach, ohne Anstalten zu machen, ihr zu folgen, als sie nun eilig auf den Bock zuzog. Dieser kam der Ricke entgegen und begann sofort zu treiben. Die Kitze begaben sich indessen zum Schonungsrand zurück und äugten unverwandt zur Mutter hinüber. Bei einer anderen Beobachtung war ein gleiches Verhalten der Ricke festzustellen. Auf einem Kleeacker äste eine Ricke mit zwei Kitzen. Später trat ein Bock aus der Dickung und äugte zu der Ricke hin. Diese hatte den Bock auch wahrgenommen und zog langsam auf ihn zu. Als der Bock begann, die Schürze der Ricke zu bewinden, trieb diese ihre beiden Kitze dem Walde zu, und zwar mit ganz gehörigen Püffen, als sie nicht folgsam waren. Die Ricke gab nicht eher Ruhe, bis die beiden Kitze im Wald verschwunden waren. Dann kehrte sie zum Bock zurück, der sich nur mäßig am Abschieben der Kitze beteiligt hatte, und ließ sich mehrmals beschlagen. Als sich der Bock nach etwa einer Viertelstunde niedertat, zog die Ricke in den Wald und erschien kaum zehn Minuten später mit den beiden Kitzen wieder auf dem Klee.

An dem Platz, an dem die Ricke die Kitze verlassen hat, harren sie normalerweise ruhig aus. Hie und da werden die Kitze mit in den Hochzeitstrubel hineingerissen. Wenn ein Bock auf eine führende Ricke stößt und sofort mit dem Treiben beginnt, folgen die Kitze der Mutter, die keine Zeit mehr hat, sich um sie zu kümmern.

Brunftkämpfe

Unter den Böcken, die ohnehin schon vorher recht rauflustig waren und bereits eindeutige Rangordnungen abklärten, entbrennen gelegentlich heftige Brunftkämpfe. Wenn zwei ebenbürtige Rivalen aufeinandertreffen, ziehen sie zunächst im Stechschritt mit zurückgelegten Lauschern aufeinander zu. Wenn der Abstand nur noch wenige Schritte beträgt, biegen beide Böcke ab, marschieren mit steifen Vorderläufen hoch erhobenen Hauptes nebeneinander her und zeigen das sogenannte Imponiergehabe. Wenn sich der Abstand auf einen Schritt verringert hat, reißen sie plötzlich die Köpfe herunter, und fallen gleichzeitig übereinander her. Hell knallen die Gehörne aneinander. Sofortiges Lösen, Stechschritt nebeneinander und

blitzschnelles Stoßen nach dem Gegner wechseln miteinander ab. Führt diese Kampfesweise zu keiner Entscheidung, so bleiben die Böcke auf dem Kampfplatz und rennen gegeneinander an. Das Gehörn möglichst tief über dem Boden, versucht jeder Bock unter den Kopf des Gegners zu kommen, um ihn durch plötzliches Hochschnellen mit der Hintersprosse zu treffen. Einmal wurde beobachtet, wie es einem Bock gelang, seinen Gegner unter den Leib zu fassen und ihn wie einen Sack über den Rücken nach hinten zu werfen. Das so beförderte Stück landete mit gen Himmel gestreckten Läufen, erhob sich wieder, schüttelte sich und bot dem Gegner erneut die Stirn.

Die Folgen dieser Kampfweise sehen wir in Rosenstockbrüchen, die fast immer nach vorn erfolgen. Der Umstand, daß ein Bruch nach hinten kaum jemals festgestellt wurde, weist auf die Regelmäßigkeit dieser Art des Kampfes hin. Schließlich bleiben die Böcke mit den Gehörnen aneinander, und es beginnt ein Hin- und Herschieben mit gebogenen Vorder- und gespreizten Hinterläufen. Hierbei verhindern gut vereckte Sechsergehörne beider Rivalen in der Regel ernsthafte Verletzungen. Durch die Anstrengung nimmt das Keuchen immer mehr zu, und der Lecker hängt weit aus dem Geäse heraus. Solche Kämpfe dauern lange Zeit und enden damit, daß der stärker ermattete Bock das Feld räumen muß. In einem Falle geriet einer der beiden Kämpfer in ein Loch, rutschte zurück und fiel auf die Seite. Diesen günstigen Augenblick benutzte der andere Bock, um ihn in die Dünnungen zu forkeln. Nach dem dritten Forkelstoß gelang es dem gestürzten Bock wieder auf die Läufe zu kommen und zu flüchten. Der Sieger verfolgte ihn ein Stück und zog dann in höchster Anspannung, ab und zu plätzend und schmälend, hin und her.

Ein *Verkämpfen* der Böcke kommt recht selten vor, weil die kurzen Stangen mit der geringen Endenzahl nicht viel Möglichkeiten bieten, sich unlösbar zu verfangen. Unregel-

Verkämpfte Böcke

mäßige Vereckung begünstigt das Verkämpfen. Eine Trennung solcher verfangener Gehörne ist auch nach dem Abschlagen nur unter Gewaltanwendung möglich, wobei eine Beschädigung der Stangen unvermeidbar wäre. Verkämpfte Böcke verenden entweder durch Genickbruch oder an Entkräftung.

Für den unterlegenen Bock tritt ein gefährlicher Augenblick ein, wenn er versucht, sich von seinem Gegner zu lösen. Er setzt dann seine Keulen und Dünnungen dem Gegner aus und wird leicht überrannt bzw. geforkelt. Rauflustige Böcke, die ihre Überlegenheit im Kampf erprobt haben, werden zu einer Gefahr. Ständig forkelnde Böcke nehmen besonders krankgeschossene und kümmernde Böcke, aber auch Ricken und Kitze an, sie treten von Mai bis August auf, wenn die Brunftkugeln in voller Entwicklung sind.

Blattzeit

Die Brunft erstreckt sich über einen Zeitraum von etwa Anfang/Mitte Juli bis in das erste Drittel August. Die Zeit nach der Hauptbrunft nennt man die Blattzeit, in der die Böcke auf das Blatt gut zustehen; denn dann sind schon viele Ricken beschlagen, so daß die Zahl der brunftigen weiblichen Stücke immer geringer wird. Der Liebesdrang der Böcke ist aber noch ungebrochen vorhanden, so daß sie dem Jäger aufs Blatt springen.

Mayr-Melnhof hat in 43 aufeinanderfolgenden Jahren die 818 von ihm erlegten Gebirgsrehböcke nach den Erlegungsdaten geordnet und fand den 9. August als Höhepunkt der Blattzeit (s. Abb. oben). Die Blattzeit lag zwischen dem 1. und 16. August, nach dem 19. August war die Brunft so gut wie abgeschlossen.

Zu ungefähr den gleichen Ergebnissen kam Wagner, der auch das Verhalten der Geißen aufzeichnete (s. Abb. oben). Im Juli stehen auf den Fieplaut wohl Geißen zu, aber kaum Böcke, weil diese bei brunftigen Stücken stehen. Mit der Monatswende änderte sich jäh das Verhalten der Böcke, die vom 2. bis 10. August am besten auf das Blatt sprangen. Von den 474 Böcken, die zugestanden sind, entfallen auf die Tageszeit bis 11 Uhr 50 Böcke, von 11 bis 16 Uhr 343 Böcke und nach 16 Uhr 81 Böcke.

A. Sieber sieht in seiner Broschüre „richtig blatten" auf Grund eigener langjähriger Beobachtungen Ellenbergs Vermutung bestätigt, wonach der Beginn der Brunft vom Ernährungszustand der Schmalrehe und Ricken wesentlich beeinflußt wird. Dies zunächst im

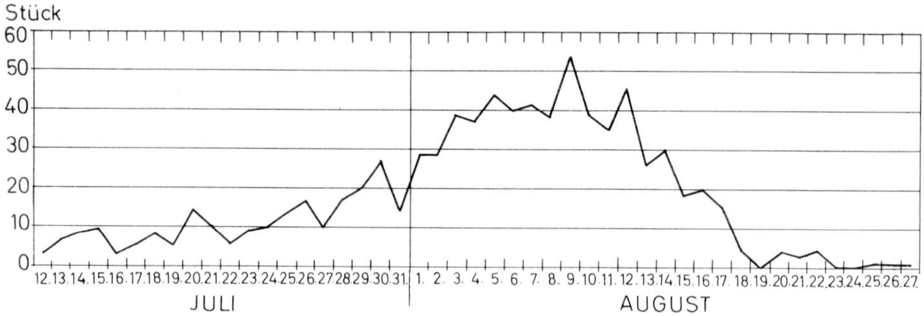

Rehbockabschuß in der Blattzeit 1908–1951 (nach Meyr-Melnhof)

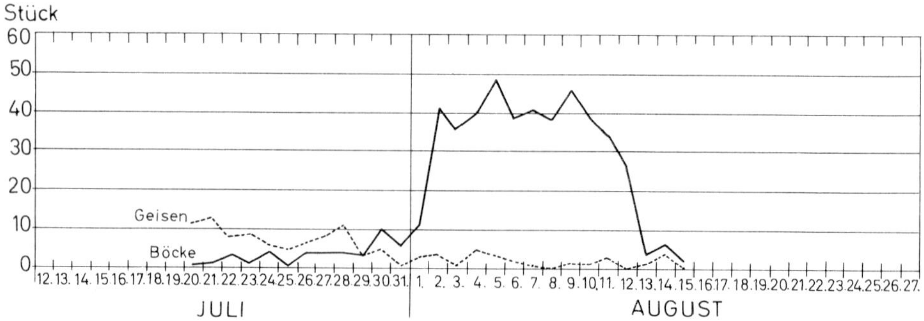

Graphische Darstellung des Blattzeitverlaufs (nach Wagner)

Hinblick auf den vorangegangenen Setzzeitpunkt bei Ricken, auch dies abhängig von der Kondition, mit der das Muttertier in den Winter hineinging, dann aber auch vom Nahrungsangebot im Frühjahr und Frühsommer.

Er stellte fest, daß Schmalrehe mit einem Lebendgewicht von 20–22 kg bereits zwischen dem 15. und 24. Juli, geringe Schmalrehe von 16–18 kg Lebendgewicht erst zwischen dem 5. und 15. August brunftig wurden. Bei Ricken lag der gemittelte Brunfttermin 67 Tage nach dem jeweiligen Setztermin.

Sieber weist sicher zu Recht noch darauf hin, daß die vielfach beobachteten frühen Setz- und Brunfttermine in 1983 auf die starke Eichel- und Buchelmast im Herbst 1982 zurückzuführen sind.

Der Zeitraum der Brunft wird im übrigen vom Klima beeinflußt, ferner durch die von Jahr zu Jahr wechselnde Witterung.

Eindeutige Erkenntnisse, auf welche Töne zu welcher Zeit die Böcke am freudigsten springen, liegen nicht vor.

Tragzeit

Innerhalb der drei bis vier Tage, in denen die Ricke brunftig ist und beschlagen wird, werden die Eier im Eileiter befruchtet. Von hier gelangen sie in den Tragsack und entwickeln sich in etwa zwei Wochen zu Keimblasen von 0,1 mm Durchmesser. Diese jungen Keime liegen lose in der Höhle des Tragsackes und werden von einer Nährflüssigkeit am Leben erhalten. Sie wachsen aber nicht weiter, weil sie nicht mit der Schleimhaut des Tragsackes in feste Verbindung treten können. Die Einnistung der Keime wird in den ersten 4½ Monaten der Trächtigkeit verhindert, weil die Hypophyse zu dieser Zeit das Wachstumshormon nicht ausscheidet, wie dies bei den meisten Säugetieren der Fall ist. Deshalb fällt bei Ricken, die nachweisbar trächtig sind, die Schwangerschaftsreaktion in den ersten Monaten der Tragzeit negativ aus. Die Zeit der Keimruhe, die *Vortragzeit,* dauert bis Mitte Dezember. Dann wird das Wachstumshormon gebildet, die Keimblase kann sich einnisten und durch innige Verbindung mit dem mütterlichen Körper die Nährstoffe erhalten, die zum schnellen Wachstum des Embryos erforderlich sind. Dieser zweite Abschnitt der Tragzeit ist die *Austragzeit,* sie dauert rund fünf Monate. Ihr Beginn scheint örtlich verschieden zu sein. Hübner hat durch Untersuchungen des Tragsackes erlegter Ricken festgestellt, daß die embryonale Entwicklungszeit in kälteren Gegenden länger dauert als in wärmeren. Er fand nämlich, daß die Austragzeit in Ostpreußen bereits Mitte Oktober bis Anfang November beginnt, während in Brandenburg deren Beginn erst Ende November bis Mitte Dezember eintritt.

Das Reh hat also eine verlängerte Tragzeit, die es ermöglicht, daß sowohl die Brunft wie auch der Setzakt in eine günstige Jahreszeit fallen. Die Keimruhe ist eine Anpassung an die heutigen klimatischen Verhältnisse, die während der Stammesentwicklung der Rehe eine Verlegung der ursprünglichen Winterbrunft in den Sommer ermöglichte. Die Gesamttragzeit ist durchschnittlich 290 Tage, das sind rund 41 Wochen oder etwa 9½ Monate.

Setzzeit

Die Setzzeit erstreckt sich auf die Monate Mai und Juni, eine feste Abgrenzung ist nicht möglich, weil sie allmählich beginnt und ausklingt. Den Verlauf der Setzzeit hat Rieck aus den Markierungen von Rehkitzen mit Wildmarken abgegrenzt. Die Markierungsdaten und die daraus abgeleiteten Setzdaten für 12 340 Rehkitze der Jahre 1938 bis 1945 und für 4347 Rehkitze des Jahres 1936 sind in der nachstehenden Abbildung graphisch dargestellt. Aus dem Material läßt sich berechnen, daß die Hälfte aller Kitze bis zum 1. Juni gesetzt ist, und daß der

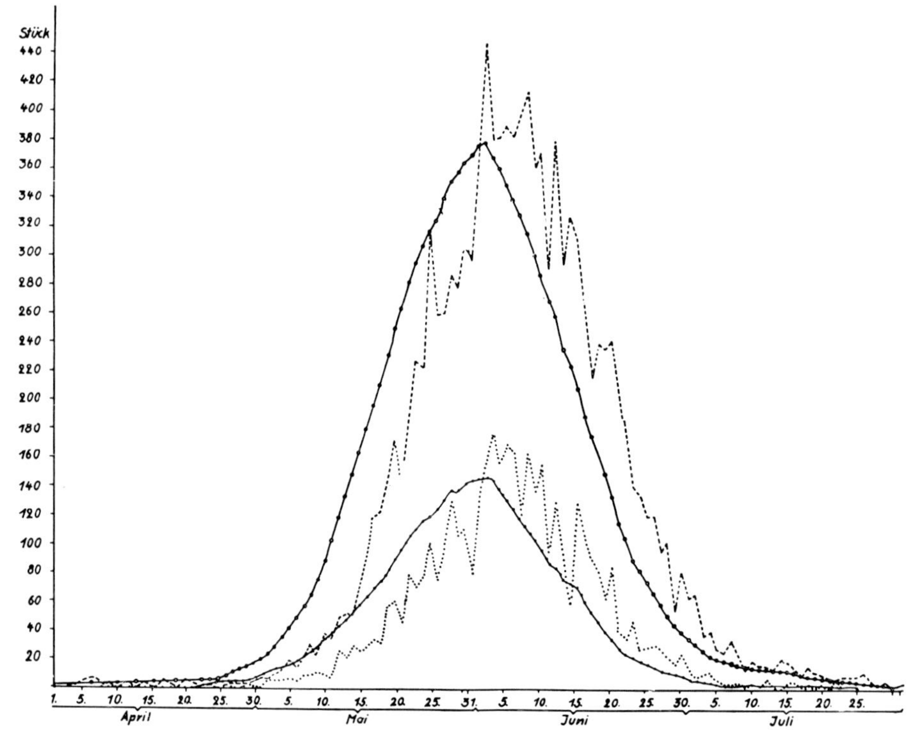

Markierungsdaten und Setzzeichen der Rehkitze

1938–1945 Zahl: 12 340 - - - - - - - Zeichnungstag Setztag

1936 Zahl: 4 347 .... Zeichnungstag Setztag

Höhepunkt der Setzzeit auf den 2. Juni fällt. Für die Praxis kann also der 1. Juni als mittlerer Setztermin des Rehwildes angenommen werden. Von der Gesamtzahl der Kitze werden im Mai und Juni rund 96 Prozent gesetzt. Die April- und Julikitze machen nur einen geringen Hundertsatz aus, während in den übrigen Monaten gesetzte Kitze verschwindend wenige Ausnahmen sind.

Bei der großen Zahl der gezeichneten Rehkitze war es Rieck möglich zu prüfen, ob die geographische Lage Unterschiede in der Setzzeit bedingt. Die voneinander abweichenden Angaben in der Jagdliteratur in diesem Punkt lassen es als möglich erscheinen, daß dabei verschiedene örtliche Erfahrungen zugrunde gelegt worden sind. Es wurden daher für größere Verwaltungsbezirke die Zeichnungsdaten gesondert zusammengestellt und der Hundertsatz der im Mai gezeichneten Kitze berechnet. Das Ergebnis zeigt eine von Südwesten nach Nordosten und von der Ebene ins Gebirge zunehmende Verschiebung der Setzzeiten in den Juni. Die Extreme bilden Mittelfranken mit 61 Prozent Maizeichnungen und 37 Prozent Junizeichnungen und Kärnten mit 5 Prozent Maizeichnungen, 71 Prozent Junizeichnungen und sogar noch 21 Prozent Julizeichnungen. In Südwestdeutschland und in Schleswig-Holstein wird ein erheblicher Teil der Kitze im Mai gesetzt, in den übrigen Gebieten überwiegt die Zahl der Junikitze, besonders stark in Nordostdeutschland und in den Alpenländern.

Setzakt

Als *Setzorte* werden von der Geiß ruhige Plätze mit guter Beobachtungsmöglichkeit in günstigem Kleinklima bevorzugt. Aus den Berichten über den *Setzakt* ergibt sich folgendes Bild: „Die Ricke trat unruhig hin und her und äugte nach ihrer Flanke. Nach mehrmaligem Niedertun und Hochwerden blieb sie sitzen. Ein Zittern ging durch ihren Körper, der sich gleichzeitig etwas vor- und zurückbewegte. Dieser Vorgang wiederholte sich noch dreimal, dann öffnete sich das Feuchtblatt, der linke Hinterlauf wurde etwas gehoben, und nur Augenblicke später war das erste Kitz gesetzt. Etwa eine halbe Minute, nachdem das Kitz den Mutterleib verlassen hatte, stand die Ricke auf, wendete sich zum Kitz und beleckte den winzigen Äser, die Lichter, die Lauscher (das Waidloch [d. Verf.]) und den Geschlechtsteil. Dann tat sie sich wieder nieder, und der eben geschilderte Vorgang wiederholte sich, bis nach etwa sechs bis acht Minuten auch das zweite Kitz gesetzt war. Nach dem Aufstehen beleckte die Ricke nun ihr zweites Kitz an den gleichen Körperteilen wie das erste. Danach wurden beide Kitze abwechselnd etwa 40 Minuten lang am ganzen Körper abgeleckt. Knapp zwei Stunden nach dem Setzen wurden die Kitze durch leichtes Stoßen mit dem Kopf von der Ricke zum Aufstehen veranlaßt. Schwankend standen die Kitze auf den Läufen und versuchten die ersten Schritte. Die Ricke zog ein bis zwei Schritte vor und fiepte dabei ganz leise. Die Kitze folgten, und nachdem vier bis fünf Meter zurückgelegt waren, fiepten auch sie mit feinsten Stimmen. Nach etwa 20 Metern drückte die Ricke ganz vorsichtig ihre Kitze mit dem Kopf an einer Stelle nieder, wo sie dicht beisammenblieben. Im Troll zog die Ricke fort, äste hastig einige Blätter und kehrte zu ihren Kitzen zurück, umkreiste sie und entfernte sich wieder. Dies wiederholte sich 12- bis 15mal. Bei einem längeren Aufenthalt beleckte dann die Ricke ihre Kitze wieder."

Als Ergänzung zu dieser Beobachtung sei noch eine weitere angeführt, bei der das Setzen im Stehen erfolgte: „Das Reh stand mit stark gekrümmtem Rücken und nahm Stellung wie beim Nässen ein, den Äser tief am Boden, dabei hin und her schwankend. In dieser Stellung verharrte es wohl eine Viertelstunde, dabei dauernd nach den Flanken und nach hinten äugend, anscheinend wurde es von starken Wehen geplagt. Plötzlich erschienen in kurzer Folge zwei größere Klumpen, die auf den Boden fielen. Die Ricke drehte sich steifbeinig um und machte sich eifrig mit dem Geäse an diesen Klumpen zu schaffen, die nach einigen Sekunden anfingen zu zappeln. Trotz ihrer schwarzen Farbe waren nun die Kitze deutlich zu erkennen, die vom ersten Lebensaugenblick an, zunächst allerdings vergeblich, versuchten, auf die Läufe zu kommen. Die Ricke begann nun mit der Mutterwäsche und beleckte eifrig bald das eine, bald das andere Kitz, so daß sie nach einer Stunde schon trocken und die weißen Rückentupfen deutlich zu erkennen waren. Jetzt endlich tat sich die Ricke sichtlich ermattet nieder. Die Vorderläufe unter den Körper geschlagen, die Hinterläufe seitlich ausgestreckt und leicht angehoben, bot sie den Kitzen das mit Eifer angenommene Gesäuge dar. In dieser Stellung verharrte die Ricke mit den Kitzen fast eine Stunde lang. Nach einer weiteren Stunde erhob sie sich und stand wieder mit stark gekrümmtem Rücken. Die Nachgeburt trat aus dem Feuchtblatt, und nach einigen Minuten fiel sie ab. Nun war deutlich zu erkennen, wie die Ricke die Nachgeburt im Äser hielt, richtig zerkaute und nach und nach völlig verschluckte. Inzwischen war noch ein weiterer Teil der Nachgeburt ausgestoßen worden, der ebenfalls zerkaut und verschluckt wurde."

In der Nachgeburt sind Eiweiß und andere Stoffe enthalten, die die Ricke brauchen kann. Außerdem kann es nicht schaden, wenn durch diese Beseitigung der Nachgeburt Raubwild nicht so intensiv angelockt wird.

In der Gefangenschaft wurden bei zwei im Abstand von einer halben Stunde gesetzten Kitzen beobachtet, daß die Ricke sofort die Fruchthäute äste und dann die Kitze trockenleckte. In der ersten Lebensstunde strampelten die Kitze, wälzten sich unbeholfen umher und schüttelten den Kopf. In der zweiten Stunde versuchten sie auf die Läufe zu kommen, fielen aber immer wieder hin, erst in der dritten Lebensstunde konnten sie stehen. In der sechsten Lebensstunde suchten sie nach dem Gesäuge der liegenden Ricke. Genaue Beobachtungen über den Geburtsverlauf stellte neben anderen Forschern auch Bubenik (1965) an. Bei einer Ricke, die erstmals setzte, konnte er keine Vorzeichen der Geburt feststellen. Er wurde erst durch das Erscheinen der Fruchtblase auf das bevorstehende Ereignis aufmerksam gemacht. Die Ricke preßte abwechselnd im Stehen und Liegen, plätzte und klagte und leckte wiederholt die austretende Fruchthülle. 22 Minuten nach dem ersten Erscheinen der Fruchtblase wurden die Vorderfüße des immer noch eingeschlossenen Kitzes sichtbar. Nach 72 Minuten erschien das Haupt. 21 Minuten später hatte die Ricke die Fruchtblase durchgekaut. Vier Minuten danach wurde das Kitz geboren. Die Geiß setzte nur ein Junges.

Unmittelbar nach der Geburt biß die Geiß die Nabelschnur durch und sog das Fruchtwasser vom Boden auf. Dann begann es vom Hinterende her das Kitz zu lecken. Sie fraß auch die Hüllen. Sechs Minuten nach der Geburt versuchte das Kitz aufzustehen, 1½ Stunden später machte es die ersten Kriechbewegungen. 57 Minuten nach der Geburt versuchte es mit gespreizten Läufen zu stehen, und 30 Minuten später suchte es die Spinne, die es nach 17 Minuten fand. Im Alter von 2 Stunden und 9 Minuten unternahm das Neugeborene die ersten unbeholfenen Schritte. 3 Stunden 42 Minuten nach der Geburt wurde die Nachgeburt ausgetrieben und von der Mutter geäst.

Bubenik beobachtete auch eine fünf- bis sechsjährige Geiß, die Drillinge setzte. Die Fruchthüllen der beiden letztgeborenen Kitze erschienen 62 Minuten nach der Geburt des ersten. Wie im ersterwähnten Beispiel wurden auch hier die Kitze in Kopfendlage geboren. Bei dieser Geiß wurden die Kitze „blitzartig" ausgestoßen. Die Nabelschnur wurde nicht abgebissen, sie riß von selbst. Das Mutter-Kind-Verhalten verlief sozusagen gleich wie beim oben erwähnten Beispiel. Die letzten Reste der Nachgeburt erschienen vier Stunden nach der Geburt des ersten Kitzes.

Mitunter kommt es vor, daß das Kitz in den Geburtswegen steckenbleibt, meist dann, wenn ein gespreizter Lauf das Kitz festklemmt. Verringert wird diese Gefahr dadurch, daß die Schalen des Embryos mit einer weichen, weißlich schimmernden Hornmasse, dem Erstlingsschuh, bedeckt sind, der während oder kurz nach der Geburt abgestreift wird. Ricken, die den eingeleiteten Setzakt nicht vollenden können, sind verloren, weil der Embryo in Fäulnis übergeht. Anders ist es bei Ricken, die vollständig am Setzen verhindert sind. Bei diesen sterben die Früchte innerhalb des geschlossenen Tragsackes ab und verfaulen nicht, weil keine Bakterien zu ihnen gelangen können. Die Weichteile der abgestorbenen Föten werden vom mütterlichen Körper allmählich aufgesaugt, und es bleiben schließlich nur die Horn- und Knochenteile übrig, die eine sogenannte *Steinfrucht* bilden. Diese Reste des Embryos werden dann später meist ausgestoßen; bis zu diesem Zeitpunkt ist die Ricke unfruchtbar.

Rehe setzen meist ein bis zwei, gelegentlich sogar drei bis vier Junge. Ganz unterschiedlich ist das Gewicht der Neugeborenen, es schwankt zwischen 0,5 und 1,6 kg. Die Nachgeburt wiegt etwa 1,2 kg.

Das Geburtsgewicht betrug in einem Falle bei Zwillingskitzen 1540 g und 1440 g, bei Drillingskitzen 1380 g, 1360 g und 1270 g. Die Nachgeburt wog 1250 g.

Ellenberg (1974) ermittelte bei 41 von ihm gewogenen Kitzen im bereits erwähnten Versuchsrevier Gewichte zwischen 1000 und 2150 g. In den ersten Wochen war die Gewichtszunahme 150 g pro Tag, im September noch 80 bis 100 g, jeweils gute Milchleistung der Mutter vorausgesetzt.

In der Mehrzahl der Fälle werden zwei Kitze gesetzt, öfter eins, selten drei und ausnahmsweise vier, im Durchschnitt 1,8. Im Vorspessart war eine Ricke bekannt, die regelmäßig drei Kitze zur Welt brachte, der reiche Nachwuchs gedieh stets vortrefflich, und im Kreise Mayen wurde das Setzen von Vierlingen beobachtet, die von der Ricke sorgsam betreut wurden. Alle vier Kitze waren völlig gesund und munter und wurden noch später in gutem Ernährungszustand angetroffen.

Nach einer Mitteilung von O. WEIGEL wurde am 17. Mai 1974 am späten Vormittag im Revier Sichelnstein, Bezirk Kassel, beobachtet, wie eine etwa vierjährige Ricke vier Kitze setzte. Alle Kitze waren gleichmäßig voll entwickelt, das 4. Kitz jedoch tot geboren. Der Berichterstatter vermutet, daß es beim Setzakt erdrückt wurde. Die drei lebenden Kitze wurden von der Ricke trockengeleckt und nach zwei Stunden in eine nahe Dickung geführt. In „Die Pirsch" Nr. 14/1980 wird mit Photo von einer Mitte März überfahrenen Ricke berichtet, die fünf gleichmäßig gut entwickelte Embryonen (1 männl., 4 weibl.) in der Tracht hatte.

Kurz vor dem Setzen oder einige Zeit danach schlägt die Ricke ihre vorjährigen Kitze ab. In dieser Zeit wird öfter beobachtet, daß die Ricke einen Bock oder ein Schmalreh treibt, in der Regel handelt es sich dabei um die Nachkommen des Vorjahres. Auch zahme Ricken, die vollständige Freiheit genossen, fielen immer, wenn sie neue Kitze hatten, über die vorjährigen her und mißhandelten sie mit den Vorderläufen. Von dieser Regel gibt es Ausnahmen, besonders in folgendem Falle: Um eine Ricke tollte ihr etwa 14 Tage altes Kitz, als neben ihr in hohem Grase ein jähriger, noch grauer Bock mit halblauscherhohen Bastspießen hoch wurde, zweifellos ihr Sohn: Er näherte sich der Ricke, die ihre Hinterläufe spreizte, und der Bastspießer nahm das Gesäuge an. Der Vorgang des Säugens dauerte nahezu zwei Minuten, die Ricke verhielt sich dabei ganz ruhig.

Jugendentwicklung

Nach jahrelangen Beobachtungen von KÄTHE HECHT nahmen die Kitze bereits am zweiten Lebenstage gierig reine Erde auf und ästen am sechsten bis achten Lebenstage das erste grüne Blättchen. Nach 2½ bis 3 Wochen wird das erstemal wiedergekäut. Nach dem ersten Wiederkäuen treten auch Darmgeräusche auf, und von nun ab wird geformte Losung abgesetzt. Jetzt reinigt die Rehmutter auch nicht mehr das Waidloch des Kitzes mit dem Lecker, wie sie es vom ersten Tage an getan hat, solange die Losung noch weich und breiig war. In den ersten Lebenswochen wird eigene und mütterliche Losung aufgenommen, vielleicht zur Bildung der notwendigen Darmflora. Das *Säugen* erfolgt im Stehen in den ersten Lebenstagen auch im Liegen. In der Gefangenschaft wurde beobachtet, daß die Kitze in den ersten Lebenswochen jederzeit an das Gesäuge gehen durften. In der Folgezeit wurden sie abgewiesen und nur zu bestimmten Zeiten durch einen leisen Fiepton herbeigerufen, auf den sie blitzartig herbeischossen, um sich laut schmatzend zu laben. Die täglich hervorgebrachte Milchmenge beträgt bis zu einem ¾ Liter. Sie wurde bei einer zahmen Ricke ermittelt, deren Kitze wenige Stunden nach dem Setzen verendeten. Da das pralle Gesäuge eine Entzündung befürchten ließ, wurde sie fünf Wochen lang dreimal täglich gemolken, wobei die oben genannte Tagesleistung festgestellt wurde.

Die *Säugezeit* erstreckt sich bis in den November und Dezember, das beweist das Gesäuge der Ricken, die von den Kitzen versehentlich weggeschossen werden. Es enthält stets Milch, wenn auch nicht besonders reichlich.

Auffallend ist, daß die Ricke sich nicht bei ihrem Kitz niedertut, und daß sie, wenn sie mehrere Kitze führt, diese an getrennten Plätzen ablegt. Diese Verhaltensweise führt zum Auffinden so vieler anscheinend verlassener Kitze. Das Ablegen ist eine Instinkthandlung des Kitzes, die Mutter sucht es nur auf, um es zu kontrollieren, zu putzen und zu säugen. Sie

Säugende Ricke

findet den Liegeplatz mit dem Geruchssinn, die Kitze riechen nach angesäuerter Milch und Harn, auf weite Entfernung besteht Verbindung durch Lautäußerungen. Bis zum Alter von etwa drei Wochen können Ricken und Kitze vertauscht werden, später sind sie aufeinander geprägt. In der ersten Lebenswoche drücken sich die Kitze beim Herannahen einer Gefahr und bleiben unbeweglich liegen. Wenn sie zwei Wochen alt sind, beginnt der Fluchtinstinkt den Drückinstinkt langsam abzulösen. Die Verständigung zwischen Ricke und Kitzen erfolgt durch Fieplaute und Zeichen, wie Aufstampfen mit dem Vorderlauf, Aufwerfen und besondere Körperstellungen. Energische Aufforderungen werden durch Stoßen mit dem Kopf oder Vorderlaufschläge übermittelt. Bei der *Verteidigung der Kitze* greift die Ricke Feinde, denen sie gewachsen ist, an, um sie durch Schlagen mit den Vorderläufen zu vertreiben. – Anfang September schnürte ein Fuchs auf zwei Kitze zu, die auf einem Kleeacker ästen. Das Altreh eräugte den Feind und sprang auf ihn zu, schreckte stark, stampfte auf den Boden und verwehrte ihm das Näherkommen. Ständig sprang es zwischen den Kitzen und dem Fuchs hin und her, immer laut schreckend, bis Reineke endlich den Rückzug antrat. Eine andere Ricke war angriffslustiger. Als sich ein Fuchs bis auf 20 Schritte genähert hatte, brauste sie auf ihn zu und versuchte, ihn zu schlagen. Doch der Fuchs wich gewandt aus, schwenkte die Lunte und ergriff die Flucht. Die Ricke aber setzte dem Fuchs nach und bearbeitete ihn so mit den Schalen, daß er laut keckerte. Wieder entkam der Fuchs, und in Zickzacklinien ging die Jagd weiter. Dann zog die Ricke zu ihren beiden Kitzen zurück und verschwand mit ihnen im Walde.

In einem anderen Falle gelang es dem Fuchs, ein einzelnes Kitz zu überraschen, an das er sich herangeschlichen hatte. Mit einem großen Satz sprang er ihm an die Drossel und zog es nieder, wobei das Kitz laut klagte. Darauf kam die Ricke mit langen Fluchten aus dem Walde und fuhr dazwischen. Es dauerte einige Zeit, bis der Fuchs, der von der Ricke mit den Vorderläufen bearbeitet wurde, von dem Kitz abließ. Immer wieder versuchte er, an das Kitz heranzukommen, indem er einen Bogen um die Ricke schlug, bis diese ihn dann im Kreis herumhetzte und endgültig vertrieb. Die Ricke zog dann zu ihrem Kitz, leckte es am Halse und säugte es. – Ohne menschliches Dazwischentreten wäre wohl ein Kitz verloren gewesen, das von einem sehr starken Fuchs in einem Weizenfeld niedergezogen worden war, die Ricke stand über dem sich wälzenden roten Klumpen und bearbeitete ihn mit den Vorderläufen. Sie mußte erst beiseite geschoben werden, um dem Kitz Hilfe leisten zu können, erst dann ließ der Fuchs von dem Kitz ab und verschwand. Das Kitz war am Kopf nur leicht verletzt, die Ricke dagegen völlig erschöpft, weit hing ihr der Lecker aus dem Geäse, keuchend ging der Atem, die Flanken bebten, und alle Glieder zitterten. Ohne Widerstreben ließ sie sich streicheln. Vom Kitz gefolgt zog sie dann langsam in den angrenzenden Wald. – Eine ungewöhnliche Angriffsart wurde bei einer Ricke beobachtet, unter die sich zwei Kitze geflüchtet hatten, weil zehn bis zwölf Schritt von ihnen ein Fuchs auf den Keulen saß und zu ihnen hin äugte. Plötzlich sprang die Ricke auf den Fuchs zu, machte vor ihm kehrt und schlug mit dem Hinterlauf gegen seinen Kopf. Innerhalb von vier Minuten wiederholte die Ricke noch zweimal diesen Angriff, bis der Fuchs nach dem dritten Schlag mit gesenktem Kopf davontrollte. – Selbst ein Mensch wurde für einen Feind gehalten, der vertrieben werden kann, als er bei gutem Wind eine führende Ricke ankroch. Als er sich auf 20 Schritt genähert hatte, eräugte die Ricke die Bewegung im Klee, kam in hohen Fluchten heran und versetzte dem erstaunten Mann einen derartigen Schlag mit dem Vorderlauf, daß ihm noch lange der Kopf brummte. Die Ricke hatte nur die Bewegung eines Wesens von der Größe eines Menschenkopfes wahrgenommen und ging deshalb zum Angriff über. Zweifellos hätte sie sich anders verhalten, wenn sie den Menschen in voller Größe eräugt hätte, oder wenn sie gar Wind bekommen hätte.

Verteidigung der Kitze

Selbst den anstreichenden Steinadler wehrte eine Ricke ab. Augenblicklich war sie neben dem Kitz, richtete sich auf den Hinterläufen bis zur Senkrechten auf und trommelte mit den Vorderläufen nach dem schwebenden Adler, der zunächst abließ. Bei einem sofort wiederholten Angriff wurde der Greif ebenso abgeschlagen, so daß er endgültig abstrich, um auf einem wipfeltrockenen Überhälter aufzublocken. Nach aufgeregtem Sichern wurden Ricke und Kitz flüchtig in das nahe Gehölz.

In Ausnahmefällen übernehmen auch Böcke eine Schutzfunktion. Auf einem Kahlschlag erschien eine Ricke mit zwei Kitzen und einem Zukunftsbock, der bereits ein recht braves Sechsergehörn aufgesetzt hatte. Nach einer Weile warf der Bock plötzlich auf und äugte auf eine Stelle im hohen Klee, während die Ricke mit ihren Kitzen vertraut äste. Plötzlich fuhr der

Ricke mit Kitzen

Bock in einigen Fluchten mit gesenktem Kopf in den Klee und warf dort mit dem Gehörn eine starke Katze wie ein Bündel etwa einen Meter hoch in die Luft. – In einem anderen Fall stand der Bock vor einer Katze und schlug mit den Vorderläufen auf sie ein, obwohl er ein gefegtes Gehörn trug. Etwa 30 m entfernt stand eine Ricke mit zwei Kitzen. – Auf einer Waldwiese ästen 15 ausgewachsene Rehe und eine Anzahl Kitze. Plötzlich warf ein Bock auf, äugte nach einer Stelle im hohen Grase, ging unmittelbar darauf zum Angriff über und warf mit dem Gehörn einen Fuchs gut einen Meter weit zur Seite. Dann kehrte er, als ob nichts geschehen wäre, zu den anderen Rehen zurück, während der Fuchs flüchtete. – Besonders bemerkenswert ist das Vorgehen eines Bockes gegen einen Schäferhund, der mit einem klagenden Kitz im Fang eine Wiese überquerte. Der Bock verfolgte den Hund, holte ihn ein und griff ihn mit dem Gehörn derartig scharf an, daß er von seiner Beute ablassen und flüchten mußte. Der Bock verfolgte den Hund bis 50 m vor eine Ortschaft.

Die Kitze können in den ersten Lebenstagen ihre Mutter nicht eindeutig identifizieren. Zwischen Setzen und dem Zeitpunkt, an welchem das Kitz seine Mutter tatsächlich erkennt, vergehen 3–4 Wochen. Man nennt diesen Zeitraum die kritische Periode. Anschließend beginnt der Zeitraum der Prägung. Der Folgereflex beginnt jedoch schon kurz nach der Geburt, ihn ausnutzen kann man bei der künstlichen Aufzucht und kurze Spaziergänge im Park mit dem Kitz unter den bewundernden Blicken der Passanten machen.

Neuerdings wird behauptet, daß die Abliegeleistung des Kitzes selbständig erfolgt. Seine Fährte ist ja lange Zeit geruchlos – so wäre dies ein Mittel zum Selbstschutz. Die Kitze halten auch einen gewissen Abstand untereinander.

Im Alter von einem Monat wird die Kitzzeichnung allmählich undeutlicher und verschwindet bis zum Alter von zwei Monaten durch Überwachsen mit roten Sommerhaaren, jedoch nicht durch einen Haarwechsel. Unter den langen roten Haaren sind die weißen und braunen Kitzhaare noch bis zum Verfärben zur Winterdecke im Herbst vorhanden.

Die Kitze werden ein Jahr lang geführt und bleiben auch später oft in loser Verbindung mit der Mutterricke; sie bilden gemeinsam einen Sprung, wenn die folgenden Kitze etwas herangewachsen sind. Das Rickenkitz wird Schmalreh oder Schmalgeiß, wenn es das erste Lebensjahr vollendet hat (für den Abschlußplan ab 1. April), das Schmalreh wird Altreh, Ricke oder Geiß, wenn es das erste Kitz setzt.

Geschlechtsreife

Man nimmt an, daß die Geschlechtsreife beim Reh mit 14 Monaten eintritt, manchmal schon früher. Am 4. Juli 1939 wurde in einem erzgebirgischen Waldrevier ein stark abgekommenes Stück Rehwild gefunden, das nur noch schwache Lebenszeichen gab und etwa eine Stunde nach dem Fund verendete. Beim Aufbrechen fand sich ein schwaches Kitz in der Tracht. Um das Alter der Ricke zu ermitteln, wurde der Unterkiefer ausgelöst und dabei die erstaunliche Feststellung gemacht, daß der dritte Prämolar noch dreiteilig, das Stück also erst ein Jahr alt war. Der Unterkiefer wurde dem Institut für Jagdkunde zur Begutachtung übersandt. Dieses stellte fest, daß der Zahnwechsel in der Tat noch nicht vollendet war, und daß es sich mit Sicherheit um ein einjähriges Stück handelte. Es muß also als Kitz im Dezember oder Januar im Alter von sieben Monaten beschlagen worden sein.

Ein weiterer Fall von Frühreife wird von Gehege-Rehen mitgeteilt. Ende März und Anfang April beschlug innerhalb von 14 Tagen ein Bockkitz öfter ein Rickenkitz. Am 28. August setzte das weibliche Stück ein Kitz, das gut gediehen ist. Beide Rehe sind im Alter von etwa 10 Monaten brunftig geworden, das Schmalreh hat nach einer Tragzeit von 5 Monaten, also ohne Vortragzeit ein Kitz gesetzt. Aus jüngster Zeit werden vermehrt derartige Beobachtungen mitgeteilt, so das eindeutige Wiedererkennen eines im Mai 1982 markierten Kitzes, das am 5. September 1983 2 normal entwickelte Kitze führte (Der Jäger in Baden-Württemberg 9/1983).

Rajnik erlegte Ende Januar in Ungarn 4 Kitze, eines davon mit für die Jahreszeit normal entwickeltem Embryo. Ob diese Frühreife tatsächlich in letzter Zeit häufiger auftritt oder nur die Jäger mehr darauf achten, muß offen bleiben.

Schwedische Untersuchungen an Fallwild lassen darauf schließen, daß ein beträchtlicher Teil von weiblichen Kitzen im Winter beschlagen werden kann, doch sei hier ausdrücklich davor gewarnt, gleich Rückschlüsse auf die Vermehrungsrate zu ziehen, da die Dynamik einer Rehwildpopulation den verschiedensten Einflüssen unterliegt.

Über einen nachgewiesenen erfolgreichen Beschlag einer Ricke durch einen Kitzbock im Gehege berichtete Schaich (1976).

Lebensdauer

Über die Lebensdauer des Rehwildes sind wir durch Gehege-Rehe und durch Stücke, die mit Wildmarken gekennzeichnet waren, relativ gut unterrichtet. Das Höchstalter, das Rehe in der Gefangenschaft erreicht haben, ist 18 Jahre. Das älteste Wildmarkenreh, ein Bock, ist 17 Jahre und 2 Monate alt geworden, das zweitälteste, eine Ricke, 16 Jahre und 7 Monate, beide Stücke wurden erlegt. 20½ Jahre wurde eine Ricke alt, die 1943 in einem Revier bei Braunschweig als Kitz mit einer Schafohrmarke gekennzeichnet und im Herbst 1963 nur 50 m vom Zeichnungsort entfernt erlegt wurde. Das Höchstalter, das Rehwild überhaupt erreicht, muß demnach wohl mit 20 Jahren angenommen werden. Im allgemeinen wird der Alterstod jedoch früher eintreten, denn Rehe im Alter von 11, 12 und 13 Jahren haben z. T. so stark abgenutzte Zähne, daß sie dem Lebensende nahe sein müssen. Das Verenden an Altersschwäche wird im Durchschnitt mit 12 bis 15 Jahren erfolgen. Genauere Untersuchungen wären hier aber dringend erwünscht.

Wegen der intensiven Bejagung und der hohen Jugendverluste liegt das Durchschnittsalter der Rehe unter mitteleuropäischen Verhältnissen sehr niedrig, für männliche Stücke bei zwei Jahren, für weibliche Stücke bei einem Jahr. Der Unterschied ergibt sich aus dem höheren Anteil des Abschusses an weiblichen Kitzen.

Die nachstehende Übersicht zeigt das Alter, das die wiedergefundenen Wildmarkenrehe erreicht haben.

		0	1	2	3	4	5	6	7	8	9	10
Abschuß	♂	12	26	29	16	8	5	2	1			
(1440 Stück)	♀	33	29	10	10	4	4	5	2	1	1	
	zus.	19	28	22	14	7	4	3	1			
Fallwild	♂	68	16	6	4	3	2					
(560 Stück)	♀	68	11	5	3	3	2	2	2	1		
	zus.	68	14	6	4	3	2	1	1	1		
Abschuß	♂	26	23	23	13	7	4	2	1			
und Fallwild	♀	45	23	8	8	4	3	4	2	1	1	
(2000 Stück)	zus.	33	23	18	11	6	4	2	2			

Aus der Tabelle ist folgendes abzulesen: Im Kitzalter überwiegt der Abschuß der weiblichen Stücke stark, dagegen sind die Fallwildverluste über beide Geschlechter ganz gleichmäßig verteilt. Wenn wir davon ausgehen, daß längerfristig gesehen die Kitze im Geschlechterverhältnis 1:1 gesetzt werden und die Jugendverluste bei keinem der Geschlechter überwiegen, wäre das natürliche Geschlechterverhältnis 1:1. Durch Abschußmaßnahmen wird diese Relation im Kitzalter zugunsten der männlichen Stücke stark verschoben, denn der Kitzbestand verliert nur ¼ männliche, dagegen ¾ weibliche Stücke.

Bei den männlichen Stücken erreicht der Abschuß bei den zweijährigen Böcken den Höhepunkt, einschließlich dieser Altersklasse sind ²/₃ des männlichen Bestandes bis zu diesem Zeitpunkt abgeschossen. Bei den weiblichen Stücken liegt der Höhepunkt beim Kitzabschuß, dann folgt der Schmalrehabschuß, beide zusammen machen ²/₃ des Abschusses an weiblichen Stücken aus. Kalchreuter und Stritt ermittelten nach 7 Markierungsperioden aus Rückmeldungen folgende Lebenskurve:

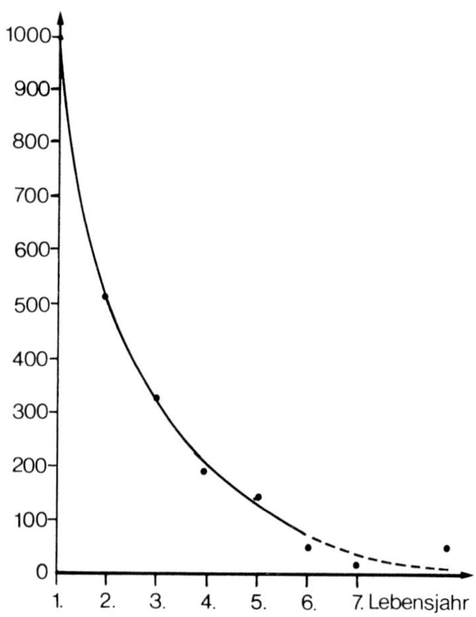

Lebenskurve baden-württembergischer Rehe, die vor 1973 markiert wurden (80, umgerechnet auf 1000). Die Graphik stellt die durchschnittliche Altersverteilung des Bestandes nach der Setzzeit dar (Kalchreuter u. Stritt 1979)

Ob allerdings die aus dieser Untersuchung gezogenen Rückschlüsse, insbesondere sehr hoher natürlicher Sterblichkeit im Kitz- und Jährlingsalter, wirklich als repräsentativ gewertet werden können, möchten wir noch mit einem Fragezeichen versehen.

Unter Berücksichtigung der Lebenserwartung und der natürlichen Mortalität ist sicher der hohe Abschuß an zwei- bis vierjährigen Individuen kritisch zu beurteilen, wir werden dies bei der Abschußplanung und -durchführung besprechen.

Gefahren, Feinde, Krankheiten und Mißbildungen

Umweltwiderstand

Wie jede Tierart, so würde sich auch das Rehwild übermäßig vermehren und in kurzer Zeit seinen Lebensraum übervölkern, wenn Umweltwiderstand und Bejagung den Bestand nicht einschränken würden. Die Hauptverluste des Bestandes werden in den ersten Lebenswochen des Kitzalters durch ungünstige Witterung, schlechten Ernährungszustand der Muttertiere, Feinde und Unglücksfälle bei Erntearbeiten, in der Notzeit des Winters, besonders im Februar und März, durch unverträgliche Nahrungsaufnahme und Feinde sowie im Frühjahr, mit einem Schwerpunkt im April und Mai, durch Erkrankungen des Verdauungskanals verursacht. Ebenso greift die Bejagung vornehmlich in die Jugend- und Altersklasse, der Verkehrstod dagegen willkürlich in alle Altersklassen ein. Ein weiterer Dezimierungsfaktor können strenge Winter sein, in denen ein großer Teil der Rehe dem weißen Tod ausgesetzt ist, und zwar wiederum vor allem Kitze und alte Stücke (s. Abb. unten). Es werden verschiedene Gründe wie Erfrieren, Äsungsmangel, Wassermangel, Erkältung und andere angegeben. Der Umstand, daß die Rehe beim Eintreten starker Kälte bereits vollständig verfärbt haben und die

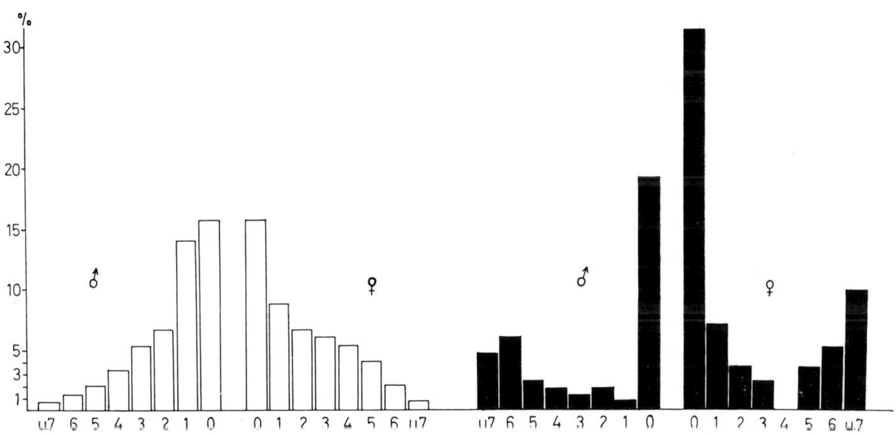

Links: Idealer Altersaufbau einer Rehwildpopulation. Rechts: Alterszusammensetzung der von Januar bis April 1963 untersuchten gefallenen Rehe (nach STUBBE)

dicke Winterdecke sowie die gute Hautdurchblutung sie vor dem Erfrieren sogar in den nördlichen und östlichen Grenzen der Rehwildverbreitung schützen, deutet darauf hin, daß gesunde Rehe der direkten Einwirkung der Kälte nicht erliegen.

Auch die Vermutung, daß bei den Böcken der Pinsel zufriert und dadurch vorwiegend männliches Rehwild eingeht, ist abwegig. Zur Fallwilduntersuchung werden auch im Winter mehr weibliche Stücke eingesandt als männliche (s. Abb. oben). Daß der Äsungsmangel an sich nicht der Grund für das Verenden ist, beweist der volle Pansen, der beim Aufbrechen gefunden wird. Es ist vielmehr der Mangel an geeigneter Äsung, der das Rehwild zwingt, abrupt zu einer unbekömmlichen Notnahrung überzugehen, auf die die Pansenflora noch nicht eingestimmt ist (s. S. 161).

Winterlichen Äsungsmangel kompensiert das Reh mit weniger Bewegungsfreude und damit geringerem Energieverbrauch, zumal tiefe Temperaturen den Energieverbrauch erhöhen.

Bei Auslastung eines Lebensraumes kann, wie bereits beschrieben, kompensatorische Mortalität (ausgleichende, ansteigende Fallwildrate) auftreten. Dies lassen Fallwildzählungen im Vergleich mit Jagdstrecken erkennen, die auch den Verkehrstod einschließen.

Feinde

Einer der Hauptfeinde des Rehwildes ist dort, wo er noch vorkommt, der *Wolf*. Er nähert sich seiner Beute mit großer Vorsicht, schleicht sich unter Ausnutzung der vorhandenen Deckung möglichst nahe heran und springt dann dem Opfer mit einem Satz an die Kehle, um es niederzureißen. Einer Fährte folgt er mit untrüglicher Nase, an Wechseln lauert er unermüdlich. Mehrere Wölfe jagen planvoll, indem ein Teil die Beute hetzt, während der andere ihr den Weg abzuschneiden sucht. Bei der Hetze, seiner Hauptjagdart, ist der Wolf dem Reh an Ausdauer weit überlegen.

Die Stelle des Wolfes hat heute in den Kulturländern vielfach der *wildernde Hund* eingenommen. Gefährlich sind namentlich die stumm oder die gemeinschaftlich jagenden Hunde; Kitze wie hochbeschlagene Ricken, auch andere durch Wintersnot matt gewordene Rehe fallen ihnen leicht zum Opfer.

Dort, wo der *Fuchs* in größerer Zahl vorkommt, kann er die Vermehrung des Rehbestandes erheblich beeinträchtigen. Er nimmt nicht nur die Kitze, sondern geht auch alte Rehe an, namentlich in der Zeit, in der bei tiefer Schneelage ermattete und kümmernde Stücke vorhanden sind und besonders, wenn eine Eiskruste die Läufe zerschneidet. Als Kitzräuber spielt er heute in Mitteleuropa als natürlicher Feind die erste Rolle. Nicht ohne Grund wurde in den Tollwutgebieten, in denen der Fuchs fast ausgerottet war, eine augenfällige Zunahme der Kitze beobachtet. Die Erbeutung der Kitze liegt hauptsächlich in der Zeit, in der sie sich noch drücken, also in ihren ersten drei Lebenswochen, und ist nur möglich, wenn die Kitze abgelegt worden sind und die Ricke sich so weit entfernt hat, daß sie diese nicht verteidigen kann.

Aber nicht nur Kitze, sondern auch erwachsene Rehe werden angegriffen. So wurde Mitte Februar bei hohem Schnee lautes Klagen eines Rehes vernommen. Ein Fuchs hatte einen Rehbock, der ein handhohes Bastgehörn trug, an der Drossel gefaßt. Beim Näherkommen des Beobachters flüchtete Reineke, der Bock sprang klagend ab und hinterließ eine deutliche Schweißfährte. Die Nachsuche am nächsten Tage führte nur noch zu den Überresten des Stückes. Der Bock konnte vom Fuchs überwältigt werden, weil er sich in dem verharschten Schnee die Läufe wundgescheuert hatte. Gelegentlich werden Rehe gefunden, denen der Kopf fehlt, der messerscharf vom Rumpf abgetrennt ist. In einigen Fällen war an den Spuren im Schnee zu erkennen, daß der Fuchs der Täter war. Da auch unmittelbar vor den Einfahrten von Fuchsbauen und in den Bauen selbst schon Rehköpfe festgestellt wurden, ist das Abtrennen des Kopfes wohl überwiegend auf die Täterschaft des roten Freibeuters zurückzuführen. Das Reh wird angepürscht, angesprungen und durch Genickbiß getötet. Der Tod tritt schnell durch Bruch der Wirbelsäule und Beschädigung des Rückenmarks im Bereich des Halses ein, infolgedessen sind oft nur geringe Kampfspuren zu sehen, auch ist wenig Schweiß zu finden, weil die großen Blutgefäße erst nach dem Verenden beim Abschneiden des Kopfes durchtrennt werden. Die Häufung solcher Fälle in einem Gebiet ist auf Spezialistentum eines starken Fuchses zurückzuführen, der bei Mangel an kleineren Beutetieren im Winter erwachsene Rehe zu überwältigen wagt. SCHAICH beobachtete auch spezialisierte Füchse, die, ähnlich wie Hunde, zu zweit jagten. Ferner wurde auch beobachtet, wie ein Fuchs einem gefallenen Reh den Kopf abtrennte, den er wegtrug, ohne den übrigen Körper anzuschneiden. Die Vorliebe für den Kopf ist bei vielen Raubtierarten zu beobachten, und das Verschleppen und Verbergen dieses Beuteteils ist keine Besonderheit, denn kleinere Beutetiere werden ja häufig im ganzen verschleppt und verscharrt oder in den Bau gebracht.

Der *Dachs* ist zwar weniger gefährlich als der Fuchs, weil er sich an erwachsenen Rehen selten vergreift, aber Rehkitze munden ihm ebenfalls.

Sowohl *Edel-* als auch *Steinmarder* sind gelegentlich dem Rehwild gefährlich; und dies nicht nur, weil sie Tollwutüberträger sind. Die Gefahr beschränkt sich in der Hauptsache auf Kitze, die von der Mutter allein gelassen sind. Ein Beobachter hörte im Sommer lautes Angstgeschrei eines Kitzes, das gehetzt wurde. Als Verfolger wurde ein starker Steinmarder erkannt, der dem Kitz auf etwa 8 m folgte. Durch den Zickzacklauf des Kitzes holte der Marder stetig auf und hätte das bald ermüdete Kitz gerissen, wenn er nicht gestört worden wäre. Es sind sogar Fälle bekannt, in denen alte Rehe von Mardern gerissen wurden.

Selbst das *Hermelin* greift Rehe an, wenn auch wohl nur solche, die kümmern. Mehrere Rehe wurden gefunden, die lebend an der Keule angeschnitten waren. In der Decke befand sich nur ein kleines Loch, durch das das Wildpret etwa in Faustgröße herausgefressen war. Die Opfer klagten jämmerlich und konnten vor Erschöpfung nicht mehr hoch werden. Die Täterschaft des Hermelins wurde beobachtet, als ein Rehkitz umherraste und schließlich in der Nähe von Menschen ermattet zusammenbrach. Das Großwiesel hatte die Keule einige Zentimeter unter dem Weidloch verletzt. Obwohl Unmassen von Feldmäusen vorhanden waren, also kein Nahrungsmangel herrschte, war das Kitz vom Hermelin angefallen worden.

Ein äußerst gefährlicher, wenn auch nicht so zahlreich vorkommender Feind des Rehwildes wie der Wolf ist in seinem Verbreitungsgebiet oder dort, wo er ausgesetzt wird, der Luchs. Mit dem ersten Schlag der Branten wird die Beute festgehalten und sofort mit den Zähnen gepackt. Nach einem Fehlsprung läßt er von der Beute schnell ab, nur im Winter hetzt er über kürzere Strecken. Der Luchs ist ein Lauerjäger, er lauert seinen Opfern gern an Wechseln, Äsungsplätzen, Fütterungen und Wasserstellen auf, er springt sie auch vom Baum herab an. Häufig reißt der Luchs mehr Beute, als er zur Nahrung braucht, und überläßt die Reste den Füchsen. Taucht ein Luchs in einem Rehrevier auf, gibt es kaum mehr regelmäßig austretende Rehe, und die Bejagbarkeit ist sehr erschwert. Der Verbiß steigt an. Der Luchs ist ein willkommener Verbündeter aller Rehwildgegner; er dezimiert, aber selektiert nicht. Er „probiert" nämlich nicht durch Hetzen. Schlägt er eine führende oder tragende Ricke, ist nicht nur ein Stück, sondern sind gleich mehrere verloren. Manchmal überleben ausgesetzte Luchse nicht, weil sie zu nicht bodenständigen Arten gehören oder aus Zoos stammen. Er ist schwer aufzuspüren, man merkt seine Existenz meist nur von den Rissen. Nicht an Großraubtiere gewöhnte Rehpopulationen dezimiert er bis zum Rande der Ausrottung, besonders in schlechten Hasenjahren.

Wenn auch die *Wildkatze* ebenso wie der Fuchs Kitze raubt oder sich sogar gelegentlich an einem geringen Stück Rehwild vergreift, so fallen diese Verluste nicht ins Gewicht. Die Wildkatze, die recht selten und deshalb ganzjährig geschützt ist, lebt vielfach in Gebirgswaldungen, in denen nur wenig Rehwild vorkommt. Bedenklicher sind die Verluste, die den frisch gesetzten Kitzen durch *verwilderte Hauskatzen* drohen, weil diese viel mehr Gelegenheit haben, sich in gut besetzten Rehwildrevieren aufzuhalten.

Zu den Feinden des Rehwildes muß auch das *Schwarzwild* gezählt werden, denn die

Tatsache, daß die Sauen manches Rehkitz fressen, läßt sich nicht übergehen. Hierauf mag auch die Abneigung mit zurückzuführen sein, die das Rehwild den Sauen gegenüber zeigt.

Geier, Adler und *Uhu* schlagen wohl Kitze, haben aber wegen ihrer großen Seltenheit als Feinde des Rehwildes wenig Bedeutung. Der Seeadler schlägt nach den Feststellungen v. Raesfelds so gut wie niemals Landsäugetiere, jedenfalls wurden in der Nähe des Horstes und unter den Schlafbäumen keine Knochenreste von ihnen gefunden, dagegen solche von Wassergeflügel regelmäßig. Er hat den mächtigen Vogel über zwei Jahrzehnte als Brutvogel im Revier gehabt und niemals den geringsten Anhaltspunkt gewonnen, daß er auf dem Lande Wild schlägt. Wenn im Mageninhalt Reste von Landsäugetieren gefunden werden, so dürften diese vielfach von Fallwild stammen, denn bekanntlich geht der Seeadler gerne an Luder. Andere Greifvögel findet man ausschließlich an sterbendem oder bereits verluderndem Rehwild.

Im Januar beobachtete ein Jäger, wie sechs *Rabenkrähen* und eine Nebelkrähe auf ein Reh, das durch den tiefen Schnee erschöpft war, herunterstießen und mit Schnabelhieben am ganzen Körper heftig angriffen. Träger, Schulter und Keulen schweißten stark, so daß das Stück erlöst werden mußte. Es war ein zweijähriger Rehbock, dem die Krähen bereits ein Licht ausgehackt hatten. An den Keulen und dem Blatt war die Decke doppelt handbreit aufgehackt.

Wildkrankheiten

Brömel und Zettl erfaßten von 1968 bis 1975 das eingelieferte Wild auf Erkrankungen. Danach ist der Parasitenbefall am häufigsten diagnostiziert worden! Sehr hoch ist das Vorkommen von Tollwut (s. Tab. S. 214). Diese Ergebnisse werden grundsätzlich bestätigt durch Rehwilduntersuchungen in Baden-Württemberg (s. Tab. unten).

Schmarotzer und parasitäre Krankheiten

Parasiten verursachen die häufigsten Krankheiten des Rehwildes. Die Schmarotzer, die auf dem Reh oder in seinem Körper leben, haben für das Wohlbefinden des befallenen Stückes, je nach der Art des Parasiten und der Häufigkeit seines Vorkommens, eine recht unterschiedliche Bedeutung. Manche Parasiten sind fast harmlose Bewohner des Körpers, andere schädigen das befallene Stück mehr oder weniger, einige führen bei stärkerem Befall zum Verenden ihres Wirtes. Gewöhnlich besteht eine Art Gleichgewichtszustand zwischen Wirt und Schmarotzer, der auf die Dauer aber doch eine Belastung darstellt, die sich besonders bei jungen Stücken ungünstig auf das Gedeihen und Wohlbefinden auswirkt. Überschreitet die Belastung ein gewisses Maß (Wetter, Krankheiten, Trächtigkeit, Brunfttreiben, zu dichter Besatz, Hunger etc.), kann der Organismus nicht mehr genügend Abwehrkräfte produzieren, und Parasiten können zur Todesursache werden.

Eine unterschiedliche Widerstandskraft gegenüber Parasiten (z. B. von Kitzen und Jährlingen) ist nicht bewiesen, künstliche Infektionen gehen auch bei offensichtlich gesunden mittelalten und alten Stücken an.

Ergebnisse der Rehwilduntersuchungen der 4 Staatlichen Tierärztlichen Untersuchungsämter Baden-Württembergs 1980–1982 (zusammengefaßt)

Jahr	Zahl der Tierkörper	Tollwut	Parasitosen (ohne Rachenbremse)	Stoffwechselerkrankungen	Abszesse, Infektionen (ohne Tollwut)	Rachenbremsen	Unfälle	Überalterung	Sonstige
1980	758	68	161	94	44	29	74	16	62
1981	683	84	179	69	64	11	92	30	20
1982	723	71	163	76	39	13	39	43	19

Dies bedeutet für die freie Wildbahn, da die Übertragbarkeit verschiedener Schmarotzer vom Wild auf Haustiere und umgekehrt nachgewiesen ist, daß nicht nur schwache Stücke bedroht sind. Bei Seuchenzügen selektiert der Parasit nicht, sondern er dezimiert, eine Tatsache, die von erheblicher Bedeutung ist! Geringe Wildpretgewichte, Durchfälle, verschmutzte Spiegel, schlechte Trophäen, Knopfböcke, struppiges Aussehen und viel Fallwild deuten auf einen starken Befall hin. Dieser Verdacht kann durch Gutachten von Untersuchungsanstalten erhärtet werden. (Einsendung von Fallwild; die Einsendung von Losungsproben und deren Untersuchung geben nur Hinweise, erlauben aber keinen Rückschluß auf die Stärke des Befalls.) Die Bekämpfung unter fachmännischer Anleitung ist zu befürworten. Zu hohe Wilddichte und durch zeitweilige Wildmassierungen im Revier bedingter hoher Infektionsdruck wirken begünstigend auf die Ansteckung.

Dem Jäger ist wohl am meisten damit gedient, eine Beschreibung der Parasiten nach ihrer Lokalisation im Körper zu erhalten, damit er sich leichter über Funde beim Aufbrechen unterrichten kann.

Parasiten des Haarkleides

Der *Rehhaarling (Trichodectes tibialis)* ist ein schlankes gelbbraunes Insekt von knapp 2 mm Körperlänge (s. Abb.), das sich mit seinen kräfigen Oberkiefern an einem Haar festhält. Die kauenden Mundwerkzeuge dienen zur Zerkleinerung der Nahrung, die aus Hautschuppen und Haaren besteht. Im allgemeinen sind die Rehhaarlinge harmlos, doch kommt es zuweilen

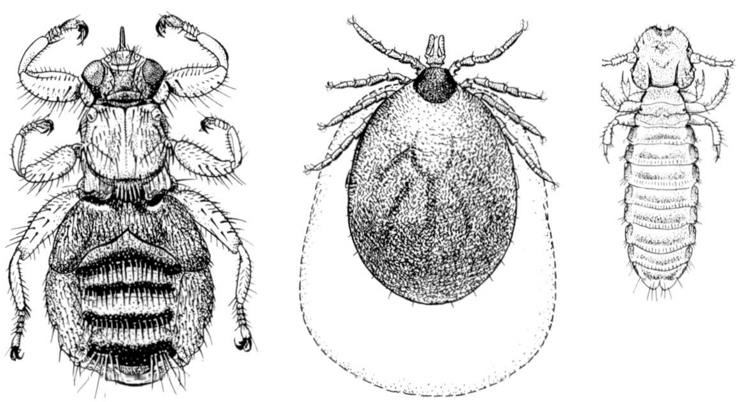

Die häufigsten Parasiten auf der Decke des Rehes, links: Hirschlausfliege, Mitte: Zecke oder Holzbock, rechts: Rehhaarling

besonders bei Gehege-Rehen zum Massenbefall mit Haarausfall. Es entstehen vorwiegend am Hals und der Innenseite der Hinterläufe bis handtellergroße kahle Flecken, so daß vielfach das Bild einer „Räude“ vorgetäuscht wird. Bei gefangengehaltenen Rehen ist eine Bekämpfung der Haarlinge mit staubförmigen Insektiziden oder mit Spezialhalsbändern, welche abtötende Dämpfe entwickeln, möglich.

Parasiten der Haut

Die *Zecke* oder der *Holzbock (Ixodes ricinus)* (s. Abbildung) lebt auf der Haut vieler Wirbeltiere und wird auch häufig auf der Decke des Rehes gefunden. Beim Saugen werden die Kieferfühler in die Haut gebohrt, in der sie sich mit ihren Zackenspitzen fest verankern, der Saugrüssel wird dann in die Wunde nachgeschoben, um Blut aufzunehmen. Eine weibliche

Krankheit	
Lungenwürmer und Wurmpneumonie	135
Magendarmwürmer	88
Leberegel	3
Peitschenwürmer	14
Kokzidien	5
Bandwürmer, Finnen	15
Rachenbremsen	40
Räudemilben	1
Parasitenbefall gesamt	301
Tuberkulose	
Schweinepest	
Myxomatose	
Tollwut	93
Eitrige Gehirnentzündungen	28
Nichteitrige Gehirnentzündungen	4
Pseudotuberkulose	1
Pasteurelleninfektion	1
Hämorrhagische Septikämie	
Pyogeneseinfektion	3
Staphylomykose	3
Diplokokkeninfektion	5
Streptokokkeninfektion	18
Coliinfektion	21
Aktinomykose	6
Mykosen	1
Myositis	
Infektionen gesamt	184
Kreislaufversagen, Schock	2
Verletzungen	59
Ernährungsschäden, Vergiftung	45
unspez. Magendarmentzündungen	39
Endometritis, Geburtshindernis	7
Leberentzündung, Leberabszeß	13
Harnwegsentzündung	9
Orchitis	
unspez. Lungenentzündung	36
Perikarditis	
Peritonitis	5
multiple Abszesse	7
eitrige Keratokonjunktivitis	1
Polyarthritis	2
Organmißbildung, Neubildungen	7
Sonstige gesamt	232
Summe	717

Zecke kann bis zu 0,4 cm^3 Blut saugen und dadurch so groß wie ein Kirschkern werden. Holzböcke, die nicht vollgesogen sind, haben einen flachen Körper von 1 bis 2 mm Länge, sie sitzen auf Gebüsch und Gras und lassen sich auf vorüberziehende Rehe oder andere eigenwarme Tiere herabfallen. Beim Pürschen oder Aufbrechen von Wild wird der Jäger leicht von Holzböcken befallen. Nach Benetzen mit Öl oder einem Insektizid fallen die Zecken von selbst ab. Vorsicht ist geboten, da dieser Parasit eine ansteckende Hirnhautentzündung übertragen kann. (Schutzimpfung!) Häufig finden sich Zecken auch auf dem Jagdhund.

Die *Hirschlausfliege (Lipoptena cervi)* (s. Abb. S. 213) des Rehes ist die gleiche Art, die auch am Rotwild lebt. Sie ist ein 5 bis 7 mm langes flachgedrücktes Insekt von brauner Farbe. Der Kopf ist breiter als lang, die Augen sind recht groß, die Larvenentwicklung ist in das Körperinnere des Weibchens verlegt, so daß die Nachkommen als verpuppungsreife Larven zur Welt kommen. Mit den saugenden Mundwerkzeugen durchbohren die Hirschlausfliegen die Haut des Wirtes, um Blut aufzunehmen. Während des Sommers ist das Insekt geflügelt; man findet es dann teilweise auch auf Federwild. Das Weibchen verliert nach Erreichen des Endwirtes (Reh, Rotwild) die Flügel. Die Hirschlausfliegen sind Lästlinge, doch können sie durch ihren Stich auch Krankheitserreger übertragen.

Unter der Decke des Rückens schmarotzen die Larven der *Rehdasselfliege (Hypoderma diana)* (s. Abb. S. 215); sie werden hier von Januar bis April zuweilen in Mengen gefunden. Die ausgewachsenen Larven sind bis zu 25 mm lang und 10 mm dick, sie verlassen im März und April ihren Wirt durch ein Loch, das sie in die Decke gebohrt haben, und verpuppen sich in der Erde. Nach einer Puppenruhe von etwa fünf Wochen schlüpfen die Dasselfliegen. Im Mai und Juni fliegen die Weibchen das Reh an und kleben ihre Eier an die Haare. Die ausgeschlüpften Larven bohren sich durch die Haut und wandern durch die Muskulatur allmählich zum Rücken, den sie im Dezember/Januar erreichen. Die wandernde Larve ist sehr

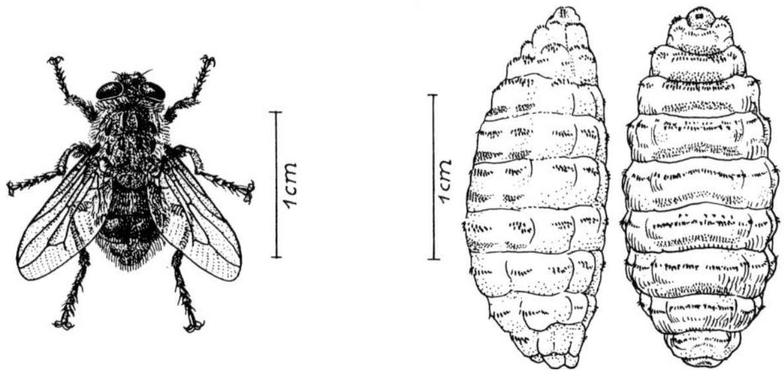

Rehdasselfliege und Larven

klein, sie beginnt erst stärker zu wachsen, wenn sie ein Loch durch die Decke gebohrt hat und Luft atmen kann. Durch die Löcher, auch wenn sie vernarbt sind, wird die Decke entwertet. Wenn auch Todesfälle durch Dassellarvenbefall selten sind, so kümmern die stärker befallenen Stücke doch gerade in der Zeit, in der die Böcke das Gehörn schieben und die Ricken hochbeschlagen sind. Der Bekämpfung der Dasselplage dient der Abschuß befallener Stücke, auch außerhalb der Jagdzeit, die Förderung der fliegenfressenden Vögel, notfalls auch die Herabsetzung der Wilddichte.

Haustiere behandelt man mit organischen Phosphorverbindungen (Neguvon) im November, bei Gehegetieren bietet sich diese Therapie ebenfalls an. Keine Versuchsergebnisse sind vom neuen Ivomec bekannt.

Parasiten im Gehirn

Der *Gehirnblasenwurm (Coenurus cerebralis)* ist die Finne eines Hundebandwurmes, sie ruft die sogenannte Drehkrankheit hervor. Eine Blase, die mit Flüssigkeit gefüllt ist, enthält auf der Innenwand viele Kopfanlagen des Bandwurmes. Sie drückt auf das Gehirn und führt dadurch zu Bewegungsstörungen, zu Lähmungen und schließlich zum Verenden. Drehkranke Stücke sollten abgeschossen werden, das Gehirn darf nicht an Hunde verfüttert werden. Es ist ferner zweckmäßig, einen vermehrten Fuchsabschuß durchzuführen und Jagdhunde untersuchen und gegebenenfalls entwurmen zu lassen.

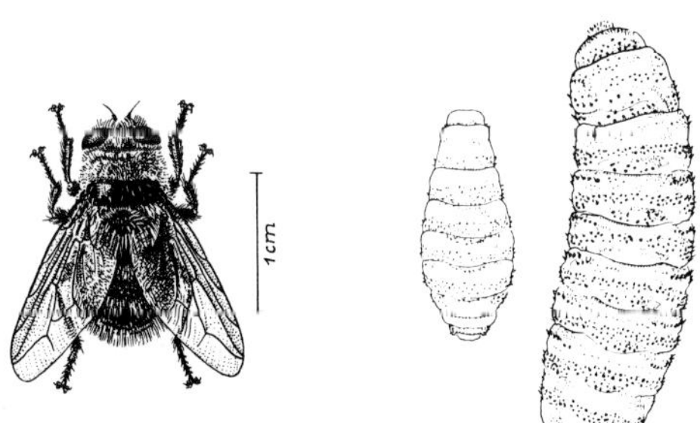

Rehrachenbremse und Larven

Parasiten in Nasenhöhle und Kehlkopf

Die Larve der *Rachenbremse (Cephenemyia stimulator)* (s. Abb.) kann das Reh sehr plagen. Sie ist im Sommer ausgewachsen und dann 32 mm lang und 7 mm dick. Die Farbe ist Gelb mit schwarzen Punkten. Borsten auf der Körperoberfläche und ein Haftapparat an der Mundöffnung befähigen die Larven, sich an ihrem Sitz fest zu verankern, so daß sie von dem befallenen Stück nicht ausgehustet werden können. Man findet die Larven von März bis Juni, meist in der Nasenhöhle oder dem Kehlkopf, später auch in der Rachenhöhle, der Ohrtrompete, der Luftröhre und in den Bronchien. Die befallenen Stücke leiden unter Atemnot, bei jedem Atemzug ist ein schnarrendes Geräusch zu hören, das bekannte „Schnarchen" der Rehe.

Ein Bock, der mit 17 Larven befallen war, streckte den Hals vor, rollte mit den Lichtern, drehte den Kopf nach rechts und links und stampfte stark mit den Vorderläufen auf. Ein anderer Bock im Jährlingsalter wurde von den anderen Rehen nicht in ihrer Nähe geduldet, von den Böcken wurde er auffallend oft vertrieben. Ende Juni hatte er noch nicht verfärbt und lediglich Rosenstöcke geschoben, er war an Stärke weit hinter den anderen Rehen zurückgeblieben. Nach seiner Erlegung wurden etwa 50 Rachenbremsenlarven gefunden.

Die im Rachen lebenden reifen Larven werden meist ausgeniest bzw. ausgehustet und verpuppen sich im Boden. Die Puppe ist schwarz, 17 mm lang und 8 mm breit. Nach einer Ruhezeit von fünf Wochen schlüpft, vorwiegend im Juli/August, die 2 cm lange Fliege, die an der Brust und den Seiten des Hinterleibes braunrot behaart ist und der Mundwerkzeuge fehlen. Sie sucht bei heißem, sonnigem Wetter erhöhte Geländestellen zum Hochzeitsflug auf. Die Fliegen schwirren dann mit rasender Geschwindigkeit und lautem Summen umher, setzen sich auch für kurze Zeit auf sonnenbestrahlte Gegenstände, stets den Kopf gegen die Erde gerichtet. Die Paarung erfolgt in der Luft. Nach der Begattung fliegt das Weibchen fort. Die Larven schlüpfen schon im Mutterleib aus. Die legereifen Weibchen umschwärmen das Rehwild an warmen Sommertagen und schleudern im Fluge Tröpfchen mit den kleinen Larven in den Windfang. Das Wild kennt die Gefahr und wird beim Nahen einer Rachenbremse unruhig. Ein Beobachter beschreibt das Verhalten eines Schmalrehes beim Angriff der Fliege wie folgt: „Plötzlich warf es auf, nickte fünf- bis sechsmal mit dem Kopfe und hetzte dann in blitzschnellen Fluchten 50 Gänge geradeaus. Gleich darauf sprang es zurück, steckte den Kopf tief in den Klee und raste in weitem Bogen durch den angrenzenden Roggenacker. Auf dem Klee machte es dann noch ein paar regelrechte Ziegenbocksprünge und wechselte darauf ins Holz." Im kühlen Schatten des Waldes entgehen die Rehe noch am ehesten den Belästigungen durch die Rachenbremsen.

Wenn die kleinen Larven in den Windfang gelangt sind, setzen sie sich in der Schleimhaut so fest, daß sie auch durch Schnaufen, Niesen und Kratzen nicht mehr entfernt werden können. Im Herbst und Winter wandern die Junglarven die Nasenhöhle hinauf, sie sind dann noch so klein, daß sie vom Jäger nicht bemerkt werden und das Wild wenig beeinträchtigen: erst im Frühjahr wachsen sie schneller, behindern teilweise erheblich die Atmung, führen zur Abmagerung und nicht selten zum Tod der befallenen Stücke. Zur medikamentellen Behandlung empfiehlt sich Raniden im Winterfutter.

Parasiten unter der Haut

Beim Aus-der-Decke-Schlagen sieht man gelegentlich etwa 10 mm lange weiße madenähnliche Gebilde an der Innenseite der Decke. Es handelt sich hierbei um die Larven der großen *Hautdasselfliege (Hypoderma bovis).* Die hummelähnliche 11–15 mm große Fliege legt zwischen Mai und September bis zu 600 Eier an den Haaren ab. Die daraus schlüpfenden Larven bohren sich durch die Haut und wandern in der Unterhaut hauptsächlich in die Rückenregion. Hier entwickeln sich die weiteren Larvenstadien. Ab Mitte Januar bis Ende Juni sind die dadurch auftretenden Dasselbeulen auch auf größere Entfernung gut sichtbar.

Die Larven III bohren sich durch die Haut, fallen auf den Boden und verpuppen sich unter dem Gras. Die geschlechtsreifen Fliegen schlüpfen dann innerhalb kurzer Zeit. Die Weibchen tragen bereits vollkommen entwickelte Eier. Schon 1 Stunde nach dem Hochzeitsflug beginnt die Eiablage; der Kreislauf ist geschlossen. Die Fliege stirbt nach etwa 3–5 Tagen.

Parasiten der Lunge

Beim Aufschärfen der Lunge findet man recht häufig in den Bronchien den 5 bis 8 cm langen großen *Rinderlungenwurm (Dictyocaulus viviparus).* Die Eier und Larven dieses Wurmes werden mit dem Lungenschleim in die Mundhöhle gehustet, abgeschluckt, durch den Magendarmkanal befördert und mit der Losung ausgeschieden. Nach einer Weiterentwicklung auf dem Erdboden werden sie ansteckungsreif und kriechen an wasserbenetzten Pflanzen empor, mit denen sie beim Äsen aufgenommen werden. Nach Durchbohren der Darmwand werden sie vom Blut an ihren Sitz in den Bronchien befördert. Hier entwickeln sich die Würmer zur Geschlechtsreife.

Ein geringer Befall schadet dem Wirt kaum. Bei Massenauftreten werden die Luftröhrenäste verstopft, so daß Atembeschwerden entstehen. Die befallenen Rehe husten matt, und sie kümmern infolge der Gifte, die von den Würmern ausgeschieden werden. Zum Tode führt ein Lungenwurmbefall selten. In stark überhegten Beständen kann es zur Lungenwurmseuche kommen, durch die die Rehe eines größeren Bezirkes abkommen. Zur Bekämpfung wird Thibenzole in doppelter Dosis oder Mebendazole empfohlen.

Über die Oberfläche der meisten Rehlungen ragen kleine derbe Bezirke hervor, die glasig gelbgrau oder gelbgrün gefärbt sind. Es handelt sich hierbei um Lungenwurmknoten, in denen der *Haarlungenwurm (Capreocaulus capreoli)* seinen Sitz hat. Die Knoten entstehen durch eine herdförmige Entzündung des Lungengewebes und enthalten zahlreiche Eier. Dieser außerordentlich häufige Schmarotzer ist haardünn und nur etwa 20 mm lang. Die Entwicklung der Larven ist ähnlich wie beim Rinderlungenwurm. Ein Unterschied besteht jedoch darin, daß sie als Zwischenwirt Schnecken zu ihrer Reifung brauchen, in deren Fuß sie eindringen. Die mit der Äsung aufgenommenen Schnecken befördern die Larven in den Darmkanal. Lungenwurmknoten sind in der Regel harmlos, nur wenn größere Bezirke der Lunge betroffen sind, führen sie zur Schwächung des Wirtes.

Zur Bekämpfung der Lungenwurmkrankheit ist der Abschuß der Stücke erforderlich, die schlecht verfärben, abgekommen sind und husten. Die Wilddichte muß herabgesetzt werden. Durch Hege von schneckenfressenden Vögeln, besonders von Fasanen, können die Zwischenwirtschnecken vertilgt werden. Gute Winterfütterung und Darmparasitenbekämpfung erhöhen die Widerstandsfähigkeit der Stücke. Eine grundlegende medikamentelle Bekämpfung der Haarlungenwürmer ist nicht möglich, da die Larvenstadien in den Knoten nicht von Medikamenten erreicht werden und immer wieder ausschlüpfen. Die freien Stadien werden von Mebendazol erfaßt.

Parasiten der Bauchhöhle

Beim Aufbrechen eines Stückes findet man bisweilen im Gekröse oder auf der Leberoberfläche Blasen von Haselnuß- bis Walnußgröße, die mit einer klaren Flüssigkeit gefüllt sind. Diese Blasenwürmer, die auch bei anderen Wiederkäuern und beim Schwarzwild vorkommen, sind *dünnhalsige Finnen (Cysticercus tenuicollis),* Larvenformen des geränderten Hundebandwurmes *(Taenia hydatigena).* Auf der Innenwand der Blase befindet sich die eingestülpte Kopfanlage des Bandwurmes. Wenn mit dem Aufbruch eine dünnhalsige Finne vom Hund gefressen wird, entwickelt sich aus ihr im Hundedarm der Bandwurm. Mit dem Hundekot gelangen die eigefüllten Bandwurmglieder auf Pflanzen, zerfallen und verunreinigen die Äsung. Mit dem Nahrungsbrei erreichen sie den Darm, den die Larven, die hier aus den Eiern schlüpfen, durchbohren, um an ihren bleibenden Sitz zu wandern. Abgestorbene Finnen verkalken und werden als scheibenförmige Gebilde mit krümeligem Inhalt gefunden. Für die Gesundheit des Rehwildes sind die Finnen in nur geringer Zahl bedeutungslos, dem Hund dagegen sind die Bandwürmer schädlich, deshalb sollte finnenhaltiger Aufbruch nicht verfüttert werden. Mit

Jagd- und Schäferhunden, die Bandwurmträger sind, sollte eine Bandwurmkur gemacht werden.

Frei in der Bauchhöhle lebt ein *Fadenwurm (Setaria labiatopapillosa),* der durch seine Größe auffällt, denn das Männchen wird bis 6 cm, das Weibchen bis 12 cm lang. Trotz seiner Größe gilt der Fadenwurm als unschädlich.

Parasiten der Leber

Wenn die Leberfläche höckerig und narbig ist und die Gallengangwände verdickt und zäh sind, so findet man in den Gallengängen in der Regel den *Großen Leberegel (Fasciola hepatica).* Dieser zu den Plattwürmern gehörige Saugwurm hat eine blattförmige Gestalt und

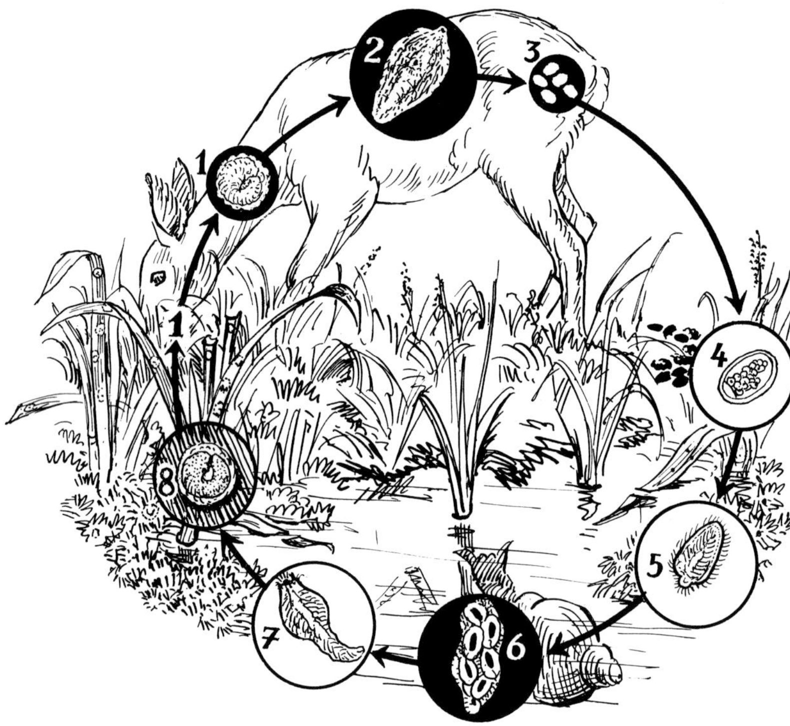

Entwicklungskreis des Leberegels: 1 Aufnahme der Leberegelzysten, 2 erwachsener Leberegel, 3 Eier in der Losung, 4 Leberegelei, 5 aus dem Ei geschlüpfte Flimmerlarve, 6 ungeschlechtliche Vermehrung in der Zwischenwirtschnecke, 7 geschwänzte Larve, 8 Leberegelzyste am Graswuchs

wird fast 30 mm lang und etwa 10 mm breit. Die Entwicklung veranschaulicht die Abbildung oben. Leberegelbefall kann nur in Revieren vorkommen, in denen sich der Leberegelschnecke Lebensmöglichkeiten bieten. Die Verbreitung der Leberegelkrankheit geht häufig vom Weidevieh aus.

Die ausgewachsenen Leberegel leben zweigeschlechtig (zwittrig) in den Gallengängen von Säugetieren. Die befruchteten Eier werden mit der Galle in den Darm und dann mit dem Kot nach außen entleert. In feuchtem Milieu entwickelt sich die bewimperte Flimmerlarve. Diese dringt in den Zwischenwirt *(Galba truncatula)* ein und entwickelt sich in deren Atemhöhle zur Sporozyste. Diese ist ein muskulöser Sack, der in seinem Innern die Redien erzeugt. Die jungen Redien wandern aus der Atemhöhle in die Leber (Mitteldarmdrüse) der Schnecke und erzeugen dort die Larven, die Zerkarien (geschwänzte Larven). Diese wandern aus der Schnecke aus, schwimmen eine Zeitlang in feuchtem Milieu umher, werfen den Schwanz ab und kapseln sich ein (Metazerkarien). Erneute Aufnahme durch das Wirtstier.

Die Entzündungen, die der Leberegel in den Gallengängen und im Lebergewebe hervorruft, führen in vielen Fällen zum Verenden. Vorher kümmern die Stücke längere Zeit, sind abgekommen und struppig. Die Böcke schieben oft Korkziehergehörne. Aber auch plötzliche Todesfälle durch Leberrisse sind bekannt.

Zur Tilgung der Krankheit werden die krankheitsverdächtigen Stücke abgeschossen. Durch Hege von Vogelarten, die Schnecken fressen, kann der Zwischenwirt verringert werden. Befallenes Weidevieh ist einer Behandlung mit Medikamenten zu unterziehen, da es Parasiten auf Wild überträgt. Zur wirksamen medikamentellen Bekämpfung empfiehlt sich Raniden während der Winterfütterung.

Der seltenere *Kleine Leberegel (Dicrocoelium dendriticum)* ist nicht annähernd so gefährlich wie der Große Leberegel. Er wird nur 8 bis 10 mm lang und bis zu 2 mm breit. Eine Bekämpfung kann mit hohen Dosen Thibenzole versucht werden.

Die Entwicklung des *Lanzettegels* verläuft über gehäusetragende Landlungenschnecken als ersten und über Ameisen als zweiten Zwischenwirt. Innerhalb des Lebergewebes wird ganz selten der *Hülsenwurm (Echinococcus hydatidosus)*, die Finne des dreigliedrigen Hundebandwurmes, gefunden. Die Finne ist eine mit Flüssigkeit gefüllte bis Hühnerei große, ein- oder mehrkammerige Blase, die sich in zahlreichen Wildtieren vorwiegend in der Leber, weiters in der Lunge und seltener in anderen Organen bildet. Auf der Innenwand der Blase sitzen zahlreiche Bandwurmköpfe. Da sich der Hülsenwurm auch im Menschen entwickelt, ist dieser Bandwurm von besonderer hygienischer Bedeutung. Veränderte Organteile dürfen nicht an Hunde verfüttert oder als Luder für den Fuchs ausgelegt werden. Der Fuchslosung wird bei der Verbreitung dieses Parasiten eine erhebliche Bedeutung beigemessen. Jährliche Wurmkuren mit spezieller Bandwurmwirksamkeit schützen die Hunde vor solchen Infektionen. Auf der Leberoberfläche hat die bereits erwähnte *dünnhalsige Finne* ihren Sitz.

Parasiten im Pansen

Gewöhnlich sind im Pansen keine Parasiten zu finden. Ganz selten beobachtet man zwischen den Zotten den *Pansensaugwurm* (*Paramphistomum* cervi). Er hat einen kegelförmigen Körper, ist etwa 12 mm lang und bis 3 mm breit.

Die Entwicklung verläuft über Wasserschnecken verschiedener Gattungen. Nach Aufnahme der Zysten mit der Äsung wandern die jungen Egel in den Zwölffingerdarm, verursachen dort katarrhalische Entzündungen, wandern nach 28 bis 36 Tagen in den Pansen zurück und erreichen dort die Geschlechtsreife. Es kommt nicht selten zu verminderter Äsungsaufnahme, unregelmäßigem Wiederkäuen, Durchfall mit übelriechender Losung und zu erheblichen Gewichtsverlusten. Der Befall kann durch den Nachweis der Eier in der Losung nachgewiesen werden.

Eine medikamentöse Bekämpfung kann mit Mansonil gegen erwachsene Stadien im Pansen und mit Terenol (Resorantel) gegen die jungen Egel versucht werden.

Parasiten im Labmagen

Eine Todesursache und in noch höherem Maße die Ursache für das Kümmern ist der *gedrehte Magenwurm (Haemonchus contortus)*. Er ist etwa 3 cm lang und von der Stärke eines dicken Zwirnfadens. Beim Weibchen winden sich die weißen Eileiter um den dunkel gefärbten Darm, sie geben dadurch dem Wurm das Aussehen einer zweifarbig gedrehten Schnur. Der Schmarotzer sitzt auf der Schleimhaut des Labmagens, er schädigt seinen Wirt durch Blutsaugen,

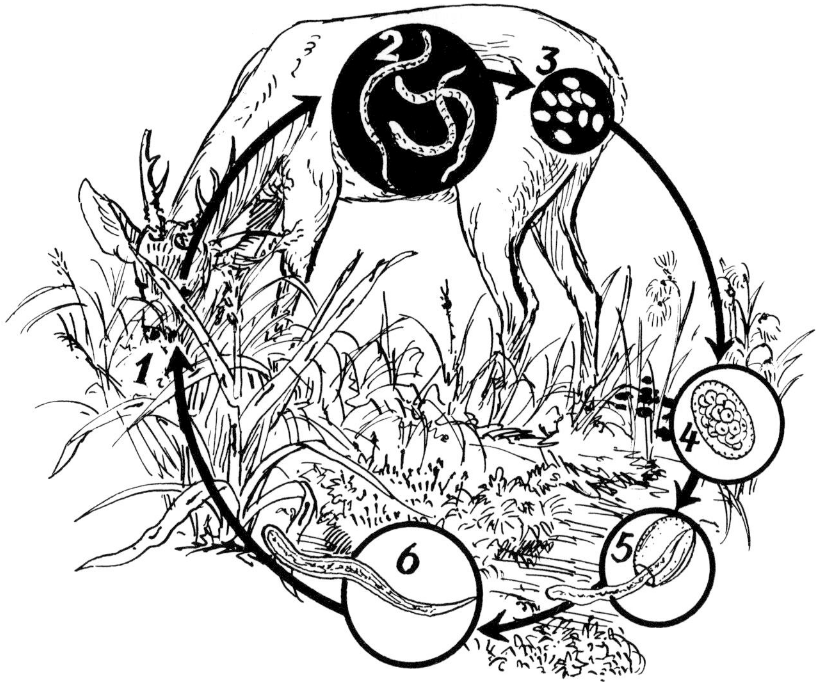

Entwicklungskreis des gedrehten Magenwurms: 1 Aufnahme der Larven mit der Äsung, 2 Magenwürmer, 3 Eier in der Losung, 4 Magenwurmei, 5 Schlüpfen der Larve, 6 ansteckungsreife Larve

durch Absonderung von Giften und durch Entzündungen, die seine Bohrtätigkeit in der Schleimhaut hervorruft. Wenn man den Labmagen eines frischerlegten Stückes aufschärft, so findet man bei starkem Befall einen Knäuel lebhaft schlängelnder Magenwürmer, gemischt mit Äsungsteilen. Befallene Rehe streuen mit ihrer Losung zahlreiche Magenwurmeier im Revier aus, aus denen Larven schlüpfen, die nach einer Entwicklungszeit von 5 bis 15 Tagen ansteckungsfähig sind. Die reifen Larven wandern auf die taubenetzten Pflanzen, auf denen sie sich bis Sonnenaufgang aufhalten. Die helle Tageszeit verbringen sie im Schutze des feuchten Erdbodens. Diese Wanderung setzen die Larven solange fort, bis sie eingehen oder mit der Äsung aufgenommen werden. Die Entwicklung veranschaulicht die obenstehende Abbildung.

Die befallenen Stücke magern ab, haben ein struppiges, glanzloses Haarkleid und verfärben schlecht. Die Böcke setzen geringe Gehörne auf. In Revieren, in denen die Magenwurmseuche herrscht, gibt es fast nur Abschußböcke. Besonders im Spätwinter verenden zahlreiche Stücke, weil sie der zusätzlichen Belastung, die die Notzeit mit sich bringt, nicht gewachsen sind. Zur Tilgung der Krankheit ist ein Abschuß der sichtbar kranken Stücke nötig. In neuester Zeit hat man dem Winterfutter oder den Salzlecken wurmtötende Medikamente (Thibenzole, Mebendazole, Pyranteltartrat, Coumaphos) beigemischt. Kuren mit Gaben dieser Mittel in das Futter sind erfolgreich, während über Salzlecken ausreichende Mengen des Medikamentes nicht aufgenommen wurden.

Andere Magenwurmarten des Rehes sind so klein und haardünn, daß sie nicht auffallen und ihr Vorhandensein vom Jäger übersehen wird.

Sehr häufig findet man im Labmagen die Trichostrongyliden, eine Familie der Nematoda (Fadenwürmer). Häufigste Vertreter: *Ostertagia leptospicularis, Skrjabinagia kolchida, Spiculopteragia böhmi.*

Die Gefährlichkeit dieser Parasiten wurde erst in neuester Zeit erkannt. Sie rufen dieselben Erscheinungen hervor, wie sie beim gedrehten Magenwurm geschildert wurden.

Zur medikamentösen Bekämpfung empfiehlt sich Thibenzole. Gut wirksam sind auch Mebendazol, Pyranteltartrat und Coumaphos.

Parasiten im Dünndarm

Der *Wiederkäuerbandwurm (Moniezia expansa)* bewohnt die vorderen Abschnitte des Darmkanals, er wird bis zu mehreren Metern lang und ist aus Gliedern zusammengesetzt, die breiter als lang sind. Die Glieder nehmen nach dem Wurmende hin an Größe zu, die letzten, die mit reifen Eiern gefüllt sind, lösen sich von Zeit zu Zeit und gehen mit der Losung ab. Zwischenwirte sind Grasmilben, die mit der Äsung aufgenommen werden. Erwachsene Stücke erleiden durch Bandwurmbefall keine Störung, bei Kitzen treten bisweilen Verluste ein. Bei Abschuß schwacher Kitze werden auch die Bandwurmträger mit ausgemerzt.

Selten im Dünndarm findet man den *Hakenwurm (Bunostomum trigonocephalum).* Der glashelle, etwa 20 mm lange Wurm schimmert rötlich und ist dadurch als Blutsauger gekennzeichnet. Sein Vorhandensein wird beim Aufschärfen des Darmes durch stecknadelkopfgroße Blutungen in der Schleimhaut angezeigt.

Bereits eine Zahl von 30 Hakenwürmern genügt, um besonders bei jungen und ganz alten Stücken Gesundheitsschädigungen hervorzurufen, stärkerer Befall führt zum Verenden. Bei fortgeschrittener Krankheit treten Durchfall und starke Erschlaffung ein.

Die Krankheit schreitet sehr schnell voran, und in wenigen Tagen tritt der Tod ein. Vorbeugende Maßnahmen sind Abschuß kümmernder Stücke und verteilte Fütterungen.

Als Medikamente können die Präparate, die zur Bekämpfung des gedrehten Magenwurms genannt wurden, eingesetzt werden. Weitaus häufiger kommen im Anfangsteil des Dünndarms *Nematodirus filicollis* und *Trichostrongylus capricola* vor.

Vor allem *Trichostrongylus capricola* ist aufgrund seiner Kleinheit beim Aufbrechen wesentlich schwieriger als der Hakenwurm zu sehen und wurde, wahrscheinlich deshalb, früher häufig nicht registriert.

In diesem Zusammenhang sei davor gewarnt, die Größe eines Endoparasiten mit seiner Gefährlichkeit gleichzusetzen. Häufig sind die kleinen Formen sogar besonders gefährlich. Die Bekämpfung der beiden Parasiten erfolgt am besten mit den beim gedrehten Magenwurm genannten Medikamenten.

Parasiten im Blinddarm

Nach ihrer kennzeichnenden Gestalt haben die *Peitschenwürmer (Trichuris capreoli)* ihren Namen erhalten. Das Vorderende ist lang und haardünn, das Hinterende verdickt. Der Wurmkörper ist etwa 5 cm lang. Peitschenwürmer sind häufig beim Reh zu finden. Die Entwicklung der dickschaligen Eier dauert im allgemeinen drei bis vier Monate. Entwickelte Eier sind bis zu neun Monaten lebensfähig. Die krankmachende Wirkung der Peitschenwürmer besteht vornehmlich in der mechanischen Reizung und Schädigung der Schleimhaut durch die eindringenden Larven. Bei Verseuchung eines Revieres ist eine wirkungsvolle Vorbeugung schwierig und eine medikamentöse Bekämpfung noch unsicher.

Parasiten im Grimmdarm

Durch Abweiden der Darmschleimhaut schädigt der *Palisadenwurm (Chabertia ovina)* die Gesundheit. Er ist etwa 20 mm lang und 1 mm dick. Wenn Palisadenwürmer in großer Menge vorhanden sind, führen sie zu Verlusten, vorwiegend bei den Kitzen. Vielfach tritt Durchfall auf, weil der geschädigte Grimmdarm dann den Äsungsresten nicht genügend Wasser entziehen kann. Die Bekämpfungsmaßnahmen sind die gleichen wie beim Magenwurmbefall.

Parasiten des Wildprets

Ganz selten werden auf oder in der Muskulatur die *Muskelfinnen (Cysticercus cervi)* gefunden. Es sind etwa erbsengroße Blasenwürmer, die die Kopfanlage eines Hundebandwurmes enthalten. Der dazugehörige Bandwurm schmarotzt im Darm von Hund und Fuchs. Störungen des Gesundheitszustandes verursacht die Muskelfinne nicht.

Vielfach lassen sich mikroskopisch Sarcosporidien im Wildpret von Rehwild nachweisen. Über ihre Entwicklung wie über deren eventuell krankmachende Wirkung fehlen noch Untersuchungsergebnisse.

Kokzidien

Kokzidien sind Einzeller *(Eimeria capreoli, E. panda, E. ponderosa, E. rotunda* u. a.). Man findet diese Parasiten häufig in verschiedenen Darmabschnitten bei Rehwild. Berichte über seuchenhafte Erkrankungen liegen noch nicht vor.

Hinweise für die medikamentöse Parasitenbekämpfung

Diese findet während der Fütterungsperiode statt und zwar dann, wenn das Wild sicher zu den Fütterungen zieht. Meist wird das Wurmmittel in das Kraftfutter oder die Silage gemischt, doch wurde auch das Besprühen von Rauhfutter mit Erfolg versucht. Bei Medikamenten wie Thibenzole, Pyranteltartrat und Raniden gibt man jeweils eine volle Einzeldosis an zwei aufeinanderfolgenden Tagen. Wenn ein Tier also auch nur an einem Tag medikiertes Futter aufgenommen hat, ist der Erfolg der Wurmkur gewährleistet. Diese Mittel eignen sich auch in Revieren, in denen Automaten nicht verwendet werden. Diese Kur soll dann im Frühjahr wiederholt werden.

Andere Wurmmittel wie Mebendazole und Coumaphos benötigen die kontinuierliche tägliche Aufnahme über einen längeren Zeitraum, also Automatenfütterung. Man gibt verminderte Dosen über etwa eine Woche oder länger, häufig, wohl, weil die voll wirksame Dosis auf einmal aus Sicherheitsgründen besser nicht gegeben wird. Wegen der Gefahr der Resistenzbildung wird die Methode teilweise abgelehnt. Man muß dazu genügend Trograum oder Automaten zur Verfügung haben, und die Tiere müssen das Medikament in ausreichender Menge viele Tage lang ohne Unterbrechung aufnehmen.

Die Gebrauchsanweisungen der Medikamente sollten genau studiert und fachmännischer Rat eingeholt werden. Ein Rückschluß von Haustieren auf Wildtiere, was Wirksamkeit, Verträglichkeit oder Abbau betrifft, ist nicht erlaubt. Auch wenn manche Wurmmittel für die menschlichen Sinne geruch- und geschmacklos sind, nimmt das Reh sie manchmal nur zögernd an. Um zu vermeiden, daß durch geringere Nahrungsaufnahme unterdosiert wird, streut man vor der Wurmkur einige Prisen des Medikamentes über das Futter, um das Wild daran zu gewöhnen, oder man läßt es vorher etwas hungern. Bei Verwendung von gepreßtem Kraftfutter gibt es keine Aufnahmeschwierigkeiten, wenn das Medikament in die gewohnten Pellets eingepreßt wird.

Das Medikament muß gut untergemischt werden, eine Futterumstellung soll vor oder während der Verabreichung nicht erfolgen.

Eine Entwurmungsaktion sollte großzügig geplant werden, d. h. nicht auf zu niedrigen Wildzahlen basieren und hegeringweise vorgenommen werden.

Die aus den Wurmeiern der Losung sich entwickelnden Wurmlarven sind gegenüber

Umwelteinflüssen sehr widerstandsfähig und können sogar den Winter überleben. Ihre Eigenbewegung erlaubt ihnen ein Verlassen der Losung bis zu einer Entfernung von 2 m. Eine wirksame Bekämpfung dieser Parasiten im Freien ist nicht möglich, dennoch sollte man aber auf Hygiene an den Fütterungen achten, d. h., keinesfalls Futter am Boden verabreichen und gelegentlich die Losung zusammenkehren und mit Branntkalk bestreuen.

Antiparasitika sind aber, das sei hier ausdrücklich betont, keine Wundermittel, die Probleme der Gesundheit, Trophäenstärke und Wildpretgewichte automatisch lösen. Eingebettet in die Summe aller Hegemaßnahmen wie richtige Wilddichte, Verbesserung des Biotops, Schaffung ruhiger Einstände, richtige Fütterung, richtiger Abschuß und richtiges Geschlechterverhältnis sollte auf sie bei Bedarf in kundiger Hand nicht verzichtet werden, auch wenn manche Biologen Bedenken anmeldeten.

Da der höchste Befall in das Frühjahr und in den Sommer fällt, bleibt dem Wild die Auseinandersetzung mit Parasiten nicht erspart. Die Wurmkur an sich fördert auch nicht die Domestikation, sondern hilft Reserven für die Notzeit zu bilden und die in der Notzeit zur Verfügung stehende Nahrung besser zu verwerten. Eine wirksame Immunität gegen Magen-Darm-Würmer bildet das Reh nicht aus.

Andere Wildkrankheiten

KERSCHAGL betont, daß Wildseuchen nicht elementar und unerwartet auftreten wie Gewitter, sondern daß Umstände vorhanden sein müssen, die das Wild dafür empfänglich machen:

1. Ungenügende Revieraufsicht läßt den Ausbruch zu spät erkennen.
2. Zu hoher Wildbestand erhöht den Kontakt und fördert bei Äsungsmangel Kümmern und damit die Anfälligkeit. Knopfspießer, gehäuft beobachtet, sind ein Alarmzeichen!
3. Ungenügende und unsachgemäße Fütterung, ungeeignete Futtermittel. Mais zu verfüttern, ist, solange keine Grünäsung vorhanden ist, ungefährlich. Zusammen mit frischem Grünfutter verursacht er Aufblähen und reihenweise Todesfälle.
4. Ungenügende Futteranlagen, Salzlecken und fehlende Revierhygiene, Unterlassung der Einsendung von krankem oder Fallwild, sumpfiges Terrain, Überschwemmungen, Nässeperioden.

Milzbrand, Tollwut, Tuberkulose und *Parasiten* können von Haustieren auf Wild übertragen werden, auf Schalenwild ferner Brucellose, Wild- und Rinderseuche.

Die *Glatzflechte, Trichophytie,* ist eine Pilzerkrankung der Haut, hervorgerufen durch *Trichophyton tonsurans.* Der Pilz dringt durch Ansteckung (Berührung) in die Haarbälge ein. Symptome sind Haarausfall, Schuppenbildung, Juckreiz, sie breitet sich ringförmig aus. Es empfiehlt sich der Abschuß kranker Stücke, das Fleisch bleibt genußtauglich.

Nekrobazillose (Erreger *Sphaerophorus necrophorus*) kommt vereinzelt bei Rehen vor. Die Krankheit tritt vereinzelt auf und äußert sich in Geschwüren oberhalb der Schalen. Bei schwerem Verlauf findet man Eiterherde in Organen. Ist das Wildpret noch nicht wäßrig, kann es verwertet werden.

Durchfall kann sowohl parasitär als auch nahrungsbedingt sein. Der nahrungsbedingte Durchfall beruht meist auf der Aufnahme von nassem, faulem oder verschimmeltem Futter, auch mit Krebs behafteter Klee (Kleekrebs) wird als Ursache genannt. Dadurch wird eine Störung der Darmflora hervorgerufen. Futterwechsel, Gaben von Futterkalk, auch Tierkohle in das Futter gemischt werden empfohlen. Andererseits wurden schon Rehe mit gefülltem Pansen verendet neben einer Fütterung gefunden. Auch hier dürfte eine Störung der Pansenflora durch abrupte Futterumstellung und unregelmäßige Futtervorlage in Betracht kommen.

Pilzerkrankung der Kieferknochen

Hin und wieder wird ein Stück vom *Strahlenpilz (Actinomyces)* befallen, wenn es sich Getreidegrannen in das Zahnfleisch einspießt, die mit dem Erreger behaftet sind. Meist geht die Erkrankung von einem Zahnfach aus und führt zu schweren, mit schwammigen Knochenwucherungen verbundenen Veränderungen des Unter- oder Oberkiefers (s. Abb.). Der Befall

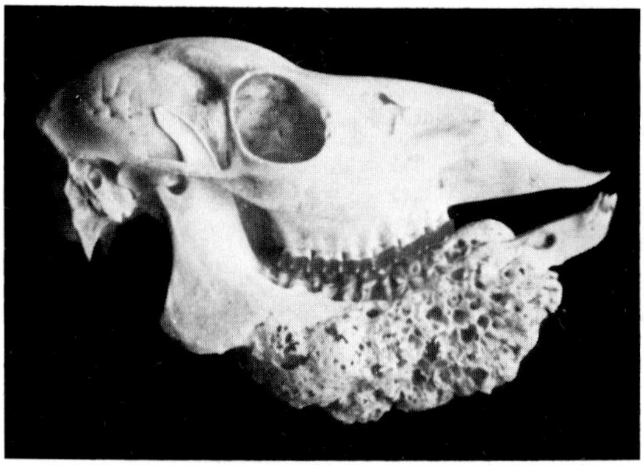

Strahlenpilzerkrankung am Unterkiefer

führt schließlich zum Tode, weil die Äsungsaufnahme behindert wird. Stücke mit einseitigen Auftreibungen am Kiefer sollten abgeschossen werden, um sie vor einem qualvollen Dahinsiechen zu bewahren.

Infektionskrankheiten

Bakterien und Viren sind die Erreger der Infektionskrankheiten. Die Ansteckung von gesundem Wild erfolgt durch Berührung von kranken Stücken oder deren Ausscheidungen, die auf die Äsung oder in das Wasser von Schöpfstellen gelangt sind. Die Erreger dringen entweder in die natürlichen Körperöffnungen oder durch Verletzungen der Haut ein. Die Erkrankung ist eine Folge der giftigen Ausscheidungen des Erregers. Wenn das Wild durch Kälte, Hunger, Parasitenbefall u. a. geschwächt ist, entfalten die Bakterien besonders ihre krankmachende Wirkung. Bei ungünstigem Witterungsverlauf oder in Notzeiten ist das Rehwild daher vorwiegend gefährdet.

Wie das übrige Schalenwild, so erkrankt auch das Rehwild, besonders in bestimmten Distrikten, an *Milzbrand*, der Erreger ist *Bacillus anthracis*. Die Dauerformen (Sporen) dieses Erregers sind äußerst widerstandsfähig (sie vertragen z. B. minutenlanges Erhitzen auf 100 Grad C) und können im Erdreich Jahrzehnte überleben.

Wird ein aufgeblähtes Stück Wild verendet gefunden, bei dem der Schweiß aus dem Geäse, dem Weidloch, dem Feuchtblatt ausgetreten ist und eine dickflüssige teerartige Beschaffenheit hat, dann sei man äußerst vorsichtig, denn es kann sich um Milzbrand handeln, der auch auf den Menschen übergeht. Das Gewebe unter der Decke ist gelblich sulzig durchtränkt, die Milz ist stark vergrößert, ihr Inhalt ist von dunkelroter breiiger Beschaffenheit. In den letzten Jahrzehnten ist kein Milzbrandbefall beim Rehwild bekannt geworden. Nach dem Viehseuchengesetz ist die Krankheit anzeigepflichtig, die Bekämpfung regelt der beamtete Tierarzt.

Opfer unter den Rehen kann auch die *Wild- und Rinderseuche* fordern, deren Erreger das Bakterium *Pasteurella multocida* ist. Die Krankheitserscheinung ist eine schwere Lungenentzündung mit Atemnot oder eine blutige Magen-Darmentzündung mit blutigem Durchfall und sehr raschem, fiebrigem Verlauf.

Diese Seuche hat 1878 im Forstenrieder Park bei München unter dem Wildbestand entsetzlich gehaust, ist aber seit längerer Zeit in Deutschland nicht aufgetreten. Veterinärpolizeilich gilt das gleiche wie für den Milzbrand.

Vereinzelt ist beim Reh *Tuberkulose* festgestellt worden. Der Erreger ist meist der Tuberkelbazillus vom Rindertypus, gelegentlich aber auch vom Menschen- oder Geflügeltypus. In der freien Wildbahn erfolgt die Ansteckung wohl auf Weiden durch den Kot von tuberkulösem Weidevieh und durch Schlachtabfälle. Die Tuberkuloseherde, die in den Organen gefunden werden, bestehen aus Knötchen mit einem gelblichen, verkästen Zentrum oder sind weiß-glänzend-schwartig.

Bisweilen sind auch Kalkeinlagerungen wahrnehmbar. In der freien Wildbahn ist die Krankheit auf seltene Einzelfälle beschränkt, sie erlangt keine größere Verbreitung, weil die Tuberkelbazillen sehr schnell durch Sonnenlicht abgetötet werden.

Selten trifft man auf *Paratyphus* (Salmonellose). Der Erreger ist ein Bakterium.

Ebensowenig Bedeutung haben die *Brucellose* und die *Nekrobazillose.*

Die *Schimmelpilzerkrankung* (Aspergillose, Mucormykose) trifft man gelegentlich beim Rehwild – hauptsächlich mit dem Sitz in der Lunge, in der Nase oder der Leber – an. Die Veränderungen erscheinen als erbsengroße graue Herde. Die Ansteckung erfolgt über verschimmeltes Futter, meist über die Atemluft, besonders wenn Parasiten (Lungenwürmer) die Organe geschwächt haben. Fütterungshygiene hilft sie verhindern, eine Behandlung ist praktisch nicht möglich. Erkrankte Organe sind genußuntauglich, das übrige Wildpret kann verwertet werden.

Bei schweren Seuchengängen in den Viehbeständen erkranken Rehe in Ausnahmefällen an *Maul- und Klauenseuche.* Alle Beobachtungen haben gezeigt, daß unser Schalenwild für diese Krankheit sehr wenig empfänglich ist, und daß es auch bei der Verschleppung der Krankheit kaum eine Rolle spielt. Hervorgerufen wird die Seuche durch ein Virus, das in den Ausscheidungen der erkrankten Tiere enthalten ist. Krankheitserscheinungen sind starkes Speicheln, Blasen im Geäse, auf der Haut zwischen den Schalen und am Kronensaum der Schalen. Nach Ausheilung hinterläßt die Erkrankung ringförmige Eindellungen im Schalenhorn. Der Verlauf der Krankheit ist beim Wild meist gutartig, eine Ansteckung des Menschen möglich. Die Erkrankung ist anzeigepflichtig.

Der große Seuchengang der Tollwut (LYSSA, RABIES), der nach 1945 einsetzte, hat in erstaunlichem Umfange auch auf das Rehwild übergegriffen. Der Grund hierfür ist die Tatsache, daß die Tollwut vorwiegend von Füchsen verbreitet wird. Tollwütige Füchse haben offensichtlich mehr, als bisher vermutet wurde, die Neigung, Reihe zu beißen; Gelegenheit hierzu bietet sich besonders bei Ricken, die ihre Kitze verteidigen, aber auch dadurch, daß gesunde Rehe den Fuchs nicht scheuen und einer Auseinandersetzung mit ihm nicht aus dem Wege gehen.

Der Erreger der Tollwut ist ein Virus, das durch Bisse mit dem Speichel übertragen wird. Die erkrankten Stücke zeigen ein verändertes Verhalten, vor allem verlieren sie die natürliche Scheu vor Feinden und versuchen zu beißen oder mit den Läufen zu schlagen. Der Blick tollwütiger Rehe ist starr, vielfach klagen sie laut und anhaltend. Wenn die Lähmungen einsetzen, bricht das Stück öfter zusammen und tut sich nieder. Auf der Stirn ist oft die Decke abgescheuert, und es sind offene Wunden vorhanden. Diese entstehen durch wiederholtes Annehmen von Bäumen.

Verdächtige Stücke müssen erlegt werden, die Feststellung der Krankheit erfolgt durch Untersuchung des Gehirns. Zu diesem Zweck ist das Haupt, besser aber das ganze Stück an das zuständige Veterinär-Untersuchungsamt einzusenden. Eine Verwertung des Wildprets darf in jedem Falle erst nach Eingang eines negativen Befunds stattfinden. Beim Umgang mit tollwutverdächtigen Stücken ist größte Vorsicht (Gummihandschuhe!) geboten, weil bei

Hautwunden eine Infektion möglich ist. Bei Verdacht der Ansteckung ist sofort eine Schutzimpfung vorzunehmen. Die Tollwut ist nach dem Viehseuchengesetz anzeigepflichtig. Die Impfung von Jagdhunden ist empfehlenswert, bei Auslandsreisen teilweise Vorschrift.

Kälteschäden

Während länger anhaltender naßkalter Perioden treten in den Rehbständen oft hohe Fallwildverluste auf. Untersuchungen, die von Braunschweig durchgeführt hat, machen es nach seiner Ansicht wahrscheinlich, daß die Todesursache eine allgemeine Unterkühlung des Körpers ist. Nicht selten werden die verendeten Rehe in Schlafstellung aufgefunden. Der Kälte fallen fast ausschließlich Kitze und überalterte Stücke zum Opfer, gesunden und gut ernährten Rehen dürften derartige Witterungseinflüsse nichts anhaben können.

An 23 Kitzen und 10 erwachsenen Rehen, die im Februar 1956 gefallen waren, wurden folgende Befunde gemacht: Fehlen von Feist, starke Blutfülle der inneren Organe und Blutarmut der äußeren Körperteile, blutige Entzündungen im Labmagen und Dünndarm sowie Versagen des Kreislaufes. Dies spricht dafür, daß bei einem bereits geschwächten Stück und extrem ungünstigen Witterungsverhältnissen eine Gefäßkontraktion stattfindet (Gänsehauteffekt), dadurch das Blut ins Körperinnere verlagert und zunächst die Wärmeabgabe verringert wird. Atem- und Herztätigkeit sowie der Blutdruck werden gesteigert, ebenso aber der Energieverbrauch. Sobald diese Reaktion jedoch den Wärmeverbrauch nicht mehr ausgleichen kann, tritt rasch das Gegenteil ein, bei einem Absinken der Körperinnentemperatur auf 25 bis 20 Grad dürfte der Tod eintreten. Bakterielle und parasitäre Erkrankungen sowie Harnstoffvergiftung wurden durch Untersuchungen als Todesursache ausgeschlossen.

Vergiftungen

Wenn innerhalb kurzer Zeit mehrere Stücke Fallwild gefunden werden, wird oft der Verdacht einer Vergiftung geäußert. In der Regel wird vermutet, daß Mineraldünger oder Schädlingsbekämpfungsmittel zum Eingehen der Stücke geführt haben. Solche Vermutungen sind nur in Ausnahmefällen zutreffend.

An *Pflanzengiften* scheinen die Glykoside und ätherische Öle, die in den Nadeln und Trieben der Koniferen enthalten sind, in harten und schneereichen Wintern zu Todesfällen zu führen. Viele Mägen gefallener Rehe enthalten in dieser Zeit einheitlich Fichten- oder Kiefernäsung. Wenn die Rehe lange Zeit kaum etwas anderes als Nadelholztriebe äsen können, wird der Körper mit der ständigen Reizung von Magen und Darm durch die ätherischen Öle und Bitterstoffe nicht mehr fertig. Verschärfend wirkt noch, daß der Körper in langen Frostperioden durch Nahrungsmangel und vor allem durch Wassermangel geschwächt ist, und daß die Rehe versuchen, den Mangel an saftiger Grünäsung durch Aufnahme von Koniferentrieben auszugleichen. Besonders gefährlich sind die Nadeln der Eibe, in nicht so starkem Maße die von Kiefer und Fichte.

Außerhalb der Notzeit werden alle giftigen Pflanzen vom Rehwild gemieden oder bei guter Körperkonstitution in kleinen Mengen ohne Schaden vertragen. Die Sterblichkeit unter dem Rehwild ist im Nachwinter besonders groß, weil die Stücke keine Reserven haben, um Verdauungsstörungen zu überstehen.

Daher wirkt sich auch im zeitigen Frühjahr die Aufnahme angefaulter oder verschimmelter Kartoffeln und Rüben so schädlich aus, die dem Rehwild auf vorjährigen Kartoffeläckern und Rübenschlägen in offenen Mieten zugänglich sind. Das gilt auch für verschimmelte Eicheln und andere verdorbene Futterstoffe, die als Winterfütterung angeboten werden.

Todesfälle durch Aufnahme von *Mineraldünger* sind bei Rehwild ausgesprochen selten. Die Aufnahme kann entweder zufällig mit der Äsung erfolgen, wenn Kopfdünger bei Trockenheit oder klumpiger Dünger gestreut ist, oder aus Salzhunger. Die meisten Mineraldünger werden gemieden, weil sie einen abweisenden Geruch haben, wie z. B. Kalkstickstoff, oder weil sie unangenehm schmecken. Bei Untersuchung von Fallwild, das nach Ansicht des Revierinhabers an einer Vergiftung verendet sein konnte, wurde in den meisten Fällen geklärt, daß Kunstdünger zu Unrecht verdächtigt worden war. Fütterungsversuche, bei denen die gebräuchlichen Kunstdüngerarten unter das Futter gemischt angeboten wurden, zeigten, daß im allgemeinen das Gemisch vertragen oder abgelehnt wurde. Vergiftungen wurden nur einige Male durch Natron- und Kalisalpeter nachgewiesen. Die tödliche Dosis beträgt etwa ein Gramm je Kilogramm Körpergewicht. Wenn Mineraldünger wirklich gefährlich wäre, gäbe es in feldnahen Revieren keine Rehe mehr.

In neuester Zeit stehen die *Schädlingsbekämpfungsmittel* in Verdacht, Vergiftungen von Wild zu verursachen. Dieser Verdacht ist im allgemeinen ebensowenig gerechtfertigt wie beim Mineraldünger. Als noch das Kalkarsen zur Bekämpfung von Schadinsekten in großem Umfange verwendet wurde, mögen bei Anwendung zu hoher Konzentration Wildverluste eingetreten sein. Die modernen Pflanzenschutzmittel sind jedoch bei richtiger Dosierung für Rehe nicht schädlich. Da ständig neue Mittel und neue Methoden zur Schädlingsbekämpfung erarbeitet werden, muß die Entwicklung der Giftanwendung in der freien Natur aufmerksam verfolgt werden, damit das Wild verschont bleibt.

Mißbildungen

Auch im Tierreich kommen Mißbildungen von Geburt an vor, wenn auch sehr selten. So wurde eine bislang noch nicht beschriebene Mißbildungskombination von A. von Braunschweig im Institut für Jagdkunde der Universität Göttingen in Hann. Münden 1964 in Form von Dackelbeinigkeit und Mopsköpfigkeit (Brachygynathie) nachgewiesen (s. Abb.). Die

Dackelbeinigkeit und Mopsköpfigkeit (Brachygynathie) bei Rehwild (Photo: v. Braunschweig)

gleiche Mißbildungsart ist auch schon bei Schaflämmern beobachtet worden. Dackelbeinigkeit und Mopsköpfigkeit für sich allein kommt auch bei mehreren ganz verschiedenen Tierarten vor (u. a. Hund, Schwein, Schaf, Rotwild, Reh). Die meisten Mißbildungen dieser Art bei Haustieren sind erblich bedingt, z. B. Oberkieferverkürzungen beim Boxerhund und beim

Schwein, Unterkieferverkürzungen bei vielen Langhaarteckeln. Diese Mißbildungen sind bei Wildtieren zu selten, um entscheiden zu können, ob sie erblich bedingt sind. Relativ häufiger sind Abnormitäten der Läufe und Schalen zu beobachten. Das Schalenauswachsen ist uns von allem Schalenwild bekannt, entgegen der landläufigen Ansicht, daß zu weiche Bodenverhältnisse Ursache derartiger Mißbildungen seien, muß doch wohl auch hier mit stoffwechselbedingten Störungen, wie außergewöhnlich harter Hornsubstanz bzw. Überproduktion von Horn gerechnet werden. Weitere Ursache kann eine regelwidrige Stellung der Gliedmaßen sein.

Weiterhin sind Doppelbildungen von Zehen und Oberrücken bekannt. In „Wild und Hund" Nr. 9/1980 berichtet J. Risse von einer beim Setzakt eingegangenen Ricke, deren Kitz 6 voll ausgebildete Läufe besaß, was in Verbindung mit einer Steißlage das Setzen verhinderte und zum Tod der Ricke führte.

Unfälle

Nach allen uns zur Verfügung stehenden Daten kommt den Unfällen und hier wiederum dem Verkehrstod hinsichtlich der Wildmortalität in unserer Zeit die zahlenmäßig größte Bedeutung zu. Unglückliche Zufälle, bei denen Naturgewalten zum Verenden führen, spielen dagegen eine wesentlich geringere Rolle, ebenso alle zuvor behandelten möglichen Todesursachen. Dies zeigt sehr deutlich die Abbildung, die uns Dr. Ueckermann überlassen hat:

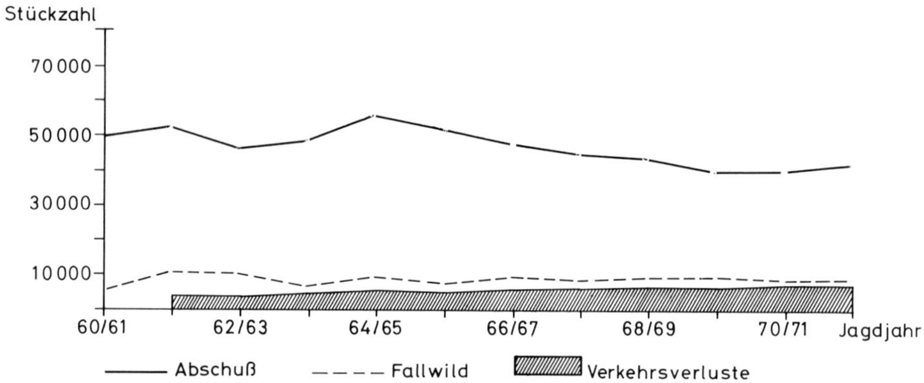

Rehwildabschuß, Fallwildanteil und Verkehrsverluste beim Rehwild in Rheinland-Pfalz (mit Genehmigung der Landesforstverwaltung Rheinland-Pfalz)

Ebenso die Tabelle auf S. 229 oben aus „Pflanzenschutznachrichten Bayer 27/1974":

Des weiteren sei auf die Arbeit von K. Eiberle „Rehwildhege und Straßenverkehr" verwiesen. In dem zugrundeliegenden Versuchsrevier der Eidgenössischen Technischen Hochschule Zürich von rund 600 ha ergaben sich vom 18. August 1963 bis 3. Dezember 1971 folgende Todesursachen von Fallwild (s. Tabelle S. 229 Mitte).

H. J. Blankenhorn, der Eidgenössische Jagdverwalter, veröffentlichte folgende Zahlen aus der Schweiz (Tabelle S. 229 unten).

Die Jagdstrecke betrug 1982 44 630 Stück Rehwild, das Fallwild davon also über 43 %, die Verkehrsverluste allein fast 22 %, 1983 betrug die Jagdstrecke 44 780 Stück, das Fallwild über 37 %, die Verkehrsverluste 19,5 %.

Interessant mag auch ein Vergleich zwischen Wild- und Haustierunfällen im Jahr 1982 in der Bundesrepublik Deutschland sein (Tabelle S. 230).

Rehwild Rheinland-Pfalz

Jagdjahr	Frühjahrs-bestand	festgesetzter Abschuß	Jagdstrecke	Fallwild	davon Verkehrsopfer abs.	%	Jagdstrecke + Fallwild
1962/63	149 088	59 162	40 643	10 211	3 415	34	50 854
1963/64	145 150	58 870	48 354	6 356	4 454	70	54 710
1964/65	145 781	61 559	55 325	9 173	5 472	60	64 498
1965/66	146 049	65 896	51 304	7 695	4 734	62	58 999
1966/67	143 511	60 501	47 467	9 315	5 927	64	56 782
1967/68	134 007	57 580	44 577	8 707	6 055	70	53 284
1968/69	140 124	56 140	43 652	9 069	6 322	70	52 721
1969/70	130 018	53 099	39 053	9 166	?	?	48 219
1970/71	131 277	51 817	39 694	8 240	6 991	85	47 889
1971/72	132 547	53 814	41 793	8 963	6 724	75	50 756
1972/73	136 310	55 920	42 577	8 329	5 671	68	50 906

	% Fallwild von		% n i c h t verkehrstoten Fallwildes von	
	Frühjahrsbestand	Jagdstrecke + Fallwild	Frühjahrsbestand	Jagdstrecke + Fallwild
1962/63	6,8	20,0	*4,6*	13,4
1963/64	4,4	11,6	*1,3*	3,5
1964/65	6,3	14,2	*2,5*	5,7
1965/66	5,3	13,0	*2,0*	5,0
1966/67	6,5	16,4	*2,4*	6,0
1967/68	6,5	16,3	*2,0*	5,0
1968/69	6,5	17,2	*1,9*	5,2
1969/70	7,0	19,0	*?*	?
1970/71	6,3	17,2	*0,9*	2,6
1971/72	6,8	17,7	*1,7*	4,4
1972/73	6,1	16,3	*1,9*	5,2

	absolut Stück	prozentual %
Unfälle mit Motorfahrzeugen	97	61,4
Unfälle mit Eisenbahn	1	0,6
Unfälle mit Mähmaschinen	14	8,9
übrige Unfälle	2	1,3
gerissen von Hunden oder Füchsen	10	6,3
Parasiten und Krankheiten	13	8,2
unbekannte Ursachen	21	13,3
Total	158	100,0

Todesursachen bei Fallwild

Rehwild	1982	1983
Straßenverkehr	9 957	8 014
Alter, Schwäche, Krankheit, Hunger	3 618	1 750
Landwirtschaftliche Maschinen	2 205	1 909
Schußverletzungen	1 132	765
Von Hunden gerissen	1 043	814
Bahnverkehr	708	534
Andere Unfälle	641	448
Pestizide	19	11
	19 323	14 245
unbekannte Ursachen		2 385
		16 630

Wildunfälle mit tödlich Verunglückten und mit Verletzten
(zum Vergleich darunter: Zusammenstöße mit anderen Tieren)

Ursache	Insgesamt	davon		davon auf	Bundesstraßen		Landes-/Kreisstr.		anderen Straßen	
		innerorts	außerorts	Autobahnen	zusammen	außerorts	zusammen	außerorts	zusammen	außerorts
1. Unfälle mit tödlich Verunglückten										
Wild auf der Fahrbahn	16	–	16	1	8	8	6	6	1	1
anderes Tier auf der Fahrbahn	11	3	8	1	2	2	6	5	2	–
2. Unfälle mit Verletzten										
Wild auf der Fahrbahn	1579	91	1488	87	323	311	900	872	269	218
anderes Tier auf der Fahrbahn	1582	868	714	52	259	169	583	377	688	116

Quelle: DJV-Nachrichten, Heft 2/1984

A. u. J. von Bayern schreiben über den Verkehrstod: „Hinsichtlich der Verluste von Rehen durch Autos wird oft die Ansicht vertreten, daß davon zum größten Teil nur unerfahrenes Jungwild betroffen wird und daß die Rehe mit der Zeit die Gefahr kennen und ihr zu entgehen lernen. Dadurch würde obendrein eine Selektion bewirkt werden, nämlich daß die ‚Dummen' ausfallen und die ‚Intelligenten' überleben.

Seit die Straße besser ist, werden die Verluste von Jahr zu Jahr höher. Zuerst wurde alles überfahren, alt und jung. Jetzt mehr junge Rehe, nicht, weil es die alten etwa gelernt hätten, sondern weil sie schon tot sind! Das überzählige Jungwild aus der Umgebung stellt sich in die leergewordenen Einstände entlang der Straße ein und kommt über kurz oder lang unter die Räder. Anhand von Beobachtungen an bekannten und markierten Rehen in diesen Einständen konnten wir feststellen, daß seit dem Straßenausbau wenige das zweite Jahr überleben.

Die hohe Zahl der Kitzverluste erklärt sich aber nicht nur durch die Unerfahrenheit der Kitze, sondern dadurch, daß die Autofahrer, wenn eine Geiß die Straße überquert, zwar oft noch bremsen können, um einen Zusammenstoß zu vermeiden, dann aber im Glauben, die Gefahr sei vorüber, wieder Gas geben und nicht darauf gefaßt sind, daß noch ein oder zwei Kitze nachkommen. Auch bei einem Rudel Hochwild oder einer Rotte Sauen wird selten das erste Stück vom Auto erfaßt, sondern fast immer eines der nachfolgenden. Von 47 Rehen, die in den letzten Jahren von Autos überfahren wurden, waren dem Unterkiefer nach

eines	10jährig
zwei	6jährig
vier	5jährig
vier	4jährig
acht	3jährig
fünf	2jährig
vier	1jährig
neunzehn	Kitze

Dieses Zahlenmaterial ist zwar nicht sehr reichhaltig, aber man sieht daraus doch, daß nicht von Anfang an nur unerfahrenes Jungwild überfahren worden ist. Wieviel Stücke und in welchem Alter ebenfalls angefahren, woanders eingegangen und nicht gefunden wurden und wieviel von den Autofahrern einfach mitgenommen worden sind, wissen wir nicht. Das Reh ist von Natur aus in seinen Reaktionen auf seine natürlichen Feinde eingestellt. Ob es sich ohne weiteres auf Maschinen, wie ein Auto oder gar eine Mähmaschine, die ihm obendrein höchstens zweimal im Jahr begegnet, umstellen kann? Manchmal wird von einer Geiß, deren Kitz in einer Wiese ausgemäht worden ist, erwartet, daß sie, nachdem sie diese Erfahrung gemacht hat, ‚schlauer' wird und sich im nächsten Jahr einen sichereren Platz zum Setzen aussucht. In unseren Gegenden mit viel Tau zu den Zeiten, in denen der Fuchs unterwegs ist, gibt es aber wohl keinen sichereren Platz für die Kitze als den in einer taunassen Wiese. Die Gefahr des Fuchses dürfte auch der Geiß gewärtiger sein als die der Mähmaschine. Wir sollen eben versuchen, als Reh zu denken, und nicht vom Reh erwarten, daß es wie ein Mensch denken soll!

Falls man jedoch erhofft, durch Autos und Mähmaschinen werde insofern eine Selektion betrieben, als dadurch die ‚Dummen' bzw. deren Nachwuchs ausgemerzt werden, dürften, bis sie sich auswirkt, annähernd ebensoviel Generationen vergehen wie bis zur Veränderung der Erbmasse durch die Hege mit der Büchse! Wenn aber die Verluste durch Autos als zahlenmäßige Dezimierung des ‚ohnehin immer Zuviel' an Rehen begrüßt wird, so sind wir primitiv genug, offen zu sagen, daß wir dieses ‚Zuviel' lieber nutzen und aufessen."

Die Vermeidung der Gefährdung durch die *Mähmaschine,* der die Kitze in den ersten Lebenswochen ausgesetzt sind, wird leider niemals eintreten, weil die Verhaltensweise des Drückens in der Jugend so fest geprägt ist, daß sie nicht aufgegeben wird. So wird Jahr für Jahr beim Mähen der Wiesen ein nicht unbedeutender Teil der Kitze von den Messern der Mähmaschine erfaßt und tödlich verletzt. Eine zahlenmäßige Erfassung dieser Verluste ist außerordentlich schwierig und sicherlich bei allem Bemühen mit einer erheblichen Dunkelziffer behaftet.

UECKERMANN hat 1976/77 Daten aus 36 Kreisgruppengebieten Nordrhein-Westfalens ausgewertet. Unter ausdrücklichem Vorbehalt der vielfältigen Unsicherheiten kommt er bei Rehwild auf ein Verlustprozent der Jahresstrecke von 14,5; einer Verlustzahl von 0,4 Rehen auf 100 ha Gesamtfläche bzw. 1,2 Rehen auf 100 ha Grünfläche. Dies würde auf das Gebiet der Bundesrepublik Deutschland hochgerechnet bedeuten, daß nahezu 85 000 Stück Rehwild

Jährliche Wildverluste durch den Autoverkehr in der Bundesrepublik Deutschland

Rotwild	800
Damwild	1 300
Rehwild	70 000
Schwarzwild	1 500
Hase	120 000

Berechnung der Forschungsstelle für Jagdkunde und Wildschadenverhütung des Landes Nordrhein-Westfalen für 1982
Quelle: DJV-Nachrichten 2/1984

Jährliche Wildverluste durch landwirtschaftliche Maschinen in der Bundesrepublik Deutschland

Rehwild	60 000
Hase	100 000
Fasan	200 000
Rebhuhn	10 000

Berechnung der Forschungsstelle für Jagdkunde und Wildschadenverhütung des Landes Nordrhein-Westfalen für 1982
Quelle: DJV-Nachrichten 2/1984

landwirtschaftlichen Maschinen zum Opfer fielen. In Oberschwaben wurde eine durchschnittliche Zahl von 15 vermähten Kitzen auf 1000 ha ermittelt. Auf diese Unfälle durch die moderne Technik kommen wir im Kapitel Wildschutz zurück.

Zu Wildfallen werden *Gräben* mit steilen Seitenwänden, wenn das Rehwild nicht genügend Halt an den Böschungen findet, um sich herauszuarbeiten. Als Beispiel sei ein Fall geschildert, in dem die Gräben bei der Entwässerung eines Moores steile Seitenwände aus Faschinen erhielten. Dadurch wurde das ganze Gebiet mit einem Netz von Wildfanggräben überzogen, in denen in kurzer Zeit 15 Rehböcke, 21 Ricken und 4 Kitze verendet gefunden wurden. Die

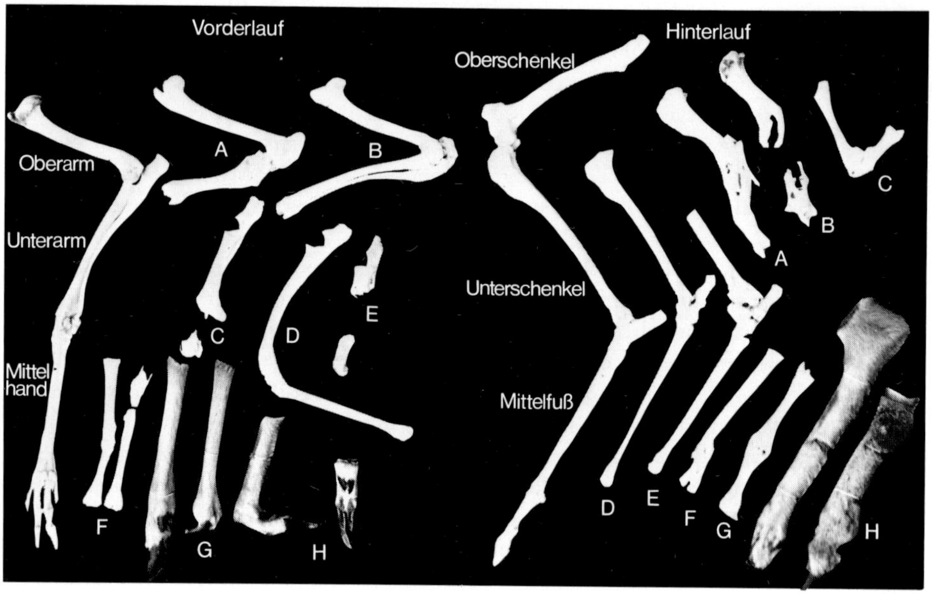

Arten von Bruchverletzungen (W. DONDORF)

Vorderlauf

A Ellenbogengelenknaher Schußbruch. Auffallend die Verkürzung von Elle und Speiche. Versteifung des Ellenbogengelenkes

B Schußbruch des Ellenbogengelenkes mit Versteifung desselben. Die Vorderläufe A und B waren nicht funktionsfähig

C Handwurzelgelenknaher Schußbruch. Im vorliegenden Beispiel zeigte sich eine deutliche Kallusbildung, jedoch noch keine knöcherne Verbindung. Streckung nach 24 Tagen zurückliegender Schußverletzung

D Schußbruch des Handwurzelgelenkes mit Versteifung

E Glatter Schußbruch des Unterarmes mit völliger Zerstörung und Resorption der Mittelstücke von Elle und Speiche

F 1. Mittelhandknochen mit vollständiger knöcherner Durchbauung
2. Handwurzelgelenknaher Mittelhandbruch mit Knochendefektbildung

G Links: Gesunder Vorderlauf
Rechts: Kranker Vorderlauf des gleichen Stückes mit Zehenknochenverletzung. Als Folge zeigt sich eine Verkümmerung der Schalen

H Schalenbilder als Folge von Vorderlaufschußverletzungen

Hinterlauf

A Schußbruch des Unterschenkels mit ausgedehnter Kallusbildung

B Schußbruch des Unterschenkels mit Knochendefekt

C Schußbruch des Unterschenkels mit Falschgelenkbildung und starker Achsabweichung

D u. E Schußbruch des Sprunggelenkes

F Bruch des Mittelfußknochens mit guter knöcherner Durchbauung. Geringe Achsabweichung des unteren Mittelfußknochens

G Schußbruch des Mittelfußknochens mit guter knöcherner Durchbauung, jedoch Drehfehler von 90 Grad

H Links: Folgezustand einer wahrscheinlich alten Hinterlaufverletzung durch Mähmaschine. Es sind nur noch Bruchstücke von Schalen vorhanden. Es handelt sich hierbei um den linken Hinterlauf. Die Gehörnbildung dieses Rehbockes zeigte links eine gute Sechserstange, rechts einen Spieß.
Rechts: Unbekannte Zehenknochenverletzung des Hinterlaufes mit Schalenverkrümmung

Anlage von Übergängen aus Stangen, die mit Rasen abgedeckt waren, verhütete die Unfälle kaum, obwohl die Übergänge namentlich von Ricken mit Kitzen gut angenommen wurden. Das Unglück trat meist ein, wenn das Wild schöpfen wollte, es trat dann von der Seitenwand in den Schlammgraben und versank hilflos. Ähnlich wirken Kanäle mit steilen Betonwänden, wenn Ausstiege fehlen.

Abfälle im Revier rufen häufig Lauf- und Schalenverletzungen hervor.

Unglücksfälle verschiedener Art entstehen an *Drahtzäunen.* Gehetzte Rehe eräugen Maschendraht nicht rechtzeitig und fliehen ihn oft mit solcher Gewalt an, daß sie sich die Halswirbelsäule brechen. Beim Durchschlüpfen und Durchkriechen bleiben die Stücke häufig hängen und können sich nicht mehr befreien.

In den Niederungen der großen Flüsse fordert von Zeit zu Zeit das *Hochwasser* große Opfer, wie bereits weiter vorn erwähnt.

Für das Halten der *Eisdecke* hat das Rehwild ein erstaunlich sicheres Empfinden, deshalb kommt es nur selten vor, daß Stücke durch das Eis brechen und ertrinken, und wohl nur dann, wenn sie in höchster Bedrängnis gezwungen sind, brüchiges Eis anzunehmen.

Einige seltene Unglücksfälle seien noch erwähnt, die zwar für den Bestand bedeutungslos, aber doch bemerkenswert sind. In der Blattzeit wurde eine verendete Rehgeiß in einem Haferfeld gefunden, die an den Halmen festhing. Die Halme aus einem Umkreis von etwa zwei Metern waren zu einem *Strohseil* zusammengedreht, das den linken Hinterlauf über dem Sprunggelenk umwickelt hatte. Aus dem niedergewühlten Getreide war zu ersehen, welche verzweifelten Anstrengungen das Stück gemacht hatte, freizukommen, doch das Strohseil widerstand jedem Befreiungsversuch. Mehrere Hexenringe deuteten darauf hin, daß die Rehgeiß hier getrieben worden war, bei der Gelegenheit hatten sich die Halme um den Hinterlauf gewickelt.

Nach einem orkanartigen Sturm im Februar wurde ein starkes weibliches Kitz gefunden, das von einer *Kiefer erschlagen* war. Das Stück muß auf der Blöße gestanden haben, als der Sturm im nahen Rande des Hochwaldes eine Kiefer warf, die das Kitz zu Boden schmetterte und mit einem Aststumpf durchbohrte.

Im Fichtelgebirge wurde im August in einer 28jährigen Kiefern- und Fichtendickung eine führende Rehgeiß gefunden, die offensichtlich bei heftigem Regen vom *Blitz* erschlagen worden war. Der Blitz war längs des Kiefernstämmchens, unter dem die Geiß wohl Schutz gesucht hatte, niedergefahren und hatte Rinde und Bast aufgerissen, so daß das weiße Holz hervorleuchtete. Dann war er auf das Reh übergesprungen, hatte längs der Hals- und Rückenwirbelsäule seinen Lauf genommen, um dann schräg über die linke Seite des Wildkörpers zur Erde zu fahren. Am Wildkörper war eine Art Rinne sichtbar, in der die Haare wie mit einem Rasiermesser um einige Millimeter verkürzt waren. Es handelte sich um einen kalten Blitz, der keine Verbrennungen, sondern lediglich mechanische Verletzungen am Kiefernstamm und Wildkörper zur Folge hatte.

In Heft 4/1984 der Zeitschrift für Jagdwissenschaft veröffentlichten W. HOFMANN und P. MÖLLER ihre Befunde zweier seltener bisher nicht beschriebener primärer Lebertumoren bei Rehwild.

Zusammenfassend sei zu diesem Kapitel festgehalten, daß heute der Verkehrstod, wenn naturgemäß auch in regional unterschiedlicher Größenordnung, unsere Rehwildbestände am stärksten zehntet. Neben vermindertem Abschuß und damit geringerem ideellen und materiellen Ertrag sowie erheblichen Versicherungsschäden (Wildunfälle 1982 insgesamt 133,5 Mio. DM Aufwand für Schadensregulierung nach HUK-Verband) erschwert dies eine richtige Gliederung der Bestände nach Geschlechtern und Altersklassen. Auf die möglichen Vorbeugemaßnahmen werden wir im Kapitel „Wildschutz“ zurückkommen.

Bei dem nicht verkehrsbedingten Fallwild zeigen die jährlichen Veröffentlichungen in etwa folgende Reihenfolge nach den zahlenmäßigen Todesursachen:

1. Magenwurmbefall
2. Lungenwurmbefall
3. Unspezifische Magen- und Darmentzündungen
4. Sonstige Parasiten
5. Tollwut
6. Mechanische Verletzungen
7. Futterschädlichkeit
8. Rachen- und Hautdasseln
9. Mißbildungen und Geburtsstörungen
10. Altersschwäche

ZWEITER TEIL

JAGD UND HEGE

Einleitung und historischer Überblick

Bereits in der ersten Auflage dieses Werkes hat RAESFELD 1906 den Begriff der Hege eindeutig umrissen: „Ich verstehe unter Hege alle Maßnahmen, die geeignet sind, unter voller Berücksichtigung der Interessen von Wald und Feld einen in der Stückzahl mäßigen, an Gehörn- und Körperstärke des Einzelstückes hervorragenden Wildstand zu erzielen und zu erhalten."

Den Abschnitt „Die Hege mit der Büchse" in der dritten Auflage aus dem Jahre 1923 beginnt der Altmeister mit der Feststellung: „Die Klage über den Rückgang des Rehwildes an Körperstärke und Gehörn ist ein ständiger Gegenstand der Unterrichtung in den Jagdzeitschriften und den Gesprächen der Waidmänner." Daran hat sich heute, nach mehr als sechzig Jahren, in der breiten Jägerschaft nichts geändert. Das Rätselraten um unser Rehwild ist geblieben, und so manche Theorie, auf die man schwor und von der man sich einen durchschlagenden Erfolg versprach, hat dann in der rauhen Praxis doch versagt.

RAESFELD sah damals die Wurzel des Übels in einer völlig falschen Bejagung, die sich hauptsächlich auf die Böcke, vor allem auf die allein als jagdbar anerkannten Sechserböcke, beschränkte und den Ricken- und Kitzabschuß fast völlig außer acht ließ. Er geißelte „eine völlig mißverstandene Hege, die sich auf die Stückzahl, anstatt auf die Stärke und gute Veranlagung des Einzelstückes richtete". Seiner Zeit weit voraus, predigte er deshalb den Wahlabschuß und das Bestreben, ein Geschlechterverhältnis von 1 : 1 zu erzielen und zu erhalten. Dies ist die originäre RAESFELDsche Definition der Hege mit der Büchse, die heute so oft mißverständlich oder gar bewußt falsch zitiert wird. Er warnte nachdrücklich vor einem zu starken Anwachsen des Wildbestandes, aber Richtzahlen für eine gesunde Wilddichte finden wir bei ihm noch nicht. Seine Forderungen hinsichtlich des Wahlabschusses wurden dann zehn Jahre später in einer derart allumfassenden Weise berücksichtigt, wie sie sich der Altmeister wohl kaum vorgestellt hat. Nach Inkrafttreten des Reichsjagdgesetzes und infolge der vorgeschriebenen Abschußplanung und der Pflichttrophäenschau wurde ein Wahlabschuß für alle deutschen Reviere obligatorisch, der sich fälschlicherweise in erster Linie an der Gehörnentwicklung – dem „Bilderbuch-Sechserbock" – ausrichtete und zu wenig die arteigenen Verhaltensweisen sowie die besondere Populationsdynamik berücksichtigte. Dies wissen wir heute! Die große Masse der Revierinhaber griff diese für sie neue Aufgabe mit solchem Ernst und mit solcher Passion auf, daß daraus eine Gemeinschaftsarbeit erwuchs, wie es sie auf jagdlichem Gebiet bis dahin noch nicht gegeben hatte. Allein, allen diesen Bemühungen, allem Fleiß im großen und im kleinen blieb der erwartete Erfolg versagt, während die gleichen Maßnahmen bei anderen Schalenwildarten zu einer gütemäßigen Steigerung führten, die selbst kühnste Voraussagen noch übertraf.

So wurden nach dem II. Weltkrieg immer mehr Stimmen laut, die der Abschußplanung und dem Wahlabschuß beim Rehwild zu Zeiten des Reichsjagdgesetzes jeden Erfolg absprachen und völlig neue Wege forderten. Die in einzelnen Revieren gesammelten Erfahrungen widerlegen allerdings eine solche summarische Beurteilung. Insbesondere die guten Erfahrungen, die man mit einer Verbesserung des Lebensraumes und des Äsungsangebots, sach- und zeitgerechter Fütterung und einer optimalen Nutzung dieser so anpassungsfähigen Wildart machte, berechtigen heute zu großen Hoffnungen.

Genau dies wird aber von zahlreichen Kritikern, leider auch von Forstleuten und Wildbiologen, schlicht nicht zur Kenntnis genommen oder gar wider besseres Wissen bestritten. Aktueller Beweis hierfür ist beispielhaft die Streitschrift „Die Herbstmastsimulation, ein Irrweg der Hege" von SCHRÖDER, EISFELD, ELLENBERG und GOSSOW gegen die von HOFMANN und KIRSTEN veröffentlichten Untersuchungsergebnisse einiger „Normalreviere" in Hessen, Bayern und Rheinland-Pfalz. Bei der entsprechend dem gegebenen Finanzrahmen nur extensiv möglichen Arbeit ging es darum, die teilweise geradezu verblüffenden Ergebnisse der finanziell aufwendigen Versuche des Herzogs ALBRECHT VON BAYERN in der Steiermark und in Stammham, also in einem Gebirgsrevier bzw. im Gatter unter heute alltäglichen Bedingungen nachzuvollziehen. Ähnliches geschah vielerorts ohne wissenschaftliche Begleitung, und die Erfolge sind eindeutig. Sie haben insbesondere die nur mit Unterstützung des Herzogs von Bayern und des Wittelsbacher Ausgleichsfonds möglich gewesenen Arbeiten ELLENBERGS bestätigt, die seinerzeit im Gatter bei bewußt extrem gesteigerten Wilddichten den Beweis erbrachten, „daß eine ganzjährige oder fast ganzjährige Fütterung mit hochwertigem Futter erfolgreich zu hohen Rehdichten bei guten Rehqualitäten führen, sogar ohne eine auf Fichte und Buche basierende Forstwirtschaft ernsthaft zu beeinträchtigen"[1].

Er bezeichnet dies allerdings abwertend als „Rehgärtnerei".

Die fortgesetzten Forschungen in Stammham zeigen auf, wo bei wieder abgesenkter Wilddichte und im wesentlichen auf „Herbstmastsimulation" reduzierter Fütterung der für die Praxis des Normalrevieres „goldene Mittelweg" liegen dürfte. Das „Rehwildproblem" ist heute lösbar, wenn es gelingt, die bewiesenen Erfolge von gut geführten Einzelrevieren in die offizielle Jagdpolitik zu übertragen, die immer kleiner werdenden Reviere auf groß angelegter Hegeringbasis einheitlich zu bewirtschaften und gesichertes Wissen der breiten Jägerschaft zu vermitteln. Kurzlebige biologische Spekulationen sind aber von gesichertem Wissen streng zu trennen. Zusätzlich ist zu berücksichtigen, daß Forschungsergebnisse sich in der Regel auf das jeweilige Untersuchungsgebiet beziehen, also nicht ohne weiteres verallgemeinert werden dürfen.

So faßten auch R. R. HOFMANN/KIRSTEN ihre Empfehlungen in 3 knappen Punkten zusammen:

Aufgrund der von 1978/79 bis 1982 in Hessen sowie in mehreren außerhessischen Vergleichsrevieren durchgeführten Feldversuchen und unter Heranziehung gesicherter wissenschaftlicher Erkenntnisse über Ernährungsphysiologie und -verhalten des Reh- und Rotwildes möchten wir empfehlen:

1. Hegemaßnahmen zur Verbesserung der Nahrungsbasis der genannten Schalenwildarten künftig stärker an den evolutionär entstandenen Anpassungs- und Überlebensstrategien des Wildes selbst als an althergebrachten Traditionen zu orientieren;
2. derartige Hegemaßnahmen im optimalen Zeitraum zu ermöglichen, d.h. bestehende Verbote bzw. Gebote so zu korrigieren, daß eine Herbstmastsimulation des Rehwildes ab 1. September und des Rotwildes ab Oktober ermöglicht wird; um den Schutz des Waldes vor Wildschäden auch im Zeitraum des Stoffwechselanstiegs zu gewährleisten, sollten Fütterungsmaßnahmen mindestens bis 30. April möglich sein.

[1] Erstaunlicherweise widerspricht dem EISFELD in seiner Fallstudie „Das Reh" mit der Behauptung, „gerade in Revieren mit reichlicher Fütterung sieht man häufig den stärksten Verbiß".

3. Wildbestände, deren Kondition und Überlebensfähigkeit durch die Anwendung von Hegemaßnahmen zur Herbstmast-Simulation verbessert werden, nach dem Grundprinzip der Nachhaltigkeit intensiver als bisher zu nutzen und bürokratische Einschränkungen solcher Nutzungsprogressionen abzubauen oder flexibel zu gestalten. Es ist jedoch ein Trugschluß, unter den heutigen Umweltbedingungen und Störungen des Wildes selbst von einem sehr geringen Bestand keine Wildschäden zu erwarten, wenn man auf Hegemaßnahmen wie Fütterung und Wildäcker verzichtet oder sie verbietet.
   Solche Schäden stehen meist in keinem Verhältnis zur Wilddichte und müssen als vermeidbar angesehen werden, zumal unter heutigen Bedingungen (besonders beim Rotwild) lineare Bezüge zwischen Wilddichte und Wildschäden nicht mehr herleitbar sind.

Damit wollen wir keinesfalls einseitig der Fütterung das Wort reden. Durch die genannten Versuche wurde jedoch bewiesen, daß die Nahrungsgrundlage das entscheidende Kriterium einer optimalen Entwicklung unseres Rehwildes ist. Wir sehen die Fütterung dort, wo dies möglich ist, als einen Übergang zur längerfristigen Biotopverbesserung.

Deshalb sei an dieser Stelle auch auf den von JÖRG JAHN, dem Präsidenten des St. Gallisch-Appenzellischen Jagdschutzvereins, in „Jagd und Hege" Nr. 6/83 veröffentlichten Erfahrungsbericht hingewiesen, dem der beachtliche, vielseitige Erfolg der in einem 850 ha großen Revier mit 350 ha Wald auf einer Nord-Nordwest-Abdachung in 600 bis 1000 m über Meer seit 1970 praktizierten „Ernährungshege" zu entnehmen ist:

Die Verbesserung der natürlichen Lebensgrundlagen, auch durch die hervorragende Zusammenarbeit von Forst und Jagd, eine zeit- und sachgerechte Winterfütterung und eine optimale Nutzung des Rehwildbestandes, im Durchschnitt der letzten 15 Jahre 18 Stück/100 ha Wald, führten zu einem forstlich unbedeutenden Verbiß, zu erheblich gestiegenen Wildpretgewichten und starken Gehörnen (s. auch S. 289).

JAHN bemerkt selbst:

„Ob diese Fakten in allen Teilen die Wissenschaftler befriedigen, interessiert und quält uns nicht. Solange wir gesundes und starkes Rehwild haben und der Wald sich in einem für den Förster erfreulichen, ja mustergültigen Zustand befindet und wir nicht gezwungen sind, das Rehwild auf Restbestände zurückzuschießen, sind alle Teile zufrieden. Die Kritik an der „Herbstmast-Simulation" ist deshalb sicher solange nicht berechtigt, bis die Kritiker selber etwas jagdpolitisch Verantwortbares, Besseres anzubieten haben.

Bisher sind uns aber keine anderen, naturschutz- und jagdpolitisch verantwortbaren Methoden bekannt geworden. Für den Praktiker ist es deshalb unverständlich, wenn durch wissenschaftliche Haarspaltereien bewährte Stützungsmaßnahmen in Frage gestellt werden. Die bisherige Alternative hieß doch: Abschuß und nochmals Abschuß. Wir meinen, daß gerade auch der erholungssuchende Mensch in Stadtnähe ein legitimes Anrecht darauf hat, Wild in der freien Wildbahn zu sehen. Wir Jäger haben vom Jagdregalgeber (Gesetzgeber) einen klaren Auftrag, angemessene Bestände zu erhalten und Wild im Winter zu füttern. Die Forstwirtschaft, die jetzt daran ist, Waldstrukturen umzufunktionieren, braucht dafür Jahrzehnte. Warum sollten wir ihr dabei nicht Hilfeleistung geben? Eine davon ist die Ernährungs-Hege!

Die sich abzeichnenden Probleme des Waldsterbens könnten die Konfrontation Wild-Forst wieder verstärken. Gerade in dieser Situation gilt es ganz klar, das zu tun, was sich bewährt hat und beiden Teilen dient.

Sollte das Waldsterben im aufgetretenen Tempo anhalten, ist zu erwarten, daß als einzige gangbare Alternative zum gewaltigen Reduktionsabschuß – bedingt durch die hohe Verjüngungsrate im Waldbau – nur die Ernährungs-Hege bleiben wird! Es wird dann völlig sinnlos, darüber zu streiten, wie lang ein Rehwild-Unterkiefer theoretisch sein sollte, oder ob vom energetischen Standpunkt aus die Tagesproduktion von Milch einer Rehgeiß gleichzusetzen ist mit dem 6- bis 7monatigen Gehörnaufbau eines Rehbockes!

Als Irrweg würde ich alles unausgegorene Experimentieren, aber auch den Totalabschuß bezeichnen. Die Ernährungs-Hege, zusammen mit den beschriebenen anderen Maßnahmen, hat sich bewährt, und die Jäger sollten sich nicht durch jede neue Theorie verunsichern lassen."

Jagd als Kulturgut

Bevor wir uns jedoch *dieser* Hege und Jagd des Rehwildes im einzelnen zuwenden, wollen wir doch noch kurz auf die Bedeutung der Jagd für die kulturelle Entwicklung hinweisen. So wie die ersten Menschen Sammler und Jäger waren, so sind auch die ältesten Kunstwerke sicher von Jägern geschaffen worden. Denken wir nur an die Höhlenmalereien, an erste kunstvoll geschaffene Werkzeuge und Waffen. Jagddarstellungen in Reliefs und Mosaiken finden wir in nahezu allen alten Kulturen. Die hohe Kunst der Falknerei hat bis in unsere Tage großartige kulturelle Impulse gegeben. Was wäre unsere Literatur ohne die schöngeistigen Werke eines Ortega y Gasset? Sicher spiegelt sich stets in der jeweiligen Kultur einer Zeit die Geistesverfassung der sie bestimmenden Menschen wieder, sie hat dementsprechend auch die Jagd selbst geprägt. Erscheinungsformen, für die wir heute kein Verständnis mehr aufbringen können, sind eben nur aus dem Zeitgeist heraus zu verstehen, wer weiß, wie unser Handeln in mancher Hinsicht von späteren Generationen beurteilt werden wird? Tatsache aber dürfte sein, daß unsere Welt ohne die Leidenschaft des Jagens, dieses Urtriebs des Menschen und den daraus resultierenden Anstößen, dem künstlerisch Ausdruck zu verleihen, sehr viel ärmer wäre.

Ein Teilbereich dieser Jagdkultur ist zweifellos auch unsere Waidmannssprache.

Waidmannssprache

Diese besondere Ausdrucksweise hat sich, wie auch in anderen Bereichen, man denke nur an die Seefahrt bis zum Segelsport, über Jahrhunderte hinweg aus feinsinniger Naturbeobachtung und poetischer Wortschöpfung, aber auch aus bildhafter Wiedergabe handwerklichen Könnens entwickelt. Sicher, ihr Gebrauch allein macht nicht den Jäger, sie ersetzt auch weder jagdlichen Anstand noch zeitgemäßes biologisches Wissen. Sie ist auch keine Geheimsprache einer exklusiven Zunft.

Die Waidmannssprache ist ein Teil des Kulturgutes Jagd, das sinnvoll zu pflegen wir Jäger auch und gerade heute aufgerufen sind. Es sind nahezu 3000 Begriffe, die die heutige Jägersprache ausmachen. Dr. Sigrid Schwenk von der „Forschungsstelle für Jagdkultur" der Universität Bamberg hat in einer umfangreichen Arbeit 12 000 bis 13 000 jagdliche Ausdrücke seit dem 7. Jahrhundert nachgewiesen!

Wir müssen uns hier auf die gebräuchlichsten waidmännischen Bezeichnungen des Rehwildes und seiner Jagd beschränken.

Das männliche Reh heißt *Rehbock*, auch kurz *Bock*, je nach Stärke: *Kapitalbock, guter, geringer Bock.* Nach Endenzahl: *Sechserbock, Gabelbock oder Gabler, Spießbock oder Spießer,* bei nur angedeuteten Stangen *Knopfbock.* Haben die beiden Stangen unterschiedliche Endenzahlen, dann wird die Zahl der Sprossen der endenreicheren Stange verdoppelt und dem entsprechenden Begriff das Wort „ungerader" vorgesetzt.

Ein Bock mit drei Sprossen an der einen, nur zwei Sprossen an der anderen Stange oder gar nur einem Spieß als andere Stange, ist z. B. ein *ungerader Sechser.* Das weibliche Reh wird ab vollendetem 2. Lebensjahr *Ricke, Rehgeiß, Geiß,* auch *Hille* genannt, davor, in dem der Geburt folgenden Lebensjahr, *Schmalreh.* Die Jungen heißen im 1. Lebensjahr *Kitze*, je nach

Geschlecht *Bockkitz,* bei Bildung eines Erstlingsgehörns *Kitzbock* oder *Ricken-* bzw. *Geißkitz.* Eine Ricke mit Nachwuchs *führt*, eine dauernd unfruchtbare Ricke ist *gelt*, also eine *Geltricke* oder *Geltgeiß.*

Der Kopfschmuck des männlichen Rehes heißt allgemein *Gehörn*, wenn auch zoologisch Geweih richtiger wäre. Man findet noch die Begriffe *Krone* oder *Gewichtel.* Es besteht aus den *Stangen* mit *Enden*, auch *Sprossen*, das vordere Ende wird *Augsprosse* oder *Vordersproß*, das hintere *Hintersproß* genannt, das auslaufende Stangenende *Mittelsproß.* Die Stangen sitzen auf *Rosenstöcken*, die dem Stirnbein entwachsen, der rundliche Wulst am unteren Stangenende heißt *Rose.*

Die länglichen Vertiefungen entlang der Stange sind *Riefen, Rillen* oder Furchen, die tropfenförmigen Erhöhungen *Perlen.*

Unregelmäßigkeiten werden *widersinnig* oder *abnorm* genannt.

Der Bock *wirft* das Gehörn alljährlich *ab*, er *schiebt* ein neues oder er *setzt auf.* Dieses wachsende, weiche, behaarte Gehörn ist im *Bast*, es wird *Kolben-* oder *Bastgehörn* genannt. Der Bast ist die Haut, die nach Stillstand des Gehörnwachstums gefegt wird, der Bock hat *verfegt*, er ist *blank.*

Das männliche Glied ist die *Brunftrute*, die Hoden heißen *Brunftkugeln*, beides zusammen das *Kurzwildpret*, der lange Haarbüschel am Austritt der Brunftrute ist der *Pinsel.* Das weibliche, äußerlich sichtbare Geschlechtsteil wird *Feuchtblatt*, dessen Haarbüschel *Schürze* genannt.

Der Kopf heißt *Kopf* oder *Haupt*, das Maul *Geäse* oder *Äser*, die Zunge *Lecker*, die Nase *Windfang*, der Nasenspiegel *Muffelfleck*, die Augen *Lichter* oder *Seher*, die Ohren *Gehöre, Lauscher, Luser, Loser.*

Der Hals heißt *Hals* oder *Träger*; der Rücken *Rücken* oder *Ziemer*, über der Schulter *Widerrist*, dahinter *Kruppe*, das Schulterblatt *Blatt*, der Hinterschenkel *Keule.*

Die Schulterblätter mit den ersten drei Rippen sind der *Vorschlag*, die Vordersicht unterhalb des Halses der *Stich,* die Verwachsung der Rippen zwischen den Vorderläufen der *Brustkern.* Die Bauchseiten sind die *Flanken* oder *Dünnungen,* die Rippen die *Federn.* Der nicht sichtbare Schwanz heißt *Wedel* oder *Blume*, der After *Waidloch*, die helleren Haare ringsherum bilden den Spiegel.

Das Euter heißt *Gesäuge* oder *Spinne*, die Saugwarzen *Zitzen.*

Die Haut wird *Haut* oder *Decke*, das Haar *Haar* genannt.

Der Haarwechsel heißt *färben, verhären,* das Stück *färbt sich* oder *hat verfärbt.* Diese Zeit ist die *Färbezeit.*

Der Rumpf des Rehes wird von schlanken Beinen, den *Läufen*, getragen, die Klauen sind die *Schalen,* die hintere Wulst ihrer Unterseite die *Ballen*; die den Boden im Stehen oder bei ruhiger Bewegung nicht berührenden hornigen Zehen an der Hinterseite der Läufe die *Geäfter* oder *Oberrücken.*

Von den inneren Organen wird die Luftröhre *Drossel*, der Kehlkopf *Drosselknopf*, die Speiseröhre *Schlund*, auch *Wiesel* oder *Schlung* genannt.

Herz und Lunge befinden sich im Brustkorb, der *Kammer*; zusammen mit der Leber heißen sie *Geräusch*, zuzüglich Nieren und Milz bilden sie das *Kleine Jägerrecht*; Magen und Därme heißen *Gescheide*, wobei man in *großes Gescheide*, bestehend aus dem Magen = *Pansen, Waidsack* oder *Wanst* und Milz und dem *kleinen Gescheide* oder *Geschlinge*, aus den Därmen bestehend, unterscheidet. Geräusch und Gescheide bilden zusammen den *Aufbruch.*

Der Mastdarm heißt *Waiddarm*, die Verwachsung der Beckenknochen, die beim Aufbrechen durchtrennt werden soll, das *Schloß.*

Das Fleisch heißt *Wildbret* oder *Wildpret*, das Blut *Schweiß, Farbe* oder *Farsch*, das Fett

Feist, der Pansen- und Darminhalt *Geäse*, sobald er feste Form als Kot angenommen hat, *Losung*.

Das Rehwild *äugt*, wenn es schaut, es *windet*, um zu riechen, und es *vernimmt*, wenn es etwas hört.

Es *sichert*, wenn ihm bereits etwas aufgefallen ist, alle drei Sinne sind angespannt. Es *verhofft*, wenn es aus der Bewegung heraus anhält, *es wirft auf*, wenn es den Kopf hebt, um zu *sichern*.

Ungestört ist das Wild *vertraut*, ruhige Fortbewegung nennt man *ziehen*, schnelleres Traben *trollen*, *flüchtig werden*, wenn es in Galopp fällt. Ein weiter Sprung ist eine *Flucht*, überspringen heißt *überfallen* oder *überfliehen*; schwimmen *rinnen*.

Wird es nachhaltig gestört, ist es *vergrämt*.

Setzt sich das Reh, so *tut es sich nieder*; steht es auf, so *wird es hoch*. Das Lager ist das *Bett*, in dem es *sitzt*.

Scharrt es vor dem Niedertun oder bei sonstigem Anlaß Laub, Moos oder Erde fort, so *plätzt* es, reibt es das Gehörn an Sträuchern etc., *fegt* oder *schlägt* es.

Das Wild *steht* in einem Revier, es hat dort *seinen Einstand*. Es *wechselt*, wenn es von einem Ort zum anderen zieht, der regelmäßige Weg ist der *Wechsel*. Es *tritt aus*, wenn es die schützende Deckung verläßt. Man unterscheidet *Standwild* oder *Wechselwild*, je nachdem, ob das Wild sich dauernd in einem Jagdrevier aufhält oder öfters die Reviergrenze überschreitet und mal hier, mal dort seinen Einstand hat.

Fressen heißt *sich äsen* oder *äsen*, trinken *schöpfen* oder *sich tränken*, es *näßt* oder *feuchtet*, wenn es Wasser läßt, und es *lost*, *löst sich*, wenn es Kot, die *Losung* fallen läßt.

Ist ein Stück fett, so ist es *feist* oder *gut bei Wildpret*, bei Krankheit oder schlechter Ernährung *kommt es ab*, es *kümmert*, es ist *krank*. Wird es durch einen Schuß verwundet, ist es *krank* oder *angeschweißt*. Fällt es tödlich getroffen, so *bricht es zusammen*, *es verendet*.

Es geht ein, wenn es ohne augenblickliche, gewollte Tötung stirbt, es ist dann ein Stück *Fallwild*. In allen Fällen, in denen das Wildpret nicht mehr verwertbar ist, ist das Stück *verludert*. Ein angeschossenes Stück Rehwild, das sich krank *niedertut*, sitzt im *Wundbett*, es erhält den *Fangschuß* oder wird mit einem feststehenden Messer, dem *Nicker*, *abgenickt* oder hinter dem Blatt *abgefangen*. Dies will gekonnt sein, wir kommen darauf noch zurück.

Das erlegte Stück wird *aufgebrochen*, das Gehörn *abgeschlagen*, d. h. mit einem Teil des Schädels vom Haupt getrennt. Zur Verwertung wird es *aus der Decke geschlagen* und *zerwirkt*.

Die wesentlichen für die Küche bestimmten Teile sind der *Ziemer* = Rücken, das *Blatt* = Schulterblatt, auch mit *Vorderschlegel* bezeichnet, sowie der *Schlegel* oder die *Keule*.

Die Paarungszeit des Rehwildes ist die *Brunft-*, *Spreng-* oder *Blattzeit*, der Bock *treibt* die Ricke, geschieht dies im Kreis, entsteht ein *Hexenring*, er *beschlägt* sie, wenn er sie begattet, nach dem Beschlag *fällt* der Bock *ab*.

Hat das weibliche Stück empfangen, so ist es *beschlagen*, nach Beginn des embryonalen Wachstums *tragend*, gegen Ende der *Tragezeit hochbeschlagen*. Die Leibesfrucht heißt *Tracht*. Das Gebären heißt *setzen*, diese Zeit *Setzzeit* oder *Hegezeit*.

Zwei und mehr Rehe zusammen bilden einen *Sprung*.

Bock und Geiß *schrecken* oder *schmälen* als Unmutsäußerung oder Warnruf, sie *klagen* vom Hunde gegriffen oder sonst überaus geängstigt.

Alles Rehwild *fiept*, wenn es den einsilbigen leisen Ton als Kontaktruf von sich gibt. Beim Treiben in der Blattzeit hören wir lauter das zweisilbige *Sprengfiepen*, das *Angstgeschrei* und vor allem beim Bock das *Keuchen*. In der Blattzeit *kämpfen* die Böcke, der eine *schlägt* den anderen *ab*, wenn er ihn verjagt, er *forkelt* ihn, wenn er ihn mit dem Gehörn verwundet.

Die Gesamtbeurteilung von Wild heißt *ansprechen.*

Diese Aufzählung erhebt keinen Anspruch auf Vollständigkeit, auch die Jägersprache lebt. Begriffe verschwinden, geraten, da nicht mehr benötigt, in Vergessenheit, neue Worte finden Eingang. Wir werden, je nach dem zu behandelnden Thema, nun in der Folge uns dieser und anderer Fachausdrücke bedienen.

Hege mit der Büchse

Ziel

Es häufen sich die Stimmen, auch wohlmeinender Kreise, die jeden Sinn einer Abschußplanung beim Rehwild in Zweifel ziehen. Die Gründe liegen anscheinend auf der Hand: Angeblich ständiger Anstieg der Rehwildbestände und unbefriedigende Qualität der Individuen, also insbesondere des Merkmals Gehörn. Da stets die Vergangenheit, je länger sie zurückliegt, uns in desto besserem Lichte erscheint, kommt gar manchmal der Gedanke, ob nicht das „wilde Jagen" noch unserer Großväter mit Treibjagd und Flinte letztlich besser gewesen sei. Wir glauben, dies verneinen zu müssen. Was die Güte unserer Rehböcke anbelangt, so sind sicher auch unter jenen Jagdmethoden prozentual zum Gesamtabschuß nicht mehr starke Böcke gestreckt worden als heute, nur sind in der Regel ausschließlich gute Trophäen erhalten geblieben.

Vor allem aber zeigen doch zahlreiche Reviere, in denen Hege und Abschuß über Jahrzehnte hinweg richtig durchgeführt wurden, überzeugende Erfolge. Dies wird nicht zuletzt durch die geradezu rasant steigende Zahl stärkster Böcke bewiesen, wie in unserer Übersicht im Anhang aufgeführt.

Wir sollten aber auch den Mut haben, und uns zum „Trophäenjäger" im recht verstandenen Sinne dieses Wortes bekennen. Die gute Trophäe als Ausdruck von Gesundheit belohnt uns für biologisch richtiges Jagen: nachhaltige, hohe Nutzung mit dem Ziel biotopgerechter Wilddichte, natürlichem Geschlechterverhältnis und optimaler Altersgliederung.

Dem steht in vielen Fällen der falsch verstandene Hegebegriff entgegen, der unter einem gut gehegten Revier nur allzuoft ein „wildreiches" Revier versteht. Auch mag es Jäger geben, für die die Zahl der erbeuteten Böcke eine größere Rolle spielt als die Güte der einzelnen Trophäe. Nicht zuletzt beinhaltet die steigende Zahl der Jäger die Gefahr zu hoher Bestände, um möglichst vielen Jägern die Erlegung eines „Trophäenträgers" zu ermöglichen. In der Überbewertung der Erlegung eines „Trophäenträgers", hier also eines Bockes, gegenüber dem oft notwendigeren und jagdlich doch nicht minder reizvollen, dazu vielfach schwierigeren Abschuß eines weiblichen Stückes Rehwild sehen wir Anlaß zur Kritik, nicht aber im Streben nach der reifen, guten Trophäe als Lohn richtiger Hege.

Wir möchten deshalb mit der Zielvorstellung Qualität vor Quantität die Fragen des Rehwildabschusses behandeln, wobei wir meinen, daß hier, aber auch in der jagdlichen Gesetzgebung, nur ein Rahmen abgesteckt werden sollte, der in unserem bewährten Reviersystem weitgehende Gestaltungs- und Entscheidungsfreiheit dem verantwortlichen Jagdausübungsberechtigten überläßt. Unsere Jagdbehörden sind oftmals von der Sachkenntnis her überfordert, in den Kollegialorganen oder Beiräten sind Sachkundige in der Regel in der Minderheit. Der hauptamtliche „Wildbiologe" auf Kreisebene scheint uns weder sinnvoll noch durchführbar. Das Ziel muß vielmehr sein, den Jägern, insbesondere den Jagdausübungsberechtigten und ihren Revierbetreuern den heutigen Stand der wildbiologischen Kenntnisse zu vermitteln, sie zu einer Gesamtschau aller ökologischen Faktoren zu befähigen und sie entsprechend zu verantwortlichem Handeln anzuhalten. Es ist nicht einzusehen, warum im Zeitalter des „mündigen Bürgers" gerade der Jäger, der seine Befähigung und seine Kenntnisse in einer ausgefeilten Prüfungsprozedur zuvor nachzuweisen hat, nicht mehr Eigenverantwortung anstelle weiterer bürokratischer Bevormundung übertragen erhält.

Die Grenze der Entscheidungsfreiheit liegt bei der für ein gegebenes Biotop unter Berücksichtigung der äsungsverbessernden Maßnahmen tragbaren Zahl an Rehen im Revier, es ist dies die stets schwierige Frage der angemessenen Wilddichte.

Nachdem wir Menschen die Umwelt vieler Wildarten über Jahrhunderte vorwiegend aus wirtschaftlichen Gründen negativ beeinflußt haben, sind wir heute verpflichtet, nach den vorliegenden Erkenntnissen dem Wild möglichst viel von dem zurückzugeben, was wir ihm an natürlicher Umwelt genommen haben, nämlich Einstand und Nahrung. Der auch von der Forstwirtschaft heute wieder angestrebte natürlichere Mischwald, das Abgehen von Monokulturen, die Duldung von Weichhölzern sind eine langfristige Aufgabe. Wir Jäger müssen sie unterstützen, dies kann aber nur heißen:

Äsungsverbesserung und standortbezogene Bestandsregulierung.

Wilddichte

Unter Wilddichte ist die durchschnittliche Zahl von Tieren einer Wildart auf einer bestimmten Fläche zu verstehen, sie wird in „Stück je 100 ha" ausgedrückt.

Hierbei werden in der Fachliteratur unterschiedliche Gesichtspunkte für eine „tragbare Wilddichte" zugrunde gelegt, so z. B. eine waldbaulich-wildökologisch-landschaftsökologisch tragbare Wilddichte.

Wir kennen auch die landeskulturell und volkskulturell tragbare Wilddichte, in die auch ideelle Werte mit einzugehen hätten.

Ebenso dürften sich erhebliche Abweichungen ergeben, je nachdem wie wir die ökonomisch tragbare Wilddichte in volkswirtschaftlicher oder gar betriebswirtschaftlicher Hinsicht ermitteln wollten. Wir glauben, daß die volkswirtschaftlich tragbare Wilddichte das vom Gesetzgeber angestrebte Kriterium ist. Hierbei sind der Nutzen des Wildbestandes und die von ihm ausgehenden Beeinträchtigungen zu berücksichtigen. Eine angemessene Dichte einer Wildart liegt dann vor, wenn von ihr einerseits keine nachhaltig schädigenden Wirkungen auf die übrige Flora und Fauna ausgehen, andererseits alle Individuen dieser Wildart ausreichende Lebensbedingungen vorfinden. Beides ist für viele Gebiete durch die menschlichen Eingriffe in die Natur ohne umweltverbessernde Maßnahmen bei einer noch vertretbaren Bestandeszahl kaum erreichbar, es müssen also Kompromisse geschlossen werden. Wer die Umwelt durch Äsungsbeschaffung verbessert oder durch eine sachgerechte Winterfütterung während der vegetationsarmen Monate korrigierend eingreift, kann selbstverständlich mehr Wild pro Flächeneinheit halten und nutzen als ein anderer, der auf diesen Gebieten überhaupt nichts unternimmt. Zusätzlich spielt hierbei das Vorhandensein anderer Schalenwildarten eine gewisse Rolle.

Überschneiden nämlich sich ihre Einstände und Äsungsplätze wesentlich mit dem des Rehwildes, so sinken selbst bei geringer Wilddichte die Aussichten, zu hohen Körpergewichten und guten Gehörnen zu kommen. Die teilweise in der Literatur vorgenommene Addition von verschiedenen Schalenwildarten zu Schalenwildeinheiten scheint uns, vor allem unter Berücksichtigung der Arbeiten von R. R. HOFMANN, jedoch nicht zulässig. Es ist offensichtlich mehr die von anderem stärkeren Schalenwild ausgehende Beunruhigung, vor allem der bekannte „Futterneid" des Rotwildes. Hier kann allein ausreichende Biotopverbesserung und eine sach- und zeitgerechte Winterfütterung Abhilfe schaffen, bei der durch entsprechende

Vorrichtungen stärkerem Schalenwild der Zutritt verwehrt wird oder spezielle Rehwild-Futterautomaten für eine ungestörte Nahrungsaufnahme sorgen (s. Abb. auf S. 238 u. 239).

Trotz großer Verschiedenartigkeit der einzelnen Reviere müssen hier aber wohl oder übel Zahlen genannt werden, damit sich auch der weniger erfahrene Jäger ein Bild machen kann. Aus diesem Grunde hat der Schalenwildausschuß des Deutschen Jagdschutz-Verbandes folgende Richtlinien herausgegeben: „Die dem Rehwild und seinem Lebensraum zuträgliche Wilddichte ist je nach Äsungs- und Einstandsbedingungen, nach dem Vorkommen anderer Schalenwildarten und den das Rehwild beeinträchtigenden Störungen unterschiedlich. Da einerseits die Kenntnisse von einer als tragbar zu bezeichnenden Rehwilddichte noch nicht gesichert sind, andererseits die herkömmliche Bestandesschätzung mit erheblichen Unsicherheiten belastet ist, soll die Wilddichte (Zieldichte) im allgemeinen

bei ungünstigen Revierverhältnissen	4 bis 6 Stück je 100 ha,
bei mittleren Revierverhältnissen	6 bis 8 Stück je 100 ha,
bei günstigen Revierverhältnissen	8 bis 12 Stück je 100 ha

nicht überschreiten. Das besagt nicht, daß in besonders günstigen Lebensräumen örtlich nicht auch höhere Wilddichten vertretbar sind."

Für ausreichend große Reviere kann die tragbare Wilddichte revierweise festgelegt werden. Bei der Mehrzahl der kleineren und mittleren Reviere mit jahreszeitlich und örtlich wechselnden Lebensbedingungen und Wildkonzentrationen muß die angestrebte Wilddichte in freiwilliger Zusammenarbeit benachbarter Revierinhaber gemeinschaftlich festgelegt werden.

„Durchsetzbar ist eine gemeinschaftliche Zielsetzung für einen Lebensraum von etwa 3000 bis 5000 ha. Größere Revierzusammenschlüsse werden für die beteiligten Revierinhaber unübersichtlich, die gegenseitige Abstimmung wird erschwert" (Rehwildmerkblatt 1975).

Andererseits sind uns Rehwildreviere (auch staatliche Eigenjagden!) bekannt, die eine Rehwilddichte von 25 Stück/100 ha ohne nennenswerte waldbauliche Beeinträchtigungen aufweisen, allerdings bei optimalen natürlichen Biotopverhältnissen, zusätzlicher Äsungsverbesserung, zeit- und sachgerechter Fütterung und hoher Nutzung!

Ellenberg (1974) weist allerdings darauf hin, daß sich die vom Rehwild besiedelte Fläche jahreszeitlich bedingt stark verändert. Er schlägt deshalb vor, die Wilddichte auf die Minimalflächen zu beziehen, die im Winter vom Nahrungsangebot her das Überleben einer Population gewährleisten. Er drückt deshalb Rehwilddichten als „Anzahl überwinternder Rehe pro 100 ha Wald" aus, dies mit dem ausdrücklichen Hinweis, daß diese Dichtezahlen natürlich wesentlich höher sein müßten als die heute jagdwirtschaftlich üblichen.

Aus den von ihm ausgewerteten Daten zieht er den Schluß, daß gegenwärtig die Rehwilddichte in der Bundesrepublik Deutschland nicht durch jagdliche Bewirtschaftung, sondern durch das Nahrungsangebot während der Wintermonate reguliert wird.

Unbefriedigend ist zweifellos der Mangel, vorgegebene Wilddichten exakt überprüfen zu können. Deshalb haben verschiedene Autoren, so Mottl (1954), Neumann (1963) und Müller (1963) Untersuchungen über Vegetationsweiser veröffentlicht. A. Bubenik (1963) schlug, angeregt durch die Arbeiten von Aldous und Krefting vor, auf den Begriff Wilddichte zu verzichten und die Umweltnutzung durch die der Zahl nach unbekannten Tiere in einem Stichprobenverfahren der gesamten Vegetation zu erheben.

Die „Richtlinien für die Hege und Abschußregelung des Rehwildes" Baden-Württembergs vom 24. November 1979 verzichten sowohl auf tatsächliche oder angestrebte oder tragbare Wilddichten, ebenso auf eine Zählung oder Schätzung des Bestandes als Grundlage des Abschußplans. Bei der Abschußfestsetzung ist vielmehr vom Vorjahres-Abschuß auszugehen und dieser je nach Kondition des Bestandes (Körpergewicht, Trophäenqualität, Krankheitsfälle, Parasitenbefall, Fallwildanteil) und dem Zustand der Vegetation (Verbißintensität) zu erhöhen, zu belassen oder zu ermäßigen. Der Ermittlung des Vegetationszustandes dient ein forstliches Gutachten, das in allen Revieren in dreijährigem Rhythmus vom zuständigen Revierbeamten möglichst unter Beteiligung des Jagdausübungsberechtigten erstellt wird.

Diese „Neuerung" ist teils als bahnbrechend begrüßt, teils als noch weniger griffig, insbesondere bezüglich der Vegetationsermittlung, kritisiert worden. Auf Grund der bisherigen Erfahrungen ist der Erhebungsmodus 1985 überarbeitet worden. Tatsache ist, daß dem einzelnen Revierinhaber mehr eigenverantwortlicher Spielraum gegeben wurde. Er kann bei erfolgreichen Hegebemühungen und entsprechender Reduzierung von Verbißschäden seine „Rehwilddichte" selbst bestimmen! Insoweit wird der Rehwildjäger selbst auf einen Überblick bezüglich „seines" Bestandes nicht verzichten.

Kritisch zu beurteilen ist der Maßstab Körpergewicht. Es liegen keine gesicherten Erkenntnisse vor, daß das Rehwild auf zahlenmäßig starke Reduzierung mit einer signifikanten Gewichtszunahme reagiert, im Gegenteil, es sind uns zu dieser landläufigen Ansicht auch andere Erfahrungen bekannt.

Bestandsermittlung

Die Ermittlung des tatsächlichen Bestandes ist schwierig. Man verwendet dabei direkte und indirekte Methoden. In Revieren mit einem für Rehwild günstigen Verhältnis zwischen Wald und Feld ist die tatsächliche Bestandsermittlung wohl kein sehr großes Problem. Dort, wo tatsächlich gezählt werden kann, spricht man von direkten Bestandsermittlungen. Sie werden meist im Frühjahr durchgeführt, weil hier die höchste Sichtbarkeit gegeben ist. Indirekte Bestandsermittlungen konnten sich noch nicht durchsetzen. Sie beruhen auf Messungen des Futterverzehrs, auf Zählungen von Fährten, auf der Häufigkeit der Sichtbarkeit und vielen anderen, teilweise auch in der Folge angeführten Methoden. Zusammen mit den Zähltreiben sind sie derzeit jedoch nicht als brauchbar zu bezeichnen. Es gibt Auffassungen, die jegliche Wildzählung als geeignete Methode einer Bestandsermittlung verwerfen und den notwendigen Abschuß zur Erzielung einer für das Wild, für die Vegetation und die jagdwirtschaftliche Nutzung optimalen Wilddichte nach bestimmten, meßbaren Körpermerkmalen, wie z. B. Schädellänge oder Unterkieferlänge, bestimmen wollen. Als weitere Kriterien für Wilddichte und Ernährungsbasis wird eine nachhaltig negative Veränderung des pflanzlichen Artenspektrums oder starker, großflächiger Verbiß sowie das Körpergewicht je Altersklasse zu bestimmten Jahreszeiten angesehen.

Bei Zugrundelegung derartiger Kriterien würde die Kenntnis der tatsächlichen Wilddichte nahezu ohne Bedeutung sein. So sehr wir im Grundsatz neue Gedankengänge begrüßen und weitere intensive Forschungen sowie praktische Versuche in freier Wildbahn für erforderlich halten, können wir zumindest zur Zeit auf eine möglichst sorgfältige Bestandsermittlung nicht verzichten, wobei es sich in der Regel nicht um eine lückenlose Zählung handeln kann. Selbstverständlich sind die sehr unterschiedlichen örtlichen Verhältnisse mit zu berücksichtigen, in Feldrevieren oder bei geringem Waldanteil ist sicher ein höherer Genauigkeitsgrad erreichbar als in reinen Waldrevieren. Der mit seinem Revier vertraute Jäger muß das ganze Jahr über alle Beobachtungen mit genauer Standortangabe registrieren, hierbei sollte man sich nicht nur die Böcke einprägen, notieren und gegebenenfalls skizzieren, sondern auch beim weiblichen Wild besondere Kennzeichen vermerken, wie z. B. Färbung, spezielle Zeichnung, veränderte Form der Lauscher und, wo durchgeführt, evtl. Markierung.

Berücksichtigt man hierbei das jahreszeitlich unterschiedliche „Sozialverhalten", aber auch die beschriebenen Maxima und Minima im Futterverzehr und die aus diesen Faktoren resultierende jeweilige größere oder kleinere Beobachtungschance, so wird nach entsprechender Zeit, Erfahrung und Übung eine relativ zuverlässige Bestandsschätzung vorliegen. Ein weiteres Hilfsmittel zur Schätzung des Winterbestandes ist bei Fütterung und regelmäßiger Annahme neben der direkten Beobachtung der Futterverzehr. Zur Kontrolle kann das leichter feststellbare Geschlechterverhältnis und der Trend des Gesamtbestandes im Vergleich zum jeweiligen Jahresabschluß einschließlich Fallwild dienen.

Sieht man in der gleichen Jahreszeit mehr Rehe als im Vorjahr, hat der Abschuß einschließlich Fallwild offensichtlich den Zuwachs nicht abgeschöpft, es sei denn, daß Zuwanderung erfolgte.

Auch können die Zahlen beobachteter Kitze, gegebenenfalls auch der Jährlingsböcke unter Berücksichtigung des vorhergegangenen Bockkitzabschusses gewisse Rückschlüsse auf den Zuwachs und damit auf den Bestand erlauben.

Die bei Rotwild heute schon vielfach praktizierte Methode der mathematischen Rückrechnung aus *exakten* Abschußzahlen mindestens der letzten 10 Jahre und in der Regel mit Hilfe der elektronischen Datenverarbeitung scheint uns beim Rehwild nicht erfolgversprechend zu sein, da in weitaus größerem Maß wie in Rotwildgebieten Fehlerquellen wie Zuwachsrate, Fallwildanteil, Geschlechterverhältnis des Bestandes und des Zuwachses, unvollständige Erfassung des tatsächlichen Abschusses nach Alter und Geschlecht nicht abzuschätzen sind.

Nahezu ausschließlich für wissenschaftliche Untersuchungen auf abgegrenzten Testgebieten bedient man sich *Intensivbeobachtungen* über längere Zeiträume mit einer entsprechend großen Zahl von Beobachtern, *Zähltreiben* repräsentativer Waldkomplexe, der *Scheinwerfertaxation* in waldärmeren Gebieten und dem *Lincoln-Index.* Letzteres setzt jedoch voraus, daß ein genügend großer Teil des vorhandenen Wildbestandes sichtmarkiert ist. An indirekten Zählmethoden wird neben dem erwähnten Futterverzehr neuerdings auch die Auszählung von *Losungshäufchen* erwogen, erste Versuche brachten jedoch keine brauchbaren Ergebnisse.

Alle Maßnahmen zur Bestandsermittlung sollten zumindest hegeringweise abgesprochen und die Beobachtungen und Ergebnisse ausgetauscht und besprochen werden. Glaubt man so zu Beginn des Jagdjahres in etwa seinen Rehwildbestand zu kennen, bedenke man nochmals die Tatsache, daß in deckungsreichen Gebieten diese Zahlen eher zu niedrig als zu hoch sein werden. Nun muß man sich dem nächsten entscheidenden Faktor zuwenden, dem

Zuwachs

Grundsätzlich müssen wir unterscheiden in Befruchtungsrate, Geburtsrate und Aufzuchtrate, letztere berücksichtigt bereits die postnatale Sterblichkeit bis zum Aufgang der Jagdzeit. Dies ist unter Zuwachs zu verstehen.

UECKERMANN (1969) schreibt hierzu: „Bezogen werden sollte der Zuwachs, d.h. die jährliche Vermehrungsrate des Bestandes, auf die am 1. April vorhandenen weiblichen Rehe, das sind die Ricken und Schmalrehe. Letztere rechneten bis zum 31. März noch zu den weiblichen Kitzen, da wir den Übergang in die nächste Altersstufe mit dem Wechsel des Jagdjahres vom 31. März auf den 1. April gleichsetzen. Wählt man diese Bezugseinheit, so ergeben sich für die Abschußplanung und die Bestandesermittlung Vorteile, die eine etwaige Ungenauigkeit durch das wechselnde, für die Höhe des Zuwachses mitbestimmende Verhältnis von Ricken zu Schmalrehen zurücktreten lassen. Bei den Zählungen im April können nicht immer Ricken und Schmalrehe sicher unterschieden werden. Meist wird jedes einzeln stehende weibliche Stück als Schmalreh angesprochen, wodurch sich dann eine viel zu große Schmalrehzahl ergibt. Würde man den Zuwachs nur auf die Ricken beziehen, würde dadurch mit einem zu geringen Zuwachs gerechnet werden. Außerdem können brauchbare Zuwachsermittlungen nur jeweils auf die Gesamtzahl des weiblichen Wildes bezogen werden, da nur diese Zahl einigermaßen sicher zu ermitteln ist. Der Bezugspunkt 1. April bringt weiterhin den Vorteil, daß damit alle Planungen von dem Bestand im Planungsjahr ausgehen und nur mit einer Kitzrate zu rechnen ist. ANDERSEN fand bei einem Totalabschuß eines Rehwildbestandes in einem dänischen Revier in freier Wildbahn, der sich bis zum Dezember erstreckte, 46 weibliche, 45 männliche Kitze und 76 Ricken und Schmalrehe. Die Zahl der Kitze lag damit bei 120 Prozent der Ricken- und Schmalrehzahl. Für ein mit einer Mauer umgebenes 75 ha großes Revier ermittelte ich von 1951 bis 1958 die nebenstehenden Zuwachswerte. Die dazu vermerkte Wilddichte je 100 ha gibt interessanten Aufschluß über den engen Bezug zwischen Zuwachsgröße und Wilddichte. Bei überhöhter Wilddichte nimmt der Zuwachs ab."

Jahr	Zuwachs in Prozent der am 1. April jeweils vorhandenen Ricken und Schmalrehe	Wilddichte je 100 ha
1951	129	17
1952	125	12
1953	117	20
1954	100	28
1955	80	37
1956	90	44
1957	100	40
1958	74	40

Er empfiehlt deshalb folgende Zuwachsprozente:

Reviere bis zu 300 m Seehöhe (im Südwesten der Bundesrepublik bis 500 m)	100 %	der am 1. April vorhandenen Ricken und Schmalrehe, ggf. auch mehr
Reviere von 300 bis 500 m Seehöhe (im Südwesten der Bundesrepublik etwa ab 500 m)	80 %	der am 1. April vorhandenen Ricken und Schmalrehe
Reviere über 500 m Seehöhe	70 %	der am 1. April vorhandenen Ricken und Schmalrehe, im Hochgebirge weniger
Reviere mit überhöhten Wildbeständen, d. h. solche, die die biotisch sicher tragbare Wilddichte überschritten haben	80 %	der am 1. April vorhandenen Ricken und Schmalrehe

WAGENKNECHT rechnet im großen Durchschnitt mit 100 % ebenfalls auf die Gesamtzahl des am 1. April vorhandenen weiblichen Wildes mit Biotop-bedingten Schwankungen von 70–120 %.

STUBBE (1966) und STUBBE und PASSARGE (1979) bestätigen erhebliche Schwankungen der Aufzuchtrate. Im Wildforschungsgebiet Hakel wurden Werte zwischen 65 und 140 % ermittelt. Für Mitteleuropa gehen sie deshalb, bezogen auf das am 1. April vorhandene weibliche Rehwild, von einem durchschnittlichen Zuwachs von 100 % aus.

SCHÄFER lehnt dagegen, biologisch zweifellos richtig, den Stichtag 1. April unter Einbeziehung der ab diesem Tag zu Schmalrehen aufgerückten Vorjahreskitzen als Bezugsgröße ab.

Dem entsprach die Regelung des Reichsjagdgesetzes mit dem Stichtag 31. März. Trotz der von UECKERMANN gegebenen Begründung muß bei der Bezugsgröße „alle weiblichen Stücke" am 1. April darauf hingewiesen werden, daß die vorjährige Abschußgliederung nach Rickenkitzen – Schmalrehen – Ricken eine erhebliche Rolle hinsichtlich der Zuwachsquote spielen kann. Nehmen wir nun den theoretischen Extremfall der Erlegung sämtlicher Rickenkitze, so daß unserer Bezugsgröße tatsächlich nur „gebärfähige Weibchen" zugrunde liegen würden! Unsere Prozentzahl des Zuwachses läge um mindestens 1/5 zu niedrig.

SCHÄFER rechnet bei seiner Methode, nur die gebärfähigen Weibchen zu berücksichtigen, mit durchschnittlich 150 Prozent Zuwachs.

Selbstverständlich hebt auch er die Bedeutung von Klima, Höhenlage, soziologischen Verhältnissen und des allgemeinen Gesundheitszustandes der Muttertiere hervor.

Überragende Bedeutung dürfte der ernährungsabhängigen Kondition, also der körperlichen Entwicklung unserer Rehe zukommen. KURT bringt ein Beispiel von ECKERMANN: „In Schweden wurden Rehe in einem großen Gehege gehalten, wo sie künstlich gefüttert wurden, die Geißen setzten hier bereits im Alter von 2 Jahren Drillinge. Auch ältere Tiere hatten meist 2 oder 3 Junge. Einzelgeburten waren seltene Ausnahmen. Als man während des Krieges die Kunstfütterung unterbrach, wurden Drillinge nur nach milden Wintern geboren. Nach harten Wintern gab es vor allem Einergeburten und in ganz seltenen Ausnahmen Zwillinge."

A. VON BAYERN stellte im steirischen Bergrevier einen wesentlich höheren Zuwachs nach Einführung seiner Fütterungsversuche fest, er spricht von nahezu 1,5 pro Kitzgeiß, der im Herbst noch vorhanden ist. Allerdings mit der Zusatzbemerkung, daß außergewöhnlich ungünstige Witterung zur Setzzeit dies erheblich reduzieren kann.

Dies spricht dafür, daß zumindest die Geburtenrate nicht in erster Linie dichteabhängig an sich ist, vielmehr von der ernährungsbedingten Kondition der gebärenden Weibchen wesentlich beeinflußt wird. Selbstverständlich muß in freier Wildbahn der Zusammenhang von Nahrungsbasis und Wilddichte gesehen werden.

K. EIBERLE hat sehr interessante Ergebnisse zehnjähriger Untersuchungen am Beispiel des wildkundlichen Versuchsreviers der Eidgenössischen Technischen Hochschule Zürich veröffentlicht. Danach betrug die Geburtsrate der fortpflanzungsfähigen Rehe 152 %, die Aufzuchtrate zu Beginn der Jagdzeit jedoch nur noch 118 %, was er jedoch hauptsächlich auf verkehrsbedingte Verluste zurückführt. Andererseits stellte EIBERLE lediglich eine Unterschätzung des Frühjahrsbestandes um 38,6 % fest, also bei weitem nicht das Ausmaß des vielzitierten Ergebnisses aus dem Totalabschuß von Kalø und warnt deshalb ausdrücklich davor, letzteres Beispiel als die Regel anzusehen.

Anzahl der Embryonen bei Rehwild nach verschiedenen Autoren

Quelle	Anzahl der Embryonen 1 Ricken	1 %	2 Ricken	2 %	3 Ricken	3 %	4 Ricken	4 %	Untersuchte Ricken insgesamt Stück	Embryonen Ø je Ricke Stück
KURT, 1968 (Schweiz)	224	39,1	306	53,4	41	7,2	2	0,3	573	1,69
PRIOR, 1968 (England)	5	13,2	31	81,6	2	5,2	–	–	38	1,92
ANDERSEN, 1953 (Dänemark)	6	13,0	38	82,7	2	4,3	–	–	46	1,91
STUBBE, unveröff. (DDR)	13	35,1	22	59,5	2	5,4	–	–	37	1,70
ESSEN, 1966 (Schweden)	7	14,9	22	46,8	15	31,9	3	6,4	47	2,30
BORG, 1970 (Schweden)	57	15,7	181	50,0	120	33,1	4	1,1	362	2,19
HAMILTON, HARRISON und YOUNG, 1960 (England)	4	15,4	22	84,6	–	–	–	–	26	1,8
SHORT und HAY, 1966 (England)	2	14,3	12	85,7	–	–	–	–	14	1,8
CHAPIL, CHAPMAN, PRIOR, 1966 (England)	5	17,2	23	79,3	1	3,5	–	–	29	1,9
CHAPMANN und CHAPMANN, 1971 (England)	9	16,7	42	77,8	2	3,7	1	1,9	54	1,9
WANDELER, 1975 (Schweiz)	10	13,7	54	74,0	8	11,0	1	1,3	73	2,0
WANDELER, 1975 (Angaben von Wildhütern, Schweiz)	74	17,0	333	76,0	30	6,8	1	0,2	438	1,9

Hinsichtlich der Aufzuchtrate zeigen zwar die Versuche ebenfalls eine überwiegende Bedeutung der ernährungsbedingten körperlichen Entwicklung gerade der Kitze in ihrem ersten Lebensjahr, hier muß aber auf die Kitzverluste durch natürliche Feinde hingewiesen werden, deren Chancen, wie KURT nachgewiesen hat, bei höherer Weibchendichte durch deren gegenseitige Auseinandersetzungen steigen. Auch ist in exponierten Lagen witterungsabhängige hohe Kitzsterblichkeit zu berücksichtigen sowie generell der immer mehr steigende Gefährdungsgrad durch Verkehr, Technik und Ausmähen. Die Höhe dieser Verluste bis zum Aufgang der Jagdzeit ist nicht generell zu ermitteln, da sie zweifellos sehr unterschiedlich sind.

STRANDGAARD ermittelte in einem nicht bejagten, vollständig markierten dänischen Rehwildbestand Aufzuchtraten (im Herbst) der Gesamtpopulation von 41 % in 1965, 35 % in 1966 und 18 % in 1967. In denselben Jahren durchgeführte Eierstockanalysen ergaben dagegen keine wesentlichen Unterschiede!

Im Durchschnitt mehrerer Jahre wurden bei männlichen Rehen im 1. Lebensjahr Abgänge von 44 %, im 2. Lebensjahr sogar von 65 % beobachtet. Beim weiblichen Rehwild betrugen die entsprechenden Werte 32 und 6 Prozent. In diesen Zahlen sind aber Abwanderungen mit 55 % enthalten, der Rest waren Totfunde.

WANDELER gibt die Kitzverluste bis zum Ende des 2. Lebensmonats für ein Schweizer Untersuchungsgebiet mit 20 % an. KALCHREUTER und STRITT kommen nach vorläufiger Auswertung ihrer Rehwildmarkierung zu noch höheren Verlustraten: 50 % der Kitze und 37 % der Jährlinge und Schmalrehe. Möglicherweise kann man also tatsächlich durch starke jagdliche Nutzung, also Reduzierung des überwinternden Bestandes, eine der Nahrungsbasis angepaßte Zahl nicht nur körperlich „gesünderer" Rehe, in aller Regel damit auch stärkerer Böcke, sondern auch eine höhere Vermehrungsrate mit kräftigeren und damit wieder lebensfähigeren Kitzen erzielen. („Kompensatorische Mortalität" nach KALCHREUTER.) Dies muß aber noch eindeutiger in Versuchen, die den Zuzug aus der Umgebung berücksichtigen, bewiesen werden. Eindringlich sei auf den Unterschied zwischen Sommer- und Winterbestand hingewiesen, letzterer kann in äsungs- und deckungsreichen Gebieten auf das 7- bis 10fache des Sommerbestandes ansteigen. Dem Äsungs- und Fütterungsangebot im Winterbestand kommt also höchste Bedeutung für weite Gebiete zu, fürwahr eine wichtige Grundlage für die Hegeringarbeit und die Entschärfung des Wald-Feld-Problems. Gleichzeitig unterstreicht dies nochmals die Bedeutung einer Biotopverbesserung. Hat man ein gutes Nahrungsangebot schließlich erreicht, sollte dies der Anlaß sein, mit hohen Zuwachsprozenten für unsere Abschußplanung zu rechnen, wenn uns nicht Klima und Verkehr einen Strich durch die Rechnung machen.

Fallwildverluste sollten in unserem Abschußplan berücksichtigt bzw. auf den Abschuß angerechnet werden. Wir schlagen dementsprechend vor, entweder bezogen auf alle weiblichen Stücke am 1. April entsprechend der geschilderten Schwankungsbreite mit 80–120 Prozent Zuwachs, oder auf alle gebärfähigen Stücke, dies sind am 1. April nur die Ricken, mit 150 Prozent Zuwachs zu rechnen.

Geschlechterverhältnis

Bei unserer Zielvorstellung eines qualitativ optimalen Rehwildbestandes kommt neben der anzustrebenden Wilddichte dem Geschlechterverhältnis besondere Bedeutung zu. Ein gleichbleibendes Geschlechterverhältnis über das ganze Jahr hinweg gibt es nicht. So spricht SCHÄFER für die unberührte Wildnis mit hohen Jugendverlusten, scharfer Klimaauslese und niedrigen Siedlungsdichten von 1 ♂ : 1 ♀ bis 1 ♂ : 2 ♀. Vorliegende Untersuchungen im Vorgeburts- und Kitzstadium zeigen ein leichtes Überwiegen des männlichen Geschlechts.

So fand PRIOR (1968) bei 55 Rehembryonen 29 männliche und 26 weibliche, also 1 : 0,9. KURT (1970) hatte umfangreiches Material aus dem Berner Mittelland zur Verfügung, hier waren von 679 ein bis drei Wochen alten Kitzen 381 männlichen und 298 weiblichen Geschlechts, also ein Geschlechterverhältnis von 1 : 0,78. Interessant hierbei war noch, daß in günstig gelegenen Setzplätzen, also Südhängen, das Geschlechterverhältnis 1 : 0,93, in ungünstigeren West-, Nord- und Ostlagen jedoch 1 : 0,66 betrug, aber auch eine höhere Weibchendichte zu einer Verschiebung zugunsten männlicher Kitze führte. WANDELER ermittelte in der Schweiz ebenfalls einen Überhang männlicher zu weiblichen Kitzen (136 : 102). STUBBE, PASSARGE berichten aus dem Wildforschungsgebiet Hakel von einem Verhältnis von 17 männlichen zu 15 weiblichen Rehembryonen.

Für das anzustrebende „gewollte" Geschlechterverhältnis ist aber zu berücksichtigen, daß in der Regel die natürliche Sterblichkeit der Männchen, insbesondere in extremen Wintern, höher und allgemein auch die Lebensdauer kürzer ist als bei den Weibchen.

Aus diesen Tatsachen ergibt sich, daß das schon von RAESFELD selbst (3. Auflage 1923) nachdrücklich geforderte Geschlechterverhältnis von 1 : 1 nicht „unnatürlich" sein kann.

A. und M. SZEDERJEI (Budapest 1971) haben für Ungarn erstaunlicherweise sogar ein Geschlechterverhältnis von 2:1 zugunsten der Böcke als das beste befunden. Dies vor allem hinsichtlich der Beanspruchung der Böcke in der Brunft, wobei von ihnen deutliche Zusammenhänge zwischen dem spezifischen Gewicht der Hoden und der Gehörnbildung festgestellt wurden.

Wörtlich heißt es weiter: „Nach unseren Versuchen und Beobachtungen schieben die Böcke schwächere Gehörne, wenn im Vorjahr nach der Blattzeit das Hodengewicht sehr stark gesunken ist. In Gebieten mit schlechtem Geschlechterverhältnis, in denen es drei bis viermal so viele Ricken gab wie Böcke, betrug das Hodengewicht der Böcke gleichen Alters Anfang Juli (zu Beginn der Blattzeit) 56,6 g und nach der Blattzeit 30,3 g; die Differenz betrug also 26,3 g. Wo es aber zweimal so viele Böcke gab als Ricken, sank das Hodengewicht nur um 23,1 g. Wir möchten hier keine umfangreichen Tabellen anführen, sondern uns lediglich auf einige Angaben beschränken, die aber hinlänglich beweisen dürften, daß die Böcke nach der Blattzeit weit mehr erschöpft sind und selbstverständlich viel längere Zeit benötigen, um sich zu regenerieren, wenn es auf dem Gebiet viele Ricken gibt. Die Dauer der Blattzeit hat bei einem Geschlechterverhältnis von 2 : 1 nur durchschnittlich 15 Tage, bei 1 : 4 dagegen 30 Tage betragen." Diese Aussagen bedürfen aber noch der Überprüfung, sie wurden bis heute anderweitig nicht bestätigt.

Aufgrund unserer heutigen Jagdzeiten ist generell zu berücksichtigen, daß ein Teil des Bockabschusses bereits vor, der Großteil des Bockabschusses während der Blattzeit erfolgt, der Abschuß des weiblichen Wildes in der Regel, wenn auch fälschlicherweise erst ab 1. September. Wir verschieben also gegenüber dem Frühjahrsbestand das Geschlechterverhältnis bis zum Herbst zugunsten des weiblichen Wildes.

Letztlich darf nicht übersehen werden, daß zwischen dem Geschlechterverhältnis und der möglichen Zahl reifer Böcke ein direkter Zusammenhang besteht. Sowohl JUNIOR (1966) als auch DIECKERT (1967) haben dies mathematisch nachgewiesen, wir werden dies noch im nächsten Kapitel darzustellen haben. Trotz der bereits dargestellten Schwankungen des Geschlechterverhältnisses im Zuwachs sowie der höheren Gefährdung und gegebenenfalls stärkeren Abwanderung von Männchen sollten wir bei unserer Abschußplanung als Ziel ein Geschlechterverhältnis von mindestens 1 : 1 zugrunde legen.

Es liegt auf der Hand, daß ein enges Geschlechterverhältnis die Steuerung der Dynamik einer Population erleichtert, eine Anpassung der Wilddichte an optimale Lebensbedingungen ermöglicht und einen hohen Anteil reifer Böcke mit in der Regel dann guter Trophäe im

Abschuß erlaubt. Unter Berücksichtigung dessen, was wir im Kapitel *Zuwachs* ausgeführt haben, dürfte klar geworden sein, daß nicht ein Überhang an Weibchen, sondern nur ein in seinen Einzelstücken kräftiger, zwischen den Geschlechtern zumindest ausgeglichener Wildbestand auch eine hohe Reproduktionsrate ermöglicht.

Altersklassen

Man könnte nunmehr geneigt sein, festzustellen, daß doch die inzwischen vorliegenden Daten über

angemessene Wilddichte,
tatsächlichen Bestand,
erwarteten Zuwachs und
Geschlechterverhältnis

ausreichend sein müßten, um jedem Revierinhaber die eigenverantwortliche Aufstellung seines Abschußplanes zu ermöglichen. Dies würde bei einer nur zahlenmäßigen Betrachtung auch zutreffen. Wir gingen aber davon aus, nachhaltig einen möglichst hohen Anteil starker Böcke anstelle einer Vielzahl mittlerer und geringer Trophäen erbeuten zu wollen.

Dazu brauchen wir einen entsprechenden Altersklassenaufbau, der bei gegebener Wilddichte und richtigem Geschlechterverhältnis Platz für die gewünschte Zahl reifer Böcke läßt! Das hierfür entscheidende Datum ist das Zielalter für den „reifen" Bock, besser gesagt für den „starken" Bock.

Es ist die umstrittenste Frage unter Jägern, Jagdwissenschaftlern und Wildbiologen. Die Standpunkte klaffen weit auseinander und reichen von vollendeten 3 Jahren (3. Folgegehörn) bis zum Alter 10!

Hören wir uns die verschiedenen Meinungen an, wir werden unsere eigene hinzufügen. Wir werden für den abzusteckenden Entscheidungsspielraum die Konsequenzen an Beispielen zu erläutern versuchen.

Zunächst Raesfeld selbst (1923): „Wie wir aus der Naturbeschreibung wissen, dürfen wir das Alter, das das Reh erreichen kann, auf etwa 16 Jahre annehmen. Daß im höheren Alter die Körperstärke, die Geschlechtskraft nachläßt, ist ein natürlicher Vorgang; und da wir die Jagd nicht zu dem Zweck betreiben, das Wild eines natürlichen Todes enden zu lassen, so dürfen wir einen 16jährigen Umtrieb unseren Berechnungen nicht zugrunde legen. Nehmen wir aber einen 10jährigen an, so werden wir das Wild zu einer Zeit nutzen, wo es an Körperstärke, an Wildpret noch gut ist, und die Gehörnstärke einen wesentlichen Rückgang noch nicht erlitten hat.

Es sind in den Jagdzeitschriften Stimmen laut geworden, die dem Rehbock die stärkste Gehörnentwicklung in seinem dritten und vierten Lebensjahr zuschreiben. Ich kann mich dem nicht anschließen, und zwar aus folgenden Gründen. Zunächst wäre es eine Ausnahme gegen alle sonstigen Beobachtungen im Tierleben, daß ein Tier im ersten Viertel seiner Lebensdauer seine größte Vollkommenheit darstellen sollte, um die ferneren drei Viertel diese nicht nur nicht mehr zu überschreiten, sondern sie überhaupt nicht wieder zu erreichen!" Und zwei Seiten weiter: „Ohne der Meinung irgendeines meiner Leser Gewalt antun zu wollen, möchte ich doch hier meiner Überzeugung Ausdruck geben, daß, obgleich ein Bock schon im zweiten und dritten Lebensjahr ein stattliches Gehörn schieben kann, doch erst das reifere Alter die stärksten Gehörne hervorbringt. Dabei liegt mir nichts ferner, als vom Alter allein eine besondere Gehörnstärke zu erwarten, da es genug Reviere gibt, in denen alte Böcke durchaus dieselben elenden, glatten, dünnen Stangen schieben wie jüngere. Ich will vielmehr nur sagen, daß da, wo die Böcke überhaupt infolge zweckmäßiger Hege oder aus sonstigen, vom

Menschen unbeeinflußten Gründen gute Gehörne schieben, die Gehörne älterer Böcke stärker, knuffiger, perlenreicher zu sein pflegen als die jüngerer Böcke. Ob man unter dem reiferen Alter das sechste, achte oder zehnte Lebensjahr versteht, darauf kommt nicht viel an; denn von außen würden doch keinem Bock seine Jahre anzusehen sein."

Gagern schreibt in seinem Buch „Birschen und Böcke": „Aufgrund reichen Untersuchungsmaterials neige ich ganz entschieden zu der von Dombrowski verfochtenen Ansicht, daß der Bock mit seinem 7. bis 8. Lebensjahre den Höhepunkt seiner Gehörnkraft erreicht, und daß selbst im 9. Jahre ein merklicher Rückgang noch nicht festzustellen sein wird."

Schäfer (1973): „Da die Rehe durch die völlige Abnützung ihrer Kauwerkzeuge den Zahntod sterben, folgern wir, daß der natürliche Alterstod etwa mit 15 Jahren eintritt und daß unter natürlichen Verhältnissen zehn Jahre wohl nur selten überschritten werden. Körperlich ausgewachsen sind unsere westeuropäischen Waldrehe schon mit drei bis vier Jahren, doch werden die körperlichen Höchstgewichte im allgemeinen erst mit fünf oder sechs Jahren erreicht." Und er faßt dann zusammen: „Nach meinem Dafürhalten sollte der Kompromiß (gemeint ist zwischen biologisch richtigem Reifealter und dem „Trophäenhunger" der Jäger [d. Verf.]) dahingehend lauten, daß auch in unseren Kulturrevieren an dem eingebürgerten Umtriebsalter von mindestens fünf Jahren grundsätzlich festzuhalten ist. Darüber hinaus aber sollten die besten Böcke eines Wuchsgebietes gut und gerne sieben oder gar acht Jahre alt werden. Bei geringerer Wilddichte und sonstigen günstigen Umweltverhältnissen halten sie bis zu diesem Lebensalter im allgemeinen die gleiche Stärke ... während zum Beispiel der Rothirsch seinen Altersschub bekanntlich erst nach dem 12. Lebensjahr beginnt.

Auch in den Weltklasserevieren Südschwedens werden die stärksten Böcke im Alter zwischen fünf und sieben Jahren erbeutet. Nur wenige Revierinhaber glauben dort an ein Optimum der Gehörnentwicklung im Alter von drei bis fünf, keiner jedoch an die Erreichung höchster Qualität im Alter von sieben bis zehn Jahren. Es handelt sich dabei um Kulturreviere mit besten Böden und geringer Wilddichte, in denen Böcke von 500 bis 600 Gramm Gehörngewicht keine Seltenheit sind. Doch sind die schwedischen Jäger im allgemeinen nicht so trophäenhungrig wie wir. Es ist für sie daher auch nicht schwer, Geduld zu üben, weil fast alle Reviere meist mehrere tausend Hektar umfassen und es daher zahlreiche Böcke gibt, die die Reviergrenzen zeitlebens nicht überschreiten."

Wagenknecht geht davon aus, daß der Bock in klimatisch günstigen Gebieten und reichen Standorten sein stärkstes Gehörn zwischen dem 5. und 7. Jahr, auf ärmeren Standorten und klimatisch ungünstigen Lagen zwischen dem 5. und 8. Jahr und auf ärmsten Standorten und rauhen Hochlagen zwischen dem 5. und 9. Jahr trägt. Er unterscheidet zwischen Zielalter, das für Bestandesstruktur und Planung bestimmend ist, sowie Erntealter, das Mindestalter, ab dem ein starker Bock erlegt werden darf. Das Zielalter setzt er mit 7 bis 8 Jahren, das Erntealter ab 6 Jahren an.

Untersuchungen von Hell auf Trophäenschauen in der Slowakei an 895 erlegten Rehböcken ergaben eine Gehörnkulmination zwischen 6 und 9 Jahren.

Von Hell zitierte Untersuchungen von Valtýni ergeben die höchste Punktzahl mit 7 Jahren.

Es wird jedoch vermerkt, daß die Gehörnkulmination von Feldrehpopulationen 1 bis 2 Jahre früher liegt.

Kerschagl bemerkt, daß es je nach den Revieren bzw. ihren Höhenlagen und Terrainverhältnissen frühreife und spätreife Rehrassen gibt, so daß in manchen Revieren der Bock schon im 5. Jahr den Gipfel seiner Entwicklung erreicht, während dies in anderen Revieren erst im 7. oder gar 8. Jahr der Fall ist. A. und M. Szederjei setzen den Höhepunkt der Gehörnbildung in Ungarn um das 9. Lebensjahr, wobei darauf hingewiesen wird, daß in übersetzten

Revieren und bei unbefriedigenden ökologischen Verhältnissen eine „Frühreife" eintritt. Es sei aber erlaubt, unsererseits gewisse Zweifel an der Altersbestimmung in diesem Falle zu äußern, die Darstellung scheint uns generell mit etwas zu hohen Altersangaben zu arbeiten.

Nach Erscheinen der 7. Auflage dieses Werkes meldete sich HEINZERLING (Wild und Hund, 74. Jg., Nr. 7) zu Wort:

„Mit Erschütterung, um nicht zu sagen Entrüstung, las ich, daß in der neuen (7.) Auflage von RAESFELD „Das Rehwild" das sogenannte Zielalter von 6 bis 7 Jahren (4. Auflage) auf vier Jahre herabgesetzt worden ist. Offenbar hat jetzt in dem Werk, für das zwei Bearbeiter verantwortlich zeichnen, der Theoretiker über den Praktiker gesiegt. Dies ist im Interesse unserer Rehbestände höchst bedauerlich. Unser Altmeister, der für das Buch seinen Namen hergeben muß, ohne daß er darin zu Wort kommt, würde sich in seinem Waldgrabe auf dem Darß umdrehen, wenn er solches erführe. RUDOLF FRIESS, Frhr. v. GAGERN und Graf HOENSBROICH würden das gleiche tun. Alle diese alterfahrenen Praktiker treten dafür ein, Böcke, die ihre besonders gute Veranlagung bereits im jugendlichen Alter von 3 bis 4 Jahren unter Beweis gestellt haben, möglichst lang zu schonen, einmal, damit sie unter günstigen Umweltbedingungen ihren stärksten Hauptschmuck schieben, zum anderen, um ihr mutmaßlich bestes Erbgut möglichst lang zur Wirkung bringen zu können."

Dies veranlaßte RIECK, den Bearbeiter der 7. Auflage, zu einer u. E. noch heute voll zutreffenden Erläuterung seines Standpunktes in der gleichen Ausgabe, die hier ungekürzt wiederholt werden soll:

„Zu den vorstehenden Ausführungen ist folgendes zu sagen: Bei der Bearbeitung von Gehörnschauen ist immer wieder festzustellen, daß ein Großteil (ca. 40 Prozent) der Rehböcke im Alter von 2 und 3 Jahren abgeschossen wird. Das ist verständlich, denn in diesem Alter hat das Gehörn bereits einen gewissen Trophäenwert, aber nicht den höchsten, weil die Trophäenreife noch nicht erreicht ist. Seit nunmehr 4 Jahrzehnten setzte ich mich dafür ein, den Abschuß von diesen beiden Altersklassen nach vorn und hinten zu verschieben, also auf Jährlinge und auf vier- bis fünfjährige Böcke, damit mehr Böcke in das Reifealter hineinwachsen. Auf die Jährlinge muß ein starker Abschuß verlagert werden, um die Wilddichte nicht dadurch ständig ansteigen zu lassen, daß mehr Böcke bis an das Reifealter übergehalten werden. Das ist ein einfaches Rechenexempel.

Je höher das Zielalter für den Ernteabschuß angesetzt wird, desto weniger reife Gehörne können aus einem nach Zahl begrenzten Bestand erwartet werden. Das bedeutet bei einem Rehbockbestand von 25 Stück einen Ernteabschuß von 4 Böcken bei einem Zielalter von 4 bis 5 Jahren und von nur 2 Böcken bei einem solchen von 6 bis 7 Jahren. Hier liegt der Schwerpunkt der Überlegungen. Freilich kann hierbei die biologische Seite des Problems nicht außer acht gelassen werden, sie muß mit der jagdwissenschaftlichen in Einklang gebracht werden. Bei guten Sechsergehörnen von jungen Böcken wird immer wieder vermutet, daß sie noch besser geworden wären, wenn diese Böcke eben am Leben geblieben wären. Einen Beweis hierfür gibt es freilich nicht. Dagegen sagen die gewonnenen Daten von markierten, gezinkten und in Gehegen gehaltenen Böcken aus, daß nach dem dritten oder vierten Lebensjahr die Gehörnstärke nicht mehr zunimmt, sondern mit Schwankungen bis etwa zum achten Lebensjahr auf ungefähr der gleichen Höhe bleibt, je nach Konstitution des Bockes und Härte des Winters, in dem das Gehörn geschoben wurde.

Auf der Internationalen Jagdausstellung in Düsseldorf habe ich fünf längere Abwurfreihen von Gehegeböcken gezeigt, die die Frühreife des Rehgehörns klar vor Augen führten. Nach dem dritten oder vierten Kopf war keine Zunahme der Stangenlänge oder der Masse mehr zu bemerken. Ein Überhalten bis vor Beginn des Zurücksetzens erhöht den Trophäenwert in der Regel nicht. Hierauf kam es den Vätern des Gedankens der Hege mit der Büchse auch gar nicht so sehr an. Bei ihnen standen züchterische Erwägungen im Vordergrund. Sie glaubten, mit Hilfe guter Vererber das Rehwild regenerieren, die Sünden unserer Großväter wieder gutmachen zu können, die durch falsche Abschußgrundsätze eine Degeneration des Rehwildes herbeigeführt hätten.

Diese Voraussetzung stimmt aber nicht, sondern die Qualität ist deswegen abgesunken, weil sich die Lebensverhältnisse verschlechtert haben. Für züchterische Erfolge ist die Methode des Hegeabschusses viel zu grob, um in absehbarer Zeit eine Aufartung des Rehwildes herbeiführen zu können. Das erreichbare Nahziel des Wahlabschusses ist eine Sortierung nach der Wüchsigkeit des Gehörns, die aus der gegebenen Qualität die bestmögliche Ausbeute an Gehörnen erzielen kann. Die Hebung der Qualität kann nicht mit der Waffe, sondern mit Maßnahmen der Umweltverbesserung erreicht werden.

Es ist graue Theorie, bei der Kleinheit der Reviere und der Vielzahl der Jäger ein Zielalter für den Ernteabschuß der Böcke von 6 bis 7 Jahren zu fordern. In der Praxis sollte man heilfroh sein, wenn mehr Böcke, vor allem von den gutwüchsigen, überhaupt das Alter von 4 Jahren erreichen.

Mein Kurzrezept lautet daher, die schlechtere Hälfte der Jährlingsböcke abzuschießen und hierbei auf Trophäen zu verzichten, den übrigen Teil der Böcke bis zum Beginn des Reifealters von 4 Jahren überzuhalten, um von ihnen mehr oder weniger gute Gehörne zu ernten, die jedenfalls durch längeres Zuwarten nicht besser werden. Soweit es in der freien Wildbahn möglich ist, sollte versucht werden, den Abschuß der Rehböcke auf einjährige schlechtwüchsige und auf vier- bis fünfjährige reife Böcke zu verlagern, die günstigen Folgen würden auf den Gehörnschauen zu sehen sein."

R. R. Hofmann und Herzog bezeichnen zwar in einem Vortrag „5 Jahre Rehwildbewirtschaftung in Hessen – Bestandsaufnahme und Vorschläge aus wissenschaftlicher Sicht" Riecks Rezept als Kompromiß, was es ja ohne Zweifel, allerdings ohne negativen Beigeschmack, auch ist, räumen aber ein, daß es bereits ein großer Erfolg wäre, wenn der Abschuß biologisch richtig zu 50 bis 60 Prozent in der Jugendklasse durchgeführt, das Geschlechterverhältnis wenigstens auf 1:1 verbessert und nicht so viele *dreijährige* Sechserböcke viel zu jung erschossen würden.

Strandgaard kommt aber sogar in einer neueren Abhandlung „Zur Gehörnentwicklung bei dänischen Rehböcken von bekanntem Alter" aus wissenschaftlicher Sicht zu folgender Zusammenfassung:

„Wenn das hier skizzierte Muster der Bestandsregulierung (*ohne* Bejagung im Untersuchungsrevier, aber mit Abwanderungsmöglichkeit! Die Verf.) und der Verluste unter den Böcken mit den angeführten Zeichnungen (die Gehörnentwicklung wurde über Jahre zeichnerisch festgehalten. Die Verf.) von dem Gehörn der Rehe verglichen wird, spricht nicht viel dafür, daß es auf längere Sicht möglich ist, den Bestand durch Wahlabschuß zu verbessern. Die natürliche Folgerung aus dem hier vorgelegten Material muß sein, daß die erwachsenen Böcke so schnell wie möglich geschossen werden sollten, d. h., wenn sie 3 oder 4 Jahre alt sind. Zwar kann man nicht ausschließen, daß man dabei einzelne Böcke schießt, die noch nicht den Höhepunkt in der Gehörnentwicklung erreicht haben. Berücksichtigt man aber den Druck, den die Gegenwart von vielen älteren Individuen auf die beiden jüngsten Altersklassen ausübt, ist das Problem kaum groß. Übrigens besteht ja kein Hindernis, daß einzelne Böcke, von denen man etwas Besonderes erwartet, ein oder zwei Jahre geschont werden. Ein größeres Problem ist wohl die große Schwierigkeit, die zweijährigen Böcke von den älteren im Feld zu unterscheiden. Infolgedessen werden einige Böcke schon als zweijährige geschossen werden."

Dies trotz der auch von ihm festgestellten Tatsache, daß einzelne Individuen ohne Fütterung ihre besten Trophäen zwischen 3 und 7 bis 8 Jahren haben können.

Letztlich haben sich aber in A. u. J. von Bayern mit ihrem einmaligen Buch „Über Rehe in einem steirischen Gebirgsrevier“ Praktiker zu Wort gemeldet, die mit wissenschaftlicher Akribie erfaßt haben, was überhaupt in freier Wildbahn nur möglich ist und dies auch noch überwiegend durch Photographien nachgewiesen.

Hier wird, wie auch schon bei Strandgaard, in dankenswerter Offenheit zuerst einmal das Problem der Altersansprache am lebenden Bock angepackt:

„In manchen Abschußrichtlinien werden Bestimmungen darüber erlassen, in welchem Alter die verschiedenen Klassen abgeschossen werden sollen. Es ist hocherfreulich, daß es demnach nicht nur Leute geben muß, die das Alter am lebenden Stück genau ansprechen können, z. B. ob ein IaBock sechsjährig oder nur fünfjährig ist, sondern daß diese Kunst auch von jedem Jagdausübenden als Selbstverständlichkeit erwartet wird, sonst müßte es ja lauter rote Punkte geben. Diese Tatsache kann selbst einem alten Esel, der nach über 50 Jahren intensiver Beschäftigung mit Rehen immer noch nicht daraufgekommen ist, wie man das genaue Alter am lebenden Stück erkennen kann, Mut machen und ihn hoffen lassen, daß er es doch noch erlernen wird. Soweit kann man es also doch noch bringen. Nur hat die Sache einen kleinen Haken! Wenn nämlich das vorher dem Alter nach genau angesprochene Reh erlegt ist, wie läßt sich dann das genaue Alter feststellen, wenn man das Stück einmal in der Hand hat? Schon allein nach dem – allerdings noch nicht sehr reichhaltigen Material an Kiefern der im hiesigen Revier erlegten Wildmarkenrehe ist die Genauigkeit der bisherigen Altersbestimmung nach der Zahnabnützung des Unterkiefers durchaus nicht ausreichend, um die Vergabe grüner und roter Punkte zu rechtfertigen. Es kommt demnach viel eher auf eine Ermessensfrage hinaus, als auf eine präzise Altersbestimmung.“

Zur Sache selbst seien noch folgende Feststellungen zitiert, wobei zu vermerken ist, daß neben der großen Zahl erlegter Böcke über 1000 Abwurfstangen als Material dienten:

„Nach unseren bisherigen Beobachtungen und Feststellungen sowie nach dem Material an Schädeln und Abwürfen verläuft die normale Geweihentwicklung in unserem Revier – woanders mag es anders sein – folgendermaßen: Vom Jährling eine sehr große Zunahme auf den Zweijährigen, von da ab nurmehr geringe Zunahmen, meist sogar ein Auf und Ab mit geringen Schwankungen bis ca. zum 7. Jahr und dann ein stetiges Zurücksetzen. Sehr oft tritt aber auch ein jähes Zurücksetzen, manchmal schon in jungen Jahren, auf. Hierfür gibt es vielerlei und meistens nicht feststellbare Gründe.“

„In welchem Alter die Böcke in unserem Revier am besten aufhaben, konnte mit Sicherheit noch nicht festgestellt werden. Nach unseren Abwurfserien lassen die meisten Böcke vom 5. Jahr ab nach, einige wenige halten sich bis zum 7. Jahr. Jedenfalls waren die besten Böcke, die bisher zur Strecke kamen, dem Gebiß nach geschätzt, zwischen 3 und 7 Jahre alt. Über dieses Alter hinaus wurden zwar viele zurückgesetzte und auch noch gute Böcke, aber keine Spitzenböcke mehr erlegt.“

„Vielfach wird auch angenommen, daß die Rehe in der ‚unberührten Natur‘ eine Lebenserwartung von 15 Jahren haben und daß, wie bei den Hirschen, der Höhepunkt der Geweihentwicklung erst verhältnismäßig kurz vor dem Lebensende erreicht wird. Weiterhin nimmt man an, daß sowohl die Frühreife der Geweihentwicklung als auch das Absinken dieser Lebenserwartung ‚Domestikationserscheinungen‘ seien.

Zunächst scheint es nicht unmöglich, daß diese Lebenserwartung überhaupt etwas sehr hoch angesetzt ist, schon gar in der ‚unberührten Natur‘. Der normale Alterstod unserer Rehe tritt infolge mangelhafter Ernährung durch Schadhaftwerden des Gebisses ein. Man könnte sich vorstellen, daß in unserer Kulturlandschaft manches Stück mit bereits mangelhaftem Gebiß durch weiche Sommeräsung in Wiesen und Feldern sowie durch Winterfütterung sogar länger am Leben bleiben kann als in der ‚unberührten Natur‘, in der außerdem das Überlebensrisiko schon wegen des Raubwildes viel höher ist. Um Angaben über die durchschnittliche Lebenserwartung der Rehe oder deren Absinken in den Revieren der ‚Kulturlandschaft' machen zu können, bedarf es ausreichender Unterlagen.

Schon seit Jahren beobachten wir, daß viele bekannte oder markierte Rehe bereits um das 8. oder 9. Jahr eingehen bzw. abgängig sind. Obwohl wir sehr viele Rehe bis zu ihrem natürlichen Ende stehen lassen und daher genug alte vorhanden sein müßten, kennen wir im Revier kein Reh, von dem wir *sicher* wissen, daß es über 9 Jahre alt ist. Nach unseren bisherigen Erfahrungen müssen wir annehmen, daß 10 Jahre für Rehe ein recht hohes Alter bedeuten. Wenn auch Fälle bekannt sind, daß einzelne Rehe ein besonders hohes Alter erreicht haben, so kann daraus nicht auf die Höhe der durchschnittlichen Lebenserwartung geschlossen werden. Es gibt schließlich auch Menschen, die 100 Jahre alt werden.

Von all dem abgesehen, spielt das Geweih beim Reh aller Wahrscheinlichkeit nach bei weitem keine so wichtige Rolle wie beim Hirsch. Somit wären auch eine sehr frühzeitige Kulmination der Geweihentwicklung und darauf folgende, unregelmäßige Schwankungen nicht so erstaunlich.

Wir wurden immer wieder darauf angesprochen, daß die ‚Frühreife' unserer Böcke lediglich eine Folge unserer ‚unnatürlichen Mästung' sei. Daß eine Herbstmast nichts Unnatürliches ist, wurde schon gesagt. Also wäre es auch sehr gut möglich, daß diese Frühreife nichts Unnatürliches ist, sondern lediglich infolge Fehlens dieser Mast in den Kulturrevieren unterbleibt.

Wir haben uns selber schon oft Gedanken darüber gemacht, warum oft die besten Böcke bereits so früh zurücksetzen oder im Geweihwachstum auf und ab zu schwanken beginnen und nur eine geringe Zahl bis zum 7. Jahr noch zunimmt oder auch nur die bereits früh erreichte Stärke hält. Es wurden Parasiten verschiedener Art als die Schuldigen verdächtigt, weil wir angenommen hatten, daß die Rehe an den Fütterungen leichter damit infiziert werden könnten als in anderen Revieren. Wir hatten vermutet, daß infolge des guten Futters die Böcke bereits als Zweijährige so stark aufsetzen, aber jedes Jahr zusätzliche Parasiten aufnehmen, so daß dann bereits im 3. bis 4. Jahr die Wurmbürde derart groß wird, daß eine Stagnation der Geweihentwicklung, wenn nicht schon überhaupt ein Zurücksetzen, eintritt.

Nun scheint das aber auch unabhängig von einem stärkeren Parasitenbefall so zu sein und es ist fraglich, ob das nicht anderswo auch ohne ‚unnatürliche Mästung' genau so ist. Vielleicht geht es den meisten Leuten, die sich mit Rehen befassen, so, wie es uns auch lange ergangen ist, nämlich, daß man infolge vorgefaßter Meinungen den guten jungen Böcken ganz einfach nicht zutraut, daß sie noch *so* jung sind. Auch bei den Geweihschauen wird bei einem besonders starken jungen Bock meist bezweifelt, ob man sich in der Beurteilung des Kiefers nicht doch getäuscht hat, und ob er nicht doch ein Jahr älter ist, weil man es nicht glauben kann und will, daß er *so* jung ist. Dazu gibt aber auch noch die Zusammenstellung von RAESFELD über die Geweihvolumen von 69 Wildmarken-Böcken zu denken. Auch hier liegen sowohl die höchsten Einzelwerte als auch der höchste Durchschnitt zwischen dem 2. und dem 4. Jahr. Dabei handelt es sich sicherlich nicht um ‚gemästete' Böcke! Er kommt ungefähr zum gleichen Ergebnis wie wir mit unserer Geweih- und Abwurfsammlung. Leider ist ein Vergleich mit Abwurfserien von ungefütterten Böcken nicht möglich, weil man eine ausreichende Zahl von Abwürfen nur in Fütterungsnähe sammeln kann.

Daß die Böcke nicht jedes Jahr gleich aufsetzen, war uns schon immer bekannt. Daß allerdings die Variabilität derart groß ist, hatten wir nicht angenommen. Aufgrund dieser Tatsache wird der ‚Hegeabschuß' nach Geweiheigenschaften erst recht sinnlos.

Man sieht aus dem vorliegenden Material, daß sehr vieles variabel ist und wie schwer allgemein gültige Regeln aufgestellt werden können. Von einem Jahr zum anderen *kann* sich alles auch unabhängig vom Alter verändern: Die Auslage, und zwar weiter *oder auch enger*, die Stellung, die ‚Architektur', die Enden, die Perlen, die Rosen und die Farbe, ja sogar das Petschaft, die Beschaffenheit des Geweihknochens und dessen spezifisches Gewicht.

Hier besteht ein grundlegender Unterschied zwischen Rehen und unseren Hirschen, bei denen, wenn sie voll erwachsen sind, eine mehr oder minder gleichmäßige Zunahme am Geweih bis ins hohe Alter erfolgt und die Abwürfe im allgemeinen von einem Jahr aufs andere ziemlich ähnlich bleiben, so daß sie meist mit Sicherheit identifiziert werden können."

In diesem Werk hat Dr. KARL MEUNIER in 2 Kapiteln Auswertungen vorgenommen, so auch einen Vergleich der Durchschnittsgewichte und Durchschnittsvolumen der Abwürfe nach Altersklassen. Beide zeigen ein Maximum von 4 Jahren!

Die Untersuchung der Häufigkeit der Kulmination in den einzelnen Altersstufen zeigt, daß der Kulminationspunkt zwischen 2 und 8 Jahren schwankt, die größte Häufigkeit jedoch ebenfalls bei 4 Jahren liegt!

MEUNIER faßt zusammen:

„Das vielleicht wichtigste Ergebnis der vorstehenden Untersuchung ist das Vorhandensein der breiten *Hochleistungsperiode* von 2 bis 6 Jahren (das 2. Jahr ausdrücklich eingeschlossen!), aus der sich der Höhepunkt nur wenig abhebt und, wie wir gesehen haben, nach den Umständen verschiebbar ist. In der Tabelle S. 84 läßt sich das Maximum bei 4 Jahren nicht gegen die Werte bei 3 und 5 Jahren statistisch absichern, aber zwischen diesen Werten muß es liegen, und das Diagramm C bestätigt das. Wir können deshalb davon ausgehen, daß in unserem Revier und unter den gegenwärtigen Umständen das beste Geweih am häufigsten mit 4 Jahren geschoben wird. Wir halten es für möglich, daß sich dieses Maximum in anderen Biotopen je nach den Umweltbedingungen nach oben oder unten verschiebt, aber kaum über die Grenze der Hochleistungsperiode hinaus. Auch in Tabelle V, die die älteren Jahrgänge begünstigt, ist der Abfall nach dem 6. Jahr augenscheinlich. *Die manchmal auch von Fachleuten vertretene These, daß der Bock sein bestes Geweih mit 8 bis 10 Jahren oder gar mit 12 bis 14 Jahren trüge, halten wir für ausgeschlossen.*"

Auf die Wechselbeziehungen Alter – Körpergewichte – auch der Ricken – und Gehörngewichte haben wir bereits im Kapitel *Folgegehörne* hingewiesen.

Wir teilen im Grundsatz die Auffassung von RIECK, STRANDGAARD, VON BAYERN und MEUNIER. Wir unterstreichen bei guter Äsung die Schwierigkeit der Altersansprache vom Alter von 2 Jahren an, es sei denn, man kenne die Böcke individuell am Standort oder nach Körpermerkmalen von Jahr zu Jahr wieder. Wir sollten es deshalb dem verantwortlichen Jagdausübungsberechtigten überlassen, mit welchem geschätzten Alter ab 4 Jahren er seine Ernteböcke schießt, selbst dabei werden noch zuviel 2- und 3jährige ungewollt auf der Strecke liegen! Wichtiger scheint uns, sich bei der Ernte nach guten und schlechten Geweihjahren zu richten, also die Ernteböcke dann zu schießen, wenn sie für die jeweiligen Revierverhältnisse optimal aufhaben und nicht als auch noch lobenswerte Abschußböcke in einem zwischenzeitlichen Tiefpunkt ihrer Entwicklung.

Abschließend möchten wir meinen, daß weitgehendst ein Zusammenhang zwischen Nahrungsangebot und Reife besteht. Gut ernährte Individuen dürften zur Frühreife, schlecht ernährte dagegen zur Spätreife tendieren. Aufgrund der regional sehr unterschiedlichen Ernährungsbedingungen, jeweils im Zusammenhang mit der Wilddichte, mag dies der Hauptgrund für die äußerst umstrittene Frage des Reifealters sein.

Außerdem sei schon hier auf die Frage der möglichen Umtriebszeit in Abhängigkeit von der Wilddichte hingewiesen. Wie wir im nächsten Abschnitt sehen werden, bedeutet ein höheres Zielalter = längere Umtriebszeit entweder große Enthaltsamkeit bei den 2jährigen und älteren Böcken bis zum Zielalter oder aber eine größere Wilddichte!

Nach all dem könnten wir uns auf 3 Altersklassen beschränken, nämlich Kitze, Jährlinge und Schmalrehe, also einjährige Stücke, sowie 2jährige und ältere Stücke beiderlei Geschlechts. Für die Praxis ist es jedoch zweckmäßig, noch eine „Reifeklasse“ der 4jährigen und älteren Böcke hinzuzufügen, nicht zuletzt aus Gründen einer berechenbaren Altersstruktur, die wir jetzt erörtern wollen.

Abschußplan

Nachdem wir nun die wesentlichsten Begriffe und Voraussetzungen eines Abschußplans erläutert und unsere Zielvorstellung abgeklärt haben, wollen wir uns mit dessen Aufstellung beschäftigen, gleichgültig, ob dies gesetzlich vorgeschrieben oder nur für den eigenen Hausgebrauch gedacht ist. Ohne zahlenmäßige Erfassung der Zusammenhänge ist eine Hege in den Revieren unserer Kulturlandschaft aber nicht möglich, als Revierinhaber oder Betreuer sollte man zumindest sich selbst doch wohl ungeschminkt Rechenschaft ablegen.

Hierbei kommen wir nicht umhin, uns mit den oft angegriffenen „Alterspyramiden“ zu beschäftigen, die H. Hoffmann (1928) u. W. erstmals angewendet hat. Selbstverständlich können sie niemals die dynamische Entwicklung eines Bestandes echt wiedergeben, aber als theoretisches Hilfsmittel auch für den mathematisch nicht speziell ausgebildeten Heger sind sie unseres Erachtens unerläßlich.

Gehen wir bei unseren Beispielen aus von einem geschätzten Frühjahrsbestand (1.4.) von 100 Stück Rehwild in einem entsprechend großen Revier, so daß die Wilddichte als richtig, ein Geschlechterverhältnis von 1:1 als gegeben und ein Zuwachs von 60 Stück anzunehmen wäre.

Wir wollen anhand zweier extremer männlicher Alterspyramiden, die in der Natur so nicht möglich sind, die Problematik verdeutlichen:

Alterspyramide 1 bestehend aus 50 einjährigen und älteren Böcken sowie dem Jahreszuwachs von 30 Bockkitzen

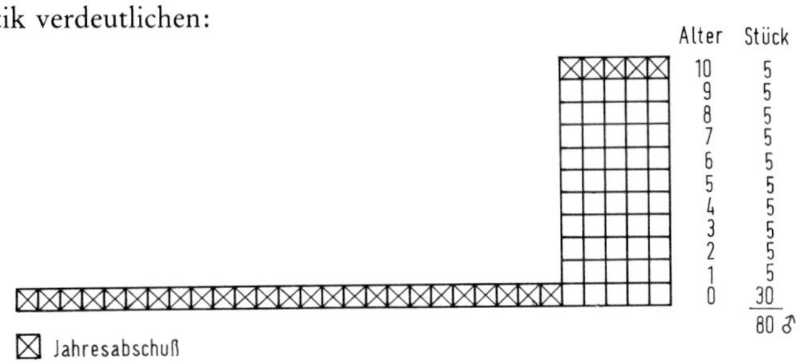

Dies wäre das Extrem, die größtmögliche Zahl von Böcken 10 Jahre alt werden zu lassen, das hätte die Voraussetzung und die Konsequenz, alljährlich 25 Bockkitze von 30 gesetzten schießen zu müssen, alle Zwischenjahrgänge zu schonen, um so 5 zehnjährige Böcke erlegen zu können!

Selbstverständlich sind bei dieser Betrachtung alle natürlichen Abgänge außer Betracht gelassen!

Alterspyramide 2 ebenfalls bestehend aus 50 einjährigen und älteren Böcken sowie dem Jahreszuwachs von 30 Bockkitzen

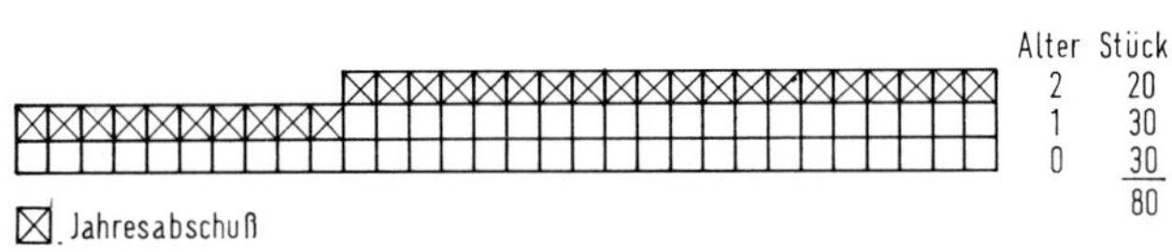

Dies wäre das andere Extrem, nämlich kein Bockkitz zu schießen, jedoch sämtliche zweijährige. Da die Zahl der zweijährigen Böcke jedoch bereits nicht mehr ausreicht, um den Zuwachs zu entnehmen, müssen noch 10 einjährige Böcke, also Jährlinge, geschossen werden!

Wir hoffen, mit diesen Beispielen den außerordentlich großen Spielraum selbst bei *gleich-*

bleibender Wilddichte für jedermann deutlich gemacht zu haben. Hinzu kommen, wie mehrfach betont, die großen natürlichen Schwankungen, wie Verluste, Ab- und Zuwanderung, von Jahr zu Jahr variierende Zuwachsraten!

Es dürfte aber auch rein mathematisch vielleicht klarer geworden sein, daß ein zu hoch angesetztes Zielalter bei Einhaltung einer vorgegebenen Wilddichte nicht ganz einfach zu erreichen ist!

Lassen Sie uns deshalb als weiteres Beispiel eine Alterspyramide anfügen, die bei sonst gleichen Voraussetzungen unser Zielalter von vier Jahren zugrunde legt:

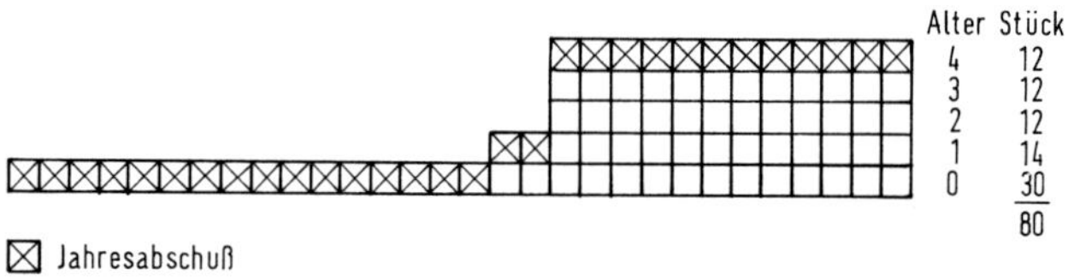

Alterspyramide 3

Hier wäre eine Höchstnutzung von 12 vierjährigen Böcken möglich, zur Entnahme des Zuwachses müßten 2 Jährlinge und 16 Bockkitze geschossen werden.

Auch dies ist natürlich in der Praxis so nicht machbar, auch unter Ausschaltung der natürlichen Einflüsse werden wir weder alle vierjährigen Böcke bekommen noch Abschüsse bei den zwei- bis dreijährigen ausschließen können.

Eines dürfte allerdings feststehen: Wer eine möglichst große Zahl älterer Böcke schießen will, muß viele Junge schießen! Insoweit gibt es auch heute keine wesentlichen Meinungsverschiedenheiten. Alle ernst zu nehmenden Autoren gehen von einem Anteil von 55 bis 65 Prozent Bockkitzen und Jährlingen am männlichen Jahresabschuß aus. Die Aufteilung zwischen Bockkitzen und Jährlingen ist bezüglich der angestrebten Altersstruktur ohne Bedeutung, dies kann von dem Biotop und den speziellen Ernährungsbedingungen abhängig gemacht werden, also auch von Jahr zu Jahr variieren. Es ist abzuwägen zwischen geringerem Wildpretertrag, Belastung des Äsungsangebotes und der Kondition der Mutterricke.

Der Schalenwildausschuß des DJV hat sowohl in seinem „*Vorschlag zur Vereinheitlichung der Schalenwildabschußrichtlinien*" als auch in seinem „Rehwildmerkblatt" 1983 für die Praxis zweckmäßige prozentuale Abschußzahlen, immer für einen Normal-Abschuß, also bei einem richtig strukturierten Bestand, zusammengestellt.

Für den Bockabschuß *ohne* Bockkitze:

Stärke- und Güteklasse	Beschreibung	Zielalter	Altersgliederung des Abschusses an Böcken (ohne Bockkitze)	
I	Starke Böcke	Im Regelfall 5 Jahre	Klasse I	20 %
II	Mittlere Böcke vornehmlich 2 und 3 Jahre			
a	Der Normalentwicklung entsprechend			
b	Der Normalentwicklung nicht entsprechend		Klasse II b	30 %
III	Geringe Böcke, im Regelfall Jährlinge			
a	Der Normalentwicklung entsprechend (bessere Hälfte)			
b	Der Normalentwicklung nicht entsprechend (geringere Hälfte)		Klasse III b	50 %

Für den männlichen Jahresabschuß einschließlich Bockkitzen:

Bockkitze	ca. 25 %	(zus. 65 %)
1jährige Böcke	ca. 40 %	
2- bis 4jährige Böcke	ca. 15 %	
5jährige und ältere Böcke	ca. 20 %	
	100 %	

Dies zugrunde gelegt, ergibt sich folgende praxisnähere Alterspyramide:

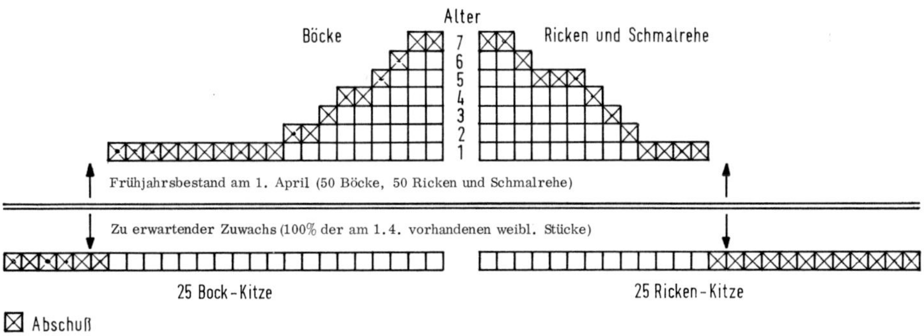

Alterspyramide 4

Bei dieser Darstellung ist allerdings nur ein Zuwachs von 100 Prozent berücksichtigt, bei 120 Prozent wie in unseren Beispielen, müßten jeweils 5 Bock- und Rickenkitze bei Zuwachs *und* Abschuß mehr erfaßt werden!

Immerhin sind bei diesem Beispiel 6 Böcke von 4 Jahren und älter als Ernteabschuß möglich, wobei nur 3 Böcke im Alter von 2 und 3 als Abgang (einschließlich natürlicher Verluste!) berücksichtigt sind!

Erstmals zeigt diese Graphik aber auch die Alterspyramide der weiblichen Hälfte des angenommenen Bestandes, hier ist dem Rickenkitzabschuß richtigerweise noch mehr Gewicht beigemessen.

Für den Abschuß des weiblichen Rehwildes werden entsprechend folgende Richtwerte genannt:

Rickenkitze	ca. 50 %
Schmalrehe	ca. 15 %
Ricken	ca. 35 %
	100 %

Vor Aufstellung des Abschußplanes sollte jeder Revierinhaber den Versuch unternehmen, soweit nicht schon bisher geschehen, seinen ermittelten Bestand in Form einer derartigen Alterspyramide zu gliedern. Sowohl ein etwaiger Überhang als auch ein Fehlbestand kann leicht sichtbar gemacht werden:

Hier ist ein Gesamtbestand von 140 Stück Rehwild am 1. April, und zwar in einem zugunsten des weiblichen Wildes verschobenen Geschlechterverhältnis von ca. 1:1,3, nämlich 60 ♂ zu 80 ♀, zugrunde gelegt. Dies bedeutet einen Zuwachs bei 120 Prozent von 96 Kitzen, 48 Bock- und 48 Rehkitzen. Die Altersstruktur ist ungünstig, am 1. April besteht ein Überhang von 14 Jährlingen und 6 zweijährigen Böcken, dagegen „fehlen“ 3 dreijährige,

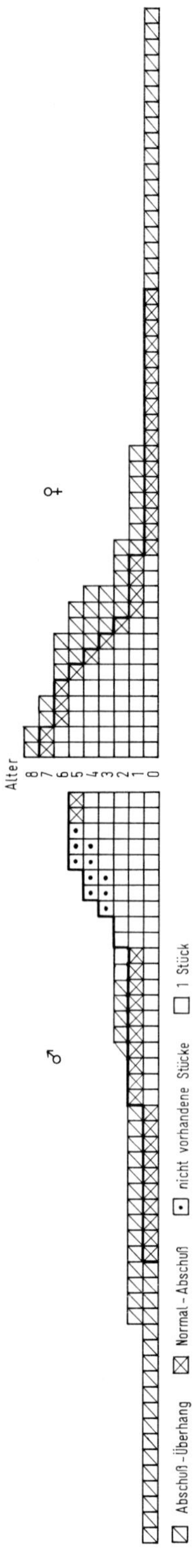

Alterspyramide 5. Angestrebter Bestandesaufbau einschließlich Zuwachs vor Normalabschuß stark umrandet

4 vierjährige und 3 fünfjährige Böcke gegenüber der angenommenen, individuell gestaltbaren Zielvorstellung, in diesem Beispiel wieder 100 Stück Rehwild im Geschlechterverhältnis von 1:1 jeweils am 1. April und einer guten Altersstruktur.

Um dies zu erreichen, müßten als Überhang bzw. Normalnutzung 58 ♂ geschossen werden (siehe Tabelle auf Seite 261 oben).

Nachdem in den Altersstufen 3 bis 5 zehn Stücke fehlen, sollte hier weitgehend Enthaltsamkeit geübt und theoretisch höchstens die 2 fünfjährigen Böcke erlegt werden. Damit wäre dann auch der volle Zuwachs von 48 Bockkitzen auf der männlichen Seite durch Abschuß bzw. anzurechnendes Fallwild wieder ausgeglichen, zusätzlich wären 10 männliche Stücke als „Überhang" der Wildbahn entnommen.

Von den 6 „überhängenden" Zweijährigen bleiben 2 stehen als Reserve für die fehlenden höheren Altersklassen.

Beim weiblichen Wild zeigt die Pyramide nicht nur den zahlenmäßigen Überhang aufgrund des ungünstigen Geschlechterverhältnisses, sondern auch eine Überalterung, die relativ häufig aufgrund des leichteren (und schmackhafteren!) Schmalrehabschusses anzutreffen ist. Wir müßten diesen Überhang durch den Abschuß von 78 ♀ beseitigen[1] (siehe Tabelle auf Seite 261 unten).

So wären von den 140 Stück am 1. April zuzüglich 96 Kitzen Zuwachs nach einem Gesamtabschuß von

	58	männlichen Stücken
und	78	weiblichen Stücken
zusammen	136	Stück der Wildbahn entnommen.

Damit wäre der angestrebte Frühjahrsbestand am 1. April 50 ♂ zu 50 ♀, zusammen 100 Stück Rehwild, erreicht, allerdings bliebe noch ein Fehlbestand von 2 vierjährigen und 2 fünfjährigen Bökken, der rein zahlenmäßig durch die 2 stehengebliebenen Überhang-Böcke und den Verzicht auf 2 Stück Normal-Abschuß jeweils bei den Zweijährigen ausgeglichen ist. Nach einem weiteren Jahr könnte aber auch die angestrebte Altersstruktur erreicht sein.

Natürlich ist dies alles „graue Theorie", wir haben in früheren Kapiteln sehr bewußt auf die Dynamik in der Entwicklung von Wildpopulationen hingewiesen, trotzdem ist es u. E. unumgänglich, derartige Modellrechnungen durchzuführen, um sich über den einzuschlagenden Weg klar zu werden.

Für die Praxis zeigt die Pyramide 5,

1. daß beim männlichen Wild erst einmal ganz stark in die Bockkitze und Jährlinge eingegriffen werden muß, und zwar in der Gesamtgrößenordnung von Zuwachs plus Überhang;
2. daß beim weiblichen Wild neben der überwiegenden Entnahme des Zuwachses bei den Rickenkitzen der Überhang auch in einer Auslese älterer und überalterter Geißen erfolgen muß.

[1] Man beachte gegebenenfalls die „Ratschläge" auf S. 265 u. 266, aber auch dann *muß* der zahlenmäßige Abschuß, wenn auch für 1–2 Jahre, in anderer Gliederung erfüllt werden.

18 Bockkitze 14 Jährlinge 4 Zweijährige	} Überhang	+ 10 Bockkitze + 10 Jährlinge + 2 Zweijährige	} Normalnutzung
also insgesamt	28 Bockkitze 24 Jährlinge 4 Zweijährige 2 Fünfjährige	zusammen 58 männliche Stücke	

	Abschuß-Überhang	Normal-Abschuß	Gesamt
Rickenkitze	18	17	35
Schmalrehe	7	4	11
zweijährige Ricken	5	1	6
dreijährige Ricken	3	1	4
vierjährige Ricken	4	1	5
fünfjährige Ricken	4	1	5
sechsjährige Ricken	3	3	6
siebenjährige Ricken	2	2	4
achtjährige Ricken	2	0	2
Stück ♀	48	+ 30	= 78

Wie bereits erwähnt, hat insbesondere JUNIOR (Z. f. J., Bd. 12, Heft 4, 1966) den mathematischen Nachweis für die Bedeutung des Geschlechterverhältnisses und des Durchschnittsalters eines Bestandes erbracht. Es sei hier auszugsweise die Kurzfassung des Autors, wie sie als Sonderdruck in „Westfälischer Jägerbote" (20. Jahrg., Nr. 10) erschienen ist, zitiert:

„Als ganz wesentliche Grundgröße für einen männlichen Wildbestand, sei es ein Rehbock- oder Hirschbestand, tritt das Durchschnittsalter des Bestandes hervor. Die beiden Alterspyramiden 1 und 2, bei denen an Rehbockbestände im Frühjahr gedacht ist, sollen das verdeutlichen.

Unter ‚Frühjahr' wollen wir den Termin 1. April verstehen und verabreden, daß zu diesem Termin der Sprung von einer Altersklasse in die nächsthöhere erfolgen, die nullte Altersklasse mit Bockkitzen bzw. Hirschkälbern jedoch noch nicht besetzt sein soll.

Wir erkennen, daß die breite flache Alterspyramide 1 ein Beispiel für einen Bestand mit niedrigem Durchschnittsalter abgibt, dagegen stellt die schmale hohe Alterspyramide 2 einen Rehbockbestand hohen durchschnittlichen Alters dar.

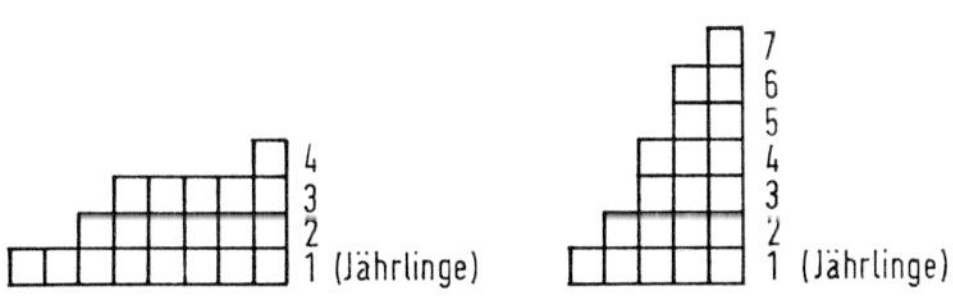

Alterspyramide 1 Alterspyramide 2

Der durch die Alterspyramide 1 charakterisierte Bestand von 20 Rehböcken ist im Durchschnitt 1,95 Jahre alt, der der Alterspyramide zwei 3,15 Jahre.

Selbstverständlich lassen sich vielerlei Alterspyramiden bzw. Verteilungen ersinnen, die auf ein vorgegebenes mehr oder weniger hohes Durchschnittsalter führen, es ist aber unmöglich, in einem Bestand eines Durchschnittsalters von 2 Jahren befriedigend viele alte Böcke unterzubringen. Das Beispiel 2 legt also nahe, im Frühjahr ein durchschnittliches Alter der Rehböcke von mindestens 3 Jahren zu fordern, worin dann genügend ältere Böcke enthalten sind. Ein Durchschnittsalter von 2 Jahren (Pyramide 1) läßt sie jedenfalls vermissen.

Bedauerlicherweise liegen wir mit unseren westdeutschen Reh- und Rotwildpopulationen in der überwiegenden Mehrzahl, was das Durchschnittsalter anbelangt, sehr nahe an der unteren Grenze, die Bestände sind also im Laufe vieler Jahre jünger und jünger geworden, und unsere vielgerühmten Abschußrichtlinien haben das leider nicht verhindern können. Was ist also hier unvollkommen?

Wir wollen versuchen, hierauf eine Antwort zu geben, indem wir der Reihe nach zwei mathematische Zusammenhänge anführen, die unter allen Umständen das Gerüst jeder vernünftigen Abschußrichtlinie bilden sollten.

1. Es besteht ein quantitativer Zusammenhang der Lebenserwartung des männlichen Wildes, die unter Hinzunahme des Fallwildes dasselbe bedeutet wie das durchschnittliche Abschußalter des jährlich gestreckten männlichen Wildes, mit der Zuwachsquote, d. h. dem auf ein weibliches Stück des Frühjahrsbestandes entfallenden Anteil Kitze oder Kälber beiderlei Geschlechts, und mit dem am 1. April vorhandenen Geschlechterverhältnis des Bestandes:

$$\text{Durchschnittliches Abschußalter} = 2 \cdot \frac{\text{Frühjahrsgeschlechterverhältnis}}{\text{Zuwachsquote}} \qquad (1)$$

Damit ist folgendes gemeint: Innerhalb eines tatsächlich von uns getätigten Abschusses männlicher Stücke (Rehböcke samt Bockkitze, Hirsche samt Hirschkälber) berechnen wir das Durchschnittsalter dieses Abschusses und vergleichen das Ergebnis mit dem von Formel (1) geforderten Wert, der sich aus den beiden durchaus bekannten Daten, eben dem Wert des Frühjahrsgeschlechterverhältnisses und der Zuwachsquote, errechnen läßt. Treffen wir nun mit unserem effektiv geschossenen durchschnittlichen Abschußalter genau den von (1) theoretisch geforderten Wert, so ändert sich das Durchschnittsalter des lebenden Bestandes von einem zum nächsten Frühjahr nicht. Hierzu Beispiele: Für unser Rehwild gibt die Erfahrung je nach Biotop und Wilddichte einen Zuwachs zwischen 80 und 100 Kitzen pro 100 weibliche Stücke im Frühjahr an. Für die Zuwachsquoten erhalten wir also Werte zwischen 0,8 und 1,0, im übrigen unterstellen wir, unser Bestand sei im Geschlechterverhältnis von 1 : 1 gegliedert. Solche Pauschalangaben lassen sich selbstverständlich nur für größere Bestände machen, wir wollen dementsprechend mit diesen Ausführungen vorwiegend Rotwildringe, Hegegemeinschaften usw. ansprechen.

Dann gibt (1) die Werte:

$$\text{Durchschnittliches Abschußalter} = 2 \cdot \frac{1:1}{0{,}8} = 2{,}5 \text{ Jahre (Zuwachsquote 0,8)}$$

$$\text{Durchschnittliches Abschußalter} = 2 \cdot \frac{1:1}{1{,}0} = 2{,}0 \text{ Jahre (Zuwachsquote 1,0)}$$

Wenn wir einmal mit dem Durchschnittsalter des lebenden Bestandes zufrieden sind, d. h. eine genügend große Zahl alter Hirsche bzw. Rehböcke ihre Fährte ziehen, so halten wir deren Zahl von Jahr zu Jahr auf gleichem Niveau, solange wir unsere Abschüsse so in Altersklassen verlegen, daß wir den mit (1) zu berechnenden Wert für das Durchschnittsalter des Abschusses genau treffen.

Ergänzend ist zu sagen, daß die Gültigkeit der Formel (1) geknüpft ist an die zahlenmäßige Abschußerfüllung in Höhe des Zuwachses, der im Geschlechterverhältnis 1 : 1 auftreten soll. Im übrigen sind bei der Ausrechnung der Abschußalter die abgeschlossenen Lebensjahre einzusetzen, für Hirschkälber also das Alter 0, für Schmalspießer das Alter 1 und für den Hirsch vom 14. Kopf das Alter 14 Jahre, entsprechendes für die Rehböcke. Der Monat des Abschusses ist also gleichgültig.

Fragen wir nun danach, was passiert, wenn wir mit unserem Abschuß den Wert (1) nicht treffen, also über- oder unterschreiten, so gibt uns auch hier die Mathematik eine einfache Antwort:

2. Es besteht nämlich wieder ein einfacher Zusammenhang zwischen der Änderung des Durchschnittsalters des lebenden Bestandes von Frühjahr zu Frühjahr mit der Abweichung des in der dazwischenliegenden Jagdzeit getätigten Abschußalters von dem oben unter (1) geforderten:

$$\text{Altersänderung} = \frac{\text{Abweichung vom geforderten Abschußalter}}{\text{Gefordertes Abschußalter}} \qquad (2)$$

Ergänzend wollen wir aber noch hinzufügen, daß man den Abschuß der vom durchschnittlichen Abschußalter diktierten wenigen Erntehirsche (Böcke) und vielen jungen Hirschen samt Hirschkälber (Böcke samt Bockkitze) durchaus auf mehrere Jahre verteilen darf, ohne daß der Grundsatz (2), der sich zunächst auf nur einen Jahresabschuß bezog, seine exakte Gültigkeit verliert.

Das ist natürlich für solche Reviere wichtig, wo alljährlich nur ein oder zwei Stück männlichen Wildes zur Strecke kommen können, desgleichen kann man sich die alten Ernteböcke durchaus für ein späteres Mastjahr aufheben.

Entscheidend ist im Sinne der Stückzahlerhaltung die zahlenmäßig vom jährlichen Zuwachs diktierte Abschußerfüllung und im Sinne der Erhaltung des Durchschnittsalters die evtl. über mehrere Jahre erstreckte, aber streng zu fordernde Einhaltung des durchschnittlichen Abschußalters aufgrund der Gesetzmäßigkeiten (1) und (2).“

Dies bedeutet, daß wir bei dem von uns geforderten Geschlechterverhältnis von 1 : 1 und einer Zuwachsquote von 120 Prozent zu einem einzuhaltenden durchschnittlichen Abschußalter von

$$2 \cdot \frac{1:1}{1{,}2} = 1{,}66 \text{ Jahre kämen.}$$

Wenn man sich nun der Mühe unterzieht, noch einmal die Alterspyramide 3 anzusehen und das durchschnittliche Abschußalter nachrechnet, dann wird man zu folgendem Ergebnis kommen:

16	Bockkitze	× Alter 0	=	0
2	Jährlinge	× Alter 1	=	2
12	Vierjährige	× Alter 4	=	48
30				50

50 Jahre geteilt durch 30 Stück ergibt ein durchschnittliches Abschußalter von 1,66 Jahren.

Die Alterspyramide 5 ergibt bezüglich des männlichen Gesamtabschusses, also Überhang *plus* Normalnutzung, ein durchschnittliches Abschußalter von 0,72 Jahren, der lebende Bestand ist also entsprechend älter geworden, die zukünftig beabsichtigte Normalnutzung alleine ergibt dagegen wieder ein durchschnittliches Abschußalter von 1,66 Jahren, nämlich

10	Bockkitze	× Alter 0	=	0
10	Jährlinge	× Alter 1	=	10
2	Zweijährige	× Alter 2	=	4
1	Dreijährige	× Alter 3	=	3
2	Vierjährige	× Alter 4	=	8
5	Fünfjährige	× Alter 5	=	25
30				50

so daß sich das Durchschnittsalter des lebenden Bestandes nicht mehr verändert.

Dieckert (Z. f. J., Bd. 13, Heft 4, 1967) kommt in seiner mathematischen Betrachtung im Prinzip ebenfalls zu den von uns vertretenen Thesen, auch er weist zutreffend auf die Gefahren hin: Erhöhung der Wilddichte; unausgeglichenes Geschlechterverhältnis; Sinken des Anteils reifer Böcke in der Abschußquote bei einem über sechs Jahre hinausgehenden „Älter-werden-Lassen" der Rehböcke.

Er hält fest: „Das Minimum, also das ungünstigste Verhältnis von jungen zu reifen Böcken in der Abschußquote wird herbeigeführt, wenn man keine Bockkitze und keine Jährlinge schießt. In diesem Fall kann man überhaupt keinen reifen Bock ernten. Das Maximum, also das günstigste Verhältnis von jungen zu reifen Böcken beträgt etwa 55 Prozent : 45 Prozent. Es ist nur zu erreichen durch starken Eingriff in die Bockkitze und strengste Schonung aller Ein- bis Dreijährigen. Darüber hinaus läßt sich der Anteil reifer Böcke nicht steigern."

P. Ihm hat ein „Buchhaltungsmodell" beschrieben, welches an Stelle des dem Abschußplan zugrunde gelegten Zuwachses Reproduktionsrate und Mortalität (natürliche Sterblichkeit) als Ausgangsgröße berücksichtigt. Hierbei geht dieses Modell von 2 gesetzten Kitzen pro Ricke, einem Geschlechterverhältnis der Kitze von 1 : 1 und einer unseres Erachtens sehr hohen Sterblichkeit aus: 50 % aller Kitze, ein- und mehrjährige Böcke 30 %, Schmalrehe und Ricken 20 %. Ohne hier auf weitere Einzelheiten seiner Berechnungen eingehen zu können, sei die Zusammenfassung zitiert:

„Die Beziehung zwischen Gesamtabschuß, dem Anteil männlichen Wildes am Gesamtabschuß und dem hierdurch erreichten Geschlechterverhältnis in der Population ist in der linken Abb. dargestellt. Dabei wird deutlich, daß sich die bestandeserhaltende Abschußquote

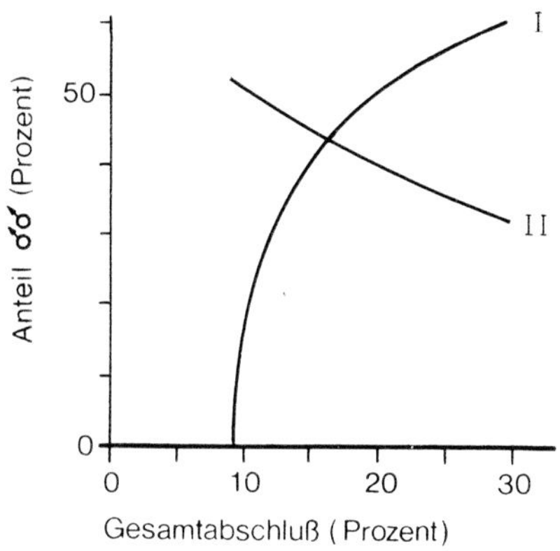

Bestandeserhaltender Gesamtabschuß und prozentualer Anteil männlichen Wildes am Abschuß (I) sowie der hierdurch erreichte Anteil männlicher Stücke in der Population (IHM 1982)

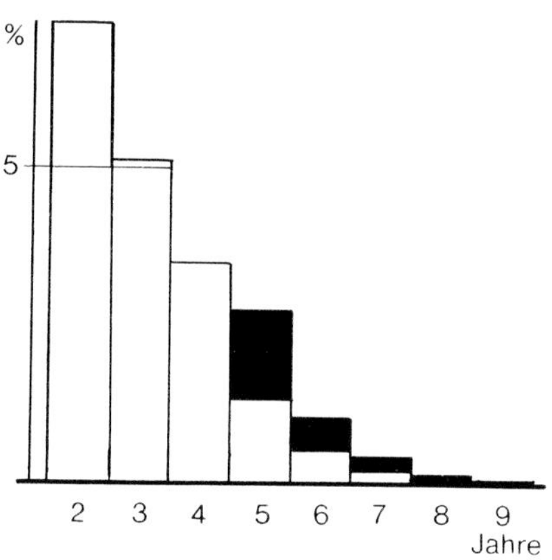

Anteil Böcke an Gesamtpopulation und Abschuß (schwarz) bei 15 % Gesamtabschuß im Verhältnis männlich zu weiblich = 4 : 6. Nur reife Böcke werden geschossen (IHM 1982)

mit dem relativen Anteil des männlichen Wildes am Abschuß vergrößert, gleichzeitig aber das Geschlechterverhältnis männlich zu weiblich kleiner wird. Sogar 30 Stück, 18 männlich, zwölf weiblich, könnten geschossen werden. Dies hätte aber ein Geschlechterverhältnis von 32 : 68 zur Folge. Will man ein Geschlechterverhältnis von 50 : 50, könnte man elf Stücke schießen, davon zwei männlich und neun weiblich.

Diese Zahlen sind in verschiedenster Hinsicht bemerkenswert. Zunächst zeigt sich, daß man den Anteil weiblichen Wildes am Abschuß nicht vermindern kann, ohne den Gesamtabschuß zu erhöhen. Anderenfalls nimmt die Populationsgröße zu. Die Verminderung des

Abschusses weiblichen Wildes führt aber dazu, daß es weniger reife Böcke gibt. Weiter erkennen wir, daß sich ein Geschlechterverhältnis von 50 : 50 in der Population nur bei einer relativ geringen Abschußquote (elf Stück insgesamt, davon neun weiblich) erreichen läßt. Dafür gibt es dann reife Böcke, aber nur einer pro hundert könnte geschossen werden. Diese Regelung stellte in sehr großen Revieren mit einem Jagdherrn und vielen Ricken schießenden Gehilfen die ideale Lösung dar, ist aber heute unrealistisch. Die ideale Lösung scheint dort zu liegen, wo das Geschlechterverhältnis dem natürlichen entspricht, d. h., einem Gesamtabschuß von 15 Stück im Verhältnis männlich zu weiblich von 4 : 6. Die Abbildung S. 264 rechts zeigt den dabei erreichten Altersaufbau. Es wurde dabei angenommen, daß in der Klasse der zwei- bis mehrjährigen Böcke nur fünf- oder mehrjährige geschossen werden. Allerdings sind kaum noch sechs- und mehrjährige Böcke vorhanden. Auch die fünfjährigen sind nicht gerade häufig, und so braucht man sich nicht zu wundern, wenn man auf Trophäenschauen zu viele jüngere Böcke sieht, obwohl dieses Phänomen sicher auch auf Ansprechschwierigkeiten zurückzuführen ist.

Da keine zuverlässigen Wilddichteschätzungen vorliegen, dürfen die idealen 15 % natürlich nicht auf irgendwelche fiktiven Bestandeszahlen bezogen werden. Man sollte den Gesamtabschuß im richtigen Verhältnis männlich zu weiblich in Abhängigkeit von erkennbarer Zu- oder Abnahme der Wilddichte ändern, wie das zum Beispiel in Baden-Württemberg angestrebt wird."

Damit wollen wir die rein zahlenmäßige Betrachtung eines Rehwildbestandes abschließen, nicht ohne nochmals darauf hinzuweisen, daß mit diesen Modellrechnungen nur theoretisch richtige Entwicklungen für die Praxis angedeutet werden können, da uns eben sichere Werte, wie Bestandeszahlen, Geschlechterverhältnis, Zuwachsquoten, Alter und natürlicher Abgang nicht zur Verfügung stehen.

Wir werden jedoch größere Sicherheit erhalten, wenn wir derartige Berechnungen großräumiger, also für einen noch überschaubaren Biotop vornehmen, um wenigstens die jahreszeitlich und soziologisch bedingten Bestandesveränderungen auszugleichen.

Hier läge die wichtigste Aufgabe der Rehwild-Hegeringe, die wir noch kurz gesondert betrachten werden.

Ob wir unsere Abschußplanung alljährlich oder in 2- oder 3-Jahres-Perioden durchführen, scheint uns bei richtiger Handhabung und der Möglichkeit, erforderlichenfalls zwischenzeitlich Umschichtungen vornehmen zu können, belanglos. Die längere Periode kann zu einer Entlastung von Revierinhabern, Hegeringen und Verwaltung führen. Lediglich im Falle einer starken Bestandsreduzierung dürfte eine jährliche Überprüfung und Neufestsetzung zweckmäßiger sein.

Ratschläge für die Verbesserung eines schlechten Rehwildbestandes

Entschließt sich ein Revierinhaber zum Versuch, seinen Rehwildbestand grundlegend zu verbessern, sollte er zunächst resümieren, was uns bislang an *Tatsachen* zur Verfügung steht:

1. Wir wissen heute, daß Kümmerformen nur dort existieren, wo das Nahrungsangebot im Verhältnis zum Wildbestand zu gering ist. Eine bessere Ernährung ist möglich, aber vom Klima abhängig. In Frage kommen die richtige Fütterung in der Zeit der Vegetationsruhe oder die Anlage von Wildäsungsflächen oder eine Kombination von beiden.
2. Wir wissen von Vogt, bestätigt von A. u. J. v. Bayern, daß das Erbgut unseres Rehwildes noch unverändert gut vorhanden ist, daß sich also aus den jetzigen Kümmerformen sehr wohl gesunde, kräftige Rehe entwickeln können.
3. Wir wissen ferner von Vogt, daß es wohl gelingt, aus einem kümmernden Elternpaar

durch gute Ernährung ein starkes Kitz zu erhalten, daß aber erst die zweite oder dritte Kitzgeneration das bringt, was im Erbgut noch voll vorhanden ist.

4. Unsere Abschußpläne gehen fälschlicherweise vom Status eines gesunden, weitestgehend wohlentwickelten Rehwildbestandes aus, deshalb wird gefordert, daß $^2/_3$ des Abschusses in der Jugendklasse erfolgt. Dies hat aber nur dann seine Richtigkeit – und das sei hier wiederholt –, wenn der Bestand in Ordnung ist.
5. Das Geschlechterverhältnis von 1:1 und Gesundheit sind unabdingbare Forderungen. Hier ist Ehrlichkeit vor sich selbst Grundvoraussetzung. Man beachte, was wir zur Beobachtbarkeit und Ermittlung des Rehwildbestandes ausgeführt haben.

Welche *Schlußfolgerungen* ergeben sich nun aus diesen beiden Tatsachen?

Sorgen wir im ersten Jahr für gute Ernährung, sollten wir logischerweise für einige Zeit auf den Abschuß vorwiegend in der Jugendklasse verzichten, weil wir uns ja die gut ernährten Kitze für die weitere Fortpflanzung sichern wollen. Daher müssen wir kurzfristig energisch in die schlechte Mittel- und Altersklasse bei männlichem und vor allem beim weiblichen Rehwild eingreifen, d. h. wir müssen Schmalrehe und gute Jährlinge schonen. Dies würde verhindern, daß der alte Bock den jungen, guten Nachwuchs aus dem Revier jagt und gewährleisten, daß das gut ernährte Schmalreh wieder ein noch besseres Kitz setzt.

Die Nichteinhaltung dieses Prinzips ist wohl eine der Ursachen, warum es manchmal gar so langsam mit dem Besserwerden unseres Rehbestandes geht. Wir schießen laut unserem Abschußplan, wenn wir uns einmal zur Äsungsverbesserung entschlossen haben, in der Jugendklasse das gute Reh weg und schieben dadurch ein viel rascher zu erwartendes Resultat in eine ferne Zukunft. Ist jedoch ein Bestand wieder in Ordnung – dies sei hier noch ausdrücklich betont –, ist unsere heutige Auffassung vom Abschußplan mit starkem Eingriff in die Jugendklasse die einzig mögliche und richtige.

Abschußrichtlinie und Abschußdurchführung

Manche Leser, insbesondere aber die prinzipiellen Kritiker des Begriffs „Hege mit der Büchse“ mögen nach dem vorangegangenen Kapitel fragen, was sollen jetzt noch Abschußrichtlinien? Gilt nicht schlicht der Satz: „Zahl vor Wahl“? So sehr wir die Auffassung vertreten, daß ohne zahlenmäßige Betrachtung keine Hege möglich ist (und dies war schon die Meinung des ursprünglichen Autors dieses Buches vor 80 Jahren), so sehr sind wir aber auch davon überzeugt, daß eine Abschußrichtlinie, den jeweiligen Verhältnissen angepaßt, für eine biologisch richtige und qualitätsorientierte Bejagung unerläßlich ist.

Wir halten es deshalb für bedauerlich, daß seit dem zweiten Weltkrieg in der Bundesrepublik Deutschland, aber auch in der Republik Österreich, eine starke Zersplitterung in den Begriffen, die sich fast einheitlich durchgesetzt hatten, eingetreten ist. Dies führt zu Mißverständnissen und einer Verunsicherung der Jäger. Das Land Baden-Württemberg hat bei Rehwild auf jede Klassifizierung verzichtet, hier bleibt es den Hegeringen bzw. Kreisvereinen überlassen, bei den Gehörnschauen nach ihrem System zu bewerten. Hessen hat nach einer vorübergehenden völlig neuen Einteilung in A, B und C den an und für sich begrüßenswerten Versuch einer biologisch begründeten und vom gedanklichen Ansatz her erfolgversprechenden neuen Abschußrichtlinie gemacht, die jedoch ausschließlich die Altersstufen

Bockkitze	bzw.	Rehkitze
einjährige Böcke		Schmalrehe
zweijährige und ältere Böcke		Ricken

kennt.

Wir sehen, daß dies sehr gut unter Hinzunahme der Reifeklasse in den von uns vertretenen Rahmen einheitlicher Begriffe für Abschußrichtlinien einzufügen wäre.

Von den Rotwild-Abschußrichtlinien wurde von anderen Bundesländern der Begriff IIc auch für Rehwild übernommen. Der Freistaat Bayern hat dagegen, wie wir meinen, logisch die früheren Stärkeklassen I und II mit den Güteklassen a und b um die Stärkeklasse III erweitert. Dieser Einteilung hat sich der Schalenwildausschuß des DJV im Prinzip angeschlossen und vor einigen Jahren, leider etwas spät, seinen Vorschlag zur „Vereinheitlichung der Schalenwild-Abschußrichtlinien“ als Rahmenempfehlung vorgelegt. Sie sehen die Beibehaltung der Stärke- und Güteklasse Ia, Ib, IIa, IIb vor, allerdings erweitert um IIIa und IIIb. Gleichzeitig wird jedoch eine Korrelation zur Altersklasse hergestellt. Für Stärke- und Güteklassen spricht u. E. nach allem, was wir versucht haben deutlich zu machen, daß eine exakte Altersansprache beim Rehwild nur bei Kitzen und einjährigen Stücken möglich ist, andererseits der Abschuß guter, also optisch als solche erkennbarer Trophäenträger aus Gründen einer biologisch richtigen Altersstruktur begrenzt sein muß. Als Beispiel für eine Rehwild-Abschußrichtlinie ist folgende Übersicht in dem genannten Vorschlag des Schalenwildausschusses enthalten, wobei ausdrücklich darauf hingewiesen ist, daß die konkreten Kriterien den Verhältnissen der jeweiligen Wuchsgebiete anzupassen sind. Außerdem wurde bezüglich des Rehwildes in diesem Beispiel von der eingeräumten Möglichkeit Gebrauch gemacht, bei der Stärkeklasse I auf eine Unterteilung in die Güteklassen a und b zu verzichten.

Stärke- und Güteklasse	Beschreibung	Gehörngewichtsgrenze und sonstige Abgrenzungen z. B.	Reifealter (Zielalter)	Altersgliederung des Abschusses an Böcken	
I	Starke Böcke	210 g bei mittlerem Standort	Im Regelfall 5 Jahre	Klasse I	20 %
II	Mittlere Böcke vornehmlich 2 und 3 Jahre				
a	Der Normalentwicklung entsprechend				
b	Der Normalentwicklung nicht entsprechend			Klasse IIb	30 %
III	Geringe Böcke, im Regelfall Jährlinge				
a	Der Normalentwicklung entsprechend	Klasse IIIb: jeweils schlechtere Hälfte der Jährlinge nach der Stangenlänge			
b	Der Normalentwicklung nicht entsprechend			Klasse IIIb	50 %

Das bereits weiter oben erwähnte „Rehwild-Merkblatt“ des DJV-Schalenwildausschusses hat selbstverständlich diese Klassifizierung übernommen.

Wir halten diese Abschußrichtlinie für praktikabel, auch bei dem erforderlichen hohen Abschuß von Jährlingen sollte ein Wahlabschuß stattfinden. Die Kriterien hierfür können allerdings von Jahr zu Jahr schwanken, deshalb sind IIIb-Böcke jeweils alle unter dem Durchschnitt der Stangenlänge eines Jahrgangs aufhabenden Jährlinge eines Wuchsgebietes, keineswegs nur etwaige Knopfböcke. Nachdem Vorschläge aus wissenschaftlicher Sicht u. a. die Unterkieferlänge von Rehen jahrgangsweise zum Kriterium für den qualitativen Standard eines Bestandes heranziehen wollen, was bis heute keine verwertbaren Ergebnisse gebracht hat, ist nicht einzusehen, warum nicht der alljährlich produzierte Knochen „Geweih“, zumindest bei einjährigen Böcken, als Maßstab einer „Auslese“ gelten sollte mit dem Vorteil,

dies bereits am lebenden Stück erkennen zu können. Abgesehen hiervon haben umfangreiche Untersuchungen von R. R. HOFMANN, HERZOG, KÖNIG und MEUNIER erheblich die Bedenken verstärkt, die Kondition eines Bestandes oder einer Population an einem einzigen Knochenmaß, wie dem des Unterkiefers, messen zu wollen. MEUNIER wies nach, daß ein vorgelegtes Beispiel in seiner mathematischen Anlage und dementsprechend in seinem Ergebnis falsch ist, da für die Allometriegleichung ein zu großer Anstiegsexponent angenommen, jedoch nicht ermittelt wurde.

Bei einem Ausgangsbestand mit durchschnittlich 15 kg Gewicht der erwachsenen Böcke würde sich durch ein Anheben des Durchschnittsgewichts auf 18 kg tatsächlich die Unterkieferlänge nur um etwa 3 mm von 15,5 auf 15,8 cm vergrößern, dies bei einer natürlichen Variationsbreite bei gleichem Gewicht von mindestens 16 mm!

HERZOG, HOFMANN, KÖNIG weisen zusätzlich auf die Manipulierbarkeit der durchschnittlichen Unterkieferlänge hin. Wenn nur geringe Stücke erlegt werden, wird die tatsächliche „Kondition" des Bestandes unterschätzt und umgekehrt. Der Vorschlag beinhaltet unausgesprochen den Verzicht auf jeden Wahlabschuß, er degradiert die Jäger zu „Schädlingsbekämpfern"!

Nachdem, wie wir festgestellt haben, die *Stärke* eines Gehörns in erster Linie eine Frage der optimalen Ernährung, nicht der Vererbung ist, ergibt sich bei richtiger Handhabung, nämlich nach Anpassung der Wilddichte an das natürliche Äsungsangebot und/oder nach Vermehrung und Verbesserung der Ernährungsbasis bei dann gleichbleibender Wilddichte durch jährliche Überprüfung von Gewicht und Trophäen aller Jährlinge ein hervorragender Gradmesser der Entwicklung.

Rekordzahlen von Knopfböcken bei Trophäenschauen sind kein Zeichen guter Hege, schon gar nicht medaillenwürdig, sondern nur der traurige Beweis, daß es sich um einen halbverhungerten Rehwildbestand handeln muß. Im Gegensatz dazu gibt es Rehwildvorkommen, wo in der Jährlingsklasse alle Spießer selbst über Lauscherhöhe als IIIb geschossen werden müssen, da die bessere Hälfte, also die IIIa, durchweg über lauscherhohe Gabler- oder Sechserböcke sind.

Wir sehen, die „Zahl" hat Priorität, aber im Rahmen sich ändernder Kriterien der „Wahl". Ob wir in diesem Zusammenhang von „Wahlabschuß" oder „Auslese" sprechen, scheint uns ein Streit um Worte zu sein. Deshalb wäre zu empfehlen, in dieser Klasse IIIb nur eine Mindeststückzahl im Abschußplan festzusetzen, dagegen einen darüber hinausgehenden Abschuß generell zuzulassen, allerdings gekoppelt an eine automatische Erhöhung des Abschußsolls an weiblichem Wild.

Die Stärkeklasse II umfaßt in der Regel die 2- bis 3jährigen Böcke, in Einzelfällen auch ältere Böcke, die über ein Mittelmaß nicht hinausgekommen sind oder aber echt zurückgesetzt haben. Der Abschuß von IIb-Böcken darf in dieser Mittelklasse wirklich nur kraß unter dem Durchschnitt der Entwicklung verbliebene bzw. kranke oder auch im Wildbret stark untergewichtige oder überalterte Stücke erfassen. Insoweit liegt uns der in der Rahmenrichtlinie genannte prozentuale Abschußanteil nach heutigen Erkenntnissen zu hoch. Er kann, wie wir schon gesehen haben, zugunsten der Stärkeklasse I gesenkt werden. Alle als normal entwickelt anzusehenden Böcke der Mittelklasse sind als IIa-Böcke zu schonen. Die Stärkeklasse I umfaßt alle starken Böcke, die nach unserer Auffassung ab dem vollendeten 4. Jahr im Rahmen der aus dem Altersaufbau sich ergebenden Zahl erlegt werden können. Insoweit kann hier auf die Güteklassen verzichtet werden. In großen Revieren mit insgesamt hohen Abschüssen oder in besonders guten Wuchsgebieten wäre aber auch bei bereits gegebener guter Altersstruktur eine Unterteilung vertretbar. Dies käme einer zahlenmäßigen Schonung besonders gut entwickelter Böcke mit vermutlich guten Erbanlagen gleich. Daß dies aufgrund der uns unbekannten Erbfaktoren des weiblichen Wildes eine schwierige Frage ist, braucht an und für sich nicht nochmals betont zu werden, wenn auch zum Beispiel neueste Forschungen wieder dem Erbgut eine angemessene Bedeutung zumessen.

An dieser Stelle ist auf die „Rehwildrichtlinie Baden-Württemberg" nochmals einzugehen. Was die angestrebte Struktur des Abschusses anbelangt, stimmt sie mit dem bisher Gesagten überein:

Starker Eingriff in die Jugendklasse, weitgehende Schonung der mittelalten Stücke, restlicher Abschuß in der Alterklasse, angestrebtes Geschlechterverhältnis 1 : 1.

Dies trägt der Problematik der Altersansprache Rechnung und läßt der Eigenverantwortung des Jägers großen Spielraum.

Damit sind wir aber auch schon bei dem jährlichen Nachwuchs, den Kitzen und dem weiblichen Rehwild. Wir wissen, daß ein hoher Kitzabschuß unerläßlich ist, wir sollten deshalb bei 2 oder gar 3 Kitzen einer Geiß das schwächste ohne Rücksicht auf das Geschlecht so früh wie möglich wegnehmen. Generell kann bei Kitzen nur nach dem Körpergewicht ausgewählt werden, erst im Spätjahr wären Bockkitze mit deutlichem Erstlingsgehörn zu schonen. Wer will, könnte zur Vervollständigung des Schemas beim männlichen Wild die Bockkitze als Klasse IV bezeichnen.

Beim weiblichen Wild klassifizieren wir entsprechend in Rickenkitze, Schmalrehe und Ricken. Mangels sichtbarer „Knochen" kann der Abschuß sich ausschließlich nach dem Körpergewicht ausrichten. Bei der Regulierung eines überhöhten und/oder qualitativ unbefriedigenden Rehwildbestandes empfiehlt es sich, unterdurchschnittliche Familien, also Kitze und Ricken, zu erlegen. Der Begriff Geltricke ist mit Vorsicht zu gebrauchen. Er gilt ausschließlich für dauernd unfruchtbare Stücke, sei es krankhafter Natur, was z. B. durch eine nicht abgestoßene Steinfrucht, aber auch durch Veränderungen der Geschlechtsorgane möglich ist, sei es tatsächlich infolge Vergreisung, was jedoch äußerst selten ist. Die Feststellung einer Geltricke bedarf also jahrelanger Beobachtung, soweit ein Wiedererkennen an bestimmten Merkmalen möglich ist.

Eine Ricke dagegen, die in einem Jahr einmal kein Kitz gesetzt oder es sehr früh verloren hat, kann bei gutem Gesamteindruck besonders wertvoll sein, da sie in der Regel dieses „Erholungsjahr" mit besonders gutem Nachwuchs im Folgejahr quittieren wird.

Der Schmalrehabschuß ist zu Beginn der Jagdzeit zwar am leichtesten durchzuführen, er muß jedoch begrenzt bleiben, um keine Überalterung des weiblichen Bestandes herbeizuführen. Es sind also im Rahmen der vorgegebenen Zahl nur die schwächsten Schmalrehe auszuwählen. Bezüglich des Rickenabschusses wollen wir LETTOW-VORBECK, den früheren Bearbeiter dieses Buches, zitieren:

„Die Frage, welche Ricken vordringlich dem Wahlabschuß verfallen sollten, möchte ich dahin beantworten, daß in *erster* Linie alle kümmernden Stücke, die durch struppige, glanzlose Decke, durch Husten oder gar durch beschmutzten, verklebten Spiegel auffallen, sobald wie irgend möglich abzuschießen sind, denn sie bilden eine akute Gefahr für den Gesamtbestand.

‚An ihren Früchten sollt ihr sie erkennen' – und so sollten in zweiter Linie die Mütter der Böcke mit Knopf – oder ähnlichen Kümmerspießen – ausgemerzt werden, aber das ist weit leichter gesagt als getan. Stellen wir solche unterernährten und rachitischen Jährlinge fest, haben ihre Mütter Schonzeit, und nur ausnahmsweise kann man diese aufgrund besonderer Kennzeichen im folgenden Herbst zur Jagdzeit wiedererkennen. Aus diesem Grunde bedaure ich, daß das Bundesjagdgesetz, wie auch das ehemalige Reichsjagdgesetz, uns nicht eine, wenn auch nur kurze Jagdzeit für weibliches Rehwild im Frühjahr zugebilligt hat, um so mehr, als um diese Zeit die Ricken auch unbedenklich von ihren Kitzen fortgeschossen werden

könnten. Entsprechende Anträge sind m. E. immer mit der Begründung abgelehnt worden, daß diese Frühjahrsrehe – nicht selten mit Dassellarven befallen – zu unansehnlich wären, als daß man sie auf den Markt bringen könnte. Ganz abgesehen davon, daß die zu Beginn der Jagdzeit während des Haarwechsels geschossenen Böcke auch nicht gerade als ansehnlich zu bezeichnen sind, muß ich zugeben, daß marktwirtschaftliche Gründe auch ihre Berechtigung haben. Da also mit einer Frühjahrsjagd kaum noch zu rechnen ist, andererseits aber die Mütter der alljährlich wieder auftauchenden, ausgesprochenen Abschußböcke geradezu das Kernstück eines sinnvollen Wahlabschusses darstellen, kann ich nicht dringend genug empfehlen, sich diese minderwertigen Mütter bereits im Frühjahr, während sie ihre kümmernden Söhne noch führen, recht genau einzuprägen. Wir verfügen heute über so hervorragende Jagdgläser, daß wir selbst auf größere Entfernungen sozusagen jedes Haar erkennen können. Es ist auch nicht so, daß ein ‚Rickengesicht' dem anderen gleicht, und wer seinen Blick daraufhin schärft, wird erstaunt sein, wie häufig ihn besondere Kennzeichen ein und dasselbe Stück immer wiedererkennen lassen. Freilich wird es zu Anfang erforderlich sein, sich als Gedächtnisstütze auf frischer Tat Notizen zu machen, wie dies gelegentlich der bekannten Rehbockmerkblätter schon vielfach geübt wird (s. a. die „Gehörn-Skizzenblätter" vom Leserservice *Wild und Hund*). Es brauchen auch nicht immer nur Eigentümlichkeiten in der Färbung der Gesichtsmaske zu sein, die es uns ermöglichen, das Einzelstück aus der gleichförmig erscheinenden Masse herauszuheben. Zuweilen tun dies auch Absonderheiten im Benehmen, der Standort und das Halten bestimmter Wechsel, denn die Ricke ist im allgemeinen noch sehr viel standorttreuer als der Bock. Für den, der sich im Erkennen solcher Dinge schult, ist jedes Zusammentreffen mit seinem Wild ein Erlebnis, und für ihn gibt es keine Langeweile auf dem Ansitz. Für ihn wird auch das unmöglich Erscheinende möglich, nämlich die Rehmütter, die dem Revier Jahr für Jahr die kümmernden Spießer aller Spielarten bescheren, im Herbst wiederzuerkennen und auf die Decke zu legen.

In *dritter* Linie scheint es mir erforderlich zu sein, die überalterten Ricken zum Wahlabschuß heranzuziehen, gerade weil diese bekanntlich bis zur Schwelle des Greisenalters fortpflanzungsfähig bleiben. Es liegt doch auf der Hand, daß die Mutterricke, die sich infolge ihres vollkommen abgeschliffenen Gebisses selbst nur noch notdürftig ernähren kann, keine vollwertige Nachzucht mehr hervorzubringen vermag. Diese überalterten Stücke zu erkennen, gibt uns die herbstliche Verfärbezeit die beste Gelegenheit. Ricken, die dann als letzte oder einzige noch im roten Sommerhaar in den Blick stechen, können getrost der Kugel verfallen. Entweder sind sie steinalt oder krank und somit erst recht abschußnotwendig. Zuweilen habe ich darüber hinaus sehr alte Ricken (wie auch Böcke) an ihrer geradezu plumpen Vertrautheit erkannt. Nach ihren langjährigen guten Erfahrungen nimmt ihre Scheu vor den Menschen mehr und mehr ab. Sie verlassen sich in geradezu grotesker Weise auf ihre Schutzfarbe, und geht oder fährt man sie offensichtlich an, so verstehen sie sich meisterhaft zu drücken und werden erst auf kurze Entfernung flüchtig.

Wer nach den drei genannten Gesichtspunkten den Rickenbestand durchforstet hat, wird im allgemeinen sein Abschußsoll schon beinahe erfüllt haben, denn die meisten dieser Ricken führen ja Kitze, die zuvor abgeschossen werden mußten. Rund die Hälfte dürfte weiblichen Geschlechts gewesen sein und war somit dem Rickenabschuß zuzurechnen. Bei dieser Gelegenheit muß ausdrücklich davor gewarnt werden, ausnahmsweise den umgekehrten Weg zu versuchen und den ersten Schuß auf die Ricke in der Hoffnung abzugeben, daß das unerfahrene Kitz verhoffen und damit Gelegenheit für die zweite Kugel geben oder aber bald zu der verendeten Mutter zurückkehren werde. Gerade das unerfahrene Kitz wird in der Regel nach dem Knall in kopfloser Flucht davonstürmen und eher bei anderen Ricken – freilich vergeblich – Anschluß suchen, als sich in absehbarer Zeit dem Ort des Schreckens erneut zu nähern. Es wird dem verantwortungslos handelnden Jäger unter Umständen manche harte Nuß zu knacken geben, bis der Abschuß des verwaisten Kitzes sein Gewissen entlastet. Die Ricke hingegen – allerlei Geräuschen gegenüber schon harthöriger geworden – wird sehr viel häufiger Zeit für einen zweiten Schuß lassen, sei es, daß sie nach ein paar Fahrern nach dem Grund der Störung sichert oder auf der Flucht verhofft, um das Folgen des Kitzes abzuwarten. Liegt dieses im Feuer, wird sie nach kürzerer oder längerer Zeit gewiß wieder dorthin zurückkehren. Voraussetzung ist natürlich, daß sich der Jäger nach dem Schuß vollkommen ruhig verhält. Erfolgt die Schußabgabe auf ein Kitz inmitten eines Sprunges, wie das häufig zu sein pflegt, so ist es unbedingt erforderlich, sich vorher das Bild der dazugehörigen Mutter genau einzuprägen.

Die sinnvolle Durchführung des Wahlabschusses der Ricken und Kitze ist aber nicht nur abhängig von dem Können des Revierinhabers, sondern auch von der ihm verfügbaren Zeit. Besonders dann, wenn er die ersten Wochen der Jagdzeit mit ihrem besseren und längeren Licht versäumen muß, wird er sein Soll kaum noch erfüllen. Wenn nun Zeitmangel einen systematischen Wahlabschuß nicht zuläßt, und wenn auch niemand aufzutreiben ist, der den Jagdherrn hierbei vertritt, möchte ich eine bereits an dieser Stelle erwähnte und von Fall zu Fall mögliche Notlösung nennen, und zwar den Abschuß aller irgendwie erfaßbaren Ricken und Kitze innerhalb eines bestimmten Revierteils, der durch qualitativ besonders schlechtes Rehwild bekanntgeworden ist, wie dies in nicht wenigen Revieren vorkommt. Häufig handelt es sich hierbei um armselige Sandböden oder um stark versumpfte und versauerte Bruch- und Wiesenflächen, auf denen die besonders ungünstigen Umweltverhältnisse einen entsprechend schwachen Rehwildtyp im Lauf der Jahrzehnte geprägt haben. So ungern ich ihm das Wort rede, so halte ich einen solchen ortbedingten Totalabschuß für das viel kleinere Übel als die überhöhte Wilddichte, die bei Nichterfüllung des Abschußsolls zwangsweise eintritt. Infolge des Bestrebens allen Wildes, sich gleichmäßig auf die Fläche zu verteilen, wird sich der leergeschossene Raum wieder füllen und damit den benachbarten entlasten. Sofern ein solcher, sich durch die Verhältnisse anbietender ‚Vernichtungsraum' Reviergrenzen berührt, gebietet es selbstverständlich der waidmännische Anstand, sich vorher mit dem Nachbarn in Verbindung zu setzen. Außerdem wird ein voller Erfolg erst durch dessen Unterstützung möglich sein.

Wer die überragende Bedeutung des Wahlabschusses innerhalb seines Rickenbestandes erkannt hat und seine systematische Durchführung zu vollbringen gewillt und in der Lage ist, sollte unter keinen Umständen versäumen, das Gewicht jedes einzelnen Stückes sorgfältig zu ermitteln und in einer Jahresstatistik innerhalb der jeweiligen Altersklasse zu verzeichnen. Für die geringsten Durchschnittsgewichte der einzelnen Klassen des gesamten Rehwildabschusses den ‚goldenen Hegebruch' zu verleihen, scheint mir sinnvoller zu sein, als eine Kollektion von Abschußböcken mit zumeist erworbenen Mängeln damit auszuzeichnen, wie dies meist auf Ausstellungen geschieht. Allein, ein so überaus mühe- und verdienstvolles Werk wie der sorgfältige Hegeabschuß bei Ricken und Kitzen ist eben seiner ganzen Natur nach dazu verurteilt, nicht vor die Öffentlichkeit zu treten und nur im Geheimen zu blühen. Doch nicht für die Dauer, denn eines Tages wird das unermüdliche und entsagungsvolle Bemühen – sichtbar für alle Augen – durch starke Gehörne der Ernteböcke belohnt werden. Bis es endlich soweit sein wird, mag und soll der unverdrossen und zäh sein Ziel verfolgende Waidmann seine tiefe und beglückende Befriedigung darin finden, daß die Durchschnittsgewichte der jeweils schwächsten und deshalb ausgemerzten Stücke in seinen Jahresstatistiken ansteigen und ihm dadurch am besten beweisen, daß er auf dem rechten Weg ist."

Wir haben hier Äußerungen eines Mannes der Praxis, der seiner Zeit weit voraus bereits erkannt hatte, welche Bedeutung dem Wahlabschuß des weiblichen Wildes zukommt, aber auch entsprechender Jagd- und Schonzeiten.

Wir müssen deshalb in diesem Zusammenhang die Frage einer Neuordnung der Jagd- und Schonzeiten behandeln.

Jagd- und Schonzeiten

Die weitgehend gültige Jagdzeit auf Rehböcke vom 16. Mai bis zum 15. Oktober ist angemessen. Eine Einschränkung dergestalt, daß Böcke der Klasse I erst ab 1. Juni oder gar, wie insbesondere in einigen österreichischen Bundesländern, ab 1. August erlegt werden dürfen, halten wir für nicht erforderlich.

Bei guter Altersstruktur ist es wohl belanglos, ob ein starker Bock vor oder in der Blattzeit geschossen wird, danach wird er sowieso nur selten zu bekommen sein.

Zu beachten ist natürlich die Verschiebung des Frühjahrs-Geschlechterverhältnisses durch die Entnahme einer größeren Zahl von Böcken vor der Blattzeit, wir werden aber hierauf bei den Jagdzeiten für das weibliche Rehwild zurückkommen.

Ob wir den starken Bock noch grau oder aber erst völlig verfärbt schießen, ist in erster Linie eine Geschmacksfrage, es gibt sehr wohl Reviere, z. B. reine Waldgebiete, womöglich noch mit Rotwild, oder völlig ebene Feldreviere mit großflächigem Getreide- und Maisanbau, wo nach Anfang Juni die Erlegung eines Bockes nur noch mit viel Glück möglich ist. Nicht umsonst beginnt deshalb z. B. der Bockabschuß in Ungarn bereits am 1. Mai.

Die Jagdzeiten des weiblichen Rehwildes entsprechen dagegen nicht unseren heutigen Erkenntnissen. Mit dem 1. September wurde zwar vor einigen Jahren der Beginn um 14 Tage vorverlegt, dies ist jedoch u. E. nicht ausreichend. Wir empfehlen, auch in Anbetracht der Erhaltung des Sommer-Geschlechterverhältnisses, die Jagdzeit auf Schmalrehe am 16. Mai

beginnen zu lassen. In dieser Zeit müssen sich die Schmalrehe von den Mutterricken absondern, dies führt zu großer Mobilität, sie sind mangels Gesäuge und bei guten, weil langdauernden Lichtverhältnissen einwandfrei anzusprechen und je nach Entwicklung untereinander gut nach Körperstärke zu unterscheiden. Auch das Verfärben kann hier wichtige Anhaltspunkte abgeben. Die Bundes-Verordnung über Jagdzeiten vom 2. April 1977 hat dem Rechnung getragen; mehrere Bundesländer haben dies jedoch nicht mitvollzogen.

Die Jagdzeit für Ricken und Kitze könnte auf den 16. August bzw. nach Ende der Blattzeit, wenn die Kitze wieder bei ihrer Mutter stehen, vorgezogen werden.

Umgekehrt plädieren wir mit Entschiedenheit für ein Ende der Jagdzeit auf alles weibliche Rehwild und Bockkitze spätestens am 31. Dezember, noch besser am 30. November. In der äsungsärmsten Zeit sollte dem Rehwild seine energiesparende Ruhe gelassen werden. Unverändert aktuell halten wir die Forderung Lettow-Vorbecks einer kurzen Frühjahrsjagdzeit auf Einzelstücke für weibliches Rehwild. Sie sollte u. U. mit Rücksicht auf Klima- und Höhenlage differenziert 4 Wochen im März oder April umfassen. Es gibt keine günstigere Zeit für einen echten Wahlabschuß unseres weiblichen Rehwildes, vor allem auch der älteren Ricken. Der noch von Lettow-Vorbeck angenommene Grund für die bisherige Ablehnung, nämlich die Vermarktung, scheint uns heute selbst bei etwas geringerem Wildbreterlös nicht mehr angebracht, zumal es sich bei dieser Art eines echten Wahlabschusses ja immer nur um eine sehr begrenzte Stückzahl handeln kann. Auch dies wäre ein „Vorweg-Ausgleich“ des Geschlechterverhältnisses bis zur Blattzeit.

Wir wollen an dieser Stelle nur eine Reihe überdurchschnittlicher Trophäen von Erntebökken aus dem deutschsprachigen Raum vorstellen, nicht um einem mißverstandenen „Trophäenkult“ zu huldigen, sondern um zu zeigen, daß auch unter den heutigen Bedingungen der Kulturlandschaft unser Reh keineswegs die Fähigkeit einer optimalen Entwicklung eingebüßt hat, also alles Gerede von Degeneration schlicht dummes Zeug ist. Entscheidend sind hierbei die Umweltverhältnisse, seien es noch vereinzelt von Natur herausragende oder von der Hand des Hegers gestaltete Biotope und ein gutes Nahrungsangebot sowie eine richtig verstandene „Hege mit der Büchse“.

Nachweisbare Erfolge

Die Abbildung zeigt den wohl stärksten deutschen Rehbock dieses Jahrhunderts, einen außergewöhnlich massigen Sechserbock, erlegt am 27. Mai 1973 im bayerischen Allgäu.

Die Maße sind:	Stangenlänge rechts	22,9 cm
	Stangenlänge links	22,6 cm
	Gewicht	696 g
	Volumen	270 cm^3
	Rosenumfang	nicht meßbar
	Auslage	7,3 cm
Inoffizielle Bewertung		181,40 I.P.

Das Rehwild dieses Revieres wird entsprechend den Versuchen A. und J. VON BAYERNS in einem steirischen Gebirgsrevier gehegt, die bei unseren heutigen Revierverhältnissen fehlende Herbstmast wird durch entsprechende Zufütterung im Herbst ausgeglichen.

Ungerader Zehner-Bock, erlegt am 9. 7. 1973 in Baden-Württemberg auf der Schäbischen Alb auf 700 m ü. NN.

Die Maße sind:	Stangenlänge rechts	26 cm
	Stangenlänge links	24 cm
	Gewicht	570 g
	Volumen	270 m^3
	Rosenumfang	26 cm
	Auslage innen	12 cm
Inoffizielle Bewertung ca.		169 I.P.

Nach Mitteilung des Revierinhabers stehen im Herbst dem Rehwild Wildäcker zur Verfügung, im Winter wird Silage aus Obsttrester, zerkleinerten Kastanien und Eicheln und Ackerbohnen sowie Hafer und Kleeheu gefüttert. Futtervorlage zweimal wöchentlich.

Ungerader Achter-Bock, erlegt am 19. 5. 1972 in einem reinen Feldrevier des Kreises Mainz-Bingen in Rheinland-Pfalz. Höhenlage ca. 100 m ü. NN.

Die Maße sind:	Stangenlänge rechts	27 cm
	Stangenlänge links	26 cm
	Gewicht	548 g
	Volumen	270 cm^3
	Auslage	8,5 cm
Bewertung		165,1 I.P.

Außer der Öffnung von hierfür angelegten Zuckerrübenmieten ist eine Fütterung in diesem vorzüglichen Rehwildbiotop nicht erforderlich und üblich, es handelt sich in der ganzen nacheiszeitlichen Vegetationsgeschichte um waldfreies Steppengebiet mit schwarzem Steppenboden (Tschernosem). Auf den aus Löß und Paneremtzima bestehenden basenreichen, humosen, bindigen, gut wasserhaltenden mittel- bis tiefgründigen Böden wird vorzugsweise Weizen, Zuckerüben und Wein angebaut. Alle diese Angaben verdanken wir Dr. KARL HEUELL.

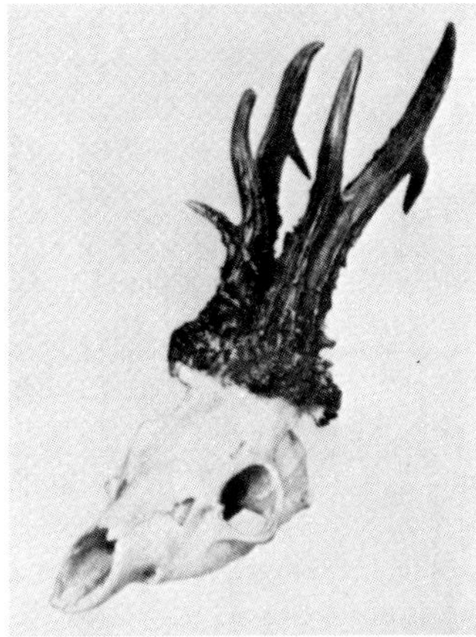

Ebenfalls ungerader Achter-Bock, erlegt am 5. 8. 1971 im bayerischen Jura zwischen 420 und 540 m ü. NN.

Die Maße sind:	Stangenlänge rechts	23,2 cm
	Stangenlänge links	24,7 cm
	Gewicht	585 g
	Volumen	275 cm³
	Auslage	8,1 cm
Bewertung		163,5 I.P.

Aus dem gleichen Biotop stammt der ungerade Achter-Bock, erlegt am 3. 8. 1968.

Die Maße sind:	Stangenlänge rechts	24,7 cm
	Stangenlänge links	24,5 cm
	Gewicht	552 g
	Volumen	240 cm³
	Auslage	14,5 cm
Bewertung		153 I.P.

Ein 3. Bock, ein gerader Achter aus demselben größeren Eigenjagdbezirk, erlegt am 1. 8. 1963.

Die Maße sind	Stangenlänge rechts	22,7 cm
	Stangenlänge links	24,7 cm
	Gewicht	520 g
	Volumen	250 cm³
	Auslage	13,6 cm
Bewertung		152,9 I.P.

Es durfte besonders bedeutend sein, hier im Zeitraum von nicht einmal 10 Jahren 3 so starke Böcke aus einem Revier nachweisen zu können. Deshalb sei auch die uns von der zuständigen Verwaltung übermittelte Biotopbeschreibung im Wortlaut wiedergegeben:

Das Klima kann als trockenes Binnenklima bezeichnet werden. Die jährlichen Niederschläge betragen im langjährigen Mittel 630 bis 680 mm.

Die mittlere Jahrestemperatur ist etwa + 8 °C, die mittlere Temperatur in der Vegetationszeit + 16 °C.

Die Minima und Maxima der Temperaturen haben eine große Spannweite, etwa von − 25° bis + 35 °C.

Spätfröste von April bis Juni häufig. Die Winter meistens schneearm.

Die geologischen Formationen werden vorwiegend durch den schwarzen Jura – Lias – sowie durch den mittleren Keuper bestimmt. Es erscheinen hier auch Sand- und Kalksteine des braunen und weißen Jura sowie des oberen Miozän. Die Böden bestehen in buntem Wechsel aus Grob- und Feinsanden, lehmigen Sanden, lehmigen Tonen, Kalksandsteinverwitterungen und grundfrischen Senken, zum Teil mit Staunässe und anmoorigen Bildungen.

Wasserführung und Wasserhaltung sind befriedigend; besonders günstig sind die zahlreichen Quellhorizonte an den Übergängen zwischen Lias und Keuper. Die Geländeausformung wird charakterisiert durch langgestreckte Höhenzüge mit breiten Plateaus, die nach Norden und Süden oft steil abbrechen. In den Tieflagen sind breite Verebnungen und echte Talbildungen. Eine große Zahl von Kuppen, flachen Rücken und Hügeln vervollständigen das Bild einer mannigfaltig gegliederten Landschaft.

Die Deckungs- und Äsungsverhältnisse sind für Wild aller Art, besonders für Rehwild, als günstig zu bezeichnen. Das Rehwild findet in den großen geschlossenen Waldkomplexen ruhige Einstände. Die gemischten Waldbestockungen bieten auch genügend natürliche Äsung. Da die Eiche noch an zahlreichen Waldorten namhaft vertreten ist, werden die Äsungsverhältnisse zusätzlich verbessert. Die angrenzende hügelige Landschaft außerhalb des Waldes besteht aus Äckern und Wiesen wechselnder Güte. Vereinzelte Waldgehölze inmitten der Landschaft gewähren dem Wild Einstand und Deckung.

In Zusammenfassung aller wesentlichen Merkmale können die biotopischen Verhältnisse für das Rehwild als befriedigend bis sehr gut bezeichnet werden.

Aus dem Eigenjagdbezirk Hubertushofen des Fürsten zu Fürstenberg stammt dieser hochkapitale Bock, erlegt am 7. August 1976.

Die Maße sind:	Stangenlänge rechts	26	cm
	Stangenlänge links	25,9	cm
	Gewicht	570	g
	Volumen	198	cm^3
	Auslagen	10	cm
Bewertung		161,35	I.P.

Neben diesem konnte 1981 ein Bock mit 133,4 I.P. und 1983 ein weiterer mit 134,15 I.P. als Lohn einer hervorragenden Hege erlegt werden (Abb. S. 277). In 1980 kam in einem anderen Jagdbezirk des fürstlichen Hauses ebenfalls ein Bock mit 138,7 I.P. zur Strecke.

Daß diese Breite in der Zahl optimal entwickelter Böcke kein Zufall ist, dürfte aus dem uns zur Verfügung gestellten Bericht von Forstoberamtsrat Heinrich Suchant zu entnehmen sein:

Als Grundsatz gilt: Erhaltung und Förderung eines gesunden, qualitativ hochstehenden Bestandes, der eine nachhaltige und jagdlich befriedigende Nutzung gewährleistet unter besonderer Berücksichtigung land- und forstwirtschaftlicher Belange und waldbaulicher Zielsetzungen.

Patentrezepte, wie dies bestmöglich zu erreichen ist, gibt es nicht. Es bleibt ein ständiges und gemeinsames Bemühen von Jagdverwaltung und Revierbetreuern, auf Erfahrungen,

Beobachtungen und Erkenntnissen aufbauend, den besten Weg zu finden.

Unbestritten ist dabei die Weiterführung der in 100jähriger Tradition geübten Rufjagden. Vor August wird in unseren Revieren kein jagdbarer Bock geschossen. Mit dem Aufgang der Jagd konzentrieren wir uns auf Hegeabschüsse, vornehmlich in der Jährlingsklasse, wobei etwa 40–50 % des Bockabschusses getätigt werden. Der Rehbock ist ja nicht nur Trophäenlieferant, sondern hat in erster Linie auch eine biologische Funktion zu erfüllen. Deshalb halten wir es für wichtig, daß in der Brunft eine genügende Anzahl *„erwachsener"* Böcke für das Fortpflanzungsgeschehen zur Verfügung steht und die Möglichkeiten der Partnerwahl gegeben sind.

Um dies bei der so oft geübten weitgehenden Entnahme von Erntebäcken vor der Brunft zu gewährleisten, müßte ein Frühjahrs-Geschlechterverhältnis von 2 : 1 (z. B. wie in Ungarn) gegeben sein.

Unseres Erachtens kommt es dabei weniger auf die augenscheinliche Beurteilung des Einzelstückes als vielmehr auf die alters- u. geschlechtermäßige Gliederung des Gesamtbestandes an (vor allem während der Brunft).

Dies ergab aber auch, daß in den letzten beiden Jahren jeweils die Hälfte der bei der Rufjagd erlegten 20 Böcke Gehörngewichte von über 300 g hatten. Das durchschnittliche Wildpretgewicht betrug im August (aufgebrochen, ohne Haupt) ca. 16 kg (14–21).

Den „Zuchtwert" eines Bockes zu beurteilen, außer vom Alter her, wird keinem möglich sein und ich schließe mich der Erkenntnis an: „Das Erbgut prädestiniert, die Umwelt realisiert."

Der Abschuß des weiblichen Wildes liegt in der Zuständigkeit und Verantwortung der Revierbetreuer. Wir haben das Glück, uns in dieser Hinsicht auf erfahrene und qualifizierte Mitarbeiter verlassen zu können.

Neben der fortschreitenden Anlage von Wildwiesen und Wildäckern, die aber wegen hoher Schneelage oft nur begrenzt wirksam werden können, ist eine ausreichende und auf die Bedürfnisse des Wildes abgestimmte Fütterung für die Rehwildhege eine Notwendigkeit. Die meisten Revierbetreuer halten die in den letzten Jahren in zentraler Aufbereitung angebotene Alleinfutter-Silage für das bisher Beste.

Dieses Futter erfüllt u. E. alle Anforderungen hinsichtlich Saft, Kraft und Ballaststoffanteil und erlaubt bei ausreichendem Angebot eine wesentliche Reduzierung der Wildschadenverhütungsmaßnahmen.

Neben dem Effekt der Herbstmastsimulation halten wir das Futterangebot in der Übergangszeit zum Frühjahr für mindestens so wichtig, vor allem auch im Hinblick auf die Wildschadenssituation.

Dieses Mitte Oktober zentral aufbereitete Gemisch wird sofort an die Futterstellen transportiert, das sind etwa 1 m^3 fassende mit Silofolie ausgelegte u. mit abnehmbarem Dach

Fakten zum Jagdbezirk Hubertushofen

Reviergröße	1757 ha Wald	(ca. 80 % Fichte, 7 % Tanne, 11 % Föhre, 2 % Laubholz)
	876 ha Feld	(ca. 50 % Wiesen, 50 % Äcker)
	2633 ha	
Höhenlage	700–1000 m	
Grundgestein	Mittlerer und oberer Buntsandstein	(ca. 70 %)
	Urgestein	(ca. 5 %)
	Muschelkalk	(ca. 20 %)
	Moräneschutt (Bergniederung)	(ca. 5 %)
Abschuß im Durchschnitt der letzten Jahre	40 Böcke, 90 Geißen und Kitze = 130 Stück (7,4 St./100 ha Wald)	

Äsungsverbesserung	Wildwiesen und Wildäcker (Markstammkohl, Eintopf) erst noch in begrenztem Umfang (auch im Hinblick auf die hohe Schneelage)
Fütterung	Seit über 20 Jahren Gras-Silage, Industrie-Kraftfutter, Getreide (Mais, Hafer) Heu. Seit 6 Jahren laufend erweiterte Umstellung auf Alleinfutter-Silage: 25 % frischer, gemahlener Apfeltrester 35 % Markstammkohl (gehäckselt) 8 % kurzgehäckseltes Heu (Öhmd) 8 % Malzkeime 10 % Hafer 5 % Weizen 5 % Körnermais 3–4 % Wirkstoffmischung (Cervimin-Combi)

versehene Holzkästen, in die das Futter gut festgetreten einsiliert wird. Nach Abschluß des Siliervorganges werden die Kästen geöffnet und das Futter dem Wild durch die an zwei Seiten herausnehmbaren Bretter zugänglich gemacht.

Mit diesem kontinuierlichen und in seiner Zusammensetzung ausgewogenen Futterangebot haben wir bisher auch in unseren anderen Revieren sehr gute Erfahrungen gemacht und die zentrale Aufbereitung in den letzten Jahren auf jeweils 350 m^3 erweitert. Vorteilhaft ist dabei auch der Wegfall des oft aufwendigen Futtertransportes bei Schneelage.

Im Jagdjahr 1983 wurde im Raum Memmingen neben 2 Böcken mit 400 g und 2 Böcken mit 350 g Gehörngewicht dieser Kapitalbock mit 580 g Gehörngewicht einschl. Oberkiefer in einem Waldrevier mit 70 % Laubwaldanteil auf über 600 m Höhenlage erlegt.

Die Maße sind:	Stangenlänge rechts	23,3	cm
	Stangenlänge links	22,1	cm
	Gewicht	580	g
	Volumen	233	cm^3
	Auslage	13	cm

Bewertung
mit Gewicht einschl. Oberkiefer 158,25 I.P.
(dafür Abzug ca. 7 I.P.).

Hierzu erhielten wir folgende Biotopbeschreibung: Vom Laubwald entfallen ca. 15 % auf seggenreiche

Bacheschenwälder in Form von tiefeingeschnittenen, farnreichen Schluchtwaldgesellschaften, 60 % sind Buchenwälder mit vereinzelt beigemengten Lärchen, Bergahornen, Espen.

Die Nadelwälder sind meist als Mischwälder aufgebaut. Die teilweise steil nach Norden abfallenden Hänge sind von ausgedehntem, teilweise fast undurchdringlichem Niederwald aus Buche, Esche, Bergahorn, Bergulme und Lärche bedeckt. Zahlreiche Quellgräblein und Quellhorizonte sind kennzeichnend für die stark rutschgefährdeten Hänge.

Der geologische Aufbau besteht aus wasserstauenden Tertiärsanden mit einer ca. 15 m mächtigen, sanddurchmengten Schotterüberdeckung im Gipfelbereich.

Reiche Flechtenvorkommen sind deutliches Zeichen für die ständig vorhandene hohe Luftfeuchtigkeit. Die Niederschlagsmenge übersteigt in nassen Jahren 1100 mm. Im Durchschnitt dürfte sie zwischen 900 und 1000 mm liegen. Kennzeichnend für das Revier ist auch die hohe und lange, in Extremwintern wie 1963 bis Ende April, in den tiefen Schluchten vorherrschende Schneelage.

In den tief eingeschnittenen Schluchten bilden Riesenschachtelhalme *(Equisetum telmateia)* und Riesensegge *(Carex pendula)* oft regelrechte von Farnen durchsetzte „Miniaturwälder".

Die Krautschicht des Altholzes wird gebildet aus Waldgerste *(Hordelymus europaeus)*, verschiedenen Gräsern und Seggen (*Carex* spec.) und – vor allem unter den wenigen Altfichtenbeständen – bodendeckenden, wintergrünen Brombeeren. In den ausgedehnten Niederwaldzonen des N-Abfalles findet sich die gleiche Vegetationszusammensetzung. Eingesprengt sind ferner: als Kalkarmutszeiger: Waldreitgras, niederliegendes Johanniskraut *(Hypericum humifusum)*, Grünerle *(Alnus viridis)*, Aronstab *(Arum maculatum)*, hohe Schlüsselblume *(Primula elatior)*, Bergehrenpreis *(Veronica montana)* u. a. In versumpften Senken mit leichtem Sphagnumanflug finden sich vereinzelt im ganzen Revier Heidelbeere und Sprossender Bärlapp *(Lycopodium annotinum)*. Im Bereich trockenerer Sandzonen finden wir neben der Heidelbeere das Heidekraut *(Calluna)*, die Preiselbeere, den Keulenbärlapp *(Lycopodium clavatum)* und sehr vereinzelt den Besen- und Deutschen Ginster. Der Schwerpunkt der natürlichen Äsung liegt im Winter in artenreicher Knospenäsung, zu der in schneeärmeren Wintern die Blatt- und Triebäsung der wintergrünen Pflanzen kommt. Im Frühjahr wird die Äsung vom austreibenden Seggen- und Farnangebot beherrscht. Im Sommer überwiegt die Laubäsung. In guten Mastjahren wirkt die Buchenmast für das Wild aus der gesamten Umgebung wie ein Magnet. Zur Verbesserung der natürlichen Äsung und zur Verminderung des Verbisses wurden im gesamten Revier u. a. an Waldwegen, auf Blößen und Schneisen verschiedene Äsungsflächen geschaffen. Bewirtschaftet werden sie als „Wildapotheke", als „Sommerwildacker" und als „Winterwildacker" mit Markstammkohl, Winterrapsarten und Waldstaudenroggen im Verein mit verschiedenen Winterannuellen und Brachunkräutern als Bodendeckern. Die Winterfütterung besteht aus mit Mineralstoffen und Spurenelementen angereicherter Silage, Kraft- und Trokkenfutter, inkl. Öhmdheu.

Aus dem Zollern-Albkreis in Baden-Württemberg stammt dieser 1980 erlegte starke Sechser.

Die Maße sind:	Stangenlänge rechts	24,7	cm
	Stangenlänge links	24,7	cm
	Gewicht	560	g
	Volumen	212	cm^3
	Auslage	13	cm
Bewertung		ca. 152	I.P.

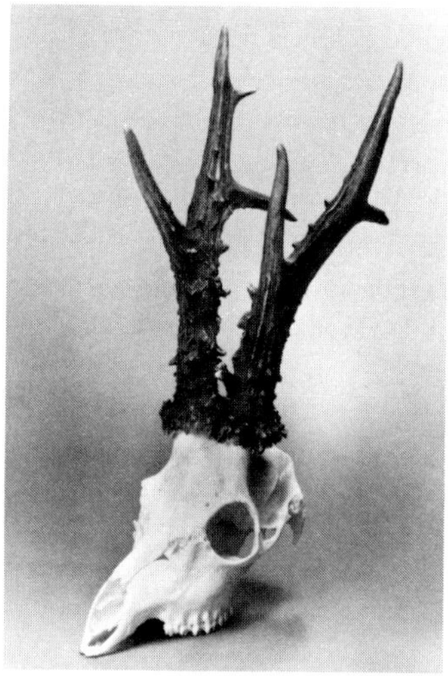

Bei dem Revier handelt es sich um eine Gemenge-Lage, Felder, Wiesen und viel Mischwald Buche-Fichte auf reichhaltigen Kalkböden.
Gefüttert wird reichlich Trester mit Kraftfutterzusatz.

Am 31. 7. 1983 wurde dieser starke Bock im Raum Nürtingen – Kreis Eßlingen (Bad-Württ.) – erlegt.

Die Maße sind:	Stangenlänge rechts	27,0	cm
	Stangenlänge links	26,0	cm
	Gewicht	565	g
	Volumen	222	cm
	Auslage	14,5	cm
Bewertung		147,05	I.P.

Das Revier besteht aus 142 ha Wald und 520 ha Feld, $^2/_3$ des Waldes ist Laubholz. Boden Löß bzw. Lößlehm. Intensive Landwirtschaft, viel Maisanbau, jedoch mit Raps als Zwischenfrucht. Intensive Fütterung ab Herbst mit Trestersilage unter Zusatz von Weizenkleie und Sojaschrot.

Aus dem Raum Schwäbisch Hall stammt dieser 1970 erlegte, etwa 5jährige Bock.

Die Maße sind:	Stangenlänge rechts	24,3	cm
	Stangenlänge links	25,4	cm
	Gewicht	465	g
	Volumen	225	cm^3
	Auslage	10	cm
Bewertung		146,4	I.P.

Hegemaßnahmen: Der Bock hatte seinen Einstand in einem großen Windbruch mit viel Weichholz und Himbeer.
Winterfütterung: Menggetreide: $^1/_3$ Weizen, $^1/_3$ Hafer, $^1/_3$ Gerste; mit Ergänzungsfutter für Rehwild und Apfeltrester.

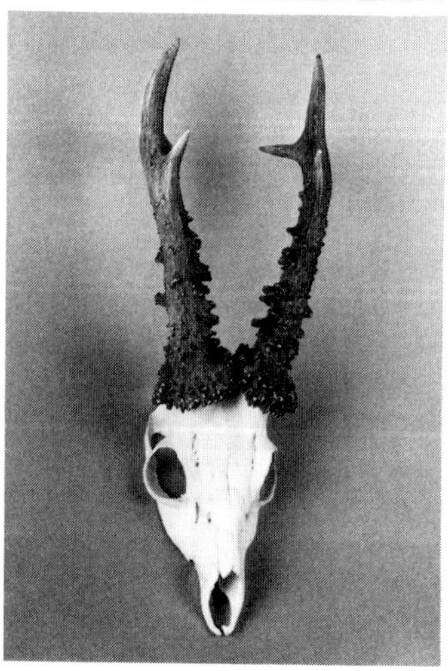

Franz Rieger, Ellwangen, hat zu diesen beiden herausragenden Böcken, die 1982 und 1980 zur Strecke kamen und markiert waren, dankenswerterweise den nachstehenden Bericht verfaßt:

Zunächst aber die Maße:

	Stangenlänge rechts	24,5	cm
	Stangenlänge links	25,0	cm
	Gewicht	540	g
	Volumen	220	cm^3
	Auslage	10,5	cm
Bewertung		143,37	I.P.

Alter 4 Jahre (wegen Verletzung erlegt)

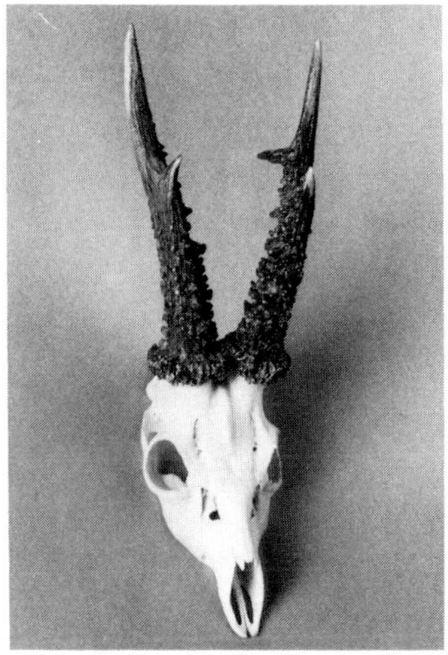

	Stangenlänge rechts	22,5	cm
	Stangenlänge links	22,0	cm
	Gewicht	550	g
	Volumen	212	cm^3
	Auslage	12,5	cm
Bewertung		142,72	I.P.
Alter 6 Jahre			

Gern komme ich der Aufforderung nach und berichte über das Hegemodell „Ostalb". Einfach gesagt, stellen sich drei Fragen: Welche Hegemaßnahmen führen beim Reh unter welchen Voraussetzungen zu welchem Erfolg.

Bei den *Voraussetzungen* handelt es sich im wesentlichen um ein Voralbrevier, bestehend aus ²/₃ Feld und ¹/₃ Wald. Das Biotop setzt sich überwiegend aus Fichten, weniger aus Laub- und Weichhölzern zusammen. Freilich – und dies ist unsere erste Hegemaßnahme – bedarf es einer *Biotopverbesserung.* Angefangen hatten wir mit großen Wildäckern, mittlerweile hat sich aber die Erkenntnis durchgesetzt, daß kleine und kleinste Äsungsstreifen, die über das ganze Revier verteilt sind, mehr Ertrag bringen. Wir legen besonderen Wert auf anspruchslose Wildackerpflanzen, die, bei einem Minimum an Arbeitsaufwand, den Bedürfnissen des Rehs optimal entgegenkommen. Um den Äsungsrhythmus des Rehes einzuhalten, wurde nach dem Drei-Phasen-Prinzip als Herbstmast Buchweizen, Ölrettich und Malve ausgebracht; als Winteräsung Perko, Buko und Blattstammkohl (2. Phase) und in der 3. Phase Akela für den gesamten Äsungszeitraum.

Als zweite Hegemaßnahme führen wir eine ebenso intensive wie ausgewogene *Winterfütterung* durch. Sie besteht aus Apfeltrester als Naßfutter; als Kraftfutter aus Hafer und Sesampreßlingen. Bei der Fütterungsanlage sind wir zu der Erkenntnis gelangt, daß man von der zentralen Großfütterung weg muß hin zu Sippen- oder Kleinfütterungen. Auf ca. 20 Hektar Wald sollte etwa eine Anlage kommen.

Auch bei der *Hege mit der Büchse* haben wir mit der Tradition gebrochen. Ursache war die Rehwildmarkierung, die zu neuen Erkenntnissen geführt hat. (In den letzten zehn Jahren haben wir etwa 200 Rehe markiert; flankierend dazu haben wir eine intensive fotografische Dokumentation betrieben.) Als „neue" Erkenntnis läßt sich festhalten:

1. Die Abwanderung ist gering; ca. 80 % der Rehböcke bleiben im Territorium. Nur junge Böcke im ersten und zweiten Jahr werden abgedrängt und haben einen größeren Radius. Ab dem dritten Jahr sind sie wieder sehr standorttreu, und somit ist auch in kleinen Revieren bei gutem Biotop und reichlich Äsungsflächen die Chance auf starke Ernteböcke gegeben.
2. Die herkömmlichen Altersbestimmungen – z. B. alte Böcke fegen zuerst – sind nicht mal als Faustregel tauglich. Der Fegezeitpunkt ist ausgesprochen individuell. Fünf- bis Sechsjährige fegten mitunter vier Wochen nach zweijährigen Böcken. Es wird vermutet, daß dickstangige Böcke zeitlich nach dünnstangigen fegen – wohlgemerkt, unabhängig vom Alter.
3. Seinen entscheidenden Qualitätssprung in der Gehörnentwicklung macht der Bock vom ersten auf das zweite Jahr; danach sind die Zuwächse geringer. Hier liegt die Gefahr von Fehlabschüssen.

Aus diesen Gründen werden bei uns nur relativ wenige, kraß unterdurchschnittliche Jährlinge, dafür aber möglichst alle nicht befriedigenden zweijährigen Böcke der Wildbahn entnommen, auch bei den dreijährigen erfolgt noch eine entsprechende Auslese. Dies setzt allerdings eine gute Kenntnis bzw. das Wiedererkennen bestimmter Böcke voraus.

Welche Ursachen im einzelnen unsere *Ergebnisse* bewirkt haben, wissen wir nicht. Wildbretgewichte von Böcken liegen bei uns gegenwärtig im Durchschnitt bei 17 kg (früher 15 kg). Es wurden schon Maximalgewichte von 25 kg erreicht. Späte Herbstkitze wiegen etwa bis 12 kg.

Vor 20 Jahren wurden Böcke mit 300 g Gehörngewicht als Seltenheit betrachtet; es waren mehr oder weniger Zufallstrophäen. Anfang der siebziger Jahre konnten praktisch schon jedes Jahr ein bis zwei Böcke der 300-Gramm-Klasse gestreckt werden. Ausgang der siebziger Jahre kam es zu einem nochmaligen Gewichtsschub; ab dato konnten nahezu jedes Jahr Böcke mit 400 g und noch mehr erlegt werden; es gab Spitzenböcke mit 550 g. Jetzt (1983/84) findet sich im Revier eine breite Mittelklasse von Böcken mit 350 bis 400 g. Aus diesem Potential rekrutiert sich ein Kreis von etwa 10 Böcken, aus dem man in Ruhe den Sprung von ein oder zwei Böcken in die Spitzenklasse um 450 bis 500 g erwarten kann. Dieses Spitzenpotential kann auch ohne Bedenken gestreckt werden, ohne daß eine schmerzhafte Lücke im Bestand entsteht. Jetzt schon zeichnet sich der „Nachwuchs" ab, den wir auf dieses Selektionsverfahren zurückführen: zweijährige Böcke mit Gehörngewichten zwischen 300 und 350 g.

Diese 2 Böcke, 1979 und 1982 erlegt, stammen aus einem typischen Albrevier, 800 bis 870 m über NN. Einzeldaten liegen nicht vor, die Gehörngewichte betragen 423 und 408 g. Die Revierfläche teilt sich auf in 1/3 Wald, 1/3 Feld, 1/3 Wiesen.

Biotop: Aufgelockerte Landschaft mit Hecken und mehreren Hektar großen Feldgehölzen, also ein idealer Rehwildbiotop mit guten Bockeinständen – keine durchgehende Straße – ruhige Einstände.

Feldanbau: Getreide, Hackfrucht, Klee-Luzerne, kein Mais (zu hoch gelegen).

Wiesen: Streuwiesen mit reichhaltiger Bergflora; 1. Mahd nicht vor dem 15. Juni, daher geringe Verluste an Kitzen – höchstens 2 Schnitte.

Boden: Kalkjura (meist braune Form).

Wald: Nadelholz–Laub–Mischwald: 60 % Fichte, 30 % Buche, 1 % Tanne (!), 3 % Kiefer/Lärche, 6 % sonstige Baumarten. Baumbestand 0- bis 10jährig = 10 % – mittlerer Verbiß.

Vorkommende Wildarten: Rehwild, Schwarzwild (Stand- und Wechselwild), Hase, Fuchs, Dachs, Marderartige, selten Rebhühner.

Wilddichte: 25 bis 30 Stück/100 ha reine Waldfläche.

Geschlechterverhältnis: 1 : 1,5 – Böcke : Ricken und Schmalrehe, Kitze: 60 % ♂ + 40 % ♀.

Fütterung: Ende Oktober bis März, eine längere Fütterungsperiode ist zu kostenintensiv.

Silage: $^{2}/_{3}$ Apfeltrester – $^{1}/_{3}$ Maissilage, gemischt in 75 kg fassenden Plastikfässern.

Kraftfutter: Gemisch aus:	40 %	Hafer
ab 1982	15 %	Mais
	44 %	Pellets (40 % Sesam)
	1 %	Vit.Kalk-Mineralgemisch
vorher:	40 %	Hafer
	20 %	Mais
	20 %	Kokos
	8 %	Soja
	3 %	Weizen
	8 %	Zuckerrübenschnitzel
	1 %	Vit.Kalk-Mineralgemisch

Früher wurde das Getreide gemahlen verabreicht – bessere Auswertung, schlechterer Wiederkäueffekt. Heutzutage lassen wir Hafer und Mais quetschen. Das Mineralgemisch geben wir zum Teil in die Silage, da es dort problemlos aufgenommen wird.

Bejagung: Starke Nutzung, Abschuß alter Ricken samt Kitzen, Schonung der guten Schmalrehe, 40 bis 50 % des Bockabschusses Jährlinge.

Reproduktionsrate: Durch den starken Eingriff in die gesamte Population stieg die Reproduktionsrate an. Verminderte Wilddichte und verbesserte Äsungsbedingungen brachten in der Regel Doppelkitze, jährlich bei drei Ricken Drillingskitze.

Markierung: Durch einen guten Altersklassenaufbau und vollbesetzte Bockterritorien wird ein Großteil der 1jährigen Stücke aus dem eigenen Revier abgedrängt und begibt sich zur unfreiwilligen Blutauffrischung auf Wanderschaft. Dies läßt sich nur mit Hilfe der Markierung von Rehen feststellen. Macht man sich die Erkenntnisse daraus zunutze, so ist ein starker Eingriff in die Jährlingsklasse die logische Schlußfolgerung, während die guten Schmalrehe verschont werden und die Plätze der herausgenommenen älteren Ricken einnehmen. – Von vier im Jahre 1980 markierten Bockkitzen ist nicht eines im Revier geblieben; sie sind 2 bis 5 km weit abgewandert. – Interessant ist auch die relativ geringe Beobachtbarkeit markierter, territorialer Stücke, welche wir mit ca. 20 bis 40 % angeben können.

Wildbret- und Gehörngewicht: Abschließend seien noch die Wildbret- und Gehörngewichte der im Jagdjahr 1982 erlegten Böcke angegeben nebst den Gewichten von Ricken, Schmalrehen und Kitzen.

Böcke	Klasse	Datum	Wildpret-Gewicht (kg)	Gehörn-Gewicht (g)
1. Jährling	II b	18. 5.	14	–
2. Jährling	II b	20. 5.	13,5	–
3. Jährling	II a–II b	31. 5.	15	–
4. 2jährig markiert	II b	16. 6.	17	–
5. 5–6jährig	I a	19. 6.	18	423
6. 3jährig – abnorm	I b	27. 6.	21	365
7. 6jährig	I a	16. 7.	20	380
8. 4jährig markiert	II b	20. 7.	19,3	235
9. 4–5jährig	I a	20. 7.	20	305
10. 4–5jährig	I a	27. 7.	17,5	406
11. Jährling	II b	18. 9.	12	–

Ricken	(mittelalt)	16 –18 kg / bisheriges Höchstgewicht	20 kg
Schmalrehe	(gute)	14 –16 kg / bisheriges Höchstgewicht	18 kg
Kitze	(gute im Dez.)	12,5–14 kg / bisheriges Höchstgewicht	15 kg
Böcke		/ bisheriges Höchstgewicht	23 kg

Ein weiterer Beweis für die Erkenntnisse von A. u. J. von Bayern ist dieser erst 2jährige Kapitalbock aus dem Raum Tauberbischofsheim, erlegt 1974.

Die Maße sind:	Stangenlänge rechts	24,8	cm
	Stangenlänge links	24,4	cm
	Gewicht	470	g
	Volumen	210	cm^3
	Auslage	10	cm
Bewertung (2 verschiedene Ergebnisse)		ca. 140	I.P.

Biotop: Schwerer Kalkboden, Mischwald, 1973/74 starke Eichelmast.

Ein Achter-Bock, erlegt im Jahre 1973 im Jagsttal im nördlichen Baden-Württemberg.

Die Maße sind:	Stangenlänge rechts	22,5	cm
	Stangenlänge links	22,7	cm
	Gewicht	471	g
	Volumen	222	cm^3
	Auslage	9,3	cm
Bewertung		141	I.P.

Höhenlage ca. 150–200 m ü. NN in ebenfalls sehr fruchtbarer Gegend mit Muschelkalkböden.
Überwiegend Zuckerrübenanbau, Getreide und Wein.

Ein ganz ebenmäßiger Sechser-Bock aus dem Kreis Konstanz, Südbaden, erlegt am 3. 8. 1973.

Die Maße sind:	Stangenlänge rechts	22,8	cm
	Stangenlänge links	22,4	cm
	Gewicht	425	g
	Volumen	226	cm^3
	Auslage	14,2	cm
Bewertung		138,6	I.P.

Höhenlage ca. 200–300 m ü. NN, sehr günstiger Biotop auf Endmoräne mit häufig starken Böcken.

Ungerader Achter-Bock aus dem südlichen Hochschwarzwald, nahezu 800 ü. NN, erlegt am 4. 8. 1968.

Die Maße sind:	Stangenlänge rechts	24,4	cm
	Stangenlänge links	25,1	cm
	Gewicht	465	g
	Volumen	200	cm^3
	Auslage	15,1	cm
Bewertung		138	I.P.

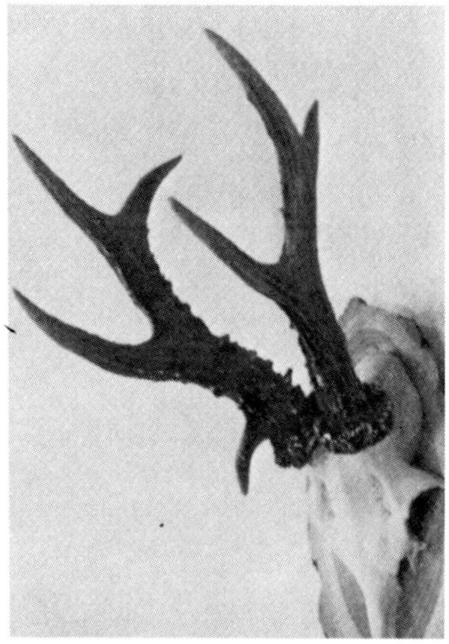

Auf Rittergut Friedrichshausen am Nordrand des Sollings kam 1978 durch FFREIFRAU VON MALTZAN dieser starke Bock mit ca. 125 I.P. zur Strecke, nachdem in den Vorjahren bereits 2 Böcke mit über 400 g Gehörngewicht erlegt werden konnten. Dies bei 93 % Nadelholzanteil, aber nach starkem Windwurf in 1972, dem über 30 % der Waldfläche von 120 ha zum Opfer fiel. Die neu begründeten Kulturen wurden nicht gegattert, so daß hier hervorragende natürliche Äsung zur Verfügung stand. Zusammen mit weiteren Hegemaßnahmen dürfte dies zu diesem beachtlichen Erfolg geführt haben.

Aus Österreich stammen 7 hochkapitale Trophäen aus jüngerer Zeit:
Die Abbildung unten zeigt den wohl stärksten Bock, der im heutigen Gebiet der Republik Österreich zur Strecke kam. Dieser Sechser-Bock wurde am 1. 8. 1975 im südlichen Burgenland erlegt.

Die Maße sind:	Stangenlänge rechts	28,7	cm
	Stangenlänge links	26,6	cm
	Gewicht	602	g
	Volumen	292	cm^3
	Auslage	14,7	cm
Bewertung		184,6	I.P.

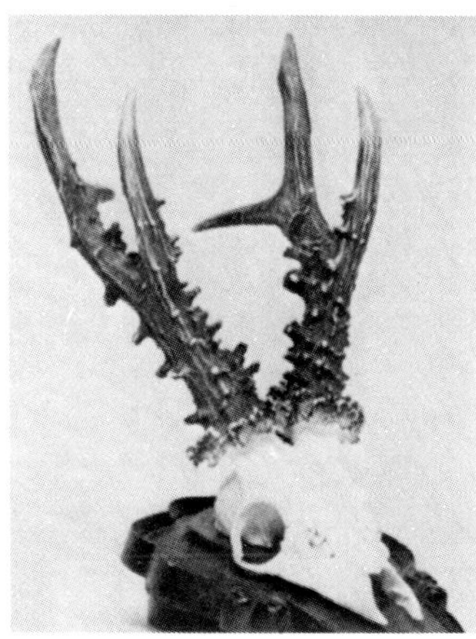

Der Erleger stellte uns liebenswürdigerweise die folgende Revierbeschreibung zur Verfügung: „Deutsch Kaltenbrunn liegt direkt an der steirischen Grenze und hat eine Seehöhe von 300 m. Der Bock stand im Feld, in einer kleinen Erlenremise von rund 20 ha. Das Rehwild wird im Winter nicht gefüttert, da durch die Kleinfelderwirtschaft heute noch Mais, Getreide und Kürbisse angebaut werden, die Felder sehr klein sind und das Wild keine zusätzliche Fütterung annimmt.

Der Bock war ein Jahr vor der Erlegung unbekannt und es scheint, daß diese Trophäe durch besonders günstige Umstände geschoben wurde.

Es sind heute einige verwandte, sehr gut veranlagte

Böcke vorhanden, so daß die berechtigte Hoffnung besteht, daß im nächsten Jahr wieder der eine oder andere kapitale Bock geschossen wird.

DieRehwilddichte ist in unserer Gegend außerordentlich hoch. Wir haben sicher 250 Stück auf 1000 ha.

Interessant ist noch, daß in den letzten Jahren eine totale Veränderung der Lebensgewohnheiten der Rehe eingetreten ist.

Hatten die Rehe ihren Einstand früher in den großräumigen Fichtenkulturen, so steht heute das Rehwild das ganze Jahr auf den Feldern und ist der Rehwildbestand in den Wäldern stark rückläufig. Nur mehr wenige ältere Stücke haben dort ihren Einstand.

Das durchschnittliche Gewicht eines Bockes[1], natürlich mit Ausnahme der Knopfspießer und Jährlinge, liegt bei uns bei 250 bis 300 g. Nur ein geringer Prozentsatz liegt darüber.

Den Höhepunkt erreichen bei uns die Böcke meist mit 3 Jahren, um dann ab dem fünften Lebensjahr stark zurückzusetzen."

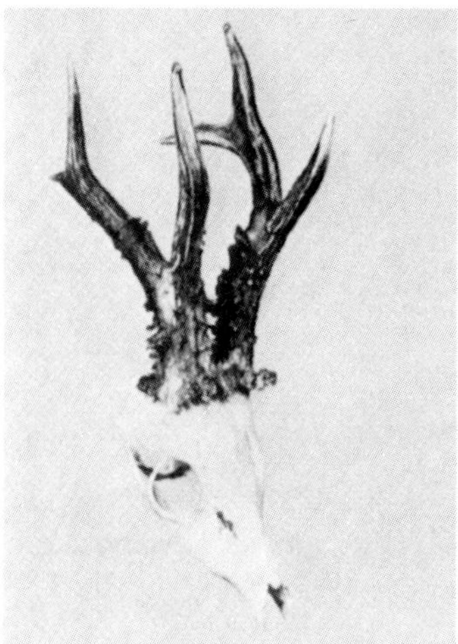

Diese beiden Abbildungen zeigen zwei weitere Böcke, ebenfalls aus dem Burgenland. Oben: Sechser, erlegt am 5. 6. 1973.

Die Maße sind:	Stangenlänge rechts	26,1	cm
	Stangenlänge links	26,4	cm
	Gewicht	615	g
	Volumen	260	cm^3
	Auslage	11,9	cm
Bewertung		169,7	I.P.

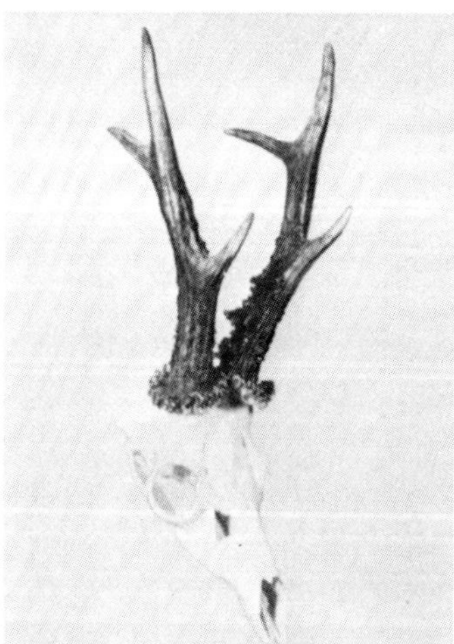

Unten: Ebenfalls ein Sechser, am gleichen Tag, dem 5. 6. 1973, im gleichen Revier, aber von einem anderen Jäger erlegt, zeigt, wenn auch mit wesentlich niedrigerer Punktzahl, die Chancen, starke Böcke nachhaltig ernten zu können, zumal in diesem Revier 1973 noch 2 Böcke mit 130 bzw. 126 I.P. zur Strecke kamen.

Die Maße sind:	Stangenlänge rechts	26,6	cm
	Stangenlänge links	26,9	cm
	Gewicht	509	g
	Volumen	197	cm^3
	Auslage	18,7	cm
Bewertung		139,9	I.P.

[1] Anm. der Verf.: Gemeint ist das Gehörngewicht.

Besonders dankbar sind wir dem Eigenjagdbesitzer dieses Revieres für seine ergänzenden Bemerkungen:

„Herbst und Winter 1972/73 waren bekannterweise sehr mild, sämtliche Schneefälle in diesem Winter haben zusammen nur etwa 60 bis 70 mm Schnee ausgemacht, und der Schnee ist nie liegengeblieben. Die Zahl der Sonnentage war merklich höher als in anderen Wintern, was auch viel zum Geweihwuchs beiträgt.

Von großer Bedeutung für unser Rehwild sind im Herbst die ausgedehnten Maisfelder, welche eine rasche Konditionserholung nach der Brunft ermöglichen, und die Roggenfelder, welche im Winter immer eine dichte und üppige Grünäsung bieten.

Speziell im Falle der beiden starken, in Frage stehenden Böcke kann ich mit ruhigem Gewissen behaupten, daß der meinige sicher *an keiner Fütterung war* und der meines Jagdgastes auch *nicht viel Futteräsung aufgenommen hat,* trotzdem letzterer seinen Einstand nur unweit von einem Futterplatz hatte.

Allerdings muß ich auch bemerken, daß die beiden Böcke ihre Einstände nur auf einer Entfernung von ca. 700 m hatten, ferner daß im Herbst vor dem Abschuß, also 1972, zwischen den Einständen der beiden Böcke ein Feld mit etwa 20 ha Sorghum-Hirse (auch Milocorn genannt) stand. Diese Hirse wurde erst im November geerntet und hat vor der Ernte einen Windbruch erlitten. Dadurch sind viele Hirsekolben in der Erntezeit schon am Boden gelegen, und die Erntemaschinen konnten diese Kolben nicht mehr aufnehmen. Die Hirse ist bald eingeackert worden, aber über den ganzen Winter ist allerlei Wild (Rehe, Hasen und Fasane) auf diesem Feld beim emsigen Kratzen beobachtet worden. Futterwert der Sorghumhirse ist ungefähr mit dem vom Mais gleich."

1973 war offensichtlich ein besonders gutes „Geweih-Jahr" für die dortigen Böcke, aber auch dies beweist doch nur, was in unserem Rehwild steckt, wenn es nur optimale Umweltverhältnisse vorfindet.

Die folgenden vier Abbildungen verdanken wir Herzog Albrecht von Bayern, auch sie zeigen, was in dessen steirischen Gebirgsrevier zwischen 700 und 1800 m über NN in wenigen Jahren des Versuchs, die Ernährung optimal zu gestalten, aus dem bodenständigen Rehwild werden konnte.

1.	Stangenlänge rechts	26,2	cm	3.	Stangenlänge rechts	28,5	cm
	Stangenlänge links	25,3	cm		Stangenlänge links	28,5	cm
	Gewicht	593	g		Gewicht	557	g
	Volumen	240	cm³		Volumen	228	cm³
	Auslage	11,8	cm		Auslage	7,2	cm
	Bewertung	162,18	I.P.		Bewertung	147,35	I.P.
2.	Stangenlänge rechts	23,5	cm	4.	Stangenlänge rechts	24,5	cm
	Stangenlänge links	24,0	cm		Stangenlänge links	27,2	cm
	Gewicht	552	g		Gewicht	548	g
	Volumen	250	cm³		Volumen	216	cm³
	Auslage	10,1	cm		Auslage	10,5	cm
	Bewertung	159,08	I.P.		Bewertung	145,52	I.P.

Der beste Bock vor Beginn des Versuchs brachte ein Gehörngewicht von 251 g auf die Waage, der beste Bock seitdem 610 g, jeweils mit kleiner Hirnschale.

Noch eindrucksvoller und für uns bedeutsamer ist die Abbildung auf Seite 288 unten.

Sie zeigt *eine* Jahresstrecke 15 Jahre nach noch unvollständigem, 6 Jahre nach umfassenden Versuchsbeginn.

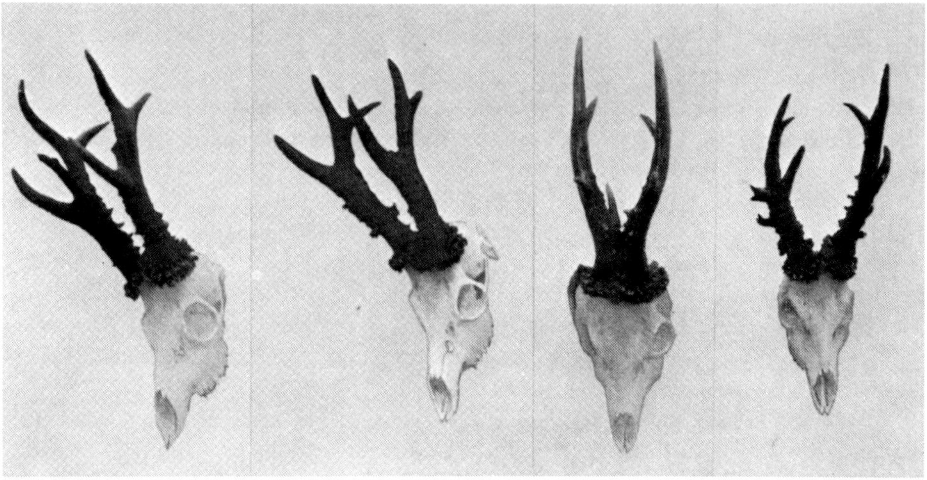

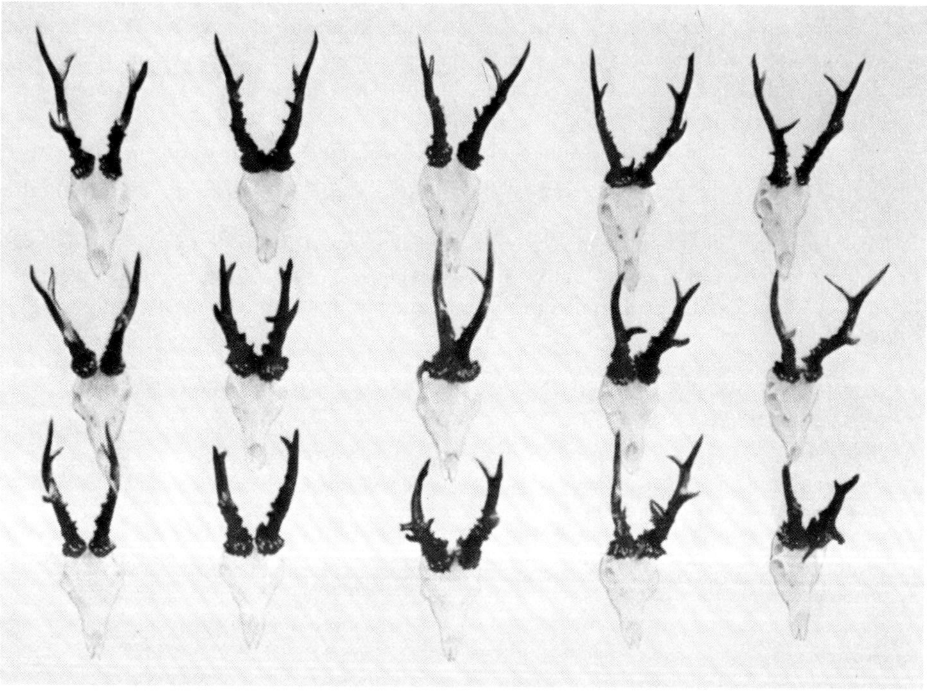

Dies bestätigt unsere These, daß es niemals um einen einzelnen Spitzenbock, sondern um die Breite des Erfolges gehen muß! Dies wird nur gelingen, wenn wir dem Jagdherrn dieses Revieres folgen: „Nicht die Rehe müssen aufgeartet werden, sondern die Reviere!“

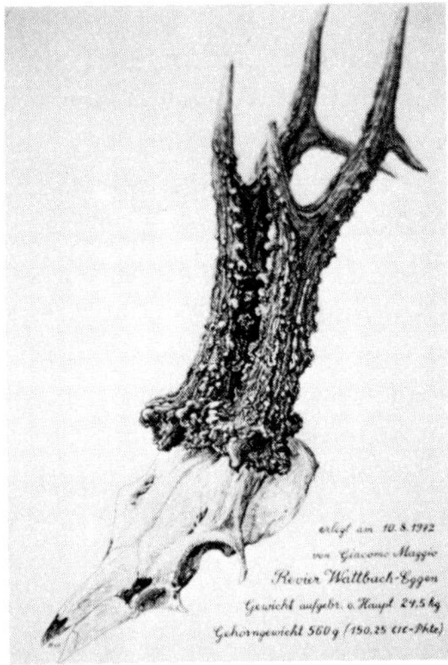

Dies beweisen auch 3 kapitale Böcke aus der Schweiz, davon zwei aus dem Revierkanton St. Gallen, erlegt von GIACOMA MAGGIO.

Der erste am 10. 8. 1972 mit folgenden Maßen:

Stangenlänge rechts	26,5	cm
Stangenlänge links	27,0	cm
Gewicht	530	g
	(nach 10 Jahren)	
Volumen	206	cm^3
Auslage	7,5	cm
Bewertung	150,18	I.P.

Der zweite am 1. 6. 1984, seine Maße sind:

Stangenlänge rechts	24,5	cm
Stangenlänge links	27,5	cm
Gewicht	560	g
Volumen	213	cm^3
Auslage	9,4	cm
Bewertung	152,2	I.P.

Auf den Erfolg der „Ernährungshege" im Revier bei St. Gallen haben wir bereits auf S. 237 hingewiesen. Ergänzend sei hierzu noch vermerkt, daß durch ein Versehen im Jagdjahr 1983 ein Jährling mit 240 g Gehörngewicht zur Strecke kam und 75 % der Jährlinge bereits gut vereckte Sechser sind und ein nachweisbar 2jähriger Bock noch 4 Jahre nach seinem zu frühen Tod 460 g auf die Waage bringt!
Gleichzeitig aber ist Tatsache, daß seit der praktizierten Ernährungshege *alle* Naturverjüngungen hochkommen: Eichen, Buchen, Lärchen, Ahorn, Esche, Weißtanne! (Näheres siehe Jagd + Hege, Ausbildungsbuch II, S. 171 ff.)

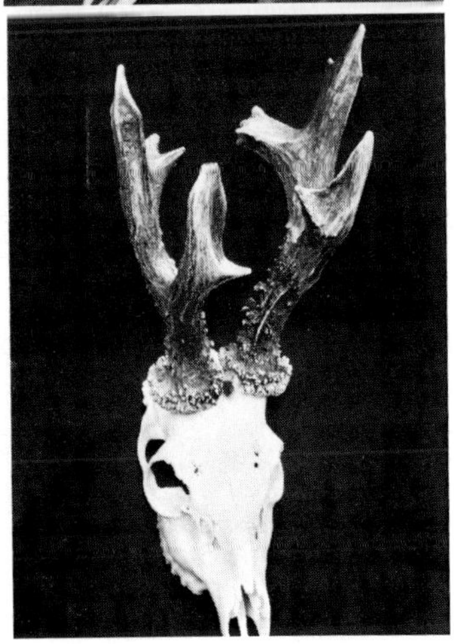

Der dritte Bock stammt aus dem Patentkanton Graubünden, erlegt am 15. 9. 1979. Erleger FRANCO SEMADENI. Hierzu berichtet uns RENATO TESTA, St. Moritz, der Präsident der dortigen Hegekommission:
Wildpretgewicht aufgebrochen 22,5 kg
Gehörngewicht 520 g
Gehörnhöhe 22 cm, Farbe dunkelbraun, stark ausgebildete Rosen, gut geperlt, zehn Enden
Punkte CIC 147,85

Biotop: Die Länge des Rosegtals beträgt von Pontresina bis zur Talsohle unterhalb der alten Coazhütte ca. 11 km. Die Talmitte liegt auf 2040 m, die Waldgrenze auf beiden Talseiten auf 2300 m ü. M. Abgeschlossen wird das Tal durch die beiden Gletscher Tschierva und Roseg. Die Winterzeit nimmt ihren Anfang im November und dauert bis zum April. An natürlicher Äsung sind im Sommer eine große Auswahl an hochwertigen Kräutern vorhanden. Arven, Lärchen, Tannen und Föhren, ein geringer Bestand an Laubbäumen sowie Alpenrosen, Heidel-/Preiselbeeren und Wacholder prägen das Landschaftsbild. Das Engadin hat überdurchschnittlich viel Sonnentage.
Ab 1974 errichtete der heute 81jährige noch immer aktive Heger GIOVANNI TESTA auf 2050 m ü. M. eine Winterfutterstelle. Rehe und Rotwild nehmen diese Fütterung an. Folgende Futtermittel werden ununterbrochen verfüttert. Heu, I. Qualität, und getrocknetes Brot sowie Jagd + Hege-Kraft- und Saftfutter sowie Salzlecksteine.
Der erlegte Kapital-Bock ist kein Einzelfall. Ähnliche sind zugegen. Die Futterstelle im Winter wird von ca. 25 Rehen und 30 Stück Rotwild frequentiert. Der Gamsbestand im Rosegtal beträgt ca. 500 Stück.
„Ohne Jäger – kein Wild." Durch unsere Arbeit müssen wir täglich den Beweis erbringen. Daß eine Hege-Arbeit auch in einem Patentjagd-System möglich ist, zeigen die Erfolge des Kantons Graubünden.

Vielleicht noch verblüffender sind die Hegeerfolge im Fürstentum Liechtenstein.

Die Abbildung zeigt 4 in den letzten Jahren erlegte Böcke mit folgenden Maßen (von links nach rechts):

Nr. 1	580 g, 28 cm Stangenlänge, 5jährig
Nr. 2	500 g, 29 cm Stangenlänge, 5jährig
Nr. 3	450 g, 25 cm Stangenlänge, 2jährig!
Nr. 4	590 g, 22 cm Stangenlänge, 5jährig

Eine offizielle Bewertung steht noch aus. Der Bock Nr. 3 mußte, nur zweijährig, wegen einer Verletzung erlegt werden, ein weiterer Beweis für die Erkenntnisse A. von BAYERNS.

Dr. OTTO HASLER, der Präsident der Liechtensteiner Jägerschäft, hat uns neben dem Photo und obigen Daten noch folgende Hege- und Biotopbeschreibung zur Verfügung gestellt:

Valünatal

Lage: Hinterstes Teilstück des Saminatals (südlich Steg), welches sich vom österreichischen Frastanz bis zur liechtensteinisch-schweizerischen Grenze am Schwarzhorn erstreckt. Hauptachse verläuft in S-N-Richtung.
Größe: Das Jagdrevier Valüna umfaßt eine Fläche von 1289 ha.
Meereshöhe: 1300 bis 2570 m ü. M.
Niederschläge: 1600 mm/Jahr. Max. Schneehöhe auf 1600 m (Meßstation Malbun) : 220 cm.
Geologischer Untergrund: Oberostalpine Decke.
Obere Partien östlich der Samina: Dolomite und Kalke der Arlbergschichten.
Obere Partien westlich der Samina: Buntsandstein, Ton- und Mergelschiefer, Kalke.
Talboden und Flanken: Gehängeschutt und Moränen.
Vegetation: Ca. 25 % sind bewaldet (subalpiner Fichtenwald), ca. 50 % werden beweidet, z.T. bestockte Weide, ca. 25 % sind vegetationslos.

Rehwilddichte ca. 5–6 Stück/100 ha neben ca. 5 Stück Rotwild und 8 Stück Gamswild je 100 ha, Rehwildfütterung ab Ende August, zunächst nur Kraftfutter, bei Wintereinbruch volle Fütterung (Kraftfutterautomaten) mit zusätzlich Trestersilage und Bergheu nach Bedarf.

Letztlich sei noch auf zwei herausragende Rehgehörne aus der DDR hingewiesen:

Erlegt 1969 in Schlesen, Kreis Roßlau, Bezirk Halle, in Budapest bewertet:

Die Maße sind:	Stangenlänge rechts	29	cm
	Stangenlänge links	26,7	cm
	Gewicht	591	g
	Volumen	309	cm^3
Bewertung		182,73	I.P.

Photo: Wagenknecht

Und der am 12. 8. 1973 in Neuwürschnitz, Kreis Stollberg, DDR, erlegte Bock.

Die Maße sind:	Stangenlänge rechts	30	cm
	Stangenlänge links	31	cm
	Gewicht frisch	805	g
	Rosenumfang	21	cm
Bewertung	Plovdiv	178,55	I.P.

Zum Abschluß dieses Kapitels wollen wir noch 2 Fotos des lebenden Bockes „Knickohr" zeigen, der als Kitz in freier Wildbahn am 29. Mai 1983 markiert wurde; das linke Bild als Jährling im Juli 1984, das rechte als Zweijährigen am 17. Mai 1985.

Dieser kapitale Zweijährige und einige weitere Böcke mit etwa 400 g Geweihgewicht in diesem Revier der Schwäbischen Alb auf 650 m üNN mit einer 75 ha umfassenden Waldinsel, jedoch mit einem Netz von Wildäckern und einer sach- und zeitgerechten Winterfütterung beweisen, daß es für eine frühzeitige optimale Entwicklung unseres Rehwildes nur auf qualitativ und quantitativ gute Ernährung und ausreichende Ruhe ankommt (Fotos: U. Strohäcker).

Die Zunahme starker und stärkster Rehgehörne im Laufe der letzten Jahre in den ost- und südosteuropäischen Ländern ist bekannt, sie kann im Anhang der „Weltrekordliste" abgelesen werden. Gleiches gilt neben Schweden mit seinem neuen Weltrekord für Großbritannien, wo nach einem Bericht von Richard Prior allein 1983 34 Goldmedaillen-, 37 Silbermedaillen- und 26 Bronzemedaillen-Böcke zur Strecke kamen, darunter ein von E. Moorhouse erlegter Sechser mit 27,4 cm Stangenlänge, 9,1 cm Auslage und vorläufig 197,18 I.P. und 7 weitere mit über 150 I.P.

Hier ging es uns darum, unseren Jägern Mut zu machen und zu zeigen, daß es nicht am Rehwild liegt, wenn sich Erfolge nicht einstellen!

Wir wollen deshalb, trotz vielfacher Erwähnung, an dieser Stelle noch einmal auf die Bedeutung der über das Einzelrevier hinausgreifenden Maßnahmen hinweisen:

Hegegemeinschaften

Wir alle kennen den Begriff Hegering. Bereits das Reichsjagdgesetz schrieb ihre Bildung vor. Der entscheidende Fehler war und ist nur, daß man sich auch hier von politischen Grenzen nicht lösen konnte.

Bei den Rotwildgebieten ist dies vielfach gelungen, so umfaßt z. B. das 50 000 ha große geschlossene Rotwildgebiet Odenwald hessische, baden-württembergische und bayerische Landesteile bei insgesamt fünf beteiligten Landkreisen. Es bildet einen einheitlichen Rotwildring, der von einem privatrechtlichen Verein getragen wird.

Aber selbst die sonst vorbildliche Einrichtung von Rehwildringen, vor allem auch was die Kompetenzen des jeweiligen Ringleiters in den bereits erwähnten neuen hessischen Rehwildrichtlinien anbelangt, endet jeweils an der Kreisgrenze, innerhalb dieser sie sehr wohl nach natürlichen Lebensräumen des Rehwildes zu gliedern sind. Hier sollte – wo nötig – einmal die Politik über ihren Schatten springen.

Hegegemeinschaften, Hegeringe oder Rehwildringe, wie immer man sie bezeichnen will, müssen ein in etwa natürliche Grenzen berücksichtigendes, aber noch überschaubares Gebiet gleichwertiger Umweltverhältnisse umfassen, ihre Größe kann deshalb zwischen 2500 ha und 10 000 ha schwanken.

Entscheidend ist die fachliche und menschliche Qualifikation des Leiters, muß er doch „seine" Revierinhaber zu gemeinsamem Handeln aus Überzeugung anleiten. Dies wird nur gelingen, wenn jeder Beteiligte erkennt, daß dies auch ihm nützen wird. Absolute Objektivität muß gewährleistet sein. Für sehr unterschiedliche Revierverhältnisse – reine Waldjagd – reine Feldjagd – muß ein Ausgleich gefunden werden. Erst dann werden die fachlichen Maßnahmen, die gemeinsam diskutiert und beschlossen werden müssen, auch wirklich die Chance des Erfolgs haben. Es sind dies:

Die Konkretisierung der Rahmen-Abschußrichtlinie nach den örtlichen und jährlichen Gegebenheiten;

Anleitung zur Wildstandsermittlung, Aufstellung eines Gesamt-Abschußplans und dessen Aufteilung;

Überprüfung der Abschußdurchführung und etwaige Nachbewilligungen oder Umschichtungen;

Abhaltung der jährlichen Trophäenschau;

Biotop- und Äsungsverbesserung, einheitlich geplante Fütterung nach Art und Umfang, aber auch Ausgleichsfinanzierung zur Entlastung der Wintereinstandsreviere; Parasitenbekämpfung und Bonitierung der Reviere.

Eine derartige Revierbonitierung bietet sich stets bei unterschiedlichen Revierverhältnissen an, sie muß u. a. Wald-Feld-Anteil,
natürliche Äsungsverbesserung,
Fütterung,
andere Schalenwildarten,
Wilddichte, Geschlechterverhältnis und Altersstruktur
berücksichtigen. Sie wäre der Entwicklung jeweils anzupassen, für die revierweise Aufteilung des Gesamtabschusses böte sie einen objektiven Maßstab. Siehe hierzu auch die Ermittlung einer Standortwertziffer nach UECKERMANN (S. 143 ff.).

Selbstredend müssen staatliche Verwaltungsjagden, private Eigenjagden und gemeinschaftliche Jagdbezirke in völlig gleicher Weise einbezogen sein. Eine vertrauensvolle Zusammenarbeit mit den Jagdbehörden, aber auch deren Bereitschaft, ein Höchstmaß an Entscheidungen und Verantwortung an die Ringe zu delegieren, muß gegeben sein. Die Neufassung des Bundesjagdgesetzes hat hierfür jetzt auch die rechtliche Grundlage geschaffen.

Hier sollte unseren Berufsjägern, die eine vorzügliche Ausbildung erhalten, eine wichtige Aufgabe zuwachsen. Sie sind von der fachlichen Qualifikation für das Amt des Hegeringleiters prädestiniert. Wo größere Reviere mit hauptamtlichen Berufsjägern fehlen, sollten sich mehrere Revierinhaber zu diesem Zweck zusammentun.

Eine der Aufgaben bedarf noch kurz der gesonderten Behandlung:

Trophäenschau

Wir haben sie bewußt als Aufgabe der Hegegemeinschaft erwähnt, obwohl sie bisher überwiegend auf Kreisebene abgehalten werden. Insbesondere nach der in allen Bundesländern vollzogenen Verwaltungsreform ist dies nicht mehr zweckmäßig. Sowohl die Bewertungskommissionen als auch die Betrachter sind bei der Kürze der zur Verfügung stehenden Zeit völlig überfordert, kommen doch in derartigen Großkreisen Tausende von Rehgehörnen zusammen.

Nur auf der überschaubaren, aber auch vergleichbaren Ebene der Hegegemeinschaften kann die Trophäenschau das sein, was sie soll: Lehrschau und Erfolgskontrolle. Deshalb ist auch, abgesehen von der zahlenmäßigen Kontrolle des revierweisen Abschusses, von völlig untergeordneter Bedeutung, wer was geschossen hat.

Die Anordnung der Gehörne hat, um auch optisch aussagefähig zu sein, nach Altersklassen zu erfolgen, wobei in jeder Altersklasse deutlich erkennbar in unterdurchschnittlich und überdurchschnittlich entwickelte Böcke zu trennen ist.

Auch hier haben wir im Prinzip gegen rote und grüne Punkte nichts einzuwenden, wenn es darum geht, Unterschiede deutlich zu machen. Man sollte aber andere Möglichkeiten nutzen, so die Trennung der Altersklassen durch senkrechte Farbbänder, der Güteklassen durch waagerechte andersfarbige Bänder, wobei unterhalb die unterdurchschnittlichen, oberhalb die überdurchschnittlichen Gehörne ihren Platz fänden. Immer zu beachten bleibt, daß die Bewerter den ganzen Schädel mit Ober- und Unterkiefer in die Hand nehmen können und daß selbst dies über den Jährling hinaus kein „sicheres Ansprechen“ des Alters erlaubt.

Wir brauchen die Altersbestimmung trotz ihrer geschilderten Ungenauigkeit nun einmal für die wichtige Frage der Altersstruktur. Mit Ausnahme wiederholter, offensichtlich vorsätzlicher Nicht-Einhaltung der Abschußrichtlinie und des Abschußplans scheinen uns deshalb Konsequenzen rechtlicher Art nicht angebracht. Eine Berücksichtigung des jeweiligen Vorjahrsabschusses ist dagegen bei der Aufteilung des neuen Gesamtabschusses richtig. Sehr wertvoll für die Beurteilung des jeweiligen Gesamtabschusses eines Hegerings wäre auch die Vorlage aller Unterkiefer des erlegten weiblichen Rehwildes, wozu die verabschiedete Novelle des BJG jetzt auch eine rechtliche Handhabe bietet! Neben der dadurch gegebenen Sicherheit über den tatsächlichen Abschuß gäben sie Aufschluß über die Altersstruktur auch des weiblichen Teils eines Bestandes.

Selbstverständlich müßten, um Verwechslungen auszuschließen, alle einmal gezeigten Trophäen und Kiefer bleibend gekennzeichnet werden, bei den Böcken sollte stets der ganze Schädel zur Vorlage kommen.

Schlußbemerkung

Wir sind damit am Ende des Kapitels „Hege mit der Büchse“, das wir, entgegen der früheren Gliederung, bewußt in den zweiten Teil einbezogen haben und ihn nunmehr auch „Jagd und Hege“ nennen. Dies entspricht der von Vorreyer in seiner Raesfeld-Bearbeitung „Das Rotwild“ gewählten Gliederung. Wir schließen uns seinen grundsätzlichen Betrachtungen zu dieser „Hege mit der Büchse“ aus Überzeugung an, und wir haben dies auch begründet.

Der Vorhalt, unsere Auslese entspräche nicht der natürlichen Selektion, ist qualitativ nicht berechtigt, die stets relativ geringe Zahl von „Erntehöcken“, die wir aufgrund aller zu würdigenden Umstände nicht erst nach ihrem biologischen Kulminationspunkt der Wildbahn entnehmen, rechtfertigt diese Kritik nicht. Eine andere Frage ist, ob wir quantitativ unserer Aufgabe immer gerecht geworden sind. Hier liegt die Ursache für Vorschläge, auf einen Abschußplan für Rehwild überhaupt zu verzichten. Dies wäre diskutabel, wie wir überhaupt auf die meisten Gesetze verzichten könnten, wenn wir alle Engel wären. In unserem Fall, wenn sich jeder Revierinhaber an die unverzichtbare Abschußrichtlinie unter Berücksichtigung ihrer Grundlagen: Wilddichte, Geschlechterverhältnis und Altersstruktur zu halten bereit wäre, denn dies ergäbe eben wieder den „eigenen“ Abschußplan! Wir sehen deshalb im amtlichen Abschußplan keineswegs nur eine Begrenzung der Stückzahl, sondern *das* Instrument zur sachgerechten, allen Interessen Rechnung tragenden Wildbestandsregulierung, also auch vor allem eine Pflicht zur Abschußerfüllung (mit Ausnahme der Ernteböcke!).

U. Ebeling (Wild und Hund, 78. Jahrg., Nr. 8, vom 6. Juli 1975) schreibt zu Recht:

„Das Anketten der Revierinhaber an den Abschußplan hat die Hauptursache dafür ergeben, daß wir aus der Misere nicht herauskommen. Es ist vollendeter Unsinn, daß z. B. ein sichtbar schwaches Kitz oder ein plötzlich auftauchender Kümmerer nicht geschossen werden, weil der Abschußplan ‚erfüllt' ist. Es ist es nicht, weil der Jäger sinnvoll und gemäß Gesetz für einen gesunden Wildbestand zu sorgen hat, also zum Handeln verpflichtet ist. Der Abschußplan muß Richtschnur sein für die Bejagung gesunden Wildes, ansonsten sollte der Jäger freie Hand haben. Mit der sofortigen Abschußmeldung, auf die allerdings innerhalb weniger Tage nach dem Abschuß unbedingt Wert zu legen ist, hat die Behörde eine hinreichende Kontrollgewähr. Und ich meine, solch eine für den Rehwildbestand förderliche Regelung kann nicht der Unteren Jagdbehörde überlassen werden. Das muß auf Länderebene geregelt werden. Ich bin davon überzeugt, daß man damit einen guten Schritt vorwärtskommt."

Wir fassen zusammen: Sinnvolle Planung ja, aber als Rahmen für weitgehende Eigenverantwortlichkeit des Jägers.

Was bliebe an „Waidwerk" dem heute mit Optik und Ballistik optimal ausgestatteten Jäger ohne die Aufgabe dieser Art von Hege.

Wildschaden und seine Verhütung

Ein den Umwelt- und Äsungsbedingungen angemessener Rehwildbestand wird keine nennenswerten Wildschäden im Felde anrichten. Nur ausnahmsweise dürften durch Abäsen oder Verbeißen von Sonderkulturen oder aber durch Plätz- und Lagerstellen im Getreide gewisse Schäden auftreten, sie können aber hier vernachlässigt werden. Immer stärker tritt dagegen in der öffentlichen Diskussion der Verbißschaden im Walde in den Vordergrund. Bei überhöhter Wilddichte ohne ausreichende Ernährungsgrundlage kann dies zu einer bedenklichen Verarmung der gesamten Waldflora und zur Unterdrückung bestimmter Baumarten führen. Es ist aber nachgewiesen, daß ein optimal gestaltetes Nahrungsangebot, nicht zuletzt durch eine zweckmäßige und zeitgerechte Zufütterung, Verbißschäden auf ein Minimum reduziert oder gar völlig verhindert.

Jauch (1983) nimmt dazu wie folgt Stellung:

„Das Reh wählt aus der Waldflora, die in seinem Revier vorkommt, nur bestimmte Pflanzen für seine Äsung aus. Meist wird dabei nicht die gesamte Pflanze aufgenommen, sondern nur die energiereichen, leichtverdaulichen Teile. In den Wintermonaten sind dies vorwiegend Knospen von Sträuchern und Bäumen, während der Vegetationsperiode junge Triebe, Blätter, Blüten und Fruchtstände von Gräsern und Kräutern.

Bei Untersuchungen über die Beziehungen zwischen Wald und Wild standen bisher der Verbiß an den für die Waldverjüngung wichtigen Baumarten (Fichte, Buche, Tanne, Edellaubhölzer) und seine Auswirkungen im Vordergrund des Interesses. Weniger Beachtung wurde hingegen Gräsern, Kräutern und Sträuchern geschenkt, obwohl inzwischen durch den selektiven Verbiß eine Veränderung der regionaltypischen Waldflora, im Einzelfall sogar eine Bedrohung seltener Arten befürchtet wird.

Das Forschungsprojekt ‚Zum Einfluß des Wildes auf die Waldvegetation (Wildpflanzen) und das Äsungsangebot in verschiedenen Forstrevieren Baden-Württembergs', das im Institut für Landeskultur und Pflanzenökologie der Universität Hohenheim unter fachlicher Leitung von Prof. Dr. J. Pfadenhauer (TU München-Weihenstephan) und mit Unterstützung des Landesjagdverbandes Baden-Württemberg e.V. durchgeführt wird, versucht daher, Fragen nach Art und Umfang von Vegetationsveränderungen infolge Rehwildverbiß in Abhängigkeit von Standort, forstlicher und jagdlicher Bewirtschaftung zu klären.

Methodisch bietet sich für derartige Untersuchungen der Vergleich gezäunter und ungezäunter Waldflächen unter sonst gleichen Rahmenbedingungen (Lichtgenuß des Unterwuchses, Boden, Baumartenzusammensetzung und -verteilung) an. Eine mehrmalige quantitative Erfassung der Vegetation in Dauerbeobachtungsflächen gibt Aufschluß über die Dynamik der Waldbodenvegetation mit und ohne Wildeinfluß. Der Vergleich älterer Kulturzäune mit entsprechender Referenzfläche in unterschiedlichen Revieren ergänzt diese Untersuchungen, indem hierdurch langfristige Entwicklungen sowie regionale Unterschiede und/oder Gemeinsamkeiten erfaßt werden.

Die bisherigen Ergebnisse, die auf der Untersuchung einiger ausgewählter Reviere in Mittelgebirgslagen (Schwäbische Alb, Schwarzwald, Oberschwaben) Baden-Württembergs während dreier Vegetationsperioden beruhen, zeigen, daß sich der selektive Verbiß einzelner Pflanzenarten auf die Vegetation in zweifacher Hinsicht auswirken kann:

a. Direkter Einfluß

Durch den Verlust assimilierender Organe und/oder Blüten bzw. Fruchtstände werden die generative Vermehrung und die Wuchshöhe („Vitalität") der betroffenen Arten beeinträchtigt. Dies konnte bei zahlreichen, überregional bedeutenden Äsungspflanzen wie Himbeere, Waldhabichtskraut, Mauerlattich, Löwenzahn, Bergweidenröschen u.a. festgestellt werden. Die genannten Arten findet man zwar regelmäßig auch außerhalb des Zaunes, aber oft in geringerer Anzahl oder mit geringerer Vitalität als unter Zaunschutz. Daß beliebte Äsungspflanzen infolge des direkten Verbisses völlig verschwinden, war dagegen nur selten zu beobachten. Lediglich das Schmalblättrige Weidenröschen, in montanen Lagen auch der Hasenlattich, können davon betroffen sein. Seltene und geschützte Arten (z.B. Türkenbundlilie, Wolfssturmhut oder Orchideenarten) scheinen zumindest in den untersuchten Revieren nicht gefährdet zu sein.

b. Indirekter Einfluß

Indirekt bewirken Vitalitätsverluste einzelner Arten, daß sich konkurrenzbedingte Gleichgewichte im Pflanzenbestand verschieben. So erhöht der Verbiß am Baumjungwuchs und an Sträuchern die Helligkeit im Bestandesinnern, so daß sich Gräser und Kräuter mit höheren Lichtansprüchen zu Ungunsten der Gehölze durchzusetzen vermögen. Außerhalb des Zauns werden bevorzugte Äsungspflanzen durch konkurrenzkräftige Äsungsunkräuter wie Mehrjähriges Bingelkraut, Waldmeister u.a. zurückgedrängt.

Im Schutz des Zauns dagegen entwickeln sich Baumjungwuchs und Sträucher ohne Verbißdruck zwar besser, durch ihren dichten Schluß verdrängen sie aber mit der Zeit Arten der Krautschicht, so daß außerhalb des Zaunes die Individuenzahl dieser Arten oder die gesamte Artenzahl höher ist.

Beim Vergleich von Zaunflächen mit ungezäunten Referenzflächen ist es wichtig sich vor Augen zu halten, daß die Wechselwirkungen zwischen der Waldbodenvegetation, den Standortfaktoren Boden und Licht, der forstlichen Bewirtschaftung und dem Wild so komplexer Natur sind, daß die beobachteten Unterschiede meist nicht allein auf den Wildeinfluß zurückgeführt werden können. Kleinräumig wechselnde Standortunterschiede, Meliorations- und Düngungsmaßnahmen, Rückespuren und lokale Nährstoffanreicherungen durch Schäl- und Ästungsabfälle dürfen daher als mögliche Ursachen für eine unterschiedliche Vegetationsentwicklung innerhalb und außerhalb des Zaunes nicht außer acht gelassen werden. Hinzu kommt, daß die Verbißbelastung in einem Revier nicht überall gleich hoch ist, sondern sich auf „Äsungszentren" konzentriert. Der Verbißdruck auf die Äsungsflächen im Wald wird

(Anm. der Verfasser: Wer beantwortet die Frage, welche Menge Flora und Fauna die natürliche ist und wieviel Anteile der Flora als Lebensgrundlage der Fauna naturgegeben anzusehen wären?)

nicht allein von der Rehwilddichte bestimmt, sondern auch vom Äsungsangebot außerhalb des Waldes oder durch Störungen des Wildes bei der Äsungsaufnahme durch Erholungsbetrieb und Landwirtschaft.

Bei Berücksichtigung dieser Sachverhalte wird deutlich, daß die bisher beobachteten Unterschiede in der Vegetationszusammensetzung gezäunter und ungezäunter Flächen lediglich Ausdruck für die jeweilige Konstellation der genannten Faktoren in den untersuchten Revieren sein können. Daraus Aussagen abzuleiten, die allgemeinere Gültigkeit haben, wird das Ziel weitergehender Untersuchungen sein."

Trotzdem werden wir an anderen Schutzmaßnahmen von Fall zu Fall nicht vorbeikommen.

Türcke definiert die Art der Wildschäden wie folgt:

„Im Walde schadet das Rehwild durch Verbeißen von Holzpflanzen, Herausschlagen von Eicheln und Bucheln aus den Kulturen, Zertreten und Niederdrücken von Saaten und durch Fegen und Schlagen.

Das *Verbeißen* von Laub- und Nadelholzpflanzen ist örtlich außerordentlich verschieden. Es ist bekannt, daß in einer Gegend diese, in der anderen jene Pflanzenart als besonders gefährdet gilt. Hierbei spielen die Seltenheit des Vorkommens der Holzgewächse, die Neuheit, oft auch die Neugier und das Bestreben des Wildes, eine Abwechslung in der Äsung zu finden, eine wichtige Rolle. In der Verbißhäufigkeit der Hauptholzarten steht nach Ueckermann die Eiche an erster Stelle. Dann folgen Tanne, Buche, Fichte, Kiefer und Lärche. Aber auch Esche, Ahorn und Linde werden gern genommen. Stellenweise wird die Birke verschmäht und die Fichte nicht angerührt. Oftmals kommt das Rehwild erst „auf den Geschmack", wenn es eine Kostprobe genommen oder es sich von anderen Wildarten „abgeäugt" hat. Allenthalben stark verbissen wird die Tanne. In Mischkulturen von Fichte, Tanne und anderen Holzarten ist die Tanne regelmäßig so erheblich gefährdet, daß sie ohne Schutzmaßnahmen nicht zu gedeihen vermag. Ebenso werden Buchensaaten im Keimblattstadium „wie Salat" genommen. Rehwild kann beim Verbeißen auch sehr hartnäckig sein und läßt sich selbst durch gute Verbißschutzmittel nur schwer von seinem Vorhaben abbringen. Erklärungen findet man hauptsächlich im Festhalten an dem einmal gewählten Standort, insbesondere im bergigen Gelände, wenn der Südhang aus Wärme- und Floragründen bevorzugt wird. Das Verhalten des Rehwildes in der Äsungsaufnahme gibt manche noch ungelöste Rätsel auf . . .", dann später:

„Den am meisten ins Auge fallenden und stellenweise bedenklichsten Schaden vermag der Rehbock durch *Fegen und Schlagen* anzurichten. Dies geschieht mit Vorliebe an alleinstehenden Stämmchen, an frischgepflanzten Lohden, Randpflanzen und fremdländischen Holzgewächsen. Der Bock bevorzugt vorwiegend Lärche, Douglasie, Weimutskiefer und Tanne, er fegt aber auch an anderen Holzarten, selbst an solchen mit harter Rinde, wenn er solche mit weicher nicht vorfindet. Die Fegefreudigkeit bei den Böcken ist sehr unterschiedlich. Es kommt vor, daß ein Bock auf einer Kultur über hundert Lärchen zuschanden schlägt, und daß andere dies nur an einzelnen wenigen Stämmchen tun."

Verhütungsmaßnahmen

An Verhütungsmaßnahmen empfehlen wir eine Anpassung der Wilddichte an die landeskulturellen Erfordernisse, Schaffung ausreichender natürlicher Äsung und Fütterungen in der vegetationsarmen Periode. Ferner gibt es Methoden des Flächenschutzes und des Einzelschutzes. Der sicherste Schutz ist stets der Zaun, der jedoch eine Größe von 3 Hektar auf keinen Fall überschreiten soll.

Es gibt auch den Flächenschutz mittels chemischer Mittel, sogenannte Verwittrungsmittel. Diese Stinkmittel stehen uns heute in sehr großer Anzahl zur Verfügung. Die Preise für die Anwendung sind sehr verschieden, am billigsten scheint das Bestreichen des Leittriebes zu sein, während die Sprühmethoden einen größeren Geldbeutel erfordern. Wir gehen hier bewußt nicht auf die einzelnen chemischen Verbißschutzmittel ein.

Neben dem Zaun gibt es auch den Einzelschutz von Bäumen, der nach wie vor hochaktuell ist und gerade bei Biotopverbesserungsmaßnahmen nicht nur eine wertvolle Hilfe, sondern sogar Voraussetzung für die Effizienz sein wird, weil die Bäume ansonsten nur schwer hochkommen.

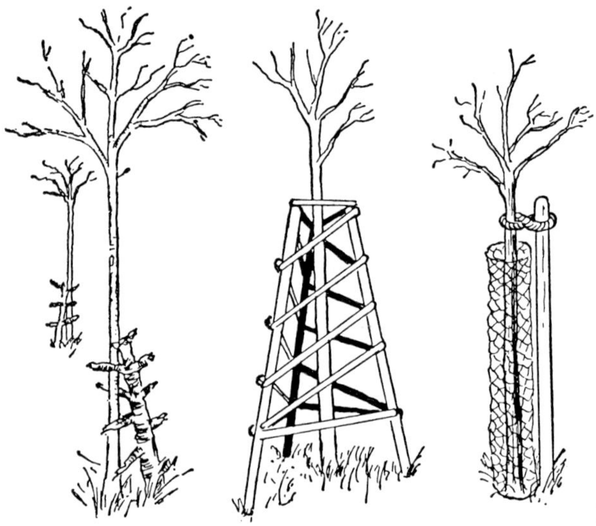

Einzelschutz von Bäumen

Im übrigen gibt es heute kaum Jagdpachtverträge, in denen das Wildschadenproblem nicht eingehend geregelt ist. Der Jagdpächter sollte darauf achten, daß hier erhebliche Kosten entstehen können, und dies von vornherein berücksichtigen.

Fege- und Schlagschäden des Rehbockes sind de facto nicht zu vermeiden. Dennoch ist zur Abwehr dieser Schäden eine Unzahl von Schutzvorkehrungen und Verfahren erdacht worden. Chemische Mittel verlieren, wenn länger angewendet, ihre Wirksamkeit, mechanische Mittel wie Verblendungen, Ringe, Strohwische büßen ihre Abschreckungskraft nach kurzer Zeit ein. Glücklicherweise ist dem Fegeschaden des Bockes jedoch nicht eine so große wirtschaftliche Bedeutung zuzumessen, daß er ernsthaft ins Gewicht fällt, insbesondere, weil die Leittriebe häufig geschont werden. Auf das Waldsterben hat das Rehwild mit Sicherheit keinen Einfluß.

Die Stimmen gegen den „Waldschädling" Reh sind so laut und so häufig, daß wir verzichten, sie hier zu zitieren; wir setzen sie als bekannt voraus. Wir glauben nicht an diese Extreme und sehen unseren Auftrag darin, Wildtiere in freier Wildbahn zu erhalten. Vieles spricht auch heute gegen die allzu rabiaten Forderungen gewisser Kreise, die von „drastischer" Bestandesverringerung bis zum gebietsweisen Totalabschuß gehen.

Die wohl am meisten richtungsweisenden Versuche wurden wieder einmal in Stammham im Rehwildversuchsgatter des Wittelsbacher Ausgleichsfonds unternommen. POLLANSCHÜTZ schildert seine Versuche wie folgt:

„Wenn wir von *Verbißschäden* sprechen, haben wir im wesentlichen hinsichtlich ihrer *Art und Wirkung* drei Kategorien zu unterscheiden:

1. Die *Verminderung* (und gelegentliche *Verhinderung*) der *Naturverjüngung* durch Verbiß von Keimlingen und ein(und mehr-)jährigen Forstpflanzen.
2. Die *Entmischung der Waldbestände* durch selektiven Verbiß der vom Wild bevorzugten, aber nur in geringen Anteilen beigemischten Baumarten.
3. Die *Wachstumshemmungen durch Verbiß des Leittriebes* und der Seitentriebe an mehrjährigen Forstpflanzen.

Bei dieser dritten Kategorie sind in manchen Fällen auch die durch Leittriebverbiß verursachten Verformungen der Schaftachse und bei lange andauernder, hoher Verbißbelastung übermäßige Ästigkeit im untersten Schaftbereich zu beachten, die im Nutzungsalter der Bäume als Qualitätseinbußen zum Tragen kommen können.

Neben der *Verminderung der Schaftqualität,* die schon junge Bäumchen für die spätere Auslese im Dickungs- oder Stangenholzalter untauglich werden läßt, ist bei starker Verbißbelastung bei zahlreichen Individuen, insbesondere bei den lokal vom Wild bevorzugten Baumarten, die *Einbuße der Konkurrenzfähigkeit* zu beachten. Neben den meßbaren *ertragsmindernden Wachstumshemmungen* sollten oder dürfen daher bestimmte waldbauliche Folgen des Verbisses nicht ganz aus den Augen verloren werden. Während die 1. und 2. Kategorie der Verbißschäden, nämlich die *Verhinderung der Naturverjüngung* und die *Entmischung der Waldbestände* primär waldbauliche Probleme aufwerfen und erst sekundär zu Fragen des Waldertrages und der Waldschadensbewertung werden können, stehen bei der 3. Kategorie *Zuwachsverluste und Qualitätseinbußen* und damit ertragskundliche Fragen gegenüber waldbaulichen Problemen im Vordergrund des Interesses. Als Ertragskundler und waldbaulich orientierter Waldwachstumskundler werde ich mich im Rahmen dieses Referates mit den durch Wildverbiß verursachten *Wachstumshemmungen* von Forstpflanzen und den forstwirtschaftlich bedeutsamen (Höhen-)*Zuwachsverlusten* auseinandersetzen.

Meinen Ausführungen lege ich zwei in Österreich angestellte Versuchsreihen mit *simuliertem Verbiß* zugrunde und bisher vierjährige Verbißbeobachtungen, die ich zusammen mit den Herren Dr. Marschall und Dr. Reimoser im Rehwildversuchsgatter I in Stammham durchführen konnte.

Was die aus reproduzierbaren Untersuchungen gewonnenen, fundierten und gesicherten Ergebnisse der beiden Versuchsreihen mit simuliertem Verbiß anlangt, kann es durchaus geschehen, daß diese für Forstleute und Jäger in einzelnen Punkten im Widerspruch zu eingefleischten Ansichten und liebgewordenen Meinungen stehen werden."

Pollanschütz schildert dann, wie er auf vorangegangenen Erfahrungen aufbaut:

Verbißsimulation an Fichte und Tanne

Anfang der sechziger Jahre wurde von OFM. L. Smidt im Mariabrunner Versuchsgarten eine Untersuchung an jungen *Fichten- und Tannenpflanzen* über ihr Verhalten nach *„simuliertem Wildverbiß"* durchgeführt.

Die Versuchsanordnung war folgende: An Fichten und Tannen, die bei Versuchsbeginn 3- bzw. 4jährig waren, wurden durch 5 Jahre hindurch jeweils im Frühjahr (vor Vegetationsbeginn) und bei einer Versuchsvariante zusätzlich auch im Sommer verschiedene Verbißarten simuliert, in einem Ausmaß, wie es an stark oder sehr stark verbissenen Pflanzen im Freiland vorkommt:

Eingekürzt wurden:

a. Die Seitentriebe alleine nur im Frühjahr,
b. Nur Terminal- bzw. Haupttriebe im Frühjahr,
c. Die Seitentriebe und die Terminaltriebe nur im Frühjahr,

d. Die Seitentriebe und die Terminaltriebe im Frühjahr und im Sommer (also 2× jährlich),
e. Die Seitentriebe und die Terminaltriebe nur jedes zweite Jahr im Frühjahr.

Je Variante wurden 52 Pflanzen behandelt. Es erfolgten laufende Höhenmessungen und am Ende der 5jährigen Untersuchungsperiode Gewichtsmessungen der oberirdischen Teile und der Wurzelteile, sowohl im frischen als im getrockneten Zustand.

Die wichtigsten Ergebnisse waren:

1. Der jeweils *erste* simulierte Verbiß, egal ob Seitentriebe alleine oder Seitentriebe plus Terminaltrieb eingekürzt worden waren, wirkte bei zahlreichen Pflanzen stimulierend auf das Längenwachstum des Terminaltriebes bzw. des gebildeten Ersatztriebes. (Diese Reaktion kann mit einem großen Vorrat an Reservestoffen erklärt werden, der für die wenigen verbliebenen Triebe bzw. für die gebildeten Ersatztriebe in *relativ überreichlichem Maße* zur Verfügung stand.) Ab dem zweiten Behandlungsjahr war bei alleinigem „Seitentriebverbiß" ein deutliches und bei zusätzlichem „Terminaltriebverbiß" ein sehr erhebliches Zurückbleiben im Vergleich zum Höhenwachstum der unbehandelten Fichten und Tannen zu verzeichnen.
2. Die jährliche starke Einkürzung der Seitentriebe, unter Schonung der Terminaltriebe, entsprechend einem starken Verbiß bei wirksamem Schutz der Terminaltriebe, etwa durch ein Verstreichmittel, ergab nach 5 Jahren:
   - für die *Fichte* einen Verlust an Höhenwachstum von 1 Jahr, einen Verlust an Frischmasse und Trockenmasse von je 2 Jahren;
   - für die *Tanne* einen Verlust an Höhenwachstum von ½ Jahr, einen Verlust an Frischmasse und Trockenmasse von je 1 Jahr.

   Hieraus geht u.a. eindeutig die bessere Regenerationsfähigkeit der Tanne gegenüber der Fichte hervor.
3. Die Einkürzung der Seitentriebe und der Terminaltriebe, einmal oder zweimal pro Jahr durchgeführt, unterschied sich am Ende der Versuchsperiode nicht mehr und bewirkte nach 5jähriger Behandlung (oder besser gesagt Mißhandlung) der Pflanzen ein *Zurückbleiben des Höhenwuchses* und der Frisch- und Trockenmasse-Produktion von rund 3 bis 4 Jahren. Die Lebensfähigkeit war bei keiner der Pflanzen gebrochen, *wohl aber die Konkurrenzfähigkeit ausgeschaltet.* Ausfall gab es keinen. („Totverbiß" gibt es offenbar *nur bei Keimlingen* und bei jungen Pflanzen im allgemeinen nur bis zu 2 oder 3 Jahren Alter).
4. Wurden die Seitentriebe und die Terminaltriebe *nur jedes zweite Jahr eingekürzt,* dann wurde das Höhenwachstum und die Frisch- bzw. Trockenmasse-Produktion in den 5 Jahren im Ausmaß von 2 bis 2½ Jahre – also rund um die Hälfte im Vergleich zu unbehandelten Pflanzen – reduziert.
5. Bei allen Versuchsvarianten *blieb die Wurzelmasse* im selben Ausmaß gegenüber den unbehandelten Pflanzen zurück, wie die oberirdische Masse reduziert worden bzw. in ihrer Entwicklung zurückgeblieben war. (Das ist eine ganz logische Folge, denn wird die Krone verkleinert, nimmt man erstens einen Teil des für den Gesamtorganismus stoffproduzierenden Assimilationsapparates weg und reduziert die natürliche Vitalität und zweitens muß daraufhin das Wurzelwerk mangels ausreichender Versorgung mit Assimilation verringert werden, was nicht ohne weitere Folgen für den Gesamtorganismus Baum bleibt.)

Diese Versuchsergebnisse bildeten zusammen mit den Untersuchungsresultaten von König (1971 und 1976), Krapfenbauer und Glatzl (1972), Eiberle (1975 und 1978) und Näscher (1979) die Grundlagen für die Ausarbeitung von Hilfstafeln für die *„Erhebung und Bewertung von Verbiß- und Fegeschäden"* in ihrer vorläufigen Fassung des Jahres 1980.

Im Frühjahr 1980 wurde eine neue Versuchsreihe „simulierter Verbiß" in 4 verschiedenen

Durch *alleinigen* mehrjährigen Seitentriebverbiß wird das Höhenwachstum selbst dann *nur geringfügig* gedämpft, wenn fast alle Seitentriebe 1. und 2. Ordnung verlorengehen

Mehrjähriger sehr starker Seitentrieb- *und Terminaltrieb*-Verbiß bewirkt *erhebliche* Wachstumsbeeinträchtigungen und bedeutet den Verlust der Konkurrenzfähigkeit gegenüber nur schwach verbissenen Pflanzen

Nach zehn, zwanzig oder auch mehr Jahre fortgesetztem Verbiß von Tannen resultieren waldbaulich wertlose „Stummelpflanzen"

Durch langjährigen Vieh- oder Rotwild-Verbiß entstandene „Kollerbüsche" bleiben beinahe so viele Jahre im Höhenwuchs hinter unverbissenen Bäumen zurück, wie die Verbißperiode an Jahren zählt

Wuchsbezirken in Niederösterreich mit 4jährig verschulten Fichten gezäunte Versuchsflächen von der Forstlichen Bundesversuchsanstalt angelegt, die für detaillierte Untersuchungen der Auswirkungen verschiedener Varianten eines „simulierten Verbisses" bestimmt waren. Der Versuch wird voraussichtlich 1986 oder 1987 abgeschlossen. Erste nicht uninteressante Versuchsergebnisse lassen sich nun nach Ablauf von vier Vegetationsperioden bereits erkennen.

Über die *Arten*, die *Zeitpunkte*, die *Häufigkeit* und den *Beginn der Behandlungen* gibt die nachstehende Übersicht Auskunft. Im Hauptversuch sind 52 Varianten in 3facher Wiederholung untergebracht, somit 156 Teilflächen bzw. Kleinparzellen zu je 25 Fichtenpflanzen. In den 3 Nebenversuchen sind je 25 Versuchsvarianten in 3facher Wiederholung, somit je 75 Teilflächen zu je 25 Fichtenpflanzen angelegt worden. Die gesamte Versuchsreihe umfaßt somit 9525 Fichtenpflanzen, die jährlich genau vermessen werden und von denen dem Versuchskonzept entsprechend auf einem Teil der Parzellen die Fichten entweder im „Winter“ oder im „Sommer“ einer bestimmten „Mißhandlung“ durch „simulierten Verbiß“ unterworfen werden.

Behandlungsvarianten

Arten der Behandlung

1	Unbehandelte Pflanzen = Kontrolle
2	Nur T, Terminaltrieb (bzw. dessen Ersatztrieb bei mehrjährig wiederholter Behandlung)
3	Nur S_I, Seitentriebe erster Ordnung
4	50 % der S_I und S_{II}, Seitentriebe I. und II. Ordnung
5	100 % der S_I und S_{II}, Seitentriebe I. und II. Ordnung
6	T plus S_I
7	T plus 50 % S_I und S_{II}
8	T plus 100 % S_I und S_{II}

Zeitpunkt der Behandlung

SO – „Sommer“ (*Ende Juni* / Anfang Juli, erstmals 1980)
WI – „Winter“ (Ende Februar / *Anfang März*, erstmals 1981)

Häufigkeit und Beginn der Behandlung

1- bis 3mal, in aufeinanderfolgenden Jahren, Beginn nach der Pflanzung, SO/1980 bzw. WI/1981
1- oder 2mal, aufeinanderfolgend, Beginn im zweiten Jahr nach der Pflanzung, somit SO/1981 bzw. WI/1982

Eine nunmehr durchgeführte Zwischenauswertung brachte folgende Ergebnisse

1. Wenn *nur 50 % der Seitentriebe 1. und 2. Ordnung* künstlich eingekürzt bzw. „verbissen“ wurden, hatte dies eine Stimulation des Höhenwachstums zur Folge, die am Ende des Jahres 1983 in einer positiven Differenz der Gesamthöhe von 1 bis 6 cm im Vergleich zur mittleren Höhe der unbehandelten Fichten (von 98 cm) zum Ausdruck kam. Ein Höhenvorsprung war in allen Fällen zu verzeichnen, egal ob die Behandlung 1-, 2- oder 3mal erfolgt ist.
2. Eine Stimulation des Höhenwachstums war auch dann zu verzeichnen, wenn entweder *nur 100 % der Seitentriebe 1.* Ordnung oder *nur die Terminaltriebe* und zwar jeweils *nur einmal* im Jahr 1981 eingekürzt worden waren. Bei diesen beiden Behandlungsvarianten waren aber geringe Einbußen an Höhenwachstum dann zu verzeichnen, wenn die „Mißhandlung“ zweimal oder dreimal in aufeinander folgenden Jahren erfolgt war.
3. Ein alleiniger (nahezu) 100%iger *Verbiß der Seitentriebe 1. und 2. Ordnung* bewirkte in allen Fällen eine Reduktion des Höhenwachstums ab dem Folgejahr der ersten Seitentriebeinkürzung und resultierte unabhängig von der Zahl der erfolgten Behandlungen, zum Beispiel beim „Winterverbiß“, in einem Zurückbleiben der Gesamthöhe am Ende des Jahres 1983 von rund 10 %. Dieser Höhenzuwachsverlust von nur 10 % bei einer Baumhöhe um 1 m muß gerechterweise wohl als forstwirtschaftlich belanglos eingestuft werden.
4. Bei allen Varianten, bei denen der *Terminaltrieb bzw. der Ersatzleittrieb und die Seitentriebe* eingekürzt worden waren, mußten *Höhenwachstumseinbußen* zur Kenntnis genommen werden, *die nicht mehr als forstwirtschaftlich belanglos* angesehen werden können. Gemessen an der mittleren Gesamthöhe der unbehandelten Fichten am Ende des Jahres

1983 und deren zuletzt geleisteten Höhenzuwächsen war in den meisten Fällen in 3 Vegetationsperioden ein Zurückbleiben um 1 Jahr und bei sehr starkem und 3maligen Verbiß um den Höhenzuwachs von 1½ Jahren zu verzeichnen.

5. Bei einem (nur) zweimaligen Verbiß hängt das Ausmaß des Zurückbleibens des Höhenwachstums offenbar davon ab, in welchem Wachstumsstadium der Beginn des Verbisses erfolgt.

Der Umstand, daß der erst in den Jahren 1982 und 1983 durchgeführte „simulierte Verbiß" ein stärkeres Zurückbleiben der Fichten bewirkte als bei früherem Beginn der Behandlung, muß aber im Zusammenhang mit dem etwa ab der 3. Vegetationsperiode nach der Pflanzung einsetzenden verstärkten Höhenwachstum gesehen und beurteilt werden. Infolge des „Versetzschockes" betrugen die Höhenzuwächse der unbehandelten Fichten im Mittel $H_{Z(1980)} = 7$ cm, $H_{Z(1981)} = 5$ cm, dann aber $H_{Z(1982)} = 20$ cm und $H_{Z(1983)} = 32$ cm.

Insgesamt betrachtet, zeichnen sich aus der Zwischenauswertung dieser Versuchsreihe nicht uninteressante Ergebnisse ab, deren endgültige Wertung erst nach Abschluß des Gesamtversuches im Jahre 1986 oder 1987 erfolgen kann. Eines scheint aber bereits ziemlich sicher zu sein:

Während der erste Verbiß – sofern er einen nicht zu starken Grad erreicht – auf das Höhenwachstum stimulierend wirkt, ziehen nachfolgende starke Verbißereignisse auf alle Fälle eine Reduktion des Höhenwachstums und gleichzeitig auch der Gesamtmassenproduktion der Pflanze nach sich, von der sicherlich auch das Wurzelwerk nicht verschont bleibt; denn das Wurzelwerk und die Kronenmasse stehen in einem ausgewogenen Verhältnis zueinander und gleichen sich im Bedarfsfalle einander an; d.h. wird ein Teil verringert, so wird der jeweils andere Teil nicht oder nur unzureichend versorgt.

Verbißbeobachtungen in Stammham

„Im April 1980 wurden im Rehwild-Versuchsgatter I insgesamt 13 Beobachtungsflächen im Ausmaß von 5 × 5 m bzw. 6 × 6 m ausgepflockt und die Fußpunkte der Forstpflanzen – *Fichten* und *Buchen* – durch Feststellung der Rechteckskoordinaten kartiert. Gleichzeitig wurden 3 gezäunte Weiserflächen eingerichtet. Die Anlage einer 4. Weiserfläche erfolgte im Frühjahr 1981.

Meß- und Beobachtungsdaten einzelpflanzenweiser periodischer Zustandserhebungen über Dimensionen der Pflanzen und detaillierte Ermittlungen von Haupt- und Seitentriebverbiß stehen nunmehr 8 von Marschall, Reimoser und Pollanschütz durchgeführte Aufnahmen zur Verfügung und zwar je 4 Frühjahrs- und Herbstaufnahmen für die Jahre 1980 bis 1983.

Bei den Auswertungen erfolgte zunächst eine *Klassifizierung* jeder Einzelpflanze *nach 8 Verbiß- und Schädigungsgraden* (0 bis 7), wobei die Intensität des Seitentriebverbisses bei Fichte (Triebe 1. und 2. Ordnung der 3 obersten Quirl) und vorhandener Leit- bzw. Haupttrieb-Verbiß entscheidend war.

Hinsichtlich der Auswirkungen, Bedeutung und Wertung von Verbißschäden ist zwischen den *Schädigungen an den Einzelpflanzen* und den waldbaulichen bzw. den flächenbezogenen *forstwirtschaftlichen Schäden* zu unterscheiden.

Für die Zwecke der *flächenbezogenen Interpretation* wurde daher den *Verbißziffern* für *Buche* und für den Bereich der 3 obersten Quirl der *Fichte* im Hinblick auf (Höhen-) Wachstumsbeeinträchtigungen und qualitative Mängel, letztere insbesondere bei Buche, folgende Bedeutung beigemessen:

Wertung der flächenbezogenen Schäden

Flächenbezogene Verbißziffer	Bedeutung der Schädigung im Hinblick auf forstwirtschaftliche Schäden
0,01–1,50	bedeutungslose Schädigungen
1,51–3,50	sehr schwache bis schwache Schädigungen
3,51–5,50	mäßige bis mittlere Schädigungen
5,51–7,00	starke bis sehr starke Schädigungen

Im Anhalt an Untersuchungsergebnisse, die in den Versuchen mit „simuliertem Verbiß“ gewonnen worden sind, muß erst bei Vorliegen einer durchschnittlichen Verbißziffer von 5,51–7,00, soweit sie auf den Verbiß innerhalb eines Jahres zurückgeht, mit einer Wachstumshemmung *im nicht vollen Ausmaß* des Höhenzuwachses eines Jahres gerechnet werden. Bei Vorliegen einer Verbißziffer zwischen 3,51 und 5,50 wird im Höchstfall mit einem mittleren Höhenzuwachsverlust von bis zu einem halben Jahreszuwachs (der betreffenden Höhenwachstumsphase) zu rechnen sein.

Der Verbiß an *Fichten* war im Rehwildversuchsgatter Stammham in den Herbst/Winter-Verbißzeiträumen 1979/80 und 1980/81 in gleichem Maße in tolerierbaren Grenzen geblieben und hat örtlich lediglich „bedeutungslose“ (Verbißziffern 0,01–1,50) oder „sehr schwache“ bis „schwache“ flächenbezogene Schädigungen (Rahmenwert der Verbißziffer 1,51–3,50) verursacht. Der Verbiß an *Fichten* im Frühjahrs/Sommer-Verbißzeitraum 1980 und 1981 war mit Ausnahme einer Probefläche auf 11 weiteren Beobachtungsflächen unbedeutend bzw. vernachlässigbar gering, und auf einer Probefläche war keine einzige vom Rehwild verbissene Pflanze festzustellen gewesen.

Die nur örtlich vorhandene Mischbaumart *Buche* wurde vom Rehwild gegenüber der Fichte deutlich bevorzugt verbissen. Flächenbezogen erreichte der Verbiß durch Rehwild in den Herbst/Winter-Verbißperioden 1979/80 und 1980/81 aber erst „mäßige“ bis „mittlere“ Schädigungsgrade (Rahmenwerte der Verbißziffer 3,51–5,00). In den Frühjahr/Sommer-Verbißperioden 1980 und 1981 blieb der Verbiß an Buche im Bereich „schwacher Schädigung“ und erreichte nur auf 2 von 7 Beobachtungsflächen Werte um 3,25 der Verbißziffer.

Infolge eines starken Mäusefraßes an der Rinde (im Zeitraum Herbst/Winter 1980/81) sind im Bereich von 7 Beobachtungsflächen zahlreiche Buchenpflanzen abgestorben. Die Beobachtungen wurden im Verbißzeitraum Herbst/Winter 1980/81 eindeutig und im Verbißzeitraum Herbst/Winter 1979/80 mit hoher Wahrscheinlichkeit auch bereits durch *einen anteiligen Verbiß der Fichte* (und auch Buche) *gestört, der durch die Erdmaus (Microtus agrestis)* verursacht worden ist. An dieser Stelle sei mir die Einfügung einer kritischen Bemerkung gestattet:

Man sollte keinesfalls versuchen, allein von – nicht genau besehenen – Verbißspuren auf einen bestimmten Verursacher schließen zu wollen. *Nur ein genaues Hinsehen, ein genaues Erkennen und Beurteilen der Verbißspuren* an den Trieben der Forstpflanzen erlaubt gegebenenfalls im Verein mit vergleichenden Beobachtungen im Bereich von gezäunten und ungezäunten Kleinflächen eine auf Indizien gestützte Zuordnung der Schädigungen zu bestimmten Verursachern.

Eine vergleichende Wertung der Beobachtungsergebnisse zeigt, daß sich an der Intensität des Verbisses durch Rehwild auch in den nachfolgenden Verbißzeiträumen (Herbst/Winter-Verbißzeiträume 1981/83 sowie Frühjahr/Sommer-Verbißzeiträume 1982 und 1983) weder bezüglich der Fichte noch hinsichtlich der Buche wesentliches geändert hat, dies obwohl in beiden Jahren, 1982 und 1983, die Fütterung jeweils von Anfang Mai bis Anfang bzw. Mitte

September eingestellt worden war. (In der Vegetationszeit der Jahre 1980 und 1981 war die Fütterung nur von Ende Mai/Anfang Juni bis August eingestellt gewesen.) Während der bisherigen Beobachtungszeit betrug der Rehwildbestand im etwa 130 ha großen Gatter rund 70 Stück (Frühjahrsstand im Mittel der Jahre), *also etwas mehr als 50 Stück pro 100 ha.*

Bei der bisher letzten Aufnahme, nämlich der Herbstaufnahme 1983, war nur auf drei Beobachtungsflächen schwacher Verbiß, überwiegend an bisher bereits verbissenen Pflanzen, festzustellen. Kein Verbiß oder völlig unbedeutender, sehr schwacher Seitentriebverbiß war auf den übrigen 10 Beobachtungsflächen zu konstatieren.

Das bemerkenswerteste und wohl aussagekräftigste Ergebnis stellt die Tatsache dar, daß mit der Herbstaufnahme 1983, nach nur 4 Beobachtungsjahren, die Untersuchungen auf 9 Beobachtungsflächen bereits eingestellt werden mußten, weil die bei weitem überwiegende Zahl der Fichten auf diesen Flächen dem Äser des Rehwildes entwachsen war! Auf den übrigen 4 Beobachtungsflächen – davon 2 mit überschirmter Naturverjüngung – können die Beobachtungen aufgrund der erreichten Bäumchenhöhen auch nur mehr ein Jahr fortgesetzt werden.

Bei Beobachtungsbeginn im Frühjahr 1980 lagen die mittleren Bäumchenhöhen bei den 9 nunmehr ausgeschiedenen Beobachtungsflächen zwischen 40 und 60 cm. Die Endhöhen im Herbst 1983 betrugen jeweils im Flächenmittel zwischen 120 und 200 cm.

Die entsprechenden Werte der noch bis Herbst 1984 in Beobachtung bleibenden 4 Beobachtungsflächen betragen: mittlere Bäumchenhöhe im Frühjahr 1980 45 bis 60 cm, mittlere Höhen im Herbst 1983 zwischen 90 und 115 cm.

Von den im Frühjahr in Beobachtung genommenen *Fichten* sind bis Ende 1983 also im Verlaufe von 4 Jahren 0,3 % infolge sehr starken Verbisses und 1,4 % infolge von Fegeschäden abgestorben. Von den in Beobachtung genommenen *Buchen* sind 44 % abgestorben, wovon aber 40 % auf das *alleinige Konto des Mäusefraßes an der Rinde* der Stämmchen der Buchenpflanzen und nur 4 % zu Lasten des Verbisses gegangen sind, an dem neben dem Rehwild auch Mäuse und Hasen beteiligt waren. Die in den Beobachtungsflächen verbliebenen und durchwachsenden Buchen reichen sicherlich aus, um einen Mischungsanteil von 2 bis 3 Zehntel im aufwachsenden Bestand sicherzustellen.

Wie nun die im Rehwildversuchsgatter in Stammham bei hoher Rehwilddichte beobachteten forstwirtschaftlich geringfügigen bzw. örtlich waldbaulich bedeutungslosen Verbißschäden zu deuten und zu werten sind, überlasse ich an und für sich den Wildbiologen. Wenige Hinweise seien mir aber zu entscheidenden Fragen erlaubt. Von ausschlaggebender Bedeutung scheinen mir in Stammham:

1. die *Sicherheit und Ruhe* für Nahrungsaufnahme, für Ruhepausen und für soziale Aktivitäten und
2. die *Äsung bzw. Nahrung in ausreichender Menge,* von entsprechender *Güte* und *Verfügbarkeit* in zeitlicher und räumlicher Hinsicht zu sein. Die günstigen standortlichen Bedingungen, die Bestandesmischung, die günstigen Relationen zwischen den Wuchsklassen, also das Nebeneinander von Jungbeständen, Dickungen, Stangenholz, nicht vorgelichtetem Baumholz mit Naturverjüngungen und die meist kleinräumige Lagerung der Wuchsklassen zueinander stellen mit einer Vielzahl von Randzonen ideale Voraussetzungen für ein hohes und qualitativ wertvolles natürliches Äsungsangebot zumindest von Mai bis Anfang September dar und bieten sehr guten Deckungsschutz. Diese Tatsachen und Umstände werden bei einer wertenden Beurteilung der in Stammham gewonnenen Beobachtungsergebnisse gebührend zu beachten sein. Eine *auf die zeitliche Verfügbarkeit* der natürlichen Äsung abgestellte Fütterung vom Ende der Vegetationszeit bis zum Beginn der neuen Wachstumsperiode, also jährlich etwa ab September bis Anfang Mai des folgenden Jahres, hat im Versuchsgatter, wie die geringe Verbißbelastung der Forstpflanzen zeigte,

offenbar den jahreszeitlich bedingten Mangel an Äsungspflanzen voll und ganz auszugleichen vermocht."

Wildgerechte Waldwirtschaft

Äußerst informativ sind auch die Kurzausführungen von REIMOSER aus dem Forschungsinstitut für Wildtierkunde, Wien, über seine jahrelange Arbeit. Auf einem Vortrag am 10. 4. 84 im Nationalpark Bayerischer Wald referierte er über Waldaufbau und Rehwildjagd:

„Im Vergleich zu den häufigen Diskussionen über eine waldgerechte Wildbewirtschaftung wurden die *Auswirkungen des Waldaufbaues* auf Wildtiere bisher wenig berücksichtigt *(„Wildgerechte Waldwirtschaft")*. Beides ist jedoch gemeinsam mit einer Beurteilung von Beunruhigungsfaktoren erforderlich, um einerseits die ständig steigenden Wildschäden zu vermindern und andererseits den Wildtieren einen Lebensraum in der Kulturlandschaft zu erhalten.

Gerade das Rehwild kann sehr sensibel auf Veränderungen im Waldaufbau reagieren. Durch forstliche Maßnahmen können Struktur und Dynamik der Wildpopulation, Besiedlungsanreiz des Biotops für die Tiere und Wildschadensanfälligkeit des Waldes entscheidend verändert werden. Waldtextur und -struktur beeinflussen das Wild, und dieses wirkt je nach Habitatcharakter (und Wildbewirtschaftung) unterschiedlich auf den Wald zurück."

REIMOSER arbeitete in einem Revier von 700 ha, mit fichtenreichem Wald auf natürlichen Fichten-Tannen-Buchen-Mischwaldstandorten (Fichtenanteil 85 %), 800–1300 m Seehöhe, basenreiches Silikatgestein, typisches Waldrevier (nur 6 % Wiesen), primär Rehwild, vereinzelt Rot- und Gamswild, Rehwilddichte und Verbißschaden je nach Waldbautechnik regional sehr unterschiedlich. Wir zitieren weiter:

„Bis vor 25 Jahren wurde im gesamten Revier eine großflächige Kahlschlagnutzung mit anschließender Fichtenaufforstung durchgeführt. Seither wurde wegen betriebswirtschaftlicher Vorteile in einem Revierteil auf Naturverjüngung unter Bestandesschirm umgestellt (Schirm-, Saum-, Femelschläge). Im übrigen Teil erfolgte vorwiegend künstliche Fichtenverjüngung auf etwa 35 m breiten Kahlschlägen. In Zukunft soll auch dieser Teil natürlich verjüngt werden.

3 waldbaulich unterschiedlich behandelte Regionen des Reviers sind im Hinblick auf Standort, Wildbewirtschaftung und Beunruhigung weitgehend vergleichbar.

Region II: 144 ha, relativ naturnah, vorwiegend Saum-, Schirm- und Femelhiebe mit Naturverjüngung von Fichte, Tanne, Buche, Bergahorn, Eberesche etc., einzelne kleine Kahlschläge, mittlere Altbestandsgröße 1,4 ha.

Region III: 102 ha, bedingt naturfern, kleinflächig (mittlere Bestandesgröße 0,8 ha), vorwiegend Kahlschläge mit künstlicher Fichtenverjüngung, wenig Naturverjüngungsflächen.

Region IV: 264 ha, naturfern, relativ großflächig (mittlere Bestandesgröße 2,7 ha), Kahlschläge mit künstlicher Fichtenverjüngung, kaum Naturverjüngung.

Das Äsungsangebot je Flächeneinheit ist im Sommer und Winter in Region II am höchsten, in Region III etwas geringer und in Region IV mit Abstand am geringsten (rd. 50 % von Region II). Beim Deckungsangebot besteht die gleiche Rangfolge, jedoch mit geringeren Wertunterschieden. Optisch auffällige Randzonen, die auf Rehwild einen hohen Besiedlungsanreiz ausüben können, erreichen in der kleinflächigen Kahlschlagregion III die größte Dichte vor Region II und Region IV.

In der relativ naturfernsten Region IV ist der Anteil jährlich verbissener Bäume (Wirtschaftsbaumarten mit Terminaltriebverbiß) bei Jungwüchsen bis 1,3 m Höhe etwa 10mal höher (24 %) als in Region II und 4mal höher als in Region III. Noch wesentlich gravierender sind die Unterschiede beim forstlich relevanten Verbißschaden, *der nicht dem Verbißprozent gleichgesetzt werden kann.* Durch die viel höhere Stammzahl und zahlreiche Mischbaumarten bei natürlicher Waldverjüngung (rd. 220 000 Bäumchen je Hektar; auf Kahlschlägen hingegen samt nachträglicher natürlicher Stammzahlerhöhung durch seitlichen Samenanflug nur rd. 6000 Stämme je Hektar) können in Region II wesentlich mehr Bäume ohne Schaden für den Wald vom Wild als Äsung genutzt werden. Waldbaulich entscheidend ist die Anzahl der ungeschädigten Pflanzen. Etwa 3000–4000 Stämme je Hektar in erforderlicher Verteilung und Artenmischung müssen dem verbißgefährdeten Höhenbereich ungeschädigt entwachsen können.

Der unter Bestandesschirm verlängerte Verbißzeitraum (verzögertes Höhenwachstum der Bäume durch Schattenwirkung) wird durch das dem Verjüngungszeitraum entsprechend erhöhte Äsungs(flächen)angebot bei Naturverjüngungsbetrieb weitgehend ausgeglichen.

Die höchste Wilddichte tritt nicht in der äsungsoptimalen Region II, sondern in der randzonenoptimalen Region III auf.

Dies hängt damit zusammen, daß die Besiedlungsattraktivität eines Biotops nicht bloß vom Äsungsangebot allein bestimmt wird, sondern von einer Vielzahl von Ökofaktoren abhängen kann. Beim typischen Waldrandbewohner Reh haben Gebiete mit optisch auffälligen Bestandesrändern, wie sie bei Kahlschlagbetrieb entstehen, einen besonders hohen Besiedlungsanreiz; auch dann, wenn das Äsungsangebot im Randbereich nur gering ist. Gossow hat bereits 1977 darauf hingewiesen, daß zwischen Besiedlungsanreiz und Äsungsangebot eines Gebietes schärfer unterschieden werden sollte.

Der weitaus größte Wildschaden tritt im Bereich geringster Wilddichte auf (Region IV).

Zwischen Wildschaden und Wilddichte besteht beim Vergleich von Region II und IV somit eine negative Korrelation. In Region IV reichen wenige Rehe aus, um großen Schaden zu verursachen. Dies liegt vor allem an der hohen Verbißschadensanfälligkeit des Jungwuchses in Region IV (stammzahlarme Kahlschlagverjüngung) und am absolut zwar geringen, jedoch in Relation zum sehr geringen Äsungsangebot doch noch zu hohen Besiedlungsanreiz dieser Region (Randzonendichte etc.). Das *Verhältnis* von erreichbarem Äsungsangebot zu Besiedlungsanreiz des Biotops (und nicht der Wert des Einzelfaktors) ist maßgeblich für die Verbißschadensdisposition von Rehwildhabitaten.

Die Biotoptragfähigkeit für Rehwild (gemessen am waldbaulich tragbaren Wildschaden) ist also in Region IV, bedingt durch die forstliche Betriebsform, wesentlich geringer als in Region II oder III. Eine jagdliche Wildstandsregulierung ist bei geringerem Wilddichteniveau durch die exponentiell abfallende Beobachtbarkeit bei abnehmender Wilddichte (Ellenberg, 1977) wesentlich schwieriger und zeitaufwendiger als in Gebieten mit hoher Wildkapazität. Deshalb ist die gerade in Region IV notwendige Wildreduktion jagdtechnisch erheblich erschwert. Der einfachere Weg zur Wildschadensverminderung ist in diesem Fall die Verminderung der Wildschadensdisposition des Waldes durch Umstellung der Waldverjüngungstechnik auf größerer Fläche und durch verstärkte Waldpflegemaßnahmen (mehr Licht am Waldboden – mehr Äsung; weniger auffällige Randzonen).

In der wildreichsten Region III beträgt der mittlere jährliche *Abschuß* 8,8 Rehe je 100 Hektar, in Region II 8,2 Rehe und in der wildärmsten Region IV nur 3,9 Rehe. Der mittlere *Zeitaufwand* für die Erlegung eines Rehes ist in Region III mit 16,0 Stunden (Schußzeit Mai bis Dezember) infolge der höheren Wilddichte und relativ einfachen Bejagbarkeit am geringsten. In Region IV ist durch die höhere Abschußintensität (siehe unten) der Zeitaufwand mit 20,8 Stunden etwas geringer als in der wildreicheren Region II (22,3 Stunden).

Die *Abschußintensität* (Chancenausnutzung) ist in Region IV mit 12,4 % am höchsten (jedes 8. beobachtete Reh wurde erlegt), da wegen der stärkeren Verbißschäden in diesem Gebiet versucht wurde, den bereits geringen Wildbestand weiter zu reduzieren. In den

Regionen III (8,0 % bzw. jedes 13. beobachtete Reh erlegt) und II (7,2 % bzw. jedes 14. beobachtete Reh erlegt) ist die Abschußintensität deutlich geringer.

Im gesamten Revier (5 Regionen) beträgt der Abschuß 5,7 Rehe je 100 Hektar und Jahr. Für die Beobachtung eines Rehes sind im Jahresmittel 1,7 Stunden Zeitaufwand (90 % Ansitz, 10 % Pirsch) erforderlich und für den Abschuß eines Rehes (bezogen auf die Schußzeit) rd. 21 Stunden. Die Abschußintensität beträgt 8,6 % (Erlegung jedes 12. beobachteten Rehes).

In einem *submontanen* niederösterreichischen *Vergleichsrevier* (strauchreiches Waldrevier, Seehöhe 330–560 m, 65 % Fichte auf vorwiegend bodensauren, natürlichen Laubmischwaldstandorten) mit höherer Wildtragfähigkeit (größeres Äsungs- und Deckungsangebot) liegen die entsprechenden Werte bei rd. 12 Rehen Abschuß je 100 Hektar, einem Zeitaufwand von 0,8 Stunden je beobachtetem Reh und 17 Stunden je erlegtem Reh. Die Abschußintensität beträgt hier nur 5,1 %.

Der größte Bockanteil konnte in der äsungsärmsten Region IV beobachtet werden (Jahresmittel B : G = 1 : 1). Gaisen überwiegen am stärksten in der äsungsoptimalen Region II (B : G = 0,6 : 1). Der Wert von Region III liegt bei 0,7 : 1.

Das beobachtete Geschlechterverhältnis verschiebt sich in allen Regionen vom Frühjahr über Sommer bis zum Herbst stark zugunsten weiblicher Tiere und zeigt im Winter wieder umgekehrte Tendenz.

Im submontanen *Vergleichsrevier* liegt das Geschlechterverhältnis im Jahresmittel bei 0,8 : 1, und der Bockanteil ist ähnlich wie in Region III im Frühjahr etwa doppelt so hoch wie im Herbst.

Die beobachtete Kitzrate kann erst im Spätsommer oder Herbst Aufschluß über die Zuwachsrate geben, da die Kitze vorher meist von den Gaisen in Deckung abgelegt werden. In der äsungsoptimalen Region II ist die Kitzrate nahezu doppelt so hoch wie in Region IV (1,22 bzw. 0,67 Kitze je Gais). Der Wert von Region III liegt bei 0,76.

Im submontanen Vergleichsrevier liegt die herbstliche Kitzrate mit rd. 1,5 Kitzen je Gais deutlich höher.

Insgesamt zeigt sich also, daß durch Veränderungen des Waldaufbaues die Wechselbeziehungen zwischen Wald, Wild, Wildschaden und Bejagbarkeit des Wildes entscheidend beeinflußt werden können. Sowohl bei waldbaulichen Maßnahmen als auch bei Wildbestandesschätzung und jagdlicher Planung sollten Zusammenhänge dieser Art stärker berücksichtigt werden. Um der forstlichen und jagdlichen Praxis verbesserte Entscheidungshilfen bei wildökologischen Fragen geben zu können, sind ähnliche Untersuchungen in weiteren Revieren erforderlich."

Wir haben mit Absicht hier neueste Untersuchungen angeführt, obwohl sie vielleicht nach Ansicht vieler Leser den Rahmen dieses Buches sprengen.

Wir wollen jedoch deutlich festhalten, daß nicht nur das Wild, sondern auch der Waldbauer durch seine modernen Bewirtschaftungsmethoden Schaden verursacht. Wir wollen auch festhalten, daß, wenn uns das Jagdgesetz auferlegt, unseren Wildbestand zu erhalten, Nahrung für diesen Wildbestand in der freien Natur vorhanden sein muß. Wild lebt nicht von der Luft. Wald- und Grundeigentümer haben hier eine gewisse Duldungspflicht.

Unverändert gelten die Worte von Prof. F. Nüsslein: „Es ist keine große Kunst, Forstwirtschaft zu treiben, wenn man den Faktor Wild ausschalten würde, und es ist nicht schwer, Jagdwirtschaft zu treiben, wenn man auf den Wald keineRücksicht zu nehmen braucht. Eine Kunst ist es aber, beide so zu treiben, daß Wald und Wild zu ihrem Recht kommen."

Äsungsbeschaffung in Wald und Feld

Viel Tinte ist darüber verschrieben worden, wie die Äsungsverhältnisse für unser Rehwild verbessert werden können, und viel Mühe ist von jeher seitens der Revierinhaber aufgewandt worden, dieses Problem von der praktischen Seite her anzugreifen. Häufig aber wurde hierbei nicht genügend beachtet, daß, von wenigen Sonderfällen abgesehen, unsere Rehwildreviere während des Sommers Äsung in Hülle und Fülle bieten und daß deshalb der Schwerpunkt aller diesbezüglichen Bemühungen darin liegen muß, für die äsungsarme Zeit Vorsorge zu treffen. Der Kleeschlag im Frühjahr, der Wildacker im Sommer bieten zwar oft guten Anblick, eine wirklich entscheidende Umweltverbesserung ist damit aber nicht erreicht.

Auch hier gilt das Gesetz des Minimums, gilt das, was an Nähr- und Wirkstoffen vom Herbst bis zum Frühjahr zur Verfügung steht.

Der Herbst, in dem ja bereits früher oder später – je nach Witterung – die Vegetationsruhe eintritt, sollte eigentlich dem Wilde das Anlegen eines „Fettpolsters" ermöglichen. Dies haben ja auch die bereits aufgezeigten neueren Untersuchungen erwiesen (s. Tabelle „Futterverzehr", S. 25). In der heutigen Kulturlandschaft ist dies nur noch in besonders günstigen Biotopen oder z. B. bei starker Eichelmast möglich. Eine Fütterung zur „Notzeit" von ersten Schneefällen oder anhaltendem Frost an kommt dafür zu spät. Beim Bock setzt das Gehörnwachstum ein, etwas später beginnt sich bei der Ricke nach beendeter Keimruhe der Fötus zu entwickeln, die Kitze dieses Jahres sind von nun an völlig auf eigene Nahrungsaufnahme angewiesen.

Im Hochwinter ist dagegen bei ausreichenden Körperreserven die Nahrungsaufnahme relativ gering. Sie steigt jedoch im Frühjahr stark an, wiederum bevor die heutige Natur qualitativ und teilweise auch quantitativ ausreichende Äsung bietet. Neuere Versuche im Gehege haben ergeben, daß Rehwild leicht zu ernähren ist, und das auch – entgegen bisherigen Ansichten – mit gehaltvoller, aber einseitiger Gabe von pelletierten Futtermitteln. Andererseits wissen wir von der Naschhaftigkeit in freier Wildbahn.

Trotzdem stößt solche Binsenweisheit häufig auf Widerspruch. Man verweist auf Wintersaaten oder auf Heidekrautflächen, die reichlich im Revier vorhanden wären, und auf die Fütterungen, die bei höherer Schneelage natürlich sofort beschickt würden, und bestreitet, daß das Wild Not litte. Es ist richtig, daß Wintersaat oder Heide wohl den Hunger zu stillen vermögen, und es glückt manchmal (längst nicht immer), daß die im letzten Augenblick herausgeschafften Heubündel und Rüben noch rechtzeitig angenommen werden, aber einen irgendwie merkbaren Erfolg darf man sich davon nicht versprechen.

Wir erinnern in diesem Zusammenhang, daß beim Rehwild – im Vergleich zu den artenreichen Panseninfusorien anderer Wild- und Nutztiere – nur eine einzige Art von Panseninfusorien (*Entodinium dubardi* Buiss) nachgewiesen werden konnte. Diese ist sehr empfindlich und kann bei abrupter Änderung ihrer Lebensbedingungen eingehen. Dies wäre eine der Erklärungen dafür, daß rasche Änderung der Äsungszusammensetzung fast immer verheerende Folgen zeigt. Das Reh muß seine Nahrung aus zahlreichen Pflanzenarten und Pflanzenteilen so wählen, daß die Nahrungszusammensetzung die Aufrechterhaltung der Verdauungsvorgänge verbürgt.

Trotz der von Natur aus gezeigten Vorliebe für vielseitige Nahrung beim Rehwild kommt eine kritische Bedeutung nur einer „abrupten Änderung" seiner Nahrung zu.

In der ursprünglichen Landschaft, in die der Mensch noch gar nicht oder doch nur sehr begrenzt eingegriffen hat, reguliert durch Großraubwild, finden wir das Rehwild stets in einer dem jeweiligen Biotop angepaßten Stückzahl. Ihm gemäß ist offenbar eine Umwelt, für die es als Schlüpfer physiologisch eingerichtet ist und die ihm Äsung und Deckung bietet. Dementsprechend ist sein Organismus ursprünglich auch eingerichtet. Er ist – grob gesagt – auf vielseitige „Qualitätsäsung" angewiesen, die ihm in seinem artgemäßen Lebensraum zur Verfügung steht, solange dieser noch ursprünglich ist. Von einem solchen Zustand ist das Gros unserer Reviere aber weit entfernt, indem in Wald und Feld Monokulturen eine vielseitige Pflanzenwelt abgelöst haben. Hier tritt nun – wohlgemerkt in den Wintermonaten, die noch immer im Mittelpunkt dieser Betrachtung stehen – vor allem aber mit Beginn der Vegetationsruhe und nach dem Abernten der Felder und Wiesen eine relativ plötzliche Verarmung der vielfältigen „Qualitätsäsung" ein. Umgekehrt wiederholt sich dieser Vorgang im Frühjahr, speziell bei einem rauhen Wechsel der Natur.

Abgesehen von direkten Mangelerscheinungen führen diese Umstellungen zu einer Überlastung des Organismus, damit zu einer Schwächung des Wildes bis hin zu Schädigungen des Verdauungsapparates mit dem uns bekannten „Frühjahrsdurchfall". Diese Schwächung begünstigt die latent vorhandenen Parasiten, es kommt also zusätzlich zu einer oft „seuchenhaften" Erkrankung ganzer Bestände (spring-rise-effect).

Hier liegt nun der Kern des ganzen Dilemmas. Für die große Masse der Jäger ist das Rehwild das einzige Schalenwild, das sie zu bejagen Gelegenheit hat. Die Zahl derer, die einen Bock schießen wollen, ist groß, und jeder möchte wenigstens von Zeit zu Zeit ein wirklich starkes Gehörn heimbringen. Der Erfüllung aller dieser Wünsche steht aber die Tatsache entgegen, daß gesetzmäßig die Qualität mit der Quantität absinkt, und zwar je stärker, je weniger die einzelnen Reviere die Bedürfnisse des Rehwildes während der Zeit der Vegetationsruhe zu decken vermögen, oder wenn hier nicht durch zweckmäßige Zufütterung ausgeglichen wird. Dabei reagiert es prompt auf Äsungsverbesserung!

Selbst die neuesten jagdgesetzlichen Änderungen tragen leider mehr der Zahl der Jäger Rechnung. Sowohl die Verkleinerung der Reviere, von einigen Verpächtern aus vordergründigem, materiellem Interesse gefördert, als auch die Erhöhung der Zahl der Jagdberechtigten eines Revieres birgt die Gefahr einer weiteren Zunahme der Wilddichte; denn nur aus größeren Beständen läßt sich die „erforderliche" Zahl von Böcken produzieren! Dies geschieht, ohne wenigstens gleichzeitig Verpächtern und Pächtern eine Verbesserung der Umweltbedingungen und damit der Ernährungsgrundlage des Wildes vorzuschreiben, ja, man glaubt sogar, im Gegenteil Einschränkungen der Fütterung fordern zu müssen.

So gibt es nach Lage der Dinge nur zwei Möglichkeiten: Man begnügt sich mit bescheidenen Gehörnen, deren Erbeutung gleichwohl hohen waidmännischen Genuß zu vermitteln vermag, oder aber man macht von den verschiedenen Hegemaßnahmen Gebrauch, mit denen man die Umweltverhältnisse für unser „Sorgenkind" wieder mehr seinen Bedürfnissen angleichen kann. Voraussetzung dafür scheint aber nach dem heutigen Stande unseres Wissens zu sein, daß man sich nicht mit halben Maßnahmen begnügt.

Weichholz- und Knospenäsung

Natürlich gibt es auch noch heute Reviere, die ohne zusätzliche Äsungsbeschaffung starke Gehörne nicht nur als Produkt zufällig zusammentreffender, besonders günstiger Umstände hervorbringen, sondern wenn nur eine gesunde Wilddichte und Altersgliederung hergestellt und erhalten werden. Insbesondere wird es sich hierbei um Reviere handeln, die viel Weichholz- und Knospenäsung während der Wintermonate aufweisen, denn diese bedeutet „Qualitätsäsung" im besten Sinne des Wortes. Sie enthält nicht nur in konzentrierter Form Aufbau- und Wirkstoffe, sondern sie entspricht auch in besonderer Weise den Bedürfnissen des Rehwildes. So schreibt FRIEDRICH VON GAGERN in seinem bekannten Buch „Birschen und

Böcke": „Überhaupt, Stockaustriebe, Wurzelbrut, Weichhölzer, Brombeere – das macht alles künstliche Füttern entbehrlich!" Und eine von Bubenik und Broža (1958) angestellte Versuchsreihe hat gezeigt, daß bei freier Futterwahl der Laubanteil beim Bock 58 Prozent und bei der Ricke 51 Prozent der gesamten Nahrungsaufnahme bildeten.

J. Kioroglandis ermittelte für Rehwild einen Kräuteranteil von 57 %, einen Laubpflanzenanteil von 25 % und lediglich einen Gräseranteil von 5 %! Dies bestätigt erneut, daß unser Reh als „Konzentratselektierer" (R. R. Hofmann, 1974) aus dem vorhandenen Pflanzenangebot die nährstoffreichsten und leicht verdaulichsten aussucht.

Donaubauer führte in einem Referat über „Wechselbeziehungen zwischen Wildständen, Äsungspotential, Bejagung und Forstschäden durch Wild" sinngemäß aus, daß Jagd und Forst in gleicher Weise eine Zusammenarbeit wünschen. Man sei schließlich auf beiden Seiten vollkommen ratlos, wie man den Wildschaden steuern könne. 60 % des österreichischen Staatsforstes sind Fichtenreinbestände, mit den übrigen Koniferen sind es sogar 80 %. Es fehle daher in fast allen Beständen jede Äsungsmöglichkeit. Das Äsungspotential ist eindeutig miserabel, andererseits haben Wahlabschuß und Planung bei den Wilddichten von heute nach seiner Meinung bisher nur Nachteile gebracht. Der Touristendruck sei zwar gravierend, aber in vielen Fällen weit geringer als der immense derzeitige Jagddruck, da der Tourist im allgemeinen doch in bestimmte Bahnen gelenkt werde.

Was den Wald heute so wildfeindlich machte, sei das Fehlen jeglicher Weichlaubhölzer, vor allem der Aspe und Weide, die seit Jahrzehnten von der Forstpartie „herausgepflegt" worden seien. Diese Tatsache habe das gesamte Wald-Wild-Gefüge zum Zusammenbruch gebracht. Er habe vor kurzem in einem großen Wildschutzpark der USA feststellen können, daß der Wapiti nur die den Douglasien-, Kiefern- und Tannenbeständen beigemischten etwa 1 bis 2 ha großen Aspenhorste schäle, während das Nadelholz fast vollkommen unberührt bleibe. Ferner ließen räumige Bestände auch Äsungspflanzen noch gedeihen, so daß für einen natürlichen Äsungsausgleich Sorge getragen sei.

Zusammenfassend stellte Donaubauer fest, daß die beste Wildschadensverhütung eine Äsungsverbesserung im Walde durch Anlage von zerstreut liegenden Äsungsflächen sowie der Anbau bzw. das Belassen von Proßhölzern ist. Auch die stärkste Reduktion der Wildbestände führe oft zu noch stärkeren Wildschäden.

Nun kann leider nicht damit gerechnet werden, daß von seiten der Forstwirtschaft kurzfristig Wandel in diesem Sinne geschaffen wird. Sie muß im Gegenteil ihre eingebrachten Laubhölzer und Mischkulturen, zumeist sogar durch die radikalste Art der Eingatterung, vor dem Verbiß schützen. Andererseits wird sie dem Rehwild das Lebensrecht nicht absprechen können und einen Ersatz schaffen müssen, wofür bei gutem Willen auch immer Raum vorhanden sein dürfte. Hier soll deshalb den „Verbißgehölzen" das Wort geredet werden, die außerhalb der forstlichen Nutzung allein der artgemäßen Ernährung des Rehwildes dienen.

Am besten eignet sich dafür ein Südhang, wie überhaupt auf geschützte Lage und viel Lichteinfall hier nicht verzichtet werden kann. Je stärker der Sonneneinfall ist, je reicher an Wirkstoffen ist auch die Äsung auf solchen Flächen. Anzupflanzen sind horstweise Weichhölzer in breitgefächertem Artenreichtum, soweit die Bodenverhältnisse ihnen entsprechen. Hier sind es vor allem die Weiden, deren große Vielfältigkeit für jede Lage und jedes Klima die eine oder andere passende Art liefert. Freilich werden sie nicht alle in gleichem Maße vom Rehwild angenommen, und so sollte man vor der Bepflanzung einer solchen Anlage Beobachtungen darüber anstellen, welche Arten im Revier selbst bevorzugt werden. Besser noch ist es, ein möglichst reichhaltiges Sortiment, das unschwer aus größeren Baumschulen zu beziehen ist, auf kleinen Versuchsflächen anzupflanzen und nach dem Verbiß die begehrtesten Sorten festzustellen.

In den Jahren 1968 bis 1972 ist auf zwei Flächen im Eigenjagdbezirk „Sensbacher Höhe" des Forstamtes Beerfelden (Odenwald) unter wissenschaftlicher Leitung von Professor Dr. W. Jahn-Deesbach ein Versuch mit bis zu 13 Gehölzarten und verschiedenen, sich jeweils wiederholenden Düngungsvarianten vollzogen worden. Die Ergebnisse dieser sehr sorgfältigen Arbeit – insbesondere hinsichtlich des Regenerationsvermögens, des jährlichen Höhenwachstums, der prozentualen Anteile von Knospen, Blättern, Rinde und Holz, der Ertragsleistung und der futterwertbestimmenden Inhaltsstoffe der einjährigen Reisigtriebe – sind in der Dissertation von Klaus Dieter Goebel, Institut für Pflanzenbau und Pflanzenzüchtung der Universität Gießen, niedergelegt.

Zusammenfassend läßt sich daraus entnehmen, daß nach entsprechender Bodenbearbeitung und Grunddüngung (Melioration) jährliche Stickstoffgaben nicht nur das Höhenwachstum, sondern auch die Anteile an Knospen, Blättern und Rinde zu Lasten des Holzanteils sehr positiv beeinflußt haben.

Der jährliche Verbiß bzw. das Zurückschneiden hat sich in keinem Fall negativ auf das Regenerationsvermögen ausgewirkt, andererseits wurden sowohl von Reh- wie Rotwild fast ausschließlich die jungen einjährigen Triebe angenommen.

Nach den von Oberamtsrat W. Dondorf und Oberförster Happel regelmäßig vorgenommenen Bonitierungen wurden während der Wintermonate das Pfaffenhütchen (*Evonymus europaeus* L.) und der immergrüne Liguster, auch Rainweide genannt *(Ligustrum vulgare),* sowie Weißer und Roter Hartriegel (*Cornus alba* L. und *Cornus sanguinea* L.) am stärksten verbissen. Allgemein ergab sich jedoch ein viel stärkerer Sommerverbiß. Nach Mitteilung des Forstamtes haben sich auch in inzwischen zusätzlich angelegten Verbißgehölzen folgende Arten – sowohl hinsichtlich Ertragsleistung als auch Äsungsintensität – besonders bewährt:

Smith-Weide, auch Kübler-Weide genannt *(Salix smithiana)*;
Purpur-Weide *(Salix coprea)*;
Roteiche *(Quercus borealis)*;
Sommer-/Winderlinde *(Tilia platyphyllos, cordata)*;
Pfaffenhütchen *(Evonymus europaeus)*;
Weißer und Roter Hartriegel *(Cornus alba, sanguinea)*;
Liguster *(Ligustrum vulgare)*;
Schwarzer Holunder *(Sambucus nigra)*;
Rote Heckenkirsche *(Lonicera xylosteum)*
sowie die Robinie, auch Falsche Akazie genannt *(Robinia pseudoacacia).*

Keine guten Erfahrungen wurden mit der Roßkastanie und der Stiel- und Traubeneiche (sehr geringes Regenerationsvermögen) sowie hinsichtlich unbefriedigender Beäsung mit

Schwarzer Johannisbeere;
Feld-Ahorn;
Weichselkirsche;
Traubenkirsche;
Gemeinem Schneeball;
Kreuzdorn und
der Reif-Weide gemacht.

Bei Anlage derartiger Verbißgehölze wird man an einer mindestens einjährigen Zäunung nicht vorbeikommen, bei zu starkem Verbiß muß periodisch wieder abgegattert werden. Die Grunddüngung (Branntkalk, Thomasphosphat, Kali mit Magnesium) hat sich nach einer zuvor erforderlichen Bodenuntersuchung auszurichten. Es wurde mit einer jährlichen Stickstoffgabe von 240 kg N/ha gearbeitet. Zur Unkrautbekämpfung, in der Regel im ersten und zweiten Jahr erforderlich, eignen sich „Prefix" und „Casoron".

Die Weidenarten (mit Ausnahme der Salweide, die meistens von selbst anfliegt) sind in Form von Stecklingen im zeitigen Frühjahr einzubringen, alle anderen Arten müssen als Pflanzenmaterial von Baumschulen beschafft werden.

Sicherlich lassen sich diese Erfahrungen nicht verallgemeinern; auch hier dürfte der jeweilige Standort ausschlaggebend sein. Dies zeigt auch ein Blick in die sehr wissenschaftlich geschriebene Arbeit von Frank Klötzli „Qualität und Quantität der Rehäsung", Bern 1965. Sie kommt hinsichtlich der Gehölze, die nur einen Teilaspekt dieser umfassenden Abhandlung darstellen, teilweise zu gleichen, teilweise aber auch zu Ergebnissen, die den hier genannten widersprechen.

Auch Fremdlinge und Gartengehölze, wie z. B. Goldregen, können in einer solchen Anlage von großem Nutzen sein. Wie gern diese Pflanzen angenommen werden, läßt sich gut feststellen, wenn wir wintersüber den Verbiß in Garten- und Parkanlagen, die dem Rehwild zugänglich sind, verfolgen.

Eine überragende Bedeutung wird häufig der Robinie *(Robinia pseudoacacia)* zugemessen. Wir wissen, daß ihre Triebe ganz besonders reich an dem Vitamin C sind, das für unser Rehwild zu den am wenigsten entbehrlichen Wirkstoffen gehört und dessen Mangel nach den Zooversuchen von Wiedemann vornehmlich für Kümmererscheinungen verantwortlich gemacht werden muß (s. auch unter Kitzaufzucht, S. 360). Man nimmt an, daß das Vitamin C insonderheit die Widerstandskräfte des Organismus gegen viele Erkrankungen fördert. Bekannt ist weiter, daß diese sogenannte Akazie vom Rehwild geradezu mit Gier verbissen wird. Trotz des Giftstoffes, den sie während einer bestimmten Vegetationsperiode im Vorsommer enthält und dem schon vielfach Haustiere zum Opfer gefallen sind, ist von Wildverlusten auf diese Art noch nie etwas bekanntgeworden.

Auf die Bedeutung der Akazienäsung kam Lettow-Vorbeck durch einen Zufall. Vor dem 2. Weltkrieg war das in Pommern gelegene Revier *Reichenbach* hinsichtlich der Gehörnbildung geradezu eine Oase in der Wüste. Jahr für Jahr wuchs dort eine Reihe von Böcken heran, die kapital waren oder doch durch ihre massigen Stangen auffielen. Das gründliche Studium der Revierverhältnisse ergab als einzigen Unterschied gegenüber den benachbarten Revieren das Vorhandensein zahlreicher Akazienhecken, die entlang einiger Feldgrenzen sowie zur Unterteilung größerer Schläge angepflanzt worden waren und im regelmäßigen Turnus, d. h. alljährlich in einem Teilstück, auf den Stock gesetzt wurden. Die Anlage war seinerzeit auf Vorschlag von Lenné, dem Gestalter des Tiergartens in Berlin, geschaffen worden, um den Wind auf den freien Flächen zu brechen. Er hatte die Akazie gewählt, weil sie als Stickstoffsammler nicht zu einer Verarmung des Bodens führt, und tatsächlich haben weder Hack- noch Halmfrucht durch ihre Nachbarschaft gelitten, wie der letzte Besitzer, Blühdorn, ausdrücklich bestätigt hat. Diese vor mehr als einem halben Jahrhundert begründeten Windschutzhecken sind geradezu ein Musterbeispiel dafür, wie rein wirtschaftliche Maßnahmen auch der Rehwildhege zugute kommen können. Weder in der Art des Abschusses, noch in der Wilddichte, noch in anderen Faktoren war jedenfalls eine andere Erklärung für die nur hier zu beobachtende, überragende Gehörnbildung zu finden.

Um billiger zu Akazienkulturen zu kommen, empfahl Hänel statt der Pflanzung (im 1-m-Verband) die Saat (Bedarf 4 bis 5 kg Samen je ha) in 5 bis 6 cm tiefen Rillen mit 1-m-Abstand. Wegen der Hartschaligkeit ist der Samen kurz vor der Aussaat mit heißem Wasser zu überbrühen. Verwendet man drei- bis vierjährige Pflanzen, ist gleich beim Setzen starker Rückschnitt erforderlich, spätestens aber, sobald sich trockene Zweigteile finden. Vollumbruch oder ein Hacken der Kulturen ist zu empfehlen, da die Akazie in der Jugend lockeren Boden liebt. Als Standorte fallen eigentlich nur extrem schwere oder bindige Böden aus.

Die Anlage derartiger Verbißgehölze ist, wenn man es richtig machen will, nicht ganz billig. Es ist aber die wichtigste „umweltverbessernde“ Hegemaßnahme, die in fast jedem Revier möglich ist. Selbstverständlich bedarf sie dann auch der andauernden, aber wenig aufwendigen Pflege: Neben der Stickstoffdüngung das jährliche Zurückschneiden bzw. Auf-den-Stock-Setzen aller Gehölze, soweit dies nicht das Wild in ausreichendem Maße getan hat.

Daneben ist auch die Aspe, Espe oder Zitterpappel es wert, hier noch erwähnt zu werden. Wo sie noch nicht aus Unverstand als „forstliches Unkraut“ völlig aus dem Revier verbannt ist, sollte man den einen oder anderen Stamm fällen, den Boden im gesamten Wurzelbereich verwunden und die nun sich überreichlich entwickelnden Schößlinge zunächst durch Einzäunung schützen. Es ist dies die einfachste und schnellste Vermehrung der Aspe, denn eine Aussaat von Samen kommt praktisch kaum in Frage, und verpflanzen läßt sie sich nur als Keimling, der aber in der Regel von Gras und Wildkräutern erstickt wird.

Die überragende Bedeutung derartiger „Unterholzäsung“ wird ohne weiteres klar, wenn man bedenkt, daß das Rehwild von seinem Ursprung her ein typischer Bewohner der Waldrandzone ist und daß deshalb die Äsung von Knospen, Rinden und Trieben als besonders arteigen angesehen werden muß. Dem sollte man auch dort Rechnung tragen, wo man nicht zu den beschriebenen Anlagen greifen will oder kann. In vielen Fällen wird sich ein Ersatz finden lassen, indem man wenigstens die Aspe horstweise kultiviert und durch Ausästeln dem Wild während des Winters Weichholzäsung verschafft. Häufig kann auch das im Obstbau alljährlich anfallende sogenannte Schnittholz hierfür Verwendung finden, und selbst der normale forstliche Einschlag könnte noch weit besser für unsere Zwecke ausgenutzt werden, wenn man den Abtrieb besonders geeigneter Hölzer auf die Zeit der zweiten Winterhälfte verlegt und örtlich verteilt. Für reine Feldreviere schaffen schließlich noch die Windschutzhecken, deren Bedeutung für die Verbesserung des Kleinklimas glücklicherweise immer mehr erkannt wird, einen sehr brauchbaren Ersatz, besonders wenn man hierfür neben der Aspe und allerlei Weiden der Robinie den Vorrang einräumt.

Trotz dieser Hinweise wird jeder Revierinhaber selbst herausfinden müssen, was auf dem jeweiligen Standort „seinem“ Rehwild am meisten behagt.

Auch die Forstwirtschaft sollte noch stärker die nun einmal vom Rehwild bevorzugte Ernährungsweise bei ihren Planungen wie in der täglichen Praxis der Bestandespflege berücksichtigen. Das Belassen von Weichhölzern, ja, auch einmal das Miteinbringen in forstliche Kulturen wird durch Minderung des Verbisses an den eigentlichen Forstpflanzen den geringen Flächenverlust mehr als ausgleichen. BENINDE hat dies sehr anschaulich in „Wild und Hund“ vom 1. September 1974 (77. Jahrg., H. 12) unter dem Titel „Schalenwild und Wald“ dargestellt.

Aber auch von forstlicher Seite wird heute im Blick auf die möglichen Folgen des Waldsterbens wieder die Bedeutung der Weichhölzer erkannt:

„Nicht zu vergessen sind wiederum die heute mehr als bisher benötigte Beimischung und die Überstellung mit Weichlaubhölzern. Erle, Aspe, Birke nützen in so vielfältiger Weise, daß es geradezu unverantwortlich ist, auf ihre Hilfe gänzlich zu verzichten. Gerade bei der für uns so wichtigen, aber auch empfindlichen Tanne bieten sich Aspe und Erle für eine Ersatzschirmstellung an[1].“

Masttragende Bäume, Fruchtsträucher und Beerkräuter

Neben der Unterholzäsung sind masttragende Bäume für die Ernährung des Rehwildes während der Wintermonate von größter Bedeutung. Bei der *Buche* ist aber leider nur etwa alle sieben Jahre mit einer Vollmast zu rechnen. Günstiger liegen die Verhältnisse bei der *Eiche*, die bei Freistand an Wegen und Waldrändern sehr viel häufiger Mast, zumindest eine

[1] Bericht über die Tagung der Bezirksgruppe Schwaben des Bayerischen Forstvereins am 2. April 1984.

Sprengmast liefert. Wir können dies noch dadurch fördern, daß wir sie im Bestande lichter stellen oder den Boden rings um ihren Stamm in weitem Umkreis mit einer starken Lage Kartoffelkraut, Schnittgras usw. bedecken. Dadurch wird der Boden nicht nur feucht gehalten, sondern er erreicht einen Garezustand, der die Fruchtbildung wesentlich beeinflußt. Bei Neubestandsgründung, Anpflanzung von Alleen usw. sollte man sich auch der amerikanischen *Roteiche* bedienen, die nicht nur einen prächtigen Schmuck unserer Wälder darstellt, sondern auch früher Frucht trägt als dies Stiel- und Traubeneichen tun.

Hier kommt auch der Roßkastanie Bedeutung zu, weil sie frühzeitig, alljährlich und reichlich Mast trägt. Der um sein Rehwild besorgte Revierinhaber sollte sie dort, wo sie fehlt, unverzüglich einbürgern. Dies geschieht am zweckmäßigsten durch das Pflanzen von Heistern (einzeln oder in kleinen, lockeren Gruppen), die natürlich anfangs durch einen Pfahl gestützt und durch Maschendraht gegen Fegen und Schälen geschützt werden müssen. Für sie findet sich vielfach in Feld und Wald Raum und Gelegenheit, denn die Roßkastanie ist hinsichtlich ihres Standortes nicht besonders wählerisch. Vornehmlich geeignet sind die Bestandsränder und die Raine zwischen Feld und Wiese, während windige und den Frösten ausgesetzte Lagen ihr nicht zusagen. In der Jugend liebt sie neben tiefgründigem, lockerem Boden einen „warmen Fuß“, d. h., sie entwickelt sich am besten inmitten anderer Holzarten, die sie jedoch keinesfalls überwachsen dürfen. Wird sie beschattet, so kommt es zu keiner Blütenbildung; ältere Bäume sind deshalb stets frei zu stellen. Die frisch gefallenen Früchte läßt das Rehwild in der Regel liegen, bis sie, unter dem starken Fallaub „natürlich eingemietet“, durch starke Wasseraufnahme weich geworden sind. Dann findet man dort täglich frische Plätzstellen. Wo überhaupt noch keine Kastanien im Revier vorhanden sind, muß das Rehwild naturgemäß erst auf den Geschmack kommen.

Neben *Wildäpfeln* und *Wildbirnen* stehen die *Ebereschen* wohl an erster Stelle, denn ihr Laub und die Früchte werden vom Rehwild ganz besonders bevorzugt. Große Bedeutung kommt auch dem *Mehlbeerbaum (Sorbus aria)* zu, dessen den ganzen Winter über abfallende Früchte dem Wilde eine gesunde und nahrhafte Kost bieten. Er gedeiht überall mit Ausnahme des äußersten Nordens und höherer Gebirgslagen. Für das Gebirge ist besonders die *Elsbeere (Sorbus torminalis)* mit ihren roten Früchten und für wärmere Lagen der *Speierling (Sorbus domestica)* mit apfelförmigen gelbroten Früchten geeignet. Schließlich seien noch der *Weißdorn,* besonders die großfruchtige Form *(Crataegus monogyna),* der *Schwarzdorn* oder *Schlehe (Prunus spinosa)* sowie der Schwarze und Rote *Holunder* genannt.

Die *Himbeere* wird von allem Wild sehr gern genommen; sie bietet namentlich in rauheren Gegenden im zeitigen Frühling ein vorzügliches Äsungsmittel, weil sie sehr früh austreibt und nach den Nöten des Winters dem leeren Pansen wieder gesunde Füllung gibt. Sie ist nicht anspruchsvoll und kommt auf allen mittleren Böden leicht fort. Anders die *Brombeere,* die an den Kalk gebunden ist und darum auf den kalkarmen Sandböden kein üppiges Wachstum entwickelt. Man lasse sich aber von einem Anbauversuch nicht abhalten, auch wenn man nur über Sandboden verfügt; sie entwickelt sich dort manchmal noch überraschend gut, besonders auf frisch gelockertem Untergrund und nach einer Kalkgabe.

Überhaupt kann auf recht armen Waldböden allein durch eine gründliche *Kalkung* für recht lange Zeiträume eine geradezu erstaunliche Krautflora hervorgezaubert werden. Hier kann neben einer beträchtlichen Steigerung des Holzzuwachses, die die Kosten einer solchen Kalkung schon in den ersten drei bis vier Jahren bezahlt macht, eine vielseitige Wildäsung ohne weitere Unkosten beschafft werden. Vor allem sind hierfür mittelalte, reine Fichtenbestände geeignet, in denen das Aufkommen der Krautflora allein schon vom forstlichen Standpunkt aus sehr erwünscht ist.

Die *Beerkräuter,* Heidel- oder Waldbeere und Preiselbeere, *Vaccinium myrtillus* und

V. vitis idaea, sind durch ihre Früchte, viel mehr aber noch durch ihre Blätter und Stengel unschätzbare Äsungspflanzen. Die Blaubeere, die im Gegensatz zur Preiselbeere nicht wintergrün ist, hat an ihr zusagenden, frischen Standorten besonders lange und saftreiche Stengel, die bei nicht übermäßig hoher Schneedecke dem Wild leicht erreichbar sind. Das verbreitetste von allen Waldkräutern ist das *Heidekraut (Calluna vulgaris).* Es hält sich namentlich unter dem Schnee bis zum Frühling grün und bietet eine ebenso begehrte wie gesunde Äsung. Es ist sehr notwendig, die Heide im Revier zu erhalten, und man kann getrost behaupten, daß dort, wo reichlich Heide vorhanden ist und bei hoher Schneelage durch den Schneepflug freigelegt wird, kein gravierender Nahrungsmangel eintritt. Darüber hinaus darf man von ihr allein auch keine Wunder erwarten, denn keine Monokultur entspricht den Bedürfnissen des Rehwildes.

Eine ausgesprochene Delikatesse für alles Rehwild ist die *Mistel (Viscum album),* ein auf Kiefer, Weißtanne, Birke, Hainbuche, Pappel, Aspe und auf den Obstbäumen schmarotzender Strauch, der vornehmlich an den Ästen, weniger häufig am Stamm vorkommt und daher kaum wirtschaftlichen Schaden verursacht. Die Erhaltung der Mistel kann für das Rehwild in harten Wintern von großem Nutzen sein. Die zu dieser Zeit gefällten Wirtsbäume werden von ihm so gründlich untersucht, daß keine Spur dieses immergrünen Strauches übrigbleibt. Wenn irgend angängig, sollte man diese Stämme aber unbedingt stehenlassen, um in Notzeiten die stärkeren Mistelpflanzen mit Hakenstangen von den Ästen herunterzuziehen, während man die schwächeren Pflanzen sorgfältig schont.

Der gleichen Beliebtheit erfreut sich der *Efeu (Hedera helix),* was zu manchem Ärgernis hinsichtlich ungeschützter Friedhöfe führt. Diese Kletterpflanze gehört nicht zu den Schmarotzern, und nur Unverstand hat diese Zierde jeden Waldes an manchen Orten schon völlig ausgerottet. Im Gegensatz zur Mistel hat man es beim Efeu jedoch in der Hand, ihn wieder im Revier einzubürgern, am sichersten durch Jungpflanzen, die in Gärtnereien, bei Samenhandlungen usw. für wenig Geld zu haben sind. Beim Auspflanzen beschränkt man sich auf frische bis feuchte Böden. Zunächst bedürfen diese Jungpflanzen natürlich eines Schutzes, später kann man dann aus dem Überfluß den Efeu in großen Ranken von Stämmen und Ästen abziehen. Sowohl er wie auch die Mistel bedeuten geradezu ein Zaubermittel, mit dem man das Rehwild überall dort hinziehen kann, wohin man es haben möchte.

Schließlich bezeichnet Raesfeld in der letzten Auflage seines Buches noch den *Wacholder* als unvergleichliche Äsungspflanze und den *Besenpfriem (Spartium scoparium)* bzw. Besenginster *(Cytisus scoparius)* als von unschätzbarem Wert, namentlich für die Durchwinterung des Rehbestandes. Beobachter in anderen Revieren messen diesen Pflanzen weniger Bedeutung zu. In manchen Revieren werden z. B. lediglich die Ginsterblüten – nicht während des Winters der Ginster selbst – vom Rehwilde geäst. Ähnlich widersprechende Ansichten wurden hinsichtlich der perennierenden Lupine und anderer Gewächse laut. Sie sind nur damit erklärbar, daß hier nicht nur die Pflanzenart, sondern auch ihr Standort eine Rolle spielt und daß die einzelnen Stämme des Rehwildes verschiedene Geschmacksrichtungen haben können.

Kulturpflanzen der Landwirtschaft

Neuere Beobachtungen und Erkenntnisse haben zu der Erfahrung geführt, daß das Rehwild sehr feine Geschmacksempfindungen besitzt. Ihnen müssen wir nachgehen, bevor die Wiese und der Wildacker als Äsungsgrundlage der meisten Reviere besprochen werden. Wir sahen, daß das Rehwild als ein ursprünglicher Bewohner der Waldrandzone auf eine arteigene, vielseitige Äsung angewiesen ist, soll es hinsichtlich seines Gewichtes und seiner Gehörnbildung hohe Leistungen entwickeln. Aus den Büchern von Friedrich von Gagern, der einer der besten Rehwildkenner seiner Zeit war, wissen wir von den kapitalen Böcken der Uskoken und von der Waldlandschaft, in der sie ohne jede Hege heranreiften. Wo aber finden wir in unseren Wäldern mit ihren seit vielen Jahrzehnten begründeten Monokulturen noch Verhältnisse, wie sie der Jägerdichter uns schildert? Können wir uns wundern, wenn die Rehbestände innerhalb unserer großen Forsten, in denen zumeist noch anderes Schalenwild als Störungsfaktor auftritt, nur kümmerlich dahinvegetieren? Warum aber, wird man nun mit Recht einwerfen, ist ein ähnlicher, wenn auch nicht so allgemeiner Niedergang im äußeren Erscheinungsbild des Rehwildes teilweise auch dort festzustellen, wo ihm reichliche Wiesen- und Feldäsung zur Verfügung steht?

Dies wurde bisher auf eine Verarmung unserer Kulturböden durch ihre intensive Nutzung zurückgeführt. LETTOW-VORBECK berichtete in diesem Zusammenhang über seinen Besuch der bereits erwähnten Reviere Südschwedens in Wild und Hund Nr. 5 vom 5. Juni 1955 folgendermaßen: „In bezug auf die Äsungsverhältnisse, soweit sie fürs Auge sichtbar sind, bestehen keine Unterschiede gegenüber vielen deutschen Revieren. Unterholzäsung ist durch viele kleinere und größere Gehölze zwar gegeben, aber durchaus nicht üppiger bzw. artenreicher als vielfach bei uns. Der einzige, allerdings sehr auffällige Unterschied ist der ungeheure Steinreichtum, den hier Endmoränen abgelagert haben. Riesige Findlinge und Steinmauern geben überall der Landschaft ihr Gepräge, und die Felder sind mit kleinen Steinen übersät. Sicher scheint mir, daß durch den fortgesetzten Verwitterungsprozeß die Böden und damit die Pflanzen, die auf ihnen wachsen, außerordentlich reich an Mineralstoffen sind. Dies wurde mir von mehreren sehr erfahrenen Landwirten bestätigt und findet seinen Ausdruck darin, daß die landwirtschaftlichen Kulturpflanzen nicht im entferntesten solche Abbauerscheinungen wie bei uns zeigen (so muß man z. B. in Westdeutschland das Kartoffelsaatgut jedes Jahr, spätestens alle zwei Jahre erneuern, während man dort eine ganze Reihe von Jahren das gleiche Saatgut verwenden kann). Auch andere Ermüdungs- und Anfälligkeitserscheinungen, die bei uns gang und gäbe sind, spielen dort eine viel geringere Rolle. Die intensive Landwirtschaft in Schweden ist bedeutend jüngeren Datums als bei uns, d. h., die Böden sind noch frisch und gesund und noch nicht durch überhöhte Kunstdunggaben und eine zehrende Fruchtfolge so ausgenutzt wie bei uns. Auch die Tatsache, daß dort Salzlecken nicht angenommen werden, spricht für den großen Nährstoffgehalt der Pflanzen. Als einen ausschlaggebenden Faktor muß ich deshalb die an allen Nähr- und Wirkstoffen reiche Äsung ansehen. Sie bewirkt, analog der Resistenz der Kulturpflanzen gegenüber Abbauerscheinungen, beim Rehwild eine Gesundheit des Gesamtorganismus, wie wir sie nicht mehr kennen und die ihn weitgehend vor parasitären Erkrankungen schützt. Die Geißel unserer Reviere, die Magen- und Lungenwurmseuche, ist überall, wo ich danach fragte, unbekannt, obwohl viele nasse Moore und Brüche einen günstigen Nährboden schaffen."

Ein sehr überzeugendes Beispiel für das Unterscheidungsvermögen des Wildes hinsichtlich mangelhaft und voll ernährender Pflanzen veröffentlichte W. MEYER-BAHLBURG unter der Überschrift „*Wildäsung und Spurenelemente*" in Wild und Hund Nr. 25 vom 15. 3. 1953. Hier schreibt er u. a. folgendes: „Mehr noch als für die Haustiere gilt für das Wild der Satz, daß jedes Tier ein Produkt seiner Scholle ist. Während beim Haustier noch eine Regulierung der Fütterung durch Zukauf oder Zuteilung wirtschaftseigenen Futters stattfindet, ist das Wild ausschließlich auf die Bodenerzeugnisse seines Standorts angewiesen. Immerhin ist es insofern begünstigt, als es nicht, wie die Haustiere, durch Drahtzäune auf engumgrenzte Flächen beschränkt ist, sondern sich seine Äsung dort sucht, wo sie am bekömmlichsten zu sein scheint. Die Bevorzugung gewisser Äsungsplätze ist hierbei eine bekannte Erscheinung, ebenso auch diejenige gewisser Pflanzen, unter denen die Luzerne einen besonderen Platz einnimmt. Daß aber das Unterscheidungsvermögen des frei lebenden Wildes für den Wert einer Äsung noch viel weiter geht und zu einem Wechsel des Standorts führen kann, wenn sich gewisse, äußerlich gar nicht sichtbare Bedingungen geändert haben, zeige ich an einem Beispiel:

Mit dem Jahr 1927 begann hier die Kupferdüngung, um in wenigen Jahren auf alle Mangelflächen ausgedehnt zu werden. Die vorher sehr stark verbreitete Lecksucht des Rindviehs verschwand vielfach vollständig, trat in anderen Betrieben nur noch auf gewissen Flächen auf, nahm aber stark zu, als seit Kriegsmitte bestimmte Grünlandflächen für die Viehfütterung einbezogen wurden. Es stellte sich heraus, daß hier nicht Kupfermangel die Ursache der Lecksucht bildete, sondern Mangel an Kobalt, so daß diese Flächen ab 1950 zusätzliche Düngung mit Kobaltsalzen erhielten, wonach auch dort die Lecksucht verschwand, selbst auf Flächen, auf denen vorher eingezäunt weidendes Vieh in den Sommermonaten zum Verenden gekommen war.

Mit der Behebung dieser Übelstände bzw. der Bodenkrankheiten als Ursachen dafür, trat ein anderer auf, der bis dahin nahezu unbekannt war, von nun ab aber den Bauern große Sorge machte: Rotwild und Schwarzwild nahmen diese Flächen als Äsungsplätze an, und zwar so gründlich, daß Teilflächen von Hafer ganz vernichtet wurden. Das Andrängen des Wildes war um so auffallender, als innerhalb des über 1000 ha großen Forstes erhebliche Gründlandflächen lagen, weitab vom Verkehr, durch nichts gestört, teilweise auch schon zu Ackerland umgebrochen und mit Hafer und Kartoffeln bestellt. Aber diese Flächen wurden vom Wild verschmäht, obgleich in wenigen 100 m Abstand von den neugewählten Äsungsplätzen eine ziemlich belebte Landstraße verläuft. Es genügte auch nicht, daß an verschiedenen Stellen Klappergeräte angebracht wurden, denn das Wild ließ sich dadurch keineswegs fernhalten. Selbst ein halbes Dutzend Hunde, die entlang der Forstgrenze Tag und Nacht zur Bewachung angebunden waren, konnten den Wildschaden nur mindern, ohne ihn gänzlich zu verhüten. Dieses auffallende Verhalten des Rot- und Schwarzwildes ist nur dadurch zu erklären, daß es die mit Spurenelementen gedüngte Äsung der anderen vorzog. Denn bei dem innerhalb des Forstes gelegenen Grünland handelt es sich um verpachtete Flächen, die bis dahin weder mit Kupfer noch mit Kobalt gedüngt waren, aber die gleichen Mangelerscheinungen erkennen ließen wie früher der Mineralacker. Es ist also in nahezu experimenteller Art das sehr feine Unterscheidungsvermögen des Wildes für den qualitativen Wert der gleichen Feldfrüchte nachgewiesen."

Jahn-Deesbach hat 1965 bis 1967 Düngungsversuche auf Grünlandflächen geleitet und deren Ergebnisse in der Zeitschrift für Jagdwissenschaft, Bd. 15 (1969), H. 1, S. 17 bis 28, veröffentlicht. Auch sie zeigten, daß die nahr- und mineralstoffreichsten Düngungsvarianten (spurenelementhaltiger Volldünger bzw. Phosphat-Kali-Düngung plus Stickstoffmagnesia mit Kupfer) eindeutig von allem Wild bevorzugt wurden, allerdings bei zeitgerechter Pflege (Mähen) aller Äsungsflächen.

Sicher darf angenommen werden, daß das bei der Äsungsaufnahme noch sehr viel wählerischere Rehwild nicht weniger, sondern stärker auf derartige Unterschiede reagiert als im beschriebenen Falle das Rot- und Schwarzwild. Was wir bei ersterem Naschhaftigkeit nennen, wird häufig solche Hintergründe haben. Wer es mit der Rehwildhege in seinem Revier ernst meint, sollte bei den bestehenden wie bei den neu zu begründenden Hauptäsungsflächen – Wildweide und Wildacker – nicht nur auf die Arten der Pflanzen, die er kultiviert, sondern auch auf ihre lückenlose Düngung achten. Bei der Verschiedenheit unserer Böden kann hier kein Universalrezept gegeben werden. Es ist vielmehr notwendig, daß man von Fall zu Fall durch die nächste landwirtschaftliche Untersuchungsanstalt eine *Bodenuntersuchung*, die nur wenige Mark kostet, vornehmen läßt. Sie erstreckt sich allgemein auf folgende Düngearten: Stickstoff, Phosphorsäure, Kali und Kalk. Die besonders wichtige Untersuchung auf Spurenelemente muß dagegen ausdrücklich verlangt werden. Der Bescheid benennt Art und Menge der jeweils zu verwendenden Mineraldüngergaben. Man tappt dann nicht mehr im dunkeln und kann zuweilen noch erhebliche Einsparungen an einzelnen, bis dahin unnötigerweise gegebenen Mineraldüngerarten machen. Auch hier gilt das Gesetz des Minimums, d. h., die Wirkung hängt ab von den Pflanzennährstoffen, die in geringster Menge vorhanden sind. Ein Zuviel auf der anderen Seite bedeutet also fortgeworfenes Geld.

Damit ließen sich „Mangelerscheinungen" des Bodens und damit des Aufwuches begegnen, nur glauben wir, daß auch hier immer wieder das Problem der Vegetationsruhe übersehen wird. Nicht von ungefähr kommen nachhaltig die „Rekordböcke" aus Ungarn, aber auch aus dem österreichischen Burgenland, wo auch im Winterhalbjahr in der Regel noch reichlich Äsung in Form von Mais, Sorghum-Hirse, auch Milocorn genannt, Zucker- und Mohrrüben und ausgedehnter Roggenfelder mit üppiger Grünäsung zur Verfügung stehen.

Dauergrünland

In Anbetracht dessen, daß wir durch unsere Hegemaßnahmen hauptsächlich für die äsungsknappe Zeit Vorsorge treffen müssen, hat eine gutgepflegte Wildwiese ihre besondere Bedeutung: Denn sie bietet dem Rehwild nicht nur vom ersten Frühling bis zum Herbst, sondern selbst im Winter bei offenem Wetter eine ausgezeichnete Äsung. Vorbedingung ist natürlich eine ausreichende *Entwässerung:* Wo z. B. Binsen, Sauergräser oder andere Pflanzen auftreten, die stauende Nässe lieben, ist der Wasserhaushalt nicht in Ordnung und ein Nährboden für Parasiten. Die Entwässerung vollzieht sich bei geringem, natürlichem Gefälle durch offene Gräben, sonst am besten durch unterirdische Dränagen, durch die außerdem bei stärkerem Frost frisches Wasser zum Schöpfen sichergestellt werden kann, eine für das Rehwild gerade im Winter sehr wichtige Hegemaßnahme. Oft genügt es zur Trockenlegung einer zu nassen Wiese, daß das von dem angrenzenden, höhergelegenen Gelände anfallende Druckwasser durch eine am Wiesenrand entlang gelegte Dränage abgefangen wird. Bei Entwässerungen größeren Stils sollte stets ein Fachmann zu Rate gezogen werden.

Weiter spielt der Anteil der *Grasarten* gegenüber dem der *Kleearten* eine erhebliche Rolle. Die letzteren werden von den ersteren im Lauf der Zeit verdrängt, und wir erleben dann, daß die anfänglich vom Rehwild bevorzugten Wiesen immer weniger angenommen werden. Dann wird es Zeit, die betreffende Wiese im frühen Frühjahr schwarz zu eggen und ihren Kleeanteil durch entsprechende Einsaat wieder zu verstärken. Bei der Düngung ist der Stickstoff zu reduzieren (kein Volldünger!) und eine stärkere Phosphatgabe (Thomasmehl) auszubringen. Letztlich bleibt nur, nach Vollumbruch, Vorratsdüngung, Kalkung und Zwischenfruchtanbau eine Neuansaat vorzunehmen. Für die hierbei zu verwendende Gras-Klee-Mischung und die richtige Saatgutmenge kann kein allgemein gültiges Rezept gegeben werden. Man tut auch hier gut, sich von der eingesessenen landwirtschaftlichen Beratungsstelle eine Mischung zusammenstellen zu lassen, die den örtlichen Verhältnissen des Bodens und des Klimas angepaßt ist. Bei der Zusammenstellung des Saatgutes sollte aber auf jeden Fall darauf verwiesen werden, daß es sich um eine Wildwiese handelt, die nicht mit einer landwirtschaftlich genutzten Wiese gleichzusetzen ist. Deshalb sei hier wenigstens auf das Grundsätzliche hingewiesen. Ein derartiges Gemisch besteht 1. aus *Obergräsern,* wie wehrlose Trespe, Glatthafer, Knäulgras, Wiesenlieschgras, Wiesenschwingel, Wiesenfuchsschwanz, Rohrglanzgras und Sumpfrispengras; 2. aus *Untergräsern,* wie Rotschwingel, Goldhafer, Wiesenrispengras, Kammgras, Deutsches Weidelgras, Weißes Straßgras und Gemeines Rispengras und 3. aus *Kleearten und Schmetterlingsblütlern,* wie Wiesenrotklee, Bastardklee, Weißklee, Hornschotenklee, Sumpfschotenklee, Wiesenplatterbse, Vogelwicke und Zaunwicke und unter gewissen Voraussetzungen auch Bastardluzerne, Esparsette und Gelbklee. Die Obergräser sind hoch- und massenwüchsig, gröber in der Struktur und werden leicht hart. Auf der Wildwiese werden wir sie deshalb möglichst weitgehend zurücktreten lassen gegenüber den Untergräsern, die eine sehr viel zartere und blattreiche Äsung bieten. Noch wichtiger sind für uns die Kleearten, die mindestens ein Drittel des gesamten Pflanzenbestandes bilden müssen. Auch die Wildkräuter spielen eine gewisse Rolle.

Stark bevorzugt werden: Schwedenklee *(Trifolium hybridum)*, Silberfingerkraut *(Potentilla argentea)*, Trift-Tragant *(Astragalus danicus)*, Gemeiner Löwenzahn *(Taraxacum officinalis)*, Gemeines Knäuelgras *(Dactylis glomerata)*, Hain-Rispengras *(Poa nemoralis)*, weniger genommen wurden Gemeine Schafgarbe *(Achillea millefolium)*, Spitzwegerich *(Plantago lanceolata)*, Walderdbeere *(Fragaria vesca)*, Wiesenschwingel *(Festuca pratensis)*, Rasenschmiele *(Deschampsia caespitosa)*.

Nach den Ergebnissen der sehr verdienstvollen Ernährungsversuche in dem bekannten Gatter *Schneeberg* des Generaldirektors Franz Vogt braucht das Reh während seiner ersten beiden Lebensjahre für die Bildung eines starken Körpergewichtes und Gehörnes eine Nahrung im Verhältnis von einem Teil Eiweiß zu fünf bis sechs Teilen Stärkewerte, die außerdem die notwendigen Mineralsalze und Wirkstoffe enthält. Neben den letzteren ist das verdauliche Eiweiß der wichtigste Aufbaustoff. Ein annähernd so günstiges Eiweiß-Stärke-Verhältnis haben wir aber nur bei unseren wertvollsten Kulturpflanzen, z. B. bei der Süßlupine (1 : 5,2), dem Weißklee (1 : 4,5) und der Luzerne (1 : 4,0). Die Wiesengräser bringen es dagegen durchschnittlich nur auf ein Nährstoffverhältnis von 1 : 10. Dies bedeutet, daß das Reh gar nicht soviel Grünmasse aufnehmen kann, um aus ihr die Menge des verdaulichen Eiweißes zu gewinnen, die es zum Jugendaufbau oder zum Schieben eines starken Gehörnes braucht. Es leuchtet also ohne weiteres ein, daß der Kleeanteil auf unseren Wildwiesen eine sehr bedeutsame Rolle spielt.

Als Ergebnis eines sehr verdienstvollen Forschungsprojekts „Futterbau auf Wildäsungsflächen" kommen Weis (1983) und Mehnert (1982) zu folgender Mischung für Grünlandäsungsflächen:

Knaulgras	3,0	Weißklee	3,0
Wiesenlieschgras	5,0	Schwedenklee	1,0
Wiesenschwingel	4,0	Rotklee	3,0
Rotschwingel	2,0	Hornschotenklee	1,0
Wiesenrispe	3,0	Gelbklee	0,5
Deutsches Weidelgras	4,0	Wundklee	0,5
Summe Gräser	21,0 kg/ha	Summe Klee	9,0 kg/ha

Was die an und für sich wünschenswerte Beisaat von „Kräutermischungen" anbelangt, liegen leider überwiegend negative Erfahrungen vor, sei es, daß diese rasch „herausselektiert" oder von dem übrigen Bewuchs unterdrückt werden.

Nun dienen unsere Wiesen ja aber nur nebenbei der Rehwildäsung und werden in der Hauptsache landwirtschaftlich genutzt. Hat der Revierinhaber hierauf Einfluß, so sollte er ihn dahingehend geltend machen, daß die Wiese in mehreren Teilstücken gemäht wird, damit dem Rehwild immer wieder nachwachsende zarte Grünäsung zur Verfügung steht.

Jede Wiese braucht natürlich auch eine gewisse *Pflege*. Zeigt sie Bildung von Moos, so muß sie im zeitigen Frühjahr gründlich geeggt und erneut gekalkt bzw. mit Kainit gedüngt werden. Zuweilen, besonders wenn sie „aufgefroren" ist, muß sie auch gewalzt werden. Dies darf aber nur in trockenem Zustand geschehen. Ihn erkennt man daran, daß an einem tief hineingestoßenen Krückstock keine Erde mehr haften bleibt. Im allgemeinen wird man die schwere Wiesenwalze deshalb erst im Sommer nach dem ersten Schnitt anwenden. Für Stalldung und

Kompost zeigen sich Wiesen auf einen längeren Zeitraum recht dankbar. Wo Grünflächen ausschließlich dem Wilde zur Verfügung stehen, achte man bei der Düngung mehr auf Qualität als Quantität, also keine Massenproduktion von Grünmasse! Hier ist auch das regelmäßige Mähen als Pflegemaßnahme besonders wichtig.

Wildacker

Bei der Bestellung der Wildäcker sollte der Schwerpunkt darauf gelegt werden, dann eine gehaltvolle Äsung zusätzlich zu schaffen, wenn sie das Rehwild am notwendigsten braucht. Während der Sommermonate dem Wild durch Anbau von Süßlupinen, Peluschken, Serradella, Buchweizen und ähnlichem eine abwechslungsreiche Äsung zu beschaffen, die ihm jeweils auf der angrenzenden Feldflur nicht zur Verfügung steht, mag für den Jäger und den passionierten Beobachter seines Wildes große Reize haben. Um eine eigentliche Hegeleistung handelt es sich hier aber kaum, es sei denn, daß dem Rehbestand nur eine unzureichende oder gar keine Feldäsung erreichbar ist. Anders liegen die Dinge, wenn hier gleichzeitig Futtermittel hoher Qualität für den Winter erzeugt werden, auf die wir später zurückkommen.

Auf dem Wildacker

So sollen hier hauptsächlich jene Wildfutterpflanzen angeführt werden, die noch am ehesten geeignet sind, winterliche Äsungslücken zu überbrücken. Das sogenannte *Landsberger Gemisch* (7,5 kg Zottelwicke, 5 kg Welsch. Weidelgras und 5 kg Inkarnatklee je ¼ ha) oder einfacher ein Gemenge bestehend aus 40 bis 50 kg *Winterroggen* und 10 bis 20 kg *Winterwicke* bedeuten eine ausgezeichnete Äsung für alle schneefreien Wintertage, die zudem im Frühjahr zeitig wieder austreibt. Nur ist es erforderlich, daß diese Saaten zum richtigen

Termin im Herbst eingebracht werden, d. h. etwa zwei Wochen früher, als die Landwirtschaft der betreffenden Gegend zu solcher Aussaat schreitet.

Auch die *Luzerne,* die in bezug auf verdauliches Eiweiß und Mineralstoffe an der Spitze steht, liefert vornehmlich auf warmen, sonnigen Lagen die frühestе und hochwertigste Äsung, die man sich überhaupt denken kann. Entgegen weit verbreiteter Ansicht gedeiht sie auch noch auf leichteren Böden, wenn nur in einer Tiefe von zwei bis fünf Meter mergelige oder anlehmige Schichten oder reiner Lehm anstehen und wenn die Fläche gut mit Kalk versorgt ist. Stauende Nässe verträgt die Luzerne jedoch durchaus nicht. Am besten gedeiht bei uns die buntblühende Bastard(Sand)-Luzerne, weil sie sehr frohwüchsig und anpassungsfähig ist. Je nach einem Reihenabstand von 12 bis 25 cm sind fünf bis zehn kg je ¼ ha auszusäen. Eine für die Jungpflanzen Schatten gebende Deckfrucht durch etwa sieben kg Sommergerste je ¼ ha ist zu empfehlen. Bei Vorratskalkung und guter Pflege (Hacken oder scharfes Eggen) hält die Kultur acht bis zehn Jahre durch. Die Luzerne verlangt, mit hoher Stoppel in den Winter zu gehen, und so steht hier dem Rehwild im Spätherbst gewissermaßen „Heu am Stengel“ zur Verfügung. Schließlich hat die Luzerne, die dreimal geschnitten wird, noch den großen Vorteil, daß wir uns nebenbei das nährstoffreichste Rauhfutter für den Winter beschaffen können.

Steht uns kein eigentlicher Wildacker zur Verfügung und müssen wir auf Gestelle, Schneisen und andere leichte bzw. rohe Waldböden zurückgreifen, so empfiehlt sich der Anbau des *Waldstaudenroggens.* Sobald keine Nachtfrostgefahr mehr vorliegt, sät man etwa 40 kg je ¼ ha breitwürfig aus und eggt oder harkt den Samen flach ein. Der Waldstaudenroggen verstaudet sich stark und kann im Frühherbst gemäht werden. Er ist winterhart und treibt gleich nach der Schneeschmelze wieder üppig aus. Etwa im August des der Aussaat folgenden Jahres wird das Korn reif, und nun beschafft man sich das Saatgut für die Neuanlage. Bei Reduzierung des Saatgutes auf ca. 12 bis 15 kg kann man auch 5 kg Rotklee je ¼ ha gemischt mit einsäen, der ebenfalls zweijährig ist. In Rotwildrevieren auch für den Wildacker bezüglich Masse und Winterhärte sehr geeignet.

Besondere Bedeutung für unsere Zwecke hat die *Topinambur,* da ihre Knollen durchaus winterhart sind und somit für alle offenen Wintertage ein natürliches Saftfutter liefern. Bei einem Saatgutbedarf von 400 bis 450 kg je ¼ ha ist die Bewirtschaftung der Topinambur der der Kartoffel in etwa gleichzusetzen. Mag das Wild auf solch einem Acker noch soviel plätzen und brechen, immer bleiben genügend Knollen und Knöllchen für das kommende Jahr zurück. Zumeist sind es ihrer sogar viel zuviel, so daß man durch Hacken zwischen den neuangehäufelten Reihen und durch Verdünnen innerhalb der Reihen für Vereinzelung der Stauden sorgen muß, da andernfalls die Erträge schlagartig absinken. Bei richtiger Pflege hält solch eine Kultur eine Reihe von Jahren aus. Wo das Rehwild die Topinambur noch nicht kennt, muß man es erst auf den Geschmack bringen. Dies geschieht am besten dadurch, daß man innerhalb der Außenreihen einige Kartoffeln oder Rüben zwischenpflanzt, im Herbst hier und dort einige Topinamburstauden auszieht und die Knollen freilegt. Zu beachten ist, daß nicht alle Sorten gleich gern angenommen werden; man sollte dies zunächst selbst durch Umfrage bei Reviernachbarn zu ergründen versuchen. Wir selbst bevorzugen die Sorte *Bianca.* Gut gedüngt wächst die Topinamburstaude bis zu drei Meter hoch, vielfach werden auch die Blätter, später sogar die Stengel, geäst, daneben bietet dieser Acker lange Zeit Deckung.

Schließlich haben wir in den verschiedenen Winterkohl- und Winterrapsarten weitgehend winterharte Äsungspflanzen mit hoher Grünmasse. Beste Erfahrungen machten wir mit der direkten Aussaat von 2,0 bis 2,5 kg je ¼ ha Winterkohl (Littmann's Stabil), wozu die große Zeitspanne von Mai bis Juli, je nach den Gegebenheiten, zur Verfügung steht. Bei früher

	FUNKsche Universal-mischung	RAUWOLF-scher Wildacker-Eintopf
Getreideanteil	20,0	50,0
Waldstaudenroggen	20,0	–
Hafer	–	25,0
Sommerweizen	–	25,0
Kreuzblütler	14,5	6,5
Sommerraps Petranova	–	–
Winterraps Akela	4,0	1,5
Lifura	–	1,5
Liragrün	–	–
Futterrübsen Perko	4,0	1,0
Buko	–	1,0
Ölrettich Siletina	4,0	0,5
Stoppelrübe Goldwalze	0,5	0,5
Kohlrübe Nico	2,0	–
Markstammkohl	–	0,5
Grüner Angeliter Blattstammkohl	–	–
Hülsenfrüchte	16,0	18,0
Peluschke	11,0	–
Futtererbse Rosakrone	–	5,0
Sommerwicke Bernina	–	3,0
Sojabohne Gieso	–	6,0
Süßlupine	5,0	4,0
Kleearten	18,0	6,5
Perserklee Maral	4,0	2,0
Rotklee Tapiopoly	–	1,5
Schwedenklee	4,0	–
Odenwälder Inkarnatklee	4,0	–
Poppelsdorfer Bokharaklee	2,0	–
Serradella	4,0	–
Esparsette	–	3,0
Gräser	–	6,0
Einjähriges Weidelgras (tetrapl.)	–	6,0
Sonstige	31,5	13,0
Hybridmais Fao 220	–	3,0
Sonnenblume Sorbid	–	2,0
Phazelia Plobiphaci	–	1,0
Spörgel	4,0	–
Futtermalve Limala	7,5	–
Buchweizen	20,0	7,0
Aussaatmenge kg/ha	100,0	100,0

Aussaat bietet sich auch ein Gemisch aus Hafer oder Sommerweizen (jeweils 25 kg auf 1/4 ha) mit 1,5 kg pro 1/4 ha Winterkohl an. Bei einmaliger Bestellung bietet dieser Acker Sommer- und Winteräsung. Selbstverständlich ist im Sommer eine Nachdüngung mit Stickstoff oder einem entsprechenden Volldünger angebracht. Vorsicht ist jedoch bei stark verunkrauteten Äckern geboten, da dieses Gemisch nicht gespritzt werden kann.

Winterraps bringt weniger Grünmasse, auch er eignet sich für die beschriebenen Mischsaaten, ist jedoch sehr viel anfälliger für Mehltau und Blattläuse. Empfohlen wird noch der Markstammkohl, dessen Anbau durch die erforderliche Anzucht im Saatbeet und anschließende Einzelpflanzung arbeitsaufwendig und deshalb teuer ist.

Der Westfälische Furchenkohl, den seine große Blattmasse und das geringe Verholzen der Stengel auszeichnet, kann sowohl – nach vorheriger Aussaat im Pflanzenbeet (August) – im zeitigen Frühjahr ausgepflanzt als auch im Sommer auf dem Wildacker ausgesät werden.

Letztlich sei noch auf die gelungene Züchtung von *Akela* hingewiesen; sie vereinigt rasches Wachstum mit zarter Blattmasse und kann noch bis Ende August/Anfang September, also nach der Getreideernte, zur Aussaat kommen.

Bei allen Kohl- und Rapsarten ist auf die geschilderte Gefahr der plötzlichen Änderung des Äsungsangebotes zu achten; wo diese Wildäcker aufgrund hohen Äsungsdruckes bis zum Winter gegattert werden müssen, dürfen sie nur parzellenweise dem Wild geöffnet werden.

Ebenso dürfen alle Kohl- und Rapsarten höchstens zwei Jahre hintereinander auf der gleichen Fläche angebaut werden, da ansonsten wegen der Anfälligkeit gegen Kohlhernie, Mehltau und Blattläuse ein völliger Zusammenbruch zu befürchten ist. Der Wildacker ist die intensivste Form der Äsungsverbesserung, der relativ hohe Aufwand lohnt sich nur bei richtiger Handhabung aller Maßnahmen: Gute Bodenbearbeitung, ausreichende Nährstoffversorgung, zweckmäßiges und richtig dosiertes Saatgut sowie, wenn erforderlich, sichere und wildunschädliche Unkrautbekämpfung. Hier sind mechanische oder kulturtechnische Maßnahmen vorzuziehen, von Fall zu Fall wird man aber auch chemische Unkrautbekämpfungsmittel mit der gebotenen Vorsicht einsetzen müssen.

Pflanzenart	Ungefährer Gehalt der Pflanzen an:										Vitamine	Bevorzugte Äsungszeit
	Samen kg je ha	Trocken-substrat	Rohfaser	verd. Eiweiß	Stärke-Einheit	Ca	P	K	Na	Mg		
Grün-Hafer												
im Schossen	25,–	160	53	10	78	0,7	0,50	4,3	0,16	0,27	A	Juli–
i. d. Milchreife		276	94	12	115	1,2	0,74	5,0	0,26	0,36	$B_{1,2,6}$	August
Sommerweizen												
Beg. d. Schossens		150	31	13	81	0,8	0,70	–	–	–	A	August–
Ende Ährenbildg.	25,–	240	77	10	114	0,6	0,60	2,9	0,38	0,21	$B_{1,2}$	Oktober
Blüte		270	93	10	120	0,6	0,50	–	–	–		
Hybrid-Mais (teigreif)	1,–	200	44	12	140	1,0	0,40	5,6	0,30	0,45	A, $B_{1,2,6}$ D, E, K	Oktober–Dezember
Buchweizen	7,–	160	43	17	84	4,8	0,32	2,0	–	–	$B_{1,2}$	ab Juli
Sonnenblumen	1,–	150	45	8	62	2,4	0,30	4,7	0,10	0,80	$B_{1,2}$ E, K	Juli und Februar
Ölrettich	1,–	120	27	21	75	2,9	0,68	4,7	–	0,32		ab August
Zuckerrüben – Randsaat	0,2	180	25	17	106	2,2	0,40	5,0	0,80	0,80	A, K $B_{1,2,6}$	ab Oktober
Winterfutterraps Akela	3,–	120	30	17	77	2,9	0,40	3,7	0,10	0,20	K, A B_2	ab August
Winterrübsen – Perko	2,–	120	30	17	77	2,9	0,40	3,7	0,10	0,20	K, A B_2	ab Januar
Stoppelrüben	0,5	119	15	14	65	2,0	0,60	6,5	0,70	0,30	A, E, K $B_{1,2}$	ab Dez.
Markstammkohl	0,2	130	25	18	80	1,3	0,40	4,0	0,20	0,30	A, K B_2	ab Dez.
Futtersaaterbsen	4,–	140	40	25	76	2,7	0,60	2,0	0,40	0,60	A, $B_{1,2,6}$ E	ab Juli
Sommerwicken	3,–	140	40	23	67	2,8	0,60	5,0	0,45	0,60	A, $B_{1,2,6}$ E	ab Juli
Süßlupine	4,–	153	34	23	86	3,0	0,43	3,7	0,06	0,52	$B_{1,2}$	ab Juni
Sojabohnen (Kraut)	6,–	228	59	18	119	4,1	0,68	3,6	0,47	1,50	$B_{1,2,6}$ E, K	ab Juli
Perserklee	2,–	130	26	17	74	2,2	0,46	3,6	0,17	0,26	A, E	ab Juni
Alexandrinerklee		120	29	17	62	2,0	0,47	4,0	–	0,38		
Esparsette i. Bergland	1,0	200	65	23	98	2,0	0,50	2,5	0,20	0,50	A, E, D $B_{1,2}$	ab August
Serradella i. d. Ebene	1,0	170	45	21	72	3,3	0,60	6,3	0,90	0,40	A, E, D $B_{1,2}$	ab August
Futtermöhren – Randsaat	0,1	130	10	5	75	0,6	0,60	4,0	1,10	0,30	A, E, B_2	ab Juli und Dez.
Senf als Ersatzbeisaat		190	60	17	86	2,9	0,80	4,9	0,30	0,70	A, B_2	ganzjähr.

Düngung 7 dt/ha Nitrophoska (12/17/2)

Bemerkenswert ist auch RAUWOLFS Wildacker-Gemenge, welches das ganze Jahr Äsung bietet. Die Aussaat erfolgt im Mai/Juni in allen Böden, außer in Sumpf und Flugsand.

Genaue Zahlen für die Erstdüngung (Melioration) bringt nur die Bodenuntersuchung. Ebenso stellen die angegebenen Pflanzensubstanzen Mittelwerte dar, die je nach Bodenart, Düngeraufwand und Nutzzeit schwanken, insbesondere hinsichtlich der Trockensubstanz und der verdaulichen Nährstoffe.

Für speziellen Herbstanbau empfiehlt RAUWOLF ein Gemisch mit Aussaat August/September nach der Getreideernte auf frische Sturzäcker, die für den nächstjährigen Sommerfruchtanbau vorgesehen sind.

Die Bodenbearbeitung entfällt dabei bei Klüftigkeit des Erdreiches, notfalls ist leichtes Eggen mit einem Nadelholzwipfel notwendig. Wenn nötig, wird als Beimischung zum Saatgut oder als Kopfdüngung (Schuhhöhe) bis 2 dt/ha KAS = Kalkammonsalpeter beigegeben.

Saatgut pro ha:	Winterroggen	90,– kg
	Winterfutterraps Akela	2,– kg
	Winterrübsen Perko	1,5 kg
	Stoppelrüben Goldwalze	0,5 kg
	Ölrettich	1,– kg
	Senf	1,– kg
	Phacelia (Büschelschön)	1,– kg

RAUWOLF hat in richtiger Erkenntnis der Ernährungsphysiologie der Rehe den „Wildacker-Eintopf" in zahlreichen Variationen entwickelt. Sein Grundvorschlag und eine von FUNK vorgeschlagene „Universalmischung" sind auf S. 324 wiedergegeben.

Die Autoren selbst sprechen sich dafür aus, diese Zusammensetzung nach eigenen Erfahrungen und örtlichen Gegebenheiten abzuwandeln.

Die Untersuchung von WEIS zeigt allerdings neben den Vorteilen auch die Nachteile derartiger Wildackermischungen: Erdrückende Wirkung der Ölfrüchte, teilweise auch des Getreideanteils, notgedrungen einheitliche Düngung für unterschiedliche Bedürfnisse und zu starke Verunkrautung.

Dies vermeidet der RAUWOLF'sche „Kartoffelsalat":

Im Mai Pflanzung von Kartoffeln und Topinambur im Verhältnis ¾ zu ¼, im Juni, nach dem Hacken oder Fräsen, Nachsaat von Akela, Winterrübsen Perko und Stoppelrüben Goldwalze.

Allgemein gültige Patentrezepte können nicht gegeben werden. Neben dem Studium der umfangreichen Spezialliteratur (so z. B. UECKERMANN/SCHOLZ „Wildäsungsflächen" [1970], LETTOW/VORBECK „Das Jagdrevier, wie es sein sollte" [1965], beide im Verlag Paul Parey erschienen, oder WEINZIERL „Reviergestaltung" [1968], Bayer. Landwirtschaftsverlag, sowie WEIS „Futterbau auf Wildäsungsflächen", Techn. Universität München in Freising-Weihenstephan, sollte man sich nicht scheuen, die landwirtschaftlichen Beratungsdienste unter besonderer Berücksichtigung der örtlichen Verhältnisse in Anspruch zu nehmen.

Hat man bei der Neuanlage von Wildäsungsflächen Einfluß oder Wahlmöglichkeit in bezug auf die Lage im Revier, so ist auf guten Lichteinfall, möglichst geringe Störfaktoren für das Wild (Tagesrhythmus!) und gute, d. h. in der Regel maschinelle Bearbeitungsmöglichkeiten zu achten.

Salzlecken

Steht keine angenommene Salzlecke zur Verfügung oder gibt es solche überhaupt noch nicht im Revier, sollte man das Versäumte nachholen. Das Salz scheint ein Lockmittel zu sein, welches das Rehwild an einen bestimmten Standort fesselt. Die Aufnahme von Salz ist für das Rehwild geradezu ein Bedürfnis, und zwar während des ganzen Jahres, wenn auch die „Salzsucht" ganz besonders während des Haarwechsels im Frühjahr in Erscheinung tritt. Obwohl der Salzbedarf mengenmäßig gering ist (nach BUBENIK nicht mehr als 1 g je Stück und Tag), verzichten nur wenige Revierinhaber auf ständige Salzlecken (eine je 25 ha Waldfläche).

Man verwende hierfür nur Natur-Steinsalz oder die alte Lehmsulze, bei der je m^3 geschlämmtem, eisen- und steinfreiem Lehm 50 kg Viehsalz beigemischt werden. Diese Masse knetet man in stark angefeuchtetem Zustand in halbmetertiefe Holzkästen von 0,5 bis 1,0 m im Geviert. Erst wenn das Rehwild das Salz angenommen hat, sollte man erproben, ob es auch Mineralsalzlecksteine, die sich in der Viehfütterung gut bewährt haben, annimmt, was aber leider selten der Fall ist. Man könnte nämlich damit eine bessere Phosphor- und Kalkversorgung vornehmen.

Die Gewöhnung an die Salzlecke wird dadurch erleichtert, daß man zunächst ältere Stubben unmittelbar an den Rehwechseln flach aushöhlt, mit einer Abflußrinne für das Regenwasser versieht und dann mit Salz beschickt. Diese Art von Salzlecken haben allerdings

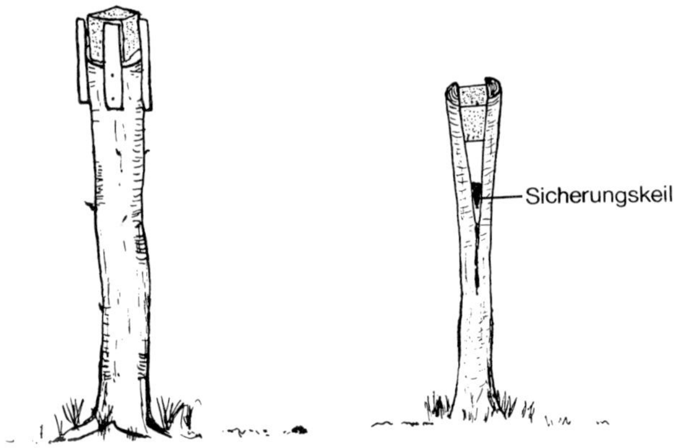

Salzlecken (Barran 1973)

den Nachteil, daß sie leicht von Fuchs, Marder usw. beschmutzt werden. Sowie das Rehwild sie regelmäßig annimmt, sollte man deshalb zu kleinen Kästen übergehen, die in Brusthöhe des Rehwildes auf Pfähle oder notfalls an Bäume genagelt werden.

Gute Dienste leisten auch Stangensulzen, das sind eingerammte, aber gespaltene Pfähle, in deren Spalt man den Salzblock klemmt (Abb.). Der Spalt ist durch einen Keil zu sichern, damit sich das Reh nicht beim Herausfallen des Lecksteins verletzen kann. Legt man die Salzlecken im Frühjahr an, so tut man gut, etwas freiere Stellen im Bestand zu wählen, den Boden rings um die Lecken herum umzugraben, zu kalken und mit Weißklee oder einer anderen für den Standort passenden Kleeart anzusäen. Dieser frischgrüne Fleck wird gewiß die Aufmerksamkeit des Rehwildes auf sich ziehen. Die Salzlecke sollte auf keinem Wildacker und keiner Wildwiese fehlen. Umstritten ist jedoch die Gewohnheit, in Futtertröge Salzlecksteine zu legen. Es wird im Gegenteil vielfach empfohlen, die Salzgaben während der kalten Jahreszeit einzustellen, da die Salzaufnahme einen erhöhten Wasserbedarf hervorrufen kann, in dieser kalten Jahreszeit aber gerade viele Wasserstellen zugefroren sind. Noch nicht abgeschlossene Versuche auf Grünlandflächen mit vorsichtig dosierten Mengen NaCl-haltigen Düngemitteln scheinen einen gewissen Salzbedarf des Wildes zu bestätigen, da diese Flächen besonders gut angenommen wurden. Medikamente zur Wurmbekämpfung auf Salzlecken zu streuen ist zwecklos, da bei dieser Methode die Mittel nicht in ausreichender Dosis vom Wilde aufgenommen werden können. Das gleiche gilt für Salzlecken und Thibenzole. Die Gier des Rehwildes nach Salz wird von einigen Autoren mit dem Mangel an Kalium erklärt. Dieser Mangel soll durch falsche Düngung entstanden sein.

Winterfütterung

Das Reh besitzt als Wiederkäuer eine relativ einseitig zusammengesetzte Pansenflora und benötigt eine gute Einspeichelung seiner Nahrung. Der basisch reagierende Speichel trägt dazu bei, eine Übersäuerung des Magens und somit unwillkommenen Gärungsvorgängen vorzubeugen. Ballast im Futter, zähe Pflanzenteile und Zweige sind daher lebensnotwendig, weil sie gekaut werden müssen und damit Speichelbildung verursachen (Brüggemann). Ballast muß sich aber in Grenzen halten. R. R. Hofmann steht daher faserreicher Nahrung wie Grasheu als Winter-Alleinfutter kritisch gegenüber, da das Reh zu wenig Zellulose zersetzende Bakterien besitzt und dieses Futter den Pansen vor der Aufschließung durchläuft. Wiederkäuer können nicht wie Dickdarmvergärer (Pferd, Hase, Nager) fehlende Qualität durch höhere Quantität ersetzen. Rehwild hat nun einmal eine vorwiegend Stärke spaltende Pansenflora, Rotwild dagegen eine vorwiegend Zellulose spaltende.

Der Engpaß des Wiederkäuermagens zwischen Netzmagen und Blättermagen läßt darüber hinaus nur eine bestimmte Teilchengröße durch, und diese wird vom Wiederkauen oder eben durch die fermentativ-biochemische Aufspaltung durch die Pansenflora bestimmt. Die Zeit, die dazu benötigt wird, den Nahrungsbrei durchzulassen, diktiert die Häufigkeit der Nahrungsaufnahme, die Akzeptanz zu faserreicher Nahrung und die Zusammensetzung des Futters. Dies trifft das Reh besonders zum Zeitpunkt der Vegetationsruhe, weil dann fast alle zur Verfügung stehenden Äsungspflanzen einen sehr hohen Faseranteil haben und nur eine geringe Verdaulichkeit besitzen. Ausgeglichen wird diese Bedrohung dadurch, daß die Energiebevorratung, die schließlich über den Winter hin vier und mehr Monate reichen muß und die für Wachstum von Föten, Gehörn und für Kondition und Überleben von ausschlaggebender Wichtigkeit ist, in der unverfälschten Natur schon vorher in Form von Feist angelegt wird, und zwar zu einem Zeitpunkt, an dem die Äsung noch für diesen Konzentratselektierer die nötigen Qualitätsansprüche erfüllt, nämlich Nährstoffreichtum und leichte Verdaulichkeit.

R. R. Hofmann hat dies sehr richtig erkannt und als Anatom entsprechende Untersuchungen am rehspezifischen Verdauungsapparat angestellt, die diese Behauptung erhärten. Zusätzlich kann diese Konzentratsnahrung natürlich auch besonders rasch und effektiv umgesetzt werden, und zwar im Frühjahr und Sommer für die energieaufwendigen Aktivitäten (Einstandskämpfe, Fötenwachstum, Haarwechsel, Milchproduktion, Brunft), in Herbst und Frühwinter dagegen für die Anlage von Depotfett durch die Früchte und Beeren in Feld und Wald.

Die Schlußfolgerung aus der Engpaß-Passage-Feststellung von R. R. Hofmann erklärt das „Verhungern der Rehe bei vollem Magen", wenn ausschließlich faserreiche Nahrung in der Winterzeit gefüttert wird (Heu), und wird weiterhin untermauert durch die winterruheähnlichen Drosselungen der Wärmeproduktion und der Bewegungen in der Notzeit bis hin in die Nähe des Grundumsatzes. Konsequenterweise konnte auch nachgewiesen werden, daß der Pansen des Rehes in deutlicher Beziehung zur höchsten bzw. geringsten Nahrungsaufnahme im Jahreszyklus sein Volumen vergrößert bzw. verkleinert (Differenz 25–30 %). Die Verweildauer der Nahrung im Rehmagen ist als Folge dieser Anpassungsstrategie durch die leichte Verdaulichkeit, die der Konzentratselektierer benötigt, eine Anpassung an das Äsungsverhalten. Sie ist am kürzesten dann, wenn die Nahrung am wertvollsten ist. Der Aufnahmerhythmus ist daher auch im Sommer am intensivsten. Zu dieser Zeit hat das Reh die häufigsten Äsungsaufnahmezeiten. Die Schwankungsbreite des Rehpansens liegt im übrigen ungefähr zwischen 3,5 und 5 Litern. Er ist am größten im Herbst und am kleinsten im Februar (!).

Hofmann führt weiter aus, daß Panseninhaltsuntersuchungen aus Deutschland, Polen und der CSSR einen hohen Anteil an Blättern, Kräutern, Trieben und Früchten ergeben haben.

Rehwild holt sich Kräuter zwischen dem Gras heraus. Die Nahrung wird in acht bis elf Äsungsperioden während des Tages aufgenommen, da das Fassungsvermögen des Pansens gering ist. Nach jedem Äsen folgt eine Zeit des Wiederkäuens, über den Tag gesehen insgesamt 7 bis 12 Stunden, je nach Zusammensetzung des Futters. Die gesamte Nahrungsmenge, die ein Reh pro Tag äst, liegt zwischen 2 und 4 kg natürlicher Äsung; diese hat einen Wassergehalt von ungefähr 60–80 %. Man versucht laufend, durch Pansenuntersuchungen herauszufinden, welches Futter das Reh tatsächlich bevorzugt. Die Verfasser meinen aber, man sollte bei der Auswertung der Ergebnisse berücksichtigen, daß das Reh nur äsen kann, was örtlich vorhanden ist; man muß also die Ergebnisse dieser Untersuchungen unter dem Aspekt einer gewissen Relativität sehen.

Hartfiel und Pheiffer fordern neben der wiederkäuergerechten Fütterung des Schalenwildes im Winter eine entsprechende Menge an Gesamtkohlehydraten zur Deckung des Energiebedarfs, welche in dieser Jahreszeit entscheidend für das Überleben sei. Sie bestätigen den Abfall des Grundumsatzes, betonen jedoch, daß sich der Energiebedarf allein schon durch das Stehen eines Tieres um 22 %, durch das Aufstehen und Drehen um 45–100 % und durch verängstigte Bewegungen um 130–210 % erhöht. Mittels quantitativer Thermografie zur Messung der Oberflächentemperatur wurden Temperaturbilder bei Reh und Schaf erstellt, welche beweisen sollen, daß die Behauptung von Hofmann und Herzog (1980), der Erhaltungsbedarf der Wildwiederkäuer wäre im Winter niedriger als der von Haustieren, als widerlegt gilt. Sie befürworten daher nicht die Herbstmastsimulation, sondern eine stärkere Fütterung in der winterlichen Notzeit. Die Versuchsanordnung der Autoren ist jedoch nicht geeignet, diese Behauptung im Vergleich zu den von Ellenberg, Barth und Schaich erstellten Verzehrkurven zu untermauern.

Dissen und Hartfiel behaupten, daß beim Halten von Rehen unter kontrollierten Bedingungen Kraftfutter in pelletierter Form oder Getreideschrote Durchfälle auslösen. Dieser Behauptung können wir, zumindest was Kraftfutter in rehgerechter und pelletierter Form betrifft, keinesfalls zustimmen. Die Frage der Getreideschrote haben wir nicht untersucht. Die eben angezogenen Autoren untersuchten auch aus pansenphysiologischer Sicht die Abnützung von sogenanntem zellulosereichen Pflanzenmaterial wie vor der Blüte geschnittenes Gras und davon gewonnenes Heu sowie Blätter und junge Triebe von Laubbäumen. Unter diesem Futter konnten unter kontrollierten Bedingungen Pansenstörungen vermieden werden. Der R. R. Hofmannschen pansenphysiologischen Ansicht widersprechen sie erstaunlicherweise und stellen fest, Rehe schieden um 6 Stunden früher (Hauptausscheidungsphase) aus als Ziegen.

Bestätigt wurde die von uns immer betonte Ansicht, daß eine Silage – in diesem Fall war es eine mit einem Rohfasergehalt von 21 % – von äußerstem Wert ist. Es könne auch überständiges Heu verwendet werden, was wir bezweifeln.

Dem strapazierten Leser möge Mut machen, daß man heute trotz aller Gelehrten-Meinungsverschiedenheiten soviel handfestes Material in der Hand hat, daß man getrost an eine gekonnte Fütterung des Rehwildes herantreten kann. Die entsprechenden Mitteilungen und Informationsschriften der einzelnen Jagdverbände haben einen hohen Wert, sind meist auf die lokalen Gegebenheiten abgestimmt (was nicht bei allen Untersuchungen der Wildbiologen der Fall ist) und werden, wenn sie richtig befolgt werden, den Leser nicht enttäuschen. Jedenfalls werden sie aber unnötigen Wildschaden vermeiden helfen.

Will man also eine ordnungsgemäße Winterfütterung durchführen, hat man nach der heutigen Lehrmeinung neben dem richtigen Nährstoffangebot auch für einen guten Feuchtigkeitsgehalt (Saftfutter, Silage) des Winterfutters zu sorgen.

Bei aller Würdigung des Wertes einer gekonnten Winterfütterung freuen wir uns, feststellen zu können, daß man nun beginnt, dem sogenannten Sommerengpaß, also dem plötzlichen Wegfall der Feldäsung nach der Ernte, etwas mehr Aufmerksamkeit zu widmen.

Alle Jagdgesetze der Bundesländer haben die Verpflichtung zur Fütterung des Wildes in Notzeiten bis jetzt vorgeschrieben. Notzeit ist aber, wie schon vorher erwähnt, in erster Linie die äsungsarme Jahreszeit (Vegetationsruhe). Da das Reh mit Feist in den Winter gehen soll, in eine Zeit, in der höchste Leistung verlangt wird (Schieben, Vermehrung) und in welcher klimatisch bedingt in kalten Lagen eine hohe Energieabgabe erfolgt, setzt die althergebrachte Winterfütterung, die im Dezember beginnt, damit viel zu spät ein. Sie sollte mit Beginn der Vegetationsruhe eingerichtet werden und mit deren Ende aufhören. Mit Jahresanfang steht dem Wild aber auch schon in vielen Revieren die eiweißreiche Knospennahrung zur Verfügung.

Abgesehen von Fällen besonderer Notzeiten wird von manchen Waidmännern und Biologen die Winterfütterung des Rehwildes mit der Begründung abgelehnt, daß der Winter das Ausmerzen allen schwachen und lebensuntüchtigen Wildes besser und gründlicher vollzöge als dies je durch den Menschen geschehen könne. Überall dort, wo das Rehwild noch in seiner ursprünglichen Umwelt mit guter Ernährungsgrundlage lebt, hat diese These gewiß ihre volle Berechtigung. Die Masse unserer Feld- und Waldreviere mit ihren großen Monokulturen entspricht aber nicht mehr seinen arteigenen Bedürfnissen, daher kann hier trotz geringer Wilddichte erheblicher Schaden entstehen.

Der Winter verursacht Konzentrationen der Rehe auf einzelne Revierteile, die Schutz, Äsung und Deckung bieten; sie stehen besonders gerne in Waldstücken. Andere Revierteile sind hingegen dann fast unbesiedelt. Während der Notzeiten treten in manchen Einständen oft Wilddichten von 40 bis 70 Stück/ha auf, die Monokultur kann sie nicht ernähren. Das Reh verbeißt dann, wenn nicht gefüttert wird. Die Tatsache, daß bei einer regulären Winterfütterung manches schwache Stück durchkommt, muß zugegeben werden. Diesem Nachteil stehen aber Vorteile gegenüber:

Eine sachgemäße Fütterung in der Zeit der Vegetationsruhe ermöglicht eindeutig die Verbesserung der Qualität eines Bestandes: Sie hilft Verbißschäden mit Sicherheit auf ein unbedeutendes Maß herabzumindern; sie vermehrt die Beobachtungsmöglichkeiten und hilft bei Bestandesermittlungen; sie ermöglicht den Ausgleich von bestimmten Ernährungsdefiziten (Mineralstoffe) und gestattet, wo nötig, die Verabreichung von Medikamenten zur Parasitenbekämpfung und sie ermöglicht die wirtschaftliche Verwertung schwacher Stücke.

Oberstes Grundprinzip muß es aber sein, daß der Jäger durch Abschuß den Mehrbestand aus der Wildbahn nimmt, der durch die Fütterung über den Winter gekommen ist.

Die Qualitätsverbesserung durch Fütterung ist experimentell nicht nur durch die Ernährungsversuche in dem bereits erwähnten Gatter Schneeberg, durch die Arbeiten von A. und J. VON BAYERN und durch viele gute Erfolge in der freien Wildbahn nachgewiesen worden.

Im folgenden soll keineswegs die Frage untersucht werden, ob „Mastrehe" für unsere freie Wildbahn erwünscht sind oder nicht. Dazu noch eine Vorbemerkung der Verfasser: Wer die Nahrungsaufnahmerhythmen des Rehes und seine hormonell gesteuerten Bio-Aktivitäten verfolgt, muß feststellen, daß es „Mastrehe" im Sinne der Haustierhaltung gar nicht geben kann.

Nun aber sollen hier die wichtigsten bereits auf S. 321 erwähnten Erfahrungen und Ergebnisse des einzigartigen und deshalb für uns so aufschlußreichen Experiments von FRANZ VOGT zitiert werden:

Ernährungsversuche im Gatter Schneeberg

„Das Wildpretgewicht des Rehwildes ist im Gatter *Schneeberg* durch langjährige zweckentsprechende und gewissenhafte Ernährungsversuche von aufgebrochen ungefähr 15 kg auf 25 bis 26 kg gestiegen, was einer Gewichtszunahme um 70 Prozent entspricht. Das Gehörngewicht ist in der gleichen Zeit von 250 bis 300 g auf ungefähr 600 g gestiegen, was einer Zunahme um etwa 118 Prozent entspricht. Es kann angenommen werden, daß voll und geeignet ernährte, körperstarke, ganz besonders gut veranlagte Rehböcke drei Prozent, mittelmäßig ernährte und veranlagte zwei Prozent des Körpergewichtes an Gehörngewicht erreichen. In reinem Nadelwald ohne Laubholzunterwuchs bei spärlicher Äsung und mangelnder Beifütterung aber werden auch die bestveranlagten Rehböcke nur in den seltensten Fällen mehr als 1,5 Prozent ihres Körpergewichtes an Gehörngewicht aufweisen. Die Körperstärke ist zwar eine Voraussetzung, aber noch keine Garantie für ein höheres Gehörngewicht. Während der Zeit des Gehörnaufbaues müssen auch die dafür erforderlichen besonderen Nährstoffe, Mineralsalze und Wirkstoffe zur Verfügung stehen. Solange die Wildpretgewichte der Schneeberger Rehböcke nur etwa 20 kg betrugen, kamen die Gehörngewichte nie über 500 g hinaus. Die Fütterung entsprach damals nicht allen Anforderungen für ein hohes Körpergewicht und damit starker Gehörnbildung, und erst nach Änderung der Fütterungszusammensetzung gelang es, Gehörngewichte bis zu 700 g zu erreichen.“

Im einzelnen werden uns folgende Erfahrungsgrundsätze und Faustzahlen genannt: „Der Nahrungsbedarf des erwachsenen Rehes erfordert täglich etwa 500 g Stärkewert. Während der ersten 18 Monate des körperlichen Wachstums wird zur optimalen Entwicklung ein Verhältnis von verdaulichem *Eiweiß* zu *Stärkewerten* wie 1:5 bis 1:6 benötigt. Eine solche eiweißreiche Nahrung ist aber nur in den allerbesten Feldäsungspflanzen, wie junger Luzerne, Esparsette, Erbse, Futterwicke, Peluschke, Raps und Süßlupine und in naturbelassenen Gebieten und Auerevieren in den Knospen, Trieben, teilweise auch jungen Blättern der Eiche, Ulme, Buche, Weide, Birke, Aspe, Pappel, Erle, Himbeere, Brombeere und des Holunders sowie vieler anderer Baum- und Straucharten zu finden. Dort wachsen dann auch ohne menschliches Dazutun hochkapitale Böcke. Weiter hat sich die beste Eiweißnahrung des Kitzes und Jungrehes als zwecklos erwiesen, wenn nicht gleichzeitig die erforderlichen Mineralsalze und Wirkstoffe beigegeben wurden. Von den *Mineralsalzen* sind die wichtigsten der Kalk und die Phosphorsäure. Für den Aufbau eines Gehörns von etwa 600 g werden von November bis März, also während 150 Tagen, täglich 3 g phosphorsaurer Kalk benötigt, für den Knochen- und Gehörnaufbau des ein- und zweijährigen Bockes dagegen ganzjährig pro Tag 10 g phosphorsaurer Kalk.“[1]

„An *Wirkstoffen* werden genannt die Vitamine A, C und D. Das letztere kommt, im Gegensatz zu den anderen Vitaminen, in den Pflanzen nur selten vor, es tritt nur infolge intensiver Sonnenbestrahlung auf bzw. bildet sich durch letztere im Tierkörper selbst. Als künstlicher Ersatz wurde ein Kubikzentimeter ‚Vigantol für Tiere‘ für den täglichen Bedarf von 20 Stück Rehwild verabreicht und zwecks gleichmäßiger Verteilung auf die Kraftfuttermenge von 5 bis 10 kg mit 100 g Speiseöl verdünnt. Als Ersatz wird ultraviolett bestrahlte Hefe, und zwar 2 bis 3 g (nach Bubenik 3 bis 5 g) je Kopf und Tag empfohlen. Der Bedarf an dem Wachstumsvitamin A wurde durch die an ihm so besonders reiche Luzerne in grünem,

[1] Bubenick (Wildernährung) hält für Spitzenleistung (500 g schwere Stangen) einen Tagesbedarf von 4 g CaO und 4 g P_2O_5 und für Durchschnittsleistung (250 g schwere Stangen) 2,5 g Kalk und 2,5 g Phosphorsäure für erforderlich. Zur Zeit des Gehörnaufbaues hält er 50 g Roheiweiß auf je 10 kg Lebendgewicht pro Tag für ausreichend, auch zum Erzielen von Höchstleistungen.

getrocknetem oder siliertem Zustand gedeckt. Das Vitamin C, das in der Natur besonders reichlich in den jungen Trieben (vornehmlich der Akazien) vorkommt, wurde in Form von 200 bis 300 g roher, in Scheiben geschnittener Kartoffeln verabreicht. Diese wurden den Rüben vorgezogen, da sie den dreifachen Nährwert gegenüber den letzteren besitzen.

Unter Berücksichtigung aller Beobachtungen und Erkenntnisse sowie der Nährwerte der einzelnen Futtermittel wurde die tägliche Kraftfuttermischung pro Fütterung, also für ungefähr 20 Stück Rehwild, zusammengesetzt aus:

5 kg Mais, geschrotet,
3 kg Sesamkuchen,
2 kg Kokoskuchen,

also zusammen 10 kg Kraftfutter und etwa 6 kg Kartoffeln in Scheiben geschnitten.

Diese Kraftfuttermischung enthält nach den Analysendaten ungefähr 20 bis 24 Prozent verdauliches Eiweiß, 1,6 Prozent Kalk, 1,4 Prozent Phosphorsäure mit 70 bis 76 Prozent Stärkewerten, genügende Mengen Vitamin D und ein Verhältnis des Eiweißgehaltes zum Stärkewert wie 1 : 4,5. Sie ist die ideale Futtermittelzusammenstellung für das Rehwild im ersten und zweiten Lebensjahr, also in jenem Zeitabschnitt, der für die Körperausbildung des ganzen Rehwildbestandes sowie auch für die Gehörnentwicklung der Böcke von ausschlaggebender Bedeutung ist.

Sollten Sesam- und Kokoskuchen nicht zu erhalten sein, dann kann das Kraftfutter auch aus

5 kg Mais, geschrotet,
2,5 kg Sojaschrot und
2,5 kg Weizenkleie

zusammengestellt und mit entsprechenden Mengen Kartoffeln, dazu Wiesenheu nach Bedarf, vorgelegt werden. Bei dieser Zusammenstellung ist es zweckmäßig, dem Kraftfutter auf ungefähr 10 kg Gemisch noch etwa 100 g Vitakalk beizumengen; auch dieses Kraftfutter läßt gute Erfolge erwarten. Von der zuerst angeführten Kraftfuttermischung wurden dem Rehwild im Gatter Schneeberg ab 1937 je nach den verschiedenen Bedarfszeiten 300 bis 500 g und überdies 200 bis 300 g Kartoffeln pro Tag und Kopf vorgelegt, überdies in den Wintermonaten ohne Grünäsung auch noch zartes Grummetheu nach Belieben. Das Verhältnis des Eiweißgehaltes zum Stärkewert von 1 : 4,5 bis 1 : 5 ist sehr eng und nur gerechtfertigt bei ein- und zweijährigem Jungwild. Da aber eine gesonderte Vorlage für älteres Rehwild, das auch mit weniger Eiweiß auskommen würde, nicht möglich ist, darf man diese kleine Verschwendung an Eiweiß nicht scheuen, um dadurch eine hochwertige Entwicklung des Jungwildes und so des gesamten Rehwildbestandes zu sichern." Ende der Zitate.

Die Erfahrungen Vogts aus dem Gatter Schneeberg haben wir mit Absicht an den Anfang des Abschnittes „Winterfütterung" gestellt. Einmal beweisen sie, daß das Erscheinungsbild des Rehwildes unseren Wünschen entsprechend in weitestem Maße durch Verbesserung der Äsung beeinflußbar ist, denn Böcke verschiedener Schläge, also mit wahrscheinlich unterschiedlicher Erbmasse, reagierten in gleicher oder doch sehr ähnlicher Weise. Zum anderen geben uns diese Versuche sehr wesentliche Anregungen für eine umfassende und optimale Kraftfütterung im Gatter. Diese ermöglicht es uns zweifellos, auch in freier Wildbahn eine erhebliche Steigerung der Wildpret- und Gehörngewichte selbst dann zu erreichen, wenn wir die bereits besprochene Verbesserung der frei wachsenden Äsung während der Zeit der Vegetationsruhe nicht durchführen können (Revierverhältnisse, Klima), und wenn wir nicht bereit sind, den Rehwildbestand zahlenmäßig entsprechend der dem Revier eigenen, sogenannten „Ernährungsbasis" aufgrund des Engpasses zur Vegetationsruhe oder aber in Gattern herabzusetzen.

Auswirkungen der Ernährungsversuche in einem steirischen Gebirgsrevier

A. u. J. von Bayern haben im Prinzip diese Ernährungsversuche in *freier Wildbahn* erprobt. Der Erfolg war durchschlagend. Wildpretgewicht, Knochenwachstum und Trophäenqualität stiegen drastisch an. Man beachte die folgenden Tabellen aus ihrem Buch „Über Rehe in einem steirischen Gebirgsrevier".

Eine solche Kraftfütterung ist selbstverständlich von den vorhandenen Geldmitteln und von der Möglichkeit, das Rehwild rechtzeitig, d. h. schon mit Beginn der Vegetationsruhe, an eine solche Fütterung heranzubekommen, abhängig. In Weichselboden hat auch Meunier eine sogenannte Vitalitätskurve aufgestellt. Er errechnete Durchschnittsgewichte der erlegten Böcke für jede Altersstufe und fand eine gleichmäßig bis zum 5. Jahr aufsteigende und eine ebenso gleichmäßig wieder abfallende Kurve. Er schließt daraus, daß die Böcke durchschnittlich bis zum 5. Jahr schwerer, dann wieder leichter werden – ein unerwartetes Phänomen. Es ist dies tatsächlich eine fundamentale Entdeckung, welche alle möglichen Rückschlüsse erlaubt. Meunier interpretiert sie so, daß sie eine Widerspiegelung der Widerstandsfähigkeit des alternden Bockes ist und seine zunehmende Anfälligkeit bis zu seinem schließlichen Tod, der früher eintritt, als ihn der Zahnabschliff erzwingen würde. Wenn man die Behauptung aufstellt, daß Gewicht Kondition oder Vitalität widerspiegelt, wäre diese Feststellung

Größenzunahme nach Wildbretgewicht (aufgebrochen mit Haupt) (A. u. J. von Bayern)

Kategorie	Anzahl	Schwankung kg	Mittelwert	Sicherheitsgrad nach t-Test	Zunahme kg	Zunahme %
vor der Fütterung	40	9,5–17,0	14,01	99,9 %	–	–
Übergangszeit	27	14,0–23,0	17,42	99,9 %	3,41	24,3
nach der Fütterung	80	14,0–25,0	19,91*		5,90	42,1

* Im Jahre 1974 betrug das Durchschnittsgewicht der erwachsenen Böcke 20,5 kg.

Größenzunahme nach der Oberschädellänge
(Hinterhauptsnaht bis Spitze des Nasenbeins) (A. u. J. von Bayern)

Kategorie	Anzahl	Schwankung cm	Mittelwert	Sicherheitsgrad nach t-Test	Zunahme cm	Zunahme %
vor der Fütterung	43	13,9–15,8	14,80	99,9 %	–	–
Übergangszeit	28	14,6–15,9	15,19	99,9 %	0,39	2,6
nach der Fütterung	85	14,5–16,9	15,62		0,82	5,5

Zunahme der relativen Schädellänge
(= Schädellage in % der Schädelbreite) (A. u. J. von Bayern)

Kategorie	Anzahl	Schwankung %	Mittelwert	Sicherheitsgrad nach t-Test
vor der Fütterung	8	191–216	208	98 %
nach der Fütterung	77	199–230	215	

Auswirkungen der Ernährungsversuche in einem steirischen Gebirgsrevier

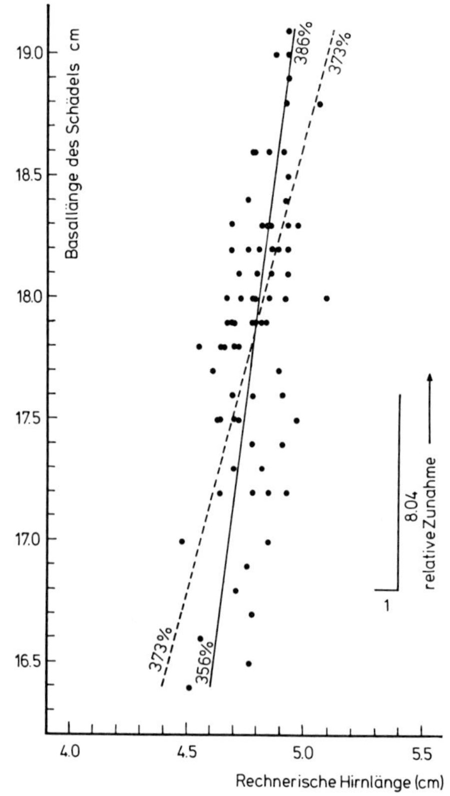

Verhältnis der Schädellänge zum Hirnvolumen (Kubikwurzel)

Vergleichsmaße: Basallänge vom Unterrand des Hinterhauptsloches bis zur Spitze des Zwischenkiefers (Schublehre, auf 1 mm genau). Kubikwurzel aus dem Hirnvolumen (Schrotfüllung, auf 1 ccm genau) als rechnerisches Längenmaß der Schädelkapsel. Mittlere „Hirnlänge" 4,79, mittlere Basallänge 17,88, d. h. durchschnittlich 373 % der „Hirnlänge"

Ergebnis: Wenn die Schädellänge bei der Größenzunahme relativ gleichbleiben würde, müßten sich die Punkte um die gestrichelte Linie gruppieren, die für jeden Wert der „Hirnlänge" als zugehörigen Wert der Schädellänge 373 % angibt. In Wirklichkeit gruppieren sie sich um die aus der Lage der Punkte allometrisch (Regression) errechnete ausgezogene Linie, die zeigt, daß der Prozentsatz ansteigt von 356 % bei 4,61 „Hirnlänge" auf 386 % bei 4,90. Damit ist die relative Zunahme der Schädellänge bei Vergrößerung bewiesen, unabhängig davon, ob ausreichend Schädel aus der Zeit vor der Fütterung vorliegen (A. u. J. v. Bayern)

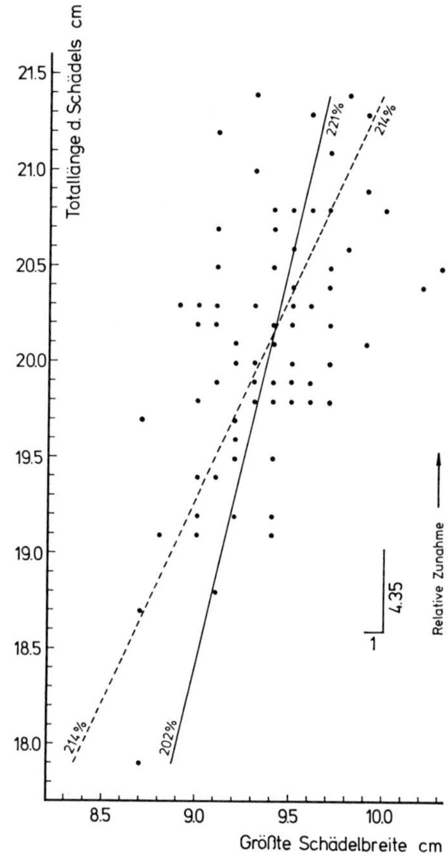

Verhältnis von Schädellänge zu Schädelbreite

Vergleichsmaße: Größte Schädellänge vom Hinterhaupt bis zur Spitze des Zwischenkiefers, größte Schädelbreite am unteren Rand der Augenhöhlen (Schublehre, auf 1 mm genau). Mittlere Breite 9,39 cm, mittlere Totallänge 20,15 cm, d. h. durchschnittlich 214 % der Breite

Ergebnis: Im Prinzip das gleiche wie im linken Diagramm. Die bestangepaßte Linie steigt von 202 % bei 17,2 cm Totallänge bis 221 % bei 21,4 cm. Das Ergebnis ist jedoch weniger schlüssig als im linken Diagramm wegen der großen Streuung der Werte (A. u. J. v. Bayern)

annehmbar. Den Verfassern mögen hier einige Zweifel erlaubt sein. Gewicht muß nicht optimales Gehörn bedeuten, wir kennen dazu viel zu viele Beispiele aus der Praxis. Wir bestätigen aber gern, daß die Vermutung naheliegt, daß das Gewicht eine wichtige Voraussetzung für die Kondition ist.

Gewöhnung

Wichtig ist die rechtzeitige Gewöhnung an Futterplätze und Futtertyp. Dies ist aber durch Umsicht und Geschick zu meistern. Zunächst ist alles, was unnatürlich wirkt, peinlich zu vermeiden. Befindet sich an passender Stelle eine bereits angenommene Salzlecke, so wird ein alter, nicht zu großer Futtertrog unmittelbar neben ihr aufgestellt, und wir können beginnen, Kraftfuttermittel, unter denen der Hafer und der Mais dem Rehwild meist die vertrautesten zu sein pflegen, vorzulegen. Es ist auf häufiges Verabreichen kleiner Futtermengen und auf größte Sauberkeit Wert zu legen. Beschmutzen durch Raubwild darf nicht möglich sein, denn Fuchs und Marder setzen mit Vorliebe dort ihre Losung ab. Industriell hergestelltes Kraftfutter soll nicht in mehliger, sondern in pelletierter Form verabreicht werden. Vorlagen von Heu sind nicht immer erfolgreich.

Fütterung und Standort

Wo wegen des milden Klimas Schwierigkeiten bestehen, das Rehwild überhaupt an eine Fütterung heranzubekommen, prüfe man zunächst, ob nicht die natürliche Äsungsverbesserung vorzuziehen ist. Wir müssen uns darüber klar sein, daß eine *unsachgemäße Fütterung große Gefahren* für unser überaus empfindliches Rehwild birgt, sie schadet dem Wild mehr, als wenn überhaupt nicht gefüttert wird.

Winterfütterung bedeutet in der Regel Konzentration des Wildes und damit oft wechselseitige Infektion mit Parasiten. Viele kleinere Futterplätze sind daher besser als Zentralfütterungen. Auf diesen kleinen Futterplätzen sollen wiederum einige Einzelfutterstellen (Tröge, Automaten) dafür sorgen, daß auch jedes Stück gleichzeitig, ohne Störung durch andere, Futter aufnehmen kann. Man glaube nicht, daß die sorgende Geiß die Kitze zuerst ans Futter läßt, um dann selbst zu äsen. Tatsächlich ist es so, daß sich das Muttertier den Waidsack vollschlägt und, einmal gesättigt, ungeduldig fiept, wenn die Kitze sich gar zu lange am Trog aufhalten. Wir haben auch beobachtet, daß eine alte Geiß eine Einzelfutterstelle für Tage blockierte, auch Böcke nicht heranließ und den Trog erst freiließ, als er von ihr geleert war.

Fütterungsketten, d. h. ein Angebot verschiedener Futtermittel an räumlich voneinander entfernten Stellen, um das Reh in der kalten Jahreszeit zum Ziehen zu veranlassen, mit der Absicht, es warm zu halten, sind unlogisch. Aktivitätsstudien zeigen, daß das Reh an kalten Tagen durch Bewegungslosigkeit Energie spart. Dasselbe gilt für die wechselseitige Beschikkung verschiedener Futterplätze.

Man bietet aus Automaten ständig Futter an. Um eine Überbeanspruchung des Verdauungsapparates zu vermeiden (ständige Umstellung der Pansenflora und anatomische Mageninnenwandveränderungen), ist Kraftfutter *kontinuierlich* und *unverändert* zu geben. Danach wird, wenn dies das Klima zuläßt, das Reh bis zu 50 % anderweitig Nahrung aufnehmen.

Kraft-, Saft- und Rauhfutter können ausgewogen zusammengemischt, aber auch getrennt, in verschiedenen Trögen oder Raufen verabreicht werden.

Man sollte verhindern, daß das Futter vom Boden genommen wird. Wir sollten also aus Trögen füttern. Die Raufen für das Rauhfutter müssen leicht erreichbar angebracht werden. Trotz aller Vorsichtsmaßnahmen läßt es sich aber nicht verhindern, daß die unmittelbare Umgebung stark durch Losung, welche unter Umständen Parasiten enthält, verunreinigt wird.

Selbsttätige Rehwild-Fütterung (BARRAN 1978)

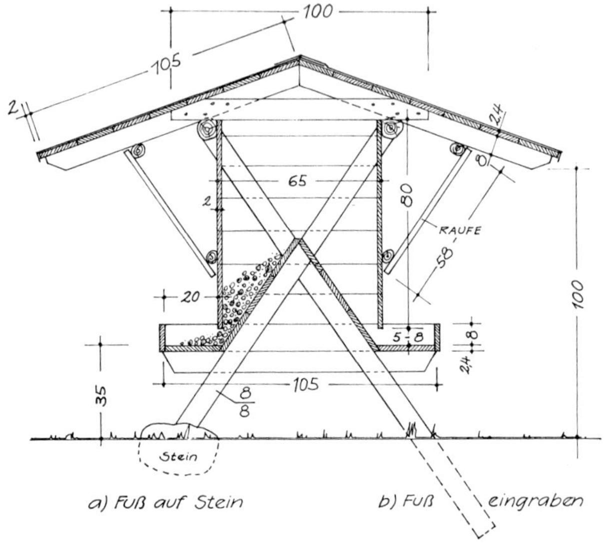

Nichtselbsttätige Rehwildfütterung (BARRAN 1978)

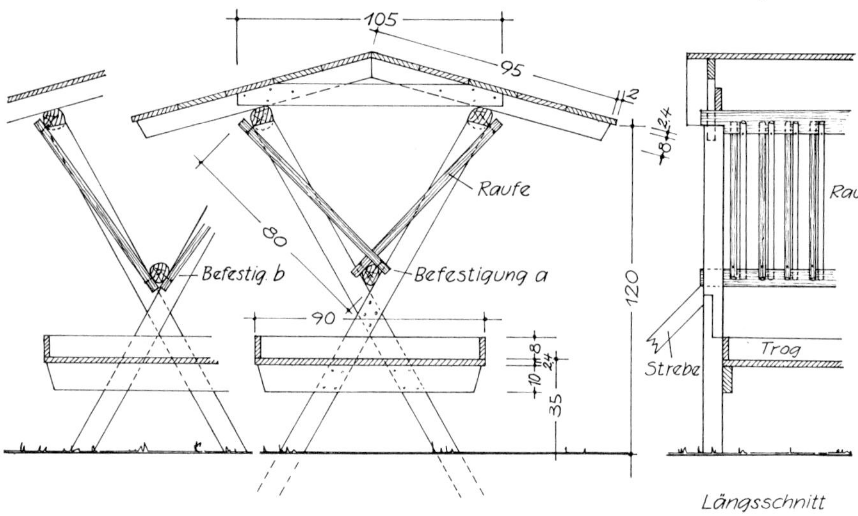

Dies ist in Revieren mit schwachem Parasitenbefall nicht weiter gefährlich. In stärker verseuchten Beständen muß aber eine Revierhygiene einsetzen, d. h., man entfernt häufiger Losung und übergießt sie im Februar/März mit Mitteln, welche Eier und Larven zuverlässig töten, wie z. B. Branntkalk.

Sehr wichtig ist weiter die richtige Auswahl beim *Standort der Fütterung*. Nach Möglichkeit wird man eine Stelle dafür nehmen, die schon vorher vom Rehwild bevorzugt wurde. Es wird sich also immer um eine warme, windgeschützte Lage handeln. Andererseits muß sie dem Wilde aber auch weiten Umblick gewähren, denn es fühlt sich nur dort sicher, wo es sich durch seine scharfen Sinne vor plötzlicher Überrumpelung durch Menschen, wildernde Hunde und dergleichen geschützt weiß. Manche Autoren empfehlen dagegen, die Fütterung inmitten einer Dickung (Einstand) oder nahe dem Rande einer irgendwie gearteten Deckung aufzustellen und haben auch damit große Erfolge. Während des Winters wird das Wild den Heger schon häufig in Sichtnähe der Fütterung erwarten. Es soll ihn dann schon von weitem

Links: Tonnen-Silo auf abgestrebtem Bock. Rechts: Einzelfütterung für Rehwild mit Deckel, der von den Tieren selber zur Futteraufnahme hochgeklappt wird (BARRAN 1978)

eräugen können und nicht durch sein plötzliches Erscheinen erschreckt werden. Darüber hinaus ist natürlich ein gut getarnter Hochsitz oder Schirm in der Nähe der Fütterung für eine regelmäßige Wildbeobachtung und für den hier immer besonders wichtigen Jagdschutz außerordentlich zweckmäßig. Die Nähe belebter Straßen und öffentlicher Wege (vergleiche „Tagesrhythmus des Rehwildes“, Seite 171) ist zu vermeiden. Im Gebirge sind solche Stellen zu wählen, die vor Lawinen und Steinschlag geschützt sind. Enge Täler eignen sich nicht, weil hier die erwärmende Sonne zu wenig eindringt. Die Fütterung soll auch bei tiefem Schnee mit einem Fahrzeug erreichbar sein. Ist dies nicht möglich, so ist die Fütterung für größere Einlagerungen einzurichten.

A. u. J. VON BAYERN empfehlen, bei der Herbstfütterung den Herbsteinstand, bei der Winter- und Frühjahrsfütterung die Winter- und Frühjahrseinstände bei der Auswahl der Futterstellen zu beachten. Ein Automat sollte immer Vögeln, die eingedrungen sind, das Entweichen ermöglichen.

Der Futterverzehr von anderen Waldbewohnern als Rehen ist im übrigen erheblich und wird vielfach unterschätzt. Und nochmals: Viele kleine Fütterungen, gut über das Revier verteilt, sind wenigen großen Fütterungen unbedingt vorzuziehen!

Rehwildfütterungen mit Rotwildschutz

Einige praktische Hinweise für Rehwildfütterungen mit einem Rotwildschutzgatter hat uns Revieroberjäger A. AMANN gegeben.

In den Rotwildrevieren wird das Rehwild meist mit Futterautomaten versorgt. Diese werden in der Regel je nach Wilddichte und Fassungsvermögen nachgefüllt. Trockener Kraftfuttervorrat rutscht darin selbsttätig nach.

In den Rotwildrevieren werden diese Rehwildfütterungen meist sehr schnell vom Rotwild

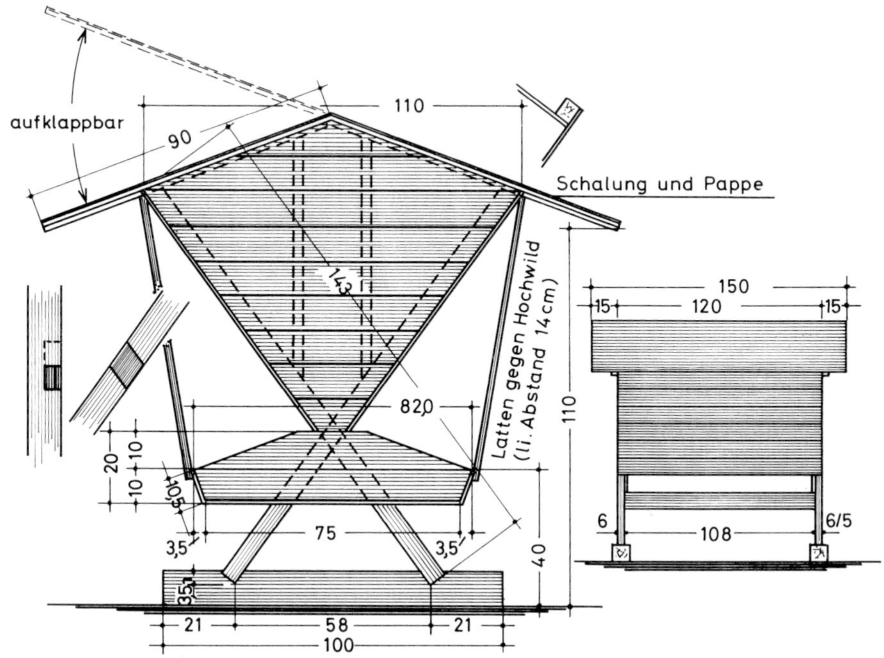

Rehwildfütterung

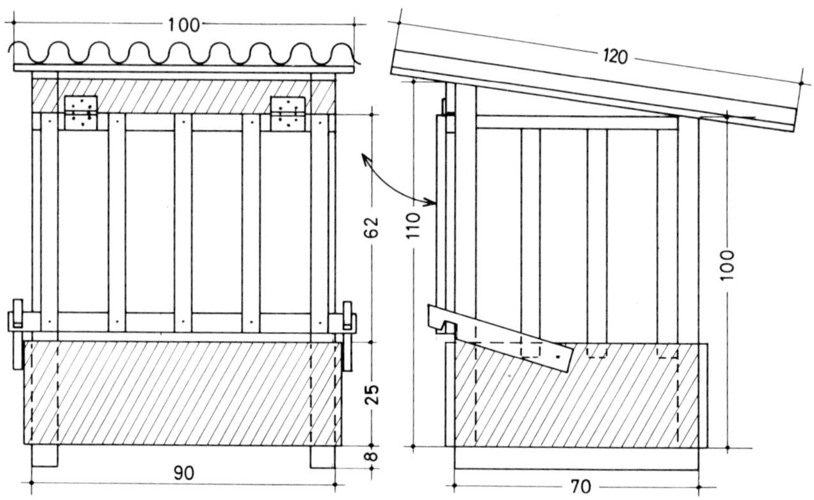

Rehwildfütterung für Futter aller Art

aufgesucht, das Rehwild hingegen verdrängt. Mit einer Art Kälberstall wäre das Problem zwar gelöst, diese Anlage ist aber sehr aufwendig und nicht ungefährlich.

Eine einfache, aber wirkungsvolle Möglichkeit, das Rotwild von den Rehwildraufen fernzuhalten, sind Latten um den Kraftfutterbehälter, die entsprechend dem Abstand der Schädelbreiten aufgenagelt werden (siehe Skizze).

Amann hat Schädelbreiten beim Kahlwild gemessen: Die des Alttieres beträgt in diesem Revier 13,5 bis 14 cm ohne Decke. Entsprechend der Gehörnauslage von Böcken – dies ist

Links: Rehwild-Naßfutterbehälter mit Rotwildschutz (für alle Arten von Silage). Rechts: Rehwild-Futterautomat für Kraftfutter mit Rotwildschutz (Photo: AMANN)

beim schiebenden Bock zu berücksichtigen – ergab sich als brauchbares Maß ein Lattenabstand von 14 cm. Das Rotwild bringt mit Ausnahme schwacher Kälber das Haupt nicht durch diese Latten und zieht deshalb bald auch nicht mehr zu den Futterautomaten. In sieben Jahren wurden keine durch Latten verursachte Bastverletzungen bei den Böcken festgestellt, öfter aber Abwurfstangen nebenliegend gefunden.

Die beschriebene Anlage ermöglicht das problemlose Verfüttern sämtlicher Futtermittel in Trögen, also auch des Saftfutters. Dieses wird in einen für Kraft- und Saftfutter geteilten Bodenkasten eingefüllt, der gegen Nässe mit einer Bedachung geschützt wird. Rundherum nagelt man den Rotwildschutz aus Dachlatten, lichte Weite 14 cm. Zur Vorderseite ist das Lattengitter als Klappe mit Scharnieren gearbeitet, um ein leichtes Einfüllen der Futtermittel und das Reinigen des Bodenkastens zu ermöglichen.

Tränke

Eine Fütterung steht ideal, wenn in ihrer Nähe ein auch bei tieferen Frostgraden offenes Wasser vorhanden ist. Zu der alten Streitfrage, ob das Rehwild schöpfe oder nicht, nimmt RAESFELD in seiner letzten Auflage dieses Werkes in bejahendem Sinne Stellung: „Daß das Wild nach Örtlichkeit, Äsung und Jahreszeit ein größeres oder geringeres Bedürfnis nach Wasser haben kann, ist ohne weiteres klar; ebenso, daß durch Anpassung und Gewöhnung dieses Bedürfnis hier geringer sein kann als dort. Aber daß ein Tierkörper wie der des Wildes, der zum größten Teil aus Wasser besteht, grundsätzlich und regelmäßig ohne besondere Wasseraufnahme bestehen können sollte, das widerstreitet aller Überlegung und Erfahrung." Als unzweifelhaft bezeichnet er, daß das Rehwild im Winter bei Trockenfütterung unbedingt Wasser braucht.

In Gatterversuchen wurde festgestellt, daß Silage den Wasserbedarf weitgehend decken kann (SCHAICH), daß aber bei ständigem Angebot von Trockenfutter und Saftfutter zusammen mit Wasser das Saftfutter nicht bevorzugt wird (TREICHLER). Ebenso lassen sich Rehe im Gatter nur mit Trockenfutter und Wasser hervorragend aufziehen (BARTH, SCHAICH), haben aber dann einen erhöhten Wasserbedarf.

Wer mit offenen Augen sein Revier begeht, wird in vielen Fällen Rat hinsichtlich der Wasserversorgung finden. Viel häufiger als man allgemein glaubt, gibt es im Bruchgelände oder in tiefen Senken Quellen, die nur noch dünn sickern und die man am leichtesten bei erstem Schnee auffindet. In den meisten Fällen sind sie durch Aufgraben brauchbar zu machen.

Zuweilen findet sich eine Lösung der Wasserbeschaffung, indem man einen vorhandenen Graben durch einen kleinen Damm aus festgestampftem Lehm aufstaut und somit genügend Wasser aufspeichert. Wo nur stehende Gewässer verfügbar sind, sollen während der Frostperioden täglich Schöpflöcher geschlagen werden. Zweckmäßigerweise geschieht dies zu der regelmäßigen Fütterzeit, die das Wild schon gewohnt ist. Dann wird es auch von den Schöpflöchern Gebrauch machen, bevor der Frost sie wieder verschlossen hat.

Andererseits wird sich das Reh aber immer in „wasserlosen" Revieren durch Wanderungen zu Wasserstellen zu helfen wissen. Reste von Niederschlag und Pfützen finden sich überall, und im Winter helfen sich die Tiere durch Ablecken von Rauhreif.

Erhaltungsbedarf pro Reh

In seinem Buch „Die Fütterung des Schalenwildes", erschienen 1971 in zweiter Auflage im Verlag Paul Parey, benennt Dr. UECKERMANN den Erhaltungsbedarf eines in freier Wildbahn lebenden Stückes Rehwild mit 50 g verdaulichem Eiweiß und mit 280 g Stärkeeinheiten. Dem entsprechen pro Kopf und Tag: 2–4 kg Grünäsung oder 2 kg Gehaltsfutterrüben und 0,25 kg industriemäßig hergestelltes Kraftfutter für Rehe. Die Kraftfuttergabe sinkt auf 0,20 kg, wenn als Saftfutter Kartoffeln (1 kg), Zuckerrüben (1,5 kg) oder Silage (1,5 kg) verwendet werden. Sämtliche Hackfrüchte sollen etwa haselnußgroß zerkleinert werden, was sich am leichtesten mit einem S-förmigen Stampfeisen bewerkstelligen läßt. Die von der Industrie für Wildfütterung hergestellten Kraftfuttermischungen werden dann besonders gut angenommen, wenn sie als Preßlinge von etwa 7 mm ausgeliefert werden. Sind diese speziell für Wild hergestellten Kraftfuttermischungen nicht erhältlich, kann unbedenklich auf ein anderes Mischfutter zurückgegriffen werden, sofern es nach dem Standard der Deutschen Landwirtschaftsgesellschaft (Milchviehfutter I, II oder III) zusammengesetzt und in harten Preßlingen von 7 mm Durchmesser geliefert wird. In diesen Mischungen sind Mineralstoffe und Spurenelemente bereits enthalten (300–1000 g/Tag). Dazu Rauhfutter oder Silage nach Bedarf, durchschnittliche Aufnahme 1–2,5 kg pro Tag und Stück. In vielen Revieren dürfte eine tägliche Futtergabe ausreichen, die der Hälfte der genannten Beispiele entspricht.

EISFELD dagegen steht auf dem Standpunkt, daß bei einem von ihm festgestellten Eiweißbedarf von 7,5 g für ein 20 kg schweres Reh (Lebendgewicht) täglich etwa 15 g verdauliches Roheiweiß gefüttert werden sollte. Das entspricht einem Verhältnis von verdaulichem Eiweiß zu Stärkeeinheiten von 1 : 19, entsprechend einem Kraftfutter von 700 Stärkeeinheiten, etwa mit 8 Prozent Roheiweiß/kg Trockensubstanz. Damit wäre der Eiweißbedarf praktisch mit allen üblichen Futtermitteln zu decken. Es sollte nach seiner Anschauung berücksichtigt werden, daß der Jäger durch die Winterfütterung das Reh lediglich ohne größeren Substanzverlust über die Notzeit bringen möchte und besondere Leistungen dem Tierkörper in dieser Zeit nicht abverlangt werden. (Das Wachstum der Föten und die Produktion des Gehörns bezeichnet er allerdings als geringe Leistung.) Er bewertet nicht die starke Energieabgabe durch Bewegung und Klima. Wir sind dagegen der Meinung, daß ein gutes Rehfutter 14–18 Prozent Rohprotein enthalten sollte.

Ansonsten herrscht über den Nahrungsbedarf des Rehwildes ein wahres Tohuwabohu von Meinungen, Publikationen und sogenannten Praxismitteilungen vor. Es läßt sich – wenn auch manches fast wie eine Religion verkündet wird – nur dadurch erklären, daß Rehe eben nicht nur örtlich verschiedene, sondern ganz allgemein sehr schwankende Ansprüche an die Nahrung und an den Nährwert der Äsung stellen.

Eine tragende Geiß hat nicht nur in den verschiedenen Trächtigkeitsstadien einen unterschiedlichen Nahrungsbedarf, sondern sie unterscheidet sich per se von anderem weiblichen Rehwild, nämlich weiblichem Kitz oder Schmalreh; ähnlich verhält es sich bei Böcken.

Unsere Faustregel ist sicher nicht irreführend: Ein 20 kg schweres Reh benötigt in nicht extremen Lagen 2–4 kg Grünmasse oder 30–50 g verdauliches Eiweiß und 200–300 Stärkeeinheiten, ferner als Optimum 4 g CaO + 4 g P_2O_5. Führende Ricken und Kitze benötigen mehr, 75–120 g verdauliches Eiweiß die Ricken und 50–60 g die Kitze.

Kraftfutter

Als Kraftfutter wird energiereiches Futter mit verschiedenem Gehalt an Nährstoffen bezeichnet. Neben dem industriell hergestellten Futter (s. o.) zählen dazu Hafer, Mais, Gerste, Weizen, Sesamexpeller, Sojamehl, Sojaschrot, Kokoskuchen und anderes. Kraftfutter ist der Hauptlieferant für Stärke, Eiweiß und organisches Fett, aber auch ein guter Versorger – je nach Sorte – von Mineralstoffen und Spurenelementen. Es sollte möglichst nicht ohne Saft- oder Rauhfutter verabreicht werden, eine gute Wasserversorgung ist sicherzustellen.

Saft- und Rauhfutter

Zweifellos gefährdet eine ungeeignete Winterfütterung unser Rehwild mehr als gar keine. Viele Revierinhaber verkennen noch immer, daß das Fallwild, das sie in der Nähe von Futterplätzen auffinden, häufig nicht trotz, sondern wegen der Fütterung zugrunde gegangen ist. Anschließend geistert dann zu Unrecht das Wort „Vergiftung" an den Stammtischen. Der Schaden wäre nicht eben groß, wenn hierbei die schwächsten Stücke abgegangen wären, wie dies durch die natürliche Auslese infolge eines strengen Winters geschieht. Leider ist das aber nicht der Fall. *Dringend gewarnt werden muß vor plötzlicher Futterumstellung.* Falsche Fütterung mit bereits verdorbenen oder in Zersetzung übergehenden Futterstoffen verursachten häufig schwerste Verdauungsstörungen bzw. sekundär eine Dauerinfektion mit Parasiten, die der sowieso schon geschwächte Organismus nicht mehr zu überwinden vermag – und solche Folgen treffen die starken Stücke im gleichen Maße wie die schwachen.

Ein Kardinalfehler, der immer wieder gemacht wird, ist die einseitige Versorgung des Wildes mit trockenem Rauhfutter während starker Frostperioden, ohne daß Wasser zum Schöpfen zur Verfügung steht. Die ausgehungerten Stücke füllen sich den Pansen übermäßig mit Heu. Daraus ergeben sich schwere Verdauungsstörungen, die zum Verenden der Stücke führen. Eine unvermittelt einsetzende Heufütterung kann ferner wegen der plötzlich einsetzenden einseitigen Belastung der Darmflora zu Todesfällen führen.

Der tägliche Wasserbedarf bei natürlicher Futterzusammensetzung beträgt etwa 1350 ml auf je 10 kg Lebendgewicht und steigt bei unzweckmäßiger Fütterung, z. B. Luzerneheu allein, bis auf das Dreifache! Möglicherweise nimmt das Wild in seiner letzten Not auch Schnee in solchen Mengen auf, daß weitere Schädigungen die Folge sind. Saftfutter ist also Heu unbedingt vorzuziehen.

Bei Saftfutter muß u. U. in Kauf genommen werden, daß es nach kurzer Zeit steinhart friert. Es wird trotzdem aufgenommen werden. Schließlich lebt unser Rehwild in natürlichen Vorkommensgebieten mit großer Winterkälte wochen- und monatelang überwiegend von gefrorener Äsung. Vermischt man es mit Weizenkleie, hält es auch sehr niedrige Temperaturen aus, ohne zu gefrieren. Versetzt man es zusätzlich mit Sojaschrot und ungequetschtem Hafer, erhält man ein wertvolles Futter auf Apfeltresterbasis.

Natürlich wird man dem Wild die Aufnahme von *Hackfrüchten* dadurch erleichtern, daß man sie zerkleinert. Der Heger wird auch bestrebt sein, dem Wild diese Früchte zuzuführen, bevor sie steinhart gefroren sind. Hierfür gibt es verschiedene Möglichkeiten. Man füttere immer zur gleichen Stunde, so daß das Wild zu der ihm vertrauten Zeit alsbald an die Fütterung tritt, und es ist zu empfehlen, die Hackfrüchte mit einer Schicht Kaff oder besser noch mit dem Kleinblattabfall abzudecken, der sich reichlich auf Heuböden, besonders wo Kleeheu gelagert wurde, findet. Eine gute Methode, Hackfrüchte während strenger Frostperioden zu verfüttern, stellt die *Erdmiete* dar, der man das tägliche Quantum entnimmt und unmittelbar daneben unter einer dicken Kaff- oder Strohschicht, die durch einzelne Erdbrokken zu beschweren ist, verabreicht. Die stehengebliebenen, steifgefrorenen Erdwände der Miete bedeuten noch einen zusätzlichen Wärmeschutz. Das Rehwild schlägt sich dann nach Bedarf die frischen Früchte selbst heraus, und auf dem verbrauchten Teil einer solchen Miete mit ihrer dicken Strohschicht tut es sich mit Vorliebe nieder. Der Verparasitierung kann dabei allerdings Vorschub geleistet werden.

Bei der Frage, welche Hackfrüchte verwendet werden sollten, müssen wir uns vergegenwärtigen, daß das Rehwild nur ein verhältnismäßig geringes Quantum aufzunehmen vermag, und daß es deshalb entscheidend darauf ankommt, ihm Nährstoffe in möglichst konzentrierter, aber pansengerechter Form zu bieten. Hier steht zweifellos die *Kartoffel* an erster Stelle, denn sie enthält soviel verdauliches Eiweiß wie die Rübe. Außerdem ist sie reich an Vitamin C, das für das Rehwild besonders wichtig ist. Unter den Rübenarten ist die *Zuckerrübe* mit Abstand die für unseren Zweck wertvollste. Sowohl Kartoffeln als auch Zuckerrüben haben einen verhältnismäßig geringen Wassergehalt, der aber immer noch 75 % der Masse ausmacht. Bei getrockneten Rübenschnitzeln ist Vorsicht geboten, weil sie im Pansen zusammen mit Wasser erheblich aufquellen können und bei übermäßiger Aufnahme zu schweren Koliken führen. Gut ist eine Fütterung von Trockenfrüchten bei guter Wasserversorgung und richtig dosierte, d. h. nicht zu hohe Beigabe von Markstammkohl. Nach Möglichkeit sollte man auch hier dem Anspruch des Rehwildes hinsichtlich vielseitiger Äsung Rechnung tragen (obwohl es sich an einseitige Nahrung durchaus gewöhnt) und die verschiedenen Trocken- und Frischfrüchte gemischt reichen, sofern man nicht der Kartoffel als Saftfutter den verdienten Vorrang einräumt, wenn dies das Klima erlaubt. Sie ist zwar verhältnismäßig teuer im Einkauf, falls man sie nicht selbst auf dem Wildacker anbaut, aber wenn man bedenkt, daß es nicht auf die Masse, sondern auf die in ihr enthaltenen Grundnährstoffe ankommt, so wird man leicht feststellen, daß bei der Rehwildfütterung die teuersten Futtermittel im Hinblick auf den Nutzeffekt tatsächlich die billigsten sind.

In Obstbaugebieten steht uns in den sogenannten *Obsttrestern* ein billiges Saftfutter zur Verfügung. Sie werden am besten direkt aus den Keltereien ins Revier gefahren und dort in kompakten Futterhaufen möglichst hoch aufgeschichtet und mit einem Brett festgeklopft. Während des Schichtens werden die Obsttrester gesalzen; bei gleichmäßiger Verteilung genügen 35 bis 40 kg Viehsalz auf 1 bis 1½ cbm Masse. Wurden Packpressen beim Keltern verwandt, muß die nun fehlende Feuchtigkeit durch Wasser ersetzt werden. Die reichliche Salzbeigabe ist nicht nur Lockmittel für das Rehwild, sondern sie verhindert selbst bei stärkerem Frost ein Zusammenfrieren des Futterhaufens ebenso wie den Zersetzungsprozeß und die Schimmelbildung. Das Rehwild nimmt diese Fütterung zunächst zögernd, aber im weiteren Verlauf des Winters um so gieriger an. Die sogenannten Naßtrester oder solche, die längere Zeit auf Höfen gelagert und verunreinigt wurden, sind für die Fütterung ungeeignet. Auf Apfeltrester gehen wir anschließend gesondert ein.

Schließlich ist hier noch ein ausgezeichnetes Saftfutter zu erwähnen, das uns auf denkbar billige Weise zufließt, und von dem in Jägerkreisen leider noch allzu wenig Gebrauch gemacht wird. Wir meinen die *Silage* oder das *Gärfutter*. Bekanntlich haben wir im Frühsommer auf Wiese und Wildacker eine Überfülle eiweißreicher Pflanzenäsung. Für ihre Konservierung bedarf es eines Behälters aus Holz, Zement oder Blech und einer Isolierung durch Dachpappe oder Anstrich. Auch einfache Erdgruben erfüllen durchaus den gleichen Dienst. Dieser „Silo", dessen Boden am besten betoniert wird, muß so im Erdboden versenkt werden, daß das überschüssige Wasser ablaufen kann, also am besten auf einer abfallenden Fläche. Für eine solche Silage geeignet ist jedes Grünfutter, das kurz vor der Blüte gemäht wird, außerdem der zweite Wiesenschnitt. Sobald die Masse lufttrocken ist, wird sie in den Silo eingebracht, und nun kommt es entscheidend darauf an, die Masse möglichst fest einzulagern. Jede Schicht muß deshalb für sich festgetreten werden. Am leichtesten bilden sich in Ecken Hohlräume, weswegen runde Silos vorzuziehen sind. Eine Zugabe von Melasse zu der Grünmasse empfiehlt sich. Ist der Silo gefüllt, so wird er mit einer sauberen Strohschicht abgedeckt und durch eine etwa 40 cm dicke Lage gestampften Lehmes abgedichtet. Die Grünmasse sackt alsbald stark in sich zusammen, und wer den vollen Siloraum ausnutzen will, muß beim Vollfahren einen hölzernen, später wieder zu entfernenden Aufsatz verwenden. In der ersten Zeit bilden sich Risse in der Lehmdecke, die alsbald durch Anfeuchten und Festtreten geschlossen werden müssen. Die Größe eines solchen Silos richtet sich naturgemäß nach dem zu versorgenden Wildbestand, ein Fassungsvermögen von etwa 10 cbm dürfte die Norm sein.

Oberjäger Albert Höhn silierte mit bestem Erfolg Apfeltrester, die möglichst frisch aus der Mosterei noch am gleichen Tage in einen festen Behälter eingebracht und, schon bei den unteren Lagen beginnend, festgestampft bzw. -getreten wurden. Die fertige Füllung wurde obenauf mit Folie abgedeckt, die mit Erde oder mit Sandsäcken beschwert wurde, um durch hohes Gewicht die Bildung von Hohlräumen und den Luftzutritt zu verhindern. Die Silage war nach vier bis sechs Wochen fertig. Die natürliche Obstsäure machte Zusätze entbehrlich.

Für das Verfüttern der Silage an Rehwild hatte Höhn einen glänzenden Einfall: Er kaufte billig alte Sauerkraut- und Heringsfässer, in die nach Entfernen von Deckeln und Böden die gut zerkleinerte Silage nebst Beimischungen unter Zusatz von Wasser fest eingestampft wurde. Im Revier wurden die Fässer waagerecht und etwa 50 cm über dem Boden auf Böcke gelegt. Ein solches Faß nahm rund 115 kg Silogemisch auf. Das Rehwild, das diese neue Art einer Fütterung von beiden Seiten stürmisch annahm, verbrauchte bei Schneelage im Durchschnitt 2,5 kg je Stück und Tag. Er verbesserte diese Anlage noch dadurch, daß er an jedem Faßende Preßplatten anbrachte, die oben vor Regen schützten und unten abbröckelndes Futter auffingen bzw. das Auslegen von trockenem Kraftfutter ermöglichten.

Seine erprobte Aufbesserung der Apfeltrestersilage hat den Zweck, das Futter mit Eiweiß anzureichern, so daß es auf ein Eiweiß-Stärke-Verhältnis von etwa 1:5 kam. Auf etwa 80 kg Silage je Faß mischte er 7,5 kg Sojaschrot, 10 kg Leinkuchen, 5 kg Luzerneheu (künstlich getrocknet und vorgehäckselt) sowie 1 kg phosphorsauren Futterkalk und zwei Hände voll Viehsalz bei. Dazu gab er je nach der Feuchtigkeit des Tresters 5 bis 7 l Wasser. Zum ersten Anfüttern des Rehwildes legte er die Trestersilage ohne Beimischung einfach auf dem Boden aus. Als vereinfachte Mischung empfahl er: 50 kg Trester, 12 kg Sesamschrot, 5 kg Futterhaferflocken, 750 g phosphorsauren Futterkalk und entsprechend Wasser. Oder: 50 kg Trester, 12 kg Sojaschrot, 500 g phosphorsauren Futterkalk und entsprechend Wasser.

Er stellte auf jedem Futterplatz je nach örtlichem Wildbestand ein bis drei Fässer auf und fuhr alle sieben Tage neues Futter hinaus. Im Frühherbst und Spätfrühling verabreichte er aus Futterautomaten ein Gemisch aus Mais, Hafer, Bohnen (geschrotet), Leinkuchen, Weizenkleie, Zuckerrüben-Trockenschnitzel mit Melasse, jungem Luzerneheu (wie schon beschrieben) und Eicheln sowie auch dann Futterkalk und Mittel gegen Wurmbefall, damit der Vorliebe des Rehwildes für vielerlei Futterarten Rechnung tragend.

Wir sehen in der Silage gerade für unser Rehwild ein ideales Saftfutter, das nach Gewöhnung auch bevorzugt angenommen wird. Sie ist es wirklich wert, daß größere Reviere, vor allem aber auch die staatlichen Forstämter, sie in verstärktem Maße benutzen. Die Kosten, die mit dem Silobau verbunden sind, werden sich gewiß in wenigen Jahren bezahlt machen. Silage, welche für Hauswiederkäuer von Bauern hergestellt wird, ist wegen ihres Eiweiß-Stärke-Verhältnisses für Rehe nicht sehr geeignet.

Rieger und Schaich, die wohl als erste intensiv mit Apfeltrester experimentierten, füllen den Apfeltrester direkt in Plastiksäcke ab und stampfen den Inhalt fest. Nach dem Vergären werden die Säcke an die Futterstellen gebracht und lediglich genügend große Löcher in den Sack geschnitten. Schaich setzt im Verhältnis 1,5 : 1 : 0,5 aus dem entleerten Sack Apfeltrester, Weizenkleie, Hafer und Soja hinzu. Soja kann in den Monaten von Ende November bis Ende Januar weggelassen werden, ein Zusatz von vitaminreichem Mineralfutter mit engem Ca:P-Verhältnis ist nötig. Das Reh bedient sich dann selbst.

Gall verwendet folgende Mischung mit bestem Erfolg:

25 Prozent Apfeltrester
25 Prozent Hafer, nicht geschrotet, da Rehwild ein Wiederkäuer ist
10 Prozent Sojaschrot
10 Prozent Melasse-Zuckerrübenschnitzel
10 Prozent Weizenkleie
5 Prozent Malzkeimlinge
15 Prozent Milchaustauscher, durch einen Muser gelassen, damit sie auch Feuchtigkeit an das Futter abgeben.

Alles wird gut durchgemischt, es soll ein Feuchtfutter, kein Naßfutter sein. Wildverbißschäden gehen dadurch auf ein Minimum zurück.

Wir verweisen hier auch auf die von Suchant beschriebene Fütterungsmethode auf S. 278.

Ueckermann empfiehlt zur Aufwertung des nährstoffarmen Apfeltresters den Zusatz von eiweißhaltigem Biertreber. Damit ließe sich auch ein preiswertes und doch hochwertiges Alleinfutter (für 5 t) aus 3 t Apfeltrester, 1 t Biertreber, 600 kg Mais, 350 kg Sojaschrot, 25 kg Mineralstoffgemisch herstellen. Eine so gewonnene Silage hat einen Futterwert von etwa 45 g verdaulichem Eiweiß und 230 Stärkeeinheiten, das Eiweiß-/Stärkewertverhältnis liegt etwa bei 1 : 5. Diese Futtermischung ist praktisch als Alleinfutter zu betrachten. Zu raten wäre allerdings, gutes Leguminosenheu nach Bedarf in Raufen vorzulegen.

Auch bei der Wahl des *Rauhfutters* sollte weit mehr Wert auf seine Qualität gelegt werden, als dies bisher geschieht. Immer wieder wird irgendwelches Wiesenheu ins Revier geschafft, und wenn es dann wenig oder überhaupt keinen Zuspruch findet, wird daraus gefolgert, daß das Rehwild eben keinen Mangel leide. Ebensogut kann man sein Geld aus dem Fenster hinauswerfen. Die Wiesengräser haben durchschnittlich ein Eiweiß-/Stärkeverhältnis von 1 : 10, und wenn der Schnitt, wie häufig, zu spät, d. h. nach der Blüte, erfolgt, ist das Wiesenheu hinsichtlich seiner Nährstoffe noch ärmer. Das Reh hat einen täglichen Bedarf von 500 bis 600 g Trockenmasse. Deckt es ihn durch minderwertiges Wiesenheu, so fällt der Anteil an verdaulichem Eiweiß gar nicht ins Gewicht. Gerade beim Rauhfutter sollte deshalb das beste gut genug sein. Im Gegensatz zu dem Saftfutter enthält das Heu nur 20 und weniger Wasserprozente.

Waldsilage

Dieses saftreiche Rauhfutter gewinnt man durch Einsilieren proteinreicher Triebe in einem sehr arbeitsaufwendigen Verfahren. BUBENIK beschreibt sie als Mischung von Gräsern, Kräutern, Laub und Nadelholzzweigen. SCHEIRING empfiehlt Verbißsilage (Gras vermischt mit Tannen und Laubholzzweigen) in Kunststoffässern mit beidseitig abnehmbarem Deckel.

Mast

Haben wir viele Buchen im Revier und ein Mastjahr, so hilft uns das bei nicht zu hoher Schneelage sehr bei der Winterfütterung. Leider tritt aber dieser segensreiche Zustand nur etwa alle sieben Jahre ein. Auch die Mast der Eichen verläuft recht unterschiedlich. In vielen Revieren werden deshalb seit altersher Eicheln oder Kastanien angekauft, um sie als natürliches Kraftfutter dem Saft- und Rauhfutter zuzugeben. Jedoch unterlaufen hierbei nicht selten Fehler in der Lagerung, und die Folge davon ist, daß das Wild die Annahme verweigert. Eicheln und Kastanien dürfen nicht tagelang im Sack stehenbleiben oder auf Haufen geschichtet werden oder sich gar erhitzen, sondern sie müssen sofort nach dem Sammeln sachgemäß eingemietet werden. Dies geschieht in der Weise, daß sie in niedrigen Erdgruben flach geschichtet und lediglich mit einer etwa 10 cm hohen Laubschicht (nicht etwa mit Erde!) bedeckt werden. Eine solche Miete muß zum Schutz vor Mäusen mit einem steilwandigen Stichgraben oder durch engmaschiges Drahtgeflecht gesichert werden. Die von Fachgeschäften gelieferten Eicheln und Kastanien sind bereits getrocknet und an einem trockenen luftigen Platz leicht in gutem Zustand zu halten. RAESFELD empfiehlt in seinem Werk „Die Hege in freier Wildbahn", die getrockneten Eicheln und Kastanien zwecks leichterer Aufnahme durch das Wild und besserer Bekömmlichkeit in Wasser aufzuquellen. Für Rehwild ist ein Quetschen oder Zerkleinern der getrockneten Kastanien unbedingt nötig.

Zu Vergleichszwecken mögen hier einige Analysen nach VOGT-SCHMID „Das Rehwild" folgen.

Futtermittel	Trockenmasse	Enthält in Prozenten				
		Rohfett	Verdauliches Eiweiß	Stärkewert	Kalk CaO	Phosphorsäure P_2O_3
Eicheln, frisch, mit Schale	50,0	2,4	2,2	40,0	0,10	0,15
Kastanien, frisch, ungeschält	50,8	1,5	1,5	34,0	0,20	–
Hafer	87,5	4,8	7,0	60,0	0,11	0,63
Mais	87,0	4,2	7,2	80,0	0,05	0,75
Kokoskuchen	89,0	7,0	17,6	74,7	0,53	1,35
Sojaschrot, extra	89,0	1,0	41,5	73,0	0,53	1,53
Sesamkuchen	90,5	8,5	37,5	72,5	3,00	2,50

Der interessierte Leser möge sich nun von seinen Lieferanten ein Preisangebot machen lassen und nach einem sorgfältigen Vergleich feststellen, bei welchem Futtermittel er den wichtigen Nährstoff „Verdauliches Eiweiß" am billigsten erhält.

Vitamine

Einleitend sei betont, daß unsere Kenntnis über diese Wirkstoffe aus der Human- und Veterinärmedizin abgeleitet werden müssen, es ist jedoch anzunehmen, daß die grundlegende Funktion von Vitaminen auch für unser Reh verbindlich ist. Vitamine sind lebensnotwendige organische Verbindungen, die vom Organismus höherer Tiere oder des Menschen nicht oder nicht ausreichend synthetisiert, d.h. selbst gebildet, werden können. Sie müssen daher dem Körper als Nahrung zugeführt werden. Man teilt sie in fettlösliche (Vitamin A, D, E, K und „F“) und wasserlösliche (Vitamin B, C, P) ein. Sie kommen in Pflanzen und Tieren vor, werden aber auch teilweise von Mikroorganismen im Verdauungstrakt synthetisiert. Beim Rehwild liegen uns aus freier Wildbahn aufgrund der natürlichen Lebensweise keine Berichte über Vitaminmangelkrankheiten vor. Bei langandauernder Winterfütterung ist aber ein Vitaminzusatz zu empfehlen. Man bezeichnet die Vitamine mit Großbuchstaben und teilt sie nach ihrer Wirkung ein.

Vitamin A

Es wird im Körper aus seinen Provitaminen, den Karotinen (β-, α-, γ-Karotin) erzeugt und auch Epithelschutzvitamin genannt. Wie der Name sagt, beeinflußt es das Epithel von Haut und Schleimhäuten und gibt diesen Widerstandsfähigkeit gegen Infektionserreger. Es wirkt u.a. günstig auf die Funktion der Geschlechtsdrüsen, auf das Wachstum und auf das Dämmerungssehen. Biestmilch (Kolostrum), dies ist die nach einer Geburt produzierte Milch, ist besonders reich an Vitamin A, da der juvenile Organismus nicht gut damit ausgestattet ist. Es wird in Leber, Nieren, Keimdrüsen und in der Lunge gespeichert.

Die mit der Nahrung aufgenommenen Karotine (in grünen Pflanzen wie Luzerne, Gemüse, Karotten, Spinat, Kresse, Hagebutten etc. vorkommend) werden vor allem in der Dünndarmschleimhaut zu Vitamin A abgebaut und zwar durch Oxydation in Gegenwart von Fett und Gallensäuresalzen. Dies ist auch in Leber, Muskeln und Serum möglich. Anschließend wird es gespeichert, der Organismus hat also normalerweise Vitamin-A-Reserven und Avitaminosen (vollkommener Mangel) sowie Hypovitaminosen (teilweiser Mangel) sind deshalb selten.

Vitamin D – Gruppe der antirachitischen Vitamine

Vorstufen sind Provitamin D bzw. D_3 und Ergosterin, Provitamin D_2. D_3 ist das natürlich vorkommende, der ursprünglichen Bezeichnung entsprechende Vitamin D, es entsteht durch ultraviolette Bestrahlung von Vitamin D_2 (Sonnenlicht!). Vitamin-D-wirksame Faktoren kommen in Lebertran, Fischen, Butter, Milch, Hefe und Pilzen vor.

Vitamin D fördert die Resorption von Kalzium aus dem Darm, es ist am selektiven Einbau des Kalziums in den Knochen beteiligt, und es begünstigt die Rückgewinnung von Phosphor in den Nieren (und vermeidet dadurch eine zu große Phosphorausscheidung im Harn). Mangelerscheinungen sind Knochenweiche (Rachitis, Osteomalazie) und Verzögerungen beim Durchbruch der Zähne. Vitamin-D-Mangel regelt aber ebenso bei Bedarf (Trächtigkeit) den Entzug von Ca und P aus den Knochen. Der Stoffwechsel dieser drei Komponenten hängt eng zusammen, er folgt dem Gesetz des Minimums, d.h. wenn auch nur ein Stoff in nicht genügender Menge zur Verfügung steht, leidet der gesamte Mechanismus. Eingehendere Zusammenhänge hinsichtlich der Geweihbildung beim Reh sind jedoch noch nicht genug erforscht, obwohl manche Autoren annehmen, daß zur Zeit des Geweihwachstums Mineralstoffe aus Skelettdepots mobilisiert werden. Täglicher Bedarf ca. 600 I.E.

Vitamin E (früher Antisterilitätsvitamin) Tocopherol

Vorkommen in pflanzlichen Produkten wie Weizen, Maiskeimen, Kresse, Salat, Hafer, Gerste und in tierischen Produkten wie Fleisch, Milch und Eidotter.

Gibt im intermediären Stoffwechsel als Antioxydans anderen Vitaminen und vor allem Hormonen Oxydationsschutz. Setzt den Sauerstoffverbrauch und den Grundumsatz der Gewebe herab. Es ist verantwortlich für Anlage und Funktion des Keimdrüsenepithels und wirkt auf Bildung der gonadotropen Hormone ein.

Vitamin B – Komplex

Bisher sind aus diesem Komplex 14 Vitamine bekannt, sie werden teils mit der Nahrung aufgenommen, teils durch Darmbakterien synthetisiert. Wichtige Vertreter sind B_1 – Aneurin (Kohlehydratstoffwechsel), B_2-Komplex mit B_{12}. Mangelerscheinungen beim Reh wurden bislang nicht bekannt.

Vitamin C – Ascorbinsäure – Antiscorbut-Vitamin

Vorkommen in frischen Früchten, Gemüse, grünen Pflanzen, Milch. Es erhöht die natürliche Widerstandskraft gegen Infektionskrankheiten und Streß-Situationen und ist durch Mitwirkung bei der Steroid-Hormon-Synthese von Bedeutung. Wiederkäuer können es wahrscheinlich nicht synthetisieren. Beim Reh sind Mangelerscheinungen nicht bekannt. Täglicher Bedarf: ca. 20–30 mg.

Die Abhandlung der anderen Vitamine mag uns hier erspart bleiben, da, wie schon bedeutet wurde, beim wildlebenden Reh keine Mangelerscheinungen bekannt sind, und da das Wissen hierüber ohnehin aus der Haustierphysiologie abgeleitet werden muß. Wir betrachten es nicht als unsere Aufgabe, derartige Daten abzuschreiben.

Kalk, Phosphor, Spurenelemente

So wichtig es ist, auf dem Wildacker und auf der Wildwiese durch entsprechende Düngung vollernährte Pflanzen zu erzeugen, so wichtig ist auch eine Beigabe von Kalk (CaO) und Phosphorsäure (P_2O_5) zur Winterfütterung. Da die Phosphorsäure an Kalk gebunden ist, müssen beide gemeinsam behandelt werden. Nach den Untersuchungen von Wöhlbier ist ein Kalkmangel in der Wildäsung sehr selten. Er kommt nur auf ausgesprochen kalkarmen Böden, wie z. B. auf Urgestein oder stark ausgelaugten Sandböden vor. Dagegen ist der Phosphorsäuremangel sehr weit verbreitet. Lediglich dort, wo das Wild die Möglichkeit hat, auf landwirtschaftlich intensiv genutzten Böden, d. h. also z. B. in Zuckerrübengegenden, reichlich zu äsen, kann genügend Phosphorsäure in der Äsung vorhanden sein. Deshalb muß also bei der Winterfütterung normalerweise für eine Phosphorsäurezufuhr Sorge getragen werden. Benützt man hierfür handelsübliche Futterkalke, wird auch der Kalkbedarf gedeckt, falls ein solcher noch vorliegen sollte. Entscheidend ist aber das Verhältnis von Ca : P = 1 : 0,7. Deshalb ist das geeignete Präparat Dicalciumphosphat, auch phosphorsaurer Futterkalk genannt (in erstklassiger Qualität). Ob man nun Kraftfutter bzw. natürliche Mast gibt oder sich auf Saft- und Rauhfutter beschränkt, immer sollte man deshalb pro Tag und Kopf 3 bis 5 g „Phosphorsauren Futterkalk“ (oder 1½ Prozent des Kraftfutters) überstreuen.

Hierzu noch ein Hinweis auf Spurenelemente. Nach Wöhlbier können auf Urgestein und ausgelaugten Sandböden ein Kobalt- und Kupfermangel und auf Moorböden eventuell noch ein Manganmangel auftreten. Um dem vorzubeugen, empfiehlt er, je 100 kg Kraftfutter etwa je 1 g Mangansulfat und Kupfersulfat und ½ g Kobaltsulfat zuzusetzen. Daraus erhellt, um wie winzige Mengen es sich hier handelt.

Notzeit und Schneepflug

Ist die ständige Winterfütterung und mit ihr die Möglichkeit, die Äsungsverhältnisse während der ungünstigsten Jahreszeit optimal zu gestalten, dem Geschmack und Belieben des einzelnen Revierinhabers überlassen, so ist die Fürsorge für das Wild während der Notzeit gesetzlich verankerte Pflicht für alle. Der Revierpächter, der um diese Zeit wochenlang seinen Jagdgründen fern bleibt, wird einen solchen Notstand nicht rechtzeitig erkennen können. Er muß also

Sorge dafür tragen, daß er von seinem Jagdaufseher bzw. einem Jagdgenossen rechtzeitig benachrichtigt wird, falls kein Berufsjäger vorhanden ist. Vielfach dürfte die Winterfütterung überhaupt weniger an der Futterbeschaffung als an der Person des Fütterers scheitern. Dies braucht aber nicht zu sein, es gibt viele Jungjäger, die gern eine solche Aufgabe übernehmen würden, um überhaupt praktisch mit dem Waidwerk in Berührung zu kommen.

Ein Notbehelf für den Heger ist der Schneepflug, der in fast jeder Gemeinde vorhanden ist oder leicht behelfsmäßig mit ein paar Bohlen und Stangen herzustellen ist.

Es kommt nun darauf an, die einzelnen Futterstellen durch die Bahn des Schneepfluges miteinander zu verbinden und – wo immer dies möglich – Äsungsflächen, wie Heidekrautstreifen, üppige Saatäcker usw., freizulegen. Das Fährtenbild am Tag darauf wird jeden von der Wichtigkeit einer solchen Hegemaßnahme überzeugen. Schließlich kann uns längs der Schneepflugbahn noch das Fällen allerlei Weichhölzer und knospenreicher Laubbäume, deren planmäßiger Hieb für solche Gelegenheit vorsorglich aufgespart wird, über eine solche Notzeit mit ihren für die Entwicklung des Jungswildes und der Gehörnbildung verhängnisvollen Folgen hinweghelfen.

Zusammenfassende Futterregeln

1. *Grundregel: Handelsübliche Kraftfuttermittel.* Nur sie und natürliches Kraftfutter ermöglichen uns im härteren Klima die optimale Steigerung der Körper- und Gehörngewichte, und zwar auch nur dann, wenn konzentrierte, im richtigen Nährstoffverhältnis zusammengesetzte Futtermittel (s. S. 345) verwendet und bereits ab Beginn der Vegetationsruhe bis zum Frühjahr regelmäßig gereicht und angenommen werden. Der volle Erfolg zeigt sich aber erst, wenn die Kitzklasse, deren Jugendwachstum durch eine derartige hochwertige Ernährung von Grund auf gefördert wurde, heranreift. Sesam- und Kokoskuchen müssen in nußgroßen Stücken, industrielle Kraftfutter pelletiert, niemals zu Mehl vermahlen, verabreicht werden. Nach drei starken Kitzklassen hintereinander – also nach 5 Jahren Fütterung – zeigt sich der erste wesentliche Erfolg.

2. *Grundregel: Natürliches Kraftfutter (Mast)* ermöglicht eine gute Steigerung der Körper- und Gehörngewichte. Eicheln und Kastanien behalten nur dann ihren Nährwert, wenn sie sachgemäß eingemietet wurden (s. S. 345).

Nochmals sei darauf hingewiesen, daß die Verfütterung von Mais an Rehwild nicht unproblematisch ist. Dieses an sich äußerst wertvolle Futtermittel bezeichnet DINGELDEIN als nur bedingt für die Rehwildfütterung geeignet. Da es extrem reich an Stärke, extrem arm an Ballast- und Strukturstoffen ist, kann es bei Überladung des Magens zur Quellung der Körner kommen. Infolge der Struktur- und Ballastarmut setzt der über Reflexe gesteuerte Reiz zum Wiederkäuen aus. Der Speichel neutralisiert nicht länger, die Kohlehydratbestandteile des Mais werden in Säuren, insbesondere Milchsäure, aufgespalten. Es tritt eine starke Magenübersäuerung ein, die natürliche Darmflora bricht zusammen. Die hohen Säuremengen im Magen bewirken über das Blut die sogenannte Blutübersäuerung (Blutacetose). Diese führt zur Störung der Herztätigkeit und schließlich zum Herzversagen. Die Tiere können innerhalb von 24–48 Stunden sterben.

3. *Grundregel: Erhaltungsfutter* (Rauh- und Saftfutter) während Notzeiten zu verabreichen, ist Mindestverpflichtung des Revierinhabers, nach unserer Auffassung zu wenig.

Fütterung erst bei plötzlich eintretender, hoher oder verharschter Schneelage kommt aber erfahrungsgemäß immer zu spät. Daher sind ständige, vom Wild bereits vertraute, früher beschickte Fütterungen notwendig. Nur regendicht gedeckte Fütterungen erhalten das Futter in einwandfreiem Zustand. Saftfutter ist dem Rauhfutter vorzuziehen.

a. *Rauhfutter:* Luzerne-, Serradella-, Klee- oder Wiesenheu nur bester Qualität. Es muß zu Beginn der Blüte geschnitten und einwandfrei (am besten bei Reutern) geworben sein! Je blattreicher das Rauhfutter, desto besser ist es. Heu minderer Qualität wird nicht vom Rehwild angenommen, Beschaffung und Transport ins Revier würden Verschwendung und sogar Gefahr bedeuten.

b. *Saftfutter:* Am besten in Scheiben geschnittene Kartoffeln, in zweiter Linie stark zerkleinerte Zuckerrüben, dann Gehaltrüben, Futterrüben und Steckrüben, Markstammkohl, frischer Obsttrester usw. Bei Zuckerschnitzeln ist Vorsicht geboten, da sie im Pansen aufquellen und bei übermäßiger Aufnahme Koliken verursachen.

c. *Silage, Apfeltrester* (s. S. 344), Waldsilage und Grassilage sind sehr empfehlenswert, weniger Silomais.

4. *Grundregel: Kalk und Mineralstoffe:* Was wir bisher für Kalkmangel hielten, dürfte meistens Phosphormangel sein. Deshalb sollte man „Phosphorsauren Futterkalk" (Dicalciumphosphat) bei jeder Fütterung verwenden! Näheres hierüber und über Spurenelemente (s. S. 347).

5. *Grundregel:* Man soll gleichmäßig und kontinuierlich füttern und nicht mehr verabreichen, als tatsächlich aufgenommen wird, um das Verderben des Futters zu vermeiden; dies ist auch bei Futterautomaten wichtig. Futterlose Tage sind schlecht. Bei Verfütterung großer Kraftfuttermengen ist reichliches Wasserangebot wesentlich. Die Fütterung mit verdorbenem Material ist noch verhängnisvoller als gar keine. Je besser die Qualität des Futters, desto geringer die Kosten im Verhältnis zum Nutzeffekt. Plötzliche Futterumstellung muß vermieden werden; sie soll 2–3 Wochen dauern.

Argumente für eine Fütterung

Zusammengefaßte Argumente für eine Fütterung während der Zeit der Vegetationsruhe

1. Ziel der Winterfütterung ist nicht der überhöhte Wildbestand. Die Fütterung darf auch keine Entschuldigung dafür sein, Biotopverbesserungen zu unterlassen, wo das zur Äsungsvermehrung möglich ist. Wir wiederholen hier: Trotz Fütterung darf der Bestand nicht überhöht werden.
2. Die Behauptung, Wildfütterung beim Reh führe zur Domestikation, ignoriert alles, was wir klar definiert über Domestizierung wissen. Es besteht kein Unterschied zwischen der Anlage von Äsungsflächen durch den Menschen und von Futtergaben an Futterstellen. Da wir weder Astronautennahrung noch künstlichen Harnstoff verfüttern, sondern in der Natur gewachsene Früchte, beginnt hier eine gewisse Absurdität Platz zu greifen.
3. Fütterung bewirkt keine negative Auslese, besonders dann, wenn der Jäger zeitig, sofort nach Beginn der Jagdzeit, eingreift und durch einen geeigneten Wahlabschuß alles ausmerzt, was schwach ist.
4. Allein die Wildschadensverhütung ist bereits Rechtfertigung für die Fütterung in der vegetationsarmen Zeit und in der Notzeit, besonders, wenn man das gängige Schlagwort vom sauren Regen ernst nimmt.
5. Die erstmals von SCHAICH geäußerte Ansicht, daß es keine Mastrehe gibt, rechtfertigt die Anlage von Äsungsflächen und eine Fütterung in der vegetationsarmen Zeit.
6. Auch wenn die Herbstmastsimulation sehr starke wissenschaftliche Opposition fand, liegt ihr ein faszinierendes Denkmodell zugrunde, welches weiterverfolgt werden sollte. In diesem Buch zitierte Arbeiten, in Bonn-Beuel durchgeführt, konnten weder die Tatsache der in diesem Buch von BARTH, SCHAICH und ELLENBERG publizierten Futteraufnahme und Gewichtskurven, deren Richtigkeit und Kontrollierbarkeit aus der Welt schaffen noch

den von anatomischen Gegebenheiten im Jahresablauf abhängigen Wechsel des Futterrhythmus widerlegen.

7. Es ist zwischen wiederkäuergerecht oder artgerecht zu unterscheiden. Rehwild ist ein Konzentratselektierer.

Bluteinkreuzung und Neubestandsgründung

In der letzten von ihm herausgegebenen Auflage dieses Werkes beschließt RAESFELD den Abschnitt „Blutauffrischung und Kreuzung" mit dem bezeichnenden Satz: „Wer seinen Rehbestand verbessern will, muß mit der Besserung der Heimat den Anfang machen." Damit will er aber die Maßnahme, lebendes Rehwild zu verpflanzen, keineswegs in Bausch und Bogen ablehnen. Vielmehr bekennt er sich ein paar Seiten zuvor zu dem Glauben, „daß dort, wo man imstande ist, unter Benutzung aller Hilfsmittel einer waidgerechten Hege dem Rehwild zusagende Lebensverhältnisse zu schaffen, die Blutauffrischung ein Mittel ist, den Fortschritt zu beschleunigen".

Wenn man bedenkt, wieviel Zeit darüber vergeht, bis sich die Umweltverbesserung auswirkt, und wenn man weiter berücksichtigt, daß der ganze Erfolg solcher Maßnahmen erst dann sichtbar wird, wenn der erste in den vollen Genuß dieser Umweltverbesserung gelangte Kitzjahrgang herangereift ist, hätte eine Beschleunigung des Fortschritts nicht eben wenig Reiz.

Das allgemeine Urteil über den Wert einer Bluteinkreuzung bei unserem Schalenwild hat sich als sehr wandelbar erwiesen. Etwa um die Jahrhundertwende wurde die „Blutauffrischung" geradezu zum Schlagwort, und man sah in ihr alles Heil. Offenbar verfiel man damals in den Fehler, Erfahrungen und Erkenntnisse einer im Aufblühen befindlichen Haustierzucht in ungenügend durchdachter Weise auf das Wild der freien Wildbahn auszudehnen. Man zog zur „Blutauffrischung" – wie in der Tierzucht – vornehmlich männliche Stücke heran und übersah hierbei, daß den eingeführten „Zuchthirschen oder -böcken" mangels jeder Möglichkeit, die Paarung mit reviereigenen Stücken zu steuern, geschweige denn zu fördern, sehr enge Grenzen gezogen waren. Der züchterische Einfluß weiblicher Stücke wurde vielfach übersehen. Nicht selten wird sogar der starke Fremdling vom schwachen einheimischen Vatertier aufgrund des Übergewichtes, das Bodenständigkeit nun einmal zu verleihen pflegt, verjagt und vom fruchtbaren Beschlag ausgeschlossen. So kam es dann in den meisten Fällen, wie es kommen mußte: Die wenigen in die freie Wildbahn ausgesetzten Stücke konnten sich bei der Kreuzung nicht durchsetzen, und ihre Erbmasse wurde bald „ausgemendelt".

Eine weitere Ursache zwangsläufigen Mißlingens kann auch darin gelegen haben, daß man dem Grundsatz, nur Wild aus gleichartigem oder ungünstigerem Biotop, niemals aber aus besserer Umwelt und weicherem Klima einzuführen, vielfach zuwiderhandelte.

Dies zeigt erneut, daß auch bestes Erbgut ohne ausreichende Ernährungsgrundlage nicht zum Tragen kommt.

Wir glauben, zuerst einmal die zwei Problemkreise, nämlich *Bluteinkreuzung* und *Neubestandsgründung*, scharf trennen zu müssen.

Nach allem, was wir zur Entwicklungsgeschichte und zum Erbgut des Rehwildes – seiner außergewöhnlichen Anpassungsfähigkeit, aber auch seiner Standortabhängigkeit – gesagt haben, ist die Bluteinkreuzung als solche abzulehnen. Die erheblichen Mittel, die für eine derartige Maßnahme aufgewendet werden müssen (und die nach allem, was wir wissen, höchstens kurzfristigen und vordergründigen Erfolg bei der Erlegung „dicker Böcke" bescheren), wären schon mittelfristig in der von uns immer wieder betonten Umweltverbesserung bzw. Fütterung bei standortgerechter Bestandesdichte wesentlich besser angelegt. Selbst der in der letzten Auflage dieses Werkes noch als einziger positiv verlaufende Einkreuzungsversuch im Revier Bad Schwalbach ist nach eigenen Erkundigungen der Verfasser heute nicht mehr spürbar, und das, obwohl UECKERMANN 1951 anhand der erfaßten Wildpretgewichte noch eine deutliche, den Durchschnitt des heimischen hessischen Rehwildes übertreffende Qualität der Nachkommen des von 1906 bis 1910 ausgesetzten polnischen Rehwildes glaubte feststellen zu können. Zweifellos positiver sind Neubestandsgründungen zu beurteilen, soweit die Umweltvoraussetzungen dafür gegeben sind.

Zwei Fälle, bei denen aufgrund der Insellage eine vollkommene Isolierung des ausgesetzten Rehwildes gegeben war, sollen hier geschildert werden:

Neubestandsgründung auf den friesischen Inseln

Es handelt sich zunächst um die Nordseeinsel Föhr. Im November 1938 wurde vom Reichsjagdamt eine Arbeitsgemeinschaft zur Erforschung des Rehwildes ins Leben gerufen. Hierbei kam es in erster Linie darauf an, die Einflüsse der Umwelt auf Körper- und Gehörngewichte des Rehwildes experimentell nachzuweisen, um der übermäßigen oder doch einseitigen Bewertung des Faktors „Erbgut", wie sie zu jener Zeit besonders stark in Erscheinung trat, entgegenzuwirken. Über die Ergebnisse dieser allzubald durch den Ausbruch des Krieges lahmgelegten Arbeitsgemeinschaft brachte RIECK, in Wild und Hund, 58. Jahrgang, Nr. 1, einen ausführlichen Bericht, dem wir nachstehend auszugsweise folgen:

„Eines der geplanten Forschungsvorhaben war der Versuch, zwei neue Rehwildbestände zu begründen, die als Ausgangsmaterial einmal das stärkste, das andere Mal das geringste Rehwild hatten, das zu beschaffen war. Für die Ansiedlung mußten Räume gefunden werden, die rehwildleer waren, aus denen das Wild nicht fortwechselte, und zu denen keine fremden Stücke zuwandern konnten. Diese Voraussetzung erfüllten ohne Verursachung großer Kosten die Nordseeinseln Norderney und Föhr.

Auf der ostfriesischen Insel *Norderney*, 1500 ha groß, wurden im Januar und Februar 1939 vier starke Stücke Rehwild aus dem Tetzer Bruch bei Kellenberg, Kreis Jülich, ausgesetzt. Das Rehwild entstammte der Zucht des Grafen HOENSBROECH, der in den Jahren 1921 bis 1928 mit mitteleuropäischem, dänischem, ostpreußischem und galizischem Wild Kreuzungen erprobt hatte. Die Stücke dieser Zucht erreichten Körpergewichte bis zu 30 kg aufgebrochen. Der Versuch mißglückte, weil alle Stücke im Watt ertranken oder zum Festland abwanderten. Der Krieg unterband eine Wiederholung dieser Experimente.

Die nordfriesische Insel *Föhr*, 8200 ha groß, zum größten Teil aus Marsch, zum kleineren aus Geest bestehend, wurde für die Einbürgerung des schwachen Rehwildes ausersehen. Der Geestteil besteht fast ausschließlich aus Feldern mit Getreide, Kartoffeln, Rüben und Grünfutter. Hier liegen auch einige kleine Gehölze mit Kiefer und Fichte. In der Marsch sind in die Wiesen und Weiden Getreidefelder, vorwiegend Haferfelder, eingesprengt. Tiefergelegene Gebiete haben Rohrbestände, die mit Weidengebüsch durchsetzt sind. Sechs Entenkojen enthalten dichtes Unterholz verschiedener Laubbäume und Sträucher. Der Geestboden ist stark humoser Sand, dem durch Mineraldüngung Kalk zugeführt wird. Der Boden der Insel ist im allgemeinen fruchtbar.

Im März wurden im Revier Orr, nordwestlich von Köln, zwei männliche und zwei weibliche Stücke gefangen und auf Föhr ausgesetzt. Dazu kam noch ein Bock aus dem Revier *Lauffenberg*, westlich von Düren. Über die Qualität dieser Stücke wird weiter unten berichtet werden. Im Mai 1939 wurde ein weibliches Stück verendet gefunden, im gleichen Jahr ist einer der Böcke im Watt ertrunken, so daß der Ausgangsbestand der Insel Föhr auf zwei Böcke und ein weibliches Stück absank.

Die Stücke wurden auf der Geest in einem kleinen Kiefernwäldchen am Südrande der Insel freigelassen. Hier hielten sie sich bis zum Jahre 1944 auf. Einzelne Stücke wechselten vom ersten Jahre an vorübergehend in die Marsch, und 1942 nahm dort ein Teil des Bestandes ständig seinen Einstand in dem mit Rohr und Weidengebüschen bestandenen Umland. Diese Rohrdickungen und einige Entenkojen sind bis heute die Haupteinstandsgebiete, während die Gehölze auf der Geest 1944 verlassen wurden. Wenn das Getreide und Gras hochgewachsen sind, verteilen sich die Stücke, bis durch die Ernte die Deckung wieder eingeschränkt wird. Da ein Teil der Rohrpläne gemäht und dadurch die Deckung sehr spärlich wird, steht das Rehwild im Winter in größeren Sprüngen ganz nach Art der Feldrehe auf den Äckern der Geest.

Die zahlenmäßige Entwicklung des Bestandes läßt sich nur noch in großen Zügen schildern, da die Hauptaufzeichnungen durch Kriegseinwirkung verlorengegangen sind. Wahrscheinlich führte bereits im Aussetzungsjahr die Ricke zwei Kitze. Im März 1941 wurden sechs Stück an der Einbürgerungsstelle gesehen. Im Winter 1941/42 waren 13 Stück vorhanden, davon sieben männliche Stücke. Vor dem Kriegsende im Jahre 1945 wurde der Bestand auf 60 Stück geschätzt. In der Folgezeit trat ein Stillstand in der Entwicklung ein, weil eine Anzahl Rehe von Unberechtigten abgeschossen wurde und vor allem der Kitzzuwachs durch wildernde Hunde zu einem großen Teil vernichtet wurde. Hinzu kamen noch erhebliche Verluste durch den strengen Winter 1946/47. So ist es nicht verwunderlich, daß im Frühjahr 1950 der Bestand die Zahl von 60 Stück noch nicht überschritten hatte. Nach Wiederkehr normaler jagdlicher Verhältnisse stieg die Zahl im Frühjahr 1952 auf etwa 100 Stück, 1953 auf 160 Stück und erreichte 1955 die Höhe von 180 Stück. Die Fallwildverluste sind nicht unerheblich gewesen, wie die bisher verendet gefundenen 23 männlichen, 19 weiblichen und 10 Stück ungenannten Geschlechts beweisen. Die Todesursachen wurden im allgemeinen nicht ermittelt. Im besonderen ist zu erwähnen, daß fünf Stück, vorwiegend im Sommer, und zwar bemerkenswerterweise nur Böcke, im Watt ertrunken und am Ufer angetrieben sind. Offenbar sind die Böcke auf der Suche nach neuen Einständen zur Ebbezeit ins Watt gezogen und durch die Flut vom Land abgeschnitten worden, während Ricken anscheinend nicht so stark zur Besiedlung neuer Lebensstätten drängten.

Der Abschuß begann 1950 und lieferte bis 1955 insgesamt 35 Böcke, 11 Ricken und 5 Kitze. Von jedem Stück wurden das Wildpretgewicht festgestellt und das Alter nach der Zahnabnutzung geschätzt. Jedes Gehörn wurde vermessen und photographiert. Unter den Böcken, deren Gehörne bisher von mir vermessen wurden, befanden sich 17 reife Stücke, deren geschätztes Alter zwischen drei und zehn Jahren lag. Die vier besten Gehörne weisen 105 bis 120 cm^3 Volumen und 76,3 bis 88,2 Punkte auf.

Über die Herkunft der ausgesetzten Stücke lassen sich nicht so viele Angaben machen, wie für den Vergleich mit dem Rehwild auf Föhr wünschenswert wäre. Der ziemlich isolierte Rehwildbestand in *Orr*, nordwestlich von Köln, aus dem vier der ausgesetzten Stücke stammten, war in der Gehörnbildung und im Wildpretgewicht schlecht. Die Stücke machten einen kümmerlichen Eindruck. Die Böcke setzten Gehörne auf, die kaum Lauscherhöhe erreichten. Lediglich ein im Jahre 1932 erlegter Bock hatte ein gutes Gehörn aufgesetzt, und ein im Jahre 1935 verludert gefundener Bock trug ein Gehörn, das weit über dem Durchschnitt lag, der vorher und nachher anzutreffen war. Die Gehörne dieses Reviers sind durch Kriegseinwirkung vernichtet worden, so daß eine Vermessung nicht vorgenommen werden konnte. Die Wildpretgewichte von vier Böcken, die 1936 bis 1938 geschossen wurden, waren 8, 9, 12 und 13 kg.

Das Revier *Lauffenberg*, westlich von Düren, ist ein Bergwald-Revier am Rande der Eifel.

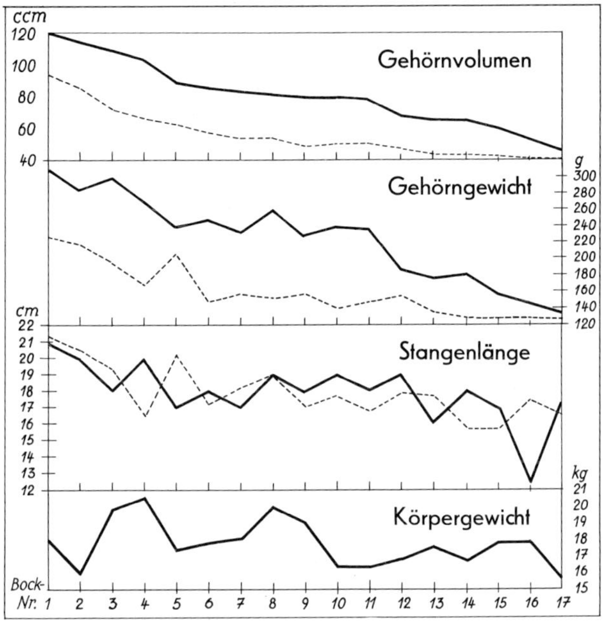

—— Föhr - - - - - Lauffenberg
Vergleich von Gehörnen aus Föhr (1950–1955) mit solchen aus Lauffenberg (1934–1945)

Das Rehwild wird für die Zeit vor dem Kriege als sehr schlecht bezeichnet. In den Jahren 1938 bis 1944 wird das Durchschnittsgewicht der Böcke mit 13 kg angegeben. Aus der Zeit von 1934 bis 1945 sind 28 Gehörne vorhanden. Unterkiefer fehlen, so daß eine Abgrenzung der Jugendformen von den Reifeformen des Gehörns daher nicht vorgenommen werden konnte. Diese Gehörne wurden vermessen. 18 der Gehörne, die das höchste Volumen aufwiesen, wurden mit den reifen Gehörnen auf Föhr in Vergleich gesetzt. Das Ergebnis ist obenstehend erläutert. Das Volumen und das Gehörngewicht liegen erheblich unter dem der Föhrer Rehe; die Stangenlänge ist die gleiche.

Nach allen Tatsachen, die herangezogen wurden, ist festzustellen, daß sich auf der Insel Föhr ein Rehwildbestand entwickelt hat, der besser ist als sein Herkunftsmaterial. Die Wildpretgewichte liegen über dem deutschen Durchschnitt von 14,9 kg (nach BIEGER, Beiträge zur Wild- und Jagdkunde), die Gehörnstärke zeigt zwar die große Streuung, die in allen Rehwildbeständen auftritt, jedoch ist der Anteil der guten Gehörne wohl normal. Der Bestand hat sich aus einer Ricke und zwei Böcken geringer Qualität bei zwangsläufiger Inzucht entwickelt. Daraus muß gefolgert werden, daß der schlechte Zustand des Rehwildes in den Herkunftsgebieten nicht eine Folge der Degeneration, d. h. eine Verschlechterung des Erbgutes sein konnte. Wenn eine geringe Qualität im Erbgut festgelegt gewesen wäre, hätte sie sich bei den Nachkommen in dem neuen Lebensraum auf Föhr innerhalb des relativ kurzen Zeitraumes nicht ändern dürfen. Unterstrichen wird diese Feststellung dadurch, daß trotz Inzucht mit geringen Stücken keine Verschlechterung, sondern eine Verbesserung des Körpergewichts und der Gehörnstärke eingetreten ist. Sie kann nicht als eine Folge der Handhabung des Abschusses nach bestimmten Gesichtspunkten ausgelegt werden, weil durch die Bejagung keine Auslese oder züchterische Beeinflussung stattgefunden hat. Obwohl der Bestand nur aus drei Stücken hervorgegangen ist, sind die Gehörnformen der Nachkommen recht unterschiedlich. Hieraus ist zu schließen, daß die Gehörnform über den allgemeinen Bauplan des Rehgehörns hinaus erblich nicht besonders straff festgelegt sein kann. Die erheblichen Unterschiede in der Gehörnstärke können wegen der engen Verwandtschaft der Böcke nicht so sehr auf große Verschiedenheiten der erblichen Anlagen für die Gehörnbildung zurückgeführt werden, sondern mehr auf umweltbedingte Einflüsse.“

Wiedereinbürgerung auf Fehmarn

Hinsichtlich des zweiten Falles, diesmal eine Wiedereinbürgerung von Rehwild, beziehen wir uns wiederum auf Ueckermann (1956):

„Anfang Oktober 1955 suchte ich die Ostseeinsel Fehmarn (18 700 ha) auf und fand dort die sehr gut gelungene Rehwildbesiedelung eines Raumes vor, der bisher rehwildleer war. Bessere Voraussetzungen hätte auch ein unter wissenschaftlicher Leitung stehender Verpflanzungsversuch kaum schaffen können. Eine Auswertung war möglich und wird auch in Zukunft weitere Hinweise und Ergebnisse bringen, die nicht nur den Wissenschaftler interessieren, sondern auch der Praxis zugute kommen. Wie mir Hegeringleiter Hüttmann, Landkirchen, berichtete, hatte die Insel bis zum ersten Weltkrieg einen zahlenmäßig sehr geringen Rehwildbestand. Wahrscheinlich waren einige Stücke über die Eisbrücke des nur wenig mehr als 1 km breiten Fehmarn-Sund auf die Insel gelangt. Die Qualität des damaligen Rehwildes unterschied sich nicht von der des Rehwildes auf dem angrenzenden Festland. Im Verlauf des ersten Weltkrieges soll das Rehwild gänzlich abgeschossen worden sein, so daß die Insel ab 1918 als rehwildleer angenommen wird.

Im Jahre 1935 entschlossen sich daher einige Jäger der Insel, eine Neubesiedlung mit Rehwild vorzunehmen. Es wurden drei Böcke und fünf Ricken über den Tierpark Hagenbeck aus Dänemark bezogen, und zwar Ende 1935 bzw. Anfang 1936. Sie wurden als erwachsene Stücke gefangen und stammen nach den von dieser Firma angestellten Nachforschungen sämtlich aus dem Revier Svenstrup auf Seeland (Dänemark), dessen Besitzer Baron J. Wedell-Neergaard ist. Die angekauften Stücke wurden nicht gezeichnet und an zwei Stellen, in der Nähe des Sahrensdorfer Binnensees und einige Stücke auch im Norden im Bereich des Nördlichen Binnensees, ausgesetzt. Von hier aus breitete sich das Rehwild bis heute über die ganze Insel aus. Haupteinstands- und Hauptverbreitungsgebiete und damit auch Räume höchster Siedlungsdichte wurden die umfangreichen Schilfgürtel der verlandenden Binnenseen. Der Lebensraum auf Fehmarn unterscheidet sich von dem des Festlandes wesentlich. Nur 7 ha Wald sind im Südosten der Insel vorhanden. Sie spielen heute als Einstands- und Lebensraum für das Rehwild kaum eine Rolle. Deckung und Einstand findet das Wild außerhalb der Zeit des stehenden Getreides nur in den Schilfgürteln, in geringerem Umfang auch in den Knicks. Bis zur Ernte lebt das Rehwild vornehmlich im Getreide, danach bis Ende November in den Schilfgürteln und im Winter in großen Sprüngen (bis zu 30 Stück) auf den Feldern, um dann im Frühjahr wieder zum großen Teil in den Schilfgürteln seinen Einstand zu nehmen.

Die heutige Höhe des Rehwildbestandes auf der Insel Fehmarn wird auf rund 550 Stück geschätzt. Da dieser Bestand, wie gesagt, aus acht dänischen Rehen entstanden ist, dürften die heutigen Inselrehe alle sehr eng verwandt und, nach der vielerorts noch herrschenden Vorstellung einer in jedem Falle schädlichen Inzucht, sehr schlecht und ‚degeneriert‘ sein. Aber das Gegenteil ist der Fall. Das Rehwild auf Fehmarn gehört nach Körperstärke und Gehörnbildung zu den besten Rehwildschlägen Deutschlands, wie dies anhand der folgenden Daten bewiesen werden kann. Das Durchschnittsgewicht der dreijährigen und älteren Böcke beträgt nach den aufgezeichneten Gewichtsdaten 20,4 kg und schwankt zwischen 18 und 24 kg. Das Gehörngewicht für ausgereifte Böcke geht oftmals über 300 g hinaus und erreichte bisher als Höchstwerte 400 g. Als Mittelwert der Gehörngewichte der bisher erlegten ausgereiften Böcke errechnete ich für das noch sehr kleine Material 282 g. Auffällig ist auch die

Gehörnhöhe, die im Mittel 23,6 cm beträgt und bis 28 cm steigt. Das vorherrschend helle, hornige Aussehen des Gehörns der meisten auf Fehmarn erlegten Böcke ist sicher standortbedingt. Sowohl die Schilfeinstände als auch die Ackereinstände bieten nur wenig oder keine Gelegenheit, das Gehörn intensiv zu fegen. Knopfspießer sind auf der Insel unbekannt. Der Jährling ist zumindest Spießer von Lauscherhöhe, oft aber Gabler oder Sechser.

Der freundlichen Vermittlung von J. Andersen, Vildbiologisk Station Kalø, Dänemark, verdanke ich eingehende Unterlagen über den Rehwildbestand des dänischen Herkunftreviers *Svenstrup*. Seit vielen Jahren ist das Gut Svenstrup, 15 km westlich der Stadt Køge gelegen, als eines der besten Rehwildreviere Dänemarks bekannt. Der stärkste 1937 auf der Internationalen Jagdausstellung in Berlin gezeigte dänische Bock entstammt diesem Revier. Viele der dort erlegten ausgereiften Böcke wiegen zwischen 22 und 25 kg. Hin und wieder werden Böcke mit einem Gewicht von 25,5 kg erlegt. Die Gehörne sind hoch, kräftig und von regelmäßiger Form.

Vergleicht man diese Angaben mit den Gewichtsdaten und Gehörnbeschreibungen für die Insel Fehmarn, so ist eine starke Übereinstimmung festzustellen. Das heute auf Fehmarn lebende Rehwild hat etwa die gleiche Stärke behalten wie seine Vorfahren in dem dänischen Revier Svenstrup. Von einer erblichen Abwertung, einem Kümmern als Folge einer isolierten Bestandesentwicklung ohne sogenannte ‚Fremdblutzufuhr', kann also keine Rede sein. Darüber hinaus ist aber auch festzustellen, daß das Rehwild in Svenstrup bezüglich der Merkmale für Körper- und Gehörnstärke rassisch hochwertig ist. Seine erbliche Veranlagung für Körpergewicht und Gehörnbildung liegt höher als bei unseren meisten westdeutschen Rehwildbeständen. Nach der von mir entwickelten Standortwertziffer für Rehwild (s. S. 145) erhält das Revier Svenstrup 73 Punkte und ist damit vom Standort her zu den guten Revieren zu rechnen. In Revieren mit derartigen Lebensverhältnissen liegt das Durchschnittsgewicht der dreijährigen und älteren Böcke in Westdeutschland bei 17,4 kg, in Svenstrup beträgt das Durchschnittsgewicht über 20 kg. Diese Abweichung um etwa 3 kg nach oben kann als erblich bedingt angesehen werden. Bestätigt wird diese Vermutung auch, wenn man für Fehmarn den Standortwert berechnet, der bei Berücksichtigung der intensiven Düngung auf einem Teil der Revierflächen ebenfalls im Bereich von 70 bis 75 Punkten liegt. Auch auf Fehmarn zeichnet sich die gleiche Abweichung von dem für Westdeutschland geltenden Normalwert ab. Nur diese Betrachtung gibt eine Erklärung für die auf Fehmarn anzutreffenden hohen Körpergewichte und Trophäenstärken gegenüber dem holsteinischen Rehwild auf dem benachbarten Festland. Es ist festzustellen, daß durch einen glücklichen Zufall für die Besiedlung der Insel Rehwild mit besonders guter Veranlagung aus dem Revier Svenstrup beschafft wurde.

Für die Zukunft dürften die bisherigen Bestleistungen bezüglich der Trophäenstärke noch übertroffen werden, da ja der bisherige Abschuß nur einen sehr kleinen Teil des Bestandes erfaßte. Es liegt auch durchaus im Bereich der Möglichkeiten, durch Wahlabschuß die Qualität des Rehwildes auf Fehmarn noch zu heben." Soweit das Zitat aus 1956.

Freundlicherweise hat uns über die weitere Entwicklung dieser Wiedereinbürgerung Erich Nehlsen nach zuverlässigen Ermittlungen beim zuständigen Rehwildringleiter Klaus Reese folgenden Bericht übermittelt:

„Bis etwa Mitte der 60er Jahre zeigte die Inselpopulation bei einer Wilddichte von 7–8 Stück Rehwild auf 100 ha eine annähernd gleichbleibende Qualität. Der Zuwachs lag bei 80–90 % des weiblichen Frühjahrsbestandes; starke Böcke erreichten Körpergewichte von 20 kg und mehr, und die Gehörngewichte der stärksten lagen bei 380–450 g.

Mit Ende der 60er Jahre wurde ein deutliches Absinken der Qualität des Inselwildes spürbar. Dies äußerte sich vor allem in einem Zuwachsschwund bisher nicht gekannten Ausmaßes.

Im Rehwildring Fehmarn-West, mit 5200 von insgesamt 15 000 ha bejagbarer Fläche repräsentativ für die drei vorhandenen Hegegemeinschaften, wurden während der letzten 10 Jahre über die Zuwachsveränderung zuverlässige Aufzeichnungen getätigt. Die deckungsarme, fast völlig ebene Landschaft mit einem bis dahin nach Flurbereinigung stark rückläufigen Wallknicknetz ermöglichte bei nahezu entfallender Dunkelziffer eine genaue Frühjahrszählung.

Danach erreichte der Zuwachs 1975 bereits einen Tiefpunkt von 40 %, um über 30 % im Jahre 1977 schließlich auf 21 % nach dem Schneewinter 1979, der nur noch den i-Punkt aufsetzte, abzusinken.

1975 betrug die Wilddichte noch 6 Stück/100 ha, um ebenfalls systematisch über 5 Stück auf 3,9 Stück bis Frühjahr 1980 zurückzugehen. Wer glauben mochte, die Körper- und Gehörngewichte würden unter der stark sinkenden Wilddichte nunmehr eine Steigerung erfahren, sah sich getäuscht.

Leider fehlen über Körpergewichte Kontrollaufzeichnungen. Es besteht aber kein Zweifel, daß sie abnahmen, da erlegtes Herbstwild keinerlei Feistreserven aufwies und zwei von drei Ricken die Kraft fehlte, auch nur noch einen Embryo auszutragen.

Die Gehörngewichte der Böcke erreichten nur selten noch die 350-g-Marke, während früher 400–450 g keine Ausnahmen waren.

Schaut man sich die Anbaustruktur in der Landwirtschaft an, ist festzustellen, daß sich diese um 1960 etwa wie folgt aufteilte: Nutz- und Jagdfläche = 15 000 ha

30 %	Wintergetreide (Weizen, Roggen)	=	4 500 ha
30 %	Sommergetreide (Gerste, Hafer)	=	4 500 ha
12 %	Kleegrasgemisch	=	1 800 ha
15 %	Dauerweiden	=	2 250 ha
5 %	Futterrüben	=	750 ha
8 %	Gemüse (Kohl, Gurken, Zuckerrüben)	=	1 200 ha
	Summe		15 000 ha

Bis zu diesem Zeitpunkt waren bei dem praktisch fehlenden Wald auf der Insel immerhin noch wesentlich mehr Wallhecken (Knicks) mit Weiden, Weißdorn, Esche, Wildrose, Holunder, Schwarzdorn, Brombeere und Pappeln vorhanden, also mit mehr oder minder gern verbissenen Arten. Bewachsene Teiche, Gräben, und Wegeränder mit einer ausgeprägten Kräuterflora wurden verkleinert, verschwanden ganz oder wurden in ihrer ökologischen Zusammensetzung Opfer von selektiven Pflanzenherbiziden.

Die Feldwege waren weniger ausgebaut, so daß dem Wild überall wesentlich mehr Ruhe geboten wurde.

Dagegen der gegenwärtige Stand (1984):

Fläche etwa unverändert			15 000 ha	
37 %	Winterweizen	=	5 600 ha	
31 %	Winterraps	=	4 600 ha	
25 %	Wintergerste	=	3 800 ha	
1,5 %	Rüben	=	220 ha	
1,5 %	Kohl	=	220 ha	
0,3 %	Dauerweiden	=	60 ha	(nur in Dorfnähe)
3 %	Wiesen	=	500 ha	(nur im Küstenbereich; zumeist verschilft und nur als Deckung interessant)
	Summe		15 000 ha	

Das Knickaufkommen ist stark zurückgegangen, wird aber neuerdings durch Anlage neuer Hecken (ohne Wall, deshalb ökologisch weniger wertvoll, aber zum Teil mit für das Rehwild interessanten Gehölzen) wieder ergänzt. – Die Unruhe hat durch den geförderten Fremdenverkehr, und damit auch Begehen aller Feldwege, stark zugenommen. Das Wegenetz ist überall zum Nachteil des Rehwildes ausgebaut worden; Feldraine gibt es nicht mehr. – Durch fehlende Rindviehhaltung ist kein Ausmähen von Kitzen mehr gegeben, dagegen hat der Verkehrstod entsprechend stark zugenommen.

Nach der Entwicklung in den 70er Jahren befürchteten die Inseljäger, ihren Rehwildbestand vollends zu verlieren, nachdem eine Bejagbarkeit kaum noch gegeben war.

Ich riet ihnen nach dem Schneewinter im Frühjahr 1979, mit einer aktiven Zufütterung möglichst in allen Revieren ab September zu beginnen, um Zuwachs und Qualität wieder zu heben.

Heute wird in fast allen Revieren, vorwiegend mit Weizen, Gerste und zum Teil Hafer, zugefüttert.

Der Zuwachs stieg rasch wieder auf etwa 70 % an, und die Wilddichte kletterte von 4 auf 6 Stück/100 ha. Erfreulich, daß die Wildpretgewichte ebenfalls anziehen. Der stärkste erlegte Bock von 1983 brachte ein Gehörngewicht von 450 g; Gehörne von 350–400 g häufen sich wieder."

A. und M. Szederjei, die in ihrem Buch „Geheimnis des Weltrekords – das Reh" sehr eingehend über die ungarischen Erfolge der letzten Jahre berichten, sprechen von „allerbesten Erfolgen" in den Fällen, wo vorhandene schwache Bestände vollständig abgeschossen und neues hochwertiges Rehwild angesiedelt wurde. Aber auch hier wurde darauf geachtet, jeweils Rehwild aus ungünstigeren Umweltverhältnissen in ein Gebiet mit besseren Bedingungen umzusiedeln. Im Ergebnis kommen auch die Szederjeis, trotz mancher anfechtbarer Detailfeststellung, zu einer Bewertung des Rehbestandes und des Biotops, die 20 Prozentpunkte dem „Wert des Zuchtmaterials", also dem Erbgut, 80 Prozentpunkte aber den Umwelt- und Bestandesverhältnissen zumißt.

Fang, Transport und Eingewöhnung

Der Fang von Rehen in der freien Natur dient meist der Verdünnung bestehender Wildpopulation, oder man benötigt ihn für biologische Studien oder therapeutische Eingriffe oder in der Gatterwirtschaft. Am leichtesten geschieht dies an Futterstellen, welche sichtdicht umzäunt sind und welche durch vom Beobachter zu betätigende Verschlußeinrichtungen wie Tore, Fall- oder Schlagtüren verschlossen werden können, wenn sich die Rehe innerhalb des umzäunten Raumes befinden. Auch das Fangen nach dem Fischreusenprinzip (Quetschen) hat sich bewährt und erspart stundenlanges Beobachten. Durch entsprechend verdunkelte Gänge werden die gefangenen Tiere direkt in Transportkisten geleitet, dem Lichteinfall folgend. Das Narkosegewehr hat sich hierfür nicht bewährt.

Jeder Fang beinhaltet ein erhebliches Gesundheitsrisiko für das gefangene Reh. Gerade dieses Wild ist besonders anfällig für ungewohnte Zwangslagen und hochempfindlich auf Streßeinwirkungen. Die überstarken Angstreaktionen sind uns ja bekannt. Jeder Fang hat daher sorgfältig überlegt zu werden, und genaue Planung ist hier alles.

An weiteren Fangeinrichtungen, besonders zum Einzelfang, werden Netze, Garne und Tücher verwendet; diese kommen aber eher bei Jungtieren zur Verwendung.

Zum Zwecke der Markierung in größeren Gattern nützt man innerhalb der ersten

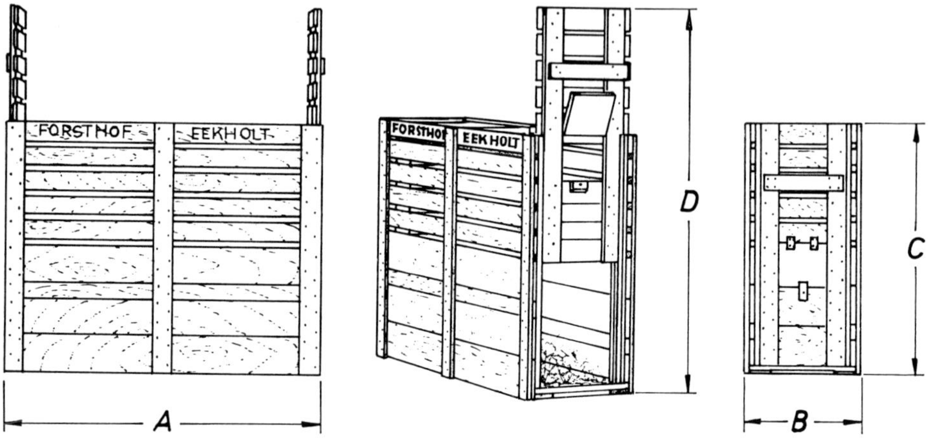

Wildtransportkiste (HATLAPA 1974)

Lebenstage die Duckreaktion des frisch gesetzten Kitzes aus und bedeckt es mit Netzen oder Tüchern. Die Markierung erfolgt entweder durch Kerbung oder durch Ohrmarken.

Von verschiedenen Autoren wurde zur Dämpfung der Streßreaktion bei Fang und Transport eine medikamentöse Beruhigung empfohlen. Es sei jedoch betont, daß dies kein Allheilmittel ist und daß in Eigenversuchen die Verlustrate genauso hoch war wie bei unbehandelten Gruppen.

Ein besonderes Problem stellt der Transport des Rehwildes dar, und ganz besonders gefürchtet sind die einige Wochen nach dem Transport eintretenden Spät-Todesfälle. Auch gegen diese hilft nach unseren Erfahrungen keine medikamentöse Beruhigung.

Viel wichtiger scheint dagegen zu sein, daß man mit geeigneten Transportkisten arbeitet. Die Größe der Kiste richtet sich nach der Größe des Tieres im kauernden Zustand. Die Kisten sollen schmal sein, damit ein Umdrehen unmöglich ist, und es soll möglichst dunkel sein, denn die Dunkelheit beruhigt das Rehwild. Dennoch dürfen Atemlöcher nicht vergessen werden. Alle Kanten müssen abgerundet sein, außenliegende Eisenbänder verstärken die Kiste, welche mit Tragholmen (umklappbar) versehen ist.

Wir glauben, daß die Stärke der Streßeinwirkung weniger wichtig ist als seine Dauer. Man sollte daher alle Manipulationen mit Rehwild möglichst rasch erledigen und die Tiere anschließend entweder in die alte Umgebung oder in eine sichtdunkle Kammer oder Fangkiste verbringen.

Wildfänge sind besonders gefährdet. Häufig sterben sie erst 1 bis 2 Wochen nach der Eingatterung. Der Tod ist dabei seltener eine Folge von Fang oder Transport, sondern auf einen Dauerstreß in der neuen Umgebung zurückzuführen. Immobilisieren bringt nur Vorteile, wenn es sich um tobende Tiere handelt, was allerdings nur gelegentlich vorkommt. Der Nachschlaf nach der Immobilisation dauert unvorteilhaft lange.

Wildmarken oder Einkerbungen, vorteilhafter aber Plastikhalsbänder, bringt man vor dem oder gleich nach dem Einbringen in die Transportkiste an, damit das Tier beim Aussetzen in der neuen Umgebung nicht gleich von Beginn an verschreckt und beunruhigt wird. Verschiedene Farben der Plastikmarken sowie die Lokalisation der Marken auf dem rechten oder linken Luser ermöglichen eine vielseitige Kennzeichnung der verschiedenen Jahrgänge. Beim Transport sollte dem Wild immer etwas Futter in Form von Heu, Saftfutter, Frischfrüchten und Wasser zur Verfügung stehen.

Früher war der Fang von Rehwild zur sogenannten Blutauffrischung der Grund für den Bau von Fangeinrichtungen und Transportkisten. Heute ist man vom Wert der Blutauffrischung längst nicht mehr überzeugt. Die einzige Rechtfertigung für den Fang und Transport von Rehwild besteht in der Gatterwirtschaft, welche wissenschaftlichen Forschungszwecken dienen soll. Das Aussetzen von mutterlos aufgefundenen und von Menschen aufgezogenen Rehen gewinnt aber eine gewisse Bedeutung. Ein Eingewöhnungsgatter ist dazu dringend erforderlich, wenn es auch zusätzliche Kosten verursacht. Diese sind jedoch dadurch geringer zu veranschlagen, daß das Material bald für das Abgattern von Kulturen usw. neue Verwendung finden kann.

Dieses Eingewöhnungsgatter braucht bei künstlicher Fütterung nicht groß zu sein, muß aber eine Deckung aufweisen, in die sich das Rehwild bei Störung zurückziehen, d.h. unsichtbar machen kann. Stehende Gewässer bzw. Sumpfpartien dürfen wegen der damit verbundenen Gefahr parasitärer Infektion nicht in ihm enthalten sein. Windgeschützte Lage ist erforderlich, ein Südhang empfehlenswert. Das Umfassungsgatter sollte zwecks Vermeidung von Verletzungen des Wildes keine spitzen Winkel und innenseitige Verstrebungen aufweisen. Das untere Geflecht muß im Boden eingelassen sein, um Hunden und Füchsen ein Untergraben zu verwehren.

Sobald der Transport eingetroffen ist, werden die Kästen nahe dem Eingangstor derart aufgestellt, daß zwischen ihnen bzw. zwischen dem einzelnen Kasten und der Umzäunung keine „Fallen" entstehen. Jetzt werden sämtliche Nägel oder Verschlüsse gelöst, Fahrzeuge und alle entbehrlichen Personen aus dem Störungsbereich herausgewiesen, und erst dann werden durch den Jäger oder durch wenige Helfer die Schieber oder Türen der Transportkästen geöffnet, worauf sich jeder unverzüglich außerhalb des Gatters in volle Deckung begibt. Das Heraustreten aus den Kästen, die erst am nächsten Tage entfernt werden, muß dem Wild selbst überlassen bleiben. Es muß sich hierbei unbeobachtet fühlen. Dann wird es zögernd die neue Umgebung mustern und hierbei bald auf die reich und mit Leckerbissen beschickte und mit Entwurmungsmitteln versehene Fütterung stoßen. Auch während der nächsten Tage ist jede Beunruhigung von ihm fernzuhalten.

Die Dauer der Hälterung hängt von der Beschaffenheit des Eingewöhnungsgatters und des Wildes ab. Normalerweise sollte die mit allerlei Gefahren verbundene Hälterungszeit auf wenige Wochen beschränkt bleiben.

Fällt die Freilassung in die äsungsarme Zeit, wird das Wild durch die Fütterung, die in dem nun geöffneten Eingewöhnungsgatter weiter beschickt wird, an den Einbürgerungsraum gefesselt. Die Freilassung geschieht durch die Entfernung von größeren Gatterteilen an mindestens zwei, besser an drei oder vier Stellen.

Es fällt mit und ohne Absicht alljährlich eine erhebliche Anzahl von Kitzen in unsere Hand. Wie uns eigene Versuche lehrten, kann man durch sie zu sehr starken, den Durchschnitt des Ursprungsreviers weit übertreffenden Gehörnträgern gelangen, indem man ihnen während des ersten entscheidenden Aufzuchtjahres ein Optimum an Aufbaustoffen zuführt. Nach unseren Erfahrungen nehmen auch künstlich aufgezogene Rehe sehr schnell die Gewohnheiten des freien Wildes an, wenn sie im Frühjahr ihres zweiten Lebensjahres im Revier ausgesetzt werden. Obwohl ausgesetzte Böcke in der Folge gute Gehörne schoben, sollte man sich auf das Aussetzen von weiblichen Rehen beschränken. Böcke werden häufig durch die Gewöhnung an den Menschen gegen diesen in der freien Wildbahn bösartig.

Aufzucht von Rehkitzen

Es ist ein weit verbreiteter und in seinen Folgen auch gefährlicher Aberglaube, daß eine Ricke ihr Kitz verstößt, wenn es von der menschlichen Hand berührt wurde. Vielmehr wird die Mutter das Kitz trotz der (nur vorübergehend) anhaftenden menschlichen Wittrung wieder annehmen. Andererseits ist die Mahnung „Hände weg vom Jungwild" außerordentlich wichtig, denn immer wieder sehen sich Menschen veranlaßt, „verstoßene oder verwaiste" Kitze zu verschleppen. Vielfach ist es dann nicht mehr zu verantworten oder überhaupt unmöglich, solche Kitze an den Fundort zurückzuschaffen, und dann bleibt nichts anderes als die künstliche Aufzucht übrig. Im allgemeinen wird diese jedoch nur dann gelingen, wenn sie durch eine ebenso zuverlässige wie für die Tierpflege passionierte Person durchgeführt wird, die aber auch über das notwendige fachliche Wissen verfügen muß. Hierüber sei wenigstens das Wichtigste gesagt.

Die Unterbringung: Wenngleich vielfach auf Wärme besonderer Wert gelegt und demzufolge das frisch gesetzte Kitz in Küche oder Viehstall untergebracht wird, neigen wir zu der Ansicht, daß ein regendichter gedeckter, nur auf drei Seiten verkleideter, umzäunter Verschlag im Freien bzw. ein luftiger, nicht dunkler Schuppen besser den natürlichen Gegebenheiten entspricht. Selbstverständlich muß jede Zugluft hierbei vermieden werden.

Daß wir hier ein warmes, trockenes und peinlich sauber gehaltenes Lager aus Heu oder Stroh herrichten, braucht wohl kaum gesagt zu werden. Der Verschlag im Freien hat den Vorteil, daß sich das Kitz dann später nach Belieben drinnen oder draußen aufhalten kann, denn es weiß selbst am besten, was ihm zuträglich ist. Der sich anschließende Auslauf muß vor Störung durch fremde Menschen geschützt und durch Maschengeflecht gegen das Eindringen von Raubwild, Hunden usw. gesichert sein.

Die Milch: Über die Zusammensetzung der Rehmilch finden sich in der Literatur verschiedene Angaben.

Zusammensetzung von Rehwildmilch (nach PINTER*)*

Probenahme	Trockenmasse (%)	Protein (%)	Fett (%)	Laktose (%)	Asche (%)	Vit. A I. E. 100 ml	Autoren
Juni	30	11,0	18,0		3,0		Berlin 1936
	12,0	3,8	1,4	4,5	1,1		Raesfeld 1956
3. August	20,4	8,8	6,7	3,8	1,1		Pinter 1963

Die natürliche Zusammensetzung der Rehmilch scheint jahreszeitlichen Schwankungen zu unterliegen. Neben PINTER wurden von DRESCHER-KADEN Werte ermittelt. Sehr interessant ist auch die Milchanalyse einer zahmen Ricke von TREICHLER (1974) (S. 361).

Weil sich die Zusammensetzung der Rickenmilch mit zunehmendem Alter des Kitzes verändert, ist eine Altersschätzung unerläßlich. Die etwa 3 bis 4 Wochen andauernde Prägungsperiode, in der die Kitze die Mutter anerkennen lernen, gibt hierfür wertvolle Anhaltspunkte. Das Alter der aufgefundenen Kitze läßt sich ferner wie folgt ermitteln: In der ersten bis dritten Viertelstunde erfolgt die Fortbewegung in Froschlage. Nach einem halben Tag bis zu 24 Stunden können sie auf den Ballen gehen, langsam, steif und zögernd. Sie können schon nach der dritten Stunde etwas längere Strecken zurücklegen. Nach zwei Tagen kann man von einem koordinierten Gang sprechen. Galoppieren können Kitze erst nach drei bis vier Tagen. Der Kopf wird nach zwei bis drei Tagen aufrecht gehalten. Ein deutliches Fluchtverhalten haben sie erst nach drei bis vier, in Ausnahmefällen nach zwei Wochen.

Milchanalyse einer zahmen Ricke (nach TREICHLER *u. a. 1974)*

Laktations-tag	Datum	Na g/l	K g/l	Ca g/l	Mg g/l	Fett %	Laktose %	Eiweiß %	Trocken-masse %
1.	20. 5.	–	–	–	–	–	–	Kolo-strum	–
2.	21. 5.	0,52	1,36	2,16	0,188	7,56	2,20	10,84	–
3.	22. 5.	0,58	1,41	2,79	0,214	–	2,80	9,44	26,66
4.	23. 5.	0,64	1,33	2,85	0,184	7,40	3,20	9,44	24,32
5.	24. 5.	0,68	1,33	3,32	0,202	7,52	3,60	9,84	24,96
6.	25. 5.	0,69	1,37	3,27	0,206	8,40	3,50	9,76	25,76
8.	27. 5.	0,63	1,40	3,44	0,220	6,20	3,60	9,82	23,32
9.	28. 5.	0,51	1,42	3,68	0,224	6,00	3,60	9,36	24,46
10.	29. 5.	0,68	2,05	–	0,262	7,15	3,60	7,10	–
11.	30. 5.	–	–	–	0,256	7,25	3,70	9,28	–
13.	1. 6.	0,53	1,60	–	0,236	4,80	3,80	10,02	27,08
69.	27. 7.	–	1,40	–	–	4,80	3,00	9,96	20,16

Findet man ein Kitz, sollte man vorsichtshalber auch nach einem zweiten suchen, falls nachgewiesenermaßen die Mutter verlorengegangen ist. Der Folgereflex tritt im Alter von zwei Wochen auf.

Gerade in jüngster Zeit haben sich auch für die Massenaufzucht von Rehkitzen sehr geeignete Verfahren herausgestellt. Durch Zusammenmischung verschiedener Wiederkäuermilcharten versucht man auf den gewünschten Gehalt von 6,7 Prozent Fett und 8,8 Prozent Eiweiß zu kommen. Diese Werte stellte PINTER bei einer Probenahme nach Ende des 2. Laktationsmonats fest. Vorher ist die Milch fetter. Dabei ist aber zu beachten, daß Kuhmilch rund 5 Prozent Laktoseanteil hat im Vergleich zu Rehmilch mit 3 bis maximal 4,5 Prozent. WALZ verwendete mit gutem Erfolg einen handelsüblichen Kälbermilchaustauscher, erreichte aber mit ihm nur relativ geringe Gewichtszunahmen. Dagegen hatte er mit einem Spezialmilchaustauscher einen besseren Erfolg.

DISSEN und HARTFIEL verwendeten frische pasteurisierte, homogenisierte Handelsvollmilch, die durch Untermischen von Haferschmelzflocken in ihrer Wirkstoffkonzentration erhöht wurde. Ferner wurden 1000 IE Vitamin A, 100 IE Vitamin D je Liter Tränke zugesetzt. Am ersten Tag wurden 300 g aufgenommen, dies steigerte sich ab dem 11. bis 40. Tag zu 1000 ml und sank dann ab zu 800 ml bzw. 500 ml per Tag. Die Gewichtsentwicklung war befriedigend, nämlich zwischen 86 und 94 g pro Tag.

DRESCHER-KADEN schreibt: „Vielversprechender ist es, Ziegenmilch (3,4 Prozent Protein, 4,1 Prozent Fett) oder Schafmilch (5,4 Prozent Protein, 6,2 Prozent Fett) zu verwenden oder Kuhmilch mit Eiweiß und Fett anzureichern. Da sich Kasein- und Butterzusätze relativ schlecht in die Milch einmischen ließen, testeten wir eine Mischung aus Kuh- und Kondensmilch in vom Lebensalter der Tiere unabhängigen Mischungsverhältnissen. Die von vielen Tierhaltern gefürchtete Durchfallneigung der Jungtiere bei hohen Milchzugaben trat in unseren Versuchen kaum in Erscheinung. Sie wurde dann durch Verabreichung von schwarzem Tee, Reduktionstränkmenge, in schweren Fällen medikamentös behandelt.“

Als Trinkkonzentration wählt man laut DRESCHER-KADEN 180 bis 200 g Milchaustauscher pro Liter, BARTH stellte jedoch bei Fettwerten über 10 Prozent eine erhöhte Durchfallneigung fest und verwendete mit sehr gutem Erfolg eine Mischung aus ²/₃ Lämmermilchtränke (10 Prozent Biofix-L) und ¹/₃ Kondensmilch (5,3 Prozent Fett). Gleichzeitig erhielten die Tiere Kanin I, ein Kaninchenalleinfutter (20 Prozent Rohprotein) sowie Erde und Holzkohle vorgelegt. Diese Methode ist sehr zu empfehlen.

Vom ersten Tage an nehmen die Rehe Erde auf und versuchen, Gras zu naschen. In dieser

Fütterungsvorschlag zur Aufzucht von verwaisten Rehkitzen (Alter zu Aufzuchtbeginn: 10 Tage, auszugsweise nach Drescher-Kaden)

Zeitraum Tage	tägliche Tränk-portionen	tägliche Tränk-mengen	wahlweise Tränkzusammenstellung		Mischfutter g Vorlage/Tag	Heu Vorlage/Tag
			Mischungsverhältnis Kuh- zu Kondensmilch	oder Konzentration des Milchaustausch-futters (%)		
		Rehe	Rehe	Rehe	Rehe	
1.	5–7	200–300	1 : 1	10	/	/
2.	5–7	300–400	1 : 1	10	/	/
3.	5–6	400–450	1 : 1	10–15	/	/
4.	5–6	400–500	1 : 1	15–20	/	/
5.–10.	4–5	500–700	1 : 1	20	/	/
11.–15.	4–5	700–800	1 : 1	20	/	ad lib.
16.–20.	4–5	800–900	1 : 1	20	0–25	,,
21.–30.	4	800–1000	1 : 1	20–15	25–100	,,
31.–40.	4	800–1000	2 : 1	15–10	100–150	,,
41.–50.	3	700–800	2 : 1	10	150–200	,,
51.–60.	2	500–600	3 : 1	10	200–250	,,
ab 60.	2–1	500–0	1/	10	> 300	,,

Rauhfutteraufnahme sehen manche Autoren eine gewisse Gefahr. Diese ist jedoch nicht nachgewiesen. Nach einigen Wochen verfüttert man zweckmäßigerweise Heu, Gras oder frisch geschnittene Zweige sowie Kraftfutter mit einem hohen Rohproteingehalt (23 Prozent). Auch Milchleistungsfutter nach dem DLG-Standard 4 mit 32 Prozent Rohprotein ist sehr gut geeignet, wenn man es etwas mit Mais oder Hafer vermischt.

Sehr kritisch sind nur die ersten Lebenstage. Um die Abwehrkraft der Tiere zu stärken, haben wir sofort, nachdem wir die Kitze in die Hand bekamen, prophylaktisch Gammaglobulin intramuskulär verabreicht und eine vorbeugende antibiotische Behandlung eingeleitet. Vitamine (A, D, E, C) und Eisenpräparate wurden zusätzlich verabreicht. Einen Tränkplan nach Drescher-Kaden findet man in obiger Tabelle. Wichtig ist, daß die Milch körperwarm verabreicht wird, d. h., sie soll 38 bis 40 Grad haben. Dauert die Fütterung zu lange, kühlt die Milch ab. Wenn sie unter die oben erwähnten Werte absinkt, ist sie neu anzuwärmen. Kalte Milch verursacht Durchfälle. Die Tränkung erfolgt aus einer Flasche mit Gummisauger.

Die aufzuziehenden Kitze sind absolut sauber zu halten und mit feuchten Lappen zu reinigen, wobei auf keinen Fall vergessen werden darf, die Waidloch- und Nabelgegend intensiv abzureiben. Das regt die Verdauung an und ersetzt das Ablecken durch das Muttertier. Tritt Durchfall auf, geht man sofort mit der Nahrung in Menge und Konzentration zurück und behandelt medikamentell unter Zuziehung eines Tierarztes.

Ein vom Muttertier gesäugtes Rehkitz nimmt innerhalb der ersten Lebenswoche täglich rund 100 bis 150 g zu. Die Tränkung soll mehrmals täglich erfolgen. Der Vorgang gleicht weitgehend dem Stillen von menschlichen Babys. Die besten Erfolge erzielten wir mit mindestens sechsmaligen Gaben (besser acht), über Tag und Nacht verteilt. Nach ca. sechs Wochen genügt eine dreimalige Gabe von 250 g pro Tag.

Wildschutz

Natürliche Feinde

Die Feinde des Rehwildes wurden bereits im ersten Teil (S. 210 bis 212) aufgezählt. Was unser allgemein verbreitetes *Raubwild,* einschließlich den Fuchs, betrifft, so wird dieses – von wenigen Sonderfällen abgesehen – nur den Rehkitzen gefährlich. Freilich weiß die erfahrene

Mutterricke sich in der Regel sehr temperamentvoll und durchaus erfolgreich solcher Angriffe auf ihre Kitze zu erwehren, sofern sie sich nicht allzuweit von diesen entfernt hat. In stark beunruhigten Revieren ist dies aber zwangsläufig oft der Fall, und dann können die Kitzverluste erheblich ansteigen. LETTOW-VORBECK hat dies im eigenen Revier in den Jahren, in denen eine intensive Zeichnung der Kitze mit Wildmarken stattfand, einwandfrei feststellen können. Da war gar nicht selten der Fuchs oder, genauer gesagt, die unermüdlich für ihren Wurf nach Fraß suchende Fähe beim abgelegten Kitz, bevor die entsetzt abgesprungene Mutterricke zurückgekehrt war. Das beste Mittel gegen derartige Verluste ist also, für Ruhe zu sorgen, aber für eine Ruhe, die vom gut gedeckt ansitzenden oder sehr vorsichtig pürschenden Jäger überwacht wird. Nichts wäre verkehrter, als während dieser wichtigsten Hegezeit dem Rehwildrevier fernzubleiben.

Mähverluste, Verkehrsverluste

Unzweifelhaft droht den Rehkitzen die größte Gefahr durch die *Mähmaschine* überall dort, wo der Nachwuchs in Kleeschlägen und auf anderen Grünlandflächen sowie auch auf Wiesen gesetzt bzw. abgelegt wird. Hier muß es Pflicht des Wildhegers sein, rechtzeitig den Termin des Mähens zu erkunden und unmittelbar vorher die einzelnen Parzellen mit einem zuverlässig vorstehenden Hunde abzusuchen, um die sich drückenden und dabei meist hilflos dem Messer ausgelieferten Kitze in Sicherheit zu bringen. Sehr gut bewährt hat es sich, am Abend vor der Mahd der Wiese lange Stangen im Abstand von 50 m etwas schräge in den Boden zu stecken und Papiersäcke oder Papiergirlanden so überzustülpen, daß sie etwa 30 cm über dem Grase flattern. Zusätzlich können Verwittrungsmittel (chem. Spezialmittel, Petroleum) und akustische Signale eingesetzt werden. Die Ricke verläßt dann über Nacht die Wiese mit dem Kitz. Sollte sich das Wetter über Nacht ändern und der Bauer die Mahd aufschieben, müssen die Scheuchen sofort beseitigt werden, da sich das Rehwild sonst schnell an sie gewöhnt.

Teilweise wird von guten Erfolgen mit einem Rundumblinker berichtet, ähnlich den Verkehrswarnleuchten, der – von einer 12-Volt-Batterie betrieben – in der Nacht vor der Mahd inmitten der Fläche aufgestellt wird. Aber auch hier muß die Gefahr der Gewöhnung gesehen werden. Merkwürdigerweise wird diese Maßnahme in Süddeutschland als sehr viel wirksamer bewertet als in Norddeutschland.

Als bewährte chemische Verwittrungsmittel werden in der Jagdpresse z. Z. genannt: „M 7“ der Pfälzischen Sprit- und Chemiefabrik Heinz Berkel K. G., 6700 Ludwigshafen (Rhein), „Arical-conz.“ der Firma Agro-Stähler, 2160 Stade.

Der Einsatz von Wildrettern, angebaut an Mähmaschinen, ist hinsichtlich der Erfolgsquote umstritten. „Der Jäger in Baden-Württemberg“ Nr. 12/1974 berichtet über einen 70prozentigen Wirkungsgrad bei Rehwild mit einem Allzweck-Wildretter aus Ketten und rotem Schrecktuch, den zwei deutsche Jäger konstruierten und der in der CSSR und Österreich getestet wurde; ebenso „Wild und Hund“ 78. Jahrgang Nr. 4. Die besondere Schwierigkeit liegt in dem „Duckreflex“ der Rehkitze, der in den ersten vier bis sechs Lebenswochen die Kitze wie gelähmt an den Boden bannt. Diese biologisch richtige Reaktion gegenüber allen natürlichen Feinden wird hier zum grausamen Verhängnis und gleichzeitig zu einem Negativ-Auslesefaktor. Die Zahl der so meistens zuerst nur schwer verletzten und unter qualvollen Umständen eingehenden Kitze wird häufig unterschätzt. Wer meldet schon gerne solches Mißgeschick?

P. CAMERON u. U. STROHHÄCKER haben im Auftrag des Bundesministers für Ernährung, Landwirtschaft und Forsten eine „Untersuchung zur Effizienz verschiedener Wildrettersysteme“ (1983) durchgeführt.

Diese sehr verdienstvolle Arbeit bestätigt die erhebliche Schwierigkeit, Kitze unter

1 Woche durch mechanische oder elektrische Wildretter aufzuscheuchen, dies zeigt folgende Tabelle:

Verhalten der in den Untersuchungsrevieren gesehenen Rehkitze

	durch Retter aufgescheucht		trotz Retter vermäht		ohne Rettereinwirkung geflüchtet		in der Wiese gesehen	
	abs.	%	abs.	%	abs.	%	abs.	%
Kitze unter einer Woche	21		27					
Kitze über einer Woche	119		22					
Kitze insgesamt	140	60	49	21	43	19	232	100

Die Erfolgsquote der getesteten Geräte ergibt sich aus folgender Übersicht:

Gesamtrettererfolgsquoten und Ergebnisse einzelner Wildrettertypen für verschiedene Tiergruppen

	Gesamte Wildretter (%)		Erma (%)		Hackländer (%)		Aichinger/Lanz und Kleine (%)	
Rehkitze unter einer Woche	44[1]	74	52[1]	77	50[1]	80	0[1]	63
Rehkitze über einer Woche	84[1]		86[1]		89[1]		81[1]	

[1] Unter Einschränkung eines gewissen Fehlers hinsichtlich der Alterseinordnung der nach Berührung geflüchteten Tiere.

Die Autoren kommen zusammenfassend zu folgendem Ergebnis:

1. Es wurden verschiedene mechanische Wildretter in direkter Verbindung mit dem Mähvorgang sowie ein elektrisches Modell in ihrer Wirkung auf Jungtiere von Rehwild und Feldhasen als auch auf Federwild vergleichend untersucht. Einbezogen wurde außerdem als Präventivmaßnahme für Rehwild eine Blinklampe. Gleichzeitig wurde die Praktikabilität sämtlicher Geräte begutachtet.
2. Als wirksam erwiesen sich von den mechanischen Wildrettern die Geräte „Erma", „Hackländer" sowie die Modelle „Aichinger/Lanz" und „Kleine" mit Kunststoffzinken. Welches Gerät im Einzelfall zu empfehlen ist, hängt in erster Linie von den Geländebedingungen und Ansprüchen an die Rettung spezieller Tierarten und -gruppen ab.
3. Als wirksamstes Gerät generell zeigte sich der „Erma"-Wildretter, der auch die am schwierigsten zu schützende Gruppe der jüngeren Rehkitze noch relativ gut zu retten vermag. Der „Hackländer"-Retter ist ihm jedoch durch den breiteren Zinkenabstand wahrscheinlich nur in der Rettung der ganz kleinen Junghasen unterlegen.
4. Obwohl die generelle Erfolgsquote bei den jüngeren Hasen ziemlich niedrig liegt, zeigte sich, daß die Feldhasen als Tierart bei Verlusten durch den landwirtschaftlichen Betrieb nicht in erster Linie von Mähmaschinen bedroht sind.
5. Die Rettererfolgsquoten, insgesamt unabhängig vom Alter, liegen je nach Art und Wildrettertyp zwischen 63 % (Rehkitze bei „Aichinger/Lanz" und „Kleine") und 100 % (Fasanenhähne bei „Erma" und „Hackländer"). Selbst Fasanenhennen mit Gelege konnten mindestens zu 75 % gerettet werden.
6. Ein signifikanter Unterschied in der Wirksamkeit des „Erma"- und des „Hackländer"-Wildretters gegenüber den Modellen „Aichinger/Lanz" und „Kleine" besteht nur in der Wirkung auf die ganz jungen Rehkitze. In der Wirkung auf Federwild konnten keine Unterschiede zwischen den verschiedenen Geräten festgestellt werden.

7. Besonders beim „Erma"-Wildretter sind technische Verbesserungen unbedingt notwendig, um ihn praktikabel werden zu lassen, da er in seiner zur Zeit erhältlichen Ausführung zu reparaturanfällig und teuer ist. Die notwendigen Veränderungen sind jedoch relativ leicht möglich und in einigen Revieren bereits praktiziert.
8. Der elektrische Wildretter WR 02 kann vom momentanen Kenntnisstand aus nicht empfohlen werden.
9. Die Blinklampe zeigte je nach Biotopbedingungen eine gewisse Wirkung auf Rehwild, ist jedoch mit den mechanischen Wildrettern nicht vergleichbar. Ihre Erfolge werden durch eine Vielzahl von Faktoren beeinflußt. Sie erfordert einen zusätzlich aufzubringenden Arbeitsaufwand am Vorabend der Mahd.
10. Da es besonders wegen der mehr oder weniger großen Bestandsgefährdung von Fasan und Rebhuhn nicht ausschließlich um die Rettung von Rehwild gehen sollte, bietet die Anwendung von mechanischen Wildrettern eine vielversprechende Möglichkeit, einen Großteil der ansonsten vermähten Wildtiere vor dem Mähtod zu bewahren. Ein Vorteil gegenüber der Blinklampe ist außerdem die relative Unabhängigkeit der Wirkung von Biotopbedingungen.

Untersuchungen von KURT ergaben bis zu $^1/_3$ der gesetzten Kitze an Mähverlusten. Von 75 Kadavern hatten 48 Huf- und Fußknochenbrüche, 6 durchtrennte Unterarme oder Unterschenkel, 19 Oberarm- oder Oberschenkelbrüche, 2 Verletzungen der Bauchhöhle. Nur diese 2 Kitze waren nach den Befunden sofort tot. Wir stimmen KURT entschieden zu, wenn er dies nicht als eine vertretbare Art von Bestandesreduzierung ansieht, sondern sie als eine niedere Einstellung gegenüber Wildtieren bezeichnet, die sowohl aus der bereits geschilderten biologischen Sicht, als auch aus wirtschaftlichen Erwägungen abzulehnen ist. Wir Jäger sind gehalten, die Wildbestände angemessen zu regulieren und auch das Wildpret für die menschliche Ernährung zu sichern. Zu begrüßen sind die gemeinsamen Bemühungen des Deutschen Jagdschutz-Verbandes, des Deutschen Bauernverbandes und mehrerer Natur- und Tierschutzorganisationen um Mithilfe der Landwirte durch den Einsatz von Wildrettern. Wichtig wäre es, daß die Industrie für den Anbau verschiedener Geräte vor dem Kreiselmäher eine genormte Schiene entwickeln würde.

Das gleiche gilt für die bereits geschilderten, ebenfalls erschreckenden Verluste durch den modernen Verkehr auf Straße und Schiene. Hier tritt noch die Gefährdung der Fahrzeuginsassen hinzu. Gegen Verkehrsunfälle mit Schalenwild scheint nur der Verkehrsschutzzaun wirklichen Erfolg zu versprechen; in der Bundesrepublik Deutschland sind dafür jetzt erste gesetzliche Regelungen getroffen worden. Dies bringt naturgemäß neue Probleme mit sich: Abtrennung von Einständen, Äsungsflächen, ja, ganzen Revierteilen, andererseits können schon aus Gründen der „offenen Landschaft" nur die gefährdetsten Streckenabschnitte an Schnellstraßen gezäunt werden. Selbst hier sollten aber wenigstens bei neuen Verkehrswegen Unter- oder Überführungen in ausreichender Breite für Mensch und Tier vorgesehen werden. Einen gewissen Schutz scheinen vor allem in kurvenreichen Strecken seitwärts reflektierende Spiegel in regelmäßigen Abständen auf beiden Seiten zu gewähren. Versuche mit einem in Kraftfahrzeuge einzubauenden Ultraschall-Wildwarngerät haben bisher keine verwertbaren Ergebnisse gebracht.

Wildwarntafeln sind leider wenig effektiv, da sie von den meisten Verkehrsteilnehmern nicht beachtet werden. Sie dienen leider mehr der „rechtlichen Absicherung" der Straßenbauverwaltung. Geschwindigkeitsbeschränkungen wären nur bei drastischer Reduzierung auf 50 km/h wirksam, was jedoch als unrealistisch anzusehen ist. Ob eine „Verdünnung" der Wilddichte in besonders gefährdeten Gebieten sinnvoll ist, muß zumindest bezweifelt werden, da sie wiederum Wild anzieht. Für die Autofahrer ist von Bedeutung, daß verschiedene

Untersuchungen sowohl jahres- wie tageszeitliche Schwerpunkte ergeben haben: Häufigster Unfallmonat ist der Mai, häufigste Tageszeit die Abenddämmerung.

Wildernde Hunde

Eine schlimme Geißel jedes Rehwildbestandes sind wildernde Hunde, denn sie können in kurzer Zeit lange Hegearbeit zunichte machen. Genügt es vollkommen, das Raubwild im Rehwildrevier in gesunden Grenzen zu halten, so muß diesen Räubern, wo sie sich wiederholt oder gar regelmäßig zeigen, ein andauernder und unerbittlicher Kampf angesagt werden. Häufig ist ein Zusammentreffen mit ihnen nur eine Sache des Zufalls, und dann heißt es, diesen sofort auszunutzen. Der aussichtsreichste Weg ist der, baldmöglichst das Dorf, aus dem die Räuber stammen, zu erkunden, sei es durch Verfolgung der frischen Spuren, durch unauffällige, geschickte Befragung der im Gelände beschäftigten Personen oder – sofern man die Hunde wiederzuerkennen vermag – durch die Fahndung in den mutmaßlichen Dörfern selbst. Weiß man erst den Herkunftsort und hat sich dadurch der Sektor für unsere Abwehrmaßnahmen entsprechend verengt, so ist nur noch der Zeitpunkt, zu dem die Räuber ihren Raubzug zu unternehmen pflegen, festzustellen, notfalls unbewaffnet und außerhalb des Reviers von öffentlicher Straße aus, wo sich der Dorfrand am besten überblicken läßt. Meist handelt es sich hierbei immer um die gleiche Stunde, in der beide Partner oder einer von ihnen von der Kette gelöst werden, nicht selten nach Feierabend, um die Hoflage zu bewachen, oder

am frühen Morgen, um sich auszulaufen. Ist man erst im Besitze dieser Kenntnisse, ist es ein Kinderspiel, die Hunde bereits beim Einwechseln im Revier abzufangen, möglichst aber nach einer vorherigen eindeutigen Verwarnung des Hundebesitzers. Es lohnt auf alle Fälle, wenn sich der Jäger hier zeitweilig als Kriminalist mit allen Schlichen betätigt und sich keine Mühe verdrießen läßt, denn die Gefahr, die einem Rehwildbestand durch wildernde Hunde droht, ist sehr groß. Sie ist es selbst dann, wenn es sich um kurzläufige Hunde handelt, die auf freier, durch keinerlei Zäune eingeengter Fläche gesunde Stücke nicht zu reißen imstande sind, denn allein die wiederholte Beunruhigung kann eine anhaltende Verödung ganzer Revierteile zur Folge haben. Wo freilich durch Nachbarschaft mit größeren Siedlungen oder Städten erfahrungsgemäß ein dauernder Zuzug von streunenden Hunden stattfindet, vermag allein der allzeit fängisch stehende und mit Luder beköderte Hundefang Abhilfe zu schaffen. Die Anwendung von Gift verbietet sich von selbst.

Andererseits muß mit aller Eindringlichkeit davor gewarnt werden, auf freilaufende Hunde im Revier auch ohne erkennbare Begleitung des Hundehalters einfach Dampf zu machen. Nichts schadet dem Jäger in der Öffentlichkeit mehr, als den Liebling einer Familie ohne wirklich triftigen Grund erschossen zu haben. Im übrigen sind die unterschiedlichen landesgesetzlichen Bestimmungen zu beachten.

Wilderer

Auch der Schutz unseres Rehwildes vor zweibeinigen *Wilderern* muß an dieser Stelle wenigstens kurz gestreift werden. Kann das Wildern mit der Waffe, meist mit dem Kleinkaliber, dem umsichtigen und mit seinem Wilde vertrauten Revierinhaber kaum lange verborgen bleiben, so vermag ihn die lautlose Arbeit des Schlingenstellers geraume Zeit zu täuschen. Man sollte es sich deshalb zur Regel machen, von Zeit zu Zeit die Rehwechsel vornehmlich in den Vorhölzern und kleinen Feldgehölzen systematisch nach Schlingen abzusuchen, die unserem ebenso standorttreuen wie zuverlässig Wechsel haltenden Wilde einen sicheren und qualvollen Tod bringen würden. Um solche Übeltäter überführen zu können, benutzen die meisten Jäger merkwürdigerweise ausschließlich die späten Abend- und frühen Morgenstunden. Oft sind indessen solche erfolgreichen Zugriffe vornehmlich über Mittag gelungen. Dies scheint keineswegs ein Zufall zu sein, denn auch die Wilderer aller Kategorien wissen, daß Jäger morgens und abends im Revier zu sein pflegen, während der stillen Mittagsstunden aber zumeist nicht. Schließlich nutzt auch besonders das Rehwild gerne diese stillen Stunden für einen kleinen Bummel und kommt damit den finsteren Absichten des Wilderers geradezu entgegen. Daß der Abtransport der Beute freilich auch dann erst in dunkler Nacht zu erfolgen pflegt, steht auf einem ganz anderen Blatt.

Sicherlich hat diese besonders tierquälerische Art des Wilderns in den letzten 20 Jahren abgenommen, dafür kam die Autowilderei geradezu in Mode. Wir kennen zahlreiche diesbezügliche Berichte aus der Jagdpresse. Welches Ausmaß diese relativ einfache Form des Wilderns mit Auto, drehbarem Scheinwerfer und in der Regel Kleinkalibergewehr zur Nachtzeit annehmen kann, mag ein aufgeklärter Fall aus den Jahren 1960 bis 1963 im Raume Pfalz Odenwald erhellen. Die zwei Täter führten ein Schußbuch, das nach ihrer Ergreifung sichergestellt wurde. Danach betrug ihre „Strecke“: 113 Rehböcke, 36 Rehe, 2 Hirsche, 1 Rotwildkalb, 1 Wildschwein, 44 Hasen, 226 Fasanen, 13 Rebhühner, 43 Kaninchen. Aufgrund der Aufzeichnungen konnten sich aber auch die räumlich betroffenen Revierinhaber zusammentun und ihre zivilrechtlichen Ansprüche dem zuständigen Jagdverein abtreten, der diese erfolgreich im Wege einer Schadensersatzforderung geltend machte („Der Jäger in Baden-Württemberg“, Nr. 8/1968).

Schließlich gibt es noch Wilderer, die sich ihres ungesetzlichen Handelns kaum bewußt sind. Wir meinen jene *„Tierfreunde“*, die sich der „armen, verwaist aufgefundenen“ Kitze annehmen, um sie großzuziehen. In der Regel endet eine solche „Barmherzigkeit“ mit einer ausgesprochenen Tiertragödie, denn das Wild gehört nun einmal in die freie Wildbahn und nicht in die Hausgemeinschaft. Der verantwortlich denkende Jäger sollte sich deshalb nicht scheuen, bei der ersten Gelegenheit ein abschreckendes Exempel zu statuieren, indem er Strafantrag stellt, und zwar gestützt auf § 292 StGB, der die Aneignung von Wild durch Unbefugte unter Strafe stellt. Trotz „Ineigenbesitznahme einer herrenlosen Sache“ hat nach § 958 Abs. 2 BGB der nicht jagdausübungsberechtigte Finder eines Rehkitzes kein Eigentum daran erworben. Das gleiche trifft auch für den Erwerber zu, wenn ihm die Herkunft bekannt war, und mithin Bösgläubigkeit vorliegt. Daraus folgt, daß der Jagdpächter von dem bösgläubigen Besitzer eines Rehkitzes aufgrund seines verletzten Aneignungsrechtes gemäß § 823 Abs. 2 in Verbindung mit § 249 BGB Herausgabe und im Falle der Unmöglichkeit der Herausgabe gemäß § 251 BGB Wertersatz verlangen kann, wobei allerdings darauf hingewiesen werden muß, daß die sogenannte Naturalrestitution in solchem Zusammenhang umstritten ist.

Naturkatastrophen

Der Wildschutz erschöpft sich aber keineswegs im Schutz vor Feinden aller Art, sondern er schließt auch die Fürsorge für das Wild ein. Hier sind es vor allem die *Naturkatastrophen,* denen es ohne vorsorgliche Maßnahmen hilflos ausgeliefert wäre. Hohe oder verharschte Schneelagen erfordern den Einsatz des Schneepfluges und eine sachgemäße Fütterung, wie dies im Abschnitt „Winterfütterung" eingehend besprochen wurde.

Auch das *Hochwasser* fordert in den Flußniederungen von Zeit zu Zeit, wie schon geschildert, seine Opfer. Im Sommer, wenn alles belaubt ist, pflegen die Verluste schwerer zu sein als im Winter, wenn das Gelände übersichtlicher ist. Es ist daher für den Heger um so

unerläßlicher, bei drohendem Hochwasser eine Anzahl von Kähnen und Booten mit sicheren Führern an geeigneten Orten zur Verfügung zu halten, die wenigstens einen Teil der auf offenen Flächen treibenden Rehe aufnehmen und in Sicherheit bringen. Häufig verenden jedoch die so geretteten Tiere an Spätfolgen (Schock- oder Streßwirkung?) oder infolge Erkältung.

Letztlich sei auf den vorbeugenden Wildschutz hinsichtlich Wildkrankheiten nochmals hingewiesen. Fallwild, dessen Todesursache nicht eindeutig zu erkennen ist, sollte unbedingt veterinärmedizinisch untersucht werden. Erst aufgrund abgesicherter Befunde lassen sich dann u. U. erfolgreiche Maßnahmen ergreifen.

DRITTER TEIL

PRAKTISCHE JAGDAUSÜBUNG

Ansprechen

Unter *Ansprechen* verstehen wir all das, was wir mit unseren Sinnen an einem oder mehreren Stück Wild wahrnehmen und beurteilen können. Es sind also nicht nur die optisch sichtbaren Merkmale am Wilde, sondern auch Lautäußerungen und hinterlassene Zeichen wie Fährte, Fege- und Plätzstellen, die zum richtigen Ansprechen beitragen können.

Dies zeigt schon den großen Rahmen mit den unterschiedlichsten Schwierigkeitsgraden dieses Begriffs.

Es ist sicher nicht schwierig, einen guten Bock von einem weiblichen Stück Rehwild bei ausreichender Sicht zu unterscheiden. Schwieriger ist es schon, den Knopfbock auf größere Entfernung richtig anzusprechen. Aber erst das Alter eines Individuums? Kein Buch wird das richtige Ansprechen vermitteln können, hier hilft nur die grüne Praxis mit viel echtem Bemühen, gutem Gedächtnis und vor allem viel Geduld. Und trotzdem wird es mancher nie lernen, denn letztlich gehört, wie Ernst Schäfer richtig schreibt, „Intuition", dieses „Selbst-zum-Wilde-Werden", dazu.

Selbstverständlich muß man von jedem Jäger erwarten können, daß er die Grundkenntnisse des Ansprechens beherrscht, die auch ohne häufigere Beobachtungsmöglichkeiten und in bekannten Biotopen ein Erkennen und Einordnen von Individuen ermöglichen. Dies gilt natürlich zuerst für die verschiedenen Wildarten, ja darüber hinaus für alle freilebenden Tiere unserer Landschaft. Dazu gehört die Fährtenkunde, mit deren Hilfe unsere heimischen Schalenwildarten deutlich zu unterscheiden sind. Im Gegensatz zum Rotwild hilft sie uns jedoch beim Rehwild nicht viel weiter, da zwischen dem Tritt des Bockes oder der Ricke kein Unterschied festzustellen ist, worauf wir im Kapitel „Fortbewegung" bereits hingewiesen haben. Erkennbar ist lediglich die Schnelligkeit der Fortbewegung. Erinnert sei hier aber an die „Hexenringe" in der Blattzeit, an Fege- und Plätzstellen, die uns die Anwesenheit eines Rehbockes signalisieren. Die Losung ist ein anderes Zeichen, auf ihre Formung und Größe mit gewissen Ansprechmöglichkeiten sind wir früher eingegangen. Auch Geräusche und die uns bekannten Lautäußerungen können ein Erkennen einer Tierart ermöglichen. Ganz typisch ist das leise, knickende Geräusch eines in leichten, ja federnden Fluchten abspringenden Rehes, aber auch im vertrauten Ziehen läßt sich sehr wohl zwischen Rot-, Reh- und Schwarzwild unterscheiden.

Sobald die direkte Beobachtung möglich ist, insbesondere mit Hilfe eines guten Glases, sollte auch das Ansprechen des Geschlechts (neben Gehörn: Geschlechtsorgane, Spiegel, Nässen!) sowie von Kitzen und älteren Stücken noch zu diesen Grundkenntnissen gehören. Alles weitere bedarf der Vertrautheit mit dem Revier, zumindest dem Wuchsgebiet und seinem Rehwild. Letzteres erlaubt das Ansprechen von Jährlingen und Schmalrehen aufgrund ihrer körperlichen Merkmale, wie schwächerer Körperbau, dünner Hals, allgemeine Schlankheit, der Eindruck der Hochläufigkeit, ja überhaupt ihres noch „kindlichen" Aussehens und Verhaltens. Im Vergleich dieser Merkmale untereinander läßt sich dann auch zwischen gut, normal oder schlecht entwickelt entscheiden, wobei beim Jährlingsbock noch die Stangenhöhe und Stärke hinzukommen. Natürlich nehmen die genannten körperlichen Merkmale im Laufe des Jagdjahres mit dem Älterwerden ab.

Dies trifft auch auf die Beurteilung der Kitze und ihrer Mütter zur Jagdzeit zu, kann sie sich doch vornehmlich nur auf „stark" oder „schwach" im Wildpret beziehen.

Alle weiteren Feinheiten dagegen bedürfen der Beobachtung und der häufigen Anwesenheit im Revier nicht nur zur Jagdzeit. Im Gegenteil, die sichersten Erkenntnisse werden wir in den Monaten Januar bis April eines jeden Jahres gewinnen können. Dies gilt vor allem für das Schwierigste, die Altersansprache! Lassen Sie uns hierzu nochmals Ernst Schäfer 1973 zitieren, der nach Kenntnis der Verfasser sicherlich einer der besten, mit Instinkt ausgestatteten, intuitiv handelnden Jäger ist. Wir könnten es nicht anders, geschweige besser formulieren:

„Regeln mit Ausnahmen:

Nochmals halten wir fest: Es gibt bei unserem frühreifen Rehwild keine äußeren Merkmale, auf die wir uns beim Ansprechen mit absoluter Sicherheit verlassen können. Sie täuschen alle und geben nur mit anderen körperlichen oder verhaltensmäßigen Merkmalen kombiniert ein – immer noch recht vages – einigermaßen brauchbares Bild. Das gilt auch hinsichtlich der Abwurf- und Fegedaten und dem Zeitpunkt des Verfärbens. Auch sie sind nämlich nur Gradmesser jeweiliger körperlicher Zustände, die vom feisten Wohlbefinden bis zum jämmerlichsten Abgekommensein variieren und sich überdies von einem Monat zum anderen ändern können.

Mit der Einschränkung, daß es in freier Natur Absolutes nicht gibt, können folgende, jedoch stets der Relativierung und Überschneidung unterworfene Regeln aufgestellt werden:

- Alte Böcke werfen manchmal schon Ende Oktober, Jährlinge im allgemeinen erst im Dezember ab.
- Alte Böcke haben im bundesdeutschen Durchschnitt Ende Januar bis Mitte Februar, mittelalte Mitte Februar bis Mitte März fertig geschoben, während die Gehörnentwicklung bei den Einjährigen meist erst im März beginnt und Anfang Mai beendet ist. (In Hochlagen und nach harten Wintern können sich die genannten Termine um 14 Tage bis zu einem vollen Monat verschieben.)
- Die Fegetermine sind von Klima und Witterung noch weit abhängiger als diejenigen des Schiebens. Alte Böcke fegen im allgemeinen bis Ende März, mittelalte und jüngere im April, Jährlinge aber zumeist erst im Mai/Juni. Jeder ungenügend vereckte, geringe Bock, der um den 10. bis 15. April schon verfegt hat oder sich als Platzhalter gebärdet, sollte zu Beginn der Jagdzeit erlegt werden.
- Auch die Termine des Verfärbens sind bei beiden Geschlechtern stark witterungsbedingt und daher fließend. Gesunde Einjährige verfärben in der Regel im Frühjahr zuerst (Anfang Mai), alte und körperlich geschwächte Rehe zuletzt (bis Mitte Juni). Frühes Verfärben im Mai kann aber in allen Altersklassen lediglich als ein Zeichen guter Kondition gewertet werden. Insbesondere nach milden Wintern nehmen die Regelwidrigkeiten zu, indem ältere Böcke früher verfärben, während Knopfböcke und bestentwickelte Einjährige noch eselgrau sind. Ähnliche Anomalitäten kommen auch bei der Herbstverfärbung je nach Trockenheit (Äsungsarmut) oder Vegetationsfülle des vergangenen Sommers vor. Als gesichert kann lediglich gelten, daß Kitze zuerst, führende Ricken aber häufig verspätet in den Winterhaarwechsel treten.
- Im Sommerhaar neigen alte Rehe beiderlei Geschlechts zu eintönig fahler Gesamtfärbung, während bei gesunden Mittelalten die hellrötliche bis dunkelrotbraune Färbung vorherrscht.

● Die Regel ist, daß jüngere Stücke im allgemeinen kräftiger gefärbt und im Gesicht bunter sind. Mit zunehmendem Alter verwischen sich häufiger die Farben und können zu graumelierten Farbtönen übergehen. Immer aber wird es schwerfallen, die richtigen Schlüsse aufgrund von solchen Merkmalen zu ziehen. Dabei ist anzunehmen, daß die geschilderten Feinheiten nur in der Sommerdecke einwandfrei zu erkennen sind, im Winterhaar dagegen sind Altersbestimmungen kaum mehr durchzuführen."

Der erste Blick gelte nie dem Gehörn, es eignet sich kaum für das Ansprechen, außer bei Jährlingen, dauerhaften Abnormitäten und ganz krassen „Unterentwicklungen", die aber dann in der Regel mit körperlichen Mangel-Merkmalen einhergehen. SCHÄFER führt als eine Ausnahme die typischen Hintersprossengabler mit deutlich erkennbaren Dachrosen und starken Rosenstöcken an, bei denen dann auch die Masse schon nach unten gerückt ist. Er und A. u. J. VON BAYERN weisen aber zu Recht darauf hin, daß die Möglichkeit, bestimmte Böcke Jahr für Jahr wiederzuerkennen, größer ist als allgemein angenommen wird. Dies gilt allerdings fast nur für das Sommerhaarkleid. Auf alle anderen sogenannten Alters-Merkmale, wie Gesichtsausdruck, Muffelfleck, Altersbrille und Stirnlocken, sind wir mit zweifelhaftem Ergebnis im Kapitel Naturgeschichte eingegangen.

Letztlich läßt sich am individuellen Verhalten, aber auch im Sprung, wie wir schon gesehen haben, etliches ablesen. Ohne Zweifel wird das Ansprechen um so schwerer, je besser ein Rehwildbestand qualitativ entwickelt ist, hier wirkt dann plötzlich der gute 2jährige wie anderenorts ein mäßiger 4- bis 5jähriger Bock! Dies veranlasse Gastjäger zur Vorsicht in fremden Revieren! Aber auch den Nachbarn an der Grenze!

Manchem Leser mag dies, was wir zum Ansprechen sagen bzw. zitieren konnten, sehr dürftig erscheinen. Mehr wissen wir nur leider auch nicht. Es reicht aber völlig aus, wenn wir unser Wissen über unser Rehwild benutzen. Es dürfte aber auch unsere Auffassung bestätigen, daß bei richtiger Altersstruktur des Bestandes und seiner Erhaltung das Alter des einzelnen Erntebocks keine wirklich entscheidende Rolle spielt.

Die meisten Jäger überschätzen sich hinsichtlich ihrer Ansprechkunst. Ein ausgezeichneter Lehrmeister, um gutes Ansprechen zu erlernen, wäre die Rehwildmarkierung. Das nächstbeste Mittel ist, daß man sich Böcke so einprägt, daß man sie im darauffolgenden Jahr und später wiedererkennt. Dies ist sehr wohl möglich. MEUNIER nennt hier:

1. die Gesichtszeichnung, nämlich grau, rot, schwarz, weiß, Zwischenstufen, Augenringe,
2. die Größe und Form der Lichter und Luser,
3. den Oberrand der schwarzen Muffel, glatt oder in verschiedener Weise ausgebogen und gezackt,
4. die Körperfärbung, rot, fahl, dunkler, heller, selten dunkelbraun oder grau, nach unten zu heller werdend, gleichmäßig (die von ihm genannte Erkennung an der Laufbürste halten wir nicht für möglich),
5. die Behaarung, normal, kurz, sehr kurz anliegend, mittellang, sehr lang, glatt, kraus, Stirnlocke ausgeprägt oder gering,
6. die Gestalt, langer, kurzer, dünner oder starker Träger, Haltungseigentümlichkeiten.

Macht man sich hier entsprechende Notizen, kann man einen bestimmten Bock von Jahr zu Jahr mit großer Wahrscheinlichkeit wiedererkennen.

Optisches

Hierüber nur einige praktische Hinweise. Das Zielfernrohr ist heute nicht mehr wegzudenken; die meist verwendete Vergrößerung ist die 6fache. Dämmerungsleistung zählt mehr als Lichtstärke. Verwendete man vor wenigen Jahren vorwiegend 4fache Gläser, so trifft man heute in der Praxis mehr und mehr auf Vergrößerungen, die über die 6fache hinausgehen, weil neben der Dämmerungsleistung auch die Vergrößerung sehr wichtig ist. Spezialbeschichtungen erhöhen die Leistungsfähigkeit des optischen Systems. Das verstärkte Wackeln des Zielstachels bei steigender Vergrößerung kann Unsicherheit hervorrufen, zeigt aber in Wirklichkeit nur an, was tatsächlich geschieht – es sollte eine Mahnung sein. Vermehrt werden variable Zielfernrohre verwendet, deren Vorteile auf der Hand liegen.

Und noch ein Wort über Ferngläser. Gut brauchbar sind das handliche 7 × 42, 7 × 50, das 8 × 56 und das 9 × 63 für Dämmerung und Pürsch. Für den Tagesgebrauch bevorzugen wir das leichte 8 × 40, bestehen aber immer auf solider Mechanik. Normale Spektive sind für Rehwildjäger ungeeignet, wir möchten jedoch auf das dämmerungsstarke 30 × 75 von Swarovsky für den Ansitz nicht mehr verzichten. Es erlaubt exaktes Ansprechen (Knopfböcke) auch auf mehrere hundert Meter unter Dämmerungsbedingungen. Dies bewahrt vor Irrtümern und spart Zeit. Auch Optolyth stellt ein derartiges Spektiv her. Kleinere Vergrößerungen, variable Dämmerungsspektive und ähnliches sind Geschmackssache. Ideal ist die Kombination des 7 × 50-Fernglases mit dem 30 × 75-Spektiv.

Jagdarten

Der regelrechte Jagdbetrieb auf das Rehwild beschränkt sich heutzutage auf die Pürsch zu Fuß, selten zu Wagen, den Anstand und Ansitz, die Blattjagd und die Drückjagd.

Pürsch

Die Pürsch (Pirsch oder Birsch) ist eine Jagdart, bei der der Jäger das Wild sucht und sich ihm auf Schußweite vorsichtig nähert, um es zu erlegen. Man pürscht heute fast nur noch zu Fuß, früher auch zu Wagen und zu Pferd. Die Pürsch ist die Krönung der Jagd, eine gelungene Pürsch höchstes jagdliches Erleben.

Eine Bewegung fällt immer auf, ruhende Gegenstände sind dagegen weit weniger sichtbar. Aus diesem Grunde ist derjenige im Vorteil, der still steht, im Nachteil aber derjenige, der sich bewegt. Bei anderen Jagdarten pflegt der Jäger stillzustehen oder zu sitzen; er ist also ziehendem Wild gegenüber im Vorteil. Bei der Pürsch ist das umgekehrt, und in den damit verbundenen Schwierigkeiten liegt einer der vielen Reize dieser unvergleichlichen Jagdart. Ein weiterer Ansporn besteht darin, daß man ganz auf sich selbst, sein Können und seine Gewandtheit gestellt ist und Wild bejagt, dessen Sinne überlegen sind. Man bejagt es im Gegensatz zum Ansitz auf der Leiter in seinem Gesichtsfeld und im Wirkungsbereich seines überlegenen Hör- und Wittrungsvermögens.

Zu häufiges Pürschen kann ein Revier verderben (verpürschtes Revier), da mit jeder Pürsch eine deutliche Beunruhigung verbunden ist. Auf Wanderer reagiert Wild weit nicht so empfindlich wie auf pürschende Jäger.

Wichtig ist die richtige Auswahl der Ausrüstung. Die Schuhe sollten lautloses Pürschen ermöglichen. Die Mehrzahl der heute angebotenen Jagdstiefel hat viel zu harte Sohlen, bei denen mehr Sorge auf die Rutschfestigkeit als auf die Geschmeidigkeit und lautloses Auftreten verwendet wurde. In bergigem Gelände mag dies auch begründet sein. In der Ebene geht nichts über ganz weiche Sohlen (wie sie manche Gummistiefel haben) oder gar Kreppsohlen.

Berücksichtigt man das gute Sehvermögen des Wildes, so trägt man am besten eine unauffällige Kleidung, an der nichts leicht Bewegliches mit dem der Wind spielen kann und so die Aufmerksamkeit des Wildes erregen kann. Die grüne Farbe entspricht unserer Tradition, sie tarnt aber nicht gegenüber dem Rehwild, das vermutlich unfähig ist, farbig zu sehen. Daß keinerlei blitzendes Metall an Kleidung und Waffen den Pürschgänger verraten darf, versteht sich von selbst. Leicht wird das helle Gesicht zum Verräter.

Man trage deshalb einen Hut mit breiter Krempe. Auch das Funkeln der Brillengläser ist sehr auffällig, wenn man gegen die Sonne schaut. Zum eher helleren als zu dunklen Anzug gehört grüne, allenfalls bunte, nicht weiß leuchtende Wäsche; es gehören dazu aber auch sonnengebräunte Hände oder waldfarbene Handschuhe, an denen wegen des präzisen Büchsenschusses der Schießfinger freibleibt.

Alle Bewegungen sind gemessen, nicht hastig. Das Pürschglas wird ganz langsam an das Auge gebracht. Der Wald hat tausend Augen. Nicht nur das Rehwild, sondern auch Vögel beobachten und warnen mit ihren Rufen Artgenossen und Wild. Ist das Wild alarmiert, dann bemühe man sich nicht länger, unerkannt zu bleiben, sondern nehme wie ein Wanderer eine harmlose Haltung an und suche sich laut redend, singend oder pfeifend einen anderen Ort für seine Tätigkeit.

Das *Wittrungsvermögen* des Rehes ist ausgezeichnet; auf mehrere hundert Schritt wittert das Wild den Menschen, wenn ihm der Wind zusteht. Da die Luft nur äußerst selten völlig ruhig ist, muß die Windrichtung berücksichtigt werden. Der Jäger spricht von gutem oder schlechtem, Augen- oder Nackenwind, je nachdem er vom Wild auf ihn zu oder weg zieht. Kommt er seitlich, so spricht man von halbem Wind. Hat er keine feste Richtung, so „flattert" oder „küselt" er. Auf freier Ebene kommt das selten vor, im Wald dagegen und im Gebirge bricht er sich häufig und zeigt dann eine ganz andere, oft entgegengesetzte Richtung. Die Kenntnis der örtlichen, durch Geländeformation und Bodenbebauung beeinflußten Windrichtung, die mit der allgemeinen Windrichtung nicht übereinstimmt, ist deshalb wichtig. Wo größere Wasserflächen vorhanden sind, zieht bei mäßig bewegter und stiller Luft der Wind bei Tag vom Wasser zum Land, weil bei Tag das Land stärker erwärmt wird als das Wasser. Bei Nacht ist es umgekehrt, denn das Land kühlt sich nach Sonnenuntergang stärker und schneller ab als das Wasser. Ähnlich liegen die Verhältnisse im Gebirge. Je höher und steiler die Berge, um so sicherer ist bei nicht allzu bewegter Luft hier der Wind. Die von der Sonne beschienenen Hänge erwärmen sich stark, und an ihnen steigt die miterwärmte Luft in die Höhe. Nach Sonnenuntergang findet eine starke Abkühlung statt, und die abgekühlte Luft streicht zu Tal (Bergwind, Talwind).

In ebenen Revieren wird der Wind in die Öffnungen der Bestände, Wege, Flußläufe,

Blößen, oft abweichend von der Hauptwindrichtung, hineingetrieben. Auf kleinen Blößen zieht er oft im Kreise umher. Am Rande höherer Bestände, wie am Waldrand überhaupt, kippt er gerne über und zieht sich je nach Bestandesschluß und Windstärke verschieden weit in das Holz hinein. Vor der Pürsch prüft man deshalb zunächst gründlich den Wind, weil von dessen Richtung alles abhängt. Bei schwachem Wind hilft man sich mit dem Anzünden der Pfeife oder der Zigarre oder durch Hochwerfen kleiner Wattetupfen zum Feststellen der Richtung. Auch eine Flaumfeder am Zwirnsfaden leistet gute Dienste. Man kann sie am Hut tragen. Ebenso dient der nasse Zeigefinger, den man in die Höhe hält, diesem Zweck. Die Seite, an der man das stärkste Kältegefühl empfindet, zeigt die Himmelsrichtung an, aus der der Wind kommt. Bei Dunkelheit hilft man sich auch durch Anzünden eines Streichholzes, das man hochhält.

Das Reh vernimmt sehr gut. Ein knackendes Ästchen, ein unzeitiger Husten- oder Niesreiz, ein Klirren des Bergstockes auf dem Gestein genügt, und sofort wirft der Bock auf – vorbei ist es mit der Vertrautheit.

Es versteht sich von selbst, daß man nicht stundenlang ununterbrochen aufmerksam pürschen kann, man würde nämlich müde sein, wenn es auf rasche Reaktionsfähigkeit ankommt. Man läßt sich also dort, wo man Wild nicht erwartet, ruhig etwas gehen und ist da, wo man es vermutet, wieder besonders vorsichtig.

Zu einer erfolgreichen Pürsch gehören deshalb genaueste Ortskenntnisse und gutes Vertrautsein mit den *örtlichen Lebensgewohnheiten* des Rehwildes je nach Jahreszeit und Witterung. Besonders die Monate März und April sind gut geeignet, den Rehwildbestand wirklich kennenzulernen. Sobald das Getreide im Feld so hoch ist, daß es hinreichende Deckung gewährt, zieht das Rehwild besonders aus unruhigen Revieren und mückenreichen Örtlichkeiten dorthin. In der heißen Jahreszeit tritt das Rehwild gern in Röhrichte, geschlossene Dickungen sowie auf höhere Kulturen, wo mehr Luftbewegung ist als im Wald, schon um der Mückenplage zu entgehen. Während der Brunft und später gegen den Herbst zu ändern sie diese Standorte wieder. Schwierig ist das nur für den Neuling. Der revierkundige Jäger kennt diese Standortveränderungen genau und berücksichtigt sie.

Die allerfrüheste Morgenstunde während des Sommers ist für die Pürsch im Walde nicht günstig. In der Zeit von 3.30 Uhr bis gegen 5.30 Uhr findet man den Bock häufig im Bett sitzend, und im Morgengrauen ist er besonders empfindlich. Erst von da an bis gegen 7 Uhr ist er wieder in Bewegung. In den heißen Mittagsstunden pflegt das Rehwild die Blößen, Wiesen und Kulturen zu meiden, es äst in lichteren Stangenhölzern und schattigen Althölzern. Gegen Abend tritt es wieder ins Freie, oft auch schon am späten Nachmittag, steht dann aber mit Vorliebe im Schattenstreifen an höherem Holz, um erst nach Sonnenuntergang, wenn die Bremsen nicht mehr fliegen, wieder die Wiesen und größeren Kulturen, Schlagblößen und sonstige offene Flächen aufzusuchen. Am sichersten findet man das Rehwild nach einem starken Gewitterregen oder nach regnerischen Tagen, wenn die Sonne wieder hervorbricht, an freien Stellen, wo es sich die nasse Decke von den Strahlen trocknen läßt. Bei Dauerregen steht es auch tagsüber im Freien.

Nur wenn das Wild in Bewegung ist, zur Äsung zieht oder sich äst, hat die Pürsch Aussicht auf Gelingen. Man kann daher die Stunden, in denen es niedergetan wiederzukäuen und zu schlafen pflegt, ruhig zu ähnlicher Tätigkeit benutzen. Denn auf sitzende Rehe pürscht es sich schlecht.

In den kurzen Tagen des Spätherbstes und Vorwinters, in denen der Abschuß von weiblichem Wild und Kitzen erfolgen sollte, ist die Zeit um die Mittagsstunde in ruhigen Revieren die günstigste Pürschzeit. An sonnigen Oktobertagen findet man das Rehwild auf den Wintersaaten und Wiesen, in lichten Hölzern, namentlich unter Eichen und Buchen,

wenn schon etwas frühreife Mast fällt. Bei hartem Frost und anhaltender Dürre pflegt der Pürschgang ohne Erfolg zu bleiben. Zusätzlich verursachen gefrorener Boden, trockenes Laub und Reisig auch beim vorsichtigen Gehen so viel Geräusch, daß es nur selten gelingt, das Wild nahe genug anzupürschen, um es sicher ansprechen zu können. Bei stürmischem Wetter zeigt das Rehwild große Unruhe, es wirft oft auf, sichert nach allen Seiten und wird oft scheinbar ohne alle Veranlassung flüchtig. Nichtsdestoweniger ist gerade solches Wetter im Walde günstiger als ganz stille, hellhörige Luft, und man kommt manchmal überraschend nah an das Wild heran.

Wer ein guter Pürschgänger werden will, der beschränke sich nicht darauf, die Augen offenzuhalten und nur die Eindrücke aufzunehmen, die sich sozusagen von selbst anbieten. Nein, *das Auge muß suchen lernen,* es muß alle Gegenstände, Baum, Strauch, Grabenrand, Erdhügel, Steine zu erfassen suchen und fortwährend seine Umgebung scharf mustern. Anderenfalls würden ihm nur die Bewegungen des Wildes sichtbar werden, während sitzendes oder ruhig stehendes Wild erst dann wahrgenommen wird, wenn der auf- und niederwippende Spiegel des flüchtigen Stückes dem Jäger zeigt, daß er nicht aufgepaßt hat. Das ist nicht leicht, und nur durch langjährige Übung gelangt man dahin, nichts zu übersehen und bei jedem noch unklaren Eindruck sich sofort zu sagen: Das gehört nicht dahin! So sehr ein gutes Fernglas die Pürsch erleichtert, so gibt es doch keinen größeren Fehler, als immer zuerst nach diesem zu greifen und die Flächen damit abzuleuchten. Auf diese Weise verwöhnt man das Auge erheblich. Besonders ungünstig ist der durch das Blätter- oder Nadeldach in die Bestände einfallende Sonnenschein. Der ganze Wald wird dann sozusagen in Weiß und Schwarz aufgelöst. Die hellen Sonnenflecken blenden das Auge derartig, daß alles andere wie tiefer Schatten erscheint; und wenn das Reh nicht gerade von einem Sonnenstrahl getroffen wird, so wird es leicht übersehen.

Auch über die *Art der Bewegung* beim Pürschen ist einiges zu sagen. Weiche Gummisohlen dämpfen zwar manches Geräusch, aber selbst bei diesen ist sorgfältig auf den Weg zu achten, Die Augen müssen, während sie noch so scharf die Umgebung mustern, immer wieder auf den Weg gerichtet sein, um jeden Ast, jeden Stein, jedes Loch rechtzeitig wahrzunehmen. Man muß so jeden Augenblick und in jeder Stellung sofort erstarren können. In loses Laub tritt man mit der Ferse zuerst hinein, den Vorderfuß entweder gar nicht oder erst allmählich herunterdrückend. Man pürscht nicht auf Zehenspitzen, besser auf den Fersen. Die Füße werden beim Gehen gut angehoben, um Rascheln zu vermeiden. Führt man den Bergstock, so nimmt man zweckmäßig die Eisenspitze nach oben und benutzt im ebenen Gelände das hölzerne Ende zum Aufsetzen. Um ganz sicher zu gehen, legt man notfalls auch die Schuhe ab und pürscht auf Strümpfen weiter.

In Laubholzrevieren und unter sonst schwierigen Pürschverhältnissen erleichtern schmale *Pürschsteige,* die von Reisig und Laub freigekehrt werden, nicht nur die Pürsch, sondern sie tragen sehr dazu bei, eine Beunruhigung des Wildbestandes zu vermeiden. Sie führen zweckmäßig im Zusammenhang mit sonstigen Wegen um die hauptsächlichsten Äsungsplätze herum, so daß man sie bei verschiedenen Windrichtungen benutzen kann, und enden in Schirmen, hinter denen man gedeckt das Wild beobachten kann. Nach einiger Zeit benutzt sie auch das Wild, und man schafft so Wechsel.

Daß man die Büchse zwar geladen, aber gesichert führt, sollte eigentlich keiner Betonung bedürfen. Die Schußfertigkeit sollte so gut sein, daß man notfalls auch freihändig schießen kann. Die paar Schritte, die man braucht, um irgendwo anstreichen zu können, vergrämen häufig das Wild, besonders auffallend sind Seitwärtsbewegungen.

Der Hund, wenn er durch Schlagen mit den Behängen störend wirkt, wird abgelegt, und zwar, um überflüssige Wege zu vermeiden, an einem Ort, zu dem man nach einiger Zeit wieder zurückkommt. So ist jedenfalls die gängige Meinung. SCHAICH hat beobachtet, daß gerade das „Tatzeln“ der Hundeläufe den menschlichen Tritt verschleiern hilft. Außerdem sind ihm die überlegenen Sinne seiner Dachsbracke gerade auf der Pürsch unentbehrlich. Dieser Hund verweist ihm Eindrücke, die er nie selber haben würde.

Hat man einen Sprung Rehwild ausgemacht, zählt man die Stücke und behält möglichst alle im Auge. Erstarre, sobald ein Stück aufwirft, und pürsche erst wieder weiter, wenn es wieder zu äsen beginnt; das gleiche gilt, wenn irgendein Geräusch verursacht wird.

Im Hochwald hat es gar keinen Sinn, eine gebückte Haltung anzunehmen. Diese beeinträchtigt nur den Atem, der beim Schießen nachher so bitter nötig ist. Im Gegenteil, je gerader sich der Jäger hält, desto eher sieht er aus wie die Baumstämme. Ist er jedoch beim Heranpürschen wegen eines niedrigen Strauches gezwungen, sich klein zu machen, kriecht er aufrecht auf den Knien weiter.

Hat man auf freien Wiesen Gelegenheit, unter Benutzung eines Grabens näher an das Wild heranzupürschen, so sollte man diesen benutzen. Im Wasser kommt man lautlos vorwärts, wenn man den Fuß nur sehr langsam vorwärts bewegt und Quatschen vermeidet, indem man niemals einen Fuß über das Wasser heraushebt.

Es ist leichter, sich an ein einzelnes Stück heranzupürschen als an einen ganzen Sprung. Man kann daher im ersten Fall schon etwas wagen, was sonst ziemlich aussichtslos sein würde. Steht zum Beispiel ein einzelner Bock auf einer größeren Blöße, Kultur oder Wiese, so kann versucht werden, ihn auf dem Bauch anzukriechen. Auf einer Schlagblöße, Kultur oder einer Wiese mit hohem Gras ist meistens so viel Deckung vorhanden, daß ein liegender Mensch, wenn er sich langsam und ruhig fortbewegt, vom Bock nicht leicht eräugt wird. Die etwas ungewohnte Bewegungsart stellt allerdings große Ansprüche an die Kondition, man muß daher vor dem Schuß auf die Beruhigung der Atmung warten.

Schwieriger ist diese Art des Anpürschens auf einer frisch gemähten Wiese, die in guter Windrichtung gar keine Deckung gewährt. In solchem Fall bedient man sich eines sogenannten „*Wisches*". Aus dichtem Nadelholzreisig, Wacholder oder auch zur Not aus Laubholzreisig richtet man sich einen Zweig so her, daß er Höhe und Breite eines liegenden Mannes von vorn deckt. Am unteren Ende wird der Wisch so zugespitzt, daß er leicht in den Boden gesteckt werden kann. Nun nimmt man den kurz geschnallten Büchsenriemen über den Hals und beginnt, den Busch als Deckung vor sich herschiebend, das äußerst aufregende Ankriechen unter fortwährender Beobachtung des Bockes durch den Busch hindurch. Daß man sich zu dieser Art der Fortbewegung viel Zeit lassen muß, versteht sich von selbst. Jede Hast und Übereilung gefährdet den Erfolg.

Während man beim Anpürschen das Rehwild im Auge behält, wird nicht nur das Haupt, sondern auch der *Spiegel* beobachtet. Dieser im Sommerhaar hellere, im Winterhaar weiße, rundliche Fleck um das Waidloch kann nämlich vom Reh erheblich vergrößert werden, wenn es beunruhigt ist. Dann spreizt es die langen, spröden Haare, auch Nadeln genannt, weit nach auswärts, und der Fleck erscheint mehr als doppelt so groß. Solange der Spiegel klein bleibt, weiß man, daß das Wild noch völlig vertraut ist. Sieht man ihn aber größer werden, ist das Wild gewarnt. Manchmal beruhigt es sich wieder, und das ist dann am sichersten an dem kleinen Durchmesser des Spiegels zu erkennen. Gelegentlich äst beunruhigtes Wild scheinbar ruhig weiter, beobachtet aber bei tiefer Kopfhaltung den verdächtigen Gegenstand sehr scharf. Sobald nun der Jäger die geringste Bewegung macht, ist er erkannt.

Sehr häufig reagiert Rehwild, wenn es Verdächtiges wahrgenommen, aber noch nicht eindeutig identifiziert hat, mit dem sogenannten Scheinäsen. Nach längerem Verhoffen senkt es mehrmals das Haupt wie zum Äsen, nimmt aber dabei keine Nahrung auf, sondern wirft urplötzlich wieder auf. Daher – längere Zeit stehenbleiben, wenn Rehwild einmal beunruhigt wurde! Beim Pürschen ist das Anstreifen an Gebüsch und an trockenes Geäst sorgfältig zu vermeiden. Wenn die Sonne scheint, ist auf den Schatten zu achten. Dieser verrät einen in knapper Deckung pürschenden Jäger leicht.

Gar nicht selten tut sich Wild, das man anpürschen will, im Angesicht des Jägers nieder. Handelt es sich um einen ganzen Sprung, dann ist jedes Näherkommen fast ausgeschlossen, denn das eine oder andere Stück hat immer den Kopf hoch. Hat man es aber nur mit einem oder zwei Stücken zu tun, dann beobachte man das Wild zunächst recht sorgfältig. Oft döst es einfach und achtet auf gar nichts, oft legt es den Kopf lang nach vorn wie ein „nieder" machender Hund. Oft ist es am Einschlafen, und der Kopf macht von Zeit zu Zeit eine müde Vorwärtsbewegung. In solchen Fällen ist es nicht schwierig, nahe genug heranzukommen. Bemerkt man aber emsiges Wiederkäuen, dann ist das Wild munter und aufmerksam. Dann heißt es geduldig sein und warten. Oft dauert es auch nur kurze Zeit, bis es wieder hoch wird. Ist man dann schon auf Schußweite heran, dann kann es durch einen Pfiff zum Querstellen und Aufwerfen gebracht werden. Viel Zeit ist dann aber mit Ansprechen und Schießen nicht zu verlieren. Der Schuß auf gesundes, sitzendes Wild ist wegen der Kleinheit des Zieles und der Gefahr, die unterschlagenen Läufe zu zerschmettern, nicht zu verantworten! Er gilt nicht als waidgerecht!

Hat man sich zum Schuß entschlossen, dann zögere man nicht lange, sondern schieße, sobald das erwählte Stück gut steht. Mehr als drauf sein kann man nicht. Dabei ist zu beachten: Man schießt nie spitz von hinten, sehr ungern schräg von hinten, schräg von vorn und spitz von vorn. Ein Schuß spitz von hinten und spitz von vorn kann das Wild sicher strecken, aber weil wir das Wild nutzen wollen, so erfordert waidgerechtes Jagen einen Schuß, der neben tödlicher Wirkung das wertvollste Wildpret unbeschädigt läßt. Das sind die Keulen und der Ziemer. Dazu kommt, daß der Schuß spitz von vorn riskant ist. Leicht gerät man etwas seitwärts, und die Kugel streift lang an den Rippen vorbei. Ähnlich verhält es sich mit anderen Schrägschüssen.

Der gute Blattschuß zerstört kein wertvolles Wildpret, er durchschlägt Lunge und Herz, ist immer tödlich und gibt reichlichen Schweiß und reinlichen Aufbruch. Manche Jäger schießen gerne etwa handbreit hinter das Blatt wegen der geringen Wildpretzerstörung. Diese Schüsse sind häufig nicht immer rasch tötend und daher nicht immer waidgerecht. Geschieht es bei aller Vorsicht einmal, daß man einen Bock waidwund schießt, wird die Freude über ein gutes Gehörn vergällt, wenn die ganze Bauchhöhle mit einem graugrünen Brei angefüllt ist. Wie reinlich und sauber ist dagegen das Aufbrechen eines mit einem guten Blattschuß gestreckten Bockes!

So wartet man, wie schon gesagt, ab, bis das erwählte Stück gut breit steht, nimmt dann kurz entschlossen Ziel und läßt fliegen. Es ist besser, wenn das Stück den Kopf hoch hat, als wenn es äst, weil dabei die Decke über dem Wildkörper etwas verzogen ist. Bei der Flucht nimmt sie ihre normale Lage wieder ein und verschließt so leicht die Ein- und Ausschußöffnung. Auf diese Weise ergibt sich bei der Nachsuche auffallend wenig Schweiß. Trotz vielfach geübtem Brauch soll man nicht mit dem Korn oder dem Zielstachel am Vorderlauf des anvisierten Stückes hochgehen, um dann ins Blatt zu gelangen. Gar nicht selten verursacht man dabei bei zu kurzem Abkommen die so qualvollen Laufschüsse.

Ob man freihändig, angestrichen oder aufgelegt schießt, hängt von Sicherheit und Selbstvertrauen ab. Streicht man an, legt man den Lauf auf die an den Stamm gedrückte Hand. Holz auf Holz macht Seitenabweichungen. Legt man auf, sorge man für eine weiche Unterlage oder für eine Auflage möglichst nahe am Abzugbügel. Letztere gibt auch bei harter Auflage, z. B. auf Weidezäunen aufgelegt, keine Treffpunktänderung. Das Waidmesser, in guter Höhe fest in einen Stamm getrieben, gibt eine gute Stütze. Auf einen Felsblock legt man entweder Mantel, Rucksack, Hut, oder man benutzt die Hand als Unterlage.

Hat man gefehlt, so lädt man, falls man nicht eine Doppelbüchse führt, schnell nach, denn nicht selten verhofft der flüchtige Bock in Schußweite, und es bietet sich Gelegenheit zu einem zweiten, besseren Schuß. Das weitere Verhalten nach dem Schuß wird in dem Kapitel über die Nachsuche behandelt. Hier sei nur noch bemerkt, daß jede nicht absolut nötige Beunruhigung des Wildbestandes zu vermeiden ist. Hat man sich also an Wild herangepürscht und sich nach eingehendem Ansprechen entschlossen, nicht zu schießen, so soll man ebenso vorsichtig zurückpürschen wie man das Wild anging. Nichts wäre verkehrter, als einfach seinen Weg fortzusetzen. Das gestörte Wild wird nicht nur unnötig beunruhigt, sondern es verdirbt durch sein Flüchten und Schrecken immer einen Teil des weiteren Pürschganges.

Pürschenfahren

Diese nur noch selten ausgeübte Jagdart aus Großrevieren beruht auf der Tatsache, daß Rehwild einen vorüberfahrenden pferdebespannten Wagen viel leichter aushält als den gehenden Menschen. Diese Eigenschaft nutzt man, indem man sich dem Wild mit einem Fuhrwerk nähert, während der Fahrt in guter Deckung absteigt und einen Schuß anzubringen sucht. Heute könnte man diese Jagdart in Ausnahmefällen mit einem Traktor, an welchen das Wild gewöhnt ist, versuchen. Ob dies bei unseren kleinen Revieren auch waidgerecht wäre?

Grundsätzlich soll der Wagen nicht geräuschlos fahren, wie dies bei den heute üblichen gummibereiften Rädern nicht selten der Fall ist. Das Wild soll den herankommenden Wagen schon auf größere Entfernung vernehmen und nicht durch sein plötzliches Erscheinen überrascht und erschreckt werden. Ferner gehören dazu ruhige Pferde, die man schußfest machen muß.

Ist es für den Pürschgang wichtig, die Zeit sorgfältig zu wählen, so ist das für die Pürschfahrt von geringerer Bedeutung, weil das in der Nähe sitzende Wild durch das Geräusch des heranfahrenden Wagens fast immer hoch wird und so dem Jäger seine Anwesenheit auch dann verrät, wenn es im hohen Gras dem vorübergehenden Menschen vielleicht verborgen geblieben wäre. Man ist deshalb hinsichtlich der Tageszeit ziemlich unabhängig und nicht allein auf die Äsungsstunden des Rehwildes angewiesen. Nur im hohen Sommer ist die erfolgversprechende Pürschfahrt auf die Morgen- und Abendstunden beschränkt.

Es ist ein großer Fehler, vom Wagen selbst zu schießen, denn das Wild lernt ihn auf diese Weise fürchten, und damit wird das Pürschenfahren aussichtslos. Gewöhnlich verfährt man zweckmäßigerweise so: Kommt Wild in Sicht, so vermeide man auf dem Wagen jede größere Bewegung, lasse die Pferde recht langsam gehen, gleite, sobald man an eine passende Deckung gekommen ist, vorsichtig vom Wagen herab und lasse diesen seinen Weg fortsetzen. Die Rehe, die nun dem Fuhrwerk nachäugen, werden sich bald beruhigen, und wenn er außer Sichtweite ist, sucht man das zu erlegende Stück aus und schießt, sobald es breit steht. Für den Fall, daß es nicht dazu kommt, muß der Wagenführer selbständig nach einiger Zeit den Schützen wieder abholen, am besten auf einem Umweg.

Halten die älteren Stücke den Pürschwagen aus, so sind es in der Regel Kitze, die aus Unerfahrenheit am ehesten flüchtig werden und dann den ganzen Sprung mit sich reißen. Wenn es die Lage ermöglicht, tut man deshalb gut, Ricken mit Kitzen nicht zu nahe zu rücken.

Schließlich sei hier der Vollständigkeit halber auch noch das *Pürschenreiten* kurz erwähnt, obwohl heute wohl nur noch wenige Glückliche diese Jagdart ausüben können. Sie verlangt, wie das Pürschenfahren, ein ruhiges, schußfestes Pferd. Vom hohen Sitz herab hat man weiten Umblick, und das Wild pflegt das Pferd weit weniger zu scheuen als den Menschen. Es hält daher dessen Annäherung noch besser aus als die des Wagens.

Es ist zweckmäßig, daß man absteigt, sobald man des Wildes ansichtig geworden ist, und daß man neben dem Pferd vorwärtsschreitend auf Schußweite an das Wild heranzukommen sucht. Ob man dabei auf der dem Wild zugekehrten oder auf der abgekehrten Seite des Pferdes geht, ist ziemlich gleichgültig. Die meisten Pferde sind gewohnt, an der linken Seite geführt zu

werden, und das behalte man ruhig bei. Ist man nahe genug herangekommen, so schlingt man den Zügel um einen Arm und schießt entweder über den Sattel weg oder nach der freien Seite. Gewarnt muß aber davor werden, die Büchse auf den Sattel aufzulegen, weil dieser, wenn das Pferd auch noch so still steht, doch den Atembewegungen folgt und so, abgesehen von der federnden Wirkung des Sattelpolsters, leicht Veranlassung zu einem Fehlschuß werden kann. Es liegt auf der Hand, daß man beim Pürschenreiten besonders vorsichtig beim Umgang mit der Waffe sein muß. Bei kombinierten Waffen darf nur ein Lauf geladen werden, denn man weiß fast nie, wie das Pferd u. U. auf den Schuß reagieren wird. Scheut es im Knall, so verreißt es den Schuß zwar nicht mehr, könnte aber den Jäger in erhebliche Gefahr bringen, wenn er ein noch schußbereites Gewehr in der Hand hält. Die Büchse wird beim Reiten am besten in einen am rechten Bügel angebrachten Schuh gestellt und durch eine Lederschlaufe mit dem Sattel in feste Verbindung gebracht. Wird sie vom Reiter einfach auf dem Rücken getragen, so ist das bei schärferer Gangart recht unbequem.

Es gibt Reviere, in denen auch ein Pürschenfahren mit einem geeigneten *Kraftfahrzeug* angebracht ist und bei richtiger Durchführung seinen Reiz hat. Allerdings sollte man auf keinen Fall fahren, um zu schießen, um keinen Zusammenhang zwischen Automobil und Schuß herzustellen. Ansonsten wird die übliche Vertrautheit gegenüber sich bewegenden Fahrzeugen bald vorbei sein. Abgesehen davon ist das Schießen aus Kraftfahrzeugen in der Bundesrepublik Deutschland prinzipiell verboten (§ 19 [1] Nr. 12, BJG 1976). Für Wildstandsermittlung und Wildbeobachtung kann dagegen das Pürschenfahren auch mit einem Kraftfahrzeug eine gute und fast unentbehrliche Methode sein.

Anstand und Ansitz

Der Ansitz ist die schonendste Jagdart, das Revier wird dabei am wenigsten beunruhigt. Er ist unentbehrlich für den Wahlabschuß, und es ist eine alte Jagdregel, daß man sich einen Bock leichter ersitzt als erpürscht. Im Gegensatz zur Pürsch erwartet bei dieser Jagdart der Jäger bewegungslos das Anwechseln des Wildes. Wenn man auf dem *Anstand* auch freier in seinen Bewegungen ist und oft weiteren Überblick hat, so ist man auf dem *Ansitz* weit besser gedeckt. In manchen Fällen ist das Wild auch nur von einer ganz bestimmten Seite zu erwarten, auf die man sich durch die Wahl des Sitzes recht gut einrichten kann. Der Ansitz bildet meist den Schluß eines ermüdenden Tages, und da ist ein Sitzen, soweit es unbeschadet des Erfolges möglich ist, dem Stehen beim Anstand vorzuziehen. Aufregender, und mehr für Könner geeignet, ist allerdings der Anstand.

Wie bei der Pürsch ist die Wahl des Ortes, den man für den jeweiligen Ansitz wählt, und die Rücksicht auf den Wind von entscheidender Bedeutung. Durch einen *Hochsitz,* sei es eine Leiter oder eine Kanzel, kann man sich in der Regel vom Wind weniger abhängig machen; meist genügt eine Höhe von 4 bis 6 m, falls nicht vorgelagerte Hügel oder Waldstücke, hinter die man Einblick nehmen möchte, zu höheren Sitzen zwingen.

Guterhaltene Pürschsteige ermöglichen das lautlose und gedeckte Beziehen und Verlassen der Hochsitze. Da die Äsungsflächen des Rehwildes, besonders auf den Feldern, häufig wechseln, sind transportable Ansitzleitern sehr zweckmäßig. Jeder Hochsitz sollte der Landschaft angepaßt sein und an einem Einzelbaum, in einer Baumgruppe oder am Bestandsrande aufgestellt werden. Leider sieht man viele Hochsitze, die die Landschaft geradezu verschandeln! Ein Dach über dem Kopf hat ganz gewiß seine Vorteile, aber deshalb braucht man nicht gleich Holzkäfige zusammenzuzimmern, die den Jäger hermetisch von der Natur abschließen. Ein völlig bis auf die Schießscharten geschlossener Hochsitz hat auch den Nachteil, daß der Jäger zumeist weder vor noch nach dem Schuß sein Gehör benutzen kann.

Der Waidmann schafft sich seine Ansitze, indem er an Orten, die sich für die Beobachtung und die Erlegung des Wildes besonders eignen, eine Deckung herrichtet, aus der er gut beobachten und schießen kann. Wichtiger als die Tarnung ist die gute Beobachtungsmöglichkeit. So schneidet man sich beizeiten am Rand junger Nadelhölzer mit dem Waidmesser eine Deckung zurecht, flicht und steckt im Laubholz aus geeigneten Zweigen eine Blende zusammen oder stellt sich durch Einrammen von Pfählen und Ausflechten mit Zweigen einen Schirm her. Man kann sich auch ein sogenanntes Ansitzloch graben, indem man die ausgeworfene Erde nach der Beobachtungsseite aufwirft und an der anderen Seite eine Erdbank stehen läßt, die man mit dem abgestochenen Bodenüberzug bedeckt. Im Gebirge schafft man sich durch Aufschichten von Felstrümmern und Steinen einen brauchbaren Ansitz.

Das Wichtigste bei allen Anlagen ist deren völliges Aufgehen in der Umgebung. Das wird erreicht durch Verwendung von natürlichem Deckungsmaterial und Übergrünenlassen der Erdaufwürfe. Helle Schnittflächen werden nach innen gerichtet. Wo man Deckung für den Pürschsteig benötigt, kann man natürliche Bewachsung schaffen oder vorübergehend Zweige in den Boden stecken. Sehr zweckmäßig ist es, sich bestimmte Schußentfernungen abzustekken, da man sich erfahrungsgemäß besonders in der Dämmerung leicht verschätzt.

Für den Ansitz kommen in erster Linie Plätze, an denen das Wild zur Äsung auszutreten pflegt, in Betracht. Diese sind nach der Jahres- und Tageszeit verschieden. Denn einmal deckt die Natur den Tisch nicht immer an derselben Stelle, und dann ist auch das Verhalten des Wildes recht abweichend in ruhigen und unruhigen Revieren. Bevor das Getreide schoßt, nimmt das Rehwild gern die Saaten an. Im schossenden Getreide sucht es wiederum gern Deckung und verläßt deshalb im Mai, Juni den Wald, zumal dieser dann durch Insekten zu einem recht unbequemen Aufenthaltsort werden kann. Nach der Ernte pflegen die Rehe wieder in den Wald zu ziehen. Im Herbst suchen sie die masttragenden Laubhölzer auf, um Eicheln und Bucheckern zu äsen. In ruhigen Revieren tritt das Wild früh am Abend auf die Äsungsplätze und verläßt sie später am Morgen, es ist auch über Tag außerhalb der Dickungen zu finden. Wo es aber durch Spaziergänger usw. viel beunruhigt wird, tritt es später aus, zieht früh zu Holze und verläßt am Tag die schützende Dickung selten. Der alte, schlaue Bock hat selbst in ruhigen Revieren diese Angewohnheit und ist daher schwer zu überlisten. Es bleibt, um ihn zu erlegen, nur dasselbe Verfahren übrig, das man in unruhigen Revieren zur

Anwendung bringt. Weil hier das Wild nur selten bei Büchsenlicht die Blößen betritt, wählt man seinen Ansitz dort, wo es noch bei guter Beleuchtung zu wechseln pflegt. Also tiefer im Wald, entweder morgens auf dem Rückwechsel von der Äsung zu Holze oder abends auf dem Hinwechsel zu dieser.

Frischer Verbiß und Fege-, Schlag- und Plätzstellen am jungen Aufwuchs und am Boden sind aber die richtige Stelle für den Ansitz. Man glaube nicht, daß man gleich am ersten Tag das Stück, das man zu schießen beabsichtigt, auch vor die Büchse bekommen müsse. Dazu gehören Zeit und Geduld. Wenn es auch eine Blöße regelmäßig anzunehmen pflegt, so geschieht das noch lange nicht immer auf demselben Wechsel, von derselben Seite und zur gleichen Zeit.

Wichtig ist, wie man zum Ansitz geht. Das ist für den Morgen- und Abendansitz verschieden. Erwartet man das Wild abends beispielsweise auf einer Wiese, so darf man annehmen, daß es schon in der weiteren oder näheren Umgebung im Walde steht, und zwar je näher am Waldrand, je später am Tag es ist. Sucht man nun seinen Stand auf, indem man durch den Wald oder nah am Waldrand entlang geht, so läuft man Gefahr, das Rehwild bereits zu beunruhigen, oder aber es kreuzt beim Heraustreten auf die Wiese die Fährte des Jägers. In beiden Fällen hat man an diesem Abend kaum noch auf Erfolge zu hoffen, denn das unmittelbar beunruhigte Rehwild wird vor völliger Dunkelheit wahrscheinlich nicht austreten. Wenn die Fährte des Jägers auf einem oft von Menschen begangenen Wege steht, ist dies nicht tragisch. Steht sie aber dort, wo Menschen nicht zu gehen pflegen, beunruhigt sie sehr. Es ist daher Wert darauf zu legen, daß man sich möglichst zeitig auf seinen Stand begibt und sich diesem so nähert, daß das austretende Rehwild die Fährte voraussichtlich nicht kreuzt. Hierfür ist es meist am sichersten, mitten über die Wiese hinweg den Stand aufzusuchen und nicht am Waldrand entlang zu pürschen.

Den Stand wählt man, wenn es irgend geht, so, daß man nicht gezwungen ist, gegen die Sonne zu schießen. Am Waldrand stellt man sich nicht an die äußersten Stämme des Holzes, sondern tritt vielmehr einige Schritte in den Bestand hinein, daß man noch einen guten Ausblick hat. Würde man einen der äußersten Stämme wählen, so wäre die Gefahr, eräugt zu werden, recht groß. Nun scharrt man vorsichtig Laub und Reisig beiseite, schneidet etwaige störende Reiser unter Vermeidung jeglichen Geräusches ab und setzt sich hinter einen nicht zu starken Stamm ruhig auf seinen Jagdstuhl, denn es wird, wenn man rechtzeitig ankam, sicherlich noch eine Weile dauern, bis das Wild austritt. Sich vor den Stamm zu setzen, wäre falsch, denn er soll doch als Deckung dienen. Außerdem kann man einen vor sich stehenden Baum nach Eintreiben des Waidmessers recht gut zum Auflegen oder aber zum Anstreichen benutzen.

Selbstverständlich muß man um so ruhiger sitzen, je geringer die Deckung ist. Das ist manchmal leichter gesagt als getan, denn die Mücken und Stechfliegen machen dem Waidmann das Stillsitzen oft recht schwer. Gegen diese Plagegeister hilft das Rauchen etwas, es schadet nicht, wenn wir nicht gerade Wolken in die Luft paffen, die das Wild eräugen kann. Der Rauch zieht dorthin, wohin die Wittrung des Jägers zieht, er kann also mehr Unheil als diese nicht anrichten. Für den Nichtraucher gibt es heute sehr wirksame chemische Abwehrmittel.

Wählt man den Morgen zum Anstand, so muß man sich anders verhalten, denn zu dieser Zeit zieht das Wild von den Äsungsplätzen zu Holze. Man kommt dann vom Wald her oder erwartet das Wild an seinen Wechseln. Daß man diese zu erreichen sucht, ohne die Äsungsplätze zu beunruhigen, ist klar. Daher muß man früh aufstehen und manchmal weite Umwege machen. Es wäre falsch, sich direkt auf den Wechsel oder zu nahe an diesem aufzustellen. Man spricht dann das heranziehende Wild schwer an und müßte spitz von vorn schießen.

Außerdem müßte das Wild den Jäger beim Weiterwechseln gewahren und somit vergrämt werden. Dagegen bietet ein Ansitz etwa 60 bis 80 Schritt vom Wechsel enfernt einige Vorzüge: Das Wild muß dem Schützen breit kommen. Auch hat man länger Gelegenheit zum Ansprechen. Schließlich ist, falls man nicht zum Schuß kommt, nichts verdorben, denn das Wild wird, den Wechsel haltend, vertraut vorüberziehen.

Auch bei dem Ansitz macht man beim unerwarteten Anblick von Wild keine hastigen Bewegungen nach Glas oder Büchse. Der erfahrene Jäger wird von dem Erscheinen des Wildes auch nicht so leicht überrascht werden, denn dieses zieht selten lautlos heran. Häufig wird es durch Warnrufe der Vögel angekündigt. Auf dem Morgenanstand kommt es nicht selten vor, daß das in der Ferne erblickte Wild nicht näher heranwechseln will und schließlich ganz ausbleibt. Es hat sich niedergetan. In solchem Fall stellt man sich das nächste Mal etwas näher an den Äsungsplatz heran.

Auch dort, wo Salzlecken angelegt sind, kann der Anstand lohnend sein. Manche Jäger halten den Ansitz für hinterhältig und langweilig, aber beides ist nicht richtig. Es werden mehr Böcke ersessen als erpürscht. Zunächst ist keine Jagdart wie diese geeignet, den Jäger mit seinem Wildbestand vertraut zu machen. Manches alte heimliche Stück, das auf der Pürsch oder beim Blatten nicht zu haben ist, erliegt dem beharrlichen Ansitz. Und wieviel Naturgenuß ist mit ihm verbunden! Gerade am Morgen und am Abend hat der Himmel seine schönsten Farben, alle Kreatur ist in Bewegung, und es bietet sich so viel Beobachtungsmöglichkeit für den Naturfreund, daß von Langeweile doch nur der Schießer reden kann. „Hinterhältig" ist zu menschlich gedacht, denken wir doch nur an lauerndes Raubwild; zusätzlich ist der Schuß vom Ansitz in der Regel der sicherste für ein schmerzloses Töten und der Schuß von der Leiter oder Kanzel gefährdet die Umgebung weniger. Dagegen kommt die Nachtjagd (durch BJG verboten) auf Rehwild für den waidgerechten Jäger selbstverständlich nicht in Frage. Sollte der Vollmond auch für einen sicheren Schuß mit dem Zielfernrohr ausreichen, so ist ein sicheres Ansprechen doch fast nie möglich. Außerdem sollte man das Wild nicht auch noch zur Nachtzeit beunruhigen. Der Ansitz an einer Fütterung darf nur der Beobachtung gelten.

Blattjagd

Bei der Blattjagd sucht man während der Brunftzeit den Bock durch einen mit einem Blatt oder einer künstlichen Locke erzeugten Fiepton anzureizen und dann zu erlegen. Wie wir in dem Abschnitt „Lautäußerungen" gesehen haben, fiept nicht nur die Ricke, sondern auch der Bock in der Brunft. Die Nachahmung dieser Töne nennt man Blatten. Oft dient dazu ein einfaches Baum- oder Grasblatt (daher der Name „Blatten"), oft eine künstliche Locke („Blatter", „Rehblatter", „Angstgeschreiblatter"). Der Erfolg der Blattjagd ist in erster Linie von einem engen Geschlechterverhältnis abhängig. Es müssen Rehböcke in so hinreichender Zahl vorhanden sein, daß nicht jeweils alle gerade mit brunftigen Ricken beschäftigt sind, denn „wer bei schöner Schnitterin steht, dem mag man lange winken". Weiter hängt der Erfolg von der richtigen Ausübung der Jagd, von der richtigen Ausnutzung der Wittrung, von guter, naturgetreuer Anwendung des Rufes und von hinreichender Schießfertigkeit ab. Die Blattjagd ist daher durchaus keine Jagdart für Anfänger, sondern verlangt vielmehr einen erfahrenen, umsichtigen Waidmann. Für diesen aber bietet sie Gelegenheit, manchen alten, schlauen Bock zu überlisten, dem er mit Pürsch und Anstand vergeblich beizukommen suchte. Für ihn ist die Blattjagd (nicht die Brunft) die hohe Zeit im Jagdjahr.

Was den Bock veranlaßt, dem Ruf zu folgen, ist nicht erforscht. Ist es seine Geschlechtsbegierde (indem er glaubt, eine Ricke fiepen zu hören) oder Eifersucht (wenn er glaubt, das Fiepen eines treibenden Bockes zu vernehmen) oder aber einfach Neugierde? Er nähert sich,

wenn der Jäger Glück hat, dem Ort, von wo der Ton herkommt. Das Verhalten der Böcke zum Blattruf ist verschiedenartig, es wird auch noch beeinflußt von ihrer augenblicklichen „seelischen" Verfassung. Ein junger, von stärkeren Rivalen abgeschlagener Bock wird in seiner aufgestachelten, unbefriedigten Geschlechtsgier leicht jedes nur einigermaßen wie ein Brunftton lautende Geräusch für den Brunftlaut halten und darauf reagieren. Aber auch das Gegenteil kann der Fall sein: Ist er oft genug von einem stärkeren Bock „verprügelt" worden, flieht er den Fiepton. Im übrigen ein Grund für den Jäger, dort nach dem starken Rivalen zu suchen. Ebenso kann ein alter, vielleicht eben abgekämpfter Bock in seiner Erregung auf jeden noch so schlecht nachgeahmten Laut losstürmen. Dagegen wird die vollendetste Nachahmung des Rufes nichts nützen, wenn der Bock keine Neigung zum Springen hat. Warum, wissen wir nicht, wenn man die Zeit- und Wetterfaktoren, die später noch besprochen werden, außer acht läßt.

Auf den normalen Fiepton steht der Bock meist langsam zu, bei Anwendung des Geschreies kann er so stürmisch heranpreschen, daß die Erlegung viel Erfahrung verlangt.

Leider gerät die schöne alte Kunst, den Bock mit dem *Buchenblatt* zu betören, immer mehr außer Gebrauch. Dabei ist sie gar nicht so schwer zu erlernen. Man wählt ein nicht zu weiches, nicht zu hartes, im Schatten gewachsenes Buchenblatt mit ungefälteltem Rand, so wie es an den unteren Zweigen in jungen Stangenhölzern häufig zu finden ist, nicht zu groß, eher klein. Dieses Blatt faßt man mit beiden Händen, zieht es straff und bringt es vor den geschlossenen Mund. Nun versucht man, durch drückendes Blasen den Rand des Blattes in Schwingungen zu versetzen. Dadurch wird ein Ton erzeugt, der dem Fiepton durch Übung sehr bald ähnlich werden wird. Wenn man sich schon einige Gewandtheit erworben hat, so kann man das Blatt auch mit einer Hand an den Mund drücken und schließlich, indem man es an der äußeren gewölbten Seite lose mit den Lippen umfaßt, auch überhaupt ohne Gebrauch der Hand blatten. Der gewölbte Teil des Blattes wird immer so weit zwischen die Lippen genommen, daß die äußeren Ränder ungefähr mit diesen abschneiden. Ragen die Ränder zu weit nach außen hervor, so wird der Ton leicht gellend und verliert die Weichheit. Dasselbe geschieht, wenn der Blattrand unregelmäßig gestaltet oder eingerissen ist. Nicht nur das Buchenblatt ist geeignet, es geht auch mit anderen; sie dürfen nur keine gesägten oder gezahnten Ränder haben. Das Blatt des Birnbaumes, des Flieders, der Schwarzbeere, der Birke, das feine Häutchen der weißen Birkenrinde sind sehr gut brauchbar, auch das Blatt des Schattenblümchens *(Majanthemum bifolium).* Auch kann man auf einem breiten Grashalm blatten, und zwar sowohl mit den Lippen als auch mit Hilfe beider Daumen. Wenn man beide Daumen so gegeneinander legt, daß die Nägel nach oben gerichtet sind, dann entsteht zwischen den zweiten Gliedern ein Spalt, ähnlich dem Längsschnitt einer Spindel, der sich durch Druck verengen läßt. Spannt man nun zwischen die ersten Glieder und die sogenannte Maus beider Daumen ein breites Grasblatt und bläst in den vorbezeichneten Spalt hinein, so entsteht ein Ton, der nach einiger Übung recht gut als Fiepton gelten kann.

Für die Benutzung des natürlichen Blattes gab der als Blattkünstler bekannte Ernst Johann Faber in „Wild und Hund" folgendes Rezept: „Man nehme das Blatt in beide Hände und ziehe mit Zeigefinger und Daumen der Länge nach das Blättlein am Rande so, daß eine kleine Falte entsteht. Dann lege man das Blatt fest an die Unterlippe und blase leicht und leise – ein Hauch nur – mit der Oberlippe über die sich bildende Membran. Früher oder später, je nach Veranlagung (ich brauchte ungefähr vier Wochen, um es zu erlernen), wird man den Fiepton erhalten. Je enger man die Finger zusammenhält, d. h. je kürzer also diese Membran ist, über welche man den Ton bläst, desto feiner wird er werden. Je weiter man die Finger jeder Hand auseinanderhält, je größer und länger die Membran ist, desto tiefer wird der Ton. Durch unmerkliches Öffnen der Lippen kommt man dann später von selbst auf das sogenannte Angstgeschrei. Der Ton des Angstgeschreis ist in Vokale umgesetzt *i-a*; wie man bei *i* den Mund geschlossen und bei *a* geöffnet hält, ebenso ist es auch, wenn man den Ton auf dem Blatt nachahmt. Den Fiepton bläst man mit eng auf der Membran anliegender Oberlippe, beim Angstgeschrei gibt man etwas nach, so daß der Ton von selber eine tiefere Klangfarbe erhält. Ich habe das Angstgeschrei wiederholt von Geiß und Bock gehört und habe es sofort nachgeahmt. Es ist nicht zu unterscheiden von dem natürlichen Laut, und ich kenne kein Blattinstrument der Welt, das beides derartig naturgetreu nachahmt, wie eben das natürliche Blatt. Die kleine Zeichnung (s. Abbildung) trägt vielleicht noch etwas zum besseren Verständnis bei. Bei *a* und *b* liegen die Finger, der doppelte Strich ist die Falte und das Schattierte die Membran. Die untere größere Hälfte des Blattes liegt an der Unterlippe an, über die schraffierte kleinere Hälfte, also die Membran, wird mit der Oberlippe der Ton geblasen. Zur Aufbewahrung der Blätter dient am besten eine kleine, viereckige Zigarilloschachtel aus Blech. Ich pflücke mir, bevor ich zum Blatten ausziehe, ungefähr 20 bis 30 sorgfältig ausgewählte Blätter, feuchte diese mit etwas Wasser an und schüttle das ganze gut durch, damit die Feuchtigkeit auch an jedes Blatt kommt. So aufbewahrt, halten sich die Blätter 3 bis 4 Tage. Sollte ich je einmal in Verlegenheit kommen, dann gibt mir der Wald immer wieder das, was ich brauche."

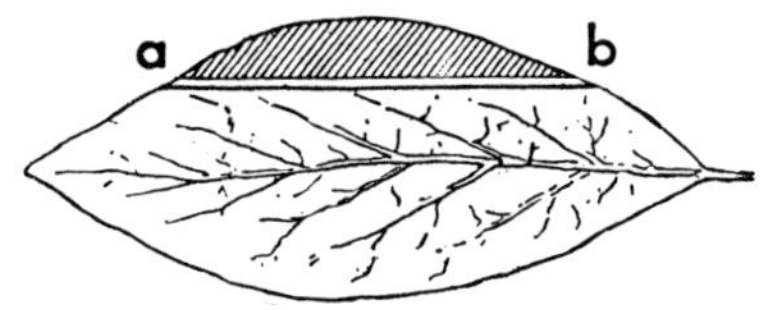

Die Anwendung des Blattes hat den Vorzug eines sehr weichen Lautes, der nach Bedarf verstärkt werden kann, aber der Ton ist auch für den Geübten nicht immer sicher zu treffen. Außerdem ist man bei Benutzung beider Hände zu sehr gebunden, und das Blatt wird leicht und oft sehr zur Unzeit unbrauchbar. Viele Jäger geben deshalb dem künstlichen *Blattinstrument* den Vorzug. Von diesem werden die verschiedensten Arten angepriesen. Die Typen, die man mit den Lippen bedient, haben allgemein den Vorzug, daß man den Ton leicht höher oder tiefer einstellen kann. Die pneumatischen Instrumente, wie die bekannte und bewährte Marke „Buttolo“, die durch den Druck von Daumen und Zeigefinger bedient werden, erleichtern nicht nur, den gleichen Ton zu halten, sondern wenn man sie in der Tasche benutzt, so bedarf es hierzu keinerlei sichtbarer Bewegung, die uns gerade bei dieser Jagdart so leicht verraten kann.

Den feinsten Fiepton hat das Kitz, mit dem Alter wird er voller und geht in der Klangfarbe mehr von *i* in *ü* über. Auf den feinen Ton springt die Ricke, weil sie ein Kitz in Gefahr glaubt. Auch die Böcke gebrauchen den Fiepton, wie allen Rehen das sogenannte Angstgeschrei gemeinsam ist. Der Fiepton in seiner mannigfachen Höhe und Stärke ist der Lockton, mit dem man Erfolge erzielt. Je stiller und heimlicher die Blattjagd ausgeübt wird, je sparsamer man mit den Locktönen umgeht, um so sicherer ist der Erfolg. Ob man das natürliche Blatt oder ein Instrument benutzt, immer lasse man sich von einem erfahrenen Jäger den richtigen Ton vormachen, versuche, ihn sich einzuprägen und einzuüben, und dann prüfe man, ob der Bock im Revier die Locktöne für verführerisch genug hält, um ihnen zu folgen. Während der Brunft selbst wird man Gelegenheit haben, den Fiepton zu hören und seinen Ruf danach zu stimmen. Im übrigen sei man wegen des etwas höheren oder tieferen Tones nicht zu ängstlich, hier macht der Ton die Musik lange nicht allein; viel wichtiger ist das ganze übrige Verhalten.

Die Blattjagd ist eine kombinierte Form von Pürsch- und Ansitzjagd, bei der ruhiges Verhalten und die größte Vorsicht unumgänglich nötig sind. Man darf nicht zu früh mit dem Blatten beginnen. Wenn auch schon Ende Juni aus vermehrtem Schlagen und Plätzen und aus den flüchtigen Doppelfährten von Ricke und Bock auf eine gewisse Erregung des Wildes zu schließen ist, blattet man lange noch nicht. Es dauert meist bis Ende Juli, bevor man an den Hexenringen den wirklichen Beginn der Brunft feststellen, treibende und beschlagende Böcke beobachten kann. In der Regel werden zuerst die Schmalrehe, dann die Ricken brunftig. In der Hochbrunft folgen dem Blattruf häufig Ricken und nehmen den Bock mit, und daher locken manche Jäger gern mit dem feinen Kitzton. Gegen Ende der Brunft, in der ersten Hälfte des August, beginnt die eigentliche Blattzeit, dann springen eher die Böcke, und dann meistens allein. Das hat seinen Grund offenbar in der Abnahme brunftiger Geißen. Die meisten Ricken sind beschlagen und stehen nicht mehr mit den Böcken zusammen, während diese, des Liebesspiels noch nicht satt, sehnsüchtig nach weiteren brunftigen Ricken Umschau halten und beim Vernehmen eines Fieptones diesem schleunigst folgen. Dieses Verhalten der Böcke registriert man in Revieren mit annähernd gleichem Geschlechterverhältnis. Je weniger Ricken und je weniger noch brunftige Ricken vorhanden sind, um so leichter springt der Bock.

Es empfiehlt sich auch deshalb, nicht zu früh mit dem Blatten zu beginnen, da, wie dargestellt, am Anfang der Brunft die älteren und stärkeren Böcke zuerst bei brunftigen Stücken stehen und so, wenn überhaupt, jüngere, abgeschlagene Böcke zustehen. Außerdem kann man durch zu frühes und zu vieles Blatten u. U. rasch sein Revier „verblatten“, also das Wild vergrämen.

Was die *Tageszeit* angeht, so sind die Ansichten über die günstigste Zeit zu blatten so verschieden, wie es die Revierverhältnisse immer sind. Im allgemeinen aber wird man in ruhigen Revieren nicht fehlgehen, wenn man die Zeit von etwa 11 bis 16 Uhr als die günstigste ansieht (s. a. S. 198). Für unruhige Reviere gilt dieses jedoch nicht.

Ganz früh am Morgen haben sich alle Rehe auf den Äsungsplätzen niedergetan. Etwa von 6 Uhr an werden sie wieder ganz rege und stehen dann in den an die Äsungsplätze, Wiesen, Kulturen, Schlagblößen grenzenden Stangenhölzern herum. Je heißer der Tag, je stärker die Insektenplage, um so lieber folgt der Bock dem Ruf. Er springt auch bei regnerischem Wetter, schwüles Wetter ist sehr günstig. Und da man an nassen Tagen ungleich lautloser pürscht als an trockenen, sollte man dies ausnützen. Nur bei windigem Wetter sind die Aussichten gering, weil einmal der Blattruf nicht weit zu hören ist und weil bei solcher Witterung das Rehwild überhaupt unruhiger und mißtrauischer ist. Ebenso wie die Pürsch nach einem Regen gute Aussichten bietet, so springt auch der Bock besonders gern beim wiederkommenden Sonnenschein.

Daß man nicht aufs Geratewohl musizierend im Revier herumläuft, braucht wohl nicht besonders betont zu werden. Man pürscht dorthin, wo man den *Einstand* von Böcken ausgemacht hat, und beachtet genau den Wind, wie bei jedem anderen Pürschgang. Nur gilt er in diesem Fall nicht den Blößen, Wiesen u. dgl., sondern den Stangenhölzern, Verjüngungsschlägen, lichten Althölzern sowie Fehl- und Lagerstellen, die im hohen Getreide Einblick gewähren. Denn auf die Blöße hinaus springt der Bock nicht gern, ebenso ungern bergauf. An breiten Wegen blattet man besser nicht, der Bock meidet sie gerne. In unruhigen Revieren, wo das Wild sich während des Tages versteckt hält, ist es oft zweckmäßig, im Innern nicht zu dichter Stangenhölzer und Feldgehölze zu blatten. Man muß aber dann geräuschlos in sie hineingelangen, und schnelles Ansprechen und Schießen ist erforderlich. Vermutet man einen guten Bock in einer Dickung, so stelle man sich nie hart an sie heran. Man blatte auf gute Schußweite von der Dickung entfernt.

Zu dem Ort, den man zum Blatten auserwählt hat, pürscht man vorsichtig, wenn irgend möglich gerade gegen den Wind, und stellt sich in guter Deckung so auf, daß man nach allen Seiten, besonders aber nach der dem Wind abgekehrten, freies Schußfeld hat. Alte, schlaue Böcke holen sich, wenn sie den Fiepton vernehmen, mit Vorliebe Wind, kommen also dem Jäger unter diesem. Sogleich nach der Ankunft auf dem Stand scharrt man leise und vorsichtig trockenes Laub und Reisig beiseite, damit man sich ohne Geräusch bewegen kann. Dann verhält man sich mindestens 10 Minuten vollkommen ruhig, um etwaiges Mißtrauen, das durch eine Unvorsichtigkeit verursacht sein könnte, wieder vergessen zu lassen. Erst jetzt nimmt man die Büchse schußfertig zur Hand und gibt leise einige wenige Blattstöße. Der Bock könnte ja in der Nähe stehen und durch sehr starke Töne mißtrauisch gemacht werden. Darauf läßt man eine Pause von einigen Minuten eintreten, blattet dann wiederum einige Male etwas lauter, um nach einer abermaligen Pause von etwa 5 Minuten einige laute Blattstöße zu geben. Nun verharrt man 15 Minuten in gespannter Aufmerksamkeit und pürscht dann vorsichtig zu einem anderen Blattstand, wo man dasselbe Verfahren wiederholt.

Das *Verhalten des Rehbockes* ist sehr verschiedenartig. Manchmal stürmt er ohne Besinnen auf die Gegend los, in der er die Herkunft der Töne vermutet, manchmal kommt er, den Windfang am Boden, wie ein Fuchs geschlichen; dann wieder zieht er, alle paar Schritte verhoffend, heran. Oft genug aber bleibt er außer Schußweite wie eine Bildsäule längere Zeit stehen. Es ist Gefühlssache, nochmals zu blatten, sobald man den Bock gesehen oder gehört hat. Wird er durch einen nicht ganz richtigen Blattstoß nicht vergrämt, so zeigt der Ton ihm doch den Stand des Jägers zu genau an, und die geringste Bewegung wird dann zum Verräter.

Auf dem Blattstand soll man stehen, nicht sitzen, außer man benutzt einen gut vorbereiteten Bodensitz. Sitzend ist man zwar oft besser gedeckt, dafür aber weniger Herr der Lage, wenn der Bock, was nicht selten geschieht, von einer anderen Seite kommt, als man erwartete. Dann ist das Schießen im Sitzen weit schwieriger als im Stehen, und größere Wendungen, besonders nach rechts, sind schwer ausführbar. Je geduldiger man ist, je länger man nach den letzten Blattstößen auf dem Stand verweilt, um so eher wird man Erfolg haben. Oft steht der vom Schützen unbemerkt gebliebene Bock in der Nähe und wird nun beim Fortgehen laut scheltend flüchtig und vergrämt die ganze Umgebung. Springen auf das erste Blatten nur Ricken, so liegt die Vermutung nahe, daß man zu hoch und zu fein, also im Kitzton, blattete. Ein solcher Anfang ist nicht recht erfreulich, meist weil die Ricke, auch wenn sie den Jäger nicht gewahrte, doch gern zu schrecken anfängt und so die weitere Umgebung beunruhigt.

Die Blattjagd zu zweit auszuüben, ist oft recht günstig. Der eine blattet, der andere stellt sich etwa 30 bis 40 Schritt windabwärts in die Windlinie des ersten und hat so die Gelegenheit, gerade den alten, geriebenen Bock zu strecken, der sich erst Wind holt, bevor er dem Ruf folgt. Ein weiterer Vorteil ist, daß der eine seine ganze Aufmerksamkeit auf die Umgebung vor sich richten kann und keine Bewegung zu machen braucht, während der andere blattet. Vorteilhaft ist es auch, beim Blatten Rücken an Rücken zu stehen.

Selbstverständlich können hier nur einige theoretische Ratschläge gegeben werden. Die wahre Kunst des Blattens läßt sich nur in der Praxis erlernen. Für den Anfänger sei nur noch einmal betont, daß es etwas ganz anderes ist, auf der Pürsch einem ruhig äsenden Stück eine gute Kugel anzutragen, als im engen Stangenholz den flüchtig anstürmenden Bock anzusprechen und kunstgerecht auf die Decke zu legen. Jeden Augenblick kann der Bock unter Wind kommen, kann er den Jäger eräugen. Wenige Sekunden entscheiden über den Erfolg. Da heißt es, Ruhe bewahren, denn bevor die Büchse sprechen darf, muß der Bock angesprochen werden. Da wird die Zeit knapp, und das Ansprechen durch das Zielfernrohr kann nicht jeder. Der weniger erfahrene, gewissenhafte Jäger wird deshalb nur auf solche Böcke die Rufjagd ausüben, die er bereits vorher angesprochen hat und deshalb leicht und schnell wiedererkennen wird. Oder aber er sollte sich von einem anderen Jäger begleiten lassen, dem der Wildbestand und die Revierverhältnisse genau bekannt sind.

Man sollte keinen Mißbrauch mit dem Blatten treiben. Wenn auch in der Literatur viele Angaben darüber vorliegen, daß vorbeigeschossene und sogar angeschweißte Böcke erneut auf den Ruf zustanden, so bedeutet doch die übermäßige oder leichtfertige Anwendung des Rufes eine erhebliche Beunruhigung des Wildbestandes. Dies wird u. E. zu Unrecht auch für das sogenannte „Angstgeschrei“ (besser nur „Geschrei“) behauptet. Es wurde hier bisher nicht behandelt, weil es keine ausschließliche Beziehung zur Brunft hat. Es handelt sich hier vielmehr um eine Art von Klagen, das bei beiden Geschlechtern zu allen Jahreszeiten und aus den verschiedensten Ursachen erfolgt. (Näheres siehe unter „Lautäußerungen“ Seite 183 ff.).

Man hört es während der Blattzeit als sogenanntes Sprengfiepen öfter, wenn ein Bock eine Ricke allzu stark bedrängt oder wenn er einen anderen Bock verfolgt. Tatsächlich kann man durch die Nachahmung des „Angstgeschreies" den Bock recht häufig selbst dann zum Zustehen veranlassen, wenn er auf keinerlei normale Fieplaute reagiert hat. Viele Jäger wenden es daher mit Erfolg an. Außerhalb der Blattzeit stehen auch Ricken auf zu hohes „Angstgeschrei" zu, weil der mütterliche Instinkt sie zu Hilfeleistung anregt.

Die Blattjagd in jeder Form nicht zu übertreiben, sollte uns um so leichter fallen, als das Rehwild in dieser Zeit den Tag über sehr viel mehr unterwegs ist als sonst und uns hinreichend Gelegenheit zum Ansprechen und Erlegen gibt. Nur in sehr ursprünglichen Waldrevieren liegen die Verhältnisse anders. Hier sind die alten, erfahrenen Böcke oft tatsächlich nur während der Blattzeit und durch die Kunst des Blattens einigermaßen sicher vor die Büchse zu bekommen.

Über ein großes Eigenjagdrevier mit gutem Geschlechterverhältnis, wo die „Rufjagd", wie sie dort genannt wird, traditionell an wenigen Tagen intensiv betrieben wird und nur in dieser Zeit die starken Böcke bejagt werden, ist gerade in jüngerer Zeit wiederholt berichtet worden (s. auch S. 277). Tatsache ist jedoch, daß mehr junge als alte Böcke aufs Blatt springen und daß in der Blattzeit wesentlich mehr Fehlabschüsse unterlaufen.

Drückjagd

Jagdgesetze und Rechtsprechung definieren jede Jagd, bei der planmäßig durch Treiber Wild aufgescheucht wird, um es zu erlegen, als *Treibjagd.*

Andererseits gibt es Treibjagdverbote (auf Schalenwild, an Sonn- und Feiertagen), die hierbei auf die Zahl der Schützen und/oder der Treiber abstellen. Mit Ausnahme des Freistaates Bayern sind danach Gesellschaftsjagden auf Rehwild, wenn auch teilweise im Rahmen beschränkter Schützen- und Treiberzahlen, gesetzlich zulässig. Die Drückjagd ist eine Form der Treibjagd. Wie schon das Wort sagt, wird hierbei das Wild jedoch nur vorsichtig angerührt, um es zum Verlassen seines Einstandes zu bewegen. Die Schützen sind in größerem Abstand von der zu drückenden Fläche so angestellt, daß ein sicheres Ansprechen und ein guter Schuß möglich sind. Wir halten eine gesetzlich zulässige Treibjagd auf Rehwild nur in Form der Drückjagd mit den Grundsätzen der Waidgerechtigkeit und des Tierschutzes für vereinbar.

Sie sollte darüber hinaus nur zur Anwendung kommen, wenn dies mit Rücksicht auf waldbauliche Erfordernisse zur Erfüllung des Abschußplans unerläßlich und ein ansonsten nicht mehr vertretbarer, länger andauernder Jagddruck unvermeidbar wäre. In einem derartigen Fall kann eine gut geplante und durchgeführte Drückjagd mit erfahrenen Treibern und geübten Jägern tatsächlich für das Wild schonender sein. Selbstverständlich sollte sein, daß in Notzeiten Drückjagden unterbleiben.

Schußwirkungen und Geschoßwahl

Will der Jäger die Pürschzeichen am Anschuß richtig deuten und für die Nachsuche nutzbar machen, so muß er mit den Wirkungen des Geschosses im Inneren des Wildkörpers hinreichend vertraut sein. Strenggenommen sind alle Pürschzeichen vom Anschuß auf die Schußwirkung zurückzuführen (Zielballistik).

Hier sollen unter den Schußwirkungen nur die Effekte zusammengefaßt werden, die das

Geschoß im Inneren des Wildkörpers verursacht. Wir wollen hier nicht ballistische Daten vergleichen, sondern nur die biologische Wirkung behandeln, also die rasche und schmerzlose Tötungskraft von Kalibern und Geschossen, deren Aufgabe es sein soll, daß das Reh den Schuß nicht mehr hört, im Knall verendet. Das beste Geschoß ist das, welches kein „Zeichnen" verursacht, sondern das Wild einfach aus dem Blickfeld des Zielfernrohres blitzartig verschwinden läßt, so daß sich der Ungeübte fragt: Wo ist es nun?

Viele Jäger meinen, es sei akzeptabel, wenn ein Reh nach einem guten Blattschuß noch 50 oder 100 m flüchtet. Sie bezeichnen dies auch noch mit dem Ausdruck „am Fleck liegen".

Verformungsvorgang des Geschoßkopfes eines S-Bleispitz-Geschosses (LAMPEL-LANGENBACH 1967)

Geschieht dies tatsächlich, wurden meist entweder in der Kaliber- oder in der Geschoßwahl Fehler gemacht. Am Fleck liegen heißt, keine oder höchstens noch eine Flucht machen. Wir haben heute die Möglichkeit, Rehwild rasch und schmerzlos zu töten, und ein Waidmann hat die Pflicht, den Tod schmerzlos zu geben. Kompromisse sind hier nicht am Platz, und Redensarten wie „es läuft noch, ist aber schon tot" unerträglich. Für das verhältnismäßig „weiche" Rehwild sind Geschosse am zweckmäßigsten, deren Stauchung und Aufpilzung oder Zerlegung leicht einsetzt und unmittelbar nach dem Eindringen in diesen schwachen Wildkörper beginnt, wobei natürlich die wohlbekannte zielballistische Regel gilt, daß Spitzgeschosse mit ihren außenballistischen Vorteilen bei gleicher Härte des Mediums (Tierkörper), welches sie treffen, mehr Geschwindigkeit oder Masse benötigen als Geschosse mit runder Spitze. Bei letzteren ist eben die Auftreff-Fläche gleich zu Beginn größer. In jedem Fall hat aber, je nach Geschoßtyp, die Pilzung oder Fahnenbildung sofort nach dem Eindringen zu beginnen (Abbildungen).

Voraussetzung für gute Schußwirkung ist die Auftreffgeschwindigkeit von mindestens 800 m/sec. Es bildet sich dann um das Geschoß herum eine Kaverne, die sich in Tausendstel Sekunden mehrfach kalibergroß ständig vergrößert und verkleinert (pulsiert). Durch diese örtliche Gewebsbeanspruchung und Gewebszerstörung werden lebenswichtige zentrale Regulationszentren des Organismus einem Reizorkan ausgesetzt, welchem sie nicht gewachsen sind – es entsteht der Schock, ein Zusammenbruch der zentralen Steuerung von Körperfunktionen über das Gehirn, welcher zum sofortigen Verenden führt. Moderne Jagdgeschosse sollen also nicht zum Organtod (langsames Verenden durch Verletzen eines Organes) führen, sondern zum Schocktod. Gegenüber der vielfach geäußerten landläufigen Meinung erwacht das Wild nicht mehr aus diesem Schock, er ist irreversibel.

Er entsteht durch Reflexe über das Nervensystem und kann hydrodynamisch verstärkt werden, wenn flüssigkeitsreiche Gewebe getroffen werden. Bekanntlich üben komprimierte Flüssigkeiten schon bei kleiner Volumenveränderung einen hohen Druck nach allen Seiten aus (Gesetz der Hydraulik). Zusätzlich zu dieser explosiven Wirkung ist auch die indirekte Geschoßwirkung durch Erzeugung von Stoß- und Druckwellen zu berücksichtigen, welche auf Organe und Gewebe wirken. LANGENBACH spricht außerdem vom paarigen Schockreiz, der beim Tier auf beide Körperhälften wirkt. Dazu ist allerdings Voraussetzung, daß ein Geschoß mit guter Oberflächenvergrößerung und wenig Masseverlust beide Körperhälften mit hoher Geschwindigkeit durchschlägt. Dabei gibt es genügend Energie ab, daß trotz des Ausschusses (Energieverlust), der für die Nachsuche wichtig ist, über beide Körperhälften, via das Rückgrat und über dieses das zentrale Nervensystem geschockt wird. Damit wäre allerdings die Forderung nach möglichst rascher totaler Energieabgabe im getroffenen Wild-

Vorgang der Aufpilzung und Kalibervergrößerung eines Tombakmantel-Geschosses (Halbspitz-Geschoß mit Bleikopf), festgestellt in einem Durchschlagsmedium, welches etwa dem Widerstand eines starken Wildkörpers (ohne Treffer auf einen starken Knochen) entspricht. a Unmittelbar nach dem Eindringen, b auf etwa halbem Durchschlagswege, c auf der Ausschußseite beim Austritt aus dem Durchschlagskörper (LAMPEL-LANGENBACH 1967)

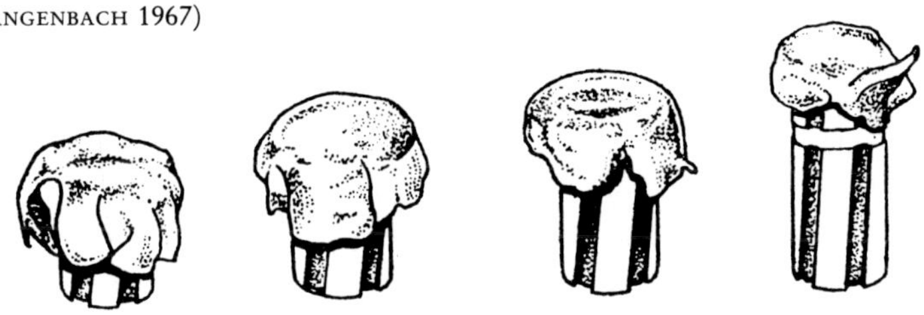

Geschoßkopfdeformierung in ihrer Unterschiedlichkeit je nach der Auftreffgeschwindigkeit in einem Körper gleichen Widerstandes, also je nachdem, ob das Stück Wild auf kleinere, mittlere oder weite Entfernung stand. A auf etwa 100 m, b etwa 150 m, c etwa 200 m und d etwa 300 m (LAMPEL-LANGENBACH 1967)

körper – Zerlegegeschosse ohne Ausschuß – in Frage zu stellen, wenn diese Geschosse die andere Körperhälfte nicht erreichen. Dies betont die Fragwürdigkeit von Weitschüssen bei knapp bemessenem Kaliber oder kleiner V_0-V_Z.

Die beim Auftreffen entstehende Druckwelle, welche dem Geschoß im Körper vorauseilt, ist schneller als das Geschoß (ca. 1400 m/sec) und ist ein wesentlicher Wirkungsträger im zielballistischen Sinn. Das Körpergewebe weicht dem Geschoß im übrigen so rasch aus, daß lediglich die Geschoßspitze das Gewebe berührt. Der restliche Geschoßteil fliegt bereits durch den leeren Raum der entstehenden Kaverne.

Welche Forderungen sind nun an ein Rehwildgeschoß zu stellen? Es soll bei einer Zielgeschwindigkeit von über 800 m/s möglichst wenig Masse (Splitter) abgeben, den Geschoßkörper aufpilzen – Tombak (ca. 78 % Kupferanteil) eignet sich hier besonders gut –, so daß der möglichst schwer gebliebene Restkörper die vorher beschriebenen biologischen Wirkungen hervorruft. Für das Kaliber 5,6 mm fordert LAMPEL ein Minimum an Geschoßgewicht von 4,5 g und eine hohe Zielgeschwindigkeit. Bei Schußentfernungen von 60–80 m können in der Praxis manchmal abweichende Ergebnisse beobachtet werden, wahrscheinlich hängt dies damit zusammen, daß sich auf diese Distanz das Geschoß noch nicht längsstabilisiert hat und Aufpilzung, Fahnenbildung oder Zerteilung gerade bei hochrasanten Geschossen davon ungünstig beeinflußt werden. Geschosse, die sich aufstauchen oder besser noch aufpilzen (s. Abb.), verursachen kleinere Ausschüsse und damit weniger Wildpretentwertung. Sie sind denen vorzuziehen, die durch Zerlegung und starke Splitterabgabe wirken und oft einen zu großen Ausschuß machen. Für eine eventuelle Nachsuche wirkt der Ausschuß, wie schon erwähnt, erleichternd, er sollte beim Reh in der Regel aber nicht mehr als höchstens fünfmarkstückgroß sein.

Die Kaliberfrage bei Rehwild stellt wenig Probleme, wenn man das Vorhergesagte überdenkt. Wir sprechen nicht unbedingt dem etwas leichten Kaliber wie .222 Remington das Wort, obwohl bei Beschränkung auf eine vernünftige Schußentfernung von nicht mehr als

100 m über dieses Kaliber aus der grünen Praxis viel Gutes, besonders auch hinsichtlich der Präzision, berichtet wird. Es ist daher auch ein hervorragendes Kaliber für Weitschüsse auf Raubwild.

Ebenso für begrenzte Schußentfernungen eignen sich die hochpräzise 5,6 × 50 (R) und .223 Remington, während für weitere Distanzen 5,6 × 57 (R), 5,6 × 61 v. Hofe gut geeignet sind. Die .220 Swift wird durch ihre Hochrasanz zu starke Wildpretzerstörung verursachen und Kleinwild wie Krähen fast explosionsartig zerstören. Hervorragende Kaliber finden wir im 6-mm-Bereich, die bewährte .243 Winchester mit dem Vorteil, daß viele hervorragende (auch ausländische) Laborierungen zur Verfügung stehen, die in Deutschland noch zu entdeckende 6-mm-Remington und die für Rehwild schon etwas starke 6,5 × 57 (R), welche leider in vielen Laborierungen einen zu großen Ausschuß macht. Hervorragend geeignet sind natürlich alle 7-mm-Kaliber, 7 × 57 (R), 7 × 64, 7 × 65 R, .270 Winchester. Man wähle aber für diese schon etwas starken Kaliber, welche auch bei nicht sehr guten Schüssen wie ein Hammer wirken, ein leichtes Geschoß (8–10 g) und vergesse nicht die Forderung nach einer V_Z von 800 m/s.

Sehr gut wirkt im 7-mm-Kaliber, einem ausgezeichneten Anfängerkaliber, auch das 8-g-KS-Geschoß (hervorragender Schock, geringe Wildpretzerstörung). Büchsenmacher empfehlen gern schwerere Geschosse (z. B. das 10,5-g-TIG), nicht nur wegen der guten Wirkung, sie haben wegen des höheren Gewichtes einen längeren Führungsteil und dadurch einen engeren Streukreis; Läufe mit kleinem Streukreis verkaufen sich nun einmal besser.

Interessant, aber vielleicht etwas Zukunftsmusik sind auch die neuen Entwicklungen und Versuche mit Kaliber 4,3 (.17 Remington) bis 4,85 mm mit sehr hoher V_0 und Geschoßgewichten von 1,6 g aufwärts und die Entwicklungen mit der hülsenlosen Patrone und der elektrischen Zündung.

Wir weisen jedoch eindringlich darauf hin, daß der Rasanz in der Jagdpraxis Grenzen nach oben gesetzt sind. Schwere, langsame Geschosse werden durch Hindernisse weniger abgelenkt, töten aber auch weniger perfekt, wenn sie zu langsam sind. Zu rasante Geschosse können aber bei Weichschüssen geradezu explosiv wirken, so daß man beim Aufbrechen die Eingeweide mehr ausschüttet als ausnimmt, wobei genauen Beobachtern auffällt, daß Eingeweideteilchen sogar in das Wildpret eindringen.

Da mehr Rehwildpret heute verkauft als für den Eigenbedarf zerlegt wird, fehlt uns noch genügend Material, um von uns erfaßte Einzelbeobachtungen über postmortale Emphysem- oder Ödembildungen bei Verwendung von Hochrasanzgeschossen zu erhärten. Bei den Emphysemen handelt es sich um knisternde Luftansammlungen unter der Haut, bei Ödemen um Wasseraustritte in das Gewebe. Wir wissen auch nicht, welche Auswirkungen diese Erscheinungen auf die Qualität des Wildprets haben könnten. Fest steht jedoch, daß Eingeweideteilchen im Ziemer Wildpretentwertung bedeuten. Seit der letzten Auflage hat sich bei SCHAICH der Verdacht diesbezüglich erhärtet, Schußlöcher rasanter, kleiner Kaliber sind häufig von viel qualligem Gewebe umgeben.

In der letzten Zeit wurden die Maßeinheiten international angeglichen: Statt Gramm (g) Pond (p) und statt Auftreffenergie (mkg) Joule (z. B. 10 mkg = 100 Joule). Zu beachten ist für die Bundesrepublik Deutschland die Bestimmung des BJG § 19 (1) Nr. 2a), nach der es verboten ist, auf Rehwild ... mit Büchsenpatronen zu schießen, deren Auftreffenergie auf 100 m (E 100) weniger als 1000 Joule beträgt. Unverändert verboten ist, mit Schrot, Posten, gehacktem Blei, Bogen und Pfeil, auch als Fangschuß auf Schalenwild, also auch auf Rehwild, zu schießen. Dagegen ist der Fangschuß mit Pistole oder Revolver zulässig, wenn die Mündungsenergie der Geschosse mindestens 200 Joule beträgt. Inzwischen wurden für den Fangschuß mit der Kurzwaffe eigene Patronen entwickelt (Zweites Gesetz zur Änderung des BJG, 1976).

Schußwirkungen und Zeichnen bei verschiedenen Trefferlagen

Wir wiederholen: Moderne Geschosse töten bei guten Schüssen, aber auch bei etwas „weichen“ Schüssen das Wild meist sofort und bannen es auf die Stelle.

Die hochbedeutende Bewegung, die das Wild macht, wenn es getroffen wird, oder die Art des Flüchtens kurz nachher nennt man das Zeichnen. Viele Schützen können das Zeichnen nicht beobachten; sie sehen eben nicht, wie der ruhige Schütze es tun soll, kaltblütig durch das Feuer, sondern sie mucken, sie kneifen im Augenblick des Schusses die Augen zu. Dies geschieht ebenso beim Schuß über Kimme und Korn wie bei der Verwendung des Zielfernrohres. Diesen Schützen entgeht dann das Zurückklappen der Lauscher, das fast jeden Treffer eines schnellfliegenden Geschosses begleitet, und ihnen entgehen auch viele andere Zeichen, die infolge unserer modernen Büchsen mit ihren starken Ladungen und kleinkalibrigen Geschossen wohl manche Abwandlung erfahren, im großen und ganzen aber ihre alte Bedeutung beibehalten haben. Je nach dem Sitz der Kugel zeichnet das Reh verschieden. Dies wollen wir nun im einzelnen abhandeln.

Tödliche Knochenschüsse. Sie lassen das getroffene Wild entweder sofort verenden oder

Krellschuß (Zeichnung: Fritz Wg. Köhler)

lähmen es so, daß es nicht mehr von der Stelle kommt. Hierzu gehören die Schüsse durch den Kopf, die Wirbelsäule und das Becken (s. schwarzangelegte Teile auf der gegenüberliegenden Farbtafel). Je nach dem Sitz werden sie als *Kopfschuß, Trägerschuß, Ziemerschuß* oder *hoher Keulenschuß* bezeichnet. Beim vollen Kopf- und Trägerschuß verendet das Wild sofort. Zeichnen: sofortiges Zusammenbrechen.

Die Schüsse durch *Ober- und Unterkiefer* sind zwar an sich nicht unmittelbar tödlich, sie bringen aber dem Wild den sicheren Hungertod. Solche Nachsuchen sind schwierig, der waidgerechte Jäger setzt alles daran, so getroffenes Wild so schnell wie möglich zu erlösen. Zeichnen: eventuell vorübergehendes Niederstürzen, dann aber rasende Flucht. Knochenkugelschlag. Als Pürschzeichen findet man Zähne oder Teile davon oder Knochensplitter am Ausschuß. *Nicht tödliche Knochenschüsse* sind Lauf- und Krellschüsse.

Krellschüsse. Werden die Dornfortsätze der Rücken- und Halswirbel, die „Federn", oder das Gehörn so getroffen, daß eine Verletzung des Wirbelsäulenkörpers nicht erfolgt, zeichnet das Wild meist durch Zusammenbrechen im Feuer, liegt eine kurze Zeit, oft auf dem Rücken, schlägt mit den Läufen, wird wieder hoch, taumelt hin und her, um dann bald flüchtig zu werden. Es entsteht eine Gehirn- oder Rückenmarkserschütterung. Das Stück ist nur selten zu finden und heilt, wenn nicht im Sommer die Fliegenmaden in die Wunde geraten, die Verletzung wieder völlig aus. Krellschüsse ergeben wenig Schweiß auf der Fährte. Auf dem Anschuß dagegen findet man bei diesen Schüssen häufig auffallend viel Schweiß, und zwar je mehr, je länger das Wild am Boden lag. Wie bei allen Wildpretverletzungen stehen diese Blutungen aber bald. Die Nachsuche ist meist ergebnislos.

Knochenschüsse an den Läufen. Derartige Schüsse durch Oberarm oder Oberschenkel sind auch tiefe Blatt- oder hohe Keulenschüsse, die auch Verletzungen der Lunge oder des kleinen Gescheides verursachen können. Werden beide Oberarme oder Oberschenkel durchschlagen, so kommt das Wild nicht mehr fort. Bei einseitigem Keulen- oder Hinterlaufschuß zeichnet das Wild durch Einknicken hinten an der verletzten Seite, zieht dann langsam oder rasend fort, stürzt wieder und ist leicht vom Hund zu fassen. Beim einseitigen Vorderlaufschuß flüchtet das Wild meist schnell, aber selten weit. Sitzt der Schuß hoch, so wird der verletzte Lauf oft hochgezogen; sitzt er tief, so schlenkert der gebrochene Teil hin und her. Auf dieses Schußzeichen ist besonders zu achten. War der Lauf nicht gleich gebrochen, so bricht er meist im Verlauf des weiteren Flüchtens, man findet dann oft noch Knochenstücke weit vom Anschuß. Alle Knochenverletzungen haben schwere Störungen des Allgemeinbefindens zur Folge und verursachen, auch wenn sie ausheilen, Gehörnmißbildungen und allgemeines Kümmern. Als Pürschzeichen findet man am Anschuß Wildpretschweiß und Knochensplitter.

Schuß durch Drossel oder Schlund (Trägerschuß). Beide sind immer tödlich, das Wild wird oft noch weit flüchtig, und bei Drosselschuß tritt durch Eindringen von Schweiß in die Lunge oft Ersticken ein. Beim Schlundschuß, der nicht zur Strecke gebrachtes Wild verhungern läßt, ist die Nachsuche sehr schwierig, wenn es vorzeitig angerührt wurde und dann weit fortwechselt.

Trifft der Schuß den *Kopf* oder den *Träger* nicht unmittelbar tödlich, so zeichnet das Stück im Flüchtigwerden mit einem Schütteln des Kopfes oder mit auffallend schiefer Kopfhaltung. Pürschzeichen sind Wildpretschweiß, Äsungsteile, Schleim; falls die Lunge mit verletzt wurde, schaumiger Lungenschweiß, sonst mit großen Blasen, weit umhergespritzt durch das Ausatmen während der Flucht.

Schuß durch den Schlund: Sehr wenig Schweiß, mit grünlichem Inhalt des Schlundes gemischt, daher schmutzig und dunkel; vorn in der Fährte liegend.

Schuß durch die Brusthöhle (Blatt- oder Kammerschuß, Hochblatt, Mitte Blatt, Tiefblatt). Er durchbohrt entweder die Lunge, Lunge und Herz, oder bei sehr tiefen Schüssen das Herz

Aderverlauf im Bast eines Rehgehörns. Die Blutgefäße wurden mit Kunststoff gefüllt und anschließend das Bastgewebe mazeriert (verfaulen lassen) (Photo: K. SCHAICH)

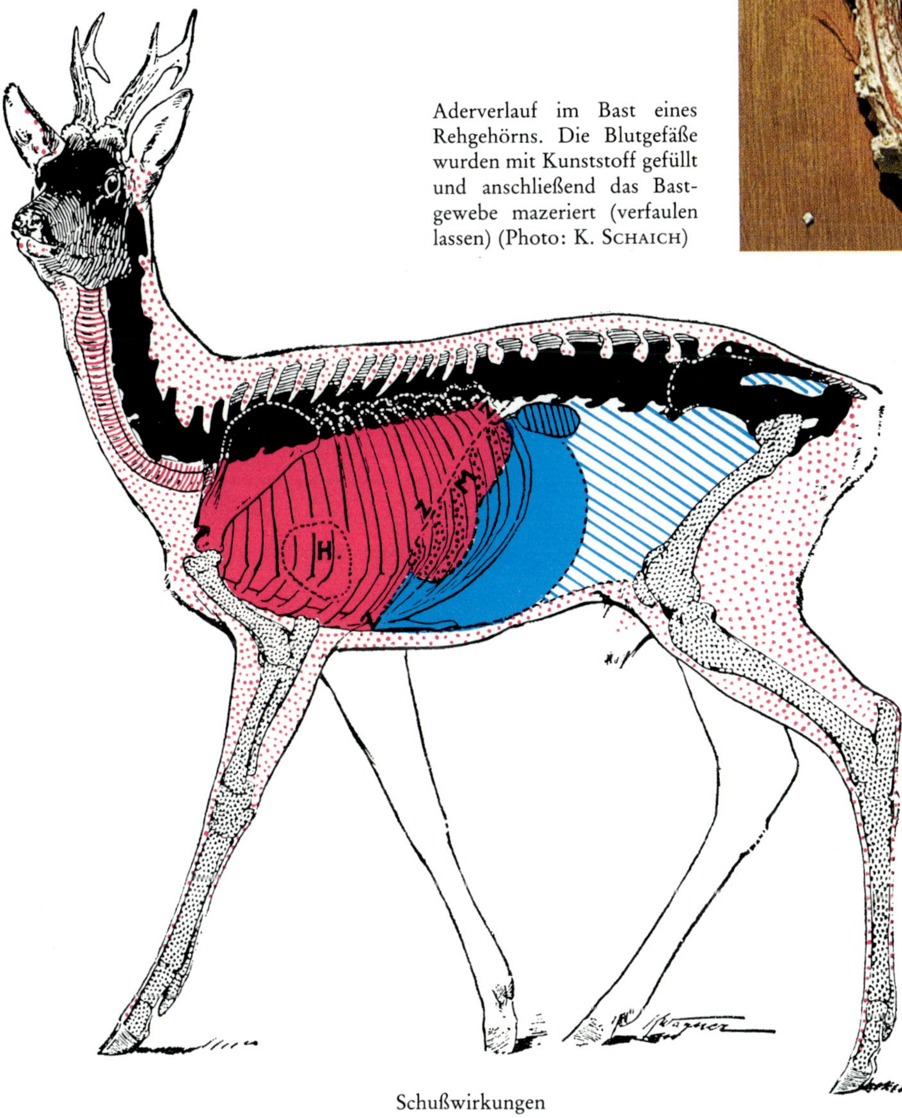

Schußwirkungen

- Schuß, bei dem das Wild im Feuer bleibt
- Schuß, bei dem das Wild meist stürzt, aber wieder hoch wird
- Schuß durch die Laufknochen
- Blatt- oder Kammerschuß
- Leberschuß
- Nierenschuß
- Schuß durch Drossel und Schlund
- Schuß durch das große Gescheide } Weidewundschüsse
- Schuß durch das kleine Gescheide } Weidewundschüsse
- Wildpretschüsse

H Herz **ZZ** Mittlere Lage des Zwerchfells **M** Milz

allein. Bei tiefen Herzschüssen flüchtet das Wild in tiefer Haltung entweder 30 bis 150 Schritt in rasender Flucht vorwärts, oder es verendet blitzartig, wenn die Herzbasis mit ihrem Nervenzentrum getroffen wurde und Schock entsteht. Bei Lungenschüssen, die man je nach der Höhe als hohe oder mittlere Blattschüsse bezeichnet, zeichnet das Wild durch Aufbäumen und verendet nach meist rasender Flucht etwa in derselben Entfernung vom Anschuß bei Verwendung ungeeigneter Geschoßtypen. *Moderne Patronen dagegen werfen es im Streckkrampf zu Boden.* Je tiefer der Schuß sitzt, je veralteter die Patrone ist, desto länger pflegt die Flucht zu sein. Am markantesten zeichnet das Wild aber, wenn es nur unten am Brustkern gestreift wird, oder gar, wenn die unter ihm in den Erdboden einschlagende Kugel ihm Bodenteile von unten an die Decke spritzt. Es steilt auf. Das liegt darin begründet, daß es dem Schmerz oder der Erschütterung, die das Einschlagen der Kugel oder das Auftreffen von Erdteilchen verursacht, auszuweichen sucht. Wenn man ein Stück überschießt, duckt es sich ein wenig nieder, um dem Geschoß auszuweichen. Bei *Streifschüssen* ganz tief oder ganz vorn setzt das Wild sich manchmal auf die Keulen. Man findet am Anschuß die Pürschzeichen des Streifschusses, nämlich Haare und Wildpretschweiß, der mit zunehmender Fährtenlänge weniger wird. Die Pürschzeichen des *Blattschusses* sind heller, blasiger Lungenschweiß, Stücke des Lungengewebes, Herzschweiß.

Blattschuß

Beim *mittelhohen Blattschuß,* hohen Lungenschuß: wenig Schweiß, hellorangerot, schaumig, meist neben der Fährte liegend, selten beim Ausatmen verspritzt.

Beim *tiefen Blattschuß,* Lungenschuß: hellorangeroter, schaumiger Schweiß zu beiden Seiten der Fährte und wie ein Sprühregen ausgeblasen in der Fährte, reichlich und sich immer noch mehrend. Sowohl beim mittelhohen als auch beim tiefen Blattschuß manchmal herausgerissene Lungenteilchen und Schweißspritzer hinter dem Anschuß.

Beim *Herzschuß:* Schweiß dunkel, blasig, aber nur dann mit schaumigem, hellem Lungenschweiß vermischt, wenn auch die Lunge getroffen wurde; die Schweißfährte beginnt meist wenige Schritte vom Anschuß, der Schweiß liegt neben der Fährte, hin und wieder schon auf dem Anschuß.

Der sogenannte *Hohlschuß* würde voraussetzen, daß es in der Brust oder Bauchhöhle einen hohlen Raum gäbe, der von dem Geschoß ohne weiteren Schaden für das Wild durchschlagen werden könnte, was natürlich nicht der Fall ist. Das schließt allerdings die Möglichkeit nicht aus, daß ein durchschossener Lungenflügel oder auch alle beide wieder ausheilen können, ferner nicht, daß ein Geschoß zwischen Pansen und Flämen hindurchfliegen kann, ohne schwere bzw. dauerhafte Verletzungen zu verursachen, weil es nicht aufpilzt oder sich nicht verteilt. Am Ausschuß findet man sehr indifferente Schweißspuren, je nach Sitz der Kugel.

Kommt der Jäger ein wenig zu tief vorne ab, so wird bei Schrägstellung des Wildes aus dem Blattschuß ein hoher Vorderlaufschuß. Wie ein Blick auf die Tafel gegenüber S. 394 zeigt, reicht das Zwerchfell in seiner mittleren Lage schon recht weit nach vorn, und bei voller Ausatmung ist das noch mehr der Fall. Daraus erklärt sich, daß mancher Schuß, der äußerlich noch als ein leidlicher Blattschuß anzusprechen ist, sich innerlich als ein Waidwundschuß ausweisen kann, wenn man etwas hinten abkommt.

Der *Leberschuß*. Bauch- und Brusthöhle werden durch das Zwerchfell, durch das der Schlund in den Pansen führt, getrennt. Auf der rechten Seite des Pansens befindet sich die Leber, sie reicht nicht ganz bis unten. Die mit hoher Geschwindigkeit fliegenden Geschosse pflegen dieses blutreiche Organ, wenn es voll getroffen wird, stark zu zerstören, *so daß das Wild oft nicht weiter geht als bei einem guten Blattschuß*. Ältere Patronen leisten dies nicht, denn manchmal wird es noch 300 und mehr Schritt weit flüchtig, verendet aber dann schnell. Leicht an der Leber verletztes Wild tut sich ungern nieder, es zieht, oft verhoffend, langsam, aber stetig, manchmal gekrümmt, weiter, oft sehr weit.

Bei hohen Leberschüssen ruckt das Wild meist kaum merkbar zusammen, bei mittlerem oder tiefem Leberschuß dagegen zeichnet es oft ähnlich wie beim Herz- oder Lungenschuß beschrieben, wenn man nicht Patronen mit guter Schockwirkung verschießt; bei diesen bleiben ihm höchstens einige Fluchten.

Leberschuß

Treffer in das kleine Gescheide (Zeichnungen: Fritz Wg. Köhler)

Die Pürschzeichen sind klassisch: Leberschweiß. Wenn Eingeweideteile mit getroffen sind, wird man auch Darm- oder Panseninhalt finden. Beim Leberschuß ist der Schweiß braunrot, sich fettig anfühlend, nach Leber schmeckend, wenig und beim Hochschuß in dicken Tropfen neben der Fährte; wenn der Schuß tiefer sitzt, oft sehr reichlich vorhanden.

Waidwundschüsse. Je nachdem, ob das große oder das kleine Gescheide getroffen wird, kann die Geschoßwirkung sehr verschieden sein. Wird der Pansen allein durchschossen, so tritt sie häufig sehr langsam ein. Das Wild geht zunächst flüchtig ab, wird nach einiger Zeit kürzer, zieht eine Strecke fort, tut sich jedoch, wenn ungestört, bald nieder und verendet nach kürzerer oder längerer Zeit, oft aber erst an Bauchfellentzündung.

Wird die Milz, ein blutreiches Organ, das zwischen Pansen und Zwerchfell auf der linken Körperseite sitzt, mit durchschlagen, was an dem sehr dunklen, blauroten Schweiß erkennbar ist, so pflegt der Tod rascher einzutreten; dasselbe gilt, wenn die Leber mit gefaßt war. In diesen beiden Fällen wird das Wild schnell krank und verendet oft vor Verlauf einer Stunde, oft noch auf dem Anschuß, wenn die Schockwirkung des Geschosses zur Geltung kam.

Bei einem Schuß durch das kleine Gescheide ist die Sprengwirkung von Höchstrasanzgeschossen in den mit breiiger Masse gefüllten Gedärmen besonders stark. Das Wild wird daher sehr schnell krank, tut sich bald oder an Ort und Stelle nieder und verendet bald. Wenn auch die Waidwundschüsse bei schnellfliegenden Geschossen für den erfahrenen Jäger die Nachsuche gegen früher wesentlich erleichtern, so sind sie doch immer mit größter Vorsicht zu behandeln, weil man niemals wissen kann, ob im Einzelfall die Sprengwirkung des Geschosses voll zur Geltung kam oder nicht. Bei richtigem Verhalten und genügend langem Warten kommt das Wild leicht zur Strecke, müdet man es auf, kann eine solche Nachsuche recht weitläufig und langwierig werden.

Bei Treffern ins kleine Gescheide schlägt das Wild mit beiden oder auch mit einem Hinterlauf aus, wird flüchtig und bald kurz, krümmt den Rücken und äugt, öfter stehenbleibend, nach hinten, zieht langsam weiter und tut sich nieder.

Je nach Sitz der Kugel findet man am Anschuß Teile der getroffenen Organe oder den Inhalt des Pansens oder des kleinen Gescheides.

Beim Waidwundschuß durch das große Gescheide, den Pansen, liegt am Anschuß entweder sehr wenig, ganz heller, dünner Schweiß, oft mit gröberem Panseninhalt gemischt, oft aber größere Fladen mit Schweiß gemischten Panseninhalts, schmutzig, oder es finden sich, wenn die Milz mit verletzt ist, große tiefdunkelrote, sozusagen blau-rote, dicke Tropfen, neben der Fährte, oft schmutzig durch Panseninhalt gefärbt. Beim Schuß durch das kleine Gescheide liegt wenig Schweiß in einzelnen Tropfen neben der Fährte, schmutzig rot-grün.

Der hohe *Nierenschuß* läßt das Wild im Feuer zusammenbrechen, bannt es an die Stelle, es sitzt oft auf den Keulen. Der tiefe läßt es aber wieder hochwerden, langsam unter starker Streckung des Hinterkörpers fortziehen und sich sehr bald niedertun. Im Bett sitzt das Wild aufrecht, Hals und Kopf lang vorgestreckt, offenbar große Schmerzen leidend. Es verendet in einigen Stunden, je nach dem Grad der Verwundung.

Beim tiefen *Nierenschuß:* Schweiß dunkel, liegt in dicken Tropfen neben der Fährte, fehlt oft ganz, weil nach innen schweißend oder vom Haar aufgesogen.

Wildpretschüsse sind solche, die weder Knochen noch innere Organe verletzen. Sie sitzen in den äußeren Körperteilen zwischen den Federn über der Wirbelsäule, am Halse in den Kehlbarten, in den Keulen oder im Wildpret der Vorderläufe. Sie sind, wenn nicht Fliegenmaden in die Wunde geraten, meist ungefährlich und heilen in kurzer Zeit aus.

Pürschzeichen sind der klassische dunkelrote Wildpretschweiß und Wildpretteilchen. Am Anschuß ist der Schweiß reichlicher als im weiteren Fährtenverlauf.

Beim Keulenschuß findet man Wildpretschweiß, anfangs oft viel, dann aber immer weniger werdend. Er liegt in der Fährte.

Streifschüsse verletzen nur die Haut oder das Wildpret in ganz geringem Grad und heilen schnell aus. Oft findet man am Anschuß auffallend viel Haar. Viel Haar und Teile der Decke sind die typischen Pürschzeichen am Anschuß. Das Zeichnen ist sehr deutlich und fast übertrieben und richtet sich nach dem Sitz des Schusses.

Eine alte Jägerregel besagt, daß gut getroffenes Wild die erste Flucht immer vorwärts macht, das ist aber nicht immer zutreffend. Beim Rotwild kommt es häufiger, beim Rehwild gelegentlich vor, daß es mit einem Blattschuß mit nicht geeigneten Patronen auf der Hinterhand kehrtmacht. Dasselbe gilt für das Schrecken des Wildes. Auch hier wird vielfach geglaubt, daß ein schreckend abgehendes Stück mit Sicherheit gefehlt sei. Es sind aber so viele Fälle bekanntgeworden, in denen gut getroffenes Wild laut schreckend flüchtig wurde, daß man diese gefährliche Irrlehre als abgetan betrachten sollte. Es handelt sich hier wohlgemerkt um Schrecken und nicht, wie bei schmerzhaften Knochenschüssen, um das seltene Klagen.

Bei Fehlschüssen zeichnet das Wild dann gelegentlich, wenn die Kugel es sehr nah streifte oder herumspritzendes Erdreich oder Holzsplitter es trafen. Aber man glaube ja nicht, daß das Wild, wenn es nicht zeichnet, nicht getroffen sei, denn zuweilen zeichnet es mit dem besten

Schuß gar nicht. Oft auch steht es mit dem Kopf und Hals gedeckt, so daß man das Zeichnen wenig oder gar nicht bemerkt oder es nicht richtig deutet.

Steht das beschossene Stück mit anderen Rehen in einem Sprung zusammen, so tut es sich, wenn es krank ist, bald ab. Sofern man das beobachten kann, hat man einen zuverlässigen Anhalt für einen Treffer. Hiervon macht nur das Kitz eine Ausnahme, das der Mutter folgt, solange es kann. *Bei einem Fehlschuß ist in jedem Falle eine Untersuchung des Anschusses durch einen geeigneten Hund Verpflichtung.* Dieser Akt der Waidgerechtigkeit hat schon für manche Überraschungen gesorgt, und gar mancher „gefehlte“ Bock wurde nur wenige Meter neben dem Anschuß gefunden.

Weitere Pürschzeichen

Eingriffe: Am Anschuß findet der Jäger weitere Pürschzeichen. Dort entdeckt er bei entsprechendem Boden, wenn die Kugel traf, die Eingriffe oder den Ausriß. In dem Augenblick, in dem das Wild getroffen wird, fährt es heftig zusammen. Dadurch drücken sich die Schalen tiefer in den weichen Boden ein oder rutschen auf dem festen Boden aus. Der Bodenüberzug, Gras, Laub oder dergleichen, wird aufgerissen und fortgeschleudert. Zwar finden sich geringe „Eingriffe“ auch bei nicht getroffenem Wild, wenn dieses durch den Knall erschrickt, flüchtig wird, aber sie fallen dann weit weniger ins Auge als bei einem getroffenen Stück.

Krankes Wild flüchtet in der Regel mit gespreizten Schalen, auch beim langsamen Abziehen, während gesundes Wild nur in voller Flucht die Schalen weit spreizt. Tödlich getroffenes Wild reißt den Bodenüberzug auf der Flucht stark auf, streift an Baum und Strauch, rennt auch besinnungslos dagegen und gibt so eine ganz andere Fährte als gesundes flüchtendes Wild.

Schnitthaar: Das oft am wenigsten ausgewertete, aber doch recht wichtige und wertvolle Pürschzeichen ist das Schnitthaar für denjenigen, der mit dem Wildkörper so weit vertraut ist, daß er auch die unterschiedliche Behaarung der verschiedenen Körperteile kennt. Haar auf dem Anschuß zeigt, daß man traf, und dem Kundigen verrät es, wo er traf. Von vornherein sei bemerkt, daß ein so sicheres Ansprechen des Haares, wie es beim Rotwild möglich ist, beim Rehwild ausgeschlossen bleibt. Glücklicherweise bietet die Nachsuche bei letzterem auch längst nicht so viele Schwierigkeiten, wenn man eine Büchse mit ausreichender Pulverladung und gutem Geschoß führt. Meist kann unterschieden werden, ob es sich um lange oder kurze Haare handelt. Wichtig ist der Hinweis, ob Hautfetzen an Einzelhaaren vorhanden sind, und niemals sollte man auch bei Vermutung eines Streifschusses versäumen, die Anschußstelle mit einem weißen Tuch oder weißen Papier abzuwischen, um Schweißspuren zu entdecken.

Das Sommerhaar ist beim Rehwild so zart, fein und unscheinbar, daß ein einzelnes Haar auch dem geübten Auge schwer auffindbar und, wenn dennoch gefunden, selbst mit Hilfe eines gewöhnlichen Vergrößerungsglases schwierig zu deuten ist. Liegt aber, was nicht selten ist, ein Büschel Haare auf dem Anschuß oder liegt verstreutes Einzelhaar in größerer Menge z. B. auf Buchenlaub, dann läßt sich an der Länge, Stärke und Farbe sein Sitz am Wildkörper dennoch ansprechen, soweit es sich um folgende Teile handelt:

Sommerhaar von Kopf, Hals und Läufen ist ganz kurz, bis zu 1,5 cm, leicht gekrümmt, an der Spitze rot, am unteren Ende dunkel.

Haar vom Rumpf vorn und oben ist mittellang, etwa 3 cm, auch etwas gekrümmt, straff, glänzend, nahe der Wurzel dunkelgrau, an der Spitze rot; ebenso ist es auf den Keulen.

Haar vom Brustkern ist ganz hell, schmutzig fahlgelb, etwa 2 cm lang, weichlich, etwas hin- und hergebogen, jedoch nicht gerippt wie das Winterhaar. Ähnlich ist das Haar im unteren Teil hinter dem Blatt und den Dünnungen.

Das Haar vom Spiegel ist lang, bis zu 6 cm, wellig gebogen, ganz hellrostrot.

Beim *Winterhaar,* das erheblich länger und dicker ist, würden sich wohl ähnliche Verschiedenheiten wie beim Haar des Rotwildes feststellen lassen. Allein diese sind beim Reh doch bedeutend weniger ausgeprägt und daher für die praktische Jagd in ähnlicher Weise wie beim Rotwild nicht benutzbar. Wir müssen uns daher auch hier auf das Augenfällige beschränken.

Das gut erkennbare Einzelhaar des Rumpfes besteht aus der Wurzel und dem Schaft. Letzterer ist in seiner größten Länge einfarbig, blaugrau, nach dem Rücken zu dunkler, nach unten und hinten heller. Nebenstehende Abbildung zeigt ein solches Haar: a ist die Wurzel, abgerissen aus der Haut, b e der Schaft, b c der einfarbige Mittelschaft, c d das mehr oder weniger hell-rötliche bis weiß gefärbte Band, d e die meist mit freiem Auge nicht erkennbare, glasige Spitze. Bei den meisten Haaren scheint das Band einfach in die Spitze überzugehen, dadurch werden feinere Unterschiede, wie sie beim Rotwild so leicht erkennbar sind, völlig verwischt und als Merkmale unbrauchbar. Der Schaft ist in seinem unteren Teil bis zu c wellig gebogen, gerippt. Das wirklich Brauchbare beim Ansprechen des Winterhaares ist folgendes:

Das Haar am Kopf und an den Läufen ist kurz, bis zu 2 cm, leicht gekrümmt.

Das Rumpfhaar ist mittellang, etwa 4 cm. Der Mittelschaft wird, je weiter zum Rücken hin, in seinem oberen Teil bis dunkel schiefergrau, so daß er vom Band dort scharf absetzt. Je weiter am Körper nach unten und hinten, um so heller wird der Mittelschaft mit Band.

Das Haar am Brustkern ist 3½ bis 4 cm lang, auffallend hell, mit fast weißem Band. Das an den Dünnungen, Flämen, sitzende Haar ist etwas länger als das übrige Rumpfhaar, ca. 4 bis 5 cm lang und etwas heller als dieses. Fast ebenso ist das Haar am Hals, abgesehen von demjenigen am weißen Fleck, das weißlich genannt werden kann.

Spiegelhaar ist lang, 6 bis 7 cm, sehr dick und spröde (Nadeln), entweder schneeweiß oder weiß mit langer, hellrostroter Spitze.

Diese Verschiedenheiten muß man sich nicht nur merken, sondern man sollte keine Gelegenheit vorbeigehen lassen, das Auge bei erlegtem Wild hinsichtlich der immerhin feinen Unterschiede zu schulen oder, besser, sich eine Sammlung von Haarmustern (Schnitthaarbuch) anzulegen. Solche Kenntnis kann bei der Nachsuche von großem Nutzen sein.

Beim Auftreffen des Geschosses auf die Haardecke des Wildkörpers wird das Haar zum Teil zermalmt, zum anderen Teil abgeschnitten und zum letzten Teil mit einem Stück der Wurzel ausgerissen. Beim Ausschuß trifft dasselbe zu, nur findet man dort oft mehr ausgerissenes als abgeschnittenes Haar. Dasjenige Haar, das einen Teil der abgerissenen Wurzel zeigt, bezeichnet man als ausgerissenes, dasjenige, das von dem Geschoß zerschnitten und zermalmt wurde, als Schnitthaar. Daß dieses besonders wichtig ist, liegt nah, denn wenn das eine oder andere ausgerissene Haar auf dem Anschuß gefunden wird, so ist immer die Möglichkeit vorhanden, daß es lose in der Decke gesessen und beim Zusammenfahren des Wildes infolge des Schusses herausgefallen ist. Findet sich dagegen ein einziges Schnitthaar auf dem Anschuß, so darf man mit einem Treffer rechnen.

Bei sorgfältigem Suchen nach Haar findet man nicht selten in der Nähe der Wechsel oder auf gern besuchten Äsungsplätzen altes Haar. Für den Anfänger ist es wichtig, dieses Haar von frischem Schnitthaar unterscheiden zu lernen. Das letzte ist fest, beim Sommerhaar im Querschnitt oval, beim Winterhaar kreisrund und auf der Schnittfläche rein weiß. Altes Haar ist oft mit Erd- und Schmutzklümpchen verklebt, meist plattgedrückt, mehrfach geknickt und eher weich als fest.

Je nach der Stelle, an der die Kugel den Wildkörper traf, und nach der Richtung, in der sie ihn durchschlug, findet man viel oder wenig Haar auf dem Anschuß. Bei Wild im Sommerhaar ist es nicht annähernd soviel wie bei solchem im Winterhaar. Man wird sich leicht eine Vorstellung von dem zu erwartenden Haar machen, wenn man bedenkt, daß dieses am Wildkörper im wesentlichen von vorn nach hinten und unten gerichtet ist, abgesehen von einigen Körperstellen, wie am Brustkern, wo es eine weniger bestimmte Richtung zeigt, und dort, wo es, wie bei der Verbindung der Läufe mit dem Körper, im Wirbel wächst. Trifft nun das rotierende Geschoß senkrecht auf die Richtung des Haares, wie unten schematisch gezeigt, so wird der von ihm bedeckte Teil der Haare einfach zermalmt werden, während das außerhalb dieses Teiles liegende Haar abgeschnitten oder ausgerissen wird. Dringt dagegen die

Kugel schräg von hinten zwischen den Haaren ein, so wird weit weniger Haar auf dem Anschuß zu finden sein, weil das meiste einfach zermalmt wird. Beim Ausschuß leistet das Haar keinen oder nur geringen Widerstand und wird weniger zermalmt als beim Einschuß.

Bei einem Breitschuß, der den Wildkörper durchschlägt, finden sich oft zwei Haarbüschel, einer vom Einschuß, einer vom Ausschuß. Oft genug ist das aber auch nicht der Fall, und man muß dann nach den Einzelhaaren suchen. Diese hängen an nassem Gesträuch, an feuchten Halmen, liegen im Laub und Bodenbewuchs und sind manchmal, wenn der Wind heftig bläst, nur sehr schwer oder oft gar nicht zu finden. Keinesfalls sind sie zu finden, wenn man von oben den Boden mustert, sondern man muß schon das Knie beugen, um dem Boden mit den Augen nah genug zu sein. Der Anfänger möchte vielleicht annehmen, daß man bei Schnee das Haar besonders leicht erkennen kann. Das trifft aber nur für sehr dunkles Haar zu, helles, auch hellgraues Haar verlangt bei Schnee dieselbe Aufmerksamkeit wie sonst.

Nicht selten findet man im Verlauf der Nachsuche in der Fährte einen von Schweiß zusammengehaltenen Büschel Haare. Manche Jäger nennen dies einen „Pfropfen". Es ist aber unwahrscheinlich, daß er den Ein- oder Ausschuß verstopft hatte, sondern die Haare werden einfach in und an der Decke hängengeblieben und, vom austretenden Schweiß durchtränkt, bei weiterer Bewegung herabgefallen sein. Selbstverständlich können sie für richtiges Ansprechen der getroffenen Körperstelle ebenso von Bedeutung sein wie die auf dem Anschuß gefundenen Haare.

Wenn man liest und hört, daß man zuerst auf dem Anschuß nach Schweiß suchen solle, so wollen wir gleich einmal feststellen, daß dieser dort nicht immer gefunden wird. Vorhandensein und Finden sind zweierlei.

Das Geschoß liefert beim Eintreten und Durchschlagen des Wildkörpers Schweiß (Abb. gegenüber S. 404). Manchmal sieht man ihn erst nach einer längeren Fluchtstrecke, bei guten Schüssen weiter vom Anschuß, und er wird dann stärker, bei schlechten beginnt er näher daran und wird später schwächer. Ist das Stück aber, wie bei manchem hohen Keulenschuß, zunächst am Anschuß zusammengebrochen und wird dann wieder hoch und flüchtet, so schweißt es natürlich sofort vom Anschuß an. In solchen Fällen hat die den Ein- und Ausschuß umgebende Decke Zeit gehabt, sich voll Schweiß zu saugen, und kann ihn daher, weil gesättigt, nun nicht weiter aufsaugen. Bei Blatt- und Waidwundschüssen bedarf es erst einiger Zeit, bis sich der innere Körperraum mit Schweiß gefüllt hat. Dann erst wird dieser durch die Atmung und die Bewegungen bei der Flucht in größeren Mengen aus dem Körper herausgepreßt. Je höher die Kugel sitzt, um so länger dauert das; je tiefer, um so kürzer. Ein probates Mittel zum Auffinden von Schweiß ist das Abstreifen des Anschusses mit einem weißen Tuch. Jeder Hundeführer sollte es im Rucksack haben. Man findet damit auch den Schweiß des Einschusses.

Je nachdem, ob die Kugel den Wildkörper durchschlagen hat oder nicht, schweißt das Wild auf beiden Seiten oder nur auf der Einschußseite. Doch kann sich, auch wenn die Kugel durchschlug, die Decke über den Schußkanal schieben. Aus diesem Grunde schießt man nicht gern auf Wild in äsender Stellung oder bei gesenktem Haupt. Bei Waidwundschüssen verstopft nicht selten das heraustretende Gescheide vorübergehend den Ein- oder Ausschuß.

Zusammenfassend unterscheiden wir nochmals:

Lungenschweiß:	hellorangerot, schaumig
Herzschweiß:	dunkelrot, oft blasig
Leberschweiß:	braunrot, oft mit Leberteilchen untermischt
Waidwundschweiß:	entweder hell, dünnflüssig, wässerig oder ganz tiefrot (Milzschuß) oder mit grünlichen Teilen aus dem Gescheide untermischt, dann schmutzig gefärbt
Wildpretschweiß:	hellrot, nicht blasig oder schaumig.

Bei gleich starkem Blutverlust liegt der Schweiß, wenn das Wild sehr flüchtig ist, über einen größeren Raum verteilt. Schweißt das Wild ganz vorn, am Kopf oder Träger, so liegt der Schweiß in der Fährte vor dem Tritt; schweißt es dagegen ganz hinten, so liegt er in oder neben der Fährte hinter dem Tritt. Dabei sind „vor" und „hinter" nach derjenigen Richtung zu verstehen, wohin das Wild flüchtig wurde, „ganz nah bei dem Tritt" heißt unmittelbar davor oder dahinter. „In der Fährte" heißt in der Mittellinie der einzelnen Tritte; „neben der Fährte" außerhalb dieser Linie. Läuft der Schweiß an einem der Läufe herunter, so liegt er „im Tritt". Diese Zeichen unterstützen die Vermutung auf den Sitz der Kugel. Bei Schrägschüssen liegt oftmals auf beiden Seiten verschiedener Schweiß, z.B. auf der linken Seite Lungen-, auf der rechten Leberschweiß.

Je nach den Gegenständen, auf denen der Schweiß haftet, ändert sich der Eindruck der Farbe, weil stets die eine Farbe in ihrer Wirkung von der anderen abhängig ist. So kann ein- und derselbe Lungenschweiß sehr verschieden aussehen, je nachdem, ob er auf einem grünen Blatt, auf einem hellen Rohrstengel oder auf einem braunen Rindenstück sitzt. Je länger der Schweiß liegt, um so schwieriger wird es, ihn richtig anzusprechen, weil er sein Aussehen verändert. Lungenschweiß verliert das Schaumige und gleicht dem Wildpretschweiß, und Leber- und Herzschweiß bekommen große Ähnlichkeit miteinander.

Bei Schnee ist der Schweiß oft schwer zu beurteilen, besonders, wenn er fortgespritzt ist und sich mit dem losen Schnee zu kleinen Klumpen verbunden hat. Bei nassem Wetter oder Tau verwässert der Schweiß meist sogleich. Hier kann der Geschmack helfen: Leberschweiß schmeckt wie Leber, und Waidwundschweiß schmeckt genau wie ein waidwundes Stück beim Aufbrechen riecht.

Nachsuche

Den Waidmann unterscheidet vom Schießer, den Jäger vom Aasjäger, daß er nicht ruht und rastet, bis er angeschweißtes Wild zur Strecke gebracht hat oder bis klargestellt ist, daß es nur eine leichte Verletzung davongetragen hat. Daher läßt sich ohne alle Übertreibung die

Nachsuche als eine der wichtigsten und edelsten Tätigkeiten des Waidmannes bezeichnen. Das Auffinden des angeschweißten oder erlegten Wildes stellt an sein Können, seine Erfahrung, Überlegung und Ausdauer die höchsten Anforderungen.

Alle diejenigen Zeichen, die dem Jäger zur Auffindung des beschossenen Wildes dienen, gehören zu den Pürschzeichen.

Die Stelle auf dem Erdboden, über der das Wild sich in dem Augenblick befand, als es von dem Geschoß getroffen wurde, nennt man den *Anschuß*. Dieser ist bei der Nachsuche der wichtigste Ausgangspunkt, das wichtigste Pürschzeichen. Ihn möglichst schnell und sicher aufzufinden, ist daher von ausschlaggebender Bedeutung. Nicht immer ist das leicht, namentlich nicht bei einem Schuß auf flüchtiges Wild. Auf Wiesen, auf gleichmäßig aussehenden Kulturen ist es sogar außerordentlich schwer, wenn man sich bei allem Jagdfieber nicht zwingt, sich vor dem Schuß die Richtung, die Entfernung und markante Punkte im Gelände scharf einzuprägen. Versäumt man dies und sucht dann die Anschußrichtung, sieht häufig ein Baum aus wie der andere, und statt der einen Schießlücke gewahrt man plötzlich mehrere.

Daher mache man, sobald der Schuß gefallen ist, mit dem Absatz einen langen Strich, der Standplatz und Schußrichtung festlegt, oder werfe Hut, Zigarettentasche oder Tabaksbeutel genau in die Schußrichtung. Ist das geschehen und steht man im Wald, so schäle man die nächsten beiden Stämme, zwischen denen die Schußrichtung liegt, mit dem Waidmesser auf der inneren Seite an. Auf ähnliche Weise fixiere man auch die Marke, die man sich beim stehenden Wild vor dem Schuß einprägte. Wer nicht häufiger in die Lage kommt, zu beobachten, wie aufgeregt manche Jäger nach dem Schuß sind, der glaubt gar nicht, wie schwierig es ist, von ihnen den Anschuß genau beschrieben zu erhalten. Der Jäger kann sich daher nicht straff genug zur Selbstbeherrschung und Ruhe in dieser Hinsicht erziehen. Es sind ja häufig zunächst nur einige Haare, ein Schweißspritzer, die in Heidekraut und Gras, Laub und Nadeln gefunden werden sollen. Daß das kaum möglich ist, wenn nicht wenigstens die Schußrichtung unzweifelhaft feststeht, liegt auf der Hand. Manchmal helfen gottseidank Spuren im taufrischen Gras.

Befinden sich zwei Personen bei der Schußabgabe auf dem Hochsitz, weist der Schütze den Begleiter zum Anschuß ein.

Zu nebenstehender Farbtafel „Pürschzeichen"

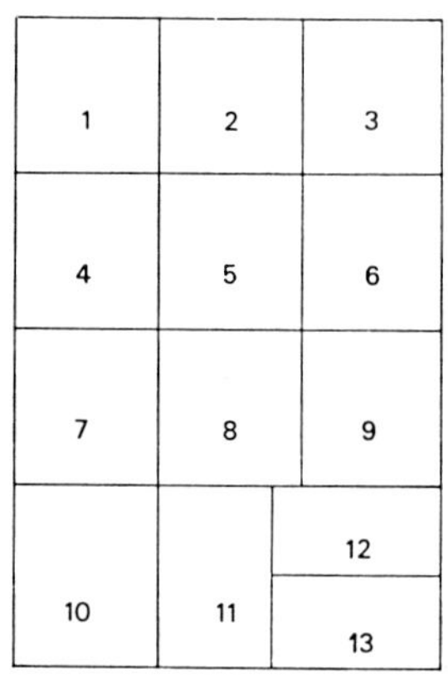

1. Frischer, blasiger Lungenschweiß
2. Lungenschweiß teilweise bereits angetrocknet mit Lungensubstanz
3. Lungenschweiß angetrocknet
4. Wildpretschweiß mit hineingelaufenem Knochenmark
   In dem fettig glänzenden Schweiß gerinnt oft das Knochenmark zu kleinen weißen Kügelchen. Bei nicht genauem Betrachten können die Kügelchen leicht mit Bläschen verwechselt werden. Infolgedessen wird dieser Schweiß häufig als Lungenschweiß angesprochen
5. Leberschweiß
6. Milzschweiß
7. Ausgelaufenes Knochenmark
8. Festes Knochenmark. Beim Zerreiben zwischen den Fingern bleibt keine Substanz – Fasern – zurück wie bei Weißem oder Feist
9. Links: Weißes vom Gescheide, rechts: Weißes von der Schwarte mit Borstenteilen
10. Panseninhalt mit unsauberem Weidwundschweiß
11. Lauf: Poröser Splitter aus einem Gelenkkopf
12. Lauf: Scharfkantiger Röhrenknochen mit einem kleinen Spritzer Wildpretschweiß, dessen Ausformung die Fluchtrichtung – hier nach rechts – anzeigt
13. Knochensplitter von der Rippe

Beim Schuß muß der Jäger zunächst auf den Standplatz des Wildes (Anschuß), den Kugelschlag und das Zeichnen des Wildes achten.

Bei den modernen schnellfliegenden Geschossen ist oft auf gewöhnliche jagdliche Entfernung (100 m) vom Unerfahrenen nichts vom Kugelschlag zu hören, weil dieser mit dem Knall fast zusammenfällt. Von Personen, die sich etwas abseits vom Schützen befinden, kann er dagegen leichter gehört und beurteilt werden. Er kann aber auch mit dem Geschoßknall verwechselt werden, wenn der Beobachter seitlich vom Ziel oder hinter ihm placiert ist. Befindet sich der Beobachter hinter dem Schützen, hört er wie dieser den Kugelschlag. Bei langsamen Geschossen älterer Büchsen ist er bei Entfernungen über 70 Schritt gut wahrnehmbar. Schlägt ein Geschoß auf einen Knochen, klingt der Kugelschlag hart und hell; bei Lungenschüssen verursacht der mit Luft gefüllte Brustkorb einen lauten, klatschenden Kugelschlag, während dieser beim Waidwundschuß dumpf klingt wie „plopp“. Bei den übrigen Schüssen sind zwar Unterschiede vorhanden, sie lassen sich aber nicht gut wiedergeben.

Die ständige Verwendung derselben Waffe mit dem gleichen Geschoß erleichtert die Beurteilung des Kugelschlages. Der reine Streifschuß, besonders, wenn er nur Haare faßt, läßt ein „ßßßtt!“ hören. Auch der Zeitraum, der zwischen dem Büchsenknall und dem Kugelschlag verstreicht, läßt einen Schluß zu, ob man traf oder nicht. Denn ist dieser länger, so kann man damit rechnen, daß man wahrscheinlich überschossen hat und die Kugel erst weit hinter dem beschossenen Wild einschlug.

Böse Überraschungen kann es auch geben, wenn zu spät am Abend geschossen wird. Immer wieder kommt es vor, daß man durch häufiges Ansitzen einen sehr spät kommenden Bock genau bestätigt hat und ihn auch bei schwächerem Büchsenlicht noch sicher ausmachen kann, wie dies bei einem ersten Ansitz nicht möglich wäre. Unsere modernen Zielfernrohre lassen auch Schüsse dann noch zu, wenn ein genaues und sorgfältiges Ansprechen nicht mehr möglich ist. Aber, wie oben erwähnt, lernt man einen bestimmten Bock bei häufigem Ansitz durch sein Gehabe, durch andere Kennzeichen wie Gesichtsmaske oder das ihn ständig begleitende Schmalreh genau kennen. Hat man das Stück dann sicher identifiziert und greift sehr spät zur Waffe, überrascht den Anfänger sehr häufig der riesige Feuerball, der plötzlich im Zielfernrohr auftaucht und jede Beobachtung des beschossenen Wildes verhindert. Hier ist es von ganz besonderer Wichtigkeit, sich die Anschußstelle genau zu merken oder, was noch besser ist, einen Begleiter dabei zu haben, der das Stück in aller Ruhe beobachten kann. Auch wenn dieses dann am Anschuß liegt, ist die Gegenwart eines Hundes von sehr großer Bedeutung. Nur der Erfahrene weiß, wie schwer selbst bei nur mittelhohem Gras, auch bei Einweisung durch den Pürschführer das erlegte Stück Rehwild zu finden ist. Oft geht man nur wenige Zentimeter an ihm vorbei. Findet man es nicht am selben Abend, kann bei schwülen Sommernächten das Stück verhitzen oder aber vom Fuchs angeschnitten werden. Hier kann der erfahrene Hund sehr wertvolle Hilfe leisten. Im übrigen regelt das Jagdgesetz nicht grundlos, wie lange nach Sonnenuntergang geschossen werden darf.

Nie unterläßt man es, einen Fehlschuß zu untersuchen. Auf jeden Fall muß man eine Nachsuche mit einem geeigneten Hund unternehmen oder veranlassen. Findet man größere Eingriffe oder Schnitthaar und Knochensplitter, werden die letzteren sorgfältig geborgen, etwaige Schweißspritzer beurteilt, und nun wird in Ruhe der Versuch gemacht, aus der Stellung des Wildes beim Schuß, dem Zeichnen und dem Pürschzeichen den Sitz der Kugel richtig zu deuten. Konnte man, wie es oft bei guten Schüssen der Fall ist, auf dem Anschuß Schweiß nicht ausfindig machen, so versucht man, der Fährte zu folgen – nicht weit, etwa 15 bis 20 Schritt –, um vielleicht dort Schweiß zu finden. Dann erst geht man an die Deutung aller Zeichen, und zwar unter dem Wind.

Die Wundfährte wird nie betreten, man geht möglichst weit seitlich davon. Der Hund gehört zuerst auf den Anschuß. Zur Fährte kommt er erst, wenn das kranke Wild gearbeitet werden soll, also, außer in den anschließend erwähnten Ausnahmefällen, nach frühestens 2 Stunden. Ein Jagdhund hat prinzipiell auf erkalteter Fährte zu arbeiten. Ist eine Hetze auf frischer Fährte erforderlich, ist es ratsam, anschließend einige Male den Schweißhund auf der künstlichen Fährte arbeiten zu lassen, die warme Fährte verdirbt ihn zu leicht. Alle Bodenstellen, die ein Pürschzeichen tragen, werden sofort mit dem Fährtenbruch verbrochen, d.h. man legt ein armlanges Laub- oder Nadelreis mit der Unterseite nach oben und mit der Bruchstelle in Fährtenrichtung auf die betreffende Stelle und markiert den Anschuß mit dem Anschußbruch. Dazu steckt man einen Zweig in den Boden. Nach Erkalten der Fährte geht es an die Nachsuche.

Die kann natürlich ein erfahrener Hundeführer perfekter durchführen als ein Anfänger. Indessen sollte jeder Revierinhaber Rücksicht auf seinen eigenen Hund nehmen, dem er jede noch so kleine Nachsuche gönnen muß, will er ihn bei der ohnehin infolge der Waffenvervollkommnung immer knapper werdenden Schweißarbeit in Übung halten. Im übrigen macht meist ein erfahrener Führer mit gutem Hund bei Fehlsuchen die Fehler des Anfängers wieder gut, wenn nicht allzuviel vertrampelt wurde.

Bevor auf die verschiedenartigen Formen der Nachsuche eingegangen wird, sollen jedoch drei Hauptregeln erwähnt werden:

1. Wenn irgendwie möglich, niemals nachts mit künstlicher Lichtquelle nachsuchen. Fällt der Schuß spät und ist man gezwungen, das Erkalten der Fährte abzuwarten, ist es besser, die Nachsuche auf den nächsten Morgen zu verschieben, auch wenn Wildpretverlust oder Wildpretentwertung zu befürchten ist. Auch wenn man noch am selben Abend das Revier verlassen muß, auch wenn dringend berufliche Notwendigkeiten dazu zwingen, hat man die nächtliche Nachsuche zu unterlassen. Da für jedes Revier ein brauchbarer Hund nachgewiesen werden muß, findet sich sicher ein freundlicher Nachbar, der in zwingenden Fällen aushilft. Vorausgesetzt, man befolgt die Grundregeln richtiger Kennzeichnung durch die oben erwähnten Brüche, ist dann das Risiko nicht allzugroß, das eingegangen wird, wenn der Schütze persönlich nicht anwesend ist.
2. Eine alte Regel besagt, daß der Hund immer recht hat, vorausgesetzt, er ist ein auf Schweiß abgeführter, erfahrener Gebrauchshund. Es ist oft unglaublich, was man an Berichten von Schützen erhält, es ist unfaßbar, wohin sie häufig glauben, das beschossene Wild verschwinden gesehen zu haben. Glaubt man dann diesen Erzählungen, ist der Grundstein zu einer Fehlsuche gelegt, insbesondere dann, wenn man den Hund, der sich allem Anschein nach auf einer Fährte festgesaugt hat, immer wieder wegen dieser fehlerhaften Schützenangaben abträgt. Ist der Suchenführer überzeugt, daß ein Hund gut im Training ist, daß er auf keinen Fall Gesundfährten annimmt, folge man ihm durch dick und dünn.
   Aus dem eben gesagten, nämlich der Problematik der Nachsuche in der Nacht, gehen deutlich die Vorteile des morgendlichen Ansitzes hervor. Schweißt man am Morgenansitz ein Stück an, stehen einem immer besser werdendes Licht und der ganze Tag zur Verfügung, um eine richtige Schweißarbeit durchführen zu können, um eventuell Jäger zu rufen, die schnell helfen, und um, wenn dies nötig sein sollte, noch einen zweiten, besseren Hund einzusetzen, wenn der eigene Hund, der vielleicht noch Anfänger ist, versagt.
3. Dem Abfangen oder Abnicken, was im übrigen nicht jeder beherrscht, ist der Fangschuß aus Gründen des Tierschutzes vorzuziehen.

Verschiedenartige Schüsse bedingen verschiedenartige Maßnahmen.

Bei einem *Geäseschuß* wird die Nachsuche sehr schwierig, wenn sich das Wild nicht ganz nah vom Anschuß niedertut, sondern, wie es meistens geschieht, mit auffallenden Schüttelbewegungen und schiefer Kopfhaltung zu fliehen sucht. Gelingt es, noch einen zweiten, besseren Schuß anzubringen, so ist das die beste Lösung; wenn nicht, wird guter Rat teuer. Der Eindruck, den so schwer verletztes Wild macht, läßt leicht den Schluß zu, als müßte der Hund es alsbald stellen oder niederziehen. Dies kann gelingen, gibt es aber eine Fehlhetze, droht dem Wild ein qualvolles Ende. Darum sollte man das Wild besser völlig in Ruhe lassen und möglichst noch am selben Tag, sonst am anderen Morgen, eine Anzahl von Schützen zusammenrufen, den mutmaßlichen Einstand umstellen und dann mit dem Hund am Riemen die Fährte ausarbeiten, bis das Wild aus dem Wundbett hoch wird bzw. den Schützen kommt.

Bei *Träger- oder Halsschüssen,* die eine Nachsuche nötig machen, kann es sich nur um einen Schuß durch die Drossel, durch den Schlund oder um Streifschüsse handeln. Ergeben die Pürschzeichen einen Drosselschuß, so warte man 3–4 Stunden mit der Nachsuche, man wird das Wild nicht weit vom Anschuß verendet finden. Hatte der Schuß, was recht selten vorkommt, nur den Schlund durchschlagen, läßt man dem Wild einen halben Tag Ruhe. Wird dann die Fährte mit dem Hund gearbeitet, so ist es immer gut, wenn man einige Schützen zum Vorstellen hat, denn Rehwild stellt sich nicht so gern vor dem Hund wie etwa Rotwild. Dabei besetze man grundsätzlich den Rückwechsel, krankes Wild nimmt ihn gerne an.

Kann man nach den Pürschzeichen auf einen *Blattschuß* schließen, so wird eine längere Nachsuche nicht nötig werden. Das Wild wird in der Nähe des Anschusses verendet sein, noch bevor man hinkommt. Doch arbeite man auch solche Fährten grundsätzlich mit dem Hund aus.

Beim *Leberschuß* verhält es sich oft ebenso, aber meist ist die Fluchtstrecke größer, besonders, wenn durch ungeeignete Kaliber oder Geschosse der langsame Organtod eintreten muß.

Sollten die Pürschzeichen auf einen *Nierenschuß* deuten, so warte man mindestens eine Stunde, bevor man mit dem Hund nachhängt. Dann aber kann man, wenn das Wild noch aus dem Bett hoch werden sollte, ruhig nachhetzen. Eine derartige Verwundung ist so schmerzhaft und krankmachend, daß der Hund das Wild schnell niederziehen wird.

Muß man einen *Waidwundschuß* annehmen, nähere man sich dem Anschuß vorsichtig. Die bedauernswerte Kreatur sitzt häufig in der Nähe des Anschusses, lebt noch und äugt auf den Schützen mit unvergeßlichem Blick. Man stelle genau fest, ob die mit dem Schweiß vermengten Äsungsteilchen grob oder fein sind. Im ersten Fall ist mit einem reinen Pansenschuß zu rechnen, und das Wild sollte etwa einen halben qualvollen Tag in Ruhe gelassen werden, bevor die Nachsuche aufgenommen wird. Dann aber wird es sich bald vor dem Hund stellen oder von ihm niedergezogen werden, wenn es noch aus dem Wundbett hoch werden sollte. Ist die grüne Beimengung im Schweiß aber fein zerteilt und dünn, dann stammt sie entweder aus dem Labmagen oder aus dem kleinen Gescheide. In beiden Fällen pflegt das Wild schnell krank zu werden. Man kann dann nach 2 Stunden mit dem Hund nachhängen.

Hat man Ursache, auf einen *Laufschuß* zu schließen, kann man sicher sein, daß das Wild mit zerschossenem Hinterlauf keinem halbwegs brauchbaren größeren Jagdhund entkommt, sich vor dem Teckel aber nicht allzuschwer stellt. Vorderlaufschüsse dagegen sind sehr heikel. Der alte Grundsatz, bei Laufschüssen sofort anzuhetzen, bringt keinesfalls immer den gewünschten schnellen Erfolg. Nur kräftigere Hunde sind in der Lage, das Reh abzuwürgen. Manchmal ist es besser, besonders, wenn Schützen zum Vorstellen vorhanden sind und das Gelände es gebietet, Rehwild bis zum folgenden Tag ganz in Ruhe zu lassen. Das Wild bleibt dann in der Nähe, ist inzwischen steif geworden und wird vom Hund erheblich leichter gestellt oder niedergezogen oder von den vorgestellten Schützen erlegt. Beim sofortigen Hetzen wird das Wild nicht selten vom Hund weit versprengt und, wenn es am ersten Tag nicht zur Strecke gekommen ist, am nächsten nicht wieder aufgefunden.

Im übrigen bringt die jagdliche Praxis manche Fälle mit sich, in denen man nicht genau nach Regeln verfahren kann. Oft genug verhindern besondere Umstände die Berücksichtigung der Wartezeit für das kranke Wild. Wir wiederholen aber: Ist man am anderen Tag verhindert, die Nachsuche persönlich vorzunehmen, muß ein anderer Hundeführer benachrichtigt werden. Auf keinen Fall ist letzteres ein Grund für eine nächtliche Nachsuche mit geringer Erfolgsaussicht.

Oft auch erleichtert der Schnee die Schweißarbeit erheblich, so daß man schon etwas wagen kann, wobei noch ausdrücklich bemerkt sein soll, daß bei nicht allzu heftiger Kälte der gute Hund selbst die tief verschneite Fährte mit überraschender Sicherheit arbeitet.

Falls an einer Nachsuche mehrere Schützen teilnehmen, so ist streng abzumachen, daß nur der Führer des Hundes dem gestellten Wild den Fangschuß innerhalb der abgestellten Fläche geben darf. Wollten die Schützen ihre Stände verlassen und auf den Standlaut zueilen, so würden sie sich gegenseitig aufs höchste gefährden. Versagt der Hund bei der Nachsuche, etwa bei heftigem Frost, weil dieser die Wittrung der Fährte und des Schweißes erheblich vermindert, so bleibt manchmal nur die Verlorensuche übrig. Diese erfolgt entweder mit dem freilaufenden Hund oder so, daß Jäger oder Treiber in Sichtweite voneinander die Flächen durchgehen, in denen man das verendete Wild vermutet. Macht man solche Suche mit einem Hund, der nicht totverbellt oder toverweist, so untersuche man, wenn er länger fortgeblieben ist, sorgsam den Fang. Wenn er das Wild gefunden hat, wird er auch zugegriffen und dann immer etwas Haar am Fang haben. Viel besser ist es allerdings, den Hund zum Tot-(Bringsel)verweisen zu erziehen, was fast immer möglich ist. Wir sind der Meinung, daß der Totverweiser dem Totverbeller überlegen ist, er führt auch zum Stück, wenn das Verbellen wegen zu weiter Entfernung, wegen des Windes, der Witterung oder des Geländes nicht mehr hörbar ist. SCHAICH hält es ebenso für einen Irrglauben, anzunehmen, daß zur Nachsuche der vorgeschriebene Schweißriemen unbedingt erforderlich ist. Er arbeitet mit seinem Hund, einer erfahrenen österreichisch-erzgebirgischen Dachsbracke (die Rasse ist übrigens zu Unrecht als Hetzer verrufen und hat erstklassige Schweißhundeigenschaften), ohne Riemen auch schwierige Fährten. Das erfahrene Tier paßt sich dem Tempo des Jägers an, es wartet an Hindernissen, bis er sie überwunden hat. Manches unnötige Durchkriechen von schwierigem Gelände kann so vermieden werden. Dieser Erfolg ist die Krönung einer zwangfreien Abführung, in der sich Herr und Hund durch Blicke und Zeichen verständigen, *was durch penibles, geduldiges Herausarbeiten der gemeinsamen jagdlichen Interessen möglich ist.*

Der Hundeführer muß lernen, nicht nur die rassemäßig bedingten Eigenschaften seines Hundes, sondern auch seine individuellen Eigenheiten so zu nützen, daß sie ihm den gewünschten jagdlichen Erfolg bringen. Das Ausnutzen des Vorteil-/Nachteilverhaltens eines abzuführenden Hundes bringt den Erfolg. Der heranwachsende Hund dagegen wird lernen, daß er nur dann Erfolg hat, wenn er sich bestimmte Verhaltensweisen aneignet, die entweder der Führer bestimmt oder die vom Führer abhängig sind oder die vom Verhalten des Wildes beeinflußt werden. Ein erfahrener Hund wird lernen, daß er beim Stöbern nur dann Erfolg hat, wenn er in Flintenschußweite der Jäger arbeitet. Eine reife Dachsbracke, der ja das Brackieren im Blute liegt, wird es bei guter Führung sehr bald gelernt haben, daß eine Rehwildhetze auf ein gesundes Stück nie zum Erfolg führt. Sie ist unrationell, und der Hund wird es, besonders wenn er bei solchen Gelegenheiten auf ablehnendes Verhalten des Führers trifft, unterlassen, in Zukunft gesunde Rehe zu hetzen.

Zum Ende dieser Abweichungen sei aber nochmals herausgestrichen, daß die Nachsuche hohes Waidwerk ist. Einem richtigen Jäger lacht das Herz vor Freude, wenn er das eingespielte Team zwischen zwei- und vierbeinigem Jäger kunstvoll an der Arbeit sieht. Der Gast wird dem Hund des Suchenführers ein Stück des Erlegerbruches an die Halsung geben.

Wechselt krankgeschossenes Schalenwild über die Jagdgrenze, so hat der Schütze die Stelle des Wechselns kenntlich zu machen, den Jagdausübungsberechtigten des Nachbarreviers oder dessen Vertreter unverzüglich zu benachrichtigen und die einschlägigen Bestimmungen des BJG zu beachten. Der Schütze darf in Sichtweite von der Grenze krankem Wild den Fangschuß geben oder verendetes Wild an Ort und Stelle versorgen, aber es nicht fortschaffen. Eine geladene Langwaffe darf beim Überschreiten der Grenze nicht mitgeführt werden. Weitergehende Vereinbarungen sind möglich, sie bedürfen der Schriftform. Das neue BJG 1976 veranlaßte die Länder, die gesetzliche Wildfolge neu zu regeln.

Die Ausrüstung des Hundeführers:

Riß- und wasserfeste Kleidung, führige Büchse, die Laufmündung mit Tesafilm verklebt (kann gefahrlos jederzeit durchschossen werden, ohne daß sich die Treffpunktlage ändert), durchsichtiger Zielfernrohrschutz, Faustfeuerwaffe, Hirschfänger oder Waidblatt, Schweißriemen, geeignetes Schuhwerk (je nach Gelände), weißes Tuch (Anschuß- und Fährtenuntersuchung), die wasserfeste Kleidung schließt an Hals und Ärmeln dicht ab, fest sitzende Mütze (kein Hut), Papierstreifen für Markierungen, ein ganz kleines Horn.

Bei manchen Schweißhundeführern hat heutzutage auch der Fortschritt Einzug gehalten – sie verwenden Walkie-talkies. Wird in bürstigem, unübersichtlichem oder gar zerklüftetem Gelände gearbeitet, halten wir das für eine sehr gute Idee, auch wenn bei manchem altgedienten Waidmann beim Lesen dieses Satzes ein gewisser schaler Geschmack aufkommen kann.

Wenn wir dieses Kapitel mit einem Hinweis darauf begonnen haben, was den Waidmann vom Aasjäger unterscheidet, ist es uns ein Bedürfnis, dieses Kapitel mit ähnlichen Worten zu schließen. Vornehmste Aufgabe eines waidgerechten Jägers muß es sein, unsaubere Schüsse und damit Nachsuchen zu vermeiden. Deshalb sollte mancher Vornehme nicht zu vornehm sein, sich in regelmäßigen Abständen auf dem Schießstand sehen zu lassen. Wir müssen leider immer wieder beobachten, daß gerade altgediente und erfahrene Jäger der Meinung sind, daß sie sichere Schützen sind. Das mag einmal der Fall gewesen sein. Ein sicherer Schütze muß man bleiben, und bleiben kann man es nur durch laufende Übung, durch Training am Schießstand, ganz abgesehen von der Überprüfung der Büchse.

Aufbrechen, Zerwirken und Verwertung

Das gestreckte Wild wird alsbald *aufgebrochen,* d. h. es werden das Gescheide und das Geräusch herausgenommen. Das ist notwendig, weil sonst das Wildpret schnell verderben würde. Zu diesem Zweck wird das Stück auf den Rücken gestreckt, das Gehörn, falls es sich um einen Bock handelt, gerade unter den Kopf gelegt, so daß der Träger, Drossel und Drosselknopf etwas gespannt sind. Der Jäger tritt vorn vor das Haupt, setzt die Spitze des Waidmessers mit dem Rücken unterhalb des Drosselknopfes ein und fährt damit, die Haut und etwaiges Wildpret bis auf die Drossel spaltend, bis zum Brustkern hinunter (s. Abb. gegenüber S. 412).

Die Drossel liegt jetzt offen, und nun führt die linke Hand unter ihr und dem Schlund vom Drosselknopf bis zum Brustkern herunter, die Drossel samt dem dahinterliegenden und mittels Gewebes an ihr festgewachsenen Schlund vollkommen freilegend. Am Brustkern angelangt, sucht man mit den Fingern an Drossel und Schlund entlang zwischen den beiden ersten Rippen so tief in die Brusthöhle zu gelangen wie irgend möglich, um auch dort beide, so gut es geht, von Sehnen und Gewebe zu befreien. Drossel und Schlund werden hart unter dem Drosselknopf abgeschärft, und zwar in der Richtung von innen nach außen. Der Schlund wird durch einfaches Abziehen von der Drossel getrennt, um verschlossen zu werden, andernfalls würde beim weiteren Aufbrechen die Äsung aus ihm heraustreten und das Wildpret unsauber machen. Man verschließt den Schlund durch einen Knoten, nachdem man die äußere, lockere und fleischrote Haut bis auf die innere, zähe und dunkler gefärbte mit der Messerschneide abgeschabt hat. Ohne das würde der Knoten infolge der schlüpfrigen Beschaffenheit der Schlundhäute leicht aufgehen. Sodann trennt man den Schlund mit der Hand bis tief in die Brusthöhle hinein von der Drossel und schärft letztere am Brustkern ab, immer das Waidmesser von innen nach außen führend.

Nunmehr tritt man an die hintere Seite des Bockes, ohne ihn etwa entgegen dem jagdlichen Brauchtum zu überschreiten, streckt ihn so gerade auf den Rücken, daß beide Hinterläufe eine gleiche Lage haben, führt das Waidmesser mit dem Rücken nach unten von hinten zwischen die Brunftkugeln, sticht nach vorn zwischen diesen hindurch und trennt sie gänzlich. Mit der Hand zieht man eine nach der anderen völlig heraus, dabei die Samenstränge so lang wie möglich mitnehmend. Dann spaltet man die Decke über der Brunftrute, legt diese völlig frei, fährt mit der Hand darunter und löst sie, mit Hilfe des Messers nach hinten zwischen den Keulen weiter folgend, ganz von allem Wildpret los, trennt sie aber noch nicht ab, sondern legt sie mit der Öffnung nach hinten rückwärts nieder. Wollte man sie gleich ganz abtrennen, so würde bei weiterem Aufbrechen durch den Druck der arbeitenden Hand der Blaseninhalt hoch heraus und über das Wildpret strömen. So aber fließt er in diesem Fall unschädlich nach hinten ab. Der Pinsel bleibt an der Decke.

Um die Bauchhöhle zu öffnen, wird das Messer dort, wo die Brunftkugeln saßen, mit dem Rücken nach unten vorsichtig in die Bauchdecke geführt, so daß jede Verletzung des kleinen Gescheides vermieden wird. Sobald die Öffnung groß genug ist, um zwei Finger hineinzulassen, führt man Zeigefinger und Mittelfinger der linken Hand mit dem Rücken nach unten in sie hinein und hebt mit ihnen die Decke so weit an, daß das Waidmesser sie, ohne das

Gescheide zu berühren, bis zum Brustkern aufspalten kann. Das Gescheide liegt nun frei da. Die rechte Hand fährt auf der rechten Seite hart am Zwerchfell nach unten und innen, um die Milz von diesem zu lösen. Alsdann sucht sie diejenige Stelle ausfindig zu machen, wo der Schlund durch das Zwerchfell in den Pansen tritt. Das ist für den Anfänger der schwierigste Teil des ganzen Aufbrechens, und er verlangt Übung. Hat man sie sicher gefunden, so fährt die linke Hand vorsichtig vor, am Schlund entlang in die Brusthöhle hinein, wobei darauf zu achten ist, daß dieser nicht abreißt. Man zieht ihn nach hinten und legt ihn mit seinem zugeknoteten Ende auf die rechte Seite neben dem Bock nieder. Jetzt ist noch das kleine Gescheide von der Leber zu trennen, indem man das erstere mit der Hand durch einen sanften Zug an den Verwachsungsstellen nach und nach abtrennt, ohne es zu zerreißen. Dann werden das große und das kleine Gescheide aus der Bauchhöhle herausgeholt und zur rechten Seite niedergelegt, wobei darauf zu achten ist, daß der Waiddarm nicht abreißt.

Es folgt das Aufbrechen des Schlosses. Mit dem Waidmesser folgt man der zwischen den Keulen befindlichen weißen Haut und trennt diese bis auf die Knochen des Beckens. Dabei darf keine Keule verletzt werden. Zwischen den Beckenknochen, den Eisbeinen, befindet sich eine Knorpelnaht, das Schloß, das bei älterem Wild mehr, bei jüngerem weniger verknöchert ist. Es wird durchschärft, indem man das Waidmesser mit der Spitze eintreibt und so Platz für die Schneide schafft, die man nach hinten durchzieht. Sind die Eisbeine völlig getrennt, faßt man von beiden Seiten unter sie und bricht sie auseinander, bis man bequem an den zwischen ihnen liegenden Waiddarm und die Blase herankommt. Das Schloß durch Druck auf die Keulen weiter zu öffnen, ist verkehrt, weil sich dabei fast immer das Wildpret von den Eisbeinen abtrennt und einreißt. Damit werden die wertvollsten Teile entwertet. Neu, aber hilfreich, besonders bei Dunkelheit oder unter schwierigen Umständen, ist die Arbeit mit der Aufbrechzange zum Öffnen des Schlosses. Sie ist auch beim Zerwirken sehr zu empfehlen.

Mit der linken Hand faßt man nunmehr Waiddarm und Blase zusammen, und während man sie sanft nach hinten zieht, trennt man mit dem Waidmesser ihre Verbindung mit der Innenseite des Schlosses. Schließlich werden Waiddarm, Blase und nun auch die Brunftrute von der äußeren Decke losgeschärft und die Brunftrute an ihrem Grund aus dem Wildpret herausgelöst. Damit das Wildpret gehörig ausschweißen kann, werden die Brandadern aufgeschärft, nicht etwa nur durchstoßen. Diese liegen zu beiden Seiten des Rückenstranges vor dem Schloß, also vor dem Becken, und zeichnen sich durch dunkelblaue Färbung aus.

Zur Öffnung der Brusthöhle fährt man mit dem Waidmesser rings an den Rippen herum, das Zwerchfell von diesen trennend. Das Geräusch wird herausgenommen, indem man mit der rechten Hand in die Brusthöhle hineinfährt, die Drossel erfaßt und diese nach hinten

---

Zu nebenstehender Farbtafel „Das Aufbrechen des Schalenwildes“

1. Aufschärfen des Halses vom Kopf bis zum Stich (beim großen Jägerrecht von Unterkieferspitze bis zum Brustkern)
2. Trennen des Schlundes von der Drossel und Verknoten desselben, nachdem die Muskelhaut abgeschabt wurde
3. Aufschärfen der Bauchdecke bis zum Brustkorb durch Fingerführung des Nickers
4. Herausziehen des Schlundes durch das Zwerchfell und Herauslegen des Gescheides
5. Auftrennen des Schoßes
6. Auslösen des Weiddarmes und der Blase
7. Nach Abschärfen des Zwerchfelles von den Rippenbogen Lösen der Herzbänder und Zurückziehen der Drossel: Herausheben des Geräusches (Herz, Lunge, Leber, Nieren)
8. Das Stück hängt zum Auskühlen mit gespreiztem Schoß. Daneben hängt das Geräusch an eingeschärfter Drossel mit aufgeschärften Herzkammern

(Photos: Karl Grund)

1

2

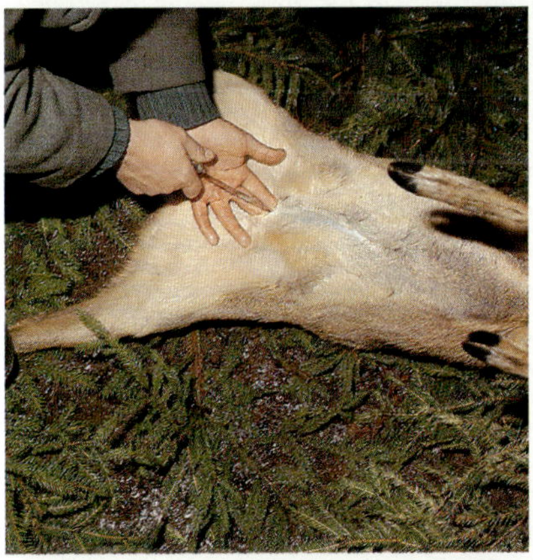
3

4

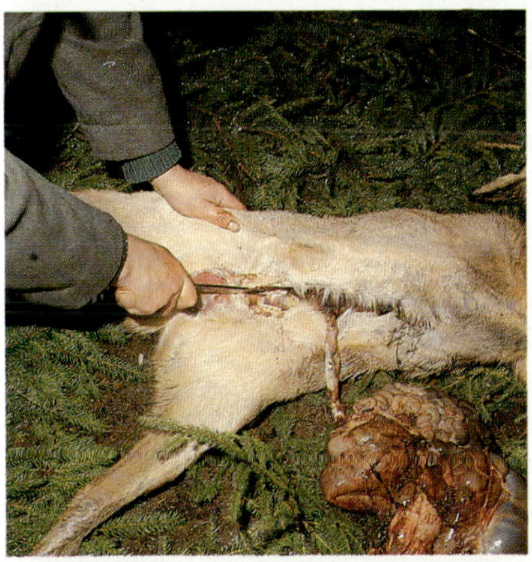
5

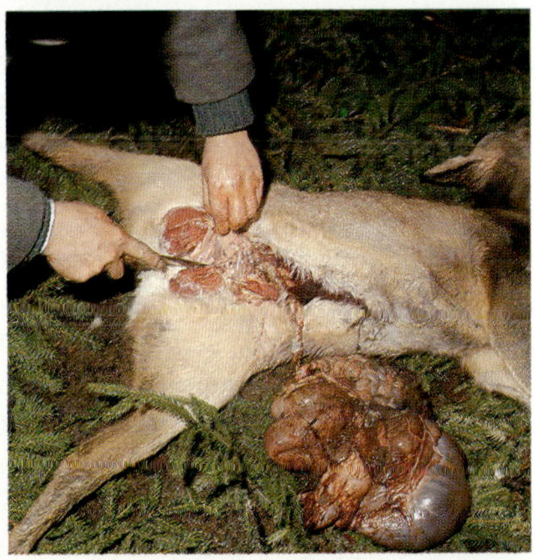
6

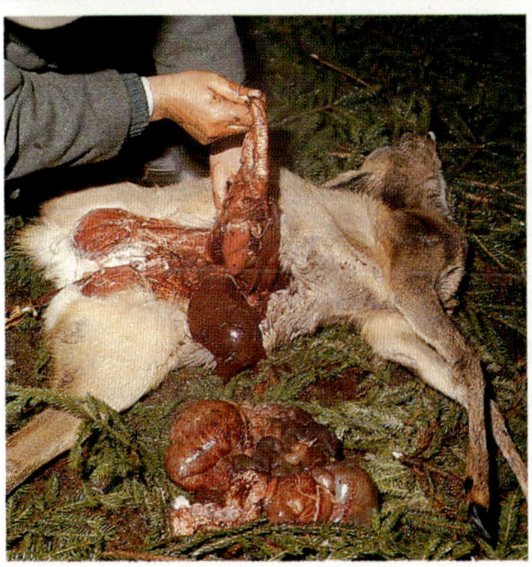
7

8

herauszieht, während die linke Hand das Wild außen festhält. Es folgen dann Lunge, Herz, Zwerchfell, Leber und Nieren nach. Häufig läßt man das Geräusch auch wegen der leichteren Beförderung im Wildkörper, aber die Hausnahme an Ort und Stelle ist wegen des besseren Auskühlens vorzuziehen.

Für das Aufbrechen eines waidwundgeschossenen Stückes empfiehlt HULVERSCHEIDT folgende zwar nicht altem Brauchtum entsprechende, aber in der Praxis bewährte Methode: „Wir lösen zunächst wie üblich Drossel und Schlund am Träger aus, schärfen aber die Drossel nicht am Stich ab und brauchen auch den Schlund nicht zu verknoten, womit manch ein Jäger sowieso nicht recht fertig wird, sondern wir schärfen, nachdem die Brunftkugeln und die Brunftrute ausgelöst sind und das Schloß geöffnet ist, mit dem bekannten Schnitt nicht nur bis zum Brustkern auf, sondern durch das knorpelige Brustbein bis zum Träger, d.h. das ganze Stück der Länge nach. Nun ergreifen wir Schlund und Drossel mit starker Faust und ziehen in einem Zuge Geräusch und Gescheide nach hinten heraus. Dabei bedarf es nur am Netz (Zwerchfell) einiger lösender Schnitte, und nun ist das Stück sauber aufgebrochen, denn die Innenhaut hebt den ganzen ‚Pansenspinat' mit heraus. Das Geräusch und die Leber legen wir wieder in den ausgeschweißten Bock hinein."

MOSER empfiehlt, das Schloß nicht aufzubrechen, er legt einen kreisförmigen Schnitt um das Waidloch herum und zieht Blase und Mastdarm nach innen heraus. Er begründet diese bei Rotwild bewährte, bei Rehwild aber zu komplizierte Methode mit der Tatsache, daß häufig durch unsachgemäße Schnitte zum Schloß hin die wertvolle Innenkeulenpartie zerstört und darüber hinaus bei Waidwundschüssen die saubere Schnittfläche zwischen den Keulen durch Pansen- oder Darminhalt verschmutzt sind.

Wir selber entfernen zuerst die Brunftkugeln, legen den Pinsel frei und lassen uns in der Schnittführung von ihm zum Schloß leiten, brechen dieses als nächstes auf, schärfen Mastdarm und Blase frei und öffnen dann erst die Bauchdecke, der Brustkorb bleibt ungeöffnet. Weiteres Vorgehen wie von HULVERSCHEIDT oben besprochen. Durch das Mitherausziehen des Bauchfelles erhält man auch bei Weichschüssen eine erhöhte Sauberkeit des Wildprets und erreicht eine bessere Ausblutung durch Abreißen der Gefäßstämme.

Ist das Wild völlig aufgebrochen, so wird es vorn angehoben und nach vorn vorgezogen, damit es mit dem Gescheide und Schweiß nicht mehr in Berührung kommt. Alsdann hängt man es, bevor es im Rucksack mitgenommen wird, zum Ausschweißen mit dem Haupt nach oben auf. Vor einem Transport muß es auskühlen, und zwar gründlich. Es sollte heute überall möglich sein, einen kühlen Wildpretraum mit fliegengeschütztem Fenster zur Verfügung zu haben, sei er in der Jagdhütte, bei einem Landwirt, in einem Gasthaus oder in einem Kühlraum des Dorfes. Erlegtes Wild darf nie aneinandergepreßt liegen, das Geräusch kommt erst in den Aufbruchbeutel, das Wildpret ins Auto, wenn es hängend voll abgekühlt ist.

Falls das Stück längere Zeit, vor allem über Nacht, im Revier verbleiben muß, verblendet man es zum Schutz gegen Raubwild durch saubere Papierstreifen, die in das Geäse und ins Schloß, das man zur besseren Durchlüftung durch einen kleinen Holzstab auseinandersperrt, sowie in die Schußöffnung und zwischen die Schalen geklemmt werden. Ist man aus irgendwelchen Gründen, nicht aber aus Bequemlichkeit, am sofortigen Aufbrechen verhindert, so soll das Wild wenigstens sogleich gelüftet werden, d.h. es werden Brunftrute, Brunftkugeln und Blase ausgelöst und die Dünnungen so weit aufgeschärft, daß die Gase aus dem Körper entweichen können. An Tagen, an denen die Fliegen stark schwärmen, hängt man reichlich Laub- oder Nadelgezweig über das Wild, damit es einigermaßen vor diesen unwillkommenen Gästen geschützt wird.

Zur ordentlichen Fleischreifung muß das Wildpret gut ausgeblutet sein. Das Blut besitzt nach MOSER einen pH-Wert von 7, reagiert also basisch, während Reh- und Rotwildpret bei guter Versorgung einen pH-Wert von 5,2 bis 5,4 erreichen, also sauer reagieren. Dieses saure Milieu ist für die Fleischreifung nötig, es verhindert auch die Vermehrung von Bakterien und Viren. Bei mangelnder Entblutung wird dieser saure pH-Wert niemals erreicht. Wildpret soll auch nicht wäßrig sein (Folge von Erkrankungen) und gut gelagert werden, am besten bei Kühltemperaturen kurz vor dem Gefrierpunkt. Gewarnt sei auch vor der Täuschung, daß Tiefgefrieren die Vermehrung von Bakterien hemmt – es verlangsamt sie nur. Bei Waidwundschüssen verendet das Reh selten sofort. Keime aus dem Verdauungstrakt kommen dann über das aufnahmefreudige Bauchfell ins Blut, verteilen sich im Wildpret mit einem pH-Anstieg auf 6,6 bis 7. Solches Fleisch ist schlecht haltbar und hat in der Tiefkühltruhe nichts verloren.

LENZE fand bei Rehen dagegen Werte zwischen 6,1 und 6,4, bei Werten über 6,6 beginnt Verderbnis. Er beschäftigte sich in seiner Dissertation nicht nur mit dem pH-Wert, sondern auch mit dem Keimgehalt des Rehwildprets. Er fand, daß von 51 als gesund angesprochenen Tieren nur 30 % bei der späteren Untersuchung keimfrei waren. 57 % waren gering und der Rest sogar stark keimhaltig. Noch schlimmer waren die Ergebnisse bei Unfall-Wild oder bei Wild mit nicht sauberen Schüssen, z. B. Waidwundschüssen. LENZE weist ganz besonders auf die Wichtigkeit des Zeitpunktes des Versorgens hin. Gesunde Rehe, mit Kammerschuß erlegt und innerhalb von 30 Minuten aufgebrochen, erzielten bei der Fleischuntersuchung die hygienisch besten Ergebnisse. Jedes dritte Stück war keimfrei. Schon nach einer Wartezeit von 2 Stunden verringerte sich dieser Anteil der keimfreien Stücke um die Hälfte. Bei Überschreiten der 2-Stunden-Frist fand sich kein Reh mehr, das als keimfrei hätte bezeichnet werden können. Diese Ergebnisse sind sehr interessant und wichtig. Gleichwohl ist es aber ebenso bedeutungsvoll, daß keine wichtigen Fleischvergifter gefunden wurden, vor allem keine Salmonellen.

Er stellte ferner fest, daß der Sitz der Kugel eine weitere wichtige Rolle spielt. Alle Stücke mit Waidwundschuß waren nicht keimfrei, 85 % sogar stark keimhaltig. Also muß das Wild vor dem Transport aufgebrochen werden und auskühlen, bevor es in den Kofferraum oder in den Wagen kommt. Es wurde weiter oben festgestellt, daß bei der Fleischreifung den Säuerungsvorgängen eine äußerst wichtige Rolle zuzuschreiben ist. Durch Stillstand des Blutkreislaufes wird der Muskel nicht mehr mit Sauerstoff versorgt. Die tierische Stärke, das Glykogen, kann ohne den Sauerstoff, der normalerweise durch das Blut transportiert wird, nicht mehr zu Traubenzucker (Energielieferant) abgebaut werden und zerfällt in Milchsäure. Nach ca. 20 Stunden ist der Säuerungsvorgang abgeschlossen, nach ca. 72 Stunden ist der Säuregrad wie zu Lebzeiten erreicht, danach beginnt die Fäulnis. Längeres Abhängen bringt keine Qualitätsverbesserung mehr. Diese Vorgänge sind nur möglich, wenn das Tier zum Zeitpunkt des Todes genügend Glykogen vorrätig hat und sofort nach dem Tode rasch auskühlt. Hier wird es aber problematisch. Vor dem Erlegen gehetztes oder angeschweißtes Wild verbraucht seine Energievorräte (Glykogen). Ähnlich mag es bei krankem Wild sein. Das beeinflußt die spätere Säuerung, sprich Fleischreifung. Interessanterweise kommt es auch durch außerordentliche Anstrengung vor dem Tod (Hetzen bei der Nachsuche, Brunft) zu überhöhten Körpertemperaturen und überhöhten Temperaturen nach dem Tod (bis zu 44,5 °C). Solches Wild verhitzt natürlich besonders leicht. In der Praxis kann man dies am raschen Eintritt der Totenstarre erkennen, welche normalerweise erst nach 2–4 Stunden eintritt.

LENZE weist auch auf die besondere Gefährlichkeit bei der Verwendung von Unfallrehen, von angeschossenen Rehen oder weichgeschossenen Rehen hin. Er fand, daß von 100 erlegten Rehen 15, die aus fleischhygienischen Gründen genußuntauglich waren, dennoch in den Verkehr kamen. Dies ist meist auf Leichtfertigkeit beim Wildverkauf zurückzuführen gewesen. Er empfiehlt dringend, den Drosselschnitt zu unterlassen, da die Decke den besten Schutz gegen Verschmutzung und bakterielle Besiedelung bietet. Es sollte nur da geöffnet werden, wo es unerläßlich ist. Vom Schuß zerfetzte Teile sollten sofort ausgeschnitten werden. Wir können nur bestätigen, daß es keiner besonderen Fertigkeit bedarf, den Schlund auch ohne Trägerschnitt aus dem Wildkörper zu entfernen. Keinesfalls darf Panseninhalt aus Schlund oder Magen das Innere des Wildprets verunreinigen. Mögen diese Untersuchungen und deren Ergebnisse auch etwas theoretisch klingen, vermitteln sie doch dem Jäger einen Einblick in tierärztlich-fleischhygienisches Denken. Auch wenn weniger Fleischvergiftungen durch Wildpret bekannt werden als durch andere Lebensmittel, ist äußerste Sorgfalt unsere wichtige Verpflichtung.

Die sogenannte stickige Reifung kann den ganzen Wildkörper oder nur Teile davon erfassen. Sie entsteht, wenn man noch warme Stücke aneinanderlegt oder einzelne, nicht ausgekühlte Stücke im Kofferraum transportiert. Erkennbar ist sie an der eventuell ziegelroten Farbe mit grünlich wäßrigen Flecken zwischen den Muskeln. Sie erzeugt einen unangenehmen Geschmack.

Das Wildpret, das für den Hausgebrauch bestimmt ist, soll in kühler Jahreszeit im Freien hängend in der Decke aufbewahrt werden. Je nach Bedarf wird ein Braten herausgelöst und die Decke wieder um den Rest geschlagen. Im frischen Zustand hat das Wildpret seinen höchsten Wohlgeschmack noch nicht.

Für Stücke, die für den Wildhandel bestimmt sind, ist die sorgfältige Behandlung von großem Einfluß. Je sauberer und gerader beim Aufbrechen die Schnitte am Halse, an den Dünnungen, zwischen den Keulen geführt sind, je glatter die Knorpelnaht des Schlosses ausgeschärft, je weniger am Schloß das Wildpret vom Knochen abgerissen oder abgesprengt ist, je sauberer und frischer der ganze Wildkörper im Innern, je freier von Schweiß und Schmutz es außen ist, um so höher wird der erzielbare Preis sein.

Alles Wild, das erst nach längerer Hetze zur Strecke gebracht wurde oder das eine Nacht verendet draußen gelegen hat, eignet sich nicht für den weiteren Versand. Der Händler hat ein scharfes Auge für jeden grünen Fleck, für blaurote, blasse, mißfarbene Stellen. Alles derartige Wild verwerte man anderweitig, man kann es verfüttern oder als Luder auslegen. Aber man vergräme sich damit nicht einen sonst guten Abnehmer und gefährde nicht die Gesundheit anderer. Bei waidwundgeschossenem Wild läßt es sich nicht vermeiden, daß hin und wieder, nicht durch den Beginn der Verwesung, sondern durch den Austritt von Pansen- und Gescheideinhalt in die Bauchhöhle, grüne Stellen auftreten. Um diese sorgfältig zu säubern, benutzt man ein sauberes Tuch und tupft das Wildpret damit ab. Jede „Schönung" des Wildprets, das in den Verkehr gebracht werden soll, ist unzulässig, es ist hier zum Beispiel an Betupfen grüner Stellen mit Schweiß, an Behandlung mit Essig, Hirschhornsalz und anderem gedacht.

Abwischen verschmutzter Stellen mit Gras, Reisig und dergleichen ist entgegen früherer Meinung nicht mehr erlaubt. Abwaschen mit klarem, sauberem Wasser ist die einzige Möglichkeit. Allerdings muß dann durch gutes Lüften für völliges Austrocknen gesorgt werden.

Der restliche Aufbruch ist zu verscharren, besser noch als Luder für Raubwild oder Schwarzwild zu verwenden.

Das *Zerwirken* oder Aus-der-Decke-Schlagen erfolgt auf sauberem Rasen, auf untergelegten Zweigen oder auf einem Schragen, der nach der Mitte muldenartig vertieft ist. Zerwirkt wird keinesfalls zum Zwecke des leichteren Abtransportes fern von der vorläufigen oder endgültigen Aufbewahrungsstätte. Falls es sich um einen Bock handelt, wird zunächst das Gehörn abgeschlagen oder das Haupt abgeschärft (näheres im nächsten Abschnitt). Wird weiter nach ausreichendem Abhängen zerwirkt, wird am Brustkern, vorn beginnend, dort, wo vom Aufbrechen her die Decke abgeschärft war, das Waidmesser in Richtung auf das Schloß zugeführt, bis es am unteren Ende des Brustkerns auf den zur Öffnung der Bauchhöhle früher schon geführten Schnitt stößt. Etwas unterhalb der Handwurzel, die man so oft zu Unrecht als Knie bezeichnet, wird die Decke von unten nach oben aufgeschärft, der Schnitt bis zum Brustkern geführt und das Handwurzelgelenk durchstochen, so daß der ganze untere Laufteil an der Decke bleibt. Dasselbe erfolgt am Hinterlauf unterhalb des Sprunggelenkes. Der Schnitt wird nach oben bis zum Schloß geführt und das Gelenk durchstochen, so daß auch hier der ganze Unterlauf an der Decke bleibt. Dann wird die Haut mit dem Daumen und der Faust, wo erforderlich unter Mithilfe des Messers, jedoch ohne die Decke zu verletzen, vom Wildpret ganz abgelöst, und das Zerwirken ist beendet.

Die weitere Zerteilung des Wildprets für seine Verwertung in der Küche ist das *Zerlegen.* Es erfolgt auf der Decke, aus der das Wildpret vorhin herausgeschlagen wurde und die es vor jeder Unsauberkeit schützt. Der rechte Vorderlauf des auf den Rücken gestreckten Wildprets wird mit der linken Hand erfaßt, darauf fährt die rechte mit dem Waidmesser in einem runden, leichten Schnitt zwischen dem Ansatz des Vorderlaufes und weiter zwischen Rippen und Blatt, dieses samt dem Vorderlauf ablösend. Dasselbe geschieht mit dem linken Vorderlauf. Danach werden die Dünnungen auf der rechte Seite zwischen der Keule und den Rippen, also die rechte Fläme oder Flanke, abgelöst und ebenso die auf der linken. Alsdann zieht man, eine knappe Handbreit vom Rückstrang entfernt, mit diesem gleichlaufend, beiderseits mit dem Waidmesser einen Strich über die Rippen und schlägt oder sägt diese dort ab. Soll das Wedelziemer mit dem Mittel- und Blattziemer in einem Stück zusammenbleiben, so wird der Keulenknochen aus der Pfanne gelöst und das Wildpret durchschärft. Soll jedoch das Wedelziemer an der Keule bleiben, so wird der Rückstrang durchschlagen. Kopf, Hals, Rippen und Dünnungen ergeben das Kochwildpret, Ziemer, Keulen und Blätter sind die Braten.

Fleischbeschaugesetz und Lebensmittelgesetz regeln im übrigen das Inverkehrbringen von Wildpret. Es darf nicht in den Verkehr gebracht werden, wenn es die menschliche Gesundheit schädigen kann, wenn es wäßrig ist, wenn es von einer Krankheit befallen ist, nicht normal aussieht oder riecht oder wenn es Fallwild ist. Bei Abschüssen offensichtlich kranker Tiere oder in anderen Verdachtsfällen ist ein Tierarzt zu Rate zu ziehen.

Abschlagen und Behandlung des Gehörns

Bei manchen Gelegenheiten ist es sehr praktisch, das ganze Haupt abzuschlagen, sei es, daß es einem Jagdgast mitgegeben werden soll oder weil man das Wildpret rasch zum Versand bringen will und keine passende Säge zur Hand ist. Man geht dann wie folgt vor: Die Decke wird durch den Äser, Kieferschnitt, nach hinten über das Scheitelbein, vor den Lauschern bis zum Äser aufgeschärft. Die Decke wird somit vom Unterkiefer zum Träger hin gelöst, das gleiche gilt für die Decke des Hinterhauptbeines bis zum ersten Halswirbel. Dann wird das Haupt abgeschärft oder abgedreht. Somit bleiben die Lauscher und Unterkieferdecke an der Halsdecke. Durch die Unterkieferdecke werden zwei 4 bis 5 cm lange Schnitte gemacht, durch die man die Lauscher steckt. Damit ist die Schnittfläche zwischen Haupt und Träger wieder sauber geschlossen, das Wildpret versandfertig. Anschließend wird die am Haupt verbleibende Gesichtsdecke abgelöst und das Gehörn nach Entnahme des Gehirns einschließlich der Hirnhäute 1 bis 2 Tage gewässert und, wie später geschildert, abgekocht und präpariert (s. Abb. gegenüber S. 418).

Der Ausdruck „Abschlagen“ entstammt dem alten Brauch, die Trophäe mit dem schweren Weidblatt abzuschlagen. Heute verwendet man hierfür die Säge, auf deren Beschaffenheit aber viel ankommt. Am geeignetsten ist ein sogenannter Fuchsschwanz mit breitem, steifem Blatt und feiner Bezahnung, sonst geht das empfindliche Nasenbein allzu leicht zu Bruch. Entgegen vielfachem Brauch legt man das Haupt des Bockes am besten auf die Seite und setzt den Sägeschnitt so an, daß er durch das untere Drittel des Lichtes auf den meist hellen Fleck über dem Windfang führt. Auf diese Weise läuft man nicht Gefahr, das Nasenbein zu beschädigen. Beim Ansetzen der Säge muß besonders darauf geachtet werden, daß der Schnitt vom Mittelpunkt zwischen den Rosen einen Abstand von 5 cm hält. Wird ein Gehörn zu dicht hinter den Rosen abgesägt, so ist dieser Schaden nicht mehr reparierbar. Bleibt dagegen hier wie überhaupt beim Sägeschnitt zuviel Knochenmasse am gekappten Gehörn haften, so ist dem leicht durch Schleifen abzuhelfen. Ist die Säge scharf, so ist ein Ablösen der Decke vor dem Abschlagen nicht notwendig, trotzdem aber vorzuziehen.

Im Handel sind Abschlagsägen mit einem Gestell, das eine gleichmäßige Schnittführung ermöglicht, erhältlich. Die Verwendung kann empfohlen werden. Sie gewährleisten, daß die Schädel verschiedener Trophäen gleich groß sind, ein Nachschleifen auf einer Holz-Bandschleifmaschine ist nicht erforderlich.

Nachdem das Hirn sauber aus beiden Hälften der Schädelhöhle herausgenommen ist, wird das Gehörn gewässert, d. h. es wird 1 bis 2 Tage so in klares Wasser gestellt, daß die Rosen davon nicht mehr berührt werden. Das Wasser wird von Zeit zu Zeit erneuert, bis es sich nicht mehr färbt. Dann werden Haut und Fleischteile entfernt. Man achte darauf, daß es nicht von einem Hund, der die verlockende Wittrung in die Nase bekommt, verschleppt werden kann. Für das nun folgende Abkochen folgen wir am besten dem Rezept des bereits zitierten Forstmeisters HULVERSCHEIDT:

„Mit kaltem Wasser aufsetzen wie ein Suppenhuhn. Kein Soda, kein Persil oder sonstige Hausputzmittel. Wenn die Rosen etwas unter Wasser kommen, so schadet das kaum, denn das Abkochen soll ja gar nicht lange dauern. Vom Augenblick des Kochens ab 25 Minuten sind für ein Gehörn genug, und jede weitere schadet.“ (Die Verfasser halten diesen Zeitraum für zu kurz, es darf bis zu 45 Minuten dauern.) „Nun kommt der sogenannte springende Punkt, nämlich das Gehörn muß unmittelbar aus dem Kochtopf in einen Eimer mit kaltem Wasser kommen und darin bleiben, bis es durch und durch ausgekühlt ist. Wird dieser Kniff versäumt, so zieht das ausgekochte Fett in die Knochenporen ein, wird dort ranzig und entstellt den Schädel mit häßlichen gelben Flecken. Dagegen hilft kein Bleichen mit Wasserstoffsuperoxyd.“

Wenn hier empfohlen wurde, beim Kochen die Rosen auch etwas mit Wasser zu bedecken, so soll damit vermieden werden, daß sich die ungar gebliebene Decke um die Rosenstöcke

---

Zu nebenstehender Farbtafel „Das Abtrennen des Kopfes beim Bock“

1. u. 2. Aufschärfen der Decke vom Unterkiefer zum Hinterkopf über den Nacken
3. Freischärfen des 1. Halswirbels
4. Abdrehen des Kopfes im Halswirbelgelenk
5. Noch ein Schnitt, und das Haupt ist abgetrennt
6. Durch die Schlitze in der Unterkieferdecke . . .
7. . . . werden die Lauscher gesteckt . . .
8. . . . und der Hals ist zweckmäßig verschlossen

(Photos: A. H. NEUHAUS)

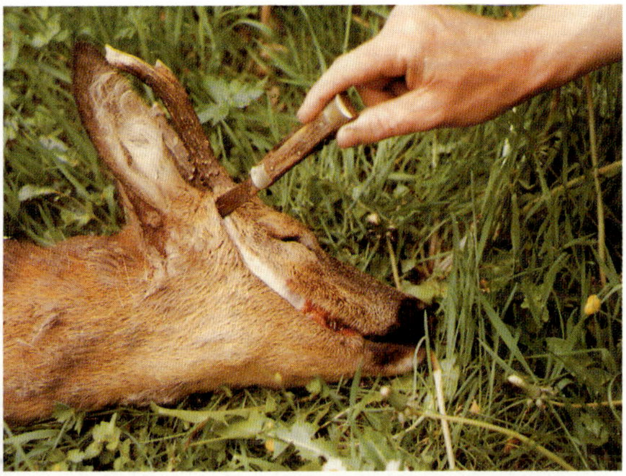

2

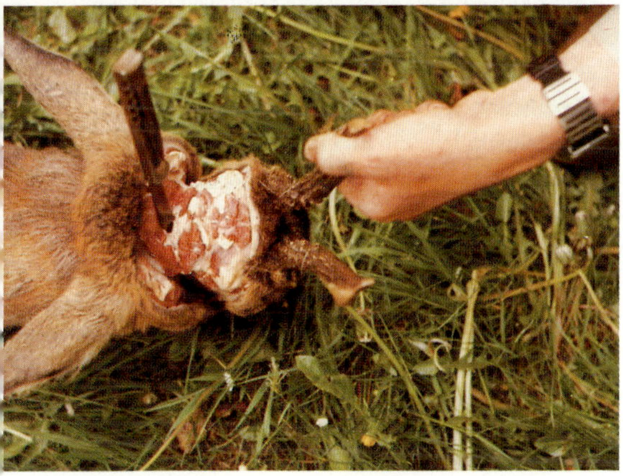

4

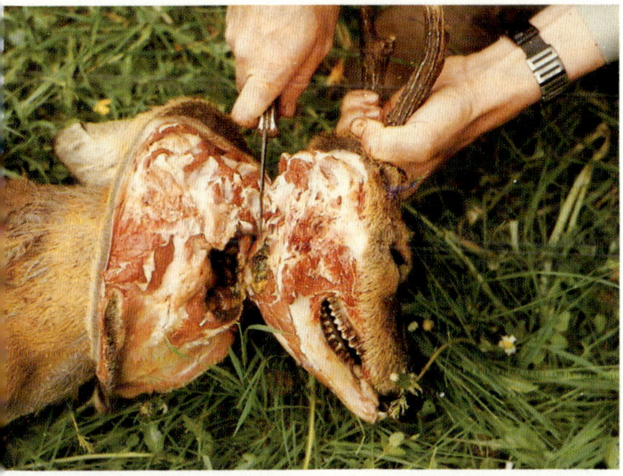
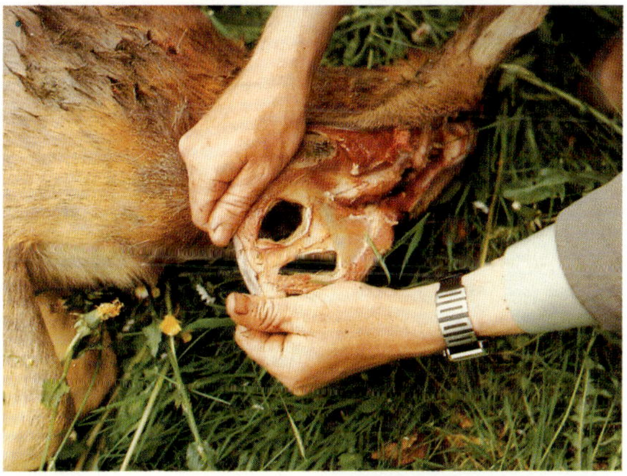
6

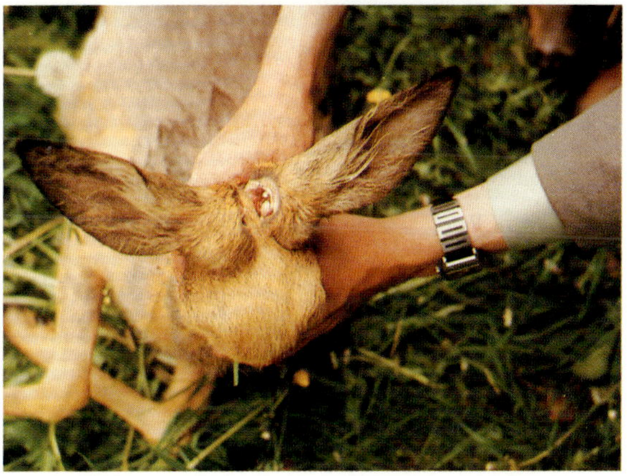
8

herum nicht glatt ablösen läßt und die letzteren dann kaum noch sauberzubekommen sind. Bei derartig mangelhaft präparierten Gehörnen nisten sich dann in den zwischen den Rosen verbliebenen Haaren Motten oder Würmer ein. Sehr praktisch sind im Handel erhältliche Auskochgestelle, die am Topf befestigt werden und das Gehörn einfach und sicher fixieren. Es gibt auch für ganze oder halbe Schädel Auskochgefäße mit Tauchsieder im Handel, deren Verwendung sehr angenehm ist. Nach dem richtigen Abkochen erscheint der Schädel elfenbeinweiß, besonders, wenn das ganze Gehörn mit einer Handbürste in kaltem Seifenwasser gründlich abgebürstet und gespült wird. Das künstliche Bleichen ist eine weitere Verschönerung. Hierbei wird die ganze Schädelfläche in dünner Lage mit Zellstoff oder Watte bedeckt und diese dann mit Wasserstoffsuperoxyd nochmals getränkt.

Man kann auch Wasserstoffsuperoxyd mit Schlemmkreide zu einer Paste anrühren und die Knochen damit bestreichen. Ist die Paste trocken geworden, so ist damit in der Regel die Bleichung beendet. Danach wird das Gehörn der Sonne ausgesetzt. Selbstverständlich dürfen die Rosen nicht mit Wasserstoffsuperoxyd in Berührung kommen, weil dieses die Farben zerstören würde. Man kann den Schädel auch in Bleichgefäßen, die im Handel erhältlich sind, 15–30 % Wasserstoffsuperoxyd aussetzen und eintauchen. Die Flüssigkeit kann einige Male wiederverwendet werden. Vorsicht! Beim Hantieren mit Wasserstoffsuperoxyd ist das Tragen von Gummihandschuhen erforderlich (Ätzgefahr). Auch Kleidung wird durch Spritzer und Tupfer beschädigt. Nachdem nun noch mit einer kleinen Flachzange die vielen feinen Scheidewände der Nasennebenhöhlen auf der Innenseite des Schädels zum Schutz gegen eine Motten- und Gewürminvasion entfernt wurden, ist das Gehörn zum Aufsetzen fertig.

Ungefegte Gehörnteile bzw. Bastgehörne, die bereits völlig ausgebildet und erhärtet sind, was sich durch Befühlen an den Endenspitzen leicht ermitteln läßt, können nach Entfernung des Bastes durch Verwendung von Beizstoffen gebräunt werden. Hierzu empfiehlt RAESFELD eine Lösung von übermangansaurem Kali in Wasser, dem auch zur Erzielung eines gelbbraunen Tones zu gleichen Teilen Zinksulfat zugesetzt wird, ferner eine dünne Lösung von Höllenstein (salpetersaures Silber) in Wasser, wie auch Holzessig. Die Flüssigkeit wird mit dem Pinsel so oft aufgetragen, bis die gewünschte Bräune erzielt ist. Das Trocknen erfolgt unter Vermeidung unmittelbaren Sonnenlichtes. Nachher werden die Enden mit Glaspapier abgeschliffen, ebenso die Köpfe der Perlen. Das Gehörn wird gebürstet und nach völligem Trocknen mit einem in Leinöl getauchten Lappen abgerieben.

Die Auswahl der Schilder soll gewiß dem persönlichen Geschmack des einzelnen überlassen bleiben. Glücklicherweise bürgern sich aber immer mehr die einfachen, nur mit einer schlichten Schmuckkante versehenen Schilder ein, ob sie nun in ihrer Linienführung mehr der Schädelform folgen oder einfach oval (17 cm hoch und 11 cm breit) gehalten sind. Zu große Schilder und solche, die mit Schnitzwerk überladen sind, beeinträchtigen die Wirkung des Gehörns, das doch schließlich die Hauptsache ist. Es wirkt dann geringer, als es tatsächlich ist. Bleibt die Auswahl der Schilder Geschmacksache, so sollte jedoch das Anbringen von Stücken des Unterkiefers auf der Platte aus Schönheitsgründen unbedingt entfallen, abgesehen davon, daß der ganze Unterkiefer für die Altersschätzung gut gekennzeichnet aufbewahrt werden sollte.

Bei der Befestigung der Gehörne auf den Schildern ist aus Schönheitsgründen auch nicht gutzuheißen, wenn zu diesem Zweck Nägel durch die Knochenkanäle der Stirn eingetrieben werden, wie man dies zuweilen noch sieht. Es werden auch Schrauben verwandt, die von der Rückseite des Schildes her in die Rosenstöcke eingebohrt werden. Dies sauber und sachgemäß auszuführen, ist aber nicht jedermann gegeben. Deshalb mag hier noch einmal HULVERSCHEIDT über seine praktische Erfindung zu Wort kommen: „Wir legen das Gehörn auf ein Stück Glaspapier und schleifen den Sägeschnitt vorsichtig etwas glatt, ergreifen eine Tube mit

,UHU' und kleben das Gehörn sauber auf. Bei richtiger Anwendung der Gebrauchsanweisung sitzt es eisern fest, denn ,UHU hart' klebt gewaltig." Darüber hinaus sind ausgezeichnete Spezial-Befestigungsklammern für Geweihe im Handel erhältlich.

Die formelmäßige Bewertung des Rehgehörns

Wir müssen das Gehörn (neben dem Körpergewicht) mit als einen Gradmesser für die Qualität sowohl des Einzelstückes als auch des Gesamtbestandes betrachten, und Bewertungsformeln dienen dazu, die Leistungen eines Wildbestandes und eines Reviers bzw. eines größeren Verbreitungsgebietes an Hand der erbeuteten Trophäen festzustellen. Der Gebrauch von Bewertungsformeln beschränkt sich also keineswegs auf die Vorbereitung von großen Jagdausstellungen und Trophäenschauen. Das „Auspunkten" der Rehgehörne versetzt den Revierinhaber vielmehr in die Lage, Vergleiche mit den Leistungen anderer Reviere zu ziehen und über weitere Zeiträume feststellen zu können, ob die von ihm verfolgten Hege- und Abschußmaßnahmen erfolgreich waren oder nicht.

Die ersten Vorschläge für die Rehgehörnformeln stammen von Bieger (1927). Sie wurden dann nach den auf Jagdausstellungen gesammelten Erfahrungen nur unwesentlich vervollständigt und international anerkannt. Nur für deutsche Ausstellungen fand eine Aufteilung in folgende drei Bewertungsgebiete statt:

1. Deutschland östlich der Weichsel (Ostpreußen).
2. Pommern, Grenzmark, Mecklenburg und Schlesien mit Ausnahme der Lausitz.
3. Das übrige Deutschland.

Im Durchschnitt stimmen die in früheren Jahren ermittelten Wertziffern mit der nach der internationalen Formel berechneten Punktzahl überein. Nur die auf der IPA in Leipzig 1930 festgestellten Werte liegen z.T. etwas niedriger, weil damals noch keine Zuschläge statthaft waren. Die auf den Internationalen Jagdausstellungen Berlin 1937 und Düsseldorf 1954 angewandten Bewertungsformeln differieren nur unbedeutend. Gegenüber der jetzt gültigen und nachstehenden Rehgehörnformel weist die Berliner Bewertung folgende Unterschiede auf:

Auslage:	weniger als 30 % der durchschnittlichen Stangenlänge	0 Punkte
	von 30 bis 40 % der durchschnittlichen Stangenlänge	2 Punkte
	über 40 % der durchschnittlichen Stangenlänge	4 Punkte
	bei unnatürlich weiter Auslage	0 Punkte
Zuschlag bzw. Abzug:	für Regelmäßigkeit bzw. Unregelmäßigkeit	1–5 Punkte

Internationale Rehgehörnformel[1]

		Punkte:
I. Messungen:		
1. Länge der linken Stange / Länge der rechten Stange	Durchschnitt in cm × 0,5	______
2. Gewicht des trockenen Gehörns	in g × 0,1	______
3. Gehörnvolumen[2]	in cm^3 × 0,3	______
4. Innere Auslage	von 0–4 Punkte	______
II. Zuschläge (Schönheitspunkte):		
a. Farbe	von 0–4 Punkte	______
b. Perlung	von 0–4 Punkte	______
c. Rosen	von 0–4 Punkte	______
d. Spitzen der Enden	von 0–2 Punkte	______
e. Regelmäßigkeit und Güte (Vereckung)	von 0–5 Punkte	______
	Summe I.1–I.4 und II. a–e:	______
III. Abzüge (Fehler):	von 0–5 Punkte	______
	Endgültige Summe:	======

Anweisung für die Anwendung

I. 1. Stangenlänge: Messung an der Außenseite der Stange vom unteren Rosenrand, der Krümmung der Stange folgend, bis zur Spitze. Das Bandmaß wird nicht in den Winkel zwischen Rose und Stange gedrückt.

2. Gewicht des trockenen Gehörns, mindestens 3 Monate nach der Erlegung: Bei ganzem Schädel mit Oberkiefer (ohne Unterkiefer) sind im Regelfall je nach Größe des Schädels 65–90 g abzuziehen.

3. Volumen des Gehörns: Messung durch Eintauchen der Stangen, außer Schädel und Rosenstöcken, in Wasser und Berechnung in cm^3.

4. Auslage:

sehr eng (unter 30 % der durchschn. Stangenlänge)	0 P.	gut (40–44,9 %)	3 P.
eng (30–34,9 %)	1 P.	sehr gut (45–75 %)	4 P.
mittel (35–39,9 %)	2 P.	abnorm (mehr als 75 %)	0 P.

II. Zuschläge (Schönheitspunkte):

a. Farbe:		c. Rosen:	
hell oder künstlich gefärbt	0 P.	schwach (schmal u. niedrig)	0 P.
gelb oder hellbraun	1 P.	mittel (schnurförmig, wenig geperlt)	1 P.
mittelbraun	2 P.	gut (kranzförmig u. ziemlich hoch)	2 P.
dunkelbraun ohne Glanz	3 P.	stark (breit und hoch)	3 P.
dunkel, fast schwarz	4 P.	sehr stark	4 P.

[1] Entnommen aus Wilhelm Bieger: „Die Bewertung der europäischen Jagdtrophäen", 6. Auflage, neubearbeitet von Prof. F. Nüsslein. Verlag Paul Parey, Hamburg und Berlin 1977, bzw. „Die Jagdtrophäen der Welt", herausgegeben von Werner Trense u. a. Verlag Paul Parey 1981.

[2] Die im Jahre 1952 in Madrid angenommene Vermessungsmethode bleibt nach dem Beschluß der CIC von 1965 und 1975 verpflichtend. Für die Trophäen unter 130 Punkten ist jedoch in der Praxis die Methode zulässig, nach welcher für das Gewicht und das Volumen eine einzige Punktzahl, errechnet durch die Multiplikation des Gewichtes mit dem Koeffizienten 0,23 (bei noch nicht ein Jahr lang ausgetrockneten Gehörnen mit dem Koeffizienten 0,225), ermittelt wird.

b. Perlung:
glatt, fast ohne Perlung 0 P.
schwach geperlt 1 P.
mittelmäßig geperlt (kleine, zieml. zahlreiche Perlen) 2 P.
gut geperlt (kleine Perlen auf allen Stangenteilen) 3 P.
sehr gut geperlt (reiche Perlung auf allen Stangenteilen) 4 P.

d. Spitzen der Enden:
stumpf und wenig ausgeprägt 0 P.
stumpf u. mittelmäßig entwickelt 1 P.
spitz und weiß poliert 2 P.

e. Für Regelmäßigkeit und Güte (Vereckung) der Gehörnform: 0–5 P.
davon für Regelmäßigkeit 0–3 P. und Güte (Vereckung) 0–2 P.
Für die Vereckung gilt: normale Enden = 0 P., gute Enden = 1 P., sehr gute Enden = 2 P.

III. Abzüge (Fehler):
Für mangelnde Vereckung, Unregelmäßigkeiten der Stangen und Enden und für poröse Gehörne:
davon für mangelnde Vereckung 0–2 P. und für sonstige Unregelmäßigkeiten der Stangen oder für poröse Gehörne 0–3 P.
Für die Vereckung gilt: normale Enden = 0 P., einseitige oder mäßige Enden = 1 P., fehlende oder ganz kurze Enden = 2 P.

Praktische Durchführung

Bei der Messung der Stangenlänge wird der Winkel zwischen oberem Rosenrand und Stange mit dem Bandmaß überbrückt. Das Maß wird also nicht in den von der Rose und Stange gebildeten Winkel gedrückt. Allen Krümmungen der Stange wird mit dem Bandmaß gefolgt. Für den Endpunkt der Messung ist der längste Sproß maßgebend, entweder der Mittel- oder der Hintersproß; in Zweifelsfällen müssen mehrere Probemessungen ausführt werden, um die größte Länge zu ermitteln. Gemessen wird auf 0,1 cm genau.

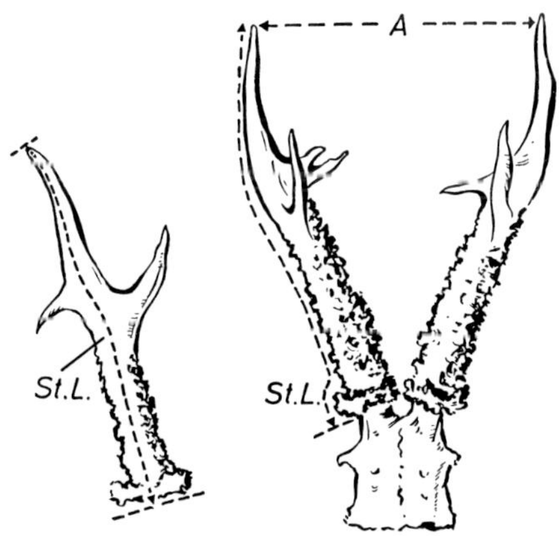

A = Auslage; St.L. = Stangenlänge

Das Gehörngewicht läßt sich mit jeder ausreichend empfindlichen Waage ermitteln. Zu beachten ist dabei, daß als Norm das kurzgekappte Gehörn mit Nasenbein gilt. Bei Gehörnen, die mehr Schädelanteil haben als diese Norm, müssen daher entsprechende Abzüge von dem Gewicht vorgenommen werden, das mit der Waage ermittelt ist. Der Abzug für einen größeren Schädelanteil am Gehörn sollte entsprechend eingeschätzt werden, bei ganzem Schädel, jedoch ohne Unterkiefer, beträgt er 65–90 g. Ist ein Gehörn besonders kurz gekappt (ohne Nasenbein), so sollte ein kleiner Zuschlag zum festgestellten Gewicht gegeben werden. Beim Fehlen der Nase sollten 10 g, bei ganz kurz gekappten Schädeln 20 g zugegeben werden. In den ersten Wochen nach der Erlegung verlieren die Gehörne nennenswert an Gewicht. Es empfiehlt sich daher, von dem kurz nach der Erlegung ermittelten Gewicht einen Abzug von 10 Prozent vorzunehmen. Gewogen wird auf 1 g genau.

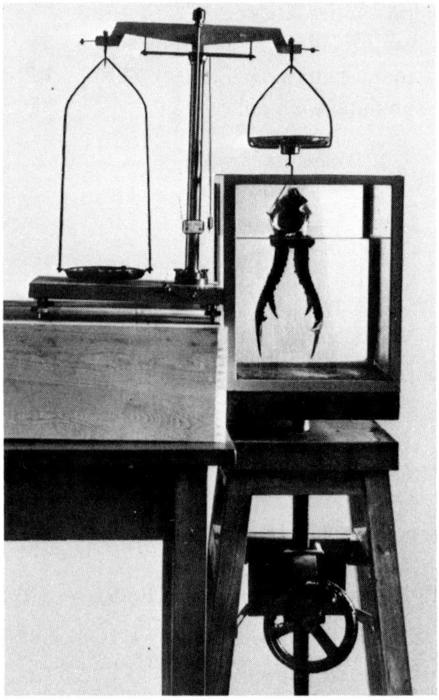

Das Gehörnvolumen wird durch die Wasserverdrängung, ausgedrückt in cm^3, ermittelt. Gemessen wird auf 1 cm^3 genau. Auf großen Jagdausstellungen benutzt man ganz genau arbeitende hydrostatische Waagen. Eine wesentliche Verbesserung dieses Meßverfahrens bietet ein Tischchen, dessen Platte, auf der das mit Wasser gefüllte Glasgefäß steht, durch ein Gewinde beliebig gehoben oder gesenkt werden kann (s. Abbildung). Dadurch werden Fehlerquellen, die durch das sonst übliche Zugießen oder Abfüllen des Wassers entstehen können, vermindert.

Mit der hydrostatischen Waage wird das Gewicht und Volumen auf folgende Weise ermittelt. Man legt zunächst auf die dafür bestimmte Seite der Waage das Gehörn und setzt auf die andere Seite die entsprechenden Gewichte. Dadurch bekommt man das absolute Gehörngewicht. Dann wird das Gehörn unterhalb der Waagschale befestigt und in das mit Wasser gefüllte Gefäß getaucht. Die zur Ermittlung des absoluten Gehörngewichtes benötigten Gewichte bleiben auf der Waage stehen. Auf die andere Seite der Waage werden dann so viele Gewichte gesetzt, daß das Gleichgewicht hergestellt wird. Der Wasserspiegel muß dabei durch Zu- oder Ablassen von Wasser bzw. durch Hebung der Unterlage so reguliert werden, daß er mit dem unteren Rosenrand abschließt. Beispiel: Absolutes Gehörngewicht 146 g erforderlich. Das Gehörn hat dann ein Volumen von 146 cm^3.

Man kann sich aber auch auf andere Weise ein brauchbares Meßgerät beschaffen. Ein solches bildet zunächst die gewöhnliche Brückenwaage (s. Abb.), wie sie in vielen Haushaltungen Verwendung findet. Auf die eine Seite der Waage wird ein genügend großes, mit Wasser gefülltes Gefäß gestellt. Auf die andere Seite setzt man dann so viele Gewichte, daß das Gleichgewicht hergestellt wird. Mit der einen Hand taucht man dann das zu messende Gehörn bis an den unteren Rosenrand in das mit Wasser gefüllte Gefäß und setzt mit der anderen Hand auf die andere Seite der Waage so viele Gewichte, daß wieder das Gleichgewicht hergestellt wird. Jedes Gramm entspricht dann 1 cm^3 Wasserverdrängung. Beispiel: Nach Eintauchen des Gehörns müssen zur Herstellung des Gleichgewichtes auf die andere Seite der Waage 126 g gesetzt werden. Das Gehörn hat dann ein Volumen von 126 cm^3. Man bekommt auf diese Weise schnell und einfach brauchbare Werte. Auch andere Waagen lassen sich in gleicher Weise verwenden.

Ein anderes, in jedem Haushalt leicht herzustellendes Hilfsgerät zur Ermittlung des Gehörnvolumens ist die Briefwaage (s. Abbildung). Am Träger einer Briefwaage, die auf zwei nebeneinanderstehende Tische gesetzt wird, befestigt man einen dünnen Bindfaden, dessen unteres Ende eine Schlinge bildet. Auf den Fußboden darunter stellt man dann ein durchsichtiges Gefäß voll Wasser und hängt das zu messende Gehörn in die Schlinge des Fadens, so daß es bis zum unteren Rosenrande im Wasser schwebt. Die nötige Wasserhöhe reguliert man durch Abschöpfen bzw. Zugießen. Stellt man nun auf der Skala das Gewicht fest und zieht dieses von dem vorher mit derselben Waage gemessenen Gehörngewicht ab, so erhält man die Wasserverdrängung bzw. das Volumen. Das einfache Verfahren wird durch die Abbildung veranschaulicht. Beispiel: Trockenes Gehörngewicht 200 g, Gewicht im Wasser 120 g, Volumen 200 − 120 = 80 cm³.

Bemerkt sei noch, daß man die Gehörne nur dann bis zum unteren Rande der Rose ins Wasser tauchen darf, wenn die Rosen normal sind und ihr unterer Rand in einer Ebene mit dem Ende des Rosenstockes liegt. Hat ein Gehörn dachförmige oder auffallend nach unten gezogene oder schräggestellte Rosen, so darf der Rosenrand nur so weit eingetaucht werden, daß die Masse der Rosen, die über den Wasserspiegel hinausragt, etwa die gleiche ist wie die Masse des Rosenstockes, die unter dem Wasserspiegel liegt. Ein Teil der Rose muß in diesem Falle stets über den Wasserspiegel hinausragen. Selbstverständlich muß das zu messende Gehörn schwebend in der Hand gehalten werden oder an der hydrostatischen Waage befestigt werden; die Gehörnspitzen dürfen den Boden des Gefäßes nicht berühren.

Für diejenigen Jäger, die sich mit einer überschlägigen Bewertung begnügen, sei noch ein einfaches Verfahren angegeben, bei dem sich die Ermittlung des Volumens erübrigt. Prof. Dr. Volz, Leipzig, hat festgestellt, daß man eine nährungsweise Wertziffer für Gewicht + Volumen bekommt, wenn man das absolute Gehörngewicht mit 0,225 multipliziert. Man braucht also das Gehörngewicht nur mit (abgerundet) 0,23 zu multiplizieren. Beispiel: Gehörngewicht 400 g, Ansatz für Gewicht und Volumen 400 × 0,23 = 92 Punkte. (Dazu kommen die Punkte für die Stangenlänge, die Zuschläge und Abzüge [vgl. Gehörnformel].) Man bekommt auf diese Weise für Gehörne von mittlerem spezifischen Gewicht brauchbare Annäherungswerte. Diese Methode liefert für spezifisch leichte Gehörne zu hohe Wertziffern.

Aufgrund eines Beschlusses des CIC von 1965 kann bei der Vermessung von Gehörnen mit weniger als 130 Punkten auch auf Ausstellungen eine einzige Punktzahl für Gewicht und Volumen durch die Multiplikation des Gewichtes mit dem Koeffizienten 0,25 errechnet werden. In seiner Sitzung in Teheran 1974 hat der CIC den Koeffizienten auf 0,23, bei noch nicht ein Jahr lang ausgetrockneten Gehörnen auf 0,225 festgelegt.

Die Auslage wird an der Stelle gemessen, an der die innere Entfernung der Stangen einschließlich der Spitzen der Enden am größten ist. Bei geraden Stangen ist die Auslage in der Regel zwischen den Spitzen am größten, bei gebogenen Stangen im oberen Drittel.

Wertziffer, Gewicht, Volumen

Um einen Begriff von dem Verhältnis zwischen Wertziffer, Gehörngewicht und Volumen zu geben, sei eine Übersicht abgedruckt, die aus der Bewertung auf drei großen Jagdausstellungen zusammengestellt wurde.

Wertziffer	Durchschnittl. Gehörngewicht g	Schwankungen g	Durchschnittl. Volumen ccm	Schwankungen ccm
80– 90	269	237–299	120	109–128
90–100	305	277–333	137	122–167
100–110	344	310–376	150	142–169
110–120	369	341–396	174	160–198
über 120	408	367–492	203	180–250

Formblatt und Beispiel für die Bewertung des Rehgehörns

Nr.	Angaben	Maße	Summe	Mittel	Faktor	Punkte
I. 1	Länge der Stangen l r	*21* cm *22,2* cm	*43,2* cm	*21,6* cm	0,5	*10,8*
2	Gewicht des Gehörns gewogen Zuschlag Abzug	*365* g – g – g				
		365 g			0,1 (0,23)	*36,5*
3	Volumen des Gehörns	*157* cm³			0,3	*47,1*
4	Auslage	*14,6* cm	$\frac{\text{Nr. I. 4}}{\text{Nr. I. 1}} \cdot 100 = 68\,\%$ v. Nr. I. 1		An- rechnung 0–4	*4*
II.	Zuschläge (Schönheit) a. Farbe				0–4	*3*
	b. Perlung				0–4	*1*
	c. Rosen				0–4	*4*
	d. Spitzen der Enden				0–2	–
	e. Form				0–5	*3*
	Summe I. 1–I. 4 und II. a–e					*109,4*
III.	Abzüge (Fehler) Begründung angeben				0–5	–
					Wertziffer	*109,4*

Bemerkung: Kann das Volumen (Nr. I. 3) nicht ermittelt werden, so wird beim Gewicht (Nr. I. 2) anstelle des Faktors 0,1 der Faktor 0,23 (bei noch nicht ein Jahr lang ausgetrockneten Gehörnen der Faktor 0,225) angewendet und Nr. I. 3 entfällt.

Inoffizielle Übersicht der stärksten Rehgehörne

Wertziffern für die Prämierung

Berlin 1937		Düsseldorf 1954, Budapest 1971 und Plovdiv 1981	
Goldene Medaille	über 140 Punkte	I. Preis	ab 130 Punkte
Silberne Medaille	130,1–140 Punkte	II. Preis	115–129,9 Punkte
Bronzene Medaille	120,1–130 Punkte	III. Preis	105–114,9 Punkte

Die auf S. 141 abgebildeten englischen Weltrekordböcke wurden in der folgenden Übersicht nicht berücksichtigt.

Lfd. Nr.	Land	Erlegungsjahr	Erlegungsort	Name des Erlegers	Punktzahl	B/D/BP/PL[1]
1	Schweden	1982	Vitsköfle	C.-G. Stjernswärd	246,90	–
2	Ungarn	1965	Martonvásár	L. Cseterki	228,68	BP
3	Ungarn	1975	Kisköre	L. Sramko	220,20	–
4	Rumänien	1976	Prahova	N. Ceausescu	211,67	PL
5	Ungarn	1975	Jaszkier	P. Riegel	210,72	PL
6	Großbritannien	1971	Sussex	M. J. Langmead	210,25	PL
7	Polen	1982	Zielona Gora	B. Derex	207,20	–
8	Rumänien	1977	Milcuv Olt	H. Dinică	204,62	PL
9	Tschechoslowakei	1938	Brno	F. Haase	201,70	BP
10	Ungarn	1974	Boldog	S. Medveczki	198,00	PL
11	Ungarn	1978	Csepa	G. Gyollai	197,65	PL
12	Rumänien	1979	Letca-Ilfov	N. Dimitriu	196,08	PL
13	Polen	1896	Nienadowa, Woj. Lwów	Maria Gräfin Mycielska	196,00	B/BP
14	Ungarn	1969	Szajol	E. Tribull	193,80	BP
15	Rumänien	1954	Leneuheim	A. Ioan	192,80	–
16	Rumänien	1954	Lemenheim Timis	I. Anton	192,80	PL
17	Polen	1967	Skuly	J. Usochowski	192,28	BP
18	Tschechoslowakei	1974	Uherske, Hradrste	J. Štich	191,80	PL
19	Polen	1980	Wyszkow	W. Kwiatkowski	191,58	PL
20	Sowjetunion	1976	Niljandi	Ja. Kajc	191,48	PL
21	Frankreich	1978	Aisne	P. Severin	190,87	–
22	Ungarn	1966	Szôreg	Dr. M. Düring	190,05	BP
23	Italien	1965	Val di Tovel, Südtirol	O. Federizzi	ca. 190,00	–
24	Polen	1973	Dobieszyn	F. Szczepanski	188,95	PL
25	Rumänien	1976	Slatina	O. S. Slatina	188,83	PL
26	Ungarn	1974	Siklos	B. Horvath	188,12	PL
27	Ungarn	1976	Tiszasziget	I. Kovacs	187,62	PL
28	Ungarn	1978	Jaszkiser	L. Bereczki	187,17	PL
29	Ungarn	1972	Kisleta	R. Lengyel	187,00	PL
30	Rumänien	1969	Cefa-Bihor	T. Székely	186,20	BP
31	Österreich	1975	Deutschkaltenbrunn	W. Borckenstein-Quirini	184,60	–
32	Polen	1933	Rakowczyk, Woj. Stanislawów	Franciszek Pikoi	184,30	B
33	Ungarn	1971	Törökszentmiklós	K. Kriews	184,15	BP
34	Ungarn	1969	Komádi	F. Papp	184,05	BP
35	Ungarn	1975	Szentes	J. Magyar	183,98	PL
36	Schweiz	1968	Neunforn	A. Fischer	183,22	BP
37	Jugoslawien	1959	Tounjski Kroel	D. Višnjič	183,15	BP
38	Rumänien	1916	Muntii Sapte, Judete	E. Witting, Sibiu	182,80	B
39	DDR	1969	Schleesen	Dr. Krüger	182,73	BP
40	Polen	1962	Spala	Museum Jagdverband	182,32	BP
41	Großbritannien	1973	Berwicksaire	K. Clark	181,73	PL
42	Bundesrepublik Deutschland	1975	Isny	Fürstin von Quadt	181,40	–
43	Sowjetunion	1966	Estland	J. Anton	181,40	BP

[1] B = gezeigt auf der Internationalen Jagdausstellung Berlin 1937; D = gezeigt auf der Internationalen Jagdausstellung Düsseldorf 1954; BP = gezeigt auf der Internationalen Jagdausstellung Budapest 1971; PL = gezeigt auf der Internationalen Jagdausstellung Plovdiv 1981.

Lfd. Nr.	Land	Erlegungsjahr	Erlegungsort	Name des Erlegers	Punktzahl	B/D/BP/PL[1]
44	Ungarn	1977	Mezökeresztes	I. Kozak	181,15	PL
45	Bulgarien	1980	Stovo Orjachowo-Wn	T. Stojtschew	180,90	PL
46	Rumänien	1930	Cusma Năsăud	L. Pop, Bistrita	179,50	B/BP
47	Ungarn	1969	Endröd	B. Uhrin	179,35	BP
48	Ungarn	1969	Kisújszállás	Landesverband Ungar. Jäger	179,33	BP
49	Rumänien	1973	Varasti Ialomita	H.-J. Sachen	178,98	PL
50	Ungarn	1965	Endröd	H. Wewalka	178,75	BP
51	DDR	1973	Neuwürschnitz	W. Rentsch	178,55	PL
52	Sowjetunion	1973	Estonska SSR	A. Ernesaks	177,85	PL
53	Ungarn	1978	Babolna	F. Bodnar	177,42	PL
54	Schweden	1909	Söfdeborg, Skåne	Aschan, Söfdeborg	177,00	B
55	Ungarn	1976	Duhakeszi	L. Anguan	176,80	PL
56	Tschechoslowakei	1962	Nesvady	J. Košec	176,72	BP
57	Polen	1980	Lezajsk	P. Siuzdak	176,55	PL
58	Schweden	1928	Börringe/Malmöhus	Baron Beck-Friis	176,40	D
59	Bulgarien	1976	Kavarna	D. Dimitrow	176,40	PL
60	Rumänien	1975	Zamostea	O. S. Suceava	176,33	PL
61	Rumänien	1975	Pojoreni Vastui	AJVPS Vaslut	176,22	PL
62	Schweden	1928	Börringe Kloster, Skåne	Baron C. Beck-Friis	176,10	B
63	Bulgarien	1976	Wiltschi Dol	K. Kurtew	175,78	PL
64	Rumänien	1972	Seica Mică Sibiu	I. Mirică	175,53	PL
65	Schweden	1940	Dybeck/Malmöhus	K. Alwén	175,30	D
66	Tschechoslowakei	1889	Mošovce, Slowakei	Graf Lad. Cebrian	175,30	B
67	Ungarn	1975	Monostorpalyi	S. Polgar	175,30	PL
68	Polen	1967	Niemierzewo	J. Pawlowski	175,12	BP
69	Polen	1932	Łańcut, Woj. Lwów	Alfred Graf Potocki	174,80	B
70	Rumänien	1975	Suceava	V. Patilinet	174,70	PL
71	Tschechoslowakei	1974	Zvolen	J. Dacho	174,38	PL
72	Schweiz	1930	Trimmis/Graubünden	J. Laib	174,20	D
73	Schweiz	1938	Rafz	Dr. E. Rudolph	174,00	BP
74	Ungarn	1973	Tiszaföldvar	T. Brassoi	173,70	PL
75	Ungarn	1965	Csataszög	D. Kiss	173,60	BP
76	Ungarn	1979	Eperges	Dr. G. Molmar	173,60	PL
77	Ungarn	1977	Kecel	I. Benyo	173,50	PL
78	Polen	1967	Losice	W. Górczyński	173,43	BP
79	Bulgarien	1977	Eledschik	Chr. Ruskow	173,35	PL
80	Großbritannien	1969	Sussex	D. N. Carr-Smith	173,15	BP
81	Schweden	1963	Bäckaskog	A. Unné	172,87	BP
82	DDR	1966	Kleinsauberwitz	G. Lowke	172,65	BP
83	Italien	1966	Tuenno	O. Fedkizzi	172,65	PL
84	Polen	1966	Strzeszewo	Z. Dabrowski	172,63	BP
85	Polen	1980	Lochow	A. Czeczko	172,60	PL
86	Jugoslawien	1959	Rogot	V. Grujić	172,12	BP
87	Schweden	1970	Sätuna	Borgenstierna	171,80	BP
88	Polen	1975	Radom	G. Wardynski	171,75	PL
89	Bulgarien	1980	Losznica-RZ	P. Kubaclinski	171,48	PL
90	Rumänien	1968	Ghermăneşti	E. Lungu	171,04	BP
91	Ungarn	1979	Palfa	Z. Meszaros	170,98	PL
92	Jugoslawien	1962	Celje	F. Završnik	170,92	BP
93	Ungarn	1975	Poroszlo	B. Kelemen	170,67	PL
94	Rumänien	1974	Dărăsti Ilfov	P. Stama	170,65	PL
95	Polen	1976	Sierdag	R. Metz	170,45	PL
96	Tschechoslowakei	1973	Velky Krtis	H. Osacky	170,43	–
97	Sowjetunion	1968	Wilce	E. Schwede	170,43	PL
98	Rumänien	1965	Mitoc-Suceava	A. Neacşu	170,30	BP
99	Österreich	1973	Halbturn	Baron P. Waldbott-Bassenheim	169,70	–
100	Rumänien	1978	N Balcescu Ilfov	V. Cristache	169,67	PL
101	Ungarn	1969	Szarvas	H. von Aulock	169,65	BP
102	Polen	1933	Wara	S. Zarzyka	169,47	BP
103	Polen	1973	Kornik	W. Bugala	169,37	PL

Die vier weltbesten Rehgehörne

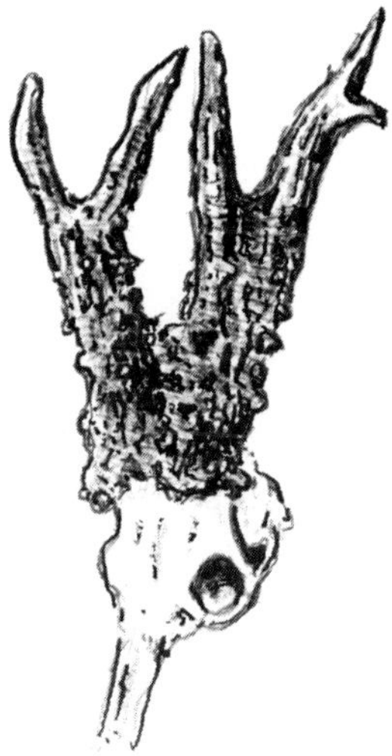

Nr. 1. Schweden, Vitsköfle, 246,90 Punkte.
Erleger: C.-G. Stjernswärd, 1982

Nr. 2. Ungarn, Martonvásár, 228,68 Punkte.
Erleger: L. Cseterki, 1965

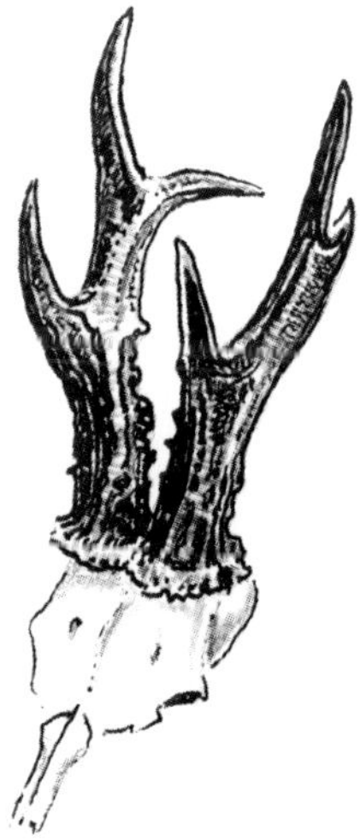

Nr. 3. Ungarn, Kisköre, 220,20 Punkte.
Erleger: L. Sramko, 1975

Nr. 4. Rumänien, Prahova, 211,67 Punkte.
Erleger: N. Ceausescu, 1976

Lfd. Nr.	Land	Erlegungsjahr	Erlegungsort	Name des Erlegers	Punktzahl	B/D/BP/PL[1]
104	Rumänien	1932	Atel, Târnava Mare	S. Maurer, Atel	169,00	B
105	Bundesrepublik Deutschland	1973	Lauterburg-Hohenroden	Michaela Gräfin Adelmann	169,00	–
106	Tschechoslowakei	1980	Neded	I. Hanzelik	168,98	PL
107	Rumänien	1973	Negrilesti Galati	T. Nistor	168,98	PL
108	Polen	1963	Chrzelice	W. Kubuca	168,90	BP
109	Schweiz	1938	Rafz/Zürich	Dr. Rudolph	168,50	D
110	Ungarn	1975	Oroshaza	J. Adamko	168,10	PL
111	DDR	1976	Veckermünde	N. Bothor	168,00	PL
112	Polen	1901	Toporów, Woj. Tarnopol	Jagdclub „Ponowa" E. Wl. Chomicki	167,90	B
113	Tschechoslowakei	1969	Šibenica	L. Herald	167,85	BP
114	Jugoslawien	1977	Boris Kidric	I. Lajh	167,67	PL
115	Polen	1936	Dzików Stale, Woj. Lwów	Zdzislaw Graf Tarnowski	167,40	B
116	Schweden	1906	Öveds Kloster, Skåne	Baron H. O. Ramel	167,20	B
117	Ungarn	1954	Bükkzsérc	J. Csermák	167,10	BP
118	Ungarn	1969	Békéscsaba	J. Lamper	167,00	BP
119	Bulgarien	1976	Terwel–ICH	P. Kobadinski	167,00	PL
120	Ungarn	1978	Siklos	L. Magyar	166,92	PL
121	Ungarn	1970	Tiszasüly	A. Illés	166,90	BP
122	Rumänien	1959	Valea Budac	J. Bucşa	166,85	BP
123	Sowjetunion	1976	Rudzate	F. Lazarew	166,38	PL
124	Deutschland	1918	Eichberg/Baden	Viktor Frey	166,20	B
125	Deutschland	1904	Grasnitz/Ostpreußen	v. Stein	166,10	B
126	Deutschland	1910	Podangen/Ostpreußen	Graf Kanitz	166,00	B
127	Ungarn	1939	Tápé	A. Wagner	165,97	BP
128	Ungarn	1913	Alberti, Com. Pest	Graf Stefan Szapary	165,90	B
129	Tschechoslowakei	1974	Galanta	S. Bogar	165,90	PL
130	Rumänien	1970	Berghia-Mures	T. Mezei	165,87	BP
131	DDR	1961	Kirchhasel	Bauer	165,80	BP
132	Polen	1938	Kielce	Z. Bury	165,70	BP
133	Polen	1978	Hrubieszow	J. Chrzahowski	165,70	PL
134	DDR	1966	Stendal	Benoteit	165,52	BP
135	Rumänien	1975	Cenad Timis	E. Gal	165,52	PL
136	Ungarn	1977	Perkata	J. Nemeth	165,50	PL
137	Österreich	1978	Kaunertal	O. Gitterle	165,50	PL
138	Sowjetunion	1968	Lettische SSR	E. J. Schwede	165,40	BP
139	Ungarn	1977	Csorvas	K. Nemeth	165,33	PL
140	Ungarn	1896	Lábod	P. Széchenyi	165,27	BP
141	Tschechoslowakei	1961	Okoč	V. Bábel	165,22	BP
142	Polen	1922	Brzezany, Woj. Tarnopol	Jagdclub „Ponowa", E. Konrad Malaczynski	165,20	B
143	DDR	1967	Grimma	Dr. Thies	165,15	BP
145	Bundesrepublik Deutschland	1973	Stadecken	O. Rutsch	165,10	–
146	Polen	1980	Pinczow	H. Laboolt	165,08	PL
147	Jugoslawien	1980	Bechei	A. Nejik	165,05	PL
148	Ungarn	1976	Ordascsehi	L. Csepregi	164,85	PL
149	Tschechoslowakei	1976	Rim. Sobota	T. Šoltes	164,70	PL
150	Sowjetunion	1973	Gaujaz	O. Krasnojarski	164,65	PL
151	Ungarn	1972	Gerendas	J. Nemeth	164,60	PL
152	Jugoslawien	1977	Zmajevo	R. Delibašic	164,60	PL
153	Großbritannien	1967	Surrey	P. Hitchmough	164,58	PL
154	Ungarn	1973	Berettyoujfaly	J. Itan	164,55	PL
155	Tschechoslowakei	1975	Dun. Streda	R. Liška	164,37	PL
156	Schweden	1968	Vasatorp	E. Jönsson	164,35	BP
157	Schweden	1934	Börringe	O. Caminneci	164,20	B
158	Rumänien	1977	Gabru-Dolj	AJVPS Dolj	163,98	PL
159	Rumänien	1976	Izvorul Olt	A. Suschevici	163,95	PL
160	Ungarn	1965	Deszk	J. Böhme	163,92	BP
161	Großbritannien	1978	Hampshire	M. Bregoli	163,90	PL
162	Ungarn	1972	Abadszalok	M. Repaszky	163,82	PL

Die sechs besten deutschen Rehgehörne

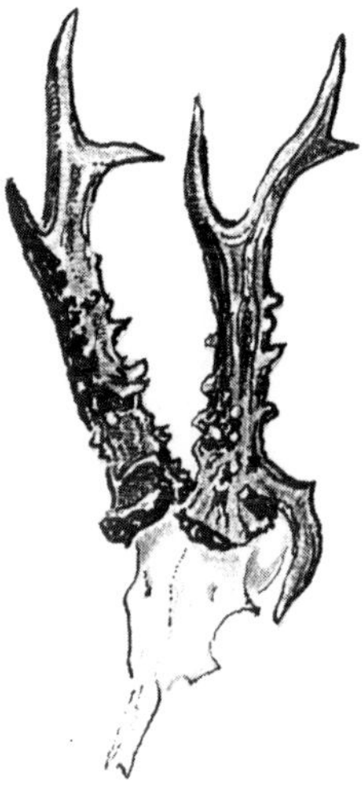

Nr. 39. Schleesen, 182,73 Punkte. Erleger: Dr. Krüger, 1969

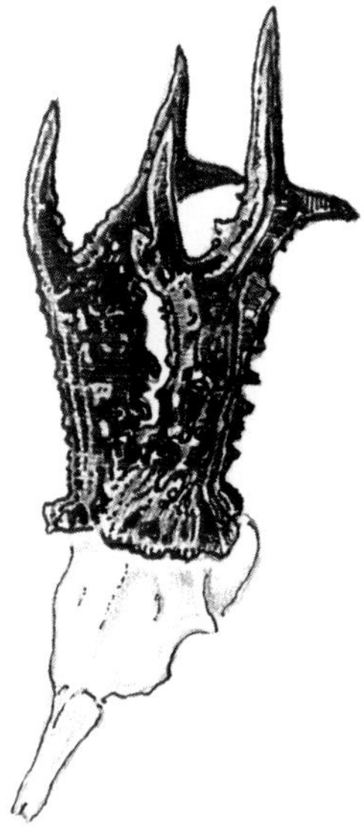

Nr. 42. Isny, 181,40 Punkte. Erlegerin: Fürstin von Quadt, 1975

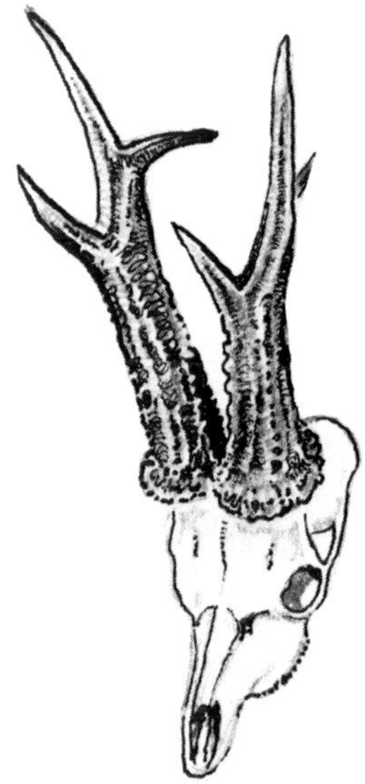

Nr. 55. Neuwürschnitz, 178,55 Punkte. Erleger: W. Rentsch, 1973

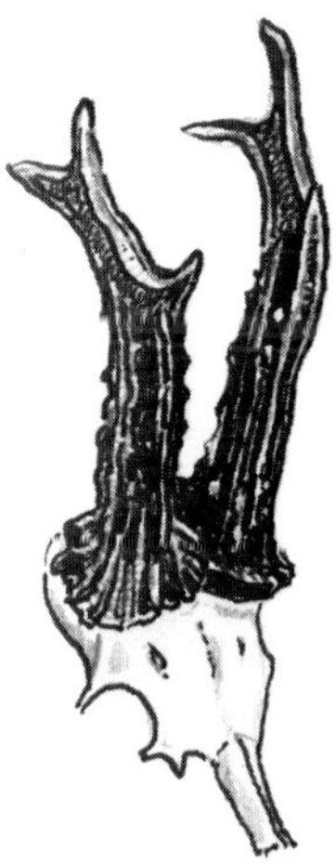

Nr. 82. Kleinsauberwitz, 172,65 Punkte. Erleger: G. Lowke, 1966

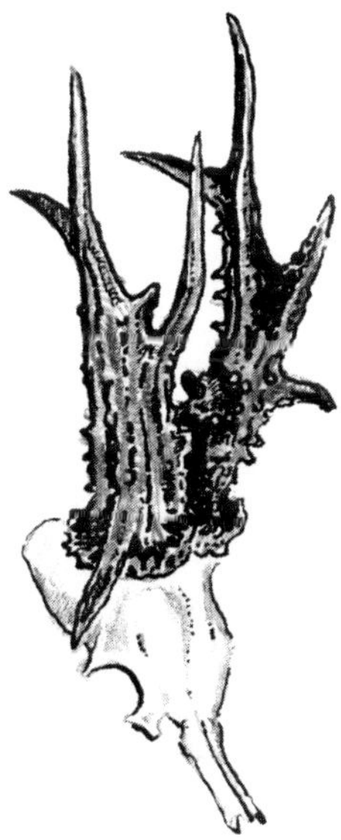

Nr. 105. Lauterberg-Hohenroden, 169,00 Punkte. Erlegerin: Gräfin Adelmann, 1973

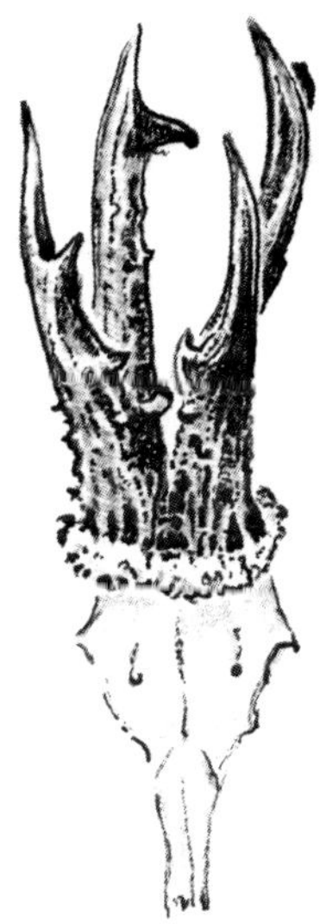

Nr. 124. Einberg/Baden, 166,20 Punkte. Erleger: V. Frey, 1918[1]

[1] In Plovdiv wurden 2 Rehgehörne aus der Deutschen Demokratischen Republik gezeigt, die – 1976 in Ueckermünde bzw. in Freital erlegt – mit 168,00 und 167,90 Punkten geringfügig höher bewertet wurden als der in Baden gestreckte Spitzen-Bock der Internationalen Jagdausstellung Berlin 1937.

Lfd. Nr.	Land	Erlegungsjahr	Erlegungsort	Name des Erlegers	Punktzahl	B/D/BP/PL[1]
163	Rumänien	1978	Ilovăt Mehedinti	Y. Boyinca	163,72	PL
164	Ungarn	1933	Nyirség, Com. Szabolcs	Andreas Varga	163,70	B
165	Ungarn	1974	Ete	M. Farkas	163,65	PL
166	Bulgarien	1976	Teteven	C. Ruskov	163,63	–
167	Bundesrepublik Deutschland	1971	Oettingen	Fürst Oettingen-Spielberg	163,50	–
168	Sowjetunion	1967	Litauische SSR	A. Scheschkauskas	163,30	BP
169	Rumänien	1962	Bolintin-Buc	V. R. Constantinescu	163,22	BP
170	Polen	1949	Chociwel	W. Kesselring	163,17	BP
171	Rumänien	1968	Beba Veche Timis	O. Popa	162,85	PL
172	Tschechoslowakei	1977	Havličkuv Brod	B. Kutlvašr	162,80	PL
173	DDR	1973	Ostritz	G. Kaplan	162,70	PL
174	Rumänien	1975	Peretu Olt	G. Beznea	162,60	PL
175	Ungarn	1970	Csataszög	D. Kiss	162,50	BP
176	Ungarn	1975	Cserdi	L. Nemeskeri	162,48	PL
177	Ungarn	1968	Jászfényszaru	I. Hényl	162,47	BP
178	Schweden	1953	Örbyhus	M. von Rosen	162,45	BP
179	Polen	1974	Maly Plock	W. Faszczewski	162,43	PL
180	DDR	1964	Ramelow	Zander	162,37	BP
181	Rumänien	1957	Bistriţa	T. Sima	162,22	BP
182	Österreich	1975	Weichselboden	Herzogl. Bayer. Verwaltg.	162,18	–
183	Rumänien	1978	Vl. Stanciuru	A. Stoian	162,17	PL
184	Ungarn	1967	Lábod	H. König	162,05	BP
185	DDR	1958	Bodendorf	Hlawatsch	161,82	BP
186	Rumänien	1973	Poroschia	V. Raicu	161,78	–
187	Tschechoslowakei	1975	Leviče	V. Branik	161,78	PL
188	Tschechoslowakei	1980	Pohr Ruskov	A. Meszaros	161,78	PL
189	Polen	1975	Siedlce	S. Scioch	161,78	PL
190	Rumänien	1978	Balteni Olt	C. Nita	161,75	PL
191	Polen	1878	Nisko, Malopolska	Graf Ressegnier	161,60	B
192	Schweden	1916	Vittskövle	Vittskövle A.-B.	161,50	B
193	Tschechoslowakei	1976	Komarno	D. Kosztolanyi	161,45	PL
194	Rumänien	1968	Băneasa Ilfor	G. Beplovan	161,40	PL
195	Polen	1978	Glogow	W. Delek	161,40	PL
196	Sowjetunion	1968	Litauische SSR	L. Petrauskas	161,35	BP
197	Bundesrepublik Deutschland	1976	Hubertushofen	Prinz Tassilo Hohenlohe	161,35	PL
198	Rumänien	1920	Sibiu	Oberst Brukner, Sibiu	161,30	B
199	Sowjetunion	1974	Wilkawischskij	A. Witautas	161,28	PL
200	Rumänien	1967	Goranu-Vîlcea	Gh. Jugrăvescu	161,25	BP
201	Schweden	1966	Tjäderberget	R. Anderson	161,22	BP
202	Polen	1933	Baltów, Woj. Kielce	Ksawery Fürst Drucko-Lubecki	161,20	B
203	Tschechoslowakei	1973	Vel. Krtiš	J. Osacky	161,18	PL
204	Schweden	1922	Vasatorp, Skåne	Baron Bennet	161,00	B
205	Rumänien	1978	Cistau Buzău	V. Lupsa	160,98	PL
206	Deutschland	1916	Ochtendung/Rhld.-Pfalz	Carl Löhr	160,90	D
207	Rumänien	1961	Suceviţa	T. Sidoreac	160,90	BP
208	Polen	1967	Spala	Z. Patalas	160,85	BP
209	Rumänien	1962	Bolintin Ilfov	G. Radu	160,85	PL
210	Rumänien	1979	Singureni-Ilfov	V. Crisan	160,77	PL
211	Rumänien	1974	Tirnăveni Mures	S. Kovacs	160,75	PL
212	Polen	1932	Michowo, Woj. Lwów	Emil Dworzak	160,60	B
213	Ungarn	1975	Besenyszög	E. Kallo	160,53	PL
214	Ungarn	1923	Com. Komarom	Baron Karl Jeszensky	160,50	B
215	Österreich	1965	Weiz	J. Rosenberger	160,47	BP
216	Ungarn	1936	Debrecen, Com. Hajdu	Tiborius Versény	160,40	B
217	Schweden	1964	Bockeboda	C. A. Bruzelius	160,32	BP
218	Großbritannien	1969	Somerset	Mrs. Philips	160,22	BP
219	Rumänien	1979	Albele-Ilfov	J. Eftimie	160,15	PL
220	Schweden	1941	Svaneholm/Malmöhus	A. Schönböck	160,10	D/BP
221	Rumänien	1975	Risletu Arges	E. Ionescu	160,10	–

Lfd. Nr.	Land	Erlegungsjahr	Erlegungsort	Name des Erlegers	Punktzahl	B/D/BP/PL[1]
222	Ungarn	1974	Oroshaza	S. Czina	160,10	PL
223	Großbritannien	1970	Aberdeen	C. G. Rowley	160,07	BP
224	Schweden	1962	Fredriksberg	S. Bengtsson	160,00	BP
225	Bulgarien	1975	Terwel-ICH	T. Schiwkow	160,00	PL
226	Sowjetunion	1904	Estnische SSR	T. Rejntalu	159,95	BP
227	Bulgarien	1977	Schitnica	Chr. Ruskow	159,95	PL
228	Polen	1980	Bartoszyce	B. Wojsiat	159,83	PL
229	Rumänien	1976	Gabru Dolj	AJVPS Dolj	159,80	PL
230	Rumänien	1975	Boin Mures	I. German	159,75	PL
231	Polen	1978	Oleszyce	A. Janow	159,75	PL
232	DDR	1964	Putlitz	Freiberg	159,67	BP
233	Schweden	1894	Dufeke, Skåne	J. Berg von Line, Dufeke	159,60	B
234	Rumänien	1960	Băneasa	AJVPS. Bucureşti	159,55	BP
235	Jugoslawien	1966	Romanija	S. Uk	159,51	BP
236	Rumänien	1975	Hirleaska Ilvov	V. Vanaila	159,45	PL
237	Polen	1976	Losice	G. Zarembo	159,42	PL
238	Polen	1966	Grunwald	W. Kowieski	159,35	BP
239	Tschechoslowakei	1971	Trenćin	R. Madro	159,33	PL
240	Sowjetunion	1976	Wilkawischko	W. Akucewitschius	159,25	PL
241	Rumänien	1977	Aldeni-Buzău	AJVPS Buzău	159,25	PL
242	Rumänien	1977	Breaza-Mures	L. Borbely	159,22	PL
243	Bulgarien	1977	Sotirowo	Chr. Ruskow	159,22	PL
244	Österreich	1969	Krems	H. Schwediauer	159,17	BP
245	Belgien	1963	Chevetogne	P. Washer	159,10	BP
246	Österreich	1975	Weichselboden	Herzogl. Bayer. Verwaltung	159,08	–
247	Ungarn	1979	Kecel	I. Guba	158,93	PL
248	Tschechoslowakei	1955	Palárikovo	M. Hanák	158,90	BP
249	DDR	1962	Gustow	Wablitzki	158,87	BP
250	Rumänien	1979	Brebeni-Olt	I. Craciun	158,87	PL
251	Rumänien	1980	Giurgiu-Ilfov	J. AJVPS	158,80	PL
252	Tschechoslowakei	1975	Dunjaska-Streda	M. Nagy	158,78	PL
253	Tschechoslowakei	1977	Beroun	Řezniček	158,77	PL
254	DDR	1973	Hangelsberg	O. Jäckel	158,77	PL
255	Schweden	1953	Näsbyholm	G. Björklund	158,68	BP
256	Polen	1980	Garwolin	W. Krasowski	158,63	PL
257	Schweiz	1971	Makó	A. von Rattin	158,62	BP
258	Ungarn	1977	Tiszacsege	F. Bondar	158,58	PL
259	Tschechoslowakei	1975	Komarno	E. Papp	158,58	PL
260	Frankreich	1917	Vogesen	H. Frientz	158,50	D
261	Rumänien	1973	Grajoana-Buzau	M. Dilmeanu	158,35	–
262	Jugoslawien	1978	Križevci	G. Bačič	158,35	PL
263	Jugoslawien	1909	Kovačica	Graf Petar Pejačević	158,30	B
264	Rumänien	1977	Dobroteasa-Olt	V. Dima	158,30	PL
265	Ungarn	1973	Udvari	H. Lickert	158,28	PL
266	Jugoslawien	1974	Backa Topola	M. Mastilovic	158,20	PL
267	Jugoslawien	1967	Vrbas	Z. Grujić	158,15	BP
268	Großbritannien	1971	Sussex	D. Jacobs	158,08	PL
269	Rumänien	1938	Telec-Mureş	I. Constantin	158,00	BP
270	Schweden	1929	Bergsjöholm, Skåne	Hofjägm. C. A. Hagemann	158,00	B
271	Bulgarien	1975	Stratsimir	I. Vélikov	158,00	–
272	Ungarn	1978	Szaszberek	M. Andriko	157,98	PL
273	Frankreich	–	Frankreich	Vte d'Orgland	157,95	BP
274	Großbritannien	1944	Hampshire	T. Patton	157,90	PL
275	Rumänien	1969	Diosig-Bihor	E. Molnár	157,85	BP
276	Jugoslawien	1977	Bratislava	J. Mosny	157,85	PL
277	Rumänien	1971	Cenad	AJVPS Timis	157,77	–
278	Rumänien	1958	Codru Voivodesci	Gh. Cuciureanu	157,75	BP
279	Polen	1980	Swierzyniec	A. Halasa	157,73	PL
280	Rumänien	1969	Breaza-Mureş	N. Vereş	157,70	BP
281	Bulgarien	1975	Ruse	G. Koltchew	157,70	PL
282	Polen	1975	Labiszyn	Z. Perek	157,65	PL

Lfd. Nr.	Land	Erlegungsjahr	Erlegungsort	Name des Erlegers	Punktzahl	B/D/BP/PL[1]
283	Ungarn	1966	Tarhos	H. Wewalka	157,65	BP
284	Österreich	1980	Galtür	H. Walter	157,58	PL
285	Tschechoslowakei	1959	Oploty	C. Šedivý	157,58	BP
286	Rumänien	1972	Seica Mica Sibia	I. Mirica	157,53	PL
287	Rumänien	1971	Bradu Sibia	I. Adam	157,50	PL
288	Polen	1976	Dynow	S. Flip	157,50	PL
289	Schweden	1949	Ovesholm/Kristianstad	R. Graf Hamilton	157,30	D/BP
290	Rumänien	1932	Saes, Târnava Mare	W. Leonhardt, Sighisoara	157,30	B
291	Ungarn	1978	Szalkszentmartoni	V. T. Szalkszent	157,23	PL
292	Rumänien	1978	Pătule Mehedinti	M. Golza	157,10	PL
293	Deutschland	1916	Scheffheu/Baden	Prinz Max zu Fürstenberg	157,10	B
294	Polen	1978	Kornik	J. Seibisz	157,07	PL
295	Ungarn	1965	Tiszagyenda	L. Czinege	157,05	BP
296	Rumänien	1966	Ilieni	B. Szavay	157,02	BP
297	Ungarn	1928	Csakvar, Com. Fejér	Graf Ferdinand Trautmannsdorff	157,00	B
298	Ungarn	1976	Bugyi	J. Beres	156,96	PL
299	Österreich	1965	Achau	E. Hofbauer	156,93	BP
300	Rumänien	1929	Herina Năsăud	V. Blattny, Bistrita	156,90	B
301	Rumänien	1974	Rădeni-Neamt	V. Bidintă	156,87	PL
302	Rumänien	1979	Chiorac-Bihor	A. Miklosi	156,83	PL
303	Ungarn	1975	Homokmegy	J. Kiss	156,70	PL
304	Ungarn	1975	Ujszasz	I. Szönyi	156,65	PL
305	Deutschland	1916	Sigmaringerdorf/ Württ.-Baden	Graf Brühl	156,60	D
306	Polen	1933	Wandzin, Woj. Lwów	Zdzislaw Marmaros	156,60	B
307	Polen	1978	Chelm/Chelm	Mijal	156,55	PL
308	DDR	1976	Görlitz	G. Kaplan	156,52	PL
309	Ungarn	1975	Arpadhalom	P. Vallus	156,45	PL
310	Tschechoslowakei	1975	Levice	S. Valentik	156,43	PL
311	Ungarn	1978	Mezöörs	F. Lombos	156,40	PL
312	Ungarn	1971	Szajol	L. Fehér	156,35	BP
313	Ungarn	1916	Verbitz	Dr. F. Saád	156,25	BP
314	Ungarn	1969	Szászberek	Dr. L. Bereczki	156,22	BP
315	DDR	1970	Badingen	Jakob	156,15	BP
316	Deutschland	1916	Sigmaringerdorf/ Württ.-Baden	Franz Graf Brühl	156,10	B
317	Jugoslawien	1975	Vukovar	Dapo Nebojsa	156,10	PL
318	Österreich	1963	Halbturn	Geforkelt	156,07	BP
319	Ungarn	1968	Mesöcsát	W. Genth	156,05	BP
320	Rumänien	1964	Atina Sibiu	S. Wagner	155,95	PL
321	Rumänien	1977	Tr. Magurele Telorm	A. Olteanu	155,95	PL
322	DDR	1980	Hoyerswerda	W. Funke	155,95	PL
323	Schweden	–	Trollehalmsgods	S. Bengtsson	155,92	BP
324	Deutschland	1934	Lübchow/ Hinterpommern	Horst Schumann	155,90	B
325	Tschechoslowakei	1966	Diakovce	A. Polák	155,90	BP
326	Ungarn	1894	Mesötúr	L. Szilágyi	155,87	BP
327	Tschechoslowakei	1978	Zvolen	J. Chrien	155,87	PL
328	Ungarn	1978	Zalaegerszeg	M. Zalai	155,87	PL
329	Sowjetunion	1976	Schjausljaj	A. Machejka	155,80	PL
330	Österreich	1969	Arbing	K. Gintersdorfer	155,77	BP
331	Rumänien	1972	Blejesti	A. Duculescu	155,73	PL
332	Polen	1927	Biedruska, Woj., Poznań	Jen. Kasimierz Raszewski	155,70	B
333	DDR	1978	Naumburg	E. Hecklau	155,70	PL
334	Rumänien	1970	Seica Mică-Sibiu	E. Solea	155,65	BP
335	Rumänien	1937	Arcalia Năsăud	Dr. Inger Alfons, Bistrita	155,60	B
336	Polen	1933	Pieniaki, Woj. Tarnopol	Stanislaw Cieński	155,60	B
337	Schweden	1925	Lindholmen, Skåne	E. Herslow	155,60	B
338	Ungarn	1873	Gerla, Com. Békés	Graf Karl Wenckheim	155,60	B
339	Polen	1977	Binczow	J. Bielawski	155,55	PL
340	Österreich	1965	Baum-Ungerdorf	J. Rosenberger	155,55	PL

Lfd. Nr.	Land	Erlegungsjahr	Erlegungsort	Name des Erlegers	Punktzahl	B/D/BP/PL[1]
341	Rumänien	1979	Arges	C. Costin	155,53	PL
342	Tschechoslowakei	1975	Komarno	L. Toth	155,48	PL
343	Großbritannien	1968	Sussex	B. de Buday-Goldberger	155,47	BP
344	DDR	1974	Twietfort	W. Nieder	155,45	PL
345	Polen	1978	Piotrkow	E. Gwozdz	155,40	PL
346	Schweden	1885	Ellnige	C. F. Wrangel	155,40	B
347	Rumänien	1980	C. Dolj	Gh. Condei	155,38	PL
348	Tschechoslowakei	1974	Dunajska Streda	P. Kiss	155,33	PL
349	Deutschland	1848	Roidin/Vorpommern	Erich	155,30	B
350	Tschechoslowakei	1977	Komarno	J. Schlett	155,25	PL
351	Rumänien	1976	Bruin Subin	F. Gergell	155,15	PL
352	Rumänien	1974	Stilpui	V. Călin	155,08	PL
353	Ungarn	1975	Bataszek	L. Fülöp	155,08	PL
354	Belgien	1907	Noisy	Georges Boel	155,00	B
355	Polen	1974	Miechow	J. Bankiewicz	155,00	PL
356	Rumänien	1936	Rupea, Târnava Mare	C. Corfariu, Rupea	154,90	B/BP
357	Polen	1931	Lańcut, Woj. Lwów	Alfred Graf Potochi	154,90	B
358	Deutschland	1882	Hohenmistorf/Meckl.	Revf. Nebe	154,90	B
359	Polen	1970	Kolacze	A. Barczyński	154,75	BP
360	Deutschland	1888	Weitendorf/Meckl.	v. Viereck	154,70	B
361	Polen	1976	Gluchow	S. Lawniczak	154,70	PL
362	Tschechoslowakei	1938	Přibor	R. Volný	154,65	BP
363	Bulgarien	1975	Terwel-Tch	P. Kobadinski	154,63	PL
364	Rumänien	1975	Vlascuta-Arges	A. Petre	154,63	–
365	Rumänien	1935	Afisul Mare, Târnava Mica	G. Gross, Sighisoara	154,60	B
366	Bulgarien	1974	Tolbuchin	S. Nonew	154,60	PL
367	Jugoslawien	1972	Sarena Bukva	J. Bozin	154,57	PL
368	Italien	1976	Basovizza	Al. Mase	154,50	PL
369	Ungarn	1937	Tarkany, Com. Komarom	Adalbert Meuser	154,40	B
370	Polen	1972	Strzyzow Rzeszow	Z. Lenart	154,33	PL
371	Ungarn	1978	Kalocsa	M. Albert	154,28	PL
372	DDR	1977	Apolda	R. Velter	154,20	PL
373	Rumänien	1963	Poeni	Gh. Feneşer	154,20	BP
374	Rumänien	1973	Hamba-Sibiu	D. Petreia	154,15	–
375	Schweden	1908	Kristinehof, Kristianstad	Fm. C. Saxtorph	154,10	D
376	Tschechoslowakei	1966	Vitkovce	V. Matuňák	154,08	BP
377	Jugoslawien	1976	Krstur	R. Janicic	154,05	PL
378	Jugoslawien	1976	Boris Kidrič	Godec	154,00	PL
379	Rumänien	1971	Ghioroc T.	F. J. Grehmann	153,97	BP
380	Tschechoslowakei	1975	Rim. Sobota	G. Doboš	153,95	PL
381	Schweden	1944	Krageholm/Malmöhus	M. Flach	153,90	D
382	Ungarn	1913	Taktahakany, Com. Zemplén	Baron Alexander Harkanyi	153,90	B
383	Ungarn	1976	Bonyhad	G. Tancz	153,90	PL
384	Polen	1968	Wielgowa	J. Kobyliński	153,87	BP
385	Dänemark	1918	Svenstrup Borup	Baron Wedell-Neergaard	153,80	B
386	Polen	1951	Radomyśl	J. Geneja	153,75	BP
387	Ungarn	1977	Iharos	J. Laris	153,75	PL
388	Tschechoslowakei	1975	Svidnik	J. Bunda	153,73	PL
389	Polen	1956	Jawidz	W. Pisarski	153,73	BP
390	Bulgarien	1974	Tolbuchin	A. Karaïwanow	153,70	PL
391	Tschechoslowakei	1975	Levice	F. Spaňo	153,70	PL
392	Sowjetunion	1973	Razwimiscki	W. Jurgelmasch	153,65	PL
393	Rumänien	1959	Sighişoara	I. Gh. Maurer	153,65	BP
394	Rumänien	1936	Sibiu	K. Breitenstein, Sibiu	153,60	B
395	Schweden	1962	Nymö	E. Nilsson	153,60	BP
396	Österreich	1970	Hartberg	E. Falkner	153,57	BP
397	Schweden	1949	Vittsköfle/Kristianstad	S. Friis-Christiansen	153,50	D
398	Rumänien	1974	Gislau	A. Benescu	153,40	–
399	Polen	1971	Krakow-Dabrowa	R. Jagoszewski	153,38	PL
400	Ungarn	1977	Abadszalok	I. Szalai	153,35	PL
401	Schweden	1925	Börringe Kloster, Skåne	Baron C. Beck-Friis	153,30	B

Lfd. Nr.	Land	Erlegungsjahr	Erlegungsort	Name des Erlegers	Punktzahl	B/D/ BP/ PL[1]
402	Tschechoslowakei	1973	Vranov	M. Kentos	153,25	PL
403	Bundesrepublik Deuschland	1967	Leinegraben	E. A. Ruhstrat	153,22	BP
404	Polen	1980	Pinczow	H. A. Grant	153,13	PL
405	DDR	1976	Kyritz	J. Reschke	153,12	PL
406	Ungarn	1968	Békés	F. Sykora	153,12	BP
407	Ungarn	1968	Kál	E. Lipser	153,10	BP
408	Polen	1974	Poddebice	K. Kaminski	153,08	PL
409	Ungarn	1977	Jaszbereny	I. Gorjanc	153,07	PL
410	Großbritannien	1973	Sussex	J. Jonides	153,05	PL
411	Schweden	1968	Lyungby	Trolle-Wachtmeister	153,05	BP
412	Bundesrepublik Deutschland	1968	Oettingen	Fürst Oettingen-Spielberg	153,00	–
413	Ungarn	1974	Bataszek	J. Karacsony	152,98	–
414	Polen	1978	Kampinos	J. Radzko	152,92	–
415	Bundesrepublik Deutschland	1963	Oettingen	Fürst Oettingen-Spielberg	152,90	–
416	Deutschland	1930	Worplack/Ostpreußen	W. v. Frankenberg	152,90	B
417	Tschechoslowakei	1976	Komarno	Š. Dobronyi	152,90	PL
418	Rumänien	1975	Furduesti	G. Manu	152,88	–
419	Polen	1966	Chmielnik	Sz. Markowski	152,87	BP
420	Tschechoslowakei	1977	Levice	D. Sluka	152,87	PL
421	DDR	1975	Bad Düben	R. Seifert	152,87	PL
422	Schweden	1925	Högestad, Skåne	Graf G. Piper	152,70	B
423	Schweden	1908	Kristinehof, Skåne	C. Saxtorph	152,70	B
424	Rumänien	1962	Dumítra	I. Marian	152,67	BP
425	Ungarn	1976	Toszeg	V. Kiss	152,62	PL
426	Schweden	1949	Vittsköfle Kristianstad	S. Friis-Christiansen	152,60	D
427	Ungarn	1970	Hódmezövásárhely	S. Molnár	152,60	BP
428	Polen	1977	Krasiczyn	J. Nosek	152,57	PL
429	Jugoslawien	1980	Bjelovar	V. Pleskalt	152,55	PL
430	Polen	1912	Sturzno, Woj. Kielce	Ing. Hermann Knothe	152,50	B/BP
431	Schweden	1969	Lyungby	Trolle-Wachtmeister	152,45	BP
432	Deutschland	1906	Königsblumenau/ Ostpreußen	(Museum Poln. Jagdverb.) Colmsee	152,40	B
433	Deutschland	1906	Seelesen/Ostpreußen	K. Laskawy	152,40	B
434	Rumänien	1962	Scrovişţea	H. Alsmäşan	152,40	BP
435	Tschechoslowakei	1947	Tačhov	V. Kuchyňka	152,35	PL
436	DDR	1962	Plau	Parlowsky	152,32	BP
437	Sowjetunion	1977	Rakwere	Ja. Uustall	152,28	PL
438	Tschechoslowakei	1933	Javorina, Slowakei	Forstrat Chrambach	152,20	B
439	Schweiz	1984	St. Gallen	G. Maggio	152,20	PL
440	Jugoslawien	1978	Veliki Grdjevac	M. Kirin	152,17	PL
441	Deutschland	1873	Bräunlingen/Baden	Fm. Eschborn	152,10	B
442	Ungarn	1969	Békés	Frau M. Schuster	151,98	BP
443	Rumänien	1961	Rîşca	I. Molnár	151,95	BP
444	Bundesrepublik Deutschland	1980	Albstadt	Walter Keinath	151,95	PL
445	Bulgarien	1975	Ablanowo-RS	K. Kalinow	151,93	PL
446	Schweden	1953	Bjersjöholm/Malmöhus	G. Hagemann	151,90	D
447	Polen	1979	Gorowo-Ilar	L. Gadznowski	151,90	PL
448	DDR	1976	Hohenstein	W. Hartlich	151,90	PL
449	Sowjetunion	1971	Polwa	U. Kont	151,88	PL
450	Ungarn	1976	Mako	G. Borbely	151,87	PL
451	DDR	1978	Görlitz	B. Kaiser	151,82	PL
452	Ungarn	1969	Nagykörös	Z. Szücs	151,80	BP
453	Polen	1966	Lisewo	J. Chrzanowski	151,67	BP
454	Ungarn	1976	Kalocsa	Dr. L. Oberding	151,65	PL
455	Polen	1975	Strzyzow	G. Madej	151,63	PL
456	Ungarn	1976	Lajosmizse	J. Kiss	151,55	PL
457	Belgien	1963	Vierves	P. Catteaux	151,52	BP
458	Tschechoslowakei	1978	Zvolen	J. Jakubča	151,52	PL

Lfd. Nr.	Land	Erlegungsjahr	Erlegungsort	Name des Erlegers	Punktzahl	B/D/BP/PL[1]
459	Belgien	1926	Assesse	Th. de Hemptinne	151,50	D
460	Polen	1910	Dębówiece, Woj. Krotoszyn Poznań	Graf L. Chr. Stolberg-Wernigerode	151,50	B
461	Ungarn	1967	Martonvásár	Staatl. Forst- und Wildwirtschaft, Mesöföld	151,45	BP
462	Rumänien	1974	Fiser	G. Neacsu	151,45	–
463	Ungarn	1977	Nabrad	K. Grosz	151,43	–
464	Deutschland	1931	Morrn/Brandenburg	O. Hoehne	151,40	D
465	Ungarn	1968	Sarkadremete	J. Duckwitz	151,40	BP
466	Ungarn	1975	Tiszacsege	K. Szeles	151,40	PL
467	Ungarn	1976	Tiszakecske	I. Vonak	151,38	PL
468	Polen	1971	Przytoczena	H. Büchler	151,35	BP
469	Großbritannien	1974	Kikrehdbrigatshire	A. Murray	151,33	PL
470	Deutschland	1909	Schrien/Schlesien	Lud. Grabinski	151,30	B
471	Bulgarien	1964	Ribarica-LTSCH	W. Wasiljew	151,28	BP/PL
472	Bundesrepublik Deutschland	1983	Hochfirst	Georg Greiff	151,25	–
473	Schweden	1928	Borrestad, Skåne	Graf P. de la Gardie	151,20	B
474	Tschechoslowakei	1970	Hostin	W. Frackowiak	151,20	BP
475	Polen	1977	Skierhiewice	J. Wislawski	151,15	PL
476	Schweden	–	Spaningslanda	S. Romare	151,10	BP
477	Ungarn	1977	Hajduszovat	G. Sikula	151,00	PL
478	Sowjetunion	–	Radwilischkis	W. Daugela	150,98	PL
479	Tschechoslowakei	1974	Sumperk	P. Heyda	150,93	PL
480	Schweden	1959	Fredriksberg	S. Bengtsson	150,87	BP
481	Polen	1967	Stare Jablonki	M. Gumieniuk	150,85	BP
482	Sowjetunion	1979	Charju	Ch. Malt	150,85	PL
483	Bulgarien	1976	Ribarica-LTSCH	G. Tilow	150,85	PL
484	Sowjetunion	1975	Wilkawischkis	Akucjawitschus	150,78	PL
485	Ungarn	1969	Vizesfás	Frau M. Schuster	150,78	BP
486	Bundesrepublik Deutschland	1961	Walluf/Taunus	W. Harras	150,75	BP
487	Österreich	1969	Strengberg	A. Steinkellner	150,75	BP
488	Sowjetunion	1952	Ukrainische SSR	S. W. Boldenkow	150,75	BP
489	Sowjetunion	1972	Machtarskoje	E. Merila	150,73	PL
490	Rumänien	1936	Siclod Odorheiu	Cap. Jacobsescu, Odorheiu	150,70	B
491	Schweden	1963	Lyungby	Trolle-Wachtmeister	150,70	BP
492	Jugoslawien	1959	Sušica	D. Pucar	150,70	BP
493	Tschechoslowakei	1978	Trnava	T. Buban	150,67	PL
494	Tschechoslowakei	1973	Nove Zamky	G. Macek	150,63	PL
495	Großbritannien	1977	Surrey	G. Lacey	150,63	PL
496	Jugoslawien	1977	Belje	J. Ilic	150,62	PL
497	Großbritannien	1969	Sussex	E. B. Burrows	150,62	BP
498	Österreich	1927	Halbturn	Carl Franz	150,60	B
499	Jugoslawien	1958	Kočevje	C. Prsle	150,60	BP
500	Tschechoslowakei	1974	Prostegov	S. Pospišil	150,55	PL
501	DDR	1976	Zittau	G. Schwanitz	150,55	PL
502	Bulgarien	1978	Swetlik	A. Ginew	150,53	PL
503	Schweden	1966	Arnaka	W. Trense	150,52	BP
504	Rumänien	1923	Rotbav Brasov	J. Löschner, Brasov	150,50	B
505	Ungarn	1980	Szentes	Jagdgesellschaft	150,45	PL
506	Polen	1977	Siedlice	B. Perycz	150,42	PL
507	Rumänien	1933	Socodor Arad	N. Saulescu	150,40	B
508	Rumänien	1954	Mosna	C. Dumitriu	150,40	–
509	Großbritannien	1972	Berkshire	A. Mcdiarmid	150,38	PL
510	Schweden	1952	Vasatorp/Malmöhus	O. Baron Bennet	150,30	D
511	Schweden	1965	Mark	G. Brangenfelt	150,30	BP
512	Schweiz	1972	St. Gallen	Giacomo Maggio	150,25	PL
513	Schweden	1934	Ovesholm, Skåne	Gräfin Hamilton	150,20	B
514	Schweiz	1972	St. Gallen	G. Maggio	150,18	–
515	Tschechoslowakei	1978	Klatovy	B. Danek	150,12	PL
516	Schweden	1915	Vittskövle	Vittskövle A.-B.	150,10	B

Lfd. Nr.	Land	Erlegungsjahr	Erlegungsort	Name des Erlegers	Punktzahl	B/D/BP/PL[1]
517	Bulgarien	1980	Pazgrad	Chr. Ruskow	150,08	PL
518	Großbritannien	1975	Hampshire	G. Moorhouse	150,08	PL
519	Polen	1977	Tomaszow	W. Wosiek	150,07	PL
520	Rumänien	1937	Corbu Mures	V. Tătaru, Tg. Mures	150,00	B
521	Dänemark	1938	Haveskoven, Hverringe	H. Lüttichau	150,00	B
522	Deutschland	1906	Aulfingen/Baden	Graf Khevenhüller	150,00	B
523	Rumänien	1974	Mereni	Sarkany Arpad	150,00	–

LITERATUR

Abschußrichtlinien für das Rehwild in der Steiermark, 1974, Der Anblick, Graz, 29, 4, 109–110.

Abschußrichtlinien für das Schalenwild, 1976, Der Anblick, Graz, 31, 4, 104–109.

Agathe, O., 1973: Die endokrine Regulation der Geburt beim Rind, Schaf und Ziege. DTW, München, 79, 64–68.

AKWJ Jahresbericht 1979. S. 13–18.

Allgemeine Forstzeitschrift, 1978: Rehwildbewirtschaftung – Jagdrechtsfragen. H. 44.

Andersen, J., 1953: Totalabschuß zwecks Neubesiedelung, Wild u. Hund, 56, 7, 127–128.

— 1953: Analysis of a Danish roe-deer population, Danish Revue of game biology. Copenhagen.

Backhaus, B.; Backhaus, R., 1983: Die Cadmium-Belastung des Rehwildes im Eggegebirge. Z. Jagdwiss. 29, 213–218.

Bajohr, W. A., 1974: Braucht Rehwild eine Sommerfütterung? Wild u. Hund, 77, 9, 204–207.

Ballauf, A., 1914/18: Der Aufbau und die Abnutzung des Rehgebisses, Jahrb. Inst. f. Jagdkde, Neudamm, 3, 2.

Barth, D., 1971: Anwendung von Thiabendazol als Wurmmittel beim Wild, Der Dt. Jäger, 9.

— 1971: 10 Jahre Thibenzole zur Parasitenbekämpfung. Die Pirsch, 13, 576–577.

— 1972: Vorkommen, Diagnose und Therapie des Magen-Darm-Nematoden-Befalls bei Reh- und Rotwild (Sammelreferat), DTW, 79, 508–514, 559–561.

Barth, D; Giménez, T.; Hoffmann, B.; Karg, H., 1976: Testosteronkonzentrationen im peripheren Blut beim Rehbock *(Capreolus capreolus)*, Z. Jagdwiss., 22.

Barth, D.; Horn, K., 1980: Untersuchungen über das jahreszyklische Verhalten der Blutspiegel von Thyroxin und Harnstoff beim Reh *(Capreolus capreolus)*. Z. Jagdwiss., 26, 1–11.

Barth, D.; Kudlich, H.; Schaich, K., 1976: Occurrence and Significance of Nasal Bot Infestation in Roe Bucks (Capreolus capreolus). Aus: Wildlife Deseases.

Barth, D.; Schaich, K., 1971: Die Bekämpfung des Magen-Darmrundwurmbefalles beim Rotwild mit Thiabendazol, Z. Jagdwiss., 17, 3, 168–179.

— 1971: Zur Wirksamkeit der Thibenzole beim Magen-Darmwurmbefall des Rehwildes, Z. Jagdwiss., 17, 4, 240–243.

— 1973: Untersuchungen zur experimentellen Fasciolose bei Reh- *(Capreolus capreolus)* und Rotwild *(Cervus elaphus)*, Z. Jagdwiss., 19, 4, 183–197.

— 1973: Zum Vorkommen von Fasciola hepatica bei Reh- *(Capreolus capreolus)* und Rotwild *(Cervus elaphus)* und deren Bekämpfung mit Rafoxanid, DTW, 79, 18, 420–424, 79, 19, 448–450.

— 1979: Der Blutspiegel von Geschlechts- und Schilddrüsenhormonen im Jahresablauf bei männlichem und weiblichem Rehwild. Wildbiologische Informationen. Enke, Stuttgart.

Bayerische Staatsforstverwaltung: Verbesserung der Nahrungsgrundlage des Schalenwildes. O. D.

Bayern, A. v.; Bayern, J. v., 1981: Über Rehe in einem steirischen Gebirgsrevier. 3. Aufl. München: Bayerischer Landwirtschaftsverlag.

Beemann, E. A., 1947: The effect of male hormone on aggressive behavior in mice. Phys. Zoölogy, 20, 373–405.

Behnke, H.; Behrendt, R., 1977: Jagd und Fang des Raubwildes. Parey, Hamburg und Berlin.

Behrens, R., 1964: Eine 20jährige Ricke, Wild u. Hund, 6, 3. Bejagungsrichtlinien, Okt. 1973. Forstamt Saupark.

Beninde, J., 1937: Zur Naturgeschichte des Rothirsches. Schöps, Leipzig.

— 1941: Die Fremdblutkreuzung beim deutschen Rehwild, Z. Jagdkde, 3/4.

Beninde, R. M., 1974: Schalenwild und Wald, Wild u. Hund, 77, 12, 432–435.

Berg, F.-C. v., 1977: Aktivitätsstudien an Rehen, Nieders. Jäger 1, 9–11.

Bettmann, H., 1952: Spießböcke und Bestandesdichte. Der Anblick, 5.

— 1974: Neue Abschußrichtlinien für Rehwild, Dt. Jäger-Ztg., 73/74, 1.

Bieger, W., 1931: Beiträge zur Wild- und Jagdkunde. Paul Parey, Berlin.

— 1977: Die Bewertung der europäischen Jagdtrophäen. 6. Aufl. bearb. von F. Nüsslein. Paul Parey, Hamburg u. Berlin.

Bischoff, Th., 1854: Entwicklungsgeschichte des Rehes. Gießen.

Blankenburg, W.; Stocksmeier, H., 1958: Hormonbehandlung bei einem Perückenbock, Z. Jagdwiss., 4, 2.

Blankenburg, W.; Stocksmeier, H., 1958: Hormonbehandlung bei einem Perückenbock. Z. Jagdwiss., Parey, Hamburg, 4, 4.

Blankenhorn, H. J., 1983: Einige Betrachtungen zur zeitgenössischen Jagdstatistik. Jage und Hege, H. 5.

Boas, J. C. V., 1892: Beitrag zur Kenntnis des Hermaphroditismus beim Rehwild, Der Waidmann, 50.

Boch, J., 1956: Lungen- und Magenwurmbefall des Wildes, Wild u. Hund, 58, 10.

Böhm, A., 1975: Zu hohe Wilddichten, eine der Ursachen für Parasitenbefall bei Schalenwild, Allg. Forst-Zeitschr. 30, 572.

Bohn, G., 1939: Eigenartige Doppelkopfbildung bei einem Rehbock, Dt. Jagd, 8.

Bonner Jägertage 1983: Verhinderung von Wildverlusten durch den Straßenverkehr. AFZ, H. 7 (1984) und Z. Jagdwiss., 29 (1983), 264–265.

Borg, K., 1970: On mortality and reproduction of roe deer in Sweden during the period 1948–1969, Viltrevy, Stockholm, 7, 2.

Bramley, P. S., 1970: Territoriality an reproductive behaviour of roe deer. J. Reprod. Fert. 11, 43–70.

Brandt, K., 1901: Das Gehörn. Paul Parey, Berlin.

Braunschweig, A. v., 1957: Rehverlust im Winter 1955/56, Z. Jagdwiss., 3, 2.

— 1970: Anomalien der Geschlechtsorgane und der sekundären Geschlechtsmerkmale beim Rehwild, Z. Jagdwiss., 16, 3, 116–123.

— 1973: Über die Verwendung von Magenwurmmitteln in Salzlecksteinen, Der Hess. Jäger, 17, 8, 142–144.

— 1974: Altersbestimmung beim Schalenwild. Der Hess. Jäger, 18, 11, 162.

— 1974: Unsachgemäße Fütterungen, eine Gefahr für unser Wild? Der Hess. Jäger, 18, 3, 34–35.

— 1975: Tulpengehörn? Wild u. Hund, 77, 25, 600.

Brem, G., 1984: Vererbung des Geweihgewichts beim Reh. Hessenjäger, 3, H. 1.

Bresinski, W., 1982: Grouping tendencies in roe deet under Agrocenosis conditions. Acta theriologica, 27, H. 29, 327–447.

Briedermann, L.; Mehlitz, S.; Richter, H., 1969: Trophäenschau und Trophäenbewertung beim Schalenwild. Deutscher Landwirtschaftsverlag, Berlin.

Brüggemann, J.; Drescher-Kaden, U.; Hoppe, P.; Walser-Kärst, K., 1970: Untersuchungen über den Vitamin-A-Gehalt in der Leber von Wildtieren, 1. Mitteilg., Internat. Z. f. Vitaminforschg., 40, 3.

Brüggemann, U., 1967: Untersuchungen über den Stickstoff-Stoffwechsel im Panseninhalt von Rotwild (*Cervus elaphus hippelaphus* Erxleben 1771) und Rehwild (*Capreolus capreolus capreolus* Linne 1758). Diss. München.

Bubenik, A. B., 1959: Grundlagen der Wildernährung. Deutscher Bauernverlag, Berlin.

— 1966: Das Geweih. Paul Parey, Hamburg u. Berlin.

— 1971: Rehwildhege und Rehwildbiologie. F. C. Mayer, München.

Bubenik, A. B.; Wurtsinger, H., 1966: Beidseitiger erster Prämolar im Unterkiefer des Rehes. Säugetierkdl. Mitt. Stuttgart.

Bubenik, G. A., 1971: Neuroendocrine Tätigkeit des Hypothalamus des Rehbocks im Laufe des Geweihzyklus. Mitt. X. Kongreß Wildbiol., Paris, 650–655.

Buch der Hege, 1973: Bd. 1: Haarwild. Dt. Landwirtschaftsverl., Berlin.

Buch der Jagd, 1973. Bucher, Luzern u. Frankfurt/M.

Büttner, K., 1980: Untersuchungen zum Einfluß von Größe und Zusammensetzung des Wintersprungs beim Rehwild auf die Zeitdauer verschiedener Verhaltensweisen. Z. f. Jagdwiss., 26, 181–194.

Bundesamt für Forstwesen. Sektion Jagdwesen und Wildforschung. Die Jagd in der Schweiz 1983 in der Statistik. Jagd + Hege, H. 5, 1984. St. Gallen.

Cameron, P.; Strohhäcker, U., 1983: Untersuchungen zur Effizienz verschiedener Wildrettersysteme. Der Bundesminister für Ernährung, Landwirtschaft und Forsten.

Cederlund, G., o. D.: Mobility response of roe (*Capreolus capreolus* [L]) to snow depth in a boreal habitat. Grimsö Wildlife Research Station, Riddarhyttan.

— 1981: Some aspects of roe deer (*Capreolus capreolus* [L]) winter ecology in Sweden. Department of Zoology. University of Stockholm and Grimsö Wildlife Research Station, Riddarhyttan.

Chrzanowski, J., 1981: Feldrehe. Die Pirsch, H. 6.

CIC 1982: 1. Rehwild Symposium. Altenfelden. Jacques Meggs-Trance.

Clark, G.; Birch, H., 1945/46: Hormonal modifications of social behaviour. Psych. Med., 7/8, 7, 321–329.

CRAMER, H. H.; MIDDENDORF, M., 1974: Wildbestand und Wildmortalität in der Bundesrepublik Deutschland, Pflanzenschutz-Nachrichten Bayer, 27, 2, 179–203.
DIECKERT, H., 1967: Wie erntet man die höchstmögliche Zahl an reifen Rehböcken? Z. Jagdwiss., 13, 4, 129–141.
DIETRICH AUS DEM WINCKELL, G. G., 1898: Handbuch für Jäger. 3. Aufl. Neudamm.
DIEZEL, C. E., 1974: Niederjagd. 21. Aufl. Paul Parey, Hamburg u. Berlin.
DÖBEL, H. W., 1976: Jäger-Practica. Leipzig.
DOHMEN, O., 1974: Übereinstimmungen in der Gehörnform beim Rehbock, Z. Jagdwiss., 20, 4, 207–209.
DOMBROWSKI, R. v., 1876: Das Reh. Wallishauser, Wien.
— 1908: Das Rehwild. Wien.
DONDORF, W., 1958: Der Jungjäger im Dickicht unserer Waidmannssprache, Forstl. Mitt., Bad Homburg, 11, 10, 161–162.
DOUGLAS, M. J. W., 1966: Occurrence of accessory corpora lutea in red deer, Cervus elaphus. J. Mamm., 47, 1, 152–153.
DRECHSLER, H., 1966: Das Geschlechterverhältnis als Funktion der Lebenserwartung, Wild u. Hund, 69, 18, 428–430.
DRESCHER-KADEN, U., 1976: Untersuchungen am Verdauungstrakt von Reh, Damhirsch und Mufflon, Z. Jagdwiss., 22, 4, 184–190.
— 1984: Stellung des Rehs im System der Wiederkäuer. Vortrag Natur Park Bayerischer Wald.
EBELING, U., 1974: „Eiweißvergiftung“ beim Reh? Wild u. Hund, 76, 26, 1123–1124.
— 1975: Rehwildjagd, mit oder ohne Abschußplan? Wild u. Hund, 78, 8, 315–317.
EGGELING, F. K. v., 1976: Zu: Zeitgemäße Rehwild-Hege und Jagd. Allg. Forst-Zeitschr., 34, 44–46.
EIBERLE, K., 1962: Beobachtungen über das Verhalten des Rehwildes, Schweiz. Z. Forstwesen, 113.
— 1969: Waldbau und Wildschäden, Festschrift Hans Leibundgut. Zürich.
— 1969: Waldkundliches und Wildschadenfrage, Schweiz. Z. Forstwesen, 120, 11, 595–609.
— 1970: Über die Wirksamkeit von Zäunen im Walde, Schweiz. Z. Forstwesen, 121, 9, 704–705.
— 1971: Rotwild im schweizerischen Mittelland? Schweiz. Z. Forstwesen, 122, 7, 324–332.
— 1972: Rehwildhege und Straßenverkehr, Schweiz. Z. Forstwesen, 123, 4, 201–210.
— 1979: Zur Ermittlung der Zuwachsrate beim Rehwild mittels Feldbeobachtungen. Z. f. Jagdwiss., 25, 9–21.
EIBERLE, K.; GAUTSCHI, A., 1981: Untersuchung über den Einfluß der Witterung auf das Geweihgewicht beim Reh. Z. f. Jagdwiss., 27, 231–240.
EIBERLE, K.; KLÖTZLI, F., 1968: Bestandesverhältnisse und Wildverbiß, Schweiz. Z. Forstwesen, 119, 11, 794–800.
EICKHOFF, W., 1959: Bild und Jahresverhalten der Schilddrüsen freilebender Gemsen. Frankf. Zschr. Path., 70, 132–151.
— 1963: Zur Histologie und Pathologie der Wildschilddrüse. Arch. Ex. Vet. Med., 16, 1, 211–228.
EISFELD, D., 1973: Der Proteinbedarf des Rehes *(Capreolus capreolus L.)* zur Erhaltung. Vortrag, 11. Internat. Wildbiologenkongreß, Stockholm.
EISFELD, D., 1975: Wieviel Eiweiß brauchen Reh und Hirsch im Winter? Die Pirsch. Der Dt. Jäger, 27, 1, 12.
EISFELD, D.; ELLENBERG, HERMANN: Vorschlag einer neuen Abschußregelung beim Rehwild.
ELEFTHERIOU, B. E.; BOELKE, K. W.; ZOLOVICK, A.; KNOWTON, F., 1966: Free plasma estrogens in the deer. P. Soc. Exp. Biol. Med. 121, 88–90.
ELLENBERG, H., 1971: Zur Biologie des Rehwildes in Schleswig-Holstein. Dipl.-Arbeit, Univ. Kiel.
— 1973: Über die Wirkung ausreichender Ernährung auf einige Körpermerkmale des Rehes. BJV-Vortrag. München.
— 1974: Beiträge zur Ökologie des Rehes *(Capreolus capreolus L. 1758)*. Diss. Kiel.
— 1974: Beobachtbarkeit und Zählbarkeit von Rehen, Jahreshauptversammlung. Bayer. Jagdschutz-Verband, Bad Windsheim.
— 1974: Wilddichte, Ernährung und Vermehrung beim Reh. Verhandlungen Gesellschaft f. Ökologie, 1974, Erlangen, 59/76.
— 1978: Zur Populationsökologie des Rehes in Mitteleuropa. Spixiana Supplement 2.
ELLENBERG, H.; EISFELD, D., 1974: Die Körpergröße des Rehes als Bioindikator, Verhandlungen Gesellschaft f. Ökologie, 1974, Erlangen.
ELSSMANN, H., 1971: Rehwildhege und das Knopfbockproblem. München.
ESPMARK, Y., 1971: Antler shedding in relation to parturition in female reindeer. J. Wildl. Mgmt. 35, 1, 175–177.
ESSER, W., 1958: Beitrag zur Untersuchung der Äsung des Rehwildes, Z. Jagdwiss., Parey, Hamburg, 4, 1.

Esterhues, F. J., 1973: Jägerbrauch heute, Die Pirsch – Der Dt. Jäger, 25, 21, 590–593.

Felber, L., 1968: Studien in vitro über die Aktivität der Mikroorganismen aus dem Pansen von Rothirsch *(Cervus elaphus)* und Reh *(Capreolus capreolus)*. Diss., Univ. München.

Feustel, G., 1967: Vergleichende Untersuchungen am Verdauungstrakt von Rothirsch *(Cervus elaphus)* und Reh *(Capreolus capreolus)* post mortem unter besonderer Berücksichtigung der Gerüstkohlenhydrate und des Ligningehaltes der Ingesta. Diss., Univ. München.

Flerov, K. K., 1952: Fauna der UdSSR. Säugetiere I, Teil 2. Moschustiere und Hirsche. Zool. Inst. Akad. Nauk Moskau, 1–255.

— 1960: Musk Deer and Deer, Fauna of USSR: Mammals. 1, 2. Israel Progr. for Scient. Transl.

Freundova, D., 1955: Die Schilddrüse des Rothirsches (*Cervus elaphus* L.) und ihr Zusammenhang mit dem Sexualzyklus. Cská Mort., 3, 205–211.

Friess, R., 1928: Blattzeit-Erfahrungen, Dt. Jäger-Ztg., 17.

Fruzinski, B.; Kaluzinski, J.; Baksalary, J., 1982: Weight and body measurements of forest and field roe deer. Acta Theriologica 27, 479–488.

Fruzinski, B.; Labudzki, L., 1982: Sex and age structure of a forest roe deer population under hunting pressure. Acta Theriologica, 27, 377–384.

— 1982: Demographic processes in a forest roe deer population. Acta Theriologica 27, 365–375.

Gagern, F. v., 1900: Rehgehörn-Typen, A. Hugos Jagdztg., 43.

— 1967: Birschen und Böcke. Paul Parey, Hamburg und Berlin.

Gall, R., 1974: Immer wieder: Rehwildhege, Die Pirsch – Der Dt. Jäger, 26, 10, 483–487.

Georgii, B., 1973: Untersuchungen über Streß und Fortpflanzung des Rehes (*Capreolus capreolus* L.) Dipl.-Arbeit, Univ. Tübingen.

— 1974: Auch Tiere leiden unter Streß, Die Pirsch – Der Dt. Jäger, 26, 14, 669–673.

— 1976: Untersuchungen über Nebennierengewicht des Rehes (*Capreolus capreolus* L.), Z. Jagdwiss., 22, 2, 85–97.

Geppert, E., 1964: Zum Äsungszyklus des Rehwildes. Unsere Jagd, 14, 5.

Giesecke, F., 1952: Altes Problem der Wildfütterung gelöst. Wild u. Hund, Parey, Hamburg und Berlin, 55, 11.

Gist, C.; Whicker, F. W., 1971: Radioiodine uptake and retention by the male deer thyroid. J. Wildl. Mgmt., 35, 4, 461–468.

Glebina, H., 1937: Zyklische Veränderungen der Schilddrüse bei Füchsen. Zschr. Zellforsch., 25, 99–126.

Goebel, K.-D., 1973: Untersuchungen über Ertragsleistung und Nährstoffgehalte von Verbißgehölzen bei unterschiedlicher Düngung. Diss., Univ. Gießen.

Goss, R. J., 1968: Inhibition of growth and shedding of antlers by sex hormones M. Nature, 220, 83–85.

Gossow, H., 1975: Tragfähigkeitskriterien und Schalenwildregulierung, Forstarchiv, M. & H. Schaper, Hannover, 46, 12, 254–258.

— 1977: Waldstrukturen und Wildstandsentwicklung. In: Wald und Wild. Universität für Bodenkultur, Wien.

Gruber, G., 1937: Morphologische Untersuchungen am Cervidengeweih, Nachr. Gesellsch. Wiss., Göttingen.

— 1952: Studienergebnisse am Geweih des *Cervus capreolus,* Zbl. allg. Pathol. path. Anat., 88, 336–345.

Guiness, F.; Lincoln, G. A., Short, R. V.: The reproductive cycle of the female red deer, Cervus elaphus L., J. Reprod. Fert., 27, 427–438.

Gussone, H., 1955: Das Rehwildproblem, Die Pirsch, 7, 11.

Haaften, J. L. v.: Das Rehwild in verschiedenen Standorten der Niederlande und Slowenien, ITBON Mededeling, Arnhem, 17.

Habermehl, K. H., 1958: Morphologische Unterschiede zwischen Vorder- und Hinterlauf beim Reh. Berliner und Münchener Tierärztliche Wochenschrift 71, H. 5, 89–91.

— 1985: Altersbestimmung bei Wild- und Pelztieren. Verlag Paul Parey, Hamburg und Berlin.

Habermehl, K.-H.; Bassewitz, H. v., 1972: Pulmonale hypertrophische Osteoarthropathie bei einem Rehbock, Z. Jagdwiss., 18, 2, 106–111.

Habermehl, K.-H.; Ratti, P., 1973: Statistische Erhebungen über die Rehgablerstrecke der Patentjagd 1970 im Kanton Graubünden, Z. Jagdwiss., 19, 4, 169–182.

Haltenorth, Th., 1963: Klassifikation der Säugetiere. Artiodactyla I (18), 1–167. Handbuch der Zoologie, 8. Bd., 32. L. Berlin.

Hamburger, C., 1908: Über Auge und Sehkraft des Wildes, Dt. Jäger-Ztg., 23–26.

Hartfiel, W.; Dissen, J.; Pheiffer, J., 1983: Energetische Untersuchungen an Rehen und Schaf mit Hilfe der quantitativen Thermografie zur Beurteilung des Energiebedarfs im Winter. Bonner Jägertage.

HARTWIG, H., 1968: Verhinderung der Rosenstock- und Stangenbildung beim Reh durch Periostausschaltung, Der Zoolog. Garten, N. F. 37.
— 1969: Versuch zur Analyse der Entwicklungsbedingungen, die zu einer Doppelstangen-Bildung beim Reh führten, Z. Jagdwiss., 15, 4, 167–169.
— 1981: Rosenmißbildung bei einem Rehgehörn. Z. f. Jagdwiss. 27, 4, 287–291.
HARTWIG, H.; SCHRUDDE, J., 1974: Experimentelle Untersuchungen zur Bildung der primären Stirnauswüchse beim Reh *(Capreolus capreolus L.)*, Z. Jagdwiss., 20, 1, 1–13.
HECK, H., 1964: Zum Schrecken des Rehbocks, Wild u. Hund, 66, 9.
HEIN, J., 1966: Untersuchungen über Wege zur Verbesserung der Qualität eines Rehwildbestandes. Diss., Univ. Göttingen.
HEINZERLING, O., 1922: Das Erstlingsgehörn des Rehbockes, Jahrb. Jagdkde., 6.
HEINZERLING, O.; RIECK, W., 1971: Das richtige Zielalter beim Rehwild, Wild u. Hund, 74, 7, 275–276.
HELL, P., 1975: Wann erreicht die Entwicklung des Rehgehörns ihren Höhepunkt?, Der Anblick, 30, 9.
HENNIG, R., 1961: Das Rehwildproblem in neuer Sicht. Haupt, Bern.
— 1962: Die Abschußplanung beim Schalenwild. BLV, München.
— 1962: Über das Revierverhalten der Rehböcke, Z. Jagdwiss., 8, 2.
— 1968: Einfache Methode zur Darstellung der Altersklassenverhältnisse in Schalenwildbeständen, Z. Jagdwiss., 14, 2, 88–90.
HEPTNER, V. G.; NAUMOV, N. P., 1966: Die Säugetiere der Sowjetunion. Bd. I. Paarhufer und Unpaarhufer. Jena: VEB Gustav Fischer Verlag.
HERRE, W., 1975: Zahmes Wildtier – wildes Haustier, Wild u. Hund, 78, 9, 201–203.
— 1978: Zähmung des Wildtieres. Wild u. Hund, H. 5.
HERZOG, A.; HOFMANN, R. R.; KÖNIG, R., 1977: Gibt es den „Stein der Weisen“ in der Abschußplanung?, Wild u. Hund, 79, 26, 1200–1202.
HEUELL, K., 1976: Schalenwild in Rheinland-Pfalz.
HIRNEISS, R., 1973: Leberegel und Rachenbremse, Dt. Jäger-Ztg., 16, 675.
HOEFS, M., 1981: Auswertung der Rehwildstrecken und Fallwildangaben aus fünf Kreisen des Landes Nordrhein-Westfalen unter besonderer Berücksichtigung der unterstellten Geschlechterverhältnisse. Z. f. Jagdwiss., 27, 109–124.
HOFFMANN, B.; BARTH, D.; KARG, H., 1978: Progesterone and estrogen levels in peripheral plasma of the pregnant and non-pregnant roe deer *(Capreolus capreolus)*. Biol. reprod., 19, 931–935.
HOFFMANN, H., 1953: Welches ist das Stangenende des Gehörns, Der Dt. Jäger, 71, 1.
HOFMANN, A.; NIEVERGELT, B., 1972: Das jahreszeitliche Verteilungsmuster und der Äsungsdruck von Alpensteinbock, Gemse, Rothirsch und Reh in einem begrenzten Gebiet im Oberengadin, Z. Jagdwiss., 18, 4, 185–212.
HOFMANN, R. R., 1962: Zur Topographie der Eingeweide des Rehes, Z. Jagdwiss., 8, 2 u. 3.
— 1975: 5 Rehe = 1 Hirsch?, Die Pirsch – Der Dt. Jäger, 27, 539–543.
— 1976: Die Duftdrüsen der Haut in Signalorganen der Wildtiere, Jagd + Hege, 8, 2, 8–9.
— 1976: Die Stellung der europäischen Wildwiederkäuer im System der Äsungstypen, Jagd + Hege, 8, 1, 8–9.
— 1976: Wildbiologische Erkenntnisse, ein Hilfsmittel zur Minderung der Wildschäden, Allg. Forst-Zeitschr., 31.
— 1976: Struktur und Funktion der Geschlechtsorgane weiblicher Wildwiederkäuer – ein Schlüssel zu Reproduktionsrate und Wildbestandskontrolle, Jagd u. Hege, 8/5, 19–20.
— 1976: Die Geschlechtsorgane und das Fortpflanzungsgeschehen bei männlichen Wiederkäuern, Jagd u. Hege, 8/4, 22–23.
— 1976: Zur Anatomie und Physiologie der am häufigsten von Parasiten besiedelten Organe des Rehwildes, Jagd u. Hege, 8/3.
— 1977: Kleine Ursachen – große Wirkungen, Hormone steuern die Lebensvorgänge, Die Pirsch – Der Deutsche Jäger, 29, 13, 775–779.
— 1977: Wildbiologische Erkenntnisse, ein Hilfsmittel zur Minderung der Wildschäden, Allg. Forst-Zeitschr., 32, 111–115.
— 1978/1983: Wildbiologische Informationen für den Jäger. Jagd und Hege. Ausbildungsbuch. Bd. I, II, IV u. VI. St. Gallen: Jagd und Hege Verlag.
— 1983: Über den Jahreszyklus der Geweihbildung bei Reh- und Rotwild. Jagd und Hege, H. 2.
— 1984: Ernährungsverhalten von Reh-, Gams- und Rotwild. Deutsche Jagdzeitung, H. 1.
— 1978: Die Ernährung des Rehwildes im Jahresablauf. AFZ, H. 44.
— 1983: Das Modell Weichselboden für die Rehwildhege. Deutsche Jagdzeitung, H. 3.
HOFMANN, R. R.; GEIGER, G.; KÖNIG, R., 1976: Vergleichend-anatomische Untersuchungen an der

Vormagenschleimhaut von Rehwild *(Capreolus capreolus)* und Rotwild *(Cervus elaphus)*, Z. Säugetierkunde, 41, 3, 167–193.
HOFMANN, R. R.; HERZOG, A.: 5 Jahre Rehwildbewirtschaftung in Hessen.
HOFMANN, R. R.; HERZOG, A., 1980: Die Notzeit des Schalenwildes. Gutachten des AKWJ. Herausgeber: Deutscher Jagdschutz-Verband.
HOFMANN, R. R.; KIRSTEN, N., 1982: Die Herbstmastsimulation. Stuttgart: Ferdinand Enke Verlag.
HOFMANN, R. R.; KÖNIG, R.; GEIGER, G., 1976: Differentiell-morphologische Untersuchungen der resorbierenden Schleimhautoberfläche des Pansens beim Rehwild *(Capreolus capreolus)* im Sommer und Winter, Z. Jagdwiss., 22, 4.
HOFMANN, W.: Zur Bekämpfung des Wurmbefalls beim Rehwild mit Thibenzole. Tierärztl. Umschau, Konstanz.
— 1984: Zwei seltene primäre Lebertumoren beim Rehwild. Z. f. Jagdwiss., 30, 4, 259–264.
HÜBNER, F., 1938: Das Rehwild, Biologie, Waidwerk der Welt. Paul Parey, Berlin.
— 1939: Über die Hakenwurmseuche des Rehwildes, Dt. Jagd, 29.
HULVERSCHEIDT, W., 1954: Kniffe und Pfiffe rund um den Rehbock, Wild u. Hund, 57, 3.

IHM, P., 1984: Das Buchhaltungsmodell bei der Rehwildabschußplanung. AFZ, H. 51 u. 52.
ISERMANN, K., 1983: Bewertung natürlicher und authropogener Stoffeinträge über die Atmosphäre als Standortfaktoren im Hinblick auf die Versauerung land- und forstwirtschaftlich genutzter Böden. Sdr. aus VDI-Berichte, Nr. 500, 307–335.

JACOB, E., 1953: Erfolgreiche Zimmeraufzucht von Rehkitzen, Paul Parey, Hamburg, 56, 5.
Jagd und Hege in aller Welt, 1955. Dt. Jagdschutzverband, Bonn. Kölzig, Düsseldorf.
JAHN, J., 1983: Irrwege der Wildbiologie – oder Verunsicherung der Jagdpraktiker? Jagd + Hege, H. 6.
JAHN-DEESBACH, W.: Der Wildschaden im Niederwildrevier.
JAHN-DEESBACH, W.; HEYMANN, G., 1969: Untersuchungen über die Beäsungsintensität auf unterschiedlich gedüngten Wildäsungsgründlanflächen. Z. Jagdwiss., 15, 1, 17–28.
Jahrbuch des Jägers, 1963. Hrsg. Falk v. Gagern. Bd. 2. Verl. Bergland-Buch, Salzburg-Stuttgart.
Jahrbücher der deutschen Jägerschaft, 1935–1940. Paul Parey, Berlin.
JAUCH, E., 1983: Zum Einfluß des Rehwildes auf die Waldvegetation. Pers. Mitteilung.
Journalistische Entgleisungen, Der Jäger in Baden-Württemberg, Queck-Verlag, Stuttgart, 18, 11, 4–6.
JUNIOR, P., 1966: Mathematische Gedanken über die altersklassenmäßig gegliederte Bewirtschaftung einiger Schalenwildarten, Z. Jagdwiss., 12, 4, 145–160.
— 1967: Die altersklassenmäßig gegliederte Bewirtschaftung unserer Rot- und Rehwildbestände, Westfäl. Jägerbote, 20, 10.
JUON, P., 1963: Neuere Erkenntnisse zur Rehwildernährung. Inst. f. Waldbau der ETH, Zürich.
JURENKA, W., 1935: Fettsekretion der Körperhaut und Schilddrüse. Zschr. Züchtung, 31, 371.
JUST, 1935: Grandeln beim Rehwild, Der Dt. Jäger, München, 57, 41.

KAHMANN, H., 1951: Schmecken und Riechen: Francksche Verl.-Hdlg., Stuttgart.
KALCHREUTER, H., 1976: Jedes zweite Reh geht ein, Die Pirsch – Der Dt. Jäger, 28, 4, 161–163.
— 1976: Rehwildmarkierung in Baden-Württemberg, Vorbereitung auf die Saison 1976, Der Jäger in Baden-Württemberg, 20, 12, 10.
— 1976: Rehwildmarkierung in Baden-Württemberg, Rückblick u. Ergebnisse, Der Jäger in Baden-Württemberg, 21, 8, 7.
KALCHREUTER, H.; STRITT, O., 1979: Rehwildmarkierung in Baden-Württemberg, Der Jäger in Baden-Württemberg, H. 9.
KALUZINSKI, J., 1982: Dynamics and structure of a field roe deer population. Acta Theriologica, 27, H. 27, 385–408.
— 1982: Roe deer mortality due to mechanization of work in agrocenoses. Acta Theriologica, 27, H. 30, 449–455.
— 1982: Composition of the food of roe deer living in fields and the effects of their feeding on plant production. Acta Theriologica, 27, H. 31, 457–470.
Kartierung des Rehwildes, 1976, Feld, Wald, Wasser, Schaffhausen, 4, 12, 2–6.
KAVASCH, W.-D., 1970: Untersuchungen über den Endoparasitenbefall des Rehwildes im Nördlicher Ries und Behandlungsversuche mit subtherapeutischen Gaben von Phenothiazin, Neguvon und Thiabendazol. Diss., Univ. München.
KEIBEL, F., 1899: Zur Entwicklungsgeschichte des Rehes, Verh. Anat. Ges., Jena, 16.
KERSCHAGL, W., 1952: Rehwildkunde. Hubertusverl. Richter & Springer, Wien.
KETTELER, H., 1955: Rehbock markiert seinen Einstand, Wild u. Hund, 58, 12.
KIOROGLANIDIS, J., 1981: Nahrungswahl und Überlegungen zur Nahrungsnische bei Reh, Rothirsch und

Gemse im Nationalpark Berchtesgaden. Diss. Forstwiss. Fakultät der Ludwig-Maximilians-Universität München.
KITTLER, L., 1979: Wildverluste durch den Einsatz landwirtschaftlicher Maschinen nach einer Erhebung aus dem Jagdjahr 1976/77 in Nordrhein-Westfalen. Z. f. Jagdwiss., 25, 22–32.
KLEEBERG, F. L., 1955: Aufzucht von Rehkitzen, Z. Jagdwiss., 1, 1.
KLEINSCHMIT, R., 1958: Verwandtschaften von Rehgehörnen und ihre Bedeutung für die Hege, Z. Jagdwiss., 4, 2.
KLEITMANN, N.; TITELBAUM, S., 1934: The effects of thyroid administration upon motor conditioned reflexes in dogs. Amer. J. phys., 64, 109.
KLEYMANN, M., 1972: Altersbedingte Veränderungen des Pulpencavum beim Rehwild, Z. Jagdwiss., 18, 1, 36–39.
— 1973: Sommerfütterung des Rehwildes, Dt. Jäger-Ztg., 19, 805.
— 1973/74: Wild in der Kulturlandschaft. Selbstverlag.
KLÖTZLI, F., 1965: Qualität und Quantität der Rehäsung in Wald- und Grünland-Gesellschaften des nördlichen Schweizer Mittellandes, Veröffentl. Geobotan. Inst. ETH, Stiftg. Rübel, Zürich, 38. Hans Huber, Bern.
KNAUS, W.; SCHRÖDER, W., 1975: Das Gamswild, 2. Aufl., Paul Parey, Hamburg u. Berlin.
KÖNIG, R., 1977: Rehwildabschußplanung nach der durchschnittlichen Unterkieferlänge? AFZ, 32, H. 11.
KÖNIG, R.; HOFMANN, R. R., 1981: Bestandesplanung und Schalenwildhege auf biologischer Grundlage. Niedersächsischer Jäger, H. 11.
KOLB, A., 1979: Das Scheinäsen des Rehes. J. f. Jagdwiss., 25, 201–207.
KOLLER, O.: „Reviertypen". 211–212, 223–224, 243–244, 256–257.
KOROTKEWISCH, E. L., 1965: A new roe deer species from the Malot of the Ukraine. Paleont. J. Moskau, 60–67.
KOTTULINSKY, H., 1973: Neue Richtlinien für die Rehwildhege? Der Anblick, 28, 2, 37–38.
KRAFT, H., 1958: Der „Fingerabdruck" des Rehwildes, Der Dt. Jäger, 23.
KREBS, H., 1962: Jung oder alt? F. C. Mayer, München-Solln.
KRIEG, H., 1936: Das Reh in biologischer Betrachtung. Neumann, Neudamm.
KRÖNING, F., 1941: Jagdtierkunde, Handbuch der deutschen Jagd, Bd. 1, Paul Parey, Berlin.
KROTT, P., 1973: Das Rehwild eines dänischen Reviers. Wild u. Hund, 76, 9, 347.
— 1974: Rehe wandern weit, Wild u. Hund, 75, 25, 591.
KRUG, W.; MAZUREK, I., 1975: Rehwild-Abschußplanung ohne Zählung, Wild u. Hund, 77, 26, 1034–1036.
KURT, F., 1968: Das Sozialverhalten des Rehes. Paul Parey, Hamburg.
— 1968: Zusammenhänge zwischen Verhalten und Fortpflanzungsleistung beim Reh, Z. Jagdwiss., 14, 3, 97–106.
— 1970: Rehwild. BLV Jagdbiologie. BLV München.
KUTZER, E.; KNAUS, E., 1969: Untersuchungen über die Endoparasitenfauna eines Rehbestandes in der freien Wildbahn, Z. Jagdwiss., 15, 2, 62–72.
KUTZER, E.; PROSL, H., 1974: Rachendassel, endlich Bekämpfung möglich? Jäger, 92, 4, 64–67.
LAMBIASE, J. T.; AMANN, R. P.; LINDZEY, J. S., 1972: Aspects of reproductive physiology of mail white-tailed deer. J. Wildl. Mgmt., 36, 3, 868–875.
LAMPEL-LANGENBACH, 1967: Der Schuß auf Schalenwild. Neumann-Neudamm, Melsungen.
Landesjagdverband Baden-Württemberg, 1979: Richtlinien für die Hege und Abschußregelung des Rehwildes.
LEHMANN, E., v., 1957: Die Heterogenität des europäischen Rehes, Z. Jagdwiss., 3, 2.
— 1970: Einige Bemerkungen zum Sibirischen Reh (*Capreolus capreolus [pygargus] caucasicus* Dinnik, 1910) in Mitteleuropa, Z. Jagdwiss., 22, 2, 75–84.
LETTOW-VORBECK, G. v., 1951: Vom Ansprechen des Rehwildes, Wild u. Hund, 54, 9.
— 1955: Auf der Fährte der Schwedenböcke, Wild u. Hund, 58, 5.
— 1965: Das Jagdrevier, wie es sein sollte. 4. Aufl. Paul Parey, Hamburg u. Berlin.
LINCOLN, G. A., 1971: The seasonal reproductive changes in the red deer stag. J. Zool., 163, 105–123.
LUTTEROTTI, L. v., 1973: Warum nicht? Der Anblick, 28, 6, 182–184.
MACARTHUR, R. H.; CONNELL, J. H., 1970: Biologie der Populationen. Bayerischer Landwirtschaftsverlag, München.
MARINGGELE, F. J., 1978/79: Altersbestimmung beim Reh und beim Rotwild mit Hilfe der Trockengewichtsbestimmung der Augenlinse. Z. f. Jagdwiss., 24, 178–182.
MARKL, H., 1984: Dynamik und Stabilität biologischer Populationen. AFZ, H. 6.

MARTINI, 1981: Die Unterkieferlängen der Rehböcke einer Jahresstrecke des saarländischen Saar-Pfalz-Kreises. Z. f. Jagdwiss., 27, 81–90.
MASSAR, L., 1978: Rehwildbewirtschaftung. AFZ, H. 44.
MAYERSON, 1935: The effect of light and of darkness on the thyroid gland of the rat. Amer. J. phys., 65, 113, 659.
MAYR-MELNHOF, F., 1952: Welches ist der beste Blattag?, Der Anblick, 4.
MELLIN, A. W. v., 1779: Versuch einer Anweisung zur Anlegung, Verbesserung und Nutzung der Wildbahnen so wohl im Freyen als in Thiergärten. Berlin u. Stettin.
MENZEL, K., 1967: Möglichkeiten der Wildhege und Jagd in einem geordneten Forstbetrieb. Diss. Univ. Göttingen.
— 1973: Zielalter beim Rehbock, Wild u. Hund, 76, 4, 133–134.
MEUNIER, K., 1964: Die Knickungsverhältnisse des Cervidenschädels, Zoolog. Anzeiger, Geest & Portig, Leipzig, 172, 3.
— 1977: Regulierung des Rehbestandes durch Abschuß nach Unterkieferlänge, Wild u. Hund, 79, 26, 1195–1198.
— 1979: Wann trägt der Rehbock sein bestes Geweih?. Jagd u. Hege, 11, H. 1.
— 1980: Bericht über Ergebnisse und Ziele der Rehwildforschung im Versuchsrevier Weichselboden/ Steiermark. © Dr. MEUNIER.
— 1982: Wann trägt der Rehbock sein stärkstes Geweih? Deutsche Jagdzeitung, H. 7.
MEYER, P., 1968: Territoriumsmarkierung beim Reh und Morphologie des sogenannten Stirnorgans, Beitr. Naturk. Niedersachsen, 21.
— 1975: Beispiele angeborener Zahn- und Gebißanomalien beim europäischen Reh (*Capreolus capreolus* Linneé, 1758), Z. Jagdwiss., 21, 2, 89–105.
MEYER-BAHLKURZ, 1953: Wildäsung und Spurenelemente, Wild u. Hund, 56, 25.
MEYER-BRENKEN, H., 1966: Beiträge zur Kenntnis des schwarzen Rehwildes, Diss. Hann. Münden.
— 1970: Das schwarze Rehwild, Landbuch-Verlag, Hannover.
MOSER, A., 1975: Moderne Rehwildhege, Der Anblick, 30, 11, 411.
MOTTL, S., 1954: Die Bonitierung eines Rehwildreviers. Prace Vul, 7, 97.
— 1957: Die Nahrung des Rehwildes, Biologia, Bratislava, 1.
MÜLLER, H. J., 1963: Untersuchungen zur Bemessung der wirtschaftlich tragbaren Wilddichte nach Wildschaden und Standort. Diss. Eberswalde.
MÜLLER-USING, D.; SCHLOETH, R., 1967: Das Verhalten der Hirsche (Cervidae). Handbuch der Zoologie. 8. Bd. 43. L. Berlin.
MÜNNEKEHOFF, 1949: Das Angstgeschrei, Das Waidwerk, 3, 15.
NEHLSEN, E.; KARDEL, H.: Ratschläge für den Rehwildjäger. LJV Schleswig-Holstein.
NEHLSEN, E.; REESE, K., 1984: Umweltveränderung als Indikator für den Entwicklungsverlauf einer Rehwildpopulation am Beispiel der Insel Fehmarn. Pers. Mitteilung und Schleswig-Holsteinische Jäger und Fischer, H. 5.
NEHRING, F., 1903: Altersbestimmung des Rehwildes nach den Zähnen. Berlin.
Neuordnung der Abschußrichtlinien für das Rehwild. Zentralstelle Österr. Landesjagdverbände, Rehwildausschuß, Wien.
NIEMEYER, H., 1965: Untersuchungen über den Einfluß des Wildverbisses auf die Vegetation. Staatsarbeit.
NIETHAMMER, G., 1953: Über das Schicksal des Peloponnesrehes, Z. Säugetierkde.
NITSCHE, H., 1883: Über das Vorkommen von Haken beim Rehwild, Tharandter forstl. Jahrb., 33.
— 1885: Wie erkennt man im Spätherbst, ob ein erlegtes Stück Rehwild ein Kalb oder älter ist? Dt. Jäger-Ztg., 5, 9.
NOBLE, G. K.; BORNE, R., 1940: The effect of sex hormones on the social hierarchy of Xiohohorus helleri. Anat. Rec. 78, 4, 147.
NOBLE, G. K.; WURM, M., 1940: The effect of testosterone propionate on the black crowned night heron. Endocrin., 26, 837–840.
NÜSSLEIN, F., 1955: Die Jagdwissenschaft in Deutschland. Z. f. Jagdwiss., 1, 1, 1–7.
— 1960: Wald und Wild. In: BAUER, F., Fortschritte in der Forstwirtschaft. München–Bonn–Wien. 123–130.
— 1964: Jagdbetriebliche Forderungen aus dem Verhältnis zwischen der Größe der Jagdbezirke und dem Wohnraum einiger jagdbarer Tiere, Z. Jagdwiss., 10, 1.
— 1974: Der ökonomische Wert der Wildproduktion in Europa (ohne Sowjetunion), Z. Jagdwiss., 20, 2, 85–95.
OEHSEN, F. v., 1971: Das Reh. Landbuch-Verlag, Hannover.

Olt, A., 1913: Ein Scheinzwitter des Rehes, Jahrb. Inst. Jagdkde., 2.
— 1925: Geweihentwicklungs-Merkblatt, Merkbl. Ges. Jagdkde., 14.
— Ströse, A., 1932: Regelwidrige Geweihe, Neumann, Neudamm.
Onderscheka, K., 1972: Rotwildernährung und ihre Probleme, Österr. Waidwerk, 2.
Ott, S., 1975: Rehwildringe in Hessen, Wild u. Hund, 78, 1, 1–2.
Pflugfelder, 1950: Hormonale Beeinflussung des Rehbockgehörns, Wild u. Hund, 14.
Pielowski, Z., 1981: Feldrehe – unbekannte Wesen. Deutsche Jagdzeitung, H. 2.
Pielowski, Z.; Bresinski, W., 1982: Population characteristics of roe deer inhabiting a small forest. Acta Theriologica, 27, H. 28, 409–425.
Pinter, H., 1963: Beobachtungen bei der künstlichen Aufzucht von Rehkitzen, Z. Jagdwiss., 9, 2, 69–73.
Plochmann, R., 1983: Seit 20 000 Jahren. Die Wandlungen des Waldes. Bild der Wissenschaft, H. 12.
Polaczek, K., 1983: Gezielte Fütterung – weniger Wildschäden. Jagd + Hege, H. 4.
Pollanschütz, J.; Marschall, J., 1984: Verbißbeobachtung Stammham im Rehwildversuchsgatter. Vortrag 10. 4. 84 Arbeitstagung „Rehwildbewirtschaftung" im Nationalpark Bayer. Wald.
Portmann, J., 1970: Überlegungen zur Entstehung von Korkenziehergehörnen und sogenannten Frostgehörnen, Z. Jagdwiss., 16, 4, 176–178.
Prior, R., 1978: Biologie und Bewirtschaftung des Rehwildes in Großbritannien. Vortrag AKWJ Gießen. Niedersächsischer Jager, H. 10.
Raesfeld, F. v., 1977: Die Hege in der freien Wildbahn. 4. Aufl. Paul Parey, Hamburg.
— 1974: Das Rotwild, 7. Aufl. Paul Parey, Hamburg und Berlin.
Rau, A., 1931: Das Rehgehörn. Neumann, Neudamm.
Das Rehwild, Hinweise zur Hege u. Bejagung des Rehwildes, 1983, 2. Aufl. Dt. Jagdschutz-Verband, Schalenwildausschuß.
Rehwild-Populationsdynamik, 1975; Wild u. Hund, 7, 165.
Reimoser, F., 1982: Rehwildbejagung in einem deckungsreichen Gebirgsrevier bei waldbaulicher Betriebsumstellung. Centralblatt für das gesamte Forstwesen, 99, H. 3, 167–170.
— 1983 u. 1984: Gefährdung des Waldes durch Wildschäden. Vortrag Alpbach 15. 9. 1983, veröff. in: Agrarspiegel, Wien, 6/83 u. 1/84.
— 1984: Wildgerechte Waldwirtschaft – waldgerechte Wildbewirtschaftung. Österreichs Weidwerk, H. 4.
— 1984: Waldaufbau und Rehwildjagd. Vortrag Rehwildtagung Nationalpark Bayerischer Wald vom 10. 4. 1984.
Reulecke, K., 1978: Wilddichte, Tragfähigkeit, Wildschaden. Nieders. Jäger, H. 11.
Rheinfels, 1935: Drei Bockleben in Kurven, Dt. Jagd, 38.
Rhumbler, 1911: Über Abhängigkeit des Geweihwachstums der Hirsche usw. vom Verlauf der Blutgefäße im Kolbengeweih, Z. wiss. Zoologie, 3.
Richter, J., 1974: Wildschadensverhütung und Verhaltensforschung, Allg. Forstzeitschr., 29, 253–255.
Rieck, W., 1935: Veränderungen der Kehlkopfknorpel des Rehwildes als Merkmal zur Altersbestimmung, Dt. Jagd, 53.
— 1955: Wildmarkenforschung, Dt. Jagdkalender, Tiz-Verlag, Berlin-Friedenau.
— 1955: Die Setzzeit bei Reh-, Rot- und Damwild in Mitteleuropa, Z. Jagdwiss., 1, 2.
— 1956: Neubegründung eines Rehwildbestandes – der Versuch auf Föhr, Wild u. Hund, 21.
— 1958: Rehwildalter-Merkblatt. F. C. Mayer, München.
— 1964: Mehrfache Zweitgehörnbildung bei einem Gehege-Rehbock, Wild u. Hund, 16.
— 1970: Alter und Gebißabnutzung beim Rehwild, Z. Jagdwiss., 16, 1, 1–7.
Rieger, F., 1983: Äsung, wenn sie am nötigsten ist. Die Pirsch, H. 5.
Robin, K. v., 1973: Einfang und Sichtmarkierung von Rehen (*Capreolus capreolus* L.) im Revier Grags-Ost im St. Galler Rheintal, Schweiz, Z. Jagdwiss., 19, 1, 2–13.
Robin, K. v., 1975: Räumliche Verschiebungen von markierten Rehen in einem voralpinen Gebiet der Ostschweiz, Z. Jagdwiss., 21, 3, 145–163.
Rose, R. M.; Holaday, J. W.; Bernstein, I. S., 1971: Plasma testosterone, dominance rank and aggressive behavior in male rhesus monkeys, Nature, 231, 366–368.
Ruge, G.; Schmidt, K., 1973: Drei Jahre Praxisversuche mit wiederkäuergerechter Rot- und Rehwildfütterung, Die Pirsch – Der Dt. Jäger, 25, 18, 520–522.
Sägesser, H., 1965: Unser Rehwild, Fischers Tiermonographien, 2. B. Fischer, Münsingen-Bern.
Sägesser, H., 1966: Über den Einfluß der Höhe auf einige biologische Erscheinungen beim Reh und bei der Gemse, Rev. suisse zool., 73.
Schäfer, E., 1973: Hegen und Ansprechen von Rehwild. BLV München.
Schaich, K., 1971: Wirkstoffe und Medikamente in freier Wildbahn, Die Pirsch, 23, 18.

— 1971: Wurmmittel in der freien Wildbahn, 23, 13.
— 1971: Ein neues KS-Geschoß im Zwischentest. Der deutsche Jäger, 71, 18, 489–490.
— 1971: Sommerliche Plagegeister. Die Pirsch, 71, 16, 736–737.
— 1974: Ja zur Parasitenbekämpfung. Die Pirsch, 74, 1, 5–6.
— 1976: Nachweis der Fortpflanzungsfähigkeit eines Kitzbockes. Wild und Hund, 76, 9, 402.
Schalenwild-Symposium Wien 1984. Bericht in: Österreichs Weidwerk, H. 4, 1984.
SCHAMS, D.; BARTH, D., 1982: Annual profiles of reproductive hormones in peripheral plasma of the male roe deer *(Capreolus capreolus)*. J. Reprod. Fert. 66, 463–468.
SCHAPER, K., 1974: Rehwildaltersklassen, Wild u. Hund, 77, 8, 287–288.
SCHEIRING, H., 1975: Schadensmindernde Winterfütterung, Allg. Forstzeitschr. 30, 44, 949–951.
SCHENK ZU SCHWEINSBERG, FRH., 1955: Aus einem oberhessischen Rehwildrevier, Wild u. Hund, 58, 4.
SCHEUMANN, K., 1954: Das Aussetzen von Wild. Paul Parey, Hamburg.
SCHLACHTER, 1883: Zahnwechsel und Geweihbildung des Rehes, Der Zoolog. Garten, 6.
SCHMID, E., 1972: Zeitgemäße Rehwildhege, Die Pirsch, 24, 3–5.
SCHMIDT, P., 1974: Das Reh, sein Leben, sein Verhalten. Hallwag Verlag, Bern u. Stuttgart.
SCHOLZ, R., 1949: Altersbestimmung am lebenden Bock, Der Dt. Jäger, 3.
SCHRAUBE, A., 1935: Beiträge zur Kenntnis des schwarzen Rehwildes, Dt. Jagd, 33.
SCHRÖDER, W., 1974: Über einige Fragen der Ökologie der Cerviden im Walde, Forstwiss. Centralbl., 93, 3, 121–127.
— 1975: Pflanzenschutzmittel und Wild, Die Pirsch - Der Dt. Jäger, 27, 13, 712.
SCHUMACHER VON MARIENFRIED, S., 1939: Jagd und Biologie. Springer, Berlin.
SCHWARZ, R., 1955: Vom richtigen Ansprechen der Böcke, Wild u. Hund, 58, 7.
— 1973: Rehwild im Wechsel der Jahre, Wild u. Hund, 76, 11, 423–424.
— 1974: Rehwild zwischen Gestern und Morgen, Wild u. Hund, 77, 6, 133–137.
— 1976: Neue Rehwildrichtlinien in Schleswig-Holstein, Wild u. Hund, 79, 3, 109–110.
SEAL, U. S.; VERME, L. J.; OZOGO J. J.; ERICKSON, 1972: J. Wildlife Mgmt., 36, 4, 1041–1052.
SEMPERE, A. J.; BOISSIN, J., 1983: Neuroendocrine and endocrine control of the antler cycle in roe deer. Proc. 1st int. symposium on antler development in Cervidae, Kingsville, Texas.
SHORT, R. V.; HAY, M. F., 1964: Delayed implantation in the roe deer. J. Reprod. Fert. 9, 372–374.
— 1966: Delayed implantation in the roe deer. Cooperative Biol. of Repr. in Mamm., 15, 173–194.
SHORT, R. V.; MANN, T., 1966: The sexual cycle of a seasonally breeding mammal, the roe buck *(C. capreoli)*. J. Reprod. Fert., 12, 337–351.
— The sexual cycle of a seasonally breeding mammal, the roebuck. A.R.C. Unit of Reprod. Physiology and Biochem., and Dptmt. of Veterinary Clinical Studies, Univ. Cambridge.
SIEBER, A., 1983: Gesundes Wild durch Äsungsverbesserung. Eigenverlag, 7906 Blaustein-Bermaringen.
— 1984: Richtig blatten. Verlag Dieter Hoffmann, Mainz.
SIEBERT, H., 1973: Anlage und Pflege von Verbißgehölzen, Merkbl., Forschgsinst. Pappelwirtschaft, 6, Hann. Münden.
— 1981: Eignung von Weiden und Pappeln zum Anbau als Verbißgehölze. Frankfurt: J. D. Sauerländer Verlag.
SILL, H., 1974: Das hessische Vorbild, Die Pirsch - Der Dt. Jäger, 26, 13, 621–625.
SILVER, H.; HOLTER, J. B.; COLOVOS, N. F.; HAYES, H. J., 1971: J. Wildl. Mgmt. 35, 1, 37–46.
SPEIDEL, G., 1975: Grundlagen und Methoden zur Bestimmung der wirtschaftlich tragbaren Wilddichte bei Schalenwild, Forstarchiv, 46, 11, 221–228.
SPIECKER, D., 1964: Der Abwurf des Bastgehörns, Z. Jagdwiss., 10, 2.
SPÖTTEL, W., 1929: Zschr. f. d. ges. Anatomie, 89, 607–671.
SPLECHTNA, K., 1973: Endlich Balast abgeworfen!, Der Anblick, 28, 4, 106–107.
STAHL, D., 1979: Wild - Lebendige Umwelt. Orbis Academicus, Sonderband 2/2. Freiburg/München: Verlag Karl Alber GmbH.
STEPHAN, E.; THOMAS, M. J., 1974: DTW, München, 81, 7, 163–169.
STIEVE, H., 1950: Anatomisch-biologische Untersuchungen über die Fortpflanzungstätigkeit des europäischen Rehes. Z. mikrosk.-anat. Forsch., 55, 3/4, 427/530.
STRANDGAARD, H.-H., 1971: Probleme im Zusammenhang mit der Berechnung der Größe eines Rehwildbestandes, Tagungs-Ber., Dt. Akad. Landwirtsch.-Wiss., 113, 237–244.
— 1972: The roe-deer *(Capreolus capreolus)* population at Kalö and the factors regulating its size, Danish Review of game biology, 7, 1.
— 1974: Zur Gehörnentwicklung bei dänischen Rehböcken von bekanntem Alter. Vortrag, München.
STUBBE, C., 1963: Schalenwildverluste im Winter 1962/63, Z. Jagdwiss., Parey, 9, 4.
— 1966: Körperwachstum und Körpergröße des Europäischen Rehwildes, Der Zoolog. Garten, N.F. 35.

— 1967: Die altersbedingte Zahnentwicklung des Rehwildes, Z. Jagdwiss., 13, 3, 103–111.

Stubbe, C.; Passarge, H., 1979: Rehwild. Berlin: VEB Deutscher Landwirtschaftsverlag.

Stubbe, C.; Smirnov, M. N., 1972: Körperwachstum und Körpergröße des Sibirischen Rehwildes (*Capreolus c. pygargus* Pallas 1771) und Unterschiede zum Europäischen Reh (*Capreolus c. capreolus* L.), Der Zoolog. Garten, N. F. 42, 3/4, 166–175.

Stubbe, H., 1971: Genetische Probleme in der Rehwildforschung, Beiträge zur Jagd- u. Wildforsch., 7, Tagungs-Ber., Dt. Akad. Landwirtsch.-Wiss., 113, 271–285.

Stubbe, H.; Buchholz, S., 1979: Bastardisierungsversuche zwischen Europäischen und Sibirischen Rehen. Wissenschaft und Fortschritt, H. 29.

Szederjei, A.; Szederjei, M., 1971: Geheimnis des Weltrekordes – Das Reh. Terra, Budapest.

Tegner, H., 1952: The giant roe of Central Asia. Country Life London.

Teusan, A., 1974: Bisherige Erfahrungen mit dem Wildabwehrmittel Fegol, Allg. Forst-Zeitschr., 29.

Thenius, E., 1969: Stammesgeschichte der Säugetiere 2, 1, 1–368. Handbuch der Zoologie. 8. Bd. 47. Berlin.

— 1972: Grundzüge der Verbreitungsgeschichte der Säugetiere. G. Fischer, Stuttgart.

Tölle-Nolting, J., 1974: Vitamin-C-Bedarf des Rehwildes, Wild u. Hund, 76, 22, 955.

Trauger, D. L.; Haugen, 1965: J. Wildl. Mgmt., 29, 3, 487–492.

Treichler, J., 1972: Ein Beitrag zur Ernährung des Rehwildes (*Capreolus capreolus* L.). Diss. TiHo Hannover.

Türcke, F., 1953: Mittel gegen Wildschäden und ihre Anwendung. F. C. Mayer, München.

— 1970: Mittel gegen Wildschäden. BLV, München.

Turner, D. C., 1981: Verhaltensökologie des Rehs. Schweizerische Wildbiologische Untersuchungen. FORNAT, Zürich.

Ueckermann, E., 1951: Die Einwirkung des Standortes auf Körpergewicht und Gehörnbildung des Waldrehes. Diss. Hann. Münden.

— 1952: Rehwild und Standort, Der Anblick, 5, Beil.

— 1953: Erste Ergebnisse eines Rehwildverpflanzungsversuchs, Der Dt. Jäger, 9.

— 1956: Das Rehwild auf Fehmarn, Wild u. Hund, 59, 22.

— 1957: Wildbestandsbewirtschaftung und Wildschadenverhütung beim Rehwild. Euting, Neuwied/Rh.

— 1971: Die Fütterung des Schalenwilds. 2. Aufl. Paul Parey, Hamburg u. Berlin.

Ueckermann, E., 1975: Der Rehwildabschuß, 4. Aufl. Paul Parey, Hamburg u. Berlin.

— 1969: Wildverluste durch den Straßenverkehr und Verkehrsunfälle durch Wild im Lande Nordrhein-Westfalen im Jagdjahr 1967/68, Z. Jagdwiss., 15, 3, 109–117.

— 1973: Eignen sich Biertreber zum Silieren für die Rehwildfütterung?, Die Pirsch – Der Dt. Jäger, 25, 15, 355.

— 1974: Warum Salzlecken?, Die Pirsch – Der Dt. Jäger, 26, 19, 956–957.

Ueckermann, E.; Goepel, G., 1975: Die Auswirkung der zunehmenden Inanspruchnahme des Waldes durch die erholungsuchende Bevölkerung auf das Verhalten des Wildes und die Bejagungsmöglichkeiten der Wildbestände, Z. Jagdwiss., 21, 1, 50–63.

Ueckermann, E.; Hansen, P., 1983: Das Damwild. 2. Aufl. Paul Parey, Hamburg u. Berlin.

Ueckermann, E.; Scholz, H., 1970: Wildäsungsflächen. Paul Parey, Hamburg u. Berlin.

— 1973: Anomale Backenzahnabnutzung beim Rehwild (*Capreolus capreolus* L.) in Nordrhein-Westfalen, Z. Jagdwiss., 19, 3, 142–146.

— 1976: Vergleich der Ersatzdentinbildung im 1. Schneidezahn und der Zementzonenbildung im 1. Molar mit dem Abnutzungsgrad der Backenzähne im Unterkiefer beim Rothirsch (*Cervus elaphus* L., 1758), Z. Jagdwiss., 22, 2, 65–74.

Valentinčić, S., 1963: Über die natürliche Selektion beim Rehwild und insbesondere über die Rolle der Parasiten, Transactions of the Congress of International Union of Game Biologists, 7, Bournemouth.

VDI/RdL, 1983: Säurehaltige Niederschläge. Verein Deutscher Ingenieure, Düsseldorf.

Varianten–Skifahren, 1985: Schweizer Dokumentationsstelle für Wildforschung. Aus: Feld, Wald, Wasser, Schaffhausen, 2, 85.

Vereinheitlichung der Schalenwild-Abschußrichtlinien. Dt. Jagdschutz-Verband, Schalenwildausschuß.

Verme, L. J., 1969: J. Wildl. Mgmt., 33, 4, 881–887.

Veterinäruntersuchungsamt Schleswig-Holstein: Untersuchungen von Wild aus Schleswig-Holstein auf Rückstände. Schriftl. Bericht v. 16. 8. 1983.

Vincent, J.-P., 1982: Schätzung der Rehwildpopulation im Walde – Vorstellung einer einfachen Methode. Z. f. Jagdwiss. 28, 58–63.

Vogt, F., 1937: Neue Wege der Hege. Neumann, Neudamm.

Vogt, F.; Schmidt, E.: Das Rehwild. Österr. Jagd- u. Fischerei-Verl., Wien.

Vonbank, R., 1975: Jagd in Tirol, 27, 7/8, 11–12.
Vorberg, F., 1955: Altersbestimmung am lebenden Bock, Dt. Jagd, 17.
Voormann, 1939: Über die Gehörnentwicklung bei gezeichneten Böcken, Dt. Jagd, Neudamm, 25.
Voser-Huber, M. L.; Nievergelt, B., 1975: Das Futterwahlverhalten des Rehes in einem voralpinen Revier, Z. Jagdwiss., 21, 4, 197–215.
Wagenknecht, E., 1978: Schalenwild, 5. Aufl. Dt. Landwirtsch.-Verlag, Berlin.
— 1971: Die Abschußplanung im Dienste der Qualitätsverbesserung des Rehwildes.
— 1973: Kriterien für einen wirksamen Wahlabschuß beim Rehwild, Unsere Jagd, 3, 79–83.
— 1983: Rehwildhege mit der Büchse. 2. Aufl. Neumann, Leipzig.
Waidwerk der Gegenwart, 1971. Paul Parey, Hamburg u. Berlin.
Waidwerk in Deutschland, 1963. Paul Parey, Hamburg u. Berlin.
Wald und Wild, Hrsg. Hans Leibundgut, 1973: Beih. zu den Zeitschr. des Schweiz. Forstvereins, 52.
Waldhygiene, 1975, Wild-Sonderheft, Landesjagdverband Baden-Württemberg e.V., 11, 3/4, 65–128.
Wandeler, I., 1975: Die Fortpflanzungsleistung des Rehs (*Capreolus capreolus* L.) im Berner Mittelland. Dissertation, Bern.
Weinzierl, H., 1972: Reviergestaltung. BLV, München–Basel–Wien. Welt-Jagdausstellung, 1971. Katalog. Budapest.
Weis, G. B., 1983: Futterbau auf Wildäsungsflächen. Lehrstuhl für Grünland und Futterbau der T. H. Müchen in Freising-Weihenstephan.
Wertheim, P., 1934: Über die Beschaffenheit der Infusorienfauna von *Capreolus capreolus,* 2. Zool. Anzeiger, 106, 3/4.
Wetzel, R.; Rieck, W., 1972: Krankheiten des Wildes. Paul Parey, Hamburg u. Berlin.
Wiedemann, R., 1938: Betrachtungen über den Vitaminbedarf des Wildes, Dt. Jagd, 25.
Wild in Gehegen, 1974. Hrsg.: H.-H. M. Hatlapa; H. III Prinz Reuss. Paul Parey, Hamburg u. Berlin.
Stichwortverzeichnis Wildbiologie, 1974. Bd. 1. Schweiz. Dokumentationsstelle f. Wildforsch., Univ. Zürich.
Der Wildschaden auf landwirtschaftlich genutzten Flächen. Hrsg. Dt. Jagdschutz-Verband.
Willam, H. A., 1975: Wildbahn und Waidwerk in Baden-Württemberg. Landesjagdverband Baden-Württemberg im Dt. Jagdschutz-Verband.
Wislocki, G., 1943: Essays in Biol., Univ. Calif. Pr., 631–653.
Wislocki, G.; Weatherford, H. L.; Singer, M., 1947: Anat. Rec., 99, 3, 265–296.
Wöhlbier, W., 1964: Theorie und Praxis bei der Rehwildfütterung, Der Jäger in Baden-Württemberg, 9, 4.
Wolf, M., 1933: Die Verkalkung und Verknöcherung der Kehlkopfknorpel beim Rot- und Rehwild. Diss. Univ. München.
Wülfing, B., 1973: Kritische Analyse von Rehwildjahresstrecken zur Beurteilung des Einflusses auf die Populationsstruktur. Dipl.Arb. Univ. Göttingen.
Wurster, K.; Hofmann, W.; Dondorf, W., 1983: Gehörnte Ricke – Symptom einer Tumorerkrankung. Z. f. Jagdwiss. 29, 74–81.
Zeimentz, K., 1975: Zeitgemäße Rehwildjagd, Wild u. Hund, 78, 7, 275–276.
Zeitgemäße Rehwild-Hege und -Jagd, 1975, Allg. Forst-Zeitschr., 30.
Ziegler, L., 1943: Beobachtungen über die Brunft und den Embryo der Rehe. Hannover.
Zur Bekämpfung des Magen-Darmwurmbefalles des Rehwildes mit Banminth und Morantel, 1971, Z. Jagdwiss., 17, 1, 33–37.

SACHREGISTER